Lecture Notes in Mathematics

Edited by A. Dold and B. Eckmann

739

Analyse Harmonique sur les Groupes de Lie II

Séminaire Nancy-Strasbourg 1976–78

Edité par
P. Eymard, J. Faraut, G. Schiffmann, et R. Takahashi

Springer-Verlag
Berlin Heidelberg New York 1979

Editeurs

Pierre Eymard
Reiji Takahashi
Institut Elie Cartan
Université de Nancy I
Case Officielle 140
F-54037 Nancy

Jacques Faraut
Gérard Schiffmann
Département de Mathématiques
7, rue René Descartes
F-67084 Strasbourg

AMS Subject Classifications (1970): 22-02, 22D10, 22E25, 22E30, 22E35, 43-02, 43A75, 43A85, 60J15

ISBN 3-540-09536-5 Springer-Verlag Berlin Heidelberg New York
ISBN 0-387-09536-5 Springer-Verlag New York Heidelberg Berlin

CIP-Kurztitelaufnahme der Deutschen Bibliothek
Analyse harmoniqe sur les groupes de Lie II.
Berlin, Heidelberg, New York: Springer
Séminaire Nancy-Strasbourg 1976 – 78. – 1979.
(Lecture notes in mathematics; 739)
ISBN 3-540-09536-5 (Berlin, Heidelberg, New York)
ISBN 0-387-09536-5 (New York, Heidelberg, Berlin)

2141/3140-543210

Depuis 1973 un Séminaire hebdomadaire réunit les mathématiciens de Nancy et Strasbourg intéressés par l'Analyse Harmonique sur les groupes de Lie. Le n° 497 des Lecture Notes in Mathematics présentait les travaux effectués par ce Séminaire de 1973 à 1975.

Le présent fascicule contient les rédactions détaillées d'un certain nombre d'exposés faits de 1976 à 1978 dans le cadre de ce Séminaire, tant par des mathématiciens résidant à Nancy ou Strasbourg que par des spécialistes étrangers ou français d'autres universités, que nous remercions vivement d'avoir bien voulu se joindre à nous. Les exposés non rédigés sont ceux pour lesquels une publication aurait fait double emploi avec d'autres références.

Nous avons bénéficié du soutien financier des Départements de Mathématiques de Nancy et de Strasbourg, ainsi que du Centre National de la Recherche Scientifique dans le cadre de l'Action Thématique Programmée n° 3201 (ATP "Internationale 1977").

TABLE DES MATIERES

J.J. LOEB — L'analyse harmonique sur les espaces symétriques de rang un ; une réduction aux espaces hyperboliques réels de dimension impaire.................................. 623

REPRESENTATIONS SPHERIQUES UNIFORMEMENT BORNEES DES GROUPES DE LORENTZ(*)

Lucien BAMAZI

-=-

Le but de notre travail est de déterminer aussi explicitement que possible les opérateurs d'entrelacement pour la série principale de représentations des groupes de Lorentz et de résoudre, dans le cas sphérique, une conjecture de E. M. Stein sur l'existence de représentations uniformément bornées d'un groupe de Lie semi-simple ; nous présentons une construction élémentaire des opérateurs d'entrelacement et du prolongement analytique des représentations de la série principale sphérique, en s'inspirant de la méthode P. J. Sally pour le revêtement universel de $SL(2, \mathbb{R})$. Nous obtenons des formules remarquables d'un type nouveau faisant intervenir les polynômes de Gegenbauer, les fonctions de Bessel de 1ère et de 3ème espèces.

Pour le prolongement analytique, nous croyons que notre démonstration est plus simple et plus directe que celles dues à R. Lipsman et E. Wilson.

1. Structure des groupes de Lorentz et série principale sphérique.

Soit sur $\mathbb{R}^{n+1}$, $n \geqslant 2$, la forme quadratique :

$$Q(x) = -x_o^2 + x_1^2 + \dots + x_n^2 \quad , \quad x = (x_o, x_1, \dots, x_n) \in \mathbb{R}^{n+1} .$$

Si $O(1,n)$ désigne le groupe orthogonal de Q , le groupe (propre) de Lorentz $G = SO_o(1,n)$ est, par définition, la composante connexe de l'élément neutre de $O(1,n)$ et donc c'est le sous-groupe de $O(1,n)$ formé par les matrices g telles que $\det(g) = 1$ et $|g_{oo}| \geqslant 1$ si $g = (g_{pq})_{o \leqslant p,\, q \leqslant n}$.

Introduisons les sous-groupes suivants de G : soit K le sous-groupe compact (maximal) formé des rotations autour de l'axe x_o , i.e.

$$K = \{\begin{pmatrix} 1 & 0 \\ 0 & k \end{pmatrix} \mid k \in SO(n)\} \approx SO(n) \quad ;$$

soit M le sous-groupe de K formé des rotations laissant x_o et x_1 invariants, i.e.

(*) Résumé d'une thèse de 3° Cycle "Représentations sphériques uniformément bornées des groupes de Lorentz", Université de Nancy I, 1974.

$$M = \{ \begin{pmatrix} 1_2 & 0 \\ 0 & u \end{pmatrix} \mid u \in SO(n-1)\} \approx SU(n-1) \;;$$

soit A le sous-groupe des rotations hyperboliques dans le plan (x_o, x_1) :

$$A = \{a_t \mid t \in \mathbb{R}\} \quad \text{où} \quad a_t = \begin{pmatrix} \text{ch}t & \text{sh}t & 0 \\ \text{sh}t & \text{ch}t & 0 \\ 0 & 0 & 1_{n-1} \end{pmatrix} \;;$$

soit N le sous-groupe (abélien) formé par les matrices x de la forme

$$\begin{pmatrix} 1 + \frac{1}{2}|\xi|^2 & -\frac{1}{2}|\xi|^2 & {}^t\xi \\ \frac{1}{2}|\xi|^2 & 1 - \frac{1}{2}|\xi|^2 & {}^t\xi \\ \xi & \xi & 1_{n-1} \end{pmatrix}, \quad \xi = \begin{pmatrix} \xi_1 \\ \xi_2 \\ \vdots \\ \xi_{n-1} \end{pmatrix} \in \mathbb{R}^{n-1} \;;$$

soit enfin $V = \theta(N) = \{\theta(x) \mid x \in N\}$ où $\theta(x) = {}^t x$ (la matrice transposée).

Si $w = \text{diag}(1, -1, -1, 1, \ldots, 1)$, et $M' = M \cup wM = M \cup Mw$, alors M (resp. M') est le centralisateur (resp. le normalisateur) de A dans K et la structure du groupe de Lorentz $G = SO_o(1,n)$ est résumée dans les décompositions suivantes :

$G = KAN$ (décomposition d'Iwasawa) ,

$= K\bar{A}_+K$ (décomposition de Cartan) $(A_+ = \{a_t \mid t > 0\})$,

$= MAN \cup MANwMAN$ (décomposition de Bruaht) ,

$= MAV \cup MAVwMAV$

$= VMAN$ (à un ensemble de mesure nulle près) .

Le groupe G opère sur l'espace homogène $K/M \approx SO(n)/SO(n-1) \approx S^{n-1}$ par la formule :

$$\xi' = g \cdot \xi \quad \text{où} \quad \xi'_j = \frac{g_{jo} + \sum_{q=1}^{n} g_{jq}\,\xi_q}{g_{oo} + \sum_{q=1}^{n} g_{oq}\,\xi_q} \quad \text{pour} \quad 1 \leqslant j \leqslant n \;.$$

Posons, pour $g \in G$, $\xi \in S^{n-1}$:

$$e^{t(g,\xi)} = g_{oo} + \sum_{q=1}^{n} g_{oq}\,\xi_q \;.$$

Pour $f \in L^2(S^{n-1})$, $s \in \mathbb{C}$, posons

$$(U_g^s f)(\xi) = e^{-(\frac{n-1}{2} + s)\, t(g^{-1}, \xi)} f(g^{-1} \cdot \xi) \;.$$

On obtient ainsi une famille de représentations (linéaires continues) de G dans $L^2(S^{n-1})$, unitaires si $s \in i\mathbb{R}$, appelée la <u>série principale sphérique de G</u> .

2. Opérateurs d'entrelacement pour la série principale sphérique.

Les représentations U^s et U^{-s} , $s \in i\mathbb{R}$, sont unitairement équivalentes, puisque leurs fonctions sphériques sont identiques ; il doit donc exister un opérateur unitaire $A(2s)$ dans $L^2(S^{n-1})$ tel que

(1) $$A(2s)U_g^s = U_g^{-s}\, A(2s) \quad \text{quel que soit } g \in G \quad (\text{pour } s \in i\mathbb{R}) .$$

Si H_p^n désigne l'espace des fonctions harmoniques sphériques d'ordre p sur S^{n-1} , on a la décomposition en somme directe hilbertienne :

$$L^2(S^{n-1}) = \bigoplus_{p=0}^{\infty} H_p^n .$$

Comme la restriction de U^s à K n'est autre que la représentation naturelle de K (donc ne dépend pas de s) et que les sous-espaces H_p^n sont irréductibles pour cette représentation de K , la relation d'entrelacement (1) entraîne que $A(2s)$ est scalaire sur chaque H_p^n ; pour construire ces opérateurs, on peut donc les définir en posant

$$A(2s)f = \Sigma\, \lambda_p(2s)f_p \quad \text{si} \quad f = \sum_{p \geqslant 0} f_p \ , \quad f_p \in H_p^n$$

où

$$\lambda_p(2s) = \frac{\Gamma(\frac{n-1}{2} + s)\ \Gamma(\frac{n-1}{2} + p - s)}{\Gamma(\frac{n-1}{2} - s)\ \Gamma(\frac{n-1}{2} + p + s)} \qquad \text{pour } s \in i\mathbb{R}$$

$$= \begin{cases} 1 & \text{si } p = 0 , \\ \prod_{q=0}^{p-1} \dfrac{\frac{n-1}{2} - s + q}{\frac{n-1}{2} + s + q} & \text{si } p \geqslant 1 . \end{cases}$$

<u>Méthodes de démonstration de la relation d'entrelacement</u> : en vertu de la décomposition de Cartan, et, par construction même, il suffit de démontrer la relation (1) pour $g = a_t \in A$. Pour cela nous passons à la réalisation non-compacte de la série principale comme suit : soit S la projection stéréographique de $S^{n-1} - \{(-1,0,\dots,0)\}$ sur $\mathbb{R}^{n-1}$ définie par

$$x = S\xi \ , \quad \text{où} \quad x_i = \xi_{i+1} / 1 + \xi_1 \qquad \text{pour } 1 \leqslant i \leqslant n-1$$

(donc $\xi_1 = \frac{1-|x|^2}{1+|x|^2}$ et $\xi_i = \frac{2x_{i-1}}{1+|x|^2}$ pour $2 \leqslant i \leqslant n$) .

Pour $s \in i\mathbb{R}$, définissons une transformation linéaire $E(s)$ (resp. $E^{-1}(s)$) de $L^2(S^{n-1})$ dans $L^2(\mathbb{R}^{n-1})$ (resp. $L^2(\mathbb{R}^{n-1})$ dans $L^2(S^{n-1})$) par

$$[E(s)f](x) = \left(\frac{\Gamma(n/2)}{2\pi^{n/2}}\right)^{1/2} 2^{(1/2)(n-1)+s} (1+|x|^2)^{-(1/2)(n-1)-s} f(S^{-1}x) \quad \text{pour } f \in L^2(S^{n-1})$$

(resp.

$$[E^{-1}(s)\varphi](\xi) = \left(\frac{2\pi^{n/2}}{\Gamma(n/2)}\right)^{1/2} (1+\xi_1)^{-(1/2)(n-1)-s} \varphi(S\xi) \text{ , pour } \varphi \in L^2(\mathbb{R}^{n-1})) .$$

Il est facile de voir que $E(s)$, $E^{-1}(s)$ sont <u>isométriques</u> et <u>surjectives</u> réciproques l'une de l'autre (ce qui justifie la notation). Posons

$$T_g^s = E(s)\, U_g^s\, E^{-1}(s) \quad \text{pour } g \in G \text{ , } s \in i\mathbb{R} .$$

Alors la relation d'entrelacement à démontrer est équivalente à la suivante :

$$A'(2s)T_a^s = T_a^{-s} A'(2s) \quad \text{pour } a \in A .$$

Si on fait intervenir la transformation de Fourier $\mathfrak{F}$ de $L^2(\mathbb{R}^{n-1})$ et qu'on pose

$$\hat{T}_g^s = \mathfrak{F}\, T_g^s\, \mathfrak{F}^{-1} \quad \text{et} \quad \hat{A}(2s) = \mathfrak{F}\, A'(2s)\, \mathfrak{F}^{-1} ,$$

la relation d'entrelacement prend la forme suivante :

(2) $$\hat{A}(2s)\, \hat{T}_a^s = \hat{T}_a^{-s}\, \hat{A}(2s) \quad \text{pour } a \in A \text{ et } s \in i\mathbb{R} .$$

Or on peut montrer, pour f suffisamment régulière, les formules suivantes :

$$[A(2s)f](\xi) = \lim_{\substack{s' \to s \\ 0<\mathrm{Re}(s')<\frac{n-1}{4}}} \frac{\pi^{1/2}\, \Gamma(\frac{n-1}{2}+s')}{2^{\frac{n-3}{2}+s'}\, \Gamma(\frac{n}{2})\, \Gamma(s')} \int_{S^{n-1}} (1-(\xi,\eta))^{-\frac{n-1}{2}+s'} f(\eta)d\eta ,$$

$$[\hat{A}(2s)\varphi](x) = \lim_{\substack{s' \to s \\ 0<\mathrm{Re}(s')<\frac{n-1}{4}}} \frac{2^{-2s'}\, \Gamma(\frac{n-1}{2}+s')}{\pi^{\frac{n-1}{2}}\, \Gamma(s')} \int_{\mathbb{R}^{n-1}} |x-y|^{-(n-1)+2s'} \varphi(y)\, dy ,$$

et

$$[\hat{A}(2s)\varphi](x) = \frac{\Gamma(\frac{n-1}{2}+s)}{\Gamma(\frac{n-1}{2}-s)} (2\pi|x|)^{-2s} \varphi(x) ,$$

pour $f \in L^2(S^{n-1})$, $\varphi \in L^2(\mathbb{R}^{n-1})$.

La vérification de la relation est maintenant triviale.

3. Une application aux fonctions spéciales.

D'après Vilenkin [8] , une base orthogonale de H_p^n est fournie par les fonctions Y_p^K paramétrées par les suites $K = (k_1, k_2, \ldots, k_{n-2}) \in Z^{n-1}$ telles que $p = k_o \geq k_1 \geq \ldots \geq k_{n-3} \geq |k_{n-2}|$,

et on a les relations de récurrence suivantes :

$$Y_p^K(\xi_1, \ldots, \xi_n) = C_{p-k_1}^{(1/2)(n-2)+k}(\xi_1) \cdot Y_{k_1}^{K'}(\xi_2, \ldots, \xi_n) ,$$

où $Y_{k_1}^{K'}(\xi_2, \ldots, \xi_n)$ est une harmonique sphérique de degré k_1 de n-1 variables. Ceci étant, la relation d'entrelacement (2) est équivalente à

(3) $\hat{A}(2s)\,\mathcal{F}E(s)f = \mathcal{F}E(-s)\,A(2s)f$, quelle que soit $f \in L^2(S^{n-1})$ ou encore à

(4) $\hat{A}(2s)\,\mathcal{F}E(s)\,Y_p^K = \mathcal{F}E(-s)\,A(2s)\,Y_p^K$ quel que soit K .

Si $x = S\xi = rx'$, $r = |x| = (x_1^2 + \ldots + x_{n-1}^2)^{1/2}$, on voit que le premier membre est égal à (en posant $k_1 = k$ pour simplifier)

$$\left(\frac{\Gamma(n/2)}{2\pi^{n/2}}\right)^{1/2} 2^{(1/2)(n-1)+s+k} \int_0^\infty \int_{S^{n-2}} \frac{r^{k+n-2}}{(1+r^2)^{\frac{n-1}{2}+s+k}}$$

$$C_{p-k}^{\frac{n-2}{2}+k}\left(\frac{1-r^2}{1+r^2}\right) Y_k^{K'}(x')\, e^{-2\pi i r(y.x')} \, dr\, dx' ;$$

l'intégrale sur S^{n-2} est évaluée grâce à une formule de Hecke-Bochner ([1], p. 37) :

$$\int_{S^{n-1}} e^{-2\pi i z(\xi.\eta)}\, Y_k(\xi)\, d\xi = 2\pi i^k\, Y_k(\eta)\, z^{-\frac{n-2}{2}} J_{k+\frac{n-2}{2}}(2\pi z) ;$$

on trouve finalement

$$\left(\frac{\Gamma(n/2)}{2\pi^{n/2}}\right)^{1/2} 2\pi i^k \, 2^{\frac{n-1}{2}+s+k} \frac{\Gamma(\frac{n-1}{2}+s)}{\Gamma(\frac{n-1}{2}-s)} |y|^{\frac{3-n}{2}} (2\pi |y|)^{-2s} \tilde{\varphi}(|y|) \, Y_K^{K'}(y')$$

où

$$\tilde{\varphi}(|y|) = \int_0^\infty \frac{r^{k+\frac{n-1}{2}}}{(1+r^2)^{(1/2)(n-1)+s+k}} C_{p-k}^{\frac{n-2}{2}+k}\left(\frac{1-r^2}{1+r^2}\right) J_{k+\frac{n-3}{2}}(2\pi |y| r) \, dr .$$

Remarquons que cette intégrale converge pour $Re(s) > -n/4$ (don a fortiori pour $s \in i\mathbb{R}$). Le calcul de second membre est analogue et on trouve qu'il est égal à

$$\left(\frac{\Gamma(n/2)}{2\pi^{n/2}}\right)^{1/2} \frac{\pi i^k \, 2^{\frac{n-1}{2}-s+k} \, \Gamma(\frac{n-1}{2}+s) \, \Gamma(\frac{n-1}{2}+p-s)}{\Gamma(\frac{n-1}{2}-s) \, \Gamma(\frac{n-1}{2}+p+s)} |y|^{\frac{3-n}{2}} \tilde{\tilde{\varphi}}(|y|) \, Y_K^{K'}(y')$$

avec

$$\tilde{\tilde{\varphi}}(|y|) = \int_0^\infty \frac{r^{k+\frac{n-1}{2}}}{(1+r^2)^{(1/2)(n-1)-s+k}} C_{p-k}^{\frac{n-2}{2}+k}\left(\frac{1-r^2}{1+r^2}\right) J_{k+\frac{n-3}{2}}(2\pi |y| r) \, dr .$$

Cette intégrale converge pour $Re(s) < n/4$, (donc pour $s \in i\mathbb{R}$). Il en résulte que la relation d'entrelacement (1) est équivalente à l'identité suivante :

$$\frac{\Gamma(\frac{n-1}{2}+p+s)}{(\pi\rho)^s} \int_0^\infty \frac{r^{k+\frac{n-1}{2}}}{(1+r^2)^{\frac{n-1}{2}+s+k}} C_{p-k}^{\frac{n-2}{2}+k}\left(\frac{1-r^2}{1+r^2}\right) J_{k+\frac{n-3}{2}}(2\pi\rho r) \, dr$$

(5)

$$= \frac{\Gamma(\frac{n-1}{2}+p-s)}{(\pi\rho)^{-s}} \int_0^\infty \frac{r^{\frac{n-1}{2}+k}}{(1+r^2)^{\frac{n-1}{2}+k-s}} C_{p-k}^{\frac{n-2}{2}+k}\left(\frac{1-r^2}{1+r^2}\right) J_{k+\frac{n-3}{2}}(2\pi\rho r) \, dr .$$

Compte tenu de la formule (Magnus-Oberhettinger-Soni [4], p. 105) :

$$\int_0^\infty J_\mu(bt)(t^2+z^2)^{-\nu} t^{\mu+1} \, dt = \left(\frac{b}{2}\right)^{\nu-1} z^{1+\mu-\nu} (\Gamma(\nu))^{-1} K_{\nu-\mu-1}(bz)$$

pour $Re(2\nu - \frac{1}{2}) > Re(\mu) > -1$, $Re(z) > 0$,

du développement

$$C_n^\lambda(x) = (-1)^n \frac{\Gamma(n+2\lambda)}{n!} \, {}_2F_1(-n, n+2\lambda ; \lambda + \frac{1}{2} ; \frac{1+x}{2})$$

et de la formule : $K_\nu(z) = K_{-\nu}(z)$,

l'identité ci-dessus s'écrit sous la forme suivante :

$$\sum_{\ell=0}^{p-k} \frac{(-p+k)_\ell \, (p+k+n-2)_\ell \, \Gamma(\frac{n-1}{2}+p+s)}{\ell! \, (k+\frac{n-1}{2})_\ell \, \Gamma(\frac{n-1}{2}+s+k+\ell)} (\pi\rho)^\ell \, K_{s+\ell}(2\pi\rho)$$

(6)

$$= \sum_{\ell=0}^{p-k} \frac{(-p+k)_\ell \ (p+k+n-2)_\ell \ \Gamma(\frac{n-1}{2}+p-s)}{\ell! \ (k+\frac{n-1}{2})_\ell \ \Gamma(\frac{n-1}{2}+k+\ell-s)} \ (\pi\rho)^\ell \ K_{-s+\ell}(2\pi\rho) \quad ,$$

pour $|Re(s)| < n/4$.

Remarque. Je ne suis arrivé à démontrer directement ces identités que dans les cas où $p-k = k_o - k_1 = 0, 1$ ou 2 , en utilisant les relations

$$K_\nu(z) = K_{-\nu}(z) \quad \text{et} \quad K_{\nu-1}(z) - K_{\nu+1}(z) = -2\frac{\nu}{z} K_\nu(z) \ .$$

Il serait intéressant de trouver une démonstration directe du cas général.

4. Deux remarques: Série complémentaire sphérique et représentations sphériques irréductibles de dimension finie.

i) L'opérateur $A(2\sigma)$ pour $0 < \sigma < \frac{n-1}{2}$ est hermitien et de type positif, comme il est facile de le voir sur la définition. Cela nous permet de définir la série complémentaire sphérique de la manière suivante : soit H^σ le complété de $L^2(S^{n-1})$ par rapport à la forme hermitienne définie positive : $(f|h)_\sigma = (A(2\sigma)f|h) = \sum_K \lambda_p(2\sigma) \ a_p^K \ \overline{b_p^K}$ si $f = \sum a_p^K Y_p^K$, $h = \sum b_p^K Y_p^K$; il est clair que

$$((f|f)_\sigma)^{1/2} \leqslant \|f\|_2 \quad .$$

L'opérateur U_g^σ est isométrique sur $L^2(S^{n-1})$ en tant que sous-espace de H^σ , donc se prolonge en un opérateur unitaire de ce dernier ; on obtient ainsi une représentation unitaire de G dans H^σ (qu'on désigne par le même symbole) irréductible appelée la série complémentaire sphérique.

ii) Si $s = \frac{n-1}{2} + m$, m entier $\geqslant 0$ et si $\mathcal{H}^m = \bigoplus_{p=0}^{m} H_p^n$, alors on a :

(i) $\mathcal{H}^m$ est invariant par les U_g^{-s} , $g \in G$;

(ii) la restriction de U^{-s} à $\mathcal{H}^m$ est irréductible.

5. Prolongement analytique de la série principale sphérique pour $SO_o(1,n)$; $n \geqslant 3$.

Nous allons donner une démonstration du théorème suivant :

Théorème. Considérons $D = \{s \in \mathbb{C} \mid |Re(s)| < \frac{n-1}{2}\}$. Il existe une série de représentations $g \mapsto R_g^s$ de G dans $L^2(S^{n-1})$ dépendant d'un paramètre $s \in D$ vérifiant les conditions suivantes :

(i) Pour $g \in G$ fixé, $s \mapsto R_g^s$ est une fonction analytique (pour la topologie faible de $\mathcal{L}(L^2(S^{n-1}))$;

(ii) pour $s \in D$, la représentation R^s est uniformément bornée, de façon plus précise, il existe une constante A_σ, uniformément bornée sur tout compact de D, telle que

$$\sup_{g \in G} \|R_g^s\|_\infty \leq A_\sigma \left(1 + \frac{4t}{n-1}\right)^{|\sigma|} \quad \text{pour} \quad s \in D, \quad \sigma = \mathrm{Re}(s) ;$$

(iii) si $s \in i\mathbb{R}$, la représentation R^s est unitairement équivalente à la représentation U^s de la série principale sphérique ;

(iv) pour $0 < \sigma < \frac{n-1}{2}$, la représentation R^σ est unitairement équivalente à la représentation U^σ de la série complémentaire sphérique ;

(v) les représentations R^s sont invariantes par l'action du groupe de Weyl, i.e. $R_g^s = R_g^{-s}$ pour $g \in G$;

(vi) pour $s \in D$, on a $(R_g^s)^* = R_{g^{-1}}^{-\bar{s}}$, de sorte que la représentation R^s est unitairement équivalente à une représentation unitaire si et seulement si elle était déjà unitaire, i.e. $s = -\bar{s}$ (série principale) ou $s = \bar{s}$ (série complémentaire).

Notre démonstration de ce théorème imite celle de Sally et est sensiblement différente de celles de Lipsman-Wilson. On procède par plusieurs étapes.

i) La série principale normalisée. Pour $|\mathrm{Re}(s)| < \frac{1}{2}(n-1)$, considérons l'opérateur $\hat{W}(s)$ défini par

$$(7) \qquad [\hat{W}(s)f](x) = \begin{cases} \left(\dfrac{(\frac{1}{2}(n-1)+s)}{(\frac{1}{2}(n-1)-s)}\right)^{1/2} (2\pi|x|)^{-s} f(x) & \text{pour } x \neq 0 . \\ 0 \quad \text{pour} \quad x = 0 , \end{cases}$$

pour $f \in L^2(\mathbb{R}^{n-1})$. On convient de ne pas considérer que la détermination principale de $z^{1/2}$ qui est réelle et positive pour z réel et positif ; formellement l'opérateur $\hat{W}(s)$ est la racine carrée de l'opérateur $\hat{A}(2s)$. Pour $s \in i\mathbb{R}$,

(i)^ $\hat{W}(s)$ est un opérateur unitaire dans $L^2(\mathbb{R}^{n-1})$;

(ii)^ $(\hat{W}(s))^{-1} = \hat{W}(-s)$ et $\hat{W}(0) = 1$;

(iii)^ $(\hat{W}(-s))^{-1} \hat{W}(s) = \hat{A}(2s) = [\hat{W}(s)]^2$.

Soit maintenant

$$(8) \qquad W(s) = E^{-1}(0) \mathfrak{F}^{-1} \hat{W}(s) \mathfrak{F} E(s) \quad .$$

Alors il est clair que, pour $s \in i\mathbb{R}$,

(i) $W(s)$ est unitaire dans $L^2(S^{n-1})$;

(ii) $W(0) = 1$;

(iii) $[W(-s)]^{-1} W(s) = A(2s)$.

De plus, pour $0 < \sigma < \frac{1}{2}(n-1)$, on peut définir l'opérateur $\hat{W}(\sigma)$ toujours par la formule (7) pour les fonctions sur $\mathbb{R}^{n-1}$; il est facile de voir qu'alors $\hat{W}(\sigma)$ est unitaire de $\hat{H}^\sigma$ à $L^2(S^{n-1})$ où $\hat{H}^\sigma$ désigne l'espace de Hilbert des fonctions mesurables f sur $\mathbb{R}^{n-1}$ telles que $(A(2\sigma)f|f) < +\infty$. Il en résulte que, toujours pour $0 < \sigma < \frac{1}{2}(n-1)$, on peut définir l'opérateur $W(\sigma)$ par (8) et on obtient un opérateur qui est unitaire de H^σ à $L^2(S^{n-1})$.

Si nous posons, pour $s \in i\mathbb{R}$,

(9) $$R_g^s = W(s)\, U_g^s\, W^{-1}(s) \qquad \text{pour } g \in G ,$$

il est clair que $g \mapsto R_g^s$ est une représentation unitaire, unitairement équivalente à la représentation U^s de la série principale ; la famille de représentations R^s, $s \in i\mathbb{R}$, s'appellent la <u>série principale normalisée</u> de G.

<u>Proposition 1</u>. (i) <u>Pour</u> $g \in MAV$, $R_g^s = U_g^o$, <u>de sorte que la représentation</u> R^s <u>est indépendante de</u> s <u>pour</u> $g \in MAV$.

(ii) $R_g^s = R_g^{-s}$ <u>pour</u> $g \in G$, <u>de sorte que la représentation</u> R^s <u>est invariante sous l'action du groupe de Weyl</u>.

<u>Démonstration</u>. On voit aisément que $R_g^s = R_g^o \Leftrightarrow \hat{W}(s)\hat{T}_g^s = \hat{T}_g^o\, \hat{W}(s)$; pour voir (i), on vérifie cette relation, pour $g \in M$, A resp. V, ce qui ne présente pas de difficulté. Pour (ii), il suffit de remarquer que $R^s = R^o$ équivaut la relation d'entrelacement.

Compte tenu de la décomposition de Bruhat, le prolongement analytique de R_g^s pour $g \in G$ est donc réduit à celui d'un seul opérateur R_w^s (que l'on connaît pour $s \in i\mathbb{R}$), où $w = \mathrm{diag}(1, -1, -1, 1, \ldots, 1)$.

ii) <u>La transformation de Mellin dans</u> $\mathbb{R}^{n-1}$. Soit p un entier ≥ 0 et soit Y_ℓ^p, $\ell = 1, \ldots, a_p = \dim(H_p^{n-1})$, une base orthonormée de l'espace H_p^{n-1} des harmoniques sphériques de degré p dans $\mathbb{R}^{n-1}$. Considérons l'espace $\mathcal{H}_p$ des fonctions f sur $\mathbb{R}^{n-1}$ telles que $f(x) = \sum_{\ell=1}^{a_p} f_\ell(|x|)\, Y_\ell^p(\xi)$, pour $x = |x|\xi$, avec $\xi \in S^{n-2}$, vérifiant

$$\int_0^\infty |f(r)|^2 \; r^{n-2} \, dr < +\infty \; .$$

On sait alors que

$$L^2(\mathbb{R}^{n-1}) = \bigoplus_{p \geq 0} \mathcal{H}_p \quad \text{et que}$$

$$\int_{\mathbb{R}^{n-1}} |f(x)|^2 \, dx = \sum_{p \geq 0} \sum_{\ell=1}^{a_p} \int_0^\infty |f_{p\ell}(r)|^2 \, r^{n-2} \, dr \quad \text{si} \quad f = \sum_{p \geq 0} \sum_{\ell=1}^{a_p} f_{p\ell} \, Y_\ell^p \; .$$

Si $M^+ \varphi$ désigne la transformée de Mellin dans le groupe multiplicatif $\mathbb{R}_+^*$ définie par

$$(M^+ \varphi)(\alpha) = \int_0^\infty \varphi(r) \, r^{\alpha-1} \, dr \; , \quad \text{pour} \quad \alpha \in \mathbb{C}$$

il résulte de la formule du type Plancherel pour cette transformation (voir Titchmarsh [7]) que l'on a

$$(10) \quad \int_{\mathbb{R}^{n-1}} |f(x)|^2 \, dx = \frac{1}{2} \sum_{p \geq 0} \sum_{\ell=1}^{a_p} \int_{-\infty}^{\infty} |(M^+ f_{p\ell}) \, (\tfrac{1}{2}(n-1) + i\beta)|^2 \, d\beta$$

$$= \frac{1}{2} \sum_{p \geq 0} \sum_{\ell=1}^{a_p} \int_{-\infty}^{\infty} |(M^+ f_{p\ell}) \, (\tfrac{1}{2}(n-1) - i\beta)|^2 \, d\beta \; ,$$

pour $f = \sum_{p \geq 0} \sum_{\ell=1}^{a_p} f_{\ell p} \, Y_\ell^p$.

Nous nous proposons de définir une sorte de <u>transformation de Mellin</u> dans $\mathbb{R}^{n-1} - \{0\}$, de la manière suivante : pour $f \in \mathcal{S}\,(\mathbb{R}^{n-1} - \{0\})$, posons

$$(11) \quad (Mf)(\alpha, K) = \int_{\mathbb{R}^{n-1}-\{0\}} f(x) \, |x|^\alpha \, \overline{Y_p^K(\xi)} \, \frac{dx}{|x|^{n-1}} \qquad (x = |x|\xi \; , \; \xi \in S^{n-2}) \; .$$

où Y_p^K désigne la fonction de la base orthonormée de H_p^{n-1} correspondant au paramètre $K = (p, p_1, \ldots, p_{n-4}, p_{n-3})$, $p \geq p_1 \geq \cdots \geq |p_{n-3}|$.

En utilisant (10), il est facile de voir que l'on a <u>le théorème de Plancherel</u> suivant pour note transformation de Mellin :

La transformation $f \mapsto Mf$ se prolonge en une application définie dans $L^2(\mathbb{R}^{n-1} - \{0\})$ et l'on a l'égalité :

$$(12) \quad \int_{\mathbb{R}^{n-1}} |f(x)|^2 \, dx = \frac{1}{2} \sum_{p \geq 0} \sum_{K} \int_{-\infty}^{+\infty} |(Mf) \, (\tfrac{n-1}{2} \pm i\beta, K)|^2 \, d\beta \; .$$

Pour $s \in D$, définissons les opérateurs $\hat{R}_w^s$ et R_w^s en posant

$$(13) \qquad \hat{R}_w^s = \hat{W}(s) \, \hat{T}_w^s \, \hat{W}(s)^{-1}$$

(14) $R_w^s = W(s)\, U_w^s\, W(s)^{-1} = E^{-1}(0)\, \mathcal{F}^{-1}\, \hat{R}_w^s\, \mathcal{F}\, E(0)$.

Proposition 2. Pour $\alpha = \frac{n-1}{2} + i\beta$, $|\mathrm{Re}(s)| < \frac{n-1}{2}$ et $f \in \mathcal{S}(\mathbb{R}^{n-1} - \{0\})$, on a

$$[M\,\hat{R}_w^s\, f]\,(\alpha, K) = A(\alpha, s, K)\,[Mf](n-1-\alpha, K) ,$$

où

$$A(\alpha, s, K) = \pi^{n-1-2\alpha}(-1)^{p-p_1} \frac{\Gamma(\frac{p+\alpha+s}{2})\,\Gamma(\frac{p+\alpha-s}{2})}{\Gamma(\frac{p+n-1-s-\alpha}{2})\,(\frac{p+n-1+s-\alpha}{2})} ,$$

si $K = (p, p_1, \ldots, p_{n-3})$, $p \geqslant p_1 \geqslant \ldots \geqslant |p_{n-3}|$.

Démonstration. Posons, pour $x,y \in \mathbb{R}^{n-1}$,

$$\langle x,y\rangle = -x_1y_1 + x_2y_2 + \ldots + x_{n-1}y_{n-1} .$$

Comme on a : $(T_w^s\varphi)(x) = |x|^{-(n-1)-2s}\ \varphi(-\frac{x_1}{|x|^2}, \frac{x_2}{|x|^2}, \ldots, \frac{x_{n-1}}{|x|^2})$, on a

$$(\hat{T}_w^s f)(x) = \int_{\mathbb{R}^{n-1}} |y|^{-(n-1)-2s}\, e^{-2\pi i(x.y)}\, dy \int_{\mathbb{R}^{n-1}} f(u) \exp\frac{\langle u,y\rangle}{|y|^2}\, du ,$$

et

$$(\hat{R}_w^s f)(x) = |x|^{-s} \int_{\mathbb{R}^{n-1}} |y|^{-(n-1)-2s}\, e^{-2\pi i(x.y)}\, dy \int_{\mathbb{R}^{n-1}} |u|^s f(u) \exp\frac{\langle u,y\rangle}{|y|^2}\, du ;$$

ces intégrales ne convergent pas absolument pour $s \in i\mathbb{R}$ et nous allons utiliser la méthode de sommation d'Abel : si F est localement sommable dans $\mathbb{R}^{n-1}$, i.e. $\int_{|x|\leqslant R} |f(x)|\, dx < +\infty$ quel que soit $R \geqslant 0$, alors

$$\lim_{R\to+\infty} \int_{|x|<R} f(x)\, dx = \lim_{\varepsilon \downarrow 0} \int_{\mathbb{R}^{n-1}} e^{-\varepsilon|x|} f(x)\, dx .$$

On a alors

$$(M\,\hat{R}_w^s f)(\alpha, K) = \lim_{\substack{\varepsilon\downarrow 0\\ \eta \downarrow 0}} \int_{\mathbb{R}^{n-1}-\{0\}} e^{-\varepsilon|x|}\,|x|^{\alpha-s-(n-1)}\, \overline{Y_p^K(\xi)}\, dx\ \times$$

$$\times \int_{\mathbb{R}^{n-1}-\{0\}} e^{-\eta|y|}\,|y|^{-(n-1)-2s}\, e^{-2\pi i(x.y)}\, dy \int_{\mathbb{R}^{n-1}-\{0\}} |u|^s f(u) \exp\frac{\langle u,y\rangle}{|y|^2}\, du ;$$

les intégrales étant absolument convergente si $|\mathrm{Re}(s)| < \frac{n-1}{2}$ (et $\mathrm{Re}(\alpha) = \frac{n-1}{2}$) , on peut intervenir l'ordre d'intégration et on trouve :

$$(M\,\hat{R}_w^s f)(\alpha, K) = \int_{\mathbb{R}^{n-1}-\{0\}} |u|^s\ f(u)\, I_2(u)\, du ,$$

où

$$I_2(u) = \lim_{\eta \downarrow 0} \int_{\mathbb{R}^{n-1}-\{0\}} e^{-\frac{\eta}{|y|}} |y|^{-(n-1)-2s} \exp \frac{<u,y>}{|y|^2} I_1(y)\, dy \quad ,$$

avec

$$I_1(y) = \lim_{\varepsilon \downarrow 0} \int_{\mathbb{R}^{n-1}-\{0\}} e^{-\varepsilon|x|} |x|^{\alpha-s-(n-1)} \overline{Y_p^K(\xi)}\, e^{-2\pi i(x.y)}\, dx \, .$$

Cette dernière limite peut être évaluée à l'aide d'une formule de Bochner ([1], p. 39, (2.6.12)) et on trouve que

$$I_1(y) = i^p \, \pi^{-\alpha+s+\frac{n-1}{2}} |y|^{-\alpha+s} \frac{\Gamma(\frac{\alpha-s+p}{2})}{\Gamma(\frac{n-1-\alpha+s+p}{2})} \overline{Y_p^K(\eta)}$$

pour $Re(s) < \frac{1}{2}(n-1)$. L'expression $I_2(u)$ se calcule de même, après avoir fait le changement de variable $z = \left(-\frac{y_1}{|y|^2}, \frac{y_2}{|y|^2}, \ldots, \frac{y_{n-1}}{|y|^2}\right)$, en remarquant que $Y_p^K(-\omega_1, \omega_2, \ldots, \omega_{n-1}) = (-1)^{p-p_1} Y_p^K(\omega_1, \ldots, \omega_{n-1})$, si $K = (p, p_1, \ldots, p_{n-3})$ et on trouve finalement que

$$I_2(u) = (-i)^p (-1)^{p-p_1} \pi^{-\alpha-s+\frac{n-1}{2}} \frac{\Gamma(\frac{p+\alpha+s}{2})}{\Gamma(\frac{n-1-\alpha-s+p}{2})} |u|^{-\alpha-s} \overline{Y_p^K(\omega')} \, ,$$

pour $-\frac{1}{2}(n-1) < Re(s)$, en posant $u = |u| \omega'$, $\omega' \in S^{n-2}$. La proposition en résulte immédiatement.

Lemme 1. Soit $B(\alpha,s,K) = |A(\alpha,s,K)|^2$. Alors

(i) si $s \in i\mathbb{R}$, on a : $B(\frac{n-1}{2} + i\beta, it, K) \equiv 1$;

(ii) pour $|\sigma| < \frac{n-1}{2}$, $B(\frac{n-1}{2} + i\beta, \sigma, K) \equiv 1$;

(iii) on a : $B(\frac{n-1}{2} + i\beta, \sigma + it, K) \leq A_\sigma^2 (1 + \frac{4|t|}{n-1})^2$,

où A_σ est uniformément borné sur tout compact de $|\sigma| < \frac{n-1}{2}$.

Démonstration. Les assertions (i) et (ii) sont triviales en vertu de la définition de $A(\alpha,s,K)$. Pour (iii), posons

$$C = \frac{1}{2}(\frac{n-1}{2} + p) \, , \; z_1 = \frac{1}{2}(\sigma + i(t-\beta)) = x_1 + iy_1$$

et $z_2 = \frac{1}{2}(-\sigma - i(\beta + t)) = x_2 + iy_2$;

alors on a

$$B(\alpha,\sigma+it,K)=\left|\frac{\Gamma(C-z_1)\,\Gamma(C-z_2)}{\Gamma(C+z_1)\,\Gamma(C+z_2)}\right|^2 .$$

D'après la formule de Stirling, la fonction $\operatorname{Log}\Gamma(w)-(w-\frac{1}{2})\operatorname{Log} w+w$ est uniformément bornée dans tout secteur de la forme : $-\pi+\varepsilon\leqslant \operatorname{Arg} w\leqslant \pi-\varepsilon$, $\varepsilon>0$ (pour la détermination principale du logarithme Log w) ; par suite,

$$\operatorname{Log}\frac{\Gamma(C-z_j)}{\Gamma(C+z_j)}=(C-z_j-\tfrac{1}{2})\operatorname{Log}\frac{C-z_j}{C-iy_j}-(C+z_j-\tfrac{1}{2})\operatorname{Log}\frac{C+z_j}{C+iy_j}$$
$$+\,2z_j+i(2C-1)\operatorname{Arg}(C-iy_j)-2z_j\operatorname{Log}|C-iy_j|+B(z_j) ,$$

pour $j=1,2$, avec $B(z_j)$ uniformément bornée pour $|x_1|$, $|x_2|<C$. Si on utilise la majoration due à Kunze et Stein ([2]) :

$$\left|(C\pm z-\tfrac{1}{2})\operatorname{Log}\frac{C\pm z}{C\pm iy}\right|\leqslant 3\,|x| \quad\text{pour}\quad x<\frac{C}{2}\quad (\text{si}\quad z=x+iy) ,$$

il en résulte que

$$\left|\frac{\Gamma(C-z_j)}{\Gamma(C+z_j)}\right|\leqslant D_{z_j}\,e^{8|x_j|}\,|C-iy_j|^{-2x_j}\quad\text{pour}\quad |x_j|<\frac{C}{2}\ ,\quad j=1,2 ,$$

où D_{z_j} est une constante indépendante de C , uniformément bornée pour $|x_j|<\frac{C}{2}$.

Il s'ensuit que

$$B(\alpha,\sigma+it,K)<(D_{z_1}D_{z_2})^2\,e^{16|\sigma|}\left(1+\frac{4|t|}{n-1}\right)^{2|\sigma|}\quad\text{pour}\ |\sigma|<\frac{n-1}{2} ,$$

ce qui établit (iii) .

La proposition 2 , la formule (12) et le lemme 1, (iii) nous permettent de montrer que l'opérateur $\hat{R}^s_w$ vérifie l'inégalité

$$\|\hat{R}^s_w f\|_2\leqslant A_\sigma\left(1+\frac{4|t|}{n-1}\right)\|f\|_2\quad\text{pour}\quad f\in\mathcal{S}(\mathbb{R}^{n-1}-\{0\}) ,$$

ce qui montre que $\hat{R}^s_w$ se prolonge en un opérateur borné de $L^2(\mathbb{R}^{n-1})$ tel que

$$\|\hat{R}^s_w\|_\infty\leqslant A_\sigma\left(1+\frac{4|t|}{n-1}\right)\quad\text{pour}\quad s=\sigma+it\ ,\ |\sigma|<\frac{n-1}{2} .$$

De plus, l'application $s\mapsto \hat{R}^s_w$ est analytique dans D (à valeurs dans $\mathcal{L}(L^2(\mathbb{R}^{n-1}))$) .

La démonstration du théorème est maintenant immédiate ; il suffit de poser, pour $s\in D$ et $g\in MAV$, $R^s_g=R^o_g$ et puis, pour $g=g_1wg_2$, $R^s_g=R^s_{g_1}R^s_wR^s_{g_2}$. L'analyticité montre alors que la définition ne dépend pas de la représentation de g et que l'application $g \mapsto R^s_g$ est un homomorphisme de G dans $\mathcal{L}(L^2(\mathbb{R}^{n-1}))$; les autres énoncés résultent immédiatement de ce qui précède.

BIBLIOGRAPHIE

[1] S. BOCHNER, Harmonic analysis and the theory of Probability (University of California Press, Berkeley 1960).

[2] R. A. KUNZE & E. M. STEIN, Uniformly bounded representations, II. Analytic continuation of the principal series of representations of the n × n complex unimodular group, Amer. J. Math., Vol. 83 (1961), p. 723-786.

[3] R. L. LIPSMAN, Uniformly bounded representations of the Lorentz groups (Amer. Journ. of Math., Vol. 91 (1969), p. 938-962).

[4] MAGNUS-OBERHETTINGER-SONI, Formulas and theorems for the special functions of mathematical physics (3ème édition, Springer-Verlag, Berlin-Heidelberg-New-York, die Grundlehnen der mathematischen Wissenschaften in Einzeldarstellung, Band 52).

[5] P. J. SALLY, Analytic continuation of the irreductible unitary representations of the universal covering group of SL(2, ℝ) (Mem. of Amer. Math. Soc., n° 69 (1967)).

[6] P. J. SALLY, Intertwining operators and representations of SL(2, ℝ) (Journ. of Funct. analysis, Vol. 6 (1970), p. 441-453).

[7] E. C. TITCHMARSH, Introduction to the theory of Fourier integrals (Oxford-Clarendon Press (1937)).

[8] N. Ja. VILENKIN, Fonctions spéciales et théorie de la représentation des groupes (Monographies Univ. de Math., Dunod-Paris (1969)).

[9] E. N. WILSON, Uniformly bounded representations of the Lorents groups (Transac. of Amer. Math. Soc., Vol. 166 (1972)).

LES DISTRIBUTIONS DE TYPE POSITIF

I. - RELATIVEMENT A UN GROUPE FINI D'ISOMETRIES

par Nicole BOPP

Une question posée par I.M. Guelfand et N.Y. Vilenkin dans leur livre "Les distributions" (tome 4 p. 207) est à l'origine de ce travail: si G est un sous-groupe du groupe orthogonal $O(n)$, quelles sont les fonctions f continues sur $\mathbb{R}^n$ et invariantes par G pour lesquelles

$$\int_{\mathbb{R}^n}\int_{\mathbb{R}^n} f(x-y)\varphi(x)\overline{\varphi(y)}\,dx\,dy \geq 0$$

pour toute fonction φ de classe C^∞, à support compact et invariante par le groupe G ? M.G. Krein [6] a déterminé toutes ces fonctions par une représentation intégrale lorsque $G = O(1)$ et A.E. Nussbaum [7] lorsque $G = O(n)$. Ce travail est consacré à l'étude du cas où G est un sous-groupe fini de $O(n)$: nous obtenons une représentation intégrale des fonctions qui vérifient la propriété ci-dessus et qui ont une croissance de type exponentiel (THEOREME 4.7).

1. Définitions et notations.

On appelle $\mathcal{D}(\mathbb{R}^n)$ l'ensemble des fonctions à valeurs complexes, de classe C^∞ sur $\mathbb{R}^n$ et à support compact. Muni du produit de convolution $\varphi*\psi$ défini par $\varphi*\psi\,(x) = \int\varphi(t)\psi(x-t)dt$, $\mathcal{D}(\mathbb{R}^n)$ est une algèbre commutative. Cette algèbre est involutive pour l'involution qui à une fonction φ associe la fonction $\tilde{\varphi}$ définie par $\tilde{\varphi}(x) = \overline{\varphi(-x)}$.
Soit G un sous-groupe de $O(n)$. Pour tout élément g de G on appelle gx l'image d'un élément x de $\mathbb{R}^n$ par la transformation linéaire g, $g\xi$ l'image d'un élément ξ de $\mathbb{C}^n$ par cette transformation et $g\varphi$ la fonction définie par $g\varphi(x) = \varphi(g^{-1}x)$. On appelle $\mathcal{D}^\#(\mathbb{R}^n)$ l'ensemble des fonctions de $\mathcal{D}(\mathbb{R}^n)$ invariantes par G.

DEFINITION 1.1 Une fonction continue f sur $\mathbb{R}^n$ est de type positif relativement à un groupe G d'isométries si elle vérifie les propriétés:

(i) f est invariante par G,

(ii) $\forall\varphi\in\mathcal{D}^{\#}(\mathbb{R}^n)$, $\iint f(x-y)\varphi(x)\overline{\varphi(y)}\,dx\,dy \geq 0$.

La propriété (ii) s'écrit aussi:

$$\forall\varphi\in\mathcal{D}^{\#}(\mathbb{R}^n)\ ,\ \int f(u)\ \varphi*\tilde{\varphi}(u)\ du \geq 0\ .$$

La définition 1.1 se généralise aux distributions par la

DEFINITION 1.2 Une distribution T sur $\mathcal{D}(\mathbb{R}^n)$ est de type positif relativement à un groupe G d'isométries si elle vérifie les propriétés:

(i) T est invariante par G, c'est-à-dire:

$\forall g\in G$, $\forall\varphi\in\mathcal{D}(\mathbb{R}^n)$, $< T, g\varphi > = < T, \varphi >$,

(ii) $\forall\varphi\in\mathcal{D}^{\#}(\mathbb{R}^n)$, $< T, \varphi*\tilde{\varphi} > \geq 0$.

Il est clair que toute distribution de type positif (cf. [8]) est de type positif relativement à un sous-groupe de $O(n)$ si elle est invariante par ce groupe. Le théorème de Bochner-Schwartz prouve que la classe de ces distributions est identique à la classe des transformées de Fourier des mesures tempérées. Il existe cependant des distributions de type positif relativement à certains groupes G qui ne sont pas de type positif (par exemple dans le cas, traité par Krein, où $G = O(1)$). I.M. Guelfand et N.Y. Vilenkin [5] indiquent une méthode permettant d'obtenir certaines de ces distributions:

On appelle M la partie de $\mathbb{C}^n$ définie par

$$M = \{\xi\in\mathbb{C}^n \mid \exists g\in G \text{ tel que } g\xi = \bar{\xi}\}\ .$$

On appelle $\hat{\varphi}$ la transformée de Fourier d'une fonction φ de $\mathcal{D}(\mathbb{R}^n)$

définie pour ξ appartenant à $\mathbb{C}^n$ par

$$\hat{\varphi}(\xi) = \int_{\mathbb{R}^n} e^{i(x,\xi)} \varphi(x)\, dx ,$$

où $(x,\xi) = (x,\xi_1+i\xi_2) = (x,\xi_1) + i(x,\xi_2)$, (x,ξ_i) désignant le produit scalaire dans $\mathbb{R}^n$.

Sous certaines conditions de croissance une mesure μ positive sur M , invariante par G , détermine une distribution de type positif relativement à G par la formule

$$(1) \quad < T, \varphi > = \int_M \hat{\varphi}(\xi) d\mu(\xi) .$$

A.E. Nussbaum [7] démontre qu'on obtient ainsi toutes les distributions de type positif relativement à $O(n)$.

Nous allons démontrer qu'on obtient ainsi toutes les distributions de type positif relativement à un sous-groupe fini de $O(n)$, qui vérifient une certaine condition de croissance (en fait celles qui appartiennent à S'_α cf. DEFINITION 2.5) en utilisant le théorème de Plancherel-Godement ([3]) .

2. Les espaces $S_\alpha(\mathbb{R}^n)$ et $Z_\alpha(\mathbb{R}^n)$.

Suivant l'usage, on note $|x| = (\sum_{i=1}^{n} x_i^2)^{\frac{1}{2}}$ la norme d'un élément $x = (x_1,\dots,x_n)$ de $\mathbb{R}^n$. Pour tout multi-indice $q = (q_1,\dots,q_n)$ de $\mathbb{N}^n$, on définit l'opérateur différentiel D^q sur $\mathbb{R}^n$ par:

$$D^q = \frac{\partial^{|q|}}{\partial x_1^{q_1} \dots \partial x_n^{q_n}} \quad \text{où} \quad |q| = q_1 + q_2 + \dots + q_n .$$

DEFINITION 2.1 <u>Pour tout réel α positif ou nul, on appelle $S_\alpha(\mathbb{R}^n)$ (ou S_α) l'espace des fonctions φ de classe C^∞ sur $\mathbb{R}^n$ telles que</u>

pour tout entier p et pour tout multi-indice q,

$$\sup_{x \in \mathbb{R}^n} (1+|x|^2)^p e^{\alpha|x|} |D^q \varphi(x)| < +\infty .$$

On munit S_α de la topologie définie par la famille dénombrable de semi-normes $\| \ \|_p$ où

$$\|\varphi\|_p = \underset{|q| \le p}{\mathrm{Max}} \sup_{x \in \mathbb{R}^n} (1+|x|^2)^p e^{\alpha|x|} |D^q \varphi(x)| \quad \text{pour} \quad \varphi \in S_\alpha .$$

On remarque que l'espace S_o est l'espace de Schwartz des fonctions à décroissance rapide.

THEOREME 2.2 (1) L'espace S_α est un espace de Fréchet.

(2) L'injection de $\mathcal{D}$ (muni de sa topologie habituelle) dans S_α est continue. De plus $\mathcal{D}$ est dense dans S_α.

(3) Le produit de convolution est continu sur S_α. Pour tout entier p, il existe une constante A_p telle que:

$$\forall \varphi, \psi \in S_\alpha, \quad \|\varphi * \psi\|_p \le A_p \|\varphi\|_p \|\psi\|_{n+p} .$$

Les assertions (1) et (2) sont démontrées dans le tome 2 du livre "Les distributions" de Guelfand-Chilov. Les espaces S_α sont du type $K\{M_p\}$ (voir p. 88) avec $M_p(x) = (1+|x|^2)^p e^{\alpha|x|}$.

Pour démontrer (3) il convient de remarquer que $M_p(x+y) \le 4^p M_p(x) M_p(y)$.

On en déduit que pour des fonctions φ et ψ de S_α et pour tout multi-indice q tel que $|q| \le p$ on a:

$$M_p(x) \; |D^q(\varphi * \psi)(x)| \le 4^p \int M_p(u) |D^q \varphi(u)| \; M_p(x-u) \; |\psi(x-u)| \; du$$

$$\le 4^p \|\varphi\|_{p+n} \|\psi\|_p \int \frac{M_p(u)}{M_{p+n}(u)} \, du .$$

La convergence de l'intégrale $\int \frac{M_p(u)}{M_{p+n}(u)}\, du = \int \frac{du}{(1+|u|^2)^n}$ entraine le résultat □ .

Nous allons démontrer un analogue du théorème de Paley - Wiener pour les espaces S_α . Tout d'abord il est clair que la transformée de Fourier d'une fonction φ de S_α se prolonge au tube $T_\alpha \subset \mathbb{C}^n$ défini par:

$$T_\alpha = \{\xi \in \mathbb{C}^n \mid |\mathrm{Im}\,\xi| \leq \alpha\} .$$

DEFINITION 2.3 <u>On appelle $Z_\alpha(\mathbb{C}^n)$ (ou Z_α) l'espace des fonctions h holomorphes à l'intérieur du tube T_α telles que pour tout entier p et pour tout multi-indice q</u> ,

$$\sup_{\xi \in \overset{o}{T}_\alpha} (1+|\xi|^2)^p \; |D^q h(\xi)| < +\infty .$$

On munit Z_α de la topologie définie par la famille dénombrable de semi-normes $\|\ \|'_p$ où

$$\|h\|'_p = \max_{|q|\leq p} \; \sup_{\xi \in \overset{o}{T}_\alpha} (1+|\xi|^2)^p \; |D^q h(\xi)| \quad \text{pour } h \in Z_\alpha .$$

THEOREME 2.4 <u>La transformée de Fourier est un isomophisme de l'espace vectoriel topologique</u> S_α <u>sur l'espace</u> Z_α .

La transformée de Fourier d'une fonction φ de S_α est bornée sur le tube T_α . On a:

$$\sup_{\xi \in T_\alpha} |\hat{\varphi}(\xi)| \leq C_o \|\varphi\|_n \quad \text{où} \quad C_o = \int \frac{dx}{(1+|x|^2)^n} .$$

On en déduit en utilisant les relations entre les dérivées et les produits par un polynôme d'une fonction et de sa transformée de Fourier, que la

transformée de Fourier est une application continue de S_α dons Z_α .
Si h est une fonction de Z_α , sa restriction à $\mathbb{R}^n$ appartient à S_o .
La cotransformée de Fourier φ de cette restriction est donc définie.
Elle appartient à S_o et vérifie de plus l'inégalité:

$$(I) \quad \sup_{x\in \mathbb{R}^n} e^{\alpha|x|} |\varphi(x)| \leq \frac{C_o}{(2\pi)^n} \|h\|'_n .$$

En effet, on déduit de la formule de Cauchy que pour $\eta = |\mathrm{Im}\xi| < \alpha$ on a:

$$\varphi(x) = \frac{1}{(2\pi)^n} \int_{\mathbb{R}^n} e^{-i(x,\zeta+i\eta)} h(\zeta+i\eta)\, d\zeta = \frac{e^{(x,\eta)}}{(2\pi)^n} \int_{\mathbb{R}^n} e^{-i(x,\zeta)} h(\zeta+i\eta) d\zeta .$$

L'appartenance de h à Z_α permet de majorer cette dernière intégrale:

$$\left| \int_{\mathbb{R}^n} e^{-i(x,\zeta)} h(\zeta+i\eta) d\zeta \right| \leq C_o \|h\|'_n .$$

L'inégalité (I) découle alors du fait que:

$$\inf_{|\eta|<\alpha} e^{(x,\eta)} \leq e^{-\alpha|x|} .$$

En utilisant l'inégalité (I) on démontre que la fonction φ appartient à S_α , et donc que la transformée de Fourier est un bijection de S_α sur Z_α □ .

DEFINITION 2.5 <u>On appelle $S'_\alpha(\mathbb{R}^n)$ (ou S'_α) l'espace des formes linéaires continues sur $S_\alpha(\mathbb{R}^n)$.</u>

On va étudier à quelles conditions certaines fonctions Φ localement intégrables sur $\mathbb{R}^n$ déterminent une distribution qui se prolonge en un élément de $S'_\alpha(\mathbb{R}^n)$. (On écrit alors $\Phi\in S'_\alpha$).

PROPOSITION 2.6 Une fonction Φ localement intégrable sur $\mathbb{R}^n$ et positive appartient à S'_α si et seulement si il existe un entier p tel que:

$$\int_{\mathbb{R}^n} \frac{\Phi(x)}{(1+|x|^2)^p\, e^{\alpha|x|}}\, dx < +\infty$$

La condition est suffisante car pour φ appartenant à $\mathcal{D}$ on a

$$\int |\Phi(x)\varphi(x)|\, dx \leq \|\varphi\|_p \int \frac{\Phi(x)}{(1+|x|^2)^p\, e^{\alpha|x|}}\, dx$$

La valeur de la distribution Φ en tout point φ de S_α est alors donnée par l'intégrale $\int \Phi(x)\varphi(x)\, dx$ qui converge.

Pour démontrer que la condition est nécessaire on remarque que la continuité de la distribution Φ sur $\mathcal{D}$ muni de la topologie induite par S_α entraine l'existence d'un entier p et d'une constante C tels que:

$$\forall \varphi \in \mathcal{D}, \quad \left|\int \Phi(x)\varphi(x)\, dx\right| \leq C \|\varphi\|_p .$$

On construit une suite $(\varphi_m)_{m\in\mathbb{N}}$ de fonction positives de $\mathcal{D}$ telles que:

(i) $\forall m \in \mathbb{N}, \quad \|\varphi_m\|_p \leq M$

(ii) $\lim\limits_{m\to\infty} \varphi_m(x) = \dfrac{1}{e^{\alpha|x|}(1+|x|^2)^p}$

On obtient une telle suite en choisissant une fonction β de $\mathcal{D}$, prenant la valeur 1 sur la boule unité et en posant:

$$\varphi_m(x) = \beta\left(\frac{x}{m}\right) (1+|x|^2)^{-p}\, e^{-\alpha\sqrt{|x|^2+\left(\frac{1}{m}\right)}} .$$

Il est clair que les fonctions φ_m appartiennent à $\mathcal{D}(\mathbb{R}^n)$ et vérifient la condition (ii). Le calcul de leurs dérivées permet de prouver que les semi-normes $\| \|_p$ de ces fonctions sont uniformément bornées. Les intégrales $\int \Phi(x)\varphi_m(x)\, dx$ sont alors uniformément bornées par CM. Comme les fonctions Φ et φ_m sont positives, on peut appliquer le lemme de Fatou en faisant tendre m vers l'infini. On en déduit que

$$\int \frac{\Phi(x)}{(1+|x|^2)^P e^{\alpha|x|}}\, dx \leq CM < +\infty \quad \square$$

Les fonctions Φ_ξ définies ci-dessous seront utilisées par la suite, c'est pourquoi nous allons démontrer le

THEOREME 2.7 Si G est un sous-groupe fini de O(n) , la fonction Φ_ξ définie sur $\mathbb{R}^n$ par:

$$\Phi_\xi(x) = \frac{1}{|G|} \sum_{g\in G} e^{i(x,g\xi)} \quad \text{où } \xi\in\mathbb{C}^n ,\ |G| \text{ désigne l'ordre de } G ,$$

détermine une distribution sur S_α si et seulement si ξ appartient au tube T_α .

La condition suffisante est évidente car, si ξ appartient à T_α on a pour tout élément x de $\mathbb{R}^n$

$$|\Phi_\xi(x)| \leq e^{\alpha|x|} .$$

La distribution déterminée par Φ_ξ a alors pour valeur en tout point φ de S_α

$$< \Phi_\xi, \varphi > = \frac{1}{|G|} \sum_{g\in G} \hat{\varphi}(g\xi) .$$

Démontrons que la condition est nécessaire. Soit P un polynôme à n variables sur $\mathbb{C}$ prenant la valeur 1 au point ξ et la valeur 0 aux points de l'orbite de ξ , distincts de ξ . L'existence d'un tel polynôme est assurée car le groupe G est fini. Posons Q(X) = P(-iX).

La fonction $Q(\frac{\partial}{\partial x})\ \Phi_\xi(x)$ est égale à $\frac{q}{|G|}\ e^{i(x,\xi)}$ où q désigne le nombre d'éléments du stabilisateur de ξ dans le groupe G.

La fonction Φ_ξ appartient à S'_α par hypothèse, ses dérivées y appartiennent aussi. En particulier la fonction $x \longmapsto e^{i(x,\xi)}$ appartient à S'_α. Son produit par la fonction $x \longmapsto e^{-i(x,\, \mathrm{Re}\xi)}$, qui a toutes ses dérivées bornées, y appartient aussi. On en conclut que la fonction <u>positive</u> $x \longmapsto e^{-(x,\eta)}$ où $\eta = \mathrm{Im}\xi$ appartient à S'_α. On déduit alors de la proposition 2.6 l'existence d'un entier p tel que:

$$\int \frac{e^{-(x,\eta)}}{e^{\alpha|x|}(1+|x|^2)^P}\, dx < +\infty .$$

Pour tout ε positif, l'ensemble Ω_ε défini par

$$\Omega_\varepsilon = \{x\in \mathbb{R}^n \setminus\{0\} \mid \frac{(x,\eta)}{|x|\ |\eta|} < -1+\varepsilon\}$$

est un cone ouvert de sommet 0 contenant le point $(-\eta)$. On a alors:

$$\int_{\Omega_\varepsilon} \frac{e^{[(1-\varepsilon)|\eta| - \alpha]\,|x|}}{(1+|x|^2)^P}\, dx \le \int_{\Omega_\varepsilon} \frac{e^{-(x,\eta)}}{e^{\alpha|x|}(1+|x|^2)^P}\, dx < +\infty .$$

Pour que le première intégrale converge il faut que

$$(1-\varepsilon)\ |\eta| \le \alpha .$$

Cette inégalité étant vérifiée pour tout ε positif, on a nécessairement $\eta = |\mathrm{Im}\xi| \le \alpha$ et donc ξ appartient au tube T_α. □

3. Etude de $\mathcal{H}(S_\alpha^{\#})$.

Soit G un sous-groupe fini de O(n) . On appelle $S_\alpha^{\#}$ (resp. $\mathcal{D}^{\#}$) l'espace des fonctions de S_α (resp. $\mathcal{D}$) invariantes par le groupe G . L'espace $S_\alpha^{\#}$ est muni naturellement d'une structure d'algèbre commutative involutive.

LEMME 3.1 Il existe une suite h_m de fonctions de $\mathcal{D}^{\#}$ telles que pour toute fonction φ de $S_\alpha^{\#}$, la suite $\varphi * h_m$ converge dans $S_\alpha^{\#}$ vers φ .

Cette propriété est vérifiée par toute suite h_m de fonctions invariantes par O(n) telles que:

(a) $h_m \geq 0$

(b) $h_m(x) = 0$ si $|x| > 1/m$

(c) $\int h_m(x)\, dx = 1$ □

DEFINITION 3.2 On appelle $\mathcal{H}(S_\alpha^{\#})$ l'ensemble des caractères hermitiens non nuls et continus sur $S_\alpha^{\#}$ (muni de la topologie induite par celle de S_α).

Dans ce paragraphe nous allons déterminer les éléments de $\mathcal{H}(S_\alpha^{\#})$. L'application # qui à toute fonction φ de S_α associe la fonction $\varphi^{\#}$ de $S_\alpha^{\#}$ définie par:

$$\varphi^{\#}(x) = \frac{1}{|G|} \sum_{g \in G} \varphi(gx) \quad \text{pour} \quad x \in \mathbb{R}^n ,$$

est continue. A un caractère continu ω sur $S_\alpha^{\#}$ on associe la forme linéaire continue W sur S_α définie par:

$$\langle W, \varphi \rangle = \omega(\varphi^{\#}) \quad \text{pour} \quad \varphi \in S_\alpha .$$

PROPOSITION 3.3 La forme linéaire W associée à un élément ω de $H(S_\alpha^\#)$ est une distribution sur S_α de type positif relativement au groupe G . C'est de plus une distribution propre des opérateurs différentiels à coefficients constants invariants par G .

La distribution W , invariante par G , est de type positif relativement à G . En effet, comme le caractère ω est hermitien, on a pour toute fonction φ de $S_\alpha^\#$:

$$<W,\varphi*\tilde{\varphi}> = \omega(\varphi*\tilde{\varphi}) = |\omega(\varphi)|^2 \geq 0 .$$

Si D est un opérateur différentiel sur $\mathbb{R}^n$, à coefficients constants, invariant par G , on a pour toute fonction φ de classe C^∞

$$(D\varphi)^\# = D\varphi^\# .$$

Soit φ_o un élément de $S_\alpha^\#$ tel que $\omega(\varphi_o) \neq 0$. Pour tout élément φ de S_α on a:

$$\omega((D\varphi)^\#)\omega(\varphi_o) = \omega(D\varphi^\#*\varphi_o) = \omega(\varphi^\#)\omega(D\varphi_o) .$$

Par conséquent W est une distribution propre de l'opérateur D avec $<W,D\varphi_o> / <W,\varphi_o>$ pour valeur propre . □

Pour déterminer les distributions W associées aux caractères ω de $H(S_\alpha^\#)$ nous avons besoin du lemme algébrique ci-dessous.

LEMME 3.4 Soit G un sous-groupe fini de O(n) . On note $\mathbb{C}[X]^G$ l'algèbre des polynômes à n variables sur $\mathbb{C}$ invariants par le groupe G et $\mathrm{Hom}_{\mathbb{C}}(\mathbb{C}[X]^G,\mathbb{C})$ l'ensemble des homomorphismes d'algèbre de $\mathbb{C}[X]^G$ dans $\mathbb{C}$.

L'application de $\mathbb{C}^n/G$ dans $\mathrm{Hom}_{\mathbb{C}}(\mathbb{C}[X]^G, \mathbb{C})$ qui à la classe modulo G d'un élément ξ de $\mathbb{C}^n$ associe l'homomorphisme χ défini par

$$\chi(P) = P(\xi) \quad \text{pour} \quad P \in \mathbb{C}[X]^G$$

<u>est une bijection.</u>

La surjectivité de l'application est démontrée dans un cas plus général dans [2]. L'injectivité découle du fait que les polynômes invariants par G séparent les orbites des points de $\mathbb{C}^n$. Comme G est un groupe <u>fini</u>, il existe en effet un polynôme P qui prend la valeur 0 aux points d'une orbite et la valeur 1 aux points d'une autre orbite. Le polynôme $P^{\#}$ est invariant par G et sépare ces deux orbites. □

PROPOSITION 3.5 <u>La fonction Φ_ξ définie sur $\mathbb{R}^n$ par</u>

$$\Phi_\xi(x) = \frac{1}{|G|} \sum_{g \in G} e^{i(x, g\xi)} \quad \text{où} \quad \xi \in \mathbb{C}^n$$

<u>est invariante par G et fonction propre des opérateurs différentiels à coefficients constants invariants par G. Toute distribution propre de ces opérateurs qui est invariante par G est proportionnelle à l'une des fonctions Φ_ξ.</u>

La fonction Φ_ξ est fonction propre des opérateurs différentiels de la forme $P(\frac{\partial}{\partial x})$ où $P \in \mathbb{C}[X]^G$, avec pour valeur propre $P(i\xi)$:

$$\forall P \in \mathbb{C}[X]^G, \ P(\frac{\partial}{\partial x}) \, \Phi_\xi = P(i\xi) \, \Phi_\xi \qquad .$$

Soit W une distribution, invariante par G, propre des opérateurs $P(\frac{\partial}{\partial x})$ pour tout $P \in \mathbb{C}[X]^G$. On peut donc écrire:

$$\forall P \in \mathbb{C}[X]^G, \ P(\frac{\partial}{\partial x}) \, W = \chi(P) W \quad .$$

L'application χ appartient à $\mathrm{Hom}_{\mathbb{C}}(\mathbb{C}[X]^G, \mathbb{C})$. Le lemme 3.4 entraine donc l'existence d'un élément ξ de $\mathbb{C}^n$ tel que $\chi(P) = P(i\xi)$. Comme W est une distribution propre de Laplacien (qui est invariant par G), elle est déterminée par une fonction entière (que l'on note

$W(x))$. Les fonctions W et Φ_ξ qui sont entières et invariantes par G ont pour séries de Taylor à l'origine:

$$W(x) = \sum_{n=0}^{\infty} P_n(x) \quad \text{et} \quad \Phi_\xi(x) = \sum_{n=0}^{\infty} P_n^\xi(x) ,$$

où les polynômes P_n et P_n^ξ sont homogènes de degré n et invariants par G. Si P est un polynôme homogène de degré n on a:

$$P(\frac{\partial}{\partial x})W(0) = P(\frac{\partial}{\partial x})P_n \quad \text{et} \quad P(\frac{\partial}{\partial x})\Phi_\xi(0) = P(\frac{\partial}{\partial x})P_n^\xi ,$$

car $\dot{P}(\frac{\partial}{\partial x})P_m$ est un polynôme nul pour $n \not> m$ ou homogène de degré $m - n$ pour $n \leq m$. Si de plus P est invariant par G on a:

$$P(\frac{\partial}{\partial x})W(0) = P(i\xi)W(0) = W(0) \; . \; P(\frac{\partial}{\partial x})\Phi_\xi(0)$$

On a donc pour tout polynôme P de $\mathbb{C}[X]^G$, homogène de degré n :

$$P(\frac{\partial}{\partial x})P_n = W(0) \; . \; P(\frac{\partial}{\partial x})P_n^\xi \; .$$

La forme hermitienne qui à deux polynômes P et Q de $\mathbb{C}[X]^G$, homogènes de degré n, associe $\bar{P}(\frac{\partial}{\partial x})Q$ est définie positive. Si $W(0)$ est nul, le polynôme P_n est nul, et par conséquent la fonction W est elle-même nulle. Sinon on peut supposer que $W(0) = 1$ en remplacant W par $\frac{1}{W(0)} W$. L'égalité ci-dessus implique alors l'égalité des polynômes P_n et P_n^ξ, et donc des fonctions W et Φ_ξ. De façon générale on a démontré que: $W = W(0)\Phi_\xi$ □

On rappelle que T_α est le tube de $\mathbb{C}^n$ défini par:

$$T_\alpha = \{\xi \in \mathbb{C}^n \mid |\mathrm{Im}\xi| \leq \alpha\} ,$$

et que M est l'ensemble des points de $\mathbb{C}^n$ défini par:

$$M = \{\xi \in \mathbb{C}^n \mid \exists g \in G \text{ tel que } g\xi = \bar{\xi}\} .$$

PROPOSITION 3.6 La fonction Φ_ξ détermine une distribution sur S_α de type positif relativement à G si et seulement si ξ appartient à $M \cap T_\alpha$.

Nous avons démontré (Theorème 2.7) que Φ_ξ détermine une distribution sur S_α si et seulement si ξ appartient à T_α.

Si ξ appartient à M, on a pour toute fonction φ de $\mathcal{D}^{\#}$:

$$\hat{\tilde{\varphi}}(\xi) = \overline{\hat{\varphi}(\bar{\xi})} = \overline{\hat{\varphi}(\xi)} ,$$

car la transformée de Fourier de φ est aussi invariante par G. On en déduit donc que Φ_ξ est de type positif relativement à G car

$$< \Phi_\xi , \varphi * \tilde{\varphi} > = \widehat{\varphi * \tilde{\varphi}}(\xi) = |\hat{\varphi}(\xi)|^2 \geq 0 .$$

Réciproquement, si la fonction Φ_ξ est de type positif relativement à G elle est hermitienne. En effet la forme qui à deux éléments φ et ψ de $\mathcal{D}^{\#}$ associe $< \Phi_\xi , \varphi * \tilde{\psi} >$ est positive, donc hermitienne. Les distributions déterminées par les fonctions Φ_ξ et $\tilde{\Phi}_\xi$ prennent alors les mêmes valeurs pour les éléments de la forme $\varphi * \tilde{\psi}$ où φ et appartiennent à $\mathcal{D}^{\#}$. En utilisant le lemme 3.1 on en déduit que ces distributions prennent les mêmes valeurs sur $\mathcal{D}^{\#}$ et comme elles sont invariantes par G, elles sont égales. Les fonctions continues Φ_ξ et $\tilde{\Phi}_\xi$ sont donc égales.

Comme d'autre part les fonctions $\tilde{\Phi}_\xi$ et $\Phi_{\bar{\xi}}$ sont égales, on obtient en appliquant les opérateurs différentiels de la forme $P(\frac{\partial}{\partial x})$ où $P \in \mathbb{C}[X]^G$ aux fonctions égale Φ_ξ et $\Phi_{\bar{\xi}}$ que:

$$\forall P \in \mathbb{C}[X]^G , \ P(i\xi) = P(i\bar{\xi}) .$$

Le lemme 3.4 permet alors de conclure que ξ et $\bar{\xi}$ appartiennent à la même orbite. □

Nous sommes maintenant en mesure d'exhiber tous les éléments de $H(S_\alpha^\#)$. Dans le théorème ci-dessous nous décrivons la structure topologique de $H(S_\alpha^\#)$ muni de la topologie faible.

THEOREME 3.7 <u>L'application F qui à la classe modulo G d'un élément ξ de $M \cap T_\alpha$ associe le caractère ω sur $S_\alpha^\#$ défini par</u>

$$\forall \varphi \in S_\alpha^\# , \ \omega(\varphi) = < \Phi_\xi , \varphi > = \hat{\varphi}(\xi)$$

<u>est un homéomorphisme de $M \cap T_\alpha \setminus G$ sur $H(S_\alpha^\#)$ muni de la topologie faible.</u>

L'application est <u>injective</u>. En effet, si les fonctions continues Φ_ξ et Φ_η déterminent la même forme linéaire sur $S_\alpha^\#$, elles déterminent la même distribution sur S_α car elles sont invariantes par G , et elles sont donc égales. En les dérivant, on vérifie que les polynômes invariants par G prennent les mêmes valeurs aux points ξ et η . Ceux-ci sont donc dans la même orbite (lemme 3.4). L'application est <u>surjective</u>. En effet, si ω appartient à $H(S_\alpha^\#)$ les propositions précédentes démontrent l'existence d'un élément ξ de $M \cap T_\alpha$ et d'une constante C tels que:

$$\forall \varphi \in S_\alpha^\# , \ \omega(\varphi) = C < \Phi_\xi , \varphi > = C\hat{\varphi}(\xi) \quad .$$

Soit φ un élément de $S_\alpha^\#$ où ω ne s'annule pas. L'égalité

$$C\hat{\varphi}(\xi)^2 = \omega(\varphi * \varphi) = \omega(\varphi)^2 = C^2 \ \hat{\varphi}(\xi)^2$$

implique que la constante C est égale 1 .

Pour démontrer que F est un <u>homéomorphisme</u> , on la prolonge au compactifié d'Alexandroff K de $M \cap T_\alpha \setminus G$ en associant le caractère nul au point à l'infini. Il suffit alors de démontrer que le prolongement

$\dot{F}$ est continu. Pour cela il suffit de vérifier que l'image par $\dot{F}$ d'une suite d'éléments a_n de K convergeant vers a converge vers $\dot{F}(a)$ car $M \cap T_\alpha \setminus G$ est un espace métrique. Si a appartient à $M \cap T_\alpha \setminus G$, la continuité et l'invariance par G des transformées de Fourier des fonctions de $S^{\#}_\alpha$ entrainent clairement le résultat. Si a est égal au point à l'infini, on a pour toute suite ξ_n de représentants de a_n :

$$\lim_{n\to\infty} |\xi_n| = +\infty .$$

Or si φ appartient à $S^{\#}_\alpha$, il existe une constante C indépendante de ξ telle que:

$$|\hat{\varphi}(\xi)| \leq \frac{C}{1+|\xi|^2}$$

La suite $\hat{\varphi}(\xi_n)$ converge alors vers 0 . La suite $\dot{F}(a_n)$ converge donc vers 0 dans $H(S^{\#}_\alpha)$ muni de la topologie faible. □

4. Distributions et fonctions continues de type positif relativement à G .

Soit T une distribution sur S_α de type positif relativement à un sous-groupe G fini de 0(n). Elle vérifie les propriétés:

(i) T est invariante par G ,

(ii) $\forall \varphi \in \mathcal{D}^{\#}$, $< T , \varphi * \tilde{\varphi} > \geq 0$.

L'espace $\mathcal{D}^{\#}$ étant dense dans l'espace $S^{\#}_\alpha$ et le produit de convolution continu sur $S^{\#}_\alpha$, la distribution T vérifie aussi

(iii) $\forall \varphi \in S^{\#}_\alpha$, $< T , \varphi * \tilde{\varphi} > \geq 0$.

Pour toutes les fonctions φ et ψ de $S^{\#}_\alpha$, on note alors

$$[\varphi,\psi] = < T, \varphi * \tilde{\psi} > .$$

L'algèbre commutative involutive $S^{\#}_\alpha$ est munie d'une bitrace [,] , c'est-à-dire d'une forme hermitienne positive telle que:

$$(1)\quad [\tilde{\varphi},\tilde{\psi}] = [\psi,\varphi] \quad ,$$

$$(2)\quad [\varphi*\psi,\theta] = [\psi,\tilde{\varphi}*\theta]$$

On appelle N le noyau de cette forme ($N = \{\varphi\varepsilon S_\alpha^{\#} | [\varphi,\varphi] = 0\}$) qui est un idéal bilatère, stable pour l'involution. La projection canonique de l'espace séparable $S_\alpha^{\#}$ dans l'espace préhilbertien $S_\alpha^{\#}\backslash N$ est continue. L'espace préhilbertien $S_\alpha^{\#}\backslash N$ est donc un sous-espace dense d'un espace de Hilbert séparable, que nous notons H. De plus les projections des fonctions de la forme $\varphi*\psi$ où φ et ψ appartient à $S_\alpha^{\#}$ forment une partie dense de H (cf. lemme 3.1).

Pour tout élément h de $S_\alpha^{\#}$, on appelle $\pi(h)$ l'opérateur de convolution défini sur $S_\alpha^{\#}$ par:

$$\forall\varphi\varepsilon S_\alpha^{\#} \ , \ \pi(h)\varphi = h*\varphi \quad .$$

Nous allons démontrer que ces opérateurs sont bornés sur l'espace préhilbertien $S_\alpha^{\#}\backslash N$ et se prolongent donc en opérateurs continus sur H. Pour cela nous avons besoin de lemme suivant.

LEMME 4.1 Si f est une fonction continue sur $\mathbb{R}^n$ de type positif relativement à G, alors sa valeur en 0 est positive. De plus s'il existe deux nombres K et α tels que:

$$(1)\quad \forall x\varepsilon\, \mathbb{R}^n \ , \ |f(x)| \le Ke^{\alpha|x|} \ ,$$

alors la fonction f vérifie l'inégalité:

$$(2)\quad \forall x\varepsilon\, \mathbb{R}^n \ , \ |f(x)| \le f(0)\ e^{\alpha|x|} \quad .$$

Soit $(h_n)_{n\in\mathbb{N}}$ la suite de fonction de $\mathcal{D}^{\#}$ convergeant vers la mesure de Dirac à l'origine (définie au lemme 3.1). La suite $h_n * \tilde{h}_n$ converge aussi vers la mesure de Dirac à l'origine et comme la fonction f est continue la suite des intégrales $\int f(u) h_n * \tilde{h}_n(u)\,du$ converge vers $f(0)$. Par hypothèse ces intégrales sont positives, leur limite $f(0)$ l'est donc aussi. La forme qui aux fonctions φ et ψ de $\mathcal{D}^{\#}$ associe $\iint f(x-y)\varphi(x)\overline{\psi(y)}\,dx\,dy$ est hermitienne positive. On peut lui appliquer la formule de Cauchy-Schwartz qui s'écrit:

$$\left|\iint f(x-y)\varphi(x)\overline{\psi(y)}\,dx\,dy\right|^2 \leq \int f(u)\varphi*\tilde{\varphi}(u)\,du \int f(u)\psi*\tilde{\psi}(u)\,du \quad .$$

En remplaçant dans cette formule ψ par h_n on obtient à la limite:

$$\forall \varphi\in\mathcal{D}^{\#} \quad , \quad \left|\int f(x)\varphi(x)\,dx\right|^2 \leq f(0)\int f(u)\varphi*\tilde{\varphi}(u)\,du \quad .$$

Soit x_o un point de $\mathbb{R}^n$ et φ_n une suite de fonctions positives de $\mathcal{D}^{\#}$, dont l'intégrale sur $\mathbb{R}^n$ est égale à 1 et dont le support est inclus dans la réunion des boules de centre gx_o et de rayon $1/n$ pour les éléments g du groupe G. Cette suite de fonctions converge vers la moyenne des mesures de Dirac aux points de l'orbite de x_o. Comme la fonction f est continue et invariante par G, la suite $\int f(x)\varphi_n(x)\,dx$ converge vers $f(x_o)$. D'autre part le support des fonctions $\varphi_n * \tilde{\varphi}_n$ est contenu dans la boule centrée à l'origine, de rayon $2|x_o| + \frac{2}{n}$. L'inégalité (1) vérifiée par la fonction f entraine donc que:

$$\int f(u)\varphi_n*\tilde{\varphi}_n(u)\,du \leq K \exp\left[2\alpha\left(|x_o| + \frac{1}{n}\right)\right] \quad .$$

On déduit finalement de la formule de Cauchy-Schwartz que:

$$\forall x_o \in \mathbb{R}^n \quad , \quad |f(x_o)|^2 \leq Kf(0)\,e^{2\alpha|x_o|} \quad .$$

Il est clair alors que $f(0)$ est la borne inférieure des nombres K pour lesquels l'inégalité (1) est vérifiée. □

PROPOSITION 4.2 <u>L'opérateur de convolution $\pi(h)$, défini pour $h\varepsilon S_\alpha^{\#}$ est continu sur l'espace de Hilbert H . On a plus précisément:</u>

$$\|\pi(h)\| \leq \int_{\mathbb{R}_n} e^{\alpha|x|}\,|h(x)|\,dx .$$

Si U est une distribution sur S_α et φ une fonction de S_α , la fonction $U*\varphi$ définie par $U*\varphi(x) = \langle U_y , \varphi(x-y)\rangle$ est une fonction continue qui détermine une distribution sur S_α . En effet la fonction φ_x définie par $\varphi_x(y) = \varphi(x-y)$ appartient à S_α car pour tout entier q on a l'inégalité:

$$\|\varphi_x\|_q \leq 4^q M_q(x)\|\varphi\|_q \quad \text{où } M_q(x) = (1+|x|^2)^q \; e^{\alpha|x|} .$$

Comme U appartient à S_α' , il existe un entier p et une constante C tels que

$$\forall x\varepsilon\, \mathbb{R}^n , \; |U*\varphi(x)| \leq C\, 4^P\, M_P(x)\, \|\varphi\|_P ,$$

ce qui entraine l'appartenance de $U*\varphi$ à S_α'. On remarque alors que pour tout $\varepsilon>0$, il existe une constante K_ε (dépendant de U et φ) telle que:

$$\forall x\varepsilon\, \mathbb{R}^n , \; |U*\varphi(x)| \leq K_\varepsilon\, e^{(\alpha+\varepsilon)|x|} .$$

Comme la distribution T appartient à S_α' , le résultat ci-dessus appliqué à la fonction $T*\check{\varphi}*\bar{\varphi}$ où $\varphi\varepsilon S_\alpha^{\#}$ et où $\check{\varphi}(x) = \varphi(-x)$, entraine l'existence d'une constante K_ε telle que:

$$\forall x\varepsilon\, \mathbb{R}^n , \; |T*\check{\varphi}*\bar{\varphi}(x)| \leq K_\varepsilon\, e^{(\alpha+\varepsilon)|x|} .$$

Il est clair d'autre part que la fonction $T*\check{\varphi}*\bar{\varphi}$ est de type positif relativement à G . Le lemme 4.1 entraine donc que pour tout $\varepsilon>0$:

$$\forall x\varepsilon\, \mathbb{R}^n , \; |T*\check{\varphi}*\bar{\varphi}(x)| \leq T*\check{\varphi}*\bar{\varphi}(0)\; e^{(\alpha+\varepsilon)|x|} .$$

D'où,

$$\forall x\varepsilon\, \mathbb{R}^n , \; |T*\check{\varphi}*\bar{\varphi}(x)| \leq T*\check{\varphi}*\bar{\varphi}(0)\; e^{\alpha|x|} = \|\varphi\|_H^2\, e^{\alpha|x|} .$$

Il est clair alors que les opérateurs $\pi(h)$ pour $h\varepsilon S_\alpha^{\#}$ sont bornés sur $S_\alpha^{\#}$ car:

$$\|\pi(h)\varphi\|_H^2 = \langle T, \varphi*h*\tilde{\varphi}*\tilde{h}\rangle = \int T*\check{\varphi}*\bar{\varphi}(x)\ h*\tilde{h}(x)\ dx \quad .$$

Pour conclure on obtient:

$$\|\pi(h)\varphi\|^2 \leq \|\varphi\|^2 \int e^{\alpha|x|}\ |h*\tilde{h}(x)|\ dx \leq \|\varphi\|^2 \left(\int e^{\alpha|x|}|h(x)|dx\right)^2 . \ \square$$

L'inégalité démontrée dans la proposition 4.2 entraine la continuité de l'application π qui envoie l'espace $S_\alpha^{\#}$ dans l'espace des opérateurs continus sur H, noté $L(H)$. L'adhérence (notée A) dans $L(H)$ de l'image de $S_\alpha^{\#}$ par π est donc séparable. C'est une algèbre de Banach commutative, munie d'une involution (qui à un opérateur A associe son adjoint noté A^*) telle que: $\forall A\epsilon A$, $\|AA^*\| = \|A\|^2$.
On peut lui appliquer la théorie de Guelfand pour démontrer le théorème de Plancherel-Godement ([3]; on peut en trouver une démonstration dans [7]), qui s'écrit ici:

THEOREME 4.3 <u>Soit T une distribution sur S_α, de type positif relativement à un sous-groupe fini de $O(n)$. On appelle $H(S_\alpha^{\#})$ l'ensemble des caractères hermitiens continus non nuls de $S_\alpha^{\#}$, muni de la topologie faible. Il existe alors une partie Ω localement compacte de $H(S_\alpha^{\#})$ et une mesure positive μ ayant pour support Ω tels que:</u>

$$\forall\varphi,\psi\varepsilon S_\alpha^{\#}\ ,\ \langle T, \varphi*\tilde{\psi}\rangle = \int_\Omega \omega(\varphi)\overline{\omega(\psi)}d\mu(\omega) \quad .$$

<u>De plus la partie Ω de $H(S_\alpha^{\#})$ et la mesure μ sont uniquement déterminées par la distribution T.</u>

L'espace Ω est l'image par la transposée de l'application π du spectre de l'algèbre A. Il est facile de voir que Ω est égal à l'ensemble des caractères ω hermitiens non nuls de $S_\alpha^{\#}$ vérifiant de plus:

(1) $h \in N \Rightarrow \omega(h) = 0$

(2) $\forall h \in S_\alpha^{\#}$, $|\omega(h)| \leq \|\pi(h)\|$.

La continuité du caractère ω sur l'espace $S_\alpha^{\#}$ découle de l'inégalité (2) et de la continuité de l'application π sur $S_\alpha^{\#}$.
L'homéomorphisme F^{-1} (établi au théorème 3.7) de $H(S_\alpha^{\#})$ sur $M \cap T_\alpha \backslash G$ permet d'associer à la mesure positive sur Ω une mesure positive σ sur $M \cap T_\alpha$, invariante par G , telle que pour toute fonction continue f à support compact dans $M \cap T_\alpha$ on ait:

$$\int_{M \cap T_\alpha} f(\xi) d\sigma(\xi) = \int_\Omega f^{\#}(F^{-1}(\omega)) d\mu(\omega) .$$

En particulier si φ appartient à $S_\alpha^{\#}$ sa transformée de Fourier appartient à $L^2(M \cap T_\alpha, \sigma)$ car $\hat{\varphi}(F^{-1}(\omega)) = \omega(\varphi)$ appartient à $L^2(\Omega, \mu)$.
Le théorème de Plancherel-Godement s'écrit alors:

THEOREME 4.4 Si T est une distribution sur S_α de type positif relativement à un sous-groupe fini de $O(n)$, il existe une et une seule mesure σ sur $M \cap T_\alpha$, positive et invariante par G telle que:

$$\forall \varphi, \psi \in S_\alpha^{\#} , \langle T, \varphi * \tilde{\psi} \rangle = \int_{M \cap T_\alpha} \hat{\varphi}(\xi) \overline{\hat{\psi}(\xi)} d\sigma(\xi) .$$

Pour obtenir une représentation intégrale de la distribution T nous avons besoin d'étudier la croissance de la mesure positive σ sur $M \cap T_\alpha$ associée à T .

PROPOSITION 4.5 La mesure σ sur $M \cap T_\alpha$ associée à la distribution T est tempérée. Il existe en effet un nombre positif p tel que:

$$\int_{M \cap T_\alpha} \frac{d\sigma(\xi)}{(1+|\xi|^2)^P} < + \infty .$$

Appelons $Z_\alpha^{\#}$ l'espace des fonctions de Z_α (cf. Definition 2.3) invariantes par G . Un élément H de $Z_\alpha^{\#}$ est la transformée de Fourier (Théorème 2.4) d'une fonction φ de $S_\alpha^{\#}$. La fonction $|H(\xi)|^2$ est σ- intégrable car on a:

$$\int_{M\cap T_\alpha} |H(\xi)|^2 \, d\sigma(\xi) = \langle T, \varphi * \tilde{\varphi} \rangle$$

L'application qui à un élément H de $Z_\alpha^{\#}$ associe $\int_{M\cap T_\alpha} |H(\xi)|^2 \, d\sigma(\xi)$ est continue. Il existe donc un entier q tel que:

$$\forall H \in Z_\alpha^{\#} , \quad \int_{M\cap T_\alpha} |H(\xi)|^2 \, d\sigma(\xi) \leq C \, \|H\|_q'$$

où $\| \ \|_p'$ désigne la semi-norme sur Z_α , définie au paragraphe 2. Soit P le polynôme à n variables, invariant par G , défini par

$$P(X_1,\dots,X_n) = \sum_{i=1}^{n} X_i^2 \ .$$

Si $\xi = \zeta + i\eta$ est un élément de $\mathbb{C}^n$ on a

$$P(\xi) = |\zeta|^2 - |\eta|^2 + 2i(\zeta,\eta) \ .$$

Si de plus ξ appartient au tube T_α , la partie réelle de $P(\xi)$ est supérieure à $(-\alpha^2)$. Soit A une constante réelle supérieure à α^2 , F une fonction de $Z_\alpha^{\#}$ telle que $F(0) = 1$ et posons pour $\xi \in T_\alpha$:

$$F_n(\xi) = \frac{1}{[A+P(\xi)]^q} \, F\left(\frac{\xi}{n}\right) \quad \text{où} \quad n \in \mathbb{N} \ .$$

Les fonctions F_n appartiennent à $Z_\alpha^{\#}$ et on peut montrer qu'elles vérifient en outre:

(1) $\|F_n\|_q' \leq M$ où M est une constante dépendant de F et q,

(2) $\lim_{n\to\infty} F_n(\xi) = \dfrac{1}{[A+P(\xi)]^q}$

Pour tout entier n on a donc

$$\int_{M\cap T_\alpha} |F_n(\xi)|^2 \, d\sigma(\xi) \le C \, \|F_n\|'_q \le CM \quad .$$

En appliquant le lemme de Fatou, on obtient à la limite

$$\int_{M\cap T_\alpha} \frac{d\sigma(\xi)}{[A+P(\xi)]^{2q}} < +\infty \, .$$

Lorsque ξ appartient à M, $P(\xi)$ et $P(\bar{\xi})$ sont égaux. On a donc

$$P(\xi) = |\zeta|^2 - |\eta|^2 \le |\xi|^2$$

d'où l'on déduit que la mesure σ est tempérée. □

THEOREME 4.6 <u>Une distribution T sur S_α est de type positif relativement à un sous-groupe fini de $O(n)$ si et seulement si il existe une mesure σ sur $M\cap T_\alpha$, positive, invariante par G et tempérée telle que</u>

$$(4.6) \qquad \forall\varphi\in S_\alpha \, , \; \langle T,\varphi\rangle = \int_{M\cap T_\alpha} \hat{\varphi}(\xi) \, d\sigma(\xi) \quad .$$

<u>De plus la mesure σ est uniquement déterminée par la distribution T.</u>

La forme linéaire sur S_α définie par la formule (4.6) détermine une distribution sur S_α car la mesure σ est tempérée. Cette distribution est de type positif relativement au groupe G car la mesure positive σ a son support contenu dans l'ensemble M.

Réciproquement, si T est une distribution de type positif relativement à G, il existe une mesure σ positive, invariante par G sur S_α et tempérée sur $M\cap T_\alpha$ telle que

$$\forall\varphi,\psi\in S_\alpha^{\#} \, , \; \langle T,\varphi*\tilde{\psi}\rangle = \int_{M\cap T_\alpha} \widehat{\varphi*\tilde{\psi}}(\xi) \, d\sigma(\xi) \; .$$

Comme la famille des fonctions de la forme $\varphi * \psi$ où φ et ψ appartiennent à $S_\alpha^\#$ est dense dans $S_\alpha^\#$ et que la forme linéaire qui à φ associe $\int_{M\cap T_\alpha} \hat{\varphi}(\xi)d\sigma(\xi)$ est continue on a

$$\forall \varphi \in S_\alpha^\#, \quad \langle T,\varphi\rangle = \int_{M\cap T_\alpha} \hat{\varphi}(\xi)d\sigma(\xi) \quad .$$

Cette égalité est vérifiée pour toute fonction φ de S_α puisque la distribution T et la mesure σ sont invariantes par G.

L'unicité de la mesure σ résulte du théorème 4.4. □

Remarques

Une distribution tempérée de type positif relativement à un sous-groupe compact de $O(n)$ est de type positif. Ce résultat peut se démontrer directement ou découle dans le cas d'un sous-groupe fini du théorème 4.6 car le tube T_α se réduit alors à $\mathbb{R}^n$. On retrouve le résultat de Bochner-Schwartz.

Si l'ensemble M associé au groupe G se réduit à $\mathbb{R}^n$, toute distribution sur S_α de type positif relativement à G est de type positif (et donc tempérée). Ce cas se présente, par exemple, si G est le sous-groupe de $O(2)$ engendré par la rotation d'angle $\frac{2\pi}{2n+1}$ $(n\in\mathbb{N})$.

Précisons le théorème 4.6 dans le cas où la distribution T est déterminée par une fonction continue.

THEOREME 4.7 Une fonction continue f sur $\mathbb{R}^n$, appartenant à S_α', est de type positif relativement à sous-groupe fini de $O(n)$ si et seulement si il existe une mesure σ positive, bornée et invariante par G sur $M\cap T_\alpha$ telle que

$$f(x) = \int_{M\cap T_\alpha} e^{i(x,\xi)}\, d\sigma(\xi) \quad \text{pour tout} \quad x\in \mathbb{R}^n \quad .$$

La mesure σ est de plus uniquement déterminée par la fonction f .

La condition est clairement suffisante et on peut remarquer que f vérifie alors l'inégalité:

$$\forall x\in \mathbb{R}^n \, , \; |f(x)| \le \sigma(M\cap T_\alpha)\, e^{\alpha|x|} \quad .$$

Pour démontrer qu'elle est nécessaire on commence par prouver que la mesure σ associée (théorème 4.6) à la distribution déterminée par f est bornée. En effet, si h_n est la suite de fonction de $\mathcal{D}^{\#}$ (définie au lemme 3.1) convergeant vers la mesure de Dirac à l'origine, la suite $\hat{h}_n(\xi)$ converge vers 1 pour $\xi\in\mathbb{C}^n$. Par définition de la mesure σ on a

$$\int_{M\cap T_\alpha} |\hat{h}_n(\xi)|^2 \, d\sigma(\xi) = \int f(u)\, h_n * \tilde{h}_n(u)\, du \quad .$$

En appliquant le lemme de Fatou, on vérifie que la mesure σ est bornée car

$$\sigma(M\cap T_\alpha) \le f(0) \quad .$$

Le résultat du théorème 4.6 s'écrit:

$$\forall \varphi\in S_\alpha \, , \; \int f(x)\varphi(x)\, dx = \int_{M\cap T_\alpha} \int_{\mathbb{R}^n} e^{i(x,\xi)}\, \varphi(x)\, dx\, d\sigma(\xi) \quad .$$

Comme la mesure σ est bornée, on peut appliquer le théorème de Fubini à la deuxième intégrale. On en déduit que les fonctions continues $f(x)$ et $\int_{M\cap T_\alpha} e^{i(x,\xi)}\, d\sigma(\xi)$ déterminent la même distribution sur S_α .

Elles sont donc égales. □

Bibliographie

[1] DIEUDONNE J. Elements d'analyse Tome 2. Paris, Gauthier-Villars, 1969.

[2] DIEUDONNE J. and CARREL J.B. Invariant theory, Old and New. New York, London, Academic Press, 1971.

[3] GODEMENT R. Introduction aux travaux de Selberg. Séminaire Bourbaki, exposé 144 (1957).

[4] GUELFAND I.M. et CHILOV G.E. Les distributions, tome 2. Paris, Dunod, 1964.

[5] GUELFAND I.M. et VILENKIN N.Y. Les distributions, tome 4. Paris, Dunod, 1967.

[6] KREIN M.G. On a general method of decomposing Hermite-positive nuclei into elementary products. Doklad Akad Nauk S.S.S.R., 53, no.1 (1946).

[7] NUSSBAUM A.E. Integral representation of functions and distributions positive definite relative to the orthogonal group. Trans. Amer. Math. Soc. 175 (Janvier 1973).

[8] SCHWARTZ L. Théorie des distributions. Paris, Hermann, 1966.

II. - APPLICATION : DISTRIBUTIONS DE TYPE K-POSITIF SUR UN GROUPE DE LIE SEMI-SIMPLE.

Soit G un groupe de Lie semi-simple, connexe, à centre fini et K un sous-groupe compact maximal de G. Nous allons utiliser le résultat précédent (Th. 4.6) et le théorème de Trombi-Varadarajan [7 p. 298] pour caractériser les distributions sur G qui sont de type K-positif et qui se prolongent à l'un des espaces $\mathcal{C}_p(G)$. Nous pourrons alors préciser dans quel cas une distribution de type K-positif est de type positif et répondre ainsi à une question posée par Barker [1 p. 209].

<u>Notations</u> : On appelle $\mathcal{D}(G)$ l'espace des fonctions à support compact, de classe C^∞ sur G et $\mathcal{D}^\natural(G)$ le sous-espace de $\mathcal{D}(G)$ formé des fonctions biinvariantes par K. On définit une application continue de $\mathcal{D}(G)$ dans $\mathcal{D}^\natural(G)$ par :

$$\varphi \longmapsto \varphi^\natural(x) = \iint_{KK} \varphi(k_1 x\, k_2)\, dk_1\, dk_2$$

où dk_i désigne la mesure de Haar normalisée sur K.

<u>DEFINITION 1</u>. <u>Une distribution</u> T <u>sur</u> G <u>est de type</u> K-<u>positif si elle vérifie les propriétés</u> :

(i) T est biinvariante par K, c'est-à-dire :

$$\forall\, \varphi \in \mathcal{D}(G)\ ,\ \langle T,\varphi\rangle = \langle T,\varphi^\natural\rangle\ ,$$

(ii) $\forall\, \varphi \in \mathcal{D}^\natural(G)\ ,\ \langle T,\varphi * \tilde{\varphi}\rangle \geq 0$

où $\tilde{\varphi}(x) = \overline{\varphi(x^{-1})}$ et $*$ désigne le produit de convolution.

Nous allons rappeler quelques résultats classiques sur les groupes de Lie semi-simple (§ 1,2 et 3 ; cf. [2] par exemple), puis nous allons énoncer le résultat de Trombi-Varadarajan (§ 4, cf. [7]), adapter le résultat précédent (Th. 4.6) à la situation présente (§ 5 et 6) et pour finir, répondre en partie à la question posée par Barker (§ 7) .

1. - Paramétrisation des fonctions sphériques.

Soit G un groupe de Lie, semi-simple, connexe, à centre fini, K un compact maximal de G , $\underline{\underline{g}}$ et $\underline{\underline{k}}$ les algèbres de Lie respectives de G et K , $\underline{\underline{a}}$ le sous-espace orthogonal à $\underline{\underline{k}}$ relativement à la forme de Killing B . Soit $\underline{\underline{a}}$ un sous-espace abélien maximal de $\underline{\underline{p}}$ et $G = KAN$ la décomposition d'Iwasava correspondante de G .

On appelle Λ_o le dual de $\underline{\underline{a}}$ et Λ son complexifié. Après avoir choisi un ordre sur $\underline{\underline{a}}$ on pose :

$$\rho = \frac{1}{2} \sum_{\alpha \in \Delta^+} m_\alpha \alpha ,$$

où Δ^+ est l'ensemble des racines (restreintes) positives et m_α la multiplicité de la racine α .

L'ensemble des fonctions sphériques de G est paramétré par les éléments de Λ de la façon suivante :

$$\varphi_\lambda (x) = \int_K e^{(i\lambda - \rho)(H(x\,k))} dk \qquad \text{où}$$

$$x \in G \quad \text{et} \quad \lambda \in \Lambda ,$$

dk est la mesure de Haar normalisée sur K ,

$$H(kan) = \operatorname{Log} a \in \underline{\underline{a}} \quad \text{si} \quad k \in K , \ a \in A \ \text{ et } \ n \in N .$$

Le groupe de Weyl, noté W , est un sous-groupe fini du groupe orthogonal $O(B)$, groupe des isomorphismes de $\underline{\underline{a}}$ conservant

la forme de Killing B (qui restreinte à $\underline{\underline{a}}$ est définie positive).
Le groupe W agit par dualité sur Λ et on a :

$$\varphi_\lambda = \varphi_\mu \Leftrightarrow \exists\, S \in W \text{ tel que } \mu = S\lambda \,.$$

Soit C_ρ l'enveloppe convexe fermée dans Λ_o de l'ensemble $\{S\rho \mid S \in W\}$. On appelle T_ρ le tube $\Lambda_o + iC_\rho$ de Λ. Le tube T_ρ est stable sous l'action de W. Comme il existe un élément S^* de W transformant ρ en $-\rho$, le convexe C_ρ est symétrique par rapport à l'origine et le tube T_ρ stable par la conjugaison.
On a (Th. de Helgason-Johnson [3]) :

$$\varphi \text{ bornée} \Leftrightarrow \lambda \in T_\rho \,.$$

Si $\mathcal{P}$ est l'ensemble des paramètres λ pour lesquels φ_λ est de type positif, on a

$$\Lambda_o \subset \mathcal{P} \subset T_\rho \cap \mathfrak{M} \quad \text{où} \quad \mathfrak{M} = \{\, \lambda \in \Lambda \mid \exists\, S \in W \text{ tel que } S\lambda = \bar{\lambda} \} \,.$$

2. - <u>ESPACES</u> $\mathcal{C}_p^{\,n}(G)$ <u>où</u> $0 < p \leq 2$.

On définit la fonction σ sur G par :

$$\sigma(x) = B(X,X)^{\frac{1}{2}} \text{ où } x = k \exp X \text{ avec } k \in K \text{ et } X \in \underline{\underline{p}} \,.$$

DEFINITION 2. <u>L'espace</u> $\mathcal{C}_p(G)$ <u>est l'ensemble des fonctions</u> f <u>de classe</u> $\mathcal{C}^\infty$ <u>sur</u> G <u>telles que pour tout entier</u> m <u>et pour tout opérateur différentiel</u> D <u>invariant à gauche par</u> G,

$$\|f\|_{m,D} = \sup_{x \in G} (1+\sigma(x))^m \, \varphi_o(x)^{-\frac{2}{p}} \, |Df(x)| < +\infty \,,$$

<u>où</u> $\varphi_o(x)$ <u>est la fonction sphérique de paramètre</u> $\lambda = 0$.

La topologie de $\mathcal{C}_p(G)$ définie par la famille de semi-normes $\|\ \|_{m,D}$ lui confère une structure d'espace de Fréchet. L'espace

$\mathcal{D}(G)$ est dense dans $\mathbb{C}_p(G)$ et l'injection de $\mathcal{D}(G)$ dans $\mathbb{C}_p(G)$ est continue. On a de plus les propriétés :

1) $p \leq q \Rightarrow \mathbb{C}_p(G) \subset \mathbb{C}_q(G)$

2) $\mathbb{C}_p(G) \subset L^p(G)$.

On appelle $\mathbb{C}_p^{\mathcal{H}}(G)$ le sous-espace de $\mathbb{C}_p(G)$ formé des fonctions biinvariantes par K .

3. - ESPACES $Z_{\epsilon\rho}$ où $0 < \epsilon < +\infty$.

Soit $T_{\epsilon\rho}$ le tube de Λ défini par :

$$T_{\epsilon\rho} = \{\lambda \in \Lambda \mid \lambda = \mu + i\epsilon\nu \quad \text{avec} \quad \mu \in \Lambda_o \ , \ \nu \in \mathbb{C}_\rho\} \ .$$

Soit n le rang de G ($n = \dim_{\mathbb{R}} \underline{\underline{a}}$) . On identifie l'espace vectoriel Λ muni de la forme de Killing B avec $\mathbb{C}^n$ muni du produit scalaire habituel. Pour tout multi-indice $q = (q_1,\dots,q_n)$ on appelle D^q l'opérateur différentiel :

$$D^q = \frac{d^{|q|}}{d\lambda_1^{q_1}\dots d\lambda_n^{q_n}} \quad \text{où} \quad |q| = q_1 + q_2 + \dots + q_n \ .$$

DEFINITION 3. On appelle $Z(T_{\epsilon\rho})$ ou $Z_{\epsilon\rho}$ l'espace des fonctions h holomorphes à l'intérieur du tube $T_{\epsilon\rho}$ telles que pour tout entier p et pour tout multi-indice q ,

$$\|h\|_{p,q} = \sup_{\lambda \in \mathring{T}_{\epsilon\rho}} (1 + \|\lambda\|^2)^p \ |D^q h(\lambda)| < +\infty \ .$$

La topologie de $Z_{\epsilon\rho}$ associé à la famille de semi-normes $\| \ \|_{p,q}$ lui confère une structure d'espace de Fréchet.

Comme le tube $T_{\varepsilon\rho}$ est invariant par le groupe de Weyl W, on peut définir l'espace $Z^{\#}_{\varepsilon\rho}$ qui est le sous-espace de $Z_{\varepsilon\rho}$ formé des fonctions invariantes par W.

4. - RESULTAT DE TROMBI-VARADARAJAN.

La transformée de Fourier sphérique d'une fonction φ de $\mathcal{D}(G)$ est la fonction $\hat{\varphi}$ définie sur Λ par :

$$\hat{\varphi}(\lambda) = \int_G \varphi_\lambda(x)\ \varphi(x)\ dx$$

où dx est la mesure de Haar sur G.

THEOREME 1. Soit $0 < p \leq 2$ et $\varepsilon = \frac{2}{p} - 1$. La transformée de Fourier sphérique se prolonge en un isomorphisme topologique de $C^{\varkappa}_p(G)$ sur $Z^{\#}_{\varepsilon\rho}$. On a de plus :

1) $\varphi, \psi \in C^{\varkappa}_p(G) \Rightarrow \varphi * \psi \in C^{\varkappa}_p(G)$ et $\widehat{\varphi * \psi} = \hat{\varphi}.\hat{\psi}$

2) $\varphi \in C^{\varkappa}_p(G) \Rightarrow \hat{\tilde{\varphi}}(\lambda) = \overline{\hat{\varphi}(\overline{\lambda})}$ pour $\lambda \in T_{\varepsilon\rho}$.

5. - THEOREME DE PALEY-WIENER.

On associe à un voisinage C convexe, borné et symétrique, de l'origine O dans $\mathbb{R}^n$ la fonction γ définie par :

$$\gamma(x) = \sup_{y \in C} \langle x, y \rangle$$

où $\langle\ ,\ \rangle$ désigne le produit scalaire dans $\mathbb{R}^n$.

Cette fonction est une norme sur $\mathbb{R}^n$ équivalente à la norme $\langle x,x \rangle^{\frac{1}{2}} = |x|$.

DEFINITION 4. On appelle $\mathcal{S}_\gamma$ l'espace des fonctions f de classe C^∞ sur $\mathbb{R}^n$ telles que pour tout entier p et tout multi-indice q :

$$\sup_{x \in \mathbb{R}^n} (1 + |x|^2)^p\ e^{\gamma(x)}\ |D^q f(x)| < +\infty .$$

On remarque que l'espace $\mathcal{S}_\alpha$ (cf. I. Def. 2.1) est en fait un espace $\mathcal{S}_\gamma$ où $\gamma(x) = \alpha|x|$ est la fonction associée à la boule de centre 0 et de rayon α. On démontre de façon analogue le :

THEOREME 2. On appelle T le tube de $\mathbb{C}^n$ égal à $\mathbb{R}^n + iC$. La transformée de Fourier est un isomorphisme d'espace vectoriel topologique de $\mathcal{S}_\gamma$ sur $Z(T)$. On a de plus :

$$1)\ f,g \in \mathcal{S}_\gamma \Rightarrow f * g \in \mathcal{S}_\gamma \quad \text{et} \quad \widehat{f * g} = \hat{f}.\hat{g}$$

$$2)\ f \in \mathcal{S}_\gamma \quad \Rightarrow \tilde{\hat{f}}(\xi) = \hat{\bar{f}}(\bar{\xi}) \quad \text{pour} \quad \xi \in T .$$

6. REPRESENTATION INTEGRALE DES DISTRIBUTIONS DE TYPE K-POSITIF SUR G.

Soit $0 < p \leq 2$ et $\epsilon = \frac{2}{p} - 1$. On pose :

$$P(x) = \sup_{y \in \epsilon C_\rho} \langle x,y \rangle .$$

Les théorèmes 1 et 2 permettent de définir un isomorphisme I d'algèbre involutive de l'espace $\mathcal{S}_p^\#$ sur l'espace $\mathcal{C}_p^\varkappa$.

$$I : \mathcal{S}_p^\# \longrightarrow \mathcal{C}_p^\varkappa$$

Si λ appartient à $\Lambda_0 + i\epsilon C_\rho$ on a pour toute f de $\mathcal{S}_p^\#$:

$$\mathcal{F}(f)(\lambda) = \widehat{If}(\lambda)$$

où $\mathcal{F}(f)$ est la transformée de Fourier de f et $\widehat{If}$ la transformée de Fourier sphérique de If.

Des propriétés de l'isomorphisme I, on déduit la

PROPOSITION. Si T est une distribution sur G biinvariante par K se prolongeant à $\mathcal{C}_p$ (on écrit $T \in \mathcal{C}_p^{\varkappa\prime}$), la distribution I^*T définie par $\langle I^*T,\varphi \rangle = \langle T,I\varphi \rangle$ où $\varphi \in \mathcal{D}(\mathbb{R}^n)$ est une forme linéaire continue sur $\mathcal{S}_p^\#$ et donc, une distribution sur l'espace $\mathcal{S}_p$ invariante par le groupe W.

Si de plus T est de type K-positif, alors I^*T est de type positif relativement à W.

La proposition ci-dessus et le théorème (I.4.6) ont pour conséquence immédiate le

THEOREME 3. Une distribution T sur $C_p(G)$ est de type K-positif si et seulement si il existe une mesure σ sur $\mathfrak{M} \cap T_{\epsilon\rho}$ (où $\epsilon = \frac{2}{p} - 1$), positive, invariante par W et tempérée telle que

$$\forall \varphi \in C_p , < T,\varphi > = \int_{\mathfrak{M} \cap T_{\epsilon\rho}} \hat{\varphi}(\lambda)\, d\sigma(\lambda)$$

De plus, la mesure σ est uniquement déterminée par T.

7. - DISTRIBUTIONS K-BIINVARIANTES DE TYPE POSITIF ET DISTRIBUTIONS DE TYPE K-POSITIF.

Nous allons voir dans quelle mesure le théorème 3 permet de répondre à la question suivante :

> Pour quelles valeurs de p peut-on affirmer qu'une distribution de type K-positif appartenant à C'_p est de type positif ?

Remarquons que si on considère l'action d'un groupe fini Γ sur $\mathbb{R}^n$ la réponse est simple. Sauf au cas où $\mathfrak{M}$ est réduit à $\mathbb{R}^n$, ce n'est que pour $\alpha = 0$ (cas des distributions tempérées) que toute distribution de type positif relativement à Γ appartenant à $\mathcal{S}_\alpha$ est de type positif. Ceci provient du fait que la fonction Φ_ξ (cf. I. théorème 2.7) est de type positif si et seulement si ξ appartient à $\mathbb{R}^n$.

Soit $0 < p \leq 2$. On dit que (p) est vérifiée pour p si :

$\forall\, T \in \mathcal{C}'_p$, T de type K-positif $\Rightarrow$ T de type positif.

PROPOSITION. <u>La propriété</u> (p) <u>est vérifiée pour</u> p , <u>si et seulement si l'ensemble</u> $\mathcal{P}$ <u>contient</u> $\mathfrak{M} \cap T_{\epsilon\rho}$, où $\epsilon = \frac{2}{p} - 1$.

La condition est suffisante car, si $\mathfrak{M} \cap T_\epsilon \subset \mathcal{P}$, on a pour toute distribution T de type K-positif appartenant à $\mathcal{C}'_p$:

$$\forall\, \varphi \in \mathcal{C}_p \ , \ < T,\varphi > = \int_{\mathcal{P}} \hat{\varphi}(\lambda)\, d\sigma(\lambda)$$

où σ est une mesure positive, tempérée sur $\mathcal{P}$.

Si $\lambda \in \mathcal{P}$, la fonction φ_λ est de type positif et pour toute fonction φ de $\mathcal{D}(G)$, on a

$$\widehat{\varphi * \tilde{\varphi}}\,(\lambda) \geq 0 \ .$$

La distribution T est donc de type positif.

On peut rappeler ici que Barker [1] a démontré que la représentation intégrale ci-dessus est caractéristique des distributions de type positif, K-biinvariantes sur G .

Pour prouver que la condition est nécessaire, nous allons démontrer que s'il existe un élément λ_o de $\mathfrak{M} \cap T_{\epsilon\rho}$ qui n'appartient pas à $\mathcal{P}$, alors il existe une distribution T sur $\mathcal{C}_p$ de type K-positif qui n'est pas de type positif.

En effet, posons :

$$< T,\varphi > = \frac{1}{|W|} \sum_{s \in W} \hat{\varphi}\,(s\lambda_o) = \int_{\mathfrak{M} \cap T_{\epsilon\rho}} \hat{\varphi}(\lambda)\, d\sigma(\lambda)$$

où σ est la moyenne des masses de Dirac aux points de l'orbite de λ_o .

Le théorème 3 implique que T est une distribution sur $\mathcal{C}_p$ de type K-positif. Comme d'autre part, λ_o n'appartient pas à $\mathcal{P}$, il existe une fonction φ de $\mathcal{D}(G)$ telle que $\widehat{\varphi * \tilde{\varphi}}(\lambda_o) < 0$.

Ceci entraîne que $< T, \varphi * \tilde{\varphi} > < 0$. □

COROLLAIRE. 1) Si G est un groupe de Lie semi-simple, connexe, à centre fini, de rang quelconque, on a pour :

$0 < p < 1$ la propriété (p) n'est pas vérifiée,

$p = 2$ la propriété (p) est vérifiée,

$1 \leq p < 2$ la question posée est ouverte.

2) Si G a pour rang 1, on appelle $-S_o$ et S_o les extrémités de l'intervalle critique [4] et on pose $p_o = \dfrac{2}{1 + \frac{S_o}{\rho}}$

On a alors pour :

$p_o \leq p \leq 2$ la propriété (p) est vérifiée,

$0 < p < p_o$ la propriété (p) n'est pas vérifiée.

On sait que $\mathcal{P}$ est contenu dans T_ρ [3]. Il est alors clair que pour $0 < p < 1$ $(\varepsilon > 1)$, $\mathcal{P}$ est strictement contenu dans $T_{\varepsilon\rho}$ d'où le résultat (ceci a été démontré par Sittaran [6] dans le cas où G est de rang 1). Par contre, si p est égal à 2, $T_{\varepsilon\rho}$ qui est réduit à Λ_o est contenu dans $\mathcal{P}$ et la propriété (p) est alors vérifiée (résultat démontré par Muta [5]).

Dans le cas où G est de rang 1, Kostant [4] a explicité la structure exacte de $\mathcal{P}$:

$$\mathcal{P} = \Lambda_o + i([-S_o, +S_o] \cup \{-\rho, \rho\}) \quad \text{où} \quad 0 < S_o \leq \rho .$$

On en déduit aisément le résultat.

La méconnaissance de la structure de $\mathcal{P}$ nous empêche de conclure dans les autres cas. □

B I B L I O G R A P H I E

[1] BARKER W.H. The spherical Bochner theorem on semi-simple Lie groups. J. Fonctional Analysis 20 n° 3 (1975).

[2] GANGOLLI R. Spherical fonctions on semi-simple Lie roups. Symmetric Spaces ed.by W. Bóothby and L. Weiss .

[3] HELGASON S. JOHNSON K. The bounded spherical fonctions on symmetric spaces. Advances in Math. 3 n° 4 (1969) .

[4] KOSTANT B. On the existence and irreducibility on certain series of representations. Bull. Amer. Math. Soc. 75 (1969).

[5] MUTA Y. Positive definite spherical distributions on a semi-simple Lie group . Mem. Fac.Sci. Kyushy Univ. 26 (1972) .

[6] SITTARAN A. Positive definite distributions on $K\backslash G/K$. J. Fonctional Analysis 27 (1978).

[7] TROMBI P.C. VARADARAJAN V.S. Spherical transforms on semi-simple Lie groups. Ann. of Math. 94 (1971) .

LES SOUS-GROUPES PARABOLIQUES DE SU(p,q) ET Sp(n, ℝ) ET APPLICATIONS A L'ETUDE DES REPRESENTATIONS

J. Cailliez et J. Oberdoerffer

I.- Soient G un groupe de Lie semi-simple connexe de centre fini, $\underline{g}$ son algèbre de Lie de complexifiée $\underline{g}^{\mathbb{C}}$. Soit K un sous-groupe compact maximal de G, d'algèbre de Lie $\underline{k}$. On note $\underline{a}$ une sous-algèbre abélienne maximale de $\underline{g}$, $\underline{a}^{\mathbb{C}}$ sa complexifiée, Φ l'ensemble des racines de $(\underline{g}^{\mathbb{C}}, \underline{a}^{\mathbb{C}})$, $\underline{g} = \underline{k} \oplus \underline{p}$ une décomposition de Cartan de $\underline{g}$.

Soit Γ un système fondamental de racines positives de Φ.

Pour toute partie $\Theta \subset \Gamma$, on peut construire (cf. par exemple Bruhat [1], Warner [15]) une sous-algèbre semi-simple $\underline{g}(\Theta)$ et une sous-algèbre de Cartan $\underline{a}(\Theta)$ de $\underline{g}(\Theta)$ telles que la décomposition de Cartan de $\underline{g}$ induise celle de $\underline{g}(\Theta)$.

Notons $\underline{a}_p(\Theta)$ la partie non compacte de $\underline{a}(\Theta)$ (et $\underline{a}_p$ celle de $\underline{a}$) et soit $\underline{a}_\Theta$ le complémentaire orthogonal, pour la forme de Killing, de $\underline{a}_p(\Theta)$ dans $\underline{a}_p$. Soient $\underline{k}(\Theta) = \underline{k} \cap \underline{g}(\Theta)$ et $\underline{m}(\Theta)$ le centralisateur de $\underline{a}_p(\Theta)$ dans $\underline{k}(\Theta)$. Alors si on définit classiquement $\underline{m}_\Theta$ comme l'orthogonal de $\underline{a}_\Theta$ dans le centralisateur dans $\underline{g}$ de $\underline{a}_\Theta$, $\underline{m}_\Theta$ est une sous-algèbre de Lie réductive de $\underline{g}$ et nous démontrons les deux décompositions qui seront utilisées par la suite :

$$(1) \quad \begin{cases} \underline{m}_\Theta = Z(\underline{m}_\Theta) \oplus \underline{g}(\Theta) \\ \underline{m} = Z(\underline{m}_\Theta) \oplus \underline{m}(\Theta) \end{cases}$$

(les sommes directes étant orthogonales)

en notant $\underline{m} = \underline{m}_\emptyset$ suivant les notations habituelles, et $Z(\underline{m}_\Theta)$ le centre de $\underline{m}_\Theta$. Soit A_Θ le sous-groupe analytique de G d'algèbre de Lie $\underline{a}_\Theta$. Alors le centralisateur de $\underline{a}_\Theta$ dans G s'écrit $M_\Theta A_\Theta$ où M_Θ est un groupe réductif (en général non connexe) d'algèbre de Lie $\underline{m}_\Theta$. On sait (cf. Warner [15]) qu'il existe un groupe $\widetilde{Z}_{\underline{a}_p}$ fini abélien contenant le centre de G tel que $M_\Theta = \widetilde{Z}_{\underline{a}_p} M_\Theta^\circ$ où M_Θ° est la composante connexe neutre de M_Θ, c'est-à-dire ici le sous-groupe analytique d'algèbre de Lie $\underline{m}_\Theta$. Le produit ne commute pas et $\widetilde{Z}_{\underline{a}_p} \cap M_\Theta^\circ \neq \emptyset$ en général.

Le but de la première partie est d'<u>expliciter la structure de</u> $\widetilde{Z}_{\underline{a}_p}$, <u>donc du</u> M_Θ dans des conditions plus restrictives. Cette structure sera largement utilisée dans l'étude des représentations de la deuxième partie.

Rappelons que ces sous-groupes réductifs M_Θ permettent de construire tous les sous-groupes paraboliques contenant celui associé à $M_\emptyset = M$, le parabolique minimal.

Faisons maintenant des hypothèses supplémentaires. Soit G un groupe de Lie connexe de centre fini, d'algèbre de Lie $\underline{g}$ simple. Soit K un sous-groupe compact maximal de G, d'algèbre de Lie $\underline{k}$. On <u>suppose que l'espace</u> G/K <u>est hermitien</u>, ou, de façon équivalente, que le centre de $\underline{k}$ est non trivial.

Fixons une sous-algèbre abélienne maximale $\underline{h}$ dans $\underline{k}$. Notons $\underline{g}^{\mathbb{C}}$ et $\underline{h}^{\mathbb{C}}$ les complexifiées de $\underline{g}$ et $\underline{h}$. Soit r le rang réel de G. Soit $\Xi_r \subset \Xi_{r-1} \subset \dots \subset \Xi_1$ la suite des systèmes fortement orthogonaux de racines de $(\underline{g}^{\mathbb{C}}, \underline{h}^{\mathbb{C}})$ construite à partir de la plus grande racine positive β_r : $\Xi_r = \{\beta_r\}$ et Ξ_1 est maximal. Il est classique de construire pour chaque Ξ_i, $1 \leqslant i \leqslant r$, une sous-algèbre de Cartan $\underline{a}_i$ de $\underline{g}$, <u>standard</u> au sens de Warner [15]. L'outil est la transformation de Cayley partielle. On note $\underline{a}_{\Xi_i}$ la partie non compacte de $\underline{a}_i$ et on introduit $\underline{m}_i$ l'orthogonal dans $\underline{a}_{\Xi_i}$ du centralisateur de $\underline{a}_{\Xi_i}$ dans $\underline{g}$.

Nous prenons alors comme habituellement $\underline{a} = \underline{a}_1$, $\underline{a}_p = \underline{a}_{\Xi_1}$, et pour Φ l'image par la transformation de Cayley des racines de $(\underline{g}^{\mathbb{C}}, \underline{h}^{\mathbb{C}})$. Nous explicitons Γ (suivant Harish-Chandra [2] et Moore [10]) et montrons qu'en fait $\underline{a}_{\Xi_i} = \underline{a}_{\Theta_i}$ pour une partie $\Theta_i \subset \Gamma$ que nous décrivons. Du coup $\underline{m}_i = \underline{m}_{\Theta_i}$ et on a donc d'après (1) :

$$(2) \qquad \underline{m}_i = Z(\underline{m}_i) \oplus \underline{g}_i \ , \quad \underline{m} = Z(\underline{m}_i) \oplus \underline{m}(\Theta_i) \quad \text{où} \quad \underline{g}_i = \underline{g}(\Theta_i) \ .$$

Généralisant le résultat de Knapp et Okamoto [3] (cas $i = r$), nous démontrons :

$$(3) \qquad \left\{ \begin{array}{l} \text{Si } \underline{g}_i \text{ est non compacte, alors } \underline{g}_i = \underline{q}_i \oplus \underline{\ell}_i \text{ où } q_i \text{ est semi-simple} \\ \text{compacte, et } \underline{\ell}_i \text{ simple non compacte.} \end{array} \right.$$

En outre si on note $K_i = K(\Theta_i)$ le sous-groupe analytique de G d'algèbre de Lie $\underline{k}(\Theta_i)$, il est compact et l'espace G_i/K_i est hermitien irréductible (cf. Koranyi et Wolf [4] dans un contexte un peu différent).

Pour simplifier la forme de $\widetilde{Z}_{\underline{a}_p}$, nous sommes alors amenés à supposer <u>que</u> G <u>est un groupe linéaire</u>; alors $G \subset GL(n, \mathbb{C})$, et $\widetilde{Z}_{\underline{a}_p}$ est essentiellement $\exp i\,\underline{a}_p \cap K$. Explicitant une base du réseau $\{H \in i\,\underline{a}_p ; \exp H \in K\}$ (cf. Wallach [14] ou Loos [8]), appelant U (resp. U_i) le sous-groupe analytique de $GL(n, \mathbb{C})$ d'algèbre de Lie $\underline{k} \oplus i\,\underline{p}$ (resp. $\underline{k}(\Theta_i) \oplus i\,\underline{p}(\Theta_i)$), nous déduisons de cela et de (2) que :

(4) $\left\{ \begin{array}{l} \text{Si } U \text{ et } U_i \text{ sont simplement connexes, alors} \\ M_i = Z(M_i)\, G_i \text{ et } M = Z(M_i)\, M(\Theta_i) \text{ où } M(\Theta_i) \\ \text{est le centralisateur de } \underline{a}_p(\Theta_i) \text{ dans } K_i \text{ .} \end{array} \right.$

Nous donnons aussi la structure des M_Θ pour $\Theta \subset \Gamma$, $\Theta \neq \Theta_i$, sous forme de produits semi-directs explicites.

Enfin il est bien connu que les sous-groupes paraboliques construits avec les Θ_i sont cuspidaux puisque M_i possède un sous-groupe de Cartan compact, et donc une série discrète.

Dans le cas A3 $(SU(p,q))$ on obtient ainsi tous les paraboliques cuspidaux deux à deux non associés. Dans le cas CI $(Sp(n, \mathbb{R}))$ il y en a d'autres. Utilisant Sugiura [13] , nous donnons, dans ces deux cas, la forme explicite des $G(\Theta)$ pour tous les Θ , y compris ceux pour lesquels le parabolique n'est pas cuspidal.

II.- L'outil essentiel dans cette partie est la décomposition de Bruhat généralisée (cf. Warner [15]) .

Soit N^+ (resp. $N^+(\Theta)$) le sous-groupe nilpotent apparaissant dans la décomposition d'Iwasawa de G (resp. $G(\Theta)$) , et N^- (resp. $N^-(\Theta)$) son conjugué. Il est connu qu'il existe deux sous-groupes $N_\Theta^\mp$ de G tels que $N^\mp = N^\mp(\Theta)\, N_\Theta^\mp$ (produit semi-direct) et que si B_Θ est le sous-groupe parabolique correspondant à Θ , on a $B_\Theta = N_\Theta^+ A_\Theta M_\Theta$. Nous utiliserons les trois décompositions de Bruhat suivantes, vraies sauf sur des ensembles de mesures nulles :

$$G = B_\Theta N_\Theta^- = N_\Theta^+ A_\Theta M_\Theta N_\Theta^-$$

$$G = B N^- = N^+ A_p M N^-$$

$$G(\Theta) = B(\Theta)\, N^-(\Theta) = N^+(\Theta)\, A_p(\Theta)\, M(\Theta)\, N^-(\Theta)$$

où A_p et $A_p(\theta)$ sont les sous-groupes analytiques d'algèbre de Lie $\underline{a}_p$ et $\underline{a}_p(\Theta)$ respectivement, B et $B(\Theta)$ étant donc les paraboliques minimaux pour G et $G(\Theta)$ respectivement.

Prenons une représentation unitaire irréductible de M_Θ , un caractère unitaire de A_Θ pour former une représentation unitaire de B_Θ et induisons à G dans la réalisation non compacte. Prenant $\Theta = \Theta_i$ nous faisons cette construction en choisissant quatre types de représentations de M_i :

1) La série discrète : on trouve classiquement la "série continue" de représentations de G correspondant à M_i .

2) La série principale : nous démontrons en utilisant (4) qu'on retrouve ainsi la série principale habituelle de G , pour tout i , $1 \leqslant i \leqslant r$.

3) Une série complémentaire : nous montrons en utilisant (4) qu'on obtient une série complémentaire de représentations de G , avec la même bande critique pour $G = SU(n,n)$ et $G = Sp(n, \mathbb{R})$.

4) Un représentation irréductible de dimension finie : on trouve les "séries dégénérées" au sens de Bruhat (cf. [1]).

Si M n'est pas abélien (cas $SU(p,q)$, $q \neq p$) , il est nécessaire d'utiliser (3) .

L'exposé se termine sur un rapprochement entre la série complémentaire obtenue plus haut, et celle que Lipsman tire des résultats obtenus par Kostant. Nous montrons que certaines des représentations construites par Lipsman sont du type de celles obtenues plus haut au 3), à condition toutefois de se limiter dans notre construction aux séries complémentaires de M_i qui sont triviales sur $Z(M_i)$ et sur $M(\Theta_i)$, c'est-à-dire sur M (cf. (4)). La bande critique obtenue reste exactement celle de M_i , pour $G = SU(n,n)$ et $G = Sp(n, \mathbb{R})$. Le produit scalaire pour G s'obtient essentiellement en intégrant sur $\bar{N}_i$ celui obtenu sur G_i .

De plus dans le cas $SU(n,n)$, nous pouvons décrire la bande critique sous une forme plus explicite, à partir des résultats de Kostant.

Enfin, lorsque Θ est distinct des Θ_i , et lorsque M est abélien, nous donnons une méthode de construction de séries complémentaires de G à partir de celle de $G(\Theta)$, utilisant la structure de M_Θ qui a été étudiée dans la première partie. Nous appliquons cela au groupe $SU(2,2)$.

Nous voulons remercier ici Madame Hamadi qui a réalisé la frappe de ce texte avec rapidité, soin et talent.

SOMMAIRE

I.- LES SOUS-GROUPES PARABOLIQUES - ETUDE DE LEUR PARTIE REDUCTIVE

1.- Introduction. Notations

Soient G un groupe de Lie semi-simple connexe de centre fini, d'algèbre de Lie simple $\underline{g}$, K un sous-groupe compact maximal, d'algèbre de Lie $\underline{k}$, $\underline{g} = \underline{k} \oplus \underline{p}$ la décomposition de Cartan correspondante, θ l'involution de Cartan associée, B la forme de Killing de $\underline{g}$. On suppose en outre que $\underline{c}$, le centre de $\underline{k}$ est non réduit à $\{0\}$.

Soit $\underline{h}$ une sous-algèbre abélienne maximale de $\underline{k}$. Notons $\underline{g}^{\mathbb{C}}$ et $\underline{h}^{\mathbb{C}}$ les complexifiées respectives de $\underline{g}$ et $\underline{h}$, et Δ l'ensemble des racines non nulles de $(\underline{g}^{\mathbb{C}}, \underline{h}^{\mathbb{C}})$. Pour une forme linéaire μ sur $\underline{h}^{\mathbb{C}}$, on notera

$$(\underline{g}^{\mathbb{C}})^{\mu} = \{X \in \underline{g}^{\mathbb{C}} \; ; \; [H,X] = \mu(H)X \quad \text{pour tout} \quad H \in \underline{h}^{\mathbb{C}}\} \quad .$$

On a alors
$$\underline{g}^{\mathbb{C}} = \underline{h}^{\mathbb{C}} + \sum_{\beta \in \Delta} (\underline{g}^{\mathbb{C}})^{\beta} \quad .$$

Nous noterons $\underline{k}^{\mathbb{C}}$ la complexifiée de $\underline{k}$, $\underline{p}^{\mathbb{C}}$ le sous-espace de $\underline{g}^{\mathbb{C}}$ engendré par $\underline{p}$ sur $\mathbb{C}$, Δ_K l'ensemble des racines compactes (ie des $\beta \in \Delta$ telles que $(\underline{g}^{\mathbb{C}})^{\beta} \subset \underline{k}^{\mathbb{C}}$) et Δ_P l'ensemble des racines non compactes (ie des $\beta \in \Delta$ telles que $(\underline{g}^{\mathbb{C}})^{\beta} \subset \underline{p}^{\mathbb{C}}$). Alors β appartient à Δ_K si et seulement si β est nulle sur $\underline{c}$. De plus $\dim_{\mathbb{R}} \underline{c} = 1$.

Les racines $\beta \in \Delta$ sont réelles sur $i\underline{h}$. Considérons sur Δ un ordre compatible entre $i\underline{c}$ et $i\underline{h}$ (en prenant par exemple comme premier vecteur de base pour $\underline{h}$ un élément non nul de $\underline{c}$). Notons Δ^+ l'ensemble des racines de Δ positives pour cet ordre, et $\Delta_K^+ = \Delta_K \cap \Delta^+$, $\Delta_P^+ = \Delta_P \cap \Delta^+$.

Pour $\beta \in \Delta$, on introduit H_β l'unique élément de $\underline{h}^{\mathbb{C}}$ tel que $B(H, H_\beta) = \beta(H)$ pour tout $H \in \underline{h}^{\mathbb{C}}$, et $H'_\beta = \dfrac{2\,H_\beta}{\langle\beta, \beta\rangle}$, où $\langle\beta, \beta\rangle$ est la longueur de β. Pour β et β' dans Δ, on notera $\langle\beta, \beta'\rangle = \beta'(H_\beta) = \beta(H_{\beta'})$. Choisissons maintenant une base de Weyl pour $\underline{g}^{\mathbb{C}}$, c'est-à-dire que pour tout $\beta \in \Delta^+$, on choisit E_β, $E_{-\beta} \in \underline{g}^{\mathbb{C}}$ tels que

i) $E_\beta \in (\underline{g}^{\mathbb{C}})^{\beta}$

ii) $B(E_\beta, E_{-\beta}) = \dfrac{2}{\langle\beta, \beta\rangle}$

iii) $E_\beta - E_{-\beta}$ et $i(E_\beta + E_{-\beta})$ appartiennent à la forme réelle compacte $\underline{u} = \underline{k} \oplus i\underline{p}$.

On sait qu'alors :

$$[H'_\beta , E_\beta] = 2 E_\beta \qquad \text{et} \quad [E_\beta , E_{-\beta}] = H'_\beta$$
$$[H'_\beta , E_{-\beta}] = -2 E_{-\beta}$$

et que $\underline{p}$ admet comme base sur $\mathbb{R}$ les $X_\beta = E_\beta + E_{-\beta}$ et $Y_\beta = i(E_\beta - E_{-\beta})$ pour les $\beta \in \Delta_p^+$.

Soient β_1 et β_2 dans Δ . On sait que l'ensemble des entiers n , pour lesquels $\beta_1 + n\beta_2$ est dans Δ , est de la forme $\{-q, -q+1 , \dots , 0 , \dots , p-1, p\}$ avec $p \geqslant 0$, $q \geqslant 0$ et $q-p = \beta_2(H'_{\beta_1}) = \dfrac{2 <\beta_2 , \beta_1>}{<\beta_1 , \beta_1>}$. On dira que β_1 et β_2 dans Δ sont fortement orthogonales, ce que nous noterons $\beta_1 \perp\!\!\!\perp \beta_2$, si ni $\beta_1 + \beta_2$, ni $\beta_1 - \beta_2$ n'appartiennent à Δ . Remarquons que si $\beta_1 \perp\!\!\!\perp \beta_2$, alors $\beta_1 \perp \beta_2$ (ie $<\beta_1 , \beta_2> = 0$).

2.- <u>Construction d'un système de sous-algèbres de Cartan deux à deux non conjuguées, et θ-stables de $\underline{g}$</u> . Soit r le rang réel de G .

Soit β_r la plus grande racine (nécessairement non compacte) de Δ^+ . Dans l'orthogonal de β_r dans Δ_p^+ , on prend la plus grande racine notée β_{r-1} , et on recommence. Ainsi, $\forall\ 1 \leqslant i \leqslant r$, on peut construire un système fortement orthogonal de racines positives non compactes, noté $\Xi_i = \{\beta_r, \beta_{r-1} , \dots , \beta_i\}$. Lorsque $i = 1$, le système est maximal.

Posons $\underline{a}_{\Xi_i} = \sum_{\beta \in \Xi_i} \mathbb{R} X_\beta \qquad (X_\beta = E_\beta + E_{-\beta})$.

C'est une sous-algèbre abélienne dans $\underline{p}$, et pour $i = 1$, on démontre qu'elle est abélienne maximale dans $\underline{p}$. Conformément à l'usage, nous noterons

$$\underline{a}_{\Xi_1} = \underline{a}_p = \sum_{i=1}^{r} \mathbb{R} X_\beta \ .$$

Pour $\beta \in \Xi_i$, posons $c_\beta = \exp [-\text{ad} \frac{\pi}{4} (E_\beta - E_{-\beta})]$ et $c_{\Xi_i} = \prod_{\beta \in \Xi_i} c_\beta$ <u>la transformation de Cayley partielle</u> associée à Ξ_i . Les c_β ont les propriétés suivantes :

i) c_β est un automorphisme de $\underline{g}^{\mathbb{C}}$

ii) si $\beta \neq \beta'$, c_β commute avec $c_{\beta'}$

iii) si $\beta, \beta' \in \Xi_i$, avec $\beta \neq \beta'$, alors $c_{\beta'}(X_\beta) = X_\beta$

iv) si $\beta \in \Xi_i$, alors $c_\beta(H'_\beta) = X_\beta$

$$c_\beta(E_\beta) = \frac{1}{2} (E_\beta - E_{-\beta} - H'_\beta)$$

v) si $H \in \underline{h}$ avec $\Xi_i(H) = 0$, alors

$$c_\beta(H) = H \quad \text{pour tout} \quad \beta \in \Xi_i \text{ , donc } \quad c_{\Xi_i}(H) = H .$$

Introduisons

$$\underline{h}^i_+ = \{H \in \underline{h} \ ; \ \Xi_i(H) = 0\} \qquad (2.1)$$

$$\underline{h}^i_- = \sum_{\beta \in \Xi_i} \mathbb{R}(\boldsymbol{i}\, H_\beta) \qquad (2.2)$$

Alors $\underline{h} = \underline{h}^i_+ \oplus \underline{h}^i_-$, $c_{\Xi_i}(H) = H$ pour tout $H \in \underline{h}^i_+$ et $c_{\Xi_i}(\boldsymbol{i}\, h^i_-) = \underline{a}_{\Xi_i}$.

De là découle aussitôt, en prenant les complexifiées, que $c_{\Xi_i}(\underline{h}^{\mathbb{C}}) = (\underline{h}^i_+)^{\mathbb{C}} \oplus (\underline{a}_{\Xi_i})^{\mathbb{C}} = \underline{a}_i^{\mathbb{C}}$ est une sous-algèbre de Cartan de $\underline{g}^{\mathbb{C}}$ et on a :

Proposition 1.-

$\underline{a}_i = \underline{h}^i_+ \oplus \underline{a}_{\Xi_i}$ est une sous-algèbre de Cartan θ-stable de $\underline{g}$.

Notons Φ_i l'ensemble des racines non nulles de $(\underline{g}^{\mathbb{C}}, \underline{a}_i^{\mathbb{C}})$, et ${}^t c_{\Xi_i}^{-1}$ la transposée de $c_{\Xi_i}^{-1}$ lorsqu'on restreint cette dernière à $\underline{a}_i^{\mathbb{C}}$. Il est clair que toute racine α^i dans Φ_i s'écrit de façon unique

$$\alpha^i = {}^t c_{\Xi_i}^{-1} \beta \quad \text{pour une} \quad \beta \in \Delta \ .$$

Pour $i = 1$, notons conformément à l'usage, $\underline{a}_1 = \underline{a}$, $\underline{h}^1_+ = \underline{a}_k$ et $\Phi_1 = \Phi$ ensemble des racines non nulles de $(\underline{g}^{\mathbb{C}}, \underline{a}^{\mathbb{C}})$.

Sur Φ_i mettons l'ordre déduit de celui de Δ par c_{Ξ_i} : $\Phi_i \ni \alpha^i > 0 \iff {}^t c_{\Xi_i}\ \alpha^i > 0$ dans Δ .

Pour $\alpha^i \in \Phi_i$ posons $E_{\alpha^i} = c_{\Xi_i} E_\beta$, $H'_{\alpha^i} = c_{\Xi_i} H'_\beta$, $H_{\alpha^i} = c_{\Xi_i} H_\beta$, où $\beta = {}^t c_{\Xi_i}\ \alpha^i \in \Delta$.

Comme c_{Ξ_i} est un automorphisme de $\underline{g}^{\mathbb{C}}$, qui conserve donc la forme de Killing, on a aussitôt :

i) $E_{\alpha^i} \in (\underline{g}^{\mathbb{C}})^{\alpha^i}$

ii) $B(H, H_{\alpha^i}) = \alpha^i(H)$ pour tout $H \in \underline{a}_i^{\mathbb{C}}$

iii) $[E_{\alpha^i}, E_{-\alpha^i}] = H'_{\alpha^i} = \dfrac{2\, H_{\alpha^i}}{\langle\alpha^i, \alpha^i\rangle}$

et on remarque au passage que α^i et β ont la même longueur : $\langle\alpha^i, \alpha^i\rangle = \langle\beta, \beta\rangle$.

Tout cela montre que les E_{α^i} , H_{α^i} , H'_{α^i} ainsi définis sont les usuels pour $(\underline{g}^{\mathbb{C}}, \underline{a}_i^{\mathbb{C}})$.

Que se passe-t-il lorsqu'on fait varier i , $1 \leqslant i \leqslant r$?

Soit $1 \leqslant j \leqslant i \leqslant r$. Alors $\Xi_j \subset \Xi_i$, $\underline{a}_{\Xi_i} \subset \underline{a}_{\Xi_j}$, $\underline{h}^i_+ \supset \underline{h}^j_+$ (donc en particulier $\underline{a}_{\Xi_i} \subset \underline{a}_p$ et $\underline{h}^i_+ \supset \underline{a}_k$) .

Soit $\beta \in \Delta$. Il est clair que si $\alpha^i = {}^t c_{\Xi_i}^{-1} \beta$ et $\alpha^j = {}^t c_{\Xi_j}^{-1} \beta$, on a, en notant $\tilde{\alpha}^i$ la restriction de α^i à $\underline{a}_{\Xi_i}$, $\tilde{\alpha}^j\big|_{\underline{a}_{\Xi_i}} = \tilde{\alpha}^i$.

En particulier en prenant $j = 1$ on obtient :

<u>Proposition 2.-</u>

Soit Σ_i l'ensemble des racines restreintes de $(\underline{g}\ ,\ \underline{a}_{\Xi_i})$. Notons $\Sigma = \Sigma_1$ l'ensemble des racines restreintes de $(\underline{g}\ ,\ \underline{a}_p)$. Alors Σ_i est formé des restrictions non nulles à $\underline{a}_{\Xi_i}$ des éléments de Σ .

Considérons $\Lambda_i = {}^t c_{\Xi_i}^{-1} (\Xi_i)$. C'est un système fortement orthogonal de racines positives dans Φ_i et on a $\Lambda_i(\underline{h}^i_+) = 0$ donc aucun élément de Λ_i ne peut être nul sur $\underline{a}_{\Xi_i}$. D'où :

<u>Corollaire</u> :

$$\tilde{\Lambda}_i \subset \Sigma_i \quad .$$

Enfin, comme c_{Ξ_i} est l'identité sur $\underline{h}^i_+$, on peut compléter la proposition 2 par

$$\Phi_i\big|_{\underline{h}^i_+} = \Delta\big|_{\underline{h}^i_+} \quad .$$

Soit $\alpha^i \in \Lambda_i$. Alors il y a un k , $i \leqslant k \leqslant r$, tel que $\alpha^i = {}^t c_{\Xi_i}^{-1} \beta_k = \alpha^i_k$. D'où $H'_{\alpha^i} = c_{\Xi_i} H'_{\beta_k} = X_{\beta_k}$ indépendant de i .

En particulier pour $i = 1$, notons

$$\Lambda_1 = \Lambda = \{\alpha_r\ ,\ \alpha_{r-1}\ ,\dots,\ \alpha_1\}\ ,\ \text{où}\ \alpha_k = {}^t c_{\Xi_1}^{-1}\ \beta_k \quad .$$

On obtient

<u>Proposition 3.-</u>

i) $H_{\alpha^i_k} = H_{\alpha_k}$ et $H'_{\alpha^i_k} = H'_{\alpha_k}$ pour $i \leqslant k \leqslant r$

ii) Pour tous i et k , $1 \leqslant i \leqslant k \leqslant r$, les α^i_k ont la même longueur

iii) $\underline{a}_{\Xi_i} = \sum_{i\leq k\leq r} \mathbb{R}\, H_{\alpha_k}$ et $\underline{a}_p = \sum_{1\leq k\leq r} \mathbb{R}\, H_{\alpha_k}$.

Pour montrer le ii) il suffit d'utiliser le résultat de Moore [10] affirmant que tous les β_k $1 \leq k \leq r$ ont la même longueur.

Pour $1 \leq i \leq r$, soit $\underline{m}_i$ l'orthogonal dans $\underline{a}_{\Xi_i}$ du centralisateur de $\underline{a}_{\Xi_i}$ dans $\underline{g}$, ce que nous notons $\underline{m}_i = Z_{\underline{g}}(\underline{a}_{\Xi_i}) \cap \underline{a}_{\Xi_i}^{\perp}$ (orthogonal pour la forme de Killing). On sait d'après Harish-Chandra que $\underline{h}_+^i$ est une sous-algèbre de Cartan compacte de $\underline{m}_i$ et donc que le complexifié de $\underline{m}_i$ s'écrit :

$$\underline{m}_i^{\mathbb{C}} = (\underline{h}_+^i)^{\mathbb{C}} + \sum_{\alpha^i \in \Phi_i(\Xi_i)} (\underline{g}^{\mathbb{C}})^{\alpha^i} \qquad (2.3)$$

où $\Phi_i(\Xi_i)$ est l'ensemble des racines de Φ_i nulles sur $\underline{a}_{\Xi_i}$.

<u>Remarque</u> : Convenons que $\Xi_{r+1} = \emptyset$. Alors la proposition 2 donne $r+1$ sous-algèbres de Cartan de $\underline{g}$, à savoir $\underline{h}$ et les $\underline{a}_i$ $1 \leq i \leq r$, qui sont <u>standard</u> (cf. Warner [15]) , c'est-à-dire θ-stables et telles que $\underline{a}_i \cap \underline{k} \supset \underline{a}_k$ et $\underline{a}_i \cap \underline{p} \subset \underline{a}_p$. Elles sont deux à deux non conjuguées.

En utilisant les résultats de Sugiura [13] et la classification de E. Cartan, on constate qu'on a ainsi obtenu des représentants pour <u>toutes</u> les classes de sous-algèbres de Cartan standard dans les cas A3 , D3 , E3 , E7 , mais par contre pas dans les cas CI ($n \neq 1$) ni BDI ($p \neq 4, 6$; $q = 2$) où cette méthode n'en donne qu'une partie.

3.- <u>La méthode de Satake-Moore-Bruhat-Warner</u>

Dans cette partie on pourrait seulement supposer G semi-simple connexe de centre fini.

On considère $(\underline{g}^{\mathbb{C}}, \underline{a}^{\mathbb{C}})$ obtenus précédemment, et Φ les racines non nulles. Partant d'un système fondamental de racines positives de Φ , on sait que l'ensemble Γ de toutes les restrictions non nulles sur $\underline{a}_p$ de ces racines constituent un système fondamental de racines restreintes positives de $(\underline{g}, \underline{a}_p)$. Pour $\alpha \in \Phi$, on notera $\tilde{\alpha}$ la restriction de α à $\underline{a}_p$.

Pour toute partie $\Theta \subset \Gamma$, notons :

$$\Phi(\Theta) = \{\alpha \in \Phi \,;\, \tilde{\alpha} = \sum_{\lambda \in \Theta} n_\lambda \lambda \,,\ n_\lambda \text{ entiers tous } \geq 0 \text{ ou tous } \leq 0\}$$

$$\underline{a}_\Theta = \{H \in \underline{a}_p \ ;\ \Theta(H) = 0\}$$

$\underline{a}_p(\Theta)$ le complémentaire orthogonal de $\underline{a}_\Theta$ dans $\underline{a}_p$.

On remarque que $\Phi(\Theta)$ est exactement l'ensemble des éléments de Φ nuls sur $\underline{a}_\Theta$.

Soient $\underline{a}^{\mathbb{C}}(\Theta)$ l'espace vectoriel complexe engendré par les H_α pour $\alpha \in \Phi(\Theta)$, et

$$\underline{g}^{\mathbb{C}}(\Theta) = \underline{a}^{\mathbb{C}}(\Theta) + \sum_{\alpha \in \Phi(\Theta)} (\underline{g}^{\mathbb{C}})^\alpha \tag{3.1}$$

$$\underline{n}_\Theta^{\mp\mathbb{C}} = \sum_{\alpha \in \mp(\Phi^+ - \Phi^+(\Theta))} (\underline{g}^{\mathbb{C}})^\alpha \tag{3.2}$$

où Φ^+ est l'ensemble des racines positives de Φ et $\Phi^+(\Theta) = \Phi^+ \cap \Phi(\Theta)$.

Comme $\Phi(\Theta)$ est stable par l'involution de $\underline{g}^{\mathbb{C}}$ par rapport à $\underline{g}$, ces trois sous-algèbres de $\underline{g}^{\mathbb{C}}$ sont les complexifiées respectives de trois sous-algèbres $\underline{a}(\Theta)$, $\underline{g}(\Theta)$, $\underline{n}_\Theta^{\mp}$, ce qui justifie les notations.

Notons $\underline{a}_k(\Theta) = \underline{a}(\Theta) \cap \underline{k}$, $\underline{a}_p(\Theta) = \underline{a}(\Theta) \cap \underline{p}$, $\underline{k}(\Theta) = \underline{g}(\Theta) \cap \underline{k}$, $\underline{p}(\Theta) = \underline{g}(\Theta) \cap \underline{p}$.

Soient Σ l'ensemble des racines restreintes de $(\underline{g}, \underline{a}_p)$

Σ^+ l'ensemble des racines restreintes positives

$\Sigma(\Theta)$ l'ensemble des racines restreintes qui sont combinaisons linéaires d'éléments de Θ

$\Sigma^+(\Theta) = \Sigma(\Theta) \cap \Sigma^+$

On a (cf. Warner [15] avec présentation différente) :

Proposition 4.-

i) $\underline{g}(\Theta)$ est une sous-algèbre semi-simple, admettant la décomposition de Cartan

$$\underline{g}(\Theta) = \underline{k}(\Theta) \oplus \underline{p}(\Theta)$$

et $\underline{a}_p$ est une sous-algèbre abélienne maximale dans $\underline{p}(\Theta)$

ii) $\Sigma(\Theta)$ est exactement l'ensemble des racines restreintes de $(\underline{g}(\Theta), \underline{a}_p(\Theta))$.

On remarque aussi que, par définition même de $\underline{g}^{\mathbb{C}}(\Theta)$, $\underline{a}^{\mathbb{C}}(\Theta)$ en est une sous-algèbre de Cartan, et $\Phi(\Theta)$ est exactement l'ensemble des racines non nulles de $(\underline{g}^{\mathbb{C}}(\Theta), \underline{a}^{\mathbb{C}}(\Theta))$.

Soit $$\underline{m}_\Theta^{\mathbb{C}} = \underline{a}_k^{\mathbb{C}} + \underline{a}_p^{\mathbb{C}}(\Theta) + \sum_{\alpha \in \Phi(\Theta)} (\underline{g}^{\mathbb{C}})^\alpha \tag{3.3}$$
qui est la complexifiée d'une $\underline{m}_\Theta \subset \underline{g}$.

Il est bien connu (cf. par exemple Bruhat [1]) que

i) $\underline{m}_\Theta$ est une algèbre de Lie réductive

ii) $\underline{a}_k \oplus \underline{a}_p(\Theta)$ est une sous-algèbre de Cartan de $\underline{m}_\Theta$

iii) $\underline{m}_\Theta \oplus \underline{a}_\Theta = Z_{\underline{g}}(\underline{a}_\Theta)$, le centralisateur de $\underline{a}_\Theta$ dans $\underline{g}$. Comme la somme directe est orthogonale, $\underline{m}_\Theta = Z_{\underline{g}}(\underline{a}_\Theta) \cap \underline{a}_\Theta^\perp$.

De plus les racines non nulles de $(\underline{m}_\Theta^{\mathbb{C}}, \underline{a}_k^{\mathbb{C}} \oplus \underline{a}_p^{\mathbb{C}}(\Theta))$ sont exactement les restrictions des éléments de $\Phi(\Theta)$ à $\underline{a}_k^{\mathbb{C}} \oplus \underline{a}_p^{\mathbb{C}}(\Theta)$ puisque toute racine de $\Phi(\Theta)$, étant nulle sur $\underline{a}_\Theta$, ne peut être nulle sur $\underline{a}_k \oplus \underline{a}_p(\Theta)$ sinon elle serait nulle sur $\underline{a}$.

Nous aurons besoin d'expliciter le centre de $\underline{m}_\Theta$, noté $Z(\underline{m}_\Theta)$.

Lemme 1.-

Soit $\alpha \in \Phi^+$, et non identiquement nulle sur $\underline{a}_p$. Alors il existe un élément $Q_{\tilde{\alpha}} \in \underline{a}_p$ unique tel que $B(H, Q_{\tilde{\alpha}}) = \tilde{\alpha}(H) \ \forall H \in \underline{a}_p$.

La démonstration (cf. Warner [15]) est triviale en sachant que $^*\underline{a} = \sum_{\alpha \in \Phi} \mathbb{R} H_\alpha$ s'écrit aussi $\underline{a}_p \oplus i\, \underline{a}_k$, ce qui permet de décomposer $H_\alpha = P_\alpha + Q_{\tilde{\alpha}}$ avec $P_\alpha \in i\, \underline{a}_k$, $Q_{\tilde{\alpha}} \in \underline{a}_p$. Comme $B(\underline{k}, \underline{p}) = 0$, le lemme en découle aussitôt.

Proposition 5.-

Le centre de $\underline{m}_\Theta$ s'écrit

$$Z(\underline{m}_\Theta) = \{H \in \underline{a}_k \ ; \ \alpha(H) = 0 \quad \forall \alpha \in \Phi^+(\Theta)\}$$

$$\text{où} \quad \Phi^+(\Theta) = \Phi(\Theta) \cap \Phi^+$$

$$Z(\underline{m}_\Theta^{\mathbb{C}}) = \underline{a}_k^{\mathbb{C}}(\Theta)^\perp \cap \underline{a}_k^{\mathbb{C}} \quad .$$

Démonstration : (cf. Warner [15])

Il est clair sur la formule (3.3) que $Z(\underline{m}_\Theta) \subset \underline{a}_k \oplus \underline{a}_p(\Theta)$. Prenant $H \in Z(\underline{m}_\Theta)$, et le décomposant en $H_1 + H_2$ suivant $\underline{a}_k \oplus \underline{a}_p(\Theta)$, on calcule $B(H,H_\alpha)$ pour $\alpha \in \Phi^+(\Theta)$. D'une part $B(H, H_\alpha) = 0$ car α est nulle sur $Z(\underline{m}_\Theta)$. D'autre part, comme $B(\underline{k}, \underline{p}) = 0$, c'est aussi $B(H_1, P_\alpha) + B(H_2, Q_{\tilde{\alpha}})$ avec les notations du lemme 1. Comme B est réelle sur $^*\underline{a} \times {}^*\underline{a}$, on obtient $B(H_1, P_\alpha) = B(H_2, Q_{\tilde{\alpha}}) = 0$ d'où $\tilde{\alpha}(H_2) = 0$ pour toute $\alpha \in \Phi^+(\Theta)$, donc $\lambda(H_2) = 0$ pour toute $\lambda \in \Sigma^+(\Theta)$, donc $H_2 = 0$.

Cela montre que $Z(\underline{m}_\Theta) \subset \underline{a}_k$. Il suffit alors de considérer à nouveau la formule (3.3) pour conclure.

Soit $\underline{m}(\Theta)$ le centralisateur de $\underline{a}_p(\Theta)$ dans $\underline{k}(\Theta)$. Son complexifié s'écrit

$$\underline{m}^{\mathbb{C}}(\Theta) = \underline{a}_k^{\mathbb{C}}(\Theta) + \sum_{\substack{\alpha \in \Phi(\Theta) \\ \alpha \equiv 0 \text{ sur } \underline{a}_p(\Theta)}} (\underline{g}^{\mathbb{C}}(\Theta))^{\alpha}$$

$$= \underline{a}_k^{\mathbb{C}}(\Theta) + \sum_{\substack{\alpha \in \Phi \\ \alpha \equiv 0 \text{ sur } \underline{a}_p}} (g^{\mathbb{C}}(\Theta))^{\alpha} \qquad (3.4)$$

La proposition suivante est fondamentale dans toute la suite :

Proposition 6.-

Soit $\underline{m}$ le centralisateur de $\underline{a}_p$ dans $\underline{k}$. On a :

$$\underline{m}_\Theta = Z(\underline{m}_\Theta) \oplus \underline{g}(\Theta)$$

$$\underline{m} = Z(\underline{m}_\Theta) \oplus \underline{m}(\Theta) \quad .$$

Ces deux sommes directes étant orthogonales.

Démonstration : Le complexifié de $\underline{m}$ s'écrit

$$\underline{m}^{\mathbb{C}} = \underline{a}_k^{\mathbb{C}} + \sum_{\substack{\alpha \in \Phi \\ \alpha \equiv 0 \text{ sur } \underline{a}_p}} (\underline{g}^{\mathbb{C}})^{\alpha} \; .$$

En comparant avec (3.4) on obtient

$$\underline{m}^{\mathbb{C}} = \underline{m}^{\mathbb{C}}(\Theta) \oplus \underline{a}_k^{\mathbb{C}}(\Theta)^{\perp} \cap \underline{a}_k^{\mathbb{C}} \; .$$

De même en comparant (3.1) et (3.3) on tire

$$\underline{m}_\Theta^{\mathbb{C}} = \underline{g}^{\mathbb{C}}(\Theta) \oplus \underline{a}_k^{\mathbb{C}}(\Theta)^{\perp} \cap \underline{a}_k^{\mathbb{C}} \; .$$

On applique alors la proposition 5, et on obtient le résultat.

Soit $\underline{b}_\Theta = \underline{m}_\Theta \oplus \underline{a}_\Theta \oplus \underline{n}_\Theta^{+}$. Alors

i) $\underline{n}_\Theta^{\mp}$ est une sous-algèbre nilpotente de $\underline{g}$

ii) $Z_g(\underline{a}_\Theta) = \underline{m}_\Theta \oplus \underline{a}_\Theta$ normalise $\underline{n}_\Theta^{\mp}$

iii) $\underline{b}_\Theta$ est le normalisateur de $\underline{n}_\Theta^{+}$ dans $\underline{g}$.

Cas particulier : $\Theta = \emptyset$

alors $\Phi(\Theta)$ est l'ensemble des racines de Φ nulles sur $\underline{a}_p$ et $\underline{a}_\Theta = \underline{a}_p$, $\underline{a}_p(\Theta) = \{0\}$, $\underline{m}_\Theta = \underline{m}$, $\underline{n}_\Theta = \underline{n}$, $\underline{b}_\Theta = \underline{b}$ sont ceux qui apparaissent classiquement dans la décomposition d'Iwasawa de $\underline{g}$. Remarquons qu'on a

$$\underline{g}(\emptyset) = \underline{m}(\emptyset) = \text{partie semi-simple de } \underline{m} .$$

Chaque $\underline{b}_\Theta$ contient $\underline{b}$, et on peut démontrer (cf. Moore [10]) que toute sous-algèbre de $\underline{g}$ qui contient $\underline{b}$ est de la forme $\underline{b}_\Theta$ pour un $\Theta \subset \Gamma$. Dans $\underline{g}^{\mathbb{C}}(\Theta)$ on peut définir

$$\underline{n}^{\mp\mathbb{C}}(\Theta) = \sum_{\substack{\alpha \in \pm \Phi^+(\Theta) \\ \alpha \not\equiv 0 \text{ sur } \underline{a}_p}} (\underline{g}^{\mathbb{C}})^\alpha$$

qui est la complexifiée d'une $\underline{n}^{\mp}(\Theta) \subset \underline{g}(\Theta)$.

D'après (3.2) on a

$$\underline{n}^{\mp} = \underline{n}^{\mp}(\Theta) \oplus \underline{n}^{\mp}_\Theta \qquad (3.5)$$

avec $\underline{n}^{\mp}_\Theta$ idéal de $\underline{n}^{\mp}$.

Enfin rappelons qu'on a

$$\underline{a}_p = \underline{a}_p(\Theta) \oplus \underline{a}_\Theta \qquad (3.6)$$

et il est clair que, avec les notations du lemme 1 :

$$\underline{a}_p = \sum_{\substack{\alpha \in \Phi \\ \alpha \not\equiv 0 \text{ sur } \underline{a}_p}} \mathbb{R}\, Q_{\tilde{\alpha}} = \sum_{\lambda \in \Sigma^+} \mathbb{R}\, Q_\lambda$$

$$\underline{a}_p(\Theta) = \sum_{\lambda \in \Sigma^+(\Theta)} \mathbb{R}\, Q_\lambda \qquad (3.7) \quad .$$

Remarque 3.1.- Si $\Theta_1 \subset \Theta_2 \subset \Gamma$, on a $\Phi(\Theta_1) \subset \Phi(\Theta_2)$ donc $\underline{g}(\Theta_1) \subset \underline{g}(\Theta_2)$, $\underline{m}(\Theta_1) \subset \underline{m}(\Theta_2)$, $\underline{m}_{\Theta_1} \subset \underline{m}_{\Theta_2}$ et donc $Z(\underline{m}_{\Theta_1}) \supset Z(\underline{m}_{\Theta_2})$.

Remarque 3.2.- $\underline{g}(\Theta)$ contient la sous-algèbre engendrée par $\underline{n}^+(\Theta) + \underline{n}^-(\Theta)$ introduite par Warner [15] .

4.- Le lien entre les chapitres 2 et 3.

On se place dans les hypothèses des chapitres 1 et 2.

D'après Harish-Chandra [2] et Moore [10] on connaît les racines restreintes de $(\underline{g}\ ,\ \underline{a}_p)$ à partir du système fortement orthogonal $\Xi = \Xi_1 = \{\beta_r > \beta_{r-1} > \ldots > \beta_1\}$ qui se transforme par ${}^t c_\Xi^{-1}$ en le système fortement orthogonal $\Lambda = \Lambda_1 = \{\alpha_r > \alpha_{r-1} > \dots > \alpha_1\}$ dans Φ .

Gardant les notations du chapitre 3 , on peut écrire les deux seuls cas possibles :

1er cas :

$$\Sigma^+ = \{\tfrac{1}{2}(\tilde{\alpha}_i + \tilde{\alpha}_j)\ 1 \leq j \leq i \leq r\} \cup \{\tfrac{1}{2}(\tilde{\alpha}_i - \tilde{\alpha}_j)\ 1 \leq j < i \leq r\}$$

2ème cas :

$$\Sigma^+ = \{\tfrac{1}{2}(\tilde{\alpha}_i + \tilde{\alpha}_j)\ 1 \leq j \leq i \leq r\} \cup \{\tfrac{1}{2}(\tilde{\alpha}_i - \tilde{\alpha}_j)\ 1 \leq j < i \leq r\} \cup \{\tfrac{1}{2}\tilde{\alpha}_i\ \ 1 \leq i \leq r\}$$

Pour les racines simples positives, on a donc :

1er cas : $\Gamma = \{\tilde{\alpha}_1 , \tfrac{1}{2}(\tilde{\alpha}_2 - \tilde{\alpha}_1) ,\dots, \tfrac{1}{2}(\tilde{\alpha}_r - \tilde{\alpha}_{r-1})\}$

2ème cas : $\Gamma = \{\dfrac{\tilde{\alpha}_1}{2} , \tfrac{1}{2}(\tilde{\alpha}_2 - \tilde{\alpha}_1) ,\dots, \tfrac{1}{2}(\tilde{\alpha}_r - \tilde{\alpha}_{r-1})\}$.

Nous plaçant d'abord dans le premier cas,

prenons pour $1 \leq i \leq r+1$

$$\Theta_i = \{\tilde{\alpha}_1 , \tfrac{1}{2}(\tilde{\alpha}_2 - \tilde{\alpha}_1) ,\dots, \tfrac{1}{2}(\tilde{\alpha}_{i-1} - \tilde{\alpha}_{i-2})\} \quad 3 \leq i \leq r+1$$

$$\Theta_2 = \{\tilde{\alpha}_1\} \qquad \Theta_1 = \emptyset \ .$$

Alors

$$\Sigma^+(\Theta_i) = \{\tfrac{1}{2}(\tilde{\alpha}_k + \tilde{\alpha}_\ell)\ 1 \leq \ell \leq k \leq i-1\} \cup \{\tfrac{1}{2}(\tilde{\alpha}_k - \tilde{\alpha}_\ell)\ 1 \leq \ell < k \leq i-1\} \ .$$

Or $\quad Q_{\frac{1}{2}(\tilde{\alpha}_k \mp \tilde{\alpha}_\ell)} = \tfrac{1}{2}(Q_{\tilde{\alpha}_k} \mp Q_{\tilde{\alpha}_\ell}) = \tfrac{1}{2}(H_{\alpha_k} \mp H_{\alpha_\ell})$.

Donc $\quad \underline{a}_{\Theta_i} = \sum_{i \leq k \leq r} \mathbb{R}\, H_{\alpha_k} = \underline{a}_{\Xi_i}$

$$\underline{a}_p(\Theta_i) = \sum_{1 \leq k \leq i-1} \mathbb{R}\, H_{\alpha_k}$$

et donc $\quad \underline{m}_{\Theta_i} = \underline{m}_i \quad$ (cf. (2.3)) .

Par la méthode du chapitre 3 appliquée aux Θ_i , on retrouve donc les $\underline{a}_{\Xi_i}$, $\underline{m}_i$ du chapitre 2 . Pour $\Theta = \Theta_i$ nous jouerons donc sur les deux méthodes.

Lorsqu'on se place dans le deuxième cas, par exemple pour $G = SU(p,q)$, $p \neq q$, il suffit de compléter le $\Sigma^+(\Theta_i)$ du premier cas par $\{\tfrac{1}{2}\tilde{\alpha}_k\ 1 \leq k \leq i-1\}$.

Mais comme $Q_{\frac{1}{2}\tilde{\alpha}_k} = \frac{1}{2} Q_{\tilde{\alpha}_k} = \frac{1}{2} H_{\alpha_k}$ on a les mêmes résultats que dans le premier cas.

Fixons les notations ; nous poserons

$\underline{g}(\Theta_i) = \underline{g}_i$, $\underline{k}(\Theta_i) = \underline{k}_i$, $\underline{m}_{\Theta_i} = \underline{m}_i$, $\underline{b}_{\Theta_i} = b_i$, $\underline{n}^{\mp}_{\Theta_i} = n^{\mp}_i$, et nous garderons $\underline{a}(\Theta_i)$, $\underline{a}_p(\Theta_i)$, $\underline{n}^{\mp}(\Theta_i)$, $\underline{a}_{\Theta_i}$, $\underline{m}(\Theta_i)$.

Remarque 4.1.- Pour $\lambda \in \Sigma$, notons

$$\underline{g}^{\lambda} = \{X \in \underline{g} \; ; \; [H, X] = \lambda(H)X \quad \text{pour tout } H \in \underline{a}_p\} \; .$$

Il est facile de montrer que $\underline{g}^{\tilde{\alpha}_k}$ est de dimension 1 pour tout $1 \leqslant k \leqslant r$. En outre on montre aisément que

$$U_k = \frac{1}{2} (i\, H'_{\beta_k} - i\, (E_{\beta_k} - E_{-\beta_k})) \in \underline{g}^{\tilde{\alpha}_k}$$

et

$$V_k = \frac{-1}{2} (i\, H'_{\beta_k} + i\, (E_{\beta_k} - E_{-\beta_k})) \in \underline{g}^{-\tilde{\alpha}_k} \; .$$

Remarque 4.2.-

Comme

$$[U_k , V_k] = X_{\beta_k} = E_{\beta_k} + E_{-\beta_k} = H'_{\alpha_k}$$

$$[H'_{\alpha_k} , U_k] = 2\, U_k$$

et

$$[H'_{\alpha_k} , V_k] = -2\, V_k$$

on constate que la sous-algèbre de $\underline{g}$ engendrée par $\underline{g}^{\tilde{\alpha}_k}$ et $\underline{g}^{-\tilde{\alpha}_k}$ est isomorphe à $\underline{s\ell}(2, \mathbb{R})$.

5.- Construction des sous-groupes paraboliques correspondant aux $\underline{m}_{\Theta}$.

Dans cette partie, on peut supposer seulement G semi-simple connexe de centre fini.

Notons $A_p(\Theta)$, A_{Θ} , $N^{\mp}(\Theta)$, $N^{\mp}_{\Theta}$, A_p , $N^{\mp}$ les sous-groupes analytiques de G correspondant à $\underline{a}_p(\Theta)$, $\underline{a}_{\Theta}$, $\underline{n}^{\mp}(\Theta)$, $\underline{n}^{\mp}_{\Theta}$, $\underline{a}_p$, $\underline{n}^{\mp}$ respectivement.

On a :

$$\left.\begin{array}{ll} A_p = A_p(\Theta)\, A_{\Theta} & \text{produit direct} \\ N^{\mp}_{\Theta} = N^{\mp}(\Theta)\, N^{\mp}_{\Theta} & \text{produit semi-direct} \end{array}\right\} \quad (5.1)$$

où $N^{\mp}_{\Theta}$ est distingué dans $N^{\mp}$.

Soit M_Θ° le sous-groupe analytique de G d'algèbre de Lie $\underline{m}_\Theta$. Alors $M_\Theta^\circ A_\Theta$ (resp. $M_\Theta^\circ A_\Theta N_\Theta^+$) est un sous-groupe fermé de G , et M_Θ° est lui-même un sous-groupe fermé de G (cf. Bruhat [1]) . Soit $Z_G(\underline{a}_\Theta)$ le centralisateur de $\underline{a}_\Theta$ dans G . Son algèbre de Lie est $Z_{\underline{g}}(\underline{a}_\Theta) = \underline{m}_\Theta \oplus \underline{a}_\Theta$. Soit $M_\Theta(K)$ le centralisateur de $\underline{a}_\Theta$ dans K , et posons $M_\Theta = M_\Theta(K)\, M_\Theta^\circ$. Alors M_Θ et $B_\Theta = M_\Theta A_\Theta N_\Theta^+$ sont des sous-groupes de G ayant M_Θ° et $M_\Theta^\circ A_\Theta N_\Theta^+$ comme composantes connexes neutres respectives. Ils sont en outre fermés dans G (cf. Bruhat [1]) , et $Z_G(\underline{a}_\Theta) = M_\Theta A_\Theta$.

Pour $\Theta = \emptyset$, notons classiquement $M_\Theta = M$ et $B_\Theta = B = M A_p N^+$. Alors M est le centralisateur de $\underline{a}_p$ dans K .

Il est clair que $M_\Theta \supset M$ et $B_\Theta \supset B$. M_Θ° et M_Θ sont réductifs, et M_Θ n'a qu'un nombre fini de composantes connexes. B_Θ est appelé <u>sous-groupe parabolique</u> contenant B correspondant à Θ .

On démontre (cf. Warner [15]) que tout sous-groupe contenant B est de la forme B_Θ pour une partie $\Theta \subset \Gamma$, que $B_\Theta = M_\Theta(K)\, A_p\, N^+$, et que B_Θ est le normalisateur de $\underline{n}_\Theta^+$ dans G . Soit W le groupe de Weyl de $(\underline{g}\ ,\ \underline{a}_p)$, ie $W \approx M'/M$ où M' est le normalisateur de $\underline{a}_p$ dans K . Pour $\lambda \in \Gamma$, notons

$$w_\lambda(H) = H - \frac{2\lambda(H)}{<\lambda,\ \lambda>} Q_\lambda \qquad \text{pour} \quad H \in \underline{a}_p \quad .$$

Alors les w_λ , $\lambda \in \Gamma$ engendrent W . Notons W_Θ le sous-groupe de W engendré par les w_λ $\lambda \in \Theta$. On démontre (cf. Warner [15]) que

i) W_Θ est exactement le sous-groupe de W centralisant $\underline{a}_\Theta$ (5.2)

ii) $W_\Theta \approx (M_\Theta(K) \cap M')/M$

iii) $B_\Theta = B\, W_\Theta\, B$

iv) W_Θ est le groupe de Weyl de $(\underline{g}(\Theta)\ ,\ \underline{a}_p(\Theta))$.

Notons $G(\Theta)$ et $K(\Theta)$ les sous-groupes analytiques de G d'algèbres de Lie respectives $\underline{g}(\Theta)$ et $\underline{k}(\Theta)$. Ils sont tous deux fermés dans G . Donc $K(\Theta)$, qui est fermé dans K , est compact, et donc $G(\Theta)$ a un centre fini.

Parmi les sous-groupes paraboliques B_Θ , il y a les "cuspidaux". B_Θ est dit <u>cuspidal</u> si il existe une sous-algèbre de Cartan standard de $\underline{g}$ qui recoupe $\underline{p}$ suivant $\underline{a}_\Theta$, ce qui équivaut à dire que M_Θ admet un sous-groupe de Cartan compact, ou au fait que M_Θ a une série discrète de représentations.

Dans les hypothèses du chapitre 1, il est clair que tous les $B_i = B_{\Theta_i}$ $1 \leq i \leq r$ sont cuspidaux, et ils sont aussi deux à deux <u>non associés</u>, c'est-à-dire (cf. Lipsman [7]) que les sous-groupes de Cartan $Z_G(\underline{a}_i)$ sont deux à deux non conjugués, puisque les dimensions des $\underline{a}_{\Xi_i}$ sont toutes distinctes.

6.- Structure des algèbres $\underline{g}_i$ et $\underline{m}_i$ $1 \leq i \leq r$.

On reprend les hypothèses du chapitre I.

Soit Δ_i l'ensemble des racines non nulles de $(\underline{g}^{\mathbb{C}}, \underline{h}^{\mathbb{C}})$ qui sont identiquement nulles sur $\underline{h}^i_-$. Comme $c_{\Xi_i}(\mathbf{i}\, \underline{h}^i_-) = \underline{a}_{\Xi_i}$, on a

$$ {}^t c_{\Xi_i}^{-1}(\Delta_i) = \Phi_i[\Xi_i] $$

(ensemble des racines de $(\underline{g}^{\mathbb{C}}, \underline{a}_i^{\mathbb{C}})$ identiquement nulles sur $\underline{a}_{\Xi_i}$; cf. formule (2.3)).

Le lemme qui suit est une généralisation des résultats de Knapp et Okamoto [3] , ainsi que la proposition qui en découle.

Lemme 2.-

Si $\beta \in \Delta_i$ et si $\alpha^i = {}^t c_{\Xi_i}^{-1}\beta$ alors $E_{\alpha^i} = c_{\Xi_i} E_\beta = E_\beta$.

Démonstration :

a) Tout d'abord pour $i \leq \ell \leq r$ E_{β_ℓ} et $E_{-\beta_\ell}$ commutent à E_β . En effet, comme $\mathbf{i}\, H_{\beta_\ell} \in \underline{h}^i_-$, on a $<\beta_\ell, \beta> = 0$, donc la β-chaîne contenant β_ℓ est $\beta_\ell - p\beta, \ldots, \beta_\ell + q\beta$ avec $p = q$ (cf. chapitre I). Or par construction β_ℓ est la plus grande racine de l'orthogonal de $\{\beta_r, \beta_{r-1}, \ldots, \beta_{\ell+1}\}$ dans Δ_p^+ . Montrons alors que $[E_{\beta_\ell}, E_{-\beta}] = [E_{\beta_\ell}, E_\beta] = 0$, ie que $\beta_\ell - \beta$ et $\beta_\ell + \beta$ ne sont pas racines. Soit $\beta > 0$. Supposons $\beta_\ell + \beta$ racine. Comme β_ℓ est dans Δ_p , alors $\beta \in \Delta_K$ ie $\beta(\underline{c}) = 0$, donc $\beta(C) = 0$ où C est le vecteur engendrant $\underline{c}$ pris comme premier vecteur de base de $\underline{h}$. Donc $(\beta_\ell + \beta)(C) = \beta_\ell(C) > 0$ et donc $\beta_\ell + \beta \in \Delta_p^+$. En outre $\beta_\ell + \beta > \beta_\ell$ et $\beta_\ell + \beta$ est orthogonal à $\{\beta_r, \beta_{r-1}, \ldots, \beta_{\ell+1}\}$. Cela contredit la définition de β_ℓ . Donc $\beta_\ell + \beta$ n'est pas racine, ie $q = 0$, donc $p = q = 0$ et $\beta_\ell - \beta$ n'est pas racine non plus.

Si $\beta < 0$, alors on montre de même que $\beta_\ell - \beta$ n'est pas racine et donc que $p = q = 0$, ie que $\beta_\ell + \beta$ n'est pas racine non plus.

b) De a) découle aussitôt que

$$ c_{\beta_\ell} E_\beta = E_\beta \quad \text{pour} \quad \beta \in \Delta_i \qquad i \leq \ell \leq r $$

donc que $c_{\Xi_i} E_\beta = E_\beta$.

Proposition 7.-

On a les décompositions

$$\underline{m}_i^{\mathbb{C}} = (\underline{h}_+^i)^{\mathbb{C}} + \sum_{\beta \in \Delta_i} (\underline{g}^{\mathbb{C}})^{\beta}$$

$$\underline{g}_i^{\mathbb{C}} = \underline{h}_i^{\mathbb{C}} + \sum_{\beta \in \Delta_i} (\underline{g}^{\mathbb{C}})^{\beta}$$

où $\underline{h}_i = Z(\underline{m}_i)^{\perp} \cap \underline{h}_+^i$

La première formule résulte du lemme et de la formule (2.3). La seconde résulte de la proposition 6 appliquée à $\underline{m}_i$.

Corollaire.-

i) $Z(\underline{m}_i) = \{H \in \underline{h}_+^i \;;\; \Delta_i(H) = 0\}$

ii) $\underline{h}_i$ est une sous-algèbre de Cartan de $\underline{g}_i$ et les racines non nulles de $(\underline{g}_i^{\mathbb{C}}, \underline{h}_i^{\mathbb{C}})$ sont les restrictions à $\underline{h}_i^{\mathbb{C}}$ des éléments de Δ_i .

La démonstration du i) est immédiate ; et pour le ii) il suffit de remarquer qu'un élément de Δ_i , qui est déjà nul sur $Z(\underline{m}_i)$ et sur $\underline{h}_-^i$, ne peut être nul sur $\underline{h}_i$, puisque non nul sur $\underline{h}$.

Remarque 6.1.-

Δ_i est exactement l'orthogonal dans Δ de $\{\beta_r , \beta_{r-1} ,\dots, \beta_i\}$. Donc $\Delta_i \cap \Delta_p^+$ est l'orthogonal dans Δ_p^+ de cet ensemble. Donc β_{i-1} est la plus grande racine de $\Delta_i \cap \Delta_p^+$. Mais toute racine > 0 non compacte étant supérieure à toute racine compacte, β_{i-1} est la plus grande racine de Δ_i , c'est-à-dire que $\beta_{i-1}\big|_{\underline{h}_i^{\mathbb{C}}}$ est la plus grande racine de $(\underline{g}_i^{\mathbb{C}}, \underline{h}_i^{\mathbb{C}})$.

Théorème 1.-

Si $\underline{g}_i$ est non compacte, on a $\underline{g}_i = \underline{q}_i \oplus \underline{\ell}_i$ avec $\underline{q}_i$ sous-algèbre semi-simple compacte, et $\underline{\ell}_i$ simple non compacte. Dans ce cas le centre de $\underline{k}_i$ est non trivial, et G_i/K_i est un espace hermitien irréductible.

(Notant $G_i = G(\Theta_i)$ et $K_i = K(\Theta_i)$) .

Démonstration : Généralisation de celle de Knapp et Okamoto [3]

a) Montrons d'abord que les racines simples de $\Delta_i^+ = \Delta_i \cap \Delta^+$ sont exactement les racines simples de Δ^+ qui sont dans Δ_i .

Soit $\beta \in \Delta_i^+$ simple, et supposons que $\beta = \beta' + \beta''$ avec β' et β'' dans Δ^+ , mais pas dans Δ_i^+ . Alors il existe k et ℓ , $r \leqslant k$, $\ell \leqslant i$, avec

$<\beta', \beta_k> \neq 0$ et $<\beta'', \beta_\ell> \neq 0$, k et ℓ étant en outre les premiers entiers (dans l'ordre $r, r-1, r-2, \ldots$) pour lesquels cela ait lieu. Par définition de ℓ, β'' est orthogonal à $\{\beta_r, \beta_{r-1}, \ldots, \beta_{\ell+1}\}$ donc $\beta'' \in \Delta_{\ell+1}$ dont la plus grande racine est β_ℓ, donc $<\beta'', \beta_\ell> > 0$. De même $<\beta', \beta_k> > 0$. On a alors trois possibilités :

i) $k < \ell$; alors $<\beta', \beta_\ell> = 0$ donc $<\beta, \beta_\ell> > 0$

ii) $k = \ell$; alors $<\beta', \beta_\ell> > 0$ et $<\beta'', \beta_\ell> > 0$ donc $<\beta, \beta_\ell> > 0$

iii) $k > \ell$; alors $<\beta'', \beta_k> = 0$ donc $<\beta, \beta_k> > 0$.

Dans chaque cas, l'appartenance de β à Δ_i est contredite.

b) On termine comme Knapp et Okamoto. On partage les racines simples de $\underline{g}_i$ en systèmes correspondant à chaque composante simple de $\underline{g}_i$. Comme Δ a exactement une racine simple non compacte, puisque $\underline{g}$ est non compacte simple, alors d'après a) Δ_i a au plus une racine simple non compacte ; donc au plus une des composantes simples de $\underline{g}_i$ est non compacte, d'où la première partie du théorème.

On a $\underline{h} = \underline{h}^i \oplus Z(\underline{m}_i) \oplus \underline{h}_i$. Soit P^i la projection sur $\underline{h}_i$. Soit $0 \neq C \in \underline{c}$ le centre de $\underline{k}$. Alors $0 \neq P^iC$ appartient au centre de $\underline{k}_i$, donc G_i/K_i est un espace hermitien, qui est irréductible car le diagramme de Dynkin de Θ_i est connexe. L'ordre sur Δ_i est en outre compatible avec la structure complexe.

Remarque 6.2.-

Pour $i = 2$ et pour $\Theta_i = \Theta_2$, utilisant la remarque 4.2, on a

$$\underline{g}_2 = \underline{q}_2 \oplus \underline{s\ell}(2, \mathbb{R})$$

avec $\underline{q}_2$ semi-simple compacte.

Remarque 6.3.-

$\{\beta_{i-1}, \ldots, \beta_1\}$ constitue un système fortement orthogonal de racines positives non compactes pour $(\underline{g}_i^{\mathbb{C}}, \underline{h}_i^{\mathbb{C}})$, que nous noterons $\Xi_1 - \Xi_i$. Un calcul élémentaire montre que

$$a_k(\Theta_i) = \{H \in \underline{h}_i \ ; \ (\Xi_1 - \Xi_i)(H) = 0\}$$

$$\Phi(\Theta_i) = {}^t c^{-1}_{\Xi_1 - \Xi_i} \Delta_i$$

ce qui achève de montrer le lien entre les chapitres 2 et 3.

7.- Structure des groupes réductifs M_Θ

Cas où G n'est que semi-simple connexe de centre fini mais linéaire.

Soit G groupe de Lie semi-simple connexe de centre fini. Soit Θ une partie quelconque de Γ. On a vu, au chapitre 5, que la composante connexe neutre M_Θ° de M_Θ était exactement le sous-groupe analytique de G d'algèbre de Lie $\underline{m}_\Theta$. Soit $Z(M_\Theta^\circ)$ le centre de M_Θ° et $Z^\circ(M_\Theta^\circ)$ sa composante connexe neutre. Utilisant le fait déjà signalé que M_Θ° est fermé dans G, on voit aussitôt que $Z^\circ(M_\Theta^\circ)$ est le sous-groupe analytique de G d'algèbre de Lie $Z(\underline{m}_\Theta)$, et c'est un sous-groupe fermé de G. La proposition 6 entraîne :

$$M_\Theta^\circ = Z^\circ(M_\Theta^\circ)\, G(\Theta)$$

produit non direct, mais tout élément de $G(\Theta)$ commute avec tout élément de $Z^\circ(M_\Theta^\circ)$.

En outre (cf. par exemple Warner [15])

$$M_\Theta = \widetilde{Z}_{\underline{a}_p}\, M_\Theta^\circ$$

où $\widetilde{Z}_{\underline{a}_p} = \mathrm{Ad}_G^{-1}\,((\exp \mathrm{ad}_{\underline{g}^{\mathbb{C}}}\, i\, a_p) \cap \mathrm{Ad}_G K)$ est un groupe abélien fini contenant le centre $Z(G)$ de G.

Cette formule a un sens car $\exp = \exp_{\mathrm{Int}\,\underline{g}^{\mathbb{C}}}$, $\mathrm{Ad}_G K \subset \mathrm{Int}\,\underline{g}$, et on peut identifier $\mathrm{Int}\,\underline{g}$ avec le sous-groupe analytique fermé de $\mathrm{Int}\,\underline{g}^{\mathbb{C}}$ dont l'algèbre de Lie est $\mathrm{ad}\,\underline{g}$.

De même si $M(\Theta)$ est le centralisateur de $\underline{a}_p(\Theta)$ dans $K(\Theta)$ on a aussi

$$M(\Theta) = \widetilde{Z}_{\underline{a}_p(\Theta)}\, M(\Theta)^\circ$$

où $\widetilde{Z}_{\underline{a}_p(\Theta)} = \mathrm{Ad}_{G(\Theta)}^{-1}\,(\exp \mathrm{ad}_{\underline{g}^{\mathbb{C}}(\Theta)}\, i\, a_p(\Theta) \cap \mathrm{Ad}_{G(\Theta)} K(\Theta))$ et où $M(\Theta)^\circ$, la composante connexe neutre de $M(\Theta)$, est fermée dans $G(\Theta)$ et dans G. La proposition 6 donne encore pour la composante connexe neutre M° de M :

$$M^\circ = Z^\circ(M_\Theta^\circ)\, M(\Theta)^\circ \quad \text{produit non direct}$$

mais tout élément de $Z^\circ(M_\Theta^\circ)$ commute avec tout élément de $M(\Theta)^\circ$.

On suppose dorénavant que G est en plus un groupe de Lie linéaire, ie sous-groupe fermé d'un $GL(n, \mathbb{C})$. Soit $G^{\mathbb{C}}$ le sous-groupe analytique de $GL(n, \mathbb{C})$ d'algèbre de Lie $\underline{g}^{\mathbb{C}}$.

Alors G et $G(\Theta)$ sont des sous-groupes analytiques de $G^{\mathbb{C}}$ et on a :

$$\widetilde{Z}_{\underline{a}_p} = Z(G)\, Z_{\underline{a}_p} \quad \text{où} \quad Z_{\underline{a}_p} = \exp \mathbf{i}\, \underline{a}_p \cap K$$

$$\widetilde{Z}_{\underline{a}_p}(\Theta) = Z(G(\Theta))\, Z_{\underline{a}_p(\Theta)} \quad \text{où} \quad Z_{\underline{a}_p(\Theta)} = \exp \mathbf{i}\, \underline{a}_p(\Theta) \cap K(\Theta) \ .$$

Notons $Z_{\underline{a}_\Theta} = \exp \mathbf{i}\, \underline{a}_\Theta \cap K$ (cf. Lipsman [7]) . Comme $\underline{a}_p = \underline{a}_p(\Theta) \oplus \underline{a}_\Theta$, il est clair que $Z_{\underline{a}_\Theta} Z_{\underline{a}_p(\Theta)} \subset Z_{\underline{a}_p}$. Soit $Z(M_\Theta)$ le centre de M_Θ .

Proposition 8.-

Si $Z_{\underline{a}_p} \subset Z_{\underline{a}_\Theta} \cdot Z_{\underline{a}_p(\Theta)}$ (ie si on a égalité)

alors $M_\Theta = Z(M_\Theta)\, M_\Theta^\circ = Z(M_\Theta)\, G(\Theta)$

$M = Z(M_\Theta)\, M(\Theta)$

et $Z(M_\Theta) \cap G(\Theta) = Z(M_\Theta) \cap M(\Theta) \subset Z(G(\Theta))$.

Démonstration :

On a $M_\Theta = Z_{\underline{a}_\Theta} Z_{\underline{a}_p(\Theta)} Z^\circ(M_\Theta^\circ)\, G(\Theta)\, Z(G)$. $Z_{\underline{a}_p(\Theta)} \subset G(\Theta)$ commute avec $Z^\circ(M_\Theta^\circ) \subset Z(M_\Theta^\circ)$, donc $M_\Theta = [Z_{\underline{a}_\Theta} Z^\circ(M_\Theta^\circ)\, Z(G)] \cdot G(\Theta)$. Or $[\underline{a}_\Theta , \underline{g}(\Theta)] = 0$; donc le crochet est dans $Z(M_\Theta)$.

Donc $M_\Theta \subset Z(M_\Theta)\, G(\Theta) \subset Z(M_\Theta)\, M_\Theta^\circ \subset M_\Theta$, d'où l'égalité des trois ensembles.

De même : $M = Z_{\underline{a}_\Theta} Z_{\underline{a}_p(\Theta)} Z^\circ(M_\Theta^\circ)\, M(\Theta)^\circ\, Z(G)$

$= [Z_{\underline{a}_\Theta} Z^\circ(M_\Theta^\circ)\, Z(G)]\, Z_{\underline{a}_p(\Theta)} M(\Theta)^\circ$

$\subset Z(M_\Theta)\, M(\Theta)$.

Or $Z(M_\Theta)$ centralise $\underline{a}_\Theta$ par définition de M_Θ , et $\underline{a}_p(\Theta)$, puisque $A_p(\Theta) \subset G(\Theta) \subset M_\Theta$, donc centralise $\underline{a}_p$, ie $Z(M_\Theta) \subset M$. D'où $M \subset Z(M_\Theta)\, M(\Theta) \subset M$, donc on a égalité.

Corollaire.- $M = Z(M)\, M^\circ$.

En effet si $\Theta = \emptyset$, $Z_{\underline{a}_p} = Z_{\underline{a}_\Theta}$, $Z_{\underline{a}_p(\Theta)} = \{e\}$.

Remarque 7.1.-

Il est clair que dans les hypothèses de la proposition 8 ,
$Z(M_\Theta) = Z_{\underline{a}_\Theta} Z^\circ(M_\Theta^\circ)\, Z(G)\, Z(G(\Theta))$ et que $Z(M_\Theta) \subset Z(M)$ puisque $M \subset M_\Theta$ et $Z(M_\Theta) \subset M$.

Pour savoir quand sont satisfaites les conditions de la proposition 8, nous devons étudier ce groupe $Z_{\underline{a}_p}$.

Soit $\underline{u} = \underline{k} \oplus i\,\underline{p}$ forme réelle compacte de $\underline{g}^{\mathbb{C}}$. Soit U le sous-groupe analytique de $G^{\mathbb{C}}$ d'algèbre de Lie $\underline{u}$. Comme $\underline{u}$ est semi-simple compacte, on montre facilement que U est compact. Soit $\check{\underline{a}} = \underline{a}_k \oplus i\,\underline{a}_p = i\,{}^*a$. C'est une sous-algèbre abélienne maximale de $\underline{u}$, et le sous-groupe analytique $\check{A}$ correspondant est un tore maximal de U .

Tout d'abord

$$\{H \in i\,\underline{a}_p \ ;\ \exp H \in K\} \subset \{H \in i\,\underline{a}_p \ ;\ \exp 2H = e\} \ .$$

En effet, si θ est l'involution de Cartan de $\underline{g}$, $\theta(\exp H) = \exp \theta H = \exp H$ si $\exp H \in K$ et c'est aussi $\exp(-H)$ si $H \in i\,\underline{a}_p$. Par ailleurs, si U <u>est simplement connexe</u>, on a (cf. Wallach [14] ou Loos [8]) :

<u>Lemme 3</u>.-

Si U est simplement connexe, le réseau $\{H \in i\,\underline{a}_p \ ;\ \exp H = e\}$ est engendré par les $(4\, i\pi/\langle\lambda, \lambda\rangle)\, Q_\lambda$, $\lambda \in \Sigma^+$. Donc le réseau $\{H \in i\,\underline{a}_p \ ;\ \exp H \in K\}$ est contenu dans le réseau engendré par les $(2\, i\pi/\langle\lambda, \lambda\rangle)\, Q_\lambda = i\pi\, Q'_\lambda$, $\lambda \in \Sigma^+$.

8.- <u>Structure des</u> M_Θ . <u>Cas de</u> G <u>linéaire, d'algèbre de Lie simple, avec</u> G/K <u>hermitien</u>

On reprend les hypothèses du chapitre 1, en supposant en outre G linéaire et U simplement connexe. Nous verrons que cela correspond à A3 et C1 .

En utilisant le fait que les α_k $1 \leq k \leq r$ ont la même longueur (cf. proposition 3) et les calculs du chapitre 4, on a aussitôt

$$Q'_{\frac{1}{2}(\tilde{\alpha}_k \mp \tilde{\alpha}_\ell)} = Q'_{\tilde{\alpha}_k} \mp Q'_{\tilde{\alpha}_\ell} = H'_{\alpha_k} \mp H'_{\alpha_\ell}$$

$$Q'_{\frac{1}{2}\tilde{\alpha}_k} = 2\, Q'_{\tilde{\alpha}_k} = 2\, H'_{\alpha_k} \ .$$

Par un calcul simple dans $SL(2, \mathbb{R})$ (cela suffit d'après la remarque 4.1), on vérifie que, pour tout $1 \leq k \leq r$, $\exp i\pi H'_{\alpha_k} \in K$. Donc on a la

<u>Proposition 9</u>.-

Le réseau $\{H \in i\,\underline{a}_p \ ;\ \exp H \in K\}$ est exactement le réseau engendré par les $i\pi H'_{\alpha_k}$ $1 \leq k \leq r$.

Soit alors $\Theta \subset \Gamma$. Pour tout $\lambda \in \Sigma^+(\Theta)$, Q'_λ est du type $H'_{\alpha_k} \mp H'_{\alpha_\ell}$

donc $\exp \mathbf{i}\pi Q'_\lambda \in K$. En outre $\exp \mathbf{i}\pi Q'_\lambda \in G^{\mathbb{C}}(\Theta)$, le sous-groupe analytique de $G^{\mathbb{C}}$ d'algèbre de Lie $\underline{g}^{\mathbb{C}}(\Theta)$. Donc $\exp \mathbf{i}\pi Q'_\lambda \in K \cap G^{\mathbb{C}}(\Theta) = K(\Theta)$.

Soit $\underline{u}(\Theta) = \underline{k}(\Theta) \oplus \mathbf{i}\,\underline{p}(\Theta)$ forme réelle compacte de $\underline{g}^{\mathbb{C}}(\Theta)$. Notons $U(\Theta)$ le sous-groupe analytique de $G^{\mathbb{C}}$ d'algèbre de Lie $\underline{u}(\Theta)$. Comme U , $U(\Theta)$ est compact et on a :

Corollaire.-

Si $U(\Theta)$ est simplement connexe, le réseau $\{H \in \mathbf{i}\,\underline{a}_p(\Theta)\ ;\ \exp H \in K(\Theta)\}$ est exactement le réseau engendré par les $\mathbf{i}\pi Q'_\lambda$ $\lambda \in \Sigma^+(\Theta)$.

On peut alors énoncer, en prenant $\Theta = \Theta_i$.

Théorème 2.-

Si G est linéaire, et si U et $U_i = U(\Theta_i)$ sont simplement connexes, on a

$$Z_{\underline{a}_p} = Z_{\underline{a}_{\Theta_i}} \ Z_{\underline{a}_p(\Theta_i)} \ .$$

Alors $M_i = Z(M_i)\, G_i$ et $M = Z(M_i)\, M(\Theta_i)$.

Démonstration :

La première partie découle de la proposition 9 et de son corollaire :

$\{H \in \mathbf{i}\,\underline{a}_p\ ;\ \exp H \in K\}$ est engendré par les $\mathbf{i}\pi H'_{\alpha_k}$ $1 \leqslant k \leqslant r$.

$\{H \in \mathbf{i}\,\underline{a}_p(\Theta_i)\ ;\ \exp H \in K\}$ est engendré par les $\mathbf{i}\pi H'_{\alpha_k}$ $1 \leqslant k \leqslant i-1$

$\{H \in \mathbf{i}\,\underline{a}_{\Theta_i}\ ;\ \exp H \in K\}$ est engendré par les $\mathbf{i}\pi H'_{\alpha_k}$ $i \leqslant k \leqslant r$.

La deuxième partie résulte de la proposition 8.

Considérons à présent des $\Theta \neq \Theta_i$ $1 \leqslant i \leqslant r+1$; toute telle partie Θ connexe s'écrit :

$$\Theta = \{\tfrac{1}{2}\,(\tilde{\alpha}_{\ell-n} - \tilde{\alpha}_{\ell-n-1})\ ,\dots,\ \tfrac{1}{2}\,(\tilde{\alpha}_{\ell} - \tilde{\alpha}_{\ell-1})\}$$

avec $0 \leqslant n \leqslant \ell-2$ et $2 \leqslant \ell \leqslant r$.

Alors $\underline{a}_p(\Theta) = \sum_{k=\ell-n}^{k=\ell} \mathbb{R}(H_{\alpha_k} - H_{\alpha_{k-1}})$ et

$$\underline{a}_\Theta = \sum_{k=1}^{\ell-n-2} \mathbb{R}\, H_{\alpha_k} + \sum_{k=\ell+1}^{r} \mathbb{R}\, H_{\alpha_k} + \mathbb{R} \sum_{k=\ell-n-1}^{\ell} H_{\alpha_k} \ .$$

Mais on sait que si $U(\Theta)$ est simplement connexe,

$$Z_{\underline{a}_p} = \prod_{k=1}^{\ell-n-2} \exp i\pi \mathbb{Z} H'_{\alpha_k} \times \prod_{k=\ell+1}^{r} \exp i\pi \mathbb{Z} H'_{\alpha_k} \times \prod_{k=\ell-n-1}^{\ell} \exp i\pi \mathbb{Z} H'_{\alpha_k} .$$

Les deux premiers produits contiennent des H'_{α_k} qui sont dans $\underline{a}_\Theta$, donc commutent avec M°_Θ. Ces produits sont dans M_Θ donc commutent avec $Z(M_\Theta)$. Enfin ils commutent bien sûr avec $Z_{\underline{a}_p}$. Comme $M_\Theta = Z_{\underline{a}_p} M^\circ_\Theta Z(G)$, on voit que ces deux produits appartiennent à $Z(M_\Theta)$. Donc

$$M_\Theta = \prod_{k=\ell-n-1}^{\ell} \exp i\pi \mathbb{Z} H'_{\alpha_k} \times Z(M_\Theta) M^\circ_\Theta .$$

Le produit en facteur s'écrit :

$$\exp i\pi \mathbb{Z} H'_{\alpha_\ell} \prod_{k=\ell-n}^{\ell} \exp i\pi \mathbb{Z}(H'_{\alpha_k} - H'_{\alpha_{k-1}}) = \exp i\pi \mathbb{Z} H'_{\alpha_\ell} \times Z_{\underline{a}_p}(\Theta) .$$

Comme $Z_{\underline{a}_p}(\Theta) \subset M^\circ_\Theta$, on a

$$M_\Theta = \exp i\pi \mathbb{Z} H'_{\alpha_\ell} \times Z(M_\Theta) M^\circ_\Theta \qquad (8.1)$$

De même on avait (cf. chapitre 7)

$$M = Z_{\underline{a}_p} M(\Theta)^\circ Z^\circ(M^\circ_\Theta) Z(G) \quad \text{d'où}$$

$$M = \exp i\pi \mathbb{Z} H'_{\alpha_\ell} \times Z(M_\Theta) Z^\circ(M^\circ_\Theta) M(\Theta) \qquad (8.2)$$

Remarque 8.1.-

$\exp i\pi \mathbb{Z} H'_{\alpha_\ell}$ est un groupe à deux éléments, comme le montre un calcul trivial dans $SL(2, \mathbb{R})$.

Remarque 8.2.-

Si M est abélien, ou si $[H'_{\alpha_\ell}, Z(\underline{m}_\Theta)] = 0$, donc en particulier si $\underline{a}_k = \{0\}$, alors $Z^\circ(M^\circ_\Theta) \subset Z(M_\Theta)$ et on a

$$\left.\begin{aligned} M &= \exp i\pi \mathbb{Z} H'_{\alpha_\ell} \times Z(M_\Theta) M(\Theta) \\ M_\Theta &= \exp i\pi \mathbb{Z} H'_{\alpha_\ell} \times Z(M_\Theta) G(\Theta) \end{aligned}\right. \qquad (8.3)$$

formules qui complètent celles du théorème 2.

Si $Z_\ell = \exp i\pi\mathbb{Z} H'_{\alpha_\ell} \subset Z(M_\Theta) M(\Theta)$, alors il est bien entendu contenu dans $Z(M_\Theta) G(\Theta)$, et inversement puisque $\exp i\pi \mathbb{Z} H'_{\alpha_\ell}$ est contenu dans K, et centralise $\underline{a}_p(\Theta)$. Donc on a les deux cas possibles :

i) $M_\Theta = Z(M_\Theta)\ G(\Theta)$

et $M_\Theta = Z(M_\Theta)\ M(\Theta)$

ii) $M_\Theta = Z_\ell \times Z(M_\Theta)\ G(\Theta)$

et $M \ = Z_\ell \times Z(M_\Theta)\ M(\Theta)$

où on a des produits $\times$ semi-directs (le second étant d'ailleurs direct si M est abélien).

Remarque 8.3.-

Si $\Theta \neq \Theta_i$ contient plusieurs composantes connexes, on remplace Z_ℓ par un produit $Z_{\ell_1} Z_{\ell_2} \ldots Z_{\ell_s}$; où s est le nombre de ces composantes.

9.- Exemples

On notera $\mathcal{M}_n(C)$ (resp. $\mathcal{M}_n(\mathbb{R})$) l'espace des matrices $n \times n$ à coefficients complexes (resp. réels) , $\mathcal{H}_n$ (resp. $\mathcal{S}_n(\mathbb{R})$) le sous-espace des matrices hermitiennes (resp. symétriques) , I_n la matrice identité, 0_n la matrice nulle. Nous rencontrerons les groupes $SU(q,p)$, $U(n)$, $SU(n)$, $SL(n, \mathbb{C})$, $Sp(n, \mathbb{R})$, $Sp(n)$ dont les algèbres de Lie seront notées $\underline{su}(q,p)$, $\underline{u}(n)$, $\underline{su}(n)$, $\underline{s\ell}(n,\mathbb{C})$, $\underline{sp}(n, \mathbb{R})$, $\underline{sp}(n)$ respectivement.

Enfin pour $X \in \mathcal{M}_n(\mathbb{C})$, on notera ${}^tX$ sa transposée et $X^* = {}^t\bar{X}$ l'adjointe.

1°) Le cas A3

$G = SU(p,q)$, et on suppose $q \geq p$.

$\underline{g} = \{X \in \mathcal{M}_{p+q}(\mathbb{C}) \ ; \ X^* I_{p,q} + I_{p,q} X = 0 \ , \ \text{Trace } X = 0\}$

où $I_{p,q} = \begin{pmatrix} I_p & 0 \\ 0 & -I_q \end{pmatrix}$.

Nous utiliserons les résultats de Sugiura [13] . On a $r = p$. Pour $q = p$, on est dans le premier cas du chapitre 4 ; pour $q > p$ on est dans le second cas. On a plus précisément :

$\dim \underline{g}^{\frac{1}{2}(\tilde{\alpha}_k \mp \tilde{\alpha}_\ell)} = 2$ pour $1 \leq \ell < k \leq r$,

$\dim \underline{g}^{\tilde{\alpha}_k} = 1$ pour $1 \leq k \leq r$, et

$\dim \underline{g}^{\frac{1}{2}\tilde{\alpha}_k} = 2(q-p)$ pour $1 \leq k \leq r$. Pour $1 \leq i \leq p$, $\underline{a}_{\Xi_i}$ est l'ensemble des matrices de la forme :

$$
\begin{array}{|c|c|c|c|c|}
\hline
 & & 0 & & \\
\hline
 & & & \begin{matrix} t_i & & & \\ & \cdot & & \\ & & \cdot & \\ & & & t_p \end{matrix} & \\
\hline
0 & & & & \\
\hline
 & \begin{matrix} t_i & & & \\ & \cdot & & \\ & & \cdot & \\ & & & t_p \end{matrix} & & & \\
\hline
 & & & & \\
\hline
\end{array}
\begin{array}{l}
\} \; i-1 \\
\} \; p-i+1 \\
\} \; i-1 \\
\} \; p-i+1 \\
\} \; q-p
\end{array}
$$

$$
\underbrace{}_{i-1} \quad \underbrace{}_{p-i+1} \quad \underbrace{}_{i-1} \quad \underbrace{}_{p-i+1} \quad \underbrace{}_{q-p}
$$

(0 partout ailleurs) avec $t_k \in \mathbb{R}$ $i \leqslant k \leqslant p$.

Son centralisateur dans $\underline{g}$, $\underline{m}_i \oplus \underline{a}_{\Theta_i}$, est l'ensemble des matrices de trace nulle de la forme

$$
\begin{array}{|c|c|c|c|c|}
\hline
A & & B & & \\
\hline
 & \begin{matrix} \mathbf{i}\, s_i & & & \\ & \cdot & & \\ & & \cdot & \\ & & & \mathbf{i}\, s_p \end{matrix} & & \begin{matrix} u_i & & & \\ & \cdot & & \\ & & \cdot & \\ & & & u_p \end{matrix} & \\
\hline
B^* & & D & & \\
\hline
 & \begin{matrix} u_i & & & \\ & \cdot & & \\ & & \cdot & \\ & & & u_p \end{matrix} & & \begin{matrix} \mathbf{i}\, s_i & & & \\ & \cdot & & \\ & & \cdot & \\ & & & \mathbf{i}\, s_p \end{matrix} & \\
\hline
 & & & & X_{q-p} \\
\hline
\end{array}
$$

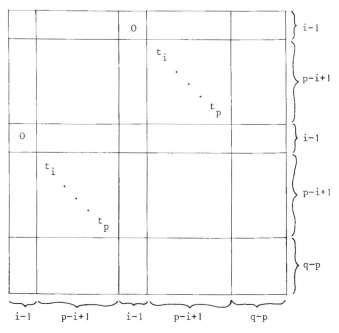

avec A et D dans $\underline{u}(i-1)$, $B \in \mathcal{M}_{i-1}(\mathbb{C})$, $X_{q-p} \in \underline{u}(q-p)$, et les u_k , s_k dans $\mathbb{R}$.

De là on tire $\underline{m}_i = Z(\underline{m}_i) \oplus \underline{g}_i$, puis $Z(\underline{m}_i)$ et $\underline{g}_i$. En particulier $\underline{g}_i$ est l'ensemble des matrices

A		B		
	0			
B^*		D		
			0	
				X_{q-p}

où $\begin{pmatrix} A & B \\ B^* & D \end{pmatrix} \in \underline{su}(i-1,\ i-1)$

et $X_{q-p} \in \underline{su}(q-p)$

(0 partout ailleurs) .

Donc $G_i \approx SU(i-1,i-1) \times SU(q-p)$, $1 \leqslant i \leqslant r$. En particulier $G_2 \approx SL(2,\mathbb{R}) \times SU(q-p)$.

De plus $U_i \approx SU(q-p) \times SU(2i-2)$ et $U \approx SU(p+q)$ sont simplement connexes, donc le chapitre 8 s'applique entièrement : $M_i = Z(M_i)\ G_i$ et $M = Z(M_i)\ M(\Theta_i)$.

Prenons maintenant, comme dans la deuxième partie du chapitre 8 ,

$$\Theta = \{ \tfrac{1}{2}(\widetilde{\alpha}_{\ell-n} - \widetilde{\alpha}_{\ell-n-1}) ,\ldots, \tfrac{1}{2}(\widetilde{\alpha}_{\ell} - \widetilde{\alpha}_{\ell-1}) \}$$

$$0 \leqslant n \leqslant \ell-2 \qquad\qquad 2 \leqslant \ell \leqslant p = r \ .$$

$\underline{a}_\Theta$ est l'ensemble des matrices de la forme

$$
\left(\begin{array}{c|c|c}
0 & \begin{matrix} t_1 & & & & & \\ & \ddots & & & & \\ & & t_{\ell-n-2} & & & \\ & & & t_\ell I_{n+2} & & \\ & & & & t_{\ell+1} & \\ & & & & & \ddots \\ & & & & & & t_p \end{matrix} & \\
\hline
\begin{matrix} t_1 & & & & & \\ & \ddots & & & & \\ & & t_{\ell-n-2} & & & \\ & & & t_\ell I_{n+2} & & \\ & & & & t_{\ell+1} & \\ & & & & & \ddots \\ & & & & & & t_p \end{matrix} & 0 & \\
\hline
 & & \underbrace{}_{q-p}
\end{array}\right)
\begin{matrix} \\ \\ \\ \left.\right\} q-p \end{matrix}
$$

(0 partout ailleurs)

où les t_k sont réels.

Calculant comme précédemment $\underline{m}_\Theta \oplus \underline{a}_\Theta$, le centralisateur de $\underline{a}_\Theta$ dans $\underline{g}$, uis $\underline{m}_\Theta$, on obtient aisément que $\underline{g}(\Theta)$ est l'ensemble des matrices de la forme :

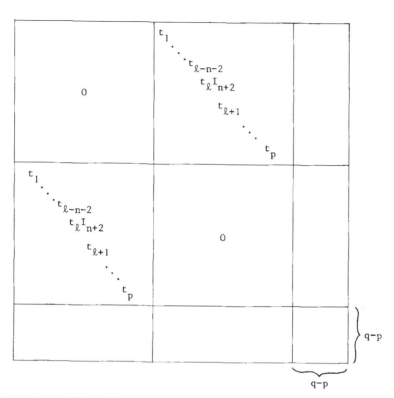

$$\left(\begin{array}{c|c|c} \begin{matrix} O_{\ell-n-2} & & \\ & A_{n+2} & \\ & & O_{p-\ell} \end{matrix} & \begin{matrix} O_{\ell-n-2} & & \\ & B_{n+2} & \\ & & O_{p-\ell} \end{matrix} & \\ \hline \begin{matrix} O_{\ell-n-2} & & \\ & B_{n+2} & \\ & & O_{p-\ell} \end{matrix} & \begin{matrix} O_{\ell-n-2} & & \\ & A_{n+2} & \\ & & O_{p-\ell} \end{matrix} & \\ \hline & & X_{q-p} \end{array}\right)$$

où $A_{n+2} \in \underline{su}(n+2)$

$B_{n+2} \in \mathcal{H}_{n+2}$

et Trace $B_{n+2} = 0$

Il est donc clair que $\underline{g}(\Theta) \approx \underline{su}(q-p) \oplus \underline{s\ell}(n+2, \mathbb{C})$ donc $G(\Theta) \approx SU(q-p) \times SL(n+2, \mathbb{C})$. $U(\Theta) \approx SU(q-p) \times SU(n+2)$ est simplement connexe, donc là encore le chapitre 8 s'applique :

$$M_\Theta = Z_\ell \times Z(M_\Theta)\, M_\Theta^\circ$$, le produit $\times$ étant semi-direct.

On peut résumer la situation comme suit

i) Si $\Theta = \Theta_i \quad 1 \leqslant i \leqslant p$, on a

$$G_i \approx SU(q-p) \times SU(i-1, i-1)$$

et les paraboliques B_i correspondants constituent un système maximal de paraboliques cuspidaux deux à deux non associés (contenant B) . En outre G_i/K_i est un espace hermitien.

ii) Si Θ n'est aucun Θ_i , mais contient Θ_2 , soit k le nombre de composantes connexes de Θ $(k \geqslant 2)$. Alors

$$G(\Theta) \approx SU(q-p) \times SU(n_1, n_1) \times SL(n_2, \mathbb{C}) \times \dots \times SL(n_k, \mathbb{C})$$

où n_1 , n_2 ,..., n_k correspondent aux "longueurs" de ces composantes connexes.

iii) Si Θ ne contient pas Θ_2 , il suffit de supprimer le facteur $SU(n_1, n_1)$ dans ii) .

Dans les cas ii) et iii) on vérifie bien que $G(\Theta)/K(\Theta)$ contient toujours un facteur $SL(n, \mathbb{C})/SU(n)$ donc n'est pas hermitien.

2°) Le cas CI

$$G = Sp(n, \mathbb{R}) \text{ , et si } J = \begin{pmatrix} 0 & I_n \\ -I_n & 0 \end{pmatrix} \text{ ,}$$

$$\underline{g} = \{X \in \mathcal{M}_{2n}(\mathbb{R}) \ ; \ {}^tX\,J + J\,X = 0\} \ .$$

On a ici $r = n$. Et on est dans le premier cas du chapitre 4.

Utilisant encore Sugiura [13] on a :

$$\underline{a}_k = \{0\}$$

$$\underline{a}_p = \{\mathrm{diag}\,[t_1, \ldots, t_n \ ; -t_1, \ldots, -t_n] \text{ , les } t_k \in \mathbb{R}\}$$

qui est alors abélienne maximale dans $\underline{g}$.

Pour $0 \leqslant i$, $0 \leqslant j$ et $i + 2j \leqslant n$, soit $\underline{a}_{\Theta_{i+1,j}} = \{\mathrm{diag}\,[T_{i,j} \ ; -T_{i,j}]\}$

où $T_{i,j} = \mathrm{diag}[0_i ; t_{i+j+1}, t_{i+j+1} ; \ldots ; t_{i+2j}, t_{i+2j} ; t_{i+2j+1}, \ldots, t_n]$ (les $t_k \in \mathbb{R}$) .

Le décalage de l'indice i dans la définition s'expliquera par la suite pour retrouver les notations générales.

On trouve que le centralisateur de $\underline{a}_{\Theta_{i+1,j}}$ dans $\underline{g}$, qui est $\underline{m}_{\Theta_{i+1,j}} \oplus \underline{a}_{\Theta_{i+1,j}}$, est l'ensemble des matrices de la forme :

$$\left(\begin{array}{|c|c|c|c|c|c|}
\hline
A_i & & & B_i & & \\
\hline
 & X_1 \; \ddots \; X_j & & & & \\
\hline
 & & u_{i+2j+1} \; \ddots \; u_n & & & \\
\hline
C_i & & & -{}^tA_i & & \\
\hline
 & & & & -{}^tX_1 \; \ddots \; -{}^tX_j & \\
\hline
 & & & & & -u_{i+2j+1} \; \ddots \; -u_n \\
\hline
\end{array}\right)$$

avec $A_i \in \mathcal{M}_i(\mathbb{R})$

B_i et C_i dans $\mathcal{S}_i(\mathbb{R})$

et $X_k \in \mathcal{M}_2(\mathbb{R})$

pour tout $1 \leqslant k \leqslant j$.

(0 partout ailleurs)

Donc $\underline{g}(\Theta_{i+1,j}) = \underline{m}_{\Theta_{i+1,j}}$ est l'ensemble des matrices de la forme :

$$\left(\begin{array}{c|c|c||c|c|c}
A_i & & & B_i & & \\ \hline
 & \begin{matrix} X_1 & & \\ & \ddots & \\ & & X_j \end{matrix} & & & & \\ \hline
 & & 0 & & & \\ \hline\hline
C_i & & & -{}^tA_i & & \\ \hline
 & & & & \begin{matrix} -{}^tX_1 & & \\ & \ddots & \\ & & -{}^tX_j \end{matrix} & \\ \hline
 & & & & & 0
\end{array}\right)$$

avec $X_k \in \underline{s\ell}(2, \mathbb{R})$

et $\begin{pmatrix} A_i & B_i \\ C_i & -{}^tA_i \end{pmatrix} \in \underline{sp}(i, \mathbb{R})$

(0 partout ailleurs) .

Changeons i en $i-1$; nous obtenons donc $M^{\circ}_{\Theta_{i,j}} = G(\Theta_{i,j})$ est isomorphe à $Sp(i-1, \mathbb{R}) \times \underbrace{SL(2, \mathbb{R}) \times \ldots \times SL(2, \mathbb{R})}_{j \text{ facteurs}}$

avec $0 \leqslant j$, $1 \leqslant i$, et $i + 2j \leqslant n+1$.

Les sous-groupes paraboliques correspondants constituent un système maximal de paraboliques cuspidaux deux à deux non associés (contenant B) . Il est clair qu'on a, en reprenant les notations générales (chapitre 4)

$$\Theta_{i,j} = \Theta_i \cup \{\tfrac{1}{2}(\widetilde{\alpha}_{i+1} - \widetilde{\alpha}_i) , \tfrac{1}{2}(\widetilde{\alpha}_{i+3} - \widetilde{\alpha}_{i+2}) ,\ldots, \tfrac{1}{2}(\widetilde{\alpha}_{i+2j-1} - \widetilde{\alpha}_{i+2j-2})\}$$

où $\Theta_i = \{\widetilde{\alpha}_1 , \tfrac{1}{2}(\widetilde{\alpha}_2 - \widetilde{\alpha}_1) ,\ldots, \tfrac{1}{2}(\widetilde{\alpha}_{i-1} - \widetilde{\alpha}_{i-2})\}$.

Donc pour $j = 0$, on retrouve $\Theta_{i,o} = \Theta_i$ et pour $i = 2$, on a $G(\Theta_{2,o}) \approx Sp(1, \mathbb{R})$ qui est bien isomorphe à $SL(2, \mathbb{R})$.

Les groupes $U \approx Sp(n)$ et $U(\Theta_{i,j}) \approx Sp(i-1) \times \underbrace{SU(2) \times \ldots \times SU(2)}_{j \text{ facteurs}}$ étant simplement connexes, le chapitre 8 s'applique, y compris la remarque 8.2 puisque $\underline{a}_k = \{0\}$.

En utilisant l'involution de Cartan $\theta : X \longrightarrow J\ X\ J^{-1}$ (car la forme de K n'est pas commode), on peut montrer que $Z_{\underline{a}_p} = Z_{\underline{a}_p}(\Theta_{i,j})\ Z_{\underline{a}_{\Theta_{i,j}}}$ si et seulement si $j = 0$. Donc la proposition 8 ne s'applique pas si $j \neq 0$.

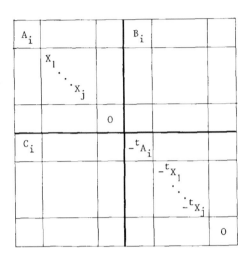

A nouveau, prenons, comme dans la deuxième partie du chapitre 8,

$$\Theta = \{\frac{1}{2}(\tilde{\alpha}_{\ell-m} - \tilde{\alpha}_{\ell-m-1}) , \ldots , \frac{1}{2}(\tilde{\alpha}_{\ell} - \tilde{\alpha}_{\ell-1})\}$$

$$0 \leqslant m \leqslant \ell-2 \qquad 2 \leqslant \ell \leqslant n = r$$

Alors $\underline{a}_\Theta$ est l'ensemble des matrices $\mathrm{diag}[T, -T]$, où
$T = \mathrm{diag}\,[t_1 ,\ldots, t_{\ell-m-2} ; t_\ell I_{m+2} ; t_{\ell+1} ,\ldots, t_n]$ (les t_k réels) .

On calcule $\underline{m}_\Theta \oplus \underline{a}_\Theta$, d'où $\underline{m}_\Theta$ et on obtient :

$$M_\Theta^\circ = G(\Theta) \approx SL(m+2, \mathbb{R}) .$$

$U(\Theta)$ est simplement connexe. Donc là encore le chapitre 8 (remarque 8.2 comprise) s'applique. Si $m = 0$, on retombe, à une conjugaison près, sur $\underline{a}_{\Theta_{1,1}}$ donc sur $G(\Theta_{1,1}) \approx SL(2, \mathbb{R})$.

Dès que $m > 0$, les sous-groupes paraboliques ne sont plus cuspidaux, puisque $SL(m+2, \mathbb{R})$ n'a pas de série discrète pour $m > 0$.

En résumé :

i) Si $\Theta = \Theta_{i,j}$

$$G(\Theta_{i,j}) \approx Sp(i-1, \mathbb{R}) \times \underbrace{SL(2, \mathbb{R}) \times \ldots \times SL(2, \mathbb{R})}_{j \text{ facteurs}} .$$

En particulier

$$G(\Theta_i) \approx Sp(i-1, \mathbb{R})$$

ii) Si Θ n'est pas un $\Theta_{i,j}$ mais contient $\tilde{\alpha}_1$, alors soit k le nombre de composantes connexes de Θ . On a

$$G(\Theta) = Sp(m_1, \mathbb{R}) \times SL(m_2, \mathbb{R}) \times \ldots \times SL(m_k, \mathbb{R})$$

où m_1 , m_2 ,..., m_k correspondent aux "longueurs" de ces composantes connexes ($m_2 \geqslant 2$,..., $m_k \geqslant 2$) .

iii) Si Θ ne contient pas $\tilde{\alpha}_1$ et n'est pas un $\Theta_{i,j}$, on supprime le facteur $Sp(m_1 , \mathbb{R})$ dans ii) .

<u>Remarque</u>.-

Si dans ii) on a $m_2 = \ldots = m_k = 2$ le sous-groupe parabolique B_Θ correspondant est nécessairement associé à un $B_{\Theta_{i,j}}$, à savoir celui pour lequel $i = m_1 + 1$, $j = k - 1$.

II.- APPLICATION A LA CONSTRUCTION DE REPRESENTATIONS UNITAIRES IRREDUCTIBLES DE G . CAS DE LA SERIE COMPLEMENTAIRE

10.- Les décompositions de Bruhat de G relatives aux B_Θ . L'action de G sur N_Θ^-

Dans ce chapitre, on peut supposer G seulement semi-simple connexe de centre fini. A un ensemble de mesure nulle près de G , on a (cf. par exemple Warner [15])

$$G = B_\Theta N_\Theta^- = N_\Theta^+ A_\Theta M_\Theta N_\Theta^-$$

$$G = B N^- = N^+ A_p M N^- \quad .$$

Nous noterons, avec des conventions évidentes,

$$g = b'_\Theta[g]\, n_\Theta^{-'}[g] = n_\Theta^{+'}[g]\, a'_\Theta[g]\, m'_\Theta[g]\, n_\Theta^{-'}[g]$$

$$g = b'[g]\, n^{-'}[g] = n^{+'}[g]\, a'[g]\, m'[g]\, n^{-'}[g]$$

les décompositions correspondantes (unicité des facteurs) de $g \in G$.

En particulier lorsque cela a un sens, nous ferons agir G à droite sur N_Θ^- et N^- , et nous écrirons (suivant en cela une ancienne notation de Harish-Chandra)

$$n_\Theta^{-'}[n_\Theta^- g] = [n_\Theta^-]_g \quad \text{où} \quad n_\Theta^- \in N_\Theta^- \ , \quad g \in G$$

$$n^{-'}[n^- g] = [n^-]_g \quad \text{où} \quad n^- \in N^- \ , \quad g \in G \ .$$

Soient $\rho_\Theta = \frac{1}{2} \sum_{\lambda \in \Sigma^+ - \Sigma^+(\Theta)} \lambda$ et $\rho = \frac{1}{2} \sum_{\lambda \in \Sigma^+} \lambda$.

On sait que

$$\left| \frac{d[n_\Theta^-]_g}{dn_\Theta^-} \right|^{1/2} = \exp(\rho_\Theta \ \mathrm{Log}\ a'_\Theta[n_\Theta^- g])$$

ce que nous noterons $(a'_\Theta[n_\Theta^- g])^{\rho_\Theta}$, et que

$$\left| \frac{d[n^-]_g}{dn^-} \right|^{1/2} = \exp(\rho \ \mathrm{Log}\ a'[n^- g]) = (a'[n^- g])^\rho \ .$$

Les premiers membres de ces expressions signifient qu'on prend la racine carrée du module des jacobiens des transformations $n_\Theta^- \to [n_\Theta^-]_g$ et $n^- \to [n^-]_g$ respectivement.

De même, à un ensemble de mesure nulle près dans $G(\Theta)$, on a :

$$G(\Theta) = B(\Theta)\ N^-(\Theta) = N^+(\Theta)\ A_p(\Theta)\ M(\Theta)\ N^-(\Theta)$$

$$g(\Theta) = b(\Theta)'\ [g(\Theta)]\ n^-(\Theta)'\ [g(\Theta)]$$

$$= n^+(\Theta)'\ [g(\Theta)]\ a(\Theta)'\ [g(\Theta)]\ m(\Theta)'\ [g(\Theta)]\ n^-(\Theta)'\ [g(\Theta)]$$

avec unicité des facteurs. Lorsque cela a un sens nous écrirons l'action de $G(\Theta)$ sur $N^-(\Theta)$ par :

$$n^-(\Theta)'\ [n^-(\Theta)g(\Theta)] = [n^-(\Theta)]_{g(\Theta)}$$

où $n^-(\Theta) \in N^-(\Theta)$ et $g(\Theta) \in G(\Theta)$.

Notant $\rho(\Theta) = \frac{1}{2} \sum_{\lambda \in \Sigma^+(\Theta)} \lambda$, on a :

$$\left| \frac{d[n^-(\Theta)]_{g(\Theta)}}{d\,n^-(\Theta)} \right|^{1/2} = \exp(\rho(\Theta)\ \mathrm{Log}\ a(\Theta)'\ [n^-(\Theta)g(\Theta)])$$

$$= (a(\Theta)'\ [n^-(\Theta)g(\Theta)])^{\rho(\Theta)} \quad .$$

On peut normaliser les mesures de Haar de facon que, pour toute fonction continue à support compact sur G , on ait :

$$\int_G f(g)\ dg = \int_{N_\Theta^+ \times A_\Theta \times M_\Theta \times N_\Theta^-} f(n_\Theta^+\ a_\Theta\ m_\Theta\ n_\Theta^-)\ \ a_\Theta^{-2\rho_\Theta}\ dn_\Theta^+\ \ da_\Theta\ dm_\Theta\ dn_\Theta^- \quad .$$

En outre si $M_\Theta = Z(M_\Theta)\ G(\Theta)$, alors, comme $Z(M_\Theta) \cap G(\Theta) \subset Z(G(\Theta))$ compact, on a $dm_\Theta = dz_\Theta\ dg(\Theta)$ pour une normalisation convenable des mesures de Haar.

Nous allons expliciter l'action de G sur sa décomposition de Bruhat à l'aide de l'action de $G(\Theta)$ sur la sienne.

Soit $n^- = n^-(\Theta)\ n_\Theta^- \in N^- = N^-(\Theta)\ N_\Theta^-$. Soit $g \in G$. On a

$$n^-\ g = n^-(\Theta)\ n_\Theta^-\ g$$

$$= n^-(\Theta)\ n_\Theta^{+'}\ [n_\Theta^-\ g]\ a_\Theta'\ [n_\Theta^-\ g]\ m_\Theta'\ [n_\Theta^-\ g] \cdot [n_\Theta^-]_g \quad .$$

Or $N^-(\Theta) \subset B_\Theta$ normalise N_Θ^+ , donc on obtient

$$= n_\Theta^{+''}\ \ n^-(\Theta)\ a_\Theta'\ \ m_\Theta' \cdot [n_\Theta^-]_g \qquad \text{où} \qquad n_\Theta^{+''} \in N_\Theta^+ \quad .$$

Or $G(\Theta)$ commute à A_Θ , donc c'est aussi

$$= n_\Theta^{+''}\ \ a_\Theta'\ \ n^-(\Theta)\ m_\Theta' \cdot [n_\Theta^-]_g \quad .$$

Donc en identifiant :

$$\left.\begin{aligned} a'_\Theta[n^- g] &= a'_\Theta[n^-_\Theta g] \\ m'_\Theta[n^- g] &= n^-(\Theta)\; m'_\Theta[n^-_\Theta g] \\ n'_\Theta[n^- g] &= [n^-_\Theta]_g \end{aligned}\right\} \qquad (10.1)$$

Supposons désormais que $M_\Theta = Z(M_\Theta)\, G(\Theta)$. Alors $m'_\Theta[n^-_\Theta g] = z'_\Theta[n^-_\Theta g]\; g(\Theta)'\,[n^-_\Theta g]$ avec unicité des facteurs modulo des éléments de $Z(G(\Theta))$. Donc la deuxième formule de (10.1) se découpe en deux autres :

$$\left.\begin{aligned} g(\Theta)'\,[n^- g] &= z_\Theta\; n^-(\Theta)\;\; g(\Theta)'\,[n^-_\Theta g] \\ z'_\Theta\,[n^- g] &= z'_\Theta\,[n^-_\Theta g]\; z_\Theta^{-1} \end{aligned}\right\} \qquad (10.2)$$

où z_Θ est un élément de $Z(G(\Theta))$.

Enfin la première formule de (10.2) peut être précisée :

$$g(\Theta)'\,[n^- g] = b(\Theta)'\,[n^- g]\; n^-(\Theta)'\,[n^- g]$$

d'une part, et c'est aussi par (10.2)

$$= z_\Theta\; n^-(\Theta)\; g(\Theta)'\,[n^-_\Theta g]$$

$$= z_\Theta\; b(\Theta)'\,[n^-(\Theta)\; g(\Theta)'\,[n^-_\Theta g]]\cdot[n^-(\Theta)]_{g(\Theta)'\,[n^-_\Theta g]} \quad .$$

D'où par identification :

$$n^-(\Theta)'\,[n^- g] = [n^-(\Theta)]_{g(\Theta)'\,[n^-_\Theta g]} \qquad (10.3)$$

Les formules (10.1), (10.2), et (10.3) s'appliquent évidemment aux $\Theta = \Theta_i$ $1 \leqslant i \leqslant r+1$ sous les hypothèses du chapitre 8 .

Nous noterons dans toute la suite $\rho_{\Theta_i} = \rho_i$ et garderons $\rho(\Theta_i)$. Nous écrirons

$$n_i^\mp \in N_i^\mp \quad , \quad n^\mp(\Theta_i) \in N^\mp(\Theta_i) \quad , \quad \text{etc} \;\ldots$$

11.- Les séries "continues" de représentations de G associées aux M_i $1 \leqslant i \leqslant r+$

On se place dans les hypothèses du théorème 2 du chapitre 8 . On a donc $M_i = Z(M_i)\, G_i$. Toute représentation unitaire irréductible de M_i est de la forme $\xi_i \otimes \pi_i$ où ξ_i est un caractère unitaire de $Z(M_i)$, et π_i est une représenta tion unitaire irréductible de G_i , avec une condition liant π_i et ξ_i : d'après le lemme de Schur, $\pi_i(g)$ est scalaire pour $g \in Z(G_i)$; on impose alors que $\pi_i(g) = \xi_i(g)$ pour tout $g \in Z(M_i) \cap G_i$ (qui est contenu dans $Z(G_i)$) .

En particulier toute représentation de la série discrète de M_i est de la orme $\xi_i \otimes \pi_i^D$, avec les mêmes conditions que plus haut, mais en plus π_i^D doit aire partie de la série discrète de G_i (qui existe toujours).

On prend alors τ_i un caractère unitaire de A_{Θ_i} , et on forme la représentaion unitaire irréductible de $B_i = N_i^+ A_{\Theta_i} M_i$ formée par $1 \otimes \tau_i \otimes (\xi_i \otimes \pi_i^D)$. n induit alors cette représentation de B_i à G . Soit $E(\pi_i^D)$ l'espace de la eprésentation π_i^D . Alors $U_{\tau_i,\xi_i,\pi_i^D} = \operatorname{ind}_{B_i \uparrow G} 1 \otimes \tau_i \otimes \xi_i \otimes \pi_i^D$ opère dans 'espace des fonctions $\psi : N_i^- \longrightarrow E(\pi_i^D)$ telles que $\int_{N_i^-} \|\psi(n_i^-)\|^2_{E(\pi_i^D)} dn_i^- < +\infty$ ar la formule :

$$(U_{\tau_i,\xi_i,\pi_i^D}(g)\psi)(n_i^-) =$$

$$(a'_{\Theta_i}[n_i^- g])^{\rho_i} \times \{(1 \otimes \tau_i \otimes \xi_i \otimes \pi_i^D)(b_i'[n_i^- g])\}\ (\psi([n_i^-]_g)) \quad .$$

Suivant la terminologie de Lipsman [7] , nous dirons que lorsqu'à i fixé, i , ξ_i et π_i^D varient, alors U_{τ_i,ξ_i,π_i^D} décrit la "série continue de représentaions non dégénérées" associée à M_i .

Soit $W_i = W_{\Theta_i}$ le groupe de Weyl de $(\underline{g}_i , \underline{a}_p(\Theta_i))$ (cf. chapitre 5) . rolongeons τ_i en un caractère de A_p , en le prenant trivial sur $A_p(\Theta_i)$. agit sur τ_i par $(w(\tau_i))(a) = \tau_i(w(a)) = \tau_i(p^{-1} a p)$ pour tout $a \in A_p$, où w st la classe de $p \in M'$.

On peut alors écrire le critère de Bruhat-Harish-Chandra (cf. par exemple Wolf 6]) :

i, pour tout $w \in W - W_i$, $w(\tau_i)$ est distinct de τ_i , alors U_{τ_i,ξ_i,π_i^D} est ne représentation irréductible pour tout ξ_i et tout π_i^D .

Comme les B_i sont deux à deux non associés (cf. chapitre 5) deux représenations correspondant à deux indices i et j différents sont disjointes (cf. ipsman [7]) .

Enfin, pour $\Theta = \emptyset$ (ie $i = 1$) on trouve la série principale classique, et our $\Theta = \Gamma$ (ie $i = r+1$) , on a $B_\Theta = G$, donc on trouve la série discrète de G.

<u>emarque</u> :

La construction précédente est en fait possible dès que B_Θ est cuspidal. l suffit de prendre une représentation de la série discrète de M_Θ (qui, pour $= \Theta_i$, s'écrit $\xi_i \otimes \pi_i^D$) sans l'expliciter davantage. C'est en particulier ossible pour les $\Theta_{i,j}$ du cas C1 correspondant à $Sp(n, \mathbb{R})$ (cf. chapitre 9).

12.- La série principale de G, comme induite à partir de celle de G_i $(1 \leqslant i \leqslant r)$

On garde toutes les notations du chapitre 11, mais on y remplace π_i^D par une représentation π_i^P de la série principale de G_i. On induit encore $1 \otimes \tau_i \otimes \xi_i \otimes \pi_i^P$ de B_i à G et on obtient une représentation U_{τ_i,ξ_i,π_i^P} de G. Supposons M abélien et montrons que les représentations U_{τ_i,ξ_i,π_i^P} sont équivalentes à celles de la série principale classique de G. Si M est abélien, $M(\Theta_i)$ aussi, donc π_i^P se réalise dans $L^2(N^-(\Theta_i)) = E(\pi_i^P)$. Avec les notations du chapitre 11, posons

$$(\psi(n_i^-))(n^-(\Theta_i)) = F(n^-(\Theta_i),\ n_i^-)$$

où $n^-(\Theta_i) \in N^-(\Theta_i)$ et $n_i^- \in N_i^-$, ψ étant une fonction de l'espace de la représentation U_{τ_i,ξ_i,π_i^P}. Cela permet de montrer que la représentation U_{τ_i,ξ_i,π_i^P} est unitairement équivalente à la représentation $\widetilde{U}_{\tau_i,\xi_i,\pi_i^P}$ opérant dans le complété de $L^2(N^-(\Theta_i)) \otimes L^2(N_i^-)$ pour la norme

$$\|F\|^2 = \int_{N^-(\Theta_i) \times N_i^-} |F(n^-(\Theta_i),\ n_i^-)|^2\ dn^-(\Theta_i)\ dn_i^-$$

(complété qui est exactement $L^2(N^-)$) par la formule :

$$(\widetilde{U}_{\tau_i,\xi_i,\pi_i^P}(g)\ F)\ (n^-(\Theta_i),\ n_i^-) =$$

$$(a'_{\Theta_i}[n_i^-g])^{\rho_i} \times \{(1 \otimes \tau_i \otimes \xi_i \otimes \pi_i^P)(b_i'[n_i^-g])\}\ (F(n^-(\Theta_i),\ [n_i^-]_g))$$

où la représentation de B_i agit sur F considérée comme fonction de $n^-(\Theta_i)$ seul. Explicitons π_i^P : si $f \in L^2(N^-(\Theta_i))$

$$(\pi_i^P(g_i)f)\ (n^-(\Theta_i)) =$$

$$(a\ (\Theta_i)'\ [n^-(\Theta_i)g_i])^{\rho(\Theta_i)} \times \chi_i(a(\Theta_i)'\ [n^-(\Theta_i)g_i]) \times$$

$$\sigma_i(m(\Theta_i)'\ [n^-(\Theta_i)g_i]) \times f([n^-(\Theta_i)]_{g_i})$$

(notations du chapitre 10), où σ_i est un caractère unitaire de $M(\Theta_i)$, et χ_i est un caractère unitaire de $A_p(\Theta_i)$.

Ecrivant $\widetilde{U}_{\tau_i,\xi_i,\pi_i^P}$ complètement, on obtient :

$$(\widetilde{U}_{\tau_i,\xi_i,\pi_i^P}(g)\,F)\,(n^-(\Theta_i)\,,\,n_i^-)\;=$$

$$(a'_{\Theta_i}[n_i^-g])^{\rho_i}\times\tau_i(a'_{\Theta_i}[n_i^-g])\times\xi_i(z_i'[n_i^-g])\times$$

$$(a(\Theta_i)'\,[n^-(\Theta_i)\,g_i'[n_i^-g]])^{\rho(\Theta_i)}\times\chi_i(a(\Theta_i)'\,[n^-(\Theta_i)\,g_i'[n_i^-g]])\times$$

$$\sigma_i(m(\Theta_i)'\,[n^-(\Theta_i)\,g_i'[n_i^-g]])\times F([n^-(\Theta_i)]_{g_i'[n_i^-g]}\,,\,[n_i^-]_g)\;.$$

Pour regrouper certains facteurs, il nous faut le

<u>emme 4</u>.- Dans $\underline{a}_p$, soit $H = H_{\Theta_i} + H(\Theta_i)$ avec $H_{\Theta_i} \in \underline{a}_{\Theta_i}$ et $H(\Theta_i) \in \underline{a}_p(\Theta_i)$.
lors $\rho(H) = \rho_i(H_{\Theta_i}) + \rho(\Theta_i)\,(H(\Theta_i))$.

<u>émonstration</u> : Même pour Θ quelconque et G seulement semi-simple connexe de
entre fini, on a toujours $\Sigma^+(\Theta) \equiv 0$ sur $\underline{a}_\Theta$ par définition. Donc
$(H_{\Theta_i}) = \rho_i(H_{\Theta_i})$. En outre ici $\Sigma^+ - \Sigma^+(\Theta_i)$ est identiquement nul sur $\underline{a}_p(\Theta_i)$.
n effet $\underline{a}_p(\Theta_i) = \sum_{k=1}^{i-1} \mathbb{R}\, H_{\alpha_k}$ (cf. chapitre 4), et $\Sigma^+ - \Sigma^+(\Theta_i)$ est formé de combi-
aisons linéaires des $\widetilde{\alpha}_\ell$ $i \leqslant \ell \leqslant r$. Par orthogonalité des α_k $1 \leqslant k \leqslant r$, on
btient le résultat. Donc $\rho(H(\Theta_i)) = \rho(\Theta_i)\,(H(\Theta_i))$, ce qui achève la démonstra-
ion du lemme.

Appliquant les formules (10.1), (10.2) et (10.3) , et identifiant le complété
e $L^2(N^-(\Theta_i)) \otimes L^2(N_i^-)$ avec $L^2(N^-)$, on obtient :

$$(\widetilde{U}_{\tau_i,\xi_i,\pi_i^P}(g)\,F)\,(n^-)\;=$$

$$(a'\,[n^-g])^{\rho}\times(\tau_i\otimes\chi_i)\,(a'\,[n^-g])\times(\xi_i\otimes\sigma_i)(m'\,[n^-g])\times F([n^-]_g)$$

$\tau_i \otimes \chi_i$ est un caractère unitaire de A_p (et tout caractère de A_p s'obtient
nsi) et où $\xi_i \otimes \sigma_i$ est un caractère unitaire de M (et tout caractère de M
obtient ainsi). En effet d'après le théorème 2 (chapitre 8) on a $M = Z(M_i)\,M(\Theta_i)$
si $z_i \in Z(M_i) \cap M(\Theta_i) = Z(M_i) \cap G(\Theta_i)$, on a $\pi_i^P(z_i) = \sigma_i(z_i)$, mais aussi
après l'hypothèse générale faite sur les représentations π_i (début du chapitre
) $\pi_i^P(z_i) = \xi_i(z_i)$. Donc $\sigma_i(z_i) = \xi_i(z_i)$ pour tout $z_i \in Z(M_i) \cap M(\Theta_i)$. Donc

<u>oposition 10</u>.-

Si M est abélien, alors, pour tout i fixé avec $1 \leqslant i \leqslant r$, la représen-
ation U_{τ_i,ξ_i,π_i^P} décrit la série principale de G lorsque τ_i , ξ_i et π_i^P
arient.

Remarque : D'après le chapitre 9, il est clair que la proposition 10 s'applique au cas C1 (ie $Sp(n,\mathbb{R})$ et au cas A3 (ie $SU(p,q)$) lorsque $p = q$. En effet, pour $Sp(n,\mathbb{R})$, on a immédiatement $\underline{m} = \{0\}$, donc M abélien. Pour $SU(n,n)$, on a $\underline{m} = \underline{m}_1 = Z(\underline{m}_1) \oplus \underline{g}_1$ et $\underline{g}_1 = \{0\}$; donc là encore M est abélien. Si M n'est pas abélien, cela correspond à $SU(p,q)$ avec $p \neq q$. $M(\Theta_i)$ étant compact, toute représentation unitaire irréductible σ_i de $M(\Theta_i)$ est de dimension finie d_{σ_i} ; en plus d_{σ_i} ne dépend pas de i car $M(\Theta_i) = Q\,T_i$ où Q est compact connexe ($\approx SU(q-p)$) et T_i abélien. Donc on peut noter $d_{\sigma_i} = d_\sigma$ où σ est une représentation unitaire irréductible de Q. La représentation π_i^P sera donc réalisée dans

$$E(\pi_i^P) = \underbrace{L^2(N^-(\Theta_i)) \times \ldots \times L^2(N^-(\Theta_i))}_{d_\sigma \text{ facteurs}}$$

et nous écrirons $E(\pi_i^P) \ni f = (f_1, \ldots, f_{d_\sigma})$ avec $f_k \in L^2(N^-(\Theta_i))$ $1 \leq k \leq d_\sigma$.

Donc U_{τ_i,ξ_i,π_i^P} opérera dans l'espace des $\psi = (\psi_1, \ldots, \psi_{d_\sigma})$ définies sur N_i^- par $\psi(n_i^-) = (\psi_1(n_i^-), \ldots, \psi_{d_\sigma}(n_i^-))$ avec $\psi_k(n_i^-) \in L^2(N^-(\Theta_i))$ $(1 \leq k \leq d_\sigma)$ pour tout $n_i^- \in N_i^-$. La condition d'intégrabilité pour ψ s'écrira

$$\int_{N_i^-} \|\psi(n_i^-)\|^2_{E(\pi_i^P)}\, dn_i^- < +\infty$$

c'est-à-dire

$$\sum_{k=1}^{d_\sigma} \int_{N_i^-} \|\psi_k(n_i^-)\|^2_{L^2(N^-(\Theta_i))}\, dn_i^- < +\infty \quad .$$

On posera alors $(\psi_k(n_i^-))(n^-(\Theta_i)) = F_k(n^-(\Theta_i), n_i^-)$ pour $n_i^- \in N_i^-$ et $n^-(\Theta_i) \in N^-(\Theta_i)$, $1 \leq k \leq d_\sigma$; puis $F = (F_1, \ldots, F_{d_\sigma})$. Alors la représentation $\widetilde{U}_{\tau_i,\xi_i,\pi_i^P}$ opère sur $\underbrace{L^2(N^-) \times \ldots \times L^2(N^-)}_{d_\sigma \text{ facteurs}}$ et à part cela tout fonctionne comme pour M abélien. D'où :

Corollaire.- La proposition 10 reste vraie même si M n'est pas abélien.

13.- Séries complémentaires associées aux M_i

On garde les hypothèses du chapitre 12. Supposons d'abord M abélien. Si G admet une série complémentaire π_i^C de représentations, elle s'écrit

$(\pi_i^C(g_i)f)\ (n^-(\Theta_i)) =$

$(a(\Theta_i)'[n^-(\Theta_i)g_i])^{\rho(\Theta_i)} \times \chi_i(a(\Theta_i)'[n^-(\Theta_i)g_i]) \times$

$\sigma_i(m(\Theta_i)'[n^-(\Theta_i)g_i]) \times f([n^-(\Theta_i)]_{g_i})$

ù χ_i est un caractère réel non trivial de $A_p(\Theta_i)$, σ_i est un caractère unitaire de $M(\Theta_i)$, et f décrit un espace $E(\pi_i^C)$ de fonctions sur $N^-(\Theta_i)$, muni d'un produit scalaire $(\cdot|\cdot)$.

Comme au chapitre 12, on forme $U_{\tau_i,\xi_i,\pi_i^C} = \operatorname{ind}_{B_i \uparrow G} 1 \otimes \tau_i \otimes \xi_i \otimes \pi_i^C$, et on montre que cette représentation est équivalente à la représentation $\widetilde{U}_{\tau_i,\xi_i,\pi_i^C}$ opérant dans les fonctions $F(n^-) = F(n^-(\Theta_i), n_i^-)$ sur N^- pour lesquelles

$$\int_{N_i^-} (F(\cdot,n_i^-) \mid F(\cdot,n_i^-))_{E(\pi_i^C)}\, dn_i^- < +\infty \qquad (13.1)$$

par la formule :

$(\widetilde{U}_{\tau_i,\xi_i,\pi_i^C}(g)\ F)\ (n^-) =$

$(a'[n^-g])^\rho \times (\tau_i \otimes \chi_i)(a'[n^-g]) \times$

$(\xi_i \otimes \sigma_i)\ (m'[n^-g]) \times F([n^-]_g)$

ù $(\tau_i \otimes \chi_i)$ est un caractère non unitaire de A_p , et $(\xi_i \otimes \sigma_i)$ un caractère unitaire de M .

L'espace de la représentation U_{τ_i,ξ_i,π_i^C} est exactement le complété de $(\pi_i^C) \otimes L^2(N_i^-)$ pour la norme déduite de (13.1).

La représentation U_{τ_i,ξ_i,π_i^C} peut aussi s'écrire

$\operatorname{ind}_{\uparrow G} 1 \otimes (\tau_i \otimes \chi_i) \otimes (\xi_i \otimes \sigma_i)$ où on induit ici une représentation non unitaire de $= N^+ A_p M$. On obtient donc une série complémentaire conformément à la terminologie de Bruhat [1] . D'où

roposition 11.-

Si M est abélien, U_{τ_i,ξ_i,π_i^C} fait partie de la série complémentaire de représentations de G . Comme au chapitre 12, on voit aisément :

orollaire.- La proposition 11 reste vraie si M n'est pas abélien.

Remarque : On peut chercher à appliquer le critère de Bruhat pour les séries complémentaires. Pour cela, nous devons considérer χ_i comme un homomorphisme non trivial de B dans $\mathbb{R}_+^*$, et τ_i comme un caractère unitaire de A_p . Il suffit de prolonger χ_i par le caractère trivial sur $\underline{a}_{\Theta_i}$, et τ_i par le caractère trivial sur $\underline{a}_p(\Theta_i)$. Un élément $w \in W$ agit sur τ_i et χ_i (prolongés) par :

$$(w(\tau_i))(a) = \tau_i(p^{-1}\, a\, p)$$

$$(w(\chi_i))(a) = \chi_i(p^{-1}\, a\, p) \qquad (a \in A_p)$$

où $p \in M'$ est un représentant de w . En outre $w \in W$ agit sur les classes de représentations unitaires irréductibles de M ; si ν est une telle représentation de M , et si $p \in M'$ est un représentant de $w \in W$, on notera $(w(\nu))(m) = \nu(p^{-1}\, m\, p)$. Cela a un sens car si p_1 et p_2 appartiennent à la classe w , on vérifie immédiatement que les deux représentations $m \to \nu(p_1^{-1}\, m\, p_1)$ et $m \to \nu(p_2^{-1}\, m\, p_2)$ de M sont équivalentes, l'opérateur d'entrelacement étant précisément $\nu(p_2^{-1}\, p_1)$. (cf. Bruhat [1]) .

Soit alors $w_i \in W$ tel que

i) $w_i^2 = \text{identité} = I$, ii) $w_i(\chi_i) = \chi_i^{-1}$, iii) $w_i(\tau_i) = \tau_i$,

iv) $w_i(\xi_i \otimes \sigma_i) \approx \xi_i \otimes \sigma_i$.

Considérons le sous-groupe $W_i = W_{\Theta_i}$ de W (ch. chapitre 5). On a vu que W_i centralise $\underline{a}_{\Theta_i}$, donc $w_i(\tau_i) = \tau_i$. C'est pourquoi, si $W_i \neq \{w_i\ ,\ I\}$, alors pour aucun τ_i on ne pourra avoir $w(\tau_i) \neq \tau_i$ pour tout w dans $W - \{w_i\ ,\ I\}$ Autrement dit le critère de Bruhat pour les séries complémentaires ne sera applicable ici que si $W_i = \{w_i\ ,\ I\}$, ce qui ne peut arriver que si $i = 2$, i.e $\Theta_i = \Theta_2$. Plaçons-nous donc dans ce cas : $\underline{a}_p(\Theta_2) = \mathbb{R}\, H_{\alpha_1}$. Prenons $w_2 = s_{\tilde{\alpha}}$ la réflexion associée à $\tilde{\alpha}_1$. On a aussitôt $w_2^2 = I$, $w_2(\tau_2) = \tau_2$, et $w_2(\chi_2) = \chi_2^{-1}$. En outre, prolongeons ξ_2 à M en le prenant trivial sur $M(\Theta_2)$; comme un représentant p_2 de w_2 appartient à $M'(\Theta_2)$ (normalisateur de $A_p(\Theta_2)$ dans $K(\Theta_2\ ))$, p_2 centralise $\underline{a}_{\Theta_2}$ donc appartient à M_2 , donc commute avec tout élément de $Z(M_2)$. Donc $w_2(\xi_2) \approx \xi_2$. Il reste à voir que $w_2(\sigma_2) \approx \sigma_2$ (σ_2 étant prolongé par la représentation triviale sur $Z(M_2)$) . Nous verrons sur les exemples que cela est vrai :

i) pour $SU(p,q)$ on peut prendre

$p_2 = \text{diag}\,[-1\ ;\ I_{p-1}\ ;\ -1\ ;\ I_{p-1}\ ;\ I_{q-p}]$. Comme tout élément de $M(\Theta_2)$ s'écrit $\begin{pmatrix} D & 0 \\ 0 & X \end{pmatrix}$ où $X \in SU(q-p)$ et où D est diagonale $2p \times 2p$, il est clair

ue p_2 commute avec tout élément de $M(\Theta_2)$.
On peut aussi raisonner sur $SU(1,1)$).

ii) pour $Sp(n, \mathbb{R})$ on peut prendre

$$p_2 = \left(\begin{array}{cc|cc} & & 1 & \\ & I_{n-1} & & \\ \hline -1 & & & \\ & & & I_{n-1} \end{array}\right)$$

Comme $Sp(1, \mathbb{R}) \approx SL(2, \mathbb{R})$, un calcul trivial dans $SL(2, \mathbb{R})$ montre que là ncore p_2 commute avec tout élément de $M(\Theta_2)$.

Donc on a toujours $w_2(\sigma_2) \approx \sigma_2$, et au total $w_2(\xi_2 \otimes \sigma_2) \approx \xi_2 \otimes \sigma_2$.

Autrement dit le critère de Bruhat s'applique : Si pour tout $w \in W - \{w_2 , I\}$ caractère $w(\tau_2)$ est différent de τ_2 , alors la représentation U_{τ_2,ξ_2,π_2^C} est rréductible.

Comme on a vu que ou bien $G_2 \approx SL(2, \mathbb{R})$ ou bien $G_2 \approx SU(q-p) \times SL(2, \mathbb{R})$, peut résumer :

roposition 12.-

Pour $G = SU(p,q)$ ou $G = Sp(n, \mathbb{R})$, on obtient une série complémentaire de eprésentations à partir de celle de $SL(2, \mathbb{R})$ par le procédé de la proposition 11. outre le critère de Bruhat pour les séries complémentaires est alors applicable.

xemple : Le cas le plus simple est celui de $SU(2,2)$ où précisément $r = 2$, et nc le seul cas intéressant est $G_2 \approx SU(1,1) \approx SL(2, \mathbb{R})$.

.- Les séries dégénérées associées aux M_Θ

On se place dans les hypothèses du chapitre II, gardant les mêmes notations. remplace π_i^D par une représentation unitaire irréductible de dimension finie π_i^F G_i . On forme là encore la représentation $1 \otimes \tau_i \otimes \xi_i \otimes \pi_i^F$ de B_i que l'on induit à G pour obtenir U_{τ_i,ξ_i,π_i^F}. Si $\underline{g}_i$ n'est pas compacte, il y a deux cas (cf. théorème 1) :

i) $\underline{g}_i$ est simple. Alors π_i^F est nécessairement triviale et donc l'espace de la représentation U_{τ_i,ξ_i,π_i^F} est $L^2(\bar{N}_i)$. La représentation s'écrit :

$$(U_{\tau_i,\xi_i,\pi_i^F}(g)\, f)(\bar{n}_i) =$$

$$(a'_{\Theta_i}[\bar{n}_i g])^{\rho_i} \times \tau_i(a'_{\Theta_i}[\bar{n}_i g]) \times \xi_i(z'_i[\bar{n}_i g]) \times f([\bar{n}_i]_g)$$

avec ξ_i trivial sur $Z(M_i) \cap G_i$.

Comme la représentation triviale de G_i donne le caractère trivial de $A_p(\Theta_i)$ on peut appliquer le critère de Bruhat pour les séries dégénérées. C'est la même condition que pour la série "continue" correspondante :

si pour tout $w \in W - W_i$ on a $w(\tau_i) \neq \tau_i$, alors U_{τ_i,ξ_i,π_i^F} est irréductible.

ii) $\underline{g}_i$ n'est pas simple ; cela ne peut arriver que pour le cas $SU(p,q)$ avec $p \neq q$. Mais dans ce cas (cf. chapitre 9) on a $G_i = Q \cdot L_i$ (produit direct) où Q est un groupe semi-simple compact ($\approx SU(q-p)$) et L_i un groupe semi-simple d'algèbre de Lie simple. L'espace de la représentation π_i^F sera alors de dimension finie d_i, et nous pouvons oublier l'indice puisqu'en fait $\pi_i^F = \pi$ est une représentation de Q. La représentation $U_{\tau_i,\xi_i,\pi}$ opère dans $\underbrace{L^2(\bar{N}_i) \times \ldots \times L^2(\bar{N}_i)}_{d \text{ facteurs}}$ et la condition suffisante d'irréductibilité est la même.

Au lieu de Θ_i $2 \leqslant i \leqslant r+1$, prenons

$$\Theta = \{\tfrac{1}{2}(\tilde{\alpha}_{\ell-n} - \tilde{\alpha}_{\ell-n-1}), \ldots, \tfrac{1}{2}(\tilde{\alpha}_{\ell} - \tilde{\alpha}_{\ell-1})\}$$

$$0 \leqslant n \leqslant \ell-2 \qquad 2 \leqslant \ell \leqslant r$$

(cf. chapitre 8).

Plaçons-nous dans le cas (cf. formule (8.1)) $M_\Theta = Z_\ell \times Z(M_\Theta)\, M_\Theta^\circ$ (le produit $\times$ étant semi-direct). Alors on peut prendre la représentation triviale de $Z(M_\Theta)\, M_\Theta^\circ$, un caractère ζ_ℓ de Z_ℓ, un caractère unitaire τ_Θ de A_Θ et induire $1 \otimes \tau_\Theta \otimes (\zeta_\ell \otimes 1)$ de B_Θ à G. On obtiendra une représentation $U_{\tau_\Theta,\zeta_\ell}$ de G dans $L^2(\bar{N}_\Theta)$. Là encore, le critère de Bruhat s'applique :

si pour tout $w \in W - W_\Theta$ on a $w(\tau_\Theta) \neq \tau_\Theta$, la représentation $U_{\tau_\Theta,\zeta_\ell}$ est irréductible.

Enfin, comme Z_ℓ est un groupe à deux éléments, ζ_ℓ n'est en fait qu'un "signe", i.e.

$$\zeta_\ell(\exp \mathbf{i}\,\pi H'_{\alpha_\ell}) = \mp 1 \quad .$$

5.- Le lien avec la méthode de Kostant-Lipsman pour construire des séries complémentaires

On reste dans les hypothèses du chapitre 8 , c'est-à-dire dans les cas A3 (SU(p,q)) et C1 (Sp(n, $\mathbb{R}$)) .

Soit $1 \leqslant i \leqslant r$. Notons $w_i = s_{\tilde\alpha_1} s_{\tilde\alpha_2} \ldots s_{\tilde\alpha_{i-1}}$. Deux réflexions $s_{\tilde\alpha_k}$ et $s_{\tilde\alpha_\ell}$ $(k \neq \ell)$ commutent puisque α_k et α_ℓ sont orthogonales. Pour toute forme linéaire à valeurs complexes λ sur $\underline{a}_p$, on a

$$w_i\lambda = \lambda - \lambda(H'_{\alpha_1})\,\tilde\alpha_1 - \lambda(H'_{\alpha_2})\,\tilde\alpha_2 - \ldots - \lambda(H'_{\alpha_{i-1}})\,\tilde\alpha_{i-1} \ ,$$

donc, puisque $\underline{a}_p(\Theta_i) = \sum_{k=1}^{i-1} \mathbb{R}\, H'_{\alpha_k}$ et $\underline{a}_{\Theta_i} = \sum_{k=i}^{r} \mathbb{R}\, H'_{\alpha_k}$, on a :

$$w_i\lambda\Big|_{\underline{a}_p(\Theta_i)} = -\lambda\Big|_{\underline{a}_p(\Theta_i)}$$

et

$$w_i\lambda\Big|_{\underline{a}_{\Theta_i}} = \lambda\Big|_{\underline{a}_{\Theta_i}}$$

(notant ainsi les restrictions des formes à $\underline{a}_p(\Theta_i)$ et $\underline{a}_{\Theta_i}$ respectivement).

De même, notons $w'_i = s_{\tilde\alpha_i} s_{\tilde\alpha_{i+1}} \ldots s_{\tilde\alpha_r}$. On a

$$w'_i\lambda\Big|_{\underline{a}_{\Theta_i}} = -\lambda\Big|_{\underline{a}_{\Theta_i}}$$

$$w'_i\lambda\Big|_{\underline{a}_p(\Theta_i)} = \lambda\Big|_{\underline{a}_p(\Theta_i)}$$

Lemme 5.-

On a $\Sigma^+(\Theta_i) = \{\lambda \in \Sigma^+ \ ; \ w_i\lambda < 0\}$

$$= \{\lambda \in \Sigma^+ \ ; \ w'_i\lambda > 0\}$$

Démonstration :

Si $\lambda \in \Sigma^+(\Theta)$, il est clair que $w_i\lambda < 0$. Réciproquement soit $\lambda \in \Sigma^+$ avec $w_i\lambda < 0$. Supposons $\lambda \notin \Sigma^+(\Theta_i)$, ie $\lambda|_{\underline{a}_{\Theta_i}} \not\equiv 0$. Alors on sait que $\lambda|_{\underline{a}_{\Theta_i}}$ appartient à Σ_i^+ , l'ensemble des racines restreintes > 0 de $(\underline{g}, \underline{a}_{\Theta_i})$ (cf. proposition 2) . De même $w_i\lambda|_{\underline{a}_{\Theta_i}}$ appartient à $-\Sigma_i^+$ puisque $w_i\lambda < 0$. Comme $w_i\lambda|_{\underline{a}_{\Theta_i}} = \lambda|_{\underline{a}_{\Theta_i}}$ on obtient la contradiction. Donc $\lambda \in \Sigma^+(\Theta_i)$. La deuxième égalité se déduit trivialement de la première.

Proposition 13.-

Soient p_i et p_i' des représentants respectifs dans M' pour w_i et w_i' . On a

i) $N^-(\Theta_i) = N^- \cap p_i^{-1} N^+ p_i$ noté $N^-_{w_i}$

ii) $N^-_{\Theta_i} = N^- \cap p_i'^{-1} N^+ p_i'$ noté $N^-_{w_i'}$.

La proposition découle trivialement du lemme. Cela va nous permettre de faire le lien avec la construction de séries complémentaires que Lipsman tire des résultats de Kostant (cf. [6]) .

Proposition 14.-

Supposons que G_i admette une série complémentaire π_i^C . Formons $U_{1,1,\pi_i^C}$ conformément à la proposition 11, en prenant τ_i et ξ_i triviaux. Alors la représentation $U_{1,1,\pi_i^C}$ est équivalente à celle construite par Lipsman lorsqu'il prend $w = w_i$.

Démonstration :

Soit λ la forme réelle sur $\underline{a}_p$ définie par $\chi_i(a) = a^\lambda$ si $a \in A_p(\Theta_i)$, et $\lambda \equiv 0$ sur $\underline{a}_{\Theta_i}$. On a alors $w_i\lambda = -\lambda$, $N^-_{w_i} = N^-(\theta_i)$ et on retrouve un cas particulier de la construction de Lipsman : dans ce cas, son produit scalaire pour la série complémentaire de G s'obtient en intégrant sur N_i^- celui obtenu pour la série complémentaire de G_i . En effet il s'écrit

$$(F_1 \mid F_2) =$$

$$\int_{N_i^-} dn_i^- \int_{N^-(\Theta_i)\times N^-(\Theta_i)} (a'[n^-(\Theta_i)(\hat{n}^-(\Theta_i))^{-1} p_i])^{\rho(\Theta_i)-\lambda} \times$$

$$F_1(n^-(\Theta_i), n_i^-) \overline{F_2(\hat{n}^-(\Theta_i), n_i^-)} \, dn^-(\Theta_i) \, d\hat{n}^-(\Theta_i) \quad .$$

Comme $p_i \in G_i$, $n^-(\Theta_i)(\hat{n}^-(\Theta_i))^{-1} p_i \in G_i$ et donc sa composante dans A_p st en fait dans $A_p(\Theta_i)$, et l'intégrale sur $N^-(\Theta_i) \times N^-(\Theta_i)$ est en fait le roduit scalaire associé à une série complémentaire de G_i , à savoir celle correspondant au parabolique minimal de G_i , autrement dit la série complémentaire associée à la série principale classique, comme nous l'avons nous-mêmes considérée au hapitre 12.

<u>orollaire</u>.-

Dans le cas où $G = SU(n,n)$ et sous les hypothèses de la proposition 14, a bande critique de Kostant est l'ensemble des formes linéaires (à valeurs réelles) sur $\underline{a}_p$ (nulles sur $\underline{a}_{\Theta_i}$) telles que $|\lambda(H'_{\alpha_q})| < 1$ pour $1 \leqslant q \leqslant i-1$.

<u>émonstration</u> :

Pour $G = SU(n,n)$, alors si $\mu \in \Sigma^+$, nécessairement $2\mu \notin \Sigma^+$. Donc la ande critique de Kostant est exactement l'ensemble des formes linéaires λ à valeurs réelles) sur $\underline{a}_p$ (et ici nulles sur $\underline{a}_{\Theta_i}$) telles que $\lambda(Q'_\mu) \mid < \dim \underline{g}^\mu$ pour toute $\mu \in \Sigma^+$. Donc il y a deux possibilités :

i) si $\mu = \tilde{\alpha}_k$ $1 \leqslant k \leqslant i-1$. On sait que $\dim \underline{g}^\mu = 1$ donc la condition est $|\lambda(H'_{\alpha_k})| < 1$.

ii) si $\mu \neq \tilde{\alpha}_k$ $1 \leqslant k \leqslant i-1$. Alors nécessairement $\mu = \frac{1}{2}(\tilde{\alpha}_k \mp \tilde{\alpha}_\ell)$ $1 \leqslant k < \ell \leqslant i-1$, et la condition est

$$\left|\lambda\left(Q'_{\frac{1}{2}(\tilde{\alpha}_k \mp \tilde{\alpha}_\ell)}\right)\right| < \dim \underline{g}^{\frac{1}{2}(\tilde{\alpha}_k \mp \tilde{\alpha}_\ell)}$$

Montrons que cela est automatiquement vérifié dès que i) est vérifié.

En effet on sait que, pour $G = SU(n,n)$, les $\tilde{\alpha}_k$ $1 \leqslant k \leqslant r$ sont les ules racines μ de Σ^+ pour lesquelles $\dim \underline{g}^\mu = 1$. Donc m $\underline{g}^{\frac{1}{2}(\tilde{\alpha}_k \mp \tilde{\alpha}_\ell)} \geqslant 2$. (En fait c'est exactement 2).

Par ailleurs $\left|\lambda\left(Q'_{\frac{1}{2}(\tilde{\alpha}_k \mp \tilde{\alpha}_\ell)}\right)\right|$

$$= |\lambda(H'_{\alpha_k}) \mp \lambda(H'_{\alpha_\ell})| \qquad \text{(cf. chapitre 8)}$$

$$\leqslant |\lambda(H'_{\alpha_k})| + |\lambda(H'_{\alpha_\ell})| < 2 \qquad \text{si i) est vérifié.}$$

Donc si $\mu \neq \tilde{\alpha}_k$ $1 \leqslant k \leqslant i-1$ avec $\mu \in \Sigma^+$ on a $|\lambda(Q'_\mu)| < \dim \underline{g}^\mu$ dès que i) est satisfaite. D'où la proposition.

Remarque 15.1.-

Dans ce cas particulier, il y a conservation de la bande critique lorsqu'on passe de G_i à G.

Remarque 15.2.-

Dans le cas Cl , le corollaire n'est plus vrai, mais il y a quand même conservation de la bande critique lorsqu'on passe de G_i à G par notre construction.

Remarque 15.3.-

Soit $\Theta_{\ell;o} = \{\frac{1}{2}(\tilde{\alpha}_\ell - \tilde{\alpha}_{\ell-1})\}$ $\quad 2 \leqslant \ell \leqslant r$

et $\Theta_{ij} = \Theta_i \cup \Theta_{\ell_1;o} \cup \ldots \cup \Theta_{\ell_j;o}$

où $i-1 < \ell_k < \ell_{k+1} - 1$ $\quad 1 \leqslant k \leqslant j$

(autrement dit Θ_{ij} comprend une composante connexe contenant Θ_2 et j points isolés dans le diagramme de Dynkin).

Même si notre construction de séries complémentaires ne s'applique pas, on peut pourtant trouver des éléments w_{ij} et w'_{ij} dans W tels que le lemme 5 reste vrai. Il suffit de prendre

$$w_{ij} = s_{\tilde{\alpha}_1} s_{\tilde{\alpha}_2} \cdots s_{\tilde{\alpha}_{i-1}} \prod_{k=1}^{j} s_{\frac{1}{2}(\tilde{\alpha}_{\ell_k} - \tilde{\alpha}_{\ell_k - 1})}$$

$$w'_{ij} = \prod_{k=1}^{j} s_{\frac{1}{2}(\tilde{\alpha}_{\ell_k} + \tilde{\alpha}_{\ell_k - 1})} \prod_{\substack{q=i \\ q \neq \ell_k, \ell_k - 1 \\ 1 \leqslant k \leqslant j}}^{r} s_{\tilde{\alpha}_q} .$$

Pour $w = w'_{ij}$ ou $w = w_{ij}$, ie pour $N^-_w = N^-_{\Theta_{ij}}$ ou $N^-_w = N^-(\Theta_{ij})$ on peut encore écrire pour $G = SU(n,n)$, un analogue du corollaire à la proposition 14, en prenant λ nulle sur $\underline{a}_p(\Theta_{ij})$ dans le premier cas, et λ nulle sur $\underline{a}_{\Theta_{ij}}$ dan le second cas. Cela permet de préciser la bande critique.

Remarque 15.4.-

Pour $G = SU(p,q)$, on peut prendre comme p_i de la proposition 13 :

$$p_i = \text{diag}[-e^{i\pi/_{i-1}} I_{i-1} \; ; \; I_{p-i+1} \; ; \; -e^{i\pi/_{i-1}} I_{i-1} \; ; \; I_{p-i+1} \; ; \; I_{q-p}] \; .$$

16.- Les séries complémentaires associées aux M_Θ , $\Theta \neq \Theta_i$.

Plaçons-nous dans les hypothèses du chapitre 8 , et prenons $\Theta = \{\frac{1}{2}(\widetilde{\alpha}_\ell - \widetilde{\alpha}_{\ell-1})\}$ $2 \leqslant \ell \leqslant r$. Supposons M abélien (i.e. on est dans le cas SU(n,n) ou le cas $Sp(n, \mathbb{R})$) . Alors la remarque 8.2 nous donne :

$$M = Z_\ell \times Z(M_\Theta)\, M(\Theta)$$

$$M_\Theta = Z_\ell \times Z(M_\Theta)\, G(\Theta)$$

le premier produit étant direct, le second semi-direct.

En particulier, Z_ℓ commute avec $M(\Theta)$. Considérons le produit semi-direct

$Z_\ell \times G(\Theta)$. Notons z_ℓ l'élément de Z_ℓ autre que l'élément neutre, et A_ℓ l'application

$$G(\Theta) \longrightarrow G(\Theta)$$

$$A_\ell : g(\Theta) \longrightarrow z_\ell \, g(\Theta) \, z_\ell \quad .$$

Comme z_ℓ normalise $N^{\mp}(\Theta)$, on a, en reprenant les notations du chapitre 10 :

$$\left.\begin{aligned} a(\Theta)'[A_\ell(n^-(\Theta)g(\Theta))] &= a(\Theta)'[n^-(\Theta)g(\Theta)] \\ m(\Theta)'[A_\ell(n^-(\Theta)g(\Theta))] &= m(\Theta)'[n^-(\Theta)g(\Theta)] \\ n^-(\Theta)'[A_\ell(n^-(\Theta)g(\Theta))] &= A_\ell([n^-(\Theta)]_{g(\Theta)}) \end{aligned}\right\} \qquad (16.1)$$

pour tout $n^-(\Theta) \in N^-(\Theta)$ et tout $g(\Theta) \in G(\Theta)$. Considérons alors une représentation π_Θ^C de la série complémentaire de $G(\Theta)$, réalisée dans un espace $E(\pi_\Theta^C)$ de fonctions sur $N^-(\Theta)$, muni d'un produit scalaire $(\cdot \mid \cdot)$, par la formule :

$$(\pi_\Theta^C(g(\Theta))f)(n^-(\Theta)) =$$

$$(a(\Theta)'[n^-(\Theta)g(\Theta)])^{\rho(\Theta)} \times \chi_\Theta(a(\Theta)'[n^-(\Theta)g(\Theta)])$$

$$\sigma_\Theta(m(\Theta)'[n^-(\Theta)g(\Theta)]) \times f([n^-(\Theta)]_{g(\Theta)}) \qquad (16.2)$$

où χ_Θ est un caractère <u>réel</u> non trivial de $A_p(\Theta)$. Pour $f \in E(\pi_\Theta^C)$, notons $A_\ell f$ la fonctions sur $N^-(\Theta)$ définie par

$$A_\ell f(n^-(\Theta)) = f(A_\ell\, n^-(\Theta)) .$$

<u>Supposons le produit scalaire de</u> $E(\pi_\Theta^C)$ <u>invariant par</u> A_ℓ . Alors $A_\ell f \in E(\pi_\Theta^C)$.

Soit $\bar{\pi}_\Theta^C$ la représentation de $G(\Theta)$ définie par $\bar{\pi}_\Theta^C(g(\Theta)) = \pi_\Theta^C(A_\ell g(\Theta))$. On a $E(\bar{\pi}_\Theta^C) = E(\pi_\Theta^C)$, et un calcul élémentaire montre que π_Θ^C et $\bar{\pi}_\Theta^C$ sont des représentations unitairement équivalentes, l'opérateur d'entrelacement étant justement A_ℓ (en utilisant les formules 16.1)). On peut donc définir une représentation de $Z_\ell \times G(\Theta)$ par :

$$\left\{\begin{array}{l} g(\Theta) \longrightarrow \pi_\Theta^C(g(\Theta)) \\ z_\ell\, g(\Theta) \longrightarrow A_\ell \circ \pi_\Theta^C(g(\Theta)) \end{array}\right\} \qquad (16.3)$$

pour tout $g(\Theta) \in G(\Theta)$. Notons encore π_Θ^C cette représentation :

$$(\pi_\Theta^C(z_\ell\, g(\Theta))f)\ (n^-(\Theta)) =$$

$$(a(\Theta)'\ [A_\ell(n^-(\Theta)) \cdot g(\Theta)])^{\rho(\Theta)} \times \chi_\Theta(a(\Theta)'\ [A_\ell(n^-(\Theta)) \cdot g(\Theta)]) \times$$

$$\sigma_\Theta(m(\Theta)'\ [A_\ell(n^-(\Theta)) \cdot g(\Theta)]) \times f([A_\ell\ n^-(\Theta)]_{g(\Theta)})$$

et $(\pi_\Theta^C(g(\Theta))f)\ (n^-(\Theta))$ est donné par la formule (16.2) .

Considérons alors l'action de G sur N_Θ^- . Les formules (10.1) du chapitre 10 restent valables, mais il faut modifier les formules (10.2) comme suit :

On a $M_\Theta = Z(M_\Theta)\ (Z_\ell \times G(\Theta))$ (le produit $\times$ étant semi-direct), dont la deuxième formule de (10.1) s'écrit :

$$m_\Theta'[n^-g] = z_\Theta'[n^-g]\ z_\ell'[n^-g]\ g(\Theta)'\ [n^-g] = n^-(\Theta)\ m_\Theta'[n_\Theta^-g] =$$

$$n^-(\Theta)\ z_\Theta'[n_\Theta^-g]\ z_\ell'[n_\Theta^-g]\ g(\Theta)'\ [n_\Theta^-g]$$

où $z_\ell'[n^-g]$ et $z_\ell'[n_\Theta^-g] \in Z_\ell$ (donc valent z_ℓ ou e) . Comme Z_ℓ normalise

$N^-(\Theta)$, on a $z'_\ell[n^-g] = z'_\ell[n^-_\Theta g]$ et on peut se contenter de considérer le cas où ils sont égaux à z_ℓ . Sinon on reconduit seulement les formules (10.2) et (10.3). On obtient donc, pour $z'_\ell[n^-g] = z_\ell$,

$$\left.\begin{aligned} g(\Theta)'[n^-g] &= z_\Theta \quad A_\ell(n^-(\Theta)) \cdot g(\Theta)'[n^-_\Theta g] \\ z'_\Theta[n^-g] &= z'_\Theta[n^-_\Theta g]\; z_\Theta^{-1} \end{aligned}\right\} \qquad (16.4)$$

où $z_\Theta \in Z(M_\Theta) \cap G(\Theta) \subset Z(G(\Theta))$.

Enfin, en redécomposant $g(\Theta)'[n^-g]$ sur $B(\Theta)\, N^-(\Theta)$ et en identifiant les résultats obtenus avec les deux membres de la première formule de (16.4) , on obtient :

$$n^-(\Theta)'[n^-g] = [A_\ell\, n^-(\Theta)]_{g(\Theta)'[n^-_\Theta g]} \qquad (16.5)$$

Comme toujours, on prend un caractère unitaire τ_Θ de A_Θ , un caractère unitaire ξ_Θ de $Z(M_\Theta)$ et la représentation π^C_Θ de $Z_\ell \times G(\Theta)$ introduite en (16.3) . On suppose que $\pi^C_\Theta(z_\Theta) = \xi_\Theta(z_\Theta)\; I$ si $z_\Theta \in Z(M_\Theta) \cap G(\Theta)$. On forme la représentation $1 \otimes \tau_\Theta \otimes (\xi_\Theta \otimes \pi^C_\Theta)$ de $B_\Theta = N^+_\Theta A_\Theta M_\Theta$ et on induit à G pour obtenir la représentation $\widetilde{U}_{\tau_\Theta,\xi_\Theta,\pi^C_\Theta}$, qui opère dans les fonctions $F(n^-) = F(n^-(\Theta)\, ,\, n^-_\Theta)$ sur N^- pour lesquelles $\int_{N^-_\Theta} (F(\cdot,\, n^-_\Theta) \mid F(\cdot,\, n^-_\Theta))_{E(\pi^C_\Theta)}\, dn^-_\Theta < +\infty$ par la formule :

$$(\widetilde{U}_{\tau_\Theta,\xi_\Theta,\pi^C_\Theta}(g)\, F)\, (n^-(\Theta)\, ,\, n^-_\Theta) = (a'_\Theta[n^-_\Theta g])^{\rho_\Theta} \times$$

$$\{(1 \otimes \tau_\Theta \otimes \xi_\Theta \otimes \pi^C_\Theta)\, (b'_\Theta[n^-_\Theta g])\}\, (F(n^-(\Theta)\, ,\, [n^-_\Theta]_g)$$

où la représentation de B_Θ agit sur F considérée comme fonction de $n^-(\Theta)$ seul.

En utilisant les formules (10.1) , (10.2) , (10.3) , (16.4) , (16.5) et la forme explicite de π^C_Θ , on obtient :

$$(\widetilde{U}_{\tau_\Theta,\xi_\Theta,\pi^C_\Theta}(g)\, F)\, (n^-) = (a'[n^-g])^\rho \times (\tau_\Theta \otimes \chi_\Theta)\, (a'[n^-g]) \times$$

$$(\xi_\Theta \otimes \sigma_\Theta)\, (m'[n^-g]) \times F([n^-]_g) \quad ,$$

à condition d'avoir démontré l'analogue du lemme 4 :

Lemme 6.-

On a $\rho(H) = \rho_\Theta(H_\Theta) + \rho(\Theta)\, (H(\Theta))$, où $H = H_\Theta + H(\Theta)$ est la décomposition de $H \in \underline{a}_p$ suivant $\underline{a}_p = \underline{a}_\Theta \oplus \underline{a}_p(\Theta)$.

Démonstration :

A la remarque 15.3 du chapitre 15, nous avons mentionné l'existence de $w_\Theta \in W_\Theta$ tel que pour toute forme linéaire λ à valeurs complexes sur $\underline{a}_p$ on ait

$$w_\Theta\lambda \Big|_{\underline{a}_\Theta} = \lambda \Big|_{\underline{a}_\Theta} , \qquad w_\Theta\lambda \Big|_{\underline{a}_p(\Theta)} = -\lambda \Big|_{\underline{a}_p(\Theta)}$$

Il suffisait de poser

$$w_\Theta = s_{\frac{1}{2}(\tilde{\alpha}_\ell - \tilde{\alpha}_{\ell-1})} .$$

Or d'après Warner [15] , on a la caractérisation suivante :

Soit Θ une partie quelconque de Γ . Une racine $\lambda \in \Sigma$ est dans $\Sigma^+ - \Sigma^+(\Theta)$ si et seulement si $\lambda(H)$ est > 0 pour tout H de $\underline{a}_\Theta$ vérifiant $\lambda_i(H) > 0$ pour tout $\lambda_i \in \Gamma - \Theta$. Donc ici si $\lambda \in \Sigma^+ - \Sigma^+(\Theta)$, $w_\Theta\lambda$ aussi. En outre $w_\Theta\lambda + \lambda$ est nulle sur $\underline{a}_p(\Theta)$. Donc $\rho_\Theta = \frac{1}{2} \sum_{\lambda \in \Sigma^+ - \Sigma^+(\Theta)} \lambda$ est nulle sur $a_p(\Theta)$. Par ailleurs on a toujours $\rho(\Theta)$ nulle sur $\underline{a}_\Theta$ par définition. D'où le lemme. Cela nous donne d'ailleurs une nouvelle démonstration du lemme 4 en utilisant l'élément w_i .

Comme $\tau_\Theta \otimes \chi_\Theta$ est un caractère non unitaire de A_p , nous avons donc obtenu une série complémentaire de représentations de G à partir d'une série complémentaire de $G(\Theta)$.

Remarque 16.1.- Comme au chapitre 12, si on remplace π_Θ^C par la série principale π_Θ^P de $G(\Theta)$, la représentation obtenue par la construction ci-dessus sera dans la série principale (classique) de G .

Remarque 16.2.- Notre construction admet des généralisations immédiates à des Θ plus compliqués, notamment les Θ_{ij} de la remarque 15.3. Là encore, l'existence d'un élément w_Θ dans W_Θ , tel que $w_\Theta\lambda = \lambda$ sur $\underline{a}_\Theta$ et $w_\Theta\lambda = -\lambda$ sur $\underline{a}_p(\Theta)$ pour toute forme linéaire à valeurs complexes λ sur $\underline{a}_p$, permet de faire le lien avec la méthode de Kostant-Lipsman.

Remarque 16.3.- Dans la définition de $\pi_\Theta^C(z_\ell g(\Theta))$ (formules (16.3)), on aurait pu mettre en plus en facteur un caractère unitaire de Z_ℓ , c'est-à-dire un "signe". Nous ne l'avons pas fait pour alléger les notations.

Exemple : SU(2,2)

SU(2,2) est isomorphe au sous-groupe G de $SL(4, \mathbb{C})$ formé des matrices g telles que

$$g^*\begin{pmatrix} 0 & -\mathbf{i}\, I_2 \\ \mathbf{i}\, I_2 & 0 \end{pmatrix} g = \begin{pmatrix} 0 & -\mathbf{i}\, I_2 \\ \mathbf{i}\, I_2 & 0 \end{pmatrix} \qquad \text{où } g^* = {}^t\bar{g} \quad ,$$

l'isomorphisme étant la conjugaison dans $GL(4, \mathbb{C})$ par l'élément $\frac{1}{\sqrt{2}}\begin{pmatrix} I_2 & -\mathbf{i}\, I_2 \\ I_2 & \mathbf{i}\, I_2 \end{pmatrix}$.

Ici $\Gamma = \{ \tilde{\alpha}_1 , \frac{1}{2}(\tilde{\alpha}_2 - \tilde{\alpha}_1) \}$. Prenons $\Theta = \{ \frac{1}{2}(\tilde{\alpha}_2 - \tilde{\alpha}_1) \}$. Nous pouvons écrire la décomposition de Bruhat relative à B . Ecrivons $g = \begin{pmatrix} A & B \\ C & D \end{pmatrix} \in G$, les A, B, C, D étant des matrices 2 × 2 . Alors det D est réel, et tout $g \in G$ tel que $\det D \neq 0$ s'écrit de façon unique

$$g = \begin{pmatrix} A & B \\ C & D \end{pmatrix} = \begin{pmatrix} I_2 & H_2' \\ 0 & I_2 \end{pmatrix} \times \begin{pmatrix} e^{-t} I_2 & 0 \\ 0 & e^t I_2 \end{pmatrix} \times$$

$$\begin{pmatrix} 1 & & 0 & \\ & \varepsilon & & \\ 0 & & 1 & \\ & & & \varepsilon \end{pmatrix} \times \begin{pmatrix} g^*(\Theta)^{-1} & 0 \\ 0 & g(\Theta) \end{pmatrix} \times \begin{pmatrix} I_2 & 0 \\ H_2 & I_2 \end{pmatrix}$$

où $H_2' = B\, D^{-1}$ et $H_2 = D^{-1}\, C$ sont des matrices hermitiennes 2 × 2 , et où $e^t = |\det D|^{1/2}$, $\varepsilon = \operatorname{sgn} \det D$, $g(\Theta) \in SL(2, \mathbb{C})$ est défini par

$D = e^t \begin{pmatrix} 1 & 0 \\ 0 & \varepsilon \end{pmatrix} g(\Theta)$.

Donc on a :

$$N_\Theta^- = \left\{ \begin{pmatrix} I_2 & 0 \\ H_2 & I_2 \end{pmatrix} \ ; \ H_2 \in \mathcal{H}_2 \right\}$$

$$N_\Theta^+ = \left\{ \begin{pmatrix} I_2 & H_2' \\ 0 & I_2 \end{pmatrix} \ ; \ H_2' \in \mathcal{H}_2 \right\}$$

où $\mathcal{H}_2$ est l'ensemble des matrices hermitiennes 2 × 2 .

$$A_\Theta = \left\{ \begin{pmatrix} e^{-t} I_2 & 0 \\ 0 & e^t I_2 \end{pmatrix} \ ; \ t \in \mathbb{R} \right\}$$

$$G(\Theta) = \left\{ \begin{pmatrix} g^*(\Theta)^{-1} & 0 \\ 0 & g(\Theta) \end{pmatrix} \ ; \ g(\Theta) \in SL(2, \mathbb{C}) \right\} \approx SL(2, \mathbb{C})$$

$$N^-(\Theta) = \left\{ \left(\begin{array}{c|c} \begin{pmatrix} 1 & z \\ 0 & 1 \end{pmatrix}^{*-1} & 0 \\ \hline 0 & \begin{matrix} 1 & z \\ 0 & 1 \end{matrix} \end{array} \right) \ ; \ z \in \mathbb{C} \right\}$$

$$N^+(\Theta) = \left\{\left(\begin{array}{c|c} \begin{pmatrix}1 & 0\\ z' & 1\end{pmatrix}^{*-1} & 0 \\ \hline 0 & \begin{matrix}1 & 0\\ z' & 1\end{matrix}\end{array}\right) \quad ; \quad z' \in \mathbb{C}\right\}$$

$$A_p(\Theta) = \left\{\left(\begin{array}{c|c} \begin{pmatrix}e^s & 0\\ 0 & e^{-s}\end{pmatrix}^{*-1} & 0 \\ \hline 0 & \begin{matrix}e^s & 0\\ 0 & e^{-s}\end{matrix}\end{array}\right)\right\} \; ; \quad s \in \mathbb{R}$$

$$M(\Theta) = \left\{\left(\begin{array}{c|c} \begin{pmatrix}e^{iu} & 0\\ 0 & e^{-iu}\end{pmatrix}^{*-1} & 0 \\ \hline 0 & \begin{matrix}e^{iu} & 0\\ 0 & e^{-iu}\end{matrix}\end{array}\right)\right\} ; \quad u \in \mathbb{R}$$

$$Z_\ell = \left\{\left(\begin{array}{c|c} 1\ \varepsilon & 0 \\ \hline 0 & 1\ \varepsilon\end{array}\right) \quad ; \quad \varepsilon = \pm 1\right\}$$

$M_\Theta = Z_\ell \times G(\Theta)$ (produit semi-direct)

$M = Z_\ell \times M(\Theta)$ (produit direct)

On peut prendre comme représentant du $w_\Theta \in W_\Theta$ considéré plus haut

$$p_\Theta = \left(\begin{array}{cc|cc} 0 & 1 & & 0 \\ -1 & 0 & & \\ \hline & 0 & 0 & 1 \\ & & -1 & 0 \end{array}\right).$$

Un calcul élémentaire permet de calculer $\left|\dfrac{d[n_\Theta^-]_g}{dn_\Theta^-}\right|^{1/2} = |\det(H_2 B + D)|^{-2}$ si $n_\Theta^- = \begin{pmatrix} I_2 & 0 \\ H_2 & I_2 \end{pmatrix}$ et $g = \begin{pmatrix} A & B \\ C & D \end{pmatrix}$.

Soit π_Θ^C la série complémentaire classique de $SL(2, \mathbb{C})$. On identifie l'espace $N^-(\Theta)$ avec le plan complexe. Alors π_Θ^C se réalise dans l'espace des fonctions f définies sur $\mathbb{C}$ pour lesquelles, si $-1 < \lambda < 0$,

$$\frac{1}{\Gamma(-\lambda)} \int_{\mathbb{C}} \int_{\mathbb{C}} |z_1 - z_2|^{-2-2\lambda} \, f(z_1)\, \overline{f(z_2)}\, dz_1\, dz_2 < +\infty$$

par la formule :

$$\left(\pi_\Theta^C \begin{pmatrix} a & b \\ c & d \end{pmatrix} f\right)(z) = |a + cz|^{-2+2\lambda} \, f\left(\frac{b + dz}{a + cz}\right) .$$

Avec les notations de la partie générale, on a $A_\ell\begin{pmatrix}1 & z\\ 0 & 1\end{pmatrix} = \begin{pmatrix}1 & -z\\ 0 & 1\end{pmatrix}$, et que nous noterons $A_\ell(z) = -z$. Donc le produit scalaire dans $E(\pi^C_\Theta)$ est invariant par A_ℓ , et notre construction s'applique en prenant

$$\tau_\Theta\begin{pmatrix} e^{-t}I_2 & 0 \\ 0 & e^{t}I_2\end{pmatrix} = e^{2i\mu t} \qquad (\mu \in \mathbb{R}) ,$$

$$\chi_\Theta\left(\begin{array}{c|c} \begin{pmatrix} e^{s} & 0 \\ 0 & e^{-s}\end{pmatrix}^{*-1} & 0 \\ \hline 0 & \begin{matrix} e^{s} & 0 \\ 0 & e^{-s}\end{matrix}\end{array}\right) = e^{2\lambda s} \qquad (-1 < \lambda < 0)$$

et σ_Θ et ξ_Θ triviaux. Identifions l'espace N^- à $\mathbb{C} \times \mathcal{H}_2$ (où $\mathcal{H}_2$ est l'ensemble des matrices hermitiennes 2 × 2) , on obtient une représentation de la série complémentaire de G dans l'espace des fonctions $F(z, H_2)$ sur $\mathbb{C} \times \mathcal{H}_2$ pour lesquelles

$$\frac{1}{\Gamma(-\lambda)} \int_{\mathcal{H}_2} dH_2 \int_{\mathbb{C}\times\mathbb{C}} |z_1 - z_2|^{-2-2\lambda}\, F(z_1,H_2)\,\overline{F(z_2,H_2)}\; dz_1\; dz_2 < +\infty ,$$

où dH_2 est la mesure de Lebesgue de $\mathcal{H}_2$ plongé dans $\mathbb{R}^4$. On a :

$$(U_{\tau_\Theta,1,\pi^C_\Theta}(g)\,F)\,(n^-) =$$

$$(a'[n^-g])^{\rho} \times (\tau_\Theta \otimes \chi_\Theta)\,(a'[n^-g]) \times F([n^-]_g) .$$

Or $\rho(\mathrm{Log}\ a) = -4t - 2s$, si $a = a_\Theta\ a(\Theta)$, où t est le paramètre de a_Θ et s celui de $a(\Theta)$.

Notant $D[n^-g]$ le bloc D' dans $n^-g = \begin{pmatrix} A' & B' \\ C' & D'\end{pmatrix}$ et $D_{11}[n^-g]$ le premier coefficient de D' , on obtient

$$(U_{\tau_\Theta,1,\pi^C_\Theta}(g)\,F)\,(n^-) =$$

$$|\det D[n^-g]|^{-1-\lambda+i\mu} \times |D_{11}[n^-g]|^{2\lambda-2} \times F([n^-]_g) .$$

Suivant la remarque 16.3, on aurait pu introduire en plus un caractère unitaire non trivial de Z_ℓ , ce qui revenait à multiplier la formule finale par $\mathrm{sgn}(\det D[n^-g])$ (cf. Mac Fadyen [9]).

Bibliographie

[1] F. Bruhat : Sur les représentations induites des groupes de Lie, Bull. Soc. Math. France t. 84 (1956) p. 97 à 205 (notamment p. 195 à 203).

[2] Harish-Chandra : Representations of semi-simple Lie groups, VI, Amer. J. Math. 78 (1956) p. 564 à 628.

[3] A.W. Knapp et K. Okamoto : Limits of holomorphic discrete series. J. of Functional Analysis 9 (1972) p. 375 à 409.

[4] A. Koranyi et J.A. Wolf : Generalized Cayley transformations of bounded symmetric domains, Amer. J. Math. 87 (1965) p. 899 à 939.

[5] B. Kostant : On the existence and irreducibility of certain series of representations. Lie groups and their representations (1975) p. 231 à 329 (notamment p. 319 à 328).

[6] R. Lipsman : An explicit realization of Kostant's complementary series with applications to uniformly bounded representations (1970) à paraître.

[7] R. Lipsman : On the characters and equivalence of continuous series representations. J. Math. Soc. Japan 23 (1971) p. 452 à 480.

[8] O. Loos : Symmetric spaces II, compact spaces and classifications (1969) p. 74 à 77 notamment.

[9] N.W. Mc Fadyen : On the non degenerate complementary series of representations of the group SU(2,2). Nuovo cimento 10 (1972) p. 268 à 276.

[10] C.C. Moore : Compactifications of symmetric spaces, Amer. J. Math. 86 (1964) I. p. 201 à 218, II. p. 358 à 378.

[11] H. Rossi et M. Vergne : Analytic continuation of the holomorphic discrete series of a semi-simple Lie group, Acta Math. 136 (1976) p. 1 à 59.

[12] I. Satake : On representations and compactifications of symmetric Riemannian spaces, Annals of Math. 71 (1960) p. 77 à 110.

[13] M. Sugiura : Conjugate classes of Cartan subalgebras in real semi-simple Lie algebras, J. Math. Soc. Japan II (1959) p. 374 à 434.

[14] N.R. Wallach : Harmonic Analysis on homogeneous spaces (1973) notamment p. 94 à 99.

[15] G. Warner : Harmonic Analysis on semi-simple Lie groups I (1972) notamment chapitre 1.

[16] J.A. Wolf : Unitary representations on Partially Holomorphic Cohomology spaces, Memoirs of the Amer. Math. Soc. n° 138 notamment p. 1 à 77.

Séries complémentaires associées à certains paraboliques de SU(n,n)

J. Cailliez et J. Oberdoerffer

Nous nous proposons de décrire un procédé de construction de séries complé-
entaires, non nécessairement de classe 1, pour le groupe SU(n,n) et de faire
'étude complète dans le cas $n = 2$.

.- Généralités et diverses décompositions de SU(n,n)

Le groupe SU(n,n) est le sous-groupe des matrices de $SL_{2n}(\mathbb{C})$ qui s'écri-
ent sous la forme $g = \begin{pmatrix} A & B \\ C & D \end{pmatrix}$ où A, B, C, D sont des matrices de $M_n(\mathbb{C})$ et
érifiant $g^* J g = J$ (1) avec $J = \begin{pmatrix} 1_n & 0 \\ 0 & -1_n \end{pmatrix}$, 1_n désignant la matrice unité
'ordre n et $g^* = {}^t\bar{g}$.

Il en résulte les relations suivantes :

$$\begin{cases} A^*A - C^*C = 1_n \\ D^*D - B^*B = 1_n \\ A^*B - C^*D = 0 \end{cases}$$

omme g^{-1} vérifie (1) , nous avons aussi la relation $g J g^* = J$ qui implique :

$$\begin{cases} AA^* - BB^* = 1_n \\ DD^* - CC^* = 1_n \\ AC^* - BD^* = 0 \end{cases}$$

L'algèbre de Lie $\underline{su}(n,n)$ est formée des matrices de $M_{2n}(\mathbb{C})$ de la forme
$\begin{pmatrix} A & Z \\ Z^* & B \end{pmatrix}$ où A et B sont antihermitiennes avec $Tr(A+B) = 0$ et Z quelconque
ans $M_n(C)$.

La décomposition de Cartan $\underline{su}(n,n) = \underline{k} + \underline{p}$ est telle que : $\underline{k} = \begin{pmatrix} A & 0 \\ 0 & B \end{pmatrix}$
vec A et B antihermitiennes et $Tr(A+B) = 0$, $\underline{p} = \begin{pmatrix} 0 & Z \\ Z^* & 0 \end{pmatrix}$ et $Z \in M_n(C)$.

On prendra comme sous-algèbre abélienne maximale $\underline{a}$ de $\underline{p}$ les matrices
$\begin{pmatrix} 0 & H \\ H & 0 \end{pmatrix}$ où H est une matrice diagonale réelle ; on notera $H(t_1,\dots,t_n)$ les
léments de $\underline{a}$.

On distingue trois sortes de racines positives :

1) $\alpha_k(H) = 2t_k$, $1 \leqslant k \leqslant n$, $\dim \mathfrak{g}_{\alpha_k} = 1$,

2) $\alpha_{j,k}(H) = t_j + t_k$, $1 \leqslant j < k \leqslant n$, $\dim \mathfrak{g}_{\alpha_{j,k}} = 2$,

3) $\alpha'_{j,k}(H) = t_j - t_k$, $1 \leqslant j < k \leqslant n$, $\dim \mathfrak{g}_{\alpha'_{j,k}} = 2$,

$\mathfrak{g}_\alpha$ désignant le sous-espace radiciel associé à la racine α . Les racines
imples sont : α_n et $\alpha'_{k,k+1}$ avec $1 \leqslant k \leqslant n-1$ et la demi-somme des racines

positives $\rho(H)$ vaut $\sum_{k=1}^{n} (2n-2k+1)t_k$.

Soit $\underline{n}^+ = \sum_{\alpha>0} \mathfrak{g}_\alpha$ qui se décompose en $\underline{n}_1^+ \oplus \underline{n}_2^+$ où $\underline{n}_1^+ = \sum_{\alpha=\alpha_k,\alpha_{j,k}} \mathfrak{g}_\alpha$

et $\underline{n}_2^+ = \sum_{\alpha=\alpha'_{j,k}} \mathfrak{g}_\alpha$, $\underline{n}_1^+$ étant un idéal dans $\underline{n}^+$.

Décomposition d'Iwasawa : A N K

Nous désignons par K le sous-groupe compact maximal des matrices $k(U,V) = \begin{pmatrix} U & 0 \\ 0 & V \end{pmatrix}$, où U et $V \in U(n)$ et $\det(UV) = 1$.

Le sous-groupe abélien A étant formé des matrices

$$a(T) = \begin{pmatrix} \mathrm{ch}\, T , & \mathrm{sh}\, T \\ \mathrm{sh}\, T , & \mathrm{ch}\, T \end{pmatrix} , \quad \text{où } T = (t_1,\dots,t_n) \text{ matrice diagonale réelle.}$$

Le sous-groupe N est le produit semi-direct $N_1 N_2$ avec :

N_1 formé des matrices $n_1(P) = \begin{pmatrix} 1_n + iP , & -iP \\ iP , & 1_n - iP \end{pmatrix}$; avec P hermitienne,

et

N_2 formé des matrices $n_2(Z) = \begin{pmatrix} 1_n + Z + \mu(Z) , & Z - \mu(Z) \\ Z - \mu(Z) , & 1_n + Z + \mu(Z) \end{pmatrix}$, avec Z matrice triangulaire supérieure stricte, et $\mu(Z) = -Z^* (1_n + 2Z^*)^{-1}$.

La décomposition $g = \begin{pmatrix} A & B \\ C & D \end{pmatrix} = a\, n_1\, n_2\, k$ s'obtient en remarquant que $A \pm C$ et $D \pm B$ sont des matrices inversibles ; à partir de la décomposition d'Iwasawa dans $GL_n(\mathbb{C})$ il vient :

$$A - C = e^{-T} (1 + 2Z^*)^{-1}\, U$$

$$D - B = e^{-T} (1 + 2Z^*)^{-1}\, V$$

d'où l'on déduit P .

Pour la commodité de certains calculs, on sera amené à effectuer la transformation φ sur les éléments de $SU(n,n)$ ainsi définie : $\varphi(g) = u^* g\, u$ pour tout $g \in SU(n,n)$ et u étant la matrice unitaire de $U(2n)$:

$$u = \frac{1}{\sqrt{2}} \begin{pmatrix} 1_n , & -i1_n \\ 1_n , & i1_n \end{pmatrix} .$$

Pour les éléments des sous-groupes K, A, N, on a :

$$\varphi(k(U,V)) = \begin{pmatrix} \frac{1}{2}(U+V) , & \frac{i}{2}(-U+V) \\ \frac{i}{2}(U+V) , & \frac{1}{2}(U+V) \end{pmatrix}$$

$$\varphi(a(T)) = \begin{pmatrix} e^T & 0 \\ 0 & e^{-T} \end{pmatrix}$$

$$\varphi(n_1(P)) = \begin{pmatrix} 1_n , & 2P \\ 0 , & 1_n \end{pmatrix}$$

$$\varphi(n_2(Z)) = \begin{pmatrix} 1_n + 2Z , & 0 \\ 0 , & (1 + 2Z^*)^{-1} \end{pmatrix}$$

érie principale dégénérée associée à un certain parabolique

Soit Λ le sous-ensemble des racines simples formé des racines $\alpha'_{k,k+1}$ $1 \leqslant k \leqslant n-1)$ et $<\Lambda>^+$ l'ensemble des combinaisons linéaires à coefficients ntiers des racines de Λ [6] .

Soit $\underline{a}_\Lambda = \{H \in \underline{a} \;,\; \alpha(H) = 0 \text{ pour } \alpha \in \Lambda\}$

$$\underline{n}^+_\Lambda = \sum_{\substack{\alpha > 0 \\ \alpha \notin <\Lambda>^+}} \mathfrak{g}_\alpha = \underline{n}^+_1$$

$$\underline{n}^-_\Lambda = \sum_{\substack{\alpha > 0 \\ \alpha \notin <\Lambda>^+}} \mathfrak{g}_{-\alpha}$$

Les sous-groupes analytiques correspondants, après transformation par φ , 'écrivent :

$$A_\Lambda = \{a(t) \;;\; t \in \mathbb{R}\} \quad \text{où} \quad a(t) = \begin{pmatrix} e^t 1_n & 0 \\ 0 & e^{-t} 1_n \end{pmatrix}$$

$$N_\Lambda = \{n(X) \;;\; X \text{ hermitienne}\} \text{ où } \quad n(X) = \begin{pmatrix} 1_n , & X \\ 0 , & 1_n \end{pmatrix}$$

$$\overline{N}_\Lambda = \{\overline{n}(X) \;;\; X \text{ hermitienne}\} \text{ où } \quad \overline{n}(X) = \begin{pmatrix} 1_n , & 0 \\ X , & 1_n \end{pmatrix}$$

Soit $M_\Lambda A_\Lambda$ le centralisateur de A_Λ dans $SU(n,n)$:

$$M_\Lambda = \left\{ \begin{pmatrix} A & 0 \\ 0 & A^{*-1} \end{pmatrix} \;;\; \begin{matrix} A \in GL_n(\mathbb{C}) \\ \det A = \pm 1 \end{matrix} \right\}$$

Par suite le parabolique $B_\Lambda = M_\Lambda A_\Lambda N_\Lambda$ s'écrit :

$$\left\{ \begin{pmatrix} A & B \\ 0 & A^{*-1} \end{pmatrix} \;;\; \begin{matrix} A \in GL_n(\mathbb{C}) \\ AB^* - BA^* = 0 \end{matrix} \right\}$$

A partir de la décomposition $G = B_\Lambda \overline{N}_\Lambda$ (à un ensemble de mesure nulle près), déduit l'action du groupe G sur $\overline{N}_\Lambda$ de la manière suivante :

si $\bar{n}(X) = \begin{pmatrix} 1_n , 0 \\ X , 1_n \end{pmatrix} \in \bar{N}_\Lambda$ et $\varphi(g) = \begin{pmatrix} A , B \\ C , D \end{pmatrix} \in \varphi(SU(n,n))$ on a :

$$\bar{n}(X)\,\varphi(g) = b\,\bar{n}(X') \quad \text{où} \quad b \in B_\Lambda \quad \text{et} \quad \bar{n}(X') \in \bar{N}_\Lambda$$

soit $$\begin{pmatrix} 1_n & 0 \\ X & 1_n \end{pmatrix}\begin{pmatrix} A & B \\ C & D \end{pmatrix} = \begin{pmatrix} A & B \\ 0 & XB+D \end{pmatrix}\begin{pmatrix} 1_n & 0 \\ (XB+D)^{-1}(XA+C) , & 1_n \end{pmatrix}$$

dès que $XB+D$ est inversible.

On notera $X \cdot \varphi(g) = (XB+D)^{-1}(XA+C)$ pour $g \in SU(n,n)$ l'action du groupe sur les matrices hermitiennes.

Les représentations unitaires de A_Λ sont données par :

$$a(t) \longmapsto e^{\lambda t} \quad \text{avec} \quad \lambda \in i\,\mathbb{R}$$

et les représentations unitaires de dimension finie de M_λ par

$$m \longmapsto d^{\varepsilon}(m) \quad \text{avec} \quad \varepsilon = 0, \pm 1$$

($d(m)$ désigne le déterminant de m) .

Par induction à partir du parabolique B_Λ , on en déduit la série principale dégénérée, réalisée dans $L^2(N_\Lambda)$ soit :

$$T_{\lambda,\varepsilon}(\varphi(g))\, f(X) = |d(XB+D)|^{-n-\lambda} \left(\frac{d(XB+D)}{|d(XB+D)|}\right)^{\varepsilon} f(X \cdot \varphi(g))$$

représentation unitaire pour $\lambda \in i\,\mathbb{R}$, $\varepsilon = 0,1$ et f fonction définie sur les matrices hermitiennes et de carré intégrable.

<u>Réalisation compacte de la représentation</u> $T_{\lambda,\varepsilon}$

Désignons par $\mathbb{H}_n$ l'ensemble des matrices hermitiennes d'ordre n et $U(n)$ le groupe des matric es unitaires.

Soient $\gamma : \mathbb{H}_n \to U(n)$ définie par $\gamma(X) = (1_n + iX)(1_n - iX)^{-1}$ et $J_{\lambda,\varepsilon} : L^2(\mathbb{H}_n) \longrightarrow L^2(U(n))$ définie par :

$$J_{\lambda,\varepsilon}\, f(u) = |d(1_n+u)|^{-n-\lambda} \left(\frac{d(1_n+u)}{|d(1_n+u)|}\right)^{\varepsilon} f(\gamma^{-1}(u))$$

$J_{\lambda,\varepsilon}$ est un isomorphisme isométrique et

$$J^{-1}_{\lambda,\varepsilon}\, h(X) = |d(1_n+\gamma(X))|^{n+\lambda} \left(\frac{d(1_n+\gamma(X))}{|d(1_n+\gamma(X))|}\right)^{-\varepsilon} h(\gamma(X)) \quad .$$

Si $g = \begin{pmatrix} A & B \\ C & D \end{pmatrix}$, soit $U_{\lambda,\varepsilon}(g) = J_{\lambda,\varepsilon}\, T_{\lambda,\varepsilon}(\varphi(g))\, J^{-1}_{\lambda,\varepsilon}$, ce qui conduit pour $f \in L^2(U(n))$ à la formule :

$$U_{\lambda,\varepsilon}(g)\, f(u) = |d(A-uC)|^{-n-\lambda} \left(\frac{d(A-uC)}{|d(A-uC)|}\right)^{\varepsilon} f(u\cdot g)$$

avec $\lambda \in i\mathbb{R}$, $\varepsilon = 0, \pm 1$ et $u\cdot g$ désigne l'action de $SU(n,n)$ sur $U(n)$ soit $u\cdot g = (A-uC)^{-1}\,(uD-B)$.

Sous ces hypothèses $U_{\lambda,\varepsilon}$ est une représentation unitaire de $SU(n,n)$.

II.- Série complémentaire associée à la représentation $U_{\lambda,\varepsilon}$

Pour cela, nous nous proposons de construire, pour des valeurs de λ autres que les valeurs imaginaires pures, un produit scalaire invariant par $U_{\lambda,\varepsilon}$.

Nous rechercherons une fonction intégrable (resp. une distribution) $\psi_{\lambda,\varepsilon}$ définie sur $U(n)\times U(n)$, de manière à munir $\mathcal{D}(U(n))$ d'une forme hermitienne définie positive au moyen de la formule :

$$\langle f_1 | f_2\rangle_{\lambda,\varepsilon} = \iint_{U(n)\times U(n)} f_1(u)\, \overline{f_2(v)}\, \psi_{\lambda,\varepsilon}(u,v)\, du\, dv$$

L'invariance par $U_{\lambda,\varepsilon}(k_o)$, où $k_o(u_o,v_o) \in K$, conduit à la relation :

$$\begin{aligned}\langle U_{\lambda,\varepsilon}(k_o)f_1 | U_{\lambda,\varepsilon}(k_o)f_2\rangle_{\lambda,\varepsilon} &= \iint_{U(n)\times U(n)} f_1(u_o^{-1}uv_o)\, \overline{f_2(u_o^{-1}uv_o)}\, \psi_{\lambda,\varepsilon}(u,v)\, du\, dv \\ &= \iint_{U(n)\times U(n)} f_1(u)\, \overline{f_2(v)}\, \psi_{\lambda,\varepsilon}(u_o uv_o^{-1}, u_o vv_o^{-1})\, du\, dv\end{aligned}$$

ce qui implique que, pour un k_o convenable, $\psi_{\lambda,\varepsilon}(uu', vu') = \psi_{\lambda,\varepsilon}(u,v)$ pour tout u, v, u' dans $U(n)$. En fait, $\psi_{\lambda,\varepsilon}$ est donc définie par une fonction (resp. une distribution) $\Omega_{\lambda,\varepsilon}$ sur $U(n)$ par la relation :

$$\psi_{\lambda,\varepsilon}(u,v) = \Omega_{\lambda,\varepsilon}(uv^{-1}) .$$

En choisissant $k_o\ (u_o,v_o)$ avec $u_o \in SU(n)$ et $v_o = 1_n$ on a : $\Omega_{\lambda,\varepsilon}(u_o uu_o^{-1}) = \Omega_{\lambda,\varepsilon}(u)$, ce qui permet de définir $\Omega_{\lambda,\varepsilon}$ uniquement par la connaissance de ses valeurs prises sur le tore maximal T^n de $U(n)$.

Pour $g = \begin{pmatrix} A & B \\ C & D \end{pmatrix}$ on a :

$$\langle U_{\lambda,\varepsilon}(g)\, f_1 \mid U_{\lambda,\varepsilon}(g)\, f_2\rangle_{\lambda,\varepsilon} =$$

$$\iint_{U(n)\times U(n)} |d(A-uC)|^{-n-\lambda}\, |d(A-vC)|^{-n-\bar\lambda} \left(\frac{d(A-uC)}{|d(A-uC)|}\right)^{\varepsilon}$$

$$\left(\frac{\overline{d(A-vC)}}{|d(A-vC)|}\right)^{\varepsilon} f_1(u\cdot g)\, f_2(v\cdot g)\, \Omega_{\lambda,\varepsilon}(uv^{-1})\, du\, dv$$

Par les transformations $u \mapsto u\cdot g^{-1}$ et $v \to v\cdot g^{-1}$ et en remarquant que $d(A-uC) = d(A^* + uB^*)^{-1}$ la forme hermitienne précédente est égale à :

$$\iint_{U(n)\times U(n)} |d(A^* + uB^*)|^{-n+\lambda}\, |d(A^* + vB^*)|^{-n+\bar\lambda} \left(\frac{d(A^*+uB^*)}{|d(A^*+uB^*)|}\right)^{\varepsilon}$$

$$\left(\frac{d(A^*+uB^*)}{|d(A^*+vB^*)|}\right)^{\varepsilon} \Omega_{\lambda,\varepsilon}\left(u\cdot g^{-1}(v\cdot g^{-1})^{-1}\right) f_1(u)\, f_2(v)\, du\, dv$$

$$= \iint_{U(n)\times U(n)} \Omega_{\lambda,\varepsilon}(uv^{-1})\, f_1(u)\, \overline{f_2(v)}\, du\, dv \quad .$$

En prenant $g = a(T)$ et en considérant les valeurs de $\Omega_{\lambda,\varepsilon}$ sur T^n il vient :

$$\Omega_{\lambda,\varepsilon}(e^{i\phi}) = |d(chT + e^{i\Theta}shT)|^{-n+\lambda}\, d(e^{(-n+\bar\lambda)T}) \left(\frac{d(chT + e^{i\Theta}shT)}{|d(chT + e^{i\Theta}shT)|}\right)^{-\varepsilon} \Omega_{\lambda,\varepsilon}(e^{i\phi})$$

où $\Theta = (\theta_1 , \ldots, \theta_n)$ et $e^{i\phi} = (chT + e^{i\Theta}shT)^{-1}\,(e^{i\Theta}chT + shT)$.

Si $\phi = (\varphi_1 , \ldots, \varphi_n)$ on a donc :

$$e^{i\varphi_k} = \frac{sht_k + e^{i\theta_k}cht_k}{cht_k + e^{i\theta_k}sht_k} \qquad \text{et} \qquad e^{2t_k} = \frac{1 - e^{i\theta_k}}{1 + e^{i\theta_k}} \times \frac{1 + e^{i\varphi_k}}{1 - e^{i\varphi_k}}$$

d'où il résulte :

$$\Omega_{\lambda,\varepsilon}(e^{i\phi}) = \Omega_{\lambda,\varepsilon}(e^{i\Theta}) \prod_{k=1}^{n} |1 - e^{i\theta_k}|^{n-\lambda} \left|\frac{1 - e^{i\theta_k}}{1 + e^{i\theta_k}}\right|^{\frac{\lambda-\bar\lambda}{2}} \left(\frac{1 - e^{i\theta_k}}{|1 - e^{i\theta_k}|}\right)^{\varepsilon}$$

$$\times \prod_{k=1}^{n} |1 - e^{i\varphi_k}|^{-n+\lambda} \left|\frac{1 + e^{i\varphi_k}}{1 - e^{i\varphi_k}}\right|^{\frac{\lambda-\bar\lambda}{2}} \left(\frac{1 - e^{i\varphi_k}}{|1-e^{i\varphi_k}|}\right)^{-\varepsilon} .$$

Par suite en fixant Θ et en exprimant la positivité de la forme hermitienne, soit $\Omega_{\lambda,\varepsilon}(u^{-1}) = \overline{\Omega_{\lambda,\varepsilon}(u)}$, cela conduit à choisir λ réel et

$$\Omega_{\lambda,\varepsilon}(e^{i\phi}) = C \prod_{k=1}^{n} |1 - e^{i\varphi_k}|^{-n+\lambda} \left(\frac{1 - e^{i\varphi_k}}{|1 - e^{i\varphi_k}|}\right)^{-\varepsilon}$$

où C est une constante réelle non nulle.

Ce qui nous donne pour $u \in U(n)$:

$$\Omega_{\lambda,\varepsilon}(u) = C\ |d(1_n-u)|^{-n+\lambda}\left(\frac{d(1_n-u)}{|d(1_n-u)|}\right)^{-\varepsilon} .$$

Inversement $\Omega_{\lambda,\varepsilon}$ satisfait à la relation :

$$\Omega_{\lambda,\varepsilon}\left(u\cdot g^{-1}\ (v\cdot g^{-1})^{-1}\right) = |d(A^*+uB^*)|^{n-\lambda}\ |d(A+Bv^*)|^{n-\lambda}\left(\frac{d(A^*+uB^*)}{|d(A^*+uB^*)|}\right)^{\varepsilon}$$
$$\left(\frac{d(A+Bv^*)}{|d(A+Bv^*)|}\right)^{\varepsilon}\Omega_{\lambda,\varepsilon}(uv^{-1})$$

qui assure l'invariance de la forme hermitienne par $U_{\lambda,\varepsilon}(g)$.

Cette forme hermitienne (sous réserve du sens donné à l'intégrale) peut se mettre sous la forme :

$$\langle f_1|f_2\rangle_{\lambda,\varepsilon} = \iint_{U(n)\times U(n)} f_1(u)\ \overline{f_2(v)}\ \Omega_{\lambda,\varepsilon}(uv^{-1})\ du\ dv =$$
$$\iint_{U(n)} f_1 * \tilde{f}_2(u)\ \Omega_{\lambda,\varepsilon}(u)\ du$$

où $\tilde{f}(u) = \overline{f(u^{-1})}$.

$\Omega_{\lambda,\varepsilon}$ est une fonction (resp. une distribution) centrale vérifiant de plus $\Omega_{\lambda,\varepsilon}(u^{-1}) = \overline{\Omega_{\lambda,\varepsilon}}(u)$ donc se décompose sous la forme : $\Omega_{\lambda,\varepsilon} = \sum_\chi (\Omega_{\lambda,\varepsilon}|\overline{\chi})\ \overline{\chi}$, la sommation ayant lieu suivant les caractères χ de $U(n)$ et la série convergeant dans $\mathcal{D}'(U(n))$. Pour f fonction de $\mathcal{D}(U(n))$ il vient :

$$\langle f|f\rangle_{\lambda,\varepsilon} = \sum_\chi (f * \tilde{f}\ |\ \chi)\ (\Omega_{\lambda,\varepsilon}\ |\ \overline{\chi}) .$$

Comme $(f * \tilde{f}\ |\ \chi) \geqslant 0$, $\langle f|f\rangle_{\lambda,\varepsilon}$ sera strictement positif pour $f \neq 0$ si et seulement si $(\Omega_{\lambda,\varepsilon}|\overline{\chi}) > 0$ pour tout caractère χ de $U(n)$.

<u>Série complémentaire dans</u> SU(1,1)

Les caractères de $U(1)$ sont les $\chi_n : e^{i\theta} \longmapsto e^{in\theta}$, $n \in \mathbb{Z}$.

<u>Cas</u> $\varepsilon = 0$

$$(\Omega_{\lambda,o}|\overline{\chi}_n) = \frac{1}{2\pi}\int_{-\pi}^{+\pi} |1-e^{i\theta}|^{-1+\lambda}\ e^{in\theta}\ d\theta = \frac{2}{\pi}\sin(\frac{1-\lambda}{2}\pi)\ \Gamma(\lambda)\ \frac{\Gamma(n-\frac{-1+\lambda}{2})}{\Gamma(n+1+\frac{-1+\lambda}{2})} .$$

Posons $\alpha = \frac{-1+\lambda}{2}$. Comme $\frac{\Gamma(n-\alpha)}{\Gamma(n+1+\alpha)} > 0$ pour tout $n \in \mathbb{Z}$ si $-1 < \alpha < 0$ et en tenant compte de la condition d'intégrabilité de $\Omega_{\lambda,o}$, cela impose $0 < \lambda < 1$.

Le produit scalaire étant alors défini par la formule :

$$<f_1 | f_2>_\lambda = C \int_{-\pi}^{+\pi} \int_{-\pi}^{+\pi} f_1(\theta) \overline{f_2(\theta')} \left|1 - e^{i(\theta-\theta')}\right|^{-1+\lambda} d\theta\, d\theta'$$

où C est une constante positive telle que $<\chi_o | \chi_o>_\lambda = 1$.

Cas $\varepsilon = -1$ (ou $\varepsilon = 1$)

$$(\Omega_{\lambda,-1} | \overline{\chi}_n) = \frac{1}{2\pi} \int_{-\pi}^{+\pi} |1 - e^{i\theta}|^{-1+\lambda} \frac{(1 - e^{i\theta})}{|1 - e^{i\theta}|} e^{in\theta} d\theta$$

$$= \frac{2^{2-\frac{\lambda}{2}}}{\pi} \sin\left(-\pi \frac{\lambda}{2}\right) \Gamma(\lambda) \frac{\Gamma(n+1 - \frac{\lambda}{2})}{\Gamma(n+1 + \frac{\lambda}{2})} .$$

L'action du groupe $SU(1,1)$ sur les caractères χ_n implique que l'on doit considérer tous les $n \in \mathbb{Z}$, [3] . Comme $\frac{\Gamma(n+\alpha)}{\Gamma(n-\alpha)}$ ne peut garder un signe constant pour tout $n \in \mathbb{Z}$, il n'existe pas de série complémentaire dans ce cas.

De manière générale si $\mu = (\mu_1, \ldots, \mu_n)$, $\mu_j \in \mathbb{R}$ et $\Theta = (\theta_1, \ldots, \theta_n)$ $\theta_k \in \mathbb{R}$ posons $A(\mu)(\Theta) = \det(e^{i\mu_j\theta_k})_{1 \leqslant j,k \leqslant n}$.

Soit $\rho = \left(\frac{n-1}{2}, \frac{n-3}{2}, \ldots, \frac{n-2k+1}{2}, \ldots, -\frac{n-1}{2}\right)$.

Pour $f \in L^1(U(n))$ on a la formule d'intégration suivante :

$$\int_{U(n)} f(u)\, du = \frac{1}{\text{card } W} \int_{T^n} |A(\rho)(\Theta)|^2 \left(\int_{U(n)} f(u\, e^{i\Theta} u^{-1}) du\right) d\Theta \quad [1]$$

où $d\Theta = c\, d\theta_1 \ldots d\theta_n$ (c constante positive destinée à normaliser les mesures de Haar) et W étant le groupe de Weyl de $U(n)$.

Les caractères de $U(n)$ sont donnés par $\chi_\mu = \frac{A(\mu+\rho)}{A(\rho)}$ où $\mu_1 \geqslant \mu_2 \geqslant \ldots \geqslant \mu_n$ et $\mu_j \in \mathbb{Z}$ pour tout j [5] .

Par suite le calcul des produits scalaires $(\Omega_{\lambda,\varepsilon} | \overline{\chi}_\mu)$ se réduit au calcul des intégrales :

$$\frac{1}{\text{card } W} \int_{T^n} \Omega_{\lambda,\varepsilon}(e^{i\Theta}) \overline{A(\rho)}(\Theta) A(\mu+\rho)(\Theta)\, d\Theta .$$

III.- Séries complémentaires dans SU(2,2)

Notons $e_{p,q}(\theta_1,\theta_2) = e^{i(p\theta_1 + q\theta_2)}$. Pour $\mu = (p,q)$,

$$A(\mu+\rho)\,\overline{A(\rho)} = e_{p,q} + e_{q,p} - e_{p+1,q-1} - e_{q-1,p+1} \ .$$

Cas $\varepsilon = 0$

Posons $\alpha = -1 + \frac{\lambda}{2}$, $(\alpha > -1/2)$, de la formule

$$\int_{-\pi}^{+\pi}\int_{-\pi}^{+\pi} (1-\cos\theta_1)^\alpha (1-\cos\theta_2)^\alpha e_{n,m}(\theta_1,\theta_2)\, d\theta_1\, d\theta_2 =$$

$$= 2^{4-2\alpha} \sin^2(\pi\alpha)\, \Gamma^2(1+2\alpha) \frac{\Gamma(n-\alpha)\ \Gamma(m-\alpha)}{\Gamma(n+1+\alpha)\Gamma(m+1+\alpha)}$$

on déduit $(\Omega_{\lambda,o} \mid \overline{\chi}_{p,q})$ $(p \geqslant q)$ qui, à une constante positive près ne dépendant que α , vaut $(2\alpha+1)(q-p-1) \dfrac{\Gamma(p-\alpha)}{\Gamma(p+2+\alpha)} \dfrac{\Gamma(q-1-\alpha)}{\Gamma(q+1+\alpha)}$.

Ce quotient de fonctions gamma pour une valeur de α réelle non entière ne peut garder un signe constante pour tout couple d'entiers p et q , $p \geqslant q$, ce qui ne permet pas d'envisager de série complémentaire dans ce cas.

Cas $\varepsilon = -1$.

Posons $(\Omega_{\lambda,-1} \mid \overline{\chi}_{p,q}) = \frac{1}{8\pi^2} c_{p,q}$

où
$$c_{p,q} = \int_{-\pi}^{+\pi}\int_{-\pi}^{+\pi} \left|1-e^{i\theta_1}\right|^{-3+\lambda} \left|1-e^{i\theta_2}\right|^{-3+\lambda} (1-e^{i\theta_1})(1-e^{i\theta_2})$$
$$A(\mu+\rho)(\theta_1,\theta_2)\, A(\rho)(\theta_1,\theta_2)\, d\theta_1\, d\theta_2 \ .$$

Supposons tout d'abord que $\Omega_{\lambda,-1}$ soit une fonction intégrable ce qui correspond à $\lambda > 1$ et posons $\beta = \frac{-3+\lambda}{2}$.

Pour tout $n \in \mathbb{Z}$ définissons :

$$a_n(\beta) = \int_{-\pi}^{+\pi} (1-\cos\theta)^\beta e^{in\theta}\, d\theta = 2\int_0^\pi (1-\cos\theta)^\beta \cos n\theta\, d\theta =$$

$$= 2^{1-\beta} \sin(-\pi\beta)\, \Gamma(1+2\beta) \frac{\Gamma(n-\beta)}{\Gamma(n+1+\beta)} \qquad [2]$$

$$b_n(\beta) = \int_{-\pi}^{+\pi} (1-\cos\theta)^\beta (1-e^{i\theta})\, e^{in\theta}\, d\theta = a_n - a_{n+1} = c(\beta) \frac{\Gamma(n-\beta)}{\Gamma(n+2+\beta)}$$

où $c(\beta) = 2^{1-\beta} \sin(-\pi\beta)\, \Gamma(2+2\beta)$.

Par suite $c_{p,q} = 2^{1+2\beta} [b_p(\beta)\ b_q(\beta) - b_{p+1}(\beta)\ b_{q-1}(\beta)]$

$$= 2^{2+2\beta}\ c^2(\beta)\ \frac{\Gamma(p-\beta)\ \Gamma(q-1-\beta)}{\Gamma(p+3+\beta)\ \Gamma(q+2+\beta)}\ (\beta+1)(q-p-1)\ .$$

Posons $\alpha = -(\beta+1)$, l'étude du signe de $c_{p,q}$ résulte de celui de :

$$\frac{\Gamma(p+1+\alpha)}{\Gamma(p+2-\alpha)}\ \frac{\Gamma(q+\alpha)}{\Gamma(q+1-\alpha)}\ \alpha\,(p+1-q)$$

expression qui est positive pour tout couple p,q $(p \geqslant q)$ dès que $0 < \alpha < 1$. Comme $\alpha = \frac{1-\lambda}{2}$, l'intégrabilité de $\Omega_{\lambda,-1}$ impose $\alpha < 0$, condition qui est contradictoire avec la positivité des $c_{p,q}$. Par conséquent on est amené à regarder $\Omega_{\lambda,-1}$ comme une distribution de façon à considérer les valeurs de $\lambda < 1$ qui donnent un sens au produit scalaire.

En écrivant $(1-\cos\ )^{\beta}\ (1-e^{i\theta})$ sous la forme $(1-\cos\theta)^{\beta+1} - i(1-\cos\theta)^{\beta}\sin\theta$ nous constatons que la partie réelle est intégrable pour $\beta > -\frac{3}{2}$ et que la partie imaginaire peut être considérée comme distribution valeur principale de $\theta \longmapsto (1-\cos\theta)^{\beta}\sin\theta$.

Ceci a pour effet de donner un sens à l'expression :

$$\lim_{\varepsilon \to 0_+} \iint_{\substack{\varepsilon \leqslant |\theta_1| \leqslant \pi \\ \varepsilon \leqslant |\theta_2| \leqslant \pi}} (1-\cos\theta_1)^{\beta}\ (1-\cos\theta_2)^{\beta}\ (1-e^{i\theta_1})\ (1-e^{i\theta_2})\ f(\theta_1,\theta_2)\ d\theta_1\ d\theta_2$$

pour $\beta > -\frac{3}{2}$ et $f \in \mathcal{D}(T^2)$.

Pour tout $\varepsilon > 0$ soit $V_\varepsilon = \{u \in U(2)\ ;\ u = ve^{i\Theta}\ v^{-1}\ ,\ v \in U(2)\ ,\ |\theta_j| \leqslant \varepsilon \quad j = 1 \text{ ou } 2\}$.

Les V_ε constituent un système de voisinages symétriques de 1 dans $U(2)$ et par conséquent

$$\lim_{\varepsilon \to 0^+} \int_{U(2)-V_\varepsilon} |d(1_2-u)|^{2\beta}\ d(1_2-u)\ f(u)\ du$$

existe pour $f \in \mathcal{D}(U(2))$ dès que $\beta > -\frac{3}{2}$.

On définit ainsi une forme hermitienne sur $\mathcal{D}(U(2))$ par la formule :

$$(f_1|f_2)_\lambda = \lim_{\varepsilon \to 0^+} \int_{U(2)-V_\varepsilon} f_1 * \tilde{f}_2(u)\ \Omega_{\lambda,-1}(u)\ du \quad \text{pour} \quad \lambda > 0$$

expression qui sera notée $\text{V.P.} \int_{U(2)} f_1 * \tilde{f}_2(u)\ \Omega_{\lambda,-1}(u)\ du$.

Le calcul des coefficients $(\Omega_{\lambda,-1} | \overline{\chi}_\mu)$ effectué précédemment pour $\lambda > 1$

est encore valable pour $0 < \lambda < 1$. Pour cela il suffit de le vérifier sur les coefficients b_n .

On a : $$b_n(\beta) = \lim_{\varepsilon \to 0_+} \int_{\varepsilon \leqslant |\theta| \leqslant \pi} (1-\cos\theta)^\beta\, (1-e^{i\theta}) e^{in\theta}\, d\theta$$
$$= \int_{-\pi}^{+\pi} (1-\cos\theta)^{\beta+1}\, e^{in\theta}\, d\theta - i \lim_{\varepsilon \to 0_+} \int_{\varepsilon \leqslant |\theta| \leqslant \pi} (1-\cos\theta)^\beta \sin\theta\, e^{in\theta}\, d\theta$$
$$= a_n(\beta+1) + \lim_{\varepsilon \to 0_+} \int_{\varepsilon \leqslant |\theta| \leqslant \pi} (1-\cos\theta)^\beta\, \sin\theta\, \sin n\theta\, d\theta$$
$$= a_n(\beta+1) - \frac{n}{\beta+1} \lim_{\varepsilon \to 0_+} \int_{\varepsilon \leqslant |\theta| \leqslant \pi} (1-\cos\theta)^{\beta+1} \cos n\theta\, d\theta$$
$$= a_n(\beta+1) - \frac{n}{\beta+1}\, a_n(\beta+1) = c(\beta)\, \frac{\Gamma(n-\beta)}{\Gamma(n+2+\beta)} \quad .$$

Le produit scalaire sera normalisé en posant :

$$\langle f_1 | f_2 \rangle_\lambda = \mu(\lambda)\, (f_1 | f_2)_\lambda \quad \text{où } \mu(\lambda) \text{ est déterminé par la relation :}$$

$$\langle 1 | 1 \rangle_\lambda = \mu(\lambda)\, (\Omega_{\lambda,-1} \mid 1) = \mu(\lambda)\, \frac{1}{8\pi^2}\, c_{o,o} = 1$$

soit $\mu(\lambda) = 8\pi^4\, 2^{-2-2\beta} \left[c^2(\beta)\, \frac{(\beta+1)^2}{2+\beta}\, \sin^2 \pi\beta\, \Gamma^4(-1-\beta) \right]^{-1}$ avec $\beta = \frac{-3+\lambda}{2}$

ou encore $\mu(\lambda) = \pi^4 \dfrac{(1+\lambda)}{\Gamma^2(\lambda)\, \Gamma^4(\frac{1}{2} - \frac{\lambda}{2})}$

Posons $\gamma_{p,q} = \mu(\lambda)\, (\Omega_{\lambda,-1} \mid \overline{\chi}_{p,q}) = \dfrac{1}{8\pi^2}\, \mu(\lambda)\, c_{p,q}$

Il vient $$\frac{\gamma_{p,q}}{p+1-q} = \frac{2+\beta}{-(\beta+1)}\, \frac{\pi^2}{\sin^2 \pi\beta\; {}^4(-1-\beta)} \cdot \frac{\Gamma(p-\beta)}{\Gamma(p+3+\beta)} \cdot \frac{\Gamma(q-1-\beta)}{\Gamma(q+2+\beta)}$$
$$= \frac{1-\alpha}{\alpha}\, \frac{\pi^2}{\sin^2 \pi\alpha\, \Gamma^4(\alpha)} \cdot \frac{\Gamma(p+1+\alpha)}{\Gamma(p+2-\alpha)} \cdot \frac{\Gamma(q+\alpha)}{\Gamma(q+1-\alpha)}$$

La formule des compléments montre que $\dfrac{\Gamma(n+\alpha)}{\Gamma(n+1-\alpha)} = \dfrac{\Gamma(-n+\alpha)}{\Gamma(1-n-\alpha)} = \dfrac{\Gamma(|n|+\alpha)}{\Gamma(|n|+1-\alpha)}$

et permet de ne considérer que le cas $p \geqslant q \geqslant 0$.

La décomposition $\dfrac{\Gamma(n+\alpha)}{\Gamma(n+1-\alpha)} = \left(\dfrac{n-1+\alpha}{n-\alpha}\right) \times \ldots \left(\dfrac{\alpha}{1-\alpha}\right) \cdot \dfrac{\Gamma(\alpha)}{\Gamma(1-\alpha)}$ conduit à

$$\frac{\gamma_{p,q}}{(n+1-\alpha)} = \left[\left(\frac{p+\alpha}{p+1-\alpha}\right) \ldots \frac{\alpha}{1-\alpha} \right] \left[\left(\frac{q-1+\alpha}{q-\alpha}\right) \ldots \frac{\alpha}{1-\alpha} \right] \cdot \frac{1-\alpha}{\alpha} \quad .$$

Pour $n \geqslant 0$ et $0 < \alpha < \frac{1}{2}$, $\dfrac{n+\alpha}{n+1-\alpha} < 1$ et donc $\dfrac{\gamma_{p,q}}{p+1-q} \leqslant 1$.

Pour $f \in \mathcal{D}(U(2))$ nous avons :

$$\langle f \mid f\rangle_\lambda = \mu(\lambda) \sum_\chi (f * \tilde{f} \mid \chi)\ (\Omega_{\lambda,-1} \mid \overline{\chi})$$

et
$$(f \mid f) = \sum_\chi d_\chi (f * \tilde{f} \mid \chi) \quad \text{où} \quad d_\chi = \chi(e) .$$

Pour $\chi = \chi_{p,q}$, $d_\chi = p+1-q$ et comme $\frac{\mu(\lambda)}{d_\chi} (\Omega_{\lambda,-1} \mid \overline{\chi}) \leqslant 1$, il en résulte que $\langle f \mid f\rangle_\lambda \leqslant (f \mid f)$.

Il est à remarquer que $\frac{\Upsilon_{p,q}}{p+1-q} = \frac{\mu(\lambda)}{d\chi_{p,q}} (\Omega_{\lambda,-1} \mid \overline{\chi}_{p,q}) \longrightarrow 1$ quand $\lambda \to 0$.

Ce qui implique $\langle f \mid f\rangle_\lambda \longrightarrow \sum_\chi d_\chi (f * \tilde{f} \mid \chi) = (f \mid f)$.

Donc si l'on pose $\langle f_1 \mid f_2\rangle_0 = \lim_{\lambda \to 0} \langle f_1 \mid f_2\rangle_\lambda$, ceci définit un produit scalaire qui est égal au produit scalaire usuel et par conséquent la distribution $\mu(\lambda)\ \Omega_{\lambda,-1}$ converge vers la mesure de Dirac dans $\mathcal{D}'(U(2))$. Pour $0 \leqslant \lambda < 1$, nous désignerons par $\mathcal{H}_\lambda$ l'espace hilbertien des fonctions mesurables f sur $U(2)$ telles que $\langle f \mid f\rangle_\lambda < +\infty$; pour $\lambda = 0$, $\mathcal{H}_0 = L^2(U(2))$.

IV.- Irréductibilité de la série complémentaire

Soit $a(t) = \begin{pmatrix} \text{cht } 1_2 , & \text{sht } 1_2 \\ \text{sht } 1_2 , & \text{cht } 1_2 \end{pmatrix}$.

Si χ_o est le caractère $\chi_o(u) = 1$ pour $u \in U(2)$, désignons par

$$g_t(u) = U_{\lambda,-1}(a(t))\ \chi_o(u) = |d(\text{cht } 1_2 - \text{sht } u)|^{-2-\lambda} \frac{d(\text{cht } 1_2 - \text{sht } u)}{|d(\text{cht } 1_2 - \text{sht } u)|} .$$

En fait g_t est une fonction définie sur le tore maximal T^2 de $U(2)$ soit

$$g_t(\theta_1,\theta_2) = \prod_{k=1}^{2} (\text{ch}2t - \text{sh}2t \cos\theta_k)^{-\frac{3+\lambda}{2}} (\text{cht} - \text{sht } e^{i\theta_k})$$
$$= (\text{ch}2t)^{-3-\lambda} (\text{cht})^2 \prod_{k=1}^{2} (1 - \text{th}2t \cos\theta_k)^{-\frac{3+\lambda}{2}} (1 - \text{tht } e^{i\theta_k})$$

Nous allons construire à partir de $g(t)$ une unité approchée φ_t définie sur T^2 par la formule :

$$\varphi_t(\theta_1,\theta_2) = c(t) \prod_{k=1}^{2} (1 - \text{th}2t \cos\theta_k)^{-\frac{3+\lambda}{2}} (1 - \text{tht } e^{i\theta_k})$$

c étant déterminé par la relation : $\int_{U(2)} \varphi_t(u)\, du = 1$.

Posons $\psi_t(\theta) = (1 - \text{th}2t \cos\theta)^{-\frac{3+\lambda}{2}} (1 - \text{tht } e^{i\theta})$, $c(t)$ satisfait donc à la relation $\frac{c(t)}{8\pi^2} \int_{-\pi}^{+\pi} \int_{-\pi}^{+\pi} \psi_t(\theta_1)\ \psi_t(\theta_2)\ |A(\rho)(\theta_1,\theta_2)|^2\, d\theta_1\, d\theta_2 = 1$.

Dans le cas présent $A^2(\rho)\ (\theta_1,\theta_2)$ vaut, à une constante positive multipli-
ative près, $\sin^2\frac{\theta_1-\theta_2}{2} = \sin^2\frac{\theta_1}{2}\cos^2\frac{\theta_2}{2} + \sin^2\frac{\theta_2}{2}\cos^2\frac{\theta_1}{2} - \frac{1}{2}\sin\theta_1\ \sin\theta_2$ d'où

$$c(t)\left\{\int_{-\pi}^{+\pi}\psi_t(\theta_2)\ \sin^2\frac{\theta_2}{2}\ d\theta_2\int_{-\pi}^{+\pi}\psi_t(\theta_1)\ \cos^2\frac{\theta_1}{2}\ d\theta_1\right.$$

$$+\int_{-\pi}^{+\pi}\psi_t(\theta_2)\ \cos^2\frac{\theta_2}{2}\ d\theta_2\int_{-\pi}^{+\pi}\psi_t(\theta_1)\ \sin^2\frac{\theta_1}{2}\ d\theta_1$$

$$\left.-\frac{1}{2}\int_{-\pi}^{+\pi}\psi_t(\theta_2)\ \sin\theta_2\ d\theta_2\int_{-\pi}^{+\pi}\psi_t(\theta_1)\ \sin\theta_1\ d\theta_1\right\} = 1$$

oit en posant $\alpha(t) = \int_{-\pi}^{+\pi}\psi_t(\theta)\ \sin^2\frac{\theta}{2}\ d\theta = \int_{-\pi}^{+\pi}\mathrm{Re}\ \psi_t(\theta)\ \sin^2\frac{\theta}{2}\ d\theta$

$$\beta(t) = \int_{-\pi}^{+\pi}\psi_t(\theta)\ \cos^2\frac{\theta}{2}\ d\theta = \int_{-\pi}^{+\pi}\mathrm{Re}\ \psi_t(\theta)\ \cos^2\frac{\theta}{2}\ d\theta$$

$$\gamma(t) = \int_{-\pi}^{+\pi}\psi_t(\theta)\ \sin\theta\ d\theta = i\int_{-\pi}^{+\pi}\mathrm{Im}\ \psi_t(\theta)\ \sin\theta\ d\theta$$

l en résulte $c(t)\ (2\alpha(t)\beta(t) + \frac{1}{2}\ |\gamma(t)|^2) = 1$.

En particulier $c(t)\ |\gamma(t)|^2 \leqslant 2$; comme

$$|\gamma(t)| = |\mathrm{th}t|\int_{-\pi}^{+\pi}(1 - \mathrm{th}2t\cos\theta)^{-\frac{3+\lambda}{2}}\sin^2\theta\ d\theta$$

our $|\mathrm{th}t| \geqslant \frac{1}{2}$ on a $|\gamma(t)| \geqslant \frac{1}{2}\int_{-\pi}^{+\pi}(1 - \mathrm{th}2t\cos\theta)^{-\frac{3+\lambda}{2}}\sin^2\theta\ d\theta \longrightarrow +\infty$
uand $t \to +\infty$ et par conséquent $c(t) \to 0$.

Il reste à prouver que pour tout $\varepsilon > 0$, $\int_{U(2)-W_\varepsilon}\varphi_t(u)\ du \longrightarrow 0$ quand
$\to +\infty$ où $W_\varepsilon = \{u \in U(2)\ ;\ u = v\ e^{i\theta}\ v^{-1}\ ,\ v \in U(2)$ et $|\theta_j| < \varepsilon \quad j = 1,2\}$.

Les W_ε forment un système fondamental de voisinages symétriques de 1 dans
(2) .

Pour $\varepsilon \leqslant |\theta| \leqslant \pi$, $\psi_t(\theta)$ est uniformément borné en t , soit $|\psi_t(\theta)| \leqslant M$

$$\int_{U(2)-W_\varepsilon}\varphi_t(u)\ du = c(t)\int_{\varepsilon\leqslant|\theta_2|\leqslant\pi}\int_{-\pi}^{+\pi}\psi_t(\theta_1)\ \psi_t(\theta_2)A^2(\rho)(\theta_1,\theta_2)\ d\theta_1\ d\theta_2$$

$$+ c(t)\int_{\substack{|\theta_2|\leqslant\varepsilon\\ \varepsilon\leqslant|\theta_1|\leqslant\pi}}\psi_t(\theta_1)\ \psi_t(\theta_2)\ A^2(\rho)(\theta_1,\theta_2)\ d\theta_1\ d\theta_2$$

$$\left|\int_{U(2)-W_\varepsilon}\varphi_t(u)\ du\right| \leqslant c(t)\ 4\pi M\ [\alpha(t) + \beta(t) + \frac{1}{2}\ |\gamma(t)|]\ .$$

La comparaison de $\beta(t)$ et $|\gamma(t)|$ conduit à :

$$(1 - \text{tht}\cos\theta)\cos^2\frac{\theta}{2} = (1 - \text{tht})\cos^2\frac{\theta}{2} + 2\text{tht}\sin^2\frac{\theta}{2}\cos^2\frac{\theta}{2}$$

$$\leqslant (1 - \text{tht}) \qquad + \frac{1}{2}\,\text{tht}\sin^2\theta$$

soit $\beta(t) \leqslant (1 - \text{tht}) \int_{-\pi}^{+\pi} (1 - \text{th}2t\cos\theta)^{-\frac{3+\lambda}{2}} + \frac{1}{2}\,|\gamma(t)|$

posons $a = \frac{3+\lambda}{2}$

$$(1 - \text{tht}) \int_{-\pi}^{+\pi} (1 - \text{th}2t\cos\theta)^{-a}\, d\theta \sim c_1(1 - \text{tht})^{3-2a} = c_1\,(1 - \text{tht})^{-\lambda} \qquad [2]$$

et $\int_{-\pi}^{+\pi} (1 - \text{th}2t\cos\theta)^{-a} \sin^2\theta\, d\theta \sim c_2(1 - \text{tht})^{-\lambda}$ quand $t \to +\infty$, c_1 et c_2 étant des constantes positives ne dépendant que de λ.

Comme $\alpha(t)$ est borné quand $t \to +\infty$ et que $c(t)\,|\gamma(t)|^2 \leqslant 2$ il en résulte que :

$$\left|\int_{U(2)-W_\varepsilon} \varphi_t(u)\, du\right| \leqslant c(t) \cdot 4\pi M\,[\alpha(t) + \delta|\gamma(t)|] \longrightarrow 0 \quad \text{quand} \quad t \to +\infty$$

où δ est une constante positive indépendante de t.

En résumé les deux conditions :

1 - $\int_{U(2)} \varphi_t(u)\, du = 1$

2 - $\int_{U(2)-W_\varepsilon} \varphi_t(u)\, du \to 0$ quand $t \to +\infty$

assurent que les fonctions φ_t forment une unité approchée.

L'action du sous-groupe compact K de $SU(2,2)$ se traduisant par des translations sur g_t, il en résulte que l'espace vectoriel engendré par les g_t $(t \in \mathbb{R})$ et ses translatés est dense dans $L^2(U(2))$ et par conséquent dans $\mathcal{H}_\lambda$. La fonction χ_o est donc un vecteur cyclique pour la représentation $U_{\lambda,-1}$.

<u>Lemme</u>.- Soit $k_o(u_o,v_o) \in K$. Les seules fonctions f telles que $U_{\lambda,-1}(k_o)f = d(u_o)^{-1}f$ pour tout k_o de K sont les fonctions constantes.

En effet $U_{\lambda,-1}(k_o)f(u) = d(u_o)^{-1}\, f(u_o^{-1}\, u\, v_o) = d(u_o)^{-1}f(u)$ donc $f(u_o^{-1}\, u\, v_o) = f(u)$ pour tout $k_o \in K$.

Si $u = e^{i\theta}\, u'$ avec $u' \in SU(2)$ et en prenant $u_o = e^{i\theta/2}\, 1_2$ et $v_o = e^{-i\theta/2}\, u'^{-1}$, il en résulte que f est bien constante.

Nous pouvons maintenant en déduire l'irréductibilité de $U_{\lambda,-1}$.

Soit S un opérateur continu de $\mathcal{H}_\lambda$ qui commute à tous les $U_{\lambda,-1}(g)$ où
$g \in SU(2,2)$.

Pour $k_o(u_o,v_o) \in K$ on a :

$$U_{\lambda,-1}(k_o) S \chi_o = S\, U_{\lambda,-1}(k_o)\, \chi_o = d(u_o)\, S\, \chi_o \quad .$$

D'après le lemme, il existe une constante C telle que $S(\chi_o) = C\, \chi_o$.
Pour tout $g \in SU(2,2)$ on a donc :

$$S\, U_{\lambda,-1}(g)\, \chi_o = U_{\lambda,-1}(g) S\, \chi_o = C\, U_{\lambda,-1}(g)\, \chi_o \quad .$$

L'espace vectoriel engendré par les $U_{\lambda,-1}(g)\, \chi_o$ étant dense dans $\mathcal{H}_\lambda$,
il en résulte que $S = C\, 1_{\mathcal{H}_\lambda}$ et par suite $U_{\lambda,-1}$ est irréductible.

Bibliographie

[1] S. HELGASON, Differential Geometry and Symmetric Spaces, 1962.

[2] W. MAGNUS, F. OBERHETTINGER, R.P. SONI, Formulas and theorems for the special functions of mathematical physics, Springer-Verlag, Berlin, Heidelberg, New-York, 1966.

[3] R. TAKAHASHI, Sur les fonctions sphériques et la formule de Plancherel dans le groupe hyperbolique. Japanese journal of mathematics, 1969.

[4] R. TAKAHASHI, Sur les représentations unitaires des groupes de Lorentz généralisés, Bulletin de la Société mathématique de France, 1963.

[5] G. WARNER, Harmonic analysis on semi-simple Lie groups, 1972.

[6] N. WALLACH, Harmonic analysis on homogeneous spaces, 1973.

UN THEOREME CENTRAL-LIMITE

J.L. CLERC et B. ROYNETTE

-=-

Nous démontrons un théorème central-limite pour une classe de chaînes de Markov associée de façon naturelle à un espace riemannien symétrique de type compact.

1.- Chaînes de Markov associées à un espace riemannien symétrique de type compact.

Nous allons fixer ici les notations que nous utiliserons dans la suite. On suivra essentiellement le livre d'Helgason ([4], Chapitre V et suivants).

1) Soit $\underline{\underline{u}}$ une algèbre de Lie sur $\mathbb{R}$, semi-simple, de type compact, et soit $\underline{\underline{g}}$ la complexifiée de $\underline{\underline{u}}$; on note θ l'involution de Cartan de $\underline{\underline{g}}$; on a les décompositions associées : $\underline{\underline{g}} = \underline{\underline{k}} \oplus \underline{\underline{p}}$, $\underline{\underline{u}} = \underline{\underline{k}}_o \oplus \underline{\underline{p}}_*$ et $\underline{\underline{g}}_o = \underline{\underline{k}}_o \oplus \underline{\underline{p}}_o$, avec $\underline{\underline{p}}_* = i\, \underline{\underline{p}}_o$. Soit $\underline{\underline{a}}_o$ un sous-espace abélien maximal de $\underline{\underline{p}}_o$, et $\underline{\underline{h}}$ une sous-algèbre de Cartan de $\underline{\underline{g}}$ contenant $\underline{\underline{a}}_o + \underline{\underline{a}}_*$, où $\underline{\underline{a}}_* = i\,.\,\underline{\underline{a}}_o$. Soit Δ l'ensemble des racines de la paire $(\underline{\underline{g}}\,,\,\underline{\underline{h}})$, et Σ l'ensemble des racines restreintes de la paire $(\underline{\underline{g}}_o\,,\,\underline{\underline{a}}_o)$, Δ^+ et Σ^+ l'ensemble des racines positives pour un choix convenable de relations d'ordre dans les espaces correspondants.

2) Soit G le groupe de Lie simplement connexe, d'algèbre de Lie $\underline{\underline{g}}$, U et K les sous-groupes de Lie connexes d'algèbre de Lie $\underline{\underline{u}}$ et $\underline{\underline{k}}_o$, et soit $X = U/K$ l'espace riemannien symétrique de type compact associé. L'espace tangent à U/K au point $e\,K$ s'identifie à $\underline{\underline{p}}_*$; on note n sa dimension. Les fonctions sphériques élémentaires de type positif de la paire (U, K) sont associées aux représentations unitaires irréductibles de classe I de U , de la manière suivante : soit $(\pi, \mathcal{H})$ une telle représentation, et e un vecteur unitaire invariant par $\pi(K)$; alors la fonction sphérique correspondante est donnée par

$$\varphi_\pi(g) = < \pi(g)\, e \,,\, e > \quad .$$

3) L'ensemble Λ des classes d'équivalence des représentations de classe I s'identifie -via la théorie du poids dominant- à un sous-ensemble du réseau des poids de $(\underline{\underline{u}}, \underline{\underline{k}}_o)$; plus précisément, Λ s'identifie à l'ensemble des formes linéaires λ sur $\underline{\underline{h}}$ telles que

(1) a/ $\quad \lambda/_{\underline{\underline{h}} \cap \underline{\underline{k}}} = 0$

b/ λ est réelle sur $\underline{\underline{a}}_o$, et $\dfrac{<\lambda,\, \alpha>}{<\alpha,\, \alpha>} \in \mathbb{N}$, pour toute α de Σ^+ .

(< > désigne le produit scalaire déduit de la forme de Killing, cf [5], p. 210)

4) Pour $\lambda \in \Lambda$, on note φ_λ la zonale associée, V_λ l'espace (de dimension finie) de la représentation associée, et e_λ un vecteur unitaire de V invariant par K. Le produit tensoriel de deux telles représentations, soit $V_\lambda \otimes V_\mu$ se décompose en somme de représentations unitaires irréductibles de U ; pour le vecteur $e_\lambda \otimes e_\mu$, on obtient une décomposition $e_\lambda \otimes e_\mu = \sum_{\delta \in \hat{U}} e_\delta$; mais si e_δ n'est pas nul, il doit être invariant par K, et par suite proportionnel à un e_γ, où $\gamma \in \Lambda$; par suite, on peut écrire $e_\lambda \otimes e_\mu = \sum_{\gamma \in \Lambda} c_\gamma e_\gamma$. Pour les fonctions zonales, on en déduit

$$(\varphi_\lambda \cdot \varphi_\mu)(g) = \langle \pi_\lambda(g) e_\lambda \otimes \pi_\mu(g) e_\mu , e_\lambda \otimes e_\mu \rangle$$

$$= \sum_{\gamma \in \Lambda} |c_\nu|^2 \varphi_\nu(g) \quad .$$

Soit encore en changeant quelque peu les notations

(2) $$\varphi_\lambda \cdot \varphi_\mu = \sum_{\gamma \in \Lambda} c^\gamma_{\lambda,\mu} \varphi_\gamma \quad ,$$

avec $c^\gamma_{\lambda,\mu} \geqslant 0$, et $\sum_{\gamma \in \Lambda} c^\gamma_{\lambda,\mu} = 1$.

Cela permet de définir une convolution dans l'ensemble $\mathfrak{M}_+(\Lambda)$ des mesures positives sur Λ par les formules (cf [2] ou [3] pour une définition analogue) :

(3) $$\delta_\lambda * \delta_\mu = \delta_\mu * \delta_\lambda = \sum_{\gamma \in \Lambda} c^\gamma_{\lambda,\mu} \delta_\gamma$$

où δ_γ désigne la mesure de Dirac au point γ et

$$(\Sigma a_\lambda \delta_\lambda) * (\Sigma b_\mu \delta_\mu) = \sum_{\lambda,\mu} a_\lambda b_\mu \delta_\lambda * \delta_\mu \quad .$$

Cette convolution est associative, commutative, et si $\mathfrak{M}^1_+(\Lambda)$ désigne l'ensemble des probabilités sur Λ, $\mathfrak{M}^1_+(\Lambda) * \mathfrak{M}^1_+(\Lambda) \subset \mathfrak{M}^1_+(\Lambda)$.

La transformée de Fourier $\hat{\mu}$ d'une mesure μ appartenant à $\mathfrak{M}^1_+(\Lambda)$ est la fonction f définie sur U/K par la formule

(4) $$\hat{\mu}(x) = f(x) = \sum_{\lambda \in \Lambda} \mu(\lambda) \varphi_\lambda(x) \quad .$$

Il est clair, d'après (2) et (3) que

(5) $$\widehat{\mu * \nu} = \hat{\mu} \cdot \hat{\nu} \quad .$$

5) Soit μ appartenant à $\mathfrak{M}_+^1(\Lambda)$ et soit P la matrice définie sur $\Lambda \times \Lambda$ par

$$(6) \qquad P(\lambda, \gamma) = (\delta_\lambda * \mu)(\gamma) \quad .$$

Les formules précédentes prouvent que P est une matrice markovienne, c'est-à-dire que

$$P(\lambda, \gamma) \geqslant 0 \quad \text{pour tous} \quad \lambda, \gamma \in \Lambda$$

$$\sum_{\gamma \in \Lambda} P(\lambda, \gamma) = 1 \quad \text{pour tout} \quad \lambda \in \Lambda \quad .$$

A cette mesure μ et cette matrice P , nous associons sur Λ la chaîne de Markov canonique $(\Omega\ ,\ X_n\ (n \geqslant 0)\ ,\ P\ (\lambda \in \Lambda))$. Pour abréger, nous dirons que X_n est la chaîne de loi μ .

6) Presque tout théorème central-limite (sur $\mathbb{R}^n$, sur un groupe de déplacements, sur un groupe nilpotent, etc...) affirme que $\frac{X_n}{\sqrt{n}}$ converge en loi (étroitement), quand n tend vers l'infini, vers "la loi au temps 1 d'un mouvement brownien". Dans cette situation, c'est encore un tel théorème que nous allons prouver. Avant cela, nous allons expliciter ce qu'est ce "mouvement brownien limite".

2.- Mouvements browniens sur $\mathcal{A}^+$

1) Soit L le produit semi-direct de K et de $\underline{p}_*$ ($\underline{p}_*$ est un espace vectoriel euclidien, dans lequel K agit par l'action adjointe en préservant le produit scalaire ; L est un sous-groupe du groupe des déplacements de $\underline{p}_*$). L'espace $\underline{p}_*$, identifié au quotient L/K devient ainsi un espace riemannien symétrique de type euclidien.

2) Les fonctions sphériques élémentaires de la paire (L, K) s'obtiennent de la façon suivante : si ν est une forme linéaire à valeurs complexes sur $\underline{p}_*$, alors

$$\tilde{\varphi}_\nu(x) = \int_K e^{-\nu(\mathrm{Ad}k.x)}\, dk$$

est une fonction sphérique élémentaire, et $\tilde{\varphi}_\mu = \tilde{\varphi}_\nu$ si et seulement si μ et ν sont conjuguées par un élément de Ad K . Par suite on peut toujours supposer que ν est identiquement nulle sur l'orthogonal de $\underline{a}_*$ dans $\underline{p}_*$, et s'identifie à une forme linéaire sur $\underline{a}_*$. En ce qui concerne les fonctions sphériques élémentaires de type positif, elles sont obtenues en imposant la condition que ν

soit réelle sur $\underline{\underline{a}}_o$.

En définitive, les fonctions sphériques élémentaires de type positif sont paramétrées par l'ensemble $\mathcal{A}^+$,

$$\mathcal{A}^+ = \{\mu \in \underline{\underline{a}}_o \mid <\mu, \alpha> \geqslant 0 \quad \forall\, \alpha \in \Sigma^+\} \quad .$$

Notons que Λ se réalise naturellement comme un "cône d'entiers" dans $\mathcal{A}^+$.

3) Soit $\underline{\underline{p}}'_o$ l'ensemble des formes linéaires à valeurs réelles sur $\underline{\underline{p}}_o$, et S une forme bilinéaire symétrique, et définie positive sur $\underline{\underline{p}}'_o$. Supposons de plus S invariante par l'action de K sur $\underline{\underline{p}}'_o$, duale de l'action adjointe de K sur $\underline{\underline{p}}_o$. Soit $(\beta_t)_{t \geqslant 0}$ un mouvement brownien (usuel) sur $\underline{\underline{p}}'_o$ dont la matrice de covariance au temps 1 est égale à S . Soit $\Gamma : \underline{\underline{p}}'_o \to \mathcal{A}^+$ l'application qui à tout élément de $\underline{\underline{p}}'_o$ fait correspondre le seul élément de $\mathcal{A}^+$ qui lui soit conjugué par l'action de K .

Puisque S est invariante par K , il est clair que $\gamma_t = \Gamma(\beta_t)$ est un processus de Markov sur $\mathcal{A}^+$, presque sûrement à trajectoires continues, que nous appellerons un mouvement brownien sur $\mathcal{A}^+$.

4) La densité f du mouvement brownien eu temps 1 est égale

$$f(x) = \frac{1}{(2\pi)^{n/2}(\text{dét } S^{1/2})} \cdot \exp - \frac{1}{2} \; S^{-1}(x,x) \quad .$$

Par ailleurs, on connaît la formule intégrale suivante, avec des normalisations convenables des mesures :

7) $$\int_{\underline{\underline{p}}'_o} h(\nu)\, d\nu = \int_{\mathcal{A}^+} \int_K h(\text{Ad } k \,.\, \lambda) \prod_{\alpha \in \Delta^+} <\lambda, \alpha> dk\, d\lambda \quad .$$

On en déduit que si A est un borélien de $\mathcal{A}^+$,

8) $$P\,\{\gamma_1 \in A\} = \int_A \Big(\prod_{\alpha \in \Delta^+} <\lambda, \alpha>\Big) \exp - \frac{1}{2} \; S^{-1}(\lambda, \lambda) \quad d\lambda \quad .$$

II.- Un théorème central-limite

Munissons $\underline{\underline{a}}'_o$ de la norme déduite de la forme de Killing ; on dira qu'une mesure positive μ sur Λ admet un moment d'ordre 2 si $\sum_{\lambda \in \Lambda} \|\lambda\|^2 \mu(\lambda) < +\infty$.

Par analogie avec la situation classique des marches aléatoires sur un groupe, on dit que la mesure μ est <u>adaptée</u> si sa transformée de Fourier $\hat{\mu}(x) = \sum_{\lambda \in \Lambda} \mu(\lambda)\, \varphi_\lambda(x)$ ne prend la valeur 1 qu'au seul point $e\,K$.

Théorème : Soit μ une mesure de probabilité sur Λ , adaptée et ayant un moment d'ordre 2 ; soit (X_n) la chaîne de Markov de loi μ sur Λ décrite au paragraphe 1. Alors, quand $N \to \infty$, $\frac{X_N}{\sqrt{N}}$ converge en loi vers la loi d'un mouvement brownien au temps 1.

Démonstration :

1) On pose $\omega_\lambda^{-1} = \int_{U/K} |\varphi_\lambda(x)|^2 \, dx \quad (\lambda \in \Lambda)$; d'après un résultat classique sur les coefficients d'une représentation, on a $\omega_\lambda = d_\lambda$, où d_λ est la dimension d'une représentation unitaire irréductible de classe 1 associée à λ .

Notons P la probabilité sur Ω égale à P_0 (où 0 est la représentation triviale). Par itération de la formule (6) , d'après (5) et les propriétés d'othogonalité des fonctions zonales, il vient (cf. [2] ou [3]) ,

$$P\{\frac{X_N}{\sqrt{N}} \in A\} = \sum_{\substack{\lambda \in \Lambda \\ \lambda \in \sqrt{N}.A}} \omega_\lambda \int_{U/K} \hat{\mu}(x)^N \varphi_\lambda(x) \, dx \,, \quad A \text{ compact de } \mathcal{A}^+. \tag{9}$$

Il reste à faire tendre N vers l'infini. Pour ceci, on découpe l'intégrale en deux morceaux, et regardons

a) $\sum_{\substack{\lambda \in \Lambda \\ \lambda \in \sqrt{N}.A}} \int_{L^c} \hat{\mu}(x)^N \varphi_\lambda(x) \, dx$, où L^c est le complémentaire d'un voisinage compact L de e K dans U/K . D'après la formule de Weyl,

$$\omega_\lambda = \frac{\prod_\alpha \langle \lambda + \rho, \alpha \rangle}{\prod_\alpha \langle \rho , \alpha \rangle}$$

, où le produit est calculé sur toutes les racines de Δ^+ , et ρ est la demi-somme des racines. C'est donc un polynôme en λ , de degré $n - \ell$ (rappelons que $n = \dim (U/K) = \dim \underline{\underline{p}}_0$ et $\ell = \dim \underline{\underline{a}}_0$). Par ailleurs, comme μ a des moments d'ordre 2 , la fonction $\hat{\mu}$ est continue, et comme μ est adaptée, on en déduit qu'il existe un nombre réel $q < 1$, tel que

$$\sup_{x \in L^c} |\hat{\mu}(x)| \leq q \quad .$$

D'où
$$\left| \sum_{\lambda \in \sqrt{N}.A} \omega_\lambda \int_{L^c} \hat{\mu}(x)^N \varphi_\lambda(x) \, dx \right|$$

$$\leq C \,. \sum_{\lambda \in \sqrt{N}.A} |P(\lambda)| \; q^N$$

et cette dernière quantité tend clairement vers 0 quand N ten vers l'infini.

Il reste donc à examiner la partie

(10) $$\sum_{\substack{\lambda \in \Lambda \\ \lambda \in \sqrt{N}.A}} \omega_\lambda \int_L \hat{\mu}(x)^N \varphi_\lambda(x)\, dx \quad .$$

On peut bien entendu supposer que L est stable par l'action de K , et soit $V^+ = L \cap C^+$, où C^+ est la chambre de Weyl dominante dans $\underline{\underline{a}}_*$. D'après les formules d'intégration en "coordonnées polaires", il vient

(10) $$= \sum_{\lambda \in \sqrt{N}.A} \omega_\lambda \int_{V^+} \hat{\mu}(\exp H)^N \varphi_\lambda(\exp H) \prod_{\alpha \in \Delta^+} \sin \langle \alpha, iH \rangle \, dH$$

Faisons le changement de variable $H \to \frac{H}{\sqrt{N}}$, et intervertissons les signes Σ et $\int$; il vient :

(10) $$= \int_{V_N^+} \hat{\mu}\left(\exp \frac{H}{\sqrt{N}}\right)^N \sum_{\alpha \in \Delta^+} \sin \left\langle \alpha, \frac{iH}{\sqrt{N}} \right\rangle . \sum_{\lambda \in A.\sqrt{N}} \omega_\lambda \, \varphi_\lambda\left(\exp \frac{H}{\sqrt{N}}\right) N^{-\frac{\ell}{2}} \, dH ,$$

où on a posé $V_N^+ = \sqrt{N} . V^+$.

<u>Lemme</u> : $$\hat{\mu}(\exp H) = 1 - \frac{1}{2} S(H) + o(\|H\|^2) ,$$

<u>pour</u> H <u>assez petit, et où</u> S <u>est une forme quadratique sur</u> $\underline{\underline{a}}_*$, <u>définie positive, invariante par le groupe de Weyl.</u>

L'hypothèse que μ a des moments d'ordre 2 entraîne que la fonction $H \to \hat{\mu}(\exp H)$ est de classe C^2 sur $\underline{\underline{a}}_*$. En effet, φ_λ s'écrit $\varphi_\lambda(\exp H) = \sum_\mu c_\mu e^{\langle \mu, H \rangle}$, où $c_\mu \geqslant 0$, $\sum_\mu c_\mu = 1$, et $\mu \ll \lambda$ (c'est-à-dire $\lambda - \mu$ est somme à coefficients entiers positifs ou nuls de racines positives). On en déduit aisément que si X est un opérateur différentiel sur $\underline{\underline{a}}$ invariant par translation, on a

$$|X \varphi_\lambda(\exp H)| \leqslant C \|\lambda\| ,$$ où C dépend de X , mais pas de H , ni de λ .

Par suite, si μ a des moments d'ordre 1, on voit que la restriction de $\hat{\mu}$ à $\underline{\underline{a}}_*$ est de classe C^1 ; en répétant l'argument, on voit qu'en définitive, lorsque μ a des moments d'ordre 2, $\hat{\mu}|_{\underline{\underline{a}}_*}$ est de classe C^2 .

Le développement limité à l'ordre 2 en 0 de cette fonction s'écrit alors

$$\hat{\mu}(\exp H) = \hat{\mu}(0) + \ell(H) + Q(H) + o(\|H\|^2) \quad .$$

Clairement $\hat{\mu}(0) = \sum_{\lambda \in \Lambda} \mu(\lambda) \ \varphi_\lambda(0) = \sum_{\lambda \in \Lambda} \mu(\lambda) = 1$.

Ensuite, $\hat{\mu}|_{\underline{\underline{a}}_*}$ étant invariante par le groupe de Weyl, il en est donc de même de la forme linéaire ℓ ; mais cela implique $\ell \equiv 0$.

Quant à la forme Q , elle doit être invariante par le groupe de Weyl, pour les mêmes raisons. Supposons pour un instant l'espace symétrique irréductible ; cela implique que Q est proportionnel à la forme de Killing. D'où un D.L. qui s'écrit :

$$\hat{\mu}(\exp H) = 1 + c \ B(H, H) + o(\|H\|^2) \ .$$

Si plus généralement $X \in \underline{\underline{p}}_*$, on a

$$\hat{\mu}(\exp X) = 1 + c \ B(X, X) + o(\|X\|^2) \ .$$

Pour déterminer c , prenons le Laplacien Δ des deux membres à l'origine $0 = e K$.

On a : $\Delta \ \varphi_\lambda = c_\lambda \ \varphi_\lambda$, où tous les c_λ sont strictement positifs, sauf pour $\lambda = 0$ où $c_o = 0$ (et en particulier : $\Delta \varphi_\lambda(e) = c_\lambda$) . D'autre part, l'expression du laplacien en coordonnées normales (cf. [6], p. 127) donne :

$$\sum_{\lambda \in \Lambda} \mu(\lambda) \ c_\lambda = 2 \ C \ .$$

Si C était nul, alors $\mu(\lambda) = 0$ pour tout $\lambda \neq 0$, et μ ne serait pas adaptée.

Si l'espace symétrique n'est plus irréductible, il est produit d'espaces symétriques irréductibles ; la forme Q est alors combinaison linéaire des formes de Killing de chaque composante ; on utilise alors les laplaciens de chaque facteur, et l'hypothèse que μ est adaptée pour conclure comme précédemment.

Du lemme, on déduit que

$$\hat{\mu}\left(\exp \frac{H}{\sqrt{N}}\right)^N \to \exp - \frac{1}{2} S(H) \quad \text{quand} \quad N \to + \infty$$

$$\hat{\mu}\left(\exp \frac{H}{\sqrt{N}}\right)^N \leqslant \exp - c \|H\|^2 \ , \text{ pour tout } H \ ,$$

avec une constante $c > 0$.

D'autre part, ω_λ est un polynôme en λ de degré $n - \ell$, donné par la formule de Weyl

$$\omega_\lambda = \prod_{\alpha \in \Delta^+} < \lambda + \rho , \alpha > \ / \prod_{\alpha \in \Delta^+} < \rho , \alpha > \quad .$$

Si μ est un élément de $\mathcal{A}^+$, on note $[\mu]$ l'élément de Λ plus petit que μ et "la plus proche" de μ. On voit que

$$\frac{1}{N^{\frac{n-\ell}{2}}} \omega_{[\sqrt{N}.\lambda]} \to C \cdot \prod_{\alpha \in \Delta^+} < \lambda , \alpha > \quad , \text{ pour tout } \lambda \in \mathcal{A}^+ .$$

D'après le résultat de [1], on sait que

$$\varphi_{[\sqrt{N}\,\lambda]} \quad (\exp \frac{H}{\sqrt{N}}) \quad \to \quad \tilde{\varphi}_\lambda(H) \quad , \text{ quand } N \to +\infty \quad \text{où } \tilde{\varphi}_\lambda \text{ est la}$$

zonale de l'espace symétrique de type euclidien $\underline{p}_* \simeq L/K$.

Enfin, quand N tend vers l'infini,

$$N^{\frac{n-\ell}{2}} \prod_{\alpha \in \Delta^+} \sin < \alpha , \frac{iH}{\sqrt{N}} > \ \to \prod_{\alpha \in \Delta^+} < \alpha , iH > \quad .$$

Ces résultats étant acquis, revenons à l'intégrale (10) :

$$(10) \quad = \int_{V_N^+} dH \ \hat{\mu}(\exp \frac{H}{\sqrt{N}})^N \ N^{\frac{n-\ell}{2}} \ (\prod_{\alpha \in \Delta^+} \sin < \alpha, \frac{iH}{\sqrt{N}} >) \ \frac{1}{N^{\ell/2}} \sum_{\substack{\lambda \in A \\ \lambda\sqrt{N} \in \Lambda}} \frac{1}{N^{\frac{n-\ell}{2}}}$$

$$\omega_{[\sqrt{N}\lambda]} \quad \varphi_{[\sqrt{N}\lambda]} \quad (\exp \frac{H}{\sqrt{N}})$$

D'après la définition de l'intégrale de Riemann, on a :

$$\frac{1}{N^{\ell/2}} \sum_{\substack{\lambda \in A \\ \sqrt{N}\lambda \in \Lambda}} \frac{1}{N^{\frac{n-\ell}{2}}} \omega_{[\sqrt{N}\lambda]} \ \varphi_{[\sqrt{N}\lambda]} \ (\exp \frac{H}{\sqrt{N}}) \underset{N \to \infty}{\to}$$

$$C \cdot \int_A \prod_{\alpha \in \Delta^+} < \lambda , \alpha > \ \tilde{\varphi}_\lambda(H) \ d\lambda \quad .$$

Utilisant alors des majorations immédiates, on applique le théorème de Lebesgue pour obtenir :

$$\lim_{N \to \infty} P(\frac{X_N}{\sqrt{N}} \in A) = C \cdot \int_{C^+} e^{-1/2 \ S(H)} (\prod_{\alpha \in \Delta^+} < \alpha , iH >) \ dH$$

$$\int_A \prod_{\alpha \in \Delta^+} <\alpha , \lambda > \ \tilde{\varphi}_\lambda(H) \ d\lambda \quad .$$

Intervertissant alors les deux intégrations et se servant de la définition explicite de $\tilde{\varphi}_\lambda(H)$ (§ II, 2), on obtient :

$$\lim_{N\to\infty} P\left(\frac{X_N}{\sqrt{N}} \in A\right) = C \cdot \int_A d\lambda \left(\prod_{\alpha\in\Delta^+} <\alpha, \lambda> \right) \int_{C^+} e^{-1/2\, S(H)} \prod_{\alpha\in\Delta^+} <\alpha, iH> \, dH \int_K e^{i\lambda(Adk.H)} \, dk \,.$$

Cette dernière expression se transforme, d'après (7) et le fait que la forme quadratique S est invariante (comme les φ_λ) par Ad K en :

$$\lim_{N\to\infty} P\left(\frac{X_N}{\sqrt{N}} \in A\right) = C \cdot \int_A d\lambda \left(\prod_{\alpha\in\Delta^+} <\alpha, \lambda> \right) \int_{\mathcal{P}_*} e^{-1/2\, S(x)} e^{i\lambda(x)} \, dx \,.$$

Calculant alors explicitement la transformée de Fourier dans la dernière intégrale, on obtient ainsi :

$$\lim_{N\to\infty} P\left(\frac{X_N}{\sqrt{N}} \in A\right) = C' \cdot \int_A d\lambda \left(\prod_{\alpha\in\Delta^+} <\alpha , \lambda> \right) \exp - \frac{1}{2} S^{-1}(\lambda)$$

ce qui est presque le résultat cherché, (cf. 8). Reste donc à prouver que $C' = 1$, ou encore que la famille de mesures α_N (où α_N est la loi de $\frac{X_N}{\sqrt{N}}$) est étroitement relativement compacte. Or cela résulte de ce que

$\hat{\mu}_N(\exp H) \underset{N\to\infty}{\to} \exp - \frac{1}{2} S(H)$ et d'une généralisation aisée du théorème de continuité de Paul Lévy.

Remarque : Une étude détaillée et concrète de la situation exposée ici dans le cas où $U = SO(n)$, $K_1 = SO(n-1)$, $U/K_1 \approx S^{n-1}$ pourra être trouvée dans [3]. Avec les notations de [3], le cas $SO(n)/SO(n-1)$ correspond à $\alpha = \frac{n}{2} - 1$.

*

* *

Bibliographie

[1] J.L. Clerc "Une formule asymptotique de type Melher Heine pour les zonales d'un espace riemannien symétrique", Studia Math. 57 (1976) p. 27-32.

[2] P. Eymard et B. Roynette "Marche aléatoire sur le dual de SU(2), Analyse Harmonique sur les groupes de Lie, L. N. n° 497, p. 108-152 (1975).

[3] C. George Thèse, Université de Nancy I (1975).

[4] S. Helgason "Differential geometry and symmetric spaces", Academi Press (1962).

[5] Warner "Harmonic analysis on semi-simple Lie group I", Springer Verlag (1972).

[6] M. Berger, P. Gauduchon et E. Mazet "Le spectre d'une variété riemanienne", L. N. n° 194 (1971).

SUR LES COEFFICIENTS DES REPRESENTATIONS UNITAIRES DES GROUPES DE LIE SIMPLES

par Michael COWLING

§ 0.- INTRODUCTION

Le leit-motiv de ce travail est que l'on peut déduire des résultats assez forts sur les représentations unitaires des groupes de Lie semi-simples de leurs propriétés structurelles élémentaires, en utilisant l'analyse fonctionnelle. Cette idée est due à Sherman [She] et Kajdan [Ka] . Certains résultats se généralisent aux représentations uniformément bornées.

On discute, dans le premier chapitre, les représentations unitaires et uniformément bornées des groupes localement compacts. Dans le deuxième chapitre, on spécialise au cas des groupes de Lie semi-simples. On signale les résultats principaux : que la restriction au groupe A (d'une décomposition d'Iwasawa KAN de G) d'une représentation unitaire de G sans sous-représentation banale est quasi-équivalente à une sous-représentation de la représentation régulière de A (voir aussi [Ho] , [Mo] , [She] , [Z]) ; que la représentation banale est isolée dans l'espace $\hat{G}$ des représentations unitaires irréductibles de G (voir aussi [Ka]), ou même dans l'espace $\hat{G}_{ub}$ des représentations uniformément bornées irréductibles de G , quand le rang réel de G est supérieur à un , et que les coefficients des représentations unitaires ou même uniformément bornées sans sous-représentations banales appartiennent à un espace de Lebesgue $L^p(G)$ $(p < \infty)$, où p ne dépend pas de la représentation, toujours quand le rang réel de G est supérieur à un.

1.1.- PRELIMINAIRES : REPRESENTATIONS UNITAIRES

Dans cette section, on rappelle quelques résultats sur les représentations ıitaires. On y fait des emprunts aux thèses de P. Eymard [E] et G. Arsac [A].

Soit G un groupe topologique séparé localement compact. Soient $L^p(G)$ 'espace de Lebesgue par rapport à une mesure de Haar dg de G ; $C_u(G)$ l'espace ːs fonctions bornées uniformément continues sur G ; $C_o(G)$ le sous-espace de $_u(G)$ des fonctions qui tendent vers zéro à l'infini ; et $C_c(G)$ l'espace des ›nctions continues à support compact. Par abus de notation on confond les fonctions : leurs classes d'équivalence dans $L^p(G)$.

Soit π une représentation unitaire de G dans l'espace hilbertien H_π . ı suppose toujours que les représentations sont fortement continues. On écrit $\pi\xi,\eta >$ pour le coefficient $g \longmapsto <\pi(g)\,\xi,\eta>$ $(\xi,\eta \in H_\pi)$, et A_π pour image dans $C_u(G)$ du produit tensoriel projectif $H_\pi \otimes_\gamma H_\pi$ sous l'appli- ıtion linéaire continue J_π , définie par la formule

$$J_\pi : \xi \otimes \eta \longmapsto <\pi\xi,\eta> .$$

ın vérifie que $|<\pi(g)\xi,\eta>| \leqslant \|\xi\|\,\|\eta\|$, donc $J_\pi : H_\pi \otimes_\gamma H_\pi \longrightarrow C_u(G)$ est en définie et continue.)

opérateur $\pi(v)$ dans $\mathcal{L}(H_\pi)$ est donné par la formule suivante :

$$<\pi(v)\xi,\eta> = \int_G dg\ v(g) \quad <\pi(g)\xi,\eta> \qquad (v \in L^1(G)) .$$

ient L_π la C*-algèbre engendrée par $\pi(L^1(G))$, et B_π l'ensemble des ınctions u sur G telles que

$$\left|\int_G dg\ \ v(g)\ u(g)\right| \leqslant C \quad \|\pi(v)\|_{L_\pi} \qquad (v \in L^1(G)) ;$$

La norme $\|u\|_{B_\pi}$ est la valeur minimale de C . On identifie B_π à l'espace dual de L_π : pour $u \in B_\pi$,

$$(u, \pi(v)) = \int_G dg\, v(g)\, u(g) \qquad (v \in L^1(G)) .$$

Ici, on doit remarquer que $L^1(G)$, muni de la convolution, et de l'involution $\sim$:

$$v^\sim(g) = \Delta(g^{-1})\, \bar{v}(g^{-1}) \qquad (v \in L^1(G)) ,$$

est une $*$-algèbre, et que π est une $*$-représentation, donc $\pi(L^1(G))$ est dense dans L_π , et un élément de l'espace dual de L_π est déterminé par sa restriction à $\pi(L^1(G))$.

On rappelle que chaque forme u sur un C^*-algèbre s'exprime comme $a \mapsto \langle\sigma(a)\theta,\zeta\rangle$ $(\theta, \zeta \in H_\sigma$, $\|u\| = \|\theta\|\ \|\zeta\|$) , où σ est une représentation unitaire de l'algèbre, donc, par polarisation, comme la somme $\Sigma_1^4\, i^n u_n$, où u_n est une forme positive. Les fonctions $u \in B_\pi$ sont des formes sur L_π ; la représentation unitaire associée provient d'une représentation unitaire σ de G . Il s'ensuit que chaque fonction dans B_π s'exprime sous la forme $\langle \sigma\xi, \eta \rangle$, pour une représentation unitaire σ de G .

Evidemment, $A_\pi \subsetneq B_\pi$ et $\|u\|_{B_\pi} \leqslant \|u\|_{A_\pi}$. Le noyau de la projection $J_\pi : H_\pi \otimes_\gamma H_\pi \longrightarrow A_\pi$ est l'annulateur de $\{\pi(v) : v \in L^1(G)\}$, donc l'algèbre de von Neumann W_π engendrée par L_π s'identifie au dual de A_π . Si $u \in A_\pi$, il existe $T \in W_\pi$ de norme 1 tel que $Tu = \|u\|_{A_\pi}$; si $\varepsilon > 0$, il existe $v \in L^1(G)$, $\|\pi(v)\|_{L_\pi} = 1$, tel que

$$\left|\int_B dg\, v(g)\, u(g)\right| \geqslant \|u\|_{A_\pi} - \varepsilon ,$$

d'après le théorème de densité de Kaplansky ; donc

$$\|u\|_{A_\pi} = \|u\|_{B_\pi} .$$

ailleurs, A_π est dense dans B_π dans la topologie de dualité $\sigma(B_\pi, L_\pi)$; s'ensuit que B_π est l'ensemble des fonctions u sur G , limites faibles s suites (u_j) de fonctions de A_π , avec $\|u_j\|_{A_\pi} \leqslant \|u\|_{B_\pi}$.

Soit ω la représentation unitaire universelle de G , somme de "toutes" les présentations unitaires de G . Parce que $\|\pi(v)\|_{L_\pi} \leqslant \|\pi(v)\|_{L_\omega}$ $(v \in L^1(G))$, existe une projection de l'algèbre L_ω dans l'algèbre L_π , d'où $B_\pi \subseteq B_\omega$ et $u\|_{B_\pi} = \|u\|_{B_\omega}$ (voir Eymard [E]). On écrit B(G) pour B_ω , et $\|u\|_B$ lieu de $\|u\|_{B_\pi}$ et $\|u\|_{A_\pi}$.

MME 1.1.1.- Soit π une représentation unitaire du groupe G . Une fonction u r G est un élément de B_π de norme C si et seulement s'il existe une suite $_j)$, $u_j \in A_\pi$, $\|u_j\|_B \leqslant C$, qui converge vers u uniformément sur les mpacts. De plus, si u est une fonction positive définie, il existe une telle ite de fonctions positives définies.

euve.- L'implication "si" est banale.

On suppose que $u \in B_\pi$. Soit (u_j) une suite de fonctions dans A_π , $u_j\|_{B_\pi} \leqslant \|u\|_B$, qui converge faiblement vers u . Soient (V_k) une base pour topologie de G en l'identité e , et (v_k) une suite de fonctions dans (G) , $v_k \geqslant 0$, $\|v\|_1 = 1$, subordonnée à (v_k) . La suite (v_k) est une identité prochée.

On montre facilement que

$$v_k * \langle \pi\xi,\eta \rangle = \langle \pi\xi, \pi(v_k)\eta \rangle ,$$

nc A_π est un module sur $L^1(G)$, et

$$\|v_k * u_j\|_B \leqslant \|u\|_B .$$

plus, parce que π est une représentation fortement continue,

$$\lim_k \quad \|\pi(v_k)\eta - \eta\| = 0$$

donc
$$\lim_k \quad \|v_k * u_j - u_j\|_B = 0 \ .$$

D'ailleurs, en écrivant $u = < \sigma\theta, \zeta >$, on montre que

$$\lim_k \|v_k * u - u\|_B = 0$$

de la même manière. Donc il suffirait de démontrer que

$$\lim_j \; v_k * u_j = v_k * u \quad ,$$

uniformément sur les compacts, pour établir l'implication "seulement si" . On évite cette démonstration fâcheuse en remarquant que les fonctions $v_k * u_j$ et $v_k * u$ sont uniformément continues à gauche (k fixé) ; une suite de telles fonctions qui converge faiblement converge aussi uniformément sur les compacts.

Il ne reste qu'à discuter le cas où u est une fonction positive définie. Une telle fonction nous donne une forme positive sur l'algèbre L_π , donc elle s'exprime sous la forme $< \sigma\theta, \theta >$, où σ est une représentation unitaire de G. On note que

$$\|\theta\|^2 = < \sigma(e)\theta, \theta > \leqslant \|< \sigma\theta, \theta >\|_\infty \leqslant \|< \sigma\theta, \theta >\|_B \leqslant \|\theta\|^2 \quad ,$$

donc $u(e) = \|u\|_B$. On a besoin de la notation suivante : pour $u \in C_u(G)$,

$$\bar{u}^v(g) = \bar{u}(g^{-1}) \ .$$

On voit que $\overline{< \pi\xi, \eta >}^v = < \pi\eta, \xi >$, d'où $u = \bar{u}^v$ si u est positive définie.

Soit $u \in B_\pi$ une fonction positive définie, et soit (u_j) une suite, $u_j \in A_\pi$, $\|u_j\|_B \leqslant \|u\|_B$, qui converge vers u uniformément sur les compacts. Alors $(1/2\,[\bar{u}_j^v + u_j])$ converge de la même manière. Soit $\varepsilon > 0$. Par définition de A_π , on peut choisir ξ_n^j et η_n^j tels que $\|\xi_n^j\| = \|\eta_n^j\|$,

et
$$u_j = \Sigma_1^\infty < \pi\xi_n^j , \eta_n^j >$$

$$\Sigma_1^\infty \|\xi_n^j\| \; \|\eta_n^j\| \leqslant \|u\|_B + \varepsilon = u(e) + \varepsilon \ .$$

r polarisation,

$$2\,(\langle\pi\xi,\eta\rangle^{-v} + \langle\pi\xi,\eta\rangle) = 1/4\,(\langle\pi[\xi+\eta]\,,\,[\xi+\eta]\rangle - \langle\pi[\xi-\eta]\,,\,[\xi-\eta]\rangle \;.$$

ors $\qquad 1/2(\bar{u}_j^{v} + u_j) = u_{j\varepsilon}^{+} - u_{j\varepsilon}^{-}$, où

$$u_{j\varepsilon}^{+} = 1/4\,\Sigma_1^{\infty} \langle\pi[\xi_n^j + \eta_n^j]\,,\,[\xi_n^j + \eta_n^j]\rangle$$

$$u_{j\varepsilon}^{-} = 1/4\,\Sigma_1^{\infty} \langle\pi[\xi_n^j - \eta_n^j]\,,\,[\xi_n^j - \eta_n^j]\rangle \;.$$

s fonctions $u_{j\varepsilon}^{+}$ et $u_{j\varepsilon}^{-}$ sont positives définies, et

$$u_{j\varepsilon}^{+}(e) = \|u_{j\varepsilon}^{+}\|_B = 1/4\,\Sigma_1^{\infty}\,\|\xi_n^j + \eta_n^j\|^2$$

:

$$u_{j\varepsilon}^{-}(e) = \|u_{j\varepsilon}^{-}\|_B = 1/4\,\Sigma_1^{\infty}\,\|\xi_n^j - \eta_n^j\|^2 \;.$$

l en résulte que

$$(u_{j\varepsilon}^{+} + u_{j\varepsilon}^{-})(e) \leqslant 1/2\,\Sigma_1^{\infty}\,\|\xi_n^j\|^2 + \|\eta_n^j\|^2$$

$$= \Sigma_1^{\infty}\,\|\xi_n^j\|^2$$

$$\leqslant u(e) + \varepsilon \quad ;$$

e plus, on sait que

$$\lim_j (u_{j\varepsilon}^{+} - u_{j\varepsilon}^{-})(e) = u(e) \;.$$

n conclut que $\lim_{j,\varepsilon} u_{j,\varepsilon}^{-}(e) = 0$, et que la suite $([\,\|u\|_B / \|u_j^{+}\|_B]\,u_{j\varepsilon}^{+})$ la propriété cherchée.

Presque toute l'information sur les représentations unitaires de G est ontenue dans les espaces A_π et B_π . Par exemple, si π et σ sont des repréentations unitaires irréductibles de G , alors elles sont équivalentes unitaiement si et seulement si $A_\pi = A_\sigma$.
e plus, σ contient faiblement π (au sens de J.M.G. Fell [F]) si et seulement

si $B_\pi \subsetneq B_\sigma$. On remarque que, si $\pi(L^1(G))$ est un sous -espace de l'espace des opérateurs compacts, alors $A_\pi = B_\pi$. R. Howe [Ho] a démontré que $J_\pi : H_\pi \otimes_\gamma H_\pi \longrightarrow A_\pi$ est injectif si et seulement si π est irréductible

Soit σ une représentation unitaire de G . On écrit $\hat{G}_\sigma$ pour l'ensemble des (classes d'équivalence des) représentations unitaires irréductibles faiblement contenues dans σ .

LEMME 1.1.2.- Soit π une représentation unitaire de G , et soit σ la somme hilbertienne des $\tau \in \hat{G}_\pi$. Alors π et σ sont faiblement équivalentes.

Preuve.- Si π contient faiblement τ , alors $A_\tau \subseteq B_\tau \subseteq B_\pi$. On vérifie facilement que, si $\{\tau\}$ est un ensemble de représentations et σ leur somme hilbertienne, alors $u \in A_\sigma$ si et seulement si u s'exprime sous la forme

$$u = \Sigma\, u_\tau$$

où $u_\tau \in A_\tau$, et

$$\|u\|_B = \Sigma \|u_\tau\|_B .$$

Il en résulte que, si σ est la somme hilbertienne des τ , représentation irréductibles faiblement contenues dans π , alors $A_\sigma \subseteq B_\pi$, d'où $B_\sigma \subseteq B_\pi$.

D'autre part, soit $\langle \rho\xi,\xi \rangle \in B_\pi$. D'après Gelfand et Naimark, cette forme sur l'algèbre L_π est la limite faible d'une suite de combinaisons convex de formes $\langle \tau\zeta,\zeta \rangle$, où τ est une représentation irréductible de L_π . Un tel τ induit une représentation irréductible de G , qui est dans $\hat{G}_\pi$ parce que $\langle \tau\zeta,\zeta \rangle \in L'_\pi = B_\pi$. On conclut que $B_\pi \subseteq B_\sigma$.

Maintenant, on a l'information pour définir une topologie sur l'espace $\bar{G}$ des représentations unitaires de G , et pour analyser les représentations. Soit $\{\tau\}$ un ensemble de représentations unitaires de G . On dit que π est un poi d'adhérence de $\{\tau\}$ si $B_\pi \subseteq B_\sigma$, où σ est la somme hilbertienne des τ

est facile de vérifier que cette définition nous donne une définition valide ensemble fermé, donc nous donne une topologie, celle de Fell. On remarque que, G_o est un sous-groupe fermé de G, et π est un point d'adhérence de $\{\tau\}$, ors $\pi|_{G_o}$ est un point d'adhérence de $\{\tau|_{G_o}\}$.

Maintenant, on discute les représentations dont les coefficients sont dans espace $L^p(G)$. D'après Kunze et Stein [KS], on montre que, si $<\pi\xi,\eta> \in L^p(G)$ ur tous $\xi,\eta \in H_\pi$, alors il existe C tel que

$$\| <\pi\xi,\eta> \|_p \leqslant C \|\xi\| \|\eta\| ,$$

qui implique que $\|u\|_p \leqslant C\|u\|_B$ pour $u \in A_\pi$, donc $\|\pi(v)\|_{L_\pi} \leqslant C\|v\|_{p'}$ ur $v \in L^1(G)$, donc $\|u\|_p \leqslant C \|u\|_B$ pour $u \in B_\pi$.

MME 1.1.3.- Soit π une représentation unitaire du groupe G. Les conditions ivantes sont équivalentes :

(a) $\|u\|_p \leqslant C\|u\|_B$ pour $u \in A_\pi$;

(b) $\|u\|_p \leqslant C\|u\|_B$ pour $u \in A_\tau$, $\tau \in \hat{G}_\pi$.

euve.- Si $\|u\|_p \leqslant C\|u\|_B$ pour $u \in A_\pi$, alors la même inégalité vaut pour $\in B_\pi$, donc pour $u \in A_\tau$, $\tau \in \hat{G}_\pi$ (Lemme 1.1.2). D'autre part, si $u\|_p \leqslant C\|u\|_B$ pour $u \in A_\tau$, $\tau \in \hat{G}_\pi$, alors $\|u\|_p \leqslant C\|u\|_B$ pour $\in A_\sigma$, où $\sigma = \Sigma^{\oplus}_{\tau \in \hat{G}_\pi} \tau$, donc pour $u \in B_\sigma \supseteq A_\pi$.

Enfin on appelle $A(G)$ l'adhérence de $B(G) \cap C_c(G)$ dans $B(G)$. On sait e $A(G) = A_\lambda$, où λ est la représentation régulière à gauche sur $L^2(G)$. ur les groupes de Lie semi-simples à centre fini, on sait que $A(G) \subseteq L^{2+\varepsilon}(G)$ ur chaque $\varepsilon > 0$ ([C]). Ceci implique qu'une représentation irréductible itaire π d'un tel groupe avec un coefficient dans $L^p(G)$ a tous les coeffi- ents dans $L^p(G)$, où $q \leqslant p+2$ ([C]). On reviendra sur ce problème dans § 3.1.

LEMME 1.1.4.- Soit G un groupe de Lie, connexe, semi-simple, à centre fini. Si π est une représentation unitaire de G, faiblement contenue dans la représentation régulière, alors, quel que soit $\varepsilon > 0$,

$$A_\pi \subseteq L^{2+\varepsilon}(G) \quad .$$

Preuve.- On sait que $A_\pi \subseteq B_\lambda$, et que $B_\lambda \subseteq L^{2+\varepsilon}(G)$ parce que $A_\lambda \subseteq L^{2+\varepsilon}(G$

§ 1.2.- SUR LES REPRESENTATIONS UNIFORMEMENT BORNEES

On rappelle qu'une représentation $\pi : G \to \mathcal{L}(H)$ s'appelle uniformément bornée si

$$\sup \{\|\pi(g)\|_{op} : g \in G\} < \infty \quad .$$

Il est difficile de généraliser la théorie des représentations unitaires aux représentations uniformément bornées. Néanmoins, on peut employer quelques techniques, qu'on discute dans cette section.

On dit que les représentations uniformément bornées (u.b.) π et σ sont équivalentes s'il existe un opérateur $L : H_\pi \to H_\sigma$ d'entrelacement, c'est-à-dire, L est un opérateur continu, à inverse continu, tel que

$$L\ \pi(g) = \sigma(g)\ L \qquad\qquad g \in G \quad .$$

On note $\|\pi\| = \mathrm{Sup}\ \{\|\pi(g)\| : g \in G\}$ et $|||L||| = \max\ \{\|L\|\ ,\ \|L^{-1}\|\}$. On sait que deux représentations unitaires équivalentes sont équivalentes unitairement.

On suppose que G est un groupe moyennable (voir Greenleaf [Gr]). Chaque représentation u.b. de G est équivalente à une représentation unitaire : soit M une moyenne invariante, et soit π une représentation u.b. Alors $\pi(g)^*\ \pi(g)$ est un opérateur inversible positif, et $M(\pi(g)^*\ \pi(g))$ est un opérateur inversible positif :

$$.2.1) \qquad \frac{1}{\|\pi\|^2} = \inf\{<\pi(g)^*\,\pi(g)\xi,\xi> \quad : g \in G\}$$
$$\leqslant \quad M(<\pi(g)^*\,\pi(g)\xi,\xi>)$$
$$= \quad <M(\pi(g)^*\,\pi(g))\xi,\xi>$$
$$\leqslant \quad \sup\{<\pi(g)^*\,\pi(g)\xi,\xi> \quad : g \in G\} = \|\pi\|^2 .$$

opérateur $L = M(\pi(g)^*\,\pi(g))^{1/2}$ existe, est positif, et $|||L||| \leqslant \|\pi\|$.
plus, $L\ \pi\ L^{-1}$ est une représentation unitaire.

On employera l'idée d'une représentation induite. Soit τ une représentation b. d'un groupe G_o , sous-groupe fermé d'un groupe séparable G . D'après Mackey [Ma] , on peut trouver une section borélienne s de G/G_o dans G , est-à-dire une application borélienne de G/G_o dans G telle que $gG_o)\ G_o = gG_o$, et une mesure μ quasi-invariante sur G/G_o , c'est-à-dire une sure borélienne μ sur G/G_o telle que μ et $\mu \circ g$ $(\mu \circ g(E) = \mu(gE))$ aient s mêmes ensembles négligeables.

On définit la s-réalisation π_s de la représentation de G induite de τ r la formule suivante :

$$[\pi_s(g)\xi]\,(g'G_o)$$
$$\left[\frac{d\mu\circ g^{-1}}{d\mu}\right]^{1/2}(g'G_o)\quad \tau([g^{-1}s(g'G_o)]^{-1}\ s\,[g^{-1}\ s(g'G_o)G_o])\quad \xi(g^{-1}g'\ G_o)\ ,$$

$\xi \in L^2(G/H,\ \mu\ ;\ H_\tau)$. Cette représentation est uniformement bornée, et $\|\pi_s\| = \|\tau\|$. Si τ et τ' sont des représentations u.b. équivalentes de H , s s-réalisations des représentations induites de τ et de τ' sont équivalentes. plus, si s et s' sont des sections boréliennes différentes, il existe un érateur L d'entrelacement entre π_s et $\pi_{s'}$, de norme $(|||L|||) \leqslant \|\tau\|$:

$$L\ \xi(gG_o) = \tau(s'(gG_o)\ s(gG_o)^{-1})\ \xi(gG_o)\ .$$

Finalement, si μ et μ' sont des mesures quasi-invariantes différentes, les présentations induites obtenues sont équivalentes unitairement.

On veut définir une topologie sur l'espace $\bar{G}_{ub}$ des (classes d'équivalence des) représentations u.b. du groupe G . Pour que la définition soit utile, on veut que cette topologie, restreinte à $\bar{G}$, l'espace des représentations unitaires de G , soit celle de $\bar{G}$. On veut que, si π est un point d'adhérence de et G_o un sous-groupe fermé de G , alors $\pi|_{G_o}$ soit un point d'adhérence de $\{\tau|_{G_o}\}$.

Si σ et τ sont des représentations u.b. équivalentes de G , alors $\sigma|_{G_o}$ et $\tau|_{G_o}$ sont équivalentes, et l'une est équivalente à une représentation unitaire si et seulement si l'autre l'est, et dans ce cas, les représentations unitaires sont équivalentes unitairement. On appelle G_o-fermé un ensemble $\{\tau\}$ des représentations u.b. de G si chaque $\tau|_{G_o}$ est équivalente à une représentation unitair si l'ensemble $\{\tau|_{G_o}\}$ des représentations unitaires de G_o est fermé, et si $\pi \in \bar{G}_{ub}$, $\pi|_{G_o} \in \{\tau|_{G_o}\}$ implique que $\pi \in \{\tau\}$. La topologie faible de $\bar{G}_{ub}$ est la topologie la plus faible telle que chaque G_o-fermé soit un fermé, quel que soit le sous-groupe fermé G_o .

Le théorème suivant généralise des résultats de J.M.G. Fell [F] , C.S. Herz [He et J.E. Gilbert [Gi] .

THEOREME 1.2.1.- Soit π une sous-représentation de la représentation régulière d'un groupe G , et soit σ une représentation u.b. de G . Alors tous les coefficients de $\pi \otimes \sigma$ sont des éléments de $A(G)$, et

$$\|\langle\pi \otimes \sigma\, \underline{\xi}, \underline{\eta}\rangle\|_{B} \leqslant \|\sigma\|^2 \, \|\underline{\xi}\| \, \|\underline{\eta}\| .$$

<u>Démonstration</u>.- Il suffit de discuter le cas où π est la représentation régulière λ . On identifie $H_{\lambda\otimes\sigma}$ à $L^2(G; H_\sigma)$, et l'action de G sur cet espace est donnée par la formule :

$$[\lambda \otimes \sigma(g)\, \underline{\xi}\,](g') = \sigma(g)\,[\,\underline{\xi}(g^{-1}g')] .$$

On note $L^2(G) \otimes H_\sigma$ le sous-espace dense de $L^2(G ; H_\sigma)$ des combinaisons néaires finies des fonctions $u \otimes \zeta : g \mapsto u(g)\zeta$, où $\zeta \in H_\sigma$, $u \in L^2(G)$. it (e_n) une base orthonormale de H_σ. On vérifie que les fonctions $: g \mapsto \langle \sigma(g^{-1}) \underline{\xi}(g), e_n \rangle$ et $w_n : g \to \langle e_n, \sigma(g)^* \underline{\eta}(g) \rangle$ sont dans $L^2(G)$, moins si $\underline{\xi}$ et $\underline{\eta} \in L^2(G) \otimes H_\sigma$.

On suppose que $\underline{\xi}, \underline{\eta} \in L^2(G) \otimes H_\sigma$. Alors

$$\langle \lambda \otimes \sigma(g) \underline{\xi}, \underline{\eta} \rangle$$

$$= \int_G dg' \langle \sigma(g) \underline{\xi}(g^{-1}g'), \underline{\eta}(g') \rangle$$

$$= \int_G dg' \langle \sigma(g') \sigma(g'^{-1}g) \underline{\xi}(g^{-1}g'), \underline{\eta}(g') \rangle$$

$$= \int_G dg' \langle \sigma(g'^{-1}g) \underline{\xi}(g^{-1}g'), \sigma(g')^* \underline{\eta}(g') \rangle$$

$$= \int_G dg' \; \Sigma_n \langle \sigma(g'^{-1}g) \underline{\xi}(g^{-1}g'), e_n \rangle \langle e_n, \sigma(g')^* \underline{\eta}(g') \rangle$$

$$= \int_G dg' \; \Sigma_n \; v_n(g^{-1}g') \, w_n(g') \,.$$

$\int_G dg' \, \Sigma_n |v_n(g^{-1}g') w_n(g')| < \infty$, on peut changer l'ordre de l'intégrale de la sommation, et on obtient

$$\langle \lambda \otimes \sigma(g) \underline{\xi}, \underline{\eta} \rangle$$

$$= \Sigma_n \int_G dg' \; v_n(g^{-1}g') \, w_n(g')$$

$$= \Sigma_n \langle \lambda(g) v_n, w_n \rangle \,.$$

Parce que $v_n, w_n \in L^2(G)$, $\langle \lambda v_n, w_n \rangle \in A(G)$, et

$$\| \langle \lambda v_n, w_n \rangle \|_B \leq \|v_n\|_2 \, \|w_n\|_2 \,.$$

D'ailleurs,

$$\Sigma_n \int dg' \; |v_n(g^{-1}g') \, w_n(g')|$$

$$\leq \Sigma_n \|v_n\|_2 \, \|w_n\|_2 \,.$$

On montrera que $\Sigma_n \|v_n\|_2 \, \|w_n\|_2 \leq \|\tau\|^2 \, \|\underline{\xi}\| \, \|\underline{\eta}\|$. Il en résultera que $<\lambda \otimes \sigma(g)\, \underline{\xi}\, , \underline{\eta}> = \Sigma_n <\lambda(g)v_n, w_n>$, et que $\Sigma_n <\lambda v_n, w_n>$ converge dans $A(G)$, et $\|\Sigma_n <\lambda v_n, w_n>\|_B \leq \|\tau\|^2 \|\underline{\xi}\| \|\underline{\eta}\|$. De la formule ponctuelle, on déduit que

$$<\lambda \otimes \sigma\ \underline{\xi}\, , \underline{\eta}> = \Sigma_n <\lambda v_n, w_n> ,$$

d'où $<\lambda \otimes \sigma\, \underline{\xi}\, , \underline{\eta}> \in A(G)$ et

$$\| <\lambda \otimes \sigma\ \underline{\xi}\, , \underline{\eta}> \|_B \leqslant \|\tau\|^2 \|\underline{\xi}\| \|\underline{\eta}\| .$$

Le théorème s'en déduira, par la continuité de l'application $H_{\lambda\otimes\sigma} \times H_{\lambda\otimes\sigma} \to C_u(($ qui transforme $(\underline{\xi}\, , \underline{\eta})$ en $<\lambda \otimes \sigma\, \underline{\xi}\, , \underline{\eta}>$.

On finit la démonstration :

$$\Sigma_n \|v_n\|_2 \|w_n\|_2$$

$$\leqslant [\Sigma_n \|v_n\|_2^2]^{1/2} [\Sigma_n \|w_n\|_2^2]^{1/2}$$

$$= [\int_G dg\, \Sigma_n |<\sigma(g^{-1})\, \underline{\xi}(g), e_n>|^2]^{1/2} [\int_G dg\, \Sigma_n |<e_n, \sigma(g)^* \underline{\eta}(g)>|^2]^{1/2}$$

$$= [\int_G dg\, \|\sigma(g^{-1})\, \underline{\xi}(g)\|^2]^{1/2} [\int_G dg\, \|\sigma(g)^* \underline{\eta}(g)\|^2]^{1/2}$$

$$\leqslant \|\sigma\|^2 [\int_G dg\, \|\underline{\xi}(g)\|^2]^{1/2} [\int_G dg\, \|\underline{\eta}(g)\|^2]^{1/2}$$

$$= \|\sigma\|^2 \|\underline{\xi}\| \|\underline{\eta}\| ,$$

c.q.f.d.

Ce théorème a un corollaire intéressant. Soit $B_2(G)$ l'espace des multiplicateurs ponctuels de $A(G)$, muni de la norme d'opérateurs. Si G est moyennable, $B_2(G) = B(G)$; en général, $B(G) \subseteq B_2(G)$.

COROLLAIRE 1.2.2.- Soit σ une représentation u.b. du groupe G , et soient $\theta, \zeta \in H_\sigma$. Alors le coefficient $<\sigma\theta, \zeta> \in B_2(G)$, et $\|<\sigma\theta, \zeta>\|_{B_2} \leq \|\sigma\|^2 \|\theta\| \|\zeta\|$.

Le corollaire permet les définitions suivantes. Si σ est une représentation u.b. du groupe G , A^σ est l'adhérence du sous-espace de $B_2(G)$ engendré par les coefficients de σ ; B^σ est l'espace des fonctions $\in B_2(G)$, limites faibles des suites (u_j) , où $u_j \in A$ et $\|u_j\|_{B_2} \leq C$. Si $\{\sigma\}$ est un ensemble de représentations u.b. de G , $A^{\{\sigma\}}$ est le sous-espace de $B_2(G)$ engendré par les A^σ , $\sigma \in \{\sigma\}$, et $B^{\{\sigma\}}$ son adhérence faible. On définit la topologie forte de $\bar{G}_{ub}$: π est un point d'adhérence de $\{\sigma\}$ si $B^\pi \subseteq B^{\{\sigma\}}$. On voit facilement que cette topologie est plus forte que la topologie faible.

On peut même analyser les représentations. Soit π une représentation u.b. du groupe G , et soit $\{\sigma\}$ un fermé de la topologie forte. On définit un sous-espace $H^{\{\sigma\}}$ de H_π : $\xi \in H^{\{\sigma\}}$ si $<\pi\xi, \eta> \in B^{\{\sigma\}}$ pour chaque $\eta \in H_\pi$. Soit $P^{\{\sigma\}}$ la projection orthogonale de H_π sur $H_{\{\sigma\}}$. Si G est moyennable, et du type I, ces projections sont celles de la théorie de l'intégration des représentations. En général, on a une mesure des composants d'une représentation. On reviendra sur cette idée.

§ 2.1.- PRELIMINAIRES SUR LES GROUPES DE LIE SEMI-SIMPLES

Si G est un groupe de Lie, on identifie son algèbre de Lie $\underline{G}$ à l'espace des champs vectoriels sur G invariants à gauche. Si H est un sous-groupe analytique de G, on écrit $\underline{H}$ pour la sous-algèbre de $\underline{G}$ correspondante, et $\mathfrak{U}(\underline{H})$ pour son algèbre enveloppante, espace des opérateurs différentiels invariants à gauche.

Soit G un groupe de Lie semi-simple, connexe, de centre fini (GLSS). Soient KAN une décomposition d'Iwasawa de G, θ l'involution de Cartan, $\underline{A}^+$ la chambre de Weyl positive, $\Sigma(\Sigma^+)$ l'ensemble des racines restreintes (positives), $\underline{G}_\alpha$ l'espace de la racine α, dg, dk, etc, les mesures de Haar de G, K, etc, et

$$\rho(\underline{a}) = \frac{1}{2} \operatorname{tr} [\operatorname{ad}(\underline{a})|_{\underline{N}}] \qquad \underline{a} \in \underline{A} .$$

On note ω la fonction sur A^+ définie par la formule suivante :

$$\omega(\exp(\underline{a})) = \prod_{\alpha \in \Sigma^+} \sinh \, (\alpha(\underline{a}))^{d(\alpha)} \qquad \underline{a} \in \underline{A}^+ ,$$

où $d(\alpha)$ est la dimension $d(\underline{G}_\alpha)$ de $\underline{G}_\alpha$. On suppose que

$$\int_K dk = 1$$

et

$$\int_G dg \, u(g) = \int_K dk \int_{A^+} da \int_K dk' \;\; \omega(a) \, u(kak') ,$$

pour $u \in L^1(G)$. On écrit $V = \theta N$; M est le centralisateur de A dans K.

Soit $\{\alpha,\ldots,\gamma\}$ un sous-ensemble de Σ. On écrit $\underline{G}^{\alpha,\ldots,\gamma}$ pour la sous-algèbre de $\underline{G}$ engendrée par les espaces $\underline{G}_\alpha$, $\theta\underline{G}_\alpha$, ..., $\underline{G}_\gamma$, $\theta\underline{G}_\gamma$. Les composantes d'une décomposition d'Iwasawa du groupe réductif $G^{\alpha,\ldots,\gamma}$ engendré par $\exp(\underline{G}^{\alpha,\ldots,\gamma})$ sont $K \cap G^{\alpha,\ldots,\gamma} = K^{\alpha,\ldots,\gamma}$, $A \cap G^{\alpha,\ldots,\gamma} = A^{\alpha,\ldots,\gamma}$, et $N \cap G^{\alpha,\ldots,\gamma} = N^{\alpha,\ldots,\gamma}$. Soit $\underline{A}^{\alpha,\ldots,\gamma}_{\perp}$ le sous-espace de $\underline{A}$ des éléments $\underline{a}$ tels que $\alpha(\underline{a}) = \ldots = \gamma(\underline{a}) = 0$. Les éléments de $A^{\alpha,\ldots,\gamma}_{\perp}$ commutent avec ceux de $G^{\alpha,\ldots,\gamma}$.

On étudie les représentations π , unitaires ou uniformément bornées (u.b.) de G . On suppose toujours que H_π est séparable, et que $\pi|_K$ est unitaire.

Les deux lemmes suivants, dûs à Gelfand, sont bien connus. On appelle GLS un groupe de Lie simple, connexe, à centre fini.

LEMME 2.1.1.- Soit G' un GLS localement isomorphe à $SL(2, \mathbb{R})$. Alors, quel que soit le voisinage U' de l'identité e dans K' ,

$$M'A' \subseteq (N' M' U' N')^- .$$

Preuve.- Soient G le groupe $SL(2, \mathbb{R})$ et N le sous-groupe $\begin{pmatrix} 1 & \mathbb{R} \\ 0 & 1 \end{pmatrix}$. On sait que

$$\begin{pmatrix} a & b \\ c & d \end{pmatrix} / N \mapsto \begin{pmatrix} a & b \\ c & d \end{pmatrix} \begin{pmatrix} 1 \\ 0 \end{pmatrix}$$

identifie G/N à $\mathbb{R}^2 \setminus \{0\}$, et que $N\begin{pmatrix} \cos\theta & \sin\theta \\ -\sin\theta & \cos\theta \end{pmatrix} N/N$ et MAN/N s'identifient aux ensembles

$$\begin{pmatrix} \mathbb{R} \\ -\sin\theta \end{pmatrix} \qquad \text{et} \qquad \begin{pmatrix} \mathbb{R}\setminus\{0\} \\ 0 \end{pmatrix}$$

$(\sin\theta \neq 0)$. Le lemme en résulte immédiatement pour $SL(2, \mathbb{R})$. En général, on passe à $PSL(2, \mathbb{R})$ et puis à G' , revêtement de $PSL(2, \mathbb{R})$.

LEMME 2.1.2.- Soit π une représentation u.b. du GLS G . On suppose que $\xi \in H_\pi \setminus \{0\}$, que $\underline{n} \in \underline{G}_{-\alpha} \setminus \{0\}$, et que

$$\pi(\exp(\mathbb{R}\,\underline{n}))\,\xi = \{\xi\} .$$

Alors $\pi(G)\xi = \{\xi\}$.

Preuve.- Il y a deux pas fondamentaux :

Pas (a). On suppose qu'il existe $\underline{n} \in \underline{G}_{-\alpha} \setminus \{0\}$ tel que

$$\pi(\exp(\mathbb{R}\,\underline{n}))\,\xi = \{\xi\} .$$

Alors $[\underline{n}, \theta\underline{n}] \in \underline{A}$, et $\pi(\exp(\mathbb{R}\,[\underline{n}, \theta\underline{n}]))\,\xi = \{\xi\}$.

Pas (b). On suppose qu'il existe $\underline{a} \in \underline{A}$ tel que

$$\pi(\exp(\mathbb{R}\,\underline{a}))\,\xi = \{\xi\} \quad .$$

Si $\underline{n}' \in \underline{G}_{\beta}$ et $[\underline{a}, \underline{n}'] \neq 0$, alors

$$\pi(\exp(\mathbb{R}\,\underline{n}'))\,\xi = \{\xi\} \quad .$$

On montre comment le lemme résulte des deux pas, puis on les démontre. Si $\underline{n} \in \underline{G}_{\alpha} \setminus \{0\}$ et $\pi(\exp(\mathbb{R}\,\underline{n}))\,\xi = \{\xi\}$, alors $\pi(\exp(\mathbb{R}[\underline{n}, \theta\underline{n}]))\,\xi = \{\xi\}$. On choisit une racine β , indépendante de α , mais pas orthogonale à α . Alors, si $\underline{n}' \in \underline{G}_{\beta}$, $0 \neq \underline{n}'$, $[[\underline{n}, \theta\underline{n}], \underline{n}'] \neq 0$ et $[\underline{n}', \theta\underline{n}'] \notin \mathbb{R}[\underline{n}, \theta\underline{n}]$. Le pas (b) implique que $\pi(\exp(\mathbb{R}\,\underline{n}'))\,\xi = \{\xi\}$, puis le pas (a) implique que $\pi(\exp(\mathbb{R}[\underline{n}', \theta\underline{n}']))\,\xi = \{\xi\}$. On continue inductivement, en choisissant des racin indépendantes, mais pas orthogonales à celles déjà choisies. Après r applications du pas (a) et r-1 du pas (b) , où r est le rang réel de G , on démontre que $\pi(A)\,\xi = \{\xi\}$. En appliquant le pas (b) , on démontre que $\pi(\exp(\mathbb{R}\,\underline{n}''))\,\xi = \{\xi\}$ pour $\underline{n}'' \in \underline{G}_{\gamma}$, quel que soit γ . Il en résulte que $\pi(N)\,\xi = \{\xi\}$ et que $\pi(\theta N)\,\xi = \{\xi\}$. Les groupes N et θN engendrent G , d'où le lemme.

Démonstration du pas (a).- Soit G' le sous-groupe de G dont l'algèbre de Lie est engendrée par $\underline{n}$ et $\theta\underline{n}$; G' est localement isomorphe à $SL(2, \mathbb{R})$. On note K', A' et N' ses sous-groupes $K \cap G'$, $A \cap G'$ et $N \cap G'$. Alors K' A' N' est une décomposition d'Iwasawa de G' . Soit M' le centre de G' .

Parce que M' A' N' est moyennable, il existe un opérateur $J : H_{\pi} \to H_{\pi}$ tel que $J\,\pi\,J^{-1}|_{M'A'N'}$ est unitaire (§ 1.2) , ce qui implique que

$$< J\,\pi\,J^{-1}(n'\,k\,n)\,J\,\xi,\ J\,\xi > \;=\; < J\,\pi\,J^{-1}(k)\,J\,\xi,\ J\xi >$$

$(n, n' \in N', k \in K')$. D'après le lemme précédent, si $a \in A'$, il y a $m \in M'$ et des suites (n_j) (n'_j) (k_j) , où $n_j, n'_j \in N'$ et $k_j \in K'$, tels que

$$n_j\,k_j\,n'_j \underset{j}{\to} a$$

$$k_j \underset{j}{\to} m \quad .$$

Parce que $g \to \langle \pi(g) J\xi, J\xi \rangle$ est continu,

$$\langle J \pi J^{-1}(a) J\xi, J\xi\rangle = \langle J \pi J^{-1}(m) J\xi, J\xi\rangle \quad .$$

La fonction continue $a \mapsto \langle J \pi J^{-1}(a) J\xi, J\xi\rangle$ prend seulement des valeurs $\{ \langle J \pi J^{-1}(m) J\xi, J\xi\rangle : m \in M' \}$, donc

$$\langle J \pi J^{-1}(a) J\xi, J\xi\rangle = \langle J \pi J^{-1}(e) J\xi, J\xi\rangle = \langle J\xi, J\xi\rangle \quad .$$

Parce que $J \pi J^{-1}(a)$ est unitaire,

$$J \pi J^{-1}(a) J\xi = J\xi$$

est-à-dire

$$\pi(a)\, \xi = \xi \,, \qquad a \in A' \quad .$$

monstration du pas (b).- Soit $\underline{a} \in \underline{A}$ tel que $\pi(\exp(\mathbb{R}\, \underline{a}))\, \xi = \{\xi\}$, et soit $\in \underline{N}_\beta$ tel que $[\underline{a}, \underline{n}] \neq 0$. Le sous-groupe G' de G dont l'algèbre de Lie t $\mathbb{R}\underline{a} + \mathbb{R}\underline{n}'$ est le groupe résoluble "ax + b" . Il existe $J \in \mathcal{L}(H_\pi)$ tel e $J \pi J^{-1}|_{G'}$ est unitaire. La seule représentation unitaire irréductible π' groupe G' pour laquelle π' $(\exp(\mathbb{R}\, \underline{a}))$ ait un vecteur fixé non trivial t la représentation triviale. On en déduit que

$$J \pi J^{-1}(G') J\xi = \{J\xi\} \quad ,$$

est-à-dire

$$\pi(\exp(\mathbb{R}\, \underline{n}'))\, \xi = \{\xi\} \quad .$$

ROLLAIRE 2.1.3.- Soit π une représentation u.b. d'un GLS G . Alors $= H_1 \oplus H_2$, où $\pi|_{H_1}$ est triviale et $\pi|_{H_2}$ ne contient aucune sous-représentation triviale.

uve.- Soit $J \in \mathcal{L}(H_\pi)$ tel que $J \pi J^{-1}|_N$ soit unitaire. Soit H_1' l'espace s vecteurs fixés par $J \pi J^{-1}(G)$, et soit H_2' son complément orthogonal. Evidemt H_1' est $J \pi J^{-1}(G)$ - invariant ; on veut montrer que H_2' l'est aussi.

Soient $\xi \in H_2'$, $\eta \in H_1'$. Alors, quel que soit $g \in G$,

$$<J\,\pi\,J^{-1}(g)\,\xi,\eta> \; = \; <\xi,\, J\,\pi\,J^{-1}(g)^*\,\eta> \; .$$

On considère la représentation u.b. $g \mapsto J\,\pi\,J^{-1}(g^{-1})^*$. Si $n \in N$, $J\,\pi\,J^{-1}(n^{-1})^* = J\,\pi\,J^{-1}(n)$. Le lemme précédent implique que H_1' est un sous-espace $J\,\pi\,J^{-1}(G)^*$ invariant, donc

$$<J\,\pi\,J^{-1}(g)\,\xi,\eta> \; = \; 0 \; .$$

Il en résulte que H_2' est $J\,\pi\,J^{-1}(G)$ - invariant.

Soient H_1 et H_2 les espaces $J^{-1}\,H_1'$ et $J^{-1}\,H_2'$. Alors $H = H_1 \oplus H_2$, H_1 et H_2 sont des sous-espaces $\pi(G)$ - invariants, $\pi|_{H_1}$ est trivial, et $\pi|_{H_2}$ ne contient aucune sous-représentation triviale.

§ 2.2.- SUR LES COEFFICIENTS K-FINIS D'UNE REPRESENTATION

Un vecteur $\xi \in H_\pi$ s'appelle K-fini s'il existe un polynôme trigonométrique t sur K tel que $\xi = \pi(t)\xi$, où

$$\pi(t)\xi = \int_K dk\; t(k)\; \pi(k)\xi \quad .$$

D'après le théorème de Peter-Weyl, $\pi|_K$ s'exprime comme la somme hilbertienne $\Sigma^{\oplus}_{\mathcal{K} \in \hat{K}}\, n(\mathcal{K})\, \mathcal{K}$; ξ est K-fini si et seulement s'il existe un sous-ensemble fini S de $\hat{K}$ tel que $\xi \in H_S$, où

$$H_S = \Sigma^{\oplus}_{\mathcal{K} \in S}\, n(\mathcal{K})\, H_{\mathcal{K}} \quad ,$$

et le polynôme t peut être la somme des caractères des $\mathcal{K} \in S$. Cette définition est en accord avec celle de Harish-Chandra pour les représentations irréductibles dans le cas général, elle nous convient mieux.

On prouvera cinq lemmes. Le premier regarde la restriction d'une représentation u.b. à un sous-groupe de G ; les autres discutent l'appartenance des coefficients d'une représentation u.b. à un espace $L^p(G)$.

EMME 2.2.1.- Soient G' un sous-GLSS θ-invariant de G , $K' = K \cap G'$, et $A'_{\perp}$ e centraliseur de G' dans A . Soient π une représentation u.b. de G et ξ n vecteur K-fini $\in H_{\pi}$. Alors ξ est K'-fini pour la représentation $\pi|_{G'}$. e plus, si S est un sous-ensemble fini de $\hat{K}$, il existe un sous-ensemble fini ' de $\hat{K}'$ tel que $H_S \subseteq H_{S'}$, et $H_{S'}$ est invariant sous l'action de $\pi(A'_{\perp})$.

reuve.- La restriction d'une représentation irréductible unitaire de K à K' 'exprime comme la somme finie des représentations unitaires de K' . Si S est n sous-ensemble fini de $\hat{K}$, alors $S' = \cup_{\mathcal{K} \in S} \mathcal{K}|_{K'}$ est fini, et $H_S \subseteq H_{S'}$. oit t' la somme des caractères des $\mathcal{K}' \in S'$; si $\xi \in H_{S'}$ et $a \in A'_{\perp}$, alors

$$
\begin{aligned}
\pi(t')\,\pi(a)\xi &= \int_{K'} dk'\; t'(k')\,\pi(k')\,\pi(a)\xi \\
&= \int_{K'} dk'\; t'(k')\,\pi(a)\,\pi(k')\xi \\
&= \pi(a)\,\pi(t')\xi \\
&= \pi(a)\xi \quad ,
\end{aligned}
$$

onc $\pi(a)\xi \in H_{S'}$.

Maintenant, on précise la relation entre deux espaces de Lebesgue, l'un $L^p(G)$ t l'autre $L^p(A^+, \omega)$, l'espace sur A^+ par rapport à la mesure $\omega(a)\,da$.

EMME 2.2.2.- Soient G un GLSS, π une représentation u.b. de G , et S un us-ensemble fini de $\hat{K}$. Alors les conditions suivantes sont équivalentes :

(a) $$\left[\int_{A^+} da\; \omega(a)\; |\langle\pi(a)\xi,\eta\rangle|^p\right]^{1/p} \leq C\; \|\xi\|\; \|\eta\| \qquad \xi,\eta \in H_S$$

(b) $$\|\langle\pi\xi,\eta\rangle\|_p \leq C'\; \|\xi\|\; \|\eta\| \qquad \xi,\eta \in H_S \;.$$

e plus, il existe $C(S)$ tel que

$$C \,.\, C(S)^{-1} \leq C' \leq C \,.\, C(S) \;.$$

Preuve.- Soit $\mathcal{K} \in \hat{K}$ et soit $\{e_1,\ldots,e_n\}$ une base orthonormale de $H_{\mathcal{K}}$. Alors

$$\operatorname{tr}(\mathcal{K}(k^{-1}k')) = \Sigma_{j,m} <\mathcal{K}(k')e_j,e_m> <\mathcal{K}(k)e_j,e_m>^- = \Sigma_{j,m} u_{j,m}(k') \, u_{j,m}(k)^- .$$

On rappelle que les fonctions $u_{j,m}$ sur K sont orthogonales. Donc, si t est la somme des caractères des $\mathcal{K} \in S$, on peut écrire

$$t(k^{-1}k') = \Sigma_{j=1}^{J} u_j(k') \, \bar{u}_j(k) \quad ,$$

où $J < \infty$ et les fonctions u_j sont orthogonales dans $L^2(K)$. Pour $\xi,\eta \in H_S$,

$$\int_G dg \, |<\pi(g)\xi,\eta>|^p$$

$$= \int_K dk \int_{A^+} da \int_K dk' \, \omega(a) \, |<\pi(k^{-1}ak') \, \pi(t)\xi, \, \pi(t)\eta>|^p$$

$$= \int_K dk \int_{A^+} da \int_K dk' \, \omega(a) \, | \Sigma_{j,j'} <\pi(a) \, \bar{u}_{j'}(k') \, \pi(u_{j'})\xi, \, u_j(k) \, \pi(u_{j'})\eta>|^p$$

$$= \int_K dk \int_{A^+} da \int_K dk' \, \omega(a) \, | \Sigma_{j,j'} \bar{u}_{j'}(k') \, u_j(k) <\pi(a) \, \xi_{j'},\eta_j>|^p \quad ,$$

où $\xi_j = \pi(u_j)\xi$ et $\eta_j = \pi(u_j)\eta$. Si (a) est vrai,

$$\| <\pi\xi,\eta> \|_p$$

$$\leqslant \left[\int_{A^+} da \, \omega(a) \, \max_j \, \|u_j\|_\infty^p \, | \Sigma_{j,j'} <\pi(a) \, \xi_{j'},\eta_j>|^p \right]^{1/p}$$

$$\leqslant \max_j \, \|u_j\|_\infty \, \Sigma_{j,j'} \, C \, \|\xi_{j'}\| \, \|\eta_j\|$$

$$\leqslant C_1(S) \, . \, C \, \|\xi\| \, \|\eta\| \, .$$

D'autre part, si (b) est vrai, la fonction

$$\varphi : (k,k',a) \mapsto \Sigma_{j,j'} \, \bar{u}_{j'}(k') \, u_j(k) \, <\pi(a) \, \xi_{j'}, \, \xi_j>$$

est dans l'espace $L^p(A^+, \omega; L^p(K \times K))$. L'indépendance des fonctions u_j implique que

$$a \mapsto <\pi(a) \, \xi_{j'}, \, \eta_j>$$

t dans l'espace $L^p(A^+, \omega)$, et que

$$\left[\int_{A^+} da\ \omega(a)\ |\langle\pi(a)\xi_{j'},\eta_{j'}\rangle|^p \right]^{1/p} \leq C_2(S) \quad \|\langle\pi\xi,\eta\rangle\|_p \ .$$

Le lemme en résulte immédiatement.

Le lemme suivant généralise un lemme fameux de Sobolev. Soit (D_j) une base ur l'espace vectoriel $\mathfrak{U}(\underline{A})^\circ$ de dimension finie des éléments de $\mathfrak{U}(\underline{A})$ d'ordre $d(\underline{A}) + d(\underline{N}) + 1$. On écrit $W^p(A^+, \omega)$ pour l'espace de Sobolev des fonctions sur A^+ telles que

$$\|u\|_{W^p} = \Sigma_j \ \|D_j u\|_{L^p(A^+,\omega)} < \infty \ .$$

MME 2.2.3.- Les fonctions dans l'espace $W^p(A^+,\omega)$, sont continues (après rrection sur un ensemble de mesure nulle), et il existe une constante $C(p)$ lle que

$$|u(\exp(\underline{a}))| \leq C(p) \ \|u\|_{W^p} \ \exp(\rho(\underline{a}))^{-2/p}$$

ur $\underline{a} \in \underline{A}^+$, $u \in W^p$.

euve.- Il nous convient d'étudier la fonction v sur $\underline{A}^+$ définie par la formule :

$$v(\underline{a}) = u(\exp(\underline{a})) \ ,$$

ur $\underline{a} \in \underline{A}^+$. Pour $\underline{a}' \in \underline{A} \subsetneq \mathfrak{U}(\underline{A})$, on a la formule familière :

$$\underline{a}'v(\underline{a}) = \lim_{t \to 0} \ [v(\underline{a} + t\underline{a}') - v(\underline{a})]/t \ .$$

Soient w et r les fonctions $\underline{A}^+$, définies par les formules :

$$w(\underline{a}) = \prod_{\alpha \in \Sigma^+} [\sinh \ \alpha(\underline{a})]^{d(\alpha)}$$

$$r(\underline{a}) = \prod_{\alpha \in \Sigma^+} [\exp \ \alpha(\underline{a})]^{d(\alpha)/p} \ .$$

rs $r(\underline{a}) = \exp(\rho(\underline{a}))^{2/p}$ et $w(\underline{a}) = \omega(\exp(\underline{a}))$. Si u appartient à $W^p(A^+, \omega)$, alors v appartient à l'espace $W^p(\underline{A}, w)$, défini de la même manière ; il suffit de démontrer que v est continu, et que

$$|v(\underline{a})| \leq C(p) \, \|v\|_{W^p} \, r(\underline{a})^{-1} .$$

On remarque qu'il existe un caractère γ de $\mathfrak{U}(\underline{A})$ tel que $Dr = \gamma(D)r$ $(D \in \mathfrak{U}(\underline{A}))$, avec l'action naturelle de $\mathfrak{U}(\underline{A})$ sur les fonctions sur $\underline{A}^+$.

Si $\underline{a}_o \in \underline{A}^+$, $\alpha(\underline{a}_o) > 0$ pour chaque $\alpha \in \Sigma^+$. Donc il existe $\underline{a}_1 \in \underline{A}^+$ tel que $\alpha(\underline{a}_1) \geq 1$ pour chaque $\alpha \in \Sigma^+$. Soit $\underline{A}_t$ le sous-ensemble $t\underline{a}_1 + \underline{A}^+$ de A^+ . Evidemment $\alpha(\underline{a}) > t$ pour chaque $\alpha \in \Sigma^+$. Si $\underline{a} \in \underline{A}_t$,

$$\sinh \alpha(\underline{a}) = 1/2 \, [1 - [\exp \alpha(\underline{a})]^{-2}] \exp \alpha(\underline{a})$$

$$\geq 1/2 \, [1 - e^{-2t}] \exp \alpha(\underline{a}) ,$$

donc

$$w(\underline{a}) \geq 2^{-d(\underline{N})} \, [1 - e^{-2t}]^{d(\underline{N})} \, r(\underline{a})^p .$$

Si $D \in \mathfrak{U}(A)$, d'ordre $\leq d(\underline{A})$,

$$D(rv) = \Sigma_j \, c_j(D) r \, D_j v ,$$

où $c_j(D)$ dépend de D et γ , et D_j , d'ordre $\leq d(\underline{A})$, $\in$ (D_j) , une base de $\mathfrak{U}(\underline{A})^\circ$. Il s'ensuit que, pour un tel D ,

$$\left[\int_{\underline{A}_t} d\underline{a} \, | D(rv)|^p \right]^{1/p}$$

$$\leq C(D) \left[\int_{\underline{A}_t} d\underline{a} \, | \, r \, \Sigma_j \, D_j v|^p \right]^{1/p}$$

$$\leq C(D) \left[\int_{\underline{A}_t} d\underline{a} \, 2^{d(\underline{N})} \, [1 - e^{-2t}]^{-d(\underline{N})} \, w(\underline{a}) \, | \, \Sigma_j \, D_j v|^p \right]^{1/p}$$

$$\leq C'(D) \, t^{-d(\underline{N})} \left[\int_{\underline{A}_t} d\underline{a} \, w(\underline{a}) \, |\Sigma_j \, D_j v|^p \right]^{1/p} \qquad (0 \leq t \leq 1) .$$

En appliquant le lemme de Sobolev, on conclut que $rv \in C_u(\underline{A}_t)$, et que

$$\sup \, \{|rv(\underline{a})| \, : \, \underline{a} \in \underline{A}_t\} \leq C'' \, t^{-d(\underline{N})} \, \|v\|_{W^p} .$$

On voit de la même manière que, quel que soit $D \in \mathfrak{U}(\underline{A})$ d'ordre $\leq d(\underline{N}) + 1$, $D(rv) \in C_u(\underline{A}_t)$ et

$$(*) \qquad \sup \{|D(rv)(\underline{a})| : \underline{a} \in \underline{A}_t\} \leq C''(D)\, t^{-d(\underline{N})} \, \|v\|_{W^p} .$$

Les constantes C" et C"(D) ne dépendent pas de t, parce que la forme de $\underline{A}_t$ ne dépend pas de t.

On définit $D_1 \in \mathfrak{U}(\underline{A})$ par la formule suivante :

$$D_1\, v(\underline{a}) = \lim_{t \to 0} [v(\underline{a} + t\underline{a}_1) - v(\underline{a})]/t \qquad a \in \underline{A}^+ .$$

L'inégalité (*) implique que

$$|D_1^j rv(\underline{a} + \underline{a}_1)| \leq C \|v\|_{W^p} \qquad 1 \leq j \leq d(\underline{N})+1$$

et

$$|D_1^{d(\underline{N})+1}\, rv(\underline{a} + t\underline{a}_1)| \leq C_1 \|v\|_{W^p}\, t^{-d(\underline{N})} \qquad 0 < t < 1 .$$

Parce que, si $0 < t < 1$,

$$D_1^{d(\underline{N})}\, rv(\underline{a} + t\underline{a}_1) = D_1^{d(\underline{N})}\, rv(\underline{a} + \underline{a}_1) - \int_t^1 ds\, D_1^{d(\underline{N})+1}\, rv(\underline{a} + s\underline{a}_1) ,$$

$$|D_1^{d(\underline{N})}\, rv(\underline{a} + t\underline{a}_1)| \leq C \|v\|_{W^p} + \int_t^1 ds\, C_1 \|v\|_{W^p}\, s^{-d(\underline{N})} \leq C_2 \|v\|_{W^p}\, t^{-d(\underline{N})+1} .$$

On continue par induction, et on trouve que, si $0 < t < 1$

$$|D_1^2\, rv(\underline{a} + t\underline{a}_1)| \leq C_3 \|v\|_{W^p}\, t^{-1} .$$

Puis, parce que

$$|D_1\, rv(\underline{a} + t\underline{a}_1)| \leq |D_1\, rv(\underline{a} + \underline{a}_1)| + \left|\int_t^1 ds\, D_1^2\, rv(\underline{a} + s\underline{a}_1)\right| ,$$

on trouve que,

$$|D_1 \, rv(\underline{a} + t\underline{a}_1)| \leq \|v\|_{W^p} \; [C - C_3 \log t] \quad ,$$

et finalement, on conclut que

$$|rv(\underline{a} + t\underline{a}_1)| \leq \|v\|_{W^p} \; [C + C(1-t) + C_3(t \log t - t + 1)]$$

$$\leq C_o \; \|v\|_{W^p} \quad ,$$

donc

$$|rv(\underline{a})| \leq C_o \; \|v\|_{W^p} \quad ,$$

c.q.f.d.

On appelle spécial un vecteur $\xi \in H_\pi$ tel que $\pi(D)\xi$ existe et soit K-fini pour chaque $D \in \mathfrak{U}(\underline{G})$. On remarque que, si ξ est un vecteur spécial et η est K-fini,

$$D <\pi \; \pi(k')\xi, \; \pi(k^{-1})\eta> \; = \; <\pi \; \pi(D) \; \pi(k')\xi, \; \pi(k^{-1})\eta>$$

pour $D \in \mathfrak{U}(A)^\circ$ et $k,k' \in K$. L'espace engendré par les vecteurs $\pi(k')\xi$ est de dimension finie, et il est engendré par des vecteurs spéciaux. Parce que la dimension de $\mathfrak{U}(\underline{A})^\circ$ est finie, l'espace engendré par les vecteurs $\pi(D) \; \pi(k')\xi$, $D \in \mathfrak{U}(\underline{A})^\circ$, $k' \in K$, est de dimension finie. On conclut qu'il existe un sous-ensemble fini S de $\hat{K}$ tel que $\pi(D) \; \pi(k')\xi$ et $\pi(k^{-1})\eta \in H_S$ $(k,k' \in K \; , \; D \in \mathfrak{U}(\underline{A})^\circ)$. Si on sait que $<\pi\xi,\eta> \in L^p(G)$ pour tous les vecteurs spéciaux ξ et η, on peut appliquer les deux lemmes précédents, et on conclut que $a \to <\pi(a)\xi,\eta> \in W^p(A^+, \omega)$ et que

$$|<\pi(k \exp(\underline{a}) \; k')\xi,\eta>| \leq C(\xi,\eta) \quad \exp \; [\rho(\underline{a})]^{-2/p} \quad ,$$

pour tous les vecteurs spéciaux ξ et η. D'ailleurs, si cette inégalité vaut pour tous les vecteurs spéciaux ξ et η, $<\pi\xi,\eta> \in L^{p+\varepsilon}(G)$, quel que soit $\varepsilon > 0$. Cet argument démontre le corollaire suivant.

COROLLAIRE 2.2.4.- Soit π une représentation u.b. d'un GLS G . On suppose que $p < \infty$. Alors les conditions suivantes sont équivalentes :

(a) $|<\pi(k \exp(\underline{a})k')\xi,\eta>| \leqslant C(\xi,\eta,\varepsilon) \exp[\rho(\underline{a})]^{-2/(p+\varepsilon)}$

pour chaque $\varepsilon > 0$, et pour tous les vecteurs spéciaux ξ et η ;

(b) $<\pi\xi,\eta> \in L^{p+\varepsilon}(G)$ pour chaque $\varepsilon > 0$, et tous les vecteurs spéciaux ξ et η .

On remarque que, si π est une représentation irréductible, et ξ et η sont des vecteurs K-finis, alors il y a un sous-ensemble fini $\{\gamma_1,\ldots,\gamma_n\}$ de $\underline{A}'_c$, un ensemble $\{q_1,\ldots,q_n\}$ de polynômes sur $\underline{A}$, et un ensemble $\{f_1,\ldots,f_n\}$ de fonctions analytiques bornées sur $\underline{A}^+$ tels que

$$<\pi(\exp(\underline{a})\xi,\eta> = \Sigma_1^n \exp(\gamma_j(\underline{a}))\, q_j(\underline{a})\, f_j(\underline{a}) \qquad (\underline{a} \in \underline{A}^+) \quad .$$

Ce résultat, dû à W. Casselman, n'est pas encore publié, mais le lecteur intéressé peut voir [War, Chap. 9] pour un résultat similaire. Evidemment, ce résultat est beaucoup plus précis que celui du corollaire précédent ; en général, alors, on devrait considérer des inégalités du type

$$|<\pi(\exp(\underline{a}))\xi,\eta>| \leqslant \exp(\gamma(\underline{a}))\, q(\underline{a}) \qquad \underline{a} \in \underline{A}^+ \quad ,$$

où $\gamma \in \underline{A}'$ et q est un polynôme. Malheureusement, l'analyse devient plus compliquée, et on l'évite.

LEMME 2.2.5.- Soit π une représentation u.b. du GLSS G . L'espace H_π° des vecteurs spéciaux est dense dans H_π .

Preuve.- Soit $\xi \in H_\pi$, et soit $u \in C_c^\infty(G)$. Alors, si $\underline{g} \in \underline{G}$,

$$\pi(\underline{g})\,\pi(u)\xi = \lim_{t\to 0}\ [\pi(\exp(t\underline{g}))\,\pi(u) - \pi(u)]/t\ \xi$$

$$= \lim_{t\to 0} \int_G dg\ [\pi(\exp(t\underline{g}))\,\pi(g) - \pi(g)]\ u(g)\ \xi/t$$

$$= \lim_{t\to 0} \int_G dg\ \ [u(\exp(t\underline{g})^{-1}g) - u(g)]/t\ \ \pi(g)\xi$$

$$= \int_G dg\ \lim_{t\to 0}\ [u^v(g\ \exp(t\underline{g})) - u^v(g)]/t\ \ \pi(g^{-1})\xi$$

$$= \pi([\underline{g}\ u^v]^v)\xi\ ,$$

où $u^v(g) = u(g^{-1})$. Si $u \in C_c^\infty(G)$ est la somme finie des fonctions de la forme

$$v(kp) = v_1(k)\ v_2(p) \qquad k \in K\ ,\ \ p \in P$$

($\underline{P} = \{\underline{g} \in \underline{G} : \theta\underline{g} = -\underline{g}\}$, $P = \exp(\underline{P})$) , où v_1 est un polynôme trigonométrique sur K et $v_2 \in C_c^\infty(\underline{P})$, alors $(\underline{g}\ u^v)^v$ et, par induction, $(Du^v)^v$, $D \in \mathfrak{U}(G)$, ont la même propriété. L'espace $\mathfrak{a}$ de ces fonctions est dense dans $C_c^\infty(G)$, donc l'espace engendré par les $\pi(u)\xi$, $u \in \mathfrak{a}$, $\xi \in H_\pi$, est dense dans H_π . On voit facilement qu'un tel $\pi(u)\xi$ est un vecteur spécial.

En particulier, on peut montrer que l'espace $H_\pi^\circ \cap H_S$ est dense dans H_S , où S est un sous-ensemble fini de $\hat{K}$. Quand π est irréductible, H_S est de dimension finie, donc $H_S = H_\pi^\circ \cap H_S$.

On remarque aussi que, si G' est un sous-GLSS de G tel que les conditions du lemme 2.2.1 soient satisfaites, alors chaque vecteur spécial pour la représentation π de G est spécial pour la représentation $\pi|_{G'}$.

On conclut cette section en discutant les vecteurs zonaux. On appelle zonale une fonction u sur G si

$$u(k\ g\ k') = u(g) \qquad k,k' \in K\ ,$$

et on appelle zonal un vecteur $\xi \in H_\pi$ si

$$\pi(k)\xi = \xi \qquad k \in K\ .$$

videmment, $<\pi\xi,\eta>$ est zonal si et seulement si ξ et η sont zonaux on suppose toujours que $\pi|_K$ est unitaire).

<u>EMME 2.2.6</u>.- Soit G un GLSS. Si chaque représentation u.b. (unitaire) σ ans sous-représentation banale a la propriété que $<\sigma\theta,\zeta> \in L^p(G)$ pour tous es vecteurs zonaux (zonaux et spéciaux), alors chaque représentation u.b. nitaire) π sans sous-représentation banale a la propriété que $<\pi\xi,\eta> \in L^{2p}(G)$ our tous les vecteurs K-finis (K-finis et spéciaux).

<u>reuve</u>.- Soit π une représentation u.b. (unitaire) sans sous-représentation anale, et soient ξ et η des vecteurs K-finis (K-finis et spéciaux). Il y a es polynômes trigonométriques orthogonaux u_j $(j = 0,\dots,J\ ;\ J < \infty)$ tels que, i $\theta = \xi$ ou η ,

$$\pi(k)\theta = \Sigma\, \bar{u}_j(k)\, \theta_j = \Sigma\, \bar{u}_j(k)\, \pi(u_j)\theta$$

voir la preuve du lemme 2.2.2). On remarque que les normes de $L^p(K)$ et de $L^2(K)$ ont équivalentes sur l'espace de dimension finie engendré par

$$(\Sigma\ \mathbb{C}\, u_j)^- (\Sigma\ \mathbb{C}\, u_j) \subseteq C(K) \quad ,$$

onc

$$\| <\pi\xi,\eta> \|_{2p}^{2p}$$

$$\int_G dg \int_K dk \int_K dk' \ |<\pi(k^{-1}gk')\xi,\eta>|^{2p}$$

$$\int_G dg \int_K dk \int_K dk' \ |\Sigma_{j,j'}\ \bar{u}_{j'}(k')\, u_j(k)\, <\pi(g)\xi_{j'},\eta_j>|^{2p}$$

$$C \int_G dg \ \Big[\int_K dk \int_K dk' \ |\Sigma_{j,j'}\ \bar{u}_{j'}(k')\, u_j(k)\, <\pi(g)\xi_{j'},\eta_j>|^2 \Big]^p$$

$$C \int_G dg \ \Big[\int_K dk \int_K dk' \ |<\pi(k^{-1}gk')\xi,\eta>|^2 \Big]^p$$

$$C \int_G dg \ \Big[\int_K dk \int_K dk' \ <\pi \otimes \pi^c(k^{-1}gk')\xi \otimes \xi^c,\ \eta \otimes \eta^c > \Big]^p \quad ,$$

ù π^c est la représentation contragrédiente de π , et $<\pi^c\xi^c,\eta^c> = <\pi\xi,\eta>^-$.

On vérifie facilement que

$$\int_K dk' \quad \pi \otimes \pi^c(k')\ \xi \otimes \xi^c$$

et

$$\int_K dk \quad \pi \otimes \pi^c(k)\ \ \eta \otimes \eta^c$$

sont des vecteurs zonaux pour la représentation u.b. (unitaire) de G , et qu'ils sont des vecteurs spéciaux si ξ et η sont des vecteurs spéciaux. Donc il suffit de montrer que $\pi \otimes \pi^c$ est une représentation sans sous-représentation banale.

Le produit tensoriel algébrique $H_\pi \otimes H_{\pi^c}$ est un sous-espace dense de $H_{\pi\otimes\pi^c}$, et si $\theta,\zeta \in H_\pi \otimes H_{\pi^c}$, alors $\langle\pi \otimes \pi^c\ \theta,\zeta\rangle \in C_o(G)$. L'application sesquilinéaire $(\theta,\zeta) \to \langle\pi \otimes \pi^c\ \theta,\zeta\rangle$ est continue de l'espace $H_{\pi\otimes\pi^c} \otimes H_{\pi\otimes\pi^c}$ à $C_u(G)$, donc $\langle\pi \otimes \pi^c\ \theta,\zeta\rangle \in C_o(G)$, quels que soient les vecteurs $\theta,\zeta \in H_{\pi\otimes\pi^c}$ ce qui veut dire que $\pi \otimes \pi^c$ ne contient aucune sous-représentation banale.

§ 2.3.- LES REPRESENTATIONS DE CERTAINS GROUPES

Dans cette section, on analyse les représentations u.b. de certains groupes, produits semi-directs de la forme $D \times_s F$, où F est un sous-groupe vectoriel distingué et D est un revêtement de $SO(n,1)$ $(n \geq 2)$. On montre que les représentations u.b. non banales sur F ont la propriété que leurs restrictions à D sont faiblement continues dans la représentation régulière de D . On a généralisé une idée de D. Kajdan [Ka] , déjà discutée par S.P. Wang [Wan] .

Pour démontrer le premier théorème, la notation suivante sera utile. Soit G un GLS de rang réel 2, dont le système de racines restreintes est du type A_2 . Soient α et β les racines positives simples, et soient D et F les sous-groupes connexes de G dont les algèbres de Lie sont $\underline{G}^\alpha$ et $\underline{G}_\beta + \underline{G}_{\alpha+\beta}$. Alors D normalise F . On remarque qu'il y a quatre possibilités, qu'on explique avec les tableaux suivants :

$\underline{G}_{\beta}$ . . $\underline{G}_{\alpha+\beta}$ $\qquad$ $\underline{F} = \underline{G}_{\beta} + \underline{G}_{\alpha+\beta}$

$\underline{G}_{-\alpha}$. $\underline{G}_{o}$. $\underline{G}_{\alpha}$ $\qquad$ $\underline{D} = \underline{G}_{\alpha} + \underline{G}_{-\alpha} + [\underline{G}_{\alpha}, \underline{G}_{-\alpha}]$

. .

.- Les espaces des racines de $(\underline{G}, \underline{A})$.

$\underline{G}_c$ =	$d(\underline{G}_{\gamma})$ =	$\underline{D}$ =	$\underline{G}_o \cap \underline{D}$ =
$\underline{SL}(2, \mathbb{C})$	1	$\underline{SO}(2,1)$	$\mathbb{R}$
$\underline{SL}(2, \mathbb{C}) \oplus \underline{SL}(2, C)$	2	$\underline{SO}(3,1)$	$\underline{SO}(2) \oplus \mathbb{R}$
$\underline{SL}(6, \mathbb{C})$	4	$\underline{SO}(5,1)$	$\underline{SO}(4) \oplus \mathbb{R}$
$\underline{E}_6$	8	$\underline{SO}(9,1)$	$\underline{SO}(8) \oplus \mathbb{R}$

I.- Les possibilités pour $\underline{G}_c$, $d(\underline{G}_{\gamma})$, $\underline{D}$ et $\underline{G}_o \cap \underline{D}$.

HEOREME 2.3.1.- Soit π une représentation u.b. de $D \times_s F$, unitaire sur le ous-groupe moyennable F . Alors π est la somme hilbertienne des représentations π_o et π_1 , où $\pi_o|_F$ est banale et π_1 est équivalente à une représentation nitaire π_2 de $D \times_s F$, dont la restriction à D est faiblement contenue dans a représentation régulière.

émonstration.- Parce que $\pi|_F$ est unitaire, on peut écrire

$$\pi|_F = \int_{\hat{F}}^{\oplus} d\mu(\chi)\, d(\chi)\chi \ ,$$

i $d(\chi)$ est la multiplicité du caractère χ de F . On note H_o le sous-espace es vecteurs à support $\{1\}$, et H_1 son complément orthogonal. Parce que, si $\in D$, $f \in F$,

$$(*) \qquad \pi(f^d) = \int_{\hat{F}}^{\oplus} d\mu(\chi)\, d(\chi)\, \chi(f^d) = \int_{\hat{F}}^{\oplus} d\mu(\chi)\, d(\chi)\, \chi^d(f)$$

$f^d = d^{-1} f d)$, et vu que D agit transitivement sur $\hat{F} \setminus \{1\}$ et sur $\{1\}$, les sous-espaces H_o et H_1 sont $D \times_s F$ invariants, donc $\pi = \pi_o \oplus \pi_1$, où $\pi_j = \pi|_{H_j}$.

Soit χ_o un caractère de F , tel que

$$\chi_o|_{\exp(\underline{G}_\beta)} \neq 1$$

et

$$\chi_o|_{\exp(\underline{G}_{\alpha+\beta})} = 1 .$$

Alors on vérifie, par des calculs pénibles, que le stabiliseur D_o de χ_o (c'est-à-dire le sous-groupe fermé $\chi_o^d = \chi_o$) est moyennable : il est un sous-groupe fermé de $\exp(\underline{G}_{\alpha} + [\underline{G}_\alpha , \underline{G}_{-\alpha}])$, extension finie d'un groupe connexe dont l'algèbre de Lie est $\underline{E} + \underline{G}_{\alpha}$, où E est banal si $d(\underline{G}_\alpha) = 1$ ou 2 , et $\underline{E} = \underline{SO}(d(\underline{G}_\alpha) - 1)$ si $d(\underline{G}_\alpha) = 4$ ou 8 . On déduit de la formule (*) que le système des projections χ_E , où E est un sous-ensemble borélien de $\hat{F} \setminus \{1\}$ et χ_E sa fonction caractéristique, est un système d'imprimitivité pour π_2 , qui se base sur $D \times_s F / D_o \times_s F$.

Le lecteur pourra contrôler que le théorème d'imprimitivité de Mackey [Ma] se généralise facilement aux représentations u.b. ; il en résulte que π_1 est la représentation de $D \times_s F$ induite d'une représentation u.b. $\tau \otimes \chi_o$ de $D_o \times_s F$, qui est un groupe moyennable. Parce que $\tau \otimes \chi_o$ est équivalente à une représentation unitaire σ , π_1 est équivalent à la représentation unitaire π_2 induite de σ . Parce que $D_o \times_s F$ est moyennable, σ est faiblement contenue dans la représentation régulière de $D_o \times_s F$, donc π_2 est faiblement contenue dans celle de $D \times_s F$, et $\pi_2|_D$ est faiblement contenue dans celle de D .

<u>COROLLAIRE 2.3.2.</u>- Soit G un groupe du type discuté. La représentation $\{1\}$ est isolée dans $\hat{G}_{u.b.}$ avec la topologie faible.

<u>Preuve.</u>- Soit π une représentation u.b. irréductible de G . D'après le lemme 2.1.2 et le théorème précédent, si π n'est pas banale, alors $\pi|_D$ est équivalen

une représentation unitaire, faiblement contenue dans la représentation régulière D . Parce que D n'est pas moyennable, sa représentation régulière et la présentation banale sont disjointes dans $\bar{D}$, c. q. f. d.

Maintenant, on change la notation. Soit G un GLS, localement isomorphe à (2, $\mathbb{R}$) ou à Sp(2, $\mathbb{C}$) . Alors le système de racines est du type B_2 . Soient β, $\alpha+\beta$ et $2\alpha+\beta$ les racines positives, et soient D et F les sous-groupes nnexes de G dont les algèbres de Lie sont $\underline{G}^{\alpha}$ et $\underline{G}_{\beta} + \underline{G}_{\alpha+\beta} + \underline{G}_{2\alpha+\beta}$. Alors normalise F .

EOREME 2.3.3.- Soit π une représentation u.b. de $D \times_s F$, unitaire sur F . ors π est la somme hilbertienne des représentations π_o et π_a , où $\pi_o|_F$ t banal et π_a est équivalente à une représentation unitaire π_b de $D \times_s F$, nt la restriction à D est faiblement contenue dans la représentation régulière D .

nonstration.- La démonstration de ce théorème ressemble à celle du théorème écédent. On en donne le détail pour le cas où $\underline{G} = \underline{Sp}(2, \mathbb{R})$, $D = \underline{SL}(2, \mathbb{R})$, $F = \underline{\mathbb{R}}^3$.

La conjugaison $f \mapsto f^d$ induit une action de D sur $\hat{F}$, qui est celle de (2, $\mathbb{R}$) sur $\underline{SL}(2, \mathbb{R})$ (c'est-à-dire Ad) . Soient χ_1 , χ_2 et χ_3 des éléments $\hat{F}$ tels que les stabilisateurs de χ_1 , χ_2 et χ_3 soient un sous-groupe compact, sous-groupe semi-simple non compact, et un revêtement d'un sous-groupe unipotent. $r \in \mathbb{R}$, $r\chi_j \in \hat{F}$ est donné par la formule suivante :

$$r\chi_j(\exp(\underline{f})) = \chi_j(\exp(r\underline{f})) \qquad \underline{f} \in \underline{F} .$$

Alors $E_o = \{1\}$, $E_1 = \{r\,\chi_1 : r \in \mathbb{R} \setminus \{0\}\}^D$, $E_2 = \{r\,\chi_2 : r \in \mathbb{R}_+\}^D$, $= \chi_3^D$ et $E_4 = (-1\,\chi_3)^D$ sont des sous-ensembles boréliens de $\hat{F}$, et $\cap E_j = \emptyset$ $(i \neq j)$, $\cup E_j = \hat{F}$. De plus, E_j est D-invariant $(j = 0,1,\ldots,4)$.

On écrit la représentation $\pi|_F$ comme intégrale directe :

$$\pi|_F = \int_{\hat{F}}^{\oplus} d\mu(\chi)\ d(\chi)\chi \quad .$$

Soit H_j le sous-espace de H_π des vecteurs ξ tels que $\chi_{E_j}\ \xi = \xi$. Alors chaque H_j est D-invariant, et $\pi = \pi_o \oplus \pi_1 \oplus \ldots \oplus \pi_4$, où $\pi_j = \pi|_{H_j}$ Par définition, $\pi_o|_F$ est banale.

Soit K_1 le stabiliseur de χ_1 . Si $\dot{E}$ est un sous-ensemble borélien de D/K_1 , soit E le sous-ensemble borélien $\{r\ \chi_1 : r \in \mathbb{R}\setminus\{0\}\}^{\dot{E}}$ de $\hat{F}$, et soit χ_E la projection correspondante de H_1 . Alors on a un système d'imprimitivité pour π_1 , qui se base sur $D \times_s F / K_1 \times_s F$. En appliquant la théorie de Mackey, on déduit que π_1 est la représentation induite d'une représentation u.b. du groupe $K_1 \times_s F$, donc π_1 est équivalente à une représentation unitaire π_1' de $D \times_s F$, faiblement contenue dans la représentation régulière de $D \times_s F$.

On montre de la même façon que π_j $(j \geqslant 2)$ est une représentation induite d'un sous-groupe moyennable, donc que π_j est équivalente à une représentation unitaire π_j' , faiblement contenue dans le représentation régulière. Maintenant il suffit de définir $\pi_a = \pi_1 \oplus \ldots \oplus \pi_4$ et $\pi_b = \pi_1' \oplus \ldots \oplus \pi_4'$, et la démonstration est complète.

<u>COROLLAIRE 2.3.4</u>.- Soit G un GLS de rang réel $\geqslant 2$. La représentation banale est isolée dans $\hat{G}_{u.b.}$ avec la topologie faible.

<u>Preuve</u>.- Il existe un sous-GLS G' de G de rang réel 2 , et un sous-GLS G'' de G' localement isomorphe à $SL(3,\mathbb{R})$ ou à $Sp(2,\mathbb{R})$. Si G'' est du premier type, on applique le corollaire 2.3.2 ; si G'' est du dernier type, on emploie le théorème précédent et le lemme 2.1.2. pour démontrer un analogue du corollaire 2.3.

Dans la prochaine section, on précisera ce corollaire, en employant les théorèmes 2.3.1 et 2.3.3. On finit cette section en donnant des résultats complémentaires, inclus pour leur intérêt éventuel.

Soit G le groupe SU(2,2) , dont le système de racines restreintes est du type B_2 . On identifie $\underline{G}$ à l'espace de matrices de la forme

$$\begin{pmatrix} P & Q \\ R & S \end{pmatrix}$$

où P, Q, R, S $\in \underline{GL}(2, \mathbb{C})$, $P = -P^*$, $S = -S^*$, $R = Q^*$ et $tr(P) + tr(S) = 0$. On identifie $\underline{A}$ au sous-espace de $\underline{G}$ des matrices telles que $P = S = 0$ et $Q \in \begin{pmatrix} 0 & \mathbb{R} \\ \mathbb{R} & 0 \end{pmatrix}$. On peut choisir les racines positives $\alpha, \beta, \alpha+\beta$, $2\alpha+\beta$ telles que

$$\underline{G}_{\alpha} = \left\{ \begin{pmatrix} 0 & X & 0 & X \\ -\bar{X} & 0 & \bar{X} & 0 \\ 0 & X & 0 & X \\ \bar{X} & 0 & -\bar{X} & 0 \end{pmatrix} : X \in \mathbb{C} \right\} \qquad \underline{G}_{-\alpha} = \left\{ \begin{pmatrix} 0 & X & 0 & X \\ -\bar{X} & 0 & -\bar{X} & 0 \\ 0 & -X & 0 & X \\ -\bar{X} & 0 & -\bar{X} & 0 \end{pmatrix} : X \in \mathbb{C} \right\}$$

$$\underline{G}_{\alpha+\beta} = \left\{ \begin{pmatrix} 0 & X & 0 & -X \\ -\bar{X} & 0 & \bar{X} & 0 \\ 0 & X & 0 & -X \\ \bar{X} & 0 & \bar{X} & 0 \end{pmatrix} : X \in \mathbb{C} \right\} \qquad \underline{G}_{\beta} = \left\{ \begin{pmatrix} 0 & 0 & 0 & 0 \\ 0 & X & 0 & -X \\ 0 & 0 & 0 & 0 \\ 0 & X & 0 & -X \end{pmatrix} : X \in i\,\mathbb{R} \right\}$$

$$\underline{G}_{2\alpha+\beta} = \left\{ \begin{pmatrix} X & 0 & -X & 0 \\ 0 & 0 & 0 & 0 \\ X & 0 & -X & 0 \\ 0 & 0 & 0 & 0 \end{pmatrix} : X \in i\,\mathbb{R} \right\} .$$

Soient D et F les sous-groupes connexes dont les algèbres de Lie sont $\underline{G}_{\alpha} + \underline{G}_{-\alpha} + [\underline{G}_{\alpha}, \underline{G}_{-\alpha}]$ et $\underline{G}_{\beta} + \underline{G}_{\alpha+\beta} + \underline{G}_{2\alpha+\beta}$. Alors D normalise F . On remarque que D est SL(2, $\mathbb{C}$) et F est $\mathbb{R}^4$.

Soit χ le caractère de F définie par les formules suivantes :

$$\chi(\exp(\underline{G}_{\beta})) = \{1\}$$

$$\chi(\exp(\underline{G}_{2\alpha+\beta})) = \{1\}$$

$$\chi\left(\exp\begin{pmatrix} 0 & X & 0 & -X \\ -\bar{X} & 0 & \bar{X} & 0 \\ 0 & X & 0 & -X \\ -\bar{X} & 0 & \bar{X} & 0 \end{pmatrix}\right) = \exp(i\,\mathrm{Re}(X)) \quad .$$

Le stabiliseur de X dans D n'est pas moyennable ; il contient le sous-groupe de D dont l'algèbre de Lie est la sous-algèbre de $\underline{D}$ des matrices réelles Ce phénomène se vérifie pour tous les GLS dont le système de racines restreintes est B_2 , sauf pour $Sp(2, \mathbb{R})$ et $Sp(2, \mathbb{C})$.

Finalement, on discute un autre exemple. On considère le groupe $G = Sp(2, \mathbb{R})$. Soient α, β, $\alpha+\beta$ et $2\alpha+\beta$ les racines positives. On note $D = G^{\beta}$ et $F = \exp(\underline{F})$ où $\underline{F} = \underline{G}_{\alpha+\beta} + \underline{G}_{\alpha} + \underline{G}_{2\alpha+\beta}$. Alors D est $SL(2, \mathbb{R})$ et F est le groupe de Heisenberg de dimension 3. D. Shale [Sha] a discuté ces groupes. En employant ces techniques, on peut démontrer le théorème suivant :

THEOREME 2.3.5.- Soit π une représentation unitaire du groupe $D \times_s F$. Alors π est l'intégrale directe des représentations π_1 et π_λ , où π_1 est triviale sur le centre Z de F et $\pi_\lambda|_Z$ est un multiple du caractère non banal λ de Z

La représentation $\pi_\lambda|_D$ est faiblement contenue dans la représentation régulière.

Démonstration.- On ne donne qu'une brève indication de la preuve. On discute aussi le cas où π est u.b.

On commence en écrivant π comme intégrale directe des représentations π_λ dont les restrictions à Z sont des multiples du caractère λ de Z . Si λ est banale, π_λ se relève en une représentation du groupe $SL(2, \mathbb{R}) \times_s \mathbb{R}^2$, discutée dans le théorème 2.2.1.

Soit $\tilde{D}$ le revêtement double de D . D'après Mackey, on montre que π_λ (λ pas banale) est le produit tensoriel d'une représentation unitaire σ de $\tilde{D} \times_s F$, dont la restriction à Z est un multiple de λ (Shale discute cette représentation), et une représentation τ de $\tilde{D}$, relevée à $\tilde{D} \times_s F$. La représentation τ est u.b., elle est unitaire si π_λ l'est.

La représentation σ , restreinte à $\tilde{D}$, se décompose : $\sigma|_{\tilde{D}} = \sigma_1 \oplus \sigma_2$.

représentation σ_1 se trouve au bout de la série complémentaire, et σ_2 est
e représentation de la série discrète.

On identifie $\underline{D}$ à $\underline{SL}(2, \mathbb{R})$, et l'algèbre de Lie du sous-groupe maximal
npact à $\mathbb{R}\begin{pmatrix} 0 & 1 \\ -1 & 0 \end{pmatrix}$. On sait que

$$\exp(t\begin{pmatrix} 0 & 1 \\ -1 & 0 \end{pmatrix}) = e$$

ns le groupe $\tilde{D}$ si et seulement si $t \in 4\pi\mathbb{Z}$. De plus, on sait que

$$\sigma_j\ (\exp(\pi\begin{pmatrix} 0 & 1 \\ -1 & 0 \end{pmatrix})) = \varepsilon(j, \lambda)\ i \quad ,$$

$\varepsilon(j, \lambda) = \pm 1$. Si ρ est une représentation unitaire de $\tilde{D}$, et

$$\rho(\exp(\pi\begin{pmatrix} 0 & 1 \\ -1 & 0 \end{pmatrix})) = \varepsilon\ i$$

$= \pm 1)$, alors $\rho \otimes \rho$ est une représentation unitaire de $\tilde{D}$ telle que

$$\rho \otimes \rho(\exp(\pi\begin{pmatrix} 0 & 1 \\ -1 & 0 \end{pmatrix})) = -1 \quad .$$

Alors $\rho \otimes \rho$ "est" une représentation unitaire de $SL(2, \mathbb{R})$, dont la restric-
on à $\begin{pmatrix} -1 & 0 \\ 0 & -1 \end{pmatrix}$ est -1 , ce qui implique que $\rho \otimes \rho$ est faiblement contenue dans
représentation régulière de $SL(2, \mathbb{R})$, parce que chaque représentation unitaire
réductible de $SL(2, \mathbb{R})$ avec une telle restriction a cette propriété. Il en
sulte que les coefficients de $\rho \otimes \rho$ appartiennent à $L^{2+\varepsilon}(\tilde{D})$, et que ceux de
appartiennent à $L^{4+\varepsilon}(\tilde{D})$ $(\varepsilon > 0)$.

On sait aussi que chaque représentation unitaire de $SL(2, \mathbb{R})$ dont les coef-
cients appartiennent à $L^{2+\varepsilon}(SL(2, \mathbb{R}))$ est faiblement contenue dans la représen-
tion régulière. (Voir § 3.1). Il s'ensuit que, si π_λ est unitaire, alors $\pi_\lambda|_D$
faiblement contenue dans la représentation régulière de D. Si π_λ est u.b.,
$= \sigma \otimes \tau$, $\pi_\lambda \otimes \pi_\lambda = \sigma \otimes \sigma \otimes \tau \otimes \tau$, et $\sigma \otimes \sigma$ est faiblement contenu dans la
résentation régulière de D . (Le lemme 1.2.1 est intéressant ici). De plus,
$\otimes \pi_\lambda \otimes \pi_\lambda = \sigma \otimes \sigma \otimes \sigma \otimes \tau \otimes \tau \otimes \tau$, et tous les coefficients de $\pi_\lambda \otimes \pi_\lambda \otimes \pi_\lambda$ appartien-
nt à $A(D)$.

§ 2.4.- LES COEFFICIENTS D'UNE REPRESENTATION D'UN GLS DE RANG > 2

Dans cette section, on discute les coefficients des représentations u.b. sans sous-représentation banale d'un GLS de rang réel $\geqslant 2$. En employant l'analyse des sections précédentes, on montre que ces coefficients tendent rapidement vers 0 à l'infini.

LEMME 2.4.1.- Soit G un GLS de rang réel 2 , et soient α, β les racines simples positives de $(\underline{G}, \underline{A})$. Il existe un sous-groupe $[G]$ de G , localement isomorphe à $SL(3, \mathbb{R})$ ou à $Sp(2, \mathbb{R})$, qui contient A , et deux racines γ et δ de $(\underline{G}, \underline{A})$ et de $([G], \underline{A})$ tels que

(i) $A = (A \cap [G]^{\gamma})(A \cap [G]^{\delta})$

(ii) pour chaque représentation u.b. π de G qui ne contient aucune sous-représentation banale, $\pi|_{[G]^{\varepsilon}}$ est équivalente à une représentation unitaire de $[G]^{\varepsilon}$ faiblement contenue dans la représentation régulière de $[G]^{\varepsilon}$ $(\varepsilon = \gamma, \delta)$.

Preuve.- Il existe un sous-système Σ_o du système de racines Σ de $(\underline{G}, \underline{A})$ du type A_2 ou B_2 . Soient θ et ζ les racines simples positives de Σ_o , et soient $\underline{n},\underline{n}' \in \underline{G}_{\theta}$ et $\underline{G}_{\zeta}$ tels que $[\underline{n},\underline{n}'] \neq 0$. Alors $[G]$, le sous-groupe correspondant à l'algèbre de Lie engendrée par $\underline{n}$, $\theta\underline{n}$, $\underline{n}'$ et $\theta\underline{n}'$, est localement isomorphe à $SL(3, \mathbb{R})$ ou à $Sp(2, \mathbb{R})$; de plus, $A \subseteq [G]$.

On suppose que $[G]$ soit localement isomorphe à $SL(3, \mathbb{R})$. Soient γ et δ les racines simples positives de $([\underline{G}], \underline{A})$, et soient $\underline{F}^{\gamma}$ et $\underline{F}^{\delta}$ les sous-algèbres $[\underline{G}]_{\delta} + [\underline{G}]_{\gamma+\delta}$ et $[\underline{G}]_{\gamma} + [\underline{G}]_{\gamma+\delta}$ de $[\underline{G}]$. On a discuté les groupes $[G]^{\gamma} \times_s F^{\gamma}$ et $[G]^{\delta} \times_s F^{\delta}$ dans la section § 2.3. Le lemme résulte du théorème 2.3.1 et du lemme 2.1.2, dans ce cas.

On suppose que $[G]$ est localement isomorphe à $Sp(2, \mathbb{R})$. Soient γ, η, $\gamma+\eta$ et $2\gamma+\eta$ les racines positives de $([\underline{G}], \underline{A})$, et soit $\delta = \gamma+\eta$. On écrit

$^{\gamma} = [\underline{G}]_{\eta} + [\underline{G}]_{\gamma+\eta} + [\underline{G}]_{2\gamma+\eta}$, et $\underline{F}^{\delta} = [\underline{G}]_{-\eta} + [\underline{G}]_{\gamma} + [\underline{G}]_{2\gamma+\eta}$. Le lemme en ésulte, en appliquant le théorème 2.3.3 et le lemme 2.1.2.

HEOREME 2.4.2.- Soit G un GLS de rang réel $\geqslant 2$. Alors il existe un nombre ini p tel que, pour chaque représentation u.b. π de G sans sous-représentaion banale, et pour tous vecteurs spéciaux ξ et η ,

$$\langle \pi\xi,\eta \rangle \in L^{p}(G) \quad .$$

émonstration.- Soient α et β deux racines connexes de $(\underline{G}, \underline{A})$; $G^{\alpha,\beta}$ est n GLS de rang réel 2 . De plus, $\pi|_{G^{\alpha,\beta}}$ ne contient aucune sous-représentation anale (Lemme 2.1.7). Le lemme précédent implique qu'il existe un sous-groupe $[G^{\alpha,\beta}]$ de $G^{\alpha,\beta}$ et deux racines γ et δ de $(\underline{G}, \underline{A})$ tels que la restriction e π à $[G^{\alpha,\beta}]^{\varepsilon}$ $(\varepsilon = \gamma, \delta)$ est équivalente à une représentation unitaire de $[G^{\alpha,\beta}]^{\varepsilon}$, faiblement contenue dans la représentation régulière. Soient $^{\varepsilon} = A \cap [G^{\alpha,\beta}]^{\varepsilon}$ et $A_{\perp}^{\varepsilon} = \exp \{\underline{a} \in \underline{A} : \varepsilon(\underline{a}) = 0\}$. Alors $A_{\perp}^{\varepsilon}$ centralise $[G^{\alpha,\beta}]^{\varepsilon}$. On montrera que, si $0 < \lambda < 1/2$,

$$(*) \qquad |\langle \pi(\exp(\underline{a}))\xi,\eta \rangle| \leqslant C_{\lambda}(\xi,\eta) \exp(-\lambda\, |\varepsilon(\underline{a})|) \; .$$

Le théorème résulte facilement de l'inégalité (*) : Soit P l'ensemble des aires (α,β) de racines positives simples connexes de $(\underline{G}, \underline{A})$, et soit $E(\alpha,\beta)$ ensemble des γ , δ , racines de $([\underline{G}^{\alpha,\beta}], \underline{A}^{\alpha,\beta})$, construites dans le lemme 2.3. $M = 2^{|P|}$, alors

$$\begin{aligned} &|\langle \pi(\exp(\underline{a}))\xi,\eta\rangle|^{M} \\ &\leqslant C_{\lambda}'(\xi,\eta) \; \Pi_{(\alpha,\beta) \in P,\, \varepsilon \in E(\alpha,\beta)} \exp(-\lambda\, |\varepsilon(\underline{a})|) \\ &= C_{\lambda}'(\xi,\eta) \exp(-\lambda\, \Sigma_{(\alpha,\beta) \in P,\, \varepsilon \in E(\alpha,\beta)} |\varepsilon(\underline{a})|) \quad , \end{aligned}$$

$0 < \lambda < 1/2$. On écrit $\|\underline{a}\| = \Sigma|\varepsilon(\underline{a})|$; si $\|\underline{a}\| = 0$, alors, pour chaque $,\beta) \in P$, $\varepsilon \in E(\alpha,\beta)$, $|\varepsilon(\underline{a})| = 0$, donc $|\alpha(\underline{a})| = |\beta(\underline{a})| = 0$, donc $\underline{a} = 0$.

Alors $\|\underline{a}\|$ est une norme sur $\underline{A}$, donc $\rho(\underline{a}) \leqslant C\|a\|$. On conclut que

$$|<\pi(\exp(\underline{a}))\xi,\eta>|^{MC}$$

$$\leqslant C'_\lambda (\xi,\eta) \exp(-\lambda\, \rho(\underline{a})) \qquad \underline{a} \in \underline{A}^+ .$$

Si ξ et η sont des vecteurs spéciaux, on peut écrire (voir la preuve du lemme 2.2.2)

$$<\pi(k\ a\ k')\xi,\eta>$$

$$= \Sigma_{j,j'}\ \bar{u}_{j'}(k')\ u_j(k)\ \ <\pi(a)\xi_{j'}\ ,\ \eta_j> \qquad ,$$

où $0 \leqslant j,j' \leqslant J < \infty$, et $\xi_{j'}$ et η_j sont des vecteurs spéciaux. Il en résulte que $<\pi\xi,\eta> \in L^p(G)$ si $p > 4MC$.

On finit la preuve en démontrant l'inégalité (*) . Soit $\{D_o, D_1, D_2, D_3\}$ une base pour $\mathfrak{U}(\underline{A}^\varepsilon)^\circ$, construite par rapport au groupe $[G^{\alpha,\beta}]^\varepsilon$. Alors $\pi(D_j)\xi$ $(j = 0,\ldots,3)$ sont des vecteurs spéciaux. Le lemme 2.2.1 implique qu'il existe un sous-ensemble fini S de $[K^{\alpha,\beta}]^{\varepsilon\wedge}$ tel que $\pi(a_\perp)\ \pi(D_j)\xi \in H_S$, $(j = 0,1,2,3)$ quel que soit $a_\perp \in A^\varepsilon_\perp$. On remarque que $\pi(a_\perp)\ \pi(D_j) = \pi(D_j)\pi(a_\perp$

Parce que π , restreint à $[G^{\alpha,\beta}]^\varepsilon$, est équivalent à une représentation unitaire, faiblement contenue dans la représentation régulière de $[G^{\alpha,\beta}]^\varepsilon$ (Lemme 2.4.1)

$$<\pi\theta,\zeta> \in L^{1/\lambda}([G^{\alpha,\beta}]^\varepsilon) \qquad \theta,\zeta \in H_\pi$$

et

$$\| <\pi\theta,\zeta>\|_{1/\lambda} \leqslant C\ \|\theta\|\ \|\zeta\|$$

si $0 < \lambda < 1/2$ (Lemme 1.1.4). Il en résulte que, si $\theta,\zeta \in H_S$,

$$a \to <\pi(a)\theta,\zeta> \in L^{1/\lambda}(A^{\varepsilon +}, \omega) \quad ,$$

et

$$\|<\pi\theta,\zeta>\|_{1/\lambda,\omega} \leqslant C_\lambda(S)\ \|\theta\|\ \|\zeta\|$$

(Lemme 2.2.2). (On remarque que la fonction ω est celle par rapport à $[G^{\alpha,\beta}]^\varepsilon)$.

i $a_\perp \in A_\perp^\varepsilon$,

$$a \mapsto \langle\pi(a)\pi(a_\perp)\xi,\eta\rangle \in W^{1/\lambda}(A^{\varepsilon+}, \omega) ,$$

t

$$\|\langle\pi\ \pi(a_\perp)\xi,\eta\rangle\|_{W^{1/\lambda}}$$

$$= \Sigma_j \|\langle\pi\ \pi(D_j)\pi(a_\perp)\xi,\eta\rangle\|_{1/\lambda,\omega}$$

$$= \Sigma_j \|\langle\pi\ \pi(a_\perp)\pi(D_j)\xi,\eta\rangle\|_{1/\lambda,\omega}$$

$$\leqslant \Sigma_j \quad C_\lambda(S) \quad \|\pi(a_\perp)\pi(D_j)\xi\| \ \|\eta\|$$

$$\leqslant \Sigma_j \quad C_\lambda(S) \quad \|\pi\|\,\|\pi(D_j)\xi\| \ \|\eta\|$$

$$= \quad C_\lambda(\xi,\eta) \ .$$

En appliquant le lemme 2.2.3, on déduit que, si $\underline{a} \in \underline{A}^\varepsilon$

$$|\langle\pi(\exp(\underline{a})\ \pi(a_\perp)\xi,\eta\rangle| \leqslant C'(\xi,\eta)\ \exp(-\lambda\ |\varepsilon(\underline{a})|)$$

est-à-dire

$$|\langle\pi(\exp(\underline{a})\xi,\eta\rangle| \leqslant C'_\lambda(\xi,\eta)\ \exp(-\lambda|\varepsilon(\underline{a})|)$$

$\underline{a} \in \underline{A}$, c. q. f . d.

ROLLAIRE 2.4.3.- Soit G un GLS de rang réel $\geqslant 2$, et soit π une représentation itaire de G sans sous-représentation banale. Alors la restriction de π à A t quasi-équivalente à une sous-représentation de la représentation régulière de A.

euve.- Soit $\|\ \ \|$ une norme sur l'algèbre de Lie $\underline{A}$. Si ξ et η sont des cteurs spéciaux, $\langle\pi\xi,\eta\rangle \in C^\infty(A)$. De plus,

$$|\langle\pi(\exp(\underline{a}))\xi,\eta\rangle| \leqslant C\ \exp(-C'\ \|\underline{a}\|\ ) \ .$$

On déduit que $\langle\pi\xi,\eta\rangle \in S(A)$, l'espace de Schwartz de A , donc $\pi\xi,\eta\rangle \in A(A)$. L'espace des vecteurs spéciaux est dense dans H_π (Lemme 2.2.5), nc $\langle\pi\xi,\eta\rangle \in A(A)$ pour tous les vecteurs.

§ 2.5.- SUR LES COEFFICIENTS DES REPRESENTATIONS U.B. D'UN GLS DE RANG REEL 1

Pour les groupes $SO(n,1)$ et $SU(n,1)$, la série complémentaire de classe 1 contient des représentations unitaires π_t $(0 < t < 1)$ telles que $<\pi_t \xi,\eta> \in L^{2/t+\varepsilon}$ $(\varepsilon > 0)$, mais $<\pi_t \xi,\eta> \notin L^{2/t}$. Au contraire, on démontre que, pour les autres GLS de rang réel 1, il existe un nombre fini p tel que $<\pi\xi,\eta> \in L^p$ pour chaque représentation unitaire sans sous-représentation banale. Malheureusement, on ne sait pas ce qui se passe pour les représentations u.b. de ces groupes.

<u>LEMME 2.5.1</u>.- Soit G un GLS de rang réel 1, et soit π une représentation u.b. de G sans sous-représentation banale. Alors $\pi|_A$ est quasi-équivalente à une sous-représentation de la représentation régulière de A, et $<\pi\xi,\eta> \in C_o(G)$ pour tous les vecteurs $\xi,\eta \in H_\pi$.

<u>Preuve</u>.- Soit α une racine de $(\underline{G}, \underline{A})$ et soit $\underline{n} \in \underline{N}_\alpha$. Le sous-groupe moyennable H de G dont l'algèbre de Lie est $\mathbb{R}\underline{n} + \underline{A}$ est le groupe "ax+b". On peut supposer que $\pi|_H$ est unitaire. En appliquant la théorie de Mackey, et le lemme 2.1.2, on voit que $\pi|_H$ est une sous-représentation de la représentation régulière de H. En particulier, $\pi|_A$ est quasi-équivalente à une sous-représentation de la représentation régulière de A.

Soient ξ,η des vecteurs K-finis dans H_π. Alors on peut écrire

$$< \pi(kak')\xi,\eta > = \Sigma_{j,j'} \bar{u}_{j'}(k') u_j(k) <\pi(a)\xi_{j'}, \eta_j> ,$$

où $a \leqslant j,j' \leqslant J < \infty$ et $\xi_{j'}$ et η_j sont des vecteurs K-finis (voir la preuv du lemme 2.2.2). Parce que

$$a \mapsto <\pi(a)\xi_j , \eta_j> \in A(A) \subseteq C_o(A) ,$$

$$|<\pi(kak')\xi,\eta>| \leqslant f(a)$$

où $f(a) \in C_o(A)$, donc $<\pi\xi,\eta> \in C_o(G)$. Le lemme résulte de la continuité de 'application $(\xi,\eta) \mapsto \langle\pi\xi,\eta\rangle$ de $H_\pi \times H_\pi$ dans $C_u(G)$.

IEOREME 2.5.2.- Soit G un GLS de rang réel 1, et soit π une représentation .b. irréductible pas banale de G . Alors il existe un nombre fini p tel que

$$\langle\pi\xi,\eta\rangle \in L^p(G) ,$$

iels que soient les vecteurs spéciaux ξ et $\eta \in H_\pi$.

émonstration.- La théorie du comportement asymptotique des coefficients (voir Jar, Chap. 9]) implique que, asymptotiquement, $\langle\pi(\exp(t\underline{a}))\xi,\eta\rangle$ ($\underline{a} \in \underline{A}^+$) ;t la somme $\Sigma\, b_j\, p_j(t)\, \exp(\lambda_j t)$, où $b_j \in \mathbb{C}$, p_j est un polynôme, et $\lambda_j \in \mathbb{C}$. : lemme précédent implique que $\mathrm{Re}(\lambda_j) < 0$, et le théorème s'ensuit.

IEOREME 2.5.3.- Soit G un GLS, localement isomorphe à $Sp(n,1)$ ou à $F_{4,9}$ . . existe $p < \infty$ tel que, quelle que soit la représentation unitaire π sans sous :présentation banale de G ,

$$\langle\pi\xi,\eta\rangle \in L^p(G) \qquad \xi,\eta \in H_\pi .$$

émonstration.- Ce théorème est un corollaire de certains résultats de B. Kostant Ko] , et du lemme 2.2.6 (voir § 3.1).

§ 3.1.- AUTRES RESULTATS

Soit G un GLS. Si $\gamma \in \underline{A}'_{\mathbb{C}}$, on définit une représentation π_γ pour l'espace $C^\infty(K/M)$ par la formule suivante :

$$[\pi_\gamma(g)\xi](kM) = \exp(-[\gamma+\rho]\ \underline{H}(g^{-1}k))\ \xi(K(g^{-1}k)M) \qquad g \in G\ ,\ k \in K\ ,$$

où

$$g^{-1}k = K(g^{-1}k)\ \exp(\underline{H}(g^{-1}k))\ n$$

et

$$K(g^{-1}k) \in K\ ,\quad \underline{H}(g^{-1}k) \in \underline{A}\quad ,\ \text{et}\quad n \in N\ .$$

La famille de représentations $\{\pi_\gamma\ :\ \gamma \in \underline{A}'_{\mathbb{C}}\}$ s'appelle la série principale de classe 1 . On sait que, si $\gamma \in i\underline{A}'$, alors π_γ se prolonge en une représentation unitaire irréductible (d'après B. Kostant [Ko]) sur $L^2(K/M)$.

On suppose que G est de rang réel 1, et on pose $\pi_z = \pi_{z\rho}$, où $z \in C$. On rappelle qu'une fonction positive définie s'appelle pure si elle est un coefficient d'une représentation unitaire irréductible. D'après Kostant, on sait que $\varphi_z = \langle\pi_z 1, 1\rangle$ est une fonction positive définie pure quand $z \in i\,\mathbb{R}$, et quand $z \in I(G) \subseteq [-1,1]$, où $I(G) = [-1,1]$ si G est localement isomorphe à $SO(n,1)$ où à $SU(n,1)$, $I(G) = [-(2n-1)/(2n+1),\ (2n-1)(2n+1)] \cup \{-1,+1\}$ quand G est localement isomorphe à $Sp(n,1)$, et $I(G) = [-5/11,\ 5/11] \cup \{-1,+1\}$ quand G est $F_{4,9}$. De plus, chaque fonction positive définie pure zonale sur G est φ_z pour un tel z . D'après Harish-Chandra (voir [War, ch. 9]) , si $z \in i\,\mathbb{R}$, alors $\varphi_z \in L^{2+\varepsilon}(G)$, $\varepsilon > 0$, et si $\mathrm{Re}(z) > 0$, alors $\varphi_z \in L^p(G)$ si et seulement si $p > 2/(1 - \mathrm{Re}(z))\ (\mathrm{Re}(z))\ (\mathrm{Re}(z) < 1)$. Finalement $\varphi_1 = 1$.

En général, il est difficile de trouver $\{\gamma \in \underline{A}'_{\mathbb{C}}\ :\ \langle\pi_\gamma 1,1\rangle$ est positive définie$\}$, qui est un ensemble intéressant. D'autres propriétés des $\langle\pi_\gamma 1,1\rangle$ sont encore plus intéressantes. On voudrait savoir quand $\langle\pi_\gamma 1,1\rangle$ multiplie A(G

r exemple, et quand $<\pi_\gamma 1,1>$ $<\pi_\beta 1,1>$ est positif défini. On pourrait
ors généraliser les théorèmes suivants.

EOREME 3.1.1.- Soit G un GLS localement isomorphe à SO(n,1) ou à SU(n,1) .
π est une représentation unitaire de G , et s'il existe un sous-espace dense
de H_π tel que

$$<\pi\xi,\eta> \in L^{2+\varepsilon}(G) \qquad \varepsilon > 0 , \quad \xi,\eta \in H'_\pi ,$$

ors π est faiblement contenue dans la représentation régulière, donc

$$<\pi\xi,\eta> \in L^{2+\varepsilon}(G) \qquad \varepsilon > 0 , \quad \xi,\eta \in H_\pi .$$

monstration.- Si $\xi \in H_\pi$, on peut approximer la fonction $<\pi\xi,\xi>$ uniformément
r les compacts par des fonctions $<\pi\eta,\eta>$ $(\eta \in H'_\pi)$, donc par des fonctions
$_t 1,1> <\pi\eta,\eta>$, où $t \in (0,1)$, $t \to 1$. Les fonctions $<\pi_t 1,1> <\pi\eta,\eta>$ sont
ns $L^2(G) \cap B(G) \subseteq A(G)$, c. q. f. d.

On remarque que le même résultat vaut pour les représentations irréductibles
tous les GLSS, d'après la classification non publiée de Langlands.

MME 3.3.2.- Soit π une représentation unitaire d'un GLS G . S'il existe un
us-espace dense H'_π de H_π tel que $<\pi\xi,\eta> \in L^p(G)$, $\xi,\eta \in H'_\pi$, alors
existe $q < p+2$ tel que $<\pi\xi,\eta> \in L^q(G)$, $\xi,\eta \in H_\pi$.

euve.- Soit N tel que $2N \geqslant p$. On considère le produit tensoriel $\pi^{\otimes N}$.

Le produit tensoriel algébrique $H_\pi \otimes^N$ est un sous-espace dense de $H_{\pi\otimes^N}$,
si $\theta,\zeta \in H_\pi \otimes^N$, alors

$$\begin{aligned} <\pi\otimes^N \theta,\zeta> &\in L^{p/N}(G) \cap B(G) \\ &\subseteq L^2(G) \cap B(G) \\ &\subseteq A(G) . \end{aligned}$$

Parce que A(G) est fermé dans B(G) ,

$$<\pi \otimes^N \theta,\zeta> \in A(G)$$

quels que soient $\theta,\zeta \in H_{\pi\otimes^N}$. En particulier, si $\xi,\eta \in H_\pi$, alors $<\pi\xi,\eta>^N = <\pi \otimes^N \xi\otimes^N , \eta \otimes^N > \in A(G) \subseteq L^{2+\varepsilon}(G)$ $\varepsilon > 0$.

Il en résulte que $<\pi\xi,\eta> \in L^{2N+\varepsilon}(G)$, $\varepsilon > 0$. Si $2N-2 < p \leqslant 2N$, alors on peut choisir ε tel que $2N+\varepsilon = q < p+2$.

On sait que, si $G = SL(2, \mathbb{R})$ ou $SL(2, \mathbb{C})$, le résultat précédent vaut avec $q = p$ si $p > 2$, et on croit qu'il est vrai en général $(p > 2)$. Le résultat final précise le lemme pour certains autres groupes.

<u>LEMME 3.1.3.</u>- Soit G un GLS localement isomorphe à SO(n,1) ou à SU(n,1) . Si π est une représentation unitaire de G , N un entier positif, et $S \in [0,2]$ et s'il existe un sous-espace dense H'_π de H_π tel que

$$<\pi\xi,\eta> \in L^{2N+S+\varepsilon}(G) \qquad \varepsilon > 0 , \quad \xi,\eta \in H'_\pi ,$$

alors, quels que soient $\xi,\eta \in H_\pi$,

$$<\pi\xi,\eta>^N <\pi_t 1,1> \in B_\lambda(G) \subseteq L^{2+\varepsilon}(G)$$

où $t = 2N/(2N+S)$.

§ 3.2.- REFERENCES

[A] G. ARSAC, Sur l'espace de Banach engendré par les coefficients d'une représentation unitaire. Thèse, Université de Lyon I , 1973.

[C] M. COWLING, The Kunze-Stein phenomenon, à paraître. Annals of Math.

[E] P. EYMARD, L'algèbre de Fourier d'un groupe localement compact, Bull. Soc. Math. France, 92 (1964), 181-236.

[F] J.M.G. FELL, Weak containment and induced representations of groups, Canad. J. Math., 14 (1962), 237-268.

[Gi] J.E. GILBERT, L^p-convolution operators and tensor products of Banach spaces III.

[Gr] F. GREENLEAF, Invariant means on topological groups, New-York, 1969.

[He] C.S. HERZ, The theory of p-spaces with on applications to convolution operators, Trans. Amer. Math. Soc. 154 (1971), 69-82.

[Ho] R. HOWE, On the asymptotic behaviour of matrix coefficients.

[Ka] D. KAJDAN, Sur les relations entre l'espace dual d'un groupe et la structure de ses sous-groupes fermés, Func. Anal. i Prilojen 1, (1967), 71-74.

[Ko] B. KOSTANT, On the existence and irreducibility of certain series of representations, Bull. Amer. Math. Soc. 75 (1969), 627-642.

[K.S.] R. KUNZE et E. STEIN, Uniformly bounded representations and harmonic analysis of the 2 × 2 unimodular group, Amer. J. Math. 82 (1960), 1-62.

[Ma] G. MACKEY, The theory of unitary group representations. Chicago University Press, 1976.

[Mo] C.C. MOORE, Dans Group Representations in Mathematics and Physics, Lecture Notes in Physics, Springer-Verlag, 1970.

[Sha] D. SHALE, Linear symmetries of free boson fields, Trans. Amer. Math. Soc. 103 (1962), 149-167.

[She] T. SHERMAN, A weight theory for writary representations, Canad. J. Mcoth. 18 (1966) , 159 - 168.

[Wan] S.P. WANG, The dual space of semi-simple Lie groups, Amer. J. Math. XCI, (1969), 921-937.

[War] G. WARNER, Harmonic analysis on semi-simple Lie groups I, II, Springer-Verlag, 1972.

[Z] R. ZIMMER, Orbit spaces of writary representations, ergodic theory, and simple Lie groups, à paraître, Annals of Math.

SUR LA COHOMOLOGIE CONTINUE DES REPRESENTATIONS UNITAIRES IRREDUCTIBLES DES GROUPES DE LIE SEMI-SIMPLES COMPLEXES

par P. DELORME

Centre de Mathématiques de l'Ecole Polytechnique

Plateau de Palaiseau 91128 PALAISEAU Cedex (France)

Abstract :

Let G a complex connected, simply connected, semi-simple Lie group. Let $\mathfrak{g}$, its Lie algebra, $\mathfrak{p}_o = \mathfrak{h} \oplus \mathfrak{n}_o^+$ a Borel subalgebra of $\mathfrak{g}$. To each parabolic subalgebra of $\mathfrak{g}$, $\mathfrak{p} = \mathfrak{s} \oplus \mathfrak{h} \oplus \mathfrak{n}^+$ containing $\mathfrak{p}_o$, we associate a unitary irreducible representation of G, π_P, which has a trivial infinitesimal character and which is unitarily induced from P. Here P denotes the parabolic subgroup of G with Lie algebra $\mathfrak{p}$. Moreover we have :

$$H_c^{i+\ell_{\mathfrak{s}}}(G, H_P) \simeq \bigoplus_{r+s=i} H^r(\mathfrak{s}, \mathbb{C}) \otimes \Lambda^s \mathfrak{h}^*$$

Here H_P is the space of π_P, $\ell_{\mathfrak{s}}$ is the number of positive roots of the pair $(\mathfrak{g}, \mathfrak{h}_o)$, which do not belong to the system of roots of the pair $(\mathfrak{s}, \mathfrak{s} \cap \mathfrak{h}_o)$. When the group is of rank less than 3, it is shown that every unitary irreducible representation of G with non trivial continuous cohomology is equivalent to one of the π_P.(*)

(*) T. Enright has proved that it holds in general, without assumptions on the rank of G.

0 - Introduction

Aux yeux de l'auteur cet article est un pas vers la détermination de toutes les représentations unitaires irréductibles des groupes semi-simples complexes possédant une cohomologie continue non triviale.
Une telle représentation doit avoir un caractère infinitésimal trivial.
Le module de Harish Chandra irréductible lui correspondant a la même propriété et est unitarisable. A fortiori il est hermitien. Comme conséquence de la classification des modules de Harish Chandra irréductibles rappelée en II.1, nous donnons une paramétrisation de ceux qui sont à la fois hermitien et de caractère infinitésimal trivial (II.3) .
Nous montrons que certains d'entre eux proviennent de représentations unitaires induites à partir de sous groupes paraboliques (II.4) . Au paragraphe III , nous calculons la cohomologie continue de ces représentations induites (unitaires irréductibles). Ce calcul repose sur l'utilisation d'un lemme de Shapiro et d'une suite spectrale de Hochschild Serre en cohomologie continue. L'étude de la dégénérescence de la suite spectrale ainsi obtenue est menée à bien grâce au théorème de B . Kostant sur la cohomologie du radical nilpotent d'une sous algèbre parabolique d'une algèbre de Lie semi simple complexe dans le module trivial (c.f. [VIII] 2.5.2.1.). Enfin au paragraphe IV nous étudions le cas des groupes de rang inférieur ou égal à deux.

I - NOTATIONS

1) Pour tout espace vectoriel V , on note V^* l'espace dual de V .

Pour toute algèbre de Lie $\mathfrak{m}$, on note $\mathbb{U}(\mathfrak{m})$ l'algèbre enveloppante de $\mathfrak{m}$, et $u \to \tilde{u}$ l'antiautomorphisme principal de $\mathbb{U}(\mathfrak{m})$.

On désigne par G un groupe de Lie semi-simple complexe, connexe et simplement connexe, d'algèbre de Lie $\mathfrak{g}$. On fixe une sous-algèbre de Cartan $\mathfrak{h}_o$ de $\mathfrak{g}$, on note Δ l'ensemble des racines de $\mathfrak{h}_o$ dans $\mathfrak{g}$ W le groupe de Weyl, $\mathcal{P}$ le réseau des poids. On fixe un système Δ^+ de racines positives, on note Σ l'ensemble des racines simples de Δ^+ , on pose $\sigma = \frac{1}{2} \sum_{\alpha \in \Delta^+} \alpha$. On fixe une base de Chevalley de $\mathfrak{g}$, on note X_α l'élément de cette base de poids $\alpha \in \Delta$, on pose $H_\alpha = [X_\alpha, X_{-\alpha}]$ pour $\alpha \in \Delta^+$. On note $u \to {}^t u$ l'antiautomorphisme d'ordre 2 de $U(\mathfrak{g})$ défini par ${}^t X_\alpha = X_{-\alpha}$ pour $\alpha \in \Delta$ et ${}^t H = H$ pour $H \in h_o$.

Pour tout espace vectoriel complexe V , on note $V_{\mathbb{R}}$ l'espace vectoriel réel obtenu par restriction des scalaires. Pour tout espace vectoriel réel V^1 , on note $V^1_{\mathbb{C}}$ le complexifié de V^1 . Ainsi, $(\mathfrak{g}_{\mathbb{R}})_{\mathbb{C}}$ est l'algèbre de Lie complexifiée du groupe G considéré comme groupe de Lie réel. On identifie $(\mathfrak{g}_{\mathbb{R}})_{\mathbb{C}}$ au produit direct $\mathfrak{g} \times \mathfrak{g}$ par l'isomorphisme défini par $X \to (X,\bar{X})$ pour $X \in \mathfrak{g}_{\mathbb{R}}$, où $\bar{X}$ est l'imaginaire conjugué de X par rapport à la forme réelle normale de $\mathfrak{g}$. On pose $\mathbb{U} = \mathbb{U}[(\mathfrak{g}_{\mathbb{R}})_{\mathbb{C}}]$. On note $\mathfrak{k}$ la forme réelle compacte de $\mathfrak{g}$ formée des $X \in \mathfrak{g}$ tels que ${}^t X = -\bar{X}$. On note j l'isomorphisme de $\mathfrak{g}$ sur $(\mathfrak{k}_{\mathbb{R}})_{\mathbb{C}} \subset \mathfrak{g} \times \mathfrak{g}$ défini par $j(X) = (X, -{}^t X)$ pour $X \in \mathfrak{g}$.

On pose $\mathfrak{n}_o^+ = \bigoplus_{\alpha \in \Delta^+} \mathbb{C} X_\alpha$, $\mathfrak{n}_o^- = {}^t\mathfrak{n}_o^+$.

On note $\mathfrak{p}_o$ la sous-algèbre de Borel de $\mathfrak{g}$ définie par $\mathfrak{p}_o = \mathfrak{h}_o \oplus \mathfrak{n}_o^+$.

On notera $\mathfrak{p}$ une sous-algèbre parabolique de $\mathfrak{g}$ contenant $\mathfrak{p}_o$. On a $\mathfrak{p} = \mathfrak{s} \oplus \mathfrak{h} \oplus \mathfrak{n}^+$, où $\mathfrak{n}^+$ est le radical nilpotent de $\mathfrak{p}$, et où $\mathfrak{s} \oplus \mathfrak{h}$ est la partie réductive, de centre $\mathfrak{h} \subset \mathfrak{h}_o$ de $\mathfrak{p}$.

On pose $\Delta_{\mathfrak{s}}^+ = \{\alpha \in \Delta^+ , X_\alpha \in \mathfrak{s}\}$, $\Sigma_{\mathfrak{s}} = \Delta_{\mathfrak{s}}^+ \cap \Sigma$

$$\sigma_{\mathfrak{s}} = \frac{1}{2} \sum_{\alpha \in \Delta_{\mathfrak{s}}^+} \alpha$$

$$P_{\mathfrak{s}}^+ = \{p \in \mathfrak{h}_o^* ; p(H_\alpha) \in \mathbb{N} , \forall \alpha \in \Sigma_{\mathfrak{s}}\}$$

On note $w_{\mathfrak{s}}$ l'élément de plus grande longueur du groupe de Weyl de $(\mathfrak{s}, \mathfrak{h}_o \cap \mathfrak{s})$. On note K, H_o, P_o, N_o^+ etc .. les sous-groupes analytiques de G d'algèbre de Lie $\mathfrak{k}$, $\mathfrak{h}_o$, $\mathfrak{p}_o$, $\mathfrak{n}_o^+$ etc .. On identifie comme plus haut, l'algèbre de Lie complexifiée de H_o à $\mathfrak{h}_o \times \mathfrak{h}_o$ et son dual à $\mathfrak{h}_o^* \times \mathfrak{h}_o^*$. On pose $\rho = (\sigma, \sigma)$ et $\rho_{\mathfrak{s}} = (\sigma_{\mathfrak{s}} , \sigma_{\mathfrak{s}})$.
Pour $(p,q) \in \mathfrak{h}_o^* \times \mathfrak{h}_o^*$, $p-q \in P$, $h \in H_o$ on note $h^{(p,q)}$ la valeur en h du caractère de H_o de différentielle (p,q).

Si $\mathfrak{T}$ est une représentation d'une algèbre de Lie, on note $E_{\mathfrak{T}}$ le module correspondant et $\mathfrak{T}^*$ la représentation contragrédiente de $\mathfrak{T}$.

2) Une représentation irréductible de dimension finie π de $\mathfrak{p}$ est triviale sur $\mathfrak{n}^+$ et scalaire sur $\mathfrak{h}$. Soit e un vecteur non nul de l'espace de π tel que $\pi(X_\alpha)e = o$ pour $\alpha \in \Sigma_{\mathfrak{s}}$. On appellera plus haut poids de π le poids p de e par rapport à $\mathfrak{h}_o$. Ce poids détermine π. Un élément p de $\mathfrak{h}_o^*$ est le plus haut poids d'une représentation irréductible de dimension finie de $\mathfrak{p}$ si et seulement si $p \in P_{\mathfrak{s}}^+$. Le plus haut poids de la contragédiente π^* de π est $-w_{\mathfrak{s}}p$.

On identifie $(\mathfrak{p}_R)_C$ à $\mathfrak{p} \times \mathfrak{p}$. Une représentation irréductible ξ de dimension finie de $\mathfrak{p} \times \mathfrak{p}$ est de la forme $\pi_1 \times \pi_2$ où π_1 et π_2 sont des représentations irréductibles de dimension finie de $\mathfrak{p}$. Soit p_1 (resp. p_2) le plus haut poids de π_1 (resp. π_2) ; on dira que (p_1,p_2) est le plus haut poids de ξ. Comme S est simplement connexe, une représentation irréductible de dimension finie de plus haut poids (p_1,p_2) de $(\mathfrak{p}_R)_{\mathbb{C}}$ est la différentielle d'une représentation de P si et seulement si $p_1 - p_2 \in \mathcal{P}$.

3) Soient $\xi = \pi_1 \times \pi_2$ une représentation irréductible de dimension finie de P, de plus haut poids (p_1,p_2) et E_ξ l'espace de ξ. Le groupe G opère par translations à gauche dans l'espace $\mathcal{L}^\infty_{\mathfrak{p}}(\xi)$ des fonctions φ indéfiniment différentiables sur G à valeurs dans E_ξ qui vérifient $\varphi(g\,s\,h\,n) = \xi(sh)^{-1}\,h^{-\rho}\,\varphi(g)$ pour $g \in G$, $s \in S$, $h \in H$, $n \in N$.

Le sous-espace (dense) de $\mathcal{L}^\infty_{\mathfrak{p}}(\xi)$ formé des éléments K-finis est stable par convolution à gauche avec les éléments de $\mathbb{U}$, ce qui en fait un $\mathbb{U}$-module. On le notera $\mathcal{L}_{\mathfrak{p}}(\xi)$, ou $\mathcal{L}_{\mathfrak{p}}(\pi_1,\pi_2)$, ou $\mathcal{L}_{\mathfrak{p}}(p_1,p_2)$. On posera $\mathcal{L}_{\mathfrak{p}_o}(p_1,p_2) = \mathcal{L}_o(p_1,p_2)$.

4) Identifiant $\mathfrak{t}_{\mathbb{C}}$ à $\mathfrak{J}$, grâce à l'isomorphisme j, on appelle plus haut poids d'une représentation irréductible de K le plus haut poids de sa différentielle. Pour $\delta \in \mathcal{P}$, on note $\mathcal{L}^\delta_{\mathfrak{p}}(\xi)$ la K-composante isotypique de plus haut poids δ de $\mathcal{L}_{\mathfrak{p}}(\xi)$. Soit $(p,q) \in \mathfrak{h}^*_o \times \mathfrak{h}^*_o$ tel que $p-q \in \mathcal{P}$; on note $\mathcal{L}^o_o(p,q)$ la K-composante isotypique de $\mathcal{L}_o(p,q)$ dont le plus haut poids est l'élément de la chambre de Weyl positive conjugué de $p-q$ sous l'action du groupe de Weyl. Le K-module $\mathcal{L}^o_o(p,q)$ est irréductible.

5) Le sous module de $\mathcal{L}_o(p,q)$, $\mathbb{U}\mathcal{L}^o_o(p,q)$ a un et un seul sous module propre maximal (cf [V]3.4.) Nous noterons $V(p,q)$ le quotient irréductible de $\mathbb{U}\mathcal{L}^o_o(p,q)$, et $r_{p,q}$ la représentation irréductible de $\mathbb{U}$ dans $V(p,q)$.

<u>Remarque</u> : $V(p,q)$ est l'unique sous quotient irréductible de $\mathcal{L}_o(p,q)$ qui contient un sous K-module isomorphe à $\mathcal{L}^o_o(p,q)$.

II - Modules de Harish Chandra irréductibles, de caractère infinitésimal trivial. Etude partielle de l'unitarisibilité.

1) Théorème (c.f. [V] 1.9,4.1,4.5) :

(i) Soit V un module de Harish Chandra irréductible. Il existe $(p,q) \in (\mathfrak{h}_o^* \times \mathfrak{h}_o^*)$ tel que $p-q \in P$ et tel que la représentation $r_{p,q}$, de $\mathbb{U}$, soit isomorphe à la représentation de $\mathbb{U}$ dans V.

(ii) Soient (p,q), $(p',q') \in \mathfrak{h}_o^* \times \mathfrak{h}_o^*$ tels que $p-q$, $p'-q' \in P$. $r_{p,q}$ et $r_{p',q'}$ sont équivalentes si et seulement si il existe $w \in W$ tel que $p' = wp$ et $q' = wq$.

(iii) Soient (p,q), (p',q') comme en (ii). Alors $r_{p,q}$ et $r_{p',q'}$ ont même caractère infinitésimal si et seulement si il existe w_1, $w_2 \in W$ tels que $p' = w_1 p$, $q' = w_2 q$.

2) On dit qu'un module d'Harish Chandra, V, est hermitien s'il existe sur V une forme hermitienne invariante et non dégénérée.
Pour $(p,q) \in \mathfrak{h}_o^* \times \mathfrak{h}_o^*$ on définit $\bar{p}$, $\bar{q} \in \mathfrak{h}_o^*$ et $(\overline{p,q}) \in \mathfrak{h}_o^* \times \mathfrak{h}_o^*$ par :
$\bar{p}(H) = (\overline{p\bar{H}})$, $\bar{q}(H) = \overline{q(\bar{H})}$, $(\overline{p,q}) = (\bar{q},\bar{p})$ $(H \in \mathfrak{h}_o)$.
Alors on a :

Lemme (c.f. [VI] Lemme 1) :
Pour $(p,q) \in \mathfrak{h}_o^* \times \mathfrak{h}_o^*$ avec $p-q \in P$, $V(p,q)$ est hermitien si et seulement si il existe $w \in W$ tel que $(wp,wq) = -(\overline{p,q})$.

3) Proposition :
L'ensemble des modules de Harish Chandra, hermitiens, irréductibles, de caractère infinitésimal trivial à équivalence près, s'identifie à l'ensemble des involutions $\operatorname{Inv} W$ de W par l'application $w \in \operatorname{Inv}(W) \to V(w\sigma,-\sigma)$.
De plus $V(p,q)$ est hermitien de caractère infinitésimal trivial si et seulement si il existe u,w avec $w^{-1}u \in \operatorname{Inv} W$ et $p = u\sigma$, $q = -w\sigma$.

Démonstration :

Il suffit de remarquer que $V(-\sigma,-\sigma)$ est le module trivial et que $w_o\sigma = -\sigma$ si (et seulement si) w_o est l'élément de plus grande longueur du groupe de Weyl . La proposition est alors une application triviale du théorème II.1 et du lemme II.2 .

4) Unitarisabilité de certains $V(w\sigma,-\sigma)$, $w \in \mathrm{Inv}\, W$.

Proposition :

(i) Soit $\mathfrak{p} = \mathfrak{s} \oplus \mathfrak{h} \oplus \mathfrak{n}^+$ une sous algèbre parabolique de $\mathfrak{g}$ contenant $\mathfrak{p}_o$ Les notations étant celles de I.1, $V(w_{\mathfrak{s}}\sigma,-\sigma)$ est isomorphe à la représentation de $\mathbb{U}$ sur l'espace des vecteurs K-finis de la représentation unitaire de G , π_P , induite (au sens de Mackey) du caractère unitaire de P correspondant à $(\sigma-\sigma_{\mathfrak{s}}\ ,\ \sigma_{\mathfrak{s}}-\sigma)$. En particulier π_P est irréductible.

(ii) Pour des sous algèbres distinctes $\mathfrak{p}$, $\mathfrak{p}'$ contenant $\mathfrak{p}_o$, π_P et $\pi_{P'}$ sont non équivalentes.

Démonstration :

(i) D'après [IV] Proposition 2.6. et 2.7 il existe un isomorphisme entre $\mathcal{L}_{\mathfrak{p}}(\sigma-\sigma_{\mathfrak{s}}\ ,\ \sigma_{\mathfrak{s}}-\sigma)$ et un sous module de $\mathcal{L}_o(\sigma-2\sigma_{\mathfrak{s}},-\sigma)$ qui contient $\mathbb{U}\mathcal{L}_o^o(\sigma-2\sigma_{\mathfrak{s}},-\sigma)$. D'autre part $\mathcal{L}_{\mathfrak{p}}(\sigma-\sigma_{\mathfrak{s}},\sigma_{\mathfrak{s}}-\sigma)$ est irréductible. D'après [IV] Corollaire 2.13, il suffit pour le voir, de vérifier que :

$$\forall\alpha \in \Delta^+ - \Delta^+_{\mathfrak{s}}$$
$$[(\sigma-\sigma_{\mathfrak{s}}) + \sigma_{\mathfrak{s}}](H_\alpha) = \sigma(H_\alpha)$$
$$[(\sigma_{\mathfrak{s}}-\sigma) + \sigma_{\mathfrak{s}}](H_\alpha) = (-w_{\mathfrak{s}}\sigma)(H_\alpha)$$

ne sont pas des entiers non nuls de même signe. Or pour tout α dans Δ^+ on a $\sigma(H_\alpha) > 0$. L'irréductibilité résulte alors de $w_{\mathfrak{s}}(\Delta^+ - \Delta^+_{\mathfrak{s}}) \subset \Delta^+$.

$\mathcal{L}_{\mathfrak{p}}(\sigma-\sigma_{\mathfrak{s}},\sigma_{\mathfrak{s}}-\sigma)$ est donc isomorphe à un sous module irréductible de $\mathcal{L}_o(\sigma-2\sigma_{\mathfrak{s}},-\sigma)$ qui contient $\mathbb{U}\mathcal{L}_o^o(\sigma-2\sigma_{\mathfrak{s}}\ ,-\sigma)$.
D'après la remarque 1.5, ce sous module est isomorphe à $V(w_{\mathfrak{s}}\sigma\ ,\ -\sigma)$.
Pour achever de prouver (i) , il suffit de remarquer que la représentation

de P de plus haut poids $(\sigma - \sigma_{\mathfrak{s}}, \sigma_{\mathfrak{s}} - \sigma)$ est un caractère unitaire de P.

(ii) résulte clairement de (i) et du théorème II.1 .

Notation : On notera H_P l'espace de π_P .

III - Calcul de $H_c^*(G,H_P)$

Ici H_c^* dénote la cohomologie continue (c.f. [III]) .

1) Lemme :

On a $H_c^*(G,H_P) \simeq H_c^*(P,\mathbb{C}_{\chi_P})$ où χ_P est le caractère de P correspondant à $(2(\sigma - \sigma_{\mathfrak{s}}),0) \in \mathfrak{h}_o^* \times \mathfrak{h}_o^*$ et où l'on a écrit $\mathbb{C}_{\chi_P}$ pour montrer que P agit dans $\mathbb{C}$ par χ_P .

Démonstration :

Il suffit d'appliquer le lemme de Shapiro valable en cohomologie continue pour l'induction au sens de Mackey (c.f. [I]) .

2) Lemme :

Il existe une suite spectrale de terme $E_2^{r,s} = H_c^r(SH,H_c^s(N^+,\mathbb{C}_{\chi_P}))$ qui converge vers $H_c^*(P,\mathbb{C}_{\chi_P})$ (l'action de SH sur $H_c^*(N^+,\mathbb{C}_{\chi_P})$ est précisée ci-dessous).

Démonstration :

Notons d'abord que χ_P est trivial sur N^+ .

Pour utiliser la suite spectrale de Hochschild-Serre en cohomologie continue, il suffit de vérifier que $H_c^*(N^+,\mathbb{C})$ est séparé. Ce fait est démontré dans III prop. 5. La démonstration qui en est donnée est incomplète. Toutefois nous savons que le résultat est valable lorsque l'on se limite à regarder des modules qui sont des espaces de Fréchet (communication orale de D. Wigner), ce qui est bien notre cas. Au vu du théorème du graphe fermé pour les espaces de Fréchet, pour vérifier que $H_c^*(N^+,\mathbb{C})$ est séparé, il suffit de voir que $H_c^*(N^+,\mathbb{C})$ est de dimension finie. Mais $H_c^*(N^+,\mathbb{C}) \simeq H_{C^\infty}^*(N^+,\mathbb{C})$, où $H_{C^\infty}^*$ signifie cohomologie différentiable (c.f. [I] par exemple). Utilisant la suite spectrale de Van Est ([VII]) et remarquant que N^+ est contractile on obtient un isomorphisme algébrique entre $H_c^*(N^+,\mathbb{C})$ et $H^*(\mathfrak{n}^+ \times \mathfrak{n}^+,\mathbb{C})$ (cohomologie de l'algèbre de Lie complexe $\mathfrak{n}^+ \times \mathfrak{n}^+$ dans le module trivial $\mathbb{C}$) qui est clairement de dimension finie. L'application de [III](prop.5) fournit le lemme. Précisons l'action de SH sur $H_c^s(N^+,\mathbb{C}_{\chi_P})$. Elle s'obtient par passage au quotient de l'action de SH sur $C^s(N^+,\mathbb{C})$ (cochaînes homogènes continues de degré s) que l'on définit ainsi :

pour $f \in C^s(N^+,\mathbb{C})$ et $g \in SH$ on pose

$$(g.f)(n_o,\dots,n_s) = \chi_P(g)\, f(g^{-1}n_o g ,\dots, g^{-1}n_s g)$$

D'autre part $H_c^*(N^+,\mathbb{C}) \simeq H^*(\mathfrak{n}^+ \times \mathfrak{n}^+,\mathbb{C})$. Il en résulte une structure de SH-module sur $H^*(\mathfrak{n}^+ \times \mathfrak{n}^+,\mathbb{C})$ que nous décrivons maintenant. D'abord, il existe une action naturelle de SH dans $H^*(\mathfrak{n}^+ \times \mathfrak{n}^+,\mathbb{C})$: notant Ad^* la représentation coadjointe de SH dans $(\mathfrak{n}^+ \times \mathfrak{n}^+)^*$ (où $\mathfrak{n}^+ \times \mathfrak{n}^+$ est regardée comme la complexifiée de l'algèbre de Lie de N^+), on fait agir SH sur $\Lambda^s(\mathfrak{n}^+ \times \mathfrak{n}^+)^*$ par $\Lambda^s\, Ad^*$, puis l'on passe au quotient (la différentielle commute à cette action sur l'espace des cochaînes). D'autre part, on fait agir SH sur $\mathbb{C}$ par χ_P et l'on note encore $\mathbb{C}_{\chi_P}$ le SH-module ainsi obtenu. Alors le SH-module que l'on étudie est isomorphe au produit tensoriel $H^*(\mathfrak{n}^+ \times \mathfrak{n}^+,\mathbb{C}) \otimes \mathbb{C}_{\chi_P}$ (où $H^*(\mathfrak{n}^+ \times \mathfrak{n}^+,\mathbb{C})$ est muni de sa structure naturelle de SH-module). Le module ainsi obtenu sera noté $H^*(\mathfrak{n}^+ \times \mathfrak{n}^+,\mathbb{C}_{\chi_P})$ dans la suite.

3) Lemme :

Il existe une suite spectrale de terme $E_2^{r,s} \simeq H_c^r(SH,H^s(\mathfrak{n}^+ \times \mathfrak{n}^+,\mathbb{C}_{\chi_P}))$ qui converge vers $H_c^*(P,\mathbb{C}_{\chi_P})$.

Démonstration :

Résulte clairement ce qui précède.

4) Soient p , q des éléments de $\mathcal{P}_{\mathfrak{s}}^+$ tels que $p-q \in \mathcal{P}$. On note $F(p,q)$ le SH-module simple de dimension finie de plus haut poids (p,q). Pour $w \in W$ on note $\ell(w)$ sa longueur. On note $W^{\mathfrak{s}}$ le système des représentants

de longueur minimum des classes à gauche dans W modulo $W_{\mathfrak{s}}$.

Alors on a :

Lemme (c.f. [VIII] 2.5.2.1 , 2.5.2.6) :

Muni de sa structure naturelle de SH-module, $H^s(n^+ \times n^+, \mathbb{C})$ est isomorphe

à $$\bigoplus_{\substack{w,w'\in W^{\mathfrak{s}} \\ \ell(w)+\ell(w')=s}} F_{(w\sigma-\sigma,\, w'\sigma-\sigma)}$$

5) Lemme :

$H^*_c(SH, F(p,q)) \neq 0$ si et seulement si $F(p,q)$ est le SH-module trivial (noté $\mathbb{C}$ dans la suite)

Démonstration :

Si $H^*_c(SH, F(p,q)) \neq 0$, $F(p,q)$ est de caractère infinitésimal trivial (c.f. [II] ch. I, par.4) . On voit facilement que cela implique $F(p,q) = \mathbb{C}$.

6) Lemme :

(i) $H^r_c(SH, H^s(n^+ \times n^+, \mathbb{C}_{\chi_P})) = 0$

si $s \neq \ell_{\mathfrak{s}}$ ($\ell_{\mathfrak{s}} = \text{Card } \Delta^+ - \Delta^+_{\mathfrak{s}}$)

(ii) $H^r_c(SH, H^{\ell_{\mathfrak{s}}}(n^+ \times n^+ , \mathbb{C}_{\chi_P})) \simeq H^r_c(SH, \mathbb{C})$

Démonstration :

D'après le lemmeIII.4 on a :

$$H^s(n^+ \times n^+, \mathbb{C}_{\chi_P}) \simeq \bigoplus_{\substack{w,w'\in W^{\mathfrak{s}} \\ \ell(w)+\ell(w')=s}} F_{(w\sigma - \sigma + 2\sigma - 2\sigma_{\mathfrak{s}} ,\; w'\sigma - \sigma)}$$

Du lemme III.5, on déduit :

$$H^*(SH, H^s(n^+ \times n^+, \mathbb{C}_{\chi_P})) \neq 0 \Rightarrow \begin{cases} \exists w,w' \in W^{\mathfrak{s}} , \ \ell(w) + \ell(w') = s \\ w\sigma - \sigma = -2(\sigma - \sigma_{\mathfrak{s}}), w'\sigma - \sigma = 0 \end{cases}$$

Or $w\sigma - \sigma = -2(\sigma - \sigma_{\mathfrak{s}})$, $w'\sigma - \sigma = 0$ implique $\begin{cases} w = w_{\mathfrak{s}} w_o \\ w' = 1 \end{cases}$ et les autres conditions sont vérifiées si et seulement si $s = \ell_{\mathfrak{s}}$. Le lemme en résulte.

7) Lemme :

Si L est un groupe de Lie semi-simple complexe, connexe, simplement connexe, $\mathfrak{l}$, son algèbre de Lie, on a : $H_c^*(L,\mathbb{C}) \simeq H^*(\mathfrak{l},\mathbb{C})$.

Démonstration :

Soit $\mathfrak{u}$ l'algèbre de Lie d'un sous groupe compact maximal, U, de L. Alors $\mathfrak{l}_{\mathbb{R}} = \mathfrak{u} \oplus i\mathfrak{u}$ est une décomposition de Cartan de l'algèbre de Lie semi-simple réelle $\mathfrak{l}_{\mathbb{R}}$. Posant $\mathfrak{r} = i\mathfrak{u}$, la représentation de U dans $\mathfrak{r}$ est isomorphe à la représentation coadjointe de U. Alors il résulte de [II] (ch.2) et de ce qui précède que : $H_c^*(L,\mathbb{C}) \simeq \mathrm{Hom}_U(\mathbb{C},\Lambda^*\mathfrak{u}_{\mathbb{C}})$ soit encore, puisque U est connexe, simplement connexe : $H_c^*(L,\mathbb{C}) \simeq \mathrm{Hom}_{\mathfrak{u}}(\mathbb{C},\Lambda^*\mathfrak{u}_{\mathbb{C}})$.
D'autre part $H^*(\mathfrak{u},\mathbb{R}) \simeq \mathrm{Hom}_{\mathfrak{u}}(\mathbb{R},\Lambda^*\mathfrak{u})$. Ceci résulte de la formule de Kuga [VIII] p. 180) et du fait que tout élément de l'espace d'une représentation de dimension finie de $\mathfrak{u}$ annulé par le Casimir de $\mathfrak{u}$ est invariant par $\mathfrak{u}$.
Donc $H_c^*(L,\mathbb{C}) \simeq H^*(\mathfrak{u},\mathbb{R}) \underset{\mathbb{R}}{\otimes} \mathbb{C} \simeq H^*(\mathfrak{u}_{\mathbb{C}},\mathbb{C})$.
Comme $\mathfrak{u}_{\mathbb{C}}$ est isomorphe à $\mathfrak{l}$, le lemme est démontré.

8) Lemme :

$$H_c^*(SH,\mathbb{C}) \simeq H^*(\mathfrak{s},\mathbb{C}) \otimes \Lambda^* \mathfrak{h}^*$$

Démonstration :

Il suffit d'appliquer une formule de Künneth, d'utiliser le lemme précédent et de remarquer que $H_c^*(H,\mathbb{C}) \simeq \Lambda^*.\mathfrak{h}^*$

9) Théorème :

$$H_c^{n+\ell_{\mathfrak{s}}}(G,H_P) \simeq \bigoplus_{r+s=n} H^r(\mathfrak{s},\mathbb{C}) \otimes \Lambda^s(\mathfrak{h}^*)$$

Démonstration :

Le lemme III.6 montre que la suite spectrale du lemme III.3, qui converge vers $H_c^*(G,H_P)$ d'après le lemme III.1, dégénère. Le théorème est alors une conséquence immédiate des lemmes III.6 et III.8.

IV - Cas des groupes de rang inférieur ou égal à deux.

Théorème :

Si G est de rang inférieur ou égal à deux, toute représentation unitaire irréductible , (π, H_π), de G vérifiant $H_c^*(G, H_\pi) \neq 0$ est équivalente à une des représentations (π_P, H_P) .

Démonstration :

D'après les remarques préliminaires de l'introduction et la proposition II.3 , il suffit de vérifier que tout module de Harish Chandra irréductible, de caractère infinitésimal trivial et unitarisable, est isomorphe à l'un des $V(w_{\mathfrak{s}}\sigma, -\sigma)$, ce que l'on fait cas par cas :

- le cas de $G = SL(2,\mathbb{C}), SL(2,\mathbb{C}) \times SL(2,\mathbb{C}), SL(3,\mathbb{C})$ est facilement résolu car toute involution du groupe de Weyl W est de la forme $w_{\mathfrak{s}}$. On conclut en utilisant la proposition II.3 .

- on traite le cas de $Sp(2,\mathbb{C})$ et du groupe complexe d'algèbre de Lie du type G_2 en utilisant la description du dual unitaire de ces groupes donnée dans [VI] (th. 2 et 3) .

BIBLIOGRAPHIE

[I] P. BLANC : Thèse de 3ème cycle, Paris VII, 1977.

[II] A. BOREL, N. WALLACH : Seminar on the cohomology of discrete subgroups of semi-simple groups, ch. I-III (Preprint).

[III] W. CASSELMAN, D. WIGNER : Continuous cohomology and a conjecture of Serre's. Inv. Math. 25, (1974), 199-211 .

[IV] N. CONZE-BERLINE, M. DUFLO : Sur les représentations induites des groupes semi-simples complexes. (A paraître).

[V] M. DUFLO : Représentations irréductibles des groupes semi-simples complexes. Lecture Notes 497 (1975) 26-88 .

[VI] M. DUFLO : Représentations unitaires irréductibles des groupes semi-simples complexes de rang deux (A paraître).

[VII] W.T. VAN EST : Une application d'une méthode de Cartan Leray, Indag. Math. 18 (1955), 542-544.

[VIII] G. WARNER : Harmonic analysis on semi-simple Lie groups, Grund. Math. Wiss. 188, Springer, Berlin 1972.

An Application of Topological Paley-Wiener Theorems to Invariant differential Equations on Symmetric Spaces

by

Masaaki EGUCHI
Hiroshima University

§1. Introduction

Let $X = G/K$ be a Riemannian symmetric space of non-compact type. Let $\mathcal{D}'(X)$ and $C'(X)$ be the space of all distributions and the space of tempered distributions on X respectively. It is an interesting problem to ask whether the differential equation

$$Du = f$$

has a solution u in the categories $\mathcal{D}'(X)$, $C'(X)$ or the other function spaces if $D \in \mathbb{D}(X)$, a nonzero invariant differential operators on X, f is in the corresponding category respectively.

As in Euclidean space case, characterization of the images of function spaces on X by Fourier transform is quite useful to this question. Especially, the topological Paley-Wiener type theorems combining with the Hahn-Banach theorem give the existence theorem for the spaces of distributions. In fact, Helgason's recent work [6] gives the existence theorem for the space $\mathcal{D}'_K(X)$ of K-finite distributions.

If we consider the usual topologies on the space $\mathcal{D}(X)$ and its Fourier image, we know that the Paley-Wiener theorem by Helgason [5] involves the topological Paley-Wiener theorem (cf. §4). The existence theorem for $\mathcal{D}'(X)$ follows from this. We use also the Paley-Wiener type theorem for the Schwartz space $C(X)$ of rapidly decreasing functions on X to get the existence theorem for $C'(X)$ in §6.

§2. Notation and Preliminaries

As usual $\mathbb{Z}$ and $\mathbb{Z}^+$ denote the set of integers and nonnegative integers respectively, and also $\mathbb{C}$ denotes the field of complex numbers.

Let G be a non-compact, connected semisimple Lie group with finite center and K a maximal compact subgroup of G. Then $X = G/K$ is a symmetric space of non-compact type. Let $\mathfrak{g}$ be the Lie algebra of G and $\mathfrak{k}$ the Lie subalgebra of $\mathfrak{g}$ corresponding to K. Let $\mathfrak{g} = \mathfrak{k} + \mathfrak{p}$ be the Cartan decomposition of $\mathfrak{g}$ and $\mathfrak{a}$ a maximal abelian subspace of $\mathfrak{p}$. Let $G = KAN$ and $\mathfrak{g} = \mathfrak{k} + \mathfrak{a} + \mathfrak{n}$ be an Iwasawa decomposition, here A and N are abelian and unipotent subgroups respectively, and $\mathfrak{a}$ and $\mathfrak{n}$ denote the corresponding Lie subalgebras respectively. The positive Weyl chamber in $\mathfrak{a}$ is denoted by $\mathfrak{a}^+$. By the Iwasawa decomposition, each $x \in G$ can be written uniquely in the form $x = \kappa(x)\exp H(x) n(x)$ $(\kappa(x) \in K,\ H(x) \in \mathfrak{a},\ n(x) \in N)$. Let $\mathfrak{a}^*$ be the dual space of $\mathfrak{a}$. Let ρ be the element in $\mathfrak{a}^*$ defined by $\rho(H) = \mathrm{tr}\, \mathrm{ad}H|\mathfrak{n}\ (H \in \mathfrak{a})$.

Let $W = M'/M$ be the Weyl group of $(\mathfrak{g}, \mathfrak{a})$, M' and M denoting the normalizer and the centralizer of $\mathfrak{a}$ in K respectively. The order of W is denoted by $[W]$. We also denote the compact homogeneous space K/M by B.

If $\mathfrak{s}$ is a subspace of $\mathfrak{g}$, $\mathfrak{s}_c$ denotes its complexification. Let $\langle\ ,\ \rangle$ be the Killing form of $\mathfrak{g}_c$. If $\lambda, \mu \in \mathfrak{a}_c^* = (\mathfrak{a}^*)_c$, let $H_\lambda \in \mathfrak{a}_c$ be the unique element determined by $\lambda(H) = \langle H_\lambda, H\rangle$ $(H \in \mathfrak{a})$ and put $\langle\lambda, \mu\rangle = \langle H_\lambda, H_\mu\rangle$. If $\lambda \in \mathfrak{a}^*$, $X \in \mathfrak{p}$, put $|\lambda| = \langle\lambda, \lambda\rangle^{1/2}$ and $|X| = \langle X, X\rangle^{1/2}$.

Let $\alpha_1, \cdots, \alpha_\ell$ be all simple restricted roots. Then $\{\alpha_j\}_{1\le j\le \ell}$ is a basis for $\mathfrak{a}^*$ (also for $\mathfrak{a}_c^*$). We introduce a global coordinate for $\mathfrak{a}^*$ and $\mathfrak{a}_c^*$ by $\lambda = \Sigma_{1\le j\le \ell}\lambda_j\alpha_j$. Then $\mathfrak{a}^*$ and $\mathfrak{a}_c^*$ are C^∞ manifolds. Let $S(\mathfrak{a}_c^*)$ be the symmetric algebra over $\mathfrak{a}_c^*$, which is considered to be the algebra of differential operators on the manifolds $\mathfrak{a}^*$ and $\mathfrak{a}_c^*$. The set $\mathcal{B}(\mathfrak{a}_c^*)$ given by

$$\{\, \partial^r = \frac{\partial^{|r|}}{\partial\lambda_1^{r_1}\cdots\partial\lambda_\ell^{r_\ell}}, \quad \text{for all } \ell\text{-tuples} \quad r = (r_1,\cdots,r_\ell)\}$$

forms a basis of $S(a_c^*)$, here $|r| = r_1 + \cdots + r_\ell$.

Let G be the universal enveloping algebra over g_c. Let $X_1,\cdots,X_n$ be any fixed basis of g. Then by Birkhoff-Witt theorem,

$$B(G) = \{\, X_1^{e_1}\cdots X_n^{e_n} \mid e_i \in \mathbb{Z}^+ , \ (i=1,\cdots,n)\}$$

forms a basis of G. If $g = X_1^{e_1}\cdots X_n^{e_n}$, we put $|g| = e_1 + \cdots + e_n$. As usual, G is regarded as the algebra of left invariant differential operators on G. By means of the anti-isomorphism ι of G onto the algebra of right invariant differential operators on G, we use the following notation for $f \in C^\infty(G)$ and $D = (g_1 , g_2) \in G \times G = \tilde{G}$

$$Df(x) = (\iota g_1(g_2 f))(x) = (g_2(\iota g_1 f))(x), \qquad x \in G.$$

Let $B(\tilde{G}) = B(G) \times B(G)$. If $D = (g_1 , g_2) \in B(\tilde{G})$ we put $|D| = |g_1| + |g_2|$.

Let $Y_1,\cdots,Y_r$ be an orthonormal basis of k with respect to the restriction of the Killing form to k and put

$$\omega_k = -(Y_1^2 + \cdots + Y_r^2) .$$

The Killing form induces Euclidean measures da and $d\lambda$ on A and a^* respectively. We normalize these so that the Euclidean Fourier transform is inverted by the Fourier inversion formula without any multiplicative constant. Let dk and $d\bar{n}$ be the normalized Haar measures on K and $\bar{N}$ respectively, so that 1 and $e^{-2\rho(H(\bar{n}))}$ have integrals 1 over K and $\bar{N}$ respectively. Then $dn = \theta(d\bar{n})$ is a Haar measure on N. Let dg be the Haar measure on G such that $dg = e^{2\rho(\log a)}\, dk\, da\, dn$ under the Iwasawa decomposition $G = KAN$.

§3. Paley-Wiener Type Theorem for $C^p(X)$

In this section we summarize the results of [1,2] in a suitable form for our purpose.

Each $x \in G$ can be written uniquely in the form $x = \exp X \cdot k$ $(X \in \mathfrak{p},\ k \in K)$ by the Cartan decomposition. The spherical function σ on G is then defined by $\sigma(x) = \langle X, X\rangle^{1/2}$. Also for each $\lambda \in \mathfrak{a}_c^*$, ϕ_λ denotes the elementary spherical function on G defined by

$$\phi_\lambda(x) = \int_K e^{(i\lambda-\rho)(H(xk))}\, dk .$$

We put $\Xi(x) = \phi_0(x)$ $(x \in G)$.

Each function f on X is considered to be a function on G which is right invariant under K-action.

For each p $(0 < p \leq 2)$, let $C^p(X)$ denote the set of all complex-valued C^∞ functions f on G which satisfy the following two conditions: (i) f is right invariant under K-action, (ii) for each $m \in \mathbb{Z}^+$,

$$\tau_m(f) = \sum_{\substack{D \in \mathcal{B}(\tilde{G}) \\ r,\ |D| \leq m}} \sup_{x \in G} |Df(x)|\, \Xi(x)^{-2/p}(1+\sigma(x))^r < \infty.$$

Then $C^p(X)$ is a Fréchet space with the topology defined by the seminorms τ_m $(m \in \mathbb{Z}^+)$ and we have the following inclusions:

$$\mathcal{D}(X) \subset C^p(X) \subset C^q(X) \subset C^2(X), \quad (0 < p \leq q \leq 2).$$

We write $C(X)$ for $C^2(X)$. The dual space of $C(X)$ is denoted by $C'(X)$ and called the space of tempered distributions on X.

For each $f \in C(X)$, the Fourier transform $\tilde{f} = Ff$ is defined by

$$f(\lambda : b) = \int_{AN} f(kan)e^{(-i\lambda+\rho)(\log a)}\, da\, dn\,, \qquad (\lambda \in a^*,\ b \in B).$$

Let $0 < p < 2$ and F^p denote the tube domain

$$\{ \lambda \mid \lambda \in a^*_c \text{ and } |\mathrm{Im}(s\lambda)(H)| \le (\tfrac{2}{p} - 1)\rho(H) \text{ for } H \in a^+\}.$$

Let $Z^2(a^* \times B)$ (or simply $Z(a^* \times B)$) denote the space of all C^∞ functions ψ on $a^* \times B$ which satisfy that for each $m \in \mathbb{Z}^+$

$$\nu^2_m(\psi) = \sum_{\substack{u \in B(a^*_c) \\ |u|, q, r \le m}} \ \sup_{(\lambda, b) \in a^* \times B} (1 + |\lambda|^2)^q |\psi(\lambda\, ; \partial(u) : b\, ; \omega^r_k)| < \infty.$$

For $0 < p < 2$, let $Z^p(a^* \times B)$ denotes the set of all $\psi \in C^\infty(a^* \times B)$ such that (i) for each fixed $b \in B$ the function $\psi(\cdot : b)$ on a^* extends holomorphically to $\mathrm{Int}\, F^p$, the interior of the tube domain F^p, (ii) for each $m \in \mathbb{Z}^+$,

$$\nu^p_m(\psi) = \sum \ \sup_{(\lambda, b) \in \mathrm{Int}\, F^p \times B} (1 + |\lambda|^2)^q |\psi(\lambda\, ; \partial(u) : b\, ; \omega^r_k)| < \infty.$$

Here the sum is taken as same as in the case $Z^2(a^* \times B)$.

Then the spaces $Z^p(a^* \times B)(0 < p \le 2)$ become Fréchet spaces with the topologies induced from the seminorms ν^p_m $(m \in \mathbb{Z}^+)$ for each p $(0 < p \le 2)$.

For each continuous function ψ on $a^* \times B$, the function $\check{\psi}$ on $a^* \times G$ is defined by

$$\check{\psi}(\lambda : x) = \int_K \psi(\lambda : \kappa(xk)M)e^{(i\lambda-\rho)(H(xk))}dk, \qquad (\lambda \in a^*,\ x \in G).$$

Let $Z^p(a^* \times B)_W$ $(0 < p \le 2)$ denote the closed subspace consisting of functions $\psi \in Z^p(a^* \times B)$ which satisfy the functional equation with respect to the Weyl group W :

$$\check{\psi}(s\lambda : x) = \check{\psi}(\lambda : x), \qquad (\lambda \in \mathfrak{a}^*, \ x \in G).$$

Then the spaces $C^p(\mathfrak{a}^* \times B)_W$ $(0 < p \leq 2)$ are closed subspaces of $C^p(\mathfrak{a}^* \times B)$ and Fréchet spaces.

We use the following theorem in the sequel.

Theorem 1([1,2]). Let $0 < p \leq 2$. The Fourier transform F is a topological isomorphism of $C^p(X)$ onto $C^p(\mathfrak{a}^* \times B)_W$. Moreover, we have the relation:

$$f(x) = F^{-1}\tilde{f}(x) = [W]^{-1}\int_{\mathfrak{a}^*} (\tilde{f})^{\vee}(\lambda : x)|c(\lambda)|^{-2}d\lambda$$

for all $f \in C(X)$ and $x \in G$, here $c(\lambda)$ denoting Harish-Chandra's c-function.

§4. Topological Paley-Wiener Theorem

For each $R > 0$, we consider the subspace

$$\mathcal{D}_R(X) = \{ f \in \mathcal{D}(X) \mid \operatorname{supp} f \subset B_R(X)\}$$

of $\mathcal{D}(X)$, here $B_R(X)$ denotes the closed ball of radius R around the origin of X. We put for each $f \in \mathcal{D}_R(X)$ and $m \in \mathbb{Z}^+$,

$$\tilde{\tau}_m(f) = \sum_{\substack{D \in \tilde{B}(G) \\ |D| \leq m}} \sup_{x \in G} |Df|.$$

Then $\mathcal{D}_R(X)$ equipped with the topology induced from the seminorms $\tilde{\tau}_m$ $(m \in \mathbb{Z}^+)$ becomes a Fréchet space.

The space $\mathcal{D}(X)$ is an LF space with the strict inductive limit topology of the Fréchet spaces $\mathcal{D}_R(X)$ $(R = 0, 1, \cdots)$.

For each $R > 0$, let $H_R(\mathfrak{a}^* \times B)_W$ denote the set of all complex valued functions $\psi \in C^{\infty}(\mathfrak{a}^* \times B)$ which satisfy the following three properties: (i) for each $b \in B$, $\psi(\lambda : b)$ extends to an entire function on $\mathfrak{a}^*_c$, (ii) for each $q \in \mathbb{Z}^+$,

$$\sup_{(\lambda, b) \in \mathfrak{a}^*_c \times B} |\psi(\lambda : b)|(1 + |\lambda|^2)^q e^{-R|\mathrm{Im}\,\lambda|} < \infty,$$

(iii) $$\check{\psi}(s\lambda : x) = \check{\psi}(\lambda : x), \qquad s \in W,\ \lambda \in \mathfrak{a}^*_c,\ x \in G.$$

We now define a family of seminorms on $\mathcal{H}_R(\mathfrak{a}^* \times B)_W$. For each $m \in \mathbb{Z}^+$ and $\psi \in \mathcal{H}_R(\mathfrak{a}^* \times B)_W$ we define $\mu^R_m(\psi)$ by

$$\mu^R_m(\psi) = \sum_{|M|, q, j \leq m} \sup_{(\lambda, b) \in \mathfrak{a}^*_c \times B} |\psi(\lambda ; \partial^M : b ; \omega^j_k)|(1 + |\lambda|)^q e^{-R|\mathrm{Im}\,\lambda|}.$$

By the condition (ii) $\mu^R_m(\psi)$ is finite. Then it is verified that $\mathcal{H}_R(\mathfrak{a}^* \times B)_W$ becomes a Fréchet space by the seminorms μ^R_m $(m \in \mathbb{Z}^+)$. This shows that $\mathcal{H}(\mathfrak{a}^* \times B)_W$ is an LF space with the strict inductive limit topology of the Fréchet spaces $\mathcal{H}_R(\mathfrak{a}^* \times B)_W$ $(R = 0, 1, \cdots)$.

From the Paley-Wiener theorem by Helgason[5] we get the following result.

Lemma 2. The Fourier transform F is a topological isomorphism of the Fréchet space $\mathcal{D}_R(X)$ on the Fréchet space $\mathcal{H}_R(\mathfrak{a}^* \times B)_W$.

Since the spaces $\mathcal{D}(X)$ and $\mathcal{H}(\mathfrak{a}^* \times B)_W$ are LF spaces, we have now the following topological Paley-Wiener theorem.

Theorem 3. The Fourier transform F is a topological isomorphism of the LF space $\mathcal{D}(X)$ onto the LF space $\mathcal{H}(\mathfrak{a}^* \times B)_W$.

§5. An Application of the Theorems

In this section we state some results which follow directly from the theorems.

It is well known that there exists an isomorphism Γ of the algebra of G-invariant differential operators on X onto the algebra of W-invariant polynomials on $\mathfrak{a}$ with cofficients of complex numbers and also that polynomials on $\mathfrak{a}$ are regarded as polynomial functions on $\mathfrak{a}_c^*$. Then we see that for $D \in \mathbb{D}(X)$ $(D \neq 0)$ and $f \in \mathcal{C}(X)$,

$$F(Df) = \Gamma(D)(i\cdot)Ff.$$

So, using the Fourier transform we have the following theorem.

Theorem 4. *Let D be an element in* $\mathbb{D}(X)$.

(i) *If* $D \neq 0$ *then* D *is a one-to-one mapping of* $\mathcal{C}(X)$ *into itself*.

(ii) *The differential equation* $Du = f$ *for* $f \in \mathcal{C}(X)$ (*resp.* $\mathcal{C}^p(X)$ $(0 < p < 2)$ *or* $\mathcal{D}(X)$) *has a solution* $u \in \mathcal{C}(X)$ (*resp.* $\mathcal{C}^p(X)$ *or* $\mathcal{D}(X)$) *if and only if the function*

$$(\lambda, b) \longrightarrow \tilde{f}(\lambda, b)/\Gamma(D)(i\lambda)$$

is in $\mathcal{Z}(\mathfrak{a}^* \times B)$ (*resp.* $\mathcal{Z}^p(\mathfrak{a}^* \times B)$ *or* $\mathcal{H}(\mathfrak{a}^* \times B)$). *Moreover, if the condition is satisfied, then the unique solution* $u \in \mathcal{C}(X)$ (*resp.* $\mathcal{C}^p(X)$ *or* $\mathcal{D}(X)$) *is obtained by*

$$u = F^{-1}(\tilde{f}/\Gamma(D)(i\cdot)).$$

Example. Let Δ be the Laplace-Beltrami operator on X corresponding to the Riemann metric which is defined from the Killing form on $\mathfrak{g}$. Then the generalized Poisson equation, for a real number μ,

$$(\Delta - \mu)u = f, \qquad f \in C^p(X),$$

has a unique solution $u \in C^p(X)$ if $\mu > -|\lambda|^2 - |\rho|^2$ for all $\lambda \in \mathfrak{a}^*$. Then the unique solution u is given by

$$u = F^{-1}(f/-(|\cdot|^2 + |\rho|^2 + \mu)).$$

§6. The Existence Theorem in the Space of Tempered Distributions

We consider the solvability of the differential equation

$$DS = T, \qquad T \in C'(X),$$

for a nonzero element $D \in \mathbb{D}(X)$ in the space $C'(X)$.

For the space $I'(G)$, the dual space of $I(G) = \{f \in C(X) \mid f(kx) = f(x), k \in K, x \in X\}$, Helgason[4, Corollary 4.3] solved the problem by means of the fact that the integral transform

$$F_f(h) = e^{\rho(\log h)} \int_N f(hn)\, dn, \qquad h \in A,$$

for $f \in I(G)$ satisfies

$$F_{Df} = \Gamma(D) F_f, \qquad D \in \mathbb{D}(X),$$

and the theorem of Hörmander[7] and Lojasiewicz[8] that each nonzero differential operator with constant coefficients on Euclidean space maps the space of tempered distributions onto itself. But we cannot apply directly the theorem to our case, as the function F_f on $A \times B$ given by

$$F_f(kh) = e^{\rho(\log h)} \int_N f(khn)\, dn, \quad k \in K,\ h \in A,$$

for $f \in C(X)$ is a function not on the Euclidean space A but on the product space $A \times B$. We can sove the problem by reviewing the proof by Hörmander in Euclidean space case.

Let P be a nonzero W-invariant polynomial in $S(\mathfrak{a})$. We consider the induced topology from $Z(\mathfrak{a}^* \times B)$ on the subspace $PZ(\mathfrak{a}^* \times B)_W$ consisting of all functions $P\psi$ for $\psi \in Z(\mathfrak{a}^* \times B)_W$. Then we can solve the so called "division problem" on $Z(\mathfrak{a}^* \times B)_W$.

Theorem 5. Let P be a nonzero W-invariant polynomial in $S(\mathfrak{a})$. Then the multiplication mapping $\psi \longrightarrow P\psi$ is a topological isomorphism of $Z(\mathfrak{a}^* \times B)_W$ onto $PZ(\mathfrak{a}^* \times B)_W$.

It is easy to see that the mapping in the theorem is one-to-one and continuous. We only need to prove the continuity of the inverse mapping $P\psi \longrightarrow \psi$. For this, it is sufficient to prove the following estimate:

(E). For every $h, k \in \mathbb{Z}^+$, there are $h', k' \in \mathbb{Z}^+$ and a constant $C > 0$ such that for all $\psi \in Z(\mathfrak{a}^* \times B)_W$ and $j \in \mathbb{Z}^+$

$$\sum_{|p| \leq k} \sup_{(\lambda, b) \in \mathfrak{a}^* \times B} (1 + |\lambda|)^h |\psi(\lambda ; \partial^p : b ; \omega_k^j)|$$

$$\leq C \sum_{|q| \leq k'} \sup_{(\lambda, b) \in \mathfrak{a}^* \times B} (1 + |\lambda|)^{h'} |(P\psi)(\lambda ; \partial^q : b ; \omega_k^j)|$$

The estimate (E) is proved by a parallel argument with Hormander[7], as mentioned above. We give an outline of the proof of it in the following. We need some preparations.

For each $m \in \mathbb{Z}^+$, we denote by $C^{m,\infty}(\mathfrak{a}^* \times B)$ the set of all functions which are C^m class with respect to the variable on $\mathfrak{a}^*$ and C^∞ class with respect to the variable on B. Let d be the degree of P. If $d = 0$, the estimate (E) is trivial. We may so assume $d \geq 1$.

Let $m \in \mathbb{Z}^+$ and $\psi \in C^{m,\infty}(a^* \times B)$. Then we set

$$\psi_m(\lambda : \nu : b) = \sum_{|p| \leq m} \frac{1}{p!} \psi(\nu ; \partial^p : b)(\lambda - \nu)^p$$

$$R_m(\lambda : \nu : b) = \psi(\lambda : b) - \psi_m(\lambda : \nu : b).$$

Notation 1. If $\psi \in C^{m,\infty}(a^* \times B)$ and $(\lambda , b) \in a^* \times B$, then we set

$$| {}^m\psi^j , (\lambda : b)| = \sup_{|p| \leq m} |\psi(\lambda ; \partial^p : b ; \omega_k^j)| ,$$

p denoting ℓ-tuples. If b is a subset in a^* consisting of at least two points, we denote by $|{}^m\psi^j , b \times B|$ the least upper bound of the quantities

$$|{}^m\psi^j , (\lambda : b)|, \qquad \sup_{|p| \leq m} |R_m(\lambda ; \partial^p : \nu : b ; \omega_k^j)|/|\lambda - \nu|^{m-|p|},$$

as λ and ν, $\lambda \neq \nu$, run over b and b runs over B.

Notation 2. Let $\lambda \in a^*$. If b is a subset of a^*, we set

$$b_\lambda = \{\nu \in b \mid |\lambda - \nu| \leq 10\sqrt{\ell}\}.$$

The following is a generalization of the extension theorem of Whitney.

Lemma 6. *Let Λ be a closed subset in a^*. Then there is a linear mapping $\psi \longrightarrow \dot{\psi}$ of $C^{m,\infty}(a^* \times B)$ into $C^{m-1,\infty}(a^* \times B)$ with the following properties:*

(i) *For all ℓ-tuples p such that $|p| \leq m$, $\dot{\psi}(\lambda ; \partial^p : b) = \psi(\lambda ; \partial^p : b)$ in $\Lambda \times B$.*

(ii) *There is a constant $M > 0$ such that, for all $(\lambda , b) \in a^* \times B$ and $j \in \mathbb{Z}^+$,*

$$|{}^{m}\dot{\psi}^{j}, (\lambda : b)| \leq M|\, {}^{m}\psi^{j}, \Lambda_{\lambda} \times B|.$$

For $k \in \mathbb{Z}^+$, let

$$N^k = \{\lambda \in \mathfrak{a}^* \mid P^{(p)}(\lambda) = 0 \text{ for all } \ell\text{-tuples } p \text{ such that } |p| < k\},$$

where $P^{(p)}(\lambda) = P(\lambda ; \partial^p)$. Since $P^{(p)}$ is a nonzero constant for some p, $|p| \leq d$, we certainly have $N^{d+1} = \phi$. We set $N^0 = \mathfrak{a}^*$;

$$\mathfrak{a}^* = N^0 \supset N^1 \supset \cdots \supset N^{d+1} = \phi.$$

We now consider the following property for each $k = 0, 1, \cdots, d$:

(P_k). For every pair $m, s \in \mathbb{Z}^+$, there is a pair $m', s' \in \mathbb{Z}^+$, $m' \geq m$, $s' \geq s$ and a constant $C \geq 0$ such that for all $\psi \in C^{m',\infty}(\mathfrak{a}^* \times B)$ vanishing of order m' with respect to $\lambda \in N^{k+1}$ and for all $(\lambda, b) \in \mathfrak{a}^* \times B$ and $j \in \mathbb{Z}^+$,

$$(1 + |\lambda|)^s |{}^{m}\psi^{j}, N^k \times B|$$

$$\leq C \sup_{(\nu, b) \in \mathfrak{a}^* \times B} (1 + |\nu|)^{s'} |{}^{m'}(P\psi)^{j}, (\nu, b)|.$$

We shall call (P_k') the same property without the restriction that ψ should vanish of order m' with respect to $\lambda \in N^{k+1}$. It is clear that (P_0') implies immediately (E) and that (P_d) and (P_d') are equivalent since $N^{d+1} = \phi$. In order to prove that (P_0') holds, we take two steps. First it is proved that the conjunction of the two statements (P_k) and (P_{k+1}') implies (P_k'), by means of the generalized extension theorem of Whitney. And the statements (P_k) $(k = 0, 1, \cdots, d)$ are proved by induction on $k = d, d-1, \cdots, 0$.

We now return to the differential equation.

For every $D \in \mathbb{D}(X)$, let D^* be the adjoint of D defined by

$$\int_X (Df)(x)g(x)\,dx = \int_X f(x)(D^*g)(x)\,dx, \qquad f, g \in \mathcal{C}(X).$$

Then D^* belongs to $\mathbb{D}(X)$. We now put $P = \Gamma(D^*)$. Then P is a W-invariant element of $S(\mathfrak{a})$ and by Theorem 1 and Theorem 5 we have the following commutative diagram of homeomorphisms:

$$\begin{array}{ccc} \mathcal{C}(X) & \xrightarrow{F} & Z(\mathfrak{a}^* \times B)_W \\ D^* \downarrow & & \downarrow P \\ D^*\mathcal{C}(X) & \longrightarrow & PZ(\mathfrak{a}^* \times B)_W \end{array}$$

For $T \in \mathcal{C}'(X)$ and $f \in \mathcal{C}(X)$ we define a linear functional S on $D^*\mathcal{C}(X)$ by

$$(S, D^*f) = (T, f).$$

Then we have $S \in \mathcal{C}'(X)$ by the Hahn-Banach theorem and

$$(DS, f) = (T, f) \qquad \text{for all} \quad f \in \mathcal{C}(X).$$

Thus we obtain the following thorem.

<u>Theorem 6</u>. <u>If</u> D <u>is a nonzero element in</u> $\mathbb{D}(X)$, <u>the differential equation</u>

$$DS = T, \qquad T \in \mathcal{C}'(X)$$

<u>has a solution</u> $S \in \mathcal{C}'(X)$.

Since the Dirac operator δ is a tempered distribution on X, we get the following strengthened result of Helgason[4] as an immediate consequence of the theorem.

<u>Corollary</u>. <u>Let</u> δ <u>be the Dirac operator on</u> X. <u>Then there exists</u>

a fundamental solution $S \in \mathcal{C}'(X)$;

$$DS = \delta.$$

§7. The Existence Theorem in the Space of Distributions

We now consider the same problem as in the previous section for the space $\mathcal{D}'(X)$ of all distributions on X. By the topological Paley-Wiener theorem, the problem is solved by the following result for the division problem.

Theorem 7. *If* P *is a nonzero element in* $S(a)$, *the multiplication mapping* $\psi \longrightarrow P\psi$ *is a topological isomorphism of* $H(a^* \times B)_W$ *onto the subspace* $PH(a^* \times B)_W$.

As we have seen in §5, $H(a^* \times B)_W$ is an LF space with the strict inductive limit topology of Fréchet spaces $H_R(a^* \times B)_W$ $(R = 0, 1, \cdots)$. Hence the theorem follows from the following lemma.

Lemma 8. *Let* P *be as in Theorem 7. Then the mapping* $\psi \longrightarrow P\psi$ *is a topological isomorphism of* $H_R(a^* \times B)_W$ *onto the subspace* $PH_R(a^* \times B)_W$.

It is easy to see that the mapping is one-to-one and continuous. The continuity of the inverse mapping follows from the following lemma.

Lemm 9. *Let* $P(z)$ *be a polynomial in one complex variable* z, *of order* d, *with leading coefficient* A (i.e. $P(z) = Az^d + \cdots$); *let* $u(z)$ *be any entire function of* $z \in \mathbb{C}$. *Then for any* $z_0 \in \mathbb{C}$,

$$|Au(z_0)| \leq \sup_{|z - z_0| \leq 1} |P(z)u(z)|.$$

(see e.g. [9], pp. 274)

To our case, applying a parallel argument with the $C'(X)$ case, we get the following existence thorem for the space of distributions.

Theorem 10. If D is a nonzero element in $\mathbb{D}(X)$, then the differential equation

$$DS = T, \qquad T \in \mathcal{D}'(X)$$

has always a solution $S \in \mathcal{D}'(X)$.

References

[1] M. Eguchi, Asymptotic expansions of Eisenstein integrals and Fourier transform on symmetric spaces, preprint (1977).

[2] M. Eguchi and K. Okamoto, The Fourier transform of the Schwartz space on a symmetric space, Proc. Japan Acad. (1977).

[3] S. Helgason, Differential geometry and symmetric spaces, Academic Press (1962).

[4] ———, Fundamental solutions of invariant differential operators on symmetric spaces, Amer. J. Math., 86 (1964).

[5] ———, The surjectivity of invariant differential operators on symmetric spaces I, Ann. Math., 98(1973).

[6] ———, A duality for symmetric spaces with applications to group representations,II. Differential equations and eigenspace representaions, Advan. in Math., 22(1976).

[7] L. Hörmander, On the division of distributions by polynomials, Ark. Mat., 3(1958).

[8] S. Lojasiewicz, Division d'une distribution par une fonction analytique de variables réelles, C. R. Acad. Sci. Paris, 246(1958).

[9] F. Trèves, Linear partial differential equations with constant coefficients, Gordon and Breach (1966).

LA TRANSFORMATION DE FOURIER ET SON INVERSE SUR LE GROUPE DES ax+b D'UN CORPS LOCAL

par Pierre EYMARD et Marianne TERP

Soient k un corps localement compact non discret, k* le groupe multi-icatif des éléments non nuls de k, et G le groupe des applications affines $\mapsto$ ax+b de k dans k, où $a \in k^*$ et $b \in k$. Au chapitre I, nous étudions les ansformations de Fourier et Plancherel sur G, et, plus généralement, la trans-rmation de Fourier $\mathcal{F}_p$ sur $L^p(G)$, où $1 \leqslant p \leqslant 2$. Puis nous établissons au apitre II les formules d'inversion correspondantes. Nous en déduisons quelques plications, notamment la détermination des idempotents de convolution autoad-ints de $L^1(G)$, et aussi une généralisation des théorèmes obtenus lorsque $k = \mathbb{R}$ r I. Khalil [11]. D'ailleurs les méthodes de ce dernier ont pu se transporter ns grand changement au cas d'un corps local, et c'est plutôt dans les théorèmes inversion du chapitre II - notamment lorsque p est différent de 1 et de 2 - 'on trouvera ici quelques résultats nouveaux.

Pour ses nombreuses suggestions nous remercions A. Bakali qui, conjointe-nt, étudiait, pour $k = \mathbb{R}$, la transformation de Fourier des fonctions différen-ables sur G. Les résultats de Bakali sur ce sujet ont donné lieu à une Thèse Troisième Cycle [1], et feront l'objet d'une publication ultérieure.

CHAPITRE I : TRANSFORMATION DE FOURIER

1 - Généralités sur le groupe $x \mapsto ax+b$

Soit k un corps localement compact non discret. On pensera aux exemples miliers $\mathbb{R}$, $\mathbb{C}$ ou $\mathbb{Q}_p$; on trouvera d'ailleurs dans Gel'fand, Graev, Pyatetskii-apiro [8] une description exhaustive des corps k, ainsi que les éléments d'ana-se de Fourier sur k utilisés ci-après. Soit k* le groupe multiplicatif des éments non nuls de k.

Soit G le groupe des transformations affines $x \mapsto ax+b$ de k dans k, $b \in k$ et $a \in k^*$; nous noterons g ou (b,a) une telle transformation ; loi de groupe est la même que la multiplication des matrices $\begin{pmatrix} a & b \\ 0 & 1 \end{pmatrix}$, c'est-à-re :

$$(b_1,a_1)(b_2,a_2) = (b_1+b_2a_1,a_1a_2).$$

L'élément neutre est $e = (0,1)$. L'inverse est $(b,a)^{-1} = (-{}^{b}/_{a}, {}^{1}/_{a})$. On nit G de la topologie des paramètres (b,a), celle de $k \times k^*$; c'est alors un groupe localement compact. Il n'est connexe que si $k = \mathbb{C}$; si $k = \mathbb{R}$, il a deux composantes connexes, correspondant respectivement aux hypothèses $a > 0$ et $a < 0$; dans tous les autres cas, G est totalement discontinu. Le groupe G a deux sous-groupes fermés abéliens remarquables, à savoir : le sous-groupe H des homothéties $(0,a)$ qui est isomorphe au groupe multiplicatif k^*, et le sous-groupe N des translations $(b,1)$, qui est isomorphe au groupe additif k. Le sous-groupe N est distingué dans G : de manière précise $(b_0,a_0)(b,1)(b_0,a_0)^{-1} = (a_0 b,1)$; et G est produit semi-direct de H par N.

Nous notons dx la mesure de Lebesgue si $k = \mathbb{R}$ ou $k = \mathbb{C} \simeq \mathbb{R}^2$; si k est totalement discontinu, dx sera la mesure de Haar sur le groupe additif k attribuant la mesure un à l'ensemble des entiers de k. Alors, si $a \in k$, la formule $d(ax) = |a|dx$ définit la "norme" $|a|$ de a. Si $k = \mathbb{R}$, la norme de a est la valeur absolue de a ; si $k = \mathbb{C}$, c'est le carré du module de a. Nous munissons le groupe multiplicatif k^* de la mesure de Haar $d^*x = |x|^{-1}dx$. Soit $\mathcal{S}(k)$ l'espace de Schwartz des fonctions indéfiniment dérivables à décroissance rapide sur $\mathbb{R}$ (resp. $\mathbb{R}^2$) si $k = \mathbb{R}$ (resp. $\mathbb{C} \simeq \mathbb{R}^2$) ; si k est totalement discontinu, et si P est l'idéal maximal dans l'anneau des entiers de k, on note $\mathcal{S}(k)$ l'espace des fonctions f à support compact dans k, telles qu'il existe un entier n tel que f soit constante sur les classes de k modulo P^n (cf. [8], p. 137). Choisissons une fois pour toutes (c'est possible ; cf [8], p. 142) un caractère unitaire additif non trivial τ sur k, de sorte que, si l'on pose, pour toute $f \in \mathcal{S}(k)$, et $u \in k$,

$$\hat{f}(u) = \int_k \tau(ux)f(x)dx, \tag{1.1}$$

alors on ait, réciproquement, pour tout $x \in k$,

$$f(x) = \int_k \tau(-ux)\hat{f}(u)du$$

et aussi :

$$\int_k |f(x)|^2dx = \int_k |\hat{f}(u)|^2du. \tag{1.2}$$

Les formules (1.1) et (1.2) s'étendent classiquement aux $f \in L^1(k)$ et $f \in L^2(k)$. L'algèbre de Fourier $A(k)$ est celle des fonctions $\hat{f}$ données par la formule (1.1), où $f \in L^1(k)$, avec la norme d'algèbre de Banach $\|\hat{f}\|_{A(k)} = \|f\|_{L^1(k)}$, et le produit ordinaire des fonctions. Si $u = \hat{f} \in A(k)$, on pose $f = (u)^\wedge$. Si $k = \mathbb{R}$, on choisira $\tau(x) = \exp(-2\pi ix)$.

Nous munissons G de la mesure de Haar à gauche $dg = \frac{da\ db}{|a|^2}$; le groupe G 'est pas unimodulaire, car $\frac{da\ db}{|a|}$ est une mesure de Haar à droite. La fonction odule du groupe G est $\Delta(b,a) = |a|^{-1}$.

La théorie de Mackey [14] permet de donner (à équivalence près) la liste omplète des représentations unitaires irréductibles de G. Ce sont :

a) les représentations de dimension un $(b,a) \mapsto m(a)$, où m est un caractè- e continu unitaire multiplicatif quelconque sur k^* ;

b) une et une seule représentation de dimension infinie π, qui opère dans 'espace de Hilbert $\mathcal{H} = L^2(k^*, d^*x)$ par la formule

$$(1.3) \qquad [\pi(b,a)\xi](t) = \tau(bt)\xi(at)$$

alable pour tout $(b,a) \in G$, tout $\xi \in \mathcal{H}$, pour presque tout $t \in k^*$.

Pour notre propos, les représentations de dimension un importent peu, et 'on pourrait dire que le dual "essentiel" de G se réduit au seul point π. A e fait une raison générale peut être trouvée, quand on pense que dans $\hat{G}$ l'en- emble $\{\pi\}$ est dense pour la topologie de Fell [7] ; de plus seule π inter- ient dans la décomposition de la représentation régulière de G dans $L^2(G)$, aquelle est somme directe hilbertienne d'une infinité dénombrable d'exemplaires e π. Ainsi pour nous les transformées de Fourier des fonctions, distributions,.. ur G seront des fonctions sur un espace réduit à un point (le point π), mais lles seront à valeurs opérationnelles ; le (la) transformé(e) de Fourier d'un bjet sur G sera <u>un</u> opérateur dans l'espace $\mathcal{H}$.

2 - Notations et remarques concernant les opérateurs dans $\mathcal{H}$.

Avant de préciser ceci, adoptons les notations suivantes. Par $\mathcal{L}_\infty$ on ntendra l'espace de Banach de tous les opérateurs bornés sur $\mathcal{H} = L^2(k^*)$, avec a norme $\|\cdot\|_\infty$ d'opérateurs. Si $S \in \mathcal{L}_\infty$, on considère l'opérateur $|S| = (S^*S)^{1/2}$, et si $1 \leqslant p < \infty$, on note $\mathcal{L}_p$ l'espace de Banach des $S \in \mathcal{L}_\infty$ els que

$$\|S\|_p = Tr(|S|^p)^{1/p} < +\infty.$$

En particulier $\mathcal{L}_2$ est l'espace de Hilbert des opérateurs de Hilbert- chmidt, pour le produit scalaire

$$(S|T) = Tr(T^*S)$$

où $T,S \in \mathcal{L}_2$; et $\mathcal{L}_1$ est l'espace des opérateurs nucléaires. Nous noterons $\mathcal{L}\mathcal{C}$ l'espace des opérateurs compacts sur $\mathcal{H}$. Parmi eux, si ξ et η sont deux vecteurs donnés dans $\mathcal{H}$, on notera $E_{\xi,\eta}$ l'opérateur de rang un : $v \mapsto (v|\eta)\xi$. On remarquera que $\mathrm{Tr}(E_{\xi,\eta}) = (\xi|\eta)$, que $(E_{\xi,\eta})^* = E_{\eta,\xi}$, et que $E_{\xi,\eta}E_{\xi',\eta'} = (\xi'|\eta)E_{\xi,\eta'}$.

Mais la théorie va exiger aussi l'usage d'opérateurs non bornés dans $\mathcal{H}$, d'une part pour rendre compte des transformés de Fourier d'opérateurs différentiels sur G, d'autre part parce que, G n'étant pas unimodulaire, on ne pourra traiter correctement de la transformation de Fourier dans les $L^p(G)$ (et notamment, pour $p = 2$, de la transformation de Plancherel) qu'en modulant, en adoucissant, la transformée de Fourier de $L^1(G)$ par un opérateur non borné $\delta_{1/q}$, à savoir l'opérateur de multiplication par $|t|^{1/q}$ dans $\mathcal{H}$, où $1/q+1/p = 1$. Résumons ici quelques propriétés de ces opérateurs.

(1.4) Si $\lambda \in \mathbb{R}$, soit δ_λ l'opérateur de multiplication par la fonction $t \mapsto |t|^\lambda$ dans l'espace $\mathcal{H} = L^2(k^*, \frac{dt}{|t|})$. Son domaine $\mathrm{Dom}(\delta_\lambda)$ est l'ensemble des $\xi \in \mathcal{H}$ tels que la fonction $t \mapsto |t|^\lambda \xi(t)$ appartient à $\mathcal{H}$; il est donc dense dans $\mathcal{H}$ et, pour tout λ, contient par exemple l'espace $\mathcal{K}(k^*)$ des fonctions continues à support compact sur k^*, lui-même dense dans $\mathcal{H}$. En utilisant la décomposition

$$\int_{k^*} |t|^{2\lambda} |\xi(t)|^2 \frac{dt}{|t|} = \int_{|t|\leqslant 1} + \int_{|t|>1} ,$$

on voit que, si $\lambda_1 \leqslant \lambda_2 \leqslant 0 \leqslant \lambda_3 \leqslant \lambda_4$, alors $\mathrm{Dom}(\delta_{\lambda_1}) \subset \mathrm{Dom}(\delta_{\lambda_2})$ et $\mathrm{Dom}(\delta_{\lambda_4}) \subset \mathrm{Dom}(\delta_{\lambda_3})$, en bref : plus λ est proche de 0, plus le domaine de δ_λ est grand.

D'autre part il est facile de vérifier que $\delta_\lambda^{-1} = \delta_{-\lambda}$; que $\delta_{\lambda+\mu} \supseteq \delta_\lambda \delta_\mu$, avec égalité si de plus λ et μ sont de même signe. On voit aisément que les δ_λ sont des opérateurs fermés, et même autoadjoints. Nous utiliserons aussi les deux propositions suivantes.

(1.5) <u>Proposition</u> : Soient $\eta \neq 0$ et ξ dans $\mathcal{H}$. Soit $\lambda \in \mathbb{R}$. Alors :

a) $E_{\xi,\eta}\delta_\lambda$ admet un prolongement dans $\mathcal{L}_\infty(\mathcal{H})$ si et seulement si $\eta \in \mathrm{Dom}(\delta_\lambda)$;

b) $\delta_\lambda E_{\xi,\eta}$ est borné si et seulement si $\xi \in \mathrm{Dom}(\delta_\lambda)$.

On le vérifie aussitôt sur les définitions.

(1.6) Proposition : Soient T et $S \in \mathcal{L}_\infty(\mathcal{H})$. Soit $\lambda \in \mathbb{R}$. Les assertions suivantes sont équivalentes :

i) $T\delta_\lambda \subseteq S$;

ii) $T\delta_\lambda | \mathcal{K}(k^*) \subseteq S$;

iii) $\delta_\lambda T^* = S^*$.

Démonstration : Il est évident que i) entraîne ii). Vu que $\delta_\lambda^* = \delta_\lambda$, en passant à l'adjoint dans iii), on obtient i). Montrons que ii) entraîne iii). Soit $\eta \in \mathcal{H}$; il s'agit de prouver que $\eta \in \mathrm{Dom}(\delta_\lambda T^*)$ - c'est-à-dire que $T^*\eta \in \mathrm{Dom}(\delta_\lambda)$ - et que $\delta_\lambda T^*\eta = S^*\eta$. Or, par hypothèse, quel que soit $\xi \in \mathcal{K}(k^*)$ on a $T\delta_\lambda\xi = S\xi$, et donc :

$$\int_{k^*} \xi(t)\overline{S^*\eta(t)}\,\frac{dt}{|t|} = (\xi|S^*\eta) = (S\xi|\eta) = (T\delta_\lambda\xi|\eta) = (\delta_\lambda\xi|T^*\eta) =$$

$$= \int_{k^*} |t|^\lambda \xi(t)\overline{T^*\eta(t)}\,\frac{dt}{|t|} = \int_{k^*} \xi(t)\overline{\delta_\lambda T^*\eta}(t)\,\frac{dt}{|t|} ,$$

ainsi $S^*\eta(t) = \delta_\lambda T^*\eta(t)$ pour presque tout t, cqfd.

Du point de vue de la théorie des groupes, l'intervention des opérateurs δ_λ s'explique parce qu'ils sont "semi-invariants de poids $\Delta^{-\lambda}$ par rapport à π" : on vérifie en effet immédiatement que

$$(1.7) \qquad \pi(g)\delta_\lambda = \Delta^{-\lambda}(g)\delta_\lambda\pi(g) \quad \text{pour tout } g \in G.$$

Cette propriété est même caractéristique (cf. M. Duflo et CC. Moore, [5], Thm. 1) : si T est un opérateur non nul sur $\mathcal{H}$, fermé et de domaine dense, tel que (1.7), alors T est proportionnel à δ_λ.

Dans la suite, nous adopterons la notation suivante : si T est un opérateur sur $\mathcal{H}$, défini dans un domaine dense, et qui admet un prolongement par continuité à $\mathcal{H}$ tout entier, nous noterons $[T]$ ce prolongement.

§ 3 - Transformation de Fourier dans $M^1(G)$ et $L^1(G)$

Notons $M^1(G)$ l'algèbre de Banach involutive de convolution des mesures de Radon bornées sur G, et $L^1(G)$ sa sous-algèbre de Banach des fonctions absolument continues pour la mesure de Haar dg. Si $f \in L^1(G)$, on a : $f^*(b,a) = |a|\bar{f}(-\frac{b}{a}, \frac{1}{a})$. Si $s \in G$, on notera ε_s la masse-unité au point s.

<u>Définition</u> : Si $\mu \in M^1(G)$, sa transformée de Fourier est <u>un opérateur</u> borné sur $\mathcal{H} = L^2(k^*, \frac{dt}{|t|})$, que nous noterons $\mathcal{F}(\mu)$, à savoir l'opérateur $\pi(\mu) = \int_G \pi(g)d\mu(g)$, c'est-à-dire donné par la formule

$$(1.8) \qquad [\mathcal{F}(\mu)\xi](t) = \int_k\int_{k^*}\tau(bt)\xi(at)d\mu(b,a), \quad \xi \in L^2(k^*),$$

qui, si $f \in L^1(G)$, se spécialise en

$$(1.9) \qquad [\mathcal{F}(f)\xi](t) = \int_k\int_{k^*}\tau(bt)\xi(at)f(b,a)\,\frac{da\,db}{|a|^2}, \quad \xi \in L^2(k^*).$$

(1.10) <u>Remarque</u> : Selon la théorie générale, ces égalités doivent s'interpréter vectoriellement : elles signifient que, quels que soient ξ et η dans $\mathcal{H}$, on a

$$(\mathcal{F}(\mu)\xi|\eta) = \int_G(\pi(g)\xi|\eta)d\mu(g).$$

Mais ici on peut aussi affirmer que, pour tout $\xi \in \mathcal{H}$, les égalités (1.8) et (1.9) valent pour presque tout $t \in k^*$. En effet

$$(\mathcal{F}(\mu)\xi|\eta) = \int_G(\pi(g)\xi|\eta)d\mu(g) = \int_G\int_{k^*}\tau(bt)\xi(at)\overline{\eta(t)}\,\frac{dt}{|t|}\,d\mu(g).$$

Or

$$\int_G\int_{k^*}|\tau(bt)\xi(at)\eta(t)|\,\frac{dt}{|t|}\,d|\mu|(g) \leqslant \int_G d|\mu|(g)\int_{k^*}|\xi(at)||\overline{\eta(t)}|\,\frac{dt}{|t|} < +\infty$$

car $\int_{k^*}|\xi(at)||\eta(t)|\,\frac{dt}{|t|}$ est une fonction bornée de la variable a, étant le produit de convolution dans k^* de deux fonctions appartenant à $L^2(k^*)$. Donc, d'après Fubini, pour presque tout $t \in k^*$, l'intégrale $\int_G \tau(bt)\xi(at)\overline{\eta(t)}d\mu(g)$ existe et on a

$$\int_{k^*}\mathcal{F}(\mu)\xi(t)\eta(t)\,\frac{dt}{|t|} = (\mathcal{F}(\mu)\xi|\eta) = \int_{k^*}\left(\int_G\tau(bt)\xi(at)d\mu(g)\right)\overline{\eta(t)}\,\frac{dt}{|t|},$$

ce qui, vu que le vecteur η est arbitraire, prouve que l'égalité (1.8) vaut pour presque tout $t \in k^*$.

D'après la théorie générale des représentations unitaires, on a, pour μ et ν dans $M^1(G)$,

$$(1.11) \quad \begin{cases} \|\mathcal{F}\mu\|_\infty \leqslant \|\mu\|_1 ; \\ \mathcal{F}(\mu*\nu) = \mathcal{F}_\mu \mathcal{F}_\nu \quad \text{(produit ordinaire des opérateurs dans } \mathcal{L}_\infty \\ \mathcal{F}(\mu^*) = [\mathcal{F}(\mu)]^* = \text{l'adjoint de l'opérateur } \mathcal{F}_\mu. \end{cases}$$

Exemple : (Transformée de Fourier d'une fonction à variables séparées). Soit $\varphi \in L^1(k)$, et ψ telle que la fonction $a \mapsto \psi(a)/_{|a|}$ appartienne à $L^1(k^*)$. Alors la fonction $\varphi*\psi$: $(b,a) \mapsto \varphi(b)\psi(a)$ est dans $L^1(G)$, et la formule (1.9), compte tenu de (1.1), montre que

$$(1.12) \qquad [\mathcal{F}(\varphi\otimes\psi)\xi](t) = \hat{\varphi}(t)\Big[\Big(\frac{\psi}{|\cdot|}\Big)^{\vee} *_{k^*}\xi\Big](t),$$

où $\wedge$ désigne la transformée de Fourier additive sur k, où $*_{k^*}$ est le produit de convolution multiplicatif dans k^*, et où $\theta^{\vee}(a) = \theta(a^{-1})$. Ainsi les opérateurs transformés de Fourier les plus simples mélangent déjà des opérateurs de convolution et des opérateurs de multiplication dans $L^2(k^*)$.

Un problème essentiel en Analyse harmonique est d'étudier et de caractériser l'image de Fourier de L^1. Pour l'instant, nous nous contentons, dans l'énoncé suivant, de déterminer les opérateurs de rang un qui sont dans cette image.

(1.13) Proposition : Soient ξ et η dans $\mathcal{H}$. On pose $\bar{\eta}_a(t) = \overline{\eta(at)}$.

1) Les deux assertions suivantes sont équivalentes :

a) $E_{\xi,\eta} \in \mathcal{F}(L^1(G))$;

b) pour presque tout $a \in k^*$, la fonction $\xi\bar{\eta}_a$ appartient à $A(k)$, et

$$(1.14) \qquad \int_{k^*} \|\xi\bar{\eta}_a\|_{A(k)} \frac{da}{|a|} < +\infty.$$

2) Si c'est le cas, en posant

$$(1.15) \qquad f_{\xi,\eta}(b,a) = |a|(\xi\bar{\eta}_a)^{\wedge}(b),$$

on a $\quad f_{\xi,\eta} \in L^1(G)$, et $\mathcal{F}(f_{\xi,\eta}) = E_{\xi,\eta}$

Démonstration : Quels que soient v et w dans $\mathcal{K}(k^*)$, on a :

$$(E_{\xi,\eta}v|w) = \int_{k^*}(v|\eta)\xi(t)\overline{w(t)}\frac{dt}{|t|} = \int_{k^*}\Big(\int_{k^*}v(a)\overline{\eta(a)}\frac{da}{|a|}\Big)\xi(t)\overline{w(t)}\frac{dt}{|t|} =$$

$$= \int_{k^*}\Big(\int_{k^*}v(at)\overline{\eta(at)}\frac{da}{|a|}\Big)\xi(t)\overline{w(t)}\frac{dt}{|t|} = \int_{k^*}\int_{k^*}(\xi\bar{\eta}_a)(t)v(at)\overline{w(t)}\frac{dt}{|t|}\frac{da}{|a|},$$

où l'intégrale double est absolument convergente, car v et w sont à support compact, ce qui justifie l'emploi de la formule de Fubini.

D'autre part, soit $f \in L^1(G)$. Alors, pour presque tout $a \in k^*$, la fonction $b \mapsto f(b,a)$ appartient à $L^1(k)$; nous noterons $\hat{f}(\cdot,a)(t)$ la valeur de sa transformée de Fourier (additive) au point t, c'est-à-dire

$$\hat{f}(\cdot,a)(t) = \int_k f(b,a)\tau(bt)db.$$

L'intégrale triple qui suit convergeant absolument, on a :

$$(\mathcal{F}f(v)|w) = \int_{k^*}\int_{k^*}\int_{k^*} v(at)\overline{w(t)}\tau(bt)f(b,a)db \frac{da}{|a|^2} \frac{dt}{t} =$$
$$= \int_{k^*}\int_{k^*} \frac{\hat{f}(\cdot,a)(t)}{|a|} v(at)\overline{w(t)} \frac{dt}{|t|} \frac{da}{|a|}.$$

Soit V le sous-espace vectoriel de $\mathcal{K}(k^*\times k^*)$ engendré par les fonctions $(t,a) \mapsto v(at)\overline{w(t)}$, quand v et w parcourent $\mathcal{K}(k^*)$; d'après le théorème de Stone-Weierstrass, V est un sous-espace "riche" (cf. N. Bourbaki, Intégration, 1ère édition, 1952, chap. III, § 2, n° 5) ; dans ces conditions deux mesures de Radon sur $k^*\times k^*$ qui coïncident sur V sont identiques. Par conséquent, on a prouvé le

(1.16) <u>Lemme</u> : <u>Soient</u> ξ <u>et</u> η <u>dans</u> $\mathcal{H}$. <u>Soit</u> $f \in L^1(G)$. <u>Pour que</u> $\mathcal{F}f = E_{\xi,\eta}$, <u>il faut et il suffit que, pour presque tout</u> $(a,t) \in k^*\times k^*$, <u>on ait</u> :

$$(\xi\bar{\eta}_a)(t) = \frac{1}{|a|}\hat{f}(\cdot,a)(t).$$

Cela étant, montrons que 1) a) implique 1) b) et 2). Par hypothèse il existe $f \in L^1(G)$ telle que $\mathcal{F}f = E_{\xi,\eta}$. Le lemme montre que, pour presque tout a, la fonction $|a|\xi\bar{\eta}_a$ est la transformée de Fourier de $f(\cdot,a)$. Donc $\xi\bar{\eta}_a$ est dans $A(k)$ et $f = f_{\xi,\eta}$. De plus, nécessairement,

$$\int_{k^*} \|\xi\bar{\eta}_a\|_{A(k)} \frac{da}{|a|} = \int_{k^*}\int_k |(\xi\bar{\eta}_a)^{\bar{\wedge}}(b)|db \frac{da}{|a|} = \int_{k^*}\int_k |f(b,a)| \frac{da\ db}{|a|^2} < +\infty.$$

Montrons enfin que 1) b) implique 1) a). Posons $f_{\xi,\eta}(b,a) = |a|(\xi\bar{\eta}_a)^{\bar{\wedge}}(b)$. Alors $\iint |f_{\xi,\eta}(b,a)|\frac{da\ db}{|a|^2} = \iint (\xi\bar{\eta}_a)^{\bar{\wedge}}(b)db\frac{da}{|a|} = \int_{k^*}\|\xi\bar{\eta}_a\|_{A(k)}\frac{da}{|a|} < +\infty$,

donc $f_{\xi,\eta} \in L^1(G)$, et d'après le lemme, $\mathcal{F}(f_{\xi,\eta}) = E_{\xi,\eta}$, cqdf.

(1.17) <u>Exemple</u> : Si ξ et η sont dans $A(k)$, et ont pour supports des compacts de k^*, l'assertion 1) b) est automatiquement satisfaite, car on voit aisét par transformation de Fourier que $a \mapsto \bar{\eta}_a$ est une application continue de dans $A(k)$, donc que $a \mapsto \|\xi\bar{\eta}_a\|_{A(k)}$ est dans ce cas une fonction continue à port compact dans k^*.

4 - Transformation de Plancherel sur G

$\mathcal{F}f$ n'est pas en général un opérateur compact, même si f appartient à espace de Schwartz $\mathcal{D}(G)$; c'est encore moins un opérateur de Hilbert-Schmidt. est donc illusoire d'espérer une formule de Plancherel au sens ordinaire :

$$\int_G |f(g)|^2 dg = \int_{\hat{G}} \mathrm{Tr}(\pi(f)\pi(f)^*)\, d\mu(\pi),$$

cette trace est infinie pour la plupart des f. Mais nous allons voir qu'en npérant $\mathcal{F}f$ par un "smoothing" opérateur convenable, on obtient une transfor- de Plancherel $\mathcal{P}f$ distincte de $\mathcal{F}f$, telle que $\mathcal{P}$ soit une isométrie de (G) sur l'espace $\mathcal{L}_2$ des opérateurs de Hilbert-Schmidt sur $\mathcal{H}$. Formellement considère l'opérateur non borné $\delta_{1/2}$, tel que $\delta_{1/2}\xi(t) = |t|^{1/2}\xi(t)$, et l'on se $\mathcal{P}f = \mathcal{F}f \circ \delta_{1/2}$. Tout en étant distinctes, $\mathcal{P}$ et $\mathcal{F}$ restent liées par la mule $\mathcal{P}(f*h) = \mathcal{F}f\, \mathcal{P}h$, si $f \in L^1(G)$ et $h \in L^2(G)$.

(1.18) Théorème (de Plancherel) :

1) Soit $f \in L^1 \cap L^2(G)$. Alors $\mathcal{F}f \circ \delta_{1/2}$ se prolonge en un opérateur bor- dans $\mathcal{H}$, noté $\mathcal{P}f$.

2) La transformation $\mathcal{P}$ se prolonge de manière unique en une isométrie, que is noterons encore $\mathcal{P}$, de $L^2(G)$ sur l'espace $\mathcal{L}_2$ des opérateurs de Hilbert-midt dans $\mathcal{H}$. De manière précise, si $f \in L^2(G)$, l'opérateur $\mathcal{P}f$ opère dans $\mathcal{H} = L^2(k^*, \frac{da}{|a|})$ par le noyau :

$$(1.19) \qquad K_f(t,a) = |a|^{-1/2}|t|\hat{f}(\cdot,at^{-1})(t) \qquad (*)$$

3) Soient ξ et η dans $\mathcal{H}$. Si ξ est à support compact dans k^*, posons

$$(1.20) \qquad f(b,a) = |a|^{1/2}\int_k \tau(-bt)|t|^{-1/2}\xi(t)\overline{\eta(at)}dt.$$

(*) Ici $t \mapsto \hat{f}(\cdot,at^{-1})(t)$ désigne la transformée de Fourier-Plancherel ordinaire k de la fonction $b \mapsto f(b,at^{-1})$. Le noyau K_f est défini presque partout sur k^*, et la démonstration montrera qu'il est de Hilbert-Schmidt.

Si ξ et η sont quelconques, on définit f par la limite suivante prise en norme de $L^2(G)$ [ce qui a un sens, comme on le verra] :

$$(1.21)\qquad f(b,a) = \lim_{n\to\infty} |a|^{1/2}\int_{1/n\leq|t|\leq n} \tau(-bt)|t|^{-1/2}\xi(t)\overline{\eta(at)}dt .$$

Alors f est dans $L^2(G)$, et l'on a $\mathcal{P}f = E_{\xi,\eta}$.

4) Si $\mu \in M^1(G)$ et $f \in L^2(G)$, on a la formule $\mathcal{P}(\mu * f) = (\mathcal{F}\mu)(\mathcal{P}f)$.

5) Soient $f \in L^2(G)$, et $s \in G$. Alors $\mathcal{P}(f*\varepsilon_s) = \Delta^{-1/2}(s)(\mathcal{P}f)\pi(s)$.

Démonstration : Ce théorème est essentiellement dû à I. Khalil [11]. Nous en donnons ici une démonstration plus courte, qui de plus fait apparaître le noyau K_f.

D'après (1.6), pour étudier le prolongement de $\mathcal{F}f \circ \delta_{1/2}$, on peut se restreindre aux vecteurs $\xi \in \mathcal{K}(k^*)$. Pour tout $t \in k^*$, les intégrales qui suivent sont alors absolument convergentes ; en y effectuant le changement de variable $a \mapsto at^{-1}$ et en appliquant le théorème de Fubini, il vient :

$$\mathcal{F}f\delta_{1/2}\xi(t) = \iint \tau(bt)|at|^{1/2}\xi(at)f(b,a)\,\frac{da\,db}{|a|^2} =$$

$$= \iint \tau(bt)|a|^{-1/2}|t|\xi(a)f(b,at^{-1})\,\frac{da\,db}{|a|} =$$

$$= \int_{k^*}\left(\int_k \tau(bt)f(b,at^{-1})db\right)|a|^{-1/2}|t|\xi(a)\,\frac{da}{|a|} = \int_{k^*}K_f(t,a)\xi(a)\,\frac{da}{|a|} .$$

Or, en effectuant ci-dessous le changement de variable $a \mapsto at$, et en appliquant la formule de Plancherel ordinaire dans $L^2(k)$, on a :

$$\int_{k^*}\int_{k^*}|K_f(t,a)|^2\,\frac{dt}{|t|}\,\frac{da}{|a|} = \int_{k^*}\left(\int_{k^*}|\hat{f}(\cdot,at^{-1})(t)|^2|at^{-1}|^{-1}\,\frac{da}{|a|}\right)|t|\,\frac{dt}{|t|} =$$

$$= \int_k\left(\int_{k^*}|\hat{f}(\cdot,a)(t)|^2\,\frac{da}{|a|^2}\right)dt = \int_{k^*}\left(\int_k|\hat{f}(\cdot,a)(t)|^2dt\right)\frac{da}{|a|^2} =$$

$$= \int_{k^*}\left(\int_k|f(b,a)|^2db\right)\frac{da}{|a|^2} = \|f\|_2^2 < +\infty.$$

On a ainsi prouvé que le noyau K_f est de Hilbert-Schmidt (même, plus généralement, pour $f \in L^2(G)$ et par le même calcul), et que $\mathcal{P}$ est une isométrie de $L^1 \cap L^2(G)$ dans $\mathcal{L}_2$. Elle s'étend donc en une isométrie de $L^2(G)$ dans $\mathcal{L}_2$ et, si f est dans $L^2(G)$ - mais non nécessairement dans $L^1(G)$ -, l'opérateur $\mathcal{P}f$ est encore donné par le noyau K_f, car le calcul précédent prouve que $f \mapsto K_f$ est une isométrie de $L^2(G)$ dans $L^2(k^* \times k^*)$.

Avant de montrer la surjectivité de $\mathcal{P}$, prouvons 3) dans le cas particulier ξ est à support dans k^*. Alors l'intégrale dans (1.20) est absolument con-rgente, car $t \mapsto |t|^{-1/2}\xi(t)$ appartient à $L^2(k^*, \frac{dt}{|t|})$. Posons $\lambda_a(t) = |^{-1/2}\xi(t)\overline{\eta(at)}$ si $t \in k^*$, et $\lambda_a(0) = 0$. Pour tout a, la fonction λ_a est ns $L^1 \cap L^2(k,dt)$, donc

$$\iint |f(b,a)|^2 \frac{da\, db}{|a|^2} = \iint |\hat{\lambda}_a(b)|^2 db \frac{da}{|a|} = \iint |\lambda_a(t)|^2 dt \frac{da}{|a|} =$$

$$= \iint |t|^{-1}|\xi(t)|^2|\overline{\eta(at)}|^2 dt \frac{da}{|a|} = \int |\xi(t)|^2 \Big(\int |\eta(at)|^2 \frac{da}{|a|}\Big) \frac{dt}{|t|} = \|\xi\|^2_{\mathcal{H}} \|\eta\|^2_{\mathcal{H}}$$

t fini. Ainsi $f \in L^2(G)$. De plus, sur la définition de f, on voit que

$$\hat{f}(\cdot,a)(t) = |a|^{1/2}|t|^{-1/2}\xi(t)\overline{\eta(at)},$$

est-à-dire $\qquad \hat{f}(\cdot,at^{-1})(t) = |at^{-1}|^{1/2}|t|^{-1/2}\xi(t)\overline{\eta(a)},$

nc $\qquad K_f(t,a) = \xi(t)\overline{\eta(a)}.$

Autrement dit $\mathcal{P}f = E_{\xi,\eta}$.

Mais, $\mathcal{K}(k^*)$ étant dense dans $L^2(k^*)$, l'ensemble $\{E_{\xi,\eta}\ ;\ \xi \text{ et } \eta \in \mathcal{K}(k^*)\}$ t total dans $\mathcal{L}_2$. On a donc prouvé que l'isométrie $\mathcal{P}$ applique $L^2(G)$ sur $\mathcal{L}_2$.

Etendons maintenant 3) à des vecteurs ξ et η quelconques dans $\mathcal{H}$. Soit le vecteur égal à ξ sur le compact $1/n \leqslant |t| \leqslant n$ de k^*, égal à 0 ailleurs. vient de prouver que la fonction f_n définie par

$$f_n(b,a) = |a|^{1/2}\int_{1/n \leqslant |t| \leqslant n} \tau(-bt)|t|^{1/2}\xi(t)\overline{\eta(at)}dt = |a|^{1/2}\int_k \tau(-bt)|t|^{1/2}\xi_n(t)\overline{\eta(at)}dt$$

partient à $L^2(G)$, et que $\mathcal{P}f_n = E_{\xi_n,\eta}$. Or, quand $n \to \infty$, ξ_n tend vers ξ ns $\mathcal{H}$, donc $E_{\xi_n,\eta}$ tend vers $E_{\xi,\eta}$ dans $\mathcal{L}_2$. En inversant l'isométrie $\mathcal{P}$, on obtient que, quand $n \to +\infty$, f_n tend dans $L^2(G)$ vers une fonction f lle que $\mathcal{P}f = E_{\xi,\eta}$, ce qui achève de prouver le 3).

Montrons l'égalité 4) du théorème (1.18). Pour $\mu \in M^1(G)$ fixée, les deux mbres de 4) sont fonctions continues de $f \in L^2(G)$, à valeurs dans $\mathcal{L}_2$. Il suf-t donc de prouver 4) quand $f \in L^1 \cap L^2(G)$. Mais alors on a $\mathcal{F}(\mu * f) = \mathcal{F}\mu\,\mathcal{F}f$, nc $\mathcal{F}(\mu * f)\delta_{1/2}\xi = \mathcal{F}\mu\,\mathcal{F}f\delta_{1/2}\xi$ pour tout $\xi \in \mathcal{K}(k^*)$. Les restrictions à $\mathcal{K}(k^*)$ des opérateurs bornés $\mathcal{P}(\mu * f)$ et $\mathcal{F}\mu\,\mathcal{P}f$ coïncident, donc ces opéra-urs sont égaux.

Enfin, pour montrer 5), on peut, par densité, supposer que f est dans $L^1 \cap L^2(G)$. Mais alors, d'après (1.7),

$$\mathcal{P}(f*\varepsilon_s) = [\mathcal{F}(f*\varepsilon_s)\delta_{1/2}] = [\mathcal{F}f\pi(s)\delta_{1/2}] =$$

$$= [\mathcal{F}f\, \Delta^{-1/2}(s)\delta_{1/2}\pi(s)] = \Delta^{-1/2}(s)[\mathcal{F}f\delta_{1/2}]\pi(s) = \Delta^{-1/2}(s)\mathcal{P}f\pi(s)$$

§ 5 - Prolongement de la transformation de Fourier aux pseudomesures

Appelons pseudomesure sur G (ou convoluteur de $L^2(G)$) tout opérateur borné sur l'espace de Hilbert $L^2(G)$, qui commute aux translations à droite. Leur ensemble, noté dans la suite PM(G), s'identifie donc à l'algèbre de Von Neumann de la représentation régulière gauche de G dans $L^2(G)$, i.e. engendrée par les opérateurs de translation à gauche dans $L^2(G)$, ou encore par les opérateurs de convolution dans $L^2(G)$ par les fonctions de $L^1(G)$ [ou encore par les mesures bornées sur G]. Ainsi toute mesure bornée sur G est identifiée à une pseudomesure sur via l'opérateur de convolution sur $L^2(G)$ qu'elle définit. Dans l'algèbre de Von Neumann PM(G), nous considèrerons d'une part la norme d'opérateurs, notée $\|\cdot\|_{PM}$, et d'autre part la topologie faible et la topologie forte d'opérateurs ; pour cette dernière $L^1(G)$ est dense dans PM(G) ; le théorème de densité de Kaplansky (cf. J. Dixmier, [4], p. 46) permet alors d'affirmer que les éléments de $L^1(G)$ [ou de tout autre sous *-algèbre dense dans $L^1(G)$] qui sont dans la boule unité de PM(G) forment un ensemble fortement dense dans cette boule.

Si $M \in PM(G)$ et $f \in L^2(G)$, l'image M(f) de f par l'opérateur M dans $L^2(G)$ sera aussi notée $M*f$.

(1.22) Théorème :

1) Pour toute pseudomesure M sur G, il existe un opérateur borné - que nous noterons $\mathcal{F}M$ - et un seul sur l'espace de Hilbert $\mathcal{H} = L^2(k^*, \frac{dt}{|t|})$, tel que, quelle que soit f dans $L^2(G)$, on ait :

$$(1.23) \qquad \mathcal{P}(M*f) = \mathcal{F}M\,\mathcal{P}f.$$

2) L'application $M \mapsto \mathcal{F}M$ ainsi définie est un isomorphisme isométrique de l'algèbre de Banach PM(G) sur l'algèbre de Banach $\mathcal{L}_\infty$. Si μ est une mesure bornée sur G (identifiée à une pseudomesure), alors $\mathcal{F}\mu = \pi(\mu)$ coïncide avec l'opérateur déjà défini en (1.8).

3) La transformation de Fourier $\mathcal{F}$ - ainsi prolongée de M^1 à PM - transporte sur $\mathcal{L}_\infty$ la topologie faible de PM(G) en la topologie faible de

alité $\sigma(\mathscr{L}_\infty, \mathscr{L}_1)$ de $\mathscr{L}_\infty$ avec l'espace de Banach $\mathscr{L}_1$ des opérateurs nu-éaires.

nonstration : Remarquons d'abord que, pour tout $A \in \mathscr{L}_\infty$, on a

$$\| A \|_\infty = \sup_{T\in\mathscr{L}_2, \| T\|_2\leq 1} \| AT\|_2 .$$

Donc, vu que, pour toute $f \in L^2(G)$, on a $\mathscr{P}(\mu * f) = \mathscr{F}_\mu \mathscr{P} f$, on obtient, en enant $A = \mathscr{F}_\mu$ et en utilisant la surjectivité de l'isométrie $\mathscr{P}$ de $L^2(G)$ sur $_2$, que, pour toute $\mu \in M^1(G)$, on a $\| \mu\|_{PM} = \| \mathscr{F}\mu\|_\infty$.

1) Soit $M \in PM(G)$. La boule-unité de $PM(G)$ est fortement métrisable. après le théorème de densité de Kaplansky, il existe une suite $(h_n) \in L^1(G)$ lle que $\| h_n\|_{PM} \leq \| M \|_{PM}$, et qui converge fortement vers M. On a $\mathscr{F} h_n\|_\infty = \| h_n\|_{PM} \leq \| M \|_{PM}$, donc la suite d'opérateurs $(\mathscr{F} h_n)$ reste dans une ule de $\mathscr{L}_\infty$. Cette boule est compacte pour la topologie faible des opérateurs r $\mathscr{H}$, donc il existe $S \in \mathscr{L}_\infty$ et une suite (h_{n_i}) extraite de (h_n) tel e $S = \lim \mathscr{F}(h_{n_i})$ faiblement. Pour toute $f \in L^2(G)$, on a d'après (1.18),4),

$$\mathscr{P}(h_{n_i} * f) = \mathscr{F}(h_{n_i}) \mathscr{P} f.$$

La multiplication des opérateurs est faiblement séparément continue, donc, and $i \to \infty$, on obtient que

$$(1.24) \qquad \mathscr{P}(M*f) = S\mathscr{P}f \qquad (f \in L^2(G)).$$

Montrons qu'un S tel que (1.24) est unique. En effet, si, pour toute $\in L^2(G)$, on a

$$S\mathscr{P}f = S'\mathscr{P}f,$$

particulier, d'après la surjectivité de $\mathscr{P}$, on a, pour tous $\xi,\eta \in \mathscr{H}$,

$$SE_{\xi,\eta} = S'E_{\xi,\eta},$$

nc, en prenant les traces, $(S\xi|\eta) = (S'\xi|\eta)$. Ainsi $S = S'$. Posons $S = \mathscr{F}M$.

2) Vu (1.24) et l'unicité, il est clair que $\mathscr{F}$ est un isomorphisme d'algè-es. Montrons qu'il est isométrique : il suffit de faire maintenant pour l'opéra-ur $A = \mathscr{F}M$ la remarque faite déjà au début de la démonstration pour $A = \mathscr{F}\mu$.

Prouvons maintenant que $\mathcal{F}$ applique <u>surjectivement</u> PM(G) sur $\mathcal{L}_\infty$. Si $T \in \mathcal{L}_\infty$, notons M_T l'opérateur, borné et de norme $\| T \|_\infty$ de multiplication à gauche par T dans $\mathcal{L}_2$. Posons $M = \mathcal{P}^{-1} M_T \mathcal{P}$. C'est un opérateur borné sur $L^2(G)$; montrons que c'est une pseudomesure : en effet, pour toute $f \in L^2(G)$ et tout $s \in G$, on a :

$$M(f*\varepsilon_s) = \mathcal{P}^{-1} M_T \mathcal{P}(f*\varepsilon_s) = \mathcal{P}^{-1} M_T \Delta^{-1/2}(s) \mathcal{P} f \pi(s) =$$

$$= \mathcal{P}^{-1}[\Delta^{-1/2}(s) T \mathcal{P} f \, \pi(s)] = \mathcal{P}^{-1}[\Delta^{-1/2}(s) \mathcal{P}(Mf)\pi(s)] =$$

$$= \mathcal{P}^{-1}[\mathcal{P}(Mf*\varepsilon_s)] = Mf*\varepsilon_s .$$

Ainsi M est une pseudomesure ; mais, sur sa définition $M = \mathcal{P}^{-1} M_T \mathcal{P}$, il est clair que, pour toute $f \in L^2(G)$, on a $\mathcal{P}(Mf) = T\mathcal{P}f$; donc $T = \mathcal{F}M$, ce qu prouve que $\mathcal{F}$ est surjective. Le fait que $\mathcal{F}$ prolonge la transformation de Fouri préalablement définie sur $M^1(G)$ résulte évidemment de l'unicité de S dans (1.2

3) Pour prouver enfin l'assertion concernant les topologies faibles, il suffit de remarquer que, quels que soient $M \in PM(G)$, $f \in L^2(G)$, $h \in L^2(G)$, on a :

$$(M*f|h) = (\mathcal{P}(Mf)|\mathcal{P}h) = (\mathcal{F}M\mathcal{P}f|\mathcal{P}h) = \mathrm{Tr}(\mathcal{F}M\mathcal{P}f(\mathcal{P}h)^*),$$

et que, tout opérateur nucléaire sur $\mathcal{H}$, étant le produit de deux opérateurs de Hilbert-Schmidt, peut s'écrire sous la forme $\mathcal{P}f(\mathcal{P}h)^*$, d'après la surjectivité de $\mathcal{P}$.

(1.25) <u>Remarque</u> : Du théorème (1.22) résulte en particulier que la transformation de Fourier $\mathcal{F}$ est <u>injective</u>, fait que nous utiliserons souvent.

§ 6 - Pseudomesures dont l'image de Fourier est un opérateur compact

Soit σ l'homomorphisme d'algèbres de Banach involutives de $L^1(G)$ sur $L^1(k^*)$ défini, pour presque tout $a \in k^*$, par la formule

$$(1.26) \qquad \sigma f(a) = \frac{1}{|a|} \int_k f(b,a)\,db .$$

σ n'est autre que l'homomorphisme canonique $L^1(G) \to L^1(G/N)$, quand on identifie N à k et G/N à k^*. Nous allons voir que σ est aussi continu pour les norm de pseudomesures. De manière précise, soit $(k^*)^\wedge$ l'ensemble des caractères cont nus unitaires m sur le groupe multiplicatif k^*. Si h est une fonction sur k^*

tons :

$$m \mapsto \mathcal{F}_{k^*}h(m) = \int_{k^*} \overline{m(a)}h(a) \frac{da}{|a|}$$

transformée de Fourier (multiplicative). Si $m \in (k^*)^\wedge$, notons π_m la représentation unitaire de dimension un sur G définie par $\pi_m(b,a) = m(a)$.

(1.27) Proposition :

1) Soient $f \in L^1(G)$ et $m \in (k^*)^\wedge$. Alors $\mathcal{F}_{k^*}(\sigma f)(m) = \pi_{\bar{m}}(f)$.

2) Soit $f \in L^1(G)$. Alors $\sup_{m \in (k^*)^\wedge} |\mathcal{F}_{k^*}(\sigma f)(m)| \leqslant \| f \|_{PM}$.

En effet :

1) $$\mathcal{F}_{k^*}(\sigma f)(m) = \int_{k^*} \overline{m(a)}\sigma f(a) \frac{da}{|a|} = \int_{k^*} \overline{m(a)} \frac{1}{|a|} \int_k f(b,a)db \frac{da}{|a|} =$$

$$= \int_{k^*}\int_k \overline{m(a)}f(b,a) \frac{da\ db}{|a|^2} = \int_G \pi_{\bar{m}}(g)f(g)dg = \pi_{\bar{m}}(f)$$

2) $$\sup_{m \in (k^*)^\wedge} |\mathcal{F}_{k^*}(\sigma f)(m)| = \sup_m \|\pi_{\bar{m}}(f)\| \leqslant \sup_{\varpi \in \hat{G}} \| \varpi(f) \| = \| f \|_{PM},$$

dernière égalité venant de ce que, le groupe G étant moyennable, toutes ses présentations unitaires sont faiblement contenues dans la représentation régulière gauche.

Notons $[L^1(G)]_0$ ou simplement $(L^1)_0$ le noyau de σ, c'est-à-dire l'idéal ilatère, fermé et autoadjoint) des $f \in L^1(G)$ telles que $\int_k f(b,a)db = 0$ presque partout (i.e. "de moyenne sur N" nulle). On montre aisément (par dualité) que $(L^1)_0$ n'est autre que le sous-espace de Banach de $L^1(G)$ qui est engendré par les nctions $\varepsilon_n * h - h$, où $h \in L^1(G)$ et $n \in N$.

Soit $PF(G)$ -ensemble des "pseudo-fonctions" sur G - la fermeture normique $L^1(G)$ dans $PM(G)$, c'est-à-dire la C^*-algèbre engendrée sur l'espace de lbert $L^2(G)$ par les opérateurs de convolution f_*, où $f \in L^1(G)$.

Soit $PF_0(G)$ la fermeture normique dans $PM(G)$ de $(L^1)_0$.

On remarquera que $(L^1)_0 = L^1(G) \cap PF_0(G)$. En effet, si $f \in L^1(G)$ est limite, en norme de pseudomesures, de fonctions $f_n \in L^1(G)$ telles que $\sigma f_n = 0$, ors $\sigma f = 0$, puisque σ est continu pour les normes de pseudo-mesures.

(1.28) Théorème : Soit M une pseudomesure sur G. Les deux assertions suivantes sont équivalentes :

i) $\mathcal{F}M$ est un opérateur compact dans $\mathcal{H} = L^2(k^*)$;

ii) M appartient à $PF_0(G)$.

En particulier, soit $f \in L^1(G)$. Pour que l'opérateur $\mathcal{F}f = \pi(f)$ soit compact, il faut et il suffit que

(1.29) $\int_k f(b,a)db = 0$ pour presque tout a.

Démonstration : Elle est due à I. Khalil [11]. Etablissons d'abord deux lemmes.

(1.30) Lemme : Soit V le sous-espace vectoriel de $L^1(G)$ engendré par les fonctions $(b,a) \mapsto (\varphi \otimes \psi)(b,a) = \varphi(b)\psi(a)$, où $\psi \in \mathcal{K}(k^*)$ et où $\varphi \in L^1(k)$, où $\hat{\varphi} \in \mathcal{K}(k)$ et $\hat{\varphi}(t) \equiv 0$ au voisinage de $t = 0$. Alors V est dense dans $(L^1)_0$ pour la norme de $L^1(G)$.

Démonstration : On a

$$\int_k \varphi \otimes \psi(b,a)db = \psi(a)\int_k \varphi(b)db = \psi(a)\hat{\varphi}(0) = 0,$$

donc $V \subset (L^1)_0$. L'espace de Banach $(L^1)_0$ est engendré par les $\varepsilon_n * h - h$, où $h \in L^1(G)$ et $n \in N$. En approximant ces h par des combinaisons linéaires de produits tensoriels, on voit que dans $(L^1)_0$ est total l'ensemble des fonctions $(\varepsilon_b *_k \theta - \theta) \otimes \psi$, où $\psi \in \mathcal{K}(k^*)$; $\theta \in L^1(k)$; et $b \in k$. Or la fonction $\lambda = \varepsilon_b *_k \theta - \theta$ vérifie $\hat{\lambda}(0) = 0$; d'après le théorème de synthèse spectrale ponctuelle de l'algèbre de Banach $L^1(k)$, la fonction λ peut être approchée en norme de $L^1(k)$ par des fonctions φ telles que $\hat{\varphi}(t)$ soit à support compact dans k et s'annule au voisinage de $t = 0$. Il en résulte bien que V est dense dans $(L^1)_0$.

(1.31) Lemme : Si $f \in (L^1)_0$, l'opérateur $\mathcal{F}(f)$ est compact.

Démonstration : D'après le lemme (1.30), il suffit de la faire quand $f = \varphi \otimes \psi \in$ Soit (ξ_n) une suite bornée dans $\mathcal{H}$; montrons qu'on peut en extraire une suite (ξ_{n_p}) telle que la suite $\mathcal{F}f(\xi_{n_p})$ converge dans $\mathcal{H}$. D'après (1.12),

$$\mathcal{F}f(\xi_n)(t) = \hat{\varphi}(t)\xi_n *_{k^*} (\frac{1}{|a|}\psi)^{\vee}(t).$$

La suite (ξ_n) étant bornée, on peut en extraire une suite (ξ_{n_p}) qui converge faiblement dans $\mathcal{H}$ vers une $\xi \in \mathcal{H} = L^2(k^*)$. Puisque les translatées (dans k de la fonction $a \mapsto \frac{1}{|a|}\psi(a)$ appartiennent toutes à $\mathcal{H}$, il en résulte que, pour t $t \in k^*$, la suite de nombres $\xi_{n_p} *_{k^*} (\frac{1}{|\cdot|} \psi)^\vee(t)$ converge vers le nombre $*(\frac{1}{|\cdot|} \psi)^\vee(t)$ quand $p \to \infty$. D'autre part

$$|\hat{\varphi}(t)\xi_{n_p} *_{k^*} (\frac{1}{|\cdot|} \psi)^\vee(t)| \leq \| \frac{1}{|\cdot|} \psi\|_{L^2(k^*)} \|\xi_{n_p}\|_{L^2(k^*)} |\hat{\varphi}(t)| \leq C|\hat{\varphi}(t)|$$

Comme $\hat{\varphi} \in \mathcal{K}(k)$ et s'annule au voisinage de 0, la fonction $t \mapsto |\hat{\varphi}(t)|^2$ ap-tient à $L^1(k^*)$. Ainsi, d'après le théorème de convergence dominée, la suite ξ_{n_p} converge vers $\mathcal{F}f\xi$ dans $L^2(k^*) = \mathcal{H}$.

ionstration du théorème (1.28) : Ainsi $\mathcal{F}(L^1_0) \subset \mathcal{LC}$. Comme $\mathcal{F}$ est une isométrie r les normes d'opérateurs (cf. le théorème (1.22)), par continuité il vient $PF_0) \subset \mathcal{LC}$. Si ξ et η sont dans $A(k)$ et ont pour supports des compacts de , on a vu en (1.17) que la fonction

$$(b,a) \mapsto f_{\xi,\eta}(b,a) = |a|(\xi\bar{\eta}_a)^\wedge(b)$$

dans $L^1(G)$ et telle que $\mathcal{F}(f_{\xi,\eta}) = E_{\xi,\eta}$. Plus précisément $f_{\xi,\eta} \in (L^1)_0$,

$$\int_k f_{\xi,\eta}(b,a)db = |a|\int_k (\xi\bar{\eta}_a)^\wedge(b)db = |a|\xi(0)\overline{\eta(0)} = 0.$$

Ainsi ces $E_{\xi,\eta}$ sont dans l'image $\mathcal{F}(PF_0)$; comme il est clair qu'ils for-t un ensemble normiquement total dans $\mathcal{LC}$, on a prouvé, vu que $\mathcal{F}$ est isomé-que pour les normes d'opérateurs, l'égalité $\mathcal{F}(PF_0) = \mathcal{LC}$, c'est-à-dire l'é-valence i) $\Leftrightarrow$ ii) du théorème.

Reste à prouver que, si $f \in L^1(G)$ et $\mathcal{F}f \in \mathcal{LC}$, alors $f \in (L^1)_0$: il fit de se souvenir que $L^1 \cap PF_0 = (L^1)_0$.

- <u>Idempotents de convolution de $L^1(G)$ autoadjoints, quand $k = \mathbb{R}$ ou $\mathbb{C}$</u>.

Dans tout ce paragraphe, on suppose $k = \mathbb{R}$ ou $\mathbb{C}$, afin d'appliquer le

(1.32) <u>Lemme</u> : <u>Soit</u> $k = \mathbb{R}$ <u>ou</u> $\mathbb{C}$. <u>Soit</u> $f \in L^1(k^*)$ <u>telle que</u> $f *_{k^*} f = f$. <u>rs</u> $f = 0$.

En effet la transformée de Fourier multiplicative $\mathcal{F}_{k^*}f$ ne prend que les eurs 0 et 1, et tend vers 0 à l'infini sur le groupe $(k^*)^\wedge$; or ce dernier est éomorphe à $\mathbb{R} \times \mathbb{Z}$ si $k = \mathbb{C}$, et à $\mathbb{R}\times\{1,2\}$ si $k = \mathbb{R}$, où $\{1,2\}$ est l'espace cret à deux éléments. Danc chaque cas, $(k^*)^\wedge$ n'a que des composantes connexes compactes, sur lesquelles seule la valeur 0 est possible pour la fonction con-ue $\mathcal{F}_{k^*}f$.

▲

Nous allons caractériser l'ensemble J des fonctions f non identiquement nulles sur G, telles que $f \in L^1(G)$ et $f = f^* = f*f$. Munissons J de la relation d'ordre $f_1 < f_2$ si $f_1 = f_2*f_1$ (ce qui implique $= f_1*f_2$).

Autrement dit, J est l'ensemble des $f \in L^1(G)$ telles que $\mathcal{F}f$ soit un projecteur orthogonal non nul, et $<$ correspond par $\mathcal{F}$ à la relation d'ordre classique des projecteurs orthogonaux dans $\mathcal{H}$.

(1.33) Définition : Soit ξ une fonction définie sur k. Si $a \in k$, on pose $\xi_a(t) = \xi(at)$. On dira que ξ est un bon vecteur si les deux conditions suivantes sont satisfaites :

$$\begin{cases} (BV)_1 & \int_k |\xi(t)|^2 \frac{dt}{|t|} = 1 \ ; \\ (BV)_2 & \text{pour presque tout } a \in k, \text{ on a } \xi\bar{\xi}_a \in A(k) \ ; \text{ et} \\ & \int_k \| \xi\bar{\xi}_a \|_{A(k)} \frac{da}{|a|} < +\infty. \end{cases}$$

Dans ce cas, on notera $(\xi\bar{\xi}_a)^{\bar{\wedge}}$ la fonction de $L^1(k)$ dont la transformée de Fourier (additive) est $\xi\bar{\xi}_a$.

(1.34) Théorème :

1) Soit ξ un bon vecteur. Posons

(1.35) $\quad f_\xi(b,a) = |a|(\xi\bar{\xi}_a)^{\bar{\wedge}}(b).$

Alors f_ξ est un idempotent minimal de l'ensemble J, et $\mathcal{F}(f_\xi) = E_{\xi,\xi}$.

2) Tout idempotent minimal de J peut s'écrire f_ξ, où ξ est un bon vecteur uniquement déterminé à multiplication par un nombre complexe de module un près.

3) Tout idempotent $f \in J$ est la somme (peut-être de plusieurs manières) d'un nombre fini n (qui lui ne dépend que de f) d'idempotents minimaux de J, soient $f_1,\ldots,f_n$, s'annulant deux à deux (i.e. tels que $f_i*f_j = 0$ si $i \neq j$, ou encore tels que les bons vecteurs $\xi_1,\ldots,\xi_n$ correspondants forment un système orthonormé dans $\mathcal{H}$).

Démonstration : 1) On a déjà prouvé à la proposition (1.13) que la fonction f_ξ (qui était alors notée $f_{\xi,\xi}$) est dans $L^1(G)$ et telle que $\mathcal{F}(f_\xi) = E_{\xi,\xi}$. Puisque, d'après $(BV)_1$, le vecteur ξ est de longueur 1 dans $\mathcal{H}$, on a

$$E_{\xi,\xi} = (E_{\xi,\xi})^* = E_{\xi,\xi}E_{\xi,\xi},$$

st-à-dire $\mathcal{F}(f_\xi) = \mathcal{F}(f_\xi^*) = \mathcal{F}(f_\xi * f_\xi)$.

étant injective, ceci prouve que $f_\xi \in J$. De plus f_ξ est minimal puisque $E_{\xi,\xi}$
: un projecteur minimal dans $\mathcal{H}$.

Pour prouver 2) et 3), nous utiliserons deux lemmes.

(1.36) Lemme : L'ensemble des bons vecteurs est total dans $\mathcal{H} = L^2(k^*)$.
effet (cf la remarque (1.17)), si $\xi \in A(k)$ a pour support un compact de k^*,
rs $\xi/\|\xi\|_{\mathcal{H}}$ est un bon vecteur.

(1.37) Lemme : Soit $f \in L^1(G)$, et soit ξ un bon vecteur. Alors $\mathcal{F}f(\xi)$
collinéaire à un bon vecteur.

En effet, soit $\eta = \mathcal{F}f(\xi)$. On a $E_{\eta,\eta} = E_{\mathcal{F}f\xi,\mathcal{F}f\xi} = \mathcal{F}f\, E_{\xi,\xi}(\mathcal{F}f)^* =$
$\mathcal{F}f\, \mathcal{F}f_\xi\, \mathcal{F}f^* = \mathcal{F}(f*f_\xi*f^*)$. Donc $E_{\eta,\eta} \in \mathcal{F}(L^1(G))$. D'après la proposition
13), nécessairement η satisfait à $(BV)_2$.

2) et 3) Nous pouvons maintenant prouver la fin du théorème. Soit σ l'homo-
phisme défini au § 7. Soit $f \in J$. Alors $\sigma(f)$ est un idempotent de $L^1(k^*)$,
c $\sigma(f) = 0$ d'après le lemme (1.32). Le théorème (1.28) montre que l'opérateur
f est compact. Ainsi $\mathcal{F}f$ est un projecteur orthogonal compact, donc de rang
i, sur un sous-espace V_f de $\mathcal{H}$ de dimension finie n. Puisque $f \neq 0$, on a
$\neq \{0\}$, donc, d'après le lemme (1.36), il existe un bon vecteur ξ non orthogonal
V_f, i.e. tel que $\mathcal{F}f(\xi) \neq 0$. Posons $\xi_1 = \mathcal{F}f(\xi)/\|\mathcal{F}f\xi\|_{\mathcal{H}}$. Le lemme (1.37)
tre que ξ_1 est un bon vecteur. De plus $f_{\xi_1} < f$, car ξ_1 est dans l'image de
par le projecteur $\mathcal{F}f$, donc $E_{\xi_1,\xi_1} = \mathcal{F}f\, E_{\xi_1,\xi_1}$, d'où $f_{\xi_1} = f*f_{\xi_1}$.

Si f est minimal dans J, on a nécessairement $f = f_{\xi_1}$. On a ainsi prouvé le
du théorème (l'unicité est évidente, compte tenu de $\mathcal{F}f_\xi = E_{\xi,\xi}$). Ce cas se
duit d'ailleurs si et seulement si $n = 1$, car $f = f_{\xi_1}$ si et seulement si
$f = E_{\xi_1,\xi_1}$, donc si et seulement si V_f est le sous-espace de dimension un en-
dré par le vecteur ξ_1.

Par récurrence sur n, montrons qu'il existe dans V_f une base orthonormée
$\ldots,\xi_n$ dont tous les vecteurs sont "bons". Nous venons de le constater pour
1. Si $n > 1$, en posant $f' = f - f_{\xi_1}$, on obtient une $f' \in J$ telle que $\mathcal{F}(f')$
t l'opérateur de projection orthogonal de ξ_1 dans V_f. Ainsi $\dim(V_{f'}) = n-1$.
hypothèse de récurrence, dans $V_{f'}$ il existe $(n-1)$ bons vecteurs deux à deux
hogonaux $\xi_2,\ldots,\xi_n$. Alors $(\xi_1,\xi_2,\ldots,\xi_n)$ est une base orthonormée de V_f dont
s les vecteurs sont bons.

Evidemment $\mathcal{F}f$, projecteur orthogonal sur V_f, s'écrit

$$\mathcal{F}f = E_{\xi_1,\xi_1} + \dots + E_{\xi_n,\xi_n}.$$

De plus $E_{\xi_i,\xi_i} E_{\xi_j,\xi_j} = 0$ si $i \neq j$. Donc $f = f_{\xi_1} + \dots + f_{\xi_n}$, et $f_{\xi_i} * f_{\xi_j} = 0$ si $i \neq j$.

Le théorème (1.34) est maintenant démontré.

(1.38) Exemples : Soit $k = \mathbb{R}$. Soient α et β deux constantes réelles > 0. Considérons la fonction

$$(1.39) \qquad t \mapsto \xi(t) = \begin{cases} \beta^{\alpha/2}\Gamma(\alpha)^{-1/2} t^{\alpha/2} e^{-\beta t/2} & \text{si } t > 0, \\ 0 & \text{si } t \leqslant 0. \end{cases}$$

Alors, en utilisant la formule, pour $\mathcal{R}e\, c > -1$, $\mathcal{R}e\, d > 0$

$$\int_0^\infty t^c\, e^{-dt} dt = \Gamma(c+1) d^{-(c+1)},$$

on vérifie que ξ est un bon vecteur. En effet

$$\|\xi\|^2_{\mathcal{H}} = \beta^\alpha [\Gamma(\alpha)]^{-1} \int_0^\infty t^{\alpha-1} e^{-\beta t} dt = 1.$$

D'autre part $\xi\bar{\xi}_a(t) = 0$ si $a < 0$; $= \beta^\alpha[\Gamma(\alpha)]^{-1} a^{\alpha/2} t^\alpha e^{-\beta(a+1)t/2}$ si $a >$ et $t >$

$= 0$ si $a > 0$ et $t < 0$.

Ainsi $\xi\bar{\xi}_a \in L^1(\mathbb{R})$, et

$$(\xi\bar{\xi}_a)^\wedge(b) = \beta^\alpha[\Gamma(\alpha)]^{-1} a^{\alpha/2} \int_0^\infty t^\alpha e^{-[\beta(a+1)/2 - 2\pi i b]t} dt =$$

$$= \alpha\beta^\alpha a^{\alpha/2} [\beta(a+1)/2 - 2\pi i b]^{-(\alpha+1)} \quad \text{si } a > 0 ;$$

$(\xi\bar{\xi}_a)^\wedge(b) = 0$ si $a < 0$. Pour vérifier $(BV)_2$, il suffit de voir que

$$\int_0^\infty \frac{da}{|a|} \int_{-\infty}^\infty |(\xi\bar{\xi}_a)^\wedge(b)|\, db < +\infty,$$

i.e. que $\displaystyle\int_0^\infty a^{\alpha/2-1} da \int_{-\infty}^\infty \frac{db}{(\beta^2/4(a+1)^2 + 4\pi^2 b^2)^{\frac{\alpha+1}{2}}} = \text{cste} \int_0^\infty \frac{a^{\alpha/2-1}}{(a+1)^\alpha} \int_{-\infty}^\infty \frac{du}{(1+u^2)^{\frac{\alpha+1}{2}}}$

: fini, ce qui est vrai puisque $\alpha > 0$. Ainsi :

(1.40) Proposition : Soit $k = \mathbb{R}$. Quels que soient $\alpha > 0$ et $\beta > 0$, la fonc-
on

$$(b,a) \mapsto f_\xi(b,a) = \begin{cases} 0 & \text{si } a < 0 ; \\ \alpha\beta^\alpha a^{\alpha/2}[\beta(a+1)/2 - 2\pi i b]^{-(\alpha+1)} & \text{si } a > 0 \end{cases}$$

un idempotent autoadjoint (minimal) de $L^1(G)$, et $\mathcal{F}f_\xi = E_{\xi,\xi}$, où ξ est le
:teur défini en (1.39).

Remarque : En utilisant le formalisme des algèbres L^1-généralisées, H. Leptin
D. Poguntke ([12], thm 4) obtiennent un résultat, qui permettrait de démontrer
34) et même de l'étendre à certains produits semi-directs.

- Théorème de Haussdorff-Young.

La transformation de Fourier $\mathcal{F}$ applique $L^1(G)$ dans $\mathcal{L}_\infty(\mathcal{H})$, en abaissant
normes. D'autre part on a défini au § 5 la transformation de Plancherel en com-
ant la transformation de Fourier avec l'opérateur non borné $\delta_{1/2}$, soit
$f = [\mathcal{F}f \circ \delta_{1/2}]$. Ce sont là les cas extrêmes du théorème suivant.

(1.41) Théorème (de Haussdorff-Young).

Soit $1 \leq p \leq 2$, et soit $1/q + 1/p = 1$.

1) Soit $f \in L^1 \cap L^p(G)$. Alors l'opérateur $\mathcal{F}f \circ \delta_{1/q}$ se prolonge en un
rateur borné dans $\mathcal{H}$, noté $\mathcal{F}_p(f)$. De plus si $p \neq 1$, $\mathcal{F}_p(f)$ appartient
'ensemble $\mathcal{L}_q$ des opérateurs bornés T sur $\mathcal{H}$ tels que
$\|_q = \mathrm{Tr}[(T^*T)^{q/2}]^{1/q} < +\infty$; et

$$(1.42) \qquad \|\mathcal{F}_p f\|_q \leq A_p \|f\|_p \text{ , où } A_p = p^{1/2p} q^{-1/2q} .$$

2) L'application $\mathcal{F}_p$ ainsi définie se prolonge de manière unique en une
lication linéaire de $L^p(G)$ dans $\mathcal{L}_q$ - encore notée $\mathcal{F}_p$ - telle qu'on ait
42) pour toute $f \in L^p(G)$.

3) On a $\mathcal{F}_1 = \mathcal{F}$ et $\mathcal{F}_2 = \mathcal{P}$.

4) Si $f \in \mathcal{K}(G)$, l'opérateur $\mathcal{F}_p(f)$ applique $\mathcal{H} = L^2(k^*, \frac{da}{|a|})$ dans
$\mathcal{C} = L^2(k^*, \frac{dt}{|t|})$ par le noyau :

(1.43) $K(t,a) = K_{f,p}(t,a) = |a|^{-1/p}|t|\hat{f}(\cdot,at^{-1})(t)$.

5) a) <u>Si</u> $\mu \in M^1(G)$ <u>et</u> $f \in L^p(G)$, <u>on a</u> $\mathcal{F}_p(\mu * f) = \mathcal{F}_\mu \mathcal{F}_p(f)$.

b) <u>Si</u> $f \in L^p(G)$, <u>et si on pose</u>

$f^{*p}(g) = \Delta^{-1/p}(g)\overline{f(g^{-1})}$

[ce qui implique que $f^{*p} \in L^p$], <u>alors on a</u> $\mathcal{F}_p(f^{*p}) = [\mathcal{F}_p(f)]^*$. <u>Plus particulièrement, si</u> $f \in \mathcal{K}(G)$, <u>on a</u> :

$$K_{f^{*p},p}(t,a) = \overline{K_{f,p}(a,t)}.$$

<u>Démonstration</u> : Nous supposerons $p \neq 1$ et $p \neq 2$, puisque les cas 1 et 2 ont déjà été traités.

a) Soit $f \in \mathcal{K}(G)$, et soit $\xi \in \mathrm{Dom}(\delta_{1/q})$. Alors, pour presque tout $t \in k^*$ l'intégrale double suivante est sommable, et, en y effectuant le changement de variable $a \mapsto at^{-1}$, il vient :

$$[\mathcal{F}f\circ\delta_{1/q}(\xi)](t) = \int_{k^*}\int_{k^*}\tau(bt)|at|^{1/q}\xi(at)f(b,a)\frac{da\,db}{|a|^2} =$$

$$= \int_{k^*}\tau(bt)\Big(\int_{k^*}f(b,at^{-1})\xi(a)|t||a|^{1/q-1}\frac{da}{|a|}\Big)db =$$

$$= \int_{k^*}|a|^{-1/p}|t|\Big(\int_{k^*}\tau(bt)f(b,at^{-1})db\Big)\xi(a)\frac{da}{|a|} = \int_{k^*}K_{f,p}(t,a)\xi(a)\frac{da}{|a|}$$

où $$K_{f,p}(t,a) = |a|^{-1/p}|t|\hat{f}(\cdot,at^{-1})(t).$$

Ce noyau est de Hilbert-Schmidt, car

$$\iint|K_{f,p}(t,a)|^2\frac{dt}{|t|}\frac{da}{|a|} = \int|t|\Big(\int|a|^{-2/p}|\hat{f}(\cdot,at^{-1})(t)|^2\frac{da}{|a|}\Big)dt =$$

$$= \int|t|\int|at|^{-2/p}|\hat{f}(\cdot,a)(t)|^2\frac{da}{|a|}\,dt =$$

$$= \int_{k^*}\frac{da}{|a|^{1+2/p}}\Big(\int_k|t|^{1-2/p}|\hat{f}(\cdot,a)(t)|^2dt\Big) < +\infty;$$

en effet, soit Q_1 (resp. Q_2) la projection de supp(f) sur k^* (resp. k). Pour tout t, la fonction $\hat{f}(\cdot,a)(t)$ est nulle pour a hors du compact Q_1 de k^* ; de plus, quels que soient a et t, on a $|\hat{f}(\cdot,a)(t)| < \|f\|_\infty \mathrm{mes}(Q_2) = C$. Donc en posant $C_1 = \sup_{Q_1}|a|^2/|a|^{1+2/p}$, on a :

$$\int_{k^*} \frac{da}{|a|^{1+2/p}} \left(\int_k |t|^{1-2/p} |\hat{f}(\cdot,a)(t)|^2 dt\right) = \int_{Q_1} \frac{da}{|a|^{1+2/p}} \left(\int_{|t|\leq 1} + \int_{|t|\geq 1}\right)$$

$$\leq \int_{Q_1} \frac{da}{|a|^{1+2/p}} \int_{|t|\leq 1} C|t|^{1-2/p} dt + \int_{Q_1} \frac{da}{|a|^{1+2/p}} \int_{|t|\geq 1} |\hat{f}(\cdot,a)(t)|^2 dt$$

$$\leq c^{ste} + \int_{Q_1} \frac{da}{|a|^{1+2/p}} \int_k |f(b,a)|^2 db \leq c^{ste} + \int_{Q_1} C_1 \frac{da}{|a|^2} \int_k |f(b,a)|^2 db$$

$$= c^{ste} + C_1 \| f \|_{L^2(G)} < +\infty .$$

D'autre part, puisque $f^{*p}(b,a) = |a|^{1/p}\, \bar{f}(-\frac{b}{a}, \frac{1}{a})$, on a :

$$K_{f^{*p},p}(t,a) = |a|^{-1/p} |t| (f^{*p})^{\wedge}(\cdot, at^{-1})(t) =$$

$$= |a|^{-1/p} |t| \, |at^{-1}|^{1/p} |at^{-1}| \hat{\bar{f}}(\cdot, \bar{a}^{-1} t)\left(\frac{t}{\bar{a}^{1} t}\right) = |t|^{-1/p} |a| \hat{\bar{f}}(\cdot, ta^{-1})(a)$$

$$= \overline{K_{f,p}(a,t)} .$$

Toujours pour $f \in \mathcal{K}(G)$, estimons la norme dans $\mathcal{L}_q$ de l'opérateur de noyau $K_{f,p}$. D'après un théorème récent de B. Russo ([15], thm. A), cette norme est [bo]rnée par $(\| K \|_{p,q} \| K^* \|_{p,q})^{1/2}$, où $K^*(t,a) = \overline{K(a,t)}$, et où

$$\| K \|_{p,q} = \left(\int \left(\int |K(t,a)|^p \frac{dt}{|t|}\right)^{q/p} \frac{da}{|a|}\right)^{1/q}$$

Ici $K^* = K_{f^{*p},p}$, et $\| f^{*p} \|_p = \| f \|_p$. Pour prouver l'inégalité (1.42) pour [tout]e $f \in \mathcal{K}(G)$, il suffit donc de vérifier que $\| K^* \|_{p,q} \leq A_p \| f \|_p$. Or, en appli[quan]t ci-après l'inégalité de Minkowski généralisée (*), puis l'inégalité de Hauss[dor]ff-Young pour $\mathbb{R}$ avec la constante précise A_p due à Babenko et Beckner [2], [il] vient :

(*) Il s'agit de l'inégalité, valable pour $\lambda \geq 1$,

$$\left(\int \left(\int |\varphi(a,t)| d\mu(a)\right)^{\lambda} d\nu(t)\right)^{1/\lambda} \leq \int \left(\int |\varphi(a,t)|^{\lambda} d\nu(t)\right)^{1/\lambda} d\mu(a)$$

[avec] ici : $\lambda = q/p$; $\varphi(a,t) = |\hat{f}(\cdot,a)(t)|^p$; $d\mu(a) = \frac{da}{|a|^2}$; $d\nu(t) = dt$.

$$\| K^* \|_{p,q}^{q} = \int\Big(\int |K(t,a)|^p \frac{da}{|a|}\Big)^{q/p} \frac{dt}{|t|} = \int\Big(\int |a|^{-1}|t|^p|\hat{f}(\cdot,at^{-1})(t)|^p \frac{da}{|a|}\Big)^{q/p} \frac{dt}{|t|}$$

$$= \int\Big(\int |at^{-1}|^{-1}|\hat{f}(\cdot,at^{-1})(t)|^p \frac{da}{|a|}\Big)^{q/p} dt =$$

$$= \int\Big(\int |\hat{f}(\cdot,a)(t)|^p \frac{da}{|a|^2}\Big)^{q/p} dt \leqslant \Big(\int\Big(\int |\hat{f}(\cdot,a)(t)|^q dt\Big)^{p/q} \frac{da}{|a|^2}\Big)^{q/p}$$

$$\leqslant (A_p)^q\Big(\int\int |f(b,a)|^p db \frac{da}{|a|^2}\Big)^{q/p} = (A_p \| f \|_p)^q.$$

b) Jusqu'à présent nous avons prouvé le 4) du théorème, ainsi que, dans le cas particulier où $f \in \mathcal{K}(G)$, le 1) et le 5)b). En prolongeant par continuité de $\mathcal{K}$ à L^p, on obtient une application linéaire, notée $\mathcal{F}_p$, de $L^p(G)$ dans $\mathcal{L}_q$, telle qu'on ait l'inégalité (1.42). Si en particulier $f \in L^1 \cap L^p(G)$, soit $(f_k) \in \mathcal{K}(G)$ une suite qui tend vers f en norme de L^p et en norme de L^1. Pour tout $\xi \in \mathrm{Dom}(\delta_{1/q})$, on a :

$$\mathcal{F}f\circ\delta_{1/q}(\xi) = \mathcal{F}f(\delta_{1/q}\xi) = \lim_{k\to\infty} \mathcal{F}f_k(\delta_{1/q}\xi) = \lim_{k\to\infty}\mathcal{F}f_k\circ\delta_{1/q}(\xi) = \mathcal{F}_p f(\xi).$$

Ainsi sont prouvés 1) et 2). Le 3) est évident. Le 5)b) se montre en prolongeant par continuité le résultat déjà obtenu quand $f \in \mathcal{K}(G)$. Enfin, pour prouver 5)a), on peut, par densité, supposer que f appartient à $L^1 \cap L^p(G)$; alors $\mu * f \in L^1 \cap L^p(G)$, et l'on sait déjà (cf (1.11)) que $\mathcal{F}(\mu * f) = \mathcal{F}\mu\mathcal{F}f$. Par suite

$$\mathcal{F}_p(\mu * f) = [\mathcal{F}(\mu * f)\delta_{1/q}] = [(\mathcal{F}\mu\mathcal{F}f)\delta_{1/q}] = [\mathcal{F}\mu(\mathcal{F}f\delta_{1/q})] = \mathcal{F}\mu[\mathcal{F}f\delta_{1/q}]$$

$$= \mathcal{F}\mu \; \mathcal{F}_p f,$$

où les opérations effectuées sur les prolongements bornés se justifient grâce au fait qu'on peut se restreindre aux vecteurs ξ appartenant à $\mathcal{K}(k^*)$ [cf (1.6)].

Voici maintenant quelques propriétés supplémentaires des transformations $\mathcal{F}_p$.

(1.44) <u>Proposition</u> : <u>Soit</u> $1 \leqslant p \leqslant 2$, <u>et soit</u> $1/q + 1/p = 1$. <u>Soit</u> $f \in L^p(G)$.

1) <u>Soit</u> $\lambda \in \mathbb{R}$. <u>Supposons que</u> $\Delta^\lambda f$ <u>appartienne à</u> $L^p(G)$. <u>Alors</u>

$$\mathcal{F}_p(\Delta^\lambda f)\delta_\lambda \subseteq \delta_\lambda \mathcal{F}_p(f).$$

<u>En particulier</u>, $\mathrm{Dom}(\delta_\lambda)$ <u>est stable par</u> $\mathcal{F}_p(f)$.

2) <u>Supposons que</u> $\Delta^{-1/q} f$ <u>appartienne à</u> $L^1(G)$. <u>Alors</u>

$$\mathcal{F}_p f = \delta_{1/q}\ \mathcal{F}(\Delta^{-1/q} f).$$

3) <u>Soit</u> $k \in \mathcal{K}(G)$. <u>Alors</u> $f*k$ <u>appartient à</u> $L^2(G)$, <u>et il existe une cons-</u>
<u>nte</u> C <u>ne dépendant que de</u> k, <u>non de</u> f, <u>telle que</u> $\| f*k\|_2 \leqslant C\| f \|_p$. <u>De plus</u>,
<u>ur tout</u> $\xi \in \mathcal{K}(k^*)$, <u>on a</u>

$$(1.45) \qquad \mathcal{P}(f*k)\xi = \mathcal{F}_p(f)\delta_{-1/q}\mathcal{P}(k)\xi$$

4) <u>Soit</u> $1 \leqslant r \leqslant 2$. <u>Soit</u> $h \in L^r(G)$. <u>Les assertions suivantes sont équivalen-</u>
<u>s</u> :

i) $\mathcal{F}_p(f) \supseteq \mathcal{F}_r(h)\delta_{1/r-1/p}$;

ii) $f(g) = h(g)$ <u>presque partout dans</u> G.

<u>nonstration</u> : a) Prouvons d'abord 1) et 2) quand $f \in \mathcal{K}(G)$. Alors, au théorème
.41), 4), on a

$$K_{\Delta^\lambda f,p}(t,a) = |at^{-1}|^{-\lambda} K_{f,p}(t,a),$$

donc, pour tout $\xi \in \mathrm{Dom}(\delta_\lambda)$,

$$\mathcal{F}_p(\Delta^\lambda f)\delta_\lambda \xi(t) = \int_{k^*} K_{\Delta^\lambda f,p}(t,a)|a|^\lambda \xi(a)\ \frac{da}{|a|} =$$

$$= \int_{k^*} |at^{-1}|^{-\lambda} K_{f,p}(t,a)|a|^\lambda \xi(a)\ \frac{da}{|a|} = |t|^\lambda \int_{k^*} K_{f,p}(t,a)\xi(a)\ \frac{da}{|a|} =$$

$$= \delta_\lambda\ \mathcal{F}_p(f)\xi(t).$$

Pour le 2), on remarque que, par définition, $\mathcal{F}(\Delta^{-1/p}\check{f})\delta_{1/q} \subseteq \mathcal{F}_p(\Delta^{-1/p}\check{f})$. Or
opérateur au second membre a pour adjoint $\mathcal{F}_p(f)$; l'opérateur $\mathcal{F}(\Delta^{-1/p}\check{f})$ a
ur adjoint $\mathcal{F}(\Delta^{-1/q} f)$. Il suffit d'appliquer la proposition (1.6) pour obtenir
2).

b) Soit plus généralement $f \in L^p(G)$. Pour montrer 1), on considère
suite $(f_k) \in \mathcal{K}(G)$, telle que f_k tende vers f <u>et</u> $\Delta^\lambda f_k$ vers $\Delta^\lambda f$ dans
(G) (il suffit pour cela de choisir les f_k tendant vers f presque partout et
ls que $|f_k| \leqslant |f|$). Soit $\xi \in \mathrm{Dom}(\delta_\lambda)$. Alors $\mathcal{F}_p(\Delta^\lambda f_k)\delta_\lambda\xi$ tend vers
$_p(\Delta^\lambda f)\delta_\lambda\xi$ en vertu du théorème de Haussdorff-Young ; de même $\mathcal{F}_p(f_k)\xi$ tend
rs $\mathcal{F}_p(f)\xi$. En utilisant éventuellement des suites extraites, on voit que, pour
esque tout t,

$$|t|^{\lambda}\mathcal{F}_p(f)\xi(t) = \lim_k |t|^{\lambda}\mathcal{F}_p(f_k)\xi(t) = \lim_k \mathcal{F}_p(\Delta^{\lambda}f_k)\delta_{\lambda}\xi(t) = \mathcal{F}_p(\Delta^{\lambda}f)\delta_{\lambda}\xi(t).$$

On procède de façon analogue pour étendre le 2) de $\mathcal{K}(G)$ à $L^p(G)$.

c) Prouvons 3). L'existence de C résulte de l'inégalité de Young (cf. par exemple la démonstration du théorème 20.18 dans Hewitt and Ross [10]). Soit $\xi \in \mathcal{K}(k^*)$; nous savons déjà (cf. 1)) que $\mathcal{P}(k)\xi \in \mathrm{Dom}(\delta_{-1/q})$. Si de plus on suppose que f appartient à $\mathcal{K}(k^*)$, on a bien

$$\mathcal{P}(f_* k)\xi = \mathcal{F} f \mathcal{P} k\xi = \mathcal{F}_p(f)\delta_{-1/q}\,\mathcal{P}(k)\xi.$$

Si $f \in L^p(G)$, on obtient (1.45) par continuité puisque les deux membres de (1.45) sont fonctions continues de f dans $L^p(G)$, à valeurs dans $\mathcal{H}$.

d) Montrons que ii) entraîne i) dans 4). Soit $f \in L^p \in L^r(G)$. D'après la proposition (1.6), pour montrer que $\mathcal{F}_r(f)\delta_{1/r-1/p} \subseteq \mathcal{F}_p(f)$, il suffit de vérifier que, pour tout $\xi \in \mathcal{K}(k^*)$, on a

$$(1.46) \qquad \mathcal{F}_r(f)\delta_{1/r-1/p}\xi = \mathcal{F}_p(f)\xi.$$

Soit s tel que $1/r+1/s = 1$. Si $f \in L^1 \cap L^r \cap L^p$, l'égalité (1.46) est évidente sur la formule intégrale :

$$\mathcal{F}_r(f)\delta_{1/r-1/p}\xi(t) = \iint \tau(bt)|at|^{1/s}|at|^{1/r-1/p}\xi(at)f(b,a)\,\frac{da\ db}{|a|^2}$$
$$= \iint \tau(bt)|at|^{1/q}\xi(at)f(b,a)\,\frac{da\ db}{|a|^2} = \mathcal{F}_p(f)\xi(t).$$

Si $f \in L^r \cap L^p$, on obtient (1.46) par continuité à partir d'une suite $(f_k) \in L^1 \cap L^r \cap L^p$ tendent vers f à la fois dans L^r et dans L^p.

Prouvons enfin que i) entraîne ii) dans 4). Pour tout $\xi \in \mathcal{K}(k^*)$ et toute $k \in \mathcal{K}(G)$, on a, d'après 3),

$$\mathcal{P}(f_* k)\xi = \mathcal{F}_p(f)\delta_{-1/q}\mathcal{P}(k)\xi = \mathcal{F}_r(h)\delta_{1/r-1/p}\delta_{-1/q}\mathcal{P}(k)\xi =$$
$$= \mathcal{F}_r(h)\delta_{-1/s}\mathcal{P}(k)\xi = \mathcal{P}(h_* k)\xi.$$

Ainsi, pour toute $k \in \mathcal{K}(G)$, on a $\mathcal{P}(f_* k) = \mathcal{P}(h_* k)$, donc $f_* k = h_* k$, c la transformation $\mathcal{P}$ est injective. Donc $f(g) = h(g)$ presque partout.

L'assertion i) $\Rightarrow$ ii) dans 4) exprime "l'injectivité simultanée" des applica tions $\mathcal{F}_p$, où p parcourt [1,2]. En prenant $p = r$, on obtient en particulier le

(1.47) Corollaire : Soit $1 \leqslant p \leqslant 2$. L'application $\mathcal{F}_p : L^p(G) \to \mathcal{L}_q$ est ective.

(1.48) Proposition : Soit $1 < p \leqslant 2$. L'application $\mathcal{F}_p : L^p(G) \to \mathcal{L}_q$ est mage dense, mais, sauf si $p = 2$, elle n'est pas surjective.

Que $\mathcal{F}_p$, pour $p \neq 2$, ne soit pas surjective, résulte par exemple d'un énon- de Ch. A. Mc Carthy [13], selon lequel l'espace de Banach $\mathcal{L}_q$ ne peut être ivalent à aucun espace L^p (comme il le serait, d'après le théorème de Banach, $\mathcal{F}_p$ était surjective).

Pour prouver maintenant la densité dans $\mathcal{L}_q$ de $\mathcal{F}_p(L^p)$, par dualité il fit de montrer que, si $T \in \mathcal{L}_p$ est tel que, pour toute $f \in L^p(G)$, on ait $\mathcal{F}_p(f)T) = 0$, alors $T = 0$. Remplaçant f par $h*f$, où $h \in L^1(G)$, on voit qu'a- s, pour toute $h \in L^1(G)$, on a $\mathrm{Tr}(\mathcal{F}h\mathcal{F}_p(f)T) = 0$. Or on a vu au théorème (1.28) $\mathcal{F}(L_0^1)$ est normiquement dense dans $\mathcal{L}\mathcal{C}$. Donc, pour tout $S \in \mathcal{L}\mathcal{C}$, on a :

$$<S, \mathcal{F}_p(f)T> = \mathrm{Tr}(S\mathcal{F}_p(f)T) = 0.$$

Vu la dualité entre $\mathcal{L}\mathcal{C}$ et $\mathcal{L}_1$, ceci prouve que, pour toute $f \in L^p(G)$, a $\mathcal{F}_p(f)T = 0$.

Si, dans ces conditions, par l'absurde, T n'était pas nul, il existerait $\mathcal{H}$ tel que $T\xi = \eta \neq 0$; or, pour tout vecteur $\eta \neq 0$, il est facile de choisir $f \in L^p(G)$ telle que $\mathcal{F}_p(f)\eta \neq 0$: si $f = \varphi \otimes \psi$, où $\varphi \in L^1(k)$ est choisie le que $\hat{\varphi}(t)$ soit partout non nulle, et où $\psi \in \mathcal{K}(k^*)$ est choisie telle que

$$\int_{k^*} |a|^{-1/p} \psi(at^{-1}) \eta(a) \frac{da}{|a|}$$

soit pas identiquement nulle en t, alors, d'après (1.41), 4),

$$\mathcal{F}_p f\eta(t) = |t| \hat{\varphi}(t) \int_{k^*} |a|^{-1/p} \psi(at^{-1}) \eta(a) \frac{da}{|a|} ,$$

c $\mathcal{F}_p f\eta \neq 0$, cqfd.

(1.49) Problème : Soit $1 < p < 2$. Caractériser les couples (ξ, η) de vec- rs dans $\mathcal{H}$ tels que l'opérateur $E_{\xi,\eta}$ appartienne à $\mathcal{F}(L^p)$. Pour $p = 1$, nous vons fait en (1.13) ; pour $p = 2$, tous les couples conviennent, d'après le théo- e de Plancherel (1.18).

CHAPITRE II : THEOREMES D'INVERSION DE FOURIER

§ 0 - Introduction

Dans le cas de la transformation de Fourier sur $\mathbb{R}$, on a la formule d'inversion

$$f(x) = \int_{\mathbb{R}} \hat{f}(y)e^{2\pi ixy}dy$$

où

$$\hat{f}(y) = \int_{\mathbb{R}} f(x)e^{-2\pi ixy}dx,$$

valable pour $f \in L^1(\mathbb{R})$ telle que $\hat{f} \in L^1(\mathbb{R})$, c'est-à-dire pour $f \in L^1(\mathbb{R}) \cap A(\mathbb{R})$.

Pour un groupe localement compact quelconque G, l'analogue $A(G)$ de $A(\mathbb{R})$ a été défini et étudié par P. Eymard dans [6]. Nous rappelons quelques notations et résultats de cet article, qui seront utilisés dans le cas particulier du groupe $x \mapsto ax+b$. Dans ces rappels, nous supposons donc G moyennable, pour simplifier. Si f est une fonction sur G, on pose $\tilde{f}(g) = \overline{f(g^{-1})}$.

On note $P(G)$ l'ensemble des fonctions continues de type positif sur G, et $B(G)$ l'ensemble des fonctions sur G qui sont combinaisons linéaires de fonctions appartenant à $P(G)$. Pour la somme et le produit ordinaire des fonctions, $B(G)$ est une algèbre. Pour la norme, notée $\| \cdot \|$, de dualité avec l'espace normé $(L^1(G), \| \cdot \|_{PM})$, c'est une algèbre de Banach commutative ; c'est d'ailleurs exactement le dual de cet espace normé, le crochet de dualité étant

$$(2.1) \qquad \langle f,u\rangle = \int_G f(g)u(g)dg \qquad (f \in L^1(G),\ u \in B(G)).$$

$B(G)$ s'appelle l'algèbre de Fourier-Stieltjes de G [C'est $\mathcal{F}M^1(\hat{G})$ si G est abélien]. Si $u(x) \equiv \tilde{u}(x)$ [$= \overline{u(x^{-1})}$], où $u \in B(G)$, on a, d'une façon et d'une seule $u = u^+ - u^-$, où u^+ et u^- sont dans $P(G)$ et où $\| u \| = u^+(e) + u^-(e)$. On appelle algèbre de Fourier de G, et on note $A(G)$, la sous-algèbre de Banach de $B(G)$ engendrée par les fonctions continues de type positif à support compact [c'est $\mathcal{F}L^1(\hat{G})$ si G est abélien]. L'espace de Banach dual de $A(G)$ s'identifie à $PM(G)$ par un crochet de dualité qui prolonge (2.1) ; la topologie faible des opérateurs dans $PM(G)$ s'identifie à la topologie faible de dualité $\sigma(A',A)$. De plus $A(G)$ est exactement l'ensemble des fonctions de la forme $f*\tilde{h}$, où f et h sont dans $L^2(G)$; si $u \in A(G)$, on peut même choisir f et h dans $L^2(G)$ telles que

$$u = f*\tilde{h} \quad \text{et} \quad \| u \| = \| f \|_2 \| g \|_2.$$

Si $M \in PM(G)$, on a $\langle M,f*\tilde{h}\rangle = (M\bar{h}|\bar{f})$.

Soit désormais à nouveau G le groupe des transformations affines d'un corps :alement compact non discret k dans k. Nous verrons que $A(G)$ joue le même e que $A(\mathbb{R})$ dans le cas classique vis-à-vis de l'inversion de Fourier. Entre .res nous obtiendrons la formule d'inversion suivante :

$$(2.2) \qquad f(g) = \mathrm{Tr}(\pi(g^{-1})[\mathcal{F}(f)\delta_1]) \qquad (g \in G),$$

able pour les fonctions $f \in L^1(G)$ qui sont de plus dans $A(G)$. Pour de telles ctions $\mathcal{F}(f)\delta_1$ se prolonge en un opérateur borné $[\mathcal{F}(f)\delta_1]$ dans $\mathcal{H}$, qui même nucléaire ; donc le second membre de (2.2) a un sens. Inversement, si $L^1(G)$ est telle que $\mathcal{F}(f)\delta_1$ se prolonge en un opérateur à trace, alors f égale presque partout à une fonction de $A(G)$. On aura ainsi une caractérisa- n de $L^1(G) \cap A(G)$ en termes du comportement de $\mathcal{F}f$.

On utilisera la cotransformation de Fourier, notée $\bar{\mathcal{F}}$, définie par

$$\bar{\mathcal{F}}(T)(g) = \mathrm{Tr}(\pi(g)T) \qquad (T \in \mathcal{L}_1(\mathcal{H}),\ g \in G).$$

A l'aide de $\bar{\mathcal{F}}$, la formule d'inversion devient (avec la notation) $= f(g^{-1})$) :

$$\check{f} = \bar{\mathcal{F}}([\mathcal{F}(f)\delta_1]).$$

C'est en fait sous cette forme, qui admet des généralisations aux $L^p(G)$, on démontrera la formule d'inversion. On remarquera qu'ici - en conséquence de non-unimodularité de G - la cotransformation de Fourier diffère, par la présence facteur δ_1, de la transformation de Fourier inverse. Avant de parler d'inversion Fourier, nous commencerons par étudier $\bar{\mathcal{F}}$, puis les $\bar{\mathcal{F}}_p$ analogues de $\bar{\mathcal{F}}$ pour indice $1 \leqslant p \leqslant 2$ quelconque.

- La cotransformation de Fourier.

(2.3) Théorème 1) Soit $T \in \mathcal{L}_1$ un opérateur nucléaire sur l'espace de bert $\mathcal{H} = L^2(k^*)$. Soit u la fonction définie sur G par la formule

$$(2.4) \qquad u(g) = \mathrm{Tr}(\pi(g)T) \qquad (g \in G).$$

rs u appartient à $A(G)$.

2) L'application $\bar{\mathcal{F}} : T \to u$ ainsi définie est un isomorphisme isométrique

de l'espace de Banach $\mathcal{L}_1$ sur l'espace de Banach A(G), dont le transposé est la transformée de Fourier $\mathcal{F}$ de PM(G) sur $\mathcal{L}_\infty$ définie au théorème (1.22).

Démonstration :

1) Soit $T = UV$ la décomposition polaire de l'opérateur T, où $V = |T| = (T^*T)^{1/2}$, et où U est un opérateur partiellement isométrique. Ainsi V est hermitien positif, donc $V^{1/2}$ existe ; de plus $V^{1/2}$ est dans $\mathcal{L}_2$; par suite $UV^{1/2}$ est aussi dans $\mathcal{L}_2$. Remarquons que $T = (UV^{1/2})V^{1/2}$. D'après le théorème de Plancherel (1.18), il existe deux fonctions f et h dans $L^2(G)$ telles que $\mathcal{P}(f) = UV^{1/2}$ et $\mathcal{P}(h) = V^{1/2}$; ainsi $T = \mathcal{P}(f)\mathcal{P}(h)$. On a donc, pour tout $g \in G$,

$$u(g) = \mathrm{Tr}(\pi(g)\mathcal{P}(f)\mathcal{P}(h)) = \mathrm{Tr}(\mathcal{P}(\varepsilon_g * f)\mathcal{P}h) = \mathrm{Tr}(\mathcal{P}(\varepsilon_g * f)(\mathcal{P}\bar{h})^*)$$

$$= (\mathcal{P}(\varepsilon_g * f) \mid \mathcal{P}(\bar{h}))_{\mathcal{L}_2} = (\varepsilon_g * f \mid \bar{h})_{L^2} = \bar{h} * \check{f}(g).$$

Donc $u = \bar{h} * \check{f}$ appartient à A(G).

2) De plus $\| \bar{h} \|_2 = \| h \|_2 = \| \mathcal{P}h \|_2 = \| V^{1/2} \|_2 = \| T \|_1^{1/2}$. Et, puisque U est partiellement isométrique, $\| \mathcal{P}f \|_2 = \| UV^{1/2} \|_2 \leqslant \| V^{1/2} \|_2 = \| T \|_1^{1/2}$. Donc $\| u \| \leqslant \| h \|_2 \| f \|_2 = \| \mathcal{P}h \|_2 \| \mathcal{P}f \|_2 \leqslant \| T \|_1$.

Vérifions que, pour toute $M \in PM(G)$, on a ${}^t\bar{\mathcal{F}}(M) = \mathcal{F}(M)$. Les deux membres de cette identité sont des fonctions continues de M parcourant PM(G) - muni de la topologie faible des opérateurs, i.e. de la topologie $\sigma(PM,A)$ - à valeurs dans $\mathcal{L}_\infty$ munie de la topologie $\sigma(\mathcal{L}_\infty, \mathcal{L}_1)$ [Ceci résulte de la continuité de $\mathcal{F}$ pour ces topologies, vue au 3) du théorème (1.22), et de N. Bourbaki [3], § 4, n° 2, corollaire de la proposition 6]. Il suffit donc de vérifier l'identité ${}^t\bar{\mathcal{F}}(M) = \mathcal{F}(M)$ quand M est une fonction $k \in L^1(G)$. Dans ce cas, pour tout $T \in \mathcal{L}_1$, on a :

$$<{}^t\bar{\mathcal{F}}(k), T> = <k, \bar{\mathcal{F}}T> = \int_G k(g)\mathrm{Tr}(\pi(g)T)dg = \mathrm{Tr}\int_G \pi(g)T\, k(g)dg$$

$$= \mathrm{Tr}(\pi(k)T) = \mathrm{Tr}(\mathcal{F}k\ T) = <\mathcal{F}k, T>,$$

donc ${}^t\bar{\mathcal{F}} = \mathcal{F}$. Comme $\mathcal{F}$ est une bijection isométrique de $PM = A'$ sur $\mathcal{L}_\infty = (\mathcal{L}_1)'$, il est maintenant clair que $\bar{\mathcal{F}}$ - dont $\mathcal{F}$ est la transposée - est une bijection isométrique de $\mathcal{L}_1$ sur A.

(2.5) Remarque : Soit $T \in \mathscr{L}_1$, et $u = \bar{\mathcal{F}}(T)$. Pour que la fonction u soit type positif sur G, il faut et il suffit que l'opérateur T soit hermitien posi- dans $\mathcal{H}$.

En effet, on sait (cf [6]) que u est de type positif si et seulement si $\| = u(e)$, donc si et seulement si $Tr(|T|)=Tr(T)$. Mais cette dernière égalité a u si et seulement si $T = |T|$ (cf Gohberg et Krein [9], p. 104).

(2.6) Remarque : Soit $T \in \mathscr{L}_1$ et $u = \bar{\mathcal{F}}(T)$. On vérifie immédiatement que $(T^*) = \tilde{u}$.

(2.7) Problème : Par $(\bar{\mathcal{F}})^{-1}$ la multiplication ordinaire des fonctions dans) se transporte en une multiplication d'algèbre de Banach commutative (dans $\mathscr{L}_1$) opérateurs à trace sur l'espace de Hilbert (standard) $\mathcal{H}$. Interpréter cette tiplication en termes d'opérateurs !

En suivant I. Khalil [11], à qui est d'ailleurs dû le théorème (2.3), nous ons décrire quelques applications de la cotransformation de Fourier $\bar{\mathcal{F}}$ à l'étude $B(G)$ et $A(G)$. Tout d'abord, nous allons constater que $A(G)$ est le dual d'un ace de Banach simple, fait remarquable pour un groupe non compact (songer au cas lien). Rappelons que L^1_0 est l'espace des $f \in L^1(G)$ telle que $\int_G f(b,a)db = 0$ r presque tout a.

(2.8) Proposition : L'accouplement $<u,f> = \int_G f(g)u(g)dg$, où $u \in A(G)$ et L^1_0, identifie $A(G)$ à l'espace de Banach dual de l'espace vectoriel normé L^1_0 i de la norme $\| f \|_{PM}$.

onstration : Puisque $A' = PM$, on sait que $|<u,f>| < \| u \| \, \| f \|_{PM}$, donc $A(G)$ dentifie déjà à une partie de $(L^1_0)'$. Mais il est connu que, par l'accouplement la trace, le dual de $\mathscr{L}\mathscr{C}$ s'identifie à $\mathscr{L}_1$. Or, on a vu au théorème (1.28) $\mathcal{F}$ est une isométrie de L^1_0 dans $\mathscr{L}\mathscr{C}$, d'image dense. Sa transposée ${}^t\mathcal{F}$ donc une isométrie de $\mathscr{L}_1$ sur $(L^1_0)'$. Par suite l'application $\varphi = {}^t\mathcal{F} \circ (\bar{\mathcal{F}})^{-1}$ une isométrie de $A(G)$ sur $(L^1_0)'$. Reste à voir que, pour toute $u \in A(G)$, on $\varphi(u) = u$. En effet, posons $T = \bar{\mathcal{F}}^{-1}(u)$. Pour toute $f \in L^1_0$, on a :

$$<\varphi(u),f> = <{}^t\mathcal{F}[\bar{\mathcal{F}}^{-1}(u)],f> = <\bar{\mathcal{F}}^{-1}(u),\mathcal{F}f> = Tr(\mathcal{F}f\ T) =$$

$$= <f,\bar{\mathcal{F}}(T)> = \int f(g)u(g)dg = <u,f>.$$

Voici maintenant pour $B(G)$ une décomposition analogue à la décomposition de Lebesgue des transformées de Fourier-Stieltjes du cas classique. Notons $B_s(G)$ l'ensemble des fonctions $u \in B(G)$ qui ne dépendent que de la variable a, non de b ; remarquons que, d'après [6], Th. (2.20), ce sont exactement les fonctions sur G qui peuvent s'écrire $u(b,a) = \psi(a)$, où $\psi \in B(k^*)$; pour une telle u, on a $\| u \| = \| \psi \|_{B(k^*)}$.

(2.9) Théorème : $B(G) = A(G) \oplus B_s(G)$.

Démonstration : L^1_0 est, en norme - PM, la fermeture dans $L^1(G)$ des fonctions du type $h-\varepsilon_b*h$, où $h \in L^1(G)$ et $b = (b,0) \in N \simeq k$. Par conséquent, dans la dualit[é] entre $(L^1(G),\| \cdot \|_{PM})$ et $B(G)$, l'othogonal de L^1_0 est l'ensemble des $u \in B(G)$ telles que, pour toute $h \in L^1(G)$ et tout $b_0 \in k$, on ait :

$$\iint [h(b,a)-h(b+b_0,a)]u(b,a) \frac{da\ db}{|a|^2} = \iint h(b,a)[u(b,a)-u(b-b_0,a)] \frac{da\ db}{|a|^2} = 0.$$

Donc $(L^1_0)^\perp = B_s(G)$.

Soit alors $u \in B(G)$; cette fonction définit une forme linéaire continue sur $(L^1(G),\| \cdot \|_{PM})$, donc, par restriction, sur $(L^1_0,\| \cdot \|_{PM})$. D'après la proposi tion (2.8), cette restriction provient d'une fonction $v \in A(G)$ telle que, pour toute $f \in L^1_0$, on ait $\int f(g)v(g)dg = \int f(g)u(g)dg$. Posons $w = u-v$. La forme linéaire définie sur $(L^1(G),\| \cdot \|_{PM})$ par w est orthogonale à L^1_0, donc $w \in B_s(G$[)]. Ceci prouve que $B(G) = A(G) + B_s(G)$. Mais $A(G) \cap B_s(G) = \{0\}$, car les fonctions de A(G) tendent vers 0 à l'infini (étant dans $L^2(G)*L^2(G)^\sim$), alors que celles d[e] $B_s(G)$ sont constantes en b. Donc la somme est directe.

Soit $\mathscr{C}_0(G)$ l'ensemble des fonctions continues sur G qui tendent vers [0] à l'infini.

Du théorème (2.9) vient le

(2.10) Corollaire 1 : $A(G) = B(G) \cap \mathscr{C}_0(G)$.

En effet soit $u = v+w \in B(G) \cap \mathscr{C}_0(G)$, où $v \in A(G)$ et $w \in B_s(G)$. On a $w = u-v \in B_s(G) \cap \mathscr{C}_0(G)$, donc $w = 0$ car w est constante en b. Donc $u = v \in A(G)$.

Ce corollaire est étonnant : sur $\mathbb{R}$ par contre, il y a des transformées de Fourier-Stieltjes qui tendent vers 0 à l'infini, mais qui ne sont pas des transfor mées de Fourier de fonctions de L^1.

(2.11) Corollaire 2 : Soit χ un caractère unitaire non trivial sur le sou upe distingué N de G. On ne peut pas prolonger χ en une fonction appartenant B(G).

En effet la restriction de B(G) à N est égale à la somme de A(N) et des stantes. Si χ était prolongeable, il existerait une constante C telle que appartienne à A(k) ; il en résulterait que, sur le groupe $\hat{k}$ ($\simeq$ k), la mesure $C\varepsilon_0$, dont χ-C est la transformée de Fourier, devrait être absolument continue, qui n'est pas possible si $\chi \neq 1$, vu que k n'est pas un groupe discret.

- Les cotransformations de Fourier d'indice p.

Si p = 1, nous posons $\bar{\mathcal{F}}_1 = \bar{\mathcal{F}}$ étudiée au § 1. Pour $1 < p \leq 2$ nous déirons $\bar{\mathcal{F}}_p$ par transposition. Soit $1/q+1/p = 1$. Les espaces $L^p(G)$ et $L^q(G)$ t en dualité par

$$<f,h> = \int_G f(g)h(g)dg \qquad (f \in L^p,\ h \in L^q).$$

(2.12) Définition : Soit $1 < p \leq 2$. On note $\bar{\mathcal{F}}_p$ la transposée de l'applion $\mathcal{F}_p : L^p \to \mathcal{L}_q$ définie et étudiée au § 8 du chapitre 1.

Donc $\bar{\mathcal{F}}_p$ est l'application linéaire continue de $\mathcal{L}_p = \mathcal{L}_p(\mathcal{H})$ dans $= L^q(G)$ qui, quels que soient $T \in \mathcal{L}_p$ et $f \in L^p$, vérifie

$$(2.13) \qquad <f, \bar{\mathcal{F}}_p(T)> = Tr(\mathcal{F}_p(f)T).$$

Des propriétés (1.47) et (1.48) de $\mathcal{F}_p$, on déduit immédiatement que, pour $p \leq 2$, l'application $\bar{\mathcal{F}}_p : \mathcal{L}_p \to L^q$ est injective et d'image dense.

Naturellement, si p = 2, on peut dire mieux : $\bar{\mathcal{F}}_2$ est une bijection isorique, car :

(2.14) Remarque : Pour tout $T \in \mathcal{L}_2$, on a $\bar{\mathcal{F}}_2(T) = \overline{\mathcal{P}^{-1}(T^*)}$.

En effet, pour toute $f \in L^2(G)$,

$$\int_G f(g)\bar{\mathcal{F}}_2(T)(g)dg = Tr(\mathcal{F}_2(f)T) = Tr(\mathcal{P}f\ T) = (\mathcal{P}f|T^*)_{\mathcal{L}_2}$$

$$= (f|\mathcal{P}^{-1}(T^*))_{L^2} = \int_G f(g)\overline{\mathcal{P}^{-1}(T^*)}(g)dg.$$

(2.15) Proposition : Soit $1 \leq p \leq 2$. Alors, pour tout $T \in \mathcal{L}_p$, on a

$$\bar{\mathcal{F}}_p(T^*) = \Delta^{-1/q}[\bar{\mathcal{F}}_p(T)]^{\sim}.$$

Démonstration : Pour toute $f \in L^p$, on a, d'après (1.41) 5) b),

$$\mathcal{F}_p(f)^* = \mathcal{F}_p(f^{*p}) = \mathcal{F}_p(\Delta^{-1/p}\tilde{f}),$$

donc

$$<f,\bar{\mathcal{F}}_p(T^*)> = \mathrm{Tr}(\mathcal{F}_p(f)T^*) = \overline{\mathrm{Tr}(\mathcal{F}_p(\Delta^{-1/p}\tilde{f})T)} =$$

$$= \overline{\int_G \Delta^{-1/p}(g)\tilde{f}(g)\bar{\mathcal{F}}_p(T)(g)dg} = \int_G \Delta^{-1/p}(g^{-1})f(g)\bar{\mathcal{F}}_p(T)^{\sim}(g)\Delta(g^{-1})dg$$

$$= \int_G f(g)\Delta^{-1/q}(g)\bar{\mathcal{F}}_p(T)^{\sim}(g)dg.$$

(2.16) Corollaire : L'espace $\bar{\mathcal{F}}_p(\mathcal{L}_q)$ est stable par l'application $f \mapsto f^{*q} = \Delta^{-1/q}\tilde{f}$.

Avant de poursuivre, prouvons le

(2.17) Lemme : Soit (φ_i) une unité approchée à gauche bornée de l'algèbre de Banach $L^1(G)$, où les supports des φ_i tendent vers e. Soit $\lambda \in \mathbb{R}$. Alors, pour tout $\xi \in \mathcal{H}$, on a $\lim_i \mathcal{F}(\Delta^\lambda\varphi_i)\xi = \xi$.

En effet, puisque $\sup_{\mathrm{supp}\,\varphi_i} |\Delta^\lambda - 1|$ tend vers 0, on a $\lim_i \|\Delta^\lambda\varphi_i - \varphi_i\|_1 = 0$, et donc, pour tout $\lambda \in \mathbb{R}$ et toute $f \in L^1(G)$, on a $f = \lim_i \Delta^\lambda\varphi_i * f$ dans $L^1(G)$. Par suite $\mathcal{F}f = \lim_i \mathcal{F}(\Delta^\lambda\varphi_i)\mathcal{F}f$ dans $\mathcal{L}_\infty$. A fortiori pour tout vecteur $\eta \in$ et toute $f \in L^1(G)$ on a

$$\lim_i \mathcal{F}(\Delta^\lambda\varphi_i)\mathcal{F}f(\eta) = \mathcal{F}f(\eta).$$

Or, d'après le théorème de factorisation de P. Cohen (cf [10]), tout vecteur $\xi \in \mathcal{H}$ peut s'écrire $\mathcal{F}f(\eta)$. Ceci prouve le lemme.

Voici maintenant un énoncé qui exprime en quelque sorte "l'injectivité simultanée" des transformations $\bar{\mathcal{F}}_p$.

(2.18) Proposition : Soient p et r dans [1,2]. Soient $T \in \mathcal{L}_p$ et $S \in \mathcal{L}_r$.

Les assertions suivantes sont équivalentes :

i) $\overline{\mathcal{F}_p(T)} = \overline{\mathcal{F}_r(S)}$;

ii) $S = \delta_{1/r - 1/p} T$;

iii) $T^*\delta_{1/r-1/p} \subseteq S^*$.

<u>monstration</u> : On a vu en (1.6) que ii) équivaut à iii).

Montrons que ii) implique i). Pour toute $f \in L^p \cap L^r$, d'après (1.44) on a $\mathcal{F}_p(f) \supseteq \mathcal{F}_r(f)\delta_{1/r-1/p}$, donc, puisque, par hypothèse $\delta_{1/r-1/p}T$ est partout défi-, on a

$$\mathcal{F}_p(f)T = \mathcal{F}_r(f)\delta_{1/r-1/p}T = \mathcal{F}_r(f)S.$$

Ainsi, pour toute $f \in L^p \cap L^r$,

$$\int_G f(g)\bar{\mathcal{F}}_p(T)(g)dg = \mathrm{Tr}(\mathcal{F}_p(f)T) = \mathrm{Tr}(\mathcal{F}_r(f)S) = \int_G f(g)\bar{\mathcal{F}}_r(S)(g)dg.$$

Donc $\bar{\mathcal{F}}_p(T) = \bar{\mathcal{F}}_r(S)$.

Montrons que i) entraîne iii). Pour toute $f \in L^p \cap L^r$, on a :

$$\mathrm{Tr}(\mathcal{F}_r(f)S) = \int_G f(g)\bar{\mathcal{F}}_r(S)(g)dg = \int_G f(g)\bar{\mathcal{F}}_p(T)(g)dg = \mathrm{Tr}(\mathcal{F}_p(f)T).$$

Remplaçons f par $\varepsilon_{g*}f$, où $g \in G$; il vient

$$\mathrm{Tr}(\pi(g)\mathcal{F}_r(f)S) = \mathrm{Tr}(\pi(g)\mathcal{F}_p(f)T)$$

it

$$\bar{\mathcal{F}}(\mathcal{F}_r(f)S) = \bar{\mathcal{F}}(\mathcal{F}_p(f)T).$$

Comme la transformation $\bar{\mathcal{F}}$ est injective, on a prouvé que, pour toute $f \in L^1 \cap L^r$, on a $\mathcal{F}_r(f)S = \mathcal{F}_p(f)T$, ou encore $T^*\mathcal{F}_p(f)^* = S^*\mathcal{F}_r(f)^*$. Or, d'a-s (1.44) et (1.6), on sait que $\mathcal{F}_p(f)^* = \delta_{1/r-1/p}\mathcal{F}_r(f)^*$. Changeant f en f^{*r}, on voit que, pour toute $\varphi \in \mathcal{K}(G)$,

$$T^*\delta_{1/r-1/p}\mathcal{F}_r(\varphi) = S^*\mathcal{F}_r(\varphi).$$

D'après (1.6), nous avons à montrer que, pour tout $\xi \in \mathcal{K}(k^*)$, on a :

$$T^*\delta_{1/r-1/p}\xi = S^*\xi.$$

Soit donc $\xi \in \mathcal{K}(k^*)$. Soit, choisie dans $\mathcal{K}(G)$, une unité approchée (φ_i) isfaisant aux hypothèses du lemme (2.17). D'après ce lemme, en posant $1/s+1/r=1$,

$$\mathcal{F}_r(\varphi_i)(\delta_{-1/s}\xi) = \mathcal{F}(\varphi_i)\xi$$

tend vers ξ, et, d'après (1.44) 2),

$$\delta_{1/r-1/p}\mathcal{F}_r(\varphi_i)(\delta_{-1/s}\xi) = \delta_{1/r-1/p}\mathcal{F}(\varphi_i)\xi = \mathcal{F}(\Delta^{1/r-1/p}\varphi_i)\delta_{1/r-1/p}$$

tend vers $\delta_{1/r-1/p}\xi$. Comme

$$S^*\mathcal{F}_r(\varphi_i)(\delta_{-1/s}\xi) = T^*\delta_{1/r-1/p}\mathcal{F}_r(\varphi_i)(\delta_{-1/s}\xi),$$

on obtient, en passant à la limite

$$S^*\xi = T^*\delta_{1/r-1/p}\xi.$$

CQFD.

§ 3 - Quelques lemmes pour étudier l'inversion de Fourier

(2.19) Lemme : Soit $T \in \mathcal{L}_\infty$ tel que $T\delta_1$ admette un prolongement dans $\mathcal{L}_1$ et que $T\delta_{1/2}$ admette un prolongement dans $\mathcal{L}_2$. Alors, pour $1 \leq r \leq 2$, l'opérateur $T\delta_{1/r}$ admet un prolongement dans $\mathcal{L}_r$.

Démonstration : Elle repose sur un théorème d'interpolation dû à Gohberg et Krein ([9], p. 137). Montrons d'abord que $T\delta_{1/r}$ admet un prolongement borné. Posons $C_1 = \|[T\delta_1]\|_\infty$ et $C_{1/2} = \|[T\delta_{1/2}]\|_\infty$. D'après (1.6), on peut se restreindre aux vecteurs $\xi \in \mathcal{K}(k^*)$. Si ξ est un tel vecteur, posons $\xi = \xi_1+\xi_2$, où $\xi_1(t) = 0$ si $|t| > 1$ et $\xi_2(t) = 0$ si $|t| \leq 1$. On a :

$$\|T\delta_{1/r}\xi_1\|_{\mathcal{H}} = \|T\delta_{1/2}(\delta_{1/r-1/2}\xi_1)\|_{\mathcal{H}} \leq C_{1/2}\|\delta_{1/r-1/2}\xi_1\|_{\mathcal{H}} \leq C_{1/2}\|\xi_1\|_{\mathcal{H}}$$

et

$$\|T\delta_{1/r}\xi_2\|_{\mathcal{H}} = \|T\delta_1(\delta_{1/r-1}\xi_2)\|_{\mathcal{H}} \leq C_1\|\delta_{1/r-1}\xi_2\|_{\mathcal{H}} \leq C_1\|\xi_2\|_{\mathcal{H}}.$$

Donc

$$\|T\delta_{1/r}\xi\|_{\mathcal{H}} \leq C_{1/2}\|\xi_1\|_{\mathcal{H}} + C_1\|\xi_2\|_{\mathcal{H}} \leq (C_{1/2}+C_1)\|\xi\|_{\mathcal{H}}.$$

Soit δ_{iy}, pour tout $y \in \mathbb{R}$, l'opérateur unitaire de multiplication par $|t|^{iy}$ dans $\mathcal{H}$. Pour tout $1 \leq r \leq 2$ et tout $y \in \mathbb{R}$, posons $T_{1/r+iy} = [T\delta_{1/r}]\delta$ Alors, pour tout z dans la bande $1/2 \leq \mathrm{Re} z \leq 1$, on a $\|T_z\|_\infty \leq (C_{1/2}+C_1)$.

r la ligne $1/2+iy$, on a $T_z \in \mathcal{L}_2$ et $\| T_z \|_2 < C_{1/2}$ indépendant de y ; sur la gne $1+iy$, on a $T_z \in \mathcal{L}_1$ et $\| T_z \|_1 \leqslant C_1$ indépendant de y. De plus, quels que ient ξ et η dans $\mathcal{H}$, la fonction $z \mapsto (T_z\xi|\eta)$ est continue et bornée dans bande $1/2 \leqslant \mathrm{Re}\, z \leqslant 1$, et holomorphe à l'intérieur ; il suffit de le prouver quand $\in \mathcal{K}(k^*)$, car si des $\xi_n \in \mathcal{K}(k^*)$ tendent vers $\xi \in \mathcal{H}$, alors $(T_z\xi_n|\eta)$ converge rs $(T_z\xi|\eta)$ uniformément dans la bande $1/2 \leqslant \mathrm{Re}\, z \leqslant 1$, puisque dans cette bande $T_z \|_\infty$ est borné. Or, si $\xi \in \mathcal{K}(k^*)$, la fonction de z

$$(T_z\xi|\eta) = (\delta_{1/r}\delta_{iy}\xi|T^*\eta) = \int_{k^*} |t|^z \xi(t)\overline{T^*\eta(t)} \frac{dt}{|t|}$$

t, puisque ξ est à support compact, continue dans la bande et holomorphe à intérieur, d'après les classiques théorèmes de régularité sous le signe $\int$. Toutes hypothèses du théorème d'interpolation précité sont remplies, et l'on conclut $T_{1/r}$ appartient à $\mathcal{L}_r$.

(2.20) Lemme : Soient p et r dans $[1,2]$. Soit $1/s+1/r = 1$. Soient et k dans $\mathcal{K}(G)$. Alors l'opérateur $\mathcal{F}_p(h*k)\delta_{1/p-1/s}$ admet un prolongent dans $\mathcal{L}_r$.

monstration : Pour tout $\xi \in \mathcal{K}(k^*)$, on a

$$\mathcal{F}_p(h*k)\delta_{1/p-1/s}\xi = \mathcal{F}(h*k)\delta_{1/q}\delta_{1/p-1/s}\xi = \mathcal{F}(h*k)\delta_{1/r}\xi.$$

Il s'agit donc de montrer que $\mathcal{F}(h*k)\delta_{1/r}$ admet un prolongement borné ns $\mathcal{L}_r$. D'après le lemme précédent, il suffit de le vérifier pour $r = 1$ et $= 2$. Pour $r = 2$, on a $\mathcal{F}(h*k)\delta_{1/2} \subseteq \mathcal{P}(h*k) \in \mathcal{L}_2$. Pour $r = 1$, on a pour tout $\in \mathcal{K}(k^*)$,

$$\mathcal{F}(h*k)\delta_1\xi = \mathcal{F}h\mathcal{F}k\delta_{1/2}\delta_{1/2}\xi = \mathcal{F}h\delta_{1/2}\mathcal{F}(\Delta^{-1/2}k)\delta_{1/2}\xi = \mathcal{P}h\,\mathcal{P}(\Delta^{-1/2}k)\xi,$$

nc $\mathcal{F}(h*k)\delta_1$ se prolonge en $\mathcal{P}h\,\mathcal{P}(\Delta^{-1/2}k) \in \mathcal{L}_1$.

(2.21) Lemme : Soient p et r dans $[1,2]$. Soit $1/s+1/r = 1$. Soit $L^p \cap L^2$ telle que $\mathcal{F}_p(f)\delta_{1/p-1/s}$ admette un prolongement dans $\mathcal{L}_r$. Alors

$$\Delta^{-1/s}\check{f} = \bar{\mathcal{F}}_r([\mathcal{F}_p(f)\delta_{1/p-1/s}]).$$

Démonstration : D'après (1.6), l'hypothèse implique que $\delta_{1/p-1/s}\,\mathcal{F}_p(f^*) \in \mathcal{L}_r$. La formule proposée est, grâce à (2.15), équivalente à

$$\bar{f} = \bar{\bar{\mathcal{F}}}_r(\delta_{1/p-1/s}\,\mathcal{F}_p(f)^*).$$

Or, en utilisant (1.44), (2.14) et (2.18), on voit qu'on a bien

$$\bar{f} = \overline{\mathcal{P}^{-1}(\mathcal{P}f)} = \overline{\mathcal{P}^{-1}([\mathcal{F}_p(f)\delta_{1/p-1/2}])} = \bar{\bar{\mathcal{F}}}_2(\delta_{1/p-1/2}\,\mathcal{F}_p(f)^*) =$$

$$= \bar{\bar{\mathcal{F}}}_r(\delta_{1/r-1/2}\delta_{1/p-1/2}\,\mathcal{F}_p(f)^*) = \bar{\bar{\mathcal{F}}}_r(\delta_{1/p-1/s}\,\mathcal{F}_p(f)^*).$$

§ 4 - Théorèmes d'inversion de Fourier.

Le dernier lemme ci-dessus donne une idée de ce que sera pour nous l'inversion de Fourier en toute généralité : pour p et r quelconques dans $[1,2]$, la récupération de la fonction f par une composition des transformations $\mathcal{F}_p$ (convenablement tempérée) et $\bar{\bar{\mathcal{F}}}_r$. L'énoncé que nous obtenons reste un peu théorique dans le cas général où l'image $\bar{\bar{\mathcal{F}}}_r(\mathcal{L}_r)$ n'est pas connue de façon concrète. Mai en choisissant pour p et r les valeurs particulières 1 ou 2, on obtient des corollaires très explicites, compte-tenu de ce que $\bar{\bar{\mathcal{F}}}(\mathcal{L}_1) = A(G)$ et $\bar{\bar{\mathcal{F}}}_2(\mathcal{L}_2) = L^2(G)$.

D'autre part, pour $p = 1$, le résultat s'étend d'une formule d'inversion po $L^1(G)$ en une formule d'inversion pour $PM(G)$. Avant de passer à l'énoncé, adopton les conventions suivantes. Soit f une fonction localement intégrable sur G, et M une pseudomesure sur G ; si, pour toute $h \in \mathcal{K}(G)$, on a $M(h) = f*h$, on écrir $M = f$. D'autre part, si $M \in PM(G)$, on note $\bar{M}$ la pseudo-mesure telle que, pour toute $u \in A(G)$, on ait $\langle u,\bar{M}\rangle = \overline{\langle \bar{u},M\rangle}$; il revient au même de dire que, pour tout $f \in L^2(G)$, on a $\bar{M}(f) = \overline{M(\bar{f})}$.

(2.22) Théorème :

1) (Théorème d'inversion pour $L^p(G)$). Soit p et r dans $[1,2]$. Soit $1/r+1/s = 1$. Soit $f \in L^p(G)$. Alors $\bar{f}$ appartient à $\bar{\bar{\mathcal{F}}}_r(\mathcal{L}_r)$ si et seulement s $\mathcal{F}_p(f)\delta_{1/p-1/s}$ admet un prolongement dans $\mathcal{L}_r$, et, si c'est le cas, on a

$$(2.23)\qquad \Delta^{1/s}\,\check{f} = \bar{\bar{\mathcal{F}}}_r([\mathcal{F}_p(f)\delta_{1/p-1/s}])$$

c'est-à-dire encore

$$(2.24)\qquad \bar{f} = \bar{\bar{\mathcal{F}}}_r(\delta_{1/p-1/s}\,\mathcal{F}_p(f)^*).$$

2) (Théorème d'inversion pour PM(G). Soit $1 \leq r \leq 2$. Soit $M \in PM(G)$.
rs $\bar{M}$ appartient à $\bar{\mathcal{F}}_r(\mathcal{L}_r)$ si et seulement si $\mathcal{F}(M)\delta_{1/r}$ admet un prolon-
ent dans $\mathcal{L}_r$, et si c'est le cas, on a :

$$(2.25) \qquad \bar{M} = \bar{\bar{\mathcal{F}}}_r(\delta_{1/r}\, \mathcal{F}(M)^*).$$

onstration : On mène de front celle de 1) et celle de 2). S'agissant de 2) il est endu qu'on adopte la valeur $p = 1$, donc $q = \infty$.

a) la condition est suffisante : Soit $f \in L^p$ (resp. $f \in PM$) telle que $\mathcal{F}_p(f)\delta_{1/p-1/s}] \in \mathcal{L}_r$. Pour montrer (2.24) [resp. (2.25)], il suffit d'établir , pour toute $\varphi = h*k$, où h et k sont dans $\mathcal{K}(G)$, on a :

$$<\bar{f},\varphi> = \int_G \bar{\bar{\mathcal{F}}}_r(\delta_{1/p-1/s}\, \mathcal{F}_p(f)^*)(g)\varphi(g)dg.$$

Or, aux lemmes (2.20) et (2.21), on a vu que $\delta_{1/r-1/q}\, \mathcal{F}_r(\varphi)^* \in \mathcal{L}_p$ et que $\bar{\bar{\mathcal{F}}}_p(\delta_{1/r-1/q}\, \mathcal{F}_r(\varphi)^*)$. Donc, puisque $1/r-1/q = 1/p-1/s$, on a :

$$<\bar{f},\varphi> = \overline{<f,\bar{\varphi}>} = \overline{<f, \bar{\bar{\mathcal{F}}}_p(\delta_{1/r-1/q}\, \mathcal{F}_r(\varphi)^*)>} =$$

$$= \overline{\mathrm{Tr}(\mathcal{F}_p(f)\delta_{1/r-1/q}\, \mathcal{F}_r(\varphi)^*)} = \overline{\mathrm{Tr}([\, \mathcal{F}_p(f)\delta_{1/r-1/q}]\, \mathcal{F}_r(\varphi)^*)} =$$

$$= \mathrm{Tr}(\, \mathcal{F}_r(\varphi)\delta_{1/r-1/q}\, \mathcal{F}_p(f)^*) = \int_G \varphi(g)\, \bar{\bar{\mathcal{F}}}_r(\delta_{1/p-1/s}\mathcal{F}_p(f)^*)(g)dg.$$

b) la condition est nécessaire : Soit $f \in L^p$ (resp. $f \in PM$) ; supposons il existe $T \in \mathcal{L}_r$ telle que $\bar{f} = \bar{\bar{\mathcal{F}}}_r(T)$. On va montrer que $\mathcal{F}_p(f)\delta_{1/p-1/s}$ T^*, ce qui achève la démonstration puisque $T^* \in \mathcal{L}_r$. Or, pour toute $\mathcal{K}(G)*\, \mathcal{K}(G)$, on a

$$\mathrm{Tr}(\mathcal{F}_r(\varphi)T) = \int_G \varphi(g)\bar{\bar{\mathcal{F}}}_r(T)(g)dg = \overline{\int_G \overline{\varphi(g)}f(g)dg} =$$

$$= \overline{\int_G \bar{\bar{\mathcal{F}}}_p(\delta_{1/p-1/s}\mathcal{F}_r(\varphi)^*)f(g)dg} = \overline{\mathrm{Tr}(\mathcal{F}_p(f)\delta_{1/p-1/s}\, \mathcal{F}_r(\varphi)^*)},$$

soit $\qquad \mathrm{Tr}(T^*\, \mathcal{F}_r(\varphi)^*) = \mathrm{Tr}(\mathcal{F}_p(f)\delta_{1/p-1/s}\, \mathcal{F}_r(\varphi)^*).$

Changeant φ en $\varepsilon_g*\varphi$, où g parcourt G, puis utilisant l'injectivité de cotransformation de Fourier $\bar{\bar{\mathcal{F}}}$, on a prouvé que, pour toute $\psi \in \mathcal{K}(G)*\, \mathcal{K}(G)$,

$$T^*\, \mathcal{F}_r(\psi) = \mathcal{F}_p(f)\delta_{1/p-1/s}\, \mathcal{F}_r(\psi).$$

Nous sommes ainsi dans la même situation qu'à la fin de la démonstration de la proposition (2.18) ci-dessus ; en raisonnant exactement de la même façon à l'ai d'une unité approchée (ψ_i) - prise cette fois dans $\mathcal{K}(G)*\mathcal{K}(G)$ - on obtient que pour tout $\xi \in \mathcal{K}(k^*)$, on a $T^*\xi = \mathcal{F}_p(f)\delta_{1/p-1/s}\xi$, ce qu'il fallait démontrer.

Faisons $r = 1$; puisque $\bar{\mathcal{F}}_1 = \bar{\mathcal{F}}$ et $\bar{\mathcal{F}}(\mathcal{L}_1) = A(G)$, on obtient, d'abord pour p arbitraire, puis pour $p = 1$ ou 2, les trois corollaires suivants :

(2.26) Corollaire 1 : Soit $p \in [1,2]$. Soit $f \in L^p(G)$. Alors f appartien à $A(G)$ si et seulement si $\mathcal{F}_p(f)\delta_{1/p}$ admet un prolongement dans $\mathcal{L}_1$, et, si c'est le cas, on a, pour presque tout $g \in G$,

$$f(g) = Tr(\pi(g^{-1})[\mathcal{F}_p(f)\delta_{1/p}]).$$

(2.27) Corollaire 2 : Soit $M \in PM(G)$. Alors M est une fonction de $A(G)$ si et seulement si $\mathcal{F}(M)\delta_1$ admet un prolongement dans $\mathcal{L}_1$, et, si c'est le ca M est égale presque partout à la fonction définie par

$$M(g) = Tr(\pi(g^{-1})[\mathcal{F}(M)\delta_1]).$$

En particulier, nous voyons que : si $f \in L^1 \cap A(G)$, alors $\mathcal{F}(f)\delta_1$ se prolonge en un opérateur à trace, et, pour tout $g \in G$, on a :

$$f(g) = Tr(\pi(g^{-1})[\mathcal{F}(f)\delta_1]).$$

C'est là l'énoncé essentiel, que nous visions dans l'introduction à ce chapitre.

(2.28) Corollaire 3 : Soit $f \in L^2(G)$. Alors f appartient à $A(G)$ si et seulement si $\mathcal{P}(f)\delta_{1/2}$ admet un prolongement dans $\mathcal{L}_1$, et, si c'est le cas, on a

$$f(g) = Tr(\pi(g^{-1})[\mathcal{P}(f)\delta_{1/2}]).$$

Faisant $r = 2$, on obtient le

(2.29) Corollaire 4 : Soit $M \in PM(G)$. Alors M est une fonction de $L^2(G)$ si et seulement si $\mathcal{F}(M)\delta_{1/2}$ se prolonge en un opérateur de Hilbert-Schmidt, et, si c'est le cas, $M = \mathcal{P}^{-1}([\mathcal{F}(M)\delta_{1/2}])$.

Revenons au cas général. Du théorème d'inversion (2.21), on va déduire fac lement un théorème d'inversion pour les cotransformations de Fourier, à savoir :

(2.30) *Théorème* :

1) *Soient* p *et* r *dans* $[1,2]$. *Soit* $1/_q + 1/_p = 1$. *Soit* $T \in \mathcal{L}_p$. *Alors* $\bar{\mathcal{F}}_p(T)$ *appartient à* L^r *si et seulement si* $\delta_{1/_q - 1/_r} T \in \mathcal{F}_r(L^r)$, *et, si c'est le* , *on a* :

(2.31) $$T = \delta_{1/_r - 1/_q}(\mathcal{F}_r(\overline{\bar{\mathcal{F}}_p(T)}))^*.$$

2) *Soit* $1 \leqslant p \leqslant 2$. *Soit* $T \in \mathcal{L}_p$. *Alors* $\bar{\mathcal{F}}_p(T)$ *est une pseuso-mesure si et* *ulement si* $\delta_{-1/_p} T \in \mathcal{L}_\infty$, *et, si c'est le cas, on a* :

(2.32) $$T = \delta_{1/_p}(\mathcal{F}(\overline{\bar{\mathcal{F}}_p(T)}))^*.$$

monstration :

a) *la condition est nécessaire*. Soit $T \in \mathcal{L}_p$ tel que $\bar{f} = \bar{\mathcal{F}}_p(T)$ apparenne à L^r (resp. soit une pseudo-mesure). Alors, d'après le théorème d'inversion .21), appartient à $\mathcal{L}_p$ l'opérateur $\delta_{1/_r - 1/_q}\mathcal{F}_r(f)^*$ (resp. $\delta_{1/_p}\mathcal{F}(f)^*$), et :

$$\bar{f} = \bar{\mathcal{F}}_p(\delta_{1/_r - 1/_q}\, \mathcal{F}_r(f)^*) \quad [\text{resp. } \bar{f} = \bar{\mathcal{F}}_p(\delta_{1/_p}\mathcal{F}(f)^*].$$

Or $\bar{f} = \bar{\mathcal{F}}_p(T)$. Comme $\bar{\mathcal{F}}_p$ est injective, on en déduit (2.31) et (2.32).

De plus $\delta_{1/_q - 1/_r} T = \mathcal{F}_r(f)^* \in \mathcal{F}_r(L^r)^* = \mathcal{F}_r(L^r)$ [resp. $\delta_{-1/_p} T = \mathcal{F}(f)^* \in \mathcal{L}_\infty$].

b) *la condition est suffisante*. Soit $T \in \mathcal{L}_p$ tel que $\delta_{1/_q - 1/_r} T$ soit dans $\mathcal{F}_r(L^r)$ [resp. $\delta_{-1/_p} T$ soit dans $\mathcal{L}_\infty$]. Alors il existe une $f \in L^r$ (resp. ns PM) telle que $\delta_{1/_q - 1/_r} T = \mathcal{F}_r(f)^*$ [resp. $\delta_{-1/_p} T = \mathcal{F}(f)^*$]. Comme $_{/_r - 1/_q}\mathcal{F}_r(f)^* = T$ est dans $\mathcal{L}_p$, on peut appliquer le théorème d'inversion .21) à f : on obtient que $\bar{f} = \bar{\mathcal{F}}_p(T)$. Donc $\bar{\mathcal{F}}_p(T)$ appartient à L^r (resp. PM).

Parmi des cas particuliers de (2.30), nous citerons seulement :

(2.33) *Corollaire* : *Soit* $T \in \mathcal{L}_1$. *Alors* $\bar{\mathcal{F}}(T)$ *appartient à* $L^1(G)$ *si et* *ulement si* $\delta_{-1} T$ *appartient à* $\mathcal{F}(L^1)$, *et* $\bar{\mathcal{F}}(T)$ *est une pseudo-mesure si et* *ulement si* $\delta_{-1} T \in \mathcal{L}_\infty$. *Si c'est le cas*, $T = \delta_1\, \mathcal{F}(\overline{\bar{\mathcal{F}} T})^*$.

B I B L I O G R A P H I E

[1] A. BAKALI, Inversion de Fourier et différentiabilité sur le groupe affine de la droite, Thèse de troisième cycle, Université de Nancy I, 20 juin 1977.

[2] W. BECKNER, Inequalities in Fourier analysis, Ann. of Math., 102 (1975), 159-182.

[3] N. BOURBAKI, Espaces vectoriels topologiques, 1ère édition, 1955.

[4] J. DIXMIER, Les C^*-algèbres et leurs représentations, Gauthier-Villars, Paris, 1964.

[5] M. DUFLO and C.C.MOORE, On the regular representation of a non unimodular locally compact group, J. of Functional Analysis (1976), p.209-24.

[6] P. EYMARD, L'algèbre de Fourier d'un groupe localement compact, Bull. Soc. Math. France, 92, (1964), p. 181-236.

[7] J.M.G. FELL, Weak containment and induced representations of groups, Canadian J. of Math, 14 (1962), p. 237-268.

[8] GEL'FAND, GRAEV,PIATETSKII - SHAPIRO, Representation theory and Automorphic Function, W.B. Saunders Company, 1969.

[9] I.C. GOHBERG and M.G. KREIN, Introduction to the theory of linear non self adjoint operators, Translations of Math. Monographs n° 18, A.M.S. 1969.

[10] E. HEWITT, K. A. ROSS, Abstract harmonic analysis, vols I and II, Spinger Verlag, 1963 and 1970.

[11] I. KHALIL, Sur l'Analyse harmonique du groupe affine de la droite, Studia Mathematica, 51, 1974, p. 140-166.

[12] H. LEPTIN and D. POGUNTKE, Symmetry and non symmetry for locally compact groups, prepint, Bielefeld 1977.

[13] Ch. A. Mc. CARTHY, c_p, Israël J. of Math. 5 (1967), 249-271.

[14] G.W. MACKEY, Induced representations of locally compact groups I, Ann. of Math. 55, 1952, p. 101-139.

[15] B. RUSSO, Recent advances in the Hausdorff-Young theorem, Symposia Mathematica XXII, 1976, p. 173-181.

Positive definite spherical functions on a non-compact, rank one symmetric space

by

Mogens Flensted-Jensen* and
Matematisk Institut
Universitetsparken 5
DK-2100 Copenhagen
Denmark

Tom H. Koornwinder
Mathematisch Centrum
2e Boerhaavestraat 49
1091 AL-Amsterdam
Nederland

* Partially supported by Danish Natural Science Research Cou sil.

§1. Introduction and preliminaries.

G is to be a non-compact, connected semisimple Lie group with finite center and of real rank one. Let $G = KAN$ be an Iwasawa decomposition. Then K is compact, $\dim(A) = 1$ and G/K is a non-compact Riemannian symmetric space of rank one. Closely related to G/K is the set $G^{\wedge}(K)$ of (equivalence classes of) class 1 representations, i.e. irreducible, unitary representations with a K-fixed vector v_π ($\|v_\pi\| = 1$, v_π is unique up to a scalar).

Let $\pi \in G^{\wedge}(K)$ then $\varphi \in C^{\infty}(G)$, given by $\varphi(x) = (v_\pi | \pi(x) v_\pi)$, is a positive definite spherical function on G w.r.t. K. Conversely each positive definite spherical function φ on G w.r.t. K arises in this way from a unique representation.

This relationship between the class 1 representations and the positive definite spherical functions holds whenever we have a Gelfand pair, that is a unimodular Lie group H and a compact subgroup H_1, such that the convolution algebra $C_c(H_1 \backslash H/H_1)$ of H_1-bi-invariant continuous functions of compact support on H is commutative.

We recall that a spherical function φ for such a Gelfand pair is an H_1-bi-invariant C^{∞}-function on H with $\varphi(e) = 1$ and satisfying one of the following three equivalent conditions

(1.1) $\int_{H_1} \varphi(xh_1y)\,dh_1 = \varphi(x)\varphi(y)$, for all $x,y \in H$.

(1.2) $f \to \int_H f(h)\overline{\varphi(h)}\,dh$ is a homomorphism of $C_c(H_1\backslash H/H_1)$ into $\mathbb{C}$.

(1.3) φ is an eigenfunction of each $D \in D(H/H_1)$. ($D(H/H_1)$ is the algebra of H-invariant differential operators on H/H_1).

We note that if H itself is compact, then all spherical functions are positive definite.

Let now $\mathfrak{g}$ be the Lie algebra of G and $\mathfrak{g} = \mathfrak{k} + \mathfrak{a} + \mathfrak{n}$ the Iwasawa decomposition of $\mathfrak{g}$ corresponding to $G = KAN$. Let M, resp. M', be the centralizer, resp. normalizer, of A in K. $W = M'/M$ is called the Weyl group. W is a finite group. It acts on A and $\mathfrak{a}$, and by duality on $\mathfrak{a}^*_{\mathbb{C}}$, the complex dual of $\mathfrak{a}$. Since G/K has rank one, W has only one non-trivial element, which on $\mathfrak{a}$ and $\mathfrak{a}^*_{\mathbb{C}}$ is multiplication with -1. It follows that $x^{-1} \in KxK$, $x \in G$.

Let for $x \in G$ $H(x) \in \mathfrak{a}$ be defined by $x \in K\exp(H(x))N$. Let γ and possibly 2γ be the positive roots such that $\mathfrak{n} = \mathfrak{g}^{\gamma} + \mathfrak{g}^{2\gamma}$. Let $m_\gamma = \dim(\mathfrak{g}^{\gamma})$ and $m_{2\gamma} = \dim(\mathfrak{g}^{2\gamma})$ and $\rho = (\frac{1}{2}m_\gamma + m_{2\gamma})\gamma$.

Harish-Chandra has shown that the set of spherical functions on G w.r.t. K is given by

$$(1.4) \qquad \varphi_\lambda(x) = \int_K e^{<i\lambda-\rho,H(xk)>}dk , \qquad x \in G,$$

here $\lambda \in \mathfrak{a}^*_{\mathbb{C}}$ (mod W, i.e. $\varphi_\lambda = \varphi_\mu$ if and only if $\lambda = \pm\mu$). See f.ex. [5], chap. X.

In general it is still an open question to characterize those $\lambda \in \mathfrak{a}^*_{\mathbb{C}}$ for which φ_λ is positive definite, i.e. to find $G^\wedge(K)$. But for G/K of rank one this was done by Kostant in [14]. The result is the following: Choose $H_0 \in \mathfrak{a}$ such that $\gamma(H_0) = 1$, identify $\lambda \in \mathfrak{a}^*_{\mathbb{C}}$ with $\lambda(H_0) \in \mathbb{C}$, hence $\rho = \frac{1}{2}m_\gamma + m_{2\gamma}$, let $s_0 = \rho$ if $m_{2\gamma} = 0$ and $s_0 = \frac{1}{2}m_\gamma + 1$ if $m_{2\gamma} \neq 0$, then :

<u>Theorem 1</u>. Let $\lambda \in \mathbb{C}$, then φ_λ is positive definite if and only if

$$\lambda \in \mathbb{R} \quad \text{or} \quad \lambda = i\eta, \quad \text{with} \quad \eta \in [-s_0,s_0] \cup \{\pm\rho\} .$$

Kostant's proof is part of a whole theory and quite involved. Faraut and Harzallah have given a simple proof of the theorem in special cases [1]. Takahashi has another proof of Theorem 1 [17]. In this paper we give yet a different proof of the theorem. In a sense the key step in the proof is the same as for Kostant and Takahashi, namely the explicit computation of "the Fourier coefficients of a certain intertwining operator". In our proof we do not use any specific model for the class 1 representations involved. It is based on the following idea:

The spherical functions φ_λ belong to a class of special functions $\varphi_\lambda^{(\alpha,\beta)}$, the so called Jacobi functions. Almost all the K-orbits in G/K are isomorphic to the homogeneous space K/M, and (K,M) is a Gelfand pair. The spherical functions R_δ on K/M belong to a certain class of orthogonal polynomials $R_{k,l}^{(\alpha-\beta-1,\beta-\frac{1}{2})}$ in two variables. By analytic methods an addition formula for Jacobi functions $\varphi_\lambda^{(\alpha,\beta)}$, $(\alpha \geq \beta \geq -\frac{1}{2})$ can be derived, see formula (3.10).

If $\varphi_\lambda^{(\alpha,\beta)}$ and $R_{k,l}^{(\alpha-\beta-1,\beta-\frac{1}{2})}$ can be interpreted as spherical functions φ_λ on G/K, respectively R_δ on K/M, then the addition formula can be interpreted as the orthogonal expansion of the function $k \to \varphi_\lambda(a_1^{-1}ka_2)$ $(a_1,a_2 \in A)$ with respect to the orthogonal system of spherical functions R_δ on K/M. This will enable us to prove that φ_λ is positive definite if and only if the cofficients $\gamma_{k,l}(\lambda)$ in the addition formula (3.10) are non-negative for all (k,l).

In [3] we derived the addition formula (3.10) in order to prove the positivity of a certain convolution structure related to the inverse Fourier-Jacobi transform.

In §2 we state (in Theorem 2) the addition formula in group theoretic form, and we use it to prove Theorem 1.

In §3 we state the addition formula for Jacobi-functions $\varphi_\lambda^{(\alpha,\beta)}$ in analytic form (formula (3.10)) and explain how this formula for the parameter values $\alpha = \frac{1}{2}(m_\gamma+m_{2\gamma}-1)$, $\beta = \frac{1}{2}(m_{2\gamma}-1)$ is the explicit form of the formula in Theorem 2. From (3.10) we can read of the information we need to prove Theorem 2.

In §4 we discuss briefly some other group theoretic aspects to the addition formula, such as the spherical functions of type δ on G/K, Kostants Q_δ-polynomials, and the restriction to K of the representation T_λ related to φ_λ .

§2. The addition formula for spherical functions and the proof of Theorem 1.

There are two special features of the rank one case which we shall use:

(2.1) $D(G/K)$ is generated by the Laplace-Beltrami-operator w ([5], X, Prop. 2.1.).

(2.2) (K,M) is a Gelfand pair, that is, $C(M\backslash K/M)$ is a commutative convolution algebra.

The property (2.2) can be proved using the classification of symmetric spaces. Case by case one can check that there exists an automorphism τ of K such that $\tau(k) \in Mk^{-1}M$, $k \in K$. This clearly implies (2.2). For $G = SO_0(n,1)$, $n \geq 3$, $Sp(n,1)$, $n \geq 1$, or F_4 we can take τ to be the identity. For $G = SU(n,1)$, $n \geq 1$, τ can be taken to be complex conjugation of matrices. We understand that Schiffmann has a proof of (2.2) without the use of classification.

By (2.2) we can use spherical functions on K w.r.t. M. Let R_δ be the spherical function on K corresponding to $\delta \in K^\wedge(M)$. As a consequence of the Peter-Weyl theory $\{R_\delta \mid \delta \in K^\wedge(M)\}$ forms an orthogonal basis in the Hilbert space $L^2(M\backslash K/M)$. So if we define

$$\pi_\delta = \|R_\delta\|_2^{-2} \; (= \dim \delta) \quad \text{and}$$

$$f^\wedge(\delta) = (f \mid R_\delta) = \int_K f(k)\overline{R_\delta(k)}\,dk$$

we get

$$(2.3) \qquad f = \sum_{\delta \in K^\wedge(M)} f^\wedge(\delta) R_\delta \pi_\delta \quad , \quad \text{for} \quad f \in L^2(M\backslash K/M).$$

The compact Lie group K can be made into a Riemannian manifold with K-bi-invariant metric. Let w_K we the corresponding Laplace-Beltrami-operator on K.

If $f \in C^\infty(M\backslash K/M)$ then $(w_K)^n f \in L^2(M\backslash K/M)$ for all $n \in \mathbb{N}$. From this follows that if $f \in C^\infty(M\backslash K/M)$ then $\delta \to f^\wedge(\delta)$ is rapidly decreasing in the appropriate sense such that

$$(2.4) \qquad f(k) = \sum_{\delta \in K^\wedge(M)} f^\wedge(\delta) R_\delta(k) \pi_\delta \; , \qquad k \in K$$

where the sum is absolutely and uniformly converging.

Now fix $\lambda \in \mathfrak{a}^*_{\mathbb{C}}$ and $a_1, a_2 \in A$, the function on K $k \to \varphi_\lambda(a_1^{-1}ka_2)$ is clearly in $C^\infty(M\backslash K/M)$. Therefore we get

$$(2.5) \qquad \varphi_\lambda(a_1^{-1}ka_2) = \sum_{\delta \in K^\wedge(M)} \gamma(\lambda, a_1, a_2, \delta) R_\delta(k) \pi_\delta$$

for all $\lambda \in \mathfrak{a}^*_{\mathbb{C}}$, $a_1, a_2 \in A$ and $k \in K$, where

$$(2.6) \qquad \gamma(\lambda, a_1, a_2, \delta) = \int_K \varphi_\lambda(a_1^{-1}ka_2)\overline{R_\delta(k)}\,dk \; .$$

It is easy to see that the rapid decrease of $\delta \to \gamma(\lambda, a_1, a_2, \delta)$

is uniform on compact subsets of $\mathfrak{a}^*_{\mathbb{C}}\times A\times A$. Therefore (2.5) is absolutely converging uniformly over compact subsets. (2.5) is what we call the addition formula for φ_λ.

Let us note a few facts about the function $(\lambda,a_1,a_2)\to\gamma(\lambda,a_1,a_2,\delta)$ for fixed δ. γ is clearly analytic in a_1 and a_2 and entire in λ. We can define

$$\gamma(\lambda,x,y,\delta) = \int_K \varphi_\lambda(x^{-1}ky)\overline{R_\delta(k)}dk$$

for all $x,y\in G$. It follows that $xK\to\gamma(\lambda,x,y,\delta)$ and $yK\to\gamma(\lambda,x,y,\delta)$ both are eigenfunctions of w on G/K, with the same eigenvalue as φ_λ. We also get if $x\in G$, $k\in K$ and $a\in A$.

$$\begin{aligned}(2.7)\qquad \gamma(\lambda,x,ka,\delta) &= \int_M \gamma(\lambda,x,kma,\delta)dm = \\ &\int_M\int_K \varphi_\lambda(x^{-1}k_1a)\overline{R_\delta(k_1m^{-1}k^{-1})}dk_1dm = \\ &\int_K \varphi_\lambda(x^{-1}k_1a)\overline{R_\delta(k_1)}\,\overline{R_\delta(k^{-1})}dk_1 = R_\delta(k)\gamma(\lambda,x,a,\delta)\ .\end{aligned}$$

Where we have used (1.1) and the fact that $\overline{R_\delta(k)} = R_\delta(k^{-1})$. Formula (2.7) shows that $yK\to\gamma(\lambda,x,y,\delta)$ is a spherical function of type δ on G/K.

Let $\check{\delta}$ be the contragredient representation to δ (i.e. $R_{\check{\delta}} = \overline{R_\delta}$). Since $\varphi_{\pm\lambda}(x^{-1}) = \varphi_\lambda(x) = \overline{\varphi_{\overline{\lambda}}}(x)$ we get that

$$(2.8)\qquad \gamma(\pm\lambda,y,x,\check{\delta}) = \gamma(\lambda,x,y,\delta) = \overline{\gamma(\overline{\lambda},x,y,\check{\delta})}\ .$$

Now suppose that for each $\lambda\in\mathbb{C}$ and $\delta\in K^\wedge(M)$ the function $(a_1,a_2)\to\gamma(\lambda,a_1,a_2,\delta)$ can be factorized as a product of a function of a_1 and a function of a_2. Then it follows from (2.7) and (2.8) that

$$\gamma(\lambda,a_1,a_2,\delta) = \psi_{-\lambda,\check{\delta}}(a_1)\psi_{\lambda,\delta}(a_2)$$

for certain spherical functions $\psi_{-\lambda,\check{\delta}}$ and $\psi_{\lambda,\delta}$ of type $\check{\delta}$, resp. type δ, on G/K. In fact this factorization is possible in the present case. This follows from the analytic form of the addition formula (cf. §3) or from results in §4.

Furthermore it follows from either §3 or §4 that for $a \in A$ $\psi_{\lambda,\delta}$ can be chosen such that

$$\psi_{\lambda,\delta}(a) = Q_\delta(i\lambda+\rho)\varphi_{\lambda,\delta}(a) ,$$

where Q_δ is a polynomial with real coefficients and $\varphi_{\lambda,\delta}$ is a function which is not identically zero. Also $Q_{\check{\delta}} = Q_\delta$ and $\varphi_{\lambda,\check{\delta}} = \varphi_{\pm\lambda,\delta} = \overline{\varphi_{\bar{\lambda},\delta}}$.

The functions $\varphi_{\lambda,\delta}$ and the polynomials

$$\gamma_\delta(\lambda) = Q_\delta(i\lambda+\rho)Q_\delta(-i\lambda+\rho)$$

are explicitly given in §3, and it follows by simple inspection for which λ $\gamma_\delta(\lambda)$ is non-negative for all δ. Summarizing we have heorem 2. (i) For each $\delta \in K^{\wedge}(M)$ and $\lambda \in \mathbb{C}$ there exists (nonzero) eigenfunction $\varphi_{\lambda,\delta}$ of w on G/K of type δ uch that

$$\gamma(\lambda, a_1, a_2, \delta) = \gamma_\delta(\lambda)\varphi_{\lambda,\delta}(a_1)\varphi_{\lambda,\delta}(a_2), \quad a_1, a_2 \in A$$

or some constant $\gamma_\delta(\lambda)$.

(ii) $\varphi_{\lambda,\delta}$ and $\gamma_\delta(\lambda)$ can be chosen such that

$\rightarrow \gamma_\delta(\lambda)$ is a polynomial function on $\mathbb{C}$ $(= \mathfrak{a}^*_{\mathbb{C}})$,

$$\gamma_\delta(\pm\lambda) = \gamma_{\check{\delta}}(\lambda) = \overline{\gamma_\delta(\bar{\lambda})}, \quad \text{and}$$

$$\varphi_{\pm\lambda,\delta}(a) = \varphi_{\lambda,\check{\delta}}(a) = \overline{\varphi_{\bar{\lambda},\delta}(a)}, \qquad a \in A.$$

(iii) For a fixed $\lambda \in \mathbb{C}$, $\gamma_\delta(\lambda) \geq 0$ for all $\in K^{\wedge}(M)$ if and only if

$$\lambda \in \mathbb{R} \quad \text{or} \quad \lambda = i\eta, \quad \text{with} \quad \eta \in [-s_0, s_0] \cup \{\pm\rho\}.$$

$(\rho = \frac{1}{2}m_\gamma + m_{2\gamma},\ s_0 = \rho$ if $m_{2\gamma} = 0$, $s_0 = \frac{1}{2}m_\gamma + 1$ if $m_{2\gamma} \neq 0)$.

(iv) In the resulting addition formula

$$\varphi_\lambda(a_1^{-1}ka_2) = \sum_{\delta \in K^{\wedge}(M)} \gamma_\delta(\lambda)\varphi_{\lambda,\delta}(a_1)\varphi_{\lambda,\delta}(a_2)R_\delta(k)\pi_\delta, \tag{2.9}$$

$\in \mathbb{C}$, $a_1, a_2 \in A$ and $k \in K$, the convergence is absolute nd uniform on compact subsets in all four variables.

Now Theorem 1 follows from Theorem 2 and

Lemma 3. Let $\lambda \in \mathfrak{a}^*_{\mathbb{C}}$, then φ_λ is positive definite f and only if for all $\delta \in K^{\wedge}(M)$ $\gamma_\delta(\lambda) \geq 0$.

Proof: First we recall that $G = KA^+K$ and that there s a positive measure $d\mu$ on A^+ such that

(2.10) $$\int_G f(x)dx = \iint_{K\times K} \int_{A^+} f(k_1 a k_2)\, d\mu(a)\, dk_1 dk_2$$

for all $f \in C_c(G)$. (For the explicit form of $d\mu$ see [5] X, Prop. 1.17).

Now assume that $\gamma_\delta(\lambda) \geq 0$ for each $\delta \in K^\wedge(M)$. We must show for each $g \in C_c(G)$ that

$$\int_G \int_G \overline{g(x)}\, g(y)\, \varphi_\lambda(x^{-1}y)\, dxdy \geq 0.$$

Define

$$f(x) = \int_K g(xk)\, dk , \qquad x \in G.$$

Then using that $\varphi_\lambda \in C(K\backslash G/K)$, formula (2.10) and the addition formula (2.9) we find

(2.11) $$\int_{G\times G} \overline{g(x)}\, g(y)\, \varphi_\lambda(x^{-1}y)\, dxdy =$$

$$= \int_K \int_K \int_{A^+} \int_{A^+} \overline{f(k_1 a_1)}\, f(k_2 a_2)\, \varphi_\lambda(a_1^{-1} k_1^{-1} k_2 a_2)\, d\mu(a_1)\, d\mu(a_2)\, dk_1 dk_2$$

$$= \sum_{\delta \in K^\wedge(M)} \gamma_\delta(\lambda)\, \pi_\delta \int_{K\times K} \int_{A^+\times A^+} \overline{f(k_1 a_1)}\, f(k_2 a_2)\, \varphi_{\lambda,\delta}(a_1)\, \varphi_{\lambda,\delta}(a_2)\, R_\delta(k_1^{-1} k_2)\, d\mu(a_1)\, d\mu(a_2)\, dk_1 dk_2$$

$$= \sum_{\delta \in K^\wedge(M)} \gamma_\delta(\lambda)\, \pi_\delta \int_K \int_K \overline{F_\delta(k_1)}\, F_\delta(k_2)\, R_\delta(k_1^{-1} k_2)\, dk_1 dk_2$$

where $F_\delta(k) = \int_{A^+} f(ka)\, \varphi_{\lambda,\delta}(a)\, d\mu(a)$, and we have used that $\varphi_{\lambda,\delta}$ is real (Theorem 2 (ii) and (iii)).

We now use that R_δ is a positive definite function on K to conclude that the last expression is positive.

To prove the converse we first exclude the case when

$\lambda \notin \mathbb{R} \cup i\mathbb{R}$. We know that $\varphi_{\pm\lambda}(x) = \varphi_\lambda(x^{-1}) = \overline{\varphi_{\overline{\lambda}}(x)}$, if φ_λ is positive definite then in particular $\varphi_\lambda(x^{-1}) = \overline{\varphi_\lambda(x)}$, and thus $\varphi_\lambda(x) = \varphi_{\overline{\lambda}}(x)$ and then by (1.4) $\lambda = \pm\overline{\lambda}$ i.e. $\lambda \in \mathbb{R} \cup i\mathbb{R}$. So assume that $\lambda \in \mathbb{R} \cup i\mathbb{R}$, and that there exists $\delta_0 \in K^\wedge(M)$ such that $\gamma_{\delta_0}(\lambda) \notin [0,\infty]$. Since $\varphi_{\lambda,\delta_0} \neq 0$ we can find a function $f_0 \in C_c(A)$ with support contained in the interior of the positive Weyl chamber A^+ such that

$$\int_{A^+} f_0(a)\varphi_{\lambda,\delta}(a)\,d\mu(a) \neq 0.$$

For general $\delta \in K^\wedge(M)$ define $c_\delta = \int_{A^+} f_0(a)\varphi_{\lambda,\delta}(a)\,d\mu(a)$. Using Helgason [5] X, Lemma 1.16, we can define $g \in C_c(G)$ by

$$g(k_1 a k_2) = \overline{R_{\delta_0}(k_1)}\, f_0(a), \quad k_1,k_2 \in K, \quad a \in A^+ .$$

Now we want to repeat our computations (2.11). First $f(x) = \int g(xk)\,dk = g(x)$, and for $\delta \in K^\wedge(M)$

$$F_\delta(k) = \int_{A^+} f(ka)\varphi_{\lambda,\delta}(a)\,d\mu(a) = \overline{R_{\delta_0}(k)} \int_{A^+} f_0(a)\varphi_{\lambda,\delta}(a)\,d\mu(a)$$
$$= c_\delta \overline{R_{\delta_0}(k)}.$$

Therefore

$$\int_K\int_K \overline{F_\delta(k_1)}\, F_\delta(k_2)\, R_\delta(k_1^{-1}k_2)\,dk_1 dk_2 =$$
$$|c_\delta|^2 \iint_{KK} R_{\delta_0}(k_1)\,\overline{R_{\delta_0}(k_2)}\, R_\delta(k_1^{-1}k_2)\,dk_1 dk_2 =$$
$$|c_\delta|^2 \int_K R_{\delta_0} * R_\delta(k)\,\overline{R_{\delta_0}(k)}\,dk$$

using (1.2) this equals

$$|c_\delta|^2 \, \|R_{\delta_0}\|_2^2 \int_K \overline{R_\delta(k)}\, R_{\delta_0}(k)\,dk = \begin{cases} 0 & \text{if } \delta \neq \delta_0 \\ |c_{\delta_0}|^2 \, \pi_{\delta_0}^{-2} & \text{if } \delta = \delta_0 \, . \end{cases}$$

Therefore we can conclude from formula (2.11) that

$$\int_G \int_G \overline{g(x)}\, g(y)\, \varphi_\lambda(x^{-1}y)\,dx\,dy = \gamma_{\delta_0}(\lambda)\, \pi_{\delta_0}^{-1} |c_{\delta_0}|^2 \notin [0,\infty[\; .$$

This implies that φ_λ is not positive definite. QED.

§3. The addition formula for Jacobi functions

The Jacobi functions $\varphi_\lambda^{(\alpha,\beta)}$ of parameters (α,β), $\alpha \in \mathbb{C}\setminus\{-\mathbb{N}\}$, $\beta \in \mathbb{C}$, where $\lambda \in \mathbb{C}$, are even functions on $\mathbb{R}$ defined by

$$(3.1) \quad \varphi_\lambda^{(\alpha,\beta)}(t) = {}_2F_1(\tfrac{1}{2}(\alpha+\beta+1+i\lambda), \tfrac{1}{2}(\alpha+\beta+1-i\lambda), \alpha+1; -\sinh^2 t),$$

where ${}_2F_1$ is the Hypergeometric function (see [2] and [11]). It is the solution to

$$(3.2) \quad \left[\frac{d^2}{dt^2} + ((2\alpha+1)\coth t + (2\beta+1)\tanh t)\frac{d}{dt} + \lambda^2 + (\alpha+\beta+1)^2\right]\varphi = 0$$

$$\varphi(0) = 1, \quad \varphi'(0) = 0 \qquad t > 0.$$

Let the notation be as in §2. In particular γ and possibly 2γ are the positive roots, we choose $H_0 \in \mathfrak{a}$ such that $\gamma(H_0) = 1$. We identify $\mathbb{R}$ with A by $t \to a_t = \exp tH_0$, and $\mathbb{C}$ with $\mathfrak{a}^*_{\mathbb{C}}$ by $\lambda \to \lambda\gamma$.

We now choose α and β such that

$$(3.3) \qquad m_\gamma = 2(\alpha-\beta) \quad \text{and} \quad m_{2\gamma} = (2\beta+1),$$

or $\alpha = \tfrac{1}{2}(m_\gamma+m_{2\gamma}-1)$ and $\beta = \tfrac{1}{2}(m_{2\gamma}-1)$. Then in particular $\rho = \tfrac{1}{2}m_\gamma + m_{2\gamma} = \alpha+\beta+1$. With these values of α and β (3.2) is precisely the differential equation (1.3) determining the spherical function

$$\varphi_\lambda(a_t) = \int_K e^{<i\lambda-\rho,H(a_t k)>} dk \ .$$

(see Harish-Chandra [4], p. 302).

The symmetric spaces of rank one are all two point homogeneous (see [5], IX, Prop. 5.1), from which follows that the space K/M is a sphere $S^{m_\gamma+m_{2\gamma}}$ of dimension $m_\gamma + m_{2\gamma}$. The various possibilities are described in the following table 1.

TABLE 1.

G	K	M	n	m_γ	$m_{2\gamma}$	α	β	K/M	
$SO_0(n,1)$	SO(n)	SO(n-1)	3,4,...	n-1	0	½n-1	-½	S^{n-1}	
				(0	n-1	½n-1	½n-1)		)[1]
SU(n,1)	S(U(n)×U(1))	S(U(n-1)×U(1)*)	1,2,...	2n-2	1	n-1	0	S^{2n-1}	)[2]
Sp(n,1)	Sp(n)×Sp(1)	Sp(n-1)×Sp(1)*	2,3,...	4n-4	3	2n-1	1	S^{4n-1}	
$F_{4(-20)}$	Spin(9)	Spin(7)		8	7	7	3	S^{15}	

By U(1)* we mean $\{(k,k) \mid k \in U(1)\}$, similarly for sp(1)* .

)[1] If we had chosen 2γ to be the positive root (and not γ) we would have had these values for α and β. The two ways of looking at it is related by the formula

$$\varphi_{2\lambda}^{(\alpha,\alpha)}(t) = \varphi_{\lambda}^{(\alpha,-\frac{1}{2})}(2t) .$$

)[2] For n = 1 SU(1,1)/S(U(1)×U(1)) is the same as $SO_0(2,1)/SO(2)$ on the following pages we prefer SU(1,1), so in this special case we take $m_\gamma = 0$, $m_{2\gamma} = 1$.

The double cosets $M\backslash K/M$ can be parametrized by elements $k(r,\varphi)$ from K such that if $t_1,t_2 \in \mathbb{R}$ and

(3.4) $$\Lambda = \Lambda(t_1,t_2,r,\varphi) = \operatorname{Arcosh}|\cosh t_1 \cosh t_2 + re^{i\varphi}\sinh t_1 \sinh t_2|,$$

then

(3.5) $$a_{t_1} k(r,\varphi) a_{t_2} \in K\, a_\Lambda\, K\,.$$

Except for the case $G = F_4$ this parametrization can be described rather easily. Consider G as a group of $(n+1)\times(n+1)$ matrices with real ($m_{2\gamma} = 0$), complex ($m_{2\gamma} = 1$) or quaternionic ($m_{2\gamma} = 3$) entries. Let K consist of all matrices

$$\begin{array}{cc} n & 1 \end{array}$$
$$\left(\begin{array}{c|c} * & 0 \\ \hline 0 & * \end{array}\right)$$

in G, and let A consist of the matrices

$$a_t = \begin{pmatrix} I_{n-1} & 0 & 0 \\ 0 & \cosh t & \sinh t \\ 0 & \sinh t & \cosh t \end{pmatrix}, \qquad t \in \mathbb{R},$$

where I_{n-1} is the $(n-1)\times(n-1)$ unit matrix.

From each double coset MkM, $k \in K$, we can choose a representative $k(r,\varphi)$:

$n \geq 2$:

$$k(\cos\theta,\varphi) = \begin{pmatrix} I_{n-2} & 0 & 0 & 0 \\ 0 & e^{-i\varphi}\cos\theta & -e^{-i\varphi}\sin\theta & 0 \\ 0 & e^{i\varphi}\sin\theta & e^{i\varphi}\cos\theta & 0 \\ 0 & 0 & 0 & 1 \end{pmatrix}, \quad \begin{array}{l} 0 \leq \theta \leq \frac{\pi}{2} \\ -\pi < \varphi \leq \pi\,, \end{array}$$

$n = 1: \quad k(1,\varphi) = \begin{Bmatrix} e^{i\frac{\varphi}{2}} & 0 \\ 0 & e^{-i\frac{\varphi}{2}} \end{Bmatrix}$.

It turns out that the parametrization $(r\cos\varphi, r\sin\varphi) \to k(r,\varphi)$ yields a complete set of representatives for $M\backslash K/M$ if we restrict $(r\cos\varphi, r\sin\varphi)$ to the set

$$\Omega = \begin{cases} \{(x,0) \mid -1 \leq x \leq 1\} & \text{if } m_{2\gamma} = 0 \\ \{(x,y) \mid x^2 + y^2 = 1\} & \text{if } m_\gamma = 0,\ m_{2\gamma} = 1 \\ \{(x,y) \mid x^2 + y^2 \leq 1\} & \text{if } m_\gamma \neq 0,\ m_{2\gamma} = 1 \\ \{(x,y) \mid x^2 + y^2 \leq 1,\ y \geq 0\} & \text{if } m_{2\gamma} = 3. \end{cases}$$

That is Ω is in one-to-one correspondence with $M\backslash K/M$.

For $m_{2\gamma} = 7$ $(G = F_4)$ we would expect something similar in terms of matrices over Cayley numbers $(n = 2)$, but this is not the true picture of the situation. It is more complicated due to the non-associativity of the Cayley numbers. However also in this case a parametrization $(r\cos\varphi, r\sin\varphi) \to k(r,\varphi)$ is possible with the same Ω as for $m_{2\gamma} = 3$.

It is now a simple computation to verify (3.5), and the following facts:

<u>Lemma 4</u>. Let $(r\cos\varphi, r\sin\varphi) \in \Omega$, then

(i) If $m_{2\gamma} \neq 1$ then $k(r,\varphi)^{-1} \in Mk(r,\varphi)M$

(ii) If $m_{2\gamma} = 1$ then $k(r,\varphi)^{-1} \in Mk(r,-\varphi)M$

(iii) For all $t_1,t_2 \in \mathbb{R}$ $\Lambda(t_1,t_2,r,\varphi) = \Lambda(t_1,t_2,r,-\varphi)$.

(The computations for $G = F_4$ are somewhat tedious cf. Smith [16], Takahashi [17] or Johnson [9]).

(i) and (ii) of Lemma 4 is what is involved in the proof of (2.2). From (i) we conclude that if $m_{2\gamma} \neq 1$, then $\delta = \check{\delta}$ for all $\delta \in K^{\wedge}(M)$ and all spherical functions R_δ are real valued. This is no longer the case if $m_{2\gamma} = 1$. But even if δ is different from $\check{\delta}$ we get from (ii), (iii), (3.5) and (2.6) that

$$\gamma(\lambda, a_1, a_2, \delta) = \gamma(\lambda, a_1, a_2, \check{\delta}) = \int_K \varphi_\lambda(a_1^{-1} k a_2) \operatorname{Re} R_\delta(k)\, dk .$$

In the addition formula (2.5) we can therefore take together δ and $\check{\delta}$ whenever $\delta \neq \check{\delta}$. Then the addition formula takes the form

$$(3.6) \qquad \varphi_\lambda(a_1^{-1} k a_2) = \Sigma\, \gamma(\lambda, a_1, a_2, \delta) \operatorname{Re} R_\delta(k) \pi'_\delta ,$$

where we only sum over one representative for each pair $(\delta, \check{\delta})$. If $\delta = \check{\delta}$ then R_δ is real and $\pi'_\delta = \pi_\delta = \dim \delta$. If $\delta \neq \check{\delta}$ then R_δ is not real and $\pi'_\delta = \pi_\delta + \pi_{\check{\delta}} = 2 \dim \delta$.

The analytic form of the addition formula is (3.6), where we take $a_1 = a_{t_1}$, $a_2 = a_{t_2}$ and $k = k(r, \varphi)$. In order to state the explicit formula we need to express $\operatorname{Re} R_\delta(k(r,\varphi))$ as orthogonal polynomials in two variables. First recall that the Jacobi polynomials

$$R_n^{(\alpha,\beta)}(x) = {}_2F_1(-n, n+\alpha+\beta+1;\ \alpha+1;\ \tfrac{1}{2}(1-x)), \quad n \in \mathbb{Z}_+$$

are orthogonal on $[-1,1]$ with respect to the measure $(1-x)^\alpha (1+x)^\beta dx$, $(\alpha, \beta > -1)$.

ow define for $\alpha,\beta > -1$, $k \geq l \geq 0$, $k,l \in \mathbb{Z}$:

$$(3.7)\qquad R_{k,l}^{(\alpha,\beta)}(x,y) = R_l^{(\alpha,\beta+k-l+\frac{1}{2})}(2y-1)\,y^{\frac{1}{2}(k-l)}\,R_{k-l}^{(\beta,\beta)}(y^{-\frac{1}{2}}x)$$

hese polynomials are orthogonal polynomials on
$(x,y) \mid x^2 \leq y \leq 1\}$ with respect to the normalized measure

$$(3.8)\qquad dm_{\alpha,\beta}(x,y) = \frac{\Gamma(\alpha+\beta+\frac{5}{2})}{\Gamma(\alpha+1)\Gamma(\beta+1)\Gamma(\frac{1}{2})}\,(1-y)^{\alpha}(y-x^2)^{\beta}dxdy\ ,$$

nd the L^2-norms are given by $\pi_{k,l}^{(\alpha,\beta)} = \| R_{k,l}^{(\alpha,\beta)} \|_2^{-2}$, where

$$(3.9)\qquad \pi_{k,l}^{(\alpha,\beta)} = \frac{(2k-2l+2\beta+1)\,(k+l+\alpha+\beta+\frac{3}{2})\,(\alpha+1)_k\,(2\beta+2)_{k-l}\,(\alpha+\beta+\frac{5}{2})_k}{(k-l+2\beta+1)\,(k+\alpha+\beta+\frac{3}{2})\,l!\,(k-l)!\,(\beta+\frac{3}{2})_k}\ ,$$

ere as usual $(x)_q = 1$ if $q = 0$ and $(x)_q = x(x+1)\dots(x+q-1)$.
e [3] and [12].

The case $\beta = -1$, resp. $\alpha = -1$, still makes sense as limiting case for $\beta \downarrow -1$, resp. $\alpha \downarrow -1$. Then $dm_{\alpha,\beta}$ weakly nds to a measure supported on the edge $y = x^2$, resp. $y = 1$, of e region, and the orthogonal system is restricted to those lynomials $R_{k,l}^{(\alpha,-1)}$, resp. $R_{k,l}^{(-1,\beta)}$, for which $_{,l}^{(\alpha,\beta)} \neq 0$. In fact we get back Jacobi polynomials $_{+l}^{(\alpha,\alpha)}(x)$ $(l = k$ or $l = k-1)$, resp. $R_k^{(\beta,\beta)}(x)$.

We now return to the homogeneous spaces K/M and let α d β be as earlier (3.3). As we have seen from Lemma 4 any $\in C(M\backslash K/M)$ with $f(k^{-1}) = f(k)$, in particular $f = \mathrm{Re}R_\delta$, is determined by its values for $k = k(r,\varphi)$, where (r,φ) belongs to the set Ω' given by $r \in [0,1]$, $\varphi \in [0,\pi]$, where $\varphi = 0$ or π if $m_{2\gamma} = 0$, and $r = 1$ if $m_\gamma = 0$. Therefore we can define a measure $dm(r,\varphi) = dm^{(\alpha,\beta)}(r,\varphi)$ by the requirement that for any such f

$$\int_{K/M} f(k)dk = \int_{\Omega'} f(k(r,\varphi)dm(r,\varphi) \ .$$

Clearly $\mathrm{Re}R_\delta(k(r,\varphi))$ are orthogonal functions w.r.t. dm. In fact (see also Table 2)

<u>Theorem 5</u>. (i) The measure $dm(r,\varphi)$ is given by

$$dm(r,\varphi) = dm_{\alpha-\beta-1,\beta-\frac{1}{2}}(r\cos\varphi,\ r^2) \ .$$

(ii) The orthogonal system $\{\mathrm{Re}R_\delta \mid \delta \in K^\wedge(M)\}$ coincide with the orthogonal system of polynomials

$$R_{k,l}^{(\alpha-\beta-1,\beta-\frac{1}{2})}(r\cos\varphi,\ r^2) \ ,$$

where (k,l) is such that $\pi_{k,l}^{(\alpha-\beta-1,\beta-\frac{1}{2})} \neq 0$ and (r,φ) is restricted to the support of $dm(r,\varphi)$.

(The case $K/M = SO(n)/SO(n-1)$ of this theorem is classical see f.ex. [15]. The unitary case was first treated by Vilenkin and Shapiro [18], see also Koornwinder [13]. For the symplectic case see Smith [16], Johnson and Wallach [10], and for the exceptional case see Smith [16], Takahashi [17] and Johnson [9].)

From Theorem 5 it follows that the analytic form of he addition formula (3.6) must be the expansion of

$$(r,\varphi) \to \varphi_\lambda^{(\alpha,\beta)}(\Lambda(-t_1,t_2,r,\varphi))$$

n terms of the orthogonal system

$$\{(r,\varphi) \to R_{k,l}^{(\alpha-\beta-1,\beta-\frac{1}{2})}(r\cos\varphi,\ r^2) \mid \pi_{k,l}^{(\alpha-\beta-1,\beta-\frac{1}{2})} \neq 0\}$$

n the region Ω'. In [3] we obtained this expansion by nalytic methods for all α,β such that $\alpha \geq \beta \geq -\frac{1}{2}$. It akes the form

$$3.10)\qquad \varphi_\lambda(\Lambda(-t_1,t_2,r,\varphi)) = \sum_{k=0}^{\infty}\sum_{l=0}^{k} \gamma_{k,l}(\lambda)\varphi_{\lambda,k,l}(t_1)\varphi_{\lambda,k,l}(t_2)\pi_{k,l}R_{k,l}(r\cos\varphi,\ r^2)$$

ith

$$_{k,l}(\lambda) = \gamma_{k,l}^{(\alpha,\beta)}(\lambda) = \frac{(\frac{1}{2}(\alpha+\beta+1+i\lambda))_k(\frac{1}{2}(\alpha+\beta+1-i\lambda))_k(\frac{1}{2}(\alpha-\beta+1+i\lambda))_l(\frac{1}{2}(\alpha-\beta+1-i\lambda))_l}{(\alpha+1)_{k+l}\quad(\alpha+1)_{k+l}}$$

here

$$.11)\ \varphi_{\lambda,k,l}(t) = \varphi_{\lambda,k,l}^{(\alpha,\beta)}(t) = (\sinh t)^{k+l}(\cosh t)^{k-l}\varphi_\lambda^{(\alpha+k+l,\beta+k-l)}(t)$$

re the so called associated Jacobi functions. If $\alpha > \beta = -\frac{1}{2}$ onzero terms occur only for $l = k$ and $l = k-1$, if $= \beta > -\frac{1}{2}$ nonzero terms occur only for $l = 0$.

The sum is absolutely convergent, uniformly over compact ubsets of $\{(\lambda,t_1,t_2) \in \mathbb{C}\times\mathbb{R}\times\mathbb{R}\}$. For the values of (α,β)

corresponding to symmetric spaces this follows from our discussion in §2. For the other values of (α,β) this has to be proved. In fact the proof of the convergence is really the main difference between the proof of the addition formula for Jacobi functions and the proof of the addition formula for Jacobi polynomials.

TABEL 2.

	G	$\alpha-\beta-1$	$\beta-\frac{1}{2}$	$\pi_{k,l}>0$ if	Support of $dm(r,\varphi)$
$n \geq 2$,	$SO_0(n,1)$	$\frac{1}{2}n-\frac{3}{2}$	-1	$l=k$ or $l=k-1$	$r \in [0,1]$, $\varphi = 0$ or π
	$SU(1,1)$	-1	$-\frac{1}{2}$	$l=0$	$r = 1$, $\varphi \in [0,\pi]$ [1]
$n \geq 2$,	$SU(n,1)$	$n-2$	$-\frac{1}{2}$	$k \geq l \geq 0$	$r \in [0,1]$, $\varphi \in [0,\pi]$
$n \geq 2$,	$Sp(n,1)$	$2n-3$	$\frac{1}{2}$	$k \geq l \geq 0$	$r \in [0,1]$, $\varphi \in [0,\pi]$
	$F_{4(-20)}$	3	$\frac{5}{2}$	$k \geq l \geq 0$	$r \in [0,1]$, $\varphi \in [0,\pi]$

[1]) This corresponds to the choice of 2γ as the positive root.

As a simple consequence of (3.10) we get

Corollary. Let $\lambda \in \mathbb{C}$ and $\alpha \geq \beta \geq -\frac{1}{2}$, then $\gamma_{k,l}^{(\alpha,\beta)}(\lambda)$ for all k,l if and only if $\lambda \in \mathbb{R}$ or $\lambda \in i[-s_0,s_0] \cup \{\pm i\rho\}$ where $\rho = \alpha+\beta+1$ and $s_0 = \min\{\alpha+\beta+1,\alpha-\beta+1\}$ if $\alpha \neq \beta$ and $s_0 = \alpha+\beta+1$ if $\alpha = \beta$.

roof: This follows, when we rewrite $\gamma_{k,l}$ in the form

$$\gamma_{k,l}(\lambda) = \frac{1}{((\alpha+1)_{k+l})^2} \prod_{j=0}^{k-1} \frac{1}{4}((\alpha+\beta+1+2j)^2+\lambda^2) \prod_{m=0}^{l-1} \frac{1}{4}((\alpha-\beta+1+2m)^2+\lambda^2)$$

QED.

.th this corollary we have also finished the proof of ıeorem 2.

§4. Spherical functions of type δ on G/K.

In §3 we associated to each pair $(\delta,\check{\delta})$, $\delta \in K^\wedge(M)$, the parameters k,l such that

$$(4.1)\qquad \mathrm{Re}R_\delta(k(r,\varphi)) = R_{k,l}^{(\alpha-\beta-1,\beta-\frac{1}{2})}(r\cos\varphi, r^2) ,$$

and

$$(4.2)\qquad \varphi_{\lambda,\delta}(a_t) = \varphi_{\lambda,k,l}^{(\alpha,\beta)}(t) .$$

By formula (2.7) we then get, that

$$(4.3)\qquad \varphi_{\lambda,\delta}(ka) = R_\delta(k)\varphi_{\lambda,\delta}(a) , \quad k \in K, \quad a \in A$$

defines an eigenfunction of w on G/K of type δ. Such functions are called spherical functions of type δ on G/K. (4.1), (4.2) and (4.3) give an explicit expression for these functions.

If $\delta \neq 1$ (or $(k,l) \neq (0,0)$) then $\varphi_{\lambda,\delta}(e) = 0$ and it is not clear which normalization is most suitable. Here we have normalized $\varphi_{\lambda,\delta}$ such that $\varphi_{\lambda,\delta}(a_t) \sim t^{k+l}$ as $t \to 0$.

Now define for each $\lambda \in \mathfrak{a}^*_{\mathbb{C}}$ and $\delta \in K^\wedge(M)$

$$(4.4)\qquad \psi_{\lambda,\delta}(x) = \int_K e^{\langle -i\lambda-\rho, H(x^{-1}k)\rangle} R_\delta(k)dk , \quad x \in G .$$

Since $x \to e^{\langle -i\lambda-\rho, H(x^{-1}k)\rangle}$ is an eigenfunction of w (cf.

6], p. 94) it follows from (4.4) and (1.4) that $\psi_{\lambda,\delta}$ s an eigenfunction with the same eigenvalue as φ_λ . ince M normalizes N it follows that $k \to e^{<-i\lambda-\rho, H(a^{-1}k)>}$ s in $C^\infty(M\backslash K/M)$, for $a \in A$. Then using (1.1) we get $\psi_{\lambda,\delta}(ka) =$ $R_\delta(k)\psi_{\lambda,\delta}(a)$. Summing up $\psi_{\lambda,\delta}$ is a spherical function of ype δ on G/K.

e now want to prove that

$$\gamma(\lambda,a_1,a_2,\delta) = \psi_{-\lambda,\check{\delta}}(a_1)\psi_{\lambda,\delta}(a_2) \ , \tag{4.5}$$

nd to express $\psi_{\lambda,\delta}$ in terms of $\varphi_{\lambda,\delta}$. To do this we eed the following formula ([6], p.116) for φ_λ :

$$\varphi_\lambda(x^{-1}y) = \int_K e^{<i\lambda-\rho,H(y^{-1}k)>} e^{<i\lambda-\rho,H(x^{-1}k)>} dk \ . \tag{4.6}$$

or $x = a_1$ and $y = ka_2$ this can be written

$$\varphi_\lambda(a_1^{-1}ka_2) = f_1 * f_2(k) \ ,$$

here

$$f_2(k) = e^{<-i\lambda-\rho,H(a_2^{-1}k^{-1})>} \text{ and } f_1(k) = e^{<i\lambda-\rho,H(a_1^{-1}k)>}$$

hese functions f_1 and f_2 are in $C^\infty(M\backslash K/M)$. From (4.4) e can read off $f_i^\wedge(\delta)$, $i = 1,2$, and from (1.2) we get $f_1*f_2^\wedge(\delta) =$ $^\wedge(\delta)f_2^\wedge(\delta)$. Therefore we get from (2.4) that

$$e^{<-i\lambda-\rho,H(a^{-1}k)>} = \sum_{\delta\in K^\wedge(M)} \psi_{\lambda,\check{\delta}}(a)\pi_\delta R_\delta(k) \tag{4.7}$$

nd

$$(4.8) \qquad \varphi_\lambda(a_1^{-1}ka_2) = \sum_{\delta\in K^\wedge(M)} \psi_{-\lambda,\overset{\vee}{\delta}}(a_1)\psi_{\lambda,\delta}(a_2)\pi_\delta R_\delta(k) .$$

From (4.8) we deduce (4.5).

Theorem 7. Let $\delta \in K^\wedge(M)$ correspond to (k,l) then for all $\lambda \in \mathfrak{a}^*_{\mathbb{C}}$ and $t \in \mathbb{R}$:

$$\psi_{\lambda,\delta}(a_t) = \int_K e^{<-i\lambda-\rho,H(a_t^{-1}k)>} R_\delta(k)dk$$
$$= \frac{(\frac{1}{2}(\alpha+\beta+1+i\lambda))_k(\frac{1}{2}(\alpha-\beta+1+i\lambda))_l}{(\alpha+1)_{k+l}} \varphi_{\lambda,k,l}^{(\alpha,\beta)}(t) .$$

Proof: From (4.5) and the addition formula it follows that $\psi_{\lambda,\delta}(a_t)$ is proportional to $\varphi_{\lambda,k,l}^{(\alpha,\beta)}(t)$. To find the proportionality factor we use our knowledge of $\psi_{\lambda,\delta}$ and $\varphi_{\lambda,k,l}^{(\alpha,\beta)}$ as $t \to \infty$:

Assume in the following $i\lambda > 0$. For Jacobi functions we have (see [2])

$$(4.9) \qquad \lim_{t\to\infty} e^{(-i\lambda+\alpha+\beta+1)t}\varphi_\lambda^{(\alpha,\beta)}(t) = c(\lambda,\alpha,\beta) =$$
$$= \frac{2^{(\alpha+\beta+1-i\lambda)}\Gamma(i\lambda)\Gamma(\alpha+1)}{\Gamma(\frac{1}{2}(\alpha+\beta+1+i\lambda))\Gamma(\frac{1}{2}(\alpha-\beta+1+i\lambda))} .$$

In particular for $\alpha = \frac{1}{2}(m_\gamma+m_{2\gamma}-1)$, $\beta = \frac{1}{2}(m_{2\gamma}-1)$ we get from (4.9) the c-function for the spherical function φ_λ. Therefore by [6], pp. 129-130 we get

$$(4.10) \qquad \lim_{t\to\infty} e^{<-i\lambda+\rho,H(a_t)>}\psi_{\lambda,\delta}(a_t) = c(\lambda,\alpha,\beta) .$$

Combining (4.9) and (3.11) we get

$$(4.11) \qquad \lim_{t\to\infty} e^{(-i\lambda+\alpha+\beta+1)t}\varphi_{\lambda,k,1}^{(\alpha,\beta)}(t) = 2^{-2k}c(\lambda,\alpha+k+1,\beta+k-1) \; .$$

Now we deduce from (4.10) and (4.11) that

$$\psi_{\lambda,\delta}(a_t) = \frac{2^k c(\lambda,\alpha,\beta)}{c(\lambda,\alpha+k+1,\beta+k-1)} \; \varphi_{\lambda,k,1}(t) \; ,$$

for $i\lambda > 0$. Since $\Gamma(z+1) = z\Gamma(z)$ the theorem follows for $i\lambda > 0$, and in general since both sides are entire functions in λ. QED.

Remark. It is not very difficult to prove Theorem 7 directly from the integral formula (4.4), and thus by (4.8) in fact give another proof of the addition formula for the values of (α,β) corresponding to symmetric spaces. We give an outline of this proof using the notation from §3:

If we let

$$T = T(t,r,\varphi) = \log|\cosh t - re^{i\varphi}\sinh t|$$

then it is easy to see that

$$\exp(H(a_t^{-1}k(r,\varphi)) = a_T \qquad \text{for} \quad t \in \mathbb{R}, \; (r,\varphi) \in \Omega'$$

Hence

$$e^{\langle -i\lambda-\rho, H(a_t^{-1}k(r,\varphi))\rangle} = |\cosh t - re^{i\varphi}\sinh t|^{-i\lambda-\rho} \; .$$

This function of (r,φ) is invariant under $(r,\varphi) \to (r,-\varphi)$, and we can replace R_δ by $\mathrm{Re}R_\delta$ in the definition (4.4) of $\psi_{\lambda,\delta}$. By Theorem 5 we can then express $\psi_{\lambda,\delta}(a_t)$ by an integral over Ω'. This integral can be evaluated using Koornwinder ([12], Lemma 4.1 and formula (4.6)), to give

$$\psi_{\lambda,\delta}(a_t) = \frac{(\tfrac{1}{2}(\alpha+\beta+1+i\lambda))_k(\tfrac{1}{2}(\alpha-\beta+1+i\lambda))_l}{(\alpha+1)_{k+l}} \cdot$$

$$(\sinh t)^{k+l}(\cosh t)^{k-l}\int_{\Omega'} |\cosh t - re^{i\varphi}\sinh t|^{-i\lambda-\alpha-\beta-2k-1} \cdot$$

$$dm_{\alpha-\beta+2l-1,\beta+k-l-\frac{1}{2}}(r\cos\varphi,\ r^2) .$$

Finally the integral over Ω' is a known integral formula for $\varphi_\lambda^{(\alpha+k+l,\beta+k-l)}(t)$ (see [2], formula (3.5)).

<u>Corollary</u> 8. Kostants Q_δ-polynomials are up to a proper normalization given by

$$Q_\delta(i\lambda+\rho) = (\tfrac{1}{2}(\alpha+\beta+1+i\lambda))_k(\tfrac{1}{2}(\alpha-\beta+1+i\lambda))_l .$$

Finally we remark that the addition formula (3.10) give all information needed to describe the K-decomposition of the cyclic representation T_λ of G generated by left translation of φ_λ; similarly formula (4.7) and Theorem 7 give the information needed to describe the K-decomposition of the basic cyclic subrepresentation of the spherical principal series representation π_λ for all $\lambda \in \mathbb{C}$.

In particular it follows that T_λ is finite dimensional if and only if $\{\delta \in K^\wedge(M) \mid \gamma_\delta(\lambda) \neq 0\}$ is a finite set. That is if and only if

$$\lambda = \pm i(\rho+m) \quad , \qquad m = 0,1,\ldots,$$

for $\beta = -\frac{1}{2}$ (or $m_{2\gamma} = 0$)

respectively $\lambda = \pm i(\rho+2m)$, $m = 0,1,\ldots$

for $\beta \neq -\frac{1}{2}$ (or $m_{2\gamma} \neq 0$).

For these values of λ the addition formula is a finite sum, and it is just the analytic continuation of the addition formula for the spherical functions on the compact symmetric space U/K dual to G/K, i.e. the addition formula for the Jacobi polynomials $P_n^{(\alpha,\beta)}$, (still $\alpha = \frac{1}{2}(m_\gamma+m_{2\gamma}-1)$, $\beta = \frac{1}{2}(m_{2\gamma}-1)$.).

References.

[1] Faraut, J., and Harzallah, K., Fonctions sphériques de type positif sur les espaces hyperboliques. C.R. Acad. Sci. Paris, 274, (1972), 1396-1398.

[2] Flensted-Jensen, M., Paley-Wiener type theorems for a differential operator connected with symmetric spaces. Ark. f. Mat. 10 (1972), 143-162.

[3] Flensted-Jensen, M., and Koornwinder, T.H., Jacobi functions: The addition formula and the positivity of the dual convolution structure. To appear.

[4] Harish-Chandra, Spherical functions on a semisimple Lie group I. Amer. Jour. Math. 80 (1958), 241-310.

[5] Helgason, S., Differential geometry and symmetric spaces. New York-London, Academic Press 1962.

[6] Helgason, S., A duality for symmetric spaces with applications to group representations. Advan. Math. 5 (1970), 1-154.

[7] Helgason, S., Eigenspaces of the Laplacian ; Integral representations and irreducibility. Jour. Func. Anal. 17 (1974), 328-353.

[8] Helgason, S., A duality for symmetric spaces with applications to group representations, II. Differential equations and eigenspace representations. Advan. Math. 22 (1976), 187-219.

[9] Johnson, K.D., Composition series and intertwining operators for the spherical principal series II. Trans. Amer. Math. Soc. 215 (1976), 269-283.

[10] Johnson, K.D. and Wallach, N.R., Composition series and intertwining operators for the spherical principal series. Trans. Amer. Math. Soc. 229 (1977), 137-174.

[11] Koornwinder, T.H., A new proof of a Paley-Wiener type theorem for the Jacobi transform. Ark. f. Mat. 13 (1975), 145-159.

[12] Koornwinder, T.H., Jacobi polynomials, III. An analytic proof of the addition formula. SIAM Journ. Math. Anal. 6 (1975), 533-543.

[13] Koornwinder, T.H., The addition formula for Jacobi Polynomials II. The Laplace type integral representation and the product formula. T.W. Rapport 133 (1972), Math. Centrum Amsterdam.

[14] Kostant, B., On the existence and irreducibility of certain series of representations. In: Lie groups and their representations (I.M. Gelfand, Ed.), pp. 231-329, Halsted Press, New York, 1975. (See also Bull. Amer. Math. Soc. 75 (1969), 627-642.)

[15] Müller, C., Spherical Harmonics. Lecture notes in Math. 17 (1966). Springer Verlag.

[16] Smith, The spherical representations of groups transitive on S^n. Ind. Univ. Math. Journ. 24 (1974), 307-325.

[17] Takahashi, R., Quelques résultats sur l'analyse harmonique dans l'espace symmétrique non compact de rang 1 du type exceptionnel.
Preprint (1976).

[18] Vilenkin, N.J. and Shapiro, R.L., Irreducible representations of the group SU(n) of class 1 with respect to SU(n-1).
Izv. Vysš. Učebn. Zaved. Mat. 7(62), (1967), 9-20 (Russian).

UN THEOREME DE STRUCTURE POUR LES SOUS-GROUPES FERMES, CONNEXES DES GROUPES EXTENSIONS COMPACTES DE GROUPES NILPOTENTS

Léonard GALLARDO - René SCHOTT

GENERALITES

Soit N un groupe de Lie nilpotent connexe et simplement connexe et $\mathcal{N}$ son
bre de Lie. Il est bien connu que l'application exp : $\mathcal{N} \to N$ est un difféomor-
me de variétés analytiques qui permet d'identifier N à $\mathcal{N}$. D'autre part chaque
morphisme du groupe N est aussi un automorphisme de l'algèbre de Lie $\mathcal{N}$ et
rsement.

Soit K un groupe compact d'automorphismes de N. Alors on peut considérer K
e un groupe compact d'automorphismes linéaires de $\mathcal{N}$ et on peut toujours choisir
$\mathcal{N}$ un produit scalaire invariant par K (cf [4]).

Les éléments de K sont donc des automorphismes semi-simples de N que nous
llerons rotations.

Considérons le groupe de Lie $G = K \times_\varphi N$ (produit semi-direct) où φ désigne
tion naturelle de K sur N; la multiplication dans G est donnée par :

$$(r_1,n_1)(r_2,n_2) = (r_1r_2,n_1.r_1(n_2)) \qquad (r_1,n_1) \in G,\ (r_2,n_2) \in G$$

L'inverse de l'élément (r,n) vaut :

$$(r,n)^{-1} = (r^{-1},r^{-1}n^{-1}) = (r^{-1},-r^{-1}.n)$$

Nous écrirons indifféremment r(n), r.n ou rn pour désigner l'image de n
r.

La recherche de la structure des sous-groupes fermés connexes H de $G = K\times_\varphi N$,
ait l'objet de cet article, est motivée pour nous par l'étude des marches aléa-
s sur les espaces homogènes $M = \frac{K\times_\varphi N}{H}$ mais l'aspect probabiliste ne sera pas
é ici.

THEOREME DE STRUCTURE

a) Notation : soit $A \subset G$, $M \subset N$ et C un compact de G, la notation $A = M\cdot C$
fie que tout élément $a \in A$ s'écrit $a = mc$, avec $m \in M$ et $c \in C$ et que pour
$m \in M$, il existe $c \in C$ tel que : $mc \in A$. Ceci équivaut à dire que $A \subset MC$
$\subset AC^{-1}$.

b) Théorème : Soit H un sous-groupe fermé connexe de $G = K\times_{\varphi}N$ alors il existe un unique sous-groupe fermé connexe M de N et un compact $C \subset G$ tel que : $H = M.C$

Preuve : On a besoin de quelques lemmes.

Lemme 1 : Tout sous-groupe fermé connexe H de G s'écrit comme le produit R.S de deux de ses sous-groupes où R est le radical de H et S est semi simple compact.

Preuve : D'après le théorème de Levi-Malcev (cf [5]), G peut s'écrire : G = R.S R est le radical de G et S un groupe semi-simple. Pour voir que S est compa il suffit de reprendre la démonstration de la proposition 3.1. de [2] ou remarqu que comme H est de type R, H est extension compacte de son radical résoluble (cf [3]) donc S est compact.

On est donc ramené à établir le théorème de structure pour les sous-groupes fermés, connexes, résolubles de G. ■

Lemme 2 : Soit $\mathcal{G}$ l'algèbre de Lie d'un groupe de Lie G résoluble.

i) Si G est simplement connexe, soit $V_1,\dots,V_n$ une base graduée de $\mathcal{G}$. Alors tout élément de G peut s'écrire d'une manière et d'une seule sous la forme : $(\exp t_1V_1)(\exp t_2V_2)\dots(\exp t_nV_n)$ où $(t_1,\dots,t_n) \in \mathbb{R}^n$ et l'ensem des éléments de G de la forme $(\exp t_2V_2)\dots(\exp t_nV_n)$ est un sous-groupe distingué de G.

ii) Si G est un groupe de Lie connexe, résoluble, alors il existe des sous groupes à un paramètre $\Gamma_1,\dots,\Gamma_n$ de G tels que tout élément de G s'écr sous la forme : $\Gamma_1(t_1)\Gamma_2(t_2)\dots\Gamma_n(t_n)$, $(t_1,t_2,\dots,t_n) \in \mathbb{R}^n$ (pas forcément façon unique). On notera : $G = \Gamma_1\Gamma_2\dots\Gamma_n$; de plus $\Gamma_2\dots\Gamma_n$ est un sous-gro distingué de G.

Preuve :

- Pour la démonstration du point (i) on pourra consulter [6], [1] et [4].

- Démonstration du point (ii) :

Soit $\widetilde{G}$ le revêtement universel simplement connexe du groupe G. $\widetilde{G}$ est évi ment résoluble (G et $\widetilde{G}$ ont même algèbre de Lie) et on sait (cf [6]) qu'il te un sous-groupe discret D du centre de $\tilde{G}$ tel que $G = \frac{\tilde{G}}{D}$.

Notons $\pi : \tilde{G} \to G$ la surjection canonique. D'après le point (i) du lemme 2, xiste des sous-groupes à un paramètre de $\tilde{G}$, $\gamma_1, \gamma_2, \dots \gamma_n$ tels que tout élément rive de manière unique sous la forme : $\gamma_1(t_1)\dots\gamma_n(t_n)$. Mais alors tout élément G s'écrit : $\pi[\gamma_1(t_1)]\dots\pi[\gamma_n(t_n)]$ (pas forcément de manière unique). Comme les) sont des sous-groupes à un paramètre de G on a le résultat ; de plus)...$\pi(\gamma_n)$ est bien sûr un sous-groupe distingué de G.

Le lemme suivant dont on peut trouver une forme plus générale dans [7] est la du théorème de structure.

<u>*Lemme 3*</u> : *Soit $g = (r,n) \in G$ où $G = K \times_\varphi N$ est une extension compacte du groupe nilpotent connexe et simplement connexe N. Alors il existe $n_1 \in N$ tel que :*

$$n_1^{-1} g n_1 = (r, n^*) \quad et \quad r(n^*) = n^* \quad .$$

<u>ve</u> : Il faut montrer qu'il existe $n_1 \in N$ tel que $n_1^{-1} n r(n_1)$ soit stable par r. dim N = 1 l'assertion du lemme est vraie. Supposons donc l'avoir vérifiée pour les groupes nilpotents de dimension $\leqslant$ n-1 et soit N de dimension n. Soit V entre de N et soit $\pi : N \to \frac{N}{V}$ la projection canonique.

Le groupe $\tilde{N} = \frac{N}{V}$ est de dimension $\leqslant$ n-1.

Posons : $\tilde{n} = \pi(n)$ et $\tilde{r} = \pi r \pi^{-1}$ l'automorphisme déduit de r par passage au ient. Par hypothèse de récurrence, il existe $\tilde{n}_o \in \tilde{N}$ tel que : $\tilde{n}_o^{-1} \tilde{n}\, \tilde{r}\, \tilde{n}_o$ soit le par $\tilde{r}$. Autrement dit, il existe $v \in V$ tel que : $r(n_o^{-1} n\, r\, n_o) = v\, n_o^{-1} n\, r\, n_o$.

Posons : $V_1 = \{x \in V / r(x) = x\}$ et $V_2 = \{(r-I)(x) / x \in V\}$.

Comme r est semi-simple, il est clair que $V = V_1 \oplus V_2$ (somme directe d'espa- vectoriels). On peut donc écrire : $v = v_1 + v_2$ avec $v_1 \in V_1$ et $v_2 \in V_2$. Il te alors $s \in V_2$ tel que :

$$(r-I)^2(s) = -v_2.$$

Montrons que l'élément $n_1 = s n_o$ convient ; autrement dit que : $)^{-1} n r(s n_o) = n^*$ est stable par r :

s est central donc : $s^{-1} r(s) = (r-I)(s)$ et ainsi :

$$\begin{aligned} r(n^*) &= r(n_o^{-1} n r(n_o)) r(s^{-1} r(s)) \\ &= v\, n_o^{-1} n r n_o r(r-I)(s) \\ &= v + n_o^{-1} n r n_o - v_2 + (r-I)(s) \\ &= v_1\, n^* \end{aligned}$$

D'où : $v_1 = (r-I)(n^*)$
et donc : $(r-I)^2(n^*) = (r-I)(v_1) = 0$ (par définition de v_1)
Mais r est semi-simple, ainsi $(r-I)(n^*) = 0$. ■

Lemme 4 : Soient x et y deux éléments de N groupe nilpotent connexe et simplement connexe, alors il existe des constantes $C_1, C_2, \ldots, C_{r-1}$ telles qu

$$xyx^{-1} = y+[x,y]+C_1[x,[x,y]]+\ldots+C_{r-1}[x,[x,\ldots,[x,y]]]$$

et la lettre y ne figure qu'une fois dans chacun des r crochets.

Preuve : Soit a_x l'automorphisme intérieur défini par x : $a_x(y) = xyx^{-1}$.
D'après la formule de Cambell-Hausdorff on a :

$$a_x(y) = P_1(y)+P_2(y)+\ldots+P_d(y)$$

où P_i est une fonction homogène de degré i. Mais a_x est un automorphisme de l'algèbre de Lie N donc pour tout $k \in \mathbb{Z}$ on a :

$$a_x(y^k) = a_x(ky) = ka_x(y) = kP_1(y)+\ldots+kP_d(y)$$

mais d'autre part : $a_x(ky) = kP_1(y)+\ldots+k^dP_d(y)$.
Ainsi : $kP_1(y)+\ldots+kP_d(y) = kP_1(y)+\ldots+k^dP_d(y)$.
Divisons les deux membres de l'expression précédente par k^d et faisons $k \to +\infty$. Il en résulte que $P_d \equiv 0$ si $d > 1$. ■

Lemme 5 : Soient H et H' des sous-groupes connexes de N groupe nilpote simplement connexe et C un compact de N tels que : $H = H' \cdot C$. Alors : $H =$

Preuve : Si N est de classe 1 (i.e. abélien), le résultat est évident. Supposo le résultat acquis pour tous les groupes nilpotents de classe $\leq r-1$ et soit N d classe r. Soit V le dernier dérivé de N et $\pi : N \to \frac{N}{V}$ la projection canoniqu Par hypothèse de récurrence $\pi(H) = \pi(H')$. Ainsi tout élément $h \in H$ s'écrit :

$$h = h'.v \quad \text{avec} \quad h' \in H' \quad \text{et} \quad v \in V$$

Mais h s'écrit aussi : $h = h''.c$ avec $h'' \in H'$ et $c \in C$.

Il en résulte que l'on a : $c = h''^{-1}h'+v$ (v est central)

On peut écrire : $v = v_1+v_2$ avec $v_1 \in H'$ et v_2 appartenant à un supplémen-
re $H'^{\perp}$ de H' dans N.

Ainsi on a : $c = h_1+v_2$ avec $h_1 \in H'$ et $v_2 \in H'^{\perp}$.

Mais c décrit un compact donc v_2 décrit un compact K_o de $H'^{\perp}$.

Par conséquent : $H \subset H'+K_o$ mais H et H' sont des espaces vectoriels de
dimension donc $H = H'$. ■

Lemme 6 : *Soit* Γ_1 *un sous-groupe à un paramètre de* $K\times_\varphi N$. *Alors il existe* $n_1 \in N$ *tel que* $\Gamma = n_1^{-1}\Gamma_1 n_1$ *soit un sous-groupe à un paramètre de la forme* $\{(r^t,tn)\ t \in \mathbb{R}\}$ *avec* $r^t(n) = n$ *pour tout* $t \in \mathbb{R}$.

rque : Dans l'énoncé du lemme on note r^t le sous-groupe à un paramètre $\exp t\alpha$
K tel que : $r = \exp \alpha$.

ve du lemme 6 : La démonstration se fait en deux étapes.

e 1 : Soit $\varepsilon \in]0,1[$, n un vecteur de norme 1 (rappelons qu'on a mis sur N un
uit scalaire invariant par K) et r une rotation telle que : $\|r^t-I\| < \varepsilon$
$[0,1]$.

Alors si $r(n) = n$, on a aussi $r^t(n) = n$ pour tout $t \in \mathbb{R}$.

Prouvons cette assertion :

On va montrer que $r^{1/2}(n) = n$. Notons d'abord qu'on ne peut pas avoir
$(n) = -n$ car alors $\|r^{1/2}(n)-n\| = 2\|n\| = 2 > \varepsilon$.

Si $r^{1/2}(n) \neq n$, le plan $\{r^{1/2}(n),n\}$ serait stable par $r^{1/2}$ qui échangerait
vecteurs de base donc $r^{1/2}$ serait la rotation d'angle π donc $r^{1/2}(n) = -n$;
vu que ceci était impossible. Si on réitère le raisonnement précédent avec
$,\dots,r^{1/2^p}$ on voit facilement que pour tout k et tout p dans $\mathbb{Z}$ on a :

$$r^{\frac{k}{2^p}}(n) = n$$

D'où l'assertion par continuité.

e 2 : Choisissons $(r,n_o) \in \Gamma_1$ tel que pour tout $t \in [0,1]$ on ait :
$-I\| < \varepsilon$ $(0 < \varepsilon < 1$, fixé), on peut réaliser ceci de la manière suivante :
$) = (\rho_t,n_t)$ où $\rho_t = \exp t\alpha$ est un sous-groupe à un paramètre de K (α appar-
nt à l'algèbre de Lie de K).

Pour t assez petit, mettons : $t \leq t_\varepsilon$, on a : $\|\exp t\alpha - I\| \leq \varepsilon$. Ainsi posant $\alpha' = \alpha t_\varepsilon$ on a : $\|\exp t\alpha' - I\| \leq \varepsilon$ dès que : $t \leq 1$.

Il suffit alors de prendre $r = \exp \alpha'$.

Soit alors n_1 tel que : $n_1^{-1}(r,n_o)n_1 = (r,n)$ avec $r(n) = n$ (lemme 3).

Il est clair compte tenu de l'étape 1 que le sous-groupe à un paramètre engendré par (r,n) est de la forme $\{(r^t,tn)/t \in \mathbb{R}\} = \Gamma$.

L'automorphisme intérieur défini par n_1 transforme (r,n_o) en (r,n) mais il transforme aussi le sous-groupe à un paramètre engendré par (r,n_o) en celui engendré par (r,n). ■

Revenons à présent à la démonstration du théorème de structure :

L'unicité de M résulte du lemme 5.

Prouvons l'existence de M : d'après le lemme 2 on a : $H = \Gamma_1 \dots \Gamma_n$ où les Γ sont des sous-groupes à un paramètre de H (donc de G).

On va procéder par récurrence sur n (la "longueur" de H).

Si $n = 1$, $H = \Gamma_1$, alors d'après le lemme 6, il existe $n_1 \in N$ tel que : $n_1^{-1}\Gamma_1 n_1 = \{(r^t,tn),\ t \in \mathbb{R}\}$ et $r^t(n) = n$ pour tout $t \in \mathbb{R}$.

Soit $N_1 = \{tn, t \in \mathbb{R}\}$ et C = l'adhérence dans K de l'ensemble $\{(r^t,0)/t \in$

Alors : $n_1^{-1}\Gamma_1 n_1 = N_1 \bullet C$.

D'où : $\Gamma_1 = n_1 N_1 n_1^{-1} \bullet n_1 C n_1^{-1} = N_2 \bullet C'$. Le résultat est donc clair.

Supposons le résultat établi pour tous les sous-groupes connexes résolubles fermés dans G de longueur $\leq n-1$ et soit : $H = \Gamma_1 \dots \Gamma_n$.

D'après le lemme 2, $\Gamma_2 \dots \Gamma_n$ est un sous-groupe fermé connexe résoluble de auquel on peut appliquer l'hypothèse de récurrence : $\Gamma_2 \dots \Gamma_n = M_o \bullet C_o$.

Soit alors $n_1 \in N$ tel que : $\Gamma = n_1^{-1}\Gamma_1 n_1$ soit de la forme $\{(r^t,tn)/t \in \mathbb{R}\}$ avec $r^t(n) = n$ pour tout t. On a : $n_1^{-1}Hn_1 = H' = \Gamma n_1^{-1}M_o n_1 \bullet n_1^{-1}C_o n_1 = \Gamma M_1 \bullet C_1$ et Γ normalise $M_1 \bullet C_1$. D'où pour tout $(r,n) \in \Gamma$ on a :

$$(r,n)M_1 \bullet C_1 (r^{-1},-n) = M_1 \bullet C_1$$

$$(r,n)M_1(r^{-1},-n) \bullet (r,n)C_1(r^{-1},-n) = M_1 \bullet C_1$$

Ainsi : $(r,n)M_1(r^{-1},-n) = M_1 \bullet C_1'$ où $C_1' = C_1.(r,n)C_1^{-1}(r^{-1},-n)$ est un comp de G.

Il en résulte que :

$$(r,0)(e,n)M_1(e,-n)(r^{-1},0) = M_1 \bullet C_1'$$

d'où : $$nM_1n^{-1} = r^{-1}(M_1) \bullet C_1'(r,0) = r^{-1}(M_1) \bullet C_1''$$

D'après le lemme 5 on a : $nM_1n^{-1} = r^{-1}(M_1)$ et cette relation est vraie pour tout $(r,n) \in \Gamma$. En particulier étant donné $(r,n) \in \Gamma$, pour tout $p \in \mathbb{Z}$ on a :

$$n^pM_1n^{-p} = r^{-p}(M_1).$$

Ainsi pour $m \in M_1$ et tout $p \in \mathbb{Z}$, il existe $m_p = \alpha_p m'_p \in M_1$ avec : $\alpha_p = \|m_p\|$ et $\|m'_p\| = 1$ tel que :

$$n^pm\,n^{-p} = \alpha_p r^{-p}(m'_p).$$

D'après le lemme 4 on a :

$$(1) \qquad \begin{aligned} n^pmn^{-p} &= m+p[n,m]+C_2p^2[n,[n,m]]+\ldots+C_kp^k[n[\ldots,[n,m]]] \\ &= \alpha_p r^{-p}(m'_p) \end{aligned}$$

Supposons $C_k \neq 0$, alors :

$$\frac{n^pmn^{-p}}{C_kp^k} = \frac{\alpha_p}{C_kp^k}\, r^{-p}(m'_p) \xrightarrow[p\to+\infty]{} \underbrace{[n,[\ldots,[n,m]]]}_{k \text{ fois la lettre } n}$$

En prenant la norme on a donc :

$$\lim_{p\to+\infty} \frac{\alpha_p}{C_kp^k} = \|[n,[\ldots,[n,m]]]\|$$

Or il est clair qu'il existe une suite extraite p_i telle que : $r^{-p_i} \to \mathrm{Id}$ (application identique) et m'_{p_i} tende vers $m' \in M_1$. Ainsi :

$$r^{-p_i}(m'_{p_i}) \to m' \quad \text{quand} \quad p_i \to +\infty$$

Mais alors on a :

$$\frac{\alpha_{p_i}}{C_kp_i^k}\, r^{-p_i}(m'_{p_i}) \to \|[n,[\ldots,[n,m]]]\|\, m' \quad (p_i \to +\infty)$$

d'où :
$$\|[n,[\ldots,[n,m]]]\|\, m' = \underbrace{[n,[\ldots,[n,m]]]}_{k \text{ fois la lettre } n} \in M_1$$

Ainsi si $k = 1$, on vient de prouver que : $nM_1n^{-1} = M_1$.

si k > 1, regardons l'égalité (1) modulo M_1. On a :

$$\lim_{p\to+\infty} \frac{\alpha_p}{C_{k-1}p^{k-1}} r^{-p}(m_p') = \underbrace{[n,[\ldots,[n,m]]]}_{k-1 \text{ fois } n} \text{ (modulo } M_1)$$

Il en résulte que puisque $r^{-p}(m_p')$ est borné, la suite $p \to \frac{\alpha_p}{C_{k-1}p^{k-1}}$ est bornée.

Or on a vu que : $\frac{\alpha_p}{C_k p^k}$ a une limite.

Ceci n'est possible que si : $\lim_{p\to+\infty} \frac{\alpha_p}{C_k p^k} = 0 = \underbrace{\|[n[\ldots,[n,m]]]\|}_{k \text{ fois la lettre } n}$

Ainsi en réitérant ce procédé, on montre qu'il n'existe pas dans l'expression de crochets $[n,[\ldots,[n,m]]]$ si $k > 1$.

On a donc : $nM_1n^{-1} = M_1$ pour tout n tel que : $(r,n) \in \Gamma$ où $\Gamma = \{(r^t, tn)/t \in \mathbb{R}$ et $r^t(n) = n\}$.

De plus on a : $r^t(M_1) = M_1$ pour tout $t \in \mathbb{R}$.

Si on note alors N_1 la droite $\{tn, t \in \mathbb{R}\}$, N_1 normalise M_1 donc : $M' = N_1M_1$ est un sous-groupe de N qui est fermé et connexe et on a :

$$n_1^{-1} Hn_1 = H' = M' \bullet C'$$

Il en résulte que : $H = n_1M'n_1^{-1}.n_1C'n_1^{-1} = M \bullet C$ et le théorème est démontré. ∎

III - INTERPRETATION GEOMETRIQUE DE LA DECOMPOSITION DE H

Dans le cas où N est abélien, on avait obtenu dans [2] un théorème de structure pour les sous-groupes fermés connexes mais par des méthodes spécifiques au cas du groupe des déplacements de $\mathbb{R}^n$: si $\pi_2 : G = SO(n) \times_\varphi \mathbb{R}^n \to \mathbb{R}^n$ est la projection naturelle et si H est un sous-groupe fermé connexe résoluble de G alors on a : $H = M \bullet C$ et M est l'espace vectoriel engendré par les directions asymptotiques de $\pi_2(H)$.

Nous allons voir qu'on peut donner dans notre cas une interprétation identique pour M.

1) Définition : Soit A une partie d'un groupe de Lie nilpotent connexe et simplement connexe N (identifié à son algèbre de Lie). On dit qu'une droite D de est une direction asymptotique de A s'il existe une suite $d_n \in D$ tendant vers l'infini et une suite bornée $\varepsilon_n \in N$ telles que : $d_n\varepsilon_n \in A$ pour tout entier n.

2) Proposition et définition :

Soit $\pi_2 : G = K\times_{\varphi}N \to N$ la projection sur le deuxième facteur du produit semi-ect et soit $H = M{\bullet}C$ un sous-groupe fermé connexe résoluble de G. Alors :

1) toute droite de M est une direction asymptotique de $\pi_2(H)$

2) toute direction asymptotique de $\pi_2(H)$ est incluse dans M.

Par définition M sera appelé le groupe des directions asymptotiques de $\pi_2(H)$ de H (par abus de langage).

uve :

1) Soit $D = \{tn/t \in \mathbb{R}\}$ une droite de M. Pour tout $t \in \mathbb{R}$, il existe $= (r_t,\varepsilon_t) \in C$ tel que : $(tn).c_t = (r_t,(tn)\varepsilon_t) \in H$. Or ε_t est borné et pour t t, $(tn).\varepsilon_t \in \pi_2(H)$, donc D est évidemment une direction asymptotique de H).

2) Soit D une direction asymptotique de $\pi_2(H)$. Soit alors d_n une suite de nts de D tendant vers l'infini et c_n une suite bornée de N tels que : $_n \in \pi_2(H)$, pour tout entier n.

Alors il existe $r_n \in K$ tel que : $(r_n,d_nc_n) \in H$ et d'après le théorème de omposition il existe $m_n \in M$ et $(r_n,\varepsilon_n) \in C$ tels que : $,d_nc_n) = m_n(r_n,\varepsilon_n) = (r_n,m_n\varepsilon_n)$ $\forall n \in \mathbb{N}$, il en résulte que : $d_n = m_n\varepsilon_nc_n^{-1}$ et $_n^{-1} \in C_o$ compact de N.

Quitte à grossir un peu C_o on peut le supposer connexe et donc :

$$M.C_o = \{xy/x \in M,\ y \in C_o\} \text{ est connexe.}$$

On a alors :

$$d_n \in M.C_o\ ,\quad \forall n \in \mathbb{N}.$$

Donc l'enveloppe connexe de $\{d_n,n \in \mathbb{N}\}$ est incluse dans $M.C_o$ (i.e : $D\subset M.C_o$) 'après le raisonnement utilisé dans le lemme 5 on voit que : $D \subset M$. ∎

B I B L I O G R A P H I E

[1] CHEVALLEY, On the topological structure of solvable groups. Annals of maths Vol. 42, n° 3, July 1941.

[2] GALLARDO, "Sur deux classes de marches aléatoires" thèse 3ème cycle NANCY 197

[3] GUIVARC'H, Croissance polynomiale et périodes des fonctions harmoniques Bulletin S.M.F. 101 (1973).

[4] HOCHSCHILD, The structure of Lie groups, Holden-Day, Inc (1965).

[5] MALCEV, On semi-simple subgroups of Lie groups Amer. Math. Soc. Translation n° 33 (1950).

[6] PONTRJAGIN, Topological groups Princeton-University Press.

[7] WANG Hsien-CHUNG, Discrete subgroups of solvable Lie groups Annals of maths Vol. 84, n° 1, July 1956.

L.G. et R.S. :
UNIVERSITE DE NANCY I
U.E.R. Sciences Mathématiques
54037 - NANCY CEDEX

Approximating Lie algebras of vector fields by nilpotent Lie algebras

by

Roe Goodman[(1)]

Department of Mathematics
Rutgers University
New Brunswick, N. J. 08903

August, 1977

(1) Research supported in part by NSF Grants GP 33567 and MCS 76-07097, and by the Rutgers Faculty Academic Study Program.

Approximating Lie algebras of vector fields by nilpotent Lie algebras

by

Roe Goodman

Introduction.

Let $X_1,\ldots,X_n$ be real C^∞ vector fields on a manifold M which satisfy the Hörmander condition:

(H) At each point $p \in M$, the $\{X_i\}$ and their iterated commutators span the tangent space at p.

Under condition (H), Hörmander [7] proved that the differential operators $X_1^2+\ldots+X_n^2$ and $X_1^2+\ldots+X_{n-1}^2 + X_n$ are hypoelliptic.

Hörmander's proof of this result is based on studying the loca flows generated by $\{X_i\}$ (cf. [10] for a simplified exposition of this technique). However, these flows can have quite complicate singularities, *a priori*, since the X_i may vanish to various orders on M and still satisfy (H). An alternate proof of hypoellipticity for these operators was found by J. J. Kohn [8], using elementary Lie algebraic calculations. Both of these methods yiel only L^2 Sobolev regularity.

L. Rothschild and E. Stein [9] (generalizing earlier work of Folland-Stein [3]) constructed explicit parametrices for operators of this type, in the form of integral operators with kernels of a precise form, which have optimal regularity properties on a variet of function spaces (cf. [2]). The novel aspect of their method wa to first "desingularize" the vector fields $\{X_i\}$ by lifting them to vector fields $\{\tilde{X}_i\}$ on a suitably chosen nilpotent Lie group e $\{\tilde{X}_i\}$ have the property that the local transformation group ich they generate is "well-approximated" by the right translations G.

In the present paper we shall describe this lifting and approxi-tion process in a general context, and illustrate it by calculating plicitly the simplest non-trivial example. For the proof of the n "Lifting Theorem," we refer to our previous paper [4] and cture notes [5].

Free weighted nilpotent Lie algebras

Let F be the free Lie algebra (over $\mathbb{R}$) on n generators $,\dots,Z_n$. Assume that $\underline{w} = (w_1,\dots,w_n)$ is an n-tuple of positive mbers, $w_i \geq 1$. There is a unique one-parameter group of auto-rphisms $\{\delta_t: t > 0\}$ of F such that

$$\delta_t Z_i = t^{w_i} Z_i .$$

e eigenspaces of δ_t define a direct-sum decomposition $F = \sum F_a$, ere $\delta_t X = t^a X$ for $X \in F_a$, and $a \in \Gamma = \{k_1w_1+\dots+k_nw_n$: $\in \mathbb{N}, \sum k_i > 0\}$. The subspace F_a is spanned by all iterated com-ators of $\{Z_i\}$ with Z_i occuring n_i times and $\sum n_i w_i = a$. ce δ_t is an automorphism, one has $[F_a,F_b] \subseteq F_{a+b}$.

Given a real number $r \geq 1$, we set $I_r = \sum\{F_a: a > r\}$. Then is an ideal in F of finite codimension. Assume that $\max\{w_i\}$, so that $Z_i \notin I_r$, and set $\underline{g} = F/I_r$. The automor-sms δ_t pass to the quotient to give a group of dilations of which we continue to denote by δ_t. If $\pi: F \to \underline{g}$ is the onical map and $V_a = \pi(F_a)$, then. $V_a = 0$ if $a > r$, $,V_b] \subseteq V_{a+b}$, and

$$\underline{g} = \sum\{V_a : a \leq r\}.$$

Thus $\underline{g}$ is a finite-dimensional nilpotent Lie algebra over $\mathbb{R}$, generated by $Y_1,\ldots,Y_n$, where $Y_i = \pi(X_i)$. We shall call $\underline{g}$ the free weighted nilpotent Lie algebra on n generators $\{Y_i\}$, o weight $\underline{w}$ and length r. We write $\underline{g} = \underline{g}_{\underline{w},r}$ when the dependence on $\underline{w}$ and r is to be made explicit. (We take $r \geq \max\{w_i\}$ so that $Y_i \neq 0$; we also may assume $r \in \Gamma$, so that $V_r \neq 0$.)

Examples 1) Let $w = (1,\ldots,1)$. Then $\underline{g}$ is the standard r-step free nilpotent Lie algebra on n generators. This is the algebra naturally associated with operators such as $Y_1^2+\ldots+Y_n^2$.

2) Let $\underline{w} = (1,\ldots,1,2)$. Then $\underline{g}$ is the algebra naturally associated with operators such as $Y_1^2+\ldots+Y_{n-1}^2 + Y_n$. (In [9], $\underline{g}$ called the "free nilpotent Lie algebra of type II.")

Now let L be any Lie algebra over $\mathbb{R}$, and suppose

$$\lambda: \underline{g}_{\underline{w},r} \to L$$

is a linear map. We shall say that λ is a partial homomorphism if $\lambda([x,y]) = [\lambda(x),\lambda(y)]$ whenever $x \in V_a$, $y \in V_b$, and $a + b \leq r$. (Thus λ preserves commutators up to $\underline{w}$-length r.) The algebras $\underline{g}_{\underline{w},r}$ are then free in the following sense:

Proposition 1. Given any elements $X_1,\ldots,X_n$ in a Lie algebr L, there exists a unique partial homomorphism $\lambda: \underline{g}_{\underline{w},r} \to L$ such that $\lambda(Y_i) = X_i$, $i = 1,2,\ldots,n$.

Proof. If $\lambda: \underline{g} \to L_1$ is a partial homomorphism, and $\mu: L_1 \to L_2$ is a Lie algebra homomorphism, then $\mu\circ\lambda: \underline{g} \to L_2$ is a partial homomorphism. By the universal property of the free Lie algebra F, it thus suffices to prove the proposition when $L = F$

d $X_i = Z_i$. For this, define $\lambda(\pi(x)) = x$ if $x \in F_a$ and $a \leq r$.
is gives a well-defined linear map which is clearly a partial
momorphism.

Definition. The elements $X_1,\ldots,X_n$ of a Lie algebra L are
ee up to $\underline{w}$-step r if the partial homomorphism of Prop. 1 is an
jective linear map.

For example, if $\underline{w} = (1,\ldots,1)$, then $X_1,\ldots,X_n$ are free up
$\underline{w}$-step 2 if $X_1,\ldots,X_n$ and the commutators $[X_i,X_j]$, $i < j$, are
l linearly independent. (This notion was introduced in [9].)

Let G be the connected and simply-connected Lie group with
e algebra $\underline{g}$. We identify G with $\underline{g}$ as manifolds via the expo-
ntial map. The group product is then given by the Campbell-
usdorff formula $x*y = x + y + \frac{1}{2}[x,y]+\ldots$, and $0 \in \underline{g}$ is the
oup identity. The automorphisms δ_t are then also automorphisms
G. If $Y \in \underline{g}$, we denote by $\tilde{Y}$ the corresponding left-invariant
ctor field on G:

$$\tilde{Y}f(x) = (d/dt)f(x*(ty))\,|_{t=0},$$

r $f \in C^\infty(G)$. (Note that the straight line $t \to ty$, $t \in \mathbb{R}$, is
e one-parameter subgroup of G generated by y.)

Let $|\cdot|$ be a homogeneous norm on G, relative to the
lations δ_t ($|\delta_t u| = t|u|$, and $|u| = 0 \Longleftrightarrow u = 0$; cf. [5],
.1.2). If $\phi \in C^\infty(G)$ and $k > 0$, we shall say that ϕ vanishes
(weighted) order k at 0 if $\phi(u) = O(|u|^k)$ as $u \to 0$. (This
mply means that the Taylor series of ϕ about 0 consists of
rms δ_t-homogeneous of degree $\geq k$.)

If X is a C^∞ vector field defined on a neighborhood of 0
G, we shall say that X is of (weighted) order $\leq s$ at 0

if $X\phi$ vanishes to order $k-s$ at 0 whenever ϕ vanishes to order k at 0. For example, the left-invariant vector fields $\tilde{Y}_i$ are of order w_i at 0. In terms of this notion of order of a vector field, we have the following criterion for a set of vector fields on G to be free up to $\underline{w}$-step r:

Proposition 2. Suppose $X_1,\ldots,X_n$ are vector fields defined on a neighborhood of 0 in G, such that $X_i - \tilde{Y}_i$ is of weighted order $< w_i$ at 0, $i = 1,2,\ldots,n$. Then $\{X_i\}$ are free up to $\underline{w}$-step r.

Proof. Denote by $\{Y_\alpha\}$ a basis for $\underline{g}$ consisting of element homogeneous relative to δ_t, say $\delta_t Y_\alpha = t^{w(\alpha)} Y_\alpha$. Let λ be the partial homomorphism of Prop. 1, and set $X_\alpha = \lambda(Y_\alpha)$. Then by induction, $R_\alpha = X_\alpha - \tilde{Y}_\alpha$ is of order $< w(\alpha)$ at 0. Hence a linear relation $\sum c_\alpha X_\alpha = 0$ would imply that

$$(\#) \qquad \sum c_\alpha \tilde{Y}_\alpha = \sum c_\alpha R_\alpha$$

Let $\{u_\alpha\}$ be the linear coordinates for $\underline{g}$ dual to the basis $\{Y_\alpha\}$. Then u_α vanishes to order $w(\alpha)$ at 0, so that $R_\alpha u_\beta(0) =$ if $w(\alpha) \leq w(\beta)$. But $\tilde{Y}_\alpha u_\beta(0) = \delta_{\alpha\beta}$. Applying this in (#), starti with $w(\beta) = r$, we conclude by induction that $c_\alpha = 0$, Q.E.D.

§2. Lifting vector fields

Let M be a real C^∞ manifold. Denote by $L(M)$ the Lie algebra of real C^∞ vector fields on M, and by $T_p(M)$ the tange space to M at p. Assume now that $X_1,\ldots,X_n \in L(M)$ satisfy con dition (H). Let X_i be assigned weight $w_i \geq 1$, and set $\underline{w} = (w_1,\ldots,w_n)$. For every $r \geq \max\{w_i\}$ there is a unique partial homomorphism

$$\lambda: \mathfrak{g}_{\underline{w},r} \to L(M)$$

th $\lambda(Y_i) = X_i$. Given any iterated commutator C of $\{X_i\}$, we ve $C \in \text{Image}(\lambda)$ if r is sufficiently large. Hence by con- tion (H), for all $p \in M$ there exists an r such that

) $$\lambda(\mathfrak{g}_{\underline{w},r})_p = T_pM.$$

rthermore, if r satisfies (*) for $p = p_o$, then (*) is also lid for p near p_o. Thus for purposes of local analysis, we may sume that (*) holds for all $p \in M$, with a fixed value of r. h r understood, we write $\mathfrak{g} = \mathfrak{g}_{\underline{w},r}$, and denote by G the rresponding group of §1.

Given any $X \in L(M)$, we denote by e^{tX} the local one-parameter oup of local diffeomorphisms generated by X. By definition,

$$(d/dt)f(e^{tX}p) = (Xf)(e^{tX}p),$$

$f \in C^\infty(M)$. In particular, for any $p_o \in M$ there are neighbor- ods U of 0 in $\mathfrak{g}$ and V of p_o in M so that $u,p \to e^{\lambda(u)}p$ a C^∞ map of $U \times V$ into M. Define a linear map

$$W_p: C^\infty(M) \to C^\infty(U)$$

setting $W_pf(u) = f(e^{\lambda(u)}p)$, for $p \in V$, $f \in C^\infty(M)$.

Lifting Theorem. If $U \times V$ is a sufficiently small neighbor- d of $(0,p_o)$ in $\mathfrak{g} \times M$, then there are vector fields $\tilde{X}_i^p$ on U, ending smoothly on $p \in V$, such that

(1) $W_pX_i = \tilde{X}_i^pW_p$, for $i = 1,2,\ldots,n$;

(2) $\tilde{Y}_i - \tilde{X}_i^p$ is of order $< w_i$ at 0.

This theorem was first obtained by Rothschild-Stein [9] for the cases $\underline{w} = (1,\ldots,1)$ and $(1,\ldots,1,2)$. We found a simplified proof [4], and treated the general case in [5], Chapter II. In §3 we shall illustrate the method of proof by means of the simplest, nontrivial example.

Using the lifting theorem and Prop. 1 and 2, we obtain

<u>Corollary 1</u>. The vector fields $\{\tilde{X}_i^p\}$ are free up to $\underline{w}$-step r. If Λ_p is the unique partial homomorphism from $\underline{g}$ to $L(U)$ such that $\Lambda_p(Y_i) = \tilde{X}_i^p$, then

(1) $\Lambda_p(u)W_p = W_p\lambda(u)$

(2) The map $y \to \Lambda_p(y)_u$ is a linear isomorphism from $\underline{g}$ onto $T_u(U)$, for all $u \in U$.

Corollary 1 asserts that, locally, we can lift the partial homomorphism λ from M to G. Thus fixing $p = p_o$ and replacing X_i by $\tilde{X}_i^{p_o}$, we may <u>assume</u> from the start that

(L) <u>$M \subset G$ and the partial homomorphism $\lambda: \underline{g} \to L(M)$ is a linear isomorphism from $\underline{g}$ onto T_xM, for all $x \in M$.</u>

In this case, the map $u \to e^{\lambda(u)}x$ is a diffeomorphism from a neighborhood of 0 in $\underline{g}$ onto a neighborhood of x in G. Thus given $x_o \in M$, there is a neighborhood U of x_o and a C^∞ map $\theta: U \times U \to \underline{g}$ such that

(i) $e^{\lambda(\theta(x,y))}x = y$;

(ii) For fixed x, the map $y \to \theta(x,y)$ is a diffeomorphism U onto a neighborhood of 0 in $\underline{g}$.

This map is used as follows in [9]:

The group germ of local diffeomorphisms generated by the lifted vector fields is well approximated by the nilpotent group G. Specifically, an integral operator with kernel $k(x,y) = \phi(\theta(x,y))$, ere ϕ is a dilation-homogeneous function on G, has roughly e same continuity properties as convolution by ϕ on G. (cf. [9] d [5], Chap. III). To show that such operators furnish para- trices for homogeneous hypoelliptic operators, one needs the llowing consequence of the Lifting Theorem:

Corollary 2. Assume condition (L) holds. If $\phi \in C^\infty(G)$, $y \in U$, d we define $f(x) = \phi(\theta(y,x))$ for $x \in U$, then

$$X_i f(x) = (\tilde{Y}_i\phi)(\theta(y,x)) + (R_i\phi)(\theta(y,x)).$$

re R_i is a vector field on G of order $< w_i$ at 0 which pends smoothly on y.

Proof. If $u = \theta(y,x)$, then $\phi(u) = f(e^{\lambda(u)}y) = W_y f(u)$, by finition. Hence by the Lifting Theorem,

$$\begin{aligned} W_y X_i f &= \tilde{Y}_i W_y f + R_i W_y f \\ &= \tilde{Y}_i \phi + R_i \phi, \end{aligned}$$

ere R_i has the stated properties. But now that we have de- gularized the $\{X_i\}$ through the lifting process, the transforma- n W_y is invertible, with

$$W_y^{-1}\psi(x) = \psi(\theta(y,x)),$$

any function ψ on G. Using this above gives the formula of rollary 2.

Remark. In using Cor. 2, one takes a function ϕ which has a nt singularity at $u = 0$ of specific order: $\phi(u) = O(|u|^s)$ with 0. Then $\tilde{Y}_i\phi$ is singular of order $|u|^{s-w_i}$ at $u = 0$, while remainder term $R_i\phi$ has a weaker singularity at $u = 0$. Thus differentiated kernel $K_i(x,y) = X_i f(x)$ (where $f(x) = \phi(\theta(y,x))$)

behaves along the diagonal $x = y$ like the kernel $F_i(x,y) = (\tilde{Y}_i\phi)(\theta(y,x))$. This is the basic technique used in [9] to transfer results involving the invariant vector fields $\tilde{Y}_i$ to estimates involving the vector fields X_i. (cf. [5], §III.5.3-4).

§3. An example

Let $M = \mathbb{R}^2$ with linear coordinates (x,y), and consider the vector fields

$$X_1 = \partial_x, \quad X_2 = a(x)\partial_y,$$

where a is a real-valued C^∞ function. Set

$$X_3 = [X_1,X_2] = a'(x)\partial_y.$$

We shall assume that a and $a' = da/dx$ have no common zeros; the X_1, X_2 satisfy hypothesis (H).

Suppose we give X_1 and X_2 each weight 1. For the approximating free nilpotent Lie algebra $\underline{g}$ we have the three-dimensional Heisenberg algebra, with basis $\{Y_i\}$ satisfying

$$[Y_1,Y_2] = Y_3, \quad Y_3 \text{ central}.$$

Let $\{u_i\}$ be the linear coordinates on $\underline{g}$ dual to $\{Y_i\}$, and wri $u = u_1Y_1 + u_2Y_2 + u_3Y_3$. The partial homomorphism $\lambda\colon \underline{g} \to L(M)$ which sends Y_i to X_i is given by

$$\lambda(u) = u_1\partial_x + (u_2a(x) + u_3a'(x))\partial_y.$$

The flow $e^{\lambda(u)}$ exists for all $u \in \underline{g}$ in this case and is th transformation

$$\begin{aligned} x &\to x + u_1 \\ y &\to y + \int_0^1 [u_2a(x+tu_1) + u_3a'(x+tu_1)]dt, \end{aligned}$$

one finds by integrating the equations $dx/dt = \lambda(u)x$, $dy/dt = \lambda(u)y$. Using the Taylor expansion for a around the point we see that

$$e^{\lambda(u)}p = (x+u_1, y+u_2a(x) + (u_3+\tfrac{1}{2}u_1u_2)a'(x) + O(|u|^3))$$

$p = (x,y)$. Here $O(|u|^k)$ denotes a C^∞ function on $\underline{g} \times M$ ich vanishes to weighted order k at $u = 0$. (Note that u_1, u_2 ish to order 1, while u_3 vanishes to order 2 at $u = 0$, relative the given weights of Y_1, Y_2.) Thus for $\phi \in C^\infty(M)$, the inter-ning operator W_p acts by

$$(**)\quad W_p\phi(u) = \phi(x+u_1, y+u_2a(x) + (u_3+\tfrac{1}{2}u_1u_2)a'(x) + O(|u|^3)).$$

We shall verify the lifting theorem of §2 by explicit calculation this example. Let $\phi \in C^\infty(M)$, $p = (x,y)$, and set $f = W_p\phi$, $= W_p\phi_x$, $f_2 = W_p\phi_y$ ($\phi_x = \partial_x\phi$, $\phi_y = \partial_y\phi$). Since ∂_{u_1} and ∂_{u_2} are weighted order 1 at $u = 0$, and ∂_{u_3} is of weighted order 2 at 0, we find from (**) that

$$\partial_{u_1}f(u) = f_1(u) + [\tfrac{1}{2}a'(x) + O(|u|^2)]f_2(u)$$

$$\partial_{u_2}f(u) = [a(x) + \tfrac{1}{2}u_1a'(x) + O(|u|^2)]f_2(u)$$

$$\partial_{u_3}f(u) = [a'(x) + O(|u|)]f_2(u).$$

Now in terms of the canonical coordinates $\{u_i\}$, the multiplica-n on G is given by

$$u*v = (u_1 + v_1, u_2 + v_2, u_3 + v_3 + \tfrac{1}{2}(u_1v_2 - u_2v_1)).$$

ce the left-invariant vector fields determined by $\{Y_i\}$ are $= \partial_{u_1} - \tfrac{1}{2}u_2\partial_{u_3}$, $\tilde{Y}_2 = \partial_{u_2} + \tfrac{1}{2}u_1\partial_{u_3}$, $\tilde{Y}_3 = \partial_{u_3}$. It follows that for as above,

$$\tilde{Y}_1 f(u) = f_1(u) + O(|u|^2)]f_2(u)$$

$$Y_2 f(u) = [a(x) + u_1 a'(x) + O(|u|^2)]f_2(u)$$

$$\tilde{Y}_3 f(u) = [a'(x) + O(|u|)]f_2(u).$$

To express the right side of these formulas in terms of $W_p X_i \phi$, we observe that $W_p X_1 \phi = f_1$ and $W_p X_2 \phi = [a(x) + u_1 a'(x) + O(|u|^2)]f_2$ Also, if $a'(x) \neq 0$, then $\partial_y = (1/a')X_3$, so $f_2 = gW_p X_3 \phi$, where $g(p,u) = 1/a'(x + u_1)$. Thus we obtain the intertwining relations

$$\begin{aligned} \tilde{Y}_1 W_p &= W_p X_1 + O(|u|^2)W_p X_3 \\ \tilde{Y}_2 W_p &= W_p X_2 + O(|u|^2)W_p X_2 \qquad (***) \\ \tilde{Y}_3 W_p &= W_p X_3 + O(|u|)W_p X_3, \end{aligned}$$

valid on the open subset of $\underline{g} \times M$ where $a'(x+u_1) \neq 0$. (Where $a'(x) = 0$, we have $a(x) \neq 0$ by assumption; in this case we can express ∂_y in terms of X_2 instead of X_3. This only increases the order of vanishing of the off-diagonal terms in (***).)

If $|u|$ is sufficiently small, then $W_p X_3 = (1 + O(|u|))\tilde{Y}_3 W_p$. Substituting this in (***) gives

$$W_p X_i = \tilde{Y}_i W_p + O(|u|^2)\tilde{Y}_3 W_p,$$

$i = 1,2$. Thus there are vector fields $\tilde{X}_i^p = \tilde{Y}_i + O(|u|^2)\tilde{Y}_3$ such that $W_p X_i = \tilde{X}_i^p W_p$, for $i = 1,2$, and a vector field $\tilde{X}_3^p = (1 + O(|u|))\tilde{Y}_3$ such that $W_p X_3 = \tilde{X}_3^p W_3$. Since $O(|u|^2)\tilde{Y}_3$ and $O(|u|)\tilde{Y}_3$ are of weighted orders 0 and 1, respectively, the $\{\tilde{X}_i^p\}$ satisfy the conditions of the Lifting Theorem.

<u>Remarks</u> 1. The proof of the Lifting Theorem in general follows the same pattern as in the example just given, using an explicit (universal) Lie algebraic formula for the left-invariant vector

elds $\tilde{Y}_i$ in canonical coordinates (cf. [4] and [5], Chap. II).

2. Let X_1, X_2 be as in the example, but assign weight 1 to and weight 2 to X_2. (These are the appropriate weights in nnection with the hypoelliptic operator $X_1^2 + X_2$.) The correspond-g free weighted nilpotent Lie algebra, of weighted length 3, is ain the 3-dimensional Heisenberg algebra, but now with dilations $_k = t^k Y_k$, $k = 1,2,3$. The linear coordinate function u_k thus ishes to weighted order k at $u = 0$ in this case. The flow (u) is as before, but now the remainder term in the first equation (***) becomes $O(|u|^3)W_p X_3$. Since X_3 has weight 3, this is actly the order of vanishing needed for the Lifting Theorem.

3. The simplest case of this example is given by $a(x) = x$. en the map $u \to \lambda(u)$ is a Lie algebra homomorphism, and M may identified with the homogeneous space G/H, where H is the one-rameter subgroup generated by Y_2. The operator $P = X_1^2 + X_2^2$ $\partial_x^2 + x^2\partial_y^2$ is elliptic except on the line $x = 0$. Operators of is sort have been extensively studied by Grušin [6] without using lpotent groups. In [1], Folland constructs a fundamental solution : P explicitly.

REFERENCES

[1] FOLLAND, G. B. On the Rothschild-Stein Lifting Theorem, Comm. in Partial Differential Equations 2 (1977), 165-191.

[2] FOLLAND, G. B. Applications of analysis on nilpotent gro to partial differential equations, Bull. Amer. Math. Soc. 83 (1977), 912-930.

[3] FOLLAND, G. B. STEIN, E. M. Estimates for the $\bar{\partial}_b$ complex and analysis on the Heisenberg group, Comm. Pure Appl. Math. 27 (1974), 429-522.

[4] GOODMAN, R. Lifting vector fields to nilpotent Lie groups, J. Math. Pure et Appl. (to appear

[5] GOODMAN, R. Nilpotent Lie Groups: Structure and Appl cations to Analysis, Springer Lecture Not in Math., Vol. 562, 1976.

[6] GRUŠIN, V. V. On a class of hypoelliptic operators, Mat Sbornik 83 (125) (1970), 456-473 (= Math. USSR Sbornik 12 (1970), 458-476).

[7] HORMANDER, L. Hypoelliptic second order differential equations, Acta Math. 119 (1968), 147-17

[8] KOHN, J. J. Pseudo-differential operators and hypoellipticity, in Partial Differential Equa tions (Symposium in Pure Math. XXIII), Amer. Math. Soc., 1973.

[9] ROTHSCHILD, L. P. STEIN, E. M. Hypoelliptic differential operators and nilpotent groups, Acta Math. 137 (1976), 247-320.

] TANAKA, N. A differential-geometric study on strongly pseudo-convex manifolds, Lectures in Math. #9, Dept. of Math., Kyoto Univ., 1975.

Sur la 1-cohomologie des représentations unitaires de certains groupes de Lie

par Alain GUICHARDET

L'exposé qui suit a été extrait d'un article à paraître ([2]), mais la présentation en a été simplifiée dans une large mesure. Commençons par quelques définitions.

Etant donnée une représentation unitaire U d'un groupe localement compact G dans un espace hilbertien $\underline{H}$, on appelle 1-<u>cocycle</u> toute application continue φ de G dans $\underline{H}$ vérifiant $\varphi(g\,g') = \varphi(g) + U_g.\varphi(g')$; on appelle 1-<u>cobord</u> tout 1-cocycle de la forme $\varphi(g) = U_g a - a$ où $a \in \underline{H}$; on note $Z^1(G,U)$ (resp. $B^1(G,U)$) l'espace des 1-cocycles (resp. 1-cobords) ; enfin on pose $H^1(G,U) = Z^1(G,U)/B^1(G,U)$. Notons tout de suite quelques propriétés immédiates des 1-cocycles : $\varphi(e) = 0$, $\varphi(g^{-1}) = -U_g^{-1}.\varphi(g)$; $\varphi^{-1}(0)$ est un sous-groupe.

On se propose de démontrer le résultat suivant :

<u>Théorème</u>. On suppose que G est un groupe de Lie connexe, produit semi-direct $X\,\Gamma$ où X est un groupe $\mathbb{R}^n$ et Γ un groupe simple ; on suppose en outre que Γ opère sans points fixes sur X. Alors si U est une représentation unitaire irréductible de G non triviale sur X , on a $H^1(G,U) = 0$.

Remarquons dès maintenant que $U|_X$ ne contient pas la représentation triviale ; plus précisément, comme l'action de Γ dans X^* est régulière, $U|_X$ est portée par une Γ - orbite dans X^* que nous noterons $\underline{O}$, distincte de 0 par suite $sp\,(U|_X) = \overline{\underline{O}}$ (adhérence de $\underline{O}$).

Lemme 1. Si $\varphi \in Z^1(G,U)$ et si $\varphi|_X$ est un cobord, φ lui-même est un cobord.

Il existe $a \in \underline{H}$ tel que $\varphi(x) = U_x a - a \quad \forall x \in X$; en considérant le cocycle $\varphi(g) - (U_g a - a)$, on est ramené au cas où φ est nul sur X ; on a alors

$$(U_x - I).\varphi(g) = \varphi(x g) - \cancel{\varphi(x)} - \varphi(g)$$

$$= \varphi(g.g^{-1}xg) - \varphi(g) = U_g.\varphi(g^{-1}xg) = 0$$

d'où résulte que $\varphi(g) = 0$ puisque $U|_X$ ne contient pas la représentation triviale.

Lemme 2. Si $sp\,(U|_X)$ ne contient pas 0, $H^1(G,U)$ est nul.

D'après le lemme 1 il suffit de voir que $H^1(X,U) = 0$. Or il existe une fonction α continue à support compact sur X vérifiant $\hat{\alpha}(0) = 1$, i.e. $\int \alpha(x)\,dx = 1$, et aussi $|\hat{\alpha}(v)| \leq \frac{1}{2}$ pour tout $v \in sp\,(U|_X)$; alors l'opérateur $U_\alpha - I$ est inversible dans $\underline{L}(\underline{H})$. D'autre part on a

$$\varphi(x') + U_{x'}.\varphi(x) = \varphi(x'x) = \varphi(xx') = \varphi(x) + U_x.\varphi(x')$$

$$(U_x - I).\varphi(x') = (U_{x'} - I).\varphi(x)$$

$$(U_x - I).\int \alpha(x')\varphi(x')\,dx' = (U_\alpha - I).\varphi(x)$$

$$\varphi(x) = (U_x - I).(U_\alpha - I)^{-1}.\int \alpha(x')\,\varphi(x')\,dx' \quad .$$

Corollaire. Le théorème est vrai lorsque Γ est compact.

Car alors $\underline{O}$ est fermée.

A partir de maintenant on suppose Γ non compact.

Lemme 3. Si $H^1(\Gamma, U)$ et $Z^1(X,U)^\Gamma$ sont nuls, il en est de même de $H^1(G,U)$.

(On fait opérer Γ dans $Z^1(X,U)$ par $(\gamma.\varphi)(x) = U_\gamma.\varphi(\gamma^{-1}x\gamma)$; $Z^1(X,U)^\Gamma$ désigne l'ensemble des éléments invariants pour cette action.)

Soit $\varphi \in Z^1(G,U)$; comme au lemme 1, on peut supposer φ nul sur Γ ;

d'après le lemme 1 il suffit de montrer que φ est nul sur X , donc que $\varphi|_X$ appartient à $Z^1(X,U)^\Gamma$, i.e. que $\varphi(\gamma x \gamma^{-1}) = U_\gamma . \varphi(x)$; or

$$\varphi(\gamma x \gamma^{-1}) = \varphi(\gamma) + U_\gamma .(\varphi(x) + U_x . \varphi(\gamma^{-1})) = U_\gamma . \varphi(x) .$$

<u>Lemme</u> 4. On a $Z^1(X,U)^\Gamma = 0$.

a) Montrons d'abord que la réunion $\underline{F}$ des Γ - orbites dans X dont l'adhérence contient 0 est totale dans X. On se ramène au cas où X est un Γ - module irréductible non trivial (rappelons que Γ opère sans points fixes sur X) ; soit $\Gamma = K A N$ une décomposition d'Iwasawa ; l'action de A est diagonalisable avec des valeurs propres toutes réelles, dont l'une au moins est distincte de 1 (sinon la représentation de Γ aurait un noyau non trivial, donc serait triviale soit x un vecteur propre correspondant ; sa A - orbite contient 0 dans son adhérance, donc aussi sa Γ - orbite ; de plus celle-ci est totale puisque X est irréductible ; enfin elle est contenue dans $\underline{F}$ puisque $\underline{F}$ est Γ - invariant.

b) Comme $\underline{F}$ est stable par homothéties, il engendre X en tant que sous-groupe.

c) Soit $\varphi \in Z^1(X,U)^\Gamma$; on a donc $\varphi(\gamma x \gamma^{-1}) = U_\gamma . \varphi(x)$; si $x \in \underline{F}$, il existe des $\gamma_n \in \Gamma$ tels que $\gamma_n x \gamma_n^{-1}$ tende vers 0 ; alors

$$\| \varphi(x) \| = \| U_{\gamma_n} . \varphi(x) \| = \| \varphi(\gamma_n x \gamma_n^{-1}) \| \longrightarrow 0$$

i.e. $\varphi(x) = 0$; φ est nul sur $\underline{F}$; $\varphi^{-1}(0)$ est un sous-groupe contenant $\underline{F}$, donc égal à X , et φ est nul.

<u>Corollaire</u>. Pour démontrer le théorème, il suffit de prouver que $H^1(\Gamma,U) = ($

<u>Lemme</u> 5. Si Γ n'est pas localement isomorphe à $SO_0(n,1)$ ou $SU(n,1)$, on a $H^1(\Gamma,V) = 0$ pour toute représentation unitaire V de Γ .

Cela a été démontré par P.Delorme ([1]) en utilisant le fait que Γ possèc alors la propriété (T) de Kajdan , à savoir : la représentation triviale est un point isolé dans $\widehat{\Gamma}$.

On peut donc supposer à partir de maintenant que Γ est localement isomorphe à $SO_0(n,1)$ ou $SU(n,1)$; en fait nous supposerons seulement Γ de rang 1. Si sp $(U|_X)$ ne contient pas 0, il suffit d'appliquer le lemme 2 ; nous supposerons donc que sp $(U|_X)$ contient 0 , et nous cherchons à démontrer que $H^1(\Gamma, U) = 0$. L'adhérence de l'orbite $\underline{0}$ contient 0 ; d'autre part, en vertu d'un résultat de Mackey, on peut écrire

$$U \sim \mathrm{Ind}_{XS}^{G} (e^{iv} \times \pi)$$

où v est un élément quelconque de $\underline{0}$, S son stabilisateur dans Γ , et $\pi \in \widehat{S}$. Fixons une décomposition d'Iwasawa $\Gamma = K A N$; notons M (resp. M') le centralisateur (resp. normalisateur) de A dans K et posons $B = M A N$; le groupe de Weyl M'/M a deux éléments ; on fixe un élément $s \in M' - M$; on a $s^{-1} a s = a^{-1}$ pour tout $a \in A$.

L'action de A dans X^* est diagonalisable avec des valeurs propres toutes réelles, notées $\lambda_1 < \dots < \lambda_s \leq 0 < \lambda_{s+1} < \dots < \lambda_p$ (on dit qu'une valeur propre est positive si elle est de même signe que les racines correspondant aux éléments de N) ; soit X_i^* le sous-espace propre correspondant à λ_i ; X^* est somme directe des X_i^* ; on pose $X^{*+} = \bigoplus_{i=s+1}^{p} X_i^*$, $X^{*-} = \bigoplus_{i=1}^{s} X_i$ ou $\bigoplus_{i=1}^{s-1} X_i^*$ suivant que $\lambda_s < 0$ ou $\lambda_s = 0$. On sait que pour tout q , le sous-espace $\bigoplus_{i=q}^{p} X_i^*$ est stable par B .

Lemme 6. Toute orbite $\underline{0}$ dont l'adhérence contient 0 rencontre X^{*+} .

(La démonstration qui suit est due à J.Tits.)

a) Soit $v \in \underline{0}$, $v = \sum v_i$ où $v_i \in X_i^*$; il existe une suite $\gamma_n \in \Gamma$ telle que $\gamma_n . v \longrightarrow 0$; en vertu de la décomposition $\Gamma = K A K$, on peut écrire $\gamma_n = k_n a_n k'_n$; comme k_n appartient à un compact, ceci implique $a_n k'_n . v \longrightarrow 0$; en extrayant une sous-suite, on peut supposer que $k'_n \longrightarrow k'$; posons $k'_n . v = w_n$, $k'.v = w \in \underline{0}$; on a $w_n \longrightarrow w$ et $a_n . w_n \longrightarrow 0$.

b) Montrons que $a_n.w$ tend vers 0. Supposons le contraire ; on peut écrire $w_n = \sum w_{n,i}$, $w = \sum w_i$ avec $w_{n,i}$, $w_i \in X_i^*$, $w_{n,i} \longrightarrow w_i$; alors

$$a_n.w_n = \sum a_n^{\lambda_i}.\, w_{n,i}$$

$$a_n.w = \sum a_n^{\lambda_i}.\, w_i \ ;$$

comme $a_n.w$ ne tend pas vers 0, il existe i tel que $a_n^{\lambda_i}.\, w_i$ ne tende pas vers 0 ; alors $a_n^{\lambda_i}$ ne tend pas vers 0 , w_i est non nul, $a_n^{\lambda_i}.\, w_{n,i}$ ne tend pas vers 0 , $a_n.w_n$ non plus. Contradiction.

c) Puisque $a_n.w$ tend vers 0, les λ_i pour lesquels $w_i \neq 0$ sont tous > 0 ou tous < 0 ; dans le premier cas, $w \in \underline{0} \cap X^{*+}$ et le lemme est démontré ; dans le second cas, $w \in \underline{0} \cap X^{*-}$, ce qui entraîne $s.w \in \underline{0} \cap X^{*+}$.

<u>Lemme</u> 7. Le stabilisateur S dans Γ d'un élément quelconque v de $X^{*+} - \{0\}$ est inclus dans M N .

(La démonstration qui suit est due à P.Delorme.)

a) Soit $\gamma \in S$; montrons d'abord que $\gamma \in B$. On a la décomposition de Bruhat $\Gamma = B \cup B\,s\,B$; donc si $\gamma \notin B$, $\gamma \in B\,s\,B$, i.e. $\gamma = b_1 s b_2$; on a

$$s\, b_2.v = b_1^{-1}\gamma\, .\, v = b_1^{-1}.\, v \ ;$$

comme X^{*+} est stable par B , ceci implique $b_1^{-1}.v$, $b_2.v \in X^{*+}$; mais $s.X^{*+} \subset X^{*-}$. Contradiction.

b) Montrons maintenant que $\gamma \in M\,N$. Supposons le contraire : $\gamma = m\,a\,n$, $a \neq e$; écrivons $v = \sum v_i$ avec $v_i \in X_i^*$; comme $v \in X^{*+} - \{0\}$, on a $v_i = 0$ pour $i = 1,\dots,s$; soit q le plus petit i tel que $v_i \neq 0$, $q \geq s+1$. Comme γ appartient à S on a

$$v_q + \dots + v_p = m\,a\,n.\, v_q + \dots + m\,a\,n.\, v_p \ ;$$

comme chaque sous-espace $X_i^* + \dots + X_p^*$ est stable par B, notant w l'image canonique de v_q dans $(X_q^* + \dots + X_p^*)/(X_{q+1}^* + \dots + X_p^*)$, on a $w \neq 0$ et

$w = m\,a\,n.\,w$; posant $n' = (ma)n(ma)^{-1} \in N$, ceci s'écrit

$$w = n'\,m\,a.\,w = a^{\lambda_q}\,n'\,m.\,w \quad ;$$

pour tout $a_1 \in A$ on aura

$$a_1^{\lambda_q}\,w = a^{\lambda_q}\,a_1\,n'\,m.\,w = a^{\lambda_q}.a_1 n' a_1^{-1}.m.a_1^{\lambda_q}\,w$$

$$w = a^{\lambda_q}.\,a_1 n' a_1^{-1}.\,m.\,w \quad ;$$

on peut trouver des $a_1 \in A$ tels que $a_1 n' a_1^{-1}$ tende vers e ; alors

$$w = a^{\lambda_q}\,m.\,w \quad , \quad m.\,w = a^{-\lambda_q}\,w \quad ;$$

soit k un entier tendant vers $+\infty$; on a

$$m^k.\,w = a^{-k\lambda_q}\,w \quad ;$$

ceci tend vers 0 puisque $\lambda_q > 0$; mais d'autre part $m^k.w$ ne peut pas tendre vers 0 puisque M est compact. Contradiction.

Lemme 8. On a $H^1(\Gamma, U) = 0$.

D'après le lemme 6, il existe $v \in \underline{O} \cap X^{*+}$; alors U est de la forme $\mathrm{Ind}_{XS}^G(e^{iv} \times \pi)$ où $\pi \in \hat{S}$. Comme S est inclus dans B (lemme 7) on peut écrire $U = \mathrm{Ind}_{XB}^G\, V$ où $V = \mathrm{Ind}_{XS}^{XB}\,(e^{iv} \times \pi)$; d'après [3], puisque G/XB est compact, on a

$$H^1(G,U) \sim H^1(X\,B\,,\,V')$$

où V' est définie par

$$V'_{xb} = \Delta_{XB}^{-\frac{1}{2}}(xb).V_{xb} \quad .$$

Il suffit donc de montrer que $H^1(X\,B,\,V') = 0$; pour ce faire on utilise à nouveau le lemme 3, ou, plus précisément, la généralisation suivante du dit lemme (dont la démonstration est la même) : soit U une représentation, unitaire ou non, d'un groupe G contenant un sous-groupe G_o et un sous-groupe distingué G_1 ; on suppose que $U|_{G_1}$ ne contient pas la représentation triviale, et que $H^1(G_o,U) = Z^1(G_1,U)^G = 0$; alors $H^1(G,U) = 0$. On applique ce lemme en prenant $G_0 = A$, $G_1 = X$; le reste de la démonstration étant long et calculatoire, je préfère renvoyer à l'article [2]....

Bibliographie.

[1] P.Delorme. 1-cohomologie des représentations unitaires des groupes de Lie semi-simples et résolubles. A paraître au Bull.Soc.Math.France.

[2] A.Guichardet. Etude de la 1-cohomologie et de la topologie du dual pour les groupes de Lie à radical abélien. A paraître aux Math.Annalen.

[3] G.Pinczon - J.Simon. Sur la 1-cohomologie des groupes de Lie semi-simples. C.R.Acad.Sci., t. 279, 1974, p. 455-458.

Character formulas for the discrete series for semisimple Lie groups

by Takeshi HIRAI

Contents

0.- INTRODUCTION

Let G be a connected semisimple Lie group with a compact Cartan subgroup Then the fundamental properties of the characters of the discrete series for G re studied in [3], [10] and [1] etc. In [6], we treated the problem to de- rmine, on the whole G', the analytic functions corresponding to these charac- rs (so to say, to give character formulas), where G' denotes the set of all gular elements in G. The purpose of this note is to give the main result in], a character formula, in a simplified fashion, and to give some comments on and an application. We simplify here the notations and preperations in [6] ich were inevitably complicated to give a complete proof of the formula and to ver also the case of groups without compact Cartan subgroups.

Let us explain the contents of this paper in more detail. Let $\underline{g}$ be the e algebra of G and $\underline{h}$ a Cartan subalgebra of $\underline{g}$. Denote by $H^{\underline{h}}$ the Cartan bgroup of G corresponding to $\underline{h}$, and put for $h \in H^{\underline{h}}$,

$$\Delta^{\underline{h}}(h) = \xi_\rho(h) \prod_{\alpha \in P(\underline{h})} (1-\xi_\alpha(h)^{-1}),$$

in (1.1). Let $\underline{b}$ be the Lie algebra of B and $\underline{b}^*_B$ the lattice of linear rms Λ of $\underline{b}$ into $\sqrt{-1}\,\mathbb{R}$ such that $B \ni \exp X \to \exp \Lambda(X) \in \mathbb{C} (X \in \underline{b})$ define itary characters of B. Let $\Lambda \in \underline{b}^*_B$ be regular. Then Harish-Chandra proved in] the existence and the uniqueness of a tempered invariant eigendistribution

Ⓗ, denoted by $Ⓗ_\Lambda$, such that $\Delta^{\underline{b}}Ⓗ'$ has a given special form on B, where Ⓗ' denotes the analytic function on G' corresponding to Ⓗ. The characters of the discrete series are equal to $Ⓗ'_\Lambda$s up to a known sign. Since the analytic function $Ⓗ'_\Lambda$ on G' is invariant, it is sufficient for us to determine it on $H'^{\underline{h}} = H^{\underline{h}} \cap G'$ for a complete system of representatives $\{\underline{h}\}$ of G-conjugate classes of Cartan subalgebras of $\underline{g}$. Let $\Sigma_R(\underline{h})$ be the set of all real roots of $\underline{h}$. Then we know in [3] that $\Delta^{\underline{h}}Ⓗ'_\Lambda$ can be extended analytically from $H'^{\underline{h}}$ onto $H'^{\underline{h}}(R) = \{h \in H^{\underline{h}} ; \xi_\alpha(h) \neq 1 \quad (\alpha \in \Sigma_R(\underline{h}))\}$. Let A be a connected component of $H^{\underline{h}}$, and put $\Sigma_R(A) = \{\alpha \in \Sigma_R(\underline{h}) ; \xi_\alpha(h) > 0 \quad (h \in A)\}$. Then we see as a result that the explicit form of the function $\Delta^{\underline{h}}Ⓗ'_\Lambda | A \cap H'^{\underline{h}}(R)$ depends heavily on A, and can be expressed by means of the root system $\Sigma_R(A)$ and of the various Weyl groups. (Note that $A \cap H'^{\underline{h}}(R) = \{h \in A ; \xi_\alpha(h) \neq 1 \quad (\alpha \in \Sigma_R(A))\}$. When the root system $\Sigma_R(A)$ is of class I (cf. §1.4), the formula for $\Delta^{\underline{h}}Ⓗ'_\Lambda$ on A is rather simple and is given in § 2. When it contains a simple component of class II, the formula becomes complicated and is given in § 4 when $\Sigma_R(A)$ itself is simple and in § 5 in general.

When $\Sigma_R(A)$ is of class I, the formula in § 2 is reduced, that is, there is no cancellation and no coincidence between the ingredients in the formula. When $\Sigma_R(A)$ is not of class I, the formula is reduced only when $(\Delta^{\underline{h}}Ⓗ'_\Lambda)(h)$ is considered as a function of two variables $h \in A$ and $\Lambda \in \underline{b}_B^*$, in the sense that there is no cancellation but a trivial coincidence between the ingredients in the formula. This fact is fully studied in § 6.

Let us add a remark on this point. Let C be a connected component of $A \cap H'^{\underline{h}}(R)$. We know that $\Delta^{\underline{h}}Ⓗ'_\Lambda$ is expressed on C as follows : fix an inner automorphism ν of $\underline{g}_c$ such that $\nu\underline{b}_c = \underline{h}_c$ and an element $a_o \in A$, then for $a_o \exp X \in C$ with $X \in \underline{h}$,

$$(0.1) \qquad (\Delta^{\underline{h}}Ⓗ'_\Lambda)(a_o \exp X) = \sum_{w \in W(\underline{h}_c)} c(\Lambda;w,C)\exp(w\nu\Lambda)(X),$$

where $c(\Lambda;w,C)$'s are constants, and $W(\underline{h}_c)$ denotes the Weyl group of $\underline{g}_c$ acting on $\underline{h}_c$. As a function of Λ, the coefficient $c(\Lambda;w,C)$ depends only on the "Weyl chamber" of $\underline{b}_B^*$ containing Λ(see [3]). In [5], we tried to give an exact expression of these coefficients for the groups Sp(n, ℝ), but found that even for the case of n = 3, they depend on Λ very irregularly so that we could not find a simple expression for all Λ. Thus we were lead to look for an expression valid for all Λ but containing some cancellation when Λ is fixed. (Recall the formula of Kostant for the multiplicity of weight and that of Blattner for the K-multiplicity. They contain negative terms and so some cancellation naturally). The formula given here may have some advantages for application, for exemple, when we consider the impotant sum $\Sigma \mathrm{sgn}(w)Ⓗ'_{w\Lambda}$ over $w \in W(\underline{h}_c)$ such that $w\Lambda \in \underline{b}_B^*$

f. Herb [7]).

When Λ is in a special "Weyl chamber", the coefficients $c(\Lambda; w, C)$ can expressed by a simple formula. For the case of the holomorphic discrete series r $Sp(n, \mathbb{R})$, this simple formula can be deduced easily from the general one , § 9]. For the groups $SO_o(p,q)$ with $p+q$ odd, the analogous fact is proved Mikami in [8]. Also Vargas studies these special cases by a completely different method [12].

In Appendix, we give, as an application of our character formula, another oof of a result of Miličić [9, Th. III.2] on the asymptotic behaviour of the screte series characters.

1.- PRELIMINAIRES

Let G be a connected semisimple Lie group with Lie algebra $\underline{g}$. We assume at G has a compact Cartan subgroup because we are interested in the characrs of the discrete series representations.

1.1.- Invariant eigendistributions

For a Cartan subalgebra $\underline{h}$ of $\underline{g}$, denote by $H^{\underline{h}}(\underline{h})$ the set of all roots $(\underline{g}_c, \underline{h}_c)$, where $\underline{g}_c, \underline{h}_c$ denote the complexifications of $\underline{g}, \underline{h}$ respectively, by $\underline{h})$ the set of positive roots with respect to an order, by ρ half the sum of l roots in $P(\underline{h})$, by $\Sigma_R(\underline{h})$ the subsystem of $\Sigma(\underline{h})$ consisting of all real ots, and put $P_R(\underline{h}) = P(\underline{h}) \cap \Sigma_R(\underline{h})$. We call a root α real or imaginary if $\underline{h}) \subset \mathbb{R}$ or $\alpha(\underline{h}) \subset \sqrt{-1}\,\mathbb{R}$ respectively.

Let $H^{\underline{h}}$ be the Cartan subgroup of G corresponding to $\underline{h}$ and put

$$\Delta^{\underline{h}}(h) = \xi_\rho(h) \prod_{\alpha \in P(\underline{h})} (1-\xi_\alpha(h)^{-1}),$$

$$\Delta'^{\underline{h}}_R(h) = \prod_{\alpha \in P_R(\underline{h})} (1-\xi_\alpha(h)^{-1}), \tag{1.1}$$

$$\varepsilon^{\underline{h}}_R(h) = \operatorname{sgn}(\Delta'^{\underline{h}}_R(h)),$$

ere ξ_ρ and ξ_α denote the characters canonically corresponding to ρ and α. this paper, we assume that G is acceptable [2], that is, ξ_ρ is well-defined $H^{\underline{h}}$ canonically (for every $\underline{h}$).

Let $\textcircled{H}$ be an invariant engendistribution on G. We know by Harish-Chandra at it coincides essentially with an (invariant) analytic function on the set G' all regular elements of G. Denote this function by $\textcircled{H}'$. Then we know also at the function $\Delta^{\underline{h}}\textcircled{H}'$ on $H'^{\underline{h}} = H^{\underline{h}} \cap G'$ can be extended analytically on $^{\underline{h}}(R) = \{h \in H^{\underline{h}} ; \Delta'^{\underline{h}}_R(h) \neq 0\}$ (see [2]).

1.2.- Discrete series characters

Let B be a compact Cartan subgroup with Lie algebra $\underline{b}$, $\underline{b}_B^*$ the lattice of linear forms Λ of $\underline{b}$ into $\sqrt{-1}\,\mathbb{R}$ such that $\xi_\Lambda : B \ni \exp X \to \exp(\Lambda, X) \in \mathbb{C}$ $(X \in \underline{b})$ define unitary characters of B, and $\underline{b}_B^{*\prime}$ the subset of $\underline{b}_B^*$ consisting of regular elements in it. Put for $\Lambda \in \underline{b}_B^*$,

$$(1.2) \qquad \zeta_\Lambda(b) = \sum_{s \in W_G(\underline{b})} \operatorname{sgn}(s)\xi_{s\Lambda}(b) \quad (b \in B).$$

Here, for a subset M of $\underline{g}$ or G, we denote by $W_G(M)$ the group of transformations on M induced by the inner automorphisms of $\underline{g}$ or G respectively which leaves M invariant. For $s \in W_G(\underline{b})$, $\operatorname{sgn}(s)$ denotes the usual sign of s as an element of the Weyl group $W(\underline{b}_c)$ of $\underline{g}_c$ acting on $\underline{b}_c$. Since B is connected, $W_G(\underline{b})$ and $W_G(B)$ are canonically isomorphic, and identifying them, we have $\xi_{s\Lambda}(b) = \xi_\Lambda(s^{-1}b)$.

In [3], Harish-Chandra proved that for $\Lambda \in \underline{b}_B^{*\prime}$, there exists a unique tempered invariant eigendistribution Θ on G, denoted by Θ_Λ, such that $\Delta^{\underline{b}}\Theta' = \zeta_\Lambda$ on B. Moreover $(-1)^q\varepsilon(\Lambda)\Theta_\Lambda$ is the character of a discrete series representation of G, and any such character is given in this form, where

$$(1.3) \qquad q = \dim G/K, \; \varepsilon(\Lambda) = \operatorname{sgn}\{\prod_{\alpha \in P(\underline{b})} (\Lambda, \alpha)\},$$

with K a maximal compact subgroup of G.

Since the function Θ'_Λ is invariant, to determine it on the whole G', it is sufficient to know it on $H'^{\underline{h}}$ for a complete system of representatives $\{\underline{h}\}$ of the set of G-conjugacy classes of Cartan subalgebras of $\underline{g}$. The exact form of the function $\Theta'_\Lambda|H'^{\underline{h}}$ varies depending on the connected components A of $H^{\underline{h}}$. Therefore we give a formula for $\Theta'_\Lambda|A$ for every A.

1.3.- Cayley transformations

For a real root α of $\underline{h}$, we define the Cayley transformation ν_α of $\underline{g}_c$ as follows. Take root vectors $X_{\pm\alpha}$ from $\underline{g}$ (this is possible because α is real) in such a way that

$$(1.4) \qquad [X_\alpha, X_{-\alpha}] = H_\alpha,$$

where $H_\alpha \in \underline{h}$ is the vector corresponding to α under the Killing form of $\underline{g}_c$. We put $X'_{\pm\alpha} = \sqrt{2}|\alpha|^{-1}X_{\pm\alpha}$, and

$$(1.5) \qquad \nu_\alpha = \exp\{-\frac{\pi\sqrt{-1}}{4}\operatorname{ad}(X'_\alpha + X'_{-\alpha})\},$$

where $|\alpha|$ denotes the length of α with respect to the Killing form.

et F be a strongly orthogonal system of roots in $\Sigma_R(\underline{h})$, then $\nu_\alpha(\alpha \in F)$ com-
ute with each other, and we define ν_F as their product. By definition, two
oots α and β in a root system are strongly orthogonal if both $\alpha \pm \beta$ are no
onger roots. Put $\underline{h}^F = \nu_F(\underline{h}_c) \cap \underline{g}$, then it is a Cartan subalgebra of $\underline{g}$, not con-
ugate to $\underline{h}$ if $F \neq \emptyset$, and

(1.6) $$\underline{h}^F = \sigma_F + \sum_{\alpha \in F} \mathbb{R}(X_\alpha - X_{-\alpha}),$$

here $$\sigma_F = \{X \in \underline{h} \; ; \; \alpha(X) = 0(\alpha \in F)\}.$$

1.4.- Connected components of a Cartan subgroup.

Let A be a connected component of $H^{\underline{h}}$, and put

$$\Sigma_R(A) = \{\alpha \in \Sigma_R(\underline{h}) \; ; \; \xi_\alpha(h) > 0 \; (h \in A)\}, \; P_R(A) = \Sigma_R(A) \cap P(\underline{h}).$$

Then $\Theta'_\Lambda | A$ is given essentially by means of the root system $\Sigma_R(A)$.

Let us introduce some notations. Let Σ be a root system, and P the set
positive roots in it. Denote by $W(\Sigma)$ the Weyl group of Σ, and by $M(P)$ the
et of all maximal orthogonal systems in P. We make $W(\Sigma)$ operate on $M(P)$ as
$(P) \ni F \to (uF \cup -uF) \cap P \; (u \in W(\Sigma))$. A maximal strongly orthogonal system in P
elongs to $M(P)$ if and only if it has the maximal cardinality.

Lemma 1.1 [5, Prop. 2.4].

For any $F \in M(P_R(A))$, the vector part of $\underline{h}$ is spanned over $\mathbb{R}$ by H_α $(\alpha \in F)$. Let $F \in M(P_R(A))$ be strongly orthogonal, then the Cartan subalgebra $\underline{h}^F$ is compact, that is, its vector part is trivial.

Put $A_U = \{h \in A \; ; \; \xi_\alpha(h) = 1 \; (\alpha \in \Sigma_R(A))\}$ and let $\underline{h}_V$ be the linear span
er $\mathbb{R}$ of $H_\alpha(\alpha \in \Sigma_R(A))$. Then $\underline{h}_V$ is the vector part of $\underline{h}$ by Lemma 1.1, and
ery element $h \in A$ is expressed uniquely as

(1.7) $$h = h_U \exp X \quad \text{with } h_U \in A_U, \; X \in \underline{h}_V.$$

reover by (1.6), we see that $A_U \subset H^{\underline{h}^F}$.

A simple root system is called of class I if it is of type A_1, D_{2n}
$\geq 2)$, E_7, E_8 or G_2, of class II if it is of type $B_n (n \geq 2)$, $C_n (n \geq 3)$ or
, and of class III otherwise. We call a root system of class I if its simple
mponents are all of class I. The following lemma is a consequence of Lemma 1.1
d the result in § 1.5.

Lemma 1.2 [6, Cor. 1 of Prop. 2.4] . *Every simple component of $\Sigma_R(A)$ is class I or II.*

Note that Lemmas 1.1 and 1.2 are true when $\underline{g}$ has a compact Cartan subalgebra.

When a root system Σ is of class I, $W(\Sigma)$ is transitive on $M(P)$ with the stationary subgroup $I(F) = \{u \in W(\Sigma) ; uF \subset F \cup -F\}$ for an $F \in M(P)$. When Σ is simple and of class II, the orbits in $M(P)$ are determined by the number of long roots in $F \in M(P)$ (called the type of F). We will define later standard elements in $M(P)$ as special representatives of these orbits.

The formula for $\Delta^{\underline{h}}\textcircled{H}'$ on $A \subset H^{\underline{h}}$ is simple when $\Sigma_R(A)$ is of class I and is given in § 2 for this case. For the case where $\Sigma_R(A)$ is simple and of class II, it is given in § 4. The general case is treated in § 5.

1.5.- Types of Σ and Σ^α.

For a root system Σ and $\alpha \in \Sigma$, put $\Sigma^\alpha = \{\gamma \in \Sigma ; \gamma \perp \alpha\}$. Then the correspondence between the types of Σ and Σ^α is given as follows.

Σ	A_n	B_n $(n\geq 2)$	C_n $(n\geq 3)$	D_n $(n\geq 4)$	E_6	E_7	E_8	F_4	G_2
Σ^α	A_{n-1}	$B_{n-2}+A_1^{(1)}$	C_{n-1}	$D_{n-2}+A_1$	A_5	D_6	E_7	C_3	$A_1^{(s)}$
		B_{n-1}	$C_{n-2}+A_1^{(s)}$					B_3	$A_1^{(1)}$

(In this table, $A_0 = B_0 = \emptyset$; $A_1^{(1)}$, $A_1^{(s)}$ denote the root system of type A_1 consisting of long roots or short roots respectively ; $B_1 = A_1^{(s)}$, $C_1 = A_1^{(1)}$, $D_2 = A_1+A_1$. For B_n, C_n, F_4 and G_2, the upper column for Σ^α is the case where α is long and the lower one is the case where α is short).

§ 2.- CHARACTER FORMULAS FOR THE DISCRETE SERIES (CASE OF CLASS I)

Let A be a connected component of $H^{\underline{h}}$. Assume that $\Sigma_R(A)$ is of class I Put $\Sigma = \Sigma_R(A)$, $P = P_R(A)$. We define the standard element in $M(P)$ constructively as follows. First pick up the highest root α_1 in P. Assume that the roots $\alpha_1, \alpha_2, \ldots, \alpha_j$ have been chosen, then we take as α_{j+1} the highest root (with respect to P) in a simple component of $\{\gamma \in \Sigma ; \gamma \perp \alpha_i (1 \leq i \leq j)\}$. Thus we get finally an F_o in $M(P)$ called standard.

Choosing a system of root vectors $X_{\pm\alpha} (\alpha \in F_o)$, we define the Cayley transformation ν_{F_o} as in § 1.3.

Theorem 2.1.- Put $\underline{b} = \underline{h}^{F_o}$, $P(\underline{b}) = \nu_{F_o} P(\underline{h})$. Assume that a tempered invariant eigendistribution $\textcircled{H}$ on G is given on $B = H^{\underline{b}}$ as $\Delta^{\underline{b}}\textcircled{H}' = \zeta_\Lambda$

for some $\Lambda \in \underline{b}_B^{*\prime}$. Then Θ' is given on $A \subset H^{\underline{h}}$ as

$$(2.1)\quad (\varepsilon_R^{\underline{h}}\, \Delta^{\underline{h}}\, \Theta')(h) = (-1)^{\#F_o} \sum_{s\in W_G(\underline{b})} \sum_{u\in W(\Sigma)/I(F_o)} \operatorname{sgn}(s)\, Y'(h;\, F_o,\, u,\, s\Lambda),$$

where, in the second sum, u runs over a complete system of representatives of $W(\Sigma)/I(F_o)$, and for $h \in A$ expressed as in (1.7),

$$(2.2)\quad Y'(h;\, F_o,\, u,\, \Lambda) =$$

$$\operatorname{sgn}_{F_o}(\Lambda)\, \xi_\Lambda(h_U) \prod_{\gamma\in F_o} \exp\{-|(u\gamma)(X)|\cdot|(\Lambda,\, \nu_{F_o}\gamma)|/|\gamma|^2\},$$

with

$$(2.3)\quad \operatorname{sgn}_{F_o}(\Lambda) = \operatorname{sgn}\{\prod_{\gamma\in F_o} (\Lambda,\, \nu_{F_o}\gamma)\}.$$

Note 2.1.- When we fix a compact Cartan subalgebra $\underline{b}$ and $P(\underline{b})$ once for all, there exist $g_o \in G$ and $w_o \in W(\underline{b}_c)$ such that

$$(2.4)\quad \operatorname{Ad}(g_o)\underline{b} = \underline{h}^{F_o}, \quad \operatorname{Ad}(g_o)w_o P(\underline{b}) = \nu_{F_o} P(\underline{h}),$$

where $\operatorname{Ad}(g_o)\gamma = \gamma \circ \operatorname{Ad}(g_o)^{-1}|(\underline{h}^{F_o})_c$. Then the expression for $(\varepsilon_R^{\underline{h}}\Delta^{\underline{h}}\Theta'_\Lambda)(h)$ is obtained as follows : multiply the right hand side of (2.1) by $\operatorname{sgn}(w_o)$ and replace $\underline{b}$ and Λ in it by $\operatorname{Ad}(g_o)\underline{b} = \underline{h}^{F_o}$ and $\operatorname{Ad}(g_o)\Lambda$ respectively.

The formula in Theorem 2.1 can be rewritten as follows in another form ›se analogies appear naturally for the characters of the continuous principal ies representations.

Note that the group $W_G(A)$ is canonically imbedded in $W_G(\underline{h})$, and that w in $W_G(\underline{h})$ leaves the set $\Sigma_I(\underline{h})$ of imaginary roots of $\underline{h}$ invariant. .n we can define the sign $\operatorname{sgn}_I(w)$ as follows :

$$(2.5)\quad \operatorname{sgn}_I(w) = (-1)^N, \text{ where } N = \#\{\gamma \in \Sigma_I(\underline{h})\ ;\ \gamma > 0,\ w\gamma < 0\}.$$

Theorem 2.2.- Let the situation be as in Theorem 2.1. Then for $h \in A$,

$$(2.6)\quad (\varepsilon_R^{\underline{h}}\Delta^{\underline{h}}\, \Theta')(h) =$$

$$(-1)^{\#F_o} \frac{1}{\#I'(F_o)} \sum_{s\in W_G(\underline{b})} \sum_{w\in W_G(A)} \operatorname{sgn}(s)\, \operatorname{sgn}_I(w)\, Y'(wh;F_o,1,s\Lambda),$$

where

(2.7) $\quad I'(F_o) = \{w \in W_G(A) \; ; \; wF_o \subset F_o \cup -F_o\}$.

The equivalence of the two formulas (2.1) and (2.6) will be proved in the next section. For the moment, we remark the following.

(1) $W(\Sigma)$ is imbedded naturally into $W_G(A)$ as follows : let s_α be the reflexion corresponding to $\alpha \in \Sigma$, then $s_\alpha h = g_\alpha h \, g_\alpha^{-1}$ with $g_\alpha = \exp \frac{\pi}{2}(X'_\alpha - X'_{-\alpha}$

(2) For $u \in W(\Sigma)$, $Y(h; F_o, u, \Lambda) = Y'(u^{-1}h; F_o, 1, \Lambda)$, where 1 denotes the neutral element in $W(\Sigma)$.

§ 3.- EQUIVALENCE BETWEEN THE TWO FORMULAS IN THE CASE OF CLASS I

3.1.- To prove that the two formulas are essentially equivalent, we deduce the formula (2.1) from that (2.6). To this purpose, we apply the following three lemmas.

Lemma 3.1.- [6, Prop. 2.7]. *Let $F \in M(P_R(A))$ the strongly orthogonal, where $\Sigma_R(A)$ is not necessarily of class I. Assume that an element $v \in W_G(A)$ satisfies that $vF \subset F \cup -F$, that is, $v \in I'(F)$. Then there exists a $s' \in W_G(H^{\underline{h}^F})$ such that*

$$(3.1.) \qquad s'h_U = vh_U \quad (h_U \in A_U) \; , \quad s'\nu_F X = \nu_F v\Big(\prod_{\gamma \in F} s_\gamma^{n_\gamma}\Big)X \quad (X \in \underline{h}_V) \; ,$$

where $n_\gamma = 1$ or 0, and $W_G(H^{\underline{h}^F})$ and $W_G(\underline{h}^F)$ are identified canonically

Lemma 3.2.- [6, Lem. 1.2]. *Let Σ be a root system of class I. If $u \in W(\Sigma$ satisfies $uF = F$ for some maximal orthogonal system F in Σ, then $\mathrm{sgn}(u) = 1$.*

Let $w \in W(\underline{h}_c)$. When $w\underline{h} = \underline{h}$, w leaves both $\Sigma_R(\underline{h})$ and $\Sigma_I(\underline{h})$ invariant. We can define $\mathrm{sgn}_R(w)$ analogously as $\mathrm{sgn}_I(w)$ by means of $\Sigma_R(\underline{h})$.

Lemma 3.3.- Let $w \in W(\underline{h}_c)$. Assume that $w\underline{h} = \underline{h}$. Then

$$\mathrm{sgn}(w) = \mathrm{sgn}_R(w) \;\; \mathrm{sgn}_I(w) \; .$$

Proof. Let $\underline{h}_U$ and $\underline{h}_V$ be the toroidal part and the vector part of $\underline{h}$ respectively. Then $w\underline{h}_U = \underline{h}_U$, $w\underline{h}_V = \underline{h}_V$. There exists a Cartan involution θ c $\underline{g}$ such that $\theta\underline{h} = \underline{h}$. For $\alpha \in \Sigma(\underline{h})$, define $(\theta\alpha)(X) = \alpha(\theta(X))$ $(X \in \underline{h}_c)$. The $\theta\alpha = \alpha$ or $-\alpha$ if α is real or imaginary respectively. When $\theta\alpha \neq \pm\alpha$, α is called complex. Consider an lexicographic order in the dual space of

$+ \sqrt{-1}\, \underline{h}_U = \sum_{\alpha \in \Sigma(\underline{h})} \mathbb{R} H_\alpha$ with respect to a basis $(X_i)_{1 \leq i \leq n}$, where $(X_i)_{1 \leq i \leq j}$ is a basis of $\underline{h}_V$ and $(X_i)_{j \leq i \leq n}$ is that of $\sqrt{-1}\, \underline{h}_U$. Then we see that α and $\theta\alpha$ are positive or negative at the same time for any complex root. Moreover $w\alpha$ is complex if so is α, and $\theta(w\alpha) = w(\theta\alpha)$, because $w\underline{h}_U = \underline{h}_U$, $w\underline{h}_V = \underline{h}_V$. Thus we see that the contribution to $\operatorname{sgn}(w)$ from the set of complex roots is trivial. Q.E.D.

3.2. Now put

$$(3.2) \qquad T(h) = \sum_{s \in W_G(\underline{b})} \operatorname{sgn}(s)\, Y'(h; F_o, 1, s\Lambda),$$

where $\underline{b} = \underline{h}^{F_o}$, and consider $T(vh)$ for $v \in I'(F_o)$ in (2.7).

Let $h = h_U \exp X$ with $h_U \in A_U$, $X \in \underline{h}_V$ be the decomposition of h in (2.7). Then that for vh is given by $vh = vh_U \exp \bar{v}X$, where $\bar{v}$ denotes the element in $W_G(\underline{h})$ induced from v. Applying Lemma 3.1 for $F = F_o$ and v, we have (3.1) for some $s' \in W_G(H^{\underline{b}})$. Therefore

$$\xi_{s\Lambda}(vh_U) = \xi_{s\Lambda}(s'h_U) = \xi_{s'^{-1}s\Lambda}(h_U).$$

Moreover put for $\gamma \in F_o$, $\gamma' = \varepsilon_\gamma v^{-1}\gamma$ with $\varepsilon_\gamma = \pm 1$ such that $\gamma' \in F_o$. Then

$$|\gamma(\bar{v}X)|\,|(s\Lambda, \nu_{F_o}\gamma)|/|\gamma|^2 = |\gamma'(X)|\,|(s'^{-1}s\Lambda, \nu_{F_o}\gamma')|/|\gamma'|^2,$$

and further

$$\begin{aligned}\operatorname{sgn}_{F_o}(s\Lambda) &= \operatorname{sgn}\Big\{\prod_{\gamma \in F_o} (s\Lambda, \nu_{F_o}\gamma)\Big\} \\ &= \operatorname{sgn}\Big\{\prod_{\gamma' \in F_o} (s\Lambda, \nu_{F_o} v\gamma')\Big\} \cdot \prod_{\gamma \in F_o} \varepsilon_\gamma \\ &= \operatorname{sgn}_{F_o}(s'^{-1}s\Lambda) \cdot \prod_{\gamma \in F_o} \varepsilon_\gamma (-1)^{n_\gamma}.\end{aligned}$$

Now that $\operatorname{sgn}(s') = \operatorname{sgn}(v) \prod_{\gamma \in F_o} (-1)^{n_\gamma}$, and by Lemma 1.1 and 3.2, $\operatorname{sgn}_R(v) = \prod_{\gamma \in F_o} \varepsilon_\gamma$. Then by Lemma 3.2, we have

$$\operatorname{sgn}(s)\, \operatorname{sgn}_{F_o}(s\Lambda) = \operatorname{sgn}(s'^{-1}s)\, \operatorname{sgn}_{F_o}(s'^{-1}s\Lambda)\, \operatorname{sgn}_I(v).$$

Hence finally for $v \in I'(F_o)$,

$$(3.3) \qquad T(vh) = \operatorname{sgn}_I(v)\, T(h).$$

Since $W(\Sigma_R(A))$ is already transitive on $M(P_R(A))$, every element in $W_G(A)$ can be expressed as uv with $u \in W(\Sigma_R(A))$, $v \in I'(F_o)$. Note that

$$(3.4) \qquad T((uv)^{-1}h) = \mathrm{sgn}_I(v)\, T(u^{-1}h) .$$

In particular, for $v \in I(F_o) = W(\Sigma_R(A)) \cap I'(F_o)$,

$$(3.5) \qquad T((uv^{-1}h) = T(u^{-1}h) ,$$

because $\mathrm{sgn}_I(v) = 1$. By the way, this means that the right hand side of (2.1) is independant of the choice of a complete system of representatives of $W(\Sigma_R(A))/I(F_o)$. We see from (3.4)

$$\frac{1}{\# I'(F_o)} \sum_{v \in I'(F_o)} \mathrm{sgn}_I(v)\, T((uv)^{-1}h) = T(u^{-1}h) .$$

Since $I(F_o) = W(\Sigma_R(A)) \cap I'(F_o)$, the above equality means that the formulas (2.1) and (2.6) coincide essentially with each other.

§ 4.- CHARACTER FORMULA FOR THE DISCRETE SERIES (CASE OF CLASS II)

Let A be a connected component of $H^{\underline{h}}$. Here we assume that $\Sigma_R(A)$ is simple and of class II, that is, of type B_n, C_n or F_4 . Put $\Sigma = \Sigma_R(A)$, $P = P_R(A)$.

4.1.- Some definitions. To give the formula in this case, it is necessary to consider not only $M(P)$ but also the set $M^{or}(P)$ of certain ordered maximal orthogonal systems in P .

Let us realize Σ as follows : let $e_1, e_2, \ldots$ be a system of orthogonal vectors in a Euclidean space, then

type B_n : $P = \{e_i \pm e_j \ (1 \leq i < j \leq n) ,\ e_i \ (1 \leq i \leq n)\}$,

type C_n : $P = \{2e_i \ (1 \leq i \leq n) ,\ e_i \pm e_j \ (1 \leq i < j \leq n)\}$,

type F_4 : $P = \{e_i \pm e_j \ (1 \leq i < j \leq 4) ,\ e_i \ (1 \leq i \leq 4) ,\ 2^{-1}(e_1 \pm e_2 \pm e_3 \pm e_4)\}$.

As is seen easily, the lexicographic order with respect to $e_1, e_2, \ldots$ is determined by the set P uniquely and hence has an intrinsec meaning. We cal it the canonical order with respect to P .

Let us consider an ordered system E of orthogonal roots satisfying the llowing conditions.

(B1) For $E = (\alpha_1, \alpha_2, \ldots, \alpha_n)$, the underlying set $\{\alpha_1, \alpha_2, \ldots, \alpha_n\}$, noted by E^* , belongs to $M(P)$.

(B2) In E , long roots are placed before short roots. Let , $\alpha_2, \ldots, \alpha_\ell$ be long and $\alpha_{\ell+1}, \alpha_{\ell+2}, \ldots, \alpha_n$ be short, and put $m = [\ell/2]$, en

$$(4.1) \qquad \begin{cases} \alpha_{2i-1} > \alpha_{2i} \quad (1 \leqslant i \leqslant m) , \ \alpha_1 > \alpha_3 > \ldots > \alpha_{2m-1} \ ; \\ \alpha_{\ell+1} > \alpha_{\ell+2} > \ldots > \alpha_n \ . \end{cases}$$

(B3) For $1 \leqslant i \leqslant m$, $2^{-1}(\alpha_{2i-1} \pm \alpha_{2i})$ are (short) roots in P .

The integer ℓ is called the type of E , and the set of all such ordered stems E in P is denoted by $M^{or}(P)$. Note that ℓ must be even for B_n and and $n-\ell$ even for C_n .

For $E = (\alpha_1, \alpha_2, \ldots, \alpha_n) \in M^{or}(P)$ of type ℓ , we put

$$(4.2) \qquad P(E) = E^* \cup \{2^{-1}(\alpha_{2i-1} \pm \alpha_{2i}) \quad (1 \leqslant i \leqslant m)\} ,$$

$$(4.3) \qquad \varepsilon(E) = (-1)^{n-m} = (-1)^{n-[\ell/2]} ,$$

d for $u \in W(\Sigma)$, $uE = (u\alpha_1, u\alpha_2, \ldots, u\alpha_n)$.

Fix the type ℓ . Define the standard element of type ℓ in $M^{or}(P)$ consectively as follows : for $1 \leqslant j \leqslant \ell$, pick up the highest long root α_j in $= \{\gamma \in \Sigma \ ; \gamma \perp \alpha_i \ (1 \leqslant i \leqslant j-1)\}$ (with respect to the canonical order), and en for $\ell+1 \leqslant j \leqslant n$, pick up the highest short root α_j in Σ_j . For a standard ement E in $M^{or}(P)$, we call E^* in $M(P)$ also standard. In the standard ements in $M(P)$, there exists a unique strongly one, denoted always by F_o . Σ of type B_n , C_n or F_4 , it is given as follows :

type B_n : $F_o = \{e_{2i-1} \pm e_{2i} \quad (1 \leqslant i \leqslant [n/2]) , \ e_n \text{ if } n \text{ is odd}\}$,

type C_n : $F_o = \{2e_i \quad (1 \leqslant i \leqslant n)\}$,

type F_4 : $F_o = \{e_1 \pm e_2 , e_3 \pm e_4\}$.

For the Cayley transformation ν_{F_o} , we put the following condition on the ice of root vectors $\{X_{\pm\alpha} \ ; \alpha \in F_o\}$ used to define it. Let $\{E_i\}_{1 \leqslant i \leqslant r}$ be the standard elements in $M^{or}(P)$.

Condition 4.1.- Put $F' = \cup_{1 \leq i \leq r} (E_i)^* \supset F_o$. Then the system of root vectors $\{X_{\pm\alpha} ; \alpha \in F_o\}$ is chosen is such a way that there exists a system of root vectors $X_{\pm\gamma}$ $(\gamma \in F')$ such that (1.4) holds for every γ , and that if γ , $\gamma' \in F'$ and $\gamma' \pm \gamma \in F'$, then

$$X_{\gamma'+\varepsilon\gamma} = \varepsilon^a [X_{\varepsilon\gamma}, X_{\gamma'}] \quad \text{for } \varepsilon = \pm 1 , \tag{4.4}$$

where $a = 1$ or 0 according as Σ is of type B_n with n odd or not.

4.2.- Character formula. Let $A^+(P)$ be the subset of A given by $\{h \in A ; \xi_\alpha(h) > 1 \ (\alpha \in P)\}$. The every connected component of $A \cap H'^{\underline{h}}(R) = \{h \in A ; \Delta^{\underline{h}}_R(h) \neq 0\}$ can be expressed uniquely as $uA^+(P)$ with $u \in W(\Sigma)$.

Theorem 4.1.- Let A be a connected component of $H^{\underline{h}}$. Assume that $\Sigma_R(A)$ is simple and of class II. Put $\Sigma = \Sigma_R(A)$, $P = P_R(A)$, and let $F_o \in M(P)$ be the unique strongly orthogonal standard element, and define ν_{F_o} in such a way that Condition 4.1 holds. Put $\underline{b} = \underline{h}^{F_o}$, $P(\underline{b}) = \nu_{F_o} P(\underline{h})$. The if a tempered invariant eigendistribution Θ on G is given on $B = H^{\underline{b}}$ as $\Delta^{\underline{b}} \Theta' = \zeta_\Lambda$ in (1.2) for some $\Lambda \in \underline{b}_B^{*\prime}$, then it is given on A as follows. For $h \in A^+(P)$, $u \in W(\Sigma)$,

$$(\Delta^{\underline{h}} \Theta')(uh) = \mathrm{sgn}(u) \ (\Delta^{\underline{h}} \Theta')(h) ,$$

and

$$(\Delta^{\underline{h}} \Theta')(h) = \sum_{1 \leq i \leq r} \varepsilon(E_i) \ Z(h; E_i, \Lambda, P) , \tag{4.5}$$

where for $E = E_i$,

$$Z(h; E, \Lambda, P) = \sum_{s \in W_G(\underline{b})} \ \sum_{u \in W(E;\, P)} \mathrm{sgn}(s) \ Y(h; E, u, s\Lambda) \tag{4.6}$$

with $W(E; P) = \left\{u \in W(\Sigma) ; uE \in M^{or}(P)\right\}$, and for $h = h_U \exp X$ in (1.7),

$$Y(h; E, u, \Lambda) = \mathrm{sgn}_{P(E)}(\Lambda) \ \xi_\Lambda(h_U) \prod_{\gamma \in E^*} \exp\{-(u\gamma)(X) |(\Lambda, \nu_{F_o} \gamma)| / |\gamma|^2\} \tag{4.7}$$

with

(4.8) $\quad \mathrm{sgn}_{P(E)}(\Lambda) = \{\, \mathrm{sng} \prod_{\gamma \in P(E)} (\Lambda, \nu_{F_o}\, \gamma) \}$.

Note 4.1.- The parallel note as Note 2.1 is true also in this case.

4.3.- Elements in $M^{or}(P)$. For every type of Σ , elements in $M^{or}(P)$ are ven as follows.

Type B_n : ℓ is even and for $\ell = 2m$,

$$E = (e_{\sigma(1)} + e_{\sigma(2)} , e_{\sigma(1)} - e_{\sigma(2)} ,\ldots, e_{\sigma(2m-1)} + e_{\sigma(2m)} , \\ e_{\sigma(2m-1)} - e_{\sigma(2m)} , e_{\sigma(2m+1)} , e_{\sigma(2m+2)} ,\ldots, e_{\sigma(n)}) ,$$

ere $\sigma \in S_n$, the symmetric group of order n , satisfying

$$\begin{cases} \sigma(2i-1) < \sigma(2i) \quad (1 \leq i \leq m) , \quad \sigma(1) < \sigma(3) < \ldots < \sigma(2m-1) ; \\ \sigma(2m+1) < \sigma(2m+2) < \ldots < \sigma(n) . \end{cases}$$

Type C_n : $n-\ell$ is even, and

$$E = (2e_{\sigma(1)}, 2e_{\sigma(2)} ,\ldots, 2e_{\sigma(\ell)}, e_{\sigma(\ell+1)} + e_{\sigma(\ell+2)} , \\ e_{\sigma(\ell+1)} - e_{\sigma(\ell+2)} ,\ldots, e_{\sigma(n-1)} + e_{\sigma(n)} , e_{\sigma(n-1)} - e_{\sigma(n)}) ,$$

ere $\sigma \in S_n$ satisfies

$$\begin{cases} \sigma(2i-1) < \sigma(2i) \ (1 \leq i \leq m = [\ell/2]) , \ \sigma(1) < \sigma(3) < \ldots < \sigma(2m-1) ; \\ \sigma(\ell+2j-1) < \sigma(\ell+2j) \ (1 \leq j \leq (n-\ell)/2), \ \sigma(\ell+1) < \sigma(\ell+3) < \ldots < \sigma(n-1) . \end{cases}$$

Type F_4 : $\ell = 4$, 2, or 0, and

$(\ell = 4)$ $\quad E = (e_1 + e_i , e_1 - e_i , e_j + e_k , e_j - e_k)$,

$(e_1 + e_i , e_j + e_k , e_1 - e_i , e_j - e_k)$,

$(e_1 + e_i , e_j - e_k , e_1 - e_i , e_j + e_k)$,

ere $\{i, j, k\} = \{2, 3, 4\}$, $j < k$;

= 2) there are 18 elements E ;

$(\ell = 0)$ $E = (e_1, e_2, e_3, e_4)$ and E_ε for $\varepsilon = \pm 1$ such that

$$E_\varepsilon^* = \{2^{-1}(e_1 + \varepsilon_2 e_2 + \varepsilon_3 e_3 + \varepsilon_4 e_4) \ ; \ \varepsilon_2\varepsilon_3\varepsilon_4 = \varepsilon\} .$$

Let us make some remarks here. The set $\{uE;\ u \in W(E;\ P)\}$ consists exactly of all elements in $M^{or}(P)$ of the same type as E. Let $F = \{\alpha_1, \alpha_2, \ldots, \alpha_n\}$ be an element in $M(P)$. Indexing α_j's in such a way that $\alpha_1 > \alpha_2 > \ldots > \alpha_\ell$ are long and $\alpha_{\ell+1} > \alpha_{\ell+2} > \ldots > \alpha_n$ are short, we put

$$\widetilde{F} = (\alpha_1, \alpha_2, \ldots, \alpha_n) .$$

Then, since we consider the canonical order, $\widetilde{F}$ belongs to $M^{or}(P)$. Put $\widetilde{M}(P) = \{\widetilde{F};\ F \in M(P)\}$. Then $\widetilde{M}(P) = M^{or}(P)$ only when Σ is of type B_n. Every standard element in $M^{or}(P)$ is in $\widetilde{M}(P)$. Put for $E \in M^{or}(P)$ and $\widetilde{F} \in \widetilde{M}(P)$,

$$(4.9) \qquad \begin{aligned} V(E) &= \{v \in W(E;\ P)\ ;\ (vE)^* = E^*\} , \\ U(\widetilde{F}) &= \{u \in W(\Sigma)\ ;\ u\widetilde{F} \in \widetilde{M}(P)\} . \end{aligned}$$

Then $V(E)$ is a group but $U(\widetilde{F})$ not necessarily.

Lemma 4.2.- [6, Lem. 1.7]. For any $F \in M(P)$, $W(\widetilde{F};\ P)$ is a direct product of $U(\widetilde{F})$ and $V(\widetilde{F})$ in the following sense : for every $w \in W(\widetilde{F};\ P)$, there exist uniquely $u \in U(\widetilde{F})$, $v \in V(\widetilde{F})$ such that $w = uv$, and conversely any element of this form belongs to $W(\widetilde{F};\ P)$.

This lemma is trivial for type B_n.

§ 5.- CHARACTER FORMULA FOR THE DISCRETE SERIES (GENERAL CASE)

Let us consider the general case. Put $\Sigma = \Sigma_R(A)$, $P = P_R(A)$. Let Σ_1 be the class I parts of Σ, and Σ_p $(2 \leq p \leq M)$ simple components of class II, and put $P_p = \Sigma_p \cap P$.

For Σ_1, we put for convenience $M^{or}(P_1) = M(P_1)$, and for F in it, $P(F) = F$, $\varepsilon(F) = (-1)^{\#F}$. Let $F_{1,o}$ be the standard element in $M(P_1)$. We denote by $W(F_{1,o};\ P_1)$ a complete system of representatives of $W(\Sigma_1)/I(F_{1,o})$. Under this convention, we put

$$(5.1) \qquad M^{or}(P) = \prod_{1 \leq p \leq M} M^{or}(P_p) ,$$

d for $E = (E^p)$ with $E^p \in M^{or}(P_p)$,

$$(5.2) \qquad \begin{aligned} P(E) &= \bigcup_{1 \leq p \leq M} P(E^p) , \quad \varepsilon(E) = \prod_{1 \leq p \leq M} \varepsilon(E^p) , \\ W(E; P) &= \prod_{1 \leq p \leq M} W(E^p; P_p) . \end{aligned}$$

We call $E = (E^p) \in M^{or}(P)$ standard if all $E^p \in M^{or}(P_p)$ are standard, d similarly for $F = (F^p)$ in $M(P) \cong \prod_{1 \leq p \leq M} M(P_p)$.

Theorem 5.1.- Let A be a connected component of $H^{\underline{h}}$. Put $\Sigma = \Sigma_R(A)$, $= P_R(A)$. Let $\{E_i\}_{1 \leq i \leq r}$ be all the standard elements in $M^{or}(P)$, and F_o e unique strongly orthogonal standard element in $M(P)$. Define ν_{F_o} in such way that for every simple component of Σ of class II, Condition 4.1 is satis-ed. Put $\underline{b} = \underline{h}^{F_o}$, $P(\underline{b}) = \nu_{F_o} P(\underline{h})$. If a tempered invariant eigendistribution Θ G is given on $B = H^{\underline{b}}$ by $\Delta^{\underline{b}} \Theta' = \zeta_\Lambda$ in (1.2) with some $\Lambda \in \underline{b}^{*\prime}_B$, then it given on A by the same formulas as (4.5)-(4.8) in Theorem 4.1.

6.- ON THE REDUCEDNESS OF THE CHARACTER FORMULAS

We study here the reducedness of the formulas for the function $\Theta'_\Lambda) \mid A^+(P)$ for a connected component A of $H^{\underline{h}}$. We shall prove the follo-g.

(1) When $\Sigma_R(A)$ is of class I, the formula in Theorem 2.1 is really reduced, t is, there is no cancellation and no coincidence between the summands in it.

(2) When $\Sigma_R(A)$ is simple and of class II, the formula in Theorem 4.1 is uced when $(\Delta^{\underline{h}} \Theta'_\Lambda)(h)$ is considered as a function of two variables $h \in A^+(P)$ $\Lambda \in \underline{b}^{*\prime}_B$ in the sense that there is no cancellation between the summands in but there are trivial coincidences between them.

The general situation can be given from (1) and (2) .

6.1.- Lemmas on $W_G(\underline{h}^F)$. First let us remark the following.

Lemma 6.1.- Let $\underline{b}$ be a compact Cartan subalgebra of $\underline{g}$. Then the reflexion with respect to a root γ of $\underline{b}$ belongs to $W_G(\underline{b})$ if and only if γ is compact.

Proof. We know that $W_G(\underline{b})$ is generated by the reflexions corresponding to compact roots of $\underline{b}$. Therefore it is isomorphic to the Weyl group of the tem of such roots. This proves our assertion. Q.E.D.

Let $\underline{h}$ be a Cartan subalgebra of $\underline{g}$ and F a strongly orthogonal system in $M(\Sigma_R(\underline{h}))$. Define ν_F by means of a system of root vectors $X_{\pm\alpha}$ in $\underline{g}$ $(\alpha \in F)$. Then the Cartan subalgebra $\underline{h}^F$ is compact by Lemma 1.1.

Lemma 6.2.- (a) For any $\alpha \in F$, the root $\nu_F\alpha$ of $\underline{h}^F$ is not compact.
(b) Let γ, γ' be two roots in $\Sigma_R(\underline{h})$ such that $\gamma' \pm \gamma \in F$, then one of $\nu_F\gamma, \nu_F\gamma'$ is compact and the other is not.

Proof. For (a), note that if α and α' are strongly orthogonal to each other in $\Sigma_R(\underline{h})$, then so are they in $\Sigma(\underline{h})$, hence $[X_{\pm\alpha}, X_{\pm\alpha'}] = 0$. Therefore we have for $\alpha \in F$, $\nu_F X_{\pm\alpha} = \nu_\alpha X_{\pm\alpha}$. Note that $\nu_F X_{\pm\alpha}$ are root vectors for $\pm\nu_F\alpha$, and $\nu_F H_\alpha = \nu_\alpha H_\alpha$. Then we see from the result for $s\ell(2, \mathbb{R})$ that the assertion (a) is true.

For (b), it is enough to note the following. Let $\delta, \delta' \in \Sigma(\underline{h}^F)$ be such that $\delta' + \delta \in \Sigma(\underline{h}^F)$. Then $\delta' + \delta$ is compact if and only if δ, δ' are compact or not at the same time. Q.E.D.

Now let the situation be as in (b) above. To determine which of $\nu_F\gamma$, $\nu_F\gamma'$ is compact, it is necessary to study the choice of root vectors $X_{\pm\alpha}$ $(\alpha \in F)$, because ν_F depends on this choice in general. The condition

$$(6.1) \qquad [X_\delta, X_{-\delta}] = H_\delta$$

is always assumed for any root δ of $\underline{h}$. For $X_{\pm\alpha}$ $(\alpha \in F)$, there exists $a = 0$ or 1 such that

$$(6.2) \qquad X_{\gamma'+\varepsilon\gamma} = \varepsilon^a [X_{\varepsilon\gamma}, X_{\gamma'}] \qquad (\varepsilon = \pm 1)$$

for some root vectors $X_{\gamma'}, X_{\pm\gamma} \in \underline{g}$.

Lemma 6.3.- Let γ, γ' be as in Lemma 6.2(b).

(i) Assume that γ, γ' are strongly orthogonal to any root in F other than $\gamma' \pm \gamma$. Then $\nu_F\gamma$ is compact when $a = 0$, and is not when $a = 1$.

(ii) Assume that there exists a root α in F not strongly orthogonal to γ, γ'. Then the simple component of $\Sigma_R(\underline{h})$ containing γ, γ' is of type B_n with n odd, and α is unique in F. In this case, ν_F is not compact when $a = 0$, and is compact when $a = 1$.

Proof. The assertion (i) is essentially reduced to the case of $\underline{sp}(2, \mathbb{R})$ and is proved for $a = 0$ in [6, Lem. A1]. The case of $a = 1$ can be treated milarly.

Now consider (ii). Its first part is easy to see. Its second part is duced to (i) as follows. Be a simple calculation, we have for $\beta = \pm\gamma$, $\pm\gamma'$,

$$\nu_\alpha X_\beta = -\frac{\sqrt{-1}}{2} \; ad(X'_\alpha + X'_{-\alpha}) \; X_\beta \quad .$$

Put $Y_{\nu_{\alpha\beta}} = \kappa \sqrt{-1}\, \nu_\alpha X_\beta$, where $\kappa = \pm 1$ is such that $\kappa\beta > 0$. Then they e root vectors in $\underline{g}$ for the root $\nu_{\alpha\beta}$ of $\underline{h}^\alpha = \nu_\alpha(\underline{h}_c) \cap \underline{g}$, and satisfy .1) altogether. Put also $Y_{\gamma'\pm\gamma} = \nu_\alpha X_{\gamma'\pm\gamma} = X_{\gamma'\pm\gamma}$. Then they are root ctors for $\nu_\alpha(\gamma' \pm \gamma)$ belonging to $\underline{g}$. Now consider $\underline{h}^\alpha, F' = \{\nu_\alpha\beta ; \beta \in F, \neq \alpha\}$, d $Y_{\pm\beta'}$ $(\beta' \in F')$. Then, defining $\nu_{F'}$ by means of $Y_{\pm\beta'}$ $(\beta' \in F')$, we have $= \nu_{F'} \nu_\alpha$. Thus we come to the similar situation as (i) for

$, \delta') = (\nu_F \gamma, \nu_F \gamma')$ with the exponent a+1 (mod. 2) instead of a , because

$$Y_{\delta'+\varepsilon\delta} = \varepsilon^{a+1} [Y_{\varepsilon\delta} , Y_{\delta'}] \qquad (\varepsilon = \pm 1) \; .$$

Therefore the second part of (ii) is reduced to (i) . Hence the lemma is mpletely proved. Q.E.D.

For an $F_1 \in M(\Sigma_R(A))$, denote by $J(F_1, F)$ the subgroup of $W(\underline{h}_c^F)$ gene- ted by the reflexions corresponding to the roots $\nu_F \gamma\ (\gamma \in F_1)$. Then the above mmas give the intersection $W_G(\underline{h}^F) \cap J(F_1, F)$ for some F_1 . This is what we ed in the following.

<u>Note 6.1.</u>- Let $\underline{h}$ be a split Cartan subalgebra. Then Lemmas 6.1, 6.2 and 3 are sufficient to determine $W_G(\underline{h}^F)$ completely when $\Sigma_R(\underline{h}) = \Sigma(\underline{h})$ is of pe B_n or C_n .

6.2.- <u>The case where $\Sigma_R(A)$ is of class I</u>. Assume that $\Sigma_R(A)$ is of class . Let the notations be as in § 2. We prove the following.

<u>Proposition 6.4.- For any fixed $\Lambda \in \underline{b}_B^{*\prime}$, the functions $Y'(h; F_o, u, s\Lambda)$'s of $h \in A$ in the formula (2.1) are linearly independent mutually.</u>

<u>Proof</u>. Put for $u \in W(\Sigma)$, $s \in W_G(\underline{b})$ and $h = h_U \exp X$,

$$(6.3) \qquad U(h; u, s) = \xi_{s\Lambda}(h_U) \prod_{\gamma \in F_o} \exp\{-|(u\gamma)(X)|\,|(s\Lambda, \nu_{F_o}\gamma)|/|\gamma|^2\} \; .$$

Assume that for a set L of (u, s) , there exists a linear relation such t

(6.4) $$\sum_{(u,\ s)\ \in\ L} c_{u,s}\ U(h;\ u,\ s) = 0 \qquad (h \in A)$$

with non-zero coefficients $c_{u,s}$. Then for $(u, s) \in L$,

(i) $\xi_{s\Lambda}$'s must coincide with each other, and

(ii) so for $\Sigma_{\gamma \in F_o} \ |(u\gamma)(\cdot)||(s\Lambda,\ \nu_{F_o}\ \gamma)\ /|\gamma|^2$.

It follows from (ii) that the sets $uF_o \cup -uF_o$ must be identical for $(u, s) \in L$, and hence so do the cosests $uI(F_o)$. Thus we can take a common u for L . Then it follows from (ii) that for every $\gamma \in F_o$, $|(s\Lambda,\ \nu_{F_o}\ \gamma)|/|\gamma|^2$ must coincide with each other for L . Together with (i), this means that the cosets $J(F_o, F_o)s$ must be identical for $(u, s) \in L$.

On the other hand, we see form Lemma 6.2 that $W_G(\underline{h}^{F_o}) \cap J(F_o, F_o)$ is trivial. Thus L contains only one element. This contradicts the hypothesis that $c_{u,s} \neq 0$. Q.E.D.

6.3.- <u>The case where $\Sigma_R(A)$ is simple and of class II</u>. Assume that $\Sigma = \Sigma_R(A)$ is simple and of class II. We prove the following. Consider the functi $(\Delta^{\underline{h}}\ \Theta'_\Lambda)(h)$ in the formula (4.5) as a function of two variables $h \in A^+(P)$ and $\Lambda \in \underline{b}_B^{*\prime}$. Then the formula is reduced in the sense that it contains no cancellation but some trivial coincidences between its ingredients $Y(h;\ E_i,\ u,\ s\Lambda)$.

Assume that there exists a linear relation : for a set L of indices (i, u, s) , there holds that

(6.5) $$\sum_{(i,u,s) \in L} c_{i,u,s}\ Y(h;\ E_i,\ u,\ s\Lambda) = 0$$

identically for $h \in A$, $\Lambda \in \underline{b}_B^{*\prime}$, where $c_{i,u,s} \neq 0$. Then we have the following.

<u>Proposition 6.5.- Let</u> $(i, u, s), (i', u', s') \in L$, <u>then</u> $i = i'$, $u = u'$ <u>and</u> $s's^{-1} \in W_G(\underline{h}^{F_o}) \cap J(E_i^*, F_o)$. <u>Conversely for any</u> $\sigma \in W_G(\underline{h}^{F_o}) \cap J(E_i^*, F_o)$ <u>put</u> $s' = \sigma s$, <u>then</u>

$$\mathrm{sgn}(s)\ Y(h;\ E_i,\ u,\ s\Lambda) = \mathrm{sgn}(s')\ Y(h;\ E_i,\ u,\ s'\Lambda) .$$

<u>Proof</u>. Recall the formulas (4.7), (4.8) , and put

(6.6) $$U_i(h;\ u;\ s) = \xi_{s\Lambda}(h_U) \prod_{\gamma \in E_i^*} \exp\{-(u\gamma)(X)\ |(s\Lambda,\ \nu_{F_o}\ \gamma)|/|\gamma|^2 ,$$

en

(6.7) $\quad Y(h;\, E_i,\, u,\, s\Lambda) = \mathrm{sgn}_{P(E_i)}(s\Lambda)\; U_i(h;\, u,\, s)$.

Let us first prove the second part. It is easy to see that (h; u, s) $= U_i(h;\, u,\, s')$ for $s' = \sigma s$. On the other hand, for $\gamma \in E_i^*$, $P(E_i) \subset P(E_i) \cup -P(E_i)$ and $s_\gamma P(E_i) \cap -P(E_i)$ contains zero or two elements her than $-\gamma$. Therefore, since $\sigma \in J(E_i^*,\, F_o)$, we get

$$\mathrm{sgn}_{P(E_i)}(s'\Lambda) = \mathrm{sgn}\Big\{\prod_{\gamma \in P(E_i)} (s\Lambda,\, \sigma^{-1}\nu_{F_o}\gamma)\Big\} = \mathrm{sgn}(\sigma)\; \mathrm{sgn}_{P(E_i)}(s\Lambda) .$$

Hence we have $\mathrm{sgn}(s)\, \mathrm{sgn}_{P(E_i)}(s\Lambda) = \mathrm{sgn}(s')\, \mathrm{sgn}_{P(E_i)}(s'\Lambda)$. Thus the cond part is proved.

Now let us prove the first part. As in § 6.2, we see from (6.5) that for y fixed Λ , $U_i(\cdot;\, u,\, s)$ must be identical for $(i,\, u,\, s) \in L$, that is,

(i) $\xi_{s\Lambda}$'s must coincide with each other for $(i,\, u,\, s) \in L$, and

(ii) so for $\sum_{\gamma \in E_i^*} (u\gamma)(\cdot)\, |\, (s\Lambda,\, \nu_{F_o}\gamma)\, |/|\gamma|^2$.

Making Λ run over $\underline{b}_B^{*\prime}$ and taking into account the type of uE_i , we see om (ii) that the indices i must be unique for L . Let $L' = \{(u,\, s)$; , u, s) $\in L\}$ and recall that $u \in W(E_i;\, P)$, $s \in W_G(\underline{b})$ with $\underline{b} = \underline{h}^{F_o}$.

Considering $(u\gamma)(X)\, |\, (s\Lambda,\, \nu_{F_o}\gamma)\, |/|\gamma|^2$ as a function of two variables $\in \underline{h}_V$ and $\Lambda \in \underline{b}_B^{*\prime}$, we see from (ii) that for $(u,\, s),\, (u',\, s') \in L'$,

(iii) $uE_i^* = u'E_i^*$, that is, $u' = uv$ for some $v \in V(E_i)$ in (4.9).

Note that $W(E_i;\, P)$ is a direct product of $U(E_i)$ and $V(E_i)$ as in Lemma 2 and that $V(E_i)$ is not trivial only when Σ is of type C_n or F_4 and the pe of E_i is $\geqslant 4$.

We fix a $(u,\, s) \in L'$. Note that $W(\Sigma)$ is imbedded into $W_G(A)$ and that $_o = F_o$ for $v\, \Sigma\, V(E_i)$. Then we can apply Lemma 3.1 to v^{-1} , and then get a $\Sigma\, W_G(\underline{b})$ such that

(6.8) $\quad w^{-1}h_U = h_U\ (h_U \in A_U)\, ,\ w^{-1}\nu_{F_o} X = \nu_{F_o}\big(v^{-1} \prod_{\gamma \in F_o} s_\gamma^{n_\gamma}\big)X\ (X \in \underline{h}_V)$,

ere $n_\gamma = 0$ or 1 . Hence for $(u',\, s') \in L'$,

$$\sum_{\gamma \in E_i^*} (u'\gamma)(X)|(s'\Lambda, \nu_{F_o}\gamma)|/|\gamma|^2 = \sum_{\gamma} (uv\gamma)(X)|(s'\Lambda, \nu_{F_o} v^{-1} v\gamma)|/|v\gamma|^2$$

$$= \sum_{\gamma} (u\gamma)(X)|(ws'\Lambda, \nu_{F_o}\gamma)|/|\gamma|^2 \qquad (\because vE_i^* = E_i^*) .$$

Therefore putting $s'' = ws'$, we see from (i), (ii), as in § 6.2, that $s'' \in J(E_i^*, F_o)s$, where

$$(6.9) \qquad s''s^{-1} \in W_G(\underline{h}^{F_o}) \cap J(E_i^*, F_o) .$$

Thus it rests only to prove that $v = 1$ (because we can take $w = 1$ in this case). Put $M_i = P(E_i) - E_i^*$, then $s_\gamma v'M_i \subset v'M_i \cup -v'M_i$ for $v' \in V(E_i)$, $\gamma \in F_o$. (We can verify this for C_n and F_4 by explicit calculation). This gives us

$$\mathrm{sgn}_{P(E_i)}(s'\Lambda) = \mathrm{sgn}\left\{\prod_{\beta \in P(E_i)} (s'\Lambda, \nu_{F_o} v^{-1} v\beta)\right\}$$

$$= \mathrm{sgn}\left\{\prod_{\beta \in P(E_i)} (s''\Lambda, \nu_{F_o}(\prod_{\gamma \in F_o} s_\gamma^{n_\gamma})v\beta)\right\}$$

$$= \varepsilon \cdot \mathrm{sgn}_{E_i^*}(s''\Lambda)\ \mathrm{sgn}_{vM_i}(s''\Lambda) \qquad (\because vE_i^* = E_i^*) ,$$

where $\varepsilon = \pm 1$ is a constant depending only on v and w, and for $C = E_i^*$ or vM_i, $\mathrm{sgn}_C(\Lambda') = \mathrm{sgn}\{\prod_{\gamma \in C} (\Lambda', \nu_{F_o}\gamma)\}$. Moreover, since $s'' = \sigma s$ for some $\sigma \in W_G(\underline{h}^{F_o}) \cap J(E_i^*, F_o)$, we have $\mathrm{sgn}_{E_i^*}(s''\Lambda) = \mathrm{sgn}(\sigma)\ \mathrm{sgn}_{E_i^*}(s\Lambda)$, and $\mathrm{sgn}_{vM_i}(s''\Lambda) = \mathrm{sgn}_{vM_i}(s\ )$ because for $\gamma \in E_i^* - F_o$, $\gamma \perp vM_i$. Hence finally

$$(6.10) \qquad \mathrm{sgn}_{P(E_i)}(s'\Lambda) = \varepsilon' \cdot \mathrm{sgn}_{E_i^*}(s\Lambda)\,\mathrm{sgn}_{vM_i}(s\Lambda) ,$$

where $\varepsilon' = \pm 1$ is independent of Λ.

For $(u', s') \in L'$, we have the common factors $U_i(h; u', s') = U_i(h; u,$ in (6.7), and $\mathrm{sgn}_{E_i^*}(s\Lambda)$ in (6.10). Therefore it is enough for us to see that, as functions of Λ, $\mathrm{sgn}_{vM_i}(s\Lambda)$'s for $v \in V(E_i)$ are mutually linearly independent. This is clear because vM_i's are all different orthogonal systems of short roots in P. Thus the first part of the proposition is now proved. Q.E.D.

By this proposition, we see that, in the formula (4.6), the sum over $s \in W_G(\underline{b})$ can be replaced by that over a complete system of representatives of $W_G(\underline{b})/(W_G(\underline{b}) \cap J(E^*, F_o))$ putting the coefficient $\#(W_G(\underline{b}) \cap J(E^*, F_o))$ in front of $Y(h; \ldots)$. This is the form given for $Sp(n, \mathbb{R})$ in [5].

6.4.- Exemples. Let the situation be as in § 6.3. Then the coincidences [be]tween the ingredients $Y(h;\ E_i,\ u,\ s\Lambda)$ occur only when the number of short roots [in] E_i is $\geqslant 2$. Assume that we are in this case, and realize Σ, P as in [§ 4].1. Define ν_{F_o} under Condition 4.1 and put $e'_j = \nu_{F_o} e_j$, a root of [Σ^{F}]$_o$. Then by Lemma 6.1, 6.2 and 6.3, we can determine the group [W_G]$(\underline{h}^{F_o}) \cap J(E_i, F_o)$ in question as follows.

Lemma 6.6.- Let the type of E_i be ℓ. Then $W_G(\underline{h}^{F_o}) \cap J(E_i^*, F_o)$ is generated by the following commutative family of reflexions :

type B_n : s_γ with $\gamma = e'_{\ell+2j-1}$ $(1 \leqslant j \leqslant [(n-\ell)/2])$;

type C_n : s_γ with $\gamma = e'_{\ell+2j-1} - e'_{\ell+2j}$ $(1 \leqslant j \leqslant (n-\ell)/2)$

type F_4 : s_γ with $\gamma = e'_2,\ e'_4$ for $\ell = 0$,

s_γ with $\gamma = e'_4$ for $\ell = 2$.

In particular, $\#(W_G(\underline{h}^{F_o}) \cap J(E_i^*, F_o)) = 2^{[(n-\ell)/2]}$, where $n = \operatorname{rank} \Sigma$ $(n-\ell$ = the number of short roots in $E_i)$.

6.5.- General case. Let us consider the general case. Let $\Sigma = \Sigma_R(A)$ and [Σ_p] $(1 \leqslant p \leqslant M)$ be as in § 5. Then, essentially, we can repeat for Σ_1 of class I [the] argument in § 6.3, and for Σ_p $(p \geqslant 2)$ of class II that in § 6.4. Thus we see [tha]t Proposition 6.5 holds also in the general case.

[7].- REMARKS ON THE METHOD OF PROOF

The method of proving the formulas in § 2 and §§ 4-5 is in principle the [sam]e as that employed in [5] for $Sp(n, \mathbb{R})$. Thus we apply the necessary and [suf]ficient condition for that an invariant analytic function on G' defines cano[nic]ally a tempered invariant eigendistribution on G (cf. Th. 1 in [5]). This is [car]ried out as follows. Firstly, since Λ is regular, the temperedness of Θ_Λ is [equ]ivalent to the boundedness of the function $\tilde{\kappa}^{\underline{h}} = \Delta^{\underline{h}}\, \Theta'_\Lambda$ for every $\underline{h}$ [3]. [Sec]ondly, the invariance of Θ_Λ is interpreted as a certain symmetry of $\tilde{\kappa}^{\underline{h}}$ [und]er $W_G(H^{\underline{h}})$ for every $\underline{h}$ and the consistency between $\tilde{\kappa}^{\underline{h}}$ and $\tilde{\kappa}^{\underline{h}'}$ when $\underline{h}$ [and] $\underline{h}'$ are G-conjugate. These properties are proved at the same time with the [fac]t that our formula for $\tilde{\kappa}^{\underline{h}}$ defines well Θ'_Λ on $U_{g \in G}\, gH'^{\underline{h}} g^{-1}$ in spite of [cer]tain arbitrariness of the choices of $P(\underline{h})$, $X_{\pm\alpha}$ $(\alpha \in F_o)$ (and in addition [g] $\in G$ in Notes 2.1 and 4.1). Thirdly, the function $\tilde{\kappa}^{\underline{h}}$ must be an eigenfunction [of] a certain system of differential operators on $H^{\underline{h}}$. This is equivalent to that [χ_Λ] is expressed as in (0.1), since Λ is regular. Thus finally, it rests only to prove the "patching condition" between $\tilde{\kappa}^{\underline{h}}$'s . This is the most difficult part of our proof.

The "patching condition" is given as follows. Let A be a connected component of $H^{\underline{h}}$, and take $\alpha \in \Sigma_R(A)$. Denote by A^α the connected component of $H^{\underline{h}^\alpha}$ containing $A(\alpha) = \{h \in A ; \xi_\alpha(h) = 1\}$, and put $\beta = \nu_\alpha \alpha$. Then if $\nu_\alpha P(\underline{h}) = P(\underline{h}^\alpha)$,

$$H_\alpha \tilde{\kappa}^{\underline{h}}(h) = H_\beta \tilde{\kappa}^{\underline{h}^\alpha}(h) \tag{7.1}$$

for $h \in A(\alpha)$ such that $\xi_\gamma(h) \neq 1$ $(\gamma \in \Sigma_R(A), \neq \pm\alpha)$, where the both sides denote the limit values at h, and H_α, H_β are considered as invariant differential operators on $H^{\underline{h}}$, $H^{\underline{h}^\alpha}$ respectively. Denote by $\mathrm{Car}^0(G)$ the set of conjugate classes under G of the connected component of Cartan subgroups of G, and by $[A]$ the class of A. Putting $[A^\alpha] > [A]$ for every A and $\alpha \in \Sigma_R(A)$, and extending it transitively, we get an order $>$ in $\mathrm{Car}^0(G)$. The unique largest element in it is given by $[B]$. Starting from $\tilde{\kappa}^{\underline{b}}$ on B, we can determine the functions $\tilde{\kappa}^{\underline{h}}|A$ uniquely by the induction according to this order in $\mathrm{Car}^0(G)$ [4, §§ 8-9]. (Uniqueness comes from the regularity of Λ (see the proof of Th. 1 in [4]).) The proof of (7.1) is given as in [5] by studying the properties of $M(\Sigma_R(A))$ and $M^{or}(\Sigma_R(A))$ is detail.

Note that $\Sigma_R(A^\alpha) = \Sigma^\alpha$ with $\Sigma = \Sigma_R(A)$. Then we see from § 1.5 that Σ^α is of class I if so is Σ. This means that the proof of Theorem 2.1 (case of class I) is independent of that of Theorems 4.1 and 5.1 (case of class II and the general case).

APPENDIX. EVALUATION OF THE RATE OF GROWTH OF THE DISCRETE SERIES CHARACTERS

A1. We give here a proof of a result of D. Miličić [9, Th. III.2], which is obtained directly from our character formula in §§ 4-5. For a Cartan subalgebra $\underline{h}$ of $\underline{g}$, let $\underline{h}_U$, $\underline{h}_V$ be its toroidal part and vector part respectively, and put $H^{\underline{h}}_U = \{h \in H^{\underline{h}} ; |\xi_\alpha(h)| = 1 \text{ for all } \alpha \in \Sigma(\underline{h})\}$. Then we have a direct product decomposition $H^{\underline{h}} = H^{\underline{h}}_U \exp \underline{h}_V$. Let ρ be half the sum of all $\gamma \in P(\underline{h})$, and put for $X \in \underline{h}_V$,

$$\eta(X) = \max_{w \in W(\underline{h}_c)} |(w\rho)(X)| . \tag{A1}$$

We have $\eta(sX) = \eta(X)$ for $s \in W_G(\underline{h})$ because $W_G(\underline{h}) \subset W(\underline{h}_c)$, and

$$\eta(X) = \max_{w \in W(\underline{h}_c)} (w\rho)(X) = \frac{1}{4} \sum_{\gamma \in \Sigma(\underline{h})} |\gamma(X)| , \tag{A1'}$$

ecause $W(\underline{h}_c)$ contains an element w_o such that $w_o P(\underline{h}) = -P(\underline{h})$, and $\gamma(X) \geq 0$ r any $\gamma \in wP(\underline{h})$ if X is in the closure of the Weyl chamber of $\underline{h}_V + \sqrt{-1}\,\underline{h}_U$ rresponding to $wP(\underline{h})$. Moreover we put for $\delta \in \Sigma(\underline{h})$,

$$\text{(A2)} \qquad k(\delta) = \frac{1}{4} \sum_{\gamma \in \Sigma(\underline{h})} |(\gamma, \delta)| ,$$

ere $(\cdot,\cdot)$ denotes the Killing form. Note that (γ, δ) are real for all $\in \Sigma(\underline{h})$, then we see as for $\eta(X)$ that

$$\text{(A2')} \qquad k(\delta) = \max_{w \in W(\underline{h}_c)} |(w\ , \delta)| = \max_{w \in W(\underline{h}_c)} (w\rho, \delta) .$$

Let ν be an automorphism of $\underline{g}_c$ such that $\underline{h}' = \nu\underline{h}_c \cap \underline{g}$ is again a rtan subalgebra of $\underline{g}$, then $\nu\delta \in \Sigma(\underline{h}')$ and $k(\nu\delta) = k(\delta)$.

Let Θ be an invariant eigendistribution on G and Θ' the invariant alytic function on G' corresponding to it. Then we say after Miličić that Θ of the <u>rate of growth</u> γ $(\gamma \in \mathbb{R})$ if for every $\underline{h}$, the function $(\Delta^{\underline{h}}\,\Theta')(h)$ s the following property : for every $h = h_U \exp X \in H^{\underline{h}} \cap G'$ with $h_U \in H^{\underline{h}}_U$, $\in \underline{h}_V$,

$$\text{(A3)} \qquad |\Delta^{\underline{h}}\,\Theta'(h_U \exp X)| \leq M\, e^{\eta(X)} (1 + \|X\|)^m ,$$

ere M and m are constants, and $\|X\|$ denotes the length of X with respect the Killing form.

Let $\underline{b}$ be a compact Cartan subalgebra of $\underline{g}$ and put $B = H^{\underline{b}}$. Let us conder the invariant eigendistribution Θ_Λ for $\Lambda \in \underline{b}^{*\prime}_B$, which is equal to a screte series character modulo a known sign. Miličić studied the rate of growth Θ_Λ and obtained the following result.

Theorem [8, Th. III.2] . <u>Let</u> $\kappa > 0$. <u>Then the following two conditions on</u> $\in \underline{B}^{*\prime}_B$ <u>are equivalent</u> :

(i) $|(\Lambda, \alpha)| \geq \kappa \cdot k(\alpha)$ <u>for every non-compact root</u> α <u>of</u> $\underline{b}$,

(ii) <u>the invariant eigendistribution</u> Θ_Λ <u>has the rate of growth</u> $-\kappa$.

The implication (ii) $\Rightarrow$ (i) is attributed to Trombi-Varadarajan [11] and proved in [8] the implication (i) $\Rightarrow$ (ii) . Here we give a proof of the latter plication using the formula of Θ_Λ in §§ 4-5 .

A2. Let the notations be as in §§ 4-5 . For a connected component A of , the function $(\Delta^{\underline{h}}\,\Theta'_\Lambda)(h)$ for $h \in A^+(P)$ is given as a linear combination of $Y(h; E_i, u, s\Lambda)$ with coefficient ± 1. The number of terms is bounded by a constant N depending only on G. Therefore for $h \in A^+(P)$,

$$\text{(A4)} \qquad |(\Delta^{\underline{h}} \Theta'_\Lambda)(h)| \leqslant N \max_{i,u,s} |Y(h; E_i, e, s\Lambda)| ,$$

where E_i runs over all standard elements in $M^{or}(P)$, u over all $u \in W(\Sigma)$ such that $uE_i \in M^{or}(P)$, and s over $W_G(\underline{b})$.

On the other hand, $h \in A^+(P)$ is expressed uniquely as $h = h_U \exp X$, where $h_U \in A_U = A \cap H^{\underline{h}}_U$ and $X \in \underline{h}_V(P) = \{X \in \underline{h}_V ; \gamma(X) > 0 \ (\gamma \in P)\}$. By the formula (4.7), we have for $\Lambda' = s\Lambda$ and $h = h_U \exp X \in A^+(P)$,

$$\text{(A5)} \qquad |Y(h; E_i, u, \Lambda')| \leqslant \exp\left\{ - \sum_{\gamma \in E_i^*} (u\gamma)(X) |(\Lambda', \nu_{F_o} \gamma)| / |\gamma|^2 \right\}$$

where $F_o \in M(P)$ is the strongly orthogonal standard system.

Note that $(\Delta^{\underline{h}} \Theta'_\Lambda)(vh) = \mathrm{sgn}(v)\ (\Delta^{\underline{h}} \Theta')(h)$ for $w \in W(\Sigma)$, $h \in A^+(P)$, and that $vh = h_U \exp vX$ for $h = h_U \exp X$ and $\eta(vX) = \eta(X)$. Then we see th[at] to get (ii) from (i), it is sufficient to prove the following : for $X \in \underline{h}_V(P)$ and $w \in W(\underline{h}_c)$,

$$\text{(A6)} \qquad \sum_{\gamma \in E_i^*} (u\gamma)(X) |(\Lambda', \nu_{F_o} \gamma)| / |\gamma|^2 \geqslant \kappa |(w\rho)(X)| .$$

On the other hand, the condition (i) on Λ gives a similar condition on $\Lambda' = s\Lambda$,

(i') $\quad |(\Lambda', \alpha)| \geqslant \kappa \cdot k(\alpha)$ for any non-compact root α of $\underline{b}$.

Thus our task is to prove (A6) under this condition.

A3. For this purpose, it is sufficient to prove the following two lemmas.

Lemma A1.- For any E_i, there exists an $S \in M(P)$ such that under the condition (i') the following inequality holds : for $X \in \underline{h}_V(P)$,

$$\sum_{\gamma \in E_i^*} (u\gamma)(X) |(\Lambda', \nu_{F_o} \gamma)| / |\gamma|^2 \geqslant \sum_{\delta \in S} \delta(X)\ k(\delta) / |\delta|^2 .$$

Lemma A2.- Let $S \in M(P)$ and $w \in W(\underline{h}_c)$. Then for any $X \in \underline{h}_V(P)$,

$$\text{(A7)} \qquad \sum_{\delta \in S} \delta(X)\ k(\delta) / |\delta|^2 \geqslant |(w\rho)(X)| .$$

Proof of Lemma A1.- Here we apply Lemma 6.3. Note that a root in E_i^* is ither contained in F_o or forms together with another root in E_i^* a pair $\{\gamma, \gamma'\}$ such that $\gamma' \pm \gamma \in F_o$. Let $\alpha \in E_i^*$ be in F_o . Then $\nu_{F_o}\alpha$ is non-ompact by Lemma 6.2, whence

(A8) $$(u\alpha)(X)\ |(\Lambda', \nu_{F_o}\alpha)|/|\alpha|^2 \geqslant (u\alpha)(X)\kappa \cdot k(u\alpha)/|u\alpha|^2 .$$

Now consider the second case. Then, by Lemma 6.3, $\nu_{F_o}\gamma$ is compact and $\nu_{F_o}\gamma'$ is not under Condition 4.1. Put $\beta = \gamma' + \gamma$, $\beta' = \gamma' - \gamma$, then $\nu_{F_o}\beta$, $\nu_{F_o}\beta'$ are both non-compact. Hence $|(\Lambda', \nu_{F_o}\delta)| \geqslant \kappa \cdot k(\delta)$ for $\delta = \gamma'$, β, β' . Note that $|\beta|^2 = |\beta'|^2 = 2|\gamma|^2 = 2|\gamma'|^2$, and $k(\gamma) = k(\gamma')$ ecause $s_{\beta'}\gamma = \gamma'$.

Case 1.- When $|(\Lambda', \nu_{F_o}\gamma)| \geqslant |(\Lambda', \nu_{F_o}\gamma')|$, we have

$$|(\Lambda', \nu_{F_o}\gamma)| \geqslant |(\Lambda', \nu_{F_o}\gamma')| \geqslant \kappa \cdot k(\gamma') = \kappa \cdot k(u\gamma') = \kappa \cdot k(u\gamma) .$$

herefore

(A9) $$\sum_{\delta=\gamma,\gamma'} (u\delta)(X)\ |(\Lambda', \nu_{F_o}\delta)|/|\delta|^2 \geqslant \sum_{\delta=\gamma,\gamma'} (u\delta)(X)\kappa \cdot k(u\delta)/|u\delta|^2 .$$

Case 2.- When $|(\Lambda', \nu_{F_o}\gamma)| < |(\Lambda', \nu_{F_o}\gamma')|$, we see that $(\Lambda', \nu_{F_o}\beta)$ nd $(\Lambda', \nu_{F_o}\beta')$ have the same sign. Note that $u\gamma' \pm u\gamma > 0$ because $E_i \in M^{or}(P)$. Then we have $u\beta(X) > 0$, $u\beta'(X) > 0$, and

(A10) $$\sum_{\delta=\gamma,\gamma'} (u\delta)(X)\ |(\Lambda', \nu_{F_o}\delta)|/|\delta|^2 = \sum_{\delta=\beta,\beta'} (u\delta)(X)\ |(\Lambda', \nu_{F_o}\delta)|/|\delta|^2$$
$$\geqslant \sum_{\delta=\beta,\beta'} (u\delta)(X)\kappa \cdot k(u\delta)/|u\delta|^2 .$$

The assertion of the lemma follows from (A8)-(A10). Q.E.D.

Proof of Lemma A2. Denote by J the left hand side of (A7). Since $k(\delta) \geqslant |(w\rho, \delta)|$, we have

$$J \geqslant \sum_{\delta \in S} \delta(X)\ |(w\rho, \delta)|/|\delta|^2 = \Big|\sum_{\delta} \delta(X)(w\rho, \delta)|/|\delta|^2\Big| = |(w\rho)(X)| .$$

Q.E.D.

Thus we have proved (A6) under (i'). This gives us the implications (i) $\Rightarrow$ (ii) as is desired.

REFERENCES

[1] Arthur, J. : The characters of discrete series as orbital integrals. Inventiones math. 32, 205-261 (1976).

[2] Harish-Chandra : Invariant eigendistributions on a semi-simple Lie group. Trans. Amer. Math. Soc. 119, 457-508 (1965).

[3] --------- : Discrete series for semi-simple Lie groups II. Acta Math. 116, 1-111 (1966).

[4] Hirai, T. : Invariant eigendistributions on real simple Lie groups III, Methods of construction for semi-simple Lie groups. Japanese J. Math. New Ser. 2, 269-341 (1976).

[5] --------- : Invariant eigendistributions on real simpleLie groups IV, Explicit forms of the characters of discrete series representations for $Sp(n, \mathbb{R})$. Ibid. 3, 1-48 (1977).

[6] --------- : The characters of the discrete series for semi-simple Lie group Preprint.

[7] Herb, R.A. : Fourier inversion of a stabilized invariant integral. To appea

[8] Mikami, S. : A simple expression of the characters of certain discrete seri representations. Preprint.

[9] Miličić, D. : Asymptotic behaviour of matrix coefficients of the discrete series. Duke Math. J. 44, 59-88 (1977).

[10] Schmid, W. : On the characters of the discrete series. Inventiones math. 30 47-144 (1975).

[11] Trombi, P.C. and Varadarajan, V.S. : Asymptotic behaviour of eigenfuntions a semi-simple Lie group, The discrete spectrum. Acta Math. 129 237-280 (1972).

[12] Vargas, J.A. : A character formula for the discrete series of a semi-simple Lie group. Preprint.

COMPACTIFICATIONS OF SYMMETRIC SPACES AND HARMONIC FUNCTIONS

by

Adam KORANYI

The main purpose of this article is to present some new results about he boundary behaviour of Poisson integrals on symmetric spaces. There is a umber of results known about this subject, mainly about behaviour near the istinguished boundary (Cf. [3], [6], [9]). The study of behaviour at general oundary points was started in [5], but only for Poisson integrals of bounded unctions. Here we will prove that the results of [5] remain true for L^p-unctions when p is sufficiently large ; this involves the extension of certair nown maximal operator methods to a more general situation (§ 3). At the end, n § 4 we will indicate without proofs how the recent results of E. M. STEIN 9] about a weaker kind of convergence to the distinguished boundary also xtend to the case of the whole boundary, at least for $p > 1$.

A secondary purpose is expository. The theory of the Furstenberg-Satake ompactifications is fundamental to what we do. In § 2 we give an exposition of he part of this theory that we need, with proofs up to a certain point. The rticle is still far from self-contained, but the reader familiar with the basic acts about parabolic subgroups of real semisimple Lie groups (recalled in § 1) ill be able to follow the bulk of this article almost never having to use ther references than occasionally [3] and [5], where the notation is the same s here.

§ 1

PARABOLIC SUBGROUPS

The results in this section are well known [7], [8], [10]. Their proofs are either trivial or can be found in chapter I of [10].

Let G be a connected semisimple Lie group with finite center, K a maximal compact subgroup, $X = G/K$ the associated symmetric space. We denote by o the identity coset of G/K.

$\mathfrak{g} = \mathfrak{k} + \mathfrak{p}$ is the Cartan decomposition of the Lie algebra of G, θ the involution, $\mathfrak{a}$ a maximal abelian subspace in $\mathfrak{p}$, $\mathfrak{h} = \mathfrak{a} \oplus \mathfrak{h}^-$ a Cartan subalgebra of $\mathfrak{g}$. Π will be a system of simple restricted roots. For $E \subset \Pi$ we set $\mathfrak{a}(E) = \{H \in \mathfrak{a} \mid \lambda(H) = 0 , \forall \lambda \in E\}$, and $\mathfrak{n}(E) = \Sigma\, \mathfrak{g}_\lambda$ where the $\mathfrak{g}_\lambda$ are root spaces for those positive λ's which do not vanish on $\mathfrak{a}(E)$. We set $\bar{\mathfrak{n}}(E) = \theta\mathfrak{n}(E)$. If $E = \emptyset$, we have $\mathfrak{a}(E) = \mathfrak{a}$ and we write $\mathfrak{n}$, $\bar{\mathfrak{n}}$ droppin the parenthesis.

The centralizer of $\mathfrak{a}(E)$ is reductive, hence it splits as

$$\mathfrak{g}^E \oplus \mathfrak{h}^-(E) \oplus \mathfrak{a}(E)$$

where $\mathfrak{g}^E$ is semisimple and $\mathfrak{h}^-(E) \subset \mathfrak{h}^-$. $\mathfrak{g}^E$ is a sum of minimal θ-invariant ideals ; let $\mathfrak{g}_c^E$ be the sum of those that are compact and $\mathfrak{g}_n^E$ the sum of those that are not. Then $\mathfrak{g}^E = \mathfrak{g}_n^E \oplus \mathfrak{g}_c^E$.

θ induces the decompositions $\mathfrak{g}^E = \mathfrak{k}^E + \mathfrak{p}^E$, $\mathfrak{g}_n^E = \mathfrak{k}_n^E + \mathfrak{p}^E$. Then $\mathfrak{a}^E = \mathfrak{a} \cap \mathfrak{p}^E$ is maximal abelian in $\mathfrak{p}^E$; the $\mathfrak{a}^E$-roots of $\mathfrak{g}^E$ are just those $\mathfrak{a}$-roots of $\mathfrak{g}$ which vanish on $\mathfrak{a}(E)$. One has $\mathfrak{a} = \mathfrak{a}^E \oplus \mathfrak{a}(E)$. Writing $\mathfrak{n}^E$ for the analogue of $\mathfrak{n}$ in $\mathfrak{g}^E$, $\mathfrak{n} = \mathfrak{n}(E) + \mathfrak{n}^E$ is a semidirect sum.

The analytic subgroups corresponding to the subalgebras introduced up to this point are denoted by the corresponding Roman capitals. They are all closed. A and N are simply connected, so the exponential map is a homeomorphism on them.

The parabolic subgroup $B(E)$ can be defined as the normalizer of $\mathfrak{n}(E)$; let $\mathfrak{b}(E)$ be its Lie algebra. If $E=\emptyset$, we write B , $\mathfrak{b}$. It is known that any subgroup of G that contains B must be a $B(E)$.

We define $Z_1 = Ad^{-1}(\exp(ad\, i\mathfrak{a}) \cap Ad(G))$, where we think of $Ad\, G$ as acting on the complexified $\mathfrak{g}$. Z_1 is in K , is finite and normalizes each $\mathfrak{g}^E$, $\mathfrak{g}_n^E$, $\mathfrak{g}_c^E$. Defining

(1.1) $$\underline{\underline{M}}(E) = Z_1 G^E H^-(E) ,$$

we have a group since Z_1 normalizes G^E and both commute with $H^-(E)$. Again we write $\underline{\underline{M}}$ for $\underline{\underline{M}}(\emptyset)$; this is the centralizer of $\mathfrak{a}$ in K . One has the Langlands decomposition

(1.2) $$B(E) = \underline{\underline{M}}(E)\, A(E)\, N(E)$$

with $N(E)$ and $A(E)\, N(E)$ both normal.

Let $X^E = \underline{\underline{M}}(E).o$. By (1.1) and by $G^E = G_n^E G_c^E$ we also have $X^E = G^E.o = G_n^E.o \simeq G^E/K^E \simeq G_n^E/K_n^E$ (in fact, $G^E \cap K$ must be connected, since X^E is a totally geodesic symmetric subspace of X , and hence is of non-compact type).

It is most natural to think of the points of X^E in the form $g^E.o$, with $g^E \in G^E$ (or even $g^E \in G_n^E$) . The action of the elements of $\underline{\underline{M}}(E)$ on X^E is then as follows : G^E acts in the natural way, G_c^E and $H^-(E)$ trivially, and $z \in Z_1$ by $zg^E\cdot o = (g^E)^z.o$ (here and elsewhere we use the notation $a^b = bab^{-1}$; the point of the last formula is that $(g^E)^z$ is again in G^E , resp. G_n^E).

It is an easy consequence of the Iwasawa theorem that X admits the unique continuous decomposition $X = \overline{N}(E)\ A(E).X^E$.

From the basic structure theorem of parabolic groups ("Bruhat Lemma") it follows that the orbit under $\overline{N}(E)$ of the base point in $G/B(E)$ is a dense open set and $\overline{N}(E)$ acts simply transitively on this orbit.

§ 2

THE FURSTENBERG-SATAKE COMPACTIFICATIONS

For every fixed subset $E_o \subset \Pi$, we write $S(E_o) = G/B(E_o)$. This is
ıat is usually called a boundary of X ; we shall rather call it a distinguished
›undary in analogy with Bergman's terminology for complex domains. For $E_o = \emptyset$
write $S = G/B$, this is the maximal distinguished boundary.

By the Iwasawa decomposition K is transitive on each $S(E_o)$. We denote
ıe normalized K-invariant measure on $S(E_o)$ by μ . The Poisson integral of
function f on $S(E_o)$ is defined by

$$F(g.o) = PI(f)(g.o) = \int (f \circ g)d\mu = \int f(n)\ P(g.o , n)\ d\mu(n) \qquad (?.1)$$

ere $P(g.o , n) = \frac{d\mu(g^{-1}.n)}{d\mu(n)}$ is called the Poisson kernel.

It is known that every Poisson integral is harmonic (in the sense of
ing annihilated by G-invariant differential operators without constant term)
d that every harmonic function is the Poisson integral of something on S .
e Poisson integrals from the other $S(E_o)$'s give certain subclasses of the
rmonic functions.

Given E_o , we want to construct a compactification $\overline{X}(E_o)$ of X such
at (i) $\overline{X}(E_o) \supset S(E_o)$, and (ii) the Poisson integral of every continuous
nction f on $S(E_o)$ extends continuously to $\overline{X}(E_o)$ (and agrees with f
$S(E_o)$).

Following Furstenberg and Moore this can be done as follows. Let
$S(E_o))$ be the Banach space of measures on $S(E_o)$ with the weak-* topology.
e map $\iota : g.o \longmapsto g.\mu$ is shown to be an imbedding, i.e. a homeomorphism

of X onto its image, with which it will be identified. $\overline{X}(E_o)$ is now defined as the closure of X in $\mathcal{M}(S(E_o))$. Property (i) is easy to show ([3 , Lemma 2.4], or Lemma 2.2 below ; for this one identifies the points of $S(E_o)$ with the δ-measures carried by them. Property (ii) is trivial, it is the definition of the weak-* topology.

We shall now consider the case $E_o = \emptyset$, i.e. work out in detail the properties of $\overline{X} = \overline{X}(\emptyset)$. This special case, the "maximal compactification" is the most important one, and the general case can actually be reduced to it.

Denoting by u_o the identity coset in $S = G/B$, we define

$$S^E = B(E).u_o \ . \tag{2.2}$$

From (1.2) and (1.1) it is clear that we have also $S^E = \underline{\underline{M}}(E).u_o = K^E.u_o = K^E_n.u_o$. Furthermore, $S^E \simeq G^E/B^E \simeq K^E/M^E$ (where B^E, M^E are the analogues of B, M in G^E). To prove this, we note that $S^E \simeq K^E/B \cap K^E$; now by Iwasawa $B \cap K^E = MAN \cap K^E = M \cap K^E$, which is the centralizer of $\mathfrak{a}$ in K^E . But K^E centralizes $\mathfrak{a}(E)$, and $\mathfrak{a} = \mathfrak{a}^E \oplus \mathfrak{a}(E)$; hence $M \cap K^E$ is the centralizer of $\mathfrak{a}^E$ in K^E , that is, M^E. Now $S^E \simeq G^E/B^E$ also follows, by the Iwasawa decomposition of G^E .

We define μ^E as the normalized K^E-invariant measure on S^E and the map $\iota_E : X^E \longrightarrow \mathcal{M}(S)$ by $g^E.o \longmapsto g^E.\mu^E$. The image of ι_E is contained in $\mathcal{M}(S^E)$ which is a linear subspace of $\mathcal{M}(S)$; ι_E is the analogue for X^E of the original map ι .

LEMMA 2.1.

(i) The normalizer of the set S^E in G is $B(E)$.

(ii) $\overline{N}(E) \times S^E \longrightarrow S$ defined by $(\overline{n}, u^E) \longmapsto \overline{n}.u^E$ is an injection onto a dense open subset.

(iii) There exists a function χ_E on $\overline{N}(E) \times S^E$ such that, for all continuous f ,

(2.3) $$\int_S f\,d\mu = \iint_{\overline{N}(E)\times S^E} f(\overline{n}.u)\ \chi_E(\overline{n}, u)\ d\overline{n}\ d\mu^E(u)\ ,$$

and, for all $u \in S^E$,

(2.4) $$\int_{\overline{N}(E)} \chi_E(\overline{n}, u)\ d\overline{n} = 1\ .$$

t is explicitly given, for $\ell \in K^E$, by

(2.5) $$\chi_E(\overline{n}, \ell.u_o) = e^{-2\rho H(\overline{n}\ell)}$$

here 2ρ is the sum of all positive roots and $H(g)$ is defined, as usual, y $g \in K.\exp H(g).N$.

Proof. (i) The normalizer contains $B(E)$, therefore, by a basic fact on parabolic subgroups (see e.g. [3, Lemma 2.2]) it is a $B(D)$ with $D \supset E$. By efinition of S^D , this means $S^D \subset S^E$. Now we know that $\overline{N}^D$, $\overline{N}^E$ are simply ransitive on open submanifolds of S^D , S^E . Thus, $D \neq E$ would imply im $S^D > \dim S^E$, which is a contradiction.

(ii) We know $\overline{N}(E)S^E = \overline{N}(E)G^E.u_o \supset \overline{N}(E)\overline{N}^E.u_o = \overline{N}.u_o$ which is open ense by the last remark in § 1. The statement about injectivity amounts, by efinition of S^E , to showing that $\overline{n}B(E) = \overline{n}'B(E)$ implies $\overline{n} = \overline{n}'$ which is gain true by the last remark in § 1.

(iii) The existence of a unique χ_E with (2.3) follows from (ii). To rove (2.4) let f be continuous and $\ell \in K^E$. Since $\int f\,d\mu = \int (f \circ \ell^{-1})\,d\mu$, e have

$$\iint f(\overline{n}.u)\ \chi_E(\overline{n}, u)\ d\overline{n}\ d\mu^E(u) = \iint f(\ell^{-1}\ \overline{n}.u)\ \chi_E(\overline{n}, u)\ d\overline{n}\ d\mu^E(\overline{n})\ .$$

e note that $\ell^{-1}\ \overline{n}.u = \overline{n}\ell^{-1}.\ \ell^{-1}.u$ and make the variable changes $\overline{n}\ell^{-1} \longmapsto \overline{n}$,

$\ell^{-1}.u \longmapsto u$ in the second integral. Since K^E is compact, the jacobian is trivial, and since the resulting equality holds for all f, we have

$$\chi_E(\bar{n}, u) = \chi_E(\bar{n}^{\ell}, \ell.u) .$$

Integrating this on $\bar{N}(E)$, a variable change shows that the left hand side of (2.4) is independent of u ; integration on S^E shows that it is equal to 1

To prove (2.5), let $\ell \in K^E$, $\bar{n}_o \in \bar{N}(E)$. After a variable change, (2.3) gives

$$\int (f \circ \ell^{-1}\, \bar{n}_o^{-1})\, d\mu = \iint f(\bar{n}.u)\, \chi_E(\bar{n}_o\bar{n}^{\ell}, \ell.u)\, d\bar{n}\, d\mu^E(u) .$$

This integral can also be written using the Poisson kernel as in (2.1), and then transforming by (2.3) :

$$\int f(u)\, P(\ell^{-1}\bar{n}_o^{-1}.o, u)\, d\mu(u) = \iint f(\bar{n}.u)\, P(\ell^{-1}\, \bar{n}_o^{-1}.o, \bar{n}.u)\, \chi_E(\bar{n}, u)\, d\bar{n}\, d\mu^E(u)$$

Since f is arbitrary, the coefficients of f in these two expressions must be equal. In particular, setting $\bar{n} = e$, $u = u_o$ it follows that

$$\chi(\bar{n}_o, \ell.u_o) = P(\ell^{-1}\, \bar{n}_o^{-1}.o, u_o) .$$

Using the well-known formula $P(g.o, k.u_o) = e^{-2\rho H(gk^{-1})}$ the statement follows

LEMMA 2.2. Let $\{a_\nu\}$ be a sequence in $A(E)$ such that $\lambda(\log a_\nu) \longrightarrow +\infty$ for all $\lambda \in \Pi - E$ (we shall say " $a_\nu \longrightarrow +\infty$ in $A(E)$ "). Then $a_\nu.\mu \longrightarrow \mu^E$

Proof. Let f be continuous on S. We have $a_\nu \bar{n}.u = \bar{n}^{a_\nu}\, a_\nu.u = \bar{n}^{a_\nu}.u$, since $A(E)$ commutes with K^E and $A(E).u_o = u_o$. So (2.3) gives

$$\int f\, d(a_\nu.\mu) = \iint f(\bar{n}^{a_\nu}.u)\, \chi_E(\bar{n}, u)\, d\bar{n}\, d\mu^E(u) .$$

Now $\bar{n} = \exp \Sigma X_\alpha$ with $X_\alpha \in \mathfrak{g}_\alpha$, $\alpha < 0$, $\alpha|_{\mathfrak{a}(E)} \neq 0$.

Hence $\bar{n}^{a_\nu} = \exp \Sigma e^{\alpha(\log a_\nu)} \longrightarrow e$, and the integral tends to $\int f(u)\, d\mu^E(u)$ by (2.4).

It is now easy to describe the main properties of $\bar{X}$. They actually characterize $\bar{X}$ in the category of G-spaces ; they are the special cases for $E_o = \emptyset$ of Satake's axioms [8, p. 100].

PROPOSITION 2.3.

1) $\bar{X}$ is a compact Hansdorff G-space, X a dense G-subspace.

2) For all $E \subset \Pi$, there is an imbedding ι_E of X^E into $\bar{X}$, and we have a disjoint union

$$\bar{X} = \bigcup_{E\subset\Pi} G.\iota_E(X^E) \ ;$$

3) $g.\iota_E(X^E)$ and $g'.\iota_E(X^E)$ are disjoint or equal ; equal if, and only if $g^{-1} g' \in B(E)$. $N(E)A(E)$ acts on $\iota_E(X^E)$ trivially, and $\underline{\underline{M}}(E)$ in such a way that ι_E commutes with the action.

4) Writing A^+ (A^{E+}) for the exponential of the closed positive Weyl chamber in $\mathfrak{a}$ $(\mathfrak{a}^E)$, the closure of $A^+.o$ in $\bar{X}$ is

$$\bigcup_{E\subset\Pi} \iota_E(A^{E+}.o) \ .$$

If $a_\nu \in A^{D+}$, the sequence $\{a_\nu.\iota_D(o)\}$ converges, and its limit is $a^E.\iota_E(o)$, if and only if

$$(2.6)\qquad \begin{cases} \lambda(\log a_\nu) \longrightarrow \lambda(\log a^E) & (\lambda\in E) \\ \lambda(\log a_\nu) \longrightarrow +\infty & (\lambda\in D-E) \end{cases}$$

Proof. For (1) the only thing to prove is that ι is an imbedding. To see that it is injective, it is sufficient to consider the case where X is irreductible. But then K is a maximal subgroup of G , so the stabilizer of μ is either K or G . It can not be G , since Lemma 2.2 shows that the δ-measure $\mu^{\emptyset}$ is in the closure of $G.\mu$.

To see that ι is a homeomorphism one has to show that $g_\nu.\mu \longrightarrow g.\mu$ implies $g_\nu.o \longrightarrow g.o$. For this it is enough to show that $g_\nu.o$ must stay in a compact set (since an injective map of a compact set is a homeomorphism).

To do this, we make the following remark which will also be useful later. If $\{g_\nu.o\}$ is any sequence in X , we write it by the Cartan decomposition as $g_\nu.o = k_\nu\, a_\nu.o$ ($a_\nu \in A^+$ uniquely determined, and $k_\nu \in K$). Now we can find a subsequence such that $k_{\nu'} \longrightarrow k_o$ and, with some $E \subset \Pi$ and numbers c_λ ,

$$(2.7)\qquad \begin{aligned} &\lambda(\log a_{\nu'}) \longrightarrow c_\lambda && (\lambda \in E) \\ &\lambda(\log a_{\nu'}) \longrightarrow +\infty && (\lambda \in \Pi - E)\ . \end{aligned}$$

Now we write $a_\nu = a_{E,\nu}\, a_\nu^E$ $(a_{E,\nu} \in A(E)$, $a_\nu^E \in A^E)$ and we note that there is a unique $a_o^E \in A^{E+}$ such that $\lambda(\log a_o^E) = c_\lambda$ $(\lambda \in E)$. Now clearly $a_\nu^E \longrightarrow a_o^E$, while $a_{E,\nu} \longrightarrow +\infty$ in $A(E)$.
By Lemma 2.2 it follows that $(a_o^E)^{-1}\, k_o^{-1}\, g_{\nu'}.\mu \longrightarrow \mu^E$, i.e. that

$$(2.8)\qquad g_{\nu'}.\mu \longrightarrow k_o\, a_o^E.\mu^E\ .$$

Returning to our proof, it is now clear that, if a_ν does not stay in a compact set, then a subsequence can be chosen such that (2.7) holds with a proper subset E of Π . But then $g.\mu = \lim g_{\nu'}.\mu = k_o\, a_o^E.\mu^E$ which is a contradiction, since $\mathrm{supp}(g.\mu) = S$ and $\mathrm{supp}(k_o\, a_o^E.\mu^E) = k_o.S^E$.

As for (2), the fact that ι_E is an imbedding follows by applying (1) to the space X^E . For the second statement, let $p \in \overline{X}$; then $p = \lim g_\nu.\mu$ for some sequence $\{g_\nu\}$ in G . By (2.8) it follows that $p = k_o\, a_o^E.\mu^E$, which shows even that

$$p \in \bigcup_{E \subset \Pi} K.\iota_E(X^E) .$$

The union is disjoint, since the support of each element in $k.\iota_E(X^E)$ is $k.S^E$ and $k.S^E = S^D$ implies by Lemma 2.1, $kB(E)k^{-1} = B(D)$, which further implies $E = D$.

For (3) we first have to see that $g.\iota_E(X^E) \cap \iota_E(X^E) \neq \emptyset$ implies $g \in B(E)$. In fact in this case we have two points in $\iota_E(X^E)$, i.e. two measures p and q on S^E such that $g.p = q$. Looking at the supports we have $g.S^E = S^E$, and the statement follows from Lemma 2.1.(i).

$A(E)N(E)$ is normalized by G^E, and contained in B; hence it acts trivially on $S^E = G^E.u_o$. Therefore it also acts trivially on $\iota_E(X^E)$ whose elements are measures on S^E.

For exactly the same reason $H^-(E)$ also acts trivially, so we have

$$\iota_E(gg^E.o) = g.\iota_E(g^E.o) \tag{2.9}$$

for $g \in H^-(E)$. (2.9) is trivially true for $g \in G^E$ too. By (1.1) we are finished if we show that it is true for $g \in Z_1$. Now $\iota_E(gg^E.o) = (g^E)^g.\mu^E$ and $g.\iota_E(g^E.o) = gg^E.\mu^E$; these are equal, since g normalizes K^E, therefore $g^{-1}.\mu^E$ is again a normalized K^E-invariant measure on S^E, and therefore equal to μ^E.

To prove (4), let first p be in the closure of $A^+.o$. Then $a_\nu.\mu \longrightarrow p$ with some $a_\nu \in A^+$, and the "general remark" in the proof of (1) shows at once that (2.6) holds (with $D = \Pi$), and $p = a^E.\mu^E$ with some $E \subset \Pi$, $a^E \in A^{E+}$. This proves the first statement, and also the convergence statement for $D = \Pi$; the general case follows by applying this special case to G^D/K^D. This finishes the proof.

It is not too difficult to generalize the Proposition to the case of $\overline{X}(E_o)$. There are two ways for doing this : One, followed in [7], is to adapt and extend the proof given above. The other is to observe that there is a natural fibering $G/B \longrightarrow G/B(E_o)$ which induces a G-equivariant map

$$\mathfrak{p} : \mathcal{M}(S) \longrightarrow \mathcal{M}(S(E_o)) \tag{2.10}$$

under which $\overline{X}(E_o)$ is the image of $\overline{X}$.

We do not carry out the proofs here, we only describe the results.

Given any $E \subset \Pi$, X^E splits into a product of irreductible symmetric spaces X^{E_j}. One has $E = \bigcup E_j$, and the E_j are called the <u>components</u> of E.

Given a set E_o, a set E is called E_o-<u>connected</u> if no component of E is contained in E_o.

We shall consider $\overline{X}(E_o)$ only for sets E_o such that Π is E_o-connected (such sets are called <u>faithful</u> by Moore). When X is irreductible, this means only that we exclude the degenerate case $E_o = \Pi$, which would give an $\overline{X}(E_o)$ consisting of a single point.

If E is E_o-connected, let E'' be the set of all $\lambda \in E_o$ such that $E \cup \{\lambda\}$ is not E_o-connected, and let $E' = E \cup E''$. Then one can show that E, E'' are disjoint and both are unions of components of E'. This amounts to the direct decompositions $X^{E'} = X^E \times X^{E''}$ and $\mathfrak{g}^{E'} = \mathfrak{g}_c^{E'} \oplus \mathfrak{g}_n^{E''} \oplus \mathfrak{g}_n^E$. There is a corresponding decomposition with commuting factors

$$G^{E'} = G_c^{E'} G_n^{E''} G_n^E .$$

Using the remarks made in § 1 it follows that the action of $\underline{\underline{M}}(E')$ on $X^{E'}$ respects the product structure, and therefore one can define an action of $\underline{\underline{M}}(E')$ on X^E by projection.

Using these definitions we can say how Proposition 2.3 has to be modifie[d] in order to describe the properties of $\overline{X}(E_o)$ for arbitrary faithful E_o :

(1) remains unchanged.

In (2) the maps ι_E are defined and the union taken over E_o-connected ets E only.

In (3) B(E) has to be replaced by B(E') ; A(E')N(E') acts trivially n $\iota_E(X^E)$ and $\underline{\underline{M}}(E')$ in such a way that ι_E is equivariant with respect to he action of $\underline{\underline{M}}(E')$ described above.

(4) remains true, with the union taken over E_o-connected sets E only nd the second line of (2.6) written for $\lambda \in D-E'$ only.

These are Satake's axioms. It is easy to show [8, p. 101] that they etermine $\overline{X}(E_o)$ completely.

There are a number of facts that one can now prove easily either direc-ly from the axioms or from the concrete realization of $\overline{X}(E_o)$ as a subset of $(S(E_o))$. For easier reference we list some of these here as numbered remarks.

emark 2.4. Axiom (2) is true in the following stronger form :

$$\overline{X}(E_o) = \bigcup K.\iota_E(X^E) = \bigcup G.\iota_E(0) .$$

n particular, $\overline{X}(E_o)$ is a finite union of G-orbits one of which (namely $.L_\emptyset(0) \simeq S(E_o)$) is also a K-orbit.

The sets $g.\iota_E(X^E)$ for fixed g are called boundary components of ype E . So $S(E_o)$ is just the union of all boundary components of type $\emptyset$, .e. of those that consist of single points.

emark 2.5. For E_o-connected E , $E \cap E_o$ gives a Satake compactification f X^E which we denote briefly by $\overline{X}^E(E_o)$. Now ι_E extends by continuity o a homeomorphism of $\overline{X}^E(E_o)$ onto the closure of $\iota_E(X^E)$ in $\overline{X}(E_o)$. This ap is still B(E')-equivariant and the imbeddings of X^D ($D \subset E$, E_o-connected) nto $\overline{X}(E_o)$ induced by it coincide with ι_D (see [5, Lemma 1.1] or [8, p.102]).

In particular, the set $S(E_o)^E = B(E').L_\emptyset(0) = K_n^E.\iota_\emptyset(0)$ is the image of, and hence identifiable with, the distinguished boundary of X^E in $X^E(E_o)$.

Remark 2.6. If f is continuous on $S(E_o)$, then its Poisson integral

$$F(g.o) = \int_{S(E_o)} f\, d(g.\mu)$$

extends to a continuous function on $\overline{X}(E_o)$ which we still denote by F . We have (see Lemma 2.2 or Satake axiom (4)) :

$$F(g.\iota_E(0)) = \int_{S(E_o)^E} f\, d(g.\mu^E) . \tag{2.11}$$

Fixing $g \in G$ and letting $g^E \in G^E$ vary, we can also write this as follows :

$$F(g.\iota_E(g^E.o)) = \int_{S(E_o)^E} (f \circ g)\, d(g^E.\mu^E) = \int_{S(E_o)^E} (f \circ g)(u) P^E(g^E.o,u)\, d\mu^E(u) \tag{2.12}$$

where P^E is the Poisson kernel of X^E in $\overline{X}^E(E_o)$. In other words, the restriction of the extended F to $g.\iota_E(X^E)$ is the Poisson integral (with respect to X^E) of the restriction of f to $g.S(E_o)^E$.

Now suppose that f is only an integrable function. Then, by Fubini's theorem, (2.12) still defines an extension of F to almost all boundary components of type E : the family of all boundary components of this type is, by axiom (3), parametrized by the manifold $G/B(E') \simeq S(E')$, and "almost all" is meant with respect to μ . The values of this extension can also be obtained as limits of the values of F on X , in an appropriate sense. This is a generalization of Fatou's theorem which forms the main subject of the rest of this article.

Remark 2.7. The map p defined by (2.10) commutes with the Poisson integral, in the sense that if $F, \widetilde{F}$ are the Poisson integrals (extended to $\overline{X}(E_o)$, $\overline{X}$ by (2.11)) of f , resp. $f \circ p$, then $\widetilde{F} = F \circ p$.

The proof is easy, it is written out in detail in [5, p. 23].

§ 3

ADMISSIBLE CONVERGENCE

We shall start by giving the definition and the main properties of admissible convergence which is the natural generalization of non-tangential convergence in the unit disc of $\mathbb{C}$. The proofs of the facts stated in this part are given in [5] and we shall not reproduce them here. Then we proceed to prove a new result which contains the main theorems of [5] and [6], i.e. all the results about (unrestricted) admissible convergence previously known for the case of a general symmetric space. The proof is cut in two halves : Proposition 3.3 is a general principle which seems to be the only way to approach general Fatou-type theorems. Theorem 3.4 is an application of this principle using a relatively crude estimate. In certain special cases (Cf. [6] and some unpublished work of E.M. Stein and A.W. Knapp) better results are known. The theorem might possibly be true for all $p>1$; it fails for $p=1$, as the examples in [11, chapter XVII] show.

We fix a faithful $E_o \subset \Pi$ and consider an E_o-connected set E . For $T \in \mathfrak{a}(E')$ we define

$$A(E')^T = \{a \in A(E') \mid \lambda(\log a) \geq \lambda(T) , \forall \lambda \in \Pi - E'\} .$$

Let V be a (small) compact neighbourhood of e in G_n^E . Let U , C be (fixed) compact neighbourhoods of e in $\bar{N}(E')$, $G_n^{E''}$ respectively. Let

$$\Gamma_{U,C}^{T,V} = A(E')^T \, UCV.o \ ,$$

and for fixed $g \in G$ and fixed U , C let $g.\mathcal{F}_{U,C}$ be the filter generated by the sets $g.\Gamma_{U,C}^{T,V}$ (with varying T and V).

One can show [5, Lemma 2.1] that if $g.\iota_E(o) = g'.\iota_E(o)$ in $\overline{X}(E_o)$, then $g.\mathcal{F}_{U,C}$ is finer than $g'.\mathcal{F}_{U',C'}$ for some U', C'. Hence the following definition is meaningful :

DEFINITION. A function F on X is said to <u>converge admissibly at</u> $g.\iota_E(o)$ <u>in</u> $\overline{X}(E_o)$ if for every fixed U, C it converges along $g.\mathcal{F}_{U,C}$.

It is easy to show [5, Lemma 2.2] that $g.\mathcal{F}_{U,C}$ converges to $g.\iota_E(o)$ in $\overline{X}(E_o)$.

We say that F <u>converges admissibly at the boundary component</u> $g.\iota_E(X^E)$ if it converges admissibly at every point of this set. One can show that in this case the convergence is automatically uniform on compact subsets.

There is an equivalent formulation of the last notion, more convenient for the proofs. For C' a compact neighbourhood of e in $G_n^{E'}$ and for T, U as before let

$$\Gamma^T_{U,C'} = A(E')^T UC'.o$$

and for $x \in A(E') \overline{N}(E') G_n^{E''}.x^E$, let

$$\pi_E(x) = \iota_E(x^E) .$$

Lemma 3.1. A function F defined on X converges admissibly at $g.\iota_E(X^E)$ in $\overline{X}(E_o)$ if and only if, there exists a continuous function φ on $g.\iota_E(X^E)$ such that for all U, C' and $\varepsilon > 0$ there exists $T \in \mathfrak{a}(E')$ with the property that

$$|F(g.x) - \varphi(g.\pi_E(x))| < \varepsilon$$

for all $x \in \Gamma^T_{U,C'}$.

The proof is in [5, pp. 26-27]. In the proof of the main theorem, one actually uses only the "if" part, which is almost trivial. Even this part is used only in the case $E_o = \emptyset$, since the following lemma, together with remark 2.7, reduces everything to the case $E_o = \emptyset$.

Lemma 3.2. Admissible convergence of F in $\overline{X}(E_o)$ to φ at $g.\iota_E(X^E)$ is equivalent with admissible convergence of F in $\overline{X}$ to $\varphi \circ p$ at $g.\iota_{E'}(X^{E'})$.

This is an immediate consequence of Lemma 3.1 and of the definitions.

Now we proceed to adapt the maximal function methods, which have been much used earlier but only in convergence proofs at the distinguished boundary, to our new more general situation.

Let $p \geq 1$, let $E \subset \Pi$. We say that a (not necessarily linear) operator $M : L^p(\overline{N}(E) \times S^E) \longrightarrow L(\overline{N}(E))$, where the latter notation stands for the measurable functions on $\overline{N}(E)$, is <u>of weak type</u> (p, p) if,

$$\text{mes}\{\overline{n} \in \overline{N}(E) \mid M(\Phi)(\overline{n}) > t\} \leq C\left(\frac{\|\Phi\|_p}{t}\right)^p \tag{3.1}$$

for all $t > 0$ and all $\Phi \in L^p$, with some universal constant C .

This is certainly true if M is a bounded operator into $L^p(\overline{N}(E))$, in which case one also says that M is of (strong) type (p, p) , by the obvious inequalities

$$t^p \text{ mes}\{M(\Phi) > t\} \leq \int_{\{M(\Phi) > t\}} M(\Phi)^p \leq \|M(\Phi)\|_p^p \leq C^p \|\Phi\|_p^p .$$

We denote by $L_{\overline{n}}$ the action of $\overline{n} \in \overline{N}(E)$ by left multiplication on $\overline{N}(E)$ and on $\overline{N}(E) \times S^E$.

If $\Phi \in L^p(\overline{N}(E) \times S^E)$, then the function $f(\overline{n}.u) = \Phi(\overline{n}, u)$ is defined on a dense open subset of S . One has $f \in L^p(S)$ by Lemma 2.1 and by the well-known fact that the Jacobian (2.5) is bounded (there is a simple proof of this in [4, Proposition 3]). Hence the Poisson integral of f is defined ; we call it briefly the Poisson integral of Φ .

PROPOSITION 3.3. Let $p \geq 1$, $E \subset \Pi$. To prove that for all $f \in L^p(S)$ the Poisson integral of f converges admissibly at a.a. boundary components

$g.\iota_E(X^E)$ to the Poisson integral of $f|_{g.S^E}$ on $g.\iota_E(X^E)$, it is sufficient to find an operator $M : L^p(\overline{N}(E) \times S^E) \longrightarrow L(\overline{N}(E))$ with the following properties :

(i) $M(\Phi \circ L_{\overline{n}}) = M(\Phi) \circ L_{\overline{n}}$ for all $\overline{n} \in \overline{N}(E)$;

(ii) $M(\Phi \circ \mathrm{Ad}(a))(e) = M(\Phi)(e)$ for all $a \in A(E)$;

(iii) M is of weak type (p, p) ;

(iv) $|F(o)| \le M(\Phi)(e)$, where F is the Poisson integral of Φ .

Proof. First we show that instead of $f \in L^p(S)$ it is sufficient to consider functions f such that the function Φ defined by $\Phi(\overline{n}, u) = f(\overline{n}.u)$ is in $L^p(\overline{N}(E) \times S^E)$. In fact, let U be an open set in $\overline{N}(E).S^E$. By compactness there exist $g_1, \dots, g_\ell \in G$ such that $S = \cup_{g_j} U$. If $f \in L^p(S)$, we can write $f = \Sigma f_j$ with $f_j \in L^p(S)$ and $\mathrm{supp}(f_j \circ g_j) \subset U$.

But then, since χ_E in Lemma 2.1 is positive, each $f_j \circ g_j$ gives a Φ_j in $L^p(\overline{N}(E) \times S^E)$; if the Poisson integrals of these converge at a.a. boundary components, then the same is true for f by the obvious G-invariance of the convergence notion.

Next we note that the family of boundary components of type E is parametrized by $G/B(E) = S(E)$; since $\overline{N}(E)$ has an open dense orbit in this space, it suffices to prove convergence of the Poisson integral at a.a. boundary components of the form $\overline{n}.\iota_E(X^E)$ $(\overline{n} \in \overline{N}(E))$.

Now let f, Φ be as in the first sentence of the proof, and let F be the Poisson integral of Φ . The extension of F to a.a. boundary components of form $\overline{n}.\iota_E(X^E)$ is well defined by (2.12). Our proposition will be proved if we show that for every $\varepsilon, \delta > 0$ and every U, C' :

$$\mathrm{mes}\{\overline{n} \in \overline{N}(E) \,|\, (\overline{\lim}_{x \in \Gamma^T_{U,C'}} - \underline{\lim}_{;\, T \to \infty}) \; [F(\overline{n}.x) - F(\overline{n}.\pi_E(x))] > \varepsilon\} < \delta . \tag{3.2}$$

To do this we write $f = f_1 + f_2$, and correspondingly $\Phi = \Phi_1 + \Phi_2$, $F = F_1 + F_2$ in such a way that f_1 is continuous and $\|\Phi_2\|_p$ is small. By Remark 2.6 we know that the $\overline{\lim} - \underline{\lim}$ in (3.2) is zero for F_1 ; hence it suffices to prove (3.2) for F_2 . For this, in turn, it is clearly enough to prove that

(3.3) $$\mathrm{mes}\{\bar{n} \in \bar{N}(E) \mid \sup_{x \in \Gamma^{\delta}_{U,C'}} |F_2(\bar{n}.\pi_E(x))| > \tfrac{\varepsilon}{4}\} < \tfrac{\delta}{2}$$

and

(3.4) $$\mathrm{mes}\{\bar{n} \in \bar{N}(E) \mid \sup_{x \in \Gamma^{\delta}_{U,C'}} |F_2(x)| > \tfrac{\varepsilon}{4}\} < \tfrac{\delta}{2}$$

whenever $\|\Phi_2\|_p$ is sufficiently small.

To prove these we drop the subscript 2 everywhere. Then the left hand side of (3.3) is equal to

$$\mathrm{mes}\{\bar{n} \in \bar{N}(E) \mid \operatorname*{Max}_{x^E \in C^E} |F(\bar{n}.\iota_E(x^E))| > \tfrac{\varepsilon}{4}\}$$

with some compact set $C^E \subset X^E$. The Poisson kernel P^E is bounded by some constant A on $C^E \times S^E$, and Hölder's inequality gives

$$|F(\bar{n}.\iota_E(x^E))| = \left|\int_{S^E} f(\bar{n}.u)\, P^E(x^E, u)\, d\mu^E(u)\right|$$

$$\leq A\left(\int_{S^E} |f(\bar{n}.u)|^p\, d\mu^E(u)\right)^{1/p} .$$

Writing for a moment $Ag(\bar{n})^{1/p}$ for the last expression, we have that the left hand side of (3.3) is majorized by

$$\mathrm{mes}\{\bar{n} \in \bar{N}(E) \mid g(\bar{n}) > (\tfrac{\varepsilon}{4A})^p\} .$$

But $\int_{\bar{N}(E)} g(\bar{n})\, d\bar{n} = \|\Phi\|_p^p$, and so we have a further majorization by

$$\left(\frac{4A\|\Phi\|_p}{\varepsilon}\right)^p$$

which settles (3.3).

To prove (3.4) we note that the definitions give :

$$(3.5) \qquad \sup_{x \in \bar{n}\Gamma^o_{U,C'}} |F(x)| = \sup_{\substack{a \in A(E)^o \\ x \in UC'.o}} |F(\bar{n}a.x)|$$

$$= \sup_{\substack{a \in A(E)^o \\ x \in UC'.o}} \left| \int_S f(u)\, P(\bar{n}a.x\,,\, u)\, d\mu(u) \right| .$$

Now, since P is defined as a Jacobian, we have the identity

$$P(\bar{n}a.x\,,\, u) = P(x\,,\, a^{-1}\,\bar{n}^{-1}.u)\; P(\bar{n}a.o\,,\, u)$$

in which the first factor is bounded by some A for $x \in UC'.o$, by compactness. This gives a majorization of (3.5) by

$$A \sup_{a \in A(E)^o} \left| \int_S f(u)\, P(\bar{n}a.o\,,\, u)\, d\mu(u) \right| = A \sup_{a \in A(E)^o} |PI(f \circ \bar{n}a)(o)| .$$

Now, for $\bar{n}_1 \in \bar{N}(E)$, $u_1 \in S^E$, we have, using $a.u_1 = u_1$,

$$(f \circ \bar{n}a)(\bar{n}_1.u_1) = f(\bar{n}\bar{n}_1^a.u_1) = (\Phi \circ L_{\bar{n}} \circ Ad(a))(\bar{n}_1\,,\, u_1) \,,$$

by which, using (iv), (ii) and (i), we get a further majorization by $AM(\Phi)(\bar{n})$. It follows that the left hand side of (3.4) is majorized by

$$\operatorname{mes}\{\bar{n} \in \bar{N}(E)\,|\,M(\Phi)(\bar{n}) > \tfrac{\varepsilon}{4A}\} ,$$

and this is less than $\delta/2$ for sufficiently small $\|\Phi\|_p$, by (iii) .

THEOREM 3.4. For any $\bar{X}(E_o)$ and all sufficiently large p , the Poisson integral of every $f \in L^p(S(E_o))$ converges admissibly at a.a. $g.\iota_E(X^E)$ to the Poisson integral of $f|_{g.S(E_o)^E}$ on $g.\iota_E(X^E)$.

Proof. By Remark 2.7 and Lemma 3.2 it is enough to prove the theorem in the case $E_o = \emptyset$. By Proposition 3.3 we only have to find a "maximal operator" M with the properties (i) - (iv).

We fix an $E \subset \pi$, and an element $H \in \mathfrak{a}(E)$ such that $\lambda(H) > 0$ for all $\lambda \in \pi - E$. Let $\bar{n}_i$ be the eigenspaces of $ad(H)$ for the negative eigenvalues

$- m_i$. So $\bar{n}(E) = \oplus \bar{n}_i$, and $\mathrm{Ad}K^E$ perserves each $\bar{n}_i$. Let $Y_i \longrightarrow \|Y_i\|$ be an $\mathrm{Ad}K^E$-invariant vector space norm on $\bar{n}_i$ and define

$$|\bar{n}| = |\exp \sum_i Y_i| = \sup_i \|Y_i\|^{1/m_i} .$$

This is a so-called homogeneous gauge on $\bar{N}(E)$, one verifies at once the properties

$$|\bar{n}^{\exp tH}| = e^{-t} |\bar{n}| \tag{3.6}$$

$$|\bar{n}^{\ell}| = |\bar{n}| \quad (\ell \in K^E) \tag{3.7}$$

Writing $V(r) = \{\bar{n} \in \bar{N}(E) \mid |\bar{n}| \le r\}$ it follows, since the Haar measure of $\bar{N}(E)$ corresponds under the exponential map to Lebesgue measure on $\bar{u}(E)$, that

$$\text{mes } V(r) = r^m \text{ mes } V \tag{3.8}$$

where we wrote V for $V(1)$ and $m = \Sigma\, m_i \dim \bar{n}_i$.

As in [3], we define for functions φ on $\bar{N}(E)$,

$$\varphi^*(\bar{n}) = \sup_{a \in A(E)} \frac{1}{\text{mes } V^a} \int_{V^a} |f(\bar{n}\bar{n}_1)| d\bar{n}_1 .$$

For $\Phi \in L^p(\bar{N}(E) \times S^E)$ we write $\Phi_u(\bar{n}) = \Phi(\bar{n}, u)$.

We will show that for sufficiently large r the operator M defined by

$$M(\Phi)(\bar{n}) = C \int_{S^E} ((\Phi_u^+)^*(\bar{n}))^{1/r} d\mu^E(u) \tag{3.9}$$

with an appropriate constant C has all the properties required in Proposition 3.3 (for all $p > r$ in (iii)) ; this will finish the proof.

For (i) and (ii) it is clearly enough to see that $\varphi \longmapsto \varphi^*$ has the analogous properties.

Now (i) is obvious, and (ii) follows by the variable change $\bar{n}^{a_o} = \bar{n}_1$

whose Jacobian is clearly $\operatorname{mes} V^a / \operatorname{mes} V^{a_o a}$:

$$(\varphi \circ \operatorname{Ad}(a_o))^*(e) = \sup_a \frac{1}{\operatorname{mes} V^a} \int_{V^a} |\varphi(\bar{n}^{a_o})| d\bar{n}$$

$$= \sup_a \frac{1}{\operatorname{mes} V^{a_o a}} \int_{V^{a_o a}} |\varphi(\bar{n}_1)| d\bar{n}_1 = \varphi^*(e) .$$

For (iii) we use that by [3, Theorem 3.1] we have for all $p>1$, $\varphi \in L^p(\bar{N}(E))$,

$$\|\varphi^*\|_p \le C_p \|\varphi\|_p \tag{3.10}$$

with C_p independent of φ . Now let $p>r$. Using (3.9), the inequalities of Minkowski and Hölder, the definition of the L^p-norm, and (3.10) with p/r in place of p , we have

$$\|M(\Phi)\|_p^p \le \left(\int_{S^E} \|(\Phi_u^r)^{*\ 1/r}\|_p \, d\mu^E(u)\right)^p$$

$$\le \int_{S^E} \|(\Phi_u^r)^{*\ 1/r}\|_p^p \, d\mu^E(u) = \int_{S^E} \|(\Phi_u^r)^*\|_{p/r}^{p/r} \, d\mu^E(u)$$

$$\le C_{p/r} \int_{S^E} \|\Phi_u^r\|_{p/r}^{p/r} \, du = C_{p/r} \|\Phi\|_p^p .$$

In verifying (iv) we use the abbreviated notation

$$\psi(\bar{n}) = e^{-2\rho H(\bar{n})} .$$

As observed by Lindahl [6] (Cf. also a slightly simplified proof in [4]), there exists $\delta>0$ such that

$$\psi(\bar{n}) \le \begin{cases} 1 \\ |\bar{n}|^{-\delta} \end{cases} . \tag{3.11}$$

By (3.7) the same is true for $\psi(\bar{n}\ell) = \psi(\bar{n}^{\ell^{-1}})$ $(\ell \in K^E)$. Furthermore, by [2], for all $\gamma > 1/2$,

$$C_\gamma = \int_{\bar{N}(E)} \psi(\bar{n})^\gamma \, d\bar{n} < +\infty .$$

e fix such a γ .

Let q be the conjugate exponent of r . In the following estimate we rite the integral over $\overline{N}(E)$ as a sum of integrals over the "annuli" $V(2^{i+1}) - V(2^i)$, use Hölder's inequality, then estimate $\int \psi^q$ by $(\text{Max}\ \psi^{q-\gamma}).\int\psi^\gamma$ nd use (3.11) :

$$\int_{\overline{N}(E)} |\Phi_u(\overline{n})|\ \psi(\overline{n}\ell)\ d\overline{n}$$

$$\leq (\int_{V(1)} \Phi_u^r)^{1/r}.(\int_{V(1)} \psi^q)^{1/q} + \sum_{i=0}^{\infty} (\int_{V(2^{i+1})-V(2^i)} \Phi_u^r)^{1/r}.(\int_{V(2^{i+1})-V(2^i)} \psi^q)^{1/q}$$

$$\leq (\text{mes } V)^{1/q} (\int_V \Phi_u^r)^{1/r} + \sum_{i=0}^{\infty} 2^{-i\frac{\delta}{q}(q-\gamma)}\ C_\gamma\ (\int_{V(2^{i+1})} \Phi_u^r)^{1/r}$$

$$\leq (\text{mes } V)^{1/r} \left[(\text{mes } V)^{1/q} + 2^{m/r} C_\gamma \sum_{i=0}^{\infty} 2^{-i(\delta(1-\frac{\gamma}{q})-\frac{m}{r})}\right].(\Phi_u^r)^*(e)^{1/r} .$$

r r sufficiently large, the series in the last expression converges. If F the Poisson integral of Φ , Lemma 2.1 gives, if $u = \ell.u_o$, $\ell \in K^E$,

$$F(0) = \int_{S^E} \int_{\overline{N}(E)} \Phi_u(\overline{n})\ \psi(\overline{n}\ell)\ d\overline{n}\ d\mu^E(u) .$$

us, integrating the estimate just obtained over S^E we have proved (iv).

§ 4

REMARKS ON RESTRICTED ADMISSIBLE CONVERGENCE

In the case of the polydisc, admissible convergence to a point on the distinguished boundary means non-tangential convergence independently in each fact It is known [11, Chapter XVII] that the Fatou- type theorem with this convergence notion for Poisson integrals of L^p-functions is true when $p>1$ but false when $p=1$. There is however a weaker convergence notion, called "restricted non-tangential convergence" in [11], with which the Fatou-type theorem holds for the polydisc even when $p=1$. A sequence of points is said to converge in this sense to a distinguished boundary point if the projections onto the factor discs all converge non-tangentially <u>and</u> the ratios of the distances of the various projections to the boundary remain bounded.

This notion has been generalized to arbitrary symmetric spaces X with any one of their distinguished boundaries $S(E_o)$, and called <u>restricted admissibl convergence</u> (Cf. [3]). Recently E.M. STEIN [9] succeeded in proving that the Poisson integral of every f in $S(E_o)$ converges restrictedly and admissibly to f at almost all points of $S(E_o)$. The proof is based on the construction of a rather sophisticated kind of maximal function which we do not describe here.

What we want to indicate briefly is how restricted admissible convergence can be defined at general boundary components, not only at points of $S(E_o)$, and how Stein's result can be extended to this situation, at least for Poisson integrals of L^p-functions with $p>1$ (the problem for $p=1$ is at this moment still open).

We fix a compactification $\overline{X}(E_o)$. For each E_o-connected E we choose ce and for all an element H_E in $\mathfrak{a}(E')$ such that $\lambda(H_E) > 0$ for all $\in \Pi - E'$. Now let C be a compact neighbourhood of e in $A(E')N(E')G_n^{E''}$ (or, at would in the end amount to the same, in the image under the involution θ of e stabilizer of $\iota_E(0)$ in G), let V be a compact neighbourhood of e in and let $\tau \in \mathbb{R}$. The analogues of the domains Γ of § 3 are now defined by

$$R_C^{\tau,V} = \{\exp tH_E . CV . o \mid t \geq \tau\} .$$

The sets $g.R_C^{\tau,V}$ for fixed g and C generate filters that are clearly ner in general than the $g.\mathcal{F}_{U,C}$ defined in § 3 ; these are the filters that use to define restricted admissible convergence to the boundary points $g.\iota_E(o)$. ain we get a well defined G-invariant convergence notion, and the analogues of mmas 3.1 and 3.2 can be proved without difficulty.

The analogue of Proposition 3.3 can be proved now with a weakened hypothes : It is enough to assume (ii) only for elements of the form $a = \exp tH_E$.

The basic idea of the proof of Theorem 3.4 can be used again. We can define Φ) by replacing in (3.9) the functions $(\Phi_u^r)^{*\,1/r}$ by an appropriate version of ein's maximal operator applied to Φ_u . This gives a general restricted nissible convergence result for the Poisson integrals of all $f \in L^p(S(E_o))$, > 1 .

REFERENCES

[1] H. FURSTENBERG : A Poisson formula for semi-simple Lie Grou[p] Ann. of Math. 77 (1963), 335-386.

[2] S.G. GINDIKIN and F.I. KARPELEVIC : Plancherel measure for Riemannian symmetri[c] spaces. Dokl. Akad. Nank SSSR 145 (1962), 252-255 (in Russian).

[3] A. KORANYI : Harmonic functions on symmetric spaces. In Symmetric spaces, Boothby and Weiss (eds.) Marcel Dekker, New York 1972.

[4] A. KORANYI : Inequalities for Poisson kernels on symmet[ric] spaces. Proc. Amer. Math. Soc. 43 (1974), 465-469.

[5] A. KORANYI : Poisson integrals and boundary components of symmetric spaces. Inventiones Math. 34 (1976), 19-35.

[6] L. LINDAHL : Fatou's theorem for symmetric spaces, Ark. för Mat. 10 (1972), 33-47.

[7] C.C. MOORE : Compactifications of symmetric spaces I, I[I] Amer. J. Math. 86 (1964), 201-218, 358-378.

[8] I. SATAKE : On representations and compactifications of symmetric Riemannian spaces. Ann. of Math. 71 (1960), 77-110.

[9] E.M. STEIN : Maximal functions : Poisson integrals on symmetric spaces, Proc. Natl. Acad. Sci. USA 73 (1976), 2547-2549.

[10] G. WARNER : Harmonic analysis on semi-simple Lie group[s] I. Springer, New York 1972.

[11] A. ZYGMUND : Trigonometric series, 2nd ed. Cambridge Univ. Press, New York 1959.

INTEGRALES D'ENTRELACEMENT POUR UN GROUPE DE CHEVALLEY SUR UN CORPS p-ADIQUE

par I . MULLER

INTRODUCTION

Soit G un groupe de CHEVALLEY sur un corps p-adique k , choisissons une décomposition IWASAWA G = KAN , et notons M' le normalisateur de A dans K , $W = \frac{M'}{A \cap K}$ le groupe de WEYL le système de racines associé ; pour tout caractère λ de AN on obtient la représentation de G qu'il induit .

Si w ∈ W et $\bar{w}$ est l'un de ses représentants on considère l'intégrale :

$$A(\lambda,\bar{w})\varphi(g) = \int_{V \cap \bar{w}^{-1}N\bar{w}} \varphi(g\bar{w}v)\, dv \qquad \text{où } V \text{ est le sous groupe opposé à } N$$

le entrelace π_λ et $\pi_{w(\lambda)}$.

C'est l'intégrale introduite et étudiée pour les groupes de Lie semi-simples réels r KUNZE(R.A.) et STEIN (E.M.) ([17]) , KNAPP (A.W.) et STEIN (E.M) ([15],[16]), et HIFFMANN (G.) ([22]) . Par la suite cette intégrale a été étudiée pour Gl(n,k) , k p-ique ,([18]) et dans le cadre plus général des représentations induites par des représen-tions cuspidales de sous-groupes paraboliques par OL'SHANSKII (G.I) ([19],[20]) . Il ste à noter que l'irréductibilité de la série principale unitaire (λ unitaire) pour (n,k) ainsi que le fait que la série principale unitaire pour Sl(n,k) se décompose sim-ment , k étant p-adique ,ont été obtenus par HOWE (R.) et SILBERGER (A.) ([11],[12]) , les critères d'irréductibilité pour les représentations de Gl(n,k) induites par des présentations cuspidales de sous-groupes paraboliques ont été donnés par BERNSHTEIN (I.N.) ZELEVINSKII (A.V.) ([1]) , ainsi que la construction de séries complémentaires dans ce me cadre par OL'SHANSKII (G.I.) ([20]) .

Cette intégrale converge absolument pour $R(\lambda_\alpha) > 0$ pour tout $\alpha \in \Delta(w)$ et en utilisant une méthode de réduction au rang 1 (SCHIFFMANN [22]) on la prolonge en une fonction méromorphe , cet opérateur ainsi obtenu est normalisé , comme le font KNAPP (A.W.) et STEIN (E.M.) ([15]) on pose :

$$\mathcal{a}(\lambda,\bar{w}) = \frac{1}{\Gamma_w(\lambda)} A(\lambda,\bar{w})$$

alors

$$\mathcal{a}(w(\lambda),\bar{w}^{-1})\mathcal{a}(\lambda,\bar{w}) = \mathrm{Id}$$

et

$$\mathcal{a}(\lambda,\bar{w}_1\bar{w}_2) = \mathcal{a}(w_2(\lambda),\bar{w}_1)\mathcal{a}(\lambda,\bar{w}_2)$$

Cet opérateur normalisé permet d'établir un critère d'irréductibilité pour λ quelconque et d'étudier la décomposition des représentations pour λ unitaire grâce à un théorème d'HARISH-CHANDRA . En effet si on note :

$$\Delta^\circ(\lambda) = \{\alpha \in \Delta \mid \lambda_\alpha = \mathrm{Id}\}$$

$W^\circ(\lambda)$ = le sous-groupe de W engendré par s_α , $\alpha \in \Delta^\circ(\lambda)$

$$W^1(\lambda) = \{ w \in W \mid \alpha \in \Delta^\circ(\lambda)^+ \quad w(\alpha) > 0 \text{ et } w(\lambda) = \lambda \}$$

Les opérateurs $\mathcal{a}(\lambda,\bar{w})$ pour w dans $W^1(\lambda)$ engendrent le commutant . Contrairement aux groupes de Lie semi-simples réels et à ce que j'ai affirmé dans une version antérieure de ce travail le groupe $W^1(\lambda)$ n'est pas toujours commutatif ; je dois signaler qu'un contre-exemple m'a été fourni par A. SILBERGER et que G.J. ZUCKERMAN et A.W. KNAPP ont étudié cette question (" THE L-GROUP AND REDUCIBILITY ") .

Dans ces quelques pages , j'énonce sans démonstrations les propriétés bien connues des opérateurs d'entrelacement ainsi que leurs conséquences ; la dernière partie est réservée à l'étude de $W^1(\lambda)$ lorsque le système de racines est de type A_l, B_l, C_l et D_l.

§1 INTEGRALES D'ENTRELACEMENT POUR LES GROUPES DE CHEVALLEY

.1 NOTATIONS ([23])

oient k un p-corps , $\mathcal{O}$ l'anneau des entiers de k , $\mathfrak{p}$ l'idéal maximal de $\mathcal{O}$ et π un généateur de $\mathfrak{p}$; le nombre d'éléments du corps résiduel $\mathcal{O}/\mathfrak{p}$ est q ; dx est la mesure de Haar ur k telle que $\int_{\mathcal{O}} dx = 1$; on choisit un caractère additif non trivial τ d'ordre 0 .

n note G un groupe de CHEVALLEY sur k , $\mathfrak{L}$ l'algèbre de Lie semi-simple complexe dont on st parti , ℓ sera le rang de $\mathfrak{L}$ et Δ le système de racines associé à $\mathfrak{L}$ (Δ est réduit) , $^{+}$ un ensemble de racines positives , Π l'ensemble des racines simples , W le groupe de EYL associé à Δ .

n considère une représentation fidèle de $\mathfrak{L}$ sur un espace vectoriel complexe de dimenion finie V et M sera un réseau de V ; on choisit une base de Chevalley X_α, H_α, $\alpha \in \Delta$, e $\mathfrak{L}$. G est alors le groupe d'automorphismes engendré par tous les $\mathfrak{X}_\alpha$, $\alpha \in \Delta$, où $_\alpha = \{x_\alpha(t) , t \in k\}$ et $x_\alpha(t) = \sum_0^\infty \frac{t^n X_\alpha^n}{n!}$, $t \in k$, $x_\alpha(t)$ est un automorphisme de $V^k =$ $\otimes_{\mathbb{Z}} k$. Comme $V^k = \Sigma V^k_\mu$, μ étant les poids de la représentation , on peut identifier G vec un sous-groupe fermé de $SL(m,k)$ (m = dimV) , en fait G est un groupe localement ompact , totalement discontinu non discret et unimodulaire .

n pose $K = G_{\mathcal{O}}$ le sous-groupe des éléments de G dont les coordonnées relativement au éseau M se trouvent dans $\mathcal{O}$, alors G=BK et K est un sous-groupe compact maximal ouvert .

est le groupe engendré par tous les $\mathfrak{X}_\alpha$ $\alpha > 0$, A le groupe engendré par tous les $h_\alpha(t)$ t B le groupe engendré par N et A ; alors N est distingué dans B et B = N.A , de plus $\cap$ A = {Id} . Le normalisateur de A (noté NormA) est le groupe engendré par $w_\alpha(t)$, et l existe un isomorphisme φ de W sur NormA$/A$ tel que $\varphi(s_\alpha) = Aw_\alpha(t)$ $\forall \alpha \in \Delta$ (s_α désigne a reflexion par rapport à la racine α) . Rappelons que tout élément de W :

w se décompose en produit de symétries par rapport à des racines simples ; le plus petit entier q tel qu'il existe q racines simples , distinctes ou non $\epsilon_{i_1},\epsilon_{i_2},\dots,\epsilon_{i_q}$ avec $w = s_{\epsilon_{i_1}} s_{\epsilon_{i_2}} \dots s_{\epsilon_{i_q}}$ est la longueur $l(w)$ de w . Nous avons donc $l(w) = l(w^{-1})$. En particulier

$$\Delta(w) = \{\alpha_1,\alpha_2,\dots,\alpha_q\} \text{ où } \alpha_j = s_{\epsilon_{i_q}} s_{\epsilon_{i_{q-1}}} \dots s_{\epsilon_{i_{j+1}}}(\epsilon_{i_j}) \quad j = 1,\dots,l(w)$$

De plus si $w = w'w''$ avec $l(w) = l(w') + l(w'')$ alors :

$$\Delta(w) = \Delta(w'') \cup w''^{-1}\Delta(w') \qquad ([22])$$

par conséquent $w''^{-1}\Delta(w')$ est un ensemble de racines positives .

Caractères de A

On note $Q(\Delta)$ le groupe additif engendré par toutes les racines

$P_V(\Delta)$" " " par les poids d'une représentation fidèle de V (ici ce sera celle utilisée pour construire G) et $\mu_1,\mu_2,\dots,\mu_\ell$ une base de $P_V(\Delta)$

$P(\Delta)$ le groupe additif engendré par les poids de toutes les représentations alors les poids fondamentaux $\{\pi_i\}$ forment une base de $P(\Delta)$.

On rappelle que si $\{\epsilon_1,\epsilon_2,\dots,\epsilon_l\}$ sont les racines simples de Δ alors $\langle\pi_i,\epsilon_j\rangle = \delta_{ij}$ ($\langle\alpha,\beta\rangle = \dfrac{2(\alpha,\beta)}{(\beta,\beta)}$, (,) étant la forme de Cartan-Killing); de plus $Q(\Delta),P_V(\Delta),P(\Delta)$ sont des réseaux tels que $Q(\Delta) \subset P_V(\Delta) \subset P(\Delta)$.

Un caractère λ de A est un homomorphisme continu de A dans C ; alors il existe ℓ caractères $\lambda_1,\lambda_2,\dots,\lambda_\ell$ de k^* tels que :

$$\lambda = \prod_{i=1}^{\ell} \lambda_i \, \hat{\mu}_i$$

avec
$$\hat{\mu}_i\Big(\prod_{j=1}^{\ell} h_j(t_j)\Big) = \prod_{j=1}^{\ell} t_j^{\langle\mu_i,\epsilon_j\rangle}$$

et
$$\lambda\Big(\prod_{j=1}^{\ell} h_j(t_j)\Big) = \prod_{i=1}^{\ell}\lambda_i\Big(\prod_{j=1}^{\ell} t_j^{\langle\mu_i,\epsilon_j\rangle}\Big) = \prod_{i=1}^{\ell}\prod_{j=1}^{\ell}\lambda_i^{\langle\mu_i,\epsilon_j\rangle}(t_j)$$

alors pour tout $\alpha \in \Delta$ on pose :

$$\lambda_\alpha(t) = \lambda(h_\alpha(t))$$

et : $\lambda_\alpha = \prod_{i=1}^{\ell} \lambda_i^{\langle\mu_i,\alpha\rangle}$ $\lambda = \prod_{i=1}^{\ell} \lambda_{\epsilon_i}$

lorsque $P_V(\Delta) = P(\Lambda)$ alors $\lambda_{\epsilon_i} = \lambda_i$ et $\lambda = \prod_{i=1}^{\ell} \lambda_i$

.2 LES REPRESENTATIONS π_λ

Soient λ un caractère de A et $\mathcal{S}_\lambda$ l'espace vectoriel complexe des fonctions définies sur G à valeur dans C , localement constantes et telles que :

$$\varphi(gan) = \varphi(g)\,\lambda^{-1}(a)\,\delta(a)^{-\frac{1}{2}} \qquad g \in G\ ,\ a \in A\ ,\ n \in N$$

δ^{-1} étant le module de B

En particulier si $C_c(G)$ est l'espace des fonctions localement constantes à support compact définies sur G et à valeur dans C , alors l'application p_λ de $C_c(G)$ dans $\mathcal{S}_\lambda$ définie par :

$$p_\lambda(f)(g) = \int_{A\times N} f(gan)\,\lambda(a)\,\delta(a)^{\frac{1}{2}}\,da\,dn$$

est surjective.

da étant une mesure de Haar sur A , et si $n = \prod_{\alpha>0} x_\alpha(t_\alpha)$ alors $dn = \bigotimes_{\alpha>0} dt_\alpha$ avec dt_α mesure de Haar sur k .

Le groupe G opère sur $\mathcal{S}_\lambda$ par translation à gauche :

$$\pi_\lambda(g)\,\varphi(g') = \varphi(g^{-1}g')$$

et les représentations obtenues sont admissibles .

On peut munir $\mathcal{S}_{\delta^{\frac{1}{2}}}$ d'une forme linéaire μ , invariante par translation à gauche ([2]) en posant :

$$\mu(p_{\delta^{\frac{1}{2}}}(f)) = \int_G f(g)\,dg$$

que l'on note :

$$\mu(\varphi) = \int_G \varphi(g)\,d\mu(g)$$

$dg = dk\ \delta(a)\ da\ dn$, dk étant la mesure de Haar sur K telle que $\int_K dk = 1$.

On peut ainsi construire une forme hermitienne sur $\mathcal{S}_\lambda \times \mathcal{S}_{\bar{\lambda}^{-1}}$ en posant :

$$< \varphi,\psi > = \int_G \varphi(g)\ \overline{\psi(g)}\ d\mu(g) = \int_K \varphi(k)\ \overline{\psi(k)}\ dk$$

Cette forme hermitienne est non dégénérée ([22]) ; en particulier si $\lambda = \bar{\lambda}^{-1}$, c'est à dire si le caractère est unitaire alors $\mathcal{S}_\lambda$ est muni d'une structure d'espace préhilbertien séparé ; la représentation π_λ se prolonge en une représentation unitaire de G dans le complété $\mathcal{H}_\lambda$ de $\mathcal{S}_\lambda$.

On fait opérer le groupe de Weyl par transposition (si $w \in W$ alors $\bar{w}$ sera un représentant de w dans NormA par l'isomorphisme φ de W sur $\text{NormA}/_A$) sur les caractères de A , on pose

$$w(\lambda)(a) = \lambda(\bar{w}^{-1} a\, \bar{w})$$

1.3 Décomposition de N

Soients :

$$N_w = {}^*\Delta(w^{-1}) \qquad\qquad N'_w = {}^*\Delta(w^{-1})^c$$

où :

$$\Delta(w^{-1}) = \{ \alpha > 0 \text{ telles que } w^{-1}(\alpha) < 0 \}$$

$$\Delta(w^{-1})^c = \{ \alpha > 0 \text{ telles que } w^{-1}(\alpha) > 0 \}$$

alors $\Delta(w^{-1})$ et $\Delta(w^{-1})^c$ sont des parties fermées de Δ^+ d'intersection vide .

Lemme 1.2 - Soient w, w', w'' trois éléments de W de représentants respectifs dans NormA $\bar{w}, \bar{w}', \bar{w}''$, on suppose que $w = w'w''$ et que $l(w) = l(w') + l(w'')$ alors :

i) $N_w = N_{w'} . \bar{w}' N_{w''} \bar{w}'^{-1}$ avec $N_{w'} \cap \bar{w}' N_{w''} \bar{w}'^{-1} = \{Id\}$

ii) $N = N_w . N'_w = N'_w . N_w$ avec $N_w \cap N'_w = \{Id\}$. (lemme 17 [23])

1.4 LES INTEGRALES D'ENTRELACEMENT

Soit φ un élement de $\mathcal{S}_\lambda$, on considère l'opérateur suivant (lorsqu'il existe) :

$$A(\lambda,\bar{w})\ \varphi(g) = \int_{N_w} \varphi(gn\bar{w})\ dn$$

c'est l'intégrale d'entrelacement ; soit $S(w)$ l'ensemble des caractères λ de A tels que cette intégrale converge absolument pour tout φ dans $\mathcal{S}_\lambda$ et g dans G , alors $S(w)$ est indépendant du représentant choisi et on a :

Proposition 1.1 – *Soit λ un caractère de $S(w)$, si φ est dans $\mathcal{S}_\lambda$ alors $A(\lambda,\bar{w})\varphi$ est dans $\mathcal{S}_{w(\lambda)}$.*

(cf. 22 prop.1.1)

Pour déterminer $S(w)$ on utilise une méthode de réduction au rang 1 (cf.[22] §1.4) .

On décompose w :

$$w = w'w'' \quad \text{avec} \quad l(w) = l(w') + l(w'')$$

et pour plus de commodité on considère l'intégrale d'entrelacement sur :

$$V_w = \bar{w}^{-1} N_w \bar{w} = {}^{*} w^{-1} \Delta(w^{-1}) = {}^{*} -\Delta(w)$$

avec la normalisation suivante :

$$v = \prod_{\alpha\in-\Delta(w)} x_\alpha(t_\alpha) \qquad dv = \bigotimes_{\alpha\in-\Delta(w)} dt_\alpha \qquad \int_{\mathcal{O}} dt_\alpha = 1 \qquad \int_{V_w\cap K} dv = 1$$

on a alors :

Théorème 1.1 - Soient w , w' , w'' trois éléments de W et $\bar{w}$, $\bar{w}'$, $\bar{w}''$ des représentants respectifs dans M' . On suppose de plus que $\bar{w}=\bar{w}'\bar{w}''$ et que

$$l(w) = l(w') + l(w'')$$

dans ces conditions on a :

a) $S(w) = S(w'') \cap w''^{-1}S(w')$

b) si $\lambda \in S(w)$ alors

$$A(\lambda,\bar{w}) = A(w''(\lambda),\bar{w}')A(\lambda,\bar{w}'')$$

Démonstration

Elle est analogue au th. 1.1 [22] p.13 (on remplace $Re(\lambda)$ par le caractère $|\lambda|$ défini par $|\lambda|(a) = |\lambda(a)|$ et on considère la fonction définie sur G par $f(kan)=|\lambda|(a)\delta(a)^{-\frac{1}{2}}$).

Remarque : si les représentants $\bar{w},\bar{w}',\bar{w}''$ ne sont plus dans M' alors b) est vrai à un coefficient près .

Il permet de se ramener au cas où $l(w)=1$ et de montrer par récurrence sur $l(w)$:

Théorème 1.2 - $S(w) = \{\lambda \in A$ tels que $Re(\lambda_\alpha) > 0$ pour tout $\alpha \in \Delta(w)\}$

On a $\lambda_\alpha = \chi_\alpha |\,|^{s_\alpha}$ $s_\alpha \in \mathbb{C}$, on pose $Re(\lambda_\alpha) = Re(s_\alpha)$.

Pour terminer ce paragraphe notons :

Proposition 1.3- Si $\lambda \in S(w)$ alors $w(\bar{\lambda})^{-1} \in S(w^{-1})$ et l'adjoint de l'opérateur

$$A(\lambda,\bar{w}) : \mathcal{G}_\lambda \to \mathcal{G}_{w(\lambda)}$$

est l'opérateur

$$A(w(\bar{\lambda}^{-1}), \bar{w}^{-1}) : \mathcal{G}_{w(\bar{\lambda})^{-1}} \to \mathcal{G}_{\bar{\lambda}^{-1}}$$

$\bar{w}$ étant un représentant dans M' .

Démonstration :

Elle est analogue à celle faite par G. SCHIFFMANN ([22] prop. 1.4)

§2 LE PROLONGEMENT ANALYTIQUE

Soit λ un caractère de A , alors il existe l caractères $\lambda_1, \lambda_2, \dots, \lambda_\ell$ de k* tels que

$$\lambda\Big(\prod_{i=1}^{\ell} h_i(t_i)\Big) = \prod_{i=1}^{\ell} \lambda_i\Big(\prod_{j=1}^{\ell} t_j^{<\mu_i,\varepsilon_j>}\Big) = \prod_{i=1}^{\ell}\prod_{j=1}^{\ell} \lambda_j^{<\mu_j,\varepsilon_i>}(t_i)$$

en particulier $\lambda = (\sigma,z)$ où σ est un caractère unitaire de A formé des caractères χ_1, $\chi_2, \dots, \chi_\ell$ de Θ^* (σ est un caractère de $A \cap K$ prolongé sur A) et $z \in \mathbb{C}^\ell$; pour tout f dans $C_c(G)$ et g dans G, on peut considérer $A(\lambda,\bar{w})p_\lambda(f)(g)$ comme une fonction de $\mathbb{C}^\ell$ à valeur dans $\mathbb{C}$, on a alors le théorème suivant :

Théorème 2.1- Soient w dans W , $\bar{w}$ un représentant de w dans Norm A, f un élément de $C_c(G)$, g un élément de G et σ un caractère unitaire de A

1°) *L'application de* $D(w) = \{ z \in \mathbb{C}^\ell \mid \operatorname{Re}(z_\alpha) > 0$ pour tout $\alpha \in \Delta(w) \}$ *dans* $\mathbb{C}$ *définie par*

$$z \mapsto A((\sigma,z),\bar{w})p_{(\sigma,z)}(f)(g)$$

est analytique . Elle se prolonge en une fonction méromorphe de pôles inclus dans :

$$\{ z \in \mathbb{C}^\ell \mid \exists\, \alpha \in \Delta(w) \text{ tel que } (\sigma,z)_\alpha = \mathrm{Id} \}$$

De plus si $p_{(\sigma,z)}(f) = 0$ *alors* $A((\sigma,z),\bar{w})p_{(\sigma,z)}(f) = 0$.

2°) *Ce prolongement méromorphe de* $A(\lambda,\bar{w})$ (*noté aussi* $A(\lambda,\bar{w})$) *est un opérateur d'entrelacement de* π_λ *avec* $\pi_{w(\lambda)}$.

3°) *Si le représentant* $\bar{w}$ *de* w *est choisi dans* M' , *on a alors la relation :*

$$A(w(\lambda),\bar{w}^{-1})\, A(\lambda,\bar{w}) = \Gamma_w(\lambda)\, \Gamma_{w^{-1}}(w(\lambda))\, \mathrm{Id}_{\mathcal{Y}_\lambda}$$

où $\Gamma_w(\lambda) = \prod_{\alpha\in\Delta(w)} \Gamma(\lambda_\alpha)$

4°) *Lorsque* $\bar{w}$ *est choisi dans* M' , *l'adjoint de* $A(\lambda,\bar{w})$ *est* $A(w(\bar{\lambda})^{-1},\bar{w}^{-1})$.

5°) $A(\lambda,\bar{w})$ *est une bijection lorsque pour tout* $\alpha \in \Delta(w)$ $\lambda_\alpha \neq |\ |^{+1}, |\ |^{-1}, \mathrm{Id}$.

Démonstration

Elle se fait par récurrence sur la longueur de w . Rappelons que :

$$\Gamma(\lambda_\alpha) = \Gamma(\chi_\alpha, z_\alpha) = \begin{cases} C_{\chi_\alpha} q^{m(\chi_\alpha)(z_\alpha - \frac{1}{2})} & \text{si } \chi_\alpha \text{ est ramifié de degré } m(\chi_\alpha) \\ \dfrac{1 - q^{z_\alpha - 1}}{1 - q^{-z_\alpha}} & \text{sinon} \end{cases} \qquad ([21])$$

C_{χ_α} étant un nombre complexe de module 1 .

L'opérateur d'entrelacement prolongé de manière méromorphe vérifie :

Proposition 2.1. - Soient w , w' 2 éléments de W et $\bar{w}$, $\bar{w}'$ des représentants respectifs dans M' , on a :

$$A(w'(\lambda),\bar{w})\, A(\lambda,\bar{w}') = \prod_{\alpha > 0, \alpha \in -w'^{-1}\Delta(w)} \Gamma(\lambda_\alpha)\, \Gamma(\lambda_{-\alpha})\, A(\lambda,\bar{w}\,\bar{w}')$$

Pour la démontrer on utilise le théorème précédent et une démonstration par récurrence (cf. [18] prop.3.2).

Lemme 2.1. - Si λ n'est pas pôle de $\Gamma_w(\lambda)$ alors $A(\lambda,\bar{w}) \neq 0$.

(cf. [22] lemme 2.2.)

§3 NORMALISATION DES OPERATEURS D'ENTRELACEMENT

Dans ce paragraphe , ainsi que les suivants , les représentants des éléments de W sont choisis dans M' . On normalise l'opérateur d'entrelacement en posant :

$$\mathcal{a}(\lambda,\bar{w}) = \frac{1}{\Gamma_w(\lambda)} A(\lambda,\bar{w}) \qquad \text{(cf. [15])}$$

cet opérateur vérifie :

Proposition 3.1- Soient w dans W , $\bar{w}$ un représentant de w dans M' , f un élément de $C_c(G)$, g un élément de G et σ un caractère de $A \cap K$

1°) L'application de $\{ z \in \mathbb{C}^{\ell} \mid \forall \alpha \in \Delta(w)\ (\sigma,z)_\alpha \neq \mathrm{Id}, \ |\ |^1 \}$ dans $\mathbb{C}$ définie par $z \to \mathcal{A}((\sigma,z),\bar{w})p_{(\sigma,z)}(f)(g)$ est analytique . Elle se prolonge en une fonction méromorphe de pôles inclus dans $\{ z\in \mathbb{C}^{\ell} \mid \exists \alpha \in \Delta(w) \text{ tel que } (\sigma,z)_\alpha = |\ |^1\}$

De plus si $p_{(\sigma,z)}(f) = 0$ alors $\mathcal{A}((\sigma,z),\bar{w})p_{(\sigma,z)}(f) = 0$.

2°) Ce prolongement méromorphe (noté aussi $\mathcal{A}(\lambda,\bar{w})$) entrelace π_λ et $\pi_{w(\lambda)}$.

3°) $\mathcal{A}(w(\lambda),\bar{w}^{-1})\mathcal{A}(\lambda,\bar{w}) = \mathrm{Id}_{\mathcal{J}_\lambda}$

4°) $\mathcal{A}(\lambda,\bar{w})^* = \mathcal{A}(w(\bar{\lambda})^{-1},\bar{w}^{-1})$

Démonstration : elle se fait par récurrence sur la longueur de w comme pour le théorème 2.1 .

Proposition 3.2- Pour tout w_1,w_2 dans W de représentants respectifs $\bar{w}_1,\bar{w}_2$ dans M', on a

$$\mathcal{A}(\lambda,\bar{w}_1\bar{w}_2) = \mathcal{A}(w_2(\lambda),\bar{w}_1)\,\mathcal{A}(\lambda,\bar{w}_2)$$

Démonstration : c'est la démonstration de la proposition 3.2 p.32 ([18]) .

§4 UN CRITERE D'IRREDUCTIBILITE

Les opérateurs $\mathcal{A}(\lambda,\bar{w})$ pour $w(\lambda) = \lambda$, entrelacent π_λ avec lui-même . On détermine parmi ceux-ci les opérateurs scalaires .

Soient $\Delta^\circ(\lambda) = \{\alpha\in\Delta \mid \lambda_\alpha = \mathrm{Id}\}$

$W^\circ(\lambda)$ = le sous groupe de W engendré par les s_α $\alpha\in\Delta^\circ(\lambda)$

$W^1(\lambda) = \{ w\in W(\lambda) \mid \text{ pour tout } \alpha\in\Delta^\circ(\lambda)^+\ w(\alpha) > 0 \}$

$W(\lambda) = \{ w\in W \mid w(\lambda) = \lambda \}$

Proposition 4.1.- 1°) $W(\lambda) = W^1(\lambda)\, W°(\lambda)$, $W^1(\lambda)$ est un groupe et $W°(\lambda)$ est distingué dans $W(\lambda)$.

2°) Les opérateurs $\alpha(\lambda,\bar{w})$ sont scalaires pour $w \in W°(\lambda)$ et linéairement indépendants pour $w \in W^1(\lambda)$.

On peut établir un critère d'irréductibilité des représentations π_λ à l'aide du théorème fondamental suivant dû à HARISH-CHANDRA :

Théorème 4.1.- λ étant un caractère unitaire , l'espace vectoriel des opérateurs d'entrelacement de π_λ avec lui-même est engendré par $\alpha(\lambda,\bar{w})$ pour $w \in W(\lambda)$.

La démonstration de ce théorème n'a pas encore été publiée , toutefois le cas réel est traité explicitement par HARISH-CHANDRA dans son article HARMONIC ANALYSIS ON REAL REDUCTIVE GROUPS III ([10]).

et au théorème suivant dû à CASSELMAN et HARISH-CHANDRA ([7]) :

Théorème 4.2.- 1°) $\mathcal{S}_\lambda$ a une décomposition de Jordan finie

2°) Si ρ est un sous-quotient irréductible de $\mathcal{S}_\lambda$ alors il existe w tel que ρ s'injecte dans $\mathcal{S}_{w(\lambda)}$.

En effet en utilisant le lemme :

Lemme 4.1.- 1°) Soit λ un caractère de A alors il existe $w \in W$ tel que $Re(w(\lambda_\alpha)) \geqslant 0$ $\forall\ \alpha \in \Delta+$

2°) On suppose que $\forall\ \alpha > 0$ $Re(\lambda_\alpha) \geqslant 0$ et on note $\Delta_1 = \{\alpha > 0 \mid Re(\lambda_\alpha) = 0\}$ G_1 le groupe engendré par χ_α , $\alpha \in \Delta_1$, et $W(\Delta_1)$ le groupe de Weyl de Δ_1 alors :

i) G_1 est un groupe de Chevalley

ii) Δ_1 admet comme base les racines simples de Δ qu'il contient

iii) $W(\lambda)$ est un sous groupe de $W(\Delta_1)$

Pour la démonstration du 2°) cf.[5].

ceci nous permet de déduire

Proposition 4.1.- Lorsque pour toute racine α , $\lambda_\alpha \neq |\ |^{\pm 1}$, le commutant de π_λ est engendré par $a(\lambda,\bar{w})$, w élément de $W^1(\lambda)$.

en utilisant le théorème 4.2. , la proposition 4.1. et les propriétés de $a(\lambda,\bar{w})$ nous déduisons :

Proposition 4.2.- π_λ est irréductible $\Longleftrightarrow \begin{cases} W^1(\lambda) = \{Id\} \text{ et pour toute racine } \alpha \\ \lambda_\alpha \neq |\ |^1, |\ |^{-1} \end{cases}$

Remarques :

Rappelons les notations suivantes

$w' \leq w \iff w' \in \overline{Bw̄B}$

si w' et w" $\in W$ on dit que w' est un parent de w" (noté $w' \in P_{w''}$) si :

$w'' \leq w'$ et $l(w'') = l(w') - 1$

dans ce cas il existe $\alpha \in \Delta(w')$ telle que $w' = w''s_\alpha$ et cette racine se note

$\alpha_{w',w''}$

Proposition 5.3 - Lorsque $B\,W(\lambda)\,B = \bigcup_{w \in W(\lambda)} B\bar{w}B$ est fermé , l'espace vectoriel des opérateurs d'entrelacements de π_λ avec π_μ , μ conjugué de λ , est engendré par $A(\lambda,\bar{w})$ avec $w \in W^1(\lambda,\mu$ $= \{ w$ tels que $w(\lambda) = \mu$ et $\forall \alpha \in \Delta(w)\ \lambda_\alpha \neq \mathrm{Id} \}$.

Démonstration : elle est identique à celle du théorème 4.1 p.49 [18] , l'idée est due à KNAPP (A.W.) et STEIN (E.M.) ([16])et cette démonstration repose sur la proposition suivan te due à KNAPP(W.) et STEIN (E.M.) dans le cas d'un système de racines de type A_1 ([16] proposition 4.2 p.213) :

Proposition- Soient Δ un système de racines réduit et W le groupe de Weyl correspondant , m une longueur fixée ; supposons qu'à chaque élément w' de W de longueur m ($l(w') = m$) soit associé un nombre complexe $c_{w'}$ tel que :

$$\sum_{w' \in P_{w''}} c_{w'}\, \alpha_{w',w''} = 0 \quad \forall w'' \text{ tel que } l(w'') = m-1$$

alors $c_{w'} = 0\ \forall w'$ tel que $l(w') = m$.

Le système de racines Δ est somme directe d'une famille $(\Delta_i)_{i\in I}$ de systèmes de racines irréductibles et réduits , le groupe de Weyl s'identifie au produit $\prod_{i\in I} W_i$, W_i étant le groupe de Weyl associé à Δ_i . Ainsi tout w a une décomposition

$$w = \prod_{i\in I} w_i \text{ avec } w_i \in W_i \text{ et } l(w) = \sum_{i\in I} l(w_i)$$

De plus pour $i \neq j$ w_i et w_j commutent .

Ceci montre qu'il suffit de résoudre les équations de la proposition pour les systèmes irréductibles et réduits .

Soit (Δ,Π) un système de racines irréductible et réduit donc isomorphe à A_ℓ $(\ell \geq 1)$, B_ℓ $(\ell \geq 2)$, C_ℓ $(\ell \geq 2)$, D_ℓ $(\ell \geq 3)$, E_6, E_7, E_8, F_4, G_2 . La démonstration se fait par récurrence sur le rang ℓ du système de racines .

On fait la vérification cas par cas pour A_1, B_2, C_2, D_3, G_2 .

§5 SERIE COMPLEMENTAIRE

Signalons le résultat classique sur la série complémentaire (cf. [15]):

Proposition 5.1.- Les représentations π_λ avec $\lambda = (\sigma, s)$ pour lesquelles :

- il existe $w \in W$ tel que $w(\lambda) = \bar{\lambda}^{-1}$
- pour tout w' tel que $w'(\sigma) = \sigma$ il existe $\alpha \in \Delta(w')$ tel que $\sigma_\alpha = \mathrm{Id}$
- pour toute racine α telle que $\sigma_\alpha = \mathrm{Id}$ on a $|\mathrm{Re}(s_\alpha)| < 1$

sont dans la série complémentaire .

§6 QUELQUES RESULTATS SUR $W^1(\lambda)$

La proposition 4.1 indique qu'il reste à étudier $W^1(\lambda)$. Ceci nous ramène à une question liée aux systèmes de racines réduits .En effet si on note :

Δ un système de racines réduit

$\Delta^* = \{ \alpha^* = \dfrac{2\alpha}{(\alpha,\alpha)} , \alpha \in \Delta \}$ son système inverse

$\lambda^* : \Delta^* \to \hat{k}^*$ définie par $\lambda^*(\alpha^*) = \lambda_\alpha$ et si $\alpha^*,\beta^*,\alpha^*+\beta^* \in \Delta^*$ alors $\exists \gamma \in \Delta$

tel que $\gamma^* = \alpha^* + \beta^* = \dfrac{2\alpha}{(\alpha,\alpha)} + \dfrac{2\beta}{(\beta,\beta)} = \dfrac{2\gamma}{(\gamma,\gamma)}$ donc $H_\gamma = H_\alpha + H_\beta$

et $\lambda^*(\alpha^* + \beta^*) = \lambda^*(\gamma^*) = \lambda_\gamma = \lambda_\alpha\lambda_\beta = \lambda^*(\alpha^*)\lambda^*(\beta^*)$

donc nous arrivons au problème suivant :

étant donné une application λ^* $\Delta^* \to \hat{k}^*$ vérifiant

$\alpha^*,\beta^*,\alpha^*+\beta^* \in \Delta^*$ alors $\lambda^*(\alpha^*+\beta^*) = \lambda^*(\alpha^*).\lambda^*(\beta^*)$

et si on définit λ $\Delta \to \hat{k}^*$ par $\lambda(\alpha) = \lambda^*(\alpha^*)$ et $w(\lambda)(\alpha) = \lambda(w^{-1}(\alpha))$

on doit déterminer $W(\lambda) = \{ w \mid w(\lambda)=\lambda \}$; on définit de même $\Delta^\circ(\lambda), W^\circ(\lambda), W^1(\lambda)$.

<u>Définition</u> - <u>Etant donné un système de racines irréductible et réduit</u> Δ, <u>un entier</u> p <u>est dit bon pour ce système s'il vérifie</u> :

$\Delta = A_n$ p <u>ne divise pas</u> n+1

$\Delta = B_n, C_n$ <u>ou</u> D_n p <u>ne divise pas</u> 2 .

On note $Q(\Delta)$ le groupe additif engendré par Δ

$P(\Delta)$ le réseau des poids de Δ c'est à dire l'ensemble des x qui sont combinaisons linéaires à coefficients réels et qui vérifient $\langle x,\alpha\rangle \in \mathbb{Z}$ pour toute racine α .

<u>Lemme</u> 1 -<u>Soit</u> $\Delta_f(\lambda) = \{\alpha \in \Delta \mid$ <u>il existe</u> n <u>tel que</u> $\lambda(\alpha)^n = \mathrm{Id} \}$ <u>alors si</u> w <u>est dans</u> $W(\lambda)$ w <u>est produit de reflexions</u> s_α <u>pour</u> α <u>dans</u> $\Delta_f(\lambda)$.

Démonstration :

Soit $w \in W(\lambda)$ et $w = s_{\alpha_1} s_{\alpha_2} \cdots s_{\alpha_k}$ une décomposition minimale de w en produit de reflexions ([6], les racines α_i étant quelconques) et $k = \bar{l}(w)$ (à ne pas confondre avec $l(w)$) alors les racines α_i , $1 \leq i \leq k$, sont linéairement indépendantes .La condition $w(\lambda)=\lambda$ se traduit par

$$w(\lambda)(\alpha) = \lambda(w^{-1}(\alpha)) = \lambda(\alpha)$$

or $$[w^{-1}(\alpha)]^* = [w_1^{-1} s_{\alpha_1}{}^{-1}(\alpha)]^* = [s_{w_1^{-1}(\alpha_1)}(w_1{}^{-1}(\alpha)]^* = w_1^{-1}(\alpha)^* - \langle\alpha_1,\alpha\rangle w_1^{-1}(\alpha_1)^*$$

$$= \alpha^* - \langle\alpha_k,\alpha\rangle\, \alpha_k^* - \langle\alpha_{k-1},\alpha\rangle s_{\alpha_k}(\alpha_{k-1})^* - \dots - \langle\alpha_1,\alpha\rangle w_1^{-1}(\alpha_1)^*$$

$$w_1 = s_{\alpha_2} s_{\alpha_3} \cdots s_{\alpha_k}$$

et ceci est indépendant de la décomposition choisie pour w .La condition $w(\lambda)=\lambda$ devient ainsi

$$\prod_{i=1}^{k} \lambda(s_{\alpha_k} \cdots s_{\alpha_{i+1}}(\alpha_i))^{\langle\alpha_i,\alpha\rangle} = \mathrm{Id} \text{ pour tout } \alpha \in \Delta \qquad (*)$$

Considérons le système (S) suivant :

$$\begin{cases} \sum_{i=1}^{k} x_i \langle \alpha_1,\alpha_i \rangle = y_1 \\ \cdots \\ \sum_{i=1}^{k} x_i \langle \alpha_k,\alpha_i \rangle = y_k \end{cases} \qquad \text{avec } Y = \begin{bmatrix} y_1 \\ \vdots \\ \vdots \\ y_k \end{bmatrix} = \begin{bmatrix} p \\ 0 \\ \vdots \\ \vdots \\ 0 \end{bmatrix} \text{ puis } \begin{bmatrix} 0 \\ p \\ 0 \\ \vdots \\ 0 \end{bmatrix} \text{ puis } \begin{bmatrix} 0 \\ 0 \\ p \\ 0 \\ \vdots \end{bmatrix} \dots \text{ et } \begin{bmatrix} 0 \\ 0 \\ \vdots \\ 0 \\ p \end{bmatrix}$$

ors det S = det ($\langle \alpha_i,\alpha_j \rangle$) est un entier non nul car les racines α_i sont linéaire-nt indépendantes ; on prend p = det S et le système admet dans chacun des cas une soluon dans $\mathbb{Z}^k$; écrivons les relations (*) pour $\alpha = \alpha_1, \alpha_2, \dots, \alpha_k$ et élevons-les à la ssance x_i :

$$\begin{cases} \prod_{i=1}^{k} \lambda(s_{\alpha_k} \cdots s_{\alpha_{i+1}}(\alpha_i))^{\langle \alpha_i,\alpha_1 \rangle x_1} = \mathrm{Id} \\ \cdots \\ \prod_{i=1}^{k} \lambda(s_{\alpha_k} \cdots s_{\alpha_{i+1}}(\alpha_i))^{\langle \alpha_i,\alpha_k \rangle x_k} = \mathrm{Id} \end{cases}$$

faisant le produit de ces relations pour les différentes solutions du système (S) nous enons :

$$\lambda(s_{\alpha_k} \cdots s_{\alpha_{i+1}}(\alpha_i))^{\det S} = \mathrm{Id} \text{ pour tout } i = 1,\dots,k$$

Soit $x \in \mathcal{O}^*$ et $\alpha \in \Delta_f(\lambda)$ alors il existe n entier tel que $\lambda(\alpha)^n(x) = 1$ donc

$$\lambda(\alpha)(x) = \exp(\ 2i\pi r_\alpha(x,\lambda)\ )\quad r_\alpha(x,\lambda) \in \mathbb{Q}\ (\text{ modulo } \mathbb{Z}\ )$$

et si $w = s_{\alpha_1} s_{\alpha_2} \dots s_{\alpha_k} \in W(\lambda)$, $s_{\alpha_1} s_{\alpha_2} \dots s_{\alpha_k}$ étant une décomposition quelconque de w

on pose $\Lambda(\lambda,w,x) = \sum_{i=1} r_{s_{\alpha_k} \dots s_{\alpha_{i+1}}(\alpha_i)}(x,\lambda)\ \alpha_i$

alors $w(\lambda) = \lambda \iff \langle \Lambda(\lambda,w,x),\alpha \rangle \in \mathbb{Z}$ pour toute racine α de Δ

c'est à dire que $\Lambda(\lambda,w,x)$ est un poids de Δ ; cependant l'expression $\Lambda(\lambda,w,x)$ dépend de la décomposition de w et deux éléments Λ correspondants à deux décompositions d'un même élément w diffèrent d'un élément de $Q(\Delta)$, on note $\overline{\Lambda(\lambda,w,x)}$ sa classe (modulo $Q(\Delta)$) et $\Lambda(\lambda,x)$ l'application de $W(\lambda)$ dans $\frac{P(\Delta)}{Q(\Delta)}$ définie par $\Lambda(\lambda,x)(w) = \overline{\Lambda(\lambda,w,x)}$.

Lemme 2 - $\overline{\Lambda(\lambda,w,x)}$ ne dépend que de λ,w,x et est indépendant de la décomposition choisie pour w et vérifie

$$\overline{\Lambda(\lambda,w_1w_2,x)} = \overline{\Lambda(\lambda,w_1,x)} + \overline{\Lambda(\lambda,w_2,x)}\quad w_1 \text{ et } w_2 \in W(\lambda)$$

Démonstration

Au cours de la démonstration du lemme 1 on avait montré que la quantité

$$\prod_{i=1}^{k} \mu(s_{\alpha_k} \dots s_{\alpha_{i+1}}(\alpha_i))^{\langle \alpha_i,\alpha \rangle} = w(\mu)^{-1}(\alpha)\ \mu(\alpha)$$

est indépendante de la décomposition choisie et ceci pour tout caractère μ par conséquent si on note

$$\mu(\alpha)(x) = \exp\ (\ 2i\pi r_\alpha(x,\mu))$$

on aura $\langle \Lambda(\mu,w),\alpha \rangle$ qui sera indépendant de la décomposition, modulo $\mathbb{Z}$, et ceci pour tout μ et pour tout α donc $\overline{\Lambda(\mu,w,x)}$ est indépendant de la décomposition et par conséquent vérif

$$\overline{\Lambda(\mu,w_1w_2,x)} = \overline{\Lambda(\mu,w_2,x)} + \overline{\Lambda(w_2(\mu),w_1,x)}$$

On peut remarquer que $W^o(\lambda) \subset$ Noyau de $\Lambda(\lambda,x)$ et ceci pour tout $x \in \mathcal{O}^*$ et que si $w_1,w_2 \in W(\lambda)$ alors $w_1w_2w_1^{-1}w_2^{-1} \in \bigcap_{x \in \mathcal{O}^*}$ Noyau de $\Lambda(\lambda,x)$, ce dernier groupe sera noté $W^2(\lambda)$.

Lemme 3- Soit $w=s_{\alpha_1}s_{\alpha_2}\dots s_{\alpha_k}$ une décomposition minimale

1°) Les vecteurs propres de w correspondants à la valeur propre 1 appartiennent à l'orthogonal de l'espace vectoriel engendré par $\alpha_1, \dots, \alpha_k$.

2°) Si $w \in W^1(\lambda)$ et si $\Delta^\circ(\lambda)$ est non vide alors w admet 1 comme valeur propre .

Démonstration :

1°) $w = w'w''$, w' et w'' étant deux involutions telles que $\bar{l}(w') + \bar{l}(w'') = \bar{l}(w)$ ([6])

alors w'peut s'écrire $w' = s_{\gamma_1}\dots s_{\gamma_j}$ les racines γ_i étant 2 à 2 orthogonales

$w'' = s_{\beta_1}\dots s_{\beta_q}$ β_i étant 2 à 2 orthogonales

la relation $w(x) = x \Rightarrow w'(x) = w''(x) \Rightarrow x - < x,\gamma_j > \gamma_j \dots - < x,\gamma_1 > \gamma_1 = x - <x,\beta_q>\beta_q - \dots - <x,\beta_1 > \beta_1$, comme les racines sont linéairement indépendantes nous obtenons $< x,\gamma_i > = < x,\beta_h > = 0$ pour tout i et h .

2°) Soit α une racine positive qui appartient à $\Delta^\circ(\lambda)$ et w un élément de $W^1(\lambda)$ alors $w(\alpha)$ est encore une racine positive de $\Delta^\circ(\lambda)$ et il en est de même pour $w^i(\alpha)$ $i = 0,1,\dots$ $n-1$, n étant l'ordre de w , par conséquent $x = \alpha+w(\alpha)+\dots+w^{n-1}(\alpha)$ est non nul et est un vecteur propre de w de valeur propre 1 .

Les lemmes qui suivent donnent des indications sur $W^2(\lambda)$ et $W^1(\lambda)$ cas par cas (en particulier lorsque $P_V(\Delta)=P(\Delta)$); les démonstrations proposées sont fastidieuses bien que l'idée soit la même dans chaque cas .

Lemme 4- Lorsque Δ est de type A_l ou B_l et la caractéristique résiduelle de k est un bon entier pour Δ on a :

i) $W^2(\lambda) = W^\circ(\lambda)$

ii) $W^1(\lambda)$ <u>s'injecte dans</u> $\frac{P(\Delta)}{Q(\Delta)} \times \frac{P(\Delta)}{Q(\Delta)}$

Démonstration

ii) est une conséquence immédiate de i) ,en effet considérons

$$W^1(\lambda) \longrightarrow \frac{P(\Delta)}{Q(\Delta)} \times \frac{P(\Delta)}{Q(\Delta)}$$

$$w \longrightarrow (\Lambda(\lambda,\tau)(w),\Lambda(\lambda,\pi)(w))$$

τ étant un générateur de $\{x \in k^* \text{ tels que } x^{q-1} = 1\}$, notons n l'ordre de $\frac{P(\Delta)}{Q(\Delta)}$ alors comme

$$1 + \mathfrak{p} \longrightarrow 1 + \mathfrak{p}$$

$$x \longrightarrow x^n$$

est un automorphisme (cf.prop.8 p.32 [24])tout x de k* peut s'écrire $\pi^p y^n \tau^r$ avec y élément de $1+\mathfrak{p}$ donc

$$\Lambda(\lambda,x)(w) = p\Lambda(\lambda,\pi)(w) + n\,\Lambda(\lambda,y)(w) + r\Lambda(\lambda,\tau)(w)$$

$$= p\Lambda(\lambda,\pi)(w) + r\Lambda(\lambda,\tau)(w)$$

i) se démontre par récurrence sur le rang de Δ . Pour commencer remarquons que si w est un élément non trivial de $W^2(\lambda) \cap W^1(\lambda)$ alors $\bar{I}(w) > 1$, en effet si $\bar{I}(w) = 1$ alors $\Lambda(\lambda,w,x) = r_\alpha(x,\lambda)\alpha$ n'est dans $Q(\Delta)$que si $r_\alpha(x,\lambda)$ est entier donc w serait un élement de $W^\circ(\lambda)$ ce qui est impossible .

Ceci montre i) pour A_1; pour B_2 on fait la vérification (la démonstration est identique à celle qui sera faite pour B_1). Supposons i) vérifié pour Δ de rang l-1 .

Pour Δ de rang l prenons w élément non trivial (s'il en existe) de $W^2(\lambda) \cap W^1(\lambda)$.

<u>1er cas $\bar{I}(w) < l$</u>

it $w = s_{\alpha_1} \dots s_{\alpha_k}$ une décomposition minimale de w alors $V' = \mathbb{Q}$ espace vectoriel engendré $,\dots,\alpha_k$ est de dimension k et $\Delta \cap V'$ est un système de racines de rang k ,d'après la oposition 24 du chapitre 6 §1 n°1.7 ([3]) il existe w' et Π' une partie de Π tels que $\cap V' = w'(\Delta')$, Δ' étant le système de racines engendré par Π', et on a :

$$\underline{s_{\alpha_i} = s_{w'(\gamma_i)}} \quad i=1,\dots,k \quad \underline{\text{et } w = w'\, w''\, w'^{-1}} \quad \text{avec } w'' = s_{\gamma_1} s_{\gamma_2} \dots s_{\gamma_k} \quad \gamma_i \in \Pi'$$

$$\overline{\Lambda(\lambda,w,x)} = \overline{\Lambda(\lambda,w'\,w''\,w'^{-1},x)}$$

$$= \overline{r_{w'(\gamma_k)}(\lambda,x)\, w'(\gamma_k) + \dots + r_{s_{w'(\gamma_k)} \dots s_{w'(\gamma_2)}(w'(\gamma_1))}(\lambda,x)\, w'(\gamma_1)}$$

$$r_{w'(\gamma_k)}(\lambda,x) = r_{\gamma_k}(w'^{-1}(\lambda),x) \quad \dots \quad r_{s_{w'(\gamma_k)} \dots s_{w'(\gamma_2)}(w'(\gamma_1))}(\lambda,x) =$$

$$r_{s_{\gamma_k} \dots s_{\gamma_2}(\gamma_1)}(w'^{-1}(\lambda),x) \quad \text{modulo } \mathbb{Z}$$

nc $\quad \overline{\Lambda(\lambda,w,x)} = w' (\overline{\Lambda(w'^{-1}(\lambda),w'',x)})$

$$\overline{\Lambda(\lambda,w,x)} = \overline{0} \Leftrightarrow \overline{\Lambda(w'^{-1}(\lambda),w'',x)} = \overline{0} \Leftrightarrow \Lambda(w'^{-1}(\lambda),w'',x) \in Q(\Delta')$$

ur tout x , comme Δ' est une somme directe de systèmes de racines de type A_i si $\Delta = A_l$ type A_i et B_j si $\Delta = B_l$ on obtient ainsi une impossibilité par récurrence .

me cas $\underline{I(w) = 1}$ alors d'après le lemme 3 $\Delta^\circ(\lambda) = \emptyset$

it $w = s_{\alpha_1} s_{\alpha_2} \dots s_{\alpha_l}$ une décomposition minimale , les racines $\alpha_1,\dots,\alpha_l$ sont linéaire= nt indépendantes , soit V' le $\mathbb{Q}$ espace vectoriel engendré par $\alpha_1,\dots,\alpha_{l-1}$ et $\Delta' = \Delta \cap V'$ ors il existe une partie Π' ayant l-1 éléments de Π et w' tels que $\Delta' = w'(\Delta(\Pi'))$ et $\notin \Delta'$ donc le coefficient de $w'(\Pi-\Pi')$ obtenu en décomposant α_l suivant $w'(\Pi)$ (qui est e base de $Q(\Delta)$) est non nul donc $r_{\alpha_l}(\lambda,x) n \in \mathbb{Z}$ pour tout x de k* (n = le coefficient $w'(\Pi-\Pi')$)

pour Δ de type A_l le coefficient n étant non nul , ne peut prendre que valeur ± 1 donc $r_{\alpha_l}(\lambda,x) \in \mathbb{Z}$ pour tout x ce qui est impossible

pour Δ de type B_l (ou C_l, D_l) $n = \pm 1, \pm 2$ donc $\lambda(\alpha_i)^2 = \mathrm{Id}$ pour $i = 1,\dots,l$

Considérons $P = \{\gamma^* \in \Delta^*$ tels que $\gamma^* = \sum_{i=1}^{l} n_i \alpha_i^*$ n_i entiers $\}$ alors P est une partie symétrique et close de $\Delta^* = C_l$ de rang l telle que toute racine β^* de P vérifie $\lambda^*(\beta^*)^2 = \mathrm{Id}$.

a) $\underline{P = C_l}$ alors toute racine α de B_l vérifie $\lambda(\alpha)^2 = \mathrm{Id}$; comme nous avons 3 caractères distincts et non triviaux d'ordre 2 et la condition $\Delta^\circ(\lambda) = \emptyset$, on a une impossibilité pour $l \geqslant 3$.

Pour $l = 2$ le calcul montre que $W^1(\lambda) = \{ s_{e_1-e_2}, s_{e_1} s_{e_2}, s_{e_1+e_2}, \mathrm{id} \}$ (cf. [3] planche II) et on vérifie i).

b) P est inclus dans une partie symétrique , close , distincte de C_l et maximale ; celles-ci sont connues (exer. n°4 p.229 [3])

on note $\varepsilon_1^*, \ldots, \varepsilon_l^*$ une base de C_l (cf. planche III [3]) et $\tilde{\varepsilon}^* = 2e_1$ la plus grande racine

à conjugaison près une base de la partie maximale est donnée par

$\underline{-\tilde{\varepsilon}^*, \varepsilon_2^*, \ldots, \varepsilon_l^*}$

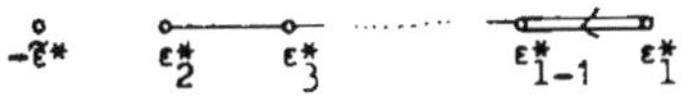

dans ce cas $w = s_{e_1} w_1$ et $w_1 \in W^1(\lambda, B_{l-1})$, on doit avoir $\Lambda(\lambda, w, x) \in \bigoplus_{i=1}^{l} \mathbb{Z} e_i$ donc $\Lambda(\lambda, w_1, x) \in \bigoplus_{i=2}^{l} \mathbb{Z} e_i$ et par récurrence $w_1 = \mathrm{id}$, on aboutit ainsi à une impossibilité .

$\underline{-\tilde{\varepsilon}^*, \varepsilon_1^*, \varepsilon_3^*, \varepsilon_4^*, \ldots, \varepsilon_l^*}$

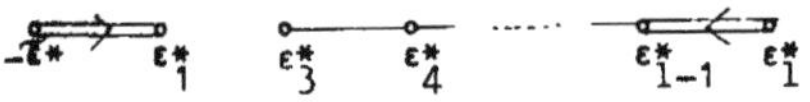

on procède de même $w = w_1 w_2$ avec $w_1 \in W^1(\lambda, B_2)$ et $w_2 \in W^1(\lambda, B_{l-2})$, la condition $\Lambda(\lambda, w, x) \in \bigoplus_{i=1}^{l} \mathbb{Z} e_i$ implique que $\Lambda(\lambda, w_1, x) \in \bigoplus_{i=1}^{2} \mathbb{Z} e_i$ et $\Lambda(\lambda, w_2, x) \in \bigoplus_{i=3}^{l} \mathbb{Z} e_i$, par récurrence ceci donne $w_1 = \mathrm{id}$ et $w_2 = \mathrm{id}$.

......

Pour terminer ce lemme notons que pour Δ de type A_l ou B_l $W(\lambda)$ est inclus dans le groupe engendré par $\{s_\alpha$ tels que $\lambda(\alpha)^n = \mathrm{id}\}$, n étant l'ordre de $\frac{P(\Delta)}{Q(\Delta)}$

Lorsque Δ est de type C_l il peut arriver que $W^2(\lambda) \cap W^1(\lambda) \neq \{\mathrm{Id}\}$ cependant $W^1(\lambda)$ est toujours commutatif . Rappelons que pour ce système de racines

$Q(\Delta)$ = ensemble des points à coordonnées entières de somme paire

$P(\Delta)$ = " " " " " " (cf. planche III [3])

W est le produit semi-direct du groupe $\mathcal{S}_l$ opérant par permutation des e_i et du groupe $\left(\frac{\mathbb{Z}}{2\mathbb{Z}}\right)^l$ opérant par $e_i \to \pm e_i$.

<u>Lemme</u> 5– <u>On suppose que la caractéristique résidelle de k ne divise pas 2 .</u>
<u>Lorsque</u> $\Delta = D_l$ $l \neq 4$ (<u>resp.</u> $\Delta = C_l$ $l \neq 2$ <u>et</u> 3) <u>il n'existe pas d'élément</u> $w \in W^1(\lambda)$ <u>de longueur</u> $\overline{l}(w) = l$ <u>tel que si</u> $w = s_{\alpha_1} s_{\alpha_2} \dots s_{\alpha_l}$ <u>soit une décomposition minimale on ait</u> $\lambda(\alpha_i)^2 = \mathrm{id}$ $i = 1,\dots,l$ <u>et</u> $\Lambda(\lambda,x)(w) \in \bigoplus_{i=1}^{l} \mathbb{Z}e_i$ (<u>mod</u> $Q(\Delta)$) .
<u>Lorsque</u> $\Delta = D_4$ (<u>resp.</u> $\Delta = C_2$, C_3) <u>un tel élément existe et est donné uniquement par</u> (−1).

La démonstration se fait par récurrence sur l ; remarquons que $\Delta^o(\lambda) = \emptyset$; en particulier si on suppose que tout α de Δ vérifie $\lambda(\alpha)^2 = \mathrm{id}$ ceci implique $l \leq 4$ pour $\Delta = D_l$ et $l \leq 3$ pour $\Delta = C_l$ en raison de l'existence de 3 caractères distincts et non triviaux d'ordre 2 .Notons aussi que l'existence de (−1) dans $W^1(\lambda)$ implique que tout α de Δ vérifie $\lambda(\alpha)^2 = \mathrm{id}$.

On considère $P = \{\gamma^* \in \Delta^*$ tels que $\gamma^* = \sum_{i=1}^{l} n_i \alpha_i^*$ n_i entiers$\}$ alors P est une partie symétrique et close de Δ^* de rang l telle que toute racine β^* de P vérifie $\lambda^*(\beta^*)^2 = \mathrm{id}$.

a) $P = \Delta^*$ alors tout α vérifie $\lambda(\alpha)^2 = id$. Un calcul direct donne :

D_3 $\quad W^1(\lambda) = \{id,\ s_{\varepsilon_2}s_{\varepsilon_3},\ s_{\varepsilon_1+\varepsilon_2}s_{\varepsilon_1+\varepsilon_3},\ s_{\varepsilon_1+\varepsilon_2+\varepsilon_3}s_{\varepsilon_1}\}$

tous les éléments sont de longueur minimale $(\overline{I}(w))$ 0,1 ou 2 et $W^2(\lambda) = \{Id\}$

D_4 $\quad W^1(\lambda)$ a 32 éléments (il est non commutatif) , $W^2(\lambda) = \{-1,1\}$ et on vérifie

que (-1) est le seul vérifiant les hypothèses du lemme .

C_2 $\quad W^1(\lambda) = \{s_{2e_1}, s_{2e_2}, s_{2e_1}s_{2e_2}, id\}$

$W^2(\lambda) = \{id\}$, l'élément cherché est (-1)

C_3 $\quad W^1(\lambda) = \{id,\ s_{2e_1}, s_{2e_2}, s_{2e_3}, s_{2e_1}s_{2e_2}, s_{2e_1}s_{2e_3}, s_{2e_2}s_{2e_3}, s_{2e_1}s_{2e_2}s_{2e_3}\}$

$W^2(\lambda) = \{-1,1\}$, l'élément cherché est (-1)

b) P est inclus dans une partie symétrique , close , distincte de Δ^* et maximale alors (à conjugaison près) nous avons comme base de la partie maximale :

1°) $\Delta = D_l$ (alors $l \geqslant 4$ et le lemme est montré pour D_3)

La plus grande racine $\tilde{\varepsilon}$ est donnée par $\tilde{\varepsilon} = e_1 + e_2 = \varepsilon_1 + 2\varepsilon_2 + \dots + 2\varepsilon_{l-2} + \varepsilon_{l-1} + \varepsilon_l$

$\underline{-\tilde{\varepsilon}\ ,\ \varepsilon_1,\ \varepsilon_3, \dots, \varepsilon_l}$

$l = 4$

$w = s_{\tilde{\varepsilon}}s_{\varepsilon_1}s_{\varepsilon_3}s_{\varepsilon_4} = -1$

ceci termine la démonstration pour D_4

$l > 4$

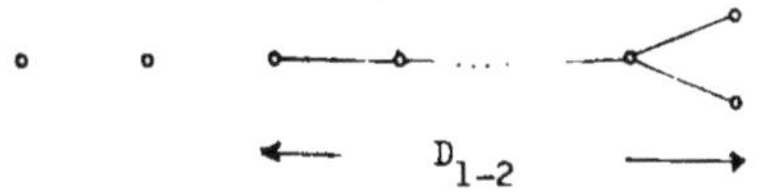

(à conjugaison près mais les propriétés de w se conservent par conjugaison)

$w = s_{\tilde{\varepsilon}} s_{\varepsilon_1} w_1$ et $w_1 \in W(D_{l-2})$ vérifie encore les hypothèses du lemme , donc si $l = 6$ $w = -1$ mais ceci est impossible , pour $l \neq 6$ un tel w n'existe pas .

$\underline{-\tilde{\varepsilon}, \varepsilon_1, \varepsilon_2, \ldots, \varepsilon_{i-1}, \varepsilon_{i+1}, \ldots, \varepsilon_{l-1}, \varepsilon_l}$

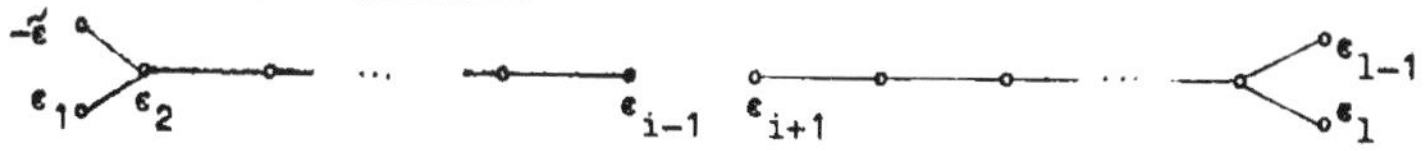

$w = w_1 w_2$ avec $w_1 \in W(D_i)$ et $w_2 \in W(D_{l-i})$ vérifiant encore les hypothèses du lemme et par récurrence w n'existe pas.

2°) $\underline{\Delta = C_l}$

$\underline{-(e_1+e_2), e_1-e_2, e_3-e_4, \ldots, e_l}$

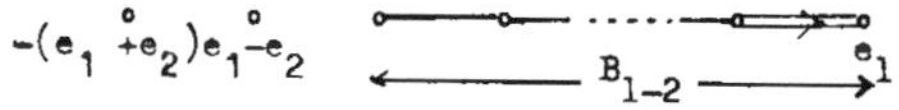

$w = s_{e_1+e_2} s_{e_1-e_2} w_1 = s_{2e_1} s_{2e_2} w_1$, w_1 est un élément de $W^1(\lambda, C_{l-2})$ qui vérifie encore les hypothèses du lemme , par récurrence sur le rang nous avons

$w_1 = -1$ si $l-2 = 2$ ou 3 dans ce cas $w = -1$ et ceci est impossible

si $l > 5$ un tel w_1 (donc un tel w) n'existe pas

$\underline{-(e_1+e_2), e_1-e_2, e_2-e_3, \ldots, e_{i-1}-e_i, e_{i+1}-e_{i+2}, \ldots, e_l}$

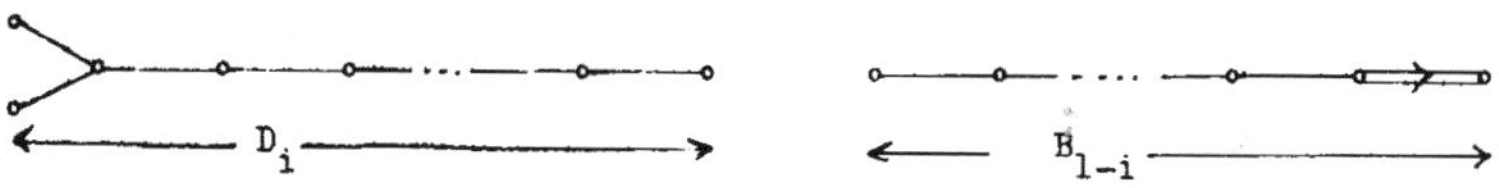

on procède comme précédemment

$\underline{-(e_1+e_2), \ldots, e_{l-1}-e_l}$

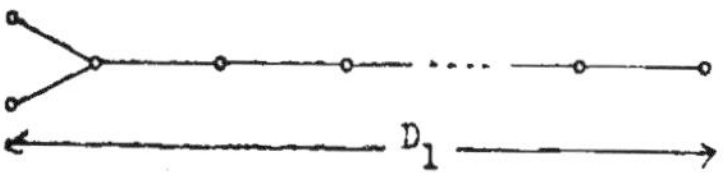

on est alors dans les hypothèses du lemme mais pour $\Delta = D_l$, on applique le résultat précédent ainsi que les remarques préliminaires .

<u>Lemme 6</u>– <u>On suppose que</u> $\Lambda = C_l$ <u>et que la caractéristique résiduelle de</u> k <u>est un bon entier</u>

i) <u>Si</u> $w \in W^2(\lambda) \cap W^1(\lambda)$ <u>alors</u> $w \in \left(\frac{Z}{2Z}\right)^l$

ii) <u>Tout élément de</u> $W^1(\lambda)$ <u>est d'ordre</u> 2 .

<u>Démonstration</u> : on procède comme dans le lemme 4 .

i) Lorsque $l = 2$ on le vérifie .

Supposons i) vrai pour C_j avec $j \leq l-1$. Pour C_l soit w un élément non trivial de $W^2(\lambda) \cap W^1(\lambda)$

<u>1er cas $\bar{I}(w) < l$</u>

Comme dans le lemme 4 il existe w' dans W et Π' partie de Π ayant $l-1$ éléments tels que $w' w w'^{-1}$ soit un élément de $W(\Pi')$. (groupe engendré par s_α α dans Π'); lorsque la racine omise est :

$\underline{\epsilon_1}$

$w' w w'^{-1}$, qui est encore dans $W^2(\lambda, C_{l-1}) \cap W^1(\lambda, C_{l-1})$, est dans $\left(\frac{Z}{2Z}\right)^{l-1}$ par récurrence donc w aussi .

$\underline{\epsilon_i}$

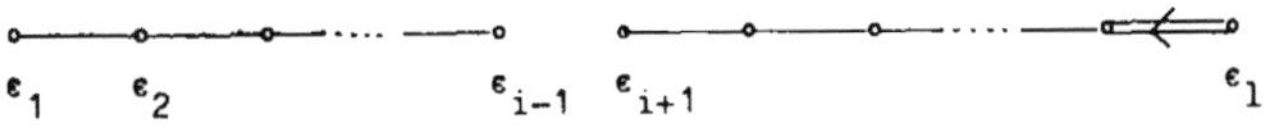

$w' w w'^{-1} = w_1 w_2$ avec $w_1 \in W^2(\lambda, A_{i-1}) \cap W^1(\lambda, A_{i-1})$ et $w_2 \in W^2(\lambda, C_{l-i}) \cap W^1(\lambda, C_{l-i})$, d'après le lemme 4 $w_1 =$ id et par récurrence $w_2 \in \left(\frac{Z}{2Z}\right)^{l-i}$ donc w aussi .

$\underline{\underline{\varepsilon_l}}$

d'après le lemme 4 w = id .

$\underline{\underline{2^{\text{ème}}\ \text{cas}\ I(w) = 1}}$: w vérifie alors les hypothèses du lemme 5 et i) est vérifié .

ii) Soit $w \in W^1(\lambda)$ alors comme $\Lambda(\lambda, w^2, x) = 2\Lambda(\lambda, w, x)$, $w^2 \in W^2(\lambda) \cap W^1(\lambda)$ et d'après i) $w^2 \in \left(\frac{\mathbb{Z}}{2\mathbb{Z}}\right)^l$; donc $\mathbb{R}^l$ se décompose en somme directe de sous-espaces V_j engendrés par 1 ou 2 vecteurs e_i tels que :

$$w = w_1 w_2 \dots w_p \qquad \text{chaque } w_i \text{ stabilisant } V_i ,$$

en fait w_i est soit une symétrie s_{2e_j} soit un élément de $W^1(\lambda, C_2, V_i)$, et les w_i commutent 2 à 2 ; or pour C_2 tous les éléments de $W^1(\lambda)$ sont d'ordre 2 (car $W^2(\lambda) = W^o(\lambda)$) il en est de même des w_i et donc de w .

$W^1(\lambda)$ est donc commutatif mais il peut avoir plus de 4 éléments ; les éléments de $W^1(\lambda)$ étant d'ordre 2 , ils sont produits de p racines 2 à 2 fortement orthogonales qui vérifient par conséquent $\lambda(\alpha)^2 = \mathrm{id}$; ainsi $W(\lambda)$ est un sous-groupe du groupe engendré par les reflexions s_α vérifiant $\lambda(\alpha)^2 = \mathrm{id}$.

λ^* est un homomorphisme additif de Λ^* ; il se prolonge en un homomorphisme de $Q(\Lambda^*)$ dans k^* (cor.2 n°1.6 §1 chap.VI [3]) et λ se définit sur $Q(\Lambda^*)^*$. Supposons que Λ' et Λ'' soient 2 systèmes de racines tels que $\Lambda' \subset \Lambda''$ et $Q(\Lambda'^*) = Q(\Lambda''^*)$ alors :

$$w(\lambda) = \lambda \quad \forall \alpha \in \Lambda' \implies w(\lambda) = \lambda \quad \forall \alpha \in Q(\Lambda'^*)^*$$

donc :

$$w(\lambda) = \lambda \quad \forall \alpha \in \Delta'' \text{ et } W(\lambda,\Delta') \subset W(\lambda,\Delta'')$$

Cette circonstance se produit avec $\Delta' = D_l = \Delta'^*$ et $\Delta'' = B_l$ $\Delta''^* = C_l$:

$W^1(\lambda,D_l) \subset W(\lambda,B_l) = W^\circ(\lambda,B_l).W^1(\lambda,B_l)$ et $W^1(\lambda,B_l)$ est commutatif d'ordre 1 , 2 ou 4 .

Lemme 7- $W^1(\lambda,B_{2l}) \subset W^1(\lambda,D_{2l})$ et $W^1(\lambda,D_{2l}) = \left[W^\circ(\lambda,B_{2l}) \cap W^1(\lambda,D_{2l})\right] . W^1(\lambda,B_{2l})$ $l \geqslant 2$

$W^1(\lambda,B_{2l+1}) \cap W^1(\lambda,D_{2l+1}) = \{id\}$ $l \geqslant 1$.

Démonstration :

$$Q(B_l) = \bigoplus_{i=1}^{l} \mathbb{Z}e_i \qquad P(B_l) = \bigoplus_{i=1}^{l} \mathbb{Z}e_i + \mathbb{Z}\left(\tfrac{1}{2}\sum_{i=1}^{l} e_i\right)$$

Notons que $W(D_l)$ est distingué dans $W(B_l)$ et :

$$w'w\,w'^{-1} \in W(D_l) \text{ et } w' \in W(B_l) \implies w \in W(D_l) .$$

Comme précédemment on procède par récurrence sur le rang de B_l . La vérification pour B_3 et B_4 est omise car elle se fait comme dans le cas général .

Supposons le lemme vrai pour B_i , $i \leqslant l-1$. Pour B_l on considère $w \in W^1(\lambda,B_l)$:

a) $\bar{I}(w) < l$

Il existe w' et Π' , partie de Π ayant $l-1$ éléments tels que $w'w\,w'^{-1}$ soit dans $W(\Pi')$; lorsque la racine omise dans Π' est :

$\underline{\varepsilon_1}$ 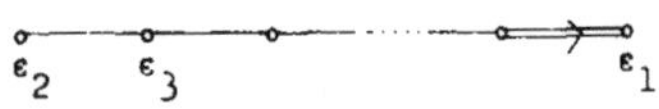 (l = 3 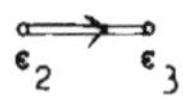)

$w'w\,w'^{-1} \in W^1(B_{l-1})$ et $\Lambda(w'(\lambda),w'w\,w'^{-1})(x) \in P(B_l) \cap P(B_{l-1}) = Q(B_{l-1})$

d'après le lemme 4 $w'w\,w'^{-1} = \mathrm{id}$.

<u>ϵ_i</u>

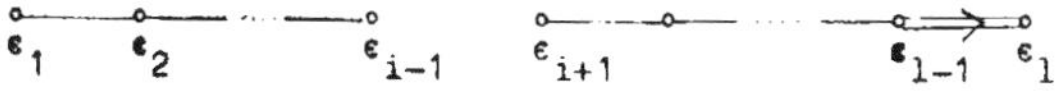

$w'w\,w'^{-1} = w_1 w_2$, $w_1 \in W^1(\lambda, A_{i-1}) \subset W(D_l)$ et $w_2 \in W^1(\lambda, B_{l-i})$; comme $w^2 = \mathrm{id}$ (lemme 4) il en est de même pour w_1 ; lorsque i est impair $w_1 = \mathrm{id}$ donc $w'w\,w'^{-1} \in W^2(\lambda, B_l)$ et $w = \mathrm{id}$; lorsque i est pair l-i a la même parité que l :

par récurrence si l est pair $w_2 \in W(D_l)$ donc $w \in W(D_l)$

si l est impair $w_2 \notin W(D_l)$ donc $w \notin W(D_l)$.

<u>ϵ_{l-1}</u>

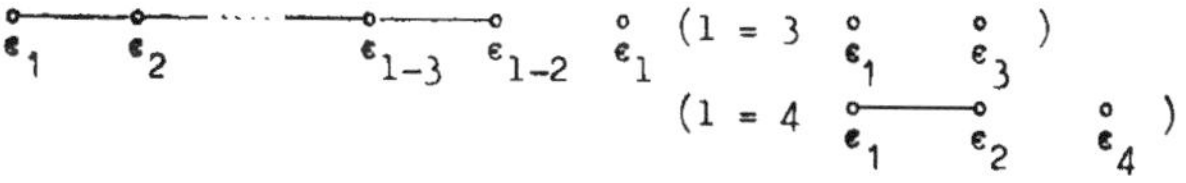

$w'w\,w'^{-1} = w_1 w_2$ avec $w_1 \in W^1(\lambda, A_{l-2})$, $w_2 \in W^1(\lambda, A_1)$; comme $w^2 = \mathrm{id}$ $w_1{}^2 = \mathrm{id}$ et:

l-1 pair alors l est impair , si $w_2 \neq \mathrm{id}$ $w \in W(D_l)$, si $w_2 = \mathrm{id}$ alors $w = \mathrm{id}$

l-1 impair alors l est pair $w_1 = \mathrm{id}$ et $\bar{I}(w) = \bar{I}(w_2) \leqslant 1$ donc $w = \mathrm{id}$.

<u>ϵ_l</u>

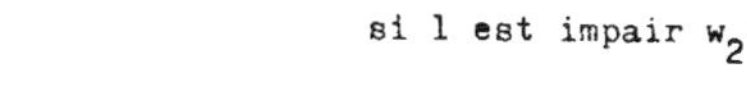

même conclusion qu'au dessus .

b) La condition $\bar{I}(w) = 1$ et le fait que $w^2 = \mathrm{id}$ impliquent que $w = w_1 w_2 \ldots w_p$ avec $w_i = s_{e_j}$ (α) , comme $\Delta^\circ(\lambda) = \emptyset$ (α) ne peut se produire que 2 fois au plus donc $l = 2$.

<u>Lemme</u> 8- i) <u>Si</u> $w \in W^2(\lambda, D_l) \cap W^1(\lambda, D_l)$ <u>alors</u> $w \in \left(\frac{\mathbb{Z}}{2\mathbb{Z}}\right)^l$

ii) <u>Tout w de</u> $W^1(\lambda,D_l)$ <u>vérifie</u> $w^4 = id$ <u>et</u> $W(\lambda,D_l)$ <u>est un sous-groupe du groupe engendré par</u> $\{s_\alpha \mid \lambda(\alpha)^4 = id\}$.

iii) $W^1(\lambda,D_{2l})$ <u>est engendré par ses éléments d'ordre 2</u> .

(la caractéristique résiduelle de k étant un bon entier)

$Q(D_l)$ = ensemble des points à coordonnées entières de somme paire

$$P(D_l) = \bigoplus_{i=1}^{l} \mathbb{Z}e_i + \mathbb{Z}\left(\tfrac{1}{2}\sum_{i=1}^{l} e_i\right) \qquad \text{(planche IV [3])}$$

i) Même démonstration que i) lemme 6.

ii) Pour commencer montrons que :

$$\{w \mid \text{pour tout } x\ \Lambda(\lambda,w)(x) \in \bigoplus_{i=1}^{l} \mathbb{Z}e_i \text{ mod. } Q(D_l)\} \subset \left(\frac{\mathbb{Z}}{2\mathbb{Z}}\right)^l$$

remarquons que de tels éléments w vérifient $w^2 \in W^2(\lambda,D_l)$ donc $w^2 \in \left(\frac{\mathbb{Z}}{2\mathbb{Z}}\right)^l$; on a une partition de $(1,2,\dots,n)$ en couples (i,j) et en unités (k) tels que l'on ait :

$$\begin{cases} w(e_i) = e_j \\ w(e_j) = e_i \end{cases} \quad \text{soit} \quad \begin{cases} w(e_i) = -e_j \\ w(e_j) = e_i \end{cases} \quad \text{soit} \quad \begin{cases} w(e_i) = -e_j \\ w(e_j) = -e_i \end{cases}$$

$$w(e_k) = e_k \quad \text{ou} \quad w(e_k) = -e_k$$

alors $w = w_1 w_2 \dots w_p$, w_i et w_j commutant 2 à 2 et du type suivant :

(1) $s_{e_i - e_j}$ ou $s_{e_i+e_j}$

(2) $s_{e_i-e_j} s_{e_i+e_k} s_{e_i-e_k}$

(3) $s_{e_i-e_j} s_{e_k-e_p} s_{e_i+e_p} s_{e_i-e_p}$

(4) $s_{e_k-e_p} s_{e_k+e_p}$

la condition $\Lambda(\lambda,w)(x) \in \bigoplus_{i=1}^{l} \mathbb{Z}e_i$ donne une impossibilité dans les cas (2) et (3) (le coefficient de e_j doit être entier) et (1) ou (4) donnent $w_i^2 = id$.

Soit $w \in W^1(\lambda, D_l)$, comme $2P(D_l) = \overset{l}{\underset{i=1}{\oplus}} Ze_i$ nous avons $w^4 = id$.

La 2ème assertion de ii) se démontre par récurrence sur le rang de D_l en utilisant la propriété $w^2 \in \left(\frac{Z}{2Z}\right)^l$ $(2P(D_l) = \overset{l}{\underset{i=1}{\oplus}} Ze_i)$.

iii) se fait par récurrence sur le rang de D_{2l}. En fait on montre que tout élément de $W^1(\lambda, D_{2l})$ d'ordre 4 est produit de 2 éléments d'ordre 2 de $W^1(\lambda, D_{2l})$. On le vérifie pour D_4 . Supposons le résultat vrai pour D_{2i} $i \leq l-1$. On considère $w \in W^1(\lambda, D_{2l})$ cas par cas :

$\underline{I(w) < 2l}$, esquissons la démonstration; la racine omise est :

$\underline{\varepsilon_i}$

$w'w\,w'^{-1} = w_1 w_2 \quad w_1 \in W^1(\lambda, A_{i-1}) \quad w_2 \in W^1(\lambda, D_{l-i})$

comme $w^2 \in \left(\frac{Z}{2Z}\right)^l$ $w_1^2 = id$, supposons que w soit d'ordre 4 alors pour tout x $\Lambda(\lambda, w)(x) \in P(D_{2l})$ et on doit avoir i pair ; 2l-i est aussi pair et par récurrence $w_2 = w_2' w_2''$ où w_2' et w_2'' sont 2 éléments de $W^1(\lambda, D_{2l-i})$ d'ordre 2 tels que

$$\Lambda(\lambda, w_2')(x) \in P(D_{2l-i}) \quad \forall x$$

$$\Lambda(\lambda, w_2'')(x) \in \overset{2l}{\underset{j+1}{\oplus}} Ze_j \quad \forall x$$

alors

$$w = (w_1 w_2')\, w_2'' \text{ et } \Lambda(\lambda, w_1 w_2')\,(x) \in P(D_{2l})$$

donc

$$w_1 w_2' \in W^1(\lambda, D_{2l}) .$$

$\underline{\varepsilon_1}$

pour tout x $\Lambda(w'(\lambda), w'w\, w'^{-1})(x) \in P(D_{2l}) \cap P(D_{2l-1}) = \bigoplus_{i=2}^{2l} \mathbb{Z}e_i$ donc $w^2 = \mathrm{id}$.

De même lorsque la racine omise est $\underline{\epsilon_{2l}}$ (de type A_{2l-1})

$\underline{\epsilon_{2l-1}}$

pour tout x $\Lambda(\lambda, w^2)(x) \in Q(D_{2l}) \cap P(A_{2l-1}) \subset Q(A_{2l-1})$ donc $w^2 = \mathrm{Id}$ (lemme 4)

(remarquons que dans le cas D_{2l+1} un tel w est à la fois d'ordre 4 et d'ordre impair il se réduit ainsi à l'id).

$\underline{I(w) = 2l}$ alors $\Delta^\circ(\lambda) = \emptyset$, comme il existe 3 caractères d'ordre 2 distincts et non triviaux $2l < 6$.

(Les notations sont celles de la planche IV de [3])

<u>Lemme</u> 9 - i) <u>Dans</u> $W^1(\lambda, D_l)$ <u>il existe un élément d'ordre</u> 4 $\Longleftrightarrow$ <u>à conjugaison près</u> λ <u>vérifie</u> :

$$l = 2p+1 \quad \begin{cases} \lambda(\epsilon_1) = \lambda(\epsilon_3) = \dots = \lambda(\epsilon_{2p-3}) = \lambda(\epsilon_{2p+1}) = \lambda(\epsilon_{2p}) = \lambda(\epsilon_{2p-1})^2 \\ \text{et } \lambda(\epsilon_1) \text{ est un caractère d'ordre 2 non trivial} \end{cases} \quad (*)$$

$$l = 2p \quad \begin{cases} \lambda(\epsilon_1) = \lambda(\epsilon_3) = \dots = \lambda(\epsilon_{2p-3}) = \lambda(\epsilon_{2p-1}) = \lambda(\epsilon_{2p}) \\ \text{et } \lambda(\epsilon_{2p}), \lambda(\epsilon_{2p-2}) \text{ sont 2 caractères d'ordre 2 distincts} \\ \text{et non triviaux} \end{cases} \quad (**)$$

ii) $W^1(\lambda, D_{2l})$ est non commutatif $\Longleftrightarrow$ il existe un élement de $W^1(\lambda, D_{2l})$ d'ordre 4

$W^1(\lambda, D_{2l+1})$ est non commutatif $\Longleftrightarrow$ il existe un élément de $W^1(\lambda, D_{2l+1})$

d'ordre 4 et $W^2(\lambda,D_{2l+1}) \neq \{id\}$.

Démonstration :

ii) est une conséquence de iii) lemme 8.

i) L'existence dans $W^1(\lambda,D_l)$ d'éléments de longueur $\bar{l}(w) = l$ implique $l \leqslant 5$, par conséquent pour $l > 5$ les w de $W^1(\lambda,D_l)$ ont $\bar{l}(w) < l$; lorsque de plus w est d'ordre 4 le seul cas possible est celui pour lequel la racine omise est ϵ_i , $2 \leqslant i \leqslant l-3$:

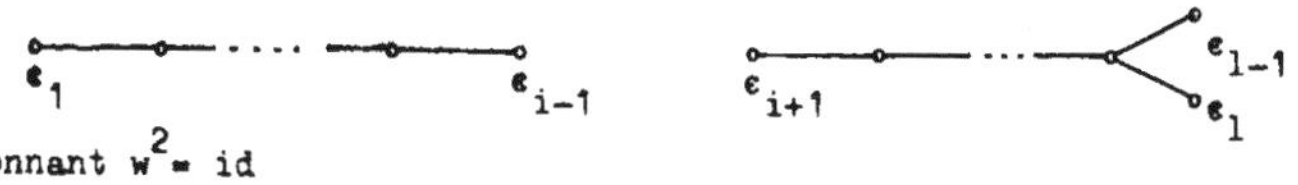

les autres donnant $w^2 = id$

$w'w\,w'^{-1} = w_1 w_2 \quad w_1 \in W^1(\lambda,A_{i-1}) \quad w_2 \in W^1(\lambda,D_{l-i})$, comme w est d'ordre 4 et w_1 d'ordre 2 , w_2 est d'ordre 4 , de plus w_1 est un produit de $\frac{1}{2}i$ transpositions commutant 2 à 2 , donc i est pair et pour simplifier (on peut toujours s'y ramener par conjugaison) on suppose que $w_1 = s_{\epsilon_1} s_{\epsilon_3} s_{\epsilon_5} \cdots s_{\epsilon_{i-1}}$. Si $l-i > 5$ on peut reitérer le raisonnement , on arrive ainsi à :

$$w = s_{\epsilon_1} s_{\epsilon_3} \cdots s_{\epsilon_{2p-5}} w' \quad w' \text{ d'ordre 4 dans } \begin{cases} W^1(\lambda,D_4) & \text{si } l = 2p \\ W^1(\lambda,D_5) & \text{si } l = 2p+1 \end{cases}$$

or les éléments de $W^1(\lambda,D_l)$ tels que $\bar{l}(w) = l$, $l < 6$, d'ordre 4 se calculent directement et à conjugaison près sont donnés par :

$$l = 3 \qquad w' = s_{e_2-e_3} s_{e_1-e_2} s_{e_1+e_2}$$

$$l = 4 \qquad w' = s_{e_3-e_4} s_{e_1-e_2} s_{e_2-e_4} s_{e_2+e_4}$$

$$l = 5 \qquad w' = s_{e_4-e_5} s_{e_3-e_4} s_{e_3+e_4} s_{e_1-e_2} s_{e_1+e_2}$$

ce qui donne finalement pour w :

$$(1) \qquad w = s_{\epsilon_1} s_{\epsilon_3} \cdots s_{\epsilon_{2p-5}} s_{\epsilon_{2p-3}} s_{\epsilon_{2p}} s_{e_{2p-1}-e_{2p}} s_{e_{2p-1}+e_{2p}} \qquad l = 2p+1$$

et λ vérifie alors (*)

(2) $w = s_{\varepsilon_1} \dots s_{\varepsilon_{2p-5}} s_{\varepsilon_{2p-1}} s_{\varepsilon_{2p-3}} s_{e_{2p-2}-e_{2p}} s_{e_{2p-2}+e_{2p}}$ $\quad l = 2p$

et λ vérifie alors (**)

(3) $w = s_{\varepsilon_1} \dots s_{\varepsilon_{2p-5}} s_{e_{2p-1}} s_{\varepsilon_{2p-2}} s_{e_{2p-2}+e_{2p-1}} s_{\varepsilon_{2p-3}} s_{e_{2p-3}+e_{2p-2}}$

la condition $w(\lambda) = \lambda$ donne une impossibilité car $\Delta°(\lambda, D_5) = \emptyset$.

iii) Il est clair que la condition est nécessaire . Montrons qu'elle est suffisante . Utilisons (i) , on suppose donc que λ vérifie (*) .

Prenons $w \in W^1(\lambda, D_l)$ tel que pour tout x $\Lambda(\lambda,w)(x) \in \bigoplus_{i=1}^{l} \mathbb{Z}e_i$, alors on peut décomposer $w = w_1 w_2$ avec $w_1 \in W°(\lambda, B_l)$ et $w_2 \in W^1(\lambda, B_l)$; or :

$$\Lambda(\lambda,w)(x) = \Lambda(\lambda,w_2)(x) \in Q(B_l) \text{ pour tout } x$$

donc

$$w_2 = \text{id (lemme 4) et } w = w_1 = \prod s_{e_i} \quad \text{avec } \lambda(e_i) = \text{id}$$

Lorsque $W^2(\lambda, D_l) \neq \{id\}$, il existe $w = \prod s_{e_i} \in W^2(\lambda, D_l)$ avec au moins un $i \neq l-1, l$ car $s_{e_{l-1}-e_l} s_{e_{l-1}+e_l}$ n'est pas dans $W^2(\lambda, D_l)$.

Soit $w' = s_{e_i} s_{e_l} = s_{e_i - e_l} s_{e_i + e_l}$, i comme précédemment , on a :

$$\Lambda(\lambda,w')(x) \in \bigoplus_{i=1}^{l} \mathbb{Z}e_i$$

car $\quad \lambda(e_i) = \lambda(e_l) = \text{id}$

or $\quad \Delta(w') \subset \Lambda(w)$

donc $\quad w' \in W^1(\lambda, D_l)$

Les éléments $s_{\varepsilon_1} s_{\varepsilon_3} \dots s_{\varepsilon_{2p-3}} s_{\varepsilon_{2p}} s_{e_{2p-1}-e_{2p}} s_{e_{2p-1}+e_{2p}}$ et w' sont dans $W^1(\lambda, D_l)$ et ne commutent pas .

REFERENCES

BERNSHTEIN I.N.
ZELEVINSKII A.V.
INDUCED REPRESENTATIONS OF THE GROUP GL(n) OVER A p-ADIC FIELD

Funkcional Anal. i Prilozen 10 , n°3 (1976) p.74-75 .

BOURBAKI N. INTEGRATION , CHAP. 7-8

Act. scient. et ind. 1306 ; Bourbaki 29 ,Hermann Paris (1963) .

BOURBAKI N. GROUPES ET ALGEBRES DE LIE , CHAP. 4-6

Act. scient. et ind. 1337 ; Bourbaki 34 , Hermann Paris (1968)

BRUHAT F. SUR LES REPRESENTATIONS INDUITES DES GROUPES DE LIE

Bull. Soc. math. France t.84 (1958) p.241-310 .

BRUHAT F. DISTRIBUTIONS SUR UN GROUPE LOCALEMENT COMPACT ET APPLICATIONS A L'ETUDE DES REPRESENTATIONS DES GROUPES p-ADIQUES .

Bull. Soc. math. France t.89 (1961) p.43-75 .

CARTER R. CONJUGACY CLASSES IN THE WEYL GROUP

Seminar on algebraic groups and related finite groups
Lecture Notes in math. , n°131 (1970) p. G.1-G22 .

CASSELMAN W. THE STEINBERG CHARACTER AS A TRUE CHARACTER

Symp. in pure math. , Williams Coll. (1972)
Harm. anal. on homog. spaces , Proc. of symp. in pure math. , vol. 26
p 414-417 .

DUFLO M. REPRESENTATIONS IRREDUCTIBLES DES GROUPES SEMI-SIMPLES COMPLEXES

Anal. harm. sur les groupes de Lie
Lectures Notes in math. , n°497 (1975)
p.26-88

GODEMENT R. NOTES ON JAQUET-LANGLAND'S THEORY

The Institute for Advanced Study (1970) .

[10] HARISH-CHANDRA — HARMONIC ANALYSIS ON REAL REDUCTIVE GROUPS III. THE MAASS-SELBERG RELATIONS AND THE PLANCHEREL FORMULA .

Annals of math. , 2nd series , vol.104 (1976) p.117-201 .

[11] HOWE R., SILBERGER A. — ANY UNITARY PRINCIPAL SERIES REPRESENTATION OF Gl_n OVER A p-ADIC FIELD IS IRREDUCTIBLE .

Proc. of the Amer. math. Soc. , vol.54, Jan.1976 p.376-378 .

[12] HOWE R., SILBERGER A. — WHY ANY UNITARY PRINCIPAL SERIES REPRESENTATION OF Sl_n OVER A p-ADIC FIELD DECOMPOSES SIMPLY .

Bull. of the Amer. math. Soc. , vol.81, May 197 p.599-601 .

[13] KNAPP A.W. — DETERMINATION OF INTERTWINING OPERATORS

Summer Institute in Harm. Anal.
Proc. Symp. pure math. , vol.26 ,Amer. Math. Soc. , Providence , (1972) .

[14] KNAPP A.W. — COMMUTATIVITY OF INTERTWINING OPERATORS

Bull. of the Amer. math. Soc. , vol.79 (1973) n°5 , sept.
p.1016-1018 .

[15] KNAPP A.W., STEIN E.M. — INTERTWININGS OPERATORS FOR SEMI-SIMPLE GROUPS

Annals of math. , 2nd series , vol.93 (1971) p.489-578 .

[16] KNAPP A.W., STEIN E.M. — IRREDUCIBILITY THEOREMS FOR THE PRINCIPAL SERIES

Conference on Harm. Anal. , College Park , Maryland
Lecture Notes in math. , n°266 (1971)
p.197-214 .

[17] KUNZE R.A., STEIN E.M. — UNIFORMLY BOUNDED REPRESENTATIONS III

Amer. J. of math. , t.89 (1967)
p.385-442 .

[18] MULLER I. — INTEGRALES D'ENTRELACEMENT POUR Gl(n,k) , k p-ADIQUE

Analyse Harm. sur les groupes de Lie
Lecture Notes in math. , n°497 (1975)
p.277-347 .

[19] OL'SHANSKII G.I. INTERTWININGS OPERATORS FOR INDUCED REPRESENTATIONS OF REDUCTIVE p-ADIC GROUPS
Uspehi mat. Nauk 27 (1972) , n°6 p.243-244 .

[20] OL'SHANSKII G.I. INTERTWINING OPERATORS AND COMPLEMENTARY SERIES IN THE CLASS OF REPRESENTATIONS INDUCED FROM PARABOLIC SUBGROUPS OF THE GENERAL LINEAR GROUP OVER A LOCALLY COMPACT DIVISION ALGEBRA
Mat. Sb. (N.S) 93 (135) , (1974) p.218-253 .

[21] SALLY P.J. TAIBLESON M.H. SPECIAL FUNCTIONS ON LOCALLY COMPACT FIELDS
Acta math. 116 , (sept. 1966) p.279-309 .

[22] SCHIFFMANN G. INTEGRALES D'ENTRELACEMENT ET FONCTIONS DE WHITTAKER
Thèse , Bull. Soc. math. France (1971)

[23] STEINBERG R. LECTURES ON CHEVALLEY GROUPS
Notes prepared by J. Faulkner and R. Wilson Yale University , New Haven , Conn., (1967)

[24] WEIL A. BASIC NUMBER THEORY
Springer-Verlag (1967) .

MARCHES ALEATOIRES SUR LES ESPACES HOMOGENES DES GROUPES DE LIE NILPOTENTS SIMPLEMENT CONNEXES

D. PREVOT, R. SCHOTT

I - INTRODUCTION

Soient G un groupe topologique localement compact à base dénombrable et μ une mesure de probabilité sur G. Soit $X_1, X_2, \ldots X_n$ une suite de v.a. indépendant à valeurs dans G et de même loi μ. Soit $Z_n^g = X_n X_{n-1} \ldots X_1 g$ la marche aléatoire gauche partant de g au temps 0 associée. C'est une chaîne de Markov dont le noyau de transition est donné par : $P(g,A) = \mu * \varepsilon_g(A)$, $g \in G$, A borélien de G et dont le noyau potentiel N est donné par :

$$N(g,A) = \sum_{n=o}^{\infty} \mu^n * \varepsilon_g(A)$$

La mesure μ est dite adaptée si le support de μ engendre topologiquement (i.e. le sous-groupe fermé G_μ de G engendré par le support de μ est égal à (Lorsque μ est adaptée, on sait que (cf **[6]**) l'une ou l'autre des situations suivantes est réalisée :

. ou tout état est récurrent (i.e. que la marche aléatoire partant de e élé neutre de G passe p.s. une infinité de fois dans tout ouvert non vide et $N(g,V) = +\infty$ pour tout ouvert V non vide et $\forall g \in G$)

. ou tout état est transitoire (i.e. que la marche partant de e passe p.s. un nombre fini de fois dans tout compact et $N(g,V) < +\infty$ $\forall V$ compact et $\forall g$ de G).

Soit maintenant H un sous-groupe fermé de G et $M = G/_H$ le quotient à gauche de G par H (M est l'ensemble des classes $g.H$, $g \in G$; G opère à gauc sur M). Soit π l'application canonique de G dans M et

$$Z_n^{\bar{g}} = \pi(X_n X_{n-1} \ldots X_1 g) = X_n . X_{n-1} \ldots X_1 \pi(g) = X_n X_{n-1} \ldots X_1 \bar{g} \ .$$

On montre facilement (cf **[2]**) que $Z_n^{\bar{g}}$ est une chaîne de Markov sur M dont le noyau de transition P est donné par : $P(\bar{g},A) = \mu * \varepsilon_{\bar{g}}(A)$ ($\bar{g} \in M$ et A bo lien de M) tandis que le noyau potentiel U est donné par $U(\bar{g},A) = \sum_{n=o}^{\infty} \mu^{*n} * \varepsilon_{\bar{g}}(A)$

Nous appellerons cette chaîne $\bar{Z}_n^g$ la marche aléatoire gauche de loi μ sur M.
la marche $\bar{Z}_n^g$ il n'y a pas de théorème de dichotomie analogue au théorème de
ES rappelé précédemment. Un tel théorème n'est pas vrai en général aussi devrons
faire quelques hypothèses sur le triplet (G,H,μ). Une étude complète des
nes du type $\bar{Z}_n^g$ a été faite par M. HENNION dans le cas des espaces homogènes
groupes nilpotents à génération finie. cf [3].

Le but de cet article est d'étendre cette étude aux groupes de Lie nilpotents
lement connexes.

THEOREME

Soit G un groupe de Lie nilpotent simplement connexe. Soit H un sous-groupe fermé simplement connexe non distingué de G.
Soit Z_n^g une marche aléatoire gauche sur G de loi μ adaptée et étalée.
Alors pour la marche $\bar{Z}_n^g$ déduite de Z_n^g par la projection canonique :
$G \xrightarrow{\pi} G/_H = M$
tout état de M est transitoire et le potentiel de tout compact est borné.

es générales de la démonstration :

Dans la première étape, on montre qu'on peut se ramener au cas où G est un
pe nilpotent de classe 2.

La deuxième étape consiste à montrer que si $\mathcal{H}$ est l'algèbre de Lie de H et
$\mathcal{L}$ est un supplémentaire de $\mathcal{G}_2 = [\mathcal{G},\mathcal{G}]$ dans $\mathcal{G}$ (avec $\mathcal{G}$ algèbre de
de G), on peut supposer $\mathcal{H} \subset \mathcal{L}$

La troisième étape consiste à prouver qu'on peut se ramener au cas où
$\mathcal{G}_2 = 1$.

Le but de la quatrième étape est de montrer que si $\mathcal{B}$ est la forme bilinéaire
symétrique associée à $[.,.]$ dans $\mathcal{G}_2$, en appelant $\mathcal{C}$ le noyau de B, on
supposer $\mathcal{H}$ inclus dans un supplémentaire de $\mathcal{C}$.

Dans la cinquième étape, nous explicitons l'action de G sur $G/_H$ en utilisant
ormule de CAMBELL - BAKER - HAUSDORF.

Dans la sixième étape, nous achevons la démonstration du théorème en distinguant
cas suivants :

1) dim $\mathcal{L} = 2p > 3$

2) dim $\mathcal{L} = 2p < 3$

a) Les (x_i), (y_i) ont des moments d'ordre $4+\delta$ $(\delta > 0)$
(les (x_i), (y_i) étant les composantes de la m.a. $\bar{Z}_n^g$ sur M.

b) Cas général

<u>Remarque</u> : Dans un article à paraître cf [4], M. HENNION et B. ROYNETTE démontrent le théorème de dichotomie suivant :

<u>Théorème 1</u> :

Supposons que H_1) μ est adaptée et étalée

Soit ΔG (resp. ΔH) la fonction module de G (resp. H) et χ le caractère défini sur H par : $\chi(h) = \frac{\Delta H(h)}{\Delta G(h)}$

Supposons que H_2) χ se prolonge en un caractère continu sur G, noté encore χ

$$H_3)\ C = \int_G \chi(g^{-1})d\mu(g) \leqslant 1$$

Alors pour la marche aléatoire Y_n^x de loi μ sur $M = {}_H\backslash G$ on a :

ou l'une des conditions équivalentes suivantes est satisfaite :

1) Tout état de M est récurrent.

2) La marche Y_n^x est récurrente au sens de Harris par rapport à m (m étant une mesure positive sur M, Γ finie et relativement invariante par l'action de G ; i.e. telle que : $m.g = \chi(g^{-1}).m$ $\forall g \in G$)

ou l'une des conditions équivalentes suivantes est satisfaite :

3) Tout point de M est transitoire.

4) Le potentiel de tout compact est borné.

De plus, si $C = \int_G \chi(g^{-1})d(g) < 1$ c'est la situation 3-4 qui est réalisée.

<u>Remarque</u> : Dans le cas des groupes nilpotents C = 1 et les hypothèses du théorème sont satisfaites.

Revenons maintenant à la démonstration de notre théorème.

Le théorème (1) permet déjà d'affirmer que tout état de la marche aléatoire sur $M = G/_H$ est récurrent ou transitoire.

Etape de la démonstration du théorème (II)

Un isomorphisme de l'espace homogène M sur l'espace homogène M' est une ication $\gamma : M \to M'$ telle que :

i) γ est bijective.

ii) γ est bicontinue.

ii) γ est équivariante (c'est-à-dire que : $\gamma(g.m) = g'.\gamma(m)$ où $g \in G$ et $\pi'(g) \in G'$.

Nous allons d'abord établir 2 lemmes :

Lemme I :

Soit G un groupe topologique localement compact
H et H' deux sous-groupes fermés de G tels que :

i) $G \supset H \supset H'$

ii) H' est distingué dans G

Soit Z_n^g une marche aléatoire gauche sur G, de loi μ adaptée. Soient respectivement π, π', ρ les projections canoniques de G sur $G/_H$, de G sur $G/_{H'}$, de $G/_{H'}$ sur $(G/_{H'})/_{(H/_{H'})}$ et $\bar{Z_n^g} = \pi(Z_n^g)$, $\bar{Z_n^g}' = \pi'(Z_n^g)$, $\tilde{Z_n^g} = \rho(\bar{Z_n^g}')$ les marches aléatoires gauches déduites de Z_n^g (elles sont de lois respectives : $\bar{\mu} = \pi(\mu)$, $\bar{\mu}' = \pi'(\mu)$, $\tilde{\mu} = \rho(\bar{\mu}')$

Alors :

1) Il existe un isomorphisme canonique γ entre les espaces homogènes $G/_H$ et $(G/_{H'})/_{(H/_{H'})}$.

2) $\tilde{Z_n^g} = \gamma(\bar{Z_n^g})$ et $\tilde{\mu} = \gamma(\bar{\mu})$

Lemme II :

Sous les hypothèses et avec les notations du lemme I (en n'exigeant pas nécessairement que H' soit distingué) on a la conclusion suivante :

Soit $\bar{Z_n^g} = \pi(Z_n^g)$ et $\bar{Z_n^g}' = \pi'(Z_n^g)$. Si le potentiel de la marche aléatoire $\bar{Z_n^g}$ est fini (donc si la m.a. $\bar{Z_n^g}$ est transitoire) alors le potentiel de la m.a. $\bar{Z_n^g}'$ est fini.

La démonstration du lemme II est évidente.

nstration du lemme I :

H' est distingué dans G donc également dans H et $H/_{H'}$ est alors un sous-pe du groupe $G/_{H'}$ ce qui justifie l'appellation espace homogène pour ,$)/_{(H/_{H'})}$.

D'autre part il est clair que : $g.H' \subset g.H$ $\forall g \in G$ car H' est un sous-groupe de H. Il en résulte que : $\pi = s\circ\pi'$ où s est la surjection canonique de $G/_{H'}$ sur $G/_H$. La relation d'équivalence définie sur G par H' est plus fine que celle définie par H d'où (cf) l'existence d'une application γ bijective de $G/_H$ sur $(G/_{H'})/_{(H/_{H'})}$ telle que : $\gamma\circ s = \rho$.

Par conséquent : $\gamma\circ s\circ\pi' = \rho\circ\pi'$ on en déduit donc que γ est telle que : $\gamma\circ\pi = \rho\circ\pi'$.

Les applications π, π', ρ sont ouvertes et continues, il en est donc de même pour s car : $s(\theta') = \pi(\{\pi' \in \theta'\})$ et par conséquent pour γ puisque $\gamma(\theta) = \rho(\{s \in \theta\})$ et $\{\gamma \in \theta'\} = s(\{\rho \in \theta\})$ ainsi γ est bicontinue.

Etablissons l'équivariance de γ :

Soient $g_1 \in G$ et $m_1 = \overline{g_1} = \pi(g_1)$

$$\gamma(g.m_1) = \gamma[g\pi(g_1)] = \gamma[\pi(gg_1)] = \gamma\circ\pi(gg_1) = \rho\circ\pi'(gg_1) = \rho[\pi'(gg_1)]$$

$$= \rho[\pi'(g)\pi'(g_1)] = \pi'(g)\rho[\pi'(g_1)] = \pi'(g)\rho\circ\pi'(g_1)$$

$$= \pi'(g)\gamma\circ\pi(g_1) = \pi'(g)\gamma(m_1) \quad \text{(en utilisant les relations précédentes)}$$

Donc : $\gamma(g.m_1) = \pi'(g)\gamma(m_1)$

Ce qui démontre la première partie du lemme.

D'autre part on a : $\tilde{\mu} = \gamma(\bar{\mu}) \Leftrightarrow \forall$ borélien B de $(G/_{H'})/_{(H/_{H'})}$: $\tilde{\mu}(B)=\gamma(\bar{\mu}$

Or :

$$\gamma(\bar{\mu})(B) = \bar{\mu}(\{x;\gamma(x) \in B\}) = \pi(\mu)[\{x;\gamma(x) \in B\}) = \mu(\{y;\pi(y) \in \{x;\gamma(x) \in B\}\}$$

Notons : $\{\gamma \in B\} = \{x;\gamma(x) \in B\}$ et $\{\pi \in \{\gamma \in B\}\} = \{y;\pi(y) \in \{x;\gamma(x) \in B\}\}$

il vient :

$$\gamma(\bar{\mu})(B) = \mu(\{\gamma\circ\pi \in B\}) = \mu[\{\rho\circ\pi' \in B\}] = \mu[\{\pi' \in \{\rho \in B\}\})$$

$$= \pi'(\mu)[\{\rho \in B\}] = \mu'[\{\rho \in B\}]$$

$$= \rho\circ\bar{\mu}'(B) = \tilde{\mu}(B)$$

Ce qui achève la démonstration du lemme.

A partir de maintenant nous supposons les hypothèses du théorème réalisées et nous allons démontrer le résultat suivant :

<u>Lemme</u> : Sous les hypothèses énoncées dans le théorème, on peut se ramener au cas où G est un groupe nilpotent de classe 2.

nstration : Sous les hypothèses faites sur G et H, on montre que

1) H est un sous-groupe propre de G (ce qui est ici équivalent à dire que e contient pas un supplémentaire de G_2).

2) H ne contient pas G_2.

ur la démonstration du point 1) voir [1].

monstration de 2) :

Soit $\mathcal{G}_2$ l'algèbre de Lie associée à $G_2 = (G,G)$ et $\mathcal{H}$ celle associée à H

Supposons : $\mathcal{G}_2 \subset \mathcal{H}$

alors : $[\mathcal{G}, \mathcal{H}] \subset [\mathcal{G}, \mathcal{G}] = \mathcal{G}_2 \subset \mathcal{H}$

Il est par conséquent un idéal de l'algèbre $\mathcal{G}$, H est par suite un sous-groupe ingué du groupe de Lie G ce qui n'est pas par hypothèse.

Supposons le groupe G nilpotent de classe r et soit :

$G_1 = G \supset G_2 \supset \dots \supset G_r \supset G_{r+1} = \{e\}$ sa série centrale descendante.

Notons M l'espace homogène $G/_H$ et $H_x = \{g ; g \in G ; gx = x\}$ le stabilisateur $x \in M$.

On sait que M est isomorphe à $G/_{H_x}$ ensemble des classes à gauche de G n le stabilisateur H_x.

a) Soit V un sous-groupe abélien distingué de G et $\bar{G} = G/_V$

Soit G' le groupe obtenu en munissant le produit $\bar{G}XV = G/_V XV$ de la iplication : $(\bar{g},v).(\bar{g}',v') = (\bar{g}.\bar{g}',v.(gv'g^{-1})) = (\bar{g}.\bar{g}',v.\alpha_{\bar{g}}(v'))$

: $\alpha_{\bar{g}}(v') = gv'g^{-1}$.

On vérifie que cette définition ne dépend pas de $g \in \bar{g}$.

Soit $M/_V$ l'espace quotient de M par V (la relation d'équivalence étant nie par : $m \sim m' \Leftrightarrow \exists v \in V$ tel que $m = v.m'$).

Soit de plus $\tau : M \to M/_V$ l'application canonique et γ une section de τ st-à-dire que : $\gamma : M/_V \to M$ avec : $\tau o \gamma = Id_{M/_V}$,

D'après [3] page 254 :

i) G' opère sur M par la formule : $(\bar{g},v)x = v.\alpha_{\bar{g}}(v_1)[\gamma\rho\tau(g.x)]$

où $v_1 \in V$ est tel que : $x = v_1[\gamma o \tau(x)]$

ii) Le stabilisateur de $\gamma o \tau(x)$ est : $(H_x.V/_V) x (H_x \cap V) = H'_x$

ii) G' opère transitivement sur M.

D'où : $M = G'/_{H'_x}$.

b) Nous empruntons à [3] la proposition suivante (en l'adaptant à notre situation).

<u>Proposition</u> :

On désigne par $\mathcal{P}$ l'ensemble des parties compactes de M.
Soit μ une probabilité sur G ; il existe alors une probabilité μ' sur G telle que si p et p' sont les noyaux de transition des m.a. de lois μ et μ' sur M, à tout $K \in \mathcal{P}$ on peut associer $K' \in \mathcal{P}$ (indépendant de p) tel que pour tout $x \in M$ et tout $n \geqslant 0$:

$$\mu^n * \varepsilon_x(K) \leqslant \mu'^n * \varepsilon_{x^0}(K') \quad \text{avec : } p(x,K) = \mu * \varepsilon_x(K)$$
$$p'(x^0,K') = \mu' * \varepsilon_{x^0}(K')$$

$\{x^0\}$ ensemble de représentant de $M/_V$
Alors si μ est adaptée et si son support est un semi-groupe, μ' est adaptée.

<u>Remarque</u> :

1) D'après le lemme I.8 de [3] on peut toujours supposer que le support de est un semi-groupe.

2) D'après cette proposition et d'après les définitions données dans I (si le potentiel de la m.a. est fini alors la m.a. est transitoire), il suffit de prouver que M en temps que G' espace homogène est transitoire.

c) On va maintenant réduire la classe de G par passage au quotier de la façon suivante :

Supposons classe $G = r \geqslant 3$ et distinguons 2 cas :

<u>$1^{\underline{er}}$ cas : $H_x \supset G_r$</u>

Appliquons alors les parties a) et b) avec : $V = G_r$

L'action de $\bar{G}$ sur V étant triviale et V étant dans ce cas un groupe central, G' est de classe $(r-1)$.

Vérifions que :

i) H'_x <u>est un sous-groupe propre de G'</u>

En effet : $H_x.V = H_x$ car $H_x \supset V$ et la relation : $H'_x = G'$ impliquerait alc que : $H_x = G$ ce qui n'est pas.

ii) H'_x ne contient pas G'_2 :

Il est clair que : $G'_2 = G_2/_V \times (e)$

Si $H'_x \supset G'_2$, on aurait compte tenu du fait que : $H'_x \supset V$: $H_x \supset G_2$ ce qui

t pas.

Ainsi dans ce premier cas, on a gagné un cran.

2ème cas : H_x ne contient pas G_r

Nous appliquons alors les parties a) et b) avec $V = G_{r-1}$

V est abélien et distingué car : $(G_{r-1}, G_{r-1}) \subset G_{2r-2}$ et : $2r-2 \geqslant r+1$ car :

3.

Donc : $(G_{r-1}, G_{r-1}) = (e)$.

Remarquons que dans ce 2ème cas : $G'_2 = G_{2/V} \times G_r$ et que G' est de classe

e à $((r-2)V2)$.

Comme dans le 1er cas vérifions que :

i) $H'_x = (H_x.V/_V) \times (H_x \cap V)$ est un sous-groupe propre de G'.

En effet la composante $H_x.V/_V$ de H'_x sur $\bar{G}$ ne peut contenir un supplémentai-

e $\bar{G}'_2$ dans $\bar{G}$.

ii) H'_x ne contient pas G'_2

En effet si H'_x contenait G'_2, vu la forme de G'_2 et de H'_x, la composante

V de H'_x sur V contiendrait la composante G_r de G'_2 sur V. On aurait

: $H_x \cap V \supset G_r$ avec $V = G_{r-1} \supset G_r$ d'où : $H_x \supset G_r$ ce qui n'est pas par hypo-

e.

Donc on a encore gagné un cran. On recommence l'opération autant de fois que

t possible. Il faudra s'arrêter quand $r = 2$. Le résultat est donc démontré.

rtir de maintenant on supposera donc que classe $G \leqslant 2$.

Etape : On se propose de montrer qu'on peut supposer : $\mathcal{H} \subset \mathcal{L}$ où $\mathcal{H}$ est

gèbre de Lie associée à H, $\mathcal{L}$ un supplémentaire de $\mathcal{G}_2 = [\mathcal{G}, \mathcal{G}]$ dans $\mathcal{G}$.

Remarquons que $H \cap G_2$ est un sous-groupe distingué de H, il est par suite

i distingué dans G car G est nilpotent de classe 2.

En vertu du lemme I (cf 1ère étape) l'étude de la marche sur $G/_H$ équivaut alors

étude de la marche correspondante sur

$$G'/_{H'} = (G/_{H\cap G_2}) / H/_{H \cap G_2}$$

Or dans le cas présent : $H' \cap G'_2 = (e')$

Ainsi peut-on supposer que H est tel que : $\mathcal{H} \subset \mathcal{L}$

3ème Etape : On se propose de démontrer qu'on peut supposer : dim $\mathcal{G}_2 = 1$ avec : $\mathcal{G}_2 = [\mathcal{G}, \mathcal{G}]$

Soit $\mathcal{D}$ une sous-algèbre de Lie de $\mathcal{G}_2$, de dimension 1 et $\mathcal{S}$ un suppléme taire de $\mathcal{D}$ dans $\mathcal{G}_2$. Alors S groupe de Lie associé à $\mathcal{S}$ est un sous-groupe distingué de G_2. En effet G étant nilpotent de classe 2 :

$$\mathcal{G}_3 = [\mathcal{G}, \mathcal{G}_2] = \{0\} \text{ par suite : } [\mathcal{S}, \mathcal{G}] = \{0\} \text{ donc : } [\mathcal{S}, \mathcal{G}] \subset$$

c'est-à-dire que $\mathcal{S}$ est un idéal de $\mathcal{G}$ ou encore que S est un sous-groupe de G_2 distingué dans .

On en conclut que S est un sous-groupe distingué de G_2.

Or : $(G/_S, G/S) \approx (G,G)/_S = G_2/_S$ avec : algèbre de Lie de $(G_2/_S) = \mathcal{G}_2/\mathcal{S} =$

Ainsi : dim alg. de Lie $(G_2/_S) = 1$ d'où dim $\text{Lie}(G/_S, G/_S) = 1$

Posons : $G' = G/_S$ alors : dim $\mathcal{G}'_2 = 1$ où $\mathcal{G}'_2$ = alg. de Lie de (G',G').

En vertu du lemme I, l'étude de la marche sur $G/_H$ est équivalente à l'étud de la marche correspondante sur $(G/_S)/_{(H/_S)}$ (où $H/_S$ désigne en fait $H/_{S \cap H}$ avec : $S \cap H = \{e\}$ (cf. 2ème étape).

4ème Etape :

Soient $\mathcal{L}$ un supplémentaire de $\mathcal{G}_2$ dans $\mathcal{G}$ et μ un vecteur de base de $\mathcal{G}_2$ (dim $\mathcal{G}_2 = 1$).

$$\forall (s_1, s_2) \in \mathcal{L} \times \mathcal{L} \quad : [s_1, s_2] \in \mathcal{G}_2$$

Il existe une forme bilinéaire antisymétrique B définie sur $\mathcal{L}$ telle que

$$[s_1, s_2] = B(s_1, s_2).\mu$$

Soit $\mathcal{N}$ le noyau de B : $\mathcal{N} = \{s' \in \mathcal{L} : B(s,s') = 0 \ \forall s \in \mathcal{L}\}$

Remarquons que : $[\mathcal{G}_2, \mathcal{G}] = \mathcal{G}_3 = \{0\}$ car G est nilpotent de classe 2 et que si $\mathcal{C}$ est une sous-algèbre de Lie de $\mathcal{G}$ telle que $\mathcal{C} \subset \mathcal{L}$, alors le sous-groupe de Lie C de G déduit de $\mathcal{C}$ est distingué si et seulement si : $[\mathcal{G}, \mathcal{C}] = 0$.

Le sous-groupe de Lie N de G déduit de $\mathcal{N}$ est central dans G, donc est distingué dans G et par suite également dans $H \vee N$ sous-groupe de G engendré par H et N.

Il est clair que HVN n'est distingué dans G que si H l'est puisque : $[\mathcal{G}, \mathcal{H}+\mathcal{N}] = [\mathcal{G}, \mathcal{H}]$ or H est par hypothèse non distingué dans G.

De plus, on a : $G \supset H \vee N \supset H$ et $G \supset H \vee N \supset N$

En vertu du lemme II, pour montrer la transience des états de $G/_H$, il suffit de montrer la transience des états de $G/_{HVN}$ pour la marche correspondante, puis en vertu du lemme I, il suffira de le montrer pour : $(G/_N)/_{(HVN/_N)}$. On a ainsi ramené l'étude de la transience des états de $G/_H$ à celle des états de $G'/_{H'}$, où $G' = G/_N$, $H' = HVN/_N$.

Avec les notations précédentes, le noyau $\mathcal{N}'$ de la forme bilinéaire antisymétrique B' définie sur l'algèbre $\mathcal{L}'$ est réduit à $\{0\}$ ($\mathcal{L}'$ est un supplémentaire de $\mathcal{G}'_2 = [\mathcal{G}', \mathcal{G}']$ dans $\mathcal{G}'$), c'est-à-dire que la forme B' est non dégénérée sur $\mathcal{L}'$.

Désormais nous supposerons que la forme B définie sur $\mathcal{L}$ est non dégénérée, elle est donc représentable par une matrice paire, par suite : dim $\mathcal{L} = 2p$, $p \in \mathbb{N}$.

Remarquons que : $B(h,h') = 0 \quad \forall (h,h') \in \mathcal{H}^2$.

En effet : $[h,h'] \in \mathcal{G}_2$ et si $[h,h'] \neq 0$ on a une impossibilité vu que H est fermé dans G et $\mathcal{H} \subset \mathcal{L}$ ($\mathcal{L}$ est un supplémentaire de $\mathcal{G}_2$ dans $\mathcal{G}$).

Donc $\mathcal{H}$ est orthogonal à lui-même au sens de B.

Lemme III :

Soit B une forme bilinéaire, antisymétrique non dégénérée sur un espace vectoriel $\mathcal{L}$ de dimension 2p et soit $\mathcal{H}$ un s.e.v. de $\mathcal{L}$ tel que : $B(h,h') = 0 \quad \forall (h,h') \in \mathcal{H}^2$.

Alors il existe $r \in [0,p]$ et une base : $(e_1,\dots,e_r,e_{r+1},\dots,e_{2p})$ de $\mathcal{L}$ telle que :

1) $(e_1,e_2,\dots,e_r)$ est une base de $\mathcal{H}$

2) La matrice de B dans la base $e_1,e_{r+1},e_2,e_{r+2},\dots,e_r,e_{2r}, e_{2r+1},\dots,e_{2p}$ soit de la forme :

$$\begin{pmatrix} 0 & \lambda_1 & & & & & & \\ -\lambda_1 & 0 & & & & & 0 & \\ & & 0 & \lambda_2 & & & & \\ & & -\lambda_2 & 0 & \ddots & & & \\ & 0 & & & & 0 & \lambda_p \\ & & & & & -\lambda_p & 0 \end{pmatrix}$$

Démonstration du lemme III :

Puisque : $B(h,h') = 0 \quad \forall (h,h') \in \mathcal{H}^2$: $\mathcal{H} \subset \mathcal{H}^{\perp}$ et $\dim \mathcal{H} \leqslant \dim \mathcal{H}^{\perp}$

De plus $\mathcal{L} = \mathcal{H} \oplus \mathcal{H}^{\perp}$ donc : $2p = \dim \mathcal{L} = \dim \mathcal{H} + \dim \mathcal{H}^{\perp} \geqslant 2 \dim \mathcal{H}$

Ainsi : $\dim \mathcal{H} \leqslant p$.

* pour $p = 1$, $\dim \mathcal{L} = 2$ et $\dim \mathcal{H} = 1$, le lemme est trivial. Nous le supposo vrai encore jusqu'au rang $p-1$, c'est-à-dire vrai lorsque $\dim \mathcal{L} = 2(p-1)$ et nous allons le démontrer pour $\dim \mathcal{L} = 2p$.

* Soit $e_1 \in \mathcal{H}$ et soit $\{e_1\}^{\perp}$ l'orthogonal de l'espace $\{e_1\}$ engendré par e

Il est clair que : $\{e_1\} \subset \mathcal{H} \subset \mathcal{H}^{\perp} \subset \{e_1\}^{\perp}$

Soit donc W un supplémentaire de $\{e_1\}$ dans $\{e_1\}^{\perp}$

On a : $\{e_1\}+W = \{e_1\}^{\perp}$ d'où : $\dim\{e_1\}+\dim W = \dim\{e_1\}^{\perp} = 2p-1$

d'où $\dim W = 2p-2$, soit enfin : $\dim W^{\perp} = 2$.

Et puisque $W \subset \{e_1\}^{\perp}$ alors : $\{e_1\} \subset W^{\perp}$ ou encore : $e_1 \in W^{\perp}$

Ainsi : $e_1 \in \mathcal{H} \cap W^{\perp}$

Soit maintenant : $w \in W \cap W^{\perp}$ alors : $B(w,e_1) = 0$ donc w est orthogonal à $\{e_1\}$, w étant ainsi orthogonal à W.

On a enfin : w orthogonal à $\{e_1\}+ W$ c'est-à-dire à $\{e_1\}^{\perp}$.

Ainsi : $W \cap W^{\perp} = \{e_1\} \cap \{e_1\}^{\perp} = \{0\}$

d'où : $\mathcal{L} = W \oplus W^{\perp}$ et : $\mathcal{H} = \mathcal{H} \cap W \oplus \mathcal{H} \cap W^{\perp}$

Par hypothèse le lemme est vrai au rang $p-1$ donc il est vrai si nous prenons W qui est de dimension $2(p-1)$ et $\mathcal{H} \cap W$ si la restricti de B à W est non dégénérée, ceci est le cas puisque :

> si $w_0 \in W$ avec $B(w_0,w') = 0 \quad \forall w' \in W$, du fait que
>
> $B(w_0,w'') = 0 \quad \forall w'' \in W$ alors : $B(w_0,w) = 0 \quad \forall w \in \mathcal{L}$.
>
> (car w s'écrit de manière unique sous la forme : $w'+w''$ avec $w' \in W$ et $w'' \in W^{\perp}$).

Ainsi il existe une base de W : $(e'_1,e'_2,\dots,e'_r,\dots,e'_{2p-2})$ avec $e'_1,\dots,e'_{r-1}$ base de $W \cap \mathcal{H}$ telle qu'on ait la conclusion du lemme.

Or $\dim W^{\perp} = 2$ et $e_1 \in W^{\perp}$ soit maintenant $e_2 \in W^{\perp}$ tel que $\{e_1,e_2\}$ so une base de $W^{\perp}$

Alors : $e_1,e'_1,\dots,e'_{r-1},e_2,e'_r,\dots,e'_{2p-2}$ constitue une base de $\mathcal{L}$ et vérifi la conclusion du lemme.

5ème Etape :

Nous explicitons à présent l'action de G sur l'espace homogène $G/_H$.

Soit $\mathcal{B} = \{e_1,e_{r+1},e_2,e_{r+2},\dots,e_r,e_{2r},e_{2r+1},\dots,e_{2p},\mu\}$ la base de $\mathcal{G}$ obtenue

plètant la base de $\mathcal{L}$ définie au lemme III par un vecteur non nul de $\mathcal{G}_2$.
Dans cette base, si $g \in \mathcal{G}$, on peut écrire :

$$g = (g_1, v_1, g_2, v_2, \dots, g_r, v_r, w_1, w_2, \dots, w_{2p-2r}, \rho)$$

De même si $h \in \mathcal{H}$, on peut écrire :

$$h = (h_1, 0, h_2, 0, \dots, h_r, 0, 0, \dots, 0)$$

si $g \in \mathcal{S}$ ($\mathcal{S}$ étant un supplémentaire de $\mathcal{H}$ dans $\mathcal{G}$) alors :

$$g = (0, v_1, 0, v_2, \dots, 0, v_r, w_1, w_2, \dots, w_{2p-2r}, \rho)$$

D'après la formule de CAMBELL-BAKER-HAUSDORFF :

$$a.b = a+b+\frac{1}{2}[a,b] \qquad G \text{ étant nilpotent de classe 2.}$$

Or : $a = a_{\mathcal{L}} + a_{\mathcal{G}_2}$ et $b = b_{\mathcal{L}} + b_{\mathcal{G}_2}$ où $(a_{\mathcal{L}}, b_{\mathcal{L}}) \in \mathcal{L}^2$
$(a_{\mathcal{G}_2}, b_{\mathcal{G}_2}) \in \mathcal{G}_2 \times \mathcal{G}_2$

Alors : $[a,b] = [a_{\mathcal{L}}, b_{\mathcal{L}}]$ car G est nilpotent de classe 2.
Par conséquent : $[a,b] = [a_{\mathcal{L}}, b_{\mathcal{L}}] = B(a_{\mathcal{L}}, b_{\mathcal{L}})\mu = {}^tA_{\mathcal{L}}.M(B).B_{\mathcal{L}}\,\mu$
$A_{\mathcal{L}}$ et $B_{\mathcal{L}}$ sont les matrices colonnes des coordonnées de $a_{\mathcal{L}}$ et $b_{\mathcal{L}}$ dans
base $\mathcal{B}$ $M(B)$ étant la matrice de la forme B.
c si :

$$a \in \mathcal{G} \qquad a = (a_1, a_1', a_2, a_2', \dots, a_r, a_r', a_1'', a_2'', \dots, a_{2p-2r}'', a''')$$

$$b \in \mathcal{G} \qquad b = (b_1, b_1', b_2, b_2', \dots, b_r, b_r', b_1'', b_2'', \dots, b_{2p-2r}'', b''')$$

s décrirons l'opération sur G par :

$$\begin{aligned} a.b = (&a_1+b_1, a_1'+b_1', a_2+b_2, a_2'+b_2', \dots, a_r+b_r, a_r'+b_r', a_1''+b_1'', a_2''+b_2'', \dots \\ &\dots, a_{2p-2r}''+b_{2p-2r}'', a'''+b''' + \frac{1}{2}\sum_{i=1}^{n} \lambda_i (a_i b_i' - a_i' b_i) + \\ &+ \frac{1}{2}\sum_{i=1}^{p-r} \lambda_{r+i}(a_{2i-1}''(a_{2i-1}'' b_{2i}'' - a_{2i}'' b_{2i-1}'')) \end{aligned}$$

De même nous identifierons les éléments de $\bar{g} = g.H = \{g.h, h \in H\}$ de $G/_H$
eux de $\mathcal{G}/_{\mathcal{H}}$ donc à ceux de $\mathcal{S}$.

Alors :

$$g.h = (g_1,v_1,g_2,v_2,\dots,g_r,v_r,w_1,w_2,\dots,w_{2p-2r},\rho)(h_1,0,h_2,0,\dots,h_r,0,0,\dots,0$$

$$= (g_1+h_1,v_1,g_2+h_2,v_2,\dots,g_r+h_r,v_r,w_1,w_2,\dots,w_{2p-2r},\rho-\frac{1}{2}\sum_{i=1}^{r}\lambda_i v_i h_i)$$

s'identifie à un élément de $\mathcal{S}$ soit à l'élément :

$(0,\alpha_1,0,\alpha_2,\dots,0,\alpha_r,\beta_1,\beta_2,\dots,\beta_{2p-2r},\gamma)$ si et seulement si :

pour $i = 1,2,\dots,r$: $g_i+h_i = 0$, $\alpha_i = v_i$

pour $j = 1,2,\dots,2p-2r$: $\beta_j = w_j$

$$\gamma = \rho - \frac{1}{2}\sum_{i=1}^{r}\lambda_i v_i h_i$$

donc $\gamma = \rho+\frac{1}{2}\sum_{i=1}^{r}\lambda_i v_i g_i$ car $h_i = -g_i$

Ainsi si on identifie $g \in G$ à $(g_1,v_1,\dots,g_r,v_r,w_1,\dots,w_{2p-2r})\rho$

alors $\bar{g} \in G/_H$ est identifié à :

$$(0,v_1,0,v_2,\dots,0,v_r,w_1,w_2,\dots,w_{2p-2r},\rho+\frac{1}{2}\sum_{i=1}^{r}\lambda_i g_i v_i)$$

Nous pouvons à présent expliciter l'action de G sur $G/_H$.

Soient : $g' = (g'_1,v'_1,g_2,v'_2,\dots,g'_r,v'_r,w'_1,w'_2,\dots,w'_{2p-2r},\rho')$ un élément de G

$\bar{g} = (0,v_1,0,v_2,\dots,0,v_r,w_1,w_2,\dots,w_{2p-2r},\bar{\rho})$ un élément de $G/_H$,

où $\bar{\rho} = \rho+\frac{1}{2}\sum_{i=1}^{r}\lambda_i g_i v_i$.

Alors :

$$g'.\bar{g} = (g'_1,v'_1+v_1,g'_2,v'_2+v_2,\dots,g'_r,v'_r+v_r,w'_1+w_1,w'_2+w_2,\dots,w'_{2p-2r}+w_{2p-2r},$$

$$\rho'+\bar{\rho}+\frac{1}{2}\sum_{i=1}^{r}\lambda_i g'_i v_i+\frac{1}{2}\sum_{i=1}^{p-r}\lambda_{r+i}(w'_{2i-1}w_{2i}-w'_{2i}w_{2i-1})$$

Cet élément de $G/_H$ s'identifie à l'élément de $\mathcal{S}$ suivant :

$$(0,v'_1+v_1,0,v'_2+v_2,\dots,0,v'_r+v_r,w'_1+w_1,w'_2+w_2,\dots,w'_{2p-2r}+w_{2p-2r},$$

$$\rho'+\bar{\rho}+\frac{1}{2}\sum_{i=1}^{r}\lambda_i g'_i v_i+\frac{1}{2}\sum_{i=1}^{p-r}\lambda_{r+i}(w'_{2i-1}w_{2i}-w'_{2i}w_{2i-1})+\frac{1}{2}\sum_{i=1}^{r}\lambda_i g'_i(v'_i+v_i)$$

l'action de G sur $G/_H$:

$$G \times G/_H \longrightarrow G/_H$$

$$(g',\bar{g}) \longmapsto g'.\bar{g} = (0,v'_1+v_1,\dots,0,v'_r+v_r,w'_1+w_1,\dots,w'_{2p-2r}+w_{2p-2r})$$

$$\bar{\rho}+\rho'+\sum_{i=1}^{r}\lambda_i g'_i v_i+\frac{1}{2}\sum_{i=1}^{r}\lambda_i g'_i v'_i+\frac{1}{2}\sum_{i=1}^{p-r}\lambda_{r+i}(w'_{2i-1}w_{2i}-w'_{2i}w_{2i-1})$$

Etape :

Les étapes précédentes nous ont permis de montrer qu'on peut supposer G groupe ie nilpotent de classe 2, que dim $\mathcal{G}_2 = 1$ où $\mathcal{G}_2 = [\mathcal{G},\mathcal{G}]$ et enfin que $\mathcal{L} = 2p$, $p \in \mathbb{N}$ où $\mathcal{L}$ est un supplémentaire de $\mathcal{G}_2$ dans l'algèbre de Lie $\mathcal{G}$.
Nous allons à présent distinguer deux cas :

cas : $2p > 3$ c'est-à-dire $p \geqslant 2$

Nous allons appliquer la démonstration faite dans la première étape avec $V = G_2$ = (G,G) groupe dérivé de G).
Rappelons que :

a) $G' = G/_V \times V$ opère sur M par la formule :

$(\bar{g},v)x = v.\alpha\bar{g}(v_1)[\gamma o\tau(g.x)]$ où $v_1 \in V$ est tel que : $x = v_1.[\gamma o\tau(x)]$

$\tau : M \to M/_V$ l'application canonique et γ une section de τ

$[\gamma : M/_V \to M, \tau o\gamma = Id_{M/_V}]$

b) Le stabilisateur de $\gamma o\tau(x)$ est : $H'_x = (H_x.V/_V)\times(H_x \cap V)$

c) G' opère transitivement sur M.
d'où $M = G'/_{H'_x}$.

On sait que dim $\mathcal{G}_2 = 1$ donc G_2 groupe de Lie associé à l'algèbre de Lie $\mathcal{G}_2$ un sous-groupe central de G.
G' est dans ce cas produit direct de $G/_V$ et de V, c'est un groupe abélien.
Or d'après la 2ème étape : $\mathcal{H} \subset \mathcal{S}$ ($\mathcal{S}$ est un supplémentaire de $\mathcal{G}_2$ dans $\mathcal{G}$)
: $H \cap V = H \cap G_2 = \{e\}$.
D'autre part il est évident que H.V et $H.V/_V$ sont dans ce cas des groupes iens.

Les groupes de Lie étant identifiés à leur algèbre de Lie respective par l'application exp., nous noterons abusivement dim G pour la dimension de l'algèbre de Lie $\mathfrak{g}$.

On a : dim G = 2p+1

Soit $r = \dim H$ nous savons que : $0 \leqslant r \leqslant p$

par suite : dim G' = 2p+1 c'est-à-dire ici dim G' $\geqslant 5$

et : $\dim H'_x = \dim[(H_x.V/_V)\times(H_x \cap V)] = r \leqslant 2$

D'après les remarques précédentes, il suffit de montrer que M en temps que espace homogène est transitoire.

Or : $\dim G'/_{H'_x} = 2p+1-r \geqslant p+1 \geqslant 3$

ce qui permet de conclure car <u>tout groupe abélien de rang $\geqslant 3$ est transitoire</u>.

<u>$2^{\text{ème}}$ cas : Supposons $2p < 3$</u>

Alors $p = 1$ donc $\dim G = 3$ et $\dim H = 1$

On est ramené au cas du premier groupe d'HEISENBERG $G = H_1$

Calculons l'action de G sur l'espace homogène $G/_H$:

si g est un élément de $G = H_1$, on l'identifie à (x,y,z) élément de (algèbre de Lie associée à G)

Soient donc : $g_1 \in G \quad g_1 = (x_1,y_1,z_1)$

$g_2 \in G \quad g_2 = (x_2,y_2,z_2)$

et $h \in H \quad h = (0,\mu,0)$

L'opération de G est alors décrite par :

$$g_1.g_2 = (x_1,y_1,z_1)(x_2,y_2,z_2) = (x_1+x_2,y_1+y_2,z_1+z_2 + \frac{\lambda}{2}(x_1y_2-x_2y_1))$$

Un élément $\bar{g}$ de $G/_H$ s'identifie à l'élément $(\alpha,0,\beta)$ de $\mathcal{S}$ ($\mathcal{S}$ étant u supplémentaire de $\mathcal{H}$ dans $\mathfrak{g}$) que l'on note simplement (α,β).

Alors : $g.h = (x,y,z)(0,\mu,0) = (x,y+\mu,z + \frac{\lambda}{2}x\mu)$

ce qui s'identifie à $(\alpha,0,\beta)$ pourvu que : $x = \alpha$, $y+\mu = 0$, $z + \frac{\lambda}{2}x\mu = \beta$

Ainsi l'élément $\bar{g}$ de $G/_H$ s'identifie à $(\alpha,0,\beta) = (x,0,z-\frac{\lambda}{2}xy)$

On écrit simplement : $(\alpha,\beta) = (x,z-\frac{\lambda}{2}xy)$

L'action de G sur $G/_H$ s'écrit à présent :

$$g'.\bar{g} = (x',y',z')(\alpha,0,\beta) = (x'+\alpha,y',z'+\beta-\frac{\lambda}{2}\alpha y')$$

Cet élément de $G/_H$ s'identifie à :

$(x'+\alpha,0,z'+\beta-\frac{\lambda}{2}\alpha y' - \frac{\lambda}{2}(x'+\alpha)y')$ et on écrit simplement

$(x'+\alpha,z'+\beta-\lambda\alpha y'-\frac{\lambda}{2}x'y')$

Etablissons à présent la proposition suivante :

Proposition :

G étant identifié à $\mathbb{R}^3$ muni de la loi : $(x_1,y_1,z_1).(x_2,y_2,z_2) = $
$= (x_1,x_2,y_1+y_2,z_1+z_2+\frac{\lambda}{2}(x_1y_2-x_2y_1))$ et H à $\{0\}\times\mathbb{R}\times\{0\}$, l'espace homogène $M = G/_H$ est isomorphe à l'espace homogène $M' = G\,/_H$ de $\mathbb{R}^3$ pour l'action définie par :

$$(x',y',z')(\alpha,\beta) = (x'+\alpha,z'+\beta+\gamma y'\alpha) \quad \text{avec} \quad \gamma = -\lambda$$

---

nonstration :

Considèrons le diagramme suivant :

$$\begin{array}{ccc} G = (\mathbb{R}^3,\bullet) & \xrightarrow{\ \pi\ } & G = (\mathbb{R}^3,*) \\ \downarrow & & \downarrow \\ M = G/_H & \xrightarrow{\ \Gamma\ } & M' = G/_H \approx \mathbb{R}\times\{0\}\times\mathbb{R} \end{array}$$

ec : $(x_1,y_1,z_1)(x_2,y_2,z_2) = (x_1+x_2,y_1+y_2,z_1+z_2+\frac{\lambda}{2}(x_1y_2-x_2y_1))$

$$(x_1,y_1,z_1)\times(x_2,y_2,z_2) = (x_1+x_2,y_1+y_2,z_1+z_2+\delta x_2y_1)$$

L'action de G sur M étant :

$$(x',y',z')(\alpha,\beta) = (x'+\alpha,z'+\beta-\lambda\alpha y'-\frac{\lambda}{2}x'y')$$

celle de G sur M' :

$$(x',y',z')*(\alpha,\beta) = (x'+\alpha,z'+\beta+\gamma y'\alpha)$$

Cherchons π tel que :

$$\pi((x_1,y_1,z_1).(x_2,y_2,z_2)) = \pi(x_1,y_1,z_1)\times\pi(x_2,y_2,z_2)$$

Γ tel que :

$$\Gamma[(x',y',z').(\alpha,\beta)] = \pi(x',y',z')*\Gamma(\alpha,\beta) \quad \text{(équivariance).}$$

Cherchons π de la forme : $\pi(x,y,z) = (x,y,z+\frac{\nu}{2}xy)$

$$\pi[(x_1,y_1,z_1).(x_2,y_2,z_2)] = \pi[x_1+x_2,y_1+y_2,z_1+z_2+\frac{\lambda}{2}(x_1y_2-x_2y_1)]$$

$$= (x_1+x_2,y_1+y_2,z_1+z_2+\frac{\lambda}{2}(x_1y_2-x_2y_1)+\frac{\nu}{2}(x_1+x_2)(y_1+y_2))$$

$$\pi(x_1,y_1,z_1)\times\pi(x_2,y_2,z_2) = (x_1,y_1,z_1+\frac{\nu}{2}x_1y_1)*(x_2,y_2,z_2+\frac{\nu}{2}x_2y_2)$$

$$= (x_1+x_2,y_1+y_2,z_1+z_2+\frac{\nu}{2}x_1y_1+\frac{\nu}{2}x_2y_2+x_2y_1)$$

Les deux expressions sont identiques si et seulement si :

$$\frac{\lambda}{2}(x_1y_2-x_2y_1)+\frac{\nu}{2}(x_1+x_2)(y_1+y_2) = \frac{\nu}{2}x_1y_1+\frac{\nu}{2}x_2y_2+\delta x_2y_1$$

$$\Longleftrightarrow (\frac{\lambda}{2}+\frac{\nu}{2})x_1y_2+(-\frac{\lambda}{2}+\frac{\nu}{2}-\delta)x_2y_1 = 0 \quad \forall (x_1,x_2,y_1,y_2) \in \mathbb{R}^4$$

$$\Longleftrightarrow \begin{cases} \frac{\lambda}{2}+\frac{\nu}{2} = 0 \\ -\frac{\lambda}{2}+\frac{\nu}{2}-\delta = 0 \end{cases} \Longleftrightarrow \begin{cases} \nu = -\lambda \\ \delta = -\lambda \end{cases}$$

Ainsi :

$$\boxed{\pi(x,y,z) = (x,y,z-\frac{\lambda}{2}xy)}$$

Prenons $\Gamma = Id$

alors :

$$\Gamma[(x',y',z').(\alpha,\beta)] = \Gamma(x'+\alpha,z'+\beta-\lambda\alpha y'-\frac{\lambda}{2}x'y') = \underline{(x'+\alpha,z'+\beta-\lambda\alpha y'-\frac{\lambda}{2}x'y')}$$

$$\pi(x',y',z')*\Gamma(\alpha,\beta) = (x',y',z'-\frac{\lambda}{2}x',y')*(\alpha,\beta)$$

$$= \underline{(x'+\alpha,z'-\frac{\lambda}{2}x'y'+\beta-\lambda y'\alpha)}$$

Ce qui prouve bien que le choix de $\Gamma = Id$ est convenable et que les espac homogènes M et M' sont isomorphes.

Soit $\bar{g} = (\alpha,\beta)$ un élément de $M' = G/_H$ et considérons la marche aléatoir gauche sur M' définie par :

$$\begin{cases} (\alpha,\beta) \\ (X_n,Y_n,Z_n)(X_{n-1},Y_{n-1},Z_{n-1})\dots(X_1,Y_1,Z_1)(\alpha,\beta) \quad \text{pour } n \geq 1. \end{cases}$$

On a : $(X_1,Y_1,Z_1)(\alpha,\beta) = (X_1+\alpha,Z_1+\beta-\lambda Y_1\alpha)$

On vérifie sans peine qu'à l'ordre n :

$$(X_n,Y_n,Z_n).(X_{n-1},Y_{n-1},Z_{n-1})\dots(X_1,Y_1,Z_1)(\alpha,\beta) =$$
$$= (\alpha+\sum_{i=1}^{n}X_i,\beta+\sum_{i=1}^{n}Z_i-\lambda\alpha\sum_{i=1}^{n}Y_i-\lambda\sum_{j=2}^{n}\sum_{i=1}^{j-1}Y_jX_i)$$

ù les composantes de la marche aléatoire :

$$\begin{cases} U_n = \alpha + \sum_{i=1}^{n} X_i \\ V_n = \beta + \sum_{i=1}^{n} Z_i - \lambda\alpha \sum_{i=1}^{n} Y_i - \lambda \sum_{j=2}^{n} \sum_{i=1}^{j-1} Y_j X_i \end{cases}$$

tie I : preuve de la transience de la marche dans le cas où les (X_i), (Y_i) ont moments d'ordre $4+\delta$ $(\delta > 0)$.

En nous inspirant d'une démonstration faite dans [3], nous allons montrer qu'il fit d'obtenir le résultat lorsque la mesure μ est à support compact inclus dans sous-ensemble $\mathbb{R}^2 \times \{0\}$ de $\mathbb{R}^3$ et possède certaines symétries.

Soit $\mathbb{R}^3 \xrightarrow{\zeta} \mathbb{R}^3$ et $\mathbb{R}^3 \xrightarrow{\eta} \mathbb{R}^3$

$(a,b,c) \to (-a,b,c)$ $\quad$ $(a,b,c) \to (a,-b,c)$

Proposition :

Soit μ une probabilité adaptée sur G (groupe de Lie nilpotent de classe 2, simplement connexe isomorphe à $\mathbb{R}^3$ muni de la multiplication $(*)$ et H un sous-groupe fermé connexe non distingué de G tel que dim H = 1, supposons que μ soit de plus étalée. Alors il existe une mesure r sur G, adaptée, à support compact inclus dans $\mathbb{R}^2 \times \{0\}$, invariante par les applications ζ et η telle que pour tout $f \in \mathcal{F}$, tout $n \geq 0$:

$\mu^{*n}(f) \leqslant r^{*n}(f)$ où $\mathcal{F}$ désigne l'ensemble des fonctions boréliennes bornées, à support compact sur $\mathbb{R}^3$ s'écrivant :

$$f(a,b,c) = \varphi * \check{\varphi}(a).\psi * \check{\psi}(b).\theta * \check{\theta}(c).$$

La démonstration de cette proposition va se faire en 2 étapes.

liminaire : majoration d'un produit de convolution.

Lemme : Soit (λ_i) une suite de probabilités sur $\mathbb{R}$ s'écrivant : $\lambda_i = s_i\mu_i + (1-s_i)\nu_i$ où $s_i \in [0,1]$ et ν_i, μ_i sont des probabilités.

Soit $\tilde{\lambda}_i$ la probabilité définie par :

$\tilde{\lambda}_i = \frac{s_i}{2} \mu_i * \check{\mu}_i + (1 - \frac{s_i}{2})\delta_0$ où $\check{\mu}_i(x) = \mu_i(-x)$ et δ_0 la masse de Dirac en 0.

Alors, pour toute fonction φ, borélienne bornée à support compact si δ_x désigne la masse de Dirac en x, on a :

$$\delta_x * \lambda_1 * \lambda_2 * \ldots * \lambda_n(\varphi * \check{\varphi}) \leq \tilde{\lambda}_1 * \tilde{\lambda}_2 * \ldots * \tilde{\lambda}_n(\varphi * \check{\varphi})$$

pour la démonstration de ce lemme on pourra consulter [3].

1ère Etape : Grâce au résultat précédent, nous allons établir le lemme suivant :

Lemme :

Soit μ une probabilité adaptée et étalée sur $\mathbb{R}^3$, alors il existe une probabilité μ' sur $\mathbb{R}^3$ adaptée dont le support est inclus dans $\mathbb{R}\times K\times\{0\}$ où K est une partie compacte de $\mathbb{R}$ et telle que pour tout $f \in \mathcal{F}$ et tout $n \geq 0$: $\mu^n(f) \leq \mu'^n(f)$.

Démonstration du lemme :

Soit μ_1 la projection de μ sur $\mathbb{R}\times\{0\}\times\mathbb{R}$

Ecrivons la désintégration :

$\mu = \int_{\mathbb{R}\times\{0\}\times\mathbb{R}} \mu_2 d\mu_1$ où μ_2 est une famille de mesures sur $\mathbb{R}$ dépendant du point de la base.

Nous identifierons $\mathbb{R}$ à $\{a\}\times\mathbb{R}\times\{c\}$

μ_2 se décompose en : $\mu_2 = s_2 q_2 + (1-s_2) r_2$ où q_2 est la restriction de μ_2 à partie compacte de $\mathbb{R}$ et r_2 la restriction de μ_2 à $\complement_{\mathbb{R}}^{K}$ et $s_2 \in [0,1]$

Posons : $\tilde{\mu}_2 = \frac{s_2}{2} q_2 * \check{q}_2 + (1 - \frac{s_2}{2})\delta_o$

Soit $\tilde{\mu}$ la mesure sur G définie par :

$\tilde{\mu} = \int_{\mathbb{R}\times\{0\}\times\mathbb{R}} \tilde{\mu}_2 d\mu_1$ où $\tilde{\mu}_2$ est identifié à une mesure sur $\{a\}\times\mathbb{R}\times\{c\}$.

Appelons μ' la projection de $\tilde{\mu}$ sur $\mathbb{R}^2\times\{0\}$

Montrons que μ' satisfait à l'inégalité : $\mu^n(f) \leq \mu'^n(f) \quad \forall f \in \mathcal{F}$

Si on écrit le produit :

$(a_n,b_n,c_n)\ldots(a_1,b_1,c_1) = (u_n,v_n,w_n)$ avec :

$u_n = a_1+a_2+\ldots+a_n$

$v_n = b_1+b_2+\ldots+b_n$

$w_n = c_1+c_2+\ldots+c_n-\lambda b_2 a_1-\ldots-\lambda b_n(a_1+\ldots+a_n)$

Nous avons : $\forall f \in \mathcal{F}$

$$\mu^{n}(f) = \int_{(\mathbb{R}^3)^n} f(u_n, v_n, w_n) \bigotimes_{i=1}^{n} \mu(da_i, db_i, dc_i)$$

$$= \int_{(\mathbb{R}\times\{0\}\times\mathbb{R})^n} \bigotimes \mu_1(da_i, dc_i) \varphi * \check{\varphi}(u_n) \int_{\mathbb{R}^n} \psi*\psi(v_n).\theta*\theta(w_n) \bigotimes_{i=1}^{n} \mu_2^i(db_i)$$

Soit : $\phi(b,c) = \psi*\check{\psi}(b).\theta\times\check{\theta}(c)$

Remarquons que : $\phi = (\psi.\theta)*(\check{\psi}.\check{\theta})$

Désignons par α_i l'homomorphisme de $\mathbb{R}$ dans $\mathbb{R}^2$ défini par :

$\alpha_o(b) = (b,0)$

$\alpha_i(b) = b(1,-\lambda(a_1+\ldots+a_i))$ $\qquad i = 1,\ldots,n-1$

ors :

$$\int_{\mathbb{R}^n} \psi*\check{\psi}(v_n).\theta*\check{\theta}(w_n) \bigotimes_{i=1}^{n} \mu_2^i(db_i) = \int_{\mathbb{R}^n} \phi((0,c_1)+\ldots+(0,c_n)+\alpha_o(b_1)+\ldots+\alpha_{n-1}(b_n))$$

$$\bigotimes_{i=1}^{n} \mu_2^i(db_i) \leqslant \int_{\mathbb{R}^n} \phi((0,c_1)+\ldots+(0,c_n)+\alpha_o(b_1)+\ldots+ {}_{n-1}(b_n)) \bigotimes_{i=1}^{n} \tilde{\mu}_2^i(db_i)$$

après le lemme ( ) d'où :

$$\mu^n(f) \leqslant \int_{(\mathbb{R}^3)^n} \bigotimes_{i=1}^{n} \tilde{\mu}(da_i, db_i, dc_i) \varphi*\check{\varphi}(a_1+\ldots+a_n) \psi*\check{\psi}(b_1+\ldots+b_n) \theta*\check{\theta}(z_n)$$

ec $z_n = \lambda b_2 a_1 - \ldots - \lambda b_n(a_1+\ldots+a_{n-1})$

On en déduit immédiatement :

$\mu^n(f) \leqslant \mu'^n(f)$ puisque le second membre de la précédente inégalité est égal $\mu'^n(f)$.

Il reste à montrer que μ' est adaptée et étalée sur R^3.

C'est une conséquence du fait que μ est adaptée et étalée sur G.

Rappelons que μ étalée signifie qu'il existe $n \in \mathbb{N}$, $C > 0$ et un ouvert O l que : $\mu^{\times n} \geqslant C.m$ sur O où m est une mesure de Haas sur G.

Il suffit alors de considérer la marche aléatoire de loi $\nu = \mu^{*n}$ et d'appliер à ν la méthode de désintégration précédente. Pour montrer que la m.a. de loi : transitoire il suffit en effet de prouver que celle de loi $\mu^{*n} = \nu$ l'est. marquons que c'est ici le seul endroit où l'hypothèse μ étalée intervienne.

$2^{\underline{\text{ème}}}$ Etape :

Nous réitérons la construction de la première étape mais à partir de μ'. On obtient ainsi une mesure r qui satisfait à :

- r a son support inclus dans $K' \times K \times \{0\}$ où K' et K sont des compacts de $\mathbb{R}$.
- r est adaptée.
- $\mu'^n(f) \leqslant r^n(f) \quad \forall f \in \mathcal{F}$

Ce qui achève la preuve de la proposition.

Pour montrer la transience de la marche nous faisons à présent appel à la méthode dite des "fonctions banières". Elle repose sur le lemme suivant emprunté à [3]

Lemme : Soit P une chaîne de Markov sur M, localement compact et K un compact de M tel qu'il existe une fonction f sur M satisfaisant à :

$$(**) \quad \begin{cases} 0 \leqslant f \leqslant 1, \ \lim\limits_{z \to +\infty} f(z) = 1, \ \sup\limits_{z \in K} f(z) = d < 1 \\ Pf(z) \geqslant f(z) \quad \text{pour} \quad z \notin K \end{cases}$$

Alors si $z \notin K$

(1) $P_z[T < +\infty] \leqslant \dfrac{1-f(z)}{1-d}$ où T désigne le temps d'entrée de la chaîne P dans K. $T = \inf\{n \ ; \ Z_n \in K\}$

La construction d'une fonction f satisfaisant $(**)$ est donnée par la proposition suivante :

Proposition : Sous les hypothèses faites dans cette partie I, soit : $f(x,y) = 1-|(x,y)|^{-\rho}$ où $|(x,y)| = x^4+\delta y^2$ et δ, ρ des constantes positives. Il existe δ, ρ positifs et une partie compacte K telle que $f_+ = f \vee 0$ possède la propriété $(**)$ relativement à K et à P.

La démonstration de cette proposition est en tout point semblable à la démonstration faite dans (3). Rappelons que l'idée de la démonstration est de prouver que par un choix convenable de δ et ρ, la partie principale de $Pf(x,y)-f(x,y)$ lorsque (x,y) tend vers l'infini est positive.

Pour établir les majorations désirées nous conseillons de paramètrer par :

$$\begin{cases} |x| = \sqrt{r|\cos\varphi|} \\ y = \dfrac{r}{\sqrt{\delta}} \sin\varphi \end{cases}$$

L'inégalité (1) prouve que la marche est transitoire.

Il existe de ce fait une constante γ telle que : $|Vf(z)| \leqslant \gamma(1-f(z))$ si K. Mais la fonction $1-f(z)$ est surharmonique en dehors de K et l'inégalité cédente est vraie partout d'après le principe du maximum.

tie II : Preuve de la transience de la marche aléatoire sans l'hypothèse d'exis-ce de moments d'ordre $4+\delta$ $(\delta > 0)$ pour les $(X_i),(Y_i)$.

D'après la proposition (partie I) il existe une mesure r sur G adaptée à port compact inclus dans $\mathbb{R}^2 \times \{0\}$ invariante par les applications ζ et η le que pour tout $f \in \mathcal{F}$, tout $n > 0$:

$\mu^{*n}(f) \leqslant r^{*n}(f)$ où $\mathcal{F} = \{f$, boréliennes, bornées à support compact sur $\mathbb{R}^3$ s'écrivant : $f(a,b,c) = \varphi * \check{\varphi}(a).\psi * \check{\psi}(b).\theta * \check{\theta}(c)\}$

Remarquons que toute fonction indicatrice est majorée par une fonction $f \in \mathcal{F}$, que r étant à support compact, il existe des moments d'ordre $4+\delta$ $(\delta > 0)$ r r.

Il suffit par conséquent d'appliquer à r le résultat de la première partie. potentiel de la marche de loi r étant fini, celui de la marche de loi μ l'est si. Or nous savons que toute marche aléatoire dont le potentiel est fini est nsitoire.

* *

*

BIBLIOGRAPHIE

[1] BOURBAKI, Groupes et algèbres de Lie

[2] Y. GUIVARC'H, M. KEANE, B. ROYNETTE
Marches aléatoires sur les groupes de Lie (à paraître)

[3] H. HENNION
Marches aléatoires sur les espaces homogènes des groupes nilpoten
à génération finie Z. für Warscheinlichkeitstheorie 1976 p. 245-2

[4] H. HENNION, B. ROYNETTE
Un théorème de dichotomie pour une marche aléatoire sur un espace
homogène (à paraître).

[5] G. HOCHSCHILD
The structur of Lie groups
Holden Day Inc. 1965.

[6] R.M. LOYNES
Product of independant Random Elements in a topological Group
Z. Warscheinlichkeitstheorie 1963 p. 446-455.

[7] D. REVUZ
Markov Chains
North Holland Publi. CO-CO-Amsterdam - Oxford

[8] B. ROYNETTE et M. SUEUR
Marches aléatoires sur un groupe nilpotent.
Z. für Warscheinlichkeitstheorie 1974 p. 129-138.

x
x x

D. PREVOT, R. SCHOTT
Université de NANCY I
U.E.R. Sciences Mathématiques
Case Officielle 140
54037 - NANCY CEDEX

UNE SERIE DEGENEREE DE REPRESENTATIONS DE $SL_n(\mathbb{R})$

par

Hubert RUBENTHALER

----

ntroduction :

Dans ce travail nous nous intéressons aux représentations de $SL_n(\mathbb{R})$ nduites par les caractères des sous-groupes paraboliques maximaux, c'est-à-dire es sous-groupes "triangulaires" du type suivant :

$$P_{p,q} = \left\{ \begin{pmatrix} \alpha & \gamma \\ 0 & \beta \end{pmatrix} , \alpha \in GL_p(\mathbb{R}) \ , \ \beta \in GL_q(\mathbb{R}) \ , \ \text{dét } \alpha \ . \ \det \beta = 1 \right\}$$

Dans le premier paragraphe nous démontrons l'irréductibilité des éries induites par un caractère unitaire ainsi que des résultats concernant 'existence de séries complémentaires. Les outils essentiels utilisés dans ce aragraphe sont d'une part la fonction zêta de l'algèbre $M_n(\mathbb{R})$ (c'est 'intégrale d'entrelacement) et son équation fonctionnelle (GODEMENT-JACQUET 4]) et d'autre part des résultats d'unicité de certaines distributions omogènes, dûs à RAIS [8] . Une partie des résultats du premier paragraphe t été démontrés par OL'ŠANSKIǏ [14] par des méthodes différentes.

Dans le deuxième paragraphe nous construisons pour $|Re(s)|<1$ une amille T_s de représentations de $SL_{2n}(\mathbb{R})$ dans l'espace $L^2(M_n(\mathbb{R}))$ qui ossèdent la propriété suivante : si Ω est un compact de la bande $|Re(s)|<1$ alors $\sup_{s\in\Omega} \sup_{g\in SL_{2n}(\mathbb{R})} \|T_s(g)\| < +\infty$.

'est la série uniformément bornée. La construction d'une telle série est la même que celle utilisée par STEIN [12] dans le cas complexe. Les difficultés proviennent du fait que le dual réduit de $GL_n(\mathbb{R})$ est plus compliqué que celui de $GL_n(\mathbb{C})$. Certaines démonstrations du paragraphe II ne sont d'ailleurs que des transcriptions des démonstrations de STEIN et ne figurent ici que pour la commodité du lecteur. Nous montrons enfin que les représentations T_s sont à trace, ce qui permet, par une comparaison de caractères, de montrer que si $s \in]-1,1[$ les représentations T_s sont unitairement équivalentes aux représentations de la série complémentaire construites au paragraphe I .

L'auteur remercie les Professeurs T. Hiraï et G. Schiffmann pour les nombreuses discussions à propos de ce travail.

I - REPRESENTATIONS INDUITES PAR LES CARACTERES DES SOUS-GROUPES PARABOLIQUES MAXIMAUX de $SL_n(\mathbb{R})$

.1- Irréductibilité de la série principale unitaire :

ous désignons par sous-groupes paraboliques maximaux de $SL_n(\mathbb{R}) = G$ les ous-groupes $P_{p,q}$ des matrices de la forme :

$$\begin{pmatrix} \alpha & u \\ 0 & \beta \end{pmatrix} \quad \alpha \in Gl_p(\mathbb{R}) \ , \ \beta \in Gl_q(\mathbb{R}) \ , \ \det \alpha . \det \beta = 1, p+q=n, u \in M_{p,q}(\mathbb{R})$$

$Gl_p(\mathbb{R})$ et $Gl_q(\mathbb{R})$ désignent le groupe des matrices inversibles d'ordre p et q espectivement, à coefficients réels; $M_{p,q}(\mathbb{R})$ désigne l'ensemble des matrices p lignes et q colonnes à coefficients réels).

$P_{p,q}$ est produit semi-direct du sous-groupe $A_{p,q}$ des matrices de la forme

$$\begin{pmatrix} \alpha & 0 \\ 0 & \beta \end{pmatrix}$$

t du sous-groupe $U_{p,q}$ des matrices de la forme

$$\begin{pmatrix} I_p & u \\ 0 & I_q \end{pmatrix}$$

I_p et I_q désignent les matrices unités d'ordre p et q respectivement)

out caractère $\rho_{s,\epsilon}$ de $P_{p,q}$ est de la forme

$$\rho_{s,\epsilon}\left(\begin{pmatrix} \alpha & u \\ 0 & \beta \end{pmatrix}\right) = |\det \alpha|^s \ (\text{signe } (\det \alpha))^{\epsilon} \quad s \in \mathbb{C} \quad \epsilon = 0 \text{ ou } 1$$

module de $P_{p,q}$ est donné par

$$\delta\left(\begin{pmatrix} \alpha & u \\ 0 & \beta \end{pmatrix}\right) = |\det \alpha|^{-n}$$

it $D_{s,o}$ l'espace des fonctions de classe C^{∞} sur G qui vérifient :

gp) $= \delta(p)^{\frac{1}{2}} \rho_{s,o}^{-1}(p) f(g)$ pour tout $g \in G$ et tout $p \in P_{p,q}$.

La représentation induite $(\pi_s^o, D_{s,o})$ est alors définie par $\pi_s^o(g')f(g)=f(g'^{-1}g)$

On définit de manière analogue la représentation $(\pi_s^1, D_{s,1})$.

Il est connu que $D_{s,\epsilon}$ et $D_{-\bar{s},\epsilon}$ (ϵ =0,1) sont en dualité hermitienne en posant

$\langle f,f'\rangle = \int_K f(k)\overline{f'(k)}dk = \int_V f(v)\overline{f'(v)}dv$ où K désigne le groupe $SO(n,R)$

et V le sous-groupe des matrices de la forme

$$\begin{pmatrix} I_p & 0 \\ v & I_q \end{pmatrix} \qquad v \in M_{q,p}(R) .$$

Comme le produit hermitien ci-dessus est invariant par π_s^ϵ , la représentation $(\pi_s^\epsilon, D_{s,\epsilon})$ est pré-unitaire si $\rho_{s,\epsilon}$ est unitaire.

D'autre part on peut toujours munir $D_{s,\epsilon}$ d'une structure d'espace de Fréchet en définissant une topologie grâce aux semi-normes :

$$\nu_{\Omega,X}(f) = \sup_{g\in\Omega} |X*f(g)|$$

X étant une distribution de support 1 sur G et Ω une partie compacte de G

$(\pi_s^\epsilon, D_{s,\epsilon})$ devient alors une représentation différentiable de G .

Décrivons à présent "l'image non compacte" dont nous allons nous servir ultérieurement. Elle se réalise dans l'espace $D_{s,\epsilon}(V)$ des restrictions des éléments de $D_{s,\epsilon}$ à V .

Un calcul facile montre que l'on a , si $g^{-1} = \begin{pmatrix} a & c \\ b & d \end{pmatrix}$:

$$\text{(I-1-1)} \qquad \pi_s^\epsilon(g)\varphi(v) = |\det(a+cv)|^{-n/2-s} \text{ signe } (\det(a+cv))^\epsilon \ \varphi((b+dv)(a+cv)^{-1})$$

presque partout en v .

Si $\rho_{s,\epsilon}$ est unitaire c'est à dire si $Re(s) = 0, (\pi_s^\epsilon, D_{s,\epsilon}(V))$ se prolonge en u représentation unitaire dans $L^2(V)$, équivalente à la complétion de $(\pi_s^\epsilon, D_{s,\epsilon})$

<u>Théorème I-1-2</u> .

Supposons $Re(s) = 0$. Les représentations $(\pi_s^\epsilon, L^2(V))$ sont toutes irréductible à une exception près : si $p = q$ la représentation $(\pi_0^1, L^2(V))$ se décompose en une somme de deux représentations unitaires irréductibles non équivalentes.

Démonstration :

On utilise le lemme de Schur. Soit A un opérateur qui commute à la représentation.

Si $g = \begin{pmatrix} I_p & 0 \\ x & I_q \end{pmatrix}$ l'opérateur correspondant est une translation dans $L^2(V) \simeq L^2(M_{q,p}(R))$.

A commute donc aux translations. Il est alors bien connu que si $\mathfrak{F}$ désigne la transformation de Fourier dans $L^2(V)$, on a $\mathfrak{F} A \mathfrak{F}^{-1} f(x) = \mu(x) f(x)$ où $\mu(x)$ désigne une fonction mesurable bornée. Le fait que A commute aux opérateurs correspondant aux éléments de $A_{p,q}$ implique (voir [12]) que $\mu(d^{-1}xa) = \mu(x)$ presque partout, quels que soient $a \in Gl_p(\mathbb{R})$ et $d \in Gl_q(\mathbb{R})$ tels que $\det(a).\det(d) = 1$. Si $p \neq q$ et si $x \in M_{q,p}(\mathbb{R})$ est fixé, l'ensemble des matrices $d^{-1}xa$ est un ouvert dense de $M_{q,p}(\mathbb{R})$ (l'ouvert des matrices de rang maximum) donc μ est constante presque partout, d'où le résultat dans ce cas. Si $p = q$ l'égalité ci-dessus implique que μ ne dépend que de signe $(\det(x))$. On introduit alors une fonction zêta de l'algèbre $M_p(R) \simeq V$. Soit $\mathcal{S}(V)$ l'espace des fonctions de Schwartz sur V . Si $f \in \mathcal{S}(V)$ on pose

$$(\text{I}-1-3) \qquad Z_f(\varepsilon,s) = \int_V f(x)\ sg(\det(x))^{\varepsilon} |\det(x)|^s\ dx^* \ , \ \varepsilon = 0 \text{ ou } 1 \ , \ s \in \mathbb{C}$$

où $dx^* = (\det(x)^{-p} dx$, dx étant la mesure de Lebesgue de V .

On sait ([4]) que $Z_f(\varepsilon,s)$ est absolument convergente pour $Re(s) > p-1$, qu'elle définit alors une fonction analytique ayant un prolongement méromorphe sur $\mathbb{C}$, dont les pôles éventuels sont les entiers $\leq p-1$. De plus la fonction zêta vérifie l'équation fonctionnelle suivante : ([4])

$$(\text{I}-1-4) \qquad Z_f(\varepsilon,s+p-1) = [\prod_{\ell=0}^{p-1} \rho(\varepsilon,s+\ell)]\ Z_{\hat{f}}(\varepsilon,1-s)$$

Les fonctions $\rho(\epsilon,s)$ sont les "facteurs gamma" de Tate donnés par

$$\rho(0,s) = \pi^{\frac{1}{2}-s}\,\Gamma(s/2)/\Gamma\left(\frac{1-s}{2}\right)$$

$$\rho(1,s) = -i\pi^{\frac{1}{2}-s}\,\Gamma\left(\frac{s+1}{2}\right)/\Gamma(1-s/2)$$

$\hat{f}$ est ici définie par $\hat{f}(y) = \int_V f(x)\, e^{2i\pi \mathrm{Tr}(xy^t)}dx$

Pour une démonstration détaillée de l'équation fonctionnelle de cette fonctio zêta particulière on pourra se reporter à [10] .

Dorénavant nous désignerons par A l'opérateur dont la transformée de Fourie est la multiplication par la fonction signe. Un calcul élémentaire basé sur (I-1-4) montre que si $f \in \mathcal{S}(V)$, on a

$$Af(y) = \lim_{z\to 0} \rho(1,1-z)\, Z_{f_y}(1,z) \quad \text{où} \quad f_y(x) = f(y-x)$$

Formellement $Af(y) = \int f(y-x)\,sg(x)\,\det(x)^{-p}dx$, si $p = 1$ on obtient ainsi l transformation de Hilbert.

Soit alors $w = \begin{pmatrix} 0 & I_p \\ (-I_p)^p & 0 \end{pmatrix}$, pour que A commute à π_s^ϵ il suffit de démont que A commute à $\pi_s^\epsilon(w)$. D'après (I-1-1) , si $f \in \mathcal{D}(Gl_p(\mathbb{R}))$, on a

$$\pi_s^\epsilon(w)f(x) = |\det(x)|^{-p-s}\, sg(\det(x))^\epsilon\, f((-1)^p\, x^{-1})$$

En prenant $Re(z)$ suffisamment grand pour que $Z_{f_y}(1,-p+z)$ soit définie par une intégrale convergente et en faisant des changements de variables évidents on trouve, pour $f \in \mathcal{D}(Gl_p(\mathbb{R}))$:

$$A\pi_s^0(w)f(y) = \underset{z=0}{p.a.}\,\rho(1,1-z)\int_V f(x)|\det(x)|^s\, sg(\det(x))sg(\det(xy-(-1)^p))|\det(xy-(-1)^p)|^{-p+z}$$

$$\pi_s^0(w)Af(y) = \underset{z=0}{p.a.}\,\rho(1,1-z)|\det(y)|^{-s}sg(\det(y))\int_V f(x)sg(\det((-1)^p-xy))|\det(xy-(-1)^p)|^{-p+z}$$

$$A\pi_s^1(w)f(y) = \underset{z=0}{p.a.}\,\rho(1,1-z)\int_V f(x)|\det(x)|^s sg(\det((-1)^p))\; sg(\det(xy-(-1)^p))|\det(xy-(-1)^p)|$$

$$\pi_s^1(w)Af(y) = \underset{z=0}{p.a.}\,\rho(1,1-z)|\det(y)|^{-s}\int_V f(x)sg(\det((-1)^p-xy))|\det(xy-(-1)^p)|^{-p+z}\,dx$$

a notation $\underset{z=0}{\text{p.a.}}$ signifiant que l'on prend le prolongement analytique en $z = 0$

e la fonction qui suit.

n remarque immédiatement que si $f \in \mathcal{D}(Gl_p(\mathbb{R})^+)$ on a :

$$A\pi_0^0(w)f(y) = sg(\det(y))\ (-1)^p\ \pi_0^0(w)Af(y)$$

n en déduit que π_0^0 est irréductible.

ar contre $A\pi_0^1(w) = \pi_0^1(w)A$. On en déduit que π_0^1 est somme de deux représenations unitaires irréductibles, les projecteurs correspondants étant les
mages réciproques par Fourier des opérateurs de multiplication par les fonctions
aractéristiques de $Gl_p(\mathbb{R})^+$ et $Gl_p(\mathbb{R})^-$. Ces deux représentations ne sont pas
quivalentes, le commutant étant commutatif.

l ne nous reste plus qu'à démontrer que si $s \neq 0$, A ne commute pas aux
eprésentations π_s^ϵ .
our cela il nous faut une autre représentation de l'opérateur A .
n a pour tout entier $\alpha > 0$ la relation :

$$Z_{D(\partial)^\alpha f}(\epsilon, s+p-1) = (-1)^{p\alpha} \prod_{u=2}^{\alpha+1} \prod_{k=1}^{p} (s+k-u) Z_f(\epsilon+\alpha, s-\alpha+p-1)$$

 $D(\partial)$ désigne l'opérateur $\det\left(\frac{\partial}{\partial x_{ij}}\right)$ et où $Z_f(\epsilon+\alpha, s) =$

$$\int_V f(x) sg(\det(x))^{\epsilon+\alpha} |\det(x)|^s dx^* .$$

our la démonstration voir [10], proposition 3.4.b)

 en déduit que pour $f \in \mathcal{S}(V)$

$$Af(y) = \lim_{z \to 1} \rho(1,z) \frac{(-1)^{p^2}}{\prod_{u=2}^{p+1} \prod_{k=1}^{p} (2-z+k-u)} Z_{D(\partial)^p f_y}(p+1, 1-z+p)$$

 remarque que la fonction méromorphe $\rho(1,z)\frac{(-1)^{p^2}}{\prod_{u=2}^{p+1} \prod_{k=1}^{p} (2-z+k-u)}$ a un pôle d'ordre

[p/2] en $z = 1$. Donc $Z_{D(\partial)^p f_y}(p+1, 1-z+p)$, qui est une intégrale absolument convergente au voisinage de $z = 1$, a un zéro d'ordre $p-[p/2]$ en ce point. On en déduit que $Af(y)$ est à une constante près le coefficient du terme en $(z-1)^{p-[p/2]}$ dans le développement de $Z_{D(\partial)^p f_y}(p+1,1-z+p)$.

D'où $$Af(y) = \int_V D(\partial)^p f(y-x)(\mathrm{Log}|\det(x)|)^{p-[p/2]}dx$$

Supposons par exemple p impair et $\varepsilon = 0$. On a pour $f \in \mathcal{D}(Gl_p(\mathbb{R}))$

$$\pi_s^0(w)f = \pi_0^1(w)f_s \quad \text{où} \quad f_s(x) = -sg(\det(x))|\det(x)|^s f(x)$$

Puisque A et π_0^1 commutent on a $A\pi_s^0(w)f = A\pi_0^1(w)f_s = \pi_0^1(w)Af_s$. Si A et π_s^0 commutaient ceci serait égal à $\pi_s^0(w)Af = \pi_0^1(w)(Af)_s$, $\pi_0^1(w)$ étant injectif cela impliquerait que $(Af)_s = Af_s$ c'est-à-dire que

$$-sg(\det(y))|\det(y)|^s \int_V D(\partial)^p f(y-x)(\mathrm{Log}|\det(x)|)^{p-[p/2]}dx$$

$$= \int_V D(\partial)^p f_s(y-x)(\mathrm{Log}|\det(x)|)^{p-p/2}dx$$

Posons alors $y = \lambda I_p$, $\lambda \in \mathbb{R}_+^*$. On aurait alors $\lim_{\lambda\to 0} \lambda^{-ps}(Af)_s(\lambda I_p) = k_1$, la constante k_1 pouvant être non nulle pour certaines fonctions f , et $\lim_{\lambda\to 0} Af_s(\lambda I_p) = k_2$.

On en déduit que $(Af)_s$ n'est pas égal à Af_s pour tout f , donc que A et π_s^0 ne commutent pas.

Les autres cas se traitent de manière analogue. C.Q.F.D.

I.2 - Opérateur d'entrelacement et série complémentaire dans le cas $p = q$

Soit $p = q = n$. Nous considérons ici les représentations de $G = Sl_{2n}(\mathbb{R})$ induites par les caractères $\rho_{s,\varepsilon}$ de $P_{n,n} = P$.

Soit $f \in D_{s,\varepsilon}$, on définit l'opérateur d'entrelacement par

$$A(s,\varepsilon,w)f(g) = \int_V f(gwv)dv .$$

oposition I.2.1.

1) L'intégrale définissant $A(s,\epsilon,w)$ converge absolument pour (s) > n-1 .

2) Si $\varphi \in \mathcal{D}(G)$, posons $\varphi_{s,\epsilon}(g) = \int_P \varphi(gp)\ \delta^{-\frac{1}{2}}(p)\ \rho_{s,\epsilon}(p)dp$ 'application $\varphi \to \varphi_{s,\epsilon}$ est surjective de $\mathcal{D}(G)$ sur $D_{s,\epsilon}$) , alors pour ut $g \in G$, l'application $s \to A(s,\epsilon,w)\varphi_{s,\epsilon}$ admet un prolongement romorphe à tout $\mathbb{C}$ ayant éventuellement des pôles aux entiers $\leq n-1$.

3) $A(s,\epsilon,w)$ ainsi défini par prolongement analytique entrelace les présentations $(\pi_s^\epsilon, D_{s,\epsilon})$ et $(\pi^\epsilon_{-s}, D_{-s,\epsilon})$.

4) L'adjoint de l'opérateur $A(s,\epsilon,w)$ est l'opérateur $A(\bar{s},\epsilon,w^{-1})$.

5) Posons $\gamma(s,\epsilon) = \prod_{\ell=0}^{n-1} \rho(\epsilon, s-n+1+\ell)$, l'opérateur $G(s,\epsilon,w) = \frac{1}{\gamma(s,\epsilon)} A(s,\epsilon,w)$: un opérateur inversible dans la bande $-1 < Re(s) < 1$.

nonstration :

it B le sous-groupe de Borel des matrices de la forme :

$$\begin{pmatrix} a_1 & & & & & \\ & \ddots & & & * & \\ & & a_n & & & \\ & & & a_{n+1} & & \\ & 0 & & & \ddots & \\ & & & & & a_{2n} \end{pmatrix}$$

t $A \subset B$ le sous-groupe des matrices diagonales.

t $N \subset B$ le sous-groupe des matrices de la forme :

$$\begin{pmatrix} 1_1 & & & * \\ & \ddots & & \\ & & 1 & \\ 0 & & & \ddots \; 1 \end{pmatrix}$$

a évidemment $B = A.N$.

caractère λ de B s'écrit $\lambda\left(\begin{pmatrix} a_1 & & * \\ & \ddots & \\ 0 & & a_{2n} \end{pmatrix}\right) = \prod_{i=1}^{2n-1} |a_i|^{s_i^\lambda} sg(a_i)^{\epsilon_i^\lambda}$

Le module de B est $\delta_B\left(\begin{pmatrix} a_1 & & * \\ & \ddots & \\ 0 & & a_{2n}\end{pmatrix}\right) = \prod_{i=1}^{2n-1} |a_i|^{2i-4n}$

Soit D_λ l'espace des fonctions C^∞ de G dans $\mathbb{C}$ qui vérifient

$$f(gan) = f(g)\ \delta_B(a)^{\frac{1}{2}}\ \lambda^{-1}(a) \quad \forall g \in G\ ,\ \forall a \in A\ ,\ \forall n \in N$$

La représentation (π_λ, D_λ) induite par λ est alors définie par :

$$\pi_\lambda(g')f(g) = f(g'^{-1}g)$$

Une vérification immédiate montre que la représentation $(\pi_s^\varepsilon, D_{s,\varepsilon})$ induite à partir du sous-groupe P est une sous-représentation d'une représentation $(\pi_{\lambda(s,\varepsilon)}, D_{\lambda(s,\varepsilon)})$ induite à partir du sous-groupe B. On a

si $\varepsilon = 0$: $s_i^{\lambda(s,\varepsilon)} = i-n+s$ et $s_{n+i}^{\lambda(s,\varepsilon)} = i-n$ $(i \leq n)$; $\varepsilon_i^{\lambda(s,\varepsilon)} = 0$ $(0 \leq i \leq 2n)$

si $\varepsilon = 1$: $s_i^{\lambda(s,\varepsilon)} = i-n+s$ et $s_{n+i}^{\lambda(s,\varepsilon)} = i-n$ $(i \leq n)$; $\varepsilon_i^{\lambda}(s,\varepsilon) = 1$ pour $0 \leq i \leq n$
$= 0$ pour $n < i \leq 2n$

L'opérateur $A(s,\varepsilon,w)$ n'est alors que la restriction à $D_{s,\varepsilon}$ de l'opérateur d'entrelacement classique étudié dans le cas général par G. SCHIFFMANN [11] et dans le cas de $Gl_n(k)$ par I. MULLER [7] (les résultats de [7] dont nous aurons besoin, quoique énoncés pour un corps p-adique sont aisément transposables au cas réel).

Le domaine de convergence de l'opérateur classique $A(\lambda(s,\varepsilon),w)$ qu'on trouve dans [11] (théorème 2.1) démontre alors 1) .

2) est une conséquence de [11], corollaire 2.

3) résulte d'un calcul facile qu'on effectue dans le domaine de convergence de l'opérateur d'entrelacement. En fait $A(\lambda(s,\varepsilon),w)$ entrelace $(\pi_{\lambda(s,\varepsilon)}, D_{\lambda(s,\varepsilon)})$ et $(\pi_{w(\lambda(s,\varepsilon))}, D_{w(\lambda(s,\varepsilon))})$, or $w(\lambda(s,\varepsilon)) = \lambda(-s,\varepsilon)$, donc $(\pi_{w(\lambda(s,\varepsilon))}, D_{w(\lambda(s,\varepsilon))})$ contient la représentation $(\pi_{-s}^\varepsilon, D_{-s,\varepsilon})$.

La démonstration de 4) est analogue à celle faite par G. SCHIFFMANN ([11], prop. 1.4.). Démontrons 5). Soit $\Delta(w)$ l'ensemble des racines positives α telles que $w(\alpha)$ soit une racine négative. Si $\lambda = (\lambda_1, \lambda_2, \dots, \lambda_{2n-1}, 1)$ est un caractère de A (les λ_i étant des caractères de $\mathbb{R}^*$), et si α est la racine définie par $\alpha(a) = a_i - a_j$ on pose $\lambda_\alpha = \lambda_i \lambda_j^{-1}$.

Soit alors $\Gamma_w(\lambda) = \prod_{\alpha \in \Delta(w)} \Gamma(\lambda_\alpha)$ où $\Gamma(\lambda_\alpha) = \rho(\epsilon_{\lambda_\alpha}, s_{\lambda_\alpha})$ (facteur de TATE)

On a $\Gamma_{w^{-1}}(\lambda) = \Gamma_w(\lambda)$. On sait alors ([7], prop. 2.3) que

$$A(w(\lambda(s,\epsilon), w^{-1}) A(\lambda(s,\epsilon), w) = \Gamma_w(\lambda(s,\epsilon))\, \Gamma_{w^{-1}}(w(\lambda(s,\epsilon))) \mathrm{Id}_{D_{\lambda(s,\epsilon)}}$$

cette égalité étant vraie quand tout a un sens.

Donc $A(\lambda(-s,\epsilon), w^{-1}) A(\lambda(s,\epsilon), w) = \Gamma_w(\lambda(s,\epsilon)) \Gamma_w(\lambda(-s,\epsilon)) \mathrm{Id}_{D_{\lambda(s,\epsilon)}}$.

En restreignant au sous-espace $D_{s,\epsilon}$ on obtient :

$$A(-s,\epsilon,w^{-1}) A(s,\epsilon,w) = \Gamma_w(\lambda(s,\epsilon)) \Gamma_w(\lambda(-s,\epsilon)) \mathrm{Id}_{D_{s,\epsilon}} .$$

<u>Remarque</u> : $A(s,\epsilon,w^{-1}) = (-1)^{n\epsilon} A(s,\epsilon,w)$

<u>Lemme I.2.2</u> : Dans la bande $-1 < \mathrm{Re}(s) < 1$ les fonctions $\Gamma_w(\lambda(s,\epsilon))$ et $\gamma(s,\epsilon)$ ont mêmes zéros et pôles, avec même multiplicité.

<u>Démonstration</u> : par récurrence sur n .

En posant

$$\mathcal{Q}(s,\epsilon,w) = \frac{1}{\gamma(s,\epsilon)} A(s,\epsilon,w)$$

et $$\mathcal{Q}(s,\epsilon,w^{-1}) = \frac{1}{\gamma(s,\epsilon)} A(s,\epsilon,w^{-1})$$ on aura

$$\mathcal{Q}(-s,\epsilon,w^{-1})\, \mathcal{Q}(s,\epsilon,w) = \frac{\Gamma_w(\lambda(s,\epsilon))}{\gamma(s,\epsilon)} \cdot \frac{\Gamma_w(\lambda(-s,\epsilon))}{\gamma(-s,\epsilon)} \mathrm{Id}_{D_{s,\epsilon}} .$$

Vu le lemme précédent 5) est démontré.

Nous allons à présent décrire l'opérateur d'entrelacement dans l'image non compacte, plus précisément pour les fonctions $f \in \mathcal{D}(V)$.

Si $f \in \mathcal{D}(V)$ posons

$$f^{s,\epsilon}(g) = \begin{cases} \delta^{\frac{1}{2}}(p)\ \rho_{s,\epsilon}{}^{-1}(p)f(v) & \text{si } g = vp \quad v \in V\ ,\ p \in P \\ 0 & \text{sinon} \end{cases}$$

La fonction $f^{s,\epsilon} \in D_{s,\epsilon}$.

On a $A(s,\epsilon,w)f^{s,\epsilon}(v') = \int_V f^{s,\epsilon}(v'wv)dv = \int_V f^{s,\epsilon}(\begin{pmatrix} v & 1 \\ (-1)^n+v'v & v' \end{pmatrix})\ dv$

Or $\begin{pmatrix} v & 1 \\ (-1)^n+v'v & v' \end{pmatrix} = \begin{pmatrix} 1 & 0 \\ v'+(-1)^n v^{-1} & 1 \end{pmatrix} \begin{pmatrix} v & 1 \\ 0 & -(-1)^n v^{-1} \end{pmatrix}$

Donc

$$A(s,\epsilon,w)f^{s,\epsilon}(v') = \int_{Gl_n(R)} f^{s,\epsilon}(\begin{pmatrix} 1 & 0 \\ v'+(-1)^n v^{-1} & 1 \end{pmatrix})|\det(v)|^{-n-s} sg(\det(v))^{\epsilon}$$

$$= \int_{Gl_n(R)} f(v'+(-1)^n v^{-1})|\det(v)|^{-s} sg(\det(v))^{\epsilon} d\overset{*}{v} \qquad (v \to (-1)^n\ v^{-1})$$

$$= \int_{Gl_n(R)} f(v'-v)|\det(v)|^{s}\ (-1)^{n\epsilon} sg(\det(v))^{\epsilon}\ d\overset{*}{v} = \underline{(-1)^{n\epsilon}\ Z_{f_{v'}}(\epsilon,s)}$$

où on a posé $f_{v'}(v) = f(v'-v)$.

Par la suite nous aurons besoin de certains résultats de M. RAIS concernant les distributions "homogènes" sur $M_n(R)$. Posons les définitions suivantes, pour $s \in C$

$\mathcal{R}_+^s = \{T\in\mathcal{D}'(M_n(R)), \langle T,\varphi(xg)\rangle = |\det(g)|^s \langle T,\varphi\rangle, \forall g\in Gl_n(R), \forall\varphi\in\mathcal{D}(M_n(R))\}$

$\mathcal{R}_-^s = \{T\in\mathcal{D}'(M_n(R)), \langle T,\varphi(xg)\rangle = |\det(g)|^s sg(\det(g))\langle T,\varphi\rangle, \forall g\in Gl_n(R), \forall\varphi\in\mathcal{D}(M_n(R))\}$

$\mathcal{L}_+^s = \{T\in\mathcal{D}'(M_n(R)), \langle T,\varphi(gx)\rangle = |\det(g)|^s \langle T,\varphi\rangle, \forall g\in Gl_n(R), \forall\varphi\in\mathcal{D}(M_n(R))\}$

$\mathcal{L}_-^s = \{T\in\mathcal{D}'(M_n(R)), \langle T,\varphi(gx)\rangle = |\det(g)|^s sg(\det(g))\langle T,\varphi\rangle, \forall g\in Gl_n(R), \forall\varphi\in\mathcal{D}(M_n(R))\}$

oposition I.2.3 :

1) ([8] prop. III 1 p. 68)

Soit $T \in \mathcal{R}_+^s \cup \mathcal{R}_-^s \cup \mathcal{L}_+^s \cup \mathcal{L}_-^s$, non nulle, nulle sur $Gl_n(\mathbb{R})$, alors s

t nécessairement un des entiers $\geq -n+1$.

2) ([8] prop. III 2 p. 69)

Si s n'est pas un des entiers -1, -2, ..., -n+1 , $\mathcal{L}_+^s = \mathcal{R}_+^s$ (resp. $\mathcal{L}_-^s = \mathcal{R}_-^s$)

t de dimension 1 .

narque : les différences entre cette proposition et l'énoncé de RATS proviennent

ıne définition différente des espaces $\mathcal{R}_+^s$ ...

pposons que $s \in \mathbb{R}$ et que $\epsilon = 0$; pour φ et $\Psi \in D_{s,o}$, on pose

$,\Psi) = \langle \mathfrak{a}(s,0,w)\varphi,\Psi\rangle$ où $\langle .,.\rangle$ désigne la dualité hermitienne entre

$_{,o}$ et $D_{-\bar{s},o} = D_{-s,o}$. Alors $(.,.)$ est un produit hermitien invariant

ır la représentation π_s^0 .

variant : $(\pi_s^0(g)\varphi,\pi_s^0(g)\Psi) = \langle \mathfrak{a}(s,0,w)\pi_s^0(g)\varphi,\pi_s^0(g)\Psi\rangle$

$\langle \pi_{-s}^0(g)\mathfrak{a}(s,0,w)\varphi \, , \, \pi_s^0(g)\Psi\rangle = \langle \mathfrak{a}(s,0,w)\varphi,\Psi\rangle = (\varphi,\Psi)$

mitien : $\overline{(\varphi,\Psi)} = \overline{\langle \mathfrak{a}(s,0,w)\varphi,\Psi\rangle} = \langle \Psi,\mathfrak{a}(s,0,w)\varphi\rangle$

$\mathfrak{a}(\bar{s},0,w^{-1})\Psi,\varphi\rangle = \langle \mathfrak{a}(s,0,w)\Psi,\varphi\rangle = (\Psi,\varphi)$. (On utilise la proposition I.2.1

le fait que le facteur $\gamma(s,0)$ est réel .

position I.2.4 :

$s \neq 0$, $-1<\mathrm{Re}(s)<1$, alors tout produit hermitien continu sur $D_{s,0}(V)$,

ariant par π_s^0 est, pour φ et $\Psi \in \mathcal{D}(V)$, un multiple scalaire de

$s,0,w)\varphi,\Psi\rangle$.

ionstration :

ıs ne faisons qu'esquisser une démonstration qui, modulo les résultats de

S cités ci-dessus est essentiellement la même que celle donnée par GELFAND,

GRAEV et VILENKIN pour $Sl_2(\mathbb{R})$ ([3]) .

Soit donc (.,.) un tel produit hermitien inviariant. Si $g = \begin{pmatrix} 1 & 0 \\ x_o & 1 \end{pmatrix}$,
alors pour $\Psi, \varphi \in \mathcal{D}(V)$, $(\pi_s^0(g)\varphi, \pi_s^0(g)\Psi) = (\varphi(x-x_o), \Psi(x-x_o)) = (\varphi, \Psi)$

Ce produit est donc invariant par translation. Le thęorème des noyaux de SCHWARTZ donne alors l'existence d'une distribution B telle que :

$$(\varphi,\Psi) = \langle B, \int \varphi(x)\Psi(x-y)dy\rangle \quad (\varphi \text{ et } \Psi \in \mathcal{D}(V))$$

Exprimons à présent que (.,.) est aussi invariant par les opérateurs $\pi_s^0(g)$ avec

$$g = \begin{pmatrix} \alpha & 0 \\ 0 & \beta \end{pmatrix}. \text{ On a } \pi_s^0(g)\varphi(v) = |\det(\alpha)|^{n+s}\varphi(\beta^{-1}v\alpha)$$

donc : $(\varphi,\Psi) = \langle B, |\det(\alpha)|^{2(n+s)}\int\varphi(\beta^{-1}v\alpha)\overline{\Psi(\beta^{-1}(v-x)\alpha)}dv.\rangle$

En supposant $\det(\alpha)>0$ et $\beta = (\det(\alpha))^{1/n}$, on voit que si $\omega = \varphi * \check{\Psi}$, $(\check{\Psi}(x) = \overline{\Psi(-x)})$ B vérifie $\langle B, \omega(x\gamma)\rangle = |\det(\gamma)|^{-s} \langle B, \omega\rangle$ pour toute matrice γ telle que $\det(\gamma)>0$.

D'après les hypothèses faites sur s et d'après la proposition I.2.3, $B = \lambda \mathcal{J}_+^{-s} + \mu \mathcal{J}_-^{-s}$, $\lambda, \mu \in \mathbb{C}$ et où $\mathcal{J}_+^{-s}$ et $\mathcal{J}_-^{-s}$ désignent respectivement "l'unique" distribution non nulle de $\mathcal{R}_+^{-s}$ et $\mathcal{R}_-^{-s}$.

Donc $(\varphi,\Psi) = \langle B, \varphi * \check{\Psi}\rangle = \lambda \langle \mathcal{G}(s,\epsilon,w)\varphi, \Psi\rangle + \mu\langle \mathcal{J}_-^{-s}, \varphi * \check{\Psi}\rangle$

L'invariance par $\pi_s^0(w)$ implique alors $\mu = 0$.

Définition :

Une représentation $(\pi_s^\epsilon, D_{s,\epsilon})$ induite par un parabolique maximal appartient à la série complémentaire s'il existe sur $D_{s,\epsilon}$ un produit hermitien continu invariant qui est défini positif.

Théorème I.2.5 :

Soit $p = q = n$. Les représentations $(\pi_s^0, D_{s,0})$ sont dans la série omplémentaire pour s réel tel que $|s| < 1$.

émonstration :

ous utilisons la méthode de KNAPP et STEIN ([6]). Soit $K = SO(2n,\mathbb{R})$, n a $G = KP$. Si $g \in G$, on peut donc écrire $g = k(g)p(g)$, cette écomposition étant unique aux éléments de $K \cap P$ près. On commence par éaliser la représentation $(\pi_s^0, D_{s,0})$ dans l'espace $D_{s,0}^K$ des fonctions C^∞ ur K à valeurs complexes, invariantes à droite par $K \cap P$, en posant . $g^{-1}k = k(g^{-1}k)p(g^{-1}k)$ et si $f \in D_{s,0}^K$:

$$\pi_s^{0,K}(g)f(k) = \delta^{\frac{1}{2}}(p(g^{-1}k))\rho_{s,0}^{-1}(p(g^{-1}k))f(k(g^{-1}k))$$

est évident que la restriction des éléments de $D_{s,0}$ à K réalise un omorphisme de $D_{s,0}$ sur $D_{s,0}^K$ qui entrelace $\pi_{s,0}$ et $\pi_s^{0,K}$. La représen-tion $\pi_s^{0,K}$ se prolonge en une représentation continue dans l'adhérence dans (K) du sous-espace $D_{s,0}^K$. Désignons par $L_0^2(K)$ ce sous-espace.

$k \in K$, $\pi_s^{0,K}(k)$ opère dans $L_0^2(K)$ par translation à gauche par k , dépendamment de s . Soit alors Λ une classe de représentations unitaires réductibles de K et soit H_Λ le sous-espace des fonctions de $L_0^2(K)$ qui transforment par translations à gauche par K suivant Λ .

$\hat{K}$ désigne l'ensemble des classes d'équivalence de représentations unitaires réductibles de K , l'espace $\sum_{\Lambda \in \hat{K}} H_\Lambda$ est dense dans $L_0^2(K)$ et est inclus ns $D_{s,0}^K$. En fait $\sum_{\Lambda \in \hat{K}} H_\Lambda$ est aussi dense dans $D_{s,0}^K$ pour sa topologie de échet. H_Λ est de dimension finie. Nous noterons encore $\mathcal{A}(s,0,w)$ l'opérateur entrelacement défini sur $D_{s,0}^K$ qui correspond à l'opérateur défini dans la oposition I.2.1. Comme $\mathcal{A}(s,0,w)$ commute aux translations à gauche par les éments de K , $\mathcal{A}(s,0,w)$ laisse les espaces H_Λ stables.

mme I.2.6 : (voir [6])

.t $F(x)$ une fonction continue d'un espace topologique X dans l'espace des matrices hermitiennes de type (n,n) telle que $F(x_o)$ soit définie positive pour un certain x_o et telle que $\det(F(x))$ soit différent de zéro sur un sous-espace Y dense et connexe. Alors $F(x)$ est définie positive pour x dans Y.

D'après ce qui précède il suffit de montrer que le produit hermitien $(\varphi,\Psi) = \langle \mathfrak{G}(s,0,w)\varphi,\Psi\rangle$ est défini positif sur chaque H_Λ.

Nous prendrons ici $X = Y =]-1,1[$ et si φ_Λ^i désigne une base orthonormée de H_Λ (au sens de $L^2(K)$) l'application F du lemme sera définie par $s \to \langle \mathfrak{G}(s,0,w)\varphi_\Lambda^i,\varphi_\Lambda^j\rangle$. F est donc bien continue à valeurs dans les matrices hermitiennes. Montrons que $F(0)$ est définie positive. Pour cela nous allons montrer que $\mathfrak{G}(0,0,w) = \mathrm{Id}$. En effet $\mathfrak{G}(0,0,w)$ commute à la représentation $(\pi_0^0,D_{0,0})$ (prop. I.2.1) qui est unitaire et irréductible (théorème I.1.2), c'est donc un opérateur scalaire.

Soit $\varphi \in \mathcal{D}(V)$ on a vu que

$$\mathfrak{G}(0,0,w)\varphi(y) = \lim_{s\to 0} \frac{1}{\prod_{\ell=0}^{n-1} \rho(0,s-n+1+\ell)} Z_{\varphi_y}(0,s)$$

ce qui est égal d'après la relation I.1.4 à

$$\lim_{s\to 0} Z_{\hat{\varphi}_y}(0,s+n) = \int \hat{\varphi}_y(x)dx = \varphi_y(0) = \varphi(y) .$$

De plus la matrice $F(s)$ est inversible puisque $\mathfrak{G}(s,0,w)$ est inversible (prop. I.2.1). Le lemme I.2.6 s'applique donc et le théorème est démontré.

<u>Proposition I.2.7</u> :

Les représentations unitaires obtenues en étendant π_s^0 au complété de $D_{s,0}$ pour $-1 < s < 1$, sont irréductibles.

<u>Démonstration</u> :

Soit H un sous-espace invariant du complété. Soit P_H la projection orthogonale sur H . En posant $(\varphi,\Psi)_H = (P_H\varphi,\Psi)$ nous définissons un produit hermitien invariant.

Si φ et $\Psi \in \mathcal{D}(V)$ nous savons qu'il existe un scalaire λ tel que $(P_H\varphi,\Psi) = \lambda(\varphi,\Psi)$ (prop. I.2.4). Donc $(P_H\varphi-\lambda\varphi,\Psi) = 0$ pour tout φ et $\Psi \in \mathcal{D}(V)$.

Or $\mathcal{D}(V)$ est dense dans le complété de $D_{s,0}$, la topologie de Hilbert étant définie par le produit hermitien $\langle \mathcal{A}(s,0,w)\varphi,\Psi\rangle$; en effet si $f \in D_{s,0}$ et si $(f,\Psi) = 0$ pour tout $\Psi \in \mathcal{D}(V)$ alors

$$\int_V \mathcal{A}(s,0,w)f(v)\overline{\Psi(v)}dv = 0$$

d'où $\mathcal{A}(s,0,w)f = 0$. Or $\mathcal{A}(s,0,w)$ est injectif (prop. I.2.1) donc $f = 0$.

On en déduit que $P_H\varphi = \lambda\varphi$ pour $\varphi \in \mathcal{D}(V)$. Donc H est soit égal à l'espace entier soit égal à 0 . La proposition est démontrée.

I-3 SERIE COMPLEMENTAIRE DANS LE CAS $p \neq q$: UN RESULTAT NEGATIF .

Théorème I.3.1 :

Si $(\pi_s^\varepsilon, D_{s,\varepsilon})$ est induite à partir d'un sous-groupe $P_{p,q}$, avec $p \neq q$, et si $2\mathrm{Re}(s)$ n'est pas un des entiers $\geq n-1$, alors $(\pi_s^\varepsilon, D_{s,\varepsilon})$ n'est pas dans la série complémentaire.

Démonstration :

On sait qu'il est nécessaire, pour que $(\pi_s^\varepsilon, D_{s,\varepsilon})$ soit pré-unitaire, qu'il existe un entrelacement injectif $A : D_{s,\varepsilon} \to D_{-\bar{s},\varepsilon}$.

Soit T la distribution sur $\mathcal{D}(V)$ définie par $f \to (Af^{s,\varepsilon})(I)$

T vérifie (voir [10]) :

$$\langle T, f_{g_2 g_1}\rangle = \rho_{-\bar{s},\varepsilon}\begin{pmatrix} g_1 & 0 \\ 0 & g_2 \end{pmatrix} \cdot \rho_{-s,\varepsilon}\begin{pmatrix} g_1 & 0 \\ 0 & g_2 \end{pmatrix} \langle T,f\rangle$$

$$= |\det(g_1)|^{-\bar{s}}|\det(g_1)|^{-s}\langle T,f\rangle$$

(On a posé $f_{g_2 g_1}(x) = f(g_2^{-1}xg_1)$)

Nous supposerons désormais que $p < q$, la démonstration pour $p > q$ se déduisant facilement de celle qui suit .

On étend T en une distribution $\widetilde{T}$ sur $M_q(\mathbb{R})$ en posant

$$<\widetilde{T},\varphi> = <T,\varphi_{|M_{q,p}(\mathbb{R})}> , \quad \varphi \in \mathcal{D}(M_q(\mathbb{R}))$$

$\widetilde{T}$ vérifie alors :

$$<\widetilde{T},\varphi_g> = (\det(g))^{-(\bar{s}+s)} <T,\varphi> \quad (g \in Gl_q(\mathbb{R}),\det(g)>0,\varphi_g(x) = \varphi(gx))$$

Comme A est injectif, la distribution $\widetilde{T}$ est non nulle, de plus par construct même le support de $\widetilde{T}$ est inclus dans les matrices singulières.

Alors $\widetilde{T} = S_1 + S_2$ avec $S_1 \in \mathcal{L}_+^{-(\bar{s}+s)}$, $S_2 \in \mathcal{L}_-^{-(\bar{s}+s)}$; S_1 et S_2 ayant toutes deux leur support inclus dans les matrices singulières, l'une au moins est non nulle. Le théorème découle alors de la proposition I.2.3 1) .

§ II - SERIE UNIFORMEMENT BORNEE

II.1 - Description du dual réduit de $GL_n(\mathbb{R})$.

Nous désignerons par $\widehat{GL_n(\mathbb{R})}_r$ le dual réduit de $GL_n(\mathbb{R})$, c'est-à-dire l'ensemble des classes d'équivalence des représentations unitaires irréductibles intervenant dans la formule de Plaucherel.

Soit m et $\tau \in \mathbb{N}$, tels que $2m+\tau=n$. Alors $m = 0, 1, \dots, [\frac{n}{2}]$.

A chaque tel m nous allons associer une série de représentations de $GL_n(\mathbb{R})$. Soit $m = 0, 1, \dots , [\frac{n}{2}]$ fixé , soit $r_1 = r_2 = \dots = r_n = 2$ et $r_{m+1},\dots,r_{m+\tau} = 1$. Toute matrice $x \in GL_n(\mathbb{R})$ peut alors s'écrire en blocs : $x = (x_{\ell,p})$ $\ell,p = 1 , \dots, m+\tau$, chaque $x_{\ell,p}$ étant une matrice à r_ℓ lignes et r_p colonnes.

Soit B_m le sous groupe "triangulaire supérieur" associé à ce partage en blocs, c'est à dire :

$B_m = \{b=(b_{\ell,p})\ ,\ b_{\ell,p} = 0$ si $\ell > p\}$. De même le sous groupe "diagonal" associé est

$$D_m = \{d=(d_{\ell,p})\ ,\ d_{\ell,p} = 0 \text{ si } \ell \neq p\} .$$

Soit λ_s^ϵ le caractère de $\mathbb{R}^*$ donné par $\lambda_s^\epsilon(x) = |x|^{is}\, sg(x)^\epsilon$ ($s \in \mathbb{R}$, $\epsilon = 0,1$) et soit $\lambda(k,\pm,t)$, $k \in \mathbb{N}$, $t \in \mathbb{R}$ la série discrète de $GL_2(\mathbb{R})$ définie de la manière suivante. (voir [1]).

Soit T_ℓ^+ et T_ℓ^- les représentations usuelles des séries discrètes de $SL_2(\mathbb{R})$, d'espace respectifs H_ℓ^+ et H_ℓ^- . Soit χ_t le caractère de $\mathbb{R}_+^*$ défini par $\chi_t(r) = r^{it}$. Comme $GL_2(\mathbb{R})^+ = \{x/\det x > 0\}$ est égal à $SL_2(\mathbb{R}) \times \mathbb{R}_+^*$, on définit une série discrète de représentations de $GL_2(\mathbb{R})^+$ en posant $T_{\ell,t}^\pm = T_\ell^\pm \otimes \chi_t$. Soit $j = \begin{pmatrix} 1 & 0 \\ 0 & -1 \end{pmatrix} \in GL_2(\mathbb{R}) \backslash GL_2(\mathbb{R})^+$, si T est une représentation de $GL_2(\mathbb{R})^+$, on définit une représentation conjuguée $\bar{T}$ par $\bar{T}(p) = T(jpj)$.

La représentation $\lambda(k,+,t)$ est alors définie dans $H_{2k+2}^+ \oplus H_{2k+2}^+$ par :

$$\lambda(k,+,t)(g) = \begin{pmatrix} T_{2k+2,t}^+(g) & 0 \\ 0 & \overline{T_{2k+2,t}^+(g)} \end{pmatrix} \quad \text{si } g \in GL_2(\mathbb{R})^+$$

et pour $g = jp \in GL_2(\mathbb{R}) \setminus GL_2(\mathbb{R})^+$ par

$$\lambda(k,+,t)(g) = \begin{pmatrix} 0 & 1 \\ 1 & 0 \end{pmatrix} \lambda(k,+,t)(p) = \begin{pmatrix} 0 & \overline{T_{2k+2,t}^+(p)} \\ T_{2k+2,t}^+(p) & 0 \end{pmatrix}$$

La représentation $\lambda(k,-,t)$ d'espace $H_{2k+3}^+ \oplus H_{2k+3}^+$ est définie de manière analogue en remplaçant $2k+2$ par $2k+3$.

On obtient alors une famille de représentations unitaires irréductibles de D_m en faisant le produit tensoriel des représentations précédentes :

$$\lambda_m(k_i,(\pm)_i,t_i;s_j,\varepsilon_j)(d) = \prod_{i=1}^{m} \otimes \lambda(k_i,(\pm)_i,t_i)(d_{ii}) \prod_{j=m+1}^{m+\ell} \otimes \lambda_{s_j}^{\varepsilon_j}(d_{jj})$$

On étend ces représentations à B_m en les prenant triviales sur le groupe nilpotent N_m, associé à m. Nous les appellerons représentations de type m. Désignons par $\widehat{GL_n(\mathbb{R})}_m$ l'ensemble des classes d'équivalences des représentations de $GL_n(\mathbb{R})$ induites par les représentations de B_m décrites ci-dessus.

D'après Gelfand-Graev [2] et Romm [9], on a :

$$\widehat{GL_n(\mathbb{R})}_r = \bigcup_{m=0}^{[\frac{n}{2}]} \widehat{GL_n(\mathbb{R})}_m$$

II.2 - Transformation de Fourier "modifiée"

Sur $M_n(\mathbb{R})$ la transformation de Fourier est définie par $(\mathfrak{F}f)(y)= \int_{M_n(\mathbb{R})} f(x)e^{2i\pi Tr(xy^t)}$ y^t désignant la matrice transposée de y.

Si dx désigne la mesure de Lebesgue sur $M_n(\mathbb{R})$, nous prendrons pour mesure invariante sur $GL_n(\mathbb{R})$ la mesure $\overset{*}{dx} = \dfrac{dx}{|\det x|^n}$

Soit U l'opérateur unitaire de $L^2(GL_n(\mathbb{R}),\overset{*}{dx})$ dans $L^2(M_n(\mathbb{R}),dx)$ défini par $Uf(x) = |\det x|^{-\frac{n}{2}} f(x)$. Soit α l'involution unitaire définie sur $L^2(GL_n(\mathbb{R}),\overset{*}{dx})$ par $(\alpha f)(x) = f((x^t)^{-1})$.

Posons alors

$$\mathfrak{F}^* = \alpha\, U^{-1}\, \mathfrak{F}\, U$$

Cet opérateur introduit par Stein [12] dans le cas complexe, a ensuite été étudié par Gelbart [1] dans le cas réel.

Comme U et α sont unitaires, $\mathfrak{F}^*$ est un opérateur unitaire de $L^2(GL_n(\mathbb{R}))$ et un calcul élémentaire montre que si $f \in \mathcal{D}(GL_n(\mathbb{R}))$, $\mathfrak{F}^*f(x) = (k*f)(x)$ où $k(y) = |\det y|^{-\frac{n}{2}} e^{2i\pi\, Tr(y^{-1})}$. Comme k est une fonction centrale (i.e $k(xy) = k(yx)$), on en déduit que $\mathfrak{F}^*$ est un opérateur central, c'est à dire un opérateur qui commute aux translations à gauche et à droite par $GL_n(\mathbb{R})$

Pour $f \in \mathcal{D}(GL_n(\mathbb{R}))$ et $\pi \in \widehat{GL_n(\mathbb{R})_r}$ on pose

$$\hat{f}(\pi) = \pi_f = \int_{GL_n(\mathbb{R})} f(x)\pi(x)d\overset{*}{x} .$$

On sait alors que $\hat{f}(\pi)$ est un opérateur à trace et qu'il existe une mesure μ sur $\widehat{GL_n(\mathbb{R})_r}$ (la mesure de Plancherel) telle que l'application $f \to \hat{f}$ s'étend en une isométrie de $L^2(GL_n(\mathbb{R}))$ sur l'espace $L^2(\widehat{GL_n(\mathbb{R})_r},\mu)$ des fonctions F mesurables sur le dual réduit à valeurs opérateurs de Hilbert-Schmidt avec la norme

$$\|F(\lambda)\|_2^2 = \int_{\widehat{GL_n(\mathbb{R})_r}} \|F(\pi)\|^2 \, d\,\mu(\pi) \ ,$$

$\|F(\lambda)\|$ désignant la norme de Hilbert-Schmidt.

On sait aussi que, l'opérateur $\mathfrak{F}^*$ étant central, il existe une fonction Ψ mesurable bornée sur $\widehat{GL_n(\mathbb{R})_r}$ telle que

$$\widehat{\mathfrak{F}^* f}(\pi) = \pi_{\mathfrak{F}^* f} = \Psi(\pi)\hat{f}(\pi)$$

Gelbart a calculé $\Psi(\pi)$:

<u>Théorème II.2.1</u> ([1],p.38)

Si π désigne la représentation induite par $\lambda_m(k_i,(\pm)_i,t_i;s_j,\epsilon_j)$ on a

$$\Psi(\pi) = \prod_{i=1}^{m} \Psi_1(k_i,(\pm)_i,t_i) \prod_{j=m+1}^{\ell} \Psi_2(\lambda_{s_i}^{\epsilon_i})$$

où les fonctions Ψ_1 et Ψ_2 sont définies par :

$$\Psi_1(k,\pm,t)=(i)^{k^\pm + 1}(2\pi)^{it} \frac{\Gamma(\frac{k^\pm + 1 - it}{2})}{\Gamma(\frac{k^\pm + 1 + it}{2})} \quad \text{avec} \quad \begin{array}{l} k^+ = 2k+1 \\ k^- = 2k+2 \end{array}$$

$$\Psi_2(\lambda_s^\epsilon)=(i)^\epsilon \pi^{is} \frac{\Gamma(\frac{1+2\epsilon}{4} - \frac{is}{2})}{\Gamma(\frac{1+2\epsilon}{4} + \frac{is}{2})}$$

Remarque : Ce résultat figure aussi dans Jacquet-Langlands [5] pour le cas $GL_2(\mathbb{R})$ et dans Godement-Jacquet [4] pour le cas général.
D'autre part, dans le mémoire de Gelbart figurent des termes 2^{ϵ} à la place des termes 2ϵ ci-dessus, mais la démonstration qui suit montre qu'il s'agit bien de 2ϵ .

II.3 - Série uniformément bornée de représentations

Soit s un nombre complexe tel que $Re(s) = 0$. On définit alors un opérateur unitaire $B(s)$ sur $L^2(M_n(\mathbb{R}))$ en posant :

$$B(s)f(x) = |\det x|^{-s} f(x)$$

On pose alors

$$A(s) = \mathfrak{F}^{-1} B(s) \mathfrak{F}$$

et $$C(s) = B(s) A(s)$$

Théorème II.3.1.

1) La famille $\{C(s)\}$ est commutative si $Re(s) = 0$.

2) La fonction $s \to C(s)$ définie initialement pour $Re(s) = 0$ s'étend en une fonction continue pour la topologie forte sur la bande $0 \leq Re(s) < \frac{1}{2}$, analytique sur l'intérieur.

3) La fonction $s \to C(-s)C(s)$ s'étend de manière analogue en une fonction sur la bande $-\frac{1}{2} < Re(s) < \frac{1}{2}$.

4) Les opérateurs $C(-\sigma)\, C(\sigma)$ sont unitaires pour σ réel tel que $-\frac{1}{2} < \sigma < \frac{1}{2}$.

Démonstration :
Pour faire la démonstration nous transportons tout sur $GL_n(\mathbb{R})$ grâce à l'opérateur U . Posons

$$B^*(s) = U^{-1}\ B(s)\ U$$

$$A^*(s) = U^{-1}\ A(s)\ U$$

$$C^*(s) = U^{-1}\ C(s)\ U = U^{-1}\ B(s)\ U\ U^{-1}\ A(s)\ U = B^*(s)\ A^*(s)$$

l est alors suffisant de démontrer le théorème pour $C^*(s)$. On voit acilement que $B^*(s) = |\det x|^{-s}\ f(x)$.

our chaque s, tel que $\mathrm{Re}(s)=0$, et chaque entier m tel que $0 \leq m \leq [\frac{n}{2}]$ on éfinit un caractère spécial χ_m^s de D_m en posant :

$$\chi_m^s(d) = \prod_{i=1}^{m+l} |\det d_{ii}|^{-s}$$

i χ est une représentation de type m de B_m et si π^{χ} désigne la eprésentation induite, il est facile de voir que $|\det g|^{-s}\ \pi^{\chi}(g) = \pi^{\chi.\chi_m^s}(g)$.

n voit alors que si $f \in L^2(GL_n(\mathbb{R})$

(II.3.2) $\pi^{\chi}_{B^*(s)f} = \pi^{\chi.\chi_m^s}_{f}$, pour presque tout χ de type m .

n a

$$A^*(s) = U^{-1}\ \mathfrak{F}^{-1}\ B(s)\ \mathfrak{F}\ U = U^{-1}\ \mathfrak{F}^{-1}\ U\ U^{-1}\ B(s)\ U\ U^{-1}\ \mathfrak{F}\ U$$

$$U^{-1}\ \mathfrak{F}^{-1}\ U\ \alpha^{-1}\ \alpha\ U^{-1}\ B(s)\ U\ \alpha^{-1}\ \alpha\ U^{-1}\ \mathfrak{F}\ U = (\mathfrak{F}^*)^{-1}\ \alpha\ B^*(s)\ \alpha^{-1}\ \mathfrak{F}^*$$

$(\mathfrak{F}^*)^{-1}\ B^*(-s)\ (\mathfrak{F}^*)$. D'où

$$\pi^{\chi}_{A^*(s)f} = \pi^{\chi}_{\mathfrak{F}^{*-1}\ B^*(-s)\mathfrak{F}^*}$$. En utilisant le paragraphe II.2.

n obtient :

$$\pi^{\chi}_{A^*(s)f} = \Psi(\pi^{\chi})^{-1}\ \pi^{\chi}_{B^*(-s)\mathfrak{F}^*f} = \Psi(\pi^{\chi})^{-1}\ \pi^{\chi.\chi_m^{-s}}_{\mathfrak{F}^*f}$$

$\Psi(\pi^{\chi})^{-1}\ \Psi(\pi^{\chi.\chi_m^{-s}})\ \pi_f^{\chi.\chi_m^{-s}}$ (en utilisant (II.3.2). Finalement puisque

$^*(s) = B^*(s)\ A^*(s)$, on obtient :

(II.3.3) $\pi^{\chi}_{C^*(s)f} = \Psi(\pi^{\chi.\chi^s_m})^{-1}\ \Psi(\pi^{\chi})\ \pi^{\chi}_f$ pour presque tout $\pi^{\chi} \in \widehat{GL_n(\mathbb{R})}_m$

et pour tout m .

Les opérateurs $C^*(s)$ se réalisant sur $\widehat{GL_n(\mathbb{R})}_r$ comme des multiplications par des fonctions bornées, commutent. Donc 1) est démontré.

Supposons que $\chi(d) = \prod_{\ell=1}^{m} \lambda(k_\ell,(\pm)_\ell,t_\ell)(d_{\ell\ell}) \prod_{j=m+1}^{r} |d_{jj}|^{is_j}\ sg(d_{jj})^{\epsilon_j}$.

Alors

$$\chi.\chi^s_m(d) = \prod_{\ell=1}^{m} \lambda(k_\ell,(\pm)_\ell,t_\ell+is)(d_{\ell\ell}) \prod_{j=m+1}^{m+r} |d_{jj}|^{is_j-s}\ sg(d_{jj})^{\epsilon_j}$$

En utilisant le théorème II.2.1 on obtient

$$\Psi(\pi^{\chi.\chi^s_m})^{-1} =$$

$$\prod_{\ell=1}^{m} (i)^{-(k^{\pm}_\ell+1)}(2\pi)^{-i(t_\ell+is)} \frac{\Gamma\left(\frac{k^{\pm}+1+i(t_\ell+is)}{2}\right)}{\Gamma\left(\frac{k^{\pm}+1-i(t_\ell+is)}{2}\right)}$$

$$\times \prod_{j=m+1}^{m+r} (i)^{-\epsilon_j}\ \pi^{-i(s_j+is)} \frac{\Gamma\left(\frac{1+2\epsilon_j}{4}+\frac{i(s_j+is)}{2}\right)}{\Gamma\left(\frac{1+2\epsilon_j}{4}-\frac{i(s_j+is)}{2}\right)}$$

Nous allons à présent étudier le comportement de $\Psi(\pi^{\chi.\chi^s_m})^{-1}$ lorsque s n'est plus astreint à être imaginaire pur et lorsque χ est fixé. On remarque aussi que $\Psi(\pi^{\chi.\chi^s_m})^{-1}$ est holomorphe dans le demi-plan $\mathrm{Re}(s) < \frac{1}{2}$, quelque soit $\pi^{\chi} \in \widehat{GL_n(\mathbb{R})}_r$.

On utilise alors la majoration suivante ([12], p. 475) de la fonction gamma :

$$\text{(II.3.4)}\quad \left|\frac{\Gamma(a_1+ib)}{\Gamma(a_2 \pm ib)}\right| \leq c_\delta |1+a_1+ib|^{a_1-a_2} \quad \text{si } a_1,a_2,b \in \mathbb{R}$$

et si $0 < \delta \leq a_1$ et $|a_1 - a_2| \leq 1$.

En posant alors, si $s = \sigma + i\tau$,

soit $a_1 = \frac{k^{\pm}_{\ell} + 1 - \sigma}{2}$, $a_2 = \frac{k^{\pm}_{\ell} + 1 + \sigma}{2}$, $b = \frac{t_i - z}{2}$

soit $a_1 = \frac{1 + 2\varepsilon_j - 2\sigma}{4}$, $a_2 = \frac{1 + 2\varepsilon_j + 2\sigma}{4}$, $b = \frac{s_j - z}{2}$

Dans les deux cas les restrictions permettant la majoration (II.3.4) seront réalisées si $\frac{1}{2} + 2\delta \le \sigma \le \frac{1}{2} - 2\delta$, $\delta > 0$.

On peut montrer que sous cette condition il existe une constante c_m^{δ} telle que

$$|\Psi(\pi^{\mathcal{X}.\mathcal{X}_m^s})^{-1}| \le c_\delta^m \prod_{\ell=1}^{m} (1+k_\ell^{\pm} + |t_\ell - z|)^{-\sigma} \prod_{j=m+1}^{z} (1+2\varepsilon_j + |s_j - z|)^{-\sigma} .$$

Les multiplicateurs $\Psi(\pi^{\mathcal{X}.\mathcal{X}_m^s})^{-1}$ sont donc uniformément bornés dans la bande $0 \le \mathrm{Re}\, s \le \frac{1}{2} - 2\delta$.

Pour $0 < \mathrm{Re}\, s < \frac{1}{2}$, on définit alors $C^*(s)$ par la formule (II.3.3) .
D'après ce qui vient d'être dit $C^*(s)$ est un opérateur borné dont la norme vérifie $\|C^*(s)\| \le c_\delta$ pour $0 \le \mathrm{Re}\, s < \frac{1}{2} - \delta$.
Il est alors facile de voir que $s \to C^*(s)$ est continue pour la topologie forte dans la bande $0 \le \mathrm{Re}\, s < \frac{1}{2} - \delta$, et l'analycité de $\Psi(\pi^{\mathcal{X}.\mathcal{X}_m^s})$ implique l'analycité de $s \to C^*(s)$ dans la bande $0 < \mathrm{Re}\, s < \frac{1}{2}$. La partie 2) du théorème est alors démontrée.
Pour la troisième partie on définit, lorsque $-\frac{1}{2} < \mathrm{Re}(s) < \frac{1}{2}$, l'opérateur $C^*(-s)C^*(s)$ par

$$\pi^{\mathcal{X}}_{C^*(-s)C^*(s)f} = [\Psi(\pi^{\mathcal{X}.\mathcal{X}_m^s})\Psi(\pi^{\mathcal{X}.\mathcal{X}_m^{-s}})]^{-1} \Psi(\pi^{\mathcal{X}})^2 \, \pi_f^{\mathcal{X}}$$

si $\pi^{\mathcal{X}} \in \widehat{GL_n(R)_m}$.

On remarque que $[\Psi(\pi^{\mathcal{X}.\mathcal{X}_m^s})\, \Psi(\pi^{\mathcal{X}.\mathcal{X}_m^{-s}})]^{-1}$ est holomorphe dans la bande $-\frac{1}{2} < \mathrm{Re}(s) < \frac{1}{2}$.

En écrivant $s = \sigma + iz$, on montre en utilisant la majoration (II.3.4) qu'il existe une constante $c'_{\delta,m}$ telle que

$$|\Psi(\pi^{\chi.\chi_m^s})\Psi(\pi^{\chi.\chi_m^{-s}})|^{-1} \le c'_{\delta,m} \prod_{\ell=1}^{m} \left(\frac{1+k^{\pm}_\ell+|t_\ell-\tau|}{1+k^{\pm}_\ell+|t_\ell+\tau|}\right)^{-\sigma} \prod_{j=m+1}^{m+\tau} \left(\frac{1+2\epsilon_j+|s_j-\tau|}{1+2\epsilon_j+|s_j+\tau|}\right)^{-\sigma}$$

pour $-\frac{1}{2}+\delta \le \sigma \le \frac{1}{2}-\delta$.

Chaque facteur du produit ci-dessus est majoré par $(1+2|\tau|)^{|\sigma|}$. On en déduit qu'il existe une constante c'_δ telle que :

$$|\Psi(\pi^{\chi.\chi_m^s})\ \Psi(\pi^{\chi.\chi_m^{-s}})\ |^{-1} \le c'_\delta\ (1+2|\tau|)^{n|\sigma|} \quad \text{pour tout } m = 0,\ 1,\ \dots,\ [\tfrac{n}{2}]$$

pour $-\frac{1}{2}+\delta \le \sigma \le \frac{1}{2}-\delta$.

Les normes des opérateurs $C^*(-s)C^*(s)$ sont alors uniformément bornés sur tout compact de la bande $-\frac{1}{2} < \mathrm{Re}\ s < \frac{1}{2}$. On montre alors facilement que $s \mapsto C^*(-s)C^*(s)$ est continue dans la bande considérée pour la topologie forte des opérateurs et l'analycité de $[\Psi(\pi^{\chi.\chi_m^s})\ \Psi(\pi^{\chi.\chi_m^{-s}})]^{-1}$ implique que $s \mapsto C^*(-s)\ C^*(s)$ est analytique. La troisième partie du théorème est ainsi démontrée.

Pour démontrer la dernière partie du théorème, il faut et il suffit que $|\Psi(\pi^{\chi.\chi_m^\sigma})\ \Psi(\pi^{\chi.\chi_m^{-\sigma}})|^{-1} = 1$, pour $-\frac{1}{2} < \sigma < \frac{1}{2}$, pour tout $m \in [0,1,\dots,[\frac{n}{2}]]$ et tout χ de type m . Mais ceci est évident, étant donné que si s est réel $[\Psi(\pi^{\chi.\chi_m^s})\ \Psi(\pi^{\chi.\chi_m^s})]^{-1}$ est à un facteur de module 1 près égal à un produit de facteurs du type

$$\frac{\Gamma(a+ib)}{\Gamma(a-ib)}\ ,\ \text{qui sont de module 1 .}$$

Le théorème II.3.1 est démontré.

Soit $\mathfrak{J}$ l'involution de $L^2(M_n(\mathbb{R}))$ définie par

$$\mathfrak{J}f(x) = |\det x|^{-n} f((-1)^n x^{-1})$$

On définit alors l'opérateur $\mathfrak{J}^*$ sur $L^2(GL_n(\mathbb{R}))$ par

$$\mathfrak{J}^* = U^{-1}\ \mathfrak{J}\ U\ .$$

On voit aisément que $\mathfrak{J}^*\varphi(x) = \varphi((-1)^n x^{-1})$ $(\varphi \in L^2(GL_n(\mathbb{R}))$.

Proposition II.3.5 :

Si $\mathrm{Re}(s) = 0$, $\mathfrak{J}^{-1}A(s)\mathfrak{J} = B(s)A(s)B(s)$

Démonstration :

Introduisons les deux involutions $\mathfrak{J}_0$ et $\mathfrak{J}_1$ suivantes :

$$\mathfrak{J}_0 f(x) = \overline{f(x)} \quad \mathfrak{J}_1 = \mathfrak{J}\,\mathfrak{J}_0 = \mathfrak{J}_0\,\mathfrak{J} .$$

En posant

$$\mathfrak{J}_0^* = U^{-1}\,\mathfrak{J}_0\,U \quad \text{et} \quad \mathfrak{J}_1^* = U^{-1}\,\mathfrak{J}_1\,U \quad \text{, on a}$$

$$\mathfrak{J}_0^*\,\varphi(x) = \overline{\varphi(x)} \quad \text{et} \quad \mathfrak{J}_1^*\,\varphi(x) = \overline{\varphi((-1)^n x^{-1})} \quad (\varphi \in L^2(GL_n(\mathbb{R})) .$$

On voit facilement que pour toute représentation unitaire π de $GL_n(\mathbb{R})$ on a

$\pi_{\mathfrak{J}_1^* f} = \pi((-1)^n)(\pi_f)^*$, $(\pi_f)^*$ désignant l'adjoint de l'opérateur π_f .

D'autre part un calcul simple basé sur le fait que $\mathfrak{J}_0 B(s)\mathfrak{J}_0 = B(-s)$ et que $\mathfrak{J}_0\,\mathfrak{F}\,\mathfrak{J}_0 = \mathfrak{F}^{-1}$ montre que $\mathfrak{J}_0\,A(s)\,\mathfrak{J}_0 = A(-s)$.

Donc $\mathfrak{J}_0^*\,A^*(s)\,\mathfrak{J}_0^* = A^*(-s)$, d'où $\mathfrak{J}_1^*\,A^*(s)\,\mathfrak{J}_1^* = \mathfrak{J}^*\,A(-s)\,\mathfrak{J}^*$.

Pour démontrer la proposition il suffit de montrer que $\mathfrak{J}^*\,A(s)\,\mathfrak{J}^* = B^*(s)A^*(s)B^*(s)$.

Or on a, pour une représentation χ de type m ,

$$\pi^{\chi}_{\mathfrak{J}_1^* A^*(s)\mathfrak{J}^*_1 f} = \pi^{\chi}((-1)^n)\,(\pi^{\chi}_{A^*(s)\mathfrak{J}_1^* f})^* = \pi^{\chi}((-1)^n)\,\overline{\Psi(\pi^{\chi})^{-1}\Psi(\pi^{\chi.\mathcal{X}^{-\frac{s}{m}}})}\,\left(\pi^{\chi.\mathcal{X}^{-\frac{s}{m}}}_{\mathfrak{J}_1^* f}\right)^*$$

$$(-1)^n)\Psi(\pi^{\chi})\Psi(\pi^{\chi.\mathcal{X}^{-\frac{s}{m}}})^{-1}\,\pi^{\chi.\mathcal{X}^{-\frac{s}{m}}}((-1)^n)\,\pi_f^{\chi.\mathcal{X}^{-\frac{s}{m}}}$$

$$= \Psi(\pi^{\chi})\Psi(\pi^{\chi.\mathcal{X}^{-\frac{s}{m}}})^{-1}\,\pi_f^{\chi.\mathcal{X}^{-\frac{s}{m}}} .$$

On a aussi :

$$\pi^{\chi}_{B^*(-s)A^*(-s)B^*(-s)f} = \pi^{\chi.\mathcal{X}^{-\frac{s}{m}}}_{A^*(-s)B^*(-s)f}$$

$$= \Psi(\pi^{\chi.\mathcal{X}^{-\frac{s}{m}}})^{-1}\,\Psi(\pi^{\chi})\pi^{\chi}_{B^*(-s)f} = \Psi(\pi^{\chi.\mathcal{X}^{-\frac{s}{m}}})^{-1}\,\Psi(\pi^{\chi})\,\pi_f^{\chi.\mathcal{X}^{-\frac{s}{m}}}$$

On déduit de ce qui précède :

$$\pi^{\chi}_{\mathfrak{J}^*A^*(s)\mathfrak{J}^*} = \pi^{\chi}_{\mathfrak{J}_1^*A^*(-s)\mathfrak{J}_1^*} = \pi^{\chi}_{B^*(s)A^*(s)B^*(s)}$$

Quel que soit χ de type m et quel que soit $m = 0, 1, \ldots, [\frac{n}{2}]$.

Donc $\mathfrak{J}^*A^*(s)\mathfrak{J}^* = B^*(s)A^*(s)B^*(s)$. C.Q.F.D.

Nous allons considérer dans tout ce qui suit les représentations π_s^0 de $SL_{2n}(\mathbb{R})$ induites à partir d'un parabolique maximal "centré"
$P = \{ \begin{pmatrix}\alpha & \gamma\\ 0 & \beta\end{pmatrix}$ $\alpha \in GL_n(\mathbb{R})$, $\beta \in GL_n(\mathbb{R})$, $\det \alpha \cdot \det \beta = 1$ \} . (Voir § I pour les définitions).

Nous avons déjà vu que les complétés de ces représentations étaient irréductibles pour $Re(s) = 0$. (Théorème I.1.2) .

Soit $\bar{P}$ le sous-groupe des matrices de la forme $\left(\begin{array}{c|c}\alpha & 0\\ \hline \gamma & \beta\end{array}\right)$. On a alors le

<u>Lemme II.3.6</u> :

Si $g \in \bar{P}$ et si $Re(s) = 0$, alors

$$A\left(\frac{s}{2}\right)\pi_s^0(g)\,A\left(-\frac{s}{2}\right) = \pi_0^0(g) \quad \text{(les opérateurs étant définis sur } L^2(V))$$

<u>Démonstration</u> :

Si $g = \begin{pmatrix}1 & 0\\ b & 1\end{pmatrix}$ alors d'après la formule (I.1.1)

$\pi_s^0(g)f(x) = f(-b+x) = \pi_0^0(g)f(x)$. Or $A(s)$ commute aux opérateurs de translations, d'où le résultat dans ce cas.

Si $g = \begin{pmatrix}a & 0\\ 0 & d\end{pmatrix}$, alors $\pi_s^0(g)f(x) = |\det a|^{n+s} f(d^{-1}x\,a) = |\det a|^{n+s} L_d\, R_a\, f(x)$

où L_d et R_a sont les translations à gauche et à droite définies par
$(L_d f)(x) = f(d^{-1}x)(R_a f)(x) = f(x\,a)$.

Remarquons que $B(-s)\, R_a\, B(s)f(x) = R_a |\det a|^{-s} f(x)$.

mme $A(s) = \mathfrak{F}^{-1}B(s)\mathfrak{F}$,

$$A(-s)R_aA(s) = \mathfrak{F}^{-1}B(-s)\mathfrak{F}\ R_a\ \mathfrak{F}^{-1}\ B(s)\ \mathfrak{F}$$

$\mathfrak{F}^{-1}\ B(-s)\ |\det a|^{-n}\ R_{\alpha(a)}B(s)\ \mathfrak{F}$ (car $\mathfrak{F}\ R_a\ \mathfrak{F}^{-1} = |\det a|^{-n}\ R_{\alpha(a)}$, avec

a) $= (a^t)^{-1})$.

$\mathfrak{F}^{-1}|\det a|^{-n+s}\ R_{\alpha(a)}\ \mathfrak{F} = |\det a|^{-n+s}\ |\det \alpha(a)|^{-n}\ R_a$

$|\det a|^{+s}\ R_a$.

démontrait de même que $A(-s)\ L_dA(s) = |\det d|^{-s}\ L_d$.

a donc

$$A(\tfrac{s}{2})\ \pi_s^0\begin{pmatrix}a & 0\\ 0 & d\end{pmatrix}A(\tfrac{-s}{2}) = A(\tfrac{s}{2})\ |\det a|^{n+s}\ L_d\ R_a\ A(\tfrac{-s}{2})$$

$|\det a|^{n+s}\ A(\tfrac{s}{2})\ L_d\ A(\tfrac{-s}{2})\ A(\tfrac{s}{2})\ R_a\ A(\tfrac{-s}{2}) = |\det a|^{n+s}\ |\det d|^{\frac{s}{2}}\ L_d\ |\det a|^{\frac{-s}{2}}\ R_a$

$|\det a|^{n}\ L_d\ R_a = \pi_0^0\begin{pmatrix}a & 0\\ 0 & d\end{pmatrix}$ C.Q.F.D.

Posons pour $\mathrm{Re}(s) = 0$, $T_s(g) = A(\tfrac{s}{2})\ \pi_s^0(g)\ A(\tfrac{-s}{2})$.

mme $A(\tfrac{s}{2})^{-1} = A(\tfrac{-s}{2})$, la définition de T_s implique que T_s est

itairement équivalente à π_s^0 .

éorème II.3.7 :

opérateur $T_s(g)$ peut être prolongé analytiquement dans la bande $-1 < \mathrm{Re}(s) <$

sorte que pour chaque s , $g \to T_s(g)$ est une représentation fortement

ntinue de $SL_{2n}(\mathbb{R})$, qui est uniformément bornée. Plus précisément

$\sup_{SL_{2n}(\mathbb{R})} \|T_s(g)\|$ est borné pour s variant dans une partie compacte de la

nde. De plus la représentation T_s ainsi prolongée est unitaire pour

$\in\ ]-1,1[$.

nonstration :

$g \in \bar{P}$, alors le lemme II.3.6 dit que $T_s(g) = \pi_0^0(g)$, dans ce cas donc

$\to T_s(g)$ admet un prolongement analytique trivial.

Soit alors $w = \begin{pmatrix} 0 & 1 \\ (-1)^n & 0 \end{pmatrix}$, on a : $\pi_s(w) = |\det x|^{-n-s} \quad f((-1)^n x^{-1})$
$= (B(s)\mathfrak{J})f(x)$.

Donc si $Re(s) = 0$, $T_s(w) = A(\frac{s}{2})\ \pi_s(w)A(\frac{-s}{2})$

$= A(\frac{s}{2})\ B(s)\ \mathfrak{J}\ A(\frac{-s}{2}) = A(\frac{s}{2})\ \mathfrak{J}\ B(-s)\ A(\frac{-s}{2})$

$= \mathfrak{J}\ \mathfrak{J}\ A(\frac{s}{2})\ \mathfrak{J}\ B(-s)\ A(\frac{-s}{2})$ et ceci est égal d'après la proposition II.3.5
à $\mathfrak{J}\ B(\frac{s}{2})\ A(\frac{s}{2})\ B(\frac{s}{2})\ B(-s)\ A(\frac{-s}{2}) = \mathfrak{J}\ C(\frac{s}{2})\ C(\frac{-s}{2})$.

Donc, d'après le théorème II.3.1, $T_s(w)$ a un prolongement analytique dans la bande $-1 < Re\ s < 1$, de sorte que $T_s(w)$ est unitaire si $-1 < s < 1$.

On sait d'autre part (essentiellement grâce à la décomposition de Bruhat) qu'il existe un entier $b(n)$ tel que tout $g \in SL_{2n}(\mathbb{R})$ peut s'écrire $g = a_1\ w\ a_2\ w \ldots a_{k-1}\ w\ a_k$ avec $k \leq b(n)$ et $a_1, a_2, \ldots, a_k \in \bar{P}$.
Donc si $Re(s) = 0$ on a $T_s(g) = T_s(a_1)\ T_s(w)\ T_s(a_2) \ldots T_s(w)\ T_s(a_k)$.
Ceci montre que dans tous les cas $T_s(g)$ admet un prolongement analytique dans la bande $-1 < Re\ (s) < 1$; de plus $T_s(g)$ est unitaire si $s \in]-1,1[$.
On a également

$$\sup_{g \in G} \|T_s(g)\| \leq \|T_s(w)\|^{b(n)} = \|C(\tfrac{s}{2})\ C(\tfrac{-s}{2})\|^{b(n)}$$, cette dernière

expression étant bornée si s varie dans un compact de la bande $-1 < Re(s) < 1$

Puisque $T_s(g_1g_2) = T_s(g_1)\ T_s(g_2)$ pour $Re(s) = 0$ et tout couple (g_1,g_2) d'éléments de $SL_{2n}(\mathbb{R})$, cette propriété est conservée pour s quelconque par prolongement analytique. De plus la représentation $g \to T_s(g)$ qui est fortement continue quand $Re(s) = 0$, le reste (par prolongement analytique) quand s n'est plus imaginaire pur .
Le théorème est ainsi démontré.

<u>Théorème II.3.8</u> :

Si $s \in]-1,1[$ la représentation unitaire T_s est irréductible et unitairement équivalente à la représentation π_s^0 de la série complémentaire (théorème I.2.5)

nonstration :

as commençons par démontrer que les représentations $T_s (-1 < Re(s) < 1)$
nt à trace (c'est à dire que pour toute fonction $f \in \mathcal{D}(SL_{2n}(\mathbb{R}))$
opérateur $T_s(f) = \int_{SL_{2n}(\mathbb{R})} f(x)\, T_s(x)\, dx$ est à trace).

ur cela nous utilisons le résultat suivant :

nme II.3.9 : (Harish Chandra; voir [13], théorème 4.5.7.6)

it U une représentation continue d'un groupe de Lie unimodulaire G
s un espace de Hilbert E , soit K un sous groupe compact de G , soit
l'ensemble des classes d'équivalence des représentations unitaires irréductibles
K . Si $\delta \in \hat{K}$, on désigne par $d(\delta)$ la dimension de δ et par $E(\delta)$ la
nposante isotypique de type δ de U . S'il existe un entier m_U tel que
$E(\delta) \leq m_U\, d(\delta)^2$ pour tout $\delta \in \hat{K}$, alors $U(f) = \int_G f(x)\, U(x)\, dx$ est un
rateur à trace pour tout $f \in \mathcal{D}(G)$.

t alors $E = L^2(M_n(\mathbb{R}))$ l'espace commun de toutes les représentations T_s .
t $E_s(\delta)$ la composante isotypique de type δ de T_s . Désignons par
le caractère normalisé de δ $(\delta \in \hat{K}$, $K = SO_{2n}(\mathbb{R}))$, on sait qu'une
jection de E sur $E_s(\delta)$ est donnée par $P_s(\delta) = \int_K \overline{\chi_\delta(k)}\, T_s(k) dk$.
près le théorème II.3.7 l'application $s \to P_s(\delta) f$ est analytique dans la
de $-1 < Re(s) < 1$ pour tout $f \in E$.
Re(s) = 0 , la réalisation "compacte" des représentations $\pi_s^0 \simeq T_s$ (voir
démonstration du théorème I.2.5) montre que $\pi^0_{s|K}$ est une sous-représentation
la représentation régulière gauche, on a donc
$E_s(\delta) = \mathrm{Rang}\ P_s(\delta) \leq d(\delta)^2$ pour tout $\delta \in \hat{K}$ et $Re(s) = 0$ (Théorème de
er-Weyl).

peut alors montrer, par prolongement analytique, que $\dim E_s(\delta)$
ang $P_s(\delta) \leq d(\delta)^2$ pour tout $\delta \in \hat{K}$ et $-1 < Re(s) < 1$.
c, d'après le lemme II.3.9, les représentations T_s sont à trace pour
$(s)| < 1$.

Il est bien connu que les représentations π_s^0 sont également à trace.
On peut alors montrer que pour tout $f \in \mathcal{D}(SL_{2n}(\mathbb{R}))$ les applications $s \to Tr(T_s(f))$ et $s \to Tr(\pi_s^0(f))$ sont analytiques dans la bande $|Re(s)| < 1$.
Comme elles sont égales pour $Re(s) = 0$ (car $T_s \simeq \pi_s^0$), elles sont égales partout.
Les représentations π_s^0 et T_s ont donc même caractère, le théorème en découle.

B I B L I O G R A P H I E

] GELBART (Stephen S.) Fourier Analysis on matrix space. Memoirs of the A.M.S. n° 108 (1971).

] GELFAND (I.M) - GRAEV (M.I) : Unitary representations of the real unimodular group, Amer. Math. Soc. Translations, Série 2, vol.2, pages 147-205.

] GELFAND-GRAEV-VILENKIN : Generalized functions, volume 5, Academic Press 1966.

] GODEMENT (R.) et JACQUET (H.) : Zeta functions of simple algebras. Lecture Notes in Mathematics. vol. 260, Springer-Verlag

] JACQUET (H.) et LANGLANDS (R.) : Automorphic forms on GL(2). Lecture Notes in Mathematics, vol. 114, Springer-Verlag.

] KNAPP (A.W) et STEIN (E.M) : Intertwining operators for semi-simple groups, Annals of Math. 2 nd series, vol. 93, (1971), p. 489-578.

] MULLER (I.) : Intégrales d'entrelacement pour GL(n,k) où k est un corps p-adique, Analyse Harmonique sur les groupes de Lie, Lecture Notes in Mathematics n° 497.

RAIS (M.) : Distributions homogènes sur des espaces de matrices. Thèse Sc. Math. Paris 1970, Bulletin Soc. Math. France, mémoire 30, 1972.

ROMM (B.D) : Plancherel formula for the real unimodular group. Amer. Math. Soc. Translations, Séries 2, vol. 58, 155-215.

RUBENTHALER (H.) : Distributions bi-invariantes par $SL_n(k)$, Analyse Harmonique sur les groupes de Lie, Lecture Notes in Mathematics, n° 497.

SCHIFFMANN (G.) : Integrales d'entrelacement et fonctions de Whittaker, Thèse, Bull. Soc. Math. France (1971).

STEIN (E.M) : Analysis in matrix spaces and some new representations of SL(n,C), Annals of Math 86(1967) (461-490).

WARNER (G.) : Harmonic Analysis on semi-simple Lie groups Tome 1, Die Grundlehren der Mathematische Wissenschaften, Band 188, Springer Verlag 1972.

OL'ŠANSKIĬ (G.I) : Intertwining operators and complementary séries in the class of representations induced from parabolic subgroups of the general linear group over a locally compact division algebra,Math.U.S.S.R Sbornik vol.22 (1974) n° 2.

TRAVAUX DE KOSTANT SUR LA SERIE PRINCIPALE

par G. Schiffmann

Ce qui suit est la rédaction d'une série d'exposés faits au séminaire Nancy-Strasb en 76/77 .On s'était proposé d'exposer le mémoire de Kostant [5] sur les représentations de classe 1 d'un groupe semi-simple .Vu la complexité des calculs nous avions du renoncer à en présenter la deuxième partie (calcul explicite des p^{γ}) . Une autre méthode a été rendue possible par un résultat de Johnson et Wallach [4] donnant la relation entre ces polynomes et les opérateurs d'entrelacement .Ils ont traité le cas des groupes de rang 1 ,en utilisant la classification des ces groupes Ce même résultat de [4] permet ,comme l'a noté par exemple S. Helgason ,de calculer ,en rang quelconque p^{γ} ,à la multiplication près par un polynome invariant par le groupe de Weyl .Il s'agit alors de montrer que ce polynome est constant . La même difficulté apparait dans la méthode de Kostant .Ce dernier calcule à priori le degré de p^{γ} ce qui lui permet de conclure .

Pour obtenir un exposé ,sinon élémentaire ,du moins assez simple de la théorie ,il restait donc ,d'une part à calculer p^{γ} en rang 1 sans faire appel à la classification et ,d'autre part ,en rang quelconque ,à démontrer directement que le polynome invariant auquel on vient de faire allusion est constant .On espère y être arrivé . Les résultats finaux sont évidemment ceux de [5] auquel on se reportera pour une une introduction générale .

Le n° 1 rappelle sans démonstration les principaux résultats de Kostant-Rallis [6 Le n°2 introduit les modules de classe 1 et au n°3 on définit les polynomes p^{γ} .Ce deux numéros sont repris sans modification importante de [5] .Au n°4 on calcule p en rang 1 .Un role essentiel est joué par le théorème de double transitivité de Kostant .Certaines des considérations techniques de ce n° devraient pouvoir servir pour d'autres questions relatives au espaces symétriques de rang 1 .On comparera utilement avec un mémoire de R.Takahashi (ce volume) .Enfin au n°5 ,on calcule p^{γ} en rang quelconque .La méthode utilisée est classique ;elle est due à Harish-Chand Dans le cas des groupes complexes elle apparait ,par exemple ,dans [1] .

uelques résultats de Kostant-Rallis .

va rappeler certains résultats de [6] .Les démonstrations en sont assez déli-tes et nous ne les donnerons pas ici .Toutefois ,afin d'orienter le lecteur , va traiter en détails le cas classique des polynomes harmoniques dans $\mathbb{R}^n$.

ent $E_{\mathbb{R}}$ un espace vectoriel réel ,de dimension finie n et $E'_{\mathbb{R}}$ son dual .On note (resp. $S'_{\mathbb{R}}$) l'algèbre symétrique de $E_{\mathbb{R}}$ (resp. de $E'_{\mathbb{R}}$) .On sait que $S'_{\mathbb{R}}$ est l'al-bre des fonctions polynomiales sur $E_{\mathbb{R}}$ .D'autre part ,si X est un élément de $E_{\mathbb{R}}$, lui associe l'endomorphisme ∂_X de $S'_{\mathbb{R}}$ défini par

$$(\partial_X P)(Y) = (d/dt)P(tX+Y)\,\big|_{t=0} \; .$$

a $[\partial_X,\partial_Y] = 0$ de sorte que l'application $X \longmapsto \partial_X$ se prolonge en un homomorphisme $S_{\mathbb{R}}$ dans l'algèbre $\mathrm{End}(S'_{\mathbb{R}})$ .A l'aide d'une base ,on vérifie que cet homomorphisme injectif et a pour image l'algèbre des opérateurs différentiels à coefficients stants .La dualité entre $S_{\mathbb{R}}$ et $S'_{\mathbb{R}}$ peut être définie comme suit :

$$\langle P,D\rangle = \partial_D P(0) \qquad \text{pour } P \in S'_{\mathbb{R}} \text{ et } D \in S_{\mathbb{R}} \; ;$$

e est non dégénérée .De plus si ,pour $k \in \mathbb{N}$,on note $S_{\mathbb{R},k}$ (resp. $S'_{\mathbb{R},k}$) le sous-pace de $S_{\mathbb{R}}$ (resp. de $S'_{\mathbb{R}}$) des éléments homogènes d'ordre k alors ,pour $k \neq k'$, sous-espaces $S_{\mathbb{R},k}$ et $S'_{\mathbb{R},k'}$ sont orthogonaux . Enfin notons que

$$\langle P,D_1D_2\rangle = \langle \partial_{D_1} P \, , \, D_2 \rangle \; .$$

t maintenant $Q_{\mathbb{R}}$ une forme quadratique non dégénérée sur $E_{\mathbb{R}}$ .Le groupe orthogonal de $Q_{\mathbb{R}}$ opère dans $S_{\mathbb{R}}$ et $S'_{\mathbb{R}}$;soient $J_{\mathbb{R}}$ et $J'_{\mathbb{R}}$ les sous-algèbres des invariants .Soit contenu dans $J_{\mathbb{R}}$ le sous-espace des éléments sans terme constant ,c'est-a-dire s que $\partial_D(1)=0$;on définit de même $J'^{+}_{\mathbb{R}}$ par $P(0)=0$.

inition 1.Un élément P de $S'_{\mathbb{R}}$ est un polynome harmonique si ,quel que soit l'élé-nt D de $J^{+}_{\mathbb{R}}$,on a $\partial_D P = 0$.

note $H'_{\mathbb{R}}$ le sous-espace des polynomes harmoniques .L'application bilinéaire h) $\longmapsto$ vh de $J'_{\mathbb{R}} \times H'_{\mathbb{R}}$ dans $S'_{\mathbb{R}}$ se prolonge en une application linéaire α de $\otimes H'_{\mathbb{R}}$ dans $S'_{\mathbb{R}}$ .Le premier objectif de la théorie est de prouver le théorème sui-nt dit de séparation de variables .

orème 1 . L'application α de $J'_{\mathbb{R}} \otimes H'_{\mathbb{R}}$ dans $S'_{\mathbb{R}}$ est un isomorphisme d'espaces toriels .

sidérons la représentation de $G_{\mathbb{R}}$ dans $H'_{\mathbb{R}}$;si $H'_{\mathbb{R},k} = H'_{\mathbb{R}} \cap S'_{\mathbb{R},k}$ alors $H'_{\mathbb{R},k}$ est -invariant ,soit π_k la représentation ainsi obtenue .

Théorème 2. Si $n>1$ *alors* $H'_{\mathbb{R},k}$ *est non réduit à zéro, la représentation* π_k *est irréductible et les représentations ainsi obtenues sont deux à deux inéquivalentes. Si* $n=1$ *alors* $H'_{\mathbb{R},k}=(0)$ *sauf si* $k=1$ *ou* 0 *et les représentations* π_0 *et* π_1 *sont irréductibles et inéquivalentes.*

Notons que $J'_{\mathbb{R}}, J_{\mathbb{R}}$ et $H'_{\mathbb{R}}$ sont des sous-espaces homogènes c'est-à-dire somme directe de leurs composantes homogènes. Le théorème suivant intervient dans la démonstration des deux précédents.

Théorème 3. On a $J'_{\mathbb{R}} = \mathbb{R}[Q_{\mathbb{R}}]$.

On va esquisser les démonstrations en suivant la méthode qui s'étend, avec beaucoup de complications, au cas envisagé par Kostant-Rallis.

Pour commencer on complexifie la situation. Soit $E=E_{\mathbb{R}} \otimes_{\mathbb{R}} \mathbb{C}$; le dual E' de E s'identifie canoniquement à $E'_{\mathbb{R}} \otimes_{\mathbb{R}} \mathbb{C}$. De même l'algèbre symétrique S' (resp. S) de E' (resp. E) s'identifie à $S'_{\mathbb{R}} \otimes_{\mathbb{R}} \mathbb{C}$ (resp. à $S_{\mathbb{R}} \otimes_{\mathbb{R}} \mathbb{C}$). La dualité entre $S_{\mathbb{R}}$ et $S'_{\mathbb{R}}$ se prolonge $\mathbb{C}$-linéairement en une dualité entre S et S', l'interprétation en termes d'opérateurs différentiels restant valable. La forme quadratique $Q_{\mathbb{R}}$ se prolonge en une forme quadratique non dégénérée Q sur E; soit G le groupe orthogonal de Q.

Lemme 1. Soit $J \subset S$ *(resp.* $J' \subset S'$*) la sous-algèbre des invariants de* G *dans* S *(resp. dans* S'*). On a*

$$J = J_{\mathbb{R}} \otimes_{\mathbb{R}} \mathbb{C} \qquad \text{et} \qquad J' = J'_{\mathbb{R}} \otimes_{\mathbb{R}} \mathbb{C}.$$

Prenons par exemple le cas de J'. Si P appartient à J' alors sa restriction à $E_{\mathbb{R}}$ est un polynome invariant à valeurs complexes. Posons

$$P_{|E_{\mathbb{R}}} = P_1 + iP_2 \qquad \text{avec} \quad P_1, P_2 \in J'_{\mathbb{R}}.$$

Les polynomes P_1 et P_2 se prolongent en des polynomes sur E et on a $P=P_1+iP_2$. Inversement si P appartient à $J'_{\mathbb{R}}$ alors, considéré comme polynome sur E, il est invariant. En effet la composante connexe G^0 de G a pour algèbre de Lie la complexifiée de l'algèbre de Lie de $G_{\mathbb{R}}$ et par suite P est invariant par G^0. Comme $G=G^0G_{\mathbb{R}}$, il est en fait invariant par G.

Considérons le sous-espace H' des polynomes harmoniques sur E; il résulte du lemme précédent que $H'=H'_{\mathbb{R}} \otimes_{\mathbb{R}} \mathbb{C}$.

Lemme 2; On a $H' = (SJ^+)^{\perp}$.

Soient $P \in H'$, $v \in S$ et $u \in J^+$. On a

$$\langle P, vu\rangle = \langle \partial_u P, v\rangle = 0.$$

Inversement si $P \in S'$ est orthogonal à SJ^+ alors, pour $u \in J^+$ et $v \in S$, on a

$$0 = \langle P, uv\rangle = \langle \partial_u P, v\rangle$$

donc $\partial_u P = 0$.

Notons que SJ^+ et H' sont des sous-espaces homogènes et que le lemme reste valable pour chaque composante homogène.

Lemme 3. On a $S' = S'J'^+ \oplus H'$.

a forme quadratique Q est associée une bijection linéaire β de E sur E' ;cette
ection se prolonge en un isomorphisme d'algèbres de S sur S' .Comme β commute
'action de G ,on a $\beta(J)=J'$ et $\beta(SJ^+) = S'J'^+$ .Tous les espaces considérés
nt homogènes ,il suffit de démontrer le lemme pour chaque composante homogène.
composantes sont de dimension finie donc ,compte-tenu du lemme 2 ,on est ré-
it à vérifier que la dualité entre SJ^+ et $S'J'^+$ est non dégénérée .Il suffit de
nontrer pour les formes réelles $(SJ^+)_{\mathbb{R}}$ et $(S'J'^+)_{\mathbb{R}}$ .Si la forme $Q_{\mathbb{R}}$ est positive
st clair car pour $a \in S_{\mathbb{R}}$ non nul ,on a $\langle a,\beta(a)\rangle$ 0 .Dans le cas général ,il suffit
tiliser une forme compacte E_u ,c'est-à-dire un sous-espace vectoriel réel de
le dimension n ,tel que $Q_u = Q_{|E_u}$ soit positive .

ne 4. On a $S'=J'H'$.

récurrence sur k ,on prouve que $S'_k = (J'H')_k$ et c'est immédiat à partir du
ne 3 .

ceci montre que l'application

$$J' \otimes H' \longrightarrow S'$$

surjective .Le problème est de prouver qu'elle est injective .

rème 3'. On a $J' = \mathbb{C}[Q]$.

st clair pour n=1 .Si $n \geq 2$ d'après le théorème de Witt pour que deux points
y de E soient conjugués par G il faut et il suffit soit que x=y=0 soit que
y soient non nuls et tels que $Q(x)=Q(y)$ .Si P est un polynome invariant ,il
te donc une application f de $\mathbb{C}=Q(E-\{0\})$ dans $\mathbb{C}$ telle que $P(x)=f(Q(x))$ .Comme
,il existe deux vecteurs isotropes x et y de E tels que $Q(x+ty)=t$ .On a
$ty)=f(t)$ ce qui montre que f est un polynome .

ns que le théorème 3 est conséquence du théorème 3' .Remarquons également que
$\Delta=\beta(Q)$ alors $J=\mathbb{C}[\Delta]$.

Γ le cone isotrope .Le résultat non trivial est le suivant .

rème 4. ($n \geq 2$).Soit $P \in S'$;si $P_{|\Gamma} = 0$ alors $P \in S'J'^+$ .De plus Γ est l'ensem-
des zéros communs des éléments de $S'J'^+$.

euxième assertion résulte du théorème 3' .Pour la première ,d'après le théorème
zéros de Hilbert ,un polynome P est nul sur Γ si et seulement si ,pour r assez
d $P^r \in S'J'^+$ c'est-à-dire est divisible par Q .Comme Q est non dégénérée ,elle
soit irréductible soit produit de deux polynomes du premier degré linéairement
pendants .En appliquant le lemme de Gauss ,on en déduit que Q divise P .

rème 1' .L'application canonique de $J' \otimes H'$ dans S' est un isomorphisme d'espaces
oriels .

este à prouver l'injectivité .Soient $h_1,\dots,h_k$ des polynomes harmoniques liné-
ement indépendants .Supposons qu'il existe des polynomes invariants $v_1,\dots,v_k$
que $\Sigma v_i h_i = 0$ .D'après le théorème 4 et le lemme 3 ,les restrictions à Γ
h_i sont linéairement indépendantes .Soit $\Gamma^o = \Gamma - \{0\}$;c'est une orbite de G .

Fixons $x \in \Gamma^{\circ}$ et ,pour $a \in G$,posons

$$e_a = (h_1(ax),\ldots,h_k(ax)) .$$

Soit V le sous-espace vectoriel de $\mathbb{C}^k$ engendré par les vecteurs e_a .Si V était un sous-espace propre alors il existerait $t_1,\ldots,t_k$ tels que ,pour tout a ,on ait

$$t_1h_1(ax) + \ldots + t_kh_k(ax) = 0 .$$

Comme $Gx = \Gamma^{\circ}$ est dense dans Γ ,les polynomes $h_i|_{\Gamma}$ ne seraient pas linéairement indépendants .On a donc $V=\mathbb{C}^k$ .Soient $a_1,\ldots,a_k$ des éléments de G tels que les vecteurs e_{a_i} forment une base de $\mathbb{C}^k$. Pour $y \in E$ soit

$$p_{i,j}(y) = h_i(a_jy) .$$

Le déterminant de la matrice $(p_{i,j}(y))$ est non nul pour y=x .Il existe donc un voi--sinage U de x dans E dans lequel ce déterminant est non nul .Si $y \in U$,alors les fonctions $h_i|_{Gy}$ sont donc linéairement indépendantes .Comme les polynomes v_i sont invariants ,on a

$$v_1(y)h_1|_{Gy} + \ldots + v_k(y)h_k|_{Gy} = 0$$

donc $v_1(y)=\ldots=v_k(y) = 0$ et ceci pour tout $y \in U$ .Les polynomes v_i sont donc nuls . Comme les lemmes 2,3 et 4 restent valables dans le cas réel ,le théorème 1' implique le théorème 1 .

Il nous reste à prouver le théorème 2 .Si la forme Q_{π} est positive ,le résultat est classique et s'obtient par restriction à une sphère .Le cas complexe en résulte et le cas général s'obtient en introduisant une forme compacte .

Soit $H= \beta^{-1}(H')$;on a $S=J \otimes H$. [illegible]osons $n \geq 2$.

Théorème 5 .L'espace vectoriel H est engendré par les monomes ξ^k où $k \in \mathbb{N}$ et où ξ

C'est une conséquence formelle des résultats précédents .En effet si un polynome P homogène de degré k est orthogonal aux ξ^k ,on montre de suite qu'il est nul sur Γ et on applique le théorème 4 et le lemme 2 .

Corollaire .Tout polynome harmonique est de la forme

$$\Sigma\, B(x,\xi_i)^{k_i} \qquad k_i \in \mathbb{N} \ \text{ et } \ \xi_i \in \Gamma ,$$

où B est la forme bilinéaire associée à Q .Réciproquement tout polynome de cette forme est harmonique .

rdons maintenant le cas étudié par Kostant et Rallis .Soit $\underline{g}_{\mathbb{R}}$ une algèbre de semi-simple réelle ;fixons une décomposition de Cartan $\underline{g}_{\mathbb{R}} = \underline{k}_{\mathbb{R}} \oplus \underline{p}_{\mathbb{R}}$ de $\underline{g}_{\mathbb{R}}$ et θ l'involution de Cartan .Soient $\underline{g}$,$\underline{k}$ et $\underline{p}$ les complexifiés respectifs de $\underline{k}_{\mathbb{R}}$ et $\underline{p}_{\mathbb{R}}$ .Soit G le groupe adjoint de $\underline{g}$;c'est un groupe d'automorphismes de e commutant K_{θ} de θ dans G est un groupe réductif complexe ,d'algèbre de $\underline{k}$ .Il opère dans $\underline{p}$,donc aussi dans $S=S(\underline{p})$ et $S'=S(\underline{p}')$ où $\underline{p}'$ est le dual de Comme dans le cas précédent ,on peut introduire les algèbres d'invariants J J' et l'espace vectoriel H' des polynomes harmoniques :c'est la situation lexe .Soit G_{R} le stabilisateur dans G de la forme réelle $\underline{g}_{\mathbb{R}}$;c'est un groupe -simple réel d'algèbre de Lie $\underline{g}_{\mathbb{R}}$ .Soit $K_{\theta,\mathbb{R}} = K_{\theta} \cap G_{\mathbb{R}}$;c'est un sous-groupe compact de $G_{\mathbb{R}}$ d'algèbre de Lie $\underline{k}_{\mathbb{R}}$ .Il opère dans $\underline{p}_{\mathbb{R}}$ etc... et ceci fournit la situation réelle .Commencons par clarifier des questions de composante connexe .Soit $\subset \underline{p}_{\mathbb{R}}$ une sous-algèbre de Cartan de $(\underline{g}_{\mathbb{R}},\underline{k}_{\mathbb{R}})$ .Soit A le sous-groupe analytique gèbre de Lie la complexifiée $\underline{a}$ de $\underline{a}_{\mathbb{R}}$; si r est la dimension de $\underline{a}$,alors A est morphe à $\mathbb{C}^{*r}$ .Soit F le sous-groupe des éléments d'ordre 2 de A .

<u>osition</u> 1.a)<u>F est contenu dans</u> K_{θ} <u>donc normalise la composante connexe</u> K de K_{θ} . <u>us</u> $K_{\theta} = KF$.

b)<u>F est contenu dans</u> $G_{\mathbb{R}}$ <u>donc normalise la composante connexe</u> $G_{\mathbb{R}}^{o}$ <u>de</u> .<u>De plus</u> $G_{\mathbb{R}} = G_{\mathbb{R}}^{o}\, F$.

c) $K_{\mathbb{R}} = K \cap G_{R}$ <u>est connexe et</u> $K_{\theta,\mathbb{R}} = K_{\mathbb{R}}F$.

<u>osition</u> 2 .a)<u>Pour que</u> $P \in S'$ <u>soit invariant par</u> K_{θ} ,<u>il faut et il suffit qu'il</u> <u>invariant par</u> K.

b)<u>Pour que</u> $P \in S'_{R}$ <u>soit invariant par</u> $K_{\theta,R}$,<u>il faut et il suffit qu'il</u> <u>invariant par</u> K_{R} .

c) $J' \approx J'_{R} \otimes \mathbb{C}$.

prouver a) on note que l'application de $K \times \underline{a}$ dans $\underline{p}$ définie par $(x,Y) \longmapsto xY$ submersive donc que son image est ouverte .On peut d'ailleurs montrer qu'on obnt ainsi tous les éléments semi-simples de $\underline{p}$ .Comme F opère trivialement sur $\underline{a}$ onclusion est immédiate .Le point b) se prouve de manière analogue .Enfin c) se ntre comme le lemme 1.

<u>rème</u> 6. (<u>Chevalley</u>) <u>L'algèbre</u> J' <u>est isomorphe à l'algèbre</u> $\mathbb{C}[X_1,\ldots,X_r]$. t non trivial mais bien connu .

<u>rème</u> 7. <u>On a</u> $S' \approx J' \otimes H'$ <u>et</u> $S'_{R} \approx J'_{\mathbb{R}} \otimes H'_{\mathbb{R}}$.

émonstration est parallèle à celle du cas élémentaire étudié en début de paraphe .La forme de Killing restreinte à $\underline{p}$ est positive non dégénérée et invariante $K_{\theta,\mathbb{R}}$ .Son prolongement à $\underline{p}$ est K -invariant .Ceci fournit une application β sur S' commutant à l'action de K_{θ} et les lemmes 2 ,3 et 4 restent valables . démontrer l'injectivité ,il faut l'analogue du théorème 4.

$\mathcal{N}$ l'ensemble des éléments nilpotents appartenant à $\underline{p}$ .On peut montrer que si

$X\epsilon \underline{p}$,son centralisateur dans K_θ est un sous-groupe dont la codimension dans K_θ (= la dimension de $K_\theta .X$) est égale à la codimension dans $\underline{p}$ du centralisateur $\underline{p}^X$ de X dans $\underline{p}$ .On dit que X est régulier si $\dim. K_\theta .X = \dim.\underline{p} - \dim.\ \underline{a}$;soit $\mathcal{R}$ l'ensemble des éléments réguliers .

Théorème 8. $\mathcal{N} \cap \mathcal{R}$ est un ouvert dense de $\mathcal{N}$ et K_θ opère transitivement sur $\mathcal{N} \cap \mathcal{R}$

De plus

$$\mathcal{N} = \{ X\epsilon\underline{p} \mid \forall\ P\epsilon J'_+ \text{ on ait } P(X)=0 \} ,$$

$$SJ'_+ = \{ P\epsilon S' \mid P_{|\mathcal{N}} = 0 \} .$$

A partir de là ,la démonstration du théorème 7 est entièrement analogue à celle du théorème 4 .Soit $H = \beta^{-1}(H')$.

Théorème 9. L'espace vectoriel H est engendré par les monomes ξ^k où $k\epsilon N$ et où $\xi \epsilon$

A ce stade c'est clair.

Considérons le K_θ-module H' ;on veut le décomposer .

Théorème 10. Pour qu'un élément X de $\underline{p}$ soit semi-simple ,il faut et il suffit que son orbite $K_\theta .X$ soit fermée .

Soit X un élément semi-simple de $\underline{p}$;si R est l'espace des fonctions rationelles partout définies sur $K_\theta .X$ alors il résulte du théorème précédent que ,par restric-tion ,on obtient une surjection linéaire

$$u : H' \longrightarrow R .$$

Théorème 11 .Si X est un élément de $\underline{p}$ semi-simple et régulier ,alors u est un iso--morphisme de K_θ-modules .

Soit M_θ le centralisateur de $\underline{a}$ dans K_θ .Si $X\epsilon\underline{a}$ et est régulier alors son centrali--sateur dans K_θ est encore M_θ .Par suite l'orbite de X s'identifie à K_θ/M_θ .On en déduit la structure de H .

Soit Γ l'ensemble des classes de représentations de K ,de dimension finie ,irré--ductibles ,holomorphes et qui contiennent un vecteur invariant par M_θ .Pour $\gamma\in\Gamma$ on note $\ell(\gamma)$ la multiplicité de la représentation triviale de M_θ dans $\gamma_{|M_\theta}$.

Théorème 12.En tant que K_θ -module $H' \approx H \approx \bigoplus_{\gamma\in\Gamma} \ell(\gamma)\gamma$.

s modules de classe 1 .

onserve les notations du paragraphe précédent .En particulier ,on fixe une sous-èbre de Cartan $\underline{a}_{\mathbb{R}} \subset \underline{p}_{\mathbb{R}}$ de la paire $(\underline{g}_{\mathbb{R}},\underline{k}_{\mathbb{R}})$ .Soit Δ son système de racines .Choisons un système de racines positives Δ^+ et soit

$$\underline{n}_{\mathbb{R}} = \bigoplus_{\alpha>0} \underline{g}_{\mathbb{R}}^{\alpha} \qquad \text{et} \quad \underline{n} = \underline{n}_{\mathbb{R}} \otimes \mathbb{C} \ .$$

elons que

$$\underline{g} = \underline{k} \oplus \underline{a} \oplus \underline{n} \quad \text{(décomposition d'Iwasawa) .}$$

nt $\underline{U}$ l'algèbre enveloppante de $\underline{g}$ et $\underline{U}^{\underline{k}}$ la sous-algèbre des éléments qui commutent .On a un isomorphisme d'espaces vectoriels

$$\underline{U} = \underline{U}(\underline{k}) \otimes \underline{U}(\underline{a}) \otimes \underline{U}(\underline{n})$$

omme $\underline{U}(\underline{a})=S(\underline{a})$ ceci donne

$$\underline{U} = (\underline{k}U + \underline{U}\,\underline{n}\ ) \oplus S(\underline{a}) \ .$$

$u \longmapsto p'_u$ le projecteur sur $S(\underline{a})$ .Soit ρ la demi-somme des racines positives ; appartient au dual $\underline{a}'$ de $\underline{a}$,on pose $T(\lambda)=\lambda+\rho$ et

$$p_u(\lambda) = p'_u(\lambda-\rho) \ .$$

roupe de Weyl W opère dans $\underline{a}'$ .Soit

$$W_T = \{T^{-1} w\, T \mid w \in W\} \ .$$

ote $S(\underline{a})^W$ la sous-algèbre des invariants de W dans $S(\underline{a})$.

rème 1.(Harish-Chandra) 1)Si $\mathcal{J} = \underline{U}\,\underline{k} \cap \underline{U}^{\underline{k}}$,alors $\mathcal{J} = \underline{k}\,\underline{U} \cap \underline{U}^{\underline{k}}$ et ,en particulier $\mathcal{J}$ un idéal bilatère de $\underline{U}^{\underline{k}}$.

a restriction de p à $\underline{U}^{\underline{k}}$ est un homomorphisme de l'algèbre $\underline{U}^{\underline{k}}$ sur $S(\underline{a})^W$ et son u est $\mathcal{J}$.

la démonstration on pourra se reporter au livre d'Helgason .Notons que si

$$u \in \underline{U}^{\underline{k}} \quad \text{et } v \in \underline{U} \quad \text{alors} \quad p_{uv} = p_u p_v$$

liser le fait que $[\underline{a},\underline{n}] \subset \underline{n}$) .Pour $\lambda \in \underline{a}'$,posons

$$\chi_\lambda(u) = p_u(\lambda) \qquad u \in \underline{U}^{\underline{k}} \ .$$

tient ainsi un caractère de $\underline{U}^{\underline{k}}/\mathcal{J}$.

llaire 1. L'algèbre $\underline{U}^{\underline{k}}/\mathcal{J}$ est commutative et isomorphe à $\mathbb{C}[X_1,\dots,X_r]$.Les seuls tères de cette algèbre sont les χ_λ et $\chi_\lambda=\chi_\mu$ si et seulement si λ et μ W-conjugués .

le deuxième point ,on démontre que l'anneau $S(\underline{a})$ est entier sur $S(\underline{a})^W$ ce qui ique que tout caractère de $S(\underline{a})^W$ se prolonge en un caractère de $S(\underline{a})$.

st bien connu que ces résultats permettent de classer les fonctions sphériques. on va le voir ,la théorie algébrique est parallèle .

ition 1. Un U-module V est de classe 1 s'il existe $v \in V - \{0\}$,annulé par $\underline{k}$.

D'une manière générale, si V est un $\underline{U}$-module, on note $V^{\underline{k}}$ le sous-espace des vecteurs annulés par $\underline{k}$.

Proposition 1. Si Z est un U-module irréductible alors dim $Z^{\underline{k}} \leqslant 1$. En particulier si Z est irréductible de classe 1 alors dim $Z^{\underline{k}} = 1$.

En effet $Z^{\underline{k}}$ est stable par $\underline{U}^{\underline{k}}$; montrons que $Z^{\underline{k}}$ est un $\underline{U}^{\underline{k}}$-module irréductible. Il suffit de vérifier que tout vecteur non nul est cyclique. Soit $a \in Z^{\underline{k}} - \{0\}$. Comme Z est irréductible, on a $Z = \underline{U}\, a$; si $b \in Z^{\underline{k}}$, il existe donc $u \in \underline{U}$ tel que $b = ua$. Soit $x \in \underline{k}$; on vérifie par récurrence sur n que, pour $n > 1$, on a $[(\mathrm{ad}\, x)^n\, u\,]\, a = 0$. On a donc $(e^{\mathrm{ad}\, x}\, u)\, a = b$. Comme $K_{\mathbb{R}}$ est connexe, pour tout élément m de $K_{\mathbb{R}}$, on a $(\mathrm{Ad}\, m(u\,))a = b$. Si

$$u' = \int_{K_{\mathbb{R}}} \mathrm{Ad}(m)u\, dm \qquad \|dm\| = 1$$

alors $u' \in \underline{U}^{\underline{k}}$ et $u'a = b$.

De plus $Z^{\underline{k}}$ est un $\underline{U}^{\underline{k}}$-module irréductible au sens de Schur. En effet, soit E son commutant. On peut supposer $Z^{\underline{k}} \neq (0)$. E est alors une algèbre à division sur $\mathbb{C}$. De plus on a dim E $\leqslant$ dim $Z^{\underline{k}} \leqslant$ dim $\underline{U}^{\underline{k}} \leqslant$ Car. $\mathbb{N}$ car, pour a non nul, l'application $T \longmapsto Ta$ de E dans $Z^{\underline{k}}$ est injective. Si $T \in E - \{0\}$, alors $\mathbb{C}(T)$ est un corps commutatif. S'il est algébrique alors il est égal à $\mathbb{C}$ et T est scalaire. Si T était transcendant alors dim $\mathbb{C}(T) \geqslant$ Card $\mathbb{C}$ puisque le système

$$\{\ (T-s)^{-1}\ |\ s \in \mathbb{C}\ \}$$

est libre. Ce deuxième cas est donc impossible. Comme $\mathfrak{J} \subset \underline{U}\,\underline{k}$, il opère trivialement sur $Z^{\underline{k}}$ qui peut donc être considéré comme un $\underline{U}^{\underline{k}}/\mathfrak{J}$-module irréductible au sens de Schur. Comme $\underline{U}^{\underline{k}}/\mathfrak{J}$ est commutative, il en résulte que $Z^{\underline{k}}$ est de dimension 0 ou 1.

Soit Z un $\underline{U}$-module irréductible de classe 1. Il existe un caractère χ de $\underline{U}^{\underline{k}}/\mathfrak{J}$ tel que, pour $u \in \underline{U}^{\underline{k}}$ et $a \in Z^{\underline{k}}$, on ait $ua = \chi(u)a$.

Théorème 2. Pour tout caractère χ de $\underline{U}^{\underline{k}}/\mathfrak{J}$, il existe un et, à isomorphisme près, un seul U-module irréductible Z de classe 1 tel que $ua = \chi(u)a$ pour $u \in \underline{U}^{\underline{k}}$ et $a \in Z^{\underline{k}}$.

Soit $\lambda \in \underline{a}'$ tel que $\chi = \chi_\lambda$. Soit Z un $\underline{U}$-module irréductible vérifiant les conditions du théorème. Soient $a \in Z^{\underline{k}} - \{0\}$ et M l'annulateur de a dans $\underline{U}$. C'est un idéal à gauche possédant les propriétés suivantes :

a) M est maximal

b) $\underline{k} \subset M$

c) si $u \in \underline{U}^{\underline{k}}$ alors $u \equiv p_u(\lambda)$ modulo M.

Inversement si un idéal à gauche M de $\underline{U}$ vérifie a), b) et c) alors $Z = \underline{U}/M$ satisfait aux conditions de l'énoncé.

La représentation adjointe de $\underline{k}$ dans $\underline{U}$ est complètement réductible. Le sous-espace invariant $\underline{U}^{\underline{k}}$ admet donc un supplémentaire invariant mais, de plus, ([9] Exp 7)

upplémentaire est unique et égal à $[\underline{k},\underline{U}]$ .Plus généralement si V est un sous-
ace $\underline{k}$-invariant de $\underline{U}$ alors $V = (V \cap \underline{U}^{\underline{k}}) \oplus [\underline{k},V]$ .Si M est un idéal à gauche qui
fie b) et c) alors il est $\underline{k}$-invariant donc ,si $u \in M$ et $v \in \underline{U}$ alors $vu \in M$
i que sa projection $(vu)_o$ sur $\underline{U}^{\underline{k}}$;d'après c) $p_{(vu)_o}(\lambda) \in M$ donc est nul puisque
J .Soit donc

$$L_\lambda = \{ u \in \underline{U} \mid \forall v \in \underline{U} \quad p_{(vu)_o}(\lambda)=0 \} .$$

$M \subset L_\lambda$ et L_λ est un idéal à gauche propre de $\underline{U}$ .Il nous suffit de prouver que
vérifie a),b) et c) .
d'abord si $u \in \underline{k}$ et $v \in \underline{U}$ alors $vu \in \underline{U}\,\underline{k}$ .Or $\underline{U}\,\underline{k}$ est $\underline{k}$-invariant donc

$$(vu)_o \in \underline{U}\,\underline{k} \cap \underline{U}^{\underline{k}} = \{0\}$$

par suite , $p_{(vu)_o}(\lambda)=0$ ce qui prouve b) .
$\in \underline{U}^{\underline{k}}$ et $v \in \underline{U}$,posons

$$v = v_o + \Sigma(x_i v_i - v_i x_i) \qquad v_o \in \underline{U}^{\underline{k}} \text{ et } x_i \in \underline{k} .$$

$$\begin{aligned} vu &= v_o u + \Sigma(x_i v_i u - v_i x_i u) \\ &= v_o u + \Sigma(x_i v_i u - v_i u\, x_i) \\ &\equiv v_o u \qquad \text{modulo } [\underline{k},\underline{U}] . \end{aligned}$$

donc

$$p_{(vu)_o} = p_{v_o u} = p_{v_o} p_u$$

par suite ,

$$p_{(v(u-p_u(\lambda)))_o}(\lambda) = 0$$

ui prouve c).
n soit M un idéal à gauche contenant strictement L_λ .Soit $u \in M - L_\lambda$ .Il existe
J tel que $p_{(vu)_o}(\lambda)$ soit non nul .Notons que M est $\underline{k}$-stable car $\underline{U}\,\underline{k} \subset M$ .On
nc $(vu)_o \in M$ et

$$(vu)_o - p_{(vu)_o}(\lambda) \in L_\lambda \subset M .$$

donc $p_{(vu)_o}(\lambda) \in M$ ce qui montre que $M = \underline{U}$.
ose $Z_\lambda = \underline{U}/L_\lambda$ .C'est l'unique $\underline{U}$-module irréductible de classe 1 ,associé à χ_λ .
-module Z sera dit admissible si $\dim . Z^{\underline{k}} = 1$ et s'il est $\underline{k}$-complètement réduc-
le .Il est dit cyclique si $\dim . Z^{\underline{k}} = 1$ et si $\underline{U}\, Z^{\underline{k}} = Z$ (la complète réductibilité
alors automatique) .On note $\mathcal{A}$ l'ensemble des classes d'équivalence de modules
ssibles et $\mathcal{C}$ l'ensemble des classes d'équivalence de modules cycliques .Si Z
admissible ,il existe $\lambda \in \underline{a}'$ tel que ,pour $a \in Z^{\underline{k}}$ et $u \in \underline{U}^{\underline{k}}$,on ait $ua = \chi_\lambda(u)a$.
donc des partitions

$$\mathcal{A} = \bigcup_\lambda \mathcal{A}(\lambda) \qquad \text{et} \qquad \mathcal{C} = \bigcup_\lambda \mathcal{C}(\lambda) \qquad \lambda \in \underline{a}'/W .$$

Si Z est un $\underline{U}$-module dont la classe appartient à $\mathcal{C}(\lambda)$ alors l'annulateur M d'un élément non nul de $Z^{\underline{k}}$ est un idéal à gauche vérifiant b) et c) .Il est donc contenu dans L_λ et contient l'idéal L_λ^{min} engendré par $\underline{k}$ et le noyau de χ_λ .Le module Z est équivalent à $\underline{U}/M$ .Inversement si M est un idéal à gauche compris entre L_λ^{min} et L_λ alors la classe de $\underline{U}/M$ appartient à $\mathcal{C}(\lambda)$ .On pose $Y_\lambda = \underline{U}/L_\lambda^{min}$.

Introduisons maintenant la série principale de classe 1 de $G_{\mathbb{R}}$ .Soit $N \subset G$,le sous-groupe analytique d'algèbre de Lie $\underline{n}$ .On sait que $N_{\mathbb{R}} = N \cap G_{\mathbb{R}}$ est connexe .Si $A_{\mathbb{R}}^{o}$ est la composante connexe de $A_{\mathbb{R}} = A \cap G_{\mathbb{R}}$ alors on a les décompositions d'Iwasawa

$$G_{\mathbb{R}} = K_{\theta,\mathbb{R}} \cdot A_{\mathbb{R}}^{o} \cdot N_{\mathbb{R}} \qquad \text{et} \qquad G_{\mathbb{R}}^{o} = K_{\mathbb{R}} \cdot A_{\mathbb{R}}^{o} \cdot N_{\mathbb{R}} .$$

Soit $M \subset G$ le sous-groupe analytique d'algèbre de Lie $\underline{m}$;on a $M_\theta = MF$ et on peut véri- que $M_{\mathbb{R}} = M \cap G_{\mathbb{R}}$ est connexe .Soit $B_{\mathbb{R}} = M_{\theta,\mathbb{R}} A_{\mathbb{R}}^{o} N_{\mathbb{R}}$ .Pour $\lambda \in \underline{a}'$,on pose

$$(man)^\lambda = e^{\lambda(H)} \quad \text{pour } m \in M_{\theta,\mathbb{R}} ,\ H \in \underline{a}_{\mathbb{R}} ,\ a = e^{ad(H)} \quad \text{et } n \in N_{\mathbb{R}} .$$

On obtient ainsi un caractère de $B_{\mathbb{R}}$ .Soit X_λ l'espace vectoriel des applications f de $G_{\mathbb{R}}$ dans $\mathbb{C}$ qui sont $K_{\theta,\mathbb{R}}$-finies à gauche et qui vérifient

$$f(gb) = b^{-\lambda-\rho} f(g) \quad \text{pour } g \in G_{\mathbb{R}} \text{ et } b \in B_{\mathbb{R}} .$$

L'algèbre $\underline{U}$ opère dans X_λ par convolutions à gauche ;si $u \in \underline{g}_{\mathbb{R}}$ et $f \in X_\lambda$,on a

$$uf(g) = (d/dt)\, f(e^{-t\,ad(u)} g)_{|t=0}$$

<u>Proposition</u> 2.<u>La classe du</u> $\underline{U}$-<u>module</u> X_λ <u>appartient à</u> $\mathcal{A}(\lambda)$.

Il est clair que X_λ est admissible .Notons $u \longmapsto u^t$ l'antiautomorphisme principa de $\underline{U}$ .Si X'_λ est le dual algébrique de X_λ et si $u \in \underline{U}$ et $f' \in X'_\lambda$,on définit uf' p

$$\langle uf', f\rangle = \langle f', u^t f\rangle \quad \text{pour } f \in X_\lambda .$$

En particulier ,si on considère la mesure de Dirac δ à l'origine comme un élément d X'_λ on a $\underline{n}\delta = \underline{m}\delta = (0)$ et ,pour $H \in \underline{a}$,

$$H\delta = -(\lambda+\rho)(H)\delta \quad .$$

Soit f_λ l'unique élément de X_λ dont la restriction à $K_{\theta,\mathbb{R}}$ soit égale à 1 .On a $\langle \delta, f\rangle = 1$ .Soit $u \in \underline{U}^{\underline{k}}$ et calculons $\langle \delta, uf\rangle$ .En notant que $f_\lambda \in X_\lambda^{\underline{k}}$,il vient

$$\langle \delta, uf\rangle = \langle u^t\delta, f\rangle = \langle p'_{u^t}\delta, f\rangle = p'_{u^t}(-\lambda-\rho) = p_{u^t}(-\lambda) .$$

Il nous reste donc à vérifier que $p_{u^t}(-\lambda) = p_u(\lambda)$.

<u>Lemme</u> 1. a) <u>L'homomorphisme</u> $u \longmapsto p_u$ <u>de</u> $\underline{U}^{\underline{k}}$ <u>sur</u> $S(\underline{a})^W$ <u>ne dépend pas du choix d'un</u> s<u>-tème de racines positives</u> .

b) <u>Si</u> $u \in \underline{U}^{\underline{k}}$ <u>,alors</u> $p_{\theta u} = p_{u^t}$.

Pour a) il suffit de noter que tout élément w de W admet un représentant dans K_θ Ce représentant $\bar{w}$ opère trivialement sur $\underline{U}^{\underline{k}}$ et il suffit d'appliquer $\bar{w}$ aux deux membres de la relation de congruence qui définit p' .

tre part ,on a $\underline{g} = \underline{k} \oplus \underline{p}$ donc $S(\underline{g}) = S(\underline{k}) \otimes S(\underline{p})$ .Notons $x o y$ le produit dans .On sait qu'il existe un isomorphisme d'espaces vectoriels α de $S(\underline{g})$ sur l que

$$(x_1 o\, x_2 o \dots o\, x_n) = 1/n! \sum_\sigma x_{\sigma(1)}\, x_{\sigma(2)} \dots x_{\sigma(n)} \qquad x_i \in \underline{g}$$

σ parcourt l'ensemble des permutations de $\{1,2,\dots,n\}$ .Un argument classique, isant la filtration de $\underline{U}$,montre que

$$\underline{U} = \underline{U}\,\underline{k} \oplus \alpha(S) = \underline{k}\,\underline{U} \oplus \alpha(S) \qquad , S = S(\underline{p}) .$$

$u \in \underline{U}$;posons $u = u_1 + u_2$ où $u_1 \in \underline{k}\,\underline{U}$ et $u_2 \in \alpha(S)$ .Comme $\underline{k}\,\underline{U}$ et $\alpha(S)$ sont $\underline{k}$-inva- nts ,si $u \in \underline{U}^{\underline{k}}$ alors u_1 et u_2 appartiennent à $\underline{U}^{\underline{k}}$ .En particulier $u_1 \in \mathcal{J}$ l en est de même de u_1^t .Sur $\alpha(S)$,l'involution de Cartan et l'antiautomorphisme cipal coincident et enfin $\mathcal{J}$ est θ-invariant .On a donc

$$p_{\theta u} = p_{\theta u_2} = p_{u_2^t} = p_{u^t} .$$

vons maintenant la démonstration de la proposition .Pour $u \in \underline{U}^{\underline{k}}$,posons

$$u \equiv p_u^{\bullet} \qquad (\underline{k}\,\underline{U} + \underline{U}\,\theta(\underline{n})\,) ;$$

$$\theta(u) \equiv \theta p_u^{\bullet} \qquad (\underline{k}\,\underline{U} + \underline{U}\,\underline{n}\,) .$$

e $\theta\, p_u^{\bullet}(\mu) = p_u^{\bullet}(-\mu)$,on a

$$p'_{\theta u}(\mu) = p_u^{\bullet}(-\mu) .$$

rès la première partie du lemme

$$p_u^{\bullet}(-\mu + \rho) = p_u(-\mu)$$

$$p_{\theta u}(\mu) = p_u(-\mu) .$$

alors

$$p_{u^t}(-\lambda) = p_{\theta u}(-\lambda) = p_u(\lambda) .$$

$X^e = \underline{U}\, f_\lambda$ .La classe de ce $\underline{U}$-module appartient à $\mathcal{C}(\lambda)$ .L'objet essentiel du ire de Kostant est de comparer les modules X_λ ,Y_λ ,Z_λ et X^e .Si L_λ^e est l'an- ateur de f_λ dans $\underline{U}$,on a les inclusions

$$L_\lambda^{min} \subset L_\lambda^e \subset L_\lambda$$

des morphismes surjectifs de $\underline{U}$-modules

$$Y_\lambda \longrightarrow X_\lambda^e \longrightarrow Z_\lambda .$$

a maintenant utiliser les résultats du premier paragraphe .Rappelons que $S = S(\underline{p})$, que $J \subset S$ est la sous-algèbre des invariants de K (ou de K_θ) et que $H \subset S$ est le sous-espace des éléments harmoniques .Posons

$$S^* = \alpha(S) \quad , \; J^* = \alpha(J) \quad \text{et} \quad H^* = \alpha(H) \; .$$

Proposition 3. a) On a $\underline{U} = \underline{U}\,\underline{k} \oplus S^* = \underline{k}\,\underline{U} \oplus S^*$.
b) Les applications linéaires canoniques de $J^* \otimes H^*$ dans J^*H^* et de $H^* \otimes J^*$ dans H^*J^* sont des isomorphismes d'espaces vectoriels .
c) On a $\underline{U} = \underline{U}\,\underline{k} \oplus J^*H^* = \underline{U}\,\underline{k} \oplus H^*J^* = \underline{k}\,\underline{U} \oplus J^*H^* = \underline{k}\,\underline{U} \oplus H^*J^*$.

Le a) a déja été signalé et utilisé .Les points b) et c) résultent aisément du théo: 7 du n°1 (se reporter à [5]) .

Proposition 4. On a $\underline{U} = L_\lambda^{min} \oplus H^*$.

Vérifions tout d'abord que $\underline{U}^{\underline{k}} = \mathcal{J} + J^*$ .Il suffit de montrer que dans la décomposi--tion $\underline{U} = \underline{U}\,\underline{k} + S^*$,les deux termes sont $\underline{k}$-invariants .C'est clair pour $\underline{U}\,\underline{k}$ .Pour S^* ,remarquons que α commute à l'action de $\underline{k}$ (qui opère par dérivations dans $S(\underline{g})$) et que ,comme $[\underline{k},\underline{p}] \subset \underline{p}$,la sous-algèbre S est $\underline{k}$-invariante .
Soit C_λ le noyau de χ_λ ;posons $J_\lambda^* = J^* \cap C_\lambda$ .Comme $C_\lambda \supset \mathcal{J}$,on a $C_\lambda = \mathcal{J} + J_\lambda^*$ .On a

$$\underline{U} = \underline{U}\,\underline{k} \oplus H^*J^* = \underline{U}\,\underline{k} \oplus H^*(\,\mathbb{C} \oplus J^*\,) \; .$$

Compte-tenu de l'assertion b) de la proposition 3 ,ceci donne

$$(*) \qquad \underline{U} = \underline{U}\,\underline{k} \oplus H^* \oplus H^*J_\lambda^* \; .$$

D'autre part on a

$$\begin{aligned} L_\lambda^{min} &= \underline{U}\,\underline{k} + \underline{U}\,C_\lambda = \underline{U}\,\underline{k} + (\underline{U}\,\underline{k} + H^*J^*)C_\lambda \\ &= \underline{U}\,\underline{k} + H^*J_\lambda^*\,C_\lambda = \underline{U}\,\underline{k} + H^*C_\lambda \\ &= \underline{U}\,\underline{k} + H^*(\mathbb{C} + J_\lambda^*\,) = \underline{U}\,\underline{k} + H^*J_\lambda^* \; . \end{aligned}$$

En comparant avec (*) ,on obtient le résultat .

Corollaire .Soit $Z \in \mathcal{C}(\lambda)$ .Si $a \in Z^{\underline{k}} - \{0\}$,alors l'application $u \longmapsto ua$ de H^* da Z est surjective et elle est bijective si et seulement si $Z \simeq Y_\lambda$.

En effet ,si L est l'annulateur de a ,on a $Z \simeq \underline{U}/L$ et $L \supset L_\lambda^{min}$.
Remarquons que H^* est K_θ-invariant car H est K_θ-invariant et α commute à l'action de G .Si L est un idéal à gauche propre de $\underline{U}$ qui contient L_λ^{min} et qui est stable par K_θ alors le $\underline{U}$-module $\underline{U}/L$ possède une structure de K_θ-module qui ,en un sens év: -dent ,est compatible avec sa structure de $\underline{U}$-module .De plus ,la surjection canon: de H^* sur $\underline{U}/L$ est un morphisme de K_θ-modules .La structure de K_θ-module de H^* est connue :c'est la même que celle de H .On reprend les notations de la fin du n° 1 . Considérons l'idéal L_λ^{min} ;il est stable par K_θ.En effet K_θ stabilise $\underline{U}\,\underline{k}$ et $\underline{U}^{\underline{k}}$ .D plus si $x \in K_\theta$ et $u \in \underline{U}^{\underline{k}}$ alors $p_{xu} = p_u$ .C'est clair si $x \in K$ car alors $xu=u$ .Si $x \in F$ alors x normalise $\underline{k}$ et $\underline{n}$ donc $\underline{k}\,\underline{U} + \underline{U}\,\underline{n}$;par suite $p_{xu}=xp_u$ mais x opère trivialement sur $S(\underline{a})$ .Il résulte de ceci que C_λ est invariant par K .Le module

U/L_λ^{min} a donc une structure de K_θ-module .On a évidemment $[Y_\lambda:\gamma] = \ell(\gamma)$ puisque K_θ-modules H^* et Y_λ sont isomorphes .
idérons maintenant L_λ .Si $x \in K_\theta$,alors xL_λ est un idéal à gauche maximal qui con-nt $xL_\lambda^{min} = L_\lambda^{min}$ donc $xL_\lambda = L_\lambda$.Le module irréductible $Z_\lambda = U/L_\lambda$ a donc une structure -module et il est isomorphe à un quotient du K -module H^* .On pose $[Z_\lambda:\gamma] = m_\lambda(\gamma)$..
idérons maintenant X_λ.Soit X l'espace vectoriel des applications de $K_{\theta,\mathbb{R}}$ dans $\mathbb{C}$ sont $K_{\theta,\mathbb{R}}$-finies à gauche et invariantes à droite par $M_{\theta,\mathbb{R}}$ .Par restriction ,on ent une bijection linéaire de X_λ sur X .Comme θ est définie sur $\mathbb{R}$,le groupe esp. M_θ) est le groupe des points complexes d'un groupe algébrique défini sur $\mathbb{R}$; oupe des points réels est $K_{\theta,\mathbb{R}}$ (resp. $M_{\theta,\mathbb{R}}$) .L'espace X est l'espace vectoriel onctions rationelles sur $K_{\theta,\mathbb{R}}$,invariantes à droite par $M_{\theta,\mathbb{R}}$ .Soit $\tilde{X}$ l'espace oriel des applications rationelles de K_θ dans $\mathbb{C}$ qui sont partout définies ,K_θ-fi- à gauche et invariantes à droite par M_θ .Par restriction ,on obtient une bijec- linéaire de $\tilde{X}$ sur X .On munit $\tilde{X}$ de la structure de K_θ-module définie par les lations à gauche et on transporte cette structure à X puis à X_λ .Si $u \in \underline{U}$ et ,on a ,pour $f \in X$,l'égalité $g(uf)=(gu)f$ .Ceci montre que L_λ^e et X_λ^e sont stables θ .On a $[X_\lambda:\gamma] = \ell(\gamma)$ et on pose $[X^e:\gamma] = n_\lambda(\gamma)$ .Remarquons que

$$\ell(\gamma) \geq n_\lambda(\gamma) \geq m_\lambda(\gamma) .$$

sition 5. <u>Pour que X_λ soit irréductible il faut et il suffit que ,quel que soit γ t $\ell(\gamma) = m_\lambda(\gamma)$ .Pour que X_λ^e soit irréductible ,il faut et il suffit que ,quel oit γ ,on ait $n_\lambda(\gamma) = m_\lambda(\gamma)$.</u>

3. Les polynomes p^{γ} et r^{γ} .

On conserve les notations du n°2. Pour tout $\gamma \in \Gamma$, choisissons un K_{θ}-module V_{γ} dont la classe appartient à γ. Si V'_{γ} est le dual de l'espace vectoriel V_{γ} , muni de la structure de K_{θ}-module contragrédiente , alors la classe γ' de V'_{γ} appartient à Γ et $\ell(\gamma) = \ell(\gamma')$. Soit E_{γ} l'espace vectoriel des opérateurs d'entrelacement de V_{γ} et de H^{*} ; il est de dimension $\ell(\gamma)$. Le module produit $V'_{\gamma} \otimes V_{\gamma}$ contient exactement une fois la représentation triviale de K_{θ} . De plus si $e_1, \ldots, e_n$ est une base de V_{γ} et $e_1^{*}, \ldots, e_n^{*}$ la base duale , alors

$$t = e_1^{*} \otimes e_1 + \ldots + e_n^{*} \otimes e_n$$

est indépendant de la base choisie et invariant par K_{θ}. Soient $\sigma \in E_{\gamma}$ et $\sigma' \in E_{\gamma'}$. L'application bilinéaire

$$(x', x) \longmapsto \sigma'(x')\sigma(x)$$

de $V_{\gamma} \otimes V'_{\gamma}$ dans $\underline{U}$ se prolonge en une application linéaire $\sigma' \otimes \sigma$ de $V'_{\gamma} \otimes V_{\gamma}$ dans $\underline{U}$. De plus $\sigma' \otimes \sigma$ commute à l'action de K_{θ} ; en particulier $\sigma' \otimes \sigma(t)$ est K_{θ}-invariant donc appartient à $\underline{U}^{\underline{k}}$. On pose

$$R^{\gamma}(\sigma', \sigma) = p_{\sigma' \otimes \sigma(t)} .$$

Il est clair que $R^{\gamma}(\sigma', \sigma)$ dépend linéairement de σ' et de σ . On a donc obtenu une application bilinéaire

$$R^{\gamma} : E_{\gamma} \times E_{\gamma'} \longrightarrow S(\underline{a})^{W} .$$

Pour tout $\lambda \in \underline{a}'$, on pose

$$R^{\gamma}_{\lambda}(\sigma', \sigma) = p_{\sigma' \otimes \sigma(t)}(\lambda) .$$

Si on choisit une base $\sigma_1, \ldots, \sigma_{\ell(\gamma)}$ de E_{γ} et une base $\sigma'_1, \ldots, \sigma'_{\ell(\gamma)}$ de $E_{\gamma'}$, alors la matrice de R^{γ} relativement à ces bases est une matrice à coefficients dans $S(\underline{a})^{W}$. Des changements de base ne font que la multiplier à droite et à gauche par des matrices non singulières à coefficients dans $\mathbb{C}$. On note r^{γ} le déterminant de cette matrice ; c'est un polynome invariant défini à la multiplication par un scalaire non nul près . Il est clair que le rang de R^{γ}_{λ} est égal au rang , au point λ , de la matrice de R^{γ} et , en particulier , que R^{γ}_{λ} est de rang maximal , c'est à dire est non dégénérée , si et seulement si $r^{\gamma}(\lambda) \neq 0$.

Théorème 1. La multiplicité $m_{\lambda}(\gamma)$ de γ dans Z_{λ} est égale au rang de R^{γ}_{λ} .

Corollaire. Pour que X soit irréductible il faut et il suffit que , pour tout on ait $r^{\gamma}(\lambda) \neq 0$.

Le corollaire est évident ; démontrons le théorème . Soit $\underline{U}^{K_{\theta}} \subset \underline{U}$ la sous-algèbre des invariants de K_{θ} . La représentation de K_{θ} dans $\underline{U}$ étant complètement réductible on a une décomposition

$$\underline{U} = \underline{U}^{K_{\theta}} \oplus [\text{les composantes isotypiques non triviales}]$$

ù un projecteur $u \longmapsto u_*$ de $\underline{U}$ sur $\underline{U}^{K_\theta}$. De plus $\underline{U}^{K_\theta}$ est la sous-algèbre des éments F-invariants de $\underline{U}^{\underline{k}}$.

me 1. a) $\underline{U}^K = (\underline{k}\ \underline{U} \cap \underline{U}^{K_\theta}) \oplus J^*$.

b) si $u \in \underline{U}$, alors $u_o - u_* \in \underline{k}\ \underline{U} \cap \underline{U}^{\underline{k}}$.

effet , on sait que

$$\underline{U}^{\underline{k}} = (\underline{k}\ \underline{U} \cap \underline{U}^{\underline{k}}) \oplus J^* .$$

s cette somme directe les deux termes sont invariants par K_θ. Or $J^* \subset \underline{U}^{K_\theta}$ et $\cap \underline{U}^{\underline{k}}) \cap \underline{U}^{K_\theta} = \underline{k}\ \underline{U} \cap \underline{U}^{K_\theta}$ d'où a) . Pour b) on note que $u_* = (u_o)_*$ et on applique a).
t $u \in \underline{U}$; par définition $u \in L_\lambda$ si et seulement si , quel que soit $v \in \underline{U}$, on a $u)_o(\lambda) = 0$. Considérons la décomposition

$$\underline{U} = \underline{k}\ \underline{U} \oplus J^* H^* .$$

$v \in \underline{k}\ \underline{U}$, alors $vu \in \underline{k}\ \underline{U}$ et $(vu)_o \in \mathcal{J}$ donc $p_{(vu)_o}(\lambda) = 0$. On peut donc se limiter cas ou $v \in J^*H^*$. Mais si $v = jh$ avec j appartenant à J^* et h à H^* , alors $)_o = (jhu)_o = j(hu)_o$ donc $p_{(vu)_o} = p_j p_{(hu)_o}$. Comme χ_λ n'est pas trivial sur J^* , on t finalement que $u \in L_\lambda$ si et seulement si quel que soit $v \in H^*$, on a $p_{(vu)_o}(\lambda) = 0$.
t , pour $\tau \in \Gamma$, $H^*(\tau) \subset H^*$ la composante isotypique de type τ . On a donc

$$H^* = \bigoplus_\tau H^*(\tau) .$$

ent γ_1 et γ_2 deux éléments de Γ ; considérons l'application

$$d : H^*(\gamma_1) \otimes H^*(\gamma_2) \longrightarrow \underline{U}^{K_\theta}$$

inie par

$$d(v_1 \otimes v_2) = (v_1 v_2)_* .$$

e commute à l'action de K_θ . Comme ce dernier opère trivialement dans $\underline{U}^{K_\theta}$, l'application d est nulle sauf si $\gamma_1 = \gamma_2'$. Dans ce cas l'image de d est l'image du s-espace des invariants de K_θ dans $H^*(\gamma_1) \otimes H^*(\gamma_2)$. Soit alors $\gamma \in \Gamma$ et $\sigma \in E_\gamma$; me L_λ est K_θ-invariant , on a soit $\sigma(V_\gamma) \subset L_\lambda$ soit $\sigma(V_\gamma) \cap L_\lambda = (0)$. Pour qu'on t dans le premier cas , il faut et il suffit que

$$d[\{H^*(\gamma') \otimes H^*(\gamma)\}^{K_\theta}] \subset \operatorname{Ker} \chi_\lambda .$$

revient au même de dire que , pour tout $\sigma' \in E_{\gamma'}$, on a $p_{\sigma' \otimes \sigma(t)}(\lambda) = 0$ ou encore que ppartient au noyau , dans E_γ , de la forme bilinéaire R_λ^γ . Pour terminer démonstration , il suffit de noter que si $\sigma_1, \dots, \sigma_s \in E_\gamma$, alors ils sont linérement indépendants si et seulement si la somme des sous-espaces $\sigma_i(V_\gamma)$ est ecte .
veut obtenir un résultat analogue pour X_λ^e . Pour simplifier les notations , on e

$$p^u = p^t_{u^t} .$$

t à nouveau δ la mesure de Dirac à l'origine sur $G_{\mathbb{R}}$ considérée comme forme sur X_λ .Comme $G_{\mathbb{R}} = G^\circ_{\mathbb{R}} F$,un élément f de X_λ est nul si et seulement si toutes ses dérivées à l'origine sont nulles c'est-à-dire si

$$<\underline{U}\delta ,f> = (0) .$$

Par suite u ε L^e_λ si et seulement si

$$<\underline{U}\delta ,u f_\lambda> = (0) .$$

Comme $\underline{U} = \underline{U}(\underline{k})S(\underline{a})\underline{U}(\underline{n})$,il faut et il suffit que

$$<\underline{U}(\underline{k})\delta ,u f_\lambda> = (0) .$$

Soit v ε $\underline{U}$;on a vu que $<\delta,v f_\lambda> = p^v(\lambda)$ donc u ε L^e_λ si et seulement si

$$p^{\underline{U}(\underline{k})u}(\lambda) = (0) .$$

D'autre part K opère dans $\underline{U}$ et la représentation correspondante de $\underline{k}$ est la re--présentation adjointe de $\underline{k}$ dans $\underline{U}$ définie par

$$ad(v)u = [v,u] = vu - uv .$$

Cette représentation se prolonge en une représentation de $\underline{U}(\underline{k})$ dans $\underline{U}$ .Le sous-es--pace vectoriel T engendré par K u est $ad(\underline{U}(\underline{k})u$ .Comme pour tout v ε $\underline{U}$,on a $p^{v\underline{U}(\underline{k})} = 0$,notre condition peut s'écrire $p^T(\lambda) = (0)$ ou encore

(*) $$p^{Ku}(\lambda) = (0) .$$

De plus ,remarquons que M_θ normalise $\underline{k}$ et $\underline{n}$ et opère trivialement sur $\underline{a}$;pour x ε on a donc

$$p^{xu} = p^x .$$

Comme $F \subset M_\theta$,la condition (*) peut encore s'écrire

$$p^{K_\theta u}(\lambda) = (0) .$$

Soit R le sous-espace engendré par $K_\theta u$ .La représentation de M_θ dans R est complètement réductible donc R est somme directe du sous-espace R^{M_θ} des inva--riants de M_θ et du sous-espace engendré par les vecteurs xv-v avec x ε M_θ et v ε R .On a donc

$$p^{K_\theta u}(\lambda) = (0) \text{ si et seulement si } p^{R^{M_\theta}}(\lambda) = (0) .$$

Appliquons ceci aux éléments de $H^*(\gamma)$ .Considérons le sous-espace $V_\gamma^{M_\theta}$ des vec--teurs invariants par M_θ dans V_γ .Soit

$$P^\gamma : E_\gamma \times V_\gamma^{M_\theta} \longrightarrow S(\underline{a})$$

définie par

$$(\sigma ,e) \longmapsto p^{\sigma(e)} .$$

Cette application est bilinéaire ;on prendra garde qu'elle n'est pas à valeurs dans $S(\underline{a})^W$ .Soit P^γ_λ sa spécialisation au point λ ε $\underline{a}'$.

éorème 2. La multiplicité $n_\lambda(\gamma)$ de γ dans X_λ^e est égale au rang de P_λ^γ .

est clair .Si on choisit des bases de E_γ et de V_γ^M ,alors on peut associer à une matrice à coefficients dans $S(\underline{a})$ .Le déterminant p^γ de cette matrice t défini à la multiplication par un scalaire non nul près .

rollaire . Pour que X_λ^e soit irréductible ,il faut et il suffit que ,pour ut γ ,on ait $\mathrm{rang}(P_\lambda^\gamma) = \mathrm{rang}(R_\lambda^\gamma)$ .Pour que $X_\lambda^e = X_\lambda$,il faut et il suffit e ,pour tout γ ,on ait $p^\gamma(\lambda) \neq 0$.

problème est maintenant de calculer p^γ et r^γ ;ce sera l'objet des n° suivants. paravant nous allons mettre en évidence quelques propriétés des formes biliné- ires R^γ et P^γ.

la forme réelle $\underline{g}_R$ de $\underline{g}$ est associée une conjugaison $u \longmapsto \bar{u}$ de $\underline{U}$ .On pose $= \bar{u}^t$ et on dit que u^s est l'adjoint de u .Si A est une application linéaire jective de $\underline{U}$ dans $\underline{U}$,son adjoint A^s est défini par

$$A^{-1}u^s = (A^s u)^s \ .$$

A est un automorphisme de $\underline{U}$,il en est de même de A^s ;on a $(A_1A_2)^s = A_2^s A_1^s$. X ε $\underline{g}$,on vérifie sans peine que $(\mathrm{Exp}(a_dX)^s = \mathrm{Exp}(\mathrm{ad}X^s)$ .Comme G est connexe, en résulte que $G^s = G$ .D'autre part si A est un automorphisme de $\underline{U}$ qui stabilise alors $A^s = A^{-1}$;en particulier si $g \in G_R$ alors $g^s = g^{-1}$ .Enfin $\theta^s = \theta$ donc K_θ est able par passage à l'adjoint .

it $\gamma \in \Gamma$ .On peut munir V_γ d'un produit scalaire hilbertien (|) tel que V_γ it un $K_{\theta,\mathbb{R}}$-module unitaire .Comme $K_\theta = K_{\theta,\mathbb{R}}F$ et que $F \subset K_{\theta,\mathbb{R}}$,on aura ,plus néralement

$$(ge|e') = (e|g^s e') \qquad e,e' \in V_\gamma \ \text{ et } g \in K_\theta \ .$$

marquons que si $\tau \in \gamma$ et s'il existe une forme sesquilinéaire < | > sur $\times V_\tau$,non nulle et telle que

$$\langle ge|e'\rangle = \langle e|g^s e'\rangle \qquad e \in V_\gamma \ ,e' \in V_\tau \ \text{ et } g \in K_\theta$$

ors $\gamma = \tau$ .En effet si f est l'application linéaire de V_τ dans V_γ définie par

$$(e|f(e')) = \langle e|e'\rangle$$

ors f est non nulle et commute à l'action de K_θ donc est bijective . autre part on a une bijection antilinéaire de V_γ' sur V_γ définie par

$$e' \longmapsto e'^s \quad \text{avec} \quad (a|e'^s) = \langle a,e'\rangle \quad \text{où } a \in V_\gamma \ .$$

note $e \longmapsto e^s$ l'application inverse .Notons que $(ge)^s = (g^s)^{-1} e^s$ .Soit $\sigma \in E_\gamma$; nsidérons l'application

$$\sigma^s : e' \longmapsto (\sigma(e'^s))^s \qquad e' \in V_\gamma' \ .$$

le est linéaire et commute à l'action de K_θ .De plus ,en se ramenant à H ,on rifie que $H^{*s} = H^*$ .On a donc $\sigma^s(V_\gamma') \subset H^*(\gamma')$ .autrement dit $\sigma^s \in E_{\gamma'}$.L'appli-

-cation $\sigma \longmapsto \sigma^s$ est une bijection antilinéaire de E_γ sur $E_{\gamma'}$ .On note $\sigma' \longmapsto \sigma'^s$ son inverse .

<u>Lemme</u> 2 .<u>Soient</u> $e \in V_\gamma$,$e' \in V'_\gamma$,$\sigma \in E_\gamma$ <u>et</u> $\sigma' \in E_{\gamma'}$.<u>On a</u>

$$P(\sigma'(e')\sigma(e))_o = \langle e,e'\rangle R^\gamma(\sigma',\sigma)/\dim(V_\gamma) .$$

En effet identifions $V'_\gamma \otimes V_\gamma$ à $\mathrm{End}_{\mathbb{C}}(V_\gamma)$ .L'élément invariant t s'identifie à l'application identique et la projection sur le sous-espace des vecteurs K_θ-invariants est

$$L \longmapsto Tr(L)/\dim(V_\gamma)\ Id .$$

En particulier la projection de $e' \otimes e$ est $(\langle e,e'\rangle/\dim(V_\gamma))$ t d'où le résultat.

<u>Proposition</u> 1 .<u>On a</u>

$$R^\gamma_\lambda(\sigma_1^s,\sigma_2) = \overline{R^\gamma_{-\bar\lambda}(\sigma_2^s,\sigma_1)} \qquad \sigma_1,\sigma_2 \in E_\gamma .$$

notons que la décomposition

$$\underline{U} = \underline{U}^{\underline{k}} + [\underline{k},\underline{U}]$$

est stable par passage à l'adjoint donc que $(u_o)^s = (u^s)_o$ .Il suffit alors d'appliquer le lemme 2 .

La forme bilinéaire R^γ_λ est dite hermitienne si

$$R^\gamma_\lambda(\sigma_1^s,\sigma_2) = \overline{R^\gamma_\lambda(\sigma_2^s,\sigma_1)}$$

et hermitienne positive si elle est hermitienne et si

$$R^\gamma_\lambda(\sigma^s,\sigma) \geqslant 0 .$$

Si $\sigma_1,\ldots,\sigma_{\ell(\gamma)}$ est une base de E_γ alors $\sigma_1^s,\ldots,\sigma^s_{\ell(\gamma)}$ est une base de $E_{\gamma'}$ et R^γ_λ est hermitienne si et seulement si ,dans ces bases ,sa matrice est hermi--tienne .Elle est hermitienne positive si sa matrice est hermitienne et à toutes ses valeurs propres positives ou nulles .

Le module Z_λ est hermitien s'il existe sur l'espace vectoriel Z_λ une forme hermitienne ,non identiquement nulle et $\underline{U}$-invariante c'est-à-dire telle que

$$(xa|b) = (a|x^s b) \qquad a,b \in Z_\lambda \text{ et } x \in \underline{U} .$$

Le module Z_λ est préhilbertien s'il est hermitien et si on peut choisir la form

-invariante (|) telle que

$$(a|a) > 0 \quad \text{pour } a \neq 0 .$$

héorème 3 .a)Pour que Z_λ soit hermitien ,il faut et il suffit que λ et $-\bar{\lambda}$ oient W-conjugués .Sous cette hypothèse la forme hermitienne U-invariante st unique à la multiplication par un scalaire près et ,de plus ,pour tout $\gamma \in \Gamma$ a forme bilinéaire R^γ_λ est hermitienne .

)Pour que Z_λ soit préhilbertien ,il faut et il suffit qu'il soit hermitien et ue ,pour tout $\gamma \in \Gamma$ la forme bilinéaire R^γ_λ soit hermitienne positive .

onsidérons sur $\underline{U}$ la forme sesquilinéaire

$$\langle u|v\rangle = p_{(v^s u)_o}(\lambda) .$$

ar définition ,on a $\langle u,\underline{U}\rangle = (0)$ si et seulement si $u \in L_\lambda$.De plus

$$(*) \qquad \langle u|v\rangle = p_{(v^s u)_o}(\lambda) = p_{(u^s v)^s_o}(\lambda) = p_{(u^s v)_o}(-\bar{\lambda})$$

t par suite $\langle\underline{U}|v\rangle = (0)$ si et seulement si $v \in L_{-\bar{\lambda}}$ .Par passage au quotient n obtient donc une forme sesquilinéaire [|] sur $Z_\lambda \times Z_{-\bar{\lambda}}$ .Si 1_λ (resp. $1_{-\bar{\lambda}}$) st l'image de 1 dans Z_λ (resp. dans $Z_{-\bar{\lambda}}$) ,on a

$$[u\, 1_\lambda \mid v\, 1_{-\bar{\lambda}}] = \langle u|v\rangle .$$

a forme [|] est non dégénérée et

$$[u\, a \mid b] = [a \mid u^s\, b] .$$

e plus si $g \in K_\theta$ alors

$$[g\, u\, 1_\lambda \mid v\, 1_{-\bar{\lambda}}] = p_{(v^s(gu))_o}(\lambda) = p_{(v^s(gu))_*}(\lambda)$$

$$= p_{((g^s v)^s u)_*}(\lambda) = p_{((g^s v)^s u)_o}(\lambda)$$

$$= [u\, 1_\lambda \mid g^s\, v\, 1_{-\bar{\lambda}}] .$$

i on décompose Z_λ et $Z_{-\bar{\lambda}}$ en composantes isotypiques

$$Z_\lambda = \bigoplus_\gamma Z_\lambda(\gamma) \quad \text{et} \quad Z_{-\bar{\lambda}} = \bigoplus_\gamma Z_{-\bar{\lambda}}(\gamma)$$

lors ,pour $\gamma_1 \neq \gamma_2$,on a

$$[Z_\lambda(\gamma_1) \mid Z_{-\bar{\lambda}}(\gamma_2)] = (0) .$$

mme la forme [|] est non dégénére ,ceci montre que $m_\lambda(\gamma) = m_{-\bar{\lambda}}(\gamma)$ et que $_{-\bar{\lambda}}$ peut s'identifier (antilinéairement) à l'espace vectoriel des formes liné- ires K_θ-finies sur Z_λ .

pposons Z_λ hermitien et soit (|) une forme hermitienne $\underline{U}$-invariante sur Z_λ .

Il résulte des remarques précédentes qu'il existe une bijection linéaire f de Z_λ sur $Z_{-\bar\lambda}$ telle que

$$[a|f(b)] = (a|b) .$$

Comme f est non nulle et commute à l'action de $\underline{U}$,elle est bijective et les module Z_λ et $Z_{-\bar\lambda}$ sont équivalents .Ceci n'est possible que si λ et $-\bar\lambda$ sont W-conjugués. On suppose désormais qu'il en est ainsi .On a donc $Z_\lambda = Z_{-\bar\lambda}$ .Si (|) est une forme hermitienne invariante sur Z_λ alors

$$(u\, 1_\lambda | v\, 1_\lambda) = (v^s u\, 1_\lambda | 1_\lambda) = ((v^s u)_0\, 1_\lambda | 1_\lambda)$$

$$= p_{(v^s u)_0}(\lambda)\,(1_\lambda | 1_\lambda) .$$

Ceci prouve l'unicité de la forme .Pour l'existence il suffit de noter que (*) signifie que [|] est hermitienne .Pour que Z soit préhilbertien ,il faut et il suffit que ,de plus ,on ait

$$p_{(u^s u)_0}(\lambda) \geq 0 \qquad u \in \underline{U} .$$

Il nous reste à traduire ceci à l'aide des formes R_λ^γ .D'après la proposition 1 et toujours sous l'hypothèse λ et $-\bar\lambda$ W-conjugués ,les formes R_λ^γ sont hermitienn On a ,pour $e \in V_\gamma$ et $\sigma \in E_\gamma$

$$R_\lambda^\gamma(\sigma^s, \sigma) = \langle e, e^s\rangle/\dim(V_\gamma)\; p_{(\sigma^s(e^s)\sigma(e))_0}(\lambda)$$

$$= (e|e)/\dim(V_\gamma)\; [\sigma(e)\, 1_\lambda | \sigma(e)\, 1_\lambda] .$$

Si Z_λ est préhilbertien les formes R_λ^γ sont donc hermitiennes positives .Réciproquement si ces formes sont positives ,alors , pour tout $u \in H^*(\gamma)$,on aura $[u\, 1_\lambda | u\, 1_\lambda] \geq 0$ et comme les sous-espaces $Z_\lambda(\gamma)$ sont deux à deux orthogonaux le module Z_λ est hermitien .

Remarque. On a utilisé le fait que l'inégalité de Cauchy-Scharwz était valable dans un espace préhilbertien séparé ou non .Une forme hermitienne positive ou nulle ,non dégénérée, est donc positive .

On va maintenant calculer R_λ^γ en fonction de P_λ^γ .La restriction à $V_\gamma^{M_\theta} \times V_\gamma'^{M_\theta}$ de la dualité entre V_γ et V_γ' est non dégénérée ;on peut donc identifier le dual de V_γ^M à $V_\gamma'^M$ .On définit alors une application linéaire T_λ^γ de E_γ dans $V_\gamma'^{M_\theta}$ par

$$\langle e, T_\lambda^\gamma(\sigma)\rangle = P_\lambda^\gamma(\sigma, e) \qquad e \in V^{M_\theta} .$$

Notons que, pour tout $e \in V_\gamma$, on a $p^{\sigma(e)}(\lambda) = \langle e, T_\lambda^\gamma(\sigma)\rangle$.

__Théorème__ 4 .__On a__

$$R_\lambda^\gamma(\sigma', \sigma) = \langle T_{-\bar\lambda}^\gamma(\sigma'^s)^s, T_\lambda^\gamma(\sigma)\rangle .$$

ant de démontrer ceci ,notons ,qu'en prenant les déterminants ,on obtient

$$r^{\gamma}(\lambda) = \overline{p^{\gamma}(-\bar{\lambda})}\, p^{\gamma}(\lambda) .$$

suite :

llaire . Pour que X_λ soit irréductible ,il faut et il suffit que $X_\lambda^e = X_\lambda$ et $X_{-\bar\lambda}^e = X_{-\bar\lambda}$

ntrons le théorème .Rappelons que ,sur l'espace vectoriel X_ρ ,il existe une e linéaire μ non nulle ,invariantes par translations à gauche ,unique à la iplication par un scalaire près .On peut choisir μ telle que

$$\mu(f) = \int_{K_{\theta,\mathbb{R}}} f(g)\, dg \qquad \mathrm{vol}(K_{\theta,\mathbb{R}})=1 .$$

$_1 \in X_\lambda$ et $f_2 \in X_{-\bar\lambda}$,on pose

$$<f_1 \mid f_2> = \mu(f_1\overline{f_2}) .$$

alors

$$< u\, f_1 \mid f_2 > = < f_1 \mid u^s f_2 > .$$

nt $\sigma \in E_\gamma$, $\sigma' \in E_{\gamma'}$ $e \in V_\gamma^{M_\theta}$ et $e' \in V_\gamma'^{M_\theta}$ .Considérons

$$I = <\sigma(e)\, f_\lambda \mid \sigma'(e')^s f_{-\bar\lambda} > .$$

$$I = <\sigma'(e')\sigma(e)\, f_\lambda \mid f_{-\bar\lambda} > = <(\sigma'(e')\sigma(e))_o f_\lambda \mid f_{-\bar\lambda}>$$

$$= p_{(\sigma'(e')\sigma(e))_o}(\lambda) = <e,e'>/\dim(V_\gamma)\ \ R_\lambda^{\gamma}(\sigma',\sigma) .$$

tre part ,pour $g \in K_{\theta,\mathbb{R}}$,on a

$$\sigma(e)f_\lambda(g) = <g^{-1}(\sigma(e))f_\lambda, \Gamma> = <\sigma(g^{-1}e)\, f_\lambda, \Gamma>$$

$$= p^{\sigma(g^{-1}e)}(\lambda) .$$

ème

$$\sigma'(e')^s f_{-\bar\lambda}(g) = p^{\sigma'^s(g^{-1}e'^s)}(-\bar\lambda)$$

donc

$$I = \int_{K_{\theta,\mathbb{R}}} <g^{-1}e, T_\lambda^{\gamma}(\sigma)> \quad <g^{-1}e'^s, T_{-\bar\lambda}^{\gamma}(\sigma'^s)>\, dg$$

$$= \int_{K_{\theta,\mathbb{R}}} (g^{-1}e \mid T_\lambda^{\gamma}(\sigma)^s)\ \overline{(g^{-1}e'^s \mid T_{-\bar\lambda}^{\gamma}(\sigma'^s)^s)}\, dg$$

$$= (e|e'^s)\ \overline{(T_\lambda^{\gamma}(\sigma)^s \mid T_{-\bar\lambda}^{\gamma}(\sigma'^s)^s)}/\dim V_\gamma$$

$$= <e,e'><T_{-\bar\lambda}^{\gamma}(\sigma'^s)^s, T_\lambda^{\gamma}(\sigma)>/\dim V_\gamma .$$

éorème s'obtient en comparant les deux expressions obtenues pour I .

Pour terminer ce n° ,on va établir un résultat ,du à Johnson et Wallach ,qui précise le lien entre les P^{γ} et les opérateurs d'entrelacement des modules X_{λ} . Soit X l'espace vectoriel des applications de $K_{\theta,\mathbb{R}}$ dans $\mathbb{C}$ qui sont $K_{\theta,\mathbb{R}}$-finies à gauche et M_{θ}-invariantes à droite .Par restriction ,on peut ,pour tout λ identifier X_{λ} à X .Soit

$$X = \bigoplus_{\gamma} X(\gamma)$$

la décomposition de X en composantes isotypiques .Tout élément de $X(\gamma)$ est de la forme

$$f_{e,a}(g) = \langle e, ga\rangle \qquad g \in K_{\theta,\mathbb{R}} \text{ ,} e \in V_{\gamma} \text{ et } a \in V'^{M_\theta}_{\gamma} \text{ .}$$

Pour qu'une application linéaire L de $X(\gamma)$ dans lui même commute à l'action de $K_{\theta,\mathbb{R}}$,il faut et il suffit qu'il existe un endomorphisme L' de $V'^{M_\theta}_{\gamma}$ tel que

$$L(f_{e,a}) = f_{e,L'a} \text{ .}$$

Soit A un opérateur d'entrelacement de X_{λ} et de $X_{\lambda'}$ .Considérons le comme une application linéaire de X dans X .Il commute à l'action de $K_{\theta,\mathbb{R}}$ donc stabilise chaque $X(\gamma)$;soient $A^{\gamma} \in \mathrm{End}_{\mathbb{C}}(V'^{M_\theta}_{\gamma})$ les endomorphismes correspondants .

<u>Théorème</u> 5 .<u>On a ,si</u> $Af_{\lambda} = f_{\lambda'}$,<u>les relations</u>

$$A^{\gamma} T^{\gamma}_{\lambda} = T^{\gamma}_{\lambda'} \quad .$$

Soient $\sigma \in E_{\gamma}$ et $e \in V_{\gamma}$;on a

$$\sigma(e)f_{\lambda}(g) = \langle g^{-1}e \text{ ,} T^{\gamma}_{\lambda}(\sigma)\rangle$$

donc

$$\sigma(e)f = f_{e,T^{\gamma}_{\lambda}(\sigma)} \text{ .}$$

Comme A entrelace

$$A\,\sigma(e)f_{\lambda} = \sigma(e)A\,f_{\lambda} = \sigma(e)f_{\lambda'}$$

donc

$$f_{e,A^{\gamma}T^{\gamma}_{\lambda}(\sigma)} = f_{e,T^{\gamma}_{\lambda'}(\sigma)}$$

d'où le résultat .

Pour qu'un tel opérateur A existe il faut que λ et λ' soient W-conjugués .Si $\lambda' = w(\lambda)$ alors $Z_{\lambda} = Z_{w(\lambda)}$ .Si X_{λ} est irréductible alors il en est demême de $X_{w(\lambda)}$ et ces deux modules sont équivalents .On pourra donc appliquer le théorème .

. Le cas des groupes de rang 1 .

ıs tout ce n° ,on suppose que g_R est de rang réel 1 ;on a donc $\dim(a_R)= 1$ .Si α t l'unique racine positive indivisible ,on note p sa multiplicité et q celle de .Pour simplifier on pose

$$g^i = g^{i\alpha} \qquad \text{pour } i = \pm 1 , \pm 2 .$$

ppelons que la forme bilinéaire symétrique

$$B_\theta(x,y) = -B(x, \theta y)$$

t non dégénérée et que $Q(x) = B_\theta(x,x)$ est positive non dégénérée .De plus B_θ Q sont K_θ -invariantes .Notre premier objectif est d'obtenir une description plicite de Γ .Nous aurons besoin d'un assez long préliminaire consacré à des estions de transitivité .Le point de départ est le théorème de double transitiité de Kostant .Soient S_1 et S_2 les sphères unités ,au sens de Q ,dans g_R^1 et g_R^2 spectivement .

éorème 1 . a) Si p > 1 le groupe M_R opère transitivement sur S_1 et si p = 1 le oupe $M_{\theta,R}$ opère transitivement sur S_1 .

i q > 1 ,le groupe M_R opère transitivement sur S_2 et si q=1 le groupe $M_{\theta,R}$ opère ivialement sur S_2 .

) Si q>1 le groupe M_R opère transitivement sur $S_1 \times S_2$.

Si q > 0 alors p est pair et q est impair .

ouvons a) .Soient $e_1 \in g_R^1$ et $e_{-1} = -\theta(e_1)$ .On a $\theta[e_1,e_{-1}] = -[e_1,e_{-1}]$ donc $[e_1,e_{-1}]$ qui est annulé par $\mathrm{ad}(a_R)$ appartient à a_R .Soit e_o l'unique élément de tel que $\alpha(e_o)=1$ .On a

$$B(e_o,[e_1,e_{-1}]) = B([e_o,e_1],e_{-1}) = Q(e_1)$$

ıc

$$[e_1,e_{-1}] = \frac{Q(e_1)}{Q(e_o)} \; e_o \; .$$

oisissons e_1 tel que $Q(e_1)=Q(e_o)$ .Il existe alors un isomorphisme φ de l'algèbre Lie $sl_2(\mathbb{R})$ dans g_R tel que

$$\varphi\left(\begin{pmatrix} 0 & 1 \\ 0 & 0 \end{pmatrix}\right) = 2\, e_1 \;, \qquad \varphi\left(\begin{pmatrix} 0 & 0 \\ 1 & 0 \end{pmatrix}\right) = 2\, e_{-1} \quad \text{et} \quad \varphi\left(\begin{pmatrix} 1 & 0 \\ 0 & -1 \end{pmatrix}\right) = 2\, e_o \; .$$

it g_R^* l'image de φ .La représentation adjointe de g_R^* dans g_R est complètement luctible .Comme les valeurs propres de $\mathrm{ad}(e_o)$ sont 0, ± 1 et ± 2 (si q>0) les ıles représentations irréductibles qui figurent dans cette décomposition sont représentation triviale π_o ,la représentation π_1 de dimension 3 et ,si q>0 , représentation π_2 de dimension 5 .La multiplicité de π_2 est q et celle de π_1 est p-q .Comme g_R^* est contenue dans g_R la représentation π_1 intervient moins une fois donc p-q > 0 .On obtient ainsi une décomposition de g_R :

)
$$g_R = g_{R,0} + g_{R,1} + g_{R,2} \, .$$

Posons

$$\underline{m}_{R,i} = \underline{m}_R \cap \underline{g}_{R,i} \qquad i = 0,1,2 .$$

On a $\dim(\underline{m}_{R,2}) = q$ et $\dim(\underline{m}_{R,1}) = p-q-1$;la multiplicité de π_o est la dimension de $\underline{m}_{R,0}$ .Pour toute représentation irréductible de dimension finie π de $\underline{g}_R^*$,le noyau de $\pi(e_1)$ est exactement le sous-espace des vecteurs dominants .En particulier $ad(e_1)$ est une injection de $\underline{m}_{R,1}$ dans $\underline{g}_R^1$ et $ad(e_1)^2$ une bijection de $\underline{m}_{R,2}$ sur $\underline{g}_R^2$.
Supposons p>1 ;la sphère S_1' homothétique de S_1 et passant par e_1 est connexe .
Comme M_R est compact ,il suffit de prouver que l'orbite $M_R e$ est ouverte ou encore que la différentielle à l'origine de l'application $m \longmapsto me_1$ de M_R dans S_1' est surjective c'est-à-dire de rang p-1 .Or avec les identifications usuelles cette différentielle est l'application $-ad(e_1)\,|_{\underline{m}_R}$ de $\underline{m}_R$ dans l'orthogonal de e_1 dans $\underline{g}_R^1$ .Comme son noyau est $\underline{m}_{R,0}$ elle est bien de rang p-1 .Si p=1 ,on a q=0 .Le groupe M_R opère trivialement sur S_1 .L'élément non trivial de F est $v = Exp(i\pi\, ad($
On a $v(e_1) = -e_1$ dond $M_{\theta,\mathbb{R}}$ opère transitivement sur S_1 .
Pour b) on procède de même en partant d'un élément e_2 de $\underline{g}_R^2$ .Toutefois si q=1 on a $v(e_2) = e_2$ et $M_{\theta,\mathbb{R}}$ opère trivialement sur S_2 .
Prouvons c) .Le stabilisateur M_o de e_1 dans $M_{\mathbb{R}}$ est un sous-groupe de Lie compact d'algèbre de Lie $\underline{m}_{R,0}$ .En différentiant on voit qu'il suffit de prouver que si e_2 est un élément non nul de $\underline{g}_R^2$ alors $ad(e_2)|_{\underline{m}_{R,0}}$ est de rang q-1 .Cela résulte d'un lemme que nous allons énoncer .
Soient $x ,y \in \underline{m}_{R,2}$;posons $\xi = ad(e_1)^2 x$ et $\eta = ad(e_1)^2 y$ .Pour $z \in \underline{g}_R$,on note z_o sa projection sur $\underline{g}_{R,0}$ relativement à la décomposition (1) .

<u>Lemme</u> 1 .<u>Supposons</u> <u>que</u> $B_\theta(\xi,\eta) = 0$ <u>et</u> <u>que</u> $Q(\eta) = Q(e_o)/2$.<u>On</u> <u>a</u> <u>alors</u>

$$[[x,y]_o,\eta] = -(8/9)\,\xi \quad .$$

Nous ne reviendrons pas sur la démonstration (cf [5] ou [7]) .
En prenant $e_2 = \eta$,on termine la démonstration de c) .
Prouvons d) .On a $[e_1,\underline{g}_R^1] = \underline{g}_R^2$ .De plus $M_{\theta,\mathbb{R}}$ stabilise $\underline{g}_R^2$ et est transitif sur S_1.
Par suite pour tout élément non nul x de $\underline{g}^1_R$ on a $[x,\underline{g}_R^1] = \underline{g}_R^2$ .Si q > 0 ,il existe une forme linéaire non nulle L sur $\underline{g}_R^2$ .La forme bilinéaire alternée

$$(x,y) \longmapsto L([x,y])$$

sur $\underline{g}_R^1$ est non dégénérée .L'espace vectoriel $\underline{g}_R^1$ est donc de dimension paire .
Considérons maintenant le sous-espace

$$\underline{d} = \mathbb{R}\, e_1 \oplus ad(e_1)\underline{m}_{R,2} \;.$$

Il est de dimension q+1 .Soit $G_{\mathbb{R}}^* \subset G_R$ le sous-groupe connexe d'algèbre de Lie $\underline{g}_R^*$; il est localement isomorphe à $SL_2(\mathbb{R})$ .Soit w un représentant dans $K_{\mathbb{R}}^* = K_{\mathbb{R}} \cap G_R^*$ de l'élément non trivial du groupe de Weyl de $(G_{\mathbb{R}}^*,K_{\mathbb{R}}^*)$ .En utilisant des constructions explicites des représentations π_o, π_1 et π_2 ,on voit que w opère par multiplicati r + 1 dans $\underline{m}_{R,0}$ et $\underline{m}_{R,2}$ et par multiplication par -1 dans $\underline{m}_{R,1}$ .En particulier

$$\underline{u} = \underline{m}_{R,0} \oplus \underline{m}_{R,2}$$

t une sous-algèbre .De plus $w(e_1) = -(e_{-1})$ donc $\theta w(e_1) = e_1$ .On en déduit que la striction de θw à $[e_1, \underline{m}_{R,i}]$ est la multiplication par $(-1)^i$ .Le sous-espace $\underline{d}$ $\underline{g}_R^1$ est donc le sous-espace propre pour la valeur propre +1 .Il en résulte que est le normalisateur de $\underline{d}$ dans $\underline{m}_R$ .Soit U_R le sous-groupe connexe d'algèbre de e $\underline{u}$ .Comme $ad(e_1)_{|\underline{u}}$ est de rang q ,le groupe U_R opère transitivement sur la hère unité de $\underline{d}_R$. Or $[e_1, \underline{d}_R] = \underline{g}_R^2$ est invariant par U_R donc pour $x \in \underline{d}_R - \{0\}$ a encore $[x, \underline{d}_R] = \underline{g}_R^2$ .En composant avec une forme linéaire non nulle sur $\underline{g}_R^2$ on déduit que $\underline{d}_R$ est de dimension paire donc que q est impair .

ur q=1 ,le groupe $M_{\theta,R}$ n'opère pas transitivement sur $S_1 \times S_2$;on peut rétablir situation grace à la remarque suivante .

<u>oposition</u> 1 (q = 1).<u>Il existe un automorphisme involutif</u> u <u>de</u> $\underline{g}$ <u>tel que</u>
$u(\underline{g}_R) = \underline{g}_R$ <u>et</u> $u\theta = \theta u$.
$u(e_o) = e_o$ <u>et</u> $u_{|\underline{g}_R^2} = -\mathrm{Id}$.

mmencons par une remarque ,valable quel que soit q .

<u>mme</u> 2.<u>Supposons</u> $\underline{g}_R$ <u>simple</u> .<u>Si</u> $x \in \underline{m}_R$ <u>et si</u> ad $x_{|\underline{g}_R^1} = 0$ <u>alors</u> x = 0 .

effet on a $ad(e_1)\underline{g}_R^1 = \underline{g}_R^2$ .Si $ad(x)_{|\underline{g}_R^1} = 0$ on a donc $ad(x)_{|\underline{g}_R^2} = 0$ .Le noyau est variant par θ donc il contient la sous-algèbre engendrée par $\underline{a}_R, \underline{g}_R^{-2}, \underline{g}_R^{-1}, \underline{g}_R^1$ $\underline{g}_R^2$ .Cette sous-algèbre est normalisée par $\underline{m}_R$ donc est en fait un idéal de $\underline{g}_R$. r hypothèse $\underline{g}_R$ est simple ;la sous-algèbre considérée est donc égale à $\underline{g}_R$. en résulte que x=0 .

montrons la proposition .Les conditions de l'énoncé déterminent u sur $\underline{a}_R$ et $\underline{g}_R^2$ .Comme u commute à θ il est aussi connu sur $\underline{g}_R^{-2}$ .Soit $e_2 \in \underline{g}_R^2$ tel que $e_2) = Q(e_0)/2$ .Comme q=1 ,on peut poser

$$[y,y'] = S(y,y')\, e_2 \qquad \text{pour } y,y' \in \underline{g}_R^1 .$$

forme bilinéaire S est alternée et non dégénérée .Soit

$$\underline{g}_R^1 = V_1 \oplus V_{-1}$$

décomposition de $\underline{g}_R^1$ en la somme directe de deux sous-espaces isotropes maxiux .On pose

$$u(x) = \begin{cases} +x & \text{si } x \in V_1 \\ -x & \text{si } x \in V_{-1} \end{cases}$$

i détermine u sur $\underline{g}_R^1$ donc aussi sur $\underline{g}_R^{-1}$.Enfin $\underline{g}_R$ admet une décomposition unique la forme $\underline{g}_R = \tilde{\underline{g}}_R \oplus \underline{t}_R$ où $\tilde{\underline{g}}_R$ est simple de rang 1 et $\underline{t}_R$ compacte .On pose u(x)=x $x \in \underline{t}_R$ .Soit $\tilde{\underline{m}}_R = \underline{m}_R \cap \tilde{\underline{g}}_R$;on a donc $\underline{m}_R = \underline{t}_R \oplus \tilde{\underline{m}}_R$ .Si $x \in \tilde{\underline{m}}_R$,le lemme 2 per-

-met de définir u(x) par

$$[u(x),y] = [x,u^{-1}(y)] \qquad y \in \underline{g}_R^1 .$$

En prolongeant u à $\underline{g}$ de manière $\mathbb{C}$-linéaire ,on obtient une bijection involutive de $\underline{g}$ sur $\underline{g}$ .On va montrer que pour un choix convenable de (2) u est un isomorphis d'algèbres de Lie .La seule condition non triviale est que

$$u([e_2,y]) = [u(e_2),u(y)] \qquad \text{pour } y \in \underline{g}_R^{-1}.$$

Posons $y = \theta(x)$ et $\tau = (ad(e_2)\circ\theta)_{|\underline{g}_R^1}$ .La condition devient $\tau \circ u = -u \circ \tau$ .Calcu--lons τ^2 ;on a

$$\tau^2(z) = ad(e_2)(\theta [e_2, (z)]) = [e_2,[\theta(e_2),z]]$$
$$= [[e_2, (e_2)],z] + [(e_2),[e_2,z]]$$
$$= -[e_o,z]$$
$$= -z$$

D'autre part si $x,y \in \underline{g}_R^1$,on a

$$[y,\tau(x)] = [y,ad(e_2)(\theta x)] = -[[y,\theta(x)],e_2]$$

Si

$$[y,\theta(x)] \equiv \lambda e_o \qquad (\underline{m}_R)$$

alors ,en notant que $\underline{m}_R$ opère trivialement dans $\underline{g}_R^2$,il vient

$$[y, (x)] = -\lambda e_2$$

mais

$$\lambda = -B_\theta(x,y)/Q(e_o)$$

donc

(3) $$S(y,\tau(x)) = - B_\theta(x,y)/Q(e_o) .$$

Le second membre est symétrique donc

(4) $$S(y,\tau(x)) = -S(\tau(y),x)$$

et comme $\tau^2 = -Id$,on a

(5) $$S(\tau(x),\tau(y)) = S(x,y) .$$

Choisissons $V_1 \subset \underline{g}_R^1$ isotrope maximal quelconque et prenons $V_{-1} = \tau(V_1)$ .La for--mule (3) montre que $V_1 \cap V_{-1} = (0)$;on a donc la décomposition (2) .La formule (5) montre que V_{-1} est isotrope .Avec ce choix on a bien $\tau ou = -uo\tau$ .Notons que τ fournit une structure complexe sur $\underline{g}_R^1$ et que V_1 et V_{-1} sont orthogonaux pour B_θ Revenons au cas général et tirons quelques conséquences du théorème 1 .Soient

$$\underline{c}_R = \underline{a}_R \oplus (Id - \theta)\underline{g}_R^2 \quad \text{et} \quad \underline{\ell}_R = \underline{m}_R \oplus (Id + \theta)\underline{g}_R^2 .$$

On vérifie de suite que

$$\underline{h}_R = \underline{c}_R \oplus \underline{\ell}_R$$

est une sous-algèbre de $\underline{g}_R$ .Elle est réductive ;sa partie semi-simple est de rang réel 1 si $q>0$,de rang réel 0 si $q=0$ .Soit σ la sphère unité de $\underline{c}_R$,relative-ment à Q .Enfin soit $L_{\mathbb{R}}$ le sous-groupe de Lie connexe d'algèbre de Lie $\underline{\ell}_R$.

Proposition 2. a) Si $q \geq 1$,le sous-groupe $L_{\mathbb{R}}$ est transitif sur σ .
b)Si $q > 1$,le groupe $L_{\mathbb{R}}$ est doublement transitif sur σ .

Comme $q \geq 1$ la sphère σ est connexe et ,pour établir a) ,il suffit de montrer que $ad(e_o)$ est une surjection de $\underline{\ell}_R$ sur l'orthogonal de e_o dans $\underline{c}_R$ .Cet ortho-gonal est $(Id - \theta)\underline{g}^2_{\mathbb{R}}$ .Si $x \in \underline{g}^2_{\mathbb{R}}$,on a

$$ad(e_o)(x+\theta x) = x-\theta x$$

ce qui prouve l'assertion .Supposons $q>1$;le stabilisateur de e_o dans $L_{\mathbb{R}}$ est $M_{\mathbb{R}}$ et il faut montrer que $M_{\mathbb{R}}$ opère transitivement sur l'intersection de σ et de l'orthogonal de e_o dans $\underline{c}_R$ .Or $M_{\mathbb{R}}$ commute à θ et si $x \in \underline{g}^2_{\mathbb{R}}$,on a

$$Q(x-\theta x) = 2Q(x) .$$

Il suffit donc d'appliquer l'assertion b) du théorème 1 .

Notons que si $q=0$,alors $\underline{c}_R = \underline{a}_R$ et $L_{\mathbb{R}} = M_{\mathbb{R}}$ .Le groupe $M_{\mathbb{R}}$ opère donc triviale-ment sur $\underline{c}_R$ .Si $q=1$,on a $\dim(\underline{c}_R) = 2$ et l'image de $L_{\mathbb{R}}$ dans le groupe orthogo-nal de $Q_{|\underline{c}_R}$ est un sous-groupe compact connexe non trivial donc est le sous-groupe $SO(Q_{|\underline{c}_R})$ .Soit T' l'algèbre des fonctions polynomiales à valeurs com-plexes sur $\underline{c}_R$ .Pour simplifier posons $Q' = Q_{|\underline{c}_R}$;les groupes $L_{\mathbb{R}}$ et $SO(Q')$ opè-rent dans T' .

Proposition 3.Si $V \subset T'$ est un sous-espace invariant et irréductible sous l'ac-tion de $SO(Q')$ alors il est irréductible en tant que $L_{\mathbb{R}}$-module .

Si $q \leq 1$ il n'y a rien à démontrer .Si $q>1$ alors $\dim.\underline{c}_R \geq 3$ .Compte-tenu des résultats du début du n°1 ,on peut se limiter au cas où V est un espace de polynomes harmoniques homogènes .Considérons V comme un espace de fonctions sur la sphère σ .Le groupe $L_{\mathbb{R}}$ est doublement transitif sur σ donc les orbites dans σ du stabilisateur de e_o dans $SO(Q')$ sont les mêmes que celles du stabi-lisateur $M_{\theta,\mathbb{R}} \cap L_{\mathbb{R}}$ de e_o dans $L_{\mathbb{R}}$ .Notons une fois pour toutes que F opère trivialement dans $\underline{c}_R$ et qu'on peut donc remplacer $M_{\theta,R} \cap L_R$ par $M_{\mathbb{R}}$ .Le sous-espace $V^{M_{\mathbb{R}}}$ des invariants de $M_{\mathbb{R}}$ dans V est donc de dimension 1 .Si P est un élément non nul de ce sous-espace alors P est cyclique pour $SO(Q')$ .Puisque $M_{\mathbb{R}}$ est transitif sur σ ,il est aussi cyclique pour $L_{\mathbb{R}}$ .Il en résulte que V est $L_{\mathbb{R}}$-irréductible .

Les résultats du n°1 permettent de décomposer explicitement la représentation de $SO(Q')$ dans T' donc aussi la représentation de $L_{\mathbb{R}}$.Pour l'instant nous retien-drons seulement la conséquence suivante .

Corollaire.La représentation de L_R dans l'espace T'_k des polynomes homogènes de degré k se décompose avec multiplicité 1 .

Pour terminer ces préliminaires ,nous allons traduire le théorème 1 en termes de polynomes invariants .Soient

$$\underline{p}_{\mathbb{R}}^1 = (\mathrm{Id}-\theta)\underline{g}_{\mathbb{R}}^1 \quad \text{et} \quad \underline{p}_{\mathbb{R}}^2 = (\mathrm{Id}-\theta)\underline{g}_{\mathbb{R}}^2 .$$

On a donc

$$\underline{c}_{\mathbb{R}} = \underline{a}_{\mathbb{R}} \oplus \underline{p}_{\mathbb{R}}^2 , \quad \dim \underline{c}_{\mathbb{R}} = q+1 \text{ et } \dim \underline{p}_{\mathbb{R}}^1 = p .$$

Soit

$$e'_o = e_o/Q(e_o)^{1/2} .$$

Si $x \in \underline{p}_{\mathbb{R}}$,on pose

$$x = te'_o + x_1 + x_2 \qquad \text{avec } x_i \in \underline{p}_{\mathbb{R}}^i .$$

En particulier

$$Q(X) = t^2 + Q(x_1) + Q(x_2) .$$

D'après le théorème 1 ,tout polynome P sur $\underline{p}_{\mathbb{R}}$,invariant par $M_{\theta,\mathbb{R}}$ est de la forme

$$(6) \qquad P(x) = \Sigma \quad Q(x_1)^a P_a(te'_o+x_2)$$

où la somme est finie et où les P_a sont des polynomes sur $\underline{c}_{\mathbb{R}}$ invariants par $M_{\mathbb{R}}$. Si P est homogène de degré k alors P_a est homogène de degré k-2a .Soient $H'^{M_{\theta,\mathbb{R}}}_k$ l'espace vectoriel des polynomes sur $\underline{p}_{\mathbb{R}}$,harmoniques ,invariants par $M_{\theta,\mathbb{R}}$ et homogènes de degré k et $T'^{M_{\mathbb{R}}}_k$ l'espace vectoriel des polynomes sur $\underline{c}_{\mathbb{R}}$,in- -variants par $M_{\mathbb{R}}$ et homogènes de degré k .

<u>Proposition</u> 4.<u>La restriction à</u> $\underline{c}_{\mathbb{R}}$ <u>est une bijection linéaire de</u> $H'^{M_{\theta,\mathbb{R}}}_k$ <u>sur</u> $T'^{M_{\mathbb{R}}}_k$

En effet soient Δ le laplacien de $\underline{p}_{\mathbb{R}}$ et Δ' celui de $\underline{c}_{\mathbb{R}}$ .On a

$$\Delta [Q(x_1)^a P_a(te'_o+x_2)]=2a(p+2a-2)Q(x_1)^{a-1}P_a(te'_o+x_2)+Q(x_1)^a(\Delta'P_a)(te'_o+x_2).$$

Si P est de la forme (6) ,il sera donc harmonique si et seulement si

$$(7) \qquad 2(a+1)(p+2a)\, P_{a+1} = - \Delta' P_a .$$

Comme $P_{|\underline{c}_{\mathbb{R}}} = P_o$ il en résulte que $P_{|\underline{c}_{\mathbb{R}}} = 0$ implique $P = 0$ .Inversement si P_o est un élément de $T'^{M_{\mathbb{R}}}_k$,définissons ,pour $a > 0$,le polynome P_a à l'aide de (7). Chaque P_a est invariant par $M_{\mathbb{R}}$ et homogène de degré k-2a ;si $k < 2a$,alors P_a est nul .On définit alors P à l'aide de (6).

Rappelons que Γ est l'ensemble des classes d'équivalence de représentations de $K_{\theta,\mathbb{R}}$ qui possèdent un vecteur invariant non nul par $M_{\theta,\mathbb{R}}$ .On note $\ell(\gamma)$,$\gamma \in \Gamma$ la dimension de ce sous-espace de vecteurs invariants .

<u>Théorème</u> 2 .<u>Quel que soit</u> γ ,<u>on a</u> $\ell(\gamma)=1$.

Il suffit de montrer que l'algèbre de convolution des fonctions définies et continues sur $K_{\theta,\mathbb{R}}$,biinvariantes par $M_{\theta,\mathbb{R}}$,est commutative .Cela résulte du lemme suivant ,vérifié cas par cas par R.Takahashi .

<u>Lemme</u> 3.<u>Il existe un automorphisme</u> η <u>de</u> $K_{\theta,\mathbb{R}}$ <u>qui laisse</u> $M_{\theta,\mathbb{R}}$ <u>stable et tel que,</u>

r tout $k \in K_{\theta,\mathbb{R}}$, on ait

$$M_{\theta,\mathbb{R}}\,\eta(k)\,M_{\theta,\mathbb{R}} = M_{\theta,\mathbb{R}}k^{-1}M_{\theta,\mathbb{R}} .$$

va montrer qu'on peut prendre

$$\eta = \begin{cases} \mathrm{Id} & \text{si } q \neq 1 \\ \mathrm{Int}(u)_{|K_{\theta,\mathbb{R}}} & \text{si } q = 1 \end{cases}$$

me F est contenu ans $M_{\theta,\mathbb{R}}$, on peut supposer que $k \in K_{\mathbb{R}}$. La condition s'écrit

$$k^{-1} e_o \in M_{\theta,\mathbb{R}}\,\eta(k)e_o .$$

groupe $M_{\theta,\mathbb{R}}$ est compact donc ses orbites dans $\underline{p}_{\mathbb{R}}$ sont séparées par les invariants ynomiaux. Il suffit donc de montrer que, pour tout polynome invariant P, on a

$$P(k^{-1}e_o) = P(\eta(k)e_o) .$$

deux membres étant analytiques, il suffit de faire la vérification au voisinage l'élément neutre de $K_{\mathbb{R}}$. Or si

$$\underline{q}_{\mathbb{R}} = (\mathrm{Id} + \theta)\underline{n}_{\mathbb{R}}$$

rs

$$\underline{k}_{\mathbb{R}} = \underline{m}_{\mathbb{R}} \oplus \underline{q}_{\mathbb{R}} \quad \text{et} \quad [\underline{m}_{\mathbb{R}}, \underline{q}_{\mathbb{R}}] \subset \underline{q}_{\mathbb{R}} .$$

t élément de $K_{\mathbb{R}}$ voisin de l'élément neutre est donc de la forme me^X où $m \in M_{\mathbb{R}}$ $X \in \underline{q}_{\mathbb{R}}$. Sans restreindre la généralité, on peut donc prendre $k = e^X$.

ons

$$X = (\mathrm{Id} + \theta)(x_1 + x_2) \qquad \text{avec} \quad x_i \in \underline{g}^i_{\mathbb{R}} .$$

$q \neq 1$, il existe $m \in M_{\theta,\mathbb{R}}$ tel que $m(x_i) = -x_i$ pour $i = 1$ et 2. On a alors

$$e^{-X} = m\,e^X m^{-1} .$$

$q = 1$, on a $Q(u(x_1)) = u(x_1)$. Soit $m \in M_{\theta,\mathbb{R}}$ tel que $m(u(x_1)) = -x_1$. On a

$$e^{-X} = mue^X u^{-1}m^{-1} = m\,\eta(e^X)m^{-1}$$

qui termine la démonstration.

space H' se décompose donc, sous l'action de $K_{\theta,\mathbb{R}}$, avec multiplicité 1. Pour $\gamma \in \Gamma$ soit $H'(\gamma)$ le sous-module irréductible de type γ. Il existe un entier) tel que $H'(\gamma) \subset H'_{d(\gamma)}$. Le sous-espace $H'(\gamma)^{M_{\theta,\mathbb{R}}}$ des invariants de $M_{\theta,\mathbb{R}}$ de dimension 1 ; soit P_γ un élément non nul de ce sous-espace. Sa restriction à $\underline{c}_{\mathbb{R}}$ appartient à $T'^{M_{\mathbb{R}}}_{d(\gamma)}$. Soit V_γ le sous-$L_{\mathbb{R}}$-module engendré par R_γ.

<u>rème</u> 3. a) <u>V_γ est non nul et est un $L_{\mathbb{R}}$-module, homogène et irréductible</u>.
<u>'application $\gamma \longmapsto V_\gamma$ est une bijection de Γ sur l'ensemble des sous-$L_{\mathbb{R}}$-les de T' qui sont homogènes et irréductibles</u>.

e à la proposition 3 et à la première partie du n° 1, on peut décomposer icitement T'; on a donc obtenu une paramétrisation de Γ. Démontrons le théorème.

Soit $W_\gamma \subset H'(\gamma)$ le sous-espace engendré ,sous l'action de L_R par P_γ .Sauf si $q = 0$ et $p=1$,tout polynome sur $\underline{p}_R$,invariant par M_R est invariant par $M_{\theta,R}$. En particulier $W_\gamma^{M_R}$ est de dimension 1 .Comme ce sous-espace engendre le L_R module W_γ ce dernier est irréductible .Si $q=0$ et $p=1$,alors $L_R=M_R$ et par suite W_γ est de dimension 1 donc à nouveau irréductible .La restriction à $\underline{c}_R$ commute à l'action de L_R donc est surjective linéaire de W_γ sur V_γ .D'après la proposition 4 le polynome R_γ est non nul donc $V_\gamma \neq (0)$ .Il en résulte que V_γ et W_γ sont isomorphes entant que L_R-modules ce qui implique a) .D'autre part ,on sait que $V_\gamma^{M_R}$ est de dimension 1 donc si $V_{\gamma_1} = V_{\gamma_2}$ alors R_{γ_1} et R_{γ_2} sont proportionnels ce qui ,proposition 4 ,implique que P_{γ_1} et P_{γ_2} sont proportionnels donc que $\gamma_1 = \gamma_2$ .Enfin soit $V \subset T'_d$ un sous-L_R-module irréductible et homogène .Soit R un élément non nul de V^{M_R} .Il existe $p \in H'^{M_{\theta,R}}_d$ tel que $P_{|\underline{c}_R} = R$. Décomposons H'_d .

$$H'_d = \bigoplus_1^s H'(\gamma_i) .$$

Soit

$$P = P_1 + \dots + P_s$$

la décomposition correspondante de P .On a donc

$$R = P_{1|\underline{c}_R} + \dots + P_{s|\underline{c}_R}$$

Comme V est irréductible ,R est cyclique donc

$$V \subset V_{\gamma_1} + \dots + V_{\gamma_s} .$$

D'après le corollaire de la proposition 3 ,les L_R-modules V_{γ_i} sont deux à deux inéquivalents .Il en résulte que V est égal à l'un d'entre eux .

Nous allons expliciter .D'après le théorème précédent et la proposition 3 ,l'ensemble Γ est paramétré par l'ensemble des sous-espaces de T' ,homogènes ,invariant et irréductibles sous l'action de SO(Q') .Soit A_r le sous-espace de T' formé des polynomes harmoniques homogènes de degré r .On a une décomposition

$$T' = \bigoplus_{\substack{s \geq 0 \\ r \geq 0}} q'^s A_r .$$

Si $q= 0$,alors $A_r= (0)$ pour $r > 1$ et on se limite donc aux valeurs $r = 0,1$. Posons

$$V_{r,s} = Q'^s A_r .$$

Les éléments de $V_{r,s}$ sont homogènes de degré $d= 2s + r$ .Si $q \neq 1$ alors $V_{r,s}$ est L_R-irréductible ;on note $\gamma_{r,s}$ l'élément associé de Γ .Si $q=1$ alors $V_{o,s}$ est irréductible mais ,pour $r> 0$, $V_{r,s}$ est somme directe de deux sous-espaces irréductibles .Plus précisément soit $e'_2 \in \underline{p}^2_R$ tel que $Q(e'_2) = 1$ .On pose

$$A_r^+ = \mathbb{C}\ B(\ .\ ,e_o' + i\ e_2')^r \text{ et } A_r^- = \mathbb{C}\ B(\ .\ ,e_o' - i\ e_2')^r$$

s sous-espaces

$$V_{r,s}^+ = Q'^s\ A_r^+ \quad \text{et } V_{r,s}^- = Q'^s\ A_r^-$$

nt invariants et irréductibles et on a

$$V_{r,s} = V_{r,s}^+ \oplus V_{r,s}^- \ .$$

note $\gamma_{r,s}^{\pm}$ les éléments correspondants de Γ .Pour r=0 ,on note $\gamma_{0,s}$ la classe représentations associée à $V_{0,s}$ et il sera parfois commode de convenir que $\gamma_{0,s}^{\pm} = \gamma_{0,s}$ .On va calculer explicitement les polynomes P_γ qui interviennent ns le théorème 3 .Introduisons les polynomes suivants :

si $q = 0$ $\quad D_0(u) = 1$, $D_1(u) = u$ et $D_r(u) = 0$ pour $r > 1$,

si $q = 1$ $\quad D_r^+(u,v)=(u+iv)^r$ et $D_r^-(u,v)=(u-iv)^r$.

ppelons la notation

$$\binom{m}{n} = \begin{cases} 1 & \text{si } n = 0 \\ m(m-1)\dots(m-n+1)/n! & \text{si n est entier positif .} \end{cases}$$

ur $q > 1$,définissons D_r par l'égalité formelle

$$) \qquad \sum_{r \geq 0} \binom{r+q-2}{r} D_r(u,v)\ Z^r = [1 - 2uZ + (u^2+v^2)Z^2]^{-(q-1)/2} \ .$$

aque D_r est un polynome en u et v ,pair par rapport à v et homogène de degré r . peut exprimer les D_r à l'aide des polynomes de Gegenbauer .On pose

$$) \qquad \begin{cases} R_{r,s}(te_o') = t^{2s}\ D_r(t) & \text{si } q=0 \text{ et } r \leq 1 \\ R_{r,s}^{\pm}(te_o'+t'e_o') = (t^2+t'^2)^s\ D_r^{\pm}(t,t') & \text{si } q=1 \\ R_{r,s}(te_o'+x_2) = (t^2+Q(x_2))^s\ D_r(t,Q(x_2)^{1/2}) & \text{si } q > 1 \ . \end{cases}$$

<u>nme</u> 4 .<u>On</u> <u>a</u>

$$(V_{r,s})^{M_R} = \mathbb{C}\ R_{r,s} \qquad \underline{\text{si}}\ q \neq 1$$

$$(V_{r,s})^{M_R} = \mathbb{C}\ R_{r,s}^+ \oplus \mathbb{C}\ R_{r,s}^- \qquad \underline{\text{si}}\ q=1$$

est évident si $q \leq 1$ .Pour $q>1$,il faut montrer que le second membre de (8) l'on a remplacé u par t et v par $Q(x_2)^{1/2}$ est harmonique .C'est un calcul émentaire et classique que nous ne détaillerons pas .

ıs aurons besoin des propiétés suivantes des D_r .

<u>Lemme</u> 5.<u>On</u> <u>a</u>

$$\frac{\partial D_r}{\partial u} = r\, D_{r-1} \qquad \underline{\text{sauf}}\ \underline{\text{si}}\ (q,r)=(0,2)$$

$$u(q+2r-1)D_r = (q+r-1)\, D_{r+1} + r(u^2+v^2)D_{r-1} \qquad \text{sauf si } (q,r)=(1,0)$$

$$2u\, D_o = D_1^+ + D_1^- \ .$$

Dans ces formules on fait les conventions suivantes .On pose $D_{-1}=0$;si $q=0$, on remplace v par 0 .Si $q=1$ les formules sont valables lorsqu'on remplace les D_r par les D_r^+ ou les D_r^- .Pour $q \leq 1$,la vérification est immédiate .Pour $q > 1$,on obtient ces formules en dérivant (8) par rapport à u et à z .

Posons maintenant

$$(10) \qquad E_{r,s}(\xi,\eta) = \frac{1}{\binom{s+p/2-1}{s}} \sum_{j=0}^{s} \binom{s+p/2-1}{j} \binom{r+s+(q-1)/2}{s-j} \xi^j (-\eta)^{s-j}$$

Les $E_{r,s}$ s'expriment à l'aide des polynomes de Jacobi .Soit

$$(11) \begin{cases} P_{r,s}(te_o'+x_1) = D_r(t)E_{r,s}(t^2,Q(x_1))\, Q(e_o)^{-r/2-s} & \text{si } q=0\ , \\ P^{\pm}_{r,s}(te_o'+t'e_2'+x_1) = D_r^{\pm}(t,t')E_{r,s}(t^2+t'^2,Q(x_1))Q(e_o)^{-r/2-s} & \text{si } q=1\ , \\ P_{r,s}(te_o'+x_1+x_2) = D_r(t,Q(x_2)^{1/2})E_{r,s}(t^2+Q(x_2),Q(x_1))Q(e_o)^{-r/2-s} & \text{si } q>1 \end{cases}$$

<u>Lemme</u> 6.<u>On</u> <u>a</u>

$$H'(\gamma_{r,s})^{M_{\theta,\mathbb{R}}} = \mathbb{C}\, P_{r,s} \quad \underline{\text{si}}\ q \neq 1$$

$$H'(\gamma^{\pm}_{r,s})^{M_{\theta,\mathbb{R}}} = \mathbb{C}\, P^{\pm}_{r,s} \quad \underline{\text{si}}\ q = 1\ .$$

En effet ,les polynomes $P_{r,s}$ sont invariants par $M_{\theta,\mathbb{R}}$ et leurs restrictions à $\underline{c}_{\mathbb{R}}$ sont proportionelles aux $R_{r,s}$;il suffit donc de montrer qu'ils sont harmoni-ques .Ces polynomes sont de la forme

$$P(te_o'+x_1+x_2) = D(te_o'+x_2)E(Q(te_o'+x_2),Q(x_1))$$

où D est harmonique homogène de degré r et E de la forme

$$E(\xi,\eta) = \sum_{o}^{s} c_j\, \xi^j \eta^{s-j}$$

En calculant ΔP ,on voit que E doit satisfaire l'équation différentielle

$$(q+2r+1)\partial E/\partial\xi + 2\xi\partial^2 E/\partial\xi^2 + p\,\partial E/\partial\eta + 2\eta\partial^2 E/\partial\eta^2 = 0 .$$

eci équivaut aux relations

$$-\frac{c_j}{c_{j-1}} = \frac{s-j+1}{j} \cdot \frac{p+2s-2j}{q+2r+2j-1} .$$

l est facile de voir que ces relations sont vérifiées par les $E_{r,s}$.Enfin à artir de (10) et avec un peu de patience ,on obtient de facon élémentaire le emme suivant .

emme 7.On a

.) $\partial E_{r,s}/\partial\xi = s\,E_{r+1,s-1}$

) $(2s+r+(p+q-3)/2)E_{r-1,s} = (s+r+(p+q-3)/2)E_{r,s} + (\xi+\eta)sE_{r,s-1}$

) $(2s+r+(p+q-1)/2)\xi E_{r,s} = (r+s+(q-1)/2)(\xi+\eta)E_{r-1,s} + (s+p/2)E_{r-1,s+1}$

appelons que $e_o \in \underline{a}_{\mathbb{R}}$ est défini par $\alpha(e_o)=1$ .Si $\lambda \in \underline{a}'_{\mathbb{C}}$,par abus de notation, n désigne par λ le nombre complexe $\lambda(e_o)$ .Considérons le $\underline{U}$-module X_λ et le ous-espace des invariants de $M_{\theta,\mathbb{R}}$ .On va calculer explicitement l'action de e_o ans ce sous-espace .Commençons par des calculs préliminaires dans l'algèbre de ie su(2,1) .

renons donc $\underline{g}_{\mathbb{R}} = su(2,1)$ et adoptons la présentation de [3] .L'involution de artan est définie par

$$\theta(X) = I\,X\,I \quad \text{où} \quad I = \begin{pmatrix} -1 & 0 & 0 \\ 0 & -1 & 0 \\ 0 & 0 & 1 \end{pmatrix}$$

e sous-espace $\underline{p}_{\mathbb{R}}$ est formé des matrices

$$Z(z,z_1) = \begin{pmatrix} 0 & 0 & \bar{z} \\ 0 & 0 & \bar{z}_1 \\ z & z_1 & 0 \end{pmatrix} \qquad z,z_1 \in \mathbb{C}$$

n pose

$$H = \begin{pmatrix} 0 & 0 & 1 \\ 0 & 0 & 0 \\ 1 & 0 & 0 \end{pmatrix} \qquad \text{et} \quad \underline{a}_{\mathbb{R}} = \mathbb{R}\,H .$$

oient

$$X_1 = \begin{pmatrix} 0 & 1 & 0 \\ -1 & 0 & 1 \\ 0 & 1 & 0 \end{pmatrix} , \quad Y_1 = \begin{pmatrix} 0 & i & 0 \\ i & 0 & -i \\ 0 & i & 0 \end{pmatrix} , \quad X_2 = \begin{pmatrix} i & 0 & -i \\ 0 & 0 & 0 \\ i & 0 & -i \end{pmatrix}$$

t

$$X_{-1} = -\theta(X_1) , \quad Y_{-1} = -\theta(Y_1) , \quad X_{-2} = -\theta(X_2) .$$

On a

$$\mathfrak{g}_{\mathbb{R}}^{1} = \mathbb{R}\, X_1 \oplus \mathbb{R}\, Y_1 \quad , \mathfrak{g}_{\mathbb{R}}^{2} = \mathbb{R}\, X_2 \quad \text{et} \quad Y_1 = (1/2)\, [\theta X_1, X_2] \, .$$

De plus X_1 et Y_1 sont orthogonaux pour B_θ ;la forme de Killing est 6 Tr(XY) .

On a

$$Q(X_1) = Q(Y_1) = Q(X_2) = 2Q(H) = 24 \, .$$

Enfin

$$(\mathrm{Id} - \theta)(u_1 X_1 + v_1 Y_1 + uH + vX_2) = 2\, Z(u+iv, u_1+iv_1) \, .$$

Soit $\mathcal{G}$ un groupe de Lie réel connexe ,d'algèbre de Lie su(2,1) .Soit $\mathcal{G} = \mathcal{K}\mathcal{A}\mathcal{N}$ sa décomposition d'Iwasawa .

Lemme 8 . Soit $k \in \mathcal{K}$;pour $\sigma \in \mathbb{R}$,posons

$$\mathrm{Exp}(-\sigma H)k = k'\, \mathrm{Exp}(\sigma' H)\, n \qquad , \quad k' \in \mathcal{K} \, , \; n \in \mathcal{N} \, .$$

Si

$$\mathrm{Ad}(k)H = Z(z, z_1) \quad \underline{\text{et}} \quad \mathrm{Ad}(k')H = Z(z', z_1')$$

alors

$$\begin{cases} e^{\sigma'} = |\mathrm{ch}(\sigma) - z\, \mathrm{sh}(\sigma)| \\[2mm] z' = \dfrac{z\, \mathrm{ch}(\sigma) - \mathrm{sh}(\sigma)}{-z\, \mathrm{sh}(\sigma) + \mathrm{ch}(\sigma)} \\[4mm] z_1' = \dfrac{z_1}{-z\, \mathrm{sh}(\sigma) + \mathrm{ch}(\sigma)} \end{cases}$$

Il est clair que Ad(k')H ne dépend que de ad(k)H et de σ .De plus on peut rempla-cer $\mathcal{G}$ par SU(2,1) .La matrice k est alors de la forme

$$k = \begin{pmatrix} a & b & 0 \\ c & d & 0 \\ 0 & 0 & D \end{pmatrix} \qquad \text{avec} \quad \begin{pmatrix} a & b \\ c & d \end{pmatrix} \text{ unitaire et } D(ad-bc) = 1 \, .$$

On a de suite

$$\mathrm{Ad}(k)H = Z(D\bar{a}, D\bar{c}) \, .$$

Posons

$$\begin{pmatrix} \mathrm{ch}(\sigma) & 0 & -\mathrm{sh}(\sigma) \\ 0 & 1 & 0 \\ -\mathrm{sh}(\sigma) & 0 & \mathrm{ch}(\sigma) \end{pmatrix} k \in \begin{pmatrix} a' & b' & 0 \\ c' & d' & 0 \\ 0 & 0 & D' \end{pmatrix} \begin{pmatrix} \mathrm{ch}(\sigma') & 0 & \mathrm{sh}(\sigma') \\ 0 & 1 & 0 \\ \mathrm{sh}(\sigma') & 0 & \mathrm{ch}(\sigma') \end{pmatrix}$$

et appliquons les deux membres au vecteur colonne $(1,0,1)^t$;il vient

$$\begin{pmatrix} a\ ch(\sigma) - D\ sh(\sigma) \\ c \\ -a\ sh(\sigma) + D\ ch(\sigma) \end{pmatrix} = \begin{pmatrix} a'\ e^{\sigma'} \\ c'\ e^{\sigma'} \\ D'\ e^{\sigma'} \end{pmatrix}$$

où l'on tire aisément les relations annoncées .Notons que si $z=u+iv$ et $z'=u'+iv'$ ors

$$(2) \begin{cases} u' = \dfrac{u\,ch(2\sigma) - sh(\sigma)ch(\sigma)(1+u^2+v^2)}{|ch(\sigma) - z\ sh(\sigma)|^2} \\ v' = \dfrac{v}{|ch(\sigma) - z\ sh(\sigma)|^2} \end{cases}$$

us aurons aussi besoin du cas de $SO(2,1)=SU(2,1) \cap M_3(\mathbb{R})$ .On prendra pour $\underline{p}_R$ ensemble des matrices

$$Z(u,u_1) = \begin{pmatrix} 0 & 0 & u \\ 0 & 0 & u_1 \\ u & u_1 & 0 \end{pmatrix} \qquad \text{avec } u\ ,\ u_1 \in \mathbb{R}\ .$$

ur So(2,1) la forme quadratique Q vérifie $Q(X_1) = 2\ Q(H) = 4$ et les formules lemme 8 deviennent

$$\begin{cases} e^{\sigma'} = |ch(\sigma) - u\ sh(\sigma)| \\ u' = \dfrac{u\ ch(\sigma) - sh(\sigma)}{-u\ sh(\sigma) + ch(\sigma)} \\ u_1' = \dfrac{u_1}{-u\ sh(\sigma) + ch(\sigma)} \end{cases}$$

it à nouveau $\underline{g}_R$ une algèbre semi-simple de rang 1 ;supposons $q > 0$ .Soient $\in \underline{g}_R^1$ et $e_2 \in \underline{g}_R^2$ tels que

$$Q(e_1) = Q(e_2) = 2\ Q(e_o)\ .$$

sons

$$e_1' = [\theta\, e_1, e_2]/2\ .$$

vérifie sans peine que $Q(e_1') = 2\ Q(e_o)$ et que e_1 et e_1' sont B_θ orthogonaux .Le sultat suivant est du à S.Helgason .

<u>oposition</u> 5 ($q > 0$) .<u>Il existe un et un seul isomorphisme</u> φ <u>de</u> su(2,1) <u>dans qui commute aux involutions de Cartan et tel que</u>

$$\varphi(X_1) = e_1\ ,\ \varphi(Y_1) = e_1'\ ,\ \varphi(X_2) = e_2 \ \underline{\text{et}}\ \varphi(H) = e_o\ .$$

monstration : [3] ,page .

it $\underline{g}_R^*$ l'image de φ .On affecte d'un indice * toutes les notations relatives à $\underline{g}_{\mathbb{R}}^*$

En particulier la décomposition de Cartan de $\underline{g}_R^*$ est

$$\underline{g}_R^* = \underline{k}_R^* \oplus \underline{p}_R^* \qquad \text{avec} \quad \underline{p}_R^* = \underline{p}_R \cap \underline{g}_R^* \qquad \text{etc ...}$$

Les formes Q et Q^* vérifient la relation

$$12\, Q_{|\underline{g}_R^*} = Q(e_o)\, Q^* .$$

On pose

$$Z^*(z,z_1) = \varphi\,(Z(z,z_1)) .$$

Le sous-espace $\underline{p}_R^*$ est l'ensemble des $Z^*(z,z_1)$ et $\underline{c}_R^* = \underline{c}_R \cap \underline{g}_R^*$ est le sous-espace $z_1=0$;enfin on pose $z = u+iv$ .Si $q = 0$,choisissons $e_1 \in \underline{g}_R^1$ tel que $Q(e_1)=2Q(e_o)$. Il existe un et un seul isomorphisme φ de so(2,1) dans $\underline{g}_R$ qui commute aux invo--lutions de Cartan et tel que $\varphi(H) = e_o$ et $\varphi(X_1) = e_1$ .On note encore $\underline{g}_R^*$ l'image de φ et on pose

$$\underline{p}_R^* = \underline{p}_R \cap \underline{g}_R^* \qquad \text{etc ...}$$

Ce dernier est l'ensemble des

$$Z^*(u,u_1) = \varphi\,(Z(u,u_1))$$

et le sous-espace $\underline{c}_R^*$ est défini par $u_1 = 0$;il est égal à $\underline{c}_R = \underline{a}_R$.

Cela étant soient $P \in H'^{M_{\theta,R}}$ et $\lambda \in \mathbb{C}$;posons

$$f_{P,\lambda}(k\mathrm{Exp}(\sigma\, \mathrm{ad}(e_o)n) = P(ke_o)\, e^{-(\lambda+\rho)\sigma} \qquad k \in K_{\theta,R}\ ,\ \sigma \in R\ ,\ n \in N_R .$$

L'application $P \longmapsto f_{P,\lambda}$ est une bijection linéaire de $H'^{M_{\theta,R}}$ sur $X^{M_{\theta,R}}$ .En particulier ,il existe Q tel que

$$e_o\, f_{P,\lambda} = f_{Q,\lambda} .$$

On va calculer Q .Comme Q est harmonique ,il est déterminé par sa restriction à la sphère $\Sigma = K_{\theta,R}\, e_o$ et en fait ,il nous suffit de calculer Q sur la sphère $\Sigma^* = \Sigma \cap \underline{p}_R^*$ .Soit G_R^* le sous-groupe de Lie connexe d'algèbre de Lie $\underline{g}_R^*$. On peut lui appliquer le lemme 8 (ou son équivalent si q = 0) .On a

$$(14) \qquad Q(k\, e_o) = \frac{d}{d\sigma}\,[\, f_{P,\lambda}(\mathrm{Exp}(-\sigma\, \mathrm{ad}(e_o))\, k)]_{|\sigma=0} .$$

Prenons $k \in K_R^* = K_R \cap G_R^*$ .On obtient

$$Q(Z^*(z,z_1)) = \frac{d}{d\sigma}\,[P^*(Z^*(z',z_1'))\, e^{-(\lambda+\rho)\sigma'}]\, _{|\sigma=0} .$$

Cette égalité est valable pour $|z|^2 + |z_1|^2 = 1$ .Supposons P^* de la forme

$$P^*(Z^*(z,z_1)) = D(u,v)\, E(u^2+v^2,\ |z_1|^2)$$

où D est homogène de degré r et E homogène de degré s .A l'aide des formules (12) il vient

$$Q(Z^*(z,z_1)) = \frac{d}{d\sigma}[\ D(u\, \mathrm{ch}(2\sigma) - \mathrm{sh}(\sigma)\mathrm{ch}(\sigma)(1+u^2+v^2), v)\ E((u^2+v^2)\mathrm{ch}^2(\sigma) + \mathrm{sh}^2(\sigma) - u\,\mathrm{sh}(2\sigma)$$

$$\times\ |\mathrm{ch}(\sigma) - z\, \mathrm{sh}(\sigma)\,|^{-\lambda-\rho-2r-2s}\ ]\ _{|\sigma=0} .$$

On en tire

$$15)\ Q(Z^*(z,z_1)) = -(1+u^2+v^2)\frac{\partial D}{\partial u}(u,v)\ E(u^2+v^2,|z_1|^2) - 2uD(u,v)\ \frac{\partial E}{\partial \xi}(u^2+v^2,|z_1|^2)$$

$$+ (\lambda + \rho + 2r + 2s)uD(u,v)\ E(u^2+v^2,|z_1|^2)\ .$$

i $q = 0$,on doit ,dans la formule précédente ,omettre v et remplacer z et z_1 ar u et u_1 .Avec les notations du lemme 6 ,prenons $P = P_{r,s}$ ($P^{\pm}_{r,s}$ si $q=1$) .On a

$$Z^*(z,z_1) = ue_o + v\ Z^*(i,0) + u_1 Z^*(0,1) + v_1 Z^*(0,i)$$

t

$$Q(Z^*(z,z_1)) = Q(e_o)\ (u^2+v^2+|z_1|^2)\ .$$

en déduit que

$$P_{r,s}(Z^*(z,z_1)) = D_r(u,v)E_{r,s}(u^2+v^2,|z_1|^2)$$

ec des modifications évidentes si $q = 0$ ou 1 .Posons

$$\xi = u^2+v^2 \qquad \text{et } \eta = |z_1|^2\ .$$

fin rappelons que (15) n'est valable que pour $\xi + \eta = 1$ .Supposons d'abord que ,r) $\neq$ (1,0) .A l'aide des lemmes 5 et 7 on élimine tout d'abord les dérivées et s termes de la forme uD .On obtient

$$Z^*(z,z_1)) = -r(1+\xi)D_{r-1}E_{r,s} - 2s\ \frac{(q+r-1)D_{r+1} + r\xi D_{r-1}}{q+2r-1}\ E_{r+1,s-1}$$

$$+(\lambda + \rho + 2r + 2s)\ \frac{(q+r-1)D_{r+1} + r\xi D_{r-1}}{q+2r-1}\ E_{r,s}\ .$$

groupons les termes en D_{r+1} et D_{r-1}; il vient

$$Z^*(z,z_1)) = \frac{q+r-1}{q+2r-1}\ D_{r+1}[-sE_{r+1,s-1} + (\lambda + \rho + 2r+2s)E_{r,s}]$$

$$+ \frac{r}{q+2r-1}\ D_{r-1}[-2s\xi E_{r+1,s-1} + (\ \xi(\lambda + 2s+1 + p/2) - (q+2r-1))E_{r,s}]\ .$$

ns le premier crochet ,on transforme $E_{r,s}$ à l'aide de la formule b) du lemme 7 crite pour le couple $(r+1,s)$).On obtient alors un premier terme qui s'écrit

$$\frac{q+r-1}{q+2r-1)(2s+r+(p+q-1)/2)}\ D_{r+1}[(\lambda + \rho + 2r+2s)(r+s+(p+q-1)/2)E_{r+1,s}$$

$$+ s(\lambda + 1 - 2s - p/2)E_{r+1,s-1}\ ]\ .$$

Pour le deuxième terme ,on transforme $\xi E_{r+1,s-1}$ et $\xi E_{r,s}$ à l'aide de la troi--sième formule du lemme 7 .On obtient

$$-2s \frac{(r+s+(q-1)/2)E_{r,s-1} + (s-1+p/2)E_{r,s}}{2s+r+(p+q-3)/2} - (q+2r-1)E_{r,s}$$

$$+ \frac{\lambda+2s+1+p/2}{2s+r+(p+q-1)/2}\left[(r+s+(q-1)/2)E_{r-1,s} + (s+p/2)E_{r-1,s+1}\right] .$$

A l'aide de la deuxième formule du lemme 7 ,on vérifie que ,dans cette dernière expression ,la somme des deux premiers termes vaut

$$-2(r+s+(q-1)/2)E_{r-1,s} .$$

Le terme en D_{r-1} s'écrit donc

$$\frac{r}{(q+2r-1)(2s+r+(p+q-1)/2)} D_{r-1}[(r+s+(q-1)/2)(\lambda-\rho-2r-2s+2)E_{r-1,s}$$

$$+ (s+p/2)(\lambda+2s+1+p/2)E_{r-1,s+1}] .$$

On a donc montré que l'égalité suivante était valable sur Σ^* .

$$(16)\quad Q = \frac{1}{(q+2r-1)(2s+r+(p+q-1)/2)} [(q+r-1)(r+s+(p+q-1)/2)(\lambda+\rho+2r+2s)\, P_{r+1,s}$$

$$+(q+r-1)\, s\, (\lambda-p/2+1-2s)\, P_{r+1,s-1}$$

$$+(r\, (r+s+(q-1)/2)(\lambda-\rho-2r-2s+2)P_{r-1,s}$$

$$+ r\, (s+p/2)(\lambda+p/2+2s+1)\, P_{r-1,s+1}] .$$

Les deux membres sont $M_{\Theta,R}$-invariants donc (16) est valable sur Σ .De plus , les deux membres sont harmoniques donc l'égalité est valable dans $\underline{p}_R$ .Si q = 1 et r=0 ,un calcul analogue donne

$$(17)\quad Q = \frac{1}{4s+p} [(s+p/2)(\lambda+p/2+1+2s)(P^+_{1,s}+P^-_{1,s}) + s(\lambda+1-p/2-2s)(P^+_{1,s-1}+P^-_{1,s-1})]$$

Rappelons que si q=1 alors ,dans les formules (16) ,il faut affecter tous les $P_{r,s}$ du même indice + ou – .Pour q = 0 ,les formules se simplifient .Comme r = ou 1 ,on peut paramétrer par d = 2s+r .Notons P_d au lieu de $P_{r,s}$ .On obtient

$$(18)\quad Q = \frac{1}{2d+p-1} [(d+p-1)(\lambda+p/2+d)P_{d+1} + d((\lambda-p/2+1-d)P_{d-1}] .$$

Il y a une exception pour q=0 ,p=1 et d=0 .Dans ce cas la troisième formule du lemme 7 ne donne rien .Un calcul direct montre que dans ce cas on a

$$Q = \frac{1}{2}(\lambda + \frac{1}{2}) P_1 .$$

ns $f_{r,s,\lambda}$ pour $f_{P_{r,s},\lambda}$,affectés des indices + ou – pour q=1 et ,pour q=0 ,
ns $f_{d,\lambda}$ pour $f_{r,s,\lambda}$ .On a complètement démontré le théorème suivant :

rème 4 (Johnson-Wallach).
q=0 ,on a

$$,\lambda = \frac{1}{2d+p-1} [(d+p-1)(\lambda + p/2 + d) f_{d+1,\lambda} + d(\lambda - p/2 + 1 - d) f_{d-1,\lambda}]$$

si p=1 et d=0 auquel cas on a

$$,\lambda = \frac{1}{2}(\lambda + \frac{1}{2}) f_{1,\lambda} .$$

i q > 1 ,on a

$$e_o f_{r,s,\lambda} = \frac{1}{(q+2r-1)(2s+r+(p+q-1)/2)} [(q+r-1)(r+s+(p+q-1)/2)(\lambda+\rho+2r+2s) f_{r+1,s,\lambda}$$

$$+(q+r-1)\, s\, (\lambda - p/2 + 1 - 2s)\, f_{r+1,s-1,\lambda}$$

$$+ r\, (r+s + (q-1)/2)(\lambda - \rho - 2r - 2s + 2) f_{r-1,s,\lambda}$$

$$+ r\, (s + p/2)(\lambda + p/2 + 2s + 1)\, f_{r-1,s+1,\lambda}]$$

i q= 1 et r> 0 ,alors (20) reste valable pour les $f^{+}_{\dots}$ ou les $f^{-}_{\dots}$;si r=0 ,

$$0,s,\lambda = \frac{1}{4s+p} [(s + p/2)(\lambda + p/2 + 1 + 2s)(f^{+}_{1,s,\lambda} + f^{-}_{1,s,\lambda})$$

$$+ s\, (\lambda + 1 - p/2 - 2s)(f^{+}_{1,s-1,\lambda} + f^{-}_{1,s-1,\lambda})] .$$

rque : si l'un des deux indices r ou s est négatif ,la convention est que
= 0 .

rtir de ce théorème il est possible d'étudier complètement le module X_λ .Nous
contenterons d'étudier le module cyclique X^e_λ .

llaire 1. a) Si q = 0 ,on a

$$X^e_\lambda = \begin{cases} X_\lambda & \text{si } \lambda \notin -p/2 - \mathbb{N} \\ \bigoplus_{d \leq u} X_\lambda(\gamma_d) & \text{si } \lambda = -p/2 - u \text{ avec } u \in \mathbb{N} \end{cases}$$

q > 0 ,on a

$$X^e = \begin{cases} X_\lambda & \underline{\text{si}} \quad \lambda \notin -p/2 -1 -2\,\mathbb{N} \\ \bigoplus_{s \leq u} X_\lambda(\gamma_{r,s}) & \underline{\text{si}} \quad \lambda = -p/2 -1-2u \quad \underline{\text{avec}}\ u \in \mathbb{N}\ \underline{\text{et}}\ u < (q-1)/2 \\ \bigoplus_{r+s \leq (q-1)/2 -u} X_\lambda(\gamma_{r,s}) & \underline{\text{si}}\ \lambda = -p/2 -1-2u\ \underline{\text{avec}}\ u \in \mathbb{N}\ \underline{\text{et}}\ u \geq (q-1)/2 \end{cases}$$

c) <u>Si</u> q= 0 <u>alors</u> X_λ^e <u>est réductible si et seulement si</u> $\lambda \in p/2 + \mathbb{N}$ <u>et si</u> q > 0 , <u>alors</u> X_λ^e <u>est réductible si et seulement si</u> $\lambda \in p/2 +1 +2\,\mathbb{N}$.

En effet si $V \subset X_\lambda$ est un sous-espace invariant alors il existe une partie Γ' de Γ telle que

$$V = \bigoplus_{\gamma \in \Gamma'} X_\lambda(\gamma) .$$

Le sous-espace $W = V^{M_{\theta,\mathbb{R}}}$ est alors invariant par e_0 et égal à

$$W = \bigoplus_{\gamma \in \Gamma'} \mathbb{C}\, f_{\gamma,\lambda} .$$

Inversement si Γ' est une partie de Γ telle que W ,défini ci-dessus ,soit invari[ant] par e_0 alors le sous-espace V associé est invariant .Les formules (20) et les for--mules analogues pour $q \leq 1$ permettent aisément de déterminer les Γ' qui conviennen[t]

Rappelons aussi que si q>0 alors il est impair et p est pair .

Ce corollaire montre qu'en général X_λ est irréductible donc isomorphe à $X_{-\lambda}$ (unic[ité] du module irréductible pour un caractère donné de $\underline{U}^{\underline{k}}$) .Le théorème 4 permet de construire explicitement l'opérateur d'entrelacement .Soit A un tel opérateur . Identifions X_λ et $X_{-\lambda}$ à l'espace vectoriel X des applications $K_{\theta,\mathbb{R}}$-finies de $K_{\theta,\mathbb{R}}$ dans $\mathbb{C}$,invariantes par $M_{\theta,\mathbb{R}}$ .On a la décomposition

$$X = \bigoplus_{\Gamma} X(\gamma)$$

et $K_{\theta,\mathbb{R}}$ opère irréductiblement dans $X(\gamma)$ .Par suite la restriction de A à $X(\gamma)$ est scalaire .Posons

$$A_{|X(\gamma)} = a_\gamma \mathrm{Id}.$$

puis $a_{\gamma_{r,s}} = a_{r,s}$ si q > 0 (avec les indices + ou - si q=1) et de même $a_d = a_{\gamma_d}$ si q = 0 .Il reste à exprimer que A commute à e_0 et il suffit pour cela de considérer le sous-espace $X^{M_{\theta,\mathbb{R}}}$ .Le théorème 4 donne de suite les conditions

$$(21) \qquad a_{d+1} = \frac{-\lambda+p/2 +d}{\lambda +p/2 +d}\, a_d \qquad d \geq 0 \quad \text{pour } q = 0$$

$$(22) \qquad a_{r,s} = \frac{-\lambda+\rho +2(r+s)-2}{\lambda +\rho +2(r+s)-2}\, a_{r-1,s} \qquad \text{pour } r \geq 1 ,\ s \geq 0 \text{ et } q > 1$$

$$a_{r,s} = \frac{-\lambda+p/2-1-2s}{\lambda+p/2-1-2s}\, a_{r+1,s-1} \quad \text{pour } s \geq 1 ,r \geq 0 \text{ et } q > 1$$

q=1 ,les relations (22) et (23) restent valables séparément pour les a^+ et les en convenant que $a^+_{0,0} = a^-_{0,0} = a_{\gamma_{0,0}}$.

pelons qu'on note f_λ l'unique élément de X_λ dont la restriction à $K_{\theta,\mathbb{R}}$ est 1 . on impose la condition $a_{0,0}=1$ alors on aura $Af_\lambda = f_{-\lambda}$ et on peut appliquer le orème 5 du n°3 .Reprenons les notations de ce n°.Soient $\gamma \varepsilon \Gamma$ et V un modèle γ.On note V'_γ le dual de V .Comme $\ell(\gamma)=1$,on a $\dim(V_\gamma^{M_\theta,\mathbb{R}}) = \dim(V'^{M_\theta,\mathbb{R}}) = 1$. E_γ l'espace vectoriel des opérateurs d'entrelacement de V_γ et de H^* ;on a E_γ)=1 .L'application linéaire T^γ_λ de E_γ dans $V'^{M_\theta,\mathbb{R}}_\gamma$ est définie par

$$<e,T^\gamma_\lambda(\sigma)> = P^\gamma_\lambda(\sigma ,e) \qquad e \;\varepsilon\; V^{M_\theta,\mathbb{R}}.$$

n ,pour $\gamma \;\varepsilon\; \Gamma$,l'endomorphisme A_γ de $V^{M_\theta}_\gamma$ associé à A n'est aure autre que la iplication par a_γ.On a donc

$$T^\gamma_{-\lambda} = a_\gamma T^\gamma_\lambda$$

ncore

$$P^\gamma_{-\lambda}(\sigma ,e) = a_\gamma P^\gamma_\lambda(\sigma,e) .$$

btient donc

$$p^\gamma(-\lambda) = a_\gamma p^\gamma(\lambda) .$$

<u>llaire</u> 2 .<u>On a ,à la multiplication par une constante non nulle près</u>

$$p^{\gamma_d}(\lambda) = \prod_0^{d-1} (\lambda+p/2+u) \qquad \underline{\text{si}} \quad q = 0$$

$$p^{\gamma_{r,s}}(\lambda) = \prod_0^{s-1}(\lambda+p/2+2u+1) \prod_0^{r+s-1} (\lambda+\rho+2v) \qquad \underline{\text{si}} \quad q > 0 .$$

ffet si q = 0 les relations (22) et (24) donnent

$$\frac{p^{\gamma_d}(\lambda)}{p^{\gamma_d}(-\lambda)} = \prod_0 \frac{\lambda+p/2+u}{-\lambda+p/2+u}$$

n déduit que p^{γ_d} est de la forme

$$p^{\gamma_d}(\lambda) = t(\lambda) \prod_0^{d-1} (\lambda+p/2+u)$$

est un polynome pair .Mais le corollaire 1 montre que $p^{\gamma_d}(\lambda) \neq 0$ pour $\mathrm{Re}(\lambda) \geq 0$.

Le polynome t est donc constant .On procède de même pour q >0 .Si q=1 ,il faut remplacer dans la formule $\gamma_{r,s}$ par $\gamma^{\pm}_{r,s}$.

Enfin ,en appliquant les théorèmes 3 et 4 du n°3 ,on voit que le module irréductib Z_λ est préhilbertien si et seulement si Re(λ)=0 (série principale unitaire) où si λ est réel et tel que

$$p^\gamma(\lambda)p^\gamma(-\lambda) \geq 0 .$$

D'où

<u>Corollaire</u> 3. a)<u>Si</u> Re(λ)=0 <u>alors</u> Z_λ <u>est préhilbertien</u> .

b) <u>Si</u> λ <u>est réel</u> ,<u>alors</u> Z_λ <u>est préhilbertien si et seulement si</u>

$$0 \leq |\lambda| \leq p/2 \quad \text{si } q=0$$

$$0 \leq |\lambda| \leq p/2 + 1 \quad \text{ou } \lambda = \pm \rho \quad \text{si } q > 0 .$$

5 . Cas d'un groupe de rang quelconque .

reprend les notations du n°3 .Soit $\lambda \in \underline{a}'$;considérons le module X_λ .En posant

$$<f_1,f_2> = \int_{K_{\theta,R}} f_1(k)f_2(k)\,dk \qquad , f_1 \in X_{-\lambda} \text{ et } f_2 \in X_\lambda$$

obtient une forme bilinéaire non dégénérée sur $X_{-\lambda} \times X_\lambda$ .De plus ,pour $u \in \underline{U}$,

a

$$<uf_1\ ,f_2> = <f_1,\ u^t f_2> .$$

ur que $X_\lambda^e = X_\lambda$,il faut et il suffit que la relation

$$<f\ ,X_\lambda^e> = (0) \qquad , \quad f \in X_{-\lambda}$$

plique f = 0 .Comme $X_\lambda^e = \underline{U}\, f_\lambda$,cette condition peut s'écrire

$$<uf\ ,f_\lambda> = 0 \qquad , \quad \text{quel que soit } u \in \underline{U} .$$

fonction f étant analytique et invariante à droite par F ,il suffit de prouver

(1) implique f(e) = 0 .Notons que si (1) est vérifiée ,alors pour tout $h \in A_R^o$

$$\int_{K_{\theta,R}} (uf)(hk)dk = 0$$

cette fonction de h est analytique et a toutes ses dérivées nulles à l'origine.

t B la forme de Killing de $\underline{g}_R$ .Pour toute racine α ,définissons $H_\alpha \in \underline{a}_R$ par

$$\alpha(H) = B(H,H_\alpha) \qquad , \quad H \in \underline{a}_R$$

orème 1 . Soit $\lambda \in \underline{a}'$;on suppose que ,quel que soit $\alpha \in \Delta^+$,on a $\mathrm{Re}(\lambda(H_\alpha)) \geqslant 0$.
s ces conditions $X_\lambda^e = X_\lambda$.

t r le rang réel de $\underline{g}_R$ .D'après le n°4 ,le théorème est vrai pour r = 1 .On cède par récurrence .Dans toute la démonstration on suppose donc le théorème bli pour un groupe de rang au plus r-1 .

r commencer supposons de plus que $\mathrm{Re}\lambda \neq 0$ .Par une méthode classique ,due à ish-Chandra ([2] ou [1]) on va montrer que dans ce cas $X_\lambda^e = X_\lambda$.

ent Σ le système de racines simples et ϕ l'ensemble des racines simples α les que $\mathrm{Re}(\lambda(H_\alpha)) = 0$ .Soit Δ_ϕ^+ l'ensemble des racines positives ,combinaison éaire d'éléments de ϕ .Notons que $\phi \neq \Sigma$ .Soient

$$\underline{v}_R = \oplus\, \underline{g}_R^{-\alpha} \qquad \text{pour } \alpha \in \Delta^+$$
$$\underline{v}'_R = \oplus\, \underline{g}_R^{-\alpha} \qquad \text{pour } \alpha \in \Delta_\phi^+$$

$$\underline{v}''_R = \oplus \underline{g}_R^{-\alpha} \qquad \text{pour } \alpha \in \Delta^+ - \Delta^+_\phi$$

et soient V_R, V'_R et V''_R les sous-groupes analytiques correspondants. On a

$$\underline{v}_R = \underline{v}'_R \oplus \underline{v}''_R \qquad , \quad [\underline{v}'_R , \underline{v}''_R] \subset \underline{v}''_R$$

et

$$V_R = V'_R \cdot V''_R \, .$$

Soit

$$\underline{a}_{\phi,R} = \oplus \, R\, H_\alpha \qquad \text{pour } \alpha \in \phi \, .$$

Soit $\underline{g}_{\phi,R}$ la sous-algèbre engendrée par $\underline{v}'_R$ et $\theta(\underline{v}'_R)$. On a $\underline{g}_{\phi,R} \cap \underline{a}_R = \underline{a}_{\phi,R}$. Soit $G_{\phi,R} \subset G^o_R$ le sous-groupe analytique d'algèbre de Lie $\underline{g}_{\phi,R}$. Il est semi-simple de rang au plus r-1. La décomposition d'Iwasawa de G^o_R induit une décomposition d'Iwasawa de $G_{\phi,R}$. Enfin $G_{\phi,R}$ normalise V''_R et $G_{\phi,R} \cap V_R = V'_R$.

Soit $H \in \underline{a}_R$ tel que $\alpha(H) \geq 0$ pour $\alpha > 0$ et $\alpha(H) = 0$ si et seulement si $\alpha \in \Delta^+_\phi$.

Pour $t \in R$, posons $h_t = \mathrm{Exp}(tH)$. Soit $f \in X_{-\lambda}$ orthogonale à X^e_λ. On a

(2) $$\int_{K_{\theta,R}} f(h_t k)\, dk = 0 \, .$$

En posant, pour $\mu \in \underline{a}'$,

$$< \mu , kan > = a^\mu \qquad , k \in K_{\theta,R} \; , \; a \in A^o_R \; , \; n \in N_R$$

et en normalisant convenablement les mesures de Haar, on a

$$\int_{K_{\theta,R}} f(h_t k)\, dk = \int_{V_R} f(h_t v) <-\lambda-\rho, v>\, dv$$

et (2) équivaut à

$$I(t) = \int_{V_R} f(h_t v h_t^{-1}) <-\lambda-\rho, v>\, dv = 0 \, .$$

On a encore

$$I(t) = \int_{V'_R \times V''_R} f(h_t v' v'' h_t^{-1}) <-\lambda-\rho, v'v''>\, dv' dv'' \, .$$

Notons que h_t commute à $G_{\phi,R}$. Soit $v' = k'a'n'$ la décomposition d'Iwasawa de v'.

Il vient

$$I(t) = \int_{V'_R \times V''_R} f(k' h_t v'' h_t^{-1}) <-2\rho, v'> <-\lambda-\rho, v''> dv' dv'' \, .$$

d t tend vers $+\infty$,on a

$$\lim (h_t v' h_t^{-1}) = e .$$

rons qu'on peut appliquer le théorème de convergence dominée .On a

$$|f(k'h_t v'' h_t^{-1})| < C <\mathrm{Re}\lambda - \rho, h_t v'' h_t^{-1}> .$$

oit donc majorer

$$<\mathrm{Re}\lambda - \rho, h_t v'' h_t^{-1}> \quad < -\mathrm{Re}\lambda - \rho, v''> .$$

μ une forme linéaire réelle sur $\underline{a}_R$ telle que $\mu(H_\alpha) \geq 0$ pour toute racine tive α .Un argument classique ,utilisant les représentations de dimension finie ,] lemme 35 ou [1] page 70) montre que

$$<\mu, v> \geq <\mu, h_t v h_t^{-1}> \geq 1 \qquad \text{pour } v \in V_R \text{ et } t > 0 .$$

$\varepsilon > 0$ tel que ,pour $\alpha > 0$,on ait $(\rho - \varepsilon \mathrm{Re}(\lambda))(H_\alpha) > 0$ .Il vient aisément

$$<\mathrm{Re}(\lambda)-\rho, h_t v'' h_t^{-1}> <-\mathrm{Re}(\lambda)-\rho, v''> \leq <-\rho-\varepsilon\mathrm{Re}(\lambda), v''>$$

l reste à montrer que l'intégrale

$$\int_{V_R''} <-\rho-\varepsilon\mathrm{Re}(\lambda), v''> dv'' < +\infty .$$

cela rappelons que le groupe de Weyl W_1 de Δ_ϕ s'identifie à un sous-groupe roupe de Weyl W de Δ .Soit alors w (resp w_1) l'élément de W (resp W_1) transant toutes les racines positives en racines négatives .On a de suite

$$\Delta^+ - \Delta_\phi^+ = \{ \alpha > 0 \mid ww_1(\alpha) < 0 \} .$$

articulier

$$V_R' = V_R \cap (\mathrm{Int}(ww_1) N_R)$$

3) est un cas particulier des intégrales d'entrelacement .Le choix de ϕ montre est bien dans le domaine de convergence .En passant à la limite ,on a donc

$$0 = \int_{V_R''} <-\lambda-\rho, v''> dv'' \int_{V_R'} <-2\rho, v'> f(k')\, dv' .$$

ormules explicites de [8] montrent que

$$\int_{V_R''} <-\lambda-\rho, v''> dv'' \neq 0 .$$

donc

$$\int_{V_R'} <-2\rho, v'> f(k')\, dv' = 0$$

Soit ρ_ϕ la demi-somme des éléments de Δ^+_ϕ. Pour $H \in \underline{a}_{\phi,R}$, on a $\rho(H) = \rho_\phi(H)$. En effet il suffit de vérifier cette égalité pour $H = H_\alpha$ où $\alpha \in \phi$. Soit s la symétrie par rapport à α. Elle transforme α en $-\alpha$, 2α en -2α et permute entre elles les autres racines positives. Ceci est valable aussi bien pour Δ^+ que pour Δ^+_ϕ. Par suite s définit une permutations de $\Delta^+ - \Delta^+_\phi$. Autrement dit $\rho - \rho_\phi$ est invariant par s ce qui implique notre assertion. L'égalité (4) peut donc s'écrire

$$\int_{V'_R} f(v') <- \rho_\phi , v'> dv' = 0 .$$

Si u appartient à l'algèbre enveloppante de $\underline{g}_{\phi,R}$, on peut dans les calculs précédents remplacer f par uf. Notons que si le théorème est vrai pour G_R il l'est pour tout groupe connexe d'algèbre de Lie $\underline{g}_R$. L'hypothèse de récurrence s'applique donc à $G_{\phi,R}$. On a donc $f(e) = 0$ ce qui achève la démonstration dans ce cas.

Il reste à traiter le cas $Re(\lambda) = 0$ (c'est celui qu'on a utilisé pour $G_{\phi,R}$ ...

Soient $\lambda \in \underline{a}'$ et $w \in W$. On sait qu'il existe un opérateur d'entrelacement

$$A(\lambda, w) : X_\lambda \longrightarrow X_{w(\lambda)} .$$

Plus précisément $A(\lambda, w)$ dépend méromorphiquement de λ. Il n'est pas identiquement nul et on peut le normaliser de sorte que

(5) $$A(\lambda, w) f_\lambda = f_{w(\lambda)} .$$

On a alors

$$A(\lambda, w'w'')f = A(w''(\lambda), w') A(\lambda, w'')f$$

pour $f \in X^e_\lambda$. Si $Re(\lambda) \neq 0$ et si $Re(\lambda(H_\alpha)) \geq 0$ pour $\alpha > 0$, on vient de voir que $X^e_\lambda = X_\lambda$; on aura donc

(6) $$A(\lambda, w'w'') = A(w''(\lambda), w') A(\lambda, w'')$$

et, par prolongement analytique ceci reste valable pour tout λ.

Soit $\gamma \in \Gamma$ et reprenons les notations de la fin du n°3. Notons

$$A^\gamma(\lambda, w) : V'^{M_\theta}_\gamma \longrightarrow V'^{M_\theta}_\gamma$$

l'opérateur associé à $A(\lambda, w)$. On a donc

$$A^\gamma(\lambda, w) T^\gamma_\lambda = T^\gamma_{w(\lambda)} .$$

En passant aux déterminants

(7) $$\mathrm{Det}[A^\gamma(\lambda, w)] \, p^\gamma(\lambda) = p^\gamma(w(\lambda)) .$$

va en déduire une formule explicite pour p^{γ} .

it $\Delta_1^+ \subset \Delta^+$ l'ensemble des racines positives indivisibles .Soit $\alpha \in \Delta_1^+$;
sons

$$\underline{r}_{\alpha} = \underline{a} \oplus \underline{m} \bigoplus_j \underline{g}^{j\alpha} \qquad \text{et} \qquad \underline{g}_{\alpha} = [\underline{r}_{\alpha}, \underline{r}_{\alpha}] \ .$$

sous-algèbre $\underline{r}_{\alpha}$ est réductive de rang 1 et est stable par θ .La sous-algèbre
$_{\alpha}$ est semi-simple .On pose

$$\underline{k}_{\alpha} = \underline{k} \cap \underline{g}_{\alpha} \quad , \underline{m}_{\alpha} = \underline{m} \cap \underline{g}_{\alpha} \qquad \underline{a}_{\alpha} = \underline{a} \cap \underline{g}_{\alpha} = \mathbb{C}\, H_{\alpha}$$

$$\underline{g}_{\alpha,R} = \underline{g}_{\alpha} \cap \underline{g}_R \qquad \text{etc ...}$$

note encore θ la restriction de θ à $\underline{g}_{\alpha}$ .Soit G^{α} le groupe adjoint de $\underline{g}_{\alpha}$;
utilise pour G^{α} les mêmes notations que pour G ,avec un indice α supérieur .
autre part soit $G_{\alpha} \subset G$ le sous-groupe analytique d'algèbre de Lie $\underline{r}_{\alpha}$;il est
nc réductif .Comme $\underline{g}_{\alpha}$ est la partie semi-simple de $\underline{r}_{\alpha}$ on a un homomorphisme
nonique π de G_{α} sur G^{α} .Le noyau de π est le centre Z_{α} de G_{α} .Soient
$_{,\theta} = K_{\theta} \cap G_{\alpha}$ et $M_{\alpha,\theta}$ le centralisateur de $\underline{a}$ dans $K_{\alpha,\theta}$.

__mme__ . 1) $M_{\alpha,\theta} = M_{\theta}$.

2) $\pi(K_{\alpha,\theta}) = K_{\theta}^{\alpha}$ __et__ $\pi(M_{\alpha,\theta}) = M_{\theta}^{\alpha}$.

3) $Z_{\alpha} \cap K_{\alpha,\theta} \subset M_{\alpha,\theta}$.

s sous-groupes $M_{\alpha,\theta}$ et M_{θ} ont même algèbre de Lie .De plus on a évidemment
$_{,\theta} \subset M_{\theta}$.Or $F \subset \mathrm{Exp}(\underline{a}) \subset G_{\alpha}$ donc $F \subset M_{\alpha,\theta}$ ce qui prouve 1) .Notons qu'il existe
F tel que $\sigma_{|\underline{g}^{\alpha}} = -\mathrm{Id}$ .On a alors

$$F^{\alpha} = \{ e, \pi(\sigma) \}$$

où l'on déduit 2) .Enfin 3) est évident .

lemme permet d'identifier canoniquement les espaces homogènes $K_{\alpha,\theta}/M_{\alpha,\theta}$ et
$/M_{\theta}^{\alpha}$ .Si Γ_{α} désigne l'ensemble des classes d'équivalence de représentations
lomorphes irréductibles de $K_{\alpha,\theta}$ qui possèdent un vecteur invariant par $M_{\alpha,\theta}$,
ors ce vecteur est unique à la multiplication par un scalaire près et on peut
entifier Γ_{α} et Γ^{α} .

ent $\gamma \in \Gamma$ et $W \subset V_{\gamma}$ le $K_{\alpha,\theta}$ -module engendré par $V_{\gamma}^{M_{\theta}}$ .Le module W se
compose en sous-modules irréductibles :

(8) $W = \oplus\ W_i$.

La classe δ_i de W_i appartient à Γ_α ;en particulier il y a $\ell(\gamma)$ termes dans cette décomposition.Considérons les δ_i comme des éléments de Γ^α .

Soit $\lambda \in \underline{a}'$;posons

(9) $$\lambda_\alpha = \lambda(H_\alpha)\ /B(H_\alpha,H_\alpha) \qquad (\alpha(H) = B(H,H_\alpha)) .$$

Soit p_α (resp q_α) la multiplicité de α (resp 2α) .Soit

$$t_\alpha^\gamma(\lambda) = \prod_1^{\ell(\gamma)} p^{\delta_i}(\lambda_\alpha)$$

et

$$t^\gamma(\lambda) = \prod_{\alpha \in \Delta_1^+} t_\alpha^\gamma(\lambda_\alpha) .$$

<u>Lemme</u> .<u>Pour</u> <u>tout</u> <u>élément</u> w <u>de</u> W <u>on</u> <u>a</u>

$$\mathrm{Det}[\ A^\gamma(\lambda\ ,w)]\ t^\gamma(\lambda\ ) = t^\gamma(w(\lambda\ )) .$$

Il suffit de le prouver lorsque w est la symétrie s par rapport à une racine simple β .Choisissons un représentant de s dans $K_{\beta,\theta}$ et notons le encore s . Cet élément normalise M_θ .L'automorphisme intérieur Int(s) opère trivialement sur Γ .De plus si $\alpha \in \Delta_1^+ - \{\beta\}$ alors Int(s) transforme G_α en $G_{s(\alpha)}$. On en déduit que $t_\alpha^\gamma(\lambda) = t_{s\alpha}^\gamma(s\lambda)$ et on est réduit à vérifier que

$$* \qquad \mathrm{Det}[A^\gamma(\lambda\ ,s)]\ t_\beta^\gamma(\lambda) = t_\beta^\gamma(s\lambda) .$$

Soit $V_R' = \mathrm{Exp}(\underline{g}_R^{-\beta} + \underline{g}_R^{-2\beta})$ .Pour $v' \in V_R'$,posons $v' \in k_{v'} A_R^o N_R$ .Par définition des intégrales d'entrelacement ,on a

$$A^\gamma(\lambda\ ,s)a = \int_{V_R'} \langle -\lambda - \rho ,v'\rangle\ (sk_v)a\ dv' \qquad a \in V_\gamma'^{M_\theta}.$$

Comme β est simple , on a $\rho(H_\beta) = \rho^\beta(H_\beta)$ où ρ^β est la demi-somme des racines positives relativement à G^β.Si $V'' = \pi(V')$,on en déduit que

$$A^\gamma(\lambda\ ,s)\ a = \int_{V''} \langle -\lambda_{|\mathbb{R} H_\beta} - \rho^\beta ,v''\rangle\ \pi(s)k_{v''}\ a\ dv'' .$$

On a ainsi fait apparaitre les intégrales d'entrelacement pour le groupe de rang un G^β .Soit $W' \subset V_\gamma'$ le $K_{\beta,\theta}$ -module engendré par $V_\gamma'^{M_\theta}$ .Il s'identifie au module contragrédient de W .Si on considère W et W' comme des $K_{\theta,}^\beta$ modules alors $V_\gamma'^{M_\theta} = V_\gamma'$ La décomposition $W = \oplus\ W_i$ correspond à une diagonalisation de $A^\gamma(\lambda\ ,s)$ et * est tenant évident .

omparant avec la formule (7) on en déduit que

$$f(\lambda) = p^{\delta}(\lambda)/t^{\gamma}(\lambda)$$

une fraction rationelle invariante par le groupe de Weyl .Prenons λ tel que $\alpha \in \Delta^{+}$ on ait $Re(\lambda_{\alpha}) \geq 0$ .Les formules explicites du n°4 montrent que $t^{\gamma}(\lambda)$ non nul .Par invariance de f il en résulte que f est partout définie donc est olynome .De plus ,modulo l'hypothèse de récurrence , on sait que $Re(\lambda) \neq 0$ et $_{\alpha}) \geq 0$ pour $\alpha > 0$ implique $p^{\gamma}(\lambda) \neq 0$ .Autrement dit les zéros de f sont enus dans la sous variété réelle $Re(\lambda) = 0$ .Si $r > 1$ ceci montre que f est une tante non nulle .Finalement p^{γ} étant un multiple de t^{γ} est non nul pour $Re(\lambda)=0$ ui achève la démonstration du théorème 1 .

<u>rème</u> 2 .<u>Il existe une constante</u> $c \neq 0$ <u>telle que</u>

$$p^{\gamma}(\lambda) = c\, t^{\gamma}(\lambda) .$$

ient de le démontrer .

expliciter les résultats définitifs ,il nous reste à remarquer que ,pour tout Δ_1^{+} et tout $\delta \in \Gamma^{\alpha}$,il existe $\gamma \in \Gamma$ tel que δ soit la classe de l'un des W_i interviennent dans la décomposition (8) .C'est une conséquence directe du rème de Frobenius sur les représentations induites .

$\alpha \in \Delta_1^{+}$, posons

$$\ell_{\alpha} = \tfrac{1}{2} p_{\alpha} \quad \text{si } q_{\alpha} = 0 \quad \text{et} \quad \ell_{\alpha} = \tfrac{1}{2} p_{\alpha} + 1 \text{ si } q_{\alpha} > 0$$

$$n_{\alpha} = 1 \quad \text{si } q_{\alpha} = 0 \quad \text{et} \quad n_{\alpha} = 2 \quad \text{si } q_{\alpha} > 0 .$$

<u>rème</u> 3 . <u>Pour que</u> $X_{\lambda}^{e} \neq X_{\lambda}$,<u>il faut et il suffit qu'il existe</u> $\alpha \in \Delta_1^{+}$ <u>tel que</u>

$$\lambda_{\alpha} \in -\ell_{\alpha} - n_{\alpha}\mathbb{N} .$$

pelons que λ_{α} est défini par (9)) .Cela résulte des formules explicites du .On sait que

$$r^{\gamma}(\lambda) = \overline{p^{\gamma}(-\bar{\lambda})}\, p^{\gamma}(\lambda) ,$$

<u>rème</u> 4.<u>Pour que</u> X_{λ} <u>soit réductible il faut et il suffit qu'il existe</u> $\alpha \in \Delta_1^{+}$ <u>tel que</u>

$$\lambda_{\alpha} \in \mathbb{R} \quad \text{et} \quad |\lambda_{\alpha}| \in \ell_{\alpha} + n_{\alpha}\mathbb{N} .$$

<u>articulier si</u> $Re(\lambda) = 0$, <u>alors</u> $X_{\lambda}^{e} = X_{\lambda}$ <u>est irréductible</u> .

BIBLIOGRAPHIE

[1] M. DUFLO , Représentations irréductibles des groupes semi-simples complexes , Analyse harmonique sur les groupes de Lie ,Lecture notes in Math. n° 497 ,Springer Verlag .

[2] HARISH-CHANDRA ,Spherical functions on semi-simple Lie groups I ,Amer.J.Math ,

[3] S.HELGASON ,A duality for symmetric spaces with applications to group representations , Advances in Math. Vol 5 ,1970

[4] K.D.JOHNSON and N.R.WALLACH , Composition series and intertwinning operators for the spherical principal series I ,II Trans. Am. Math, Soc

[5] B.KOSTANT ,On the existence and irreducibility of certain series of representations , Summer school on group representations ,Budapest 1971 .

[6] B.KOSTANT and S.RALLIS ,Orbits and Lie groups representations associated to symmetris spaces , Amer.J.Math 93 ,1971 .

[7] J.LEPOWSKI , Conical vectors in induced modules ,Trans. Am.Mtah. Soc 208,1975

[8] G.SCHIFFMANN ,Intégrales d'entrelacement et fonctions de Whittaker ,Bull.Soc. Math. France ,91 ,1971

[9] Séminaire Sophus Lie .

QUELQUES RESULTATS SUR L'ANALYSE HARMONIQUE DANS L'ESPACE SYMETRIQUE NON COMPACT DE RANG 1 DU TYPE EXCEPTIONNEL.

- Reiji TAKAHASHI -

Soit X un espace riemannien symétrique de rang 1 du type non compact. sait que $X = G/K$ où G est un groupe de Lie connexe, simple, non compact et centre fini, K un sous-groupe compact maximal de G et, si $G = KAN$ est une composition d'Iwasawa, on a $\dim A = 1$ (G est de rang réel 1). D'après la assification, il y a 3 séries d'espaces hyperboliques classiques correspondant x groupes du type Lorentz, $SO_o(1,n)$, $SU(1,n)$ et $Sp(1,n)$ sur les corps $\mathbb{C}$ et $\mathbb{H}$ respectivement et une classe exceptionnelle formée par le "plan perbolique des octonions" correspondant au groupe exceptionnel $F_{4(-20)}$. uf dans le cas du corps $\mathbb{R}$, la frontière de Furstenberg K/M de G/K , où M t le centralisateur de A dans K , n'est pas un espace symétrique ; cependant, peut montrer que (K,M) est un couple de Gelfand, à savoir l'algèbre de convo-tion des fonctions sur K biinvariantes par M est commutative, ce qui permet appliquer la théorie de Gelfand sur les fonctions sphériques. Ceci a des consé-ences intéressantes pour l'analyse harmonique de K/M et ensuite de G/K , par s raisonnements bien connus ; par exemple, la décomposition en composantes irré-ctibles de la représentation régulière de K dans $L^2(K/M)$ est sans multipli-té (Kostant [6]), d'où un résultat analogue sur les représentations irréducti-es de G de classe 1 par rapport à K .

Malheureusement notre démonstration de la commutativité dépend de la assification, i.e. il faut considérer le cas classique et le cas exceptionnel parément. Nous avons exposé le cas classique ailleurs [8] et le but du présent avail est de traiter le cas du groupe exceptionnel $F_{4(-20)}$. On connaît un rtain nombres de travaux sur ce groupe, par exemple Johnson [5] , Tits [9] , kota [10] ; cependant, nous avons pensé utile de présenter une construction elque peu différente, mieux adaptée à notre besoin. Pour faciliter la lecture, a exposé en assez grands détails les résultats classiques sur les octonions et principe de trialité (§.1, §.2) ; pour cette partie et pour le groupe exception-l compact $F_{4(-52)}$, l'auteur s'est grandement inspiré du livre :

Yokota, Gun to Hyôgen (groupes et représentations), Shôkabô, Tokyo, 1973 (en ponais).

Comme applications, nous calculons d'abord (§.7) l'intégrale de Poisson explicitement et ensuite (§.8) nous construisons la série complémentaire de Kostant.

1. Algèbre des octonions.

Soit $\mathbb{O}$ le produit $\mathbb{H}\times\mathbb{H}$ muni de la structure d'espace vectoriel sur $\mathbb{R}$ idente et de la loi de multiplication :

) $$(x,y)(x',y') = (xx' - \bar{y}'y,\ y\bar{x}' + y'x) \quad .$$

C'est alors une algèbre (non commutative, non associative, mais alternative oir (12) ci-dessous) , de dimension 8 sur $\mathbb{R}$, admettant les éléments :

$$e_0 = (1,0),\ e_1 = (i,0),\ e_2 = (j,0),\ e_3 = (k,0),$$

$$e_4 = (0,1),\ e_5 = (0,i),\ e_6 = (0,k),\ e_7 = (0,j)$$

ur une base. On a

) $$\left\{\begin{array}{l} e_0e_i = e_ie_0 = e_i \quad (0 \leqslant i \leqslant 7),\quad e_i^2 = -e_0 \quad (1 \leqslant i \leqslant 7), \\ e_ie_j + e_je_i = 0 \quad (1 \leqslant i,j \leqslant 7,\ i \neq j) \quad . \\ e_1e_2 = e_3,\ e_1e_4 = e_5,\ e_1e_6 = e_7\ ;\ e_2e_4 = e_7,\ e_3e_4 = e_6\ ;\ e_2e_5 = e_6 \quad . \end{array}\right.$$

On identifie l'élément unité e_0 à 1, donc $\mathbb{R}e_0$ à $\mathbb{R}$. On définit une njugaison $x \mapsto \bar{x}$ par

) $$\bar{x} = \xi_0 - \xi_1e_1 - \dots - \xi_7e_7 \quad \text{pour} \quad x = \xi_0 + \xi_1e_1 + \dots + \xi_7e_7 \quad .$$

a

) $$\overline{xy} = \bar{y}\,\bar{x} \quad \text{et} \quad \bar{\bar{x}} = x \quad .$$

On appelle la partie réelle de x et on note $\mathrm{Re}(x)$ le nombre réel $\bar{x}$.

ors

) $$\mathrm{Re}(xy) = \mathrm{Re}(yx),\quad \mathrm{Re}(x(yz)) = \mathrm{Re}((xy)z) \quad \text{pour } x,y,z \in \mathbb{O} \quad .$$

définit un produit scalaire (réel) dans $\mathbb{O}$ par

) $$(x|y) = \mathrm{Re}(x\bar{y}) = \mathrm{Re}(\bar{x}y) = \xi_0\eta_0 + \xi_1\eta_1 + \dots + \xi_7\eta_7 \quad ,$$

ur $x = \xi_0 + \xi_1e_1 + \dots + \xi_7e_7$ et $y = \eta_0 + \eta_1e_1 + \dots \eta_7e_7$.

norme correspondante $|x| = (x|x)^{\frac{1}{2}}$ satisfait alors à

) $$|xy| = |x|\,|y| \quad \text{quels que soient } x,y \in \mathbb{O} \quad ,$$

où résulte que $\mathbb{O}$ est une algèbre de division, car $x^{-1} = |x|^{-2}\,\bar{x}$ pour $x \neq 0$

On démontre les propriétés suivantes :

) $$(au|av) = (a|a)(u|v) = (ua|va) \quad ,$$

) $$(au|bv) + (bu|av) = 2(a|b)(u|v) \quad ,$$

(10) $(au|v) = (u|\bar{a}v)$, $(ua|v) = (u|v\bar{a})$,

(11) $a(\bar{a}u) = (a\bar{a})u$, $a(u\bar{a}) = (au)\bar{a}$, $u(a\bar{a}) = (ua)\bar{a}$,

(12) $a(au) = (aa)u$, $a(ua) = (au)a$, $u(aa) = (ua)a$,

(13) $\bar{b}(au) + \bar{a}(bu) = 2(a|b)u = (ua)\bar{b} + (ub)\bar{a}$,

(14) $(au)v + u(va) = a(uv) + (uv)a$,

(15) $(ua)v + (uv)a = u(av) + u(va)$,

(16) $(au)v + (ua)v = a(uv) + u(av)$,

(17) $(au)(va) = a(uv)a$ (Formule de Moufang),

(18) Si $\{1, a_1, \ldots, a_7\}$ est une base orthonormée de $\mathbb{O}$, on a

(i) $a_i(a_j u) = - a_j(a_i u)$ pour $i \neq j$; en particulier $a_i a_j + a_j a_i = 0$

(ii) $a_i(a_i u) = - u$; en particulier $a_i^2 = -1$;

(iii) $a_i(a_j a_k) = a_j(a_k a_i) = a_k(a_i a_j)$ pour $i \neq j \neq k \neq i$.

LEMME.

Si on a $au = ua$ quel que soit $u \in \mathbb{O}$, alors $a \in \mathbb{R}$. Si on a $(uv)a = u(va)$ quels que soient $u,v \in \mathbb{O}$, alors $a \in \mathbb{R}$.

Pour la démonstration de ces résultats, on pourra consulter le mémoire suivant de Freudenthal : Oktaven, Ausnahmegruppen und Oktavengeometrie, Utrecht, 1951.

§.2. Le principe de trialité dans SO(8) et le groupe exceptionnel $G_{2(-14)}$

A l'aide de la base $\{1, e_1, \ldots, e_7\}$ de $\mathbb{O}$, on identifie l'espace euclidien $\mathbb{R}^8$ à $\mathbb{O}$ et le groupe orthogonal $O(8)$ au groupe orthogonal $O(\mathbb{O})$ de $\mathbb{O}$ par rapport au produit scalaire $(x|y)$. On identifie le groupe $O(7)$ au sous-groupe de $O(8)$ laissant fixe la première coordonnée, ce qui fait que $O(7)$ est identifié au sous-groupe de $O(\mathbb{O})$ des éléments α tels que $\alpha(1) = 1$. Soit $G_{2(-14)}$ le groupe Aut $(\mathbb{O})$ des automorphismes de $\mathbb{O}$, c'est-à-dire des bijections linéaires α de $\mathbb{O}$ sur $\mathbb{O}$ telles que

(1) $\alpha(uv) = \alpha(u)\alpha(v)$ quels que soient $u,v \in \mathbb{O}$.

LEMME 1.

$G_{2(-14)}$ est un sous-groupe de $O(7)$.

En effet, si α est un automorphisme de $\mathbb{O}$, on a $\alpha(1) = 1$ en faisant $u = v = 1$ dans (1). Pour $u = v = e_i$, $1 \leqslant i \leqslant 7$, dans (1), on a $\alpha(e_i)^2 = -1$ donc $|\alpha(e_i)| = 1$ et $\overline{\alpha(e_i)} = - \alpha(e_i)$ (grâce à (1.11) . Il en résulte que

$$\overline{\alpha(u)} = \alpha(\bar{u}) \quad \text{pour tout} \quad u \in \mathbb{O} ,$$

t $|\alpha(u)|^2 = \alpha(u)\,\overline{\alpha(u)} = \alpha(u)\,\alpha(\bar{u}) = \alpha(u\bar{u}) = |u|^2\,\alpha(1) = |u|^2$,

e qui démontre notre assertion.

EMME 2.

Le stabilisateur de e_1 dans $G_{2(-14)}$ est isomorphe à $SU(3)$.

Soit $H = \{\alpha \in G_{2(-14)} \mid \alpha(e_1) = e_1\}$. Pour $2 \leqslant i \leqslant 7$, $(e_i|e_1) = 0$ ntraîne que $(\alpha(e_i)|e_1) = 0$; comme d'autre part on sait que $(\alpha(e_i)|1) = 0$, n a

$$\alpha(e_2) = ae_2 + be_3 + ce_4 + de_5 + ee_6 + fe_7 \quad \text{avec } a,b,c,d,e,f \in \mathbb{R} ,$$

$$\alpha(e_4) = a'e_2 + b'e_3 + c'e_4 + d'e_5 + e'e_6 + f'e_7 \quad , a',b', \ldots, f' \in \mathbb{R} ,$$

$$\alpha(e_6) = a''e_2 + b''e_3 + c''e_4 + d''e_5 + e''e_6 + f''e_7 \quad , a'',b'', \ldots, f'' \in \mathbb{R} ;$$

mme

$e_3 = e_1e_2$, $e_5 = e_1e_4$, $e_7 = e_1e_6$, on trouve que

$$\alpha(e_3) = e_1\alpha(e_2) = -be_2 + ae_3 - de_4 + ce_5 - fe_6 + ee_7 ,$$

$$\alpha(e_5) = e_1\alpha(e_4) = -b'e_2 + a'e_3 - d'e_4 + c'e_5 - f'e_6 + e'e_7 ,$$

$$\alpha(e_7) = e_1\alpha(e_6) = -b''e_2 + a''e_3 - d''e_4 + c''e_5 - f''e_6 + e''e_7 ,$$

: qui fait que la matrice α est de la forme suivante :

$$\alpha = \begin{pmatrix} 1 & 0 & 0 & 0 & 0 & 0 & 0 \\ 0 & a & -b & a' & -b' & a'' & -b'' \\ 0 & b & a & b' & a' & b'' & a'' \\ 0 & c & -d & c' & -d' & c'' & -d'' \\ 0 & d & c & d' & c' & d'' & c'' \\ 0 & e & -f & e'' & -f' & e'' & -f'' \\ 0 & f & e & f' & e' & f'' & e'' \end{pmatrix} .$$

on lui fait correspondre la matrice $\begin{pmatrix} a+bi & a'+b'i & a''+b''i \\ c+di & c'+d'i & c''+d''i \\ e+fi & e''+f'i & e''+f''i \end{pmatrix}$, on véri-

e que cette dernière appartient à $U(3)$, même à $SU(3)$; réciproquement, on ut remonter la construction pour voir que H est isomorphe à $SU(3)$.

MME 3. $G_{2(-14)}/SU(3) \approx S^6$.

Pour voir ceci, on fait opérer $G_{2(-14)}$ sur la sphère S^6 identifiée à u $\in \mathbb{O} \mid |u| = 1$ et $\mathrm{Re}(u) = (u|1) = 0\}$. Montrons que $G_{2(-14)}$ opère transi- vement sur S^6 . Pour $a_1 \in S^6$ donné, i.e. $|a_1| = 1$, $(a_1|1) = 0$, on construire une base orthonormée $\{1, a_1, \ldots, a_7\}$ de $\mathbb{O}$ et on va définir $\in O(8)$ par $\alpha(e_i) = a_i$ pour $1 \leqslant i \leqslant 7$, $\alpha(1) = 1$.

Soit $a_2 \in S^6$ un élément tel que $(a_1|a_2) = 0$ (et $(a_2|1) = 0$, $|a_2| = 1$)

posons $a_3 = a_1 a_2$. Soit a_4 un élément de S^6 tel que

$$(a_4|a_i) = 0 \quad \text{pour} \quad i = 1,2,3,$$

et posons $a_5 = a_1 a_4$, $a_6 = a_3 a_4$ et $a_7 = a_2 a_4$.

On montre que $\{1, a_1, \ldots, a_7\}$ est une base orthonormée de $\mathbb{O}$ (il faut vérifier les $\binom{8}{2} = 28$ relations $(a_i|a_j) = 0$, dont une partie est triviale).

L'application α définie par $\alpha(e_i) = a_i$ est donc un élément de $O(7)$. Pour voir que $\alpha \in G_{2(-14)}$, il suffit de voir que $\alpha(e_i e_j) = \alpha(e_i)\alpha(e_j)$ pour $1 \leqslant i < j \leqslant$ à savoir pour 21 couples (i,j) .

Comme le sous-groupe d'isotropie de e_1 est (isomorphe à) $SU(3)$, on a le résultat.

Théorème 1 -

$G_{2(-14)}$ est un groupe compact, connexe et simplement connexe de dimension 14 contenu dans $SO(7)$.

D'après notre identification, l'algèbre de Lie $\underline{d}_4 = \underline{so}(8)$ de $SO(8)$ est l'algèbre des endomorphismes X de $\mathbb{O}$ tels que

$$(Xu|v) + (u|Xv) = 0 \quad \text{quels que soient} \quad u, v \in \mathbb{O} \quad ,$$

ou encore des matrices X anti-symétriques : ${}^t X + X = 0$. La sous-algèbre $\underline{b}_3 = \underline{so}(7)$ de $\underline{d}_4$ correspondant à $SO(7)$ est formée par les X qui vérifient de plus la relation $X1 = 0$. L'algèbre de Lie $\underline{g}_{2(-14)}$ de $G_{2(-14)}$ est l'algè gre de Lie $\text{Der}(\mathbb{O})$ des dérivations X de $\mathbb{O}$, c'est-à-dire les endomorphismes de $\mathbb{O}$ tels que

$$(2) \qquad (Xu)v + u(Xv) = X(uv) \quad \text{quels que soient} \quad u, v \in \mathbb{O} \quad .$$

D'après ce qui précède, $\underline{g}_{2(-14)} \subset \underline{b}_3$; par conséquent, les dérivations X de $\mathbb{O}$ vérifient toujours $(Xu|v) + (u|Xv) = 0$ et $X1 = 0$ pour $u,v \in \mathbb{O}$, qu'on peut démontrer directement.

Posons

$$(3) \qquad G_{ij} = E_{ij} - E_{ji} = \begin{pmatrix} \overset{i}{} & \overset{j}{} \\ \cdots\cdots & \cdots 1\cdots \\ \cdots\cdots & -1\cdots\cdots \end{pmatrix} \quad \text{pour} \quad 0 \leqslant i < j \leqslant 7 \quad .$$

Alors G_{ij} forme une base de $\underline{d}_4$. On va définir une seconde base comme suit On pose :

$$(4) \qquad F_{i0}\, u = \frac{1}{2}\, e_i u \quad \text{et} \quad F_{0i} = -F_{i0} \quad \text{pour} \quad 1 \leqslant i \leqslant 7 \quad ;$$

$$F_{ij}\, u = \frac{1}{2}\, (e_j(e_i u)) \quad \text{pour} \quad 1 \leqslant i, j \leqslant 7, \quad i \neq j \quad .$$

remarquera que $F_{ji} = -F_{ij}$ en vertu de (1.18.i).

MME 4.

(i) $F_{ij} \in \underline{d}_4$; (ii) les F_{ij}, $0 \leqslant i < j \leqslant 7$, forment une base de $\underline{d}_4$ et

ii) si on définit une application linéaire π de $\underline{d}_4$ en posant $\pi(G_{ij}) = F_{ij}$

ors π est un automorphisme de l'algèbre de Lie $\underline{d}_4$.

L'application linéaire κ de $\underline{d}_4$ définie par

) $$(\kappa X)(u) = \overline{X(\overline{u})} \quad \text{pour} \quad u \in \mathbb{O} \quad ,$$

t un automorphisme de $\underline{d}_4$. On définit un automorphisme ν de $\underline{d}_4$ par

) $$\nu = \pi\,\kappa \ .$$

Pour $a \in \mathbb{O}$, définissons les endomorphismes L_a, R_a et T_a comme suit :

) $$L_a u = au, \quad R_a u = ua \quad \text{et} \quad T_a u = au + ua = (L_a + R_a)u \quad .$$

MME 5.

Soit $a \in \mathbb{O}$ tel que $\mathrm{Re}(a) = 0$. Alors les endomorphismes L_a, R_a et T_a

partiennent à $\underline{d}_4$ et l'on a

) $$\kappa(L_a) = -R_a \ , \quad \kappa(R_a) = -L_a \ , \quad \kappa(T_a) = -T_a \quad ;$$

) $$\pi(L_a) = T_a \ , \quad \pi(R_a) = -R_a \ , \quad \pi(T_a) = L_a \quad ;$$

0) $$\nu(L_a) = R_a \ , \quad \nu(R_a) = -T_a \ , \quad \nu(T_a) = -L_a \quad .$$

MARQUE.

On a : $$L_{e_i} = 2F_{i0} \ , \ T_{e_i} = -2G_{0i} \quad .$$

ur voir que $L_a \in \underline{d}_4$, il faut montrer que $(L_a u|v) + (u|L_a v) = 0$, i.e.

$u|v) + (u|av) = 0$; mais on a, d'après (1.10), $(au|v) = (u|\overline{a}v)$ et comme

$= -a$ par hypothèse, on a $(au|v) = -(u|av)$. On montre de même que

$\in \underline{d}_4$ et donc $T_a \in \underline{d}_4$. La première relation de (8) signifie que $\overline{(a\overline{u})} = -ua$

qui est vrai parce que $\overline{a} = -a$. Les relations (9) résultent de la remarque

-dessus.

Comme $L_{e_i} = 2F_{i0}$ et $[L_{e_i}, L_{e_j}] = 4[F_{i0}, F_{j0}] = -4\,F_{ij}$ pour $i \neq j$,

a le lemme suivant :

MME 6.

Pour tout $X \in \underline{d}_4$, on peut trouver un nombre fini d'éléments a, b_i, c_i

ns $\mathbb{O}$ tels que $\mathrm{Re}(a) = \mathrm{Re}(b_i) = \mathrm{Re}(c_i) = 0$ et $X = L_a + \Sigma\,[L_{b_i}, L_{c_i}]$.

THEOREME 2.

Pour tout $X_1 \in \underline{d}_4$, il existe $X_2, X_3 \in \underline{d}_4$ tels que l'on ait

(11) $(X_1 u)v + u(X_2 v) = X_3(uv)$ quels que soient $u, v \in \mathbb{O}$;

ces éléments X_2, X_3 sont déterminés de façon unique pour X_1 et on a

(12) $X_2 = \nu(X_1), X_3 = \pi(X_1)$.

Démonstration.

L'identité (1.14) : $(au)v + u(va) = a(uv) + (uv)a$ s'écrit, pour $a \in \mathbb{O}$ $\mathrm{Re}(a) = 0$, sous la forme

(13) $(L_a u)v + u(R_a v) = T_a(uv)$ pour $u, v \in \mathbb{O}$;

En écrivant (13) pour b, $\mathrm{Re}(b) = 0$ et en calculant $T_a(T_b(uv))$, il vient

$$T_a T_b(uv) = (L_a L_b u)v + (L_b u)(R_a v) + (L_a u)(R_b v) + u(R_a R_b v) \quad ;$$

en échangeant a et b et en retranchant, on trouve

(14) $([L_a, L_b]u)v + u([R_a,R_b]v) = [T_a, T_b](uv)$.

Le lemme 6 montre donc que, si $X_1 = L_a + \Sigma\, [L_{b_i}, L_{c_i}]$, on a la relation (12), en posant

$$X_2 = R_a + \Sigma\, [R_{b_i}, R_{c_i}] \quad \text{et} \quad X = T_a + \Sigma\, [T_{b_i}, T_{c_i}] \quad .$$

Les formules (9) et (10) montrent que l'on a (12). Montrons l'unicité : soient X_2', X_3' tels que $(X_1 u)v + u(X_2' v) = X_3'(uv)$; on a alors, pour $X_2'' = X_2 - X_2'$ et $X_3'' = X_3 - X_3'$, $u(X_3'' v) = X_3''(uv)$ quels que soient $u,v \in \mathbb{O}$ En faisant $u = 1$, on a $X_2'' v = X_3'' v$ donc $X_2'' = X_3''$; soit $a = X_2'' 1$; alors e faisant $v = 1$, il vient : $ua = X_2'' u$ et donc $u(va) = (uv)a$ quels que soie $u, v \in \mathbb{O}$, d'où résulte que $a \in \mathbb{R}$; mais alors $2a = 2(a|1) = (a|1) + (1|$ $= (X_2'' 1|1) + (1|X_2'' 1) = 0$, ce qui montre bien que $X_2'' = X_3'' = 0$.

COROLLAIRE.

L'algèbre de Lie $\underline{g}_{2(-14)}$ est formée par les $X \in \underline{d}_4$ tels que $X = \nu X$ et $X = \pi X$.

THEOREME 3.

(Principe de trialité). Pour tout $\alpha_1 \in SO(8)$, il existe $\alpha_2, \alpha_3 \in SO($ tels que l'on ait

(15) $\alpha_1(u)\, \alpha_2(v) = \alpha_3(uv)$ quels que soient $u, v \in \mathbb{O}$.

s éléments sont déterminés pour α_1 d'une façon unique au signe près, c'est-à-re, si on a $\alpha_1(u)\,\alpha'_2(v) = \alpha'_3(uv)$ quels que soient $u, v \in \mathbb{O}$, alors ou bien $\alpha'_2 = \alpha_2$ et $\alpha'_3 = \alpha_3$, ou bien $\alpha'_2 = -\alpha_2$ et $\alpha'_3 = -\alpha_3$.

monstration.

Soit $X_1 \in \underline{d}_4$ tel que $\alpha_1 = \exp X_1 = \sum_{n=0}^{\infty} X_1{}^n/n!$; soient X_2, X_3 les ux éléments de $\underline{d}_4$ tels que

$$(X_1u)v + u(X_2v) = X_3(uv) \quad \text{quels que soient } u, v \in \mathbb{O} \quad ;$$

en déduit par récurrence la relation

$$X_3{}^n(uv) = \sum_{p+q=n} \frac{n!}{p!\,q!}\,(X_1{}^p u)(X_2{}^q v) \quad ,$$

où résulte (15), en prenant $\alpha_2 = \exp X_2$ et $\alpha_3 = \exp X_3$.

Pour démontrer l'unicité, il suffit de voir que si $(1, \alpha_2, \alpha_3)$ vérifie 5), alors $(\alpha_2, \alpha_3) = (\pm 1, \pm 1)$. Supposons donc que $u\,\alpha_2(v) = \alpha_3(uv)$ quels e soient $u, v \in \mathbb{O}$. En faisant $u = 1$, on voit d'abord que $\alpha_2 = \alpha_3$; si pose $a = \alpha_2(1) = \alpha_3(1)$, il vient $ua = \alpha_3(u)$ et donc $u(va) = (uv)a$ quels e soient $u, v \in \mathbb{O}$, ce qui entraîne que $a \in \mathbb{R}$; comme $|a| = 1$, on a $= \pm 1$, CQFD.

MME 7.

Pour $\gamma \in O(8)$ défini par $\gamma(u) = \bar{u}$ pour $u \in \mathbb{O}$, on a jamais des éléments $\alpha_2, \alpha_3 \in O(8)$ tels que $\gamma(u)\,\alpha_2(v) = \alpha_3(uv)$ quels que soient $u, v \in \mathbb{O}$.

En effet, s'il y avait de tels éléments, on aurait

6) $$\bar{u}\,\alpha_2(v) = \alpha_3(uv) \quad \text{quels que soient } u,v \in \mathbb{O} \quad ;$$

ur $u = 1$, on a $\alpha_2(v) = \alpha_3(v)$, donc (16) s'écrit :

$$\bar{u}\,\alpha_2(v) = \alpha_2(uv) \quad \text{quels que soient } u, v \in \mathbb{O} \quad ;$$

ur $v = 1$, on a

$$\alpha_2(u) = \bar{u}a \qquad \text{où} \qquad a = \alpha_2(1) \quad ;$$

a donc $\bar{u}(\bar{v}a) = \overline{(uv)}a$ pour $u, v \in \mathbb{O}$; pour $v = a$, cela donne $\bar{u}(\bar{a}a) =$ $\bar{\imath})a$, ou $(\bar{u}\bar{a})a = (\bar{a}\bar{u})a$, d'où $\bar{u}\bar{a} = \bar{a}\bar{u}$ quel que soit $u \in \mathbb{O}$; on a donc $\in \mathbb{R}$, donc $a = \pm 1$; on aurait donc $\bar{u}\bar{v} = \overline{uv} = \bar{v}\bar{u}$ quels que soient u, v qui est absurde.

COROLLAIRE.

Si on a, pour $\alpha_1, \alpha_2, \alpha_3 \in O(8)$, *la relation* $\alpha_1(u)\,\alpha_2(v) = \alpha_3(uv)$ *quels que soient* $u, v \in \mathbb{O}$, *alors nécessairement* $\alpha_1, \alpha_2, \alpha_3$ *appartiennent à* $SO(8)$.

LEMME 8.

Soient $\alpha_1, \alpha_2, \alpha_3 \in SO(8)$. *l'une quelconque des trois conditions suivantes entraîne les deux autres.*

(i) $\alpha_1(u)\,\alpha_2(v) = \overline{\alpha_3(\overline{uv})}$ *quels que soient* $u, v \in \mathbb{O}$;

(ii) $\alpha_2(u)\,\alpha_3(v) = \overline{\alpha_1(\overline{uv})}$ *quels que soient* $u, v \in \mathbb{O}$;

(iii) $\alpha_3(u)\,\alpha_1(v) = \overline{\alpha_2(\overline{uv})}$ *quels que soient* $u, v \in \mathbb{O}$.

Montrons que, par exemple, (i) entraîne (ii) . En multipliant à gauche par $\overline{\alpha_1(u)}$, et en tenant compte de (1.11), on a

$$|u|^2\,\alpha_2(v) = \overline{\alpha_1(u)}\;\overline{\alpha_3(\overline{uv})} \;;$$

en multipliant à droite par $\alpha_3(\overline{uv})$, de même il vient

$$|u|^2\,\alpha_2(v)\,\alpha_3(\overline{uv}) = |uv|^2\,\overline{\alpha_1(u)} \;;$$

en remplaçant u par $\overline{vw}$, on trouve (ii) pour v, w .

Considérons maintenant l'ensemble D_4 formé des $(\alpha_1, \alpha_2, \alpha_3)$ dans $SO(8) \times SO(8) \times SO(8)$ tels que

(17) $$\alpha_1(u)\,\alpha_2(v) = \overline{\alpha_3(\overline{uv})} \quad \text{quels que soient } u, v \in \mathbb{O} .$$

Il est évident que c'est un sous-groupe de $SO(8) \times SO(8) \times SO(8)$. Le princip de trialité montre que l'application $(\alpha_1, \alpha_2, \alpha_3) \mapsto \alpha_1$ est un homomorphism de D_4 sur $SO(8)$ dont le noyau est $\{(1, 1, 1) , (1,-1,-1)\}$, ce qui signi fie que D_4 est isomorphe à Spin (8). On écrira donc désormais D_4 = Spin (8) . L'algèbre de Lie de D_4 s'identifie, d'après ce qui précède, à l'algèbre de Lie $\underline{d}_4$ de $SO(8)$.

Soit B_3 le sous-groupe de D_4 formé par les éléments $(\alpha_1, \alpha_2, \alpha_3)$ tels que $\alpha_1 \in SO(7)$, c'est-à-dire $\alpha_1(1) = 1$. En faisant $u = 1$ dans (17) on a alors $\alpha_2(v) = \overline{\alpha_3(\bar{v})}$, i.e. $\alpha_2 = \kappa\alpha_3$ ou $\alpha_3 = \kappa\alpha_2$; inversement si $(\alpha_1, \alpha_2, \kappa\alpha_2) \in D_4$, on a $\alpha_1(u)\,\alpha_2(v) = \alpha_2(uv)$ quels que soient $u, v \in \mathbb{O}$ d'où, en prenant $u = 1$, $\alpha_1(1)\,\alpha_2(v) = \alpha_2(v)$ pour tout $v \in \mathbb{O}$, donc $\alpha_1(1)=$ c'est-à-dire $\alpha_1 \in SO(7)$. Par suite, B_3 est le sous-groupe de D_4 formé par es éléments de la forme $(\alpha_1, \alpha_2, \kappa\alpha_2)$. On peut encore dire que c'est le sous-roupe de SO(8) formé par les $\alpha_2 \in SO(8)$ tels qu'il existe (nécessairement nique) un α_1 dans SO(7) vérifiant

$$\alpha_1(u)\,\alpha_2(v) = \alpha_2(uv) \quad \text{quels que soient } u, v \in \Phi \quad .$$

L'application $(\alpha_1, \alpha_2, \alpha_3) \mapsto \alpha_1$ est un homomorphisme surjectif de B_3 ur SO(7) , dont le noyau est $\{(1,1,1)\ ,\ (1,-1,-1)\}$, d'où résulte que $_3 \approx \mathrm{Spin}(7)$.

De même, si B'_3 désigne le sous-groupe de D_4 formé par les $(\alpha_1, \alpha_2, \alpha_3)$ vec $\alpha_2 \in SO(7)$, on montre que $\alpha_3 = \kappa\alpha_1$ et que $B'_3 \approx \mathrm{Spin}(7)$.

§.3. Les groupes exceptionnels $F_{4(-52)}$ et $F_{4(-20)}$.

On désigne par $\underline{J}$ l'algèbre de Jordan des matrices hermitiennes X d'ordre 3 à coefficients dans l'algèbre $\mathbb{O}$ des octonions. La multiplication dans $\underline{J}$ est définie par $X \circ Y = \frac{1}{2}(XY + YX)$. La complexifiée $\underline{J} \otimes \mathbb{C}$ de $\underline{J}$ s'identifie à l'algèbre de Jordan des matrices hermitiennes d'ordre 3 à coefficients dans la complexifiée $\mathbb{O} \otimes \mathbb{C}$, où la conjugaison est définie par $(a \otimes \alpha)^- = \bar{a} \otimes \alpha$ pour $a \in \mathbb{O}$, $\alpha \in \mathbb{C}$. On désigne par $G_u = F_{4(-52)}$ le groupe $\mathrm{Aut}(\underline{J})$ des automorphismes g de $\underline{J}$, c'est-à-dire des applications linéaires bijectives g de $\underline{J}$ sur $\underline{J}$ telles que $(gX)\circ(gY) = g(X\circ Y)$ quels que soient $X, Y \in \underline{J}$. On sait que

(1) $\mathrm{tr}(gX) = \mathrm{tr}X$, $(gX|gY) = (X|Y)$ et $(gX|gY|gZ) = (X|Y|Z)$

quels que soient X, Y et Z dans $\underline{J}$, où

(2) $(X|Y) = \mathrm{tr}(X\circ Y)$ et $(X|Y|Z) = (X\circ Y|Z)$;

inversement, on peut montrer que, si g est une bijection linéaire de $\underline{J}$ sur $\underline{J}$ telle que l'on ait (1), alors c'est un automorphisme de $\underline{J}$.

On désignera par $G^{\mathbb{C}} = F_4^{\mathbb{C}}$ le groupe des automorphismes $\mathrm{Aut}(\underline{J} \otimes \mathbb{C})$ de l'algèbre de Jordan complexe $\underline{J} \otimes \mathbb{C}$; c'est un groupe de Lie complexe simple de type exceptionnel F_4 ; son algèbre de Lie $\underline{f}_4^{\mathbb{C}}$ est l'algèbre de Lie $\mathrm{Der}(\underline{J} \otimes \mathbb{C})$ **des dérivations** de $\underline{J} \otimes \mathbb{C}$ et elle s'identifie à la complexifiée $\mathrm{Der}(\underline{J}) \otimes \mathbb{C}$ de l'algèbre de Lie $\mathrm{Der}(\underline{J})$ du groupe $\mathrm{Aut}(\underline{J})$. $F_{4(-52)}$ est ainsi une <u>forme réelle compacte du type</u> F_4 . Pour définir <u>la forme réelle non compacte</u> $F_{4(-20)}$, considérons la sous-algèbre de Jordan (sur $\mathbb{R}$), notée $\underline{J}_{1,2}$, formée par les matrices $X \in \underline{J} \otimes \mathbb{C}$ de la forme suivante :

$$(3) \qquad X = \begin{pmatrix} \xi_1 & u_3 \otimes (-1)^{\frac{1}{2}} & \bar{u}_2 \otimes (-1)^{\frac{1}{2}} \\ \bar{u}_3 \otimes (-1)^{\frac{1}{2}} & \xi_2 & u_1 \\ u_2 \otimes (-1)^{\frac{1}{2}} & \bar{u}_1 & \xi_3 \end{pmatrix}, \quad \xi_i \in \mathbb{R}\ ,\ u_i \in \mathbb{O}\ , 1 \leqslant i \leqslant 3 \ .$$

Si on convient de noter

$$E_1 = \begin{pmatrix} 1 & 0 & 0 \\ 0 & 0 & 0 \\ 0 & 0 & 0 \end{pmatrix}, \quad E_2 = \begin{pmatrix} 0 & 0 & 0 \\ 0 & 1 & 0 \\ 0 & 0 & 0 \end{pmatrix}, \quad E_3 = \begin{pmatrix} 0 & 0 & 0 \\ 0 & 0 & 0 \\ 0 & 0 & 1 \end{pmatrix} ;$$

$$F_1^a = \begin{pmatrix} 0 & 0 & 0 \\ 0 & 0 & a \\ 0 & \bar{a} & 0 \end{pmatrix}, \quad F_2^a = \begin{pmatrix} 0 & 0 & \bar{a} \\ 0 & 0 & 0 \\ a & 0 & 0 \end{pmatrix}, \quad F_3^a = \begin{pmatrix} 0 & a & 0 \\ \bar{a} & 0 & 0 \\ 0 & 0 & 0 \end{pmatrix} \quad \text{pour } a \in \mathbb{O} \otimes \mathbb{C}$$

a matrice X de la forme (3) est notée par

3') $X = \xi_1 E_1 + \xi_2 E_2 + \xi_3 E_3 + F_1^{u_1} + F_2^{u_2 \otimes (-1)^{\frac{1}{2}}} + F_3^{u_3 \otimes (-1)^{\frac{1}{2}}}$,

vec $\xi_i \in \mathbb{R}$, $u_i \in \mathbb{O}$ pour $1 \leq i \leq 3$.

On montre les relations suivantes :

4) $$\begin{cases} E_i \circ E_i = E_i \ , \quad E_i \circ E_j = 0 \ (i \neq j) \ , \\ E_i \circ F_i^{u} = 0 \ , \quad 2E_i \circ F_j^{u} = F_j^{u} \quad (i \neq j) \ , \\ F_i^{u} \circ F_i^{v} = (E_{i+1} + E_{i+2})(u|v) \ , \quad 2F_i^{u} \circ F_{i+1}^{v} = F_{i+2}^{\overline{uv}} \ , \end{cases}$$

ù i+1 , i+2 sont à considérer modulo 3 lorsque ceux-ci dépassent 3, par exem-
le $E_4 = E_1$, $F_5^{u} = F_2^{u}$ etc.

Désignons pour simplifier les notations la matrice X de la forme (3) ou
3') par $X(\xi, u)$ où $\xi = (\xi_1, \xi_2, \xi_3)$ et $u = (u_1, u_2, u_3)$. Alors, si
$= X(\xi,u)$ et $Y = X(\xi,v)$, on a

5) $(X|Y) = \xi_1 \eta_1 + \xi_2 \eta_2 + \xi_3 \eta_3 + 2((u_1|v_1) - (u_2|v_2) - (u_3|v_3))$

Soit $G_o = F_{4(-20)}$ la composante connexe de l'élément unité du groupe
ıt($\underline{J}_{1,2}$) des automorphismes de $\underline{J}_{1,2}$. L'algèbre de Lie $\underline{f}_{4(-20)}$ de ce groupe
st l'algèbre de Lie des dérivations de $\underline{J}_{1,2}$ et donc est une forme réelle de
$\underline{f}_4^{\mathbb{C}}$.

MARQUE.

Si $g \in \mathrm{Aut}(\underline{J})$, il s'étend par linéarité à un automorphisme de $\underline{J} \otimes \mathbb{C}$
nt g est la restriction à $\underline{J}$; de même pour les éléments de $\mathrm{Aut}(\underline{J}_{1,2})$.
r abus de langage et de notation, on désignera ces extensions par les mêmes let-
es et on considérera les élements de G_u (resp. G_o) tantôt comme automorphis-
s de $\underline{J} \otimes \mathbb{C}$, tantôt comme automorphismes de $\underline{J}$ (resp. $\underline{J}_{1,2}$) suivant le cas.

Si A est une matrice anti-hermitienne et de trace nulle à coefficients
ns $\underline{J} \otimes \mathbb{C}$, alors on sait que l'application $\widetilde{A}$ définie par

$$\widetilde{A}(X) = AX - XA \quad \text{pour} \quad X \in \underline{J} \otimes \mathbb{C} \ ,$$

t une dérivation de $\underline{J} \otimes \mathbb{C}$, donc c'est un élément de $\underline{f}_4^{\mathbb{C}}$.

En particulier, les matrices

$$A_1^a = \begin{pmatrix} 0 & 0 & 0 \\ 0 & 0 & a \\ 0 & -\bar{a} & 0 \end{pmatrix}, \quad A_2^a = \begin{pmatrix} 0 & 0 & -\bar{a} \\ 0 & 0 & 0 \\ a & 0 & 0 \end{pmatrix}, \quad A_3^a = \begin{pmatrix} 0 & a & 0 \\ -\bar{a} & 0 & 0 \\ 0 & 0 & 0 \end{pmatrix}, \quad a \in \mathbb{O} \otimes \mathbb{C}$$

définissent les éléments $\widetilde{A}_1^a$, $\widetilde{A}_2^a$ et $\widetilde{A}_3^a$ de $\underline{f}_4^{\mathbb{C}}$. Si $a \in \mathbb{O}$, les élements $\widetilde{A}_i^a$, $1 \leqslant i \leqslant 3$, appartiennent à $\underline{f}_{4(-52)}$, tandis que les éléments $\widetilde{A}_1^a$, $\widetilde{A_2^{a \otimes (-1)^{\frac{1}{2}}}}$ et $\widetilde{A_3^{a \otimes (-1)^{\frac{1}{2}}}}$ sont dans $\underline{f}_{4(-20)}$.

On montre sans peine les relations suivantes :

$$(6) \quad \begin{cases} \widetilde{A}_i^a(E_i) = 0 \;, & \widetilde{A}_i^a(F_i^u) = 2(E_{i+1} - E_{i+2})(a|u) \;, \\ \widetilde{A}_i^a(E_{i+1}) = -F_i^a \;, & \widetilde{A}_i^a(E_{i+1}^u) = F_{i+2}^{\overline{au}} \\ \widetilde{A}_i^a(E_{i+2}) = F_i^a \;, & \widetilde{A}_i^a(F_{i+2}^u) = -F_{i+1}^{\overline{ua}} \;, \end{cases}$$

avec les mêmes notations que ci-dessus dans la formule (4).

LEMME 1.

Pour tout $g \in G_o$, on a : $(gE_1|E_1) \geqslant 1$.

Démonstration.

On a $(gE_1)o(gE_1) = gE_1$, car $E_1 o E_1 = E_1$; si

$$gE_1 = X(\xi_1, \xi_2, \xi_3 \,;\, u_1, u_2, u_3) \;,$$

on a en comparant les coefficients de E_1 dans $(gE_1)o(gE_1) = gE_1$,

$$\xi_1^2 - |u_2|^2 - |u_3|^2 = \xi_1 \;,$$

donc $\xi_1(\xi_1 - 1) = |u_2|^2 + |u_3|^2 \geqslant 0$; on a donc $\xi_1 \leqslant 0$ ou $\xi_1 \geqslant 1$.

La fonction $g \mapsto (gE_1|E_1) = \xi_1$ est continue sur G_o qui est connexe et elle prend la valeur 1 en $g = e$; par conséquent, on a : $(gE_1|E_1) \geqslant 1$.

Soit K le sous-groupe de $G_o = F_{4(-20)} = \mathrm{Aut}(\underline{J}_{1,2})$ formé par les automorphismes k tels que

$$kE_1 = E_1 \;.$$

Si $X = F_2^{u \otimes (-1)^{\frac{1}{2}}} + F_3^{v \otimes (-1)^{\frac{1}{2}}}$ et $k \in K$, alors $kX = F_2^{u' \otimes (-1)^{\frac{1}{2}}} + F_3^{v' \otimes (-1)}$

vec $u', v' \in \mathbb{O}$; en effet, les éléments X de cette forme dans $\underline{J}_{1,2}$ sont aractérisés par la condition

$$2E_1 o X = X \quad ,$$

omme on le voit facilement à l'aide de (4). Si $k \in K$, on a donc

$$kX = k(2E_1 o X) = 2(kE_1)o(kX) = 2E_1 o(kX) \quad ,$$

onc kX est de la même forme que X . Par conséquent, k (en tant qu'automorisme de $\underline{J} \otimes \mathbb{C}$) conserve également $\{ F_2^u + F_3^v \mid u,v \in \mathbb{O} \}$. Les élements de a forme $X = \xi_2 E_2 + \xi_3 E_3 + F_1^w$, avec ξ_2 , $\xi_3 \in \mathbb{R}$ et $w \in \mathbb{O}$ sont caractéris par la condition $E_1 oX = 0$, donc k conserve également le sous-espace $\{\xi_2 E_2 + \xi_3 E_3 + F_1^w \mid \xi_2, \xi_3 \in \mathbb{R}, w \in \mathbb{O}\}$ de $\underline{J}_{1,2}$.

On voit ainsi k conserve $\underline{J}$, donc $k \in G_u$, et $K \subset G_o \cap G_u$. ontrons l'inclusion inverse ; soit $g \in G_o \cap G_u$; par définition des groupes , G_u , on voit que g conserve $\underline{J} \cap \underline{J}_{1,2} = \{ \xi_1 E_1 + \xi_2 E_2 + \xi_3 E_3 + F_1^w \mid$ $_1$, ξ_2 , $\xi_3 \in \mathbb{R}$ et $w \in \mathbb{O} \}$; donc $gE_1 = \xi_1 E_1 + \xi_2 E_2 + \xi_3 E_3 + F_1^w$ ec $\xi_1, \xi_2, \xi_3 \in \mathbb{R}$ et $w \in \mathbb{O}$; la relation $(gE_1 | gE_1) = (E_1 | E_1) = 1$ écrit ici sous la forme

$$\xi_1^2 + \xi_2^2 + \xi_3^2 + |w|^2 = 1 \quad ;$$

, on doit avoir $\xi_1 \geqslant 1$ d'après le lemme 1 ; par conséquent, il vient

$$\xi_1 = 1, \ \xi_2 = \xi_3 = w = 0 \quad ,$$

qui signifie que $gE_1 = E_1$, i.e. $g \in K$. Par conséquent

$$K = G_o \cap G_u = F_{4(-20)} \cap F_{4(-52)} \quad ,$$

on verra plus loin que c'est un <u>sous-groupe compact maximal</u> de G_o .

Soit maintenant L le sous-groupe de K formé par les éléments ℓ tels e $\ell E_2 = E_2$. Comme $\ell E_1 = E_1$, on voit que $\ell E_3 = E_3$.

MME 2.

Pour tout $\ell \in L$, il existe un élément $(\alpha_1, \alpha_2, \alpha_3)$ de D_4 tel que

$$(7)\qquad \ell\begin{pmatrix} \xi_1 & u_3 & \bar{u}_2 \\ \bar{u}_3 & \xi_2 & u_1 \\ u_2 & \bar{u}_1 & \xi_3 \end{pmatrix} = \begin{pmatrix} \xi_1 & \alpha_3(u_3) & \overline{\alpha_2(u_2)} \\ \overline{\alpha_3(u_3)} & \xi_2 & \alpha_1(u_1) \\ \alpha_2(u_2) & \overline{\alpha_1(u_1)} & \xi_3 \end{pmatrix} .$$

Si on définit φ par $\varphi(\ell) = (\alpha_1, \alpha_2, \alpha_3)$, alors φ est un isomorphisme de L sur D_4 . En particulier, L est isomorphe à Spin(8) .

<u>Démonstration</u>.

Soit $X = \ell F_1^{\,u}$, pour $u \in \mathbb{O}$; on a alors $2E_2 o X = X$ et $2E_3 o X = X$; mais cela signifie que $X = F_1^{\,u'}$ avec un $u' \in \mathbb{O}$. Si on définit $\alpha_1(u) = u'$ on a application linéaire de $\mathbb{O}$ dans $\mathbb{O}$; comme $(F_1^{\,u}|F_1^{\,u}) = 2|u|^2$, on a $|u'|^2 = |u|^2$, ce qui signife que $\alpha_1 \in O(8)$; on a donc

$$\ell F_1^{\,u} = F_1^{\,\alpha_1(u)} \quad \text{avec} \quad \alpha_1 \in O(8) .$$

On montre de même qu'il existe $\alpha_j \in O(8)$ tel que $\ell F_j^{\,u} = F_j^{\,\alpha_j(u)}$ pour $u \in \mathbb{O}$, $j = 2,3$. La relation

$$2F_1^{\,u} o F_2^{\,v} = F_3^{\,\overline{uv}} \quad \text{pour} \quad u, v \in \mathbb{O} ,$$

entraîne, en appliquant ℓ ,

$$2F_1^{\,\alpha_1(u)} o F_2^{\,\alpha_2(v)} = F_3^{\,\alpha_3(\overline{uv})} \quad \text{ou} \quad F_3^{\,\overline{\alpha_1(u)\,\alpha_2(v)}} = F_3^{\,\alpha_3(\overline{uv})} ,$$

c'est-à-dire

$$\alpha_1(u)\,\alpha_2(v) = \overline{\alpha_3(\overline{uv})} \quad \text{quels que soient} \quad u, v \in \mathbb{O} ,$$

ce qui montre que $(\alpha_1, \alpha_2, \alpha_3) \in D_4$ et démontre la première partie du lemme.

Etant donné un $(\alpha_1, \alpha_2, \alpha_3) \in D_4$, on définit une application linéaire ℓ de $\underline{J}$ en posant $\ell E_j = E_j$, $\ell F_j^{\,u} = F_j^{\,\alpha_j(u)}$ pour $u \in \mathbb{O}$, $j = 1,2,3$; il est trivial de vérifier que ℓ est un automorphisme de $\underline{J}$.

Soit $\underline{k}$ (resp. $\underline{\ell}$) la sous-algèbre de $\underline{f}_{4(-52)}$ formée par les η tels que

$$\eta E_1 = 0 \ (\text{resp.}\ \eta E_1 = \eta E_2 = 0) .$$

L'algèbre de Lie de K (resp. L) est $\underline{k}$ (resp. $\underline{\ell}$) . Correspondant au lemme 2 on a le résultat suivant.

EMME 2'.

Pour tout $\eta \in \underline{\ell}$, il existe D_1, D_2, D_3 dans $\underline{d}_4$ tels que

$$(D_1u)v + u(D_2v) = D_3(uv) \quad \text{quels que soient} \quad u, v \in \mathbb{O} ,$$

t

$$\eta \begin{pmatrix} \xi_1 & u_3 & \overline{u_2} \\ \overline{u_3} & \xi_2 & u_1 \\ u_2 & \overline{u_1} & \xi_3 \end{pmatrix} = \begin{pmatrix} 0 & D_3u_3 & \overline{D_2u_2} \\ \overline{D_3u_3} & 0 & D_1u_1 \\ D_2u_2 & \overline{D_1u_1} & 0 \end{pmatrix} .$$

n faisant correspondre D_j à η , on obtient des isomorphismes de $\underline{\ell}$ sur $\underline{d}_4$.

Soit M le sous-groupe de K formé par les éléments $m \in K$ tels que

$$mF_2^1 = F_2^1 .$$

omme $F_2^1 o F_2^1 = E_1 + E_3$, on voit que $mE_3 = E_3$, donc $mE_2 = E_2$; par suite, est un sous-groupe de L . D'après l'identification de L à D_4 , il existe $\alpha_1, \alpha_2, \alpha_3 \in SO(8)$ tels que

$$mX(\xi_1, \xi_2, \xi_3 ; u_1,u_2,u_3) = X(\xi_1,\xi_2,\xi_3 ; \alpha_1(u_1) , \alpha_2(u_2), \alpha_3(u_3))$$

:

$$\alpha_2(1) = 1 \quad \text{ou} \quad \alpha_2 \in SO(7) ,$$

qui signifie que $M = B_3'$ et tout $m \in M$ est de la forme $m = (\widetilde{\alpha}, \alpha, \kappa\widetilde{\alpha})$, $\in SO(8)$, $\alpha \in SO(7)$ et $\widetilde{\alpha}(u)\, \alpha(v) = \widetilde{\alpha}(uv)$ quels que soient $u, v \in \mathbb{O}$. algèbre de Lie $\underline{m}$ de M s'identifie par l'identification de $\underline{\ell}$ à $\underline{d}_4$: $= (D_1, D_2, D_3) \mapsto D_2$ à l'algèbre $\underline{b}_3 = \underline{so}(7)$ des endomorphismes D de $\mathbb{O}$ ls que $(Du|v) + (u|Dv) = 0$ et $D1 = 0$.

oposition 1.

Pour tout $\eta \in \underline{f}_{4(-52)} = \mathrm{Der}(\underline{J})$, on peut trouver un $D \in \underline{\ell}$ et un $A = A_1^{a_1} + A_2^{a_2} + A_3^{a_3}$, $a_1, a_2, a_3 \in \mathbb{O}$ tels que $\eta = D + \widetilde{A}$.

Cette décomposition de $\underline{f}_{4(-52)}$ est unique et donc

$$\underline{f}_{4(-52)} = \underline{d}_4 + \underline{a}_1 + \underline{a}_2 + \underline{a}_3 , \qquad)$$

désignant par $\underline{a}_j$ pour $1 \leqslant j \leqslant 3$, le sous-espace des $\widetilde{A}_j^a$, $a \in \mathbb{O}$.

Démonstration.

La relation $E_i o E_i = E_i$ donne $2E_i o \eta E_i = \eta E_i$; donc $\eta E_i = F_{i+1}{}^{a} + F_{i+2}{}^{a'}$, $a, a' \in \mathbb{O}$; la relation $E_i o E_j = 0$ donne alors

$$\eta E_i o E_j + E_i o \eta E_j = 0 \quad , \text{ d'où résulte que}$$

$$\eta E_1 = F_2{}^{a_2} - F_3{}^{a_3} \quad , \quad \eta E_2 = F_3{}^{a_3} - F_1{}^{a_1} \quad , \quad \eta E_3 = F_1{}^{a_1} - F_2{}^{a_2} \quad , \text{ avec}$$

$a_1, a_2, a_3 \in \mathbb{O}$. Posons alors $A = A_1{}^{a_1} + A_2{}^{a_2} + A_3{}^{a_3}$. On voit que $\widetilde{A}\, E_i = \eta E_i$ pour $i = 1,2,3$, d'où $D = \eta - \widetilde{A} \in \underline{d}_4$. On montre l'unicité sans peine.

La décomposition en somme directe (8) donne en complexifiant

(9) $$\underline{f}_4^{\mathbb{C}} = \underline{d}_4 \otimes \mathbb{C} + \underline{a}_1 \otimes \mathbb{C} + \underline{a}_2 \otimes \mathbb{C} + \underline{a}_3 \otimes \mathbb{C} \quad ,$$

et

(10) $$\underline{f}_{4(-20)} = \underline{d}_4 + \underline{a}_1 + \underline{a}_2 \otimes (-1)^{\frac{1}{2}} + \underline{a}_3 \otimes (-1)^{\frac{1}{2}} \quad .$$

D'après (6), on voit que

$$\underline{k} = \underline{d}_4 + \underline{a}_1 \quad ,$$

et (10) est la décomposition de Cartan de $\underline{f}_{4(-20)}$.

Choisissons $\underline{a} = \mathbb{R}(A_2{}^{1 \otimes (-1)^{\frac{1}{2}}})^{\sim}$ comme une sous-algèbre abélienne maximale dans $\underline{p} = \underline{a}_2 \otimes (-1)^{\frac{1}{2}} + \underline{a}_3 \otimes (-1)^{\frac{1}{2}}$.

Posons

$$\begin{cases} Z_0 = (-A_1{}^{1} - A_3{}^{1 \otimes (-1)^{\frac{1}{2}}})^{\sim} \quad , \quad Z_j = (-A_1{}^{e_j} + A_3{}^{e_j \otimes (-1)^{\frac{1}{2}}})^{\sim} \quad , \\ Z_0^- = (-A_1{}^{1} + A_3{}^{1 \otimes (-1)^{\frac{1}{2}}})^{\sim} \quad , \quad Z^- = (-A_1{}^{e_j} - A_3{}^{e_j \otimes (-1)^{\frac{1}{2}}})^{\sim} , \ 1 \leqslant j \leqslant 7 \\ Y_j = (e_j(E_1 - E_3) + A_2{}^{e_j \otimes (-1)^{\frac{1}{2}}})^{\sim} \quad , \ 1 \leqslant j \leqslant 7 \quad , \\ Y_j^- = (e_j(E_1 - E_3) - A_2{}^{e_j \otimes (-1)^{\frac{1}{2}}})^{\sim} \quad ; \end{cases}$$

et

$$\begin{cases} Z\,(z) = z_0 Z_0 + z_1 Z_1 + \ldots + z_7 Z_7 = (-1_1{}^{z} - A_3{}^{\bar{z} \otimes (-1)^{\frac{1}{2}}})^{\sim} \quad , \\ Z^-(z) = z_0 Z_0^- + z_1 Z_1^- + \ldots + z_7 Z_7^- = (-A_1{}^{z} + A_3{}^{\bar{z} \otimes (-1)^{\frac{1}{2}}})^{\sim} \quad , \end{cases}$$

où $z = z_0 Z_0 + \ldots + z_7 Z_7$;

$$\begin{cases} Y(y) = y_1Y_1 + \dots + y_7Y_7 = (y(E_1-E_3) + A_2{}^{y \otimes (-1)^{\frac{1}{2}}})^{\sim} , \\ Y^-(y) = y_1Y_1^- + \dots + y_7Y_7 = (y(E_1-E_3) - A_2{}^{y \otimes (-1)^{\frac{1}{2}}})^{\sim} , \end{cases}$$

où $\quad y = y_1Y_1 + \dots + y_7Y_7$.

Si on note $\qquad H = (A_2{}^{1 \otimes (-1)^{\frac{1}{2}}})^{\sim}$,

on a

$$(11) \begin{cases} [H, Z(z)] = Z(z) , & [H, Y(y)] = 2Y(y) , \\ [H, Z^-(z)] = -Z^-(z) , & [H, Y^-(y)] = -2Y^-(y) , \end{cases}$$

ce qui montre que $\alpha(tH) = t$ est une <u>racine restreinte</u> et que

$$\underline{g}_o^{\alpha} = \{ Z(z) \mid z \in \mathbb{O} \} , \quad \underline{g}_o^{2\alpha} = \{ Y(y) \mid y \in \mathbb{O} , \bar{y} = -y \} ,$$

$$\underline{g}_o^{-\alpha} = \{ Z^-(z) \mid z \in \mathbb{O} \} , \quad \underline{g}_o^{-2\alpha} = \{ Y^-(y) \mid y \in \mathbb{O} , \bar{y} = -y \}$$

Pour démontrer les relations (11), on montre d'abord les relations de commutation suivantes :

$$(12) \quad \begin{aligned} &[\widetilde{A}_2{}^1 , \widetilde{A}_1{}^1] = \widetilde{A}_3{}^1 , \quad [\widetilde{A}_2{}^1 , \widetilde{A}_3{}^{e_j}] = \widetilde{A}_1{}^{e_j} , \\ &[\widetilde{A}_2{}^1 , \widetilde{A}_3{}^1] = -\widetilde{A}_1{}^1 , \quad [\widetilde{A}_2{}^1 , \widetilde{A}_1{}^{e_j}] = -\widetilde{A}_3{}^{e_j} , \\ &[\widetilde{A}_2{}^1 , (e_j(E_1-E_3))^{\sim}] = 2 \widetilde{A_2{}^{e_j}} , \\ &[\widetilde{A}_2{}^1 , \widetilde{A}_2{}^{e_j}] = -2(e_j(E_1-E_3))^{\sim} , \quad \text{pour} \quad 1 \leqslant j \leqslant 7 . \end{aligned}$$

En effet, si A , B sont anti-hermitiennes de trace nulle ,

$[\widetilde{A},\widetilde{B}] (X) = \widetilde{A}(\widetilde{B}(X)) - \widetilde{B}(\widetilde{A}(X)) = A(BX-XB)-(BX-XB)A-B(AX-XA)+(AX-XA)B$;

si A est de plus réelle, on a

$A(BX) = (AB)X$, $A(XB) = (AX)B$, $(BX)A = B(XA)$, $(XB)A = X(BA)$, $B(AX) = (BA)X$, $(XA)B = X(AB)$,

d'où

$$[\widetilde{A},\widetilde{B}] (X) = (AB-BA)X - X(AB-BA) = [A,B]^{\sim}(X) .$$

En prenant $A = A_2{}^1$ et $B = A_i{}^{e_j}$, $0 \leqslant j \leqslant 7$, $i = 1,2,3$, et $B = e_j(E_1-E_3)$, on trouve (12) .

A l'aide de ces formules, la vérification de (11) est immédiate. Considérons maintenant $\eta_j = \widetilde{e_j(E_1-E_3)}$; pour $X = X(\xi , u)$, on a par un calcul simple

$$\eta_j X = X(0,0,0 ; u_1e_j, -e_ju_2 - u_2e_j , e_ju_3)$$

ce qui montre que $\eta_j \in \underline{d}_4$; en fait, on a

$$\eta_j = (D_1^j , D_2^j , D_3^j) \quad \text{où} \quad D_1^j u_1 = u_1 e_j \ , \quad D_2^j u_2 = -e_j u_2 - u_2 e_j \ , \quad D_3^j u_3 = u_3 e_j \ ,$$

et on voit que $\eta_j = 2G_{1,j+1}$ pour $1 \leqslant j \leqslant 7$, en vertu de l'identification de $\underline{d}_4$ à so(8) par $(D_1 , D_2 , D_3) \mapsto D_2$, puisque

$$D_2 1 = -2e_j \ , \ D_2 e_j = 2 \quad \text{et} \quad D_2 e_i = 0 \quad \text{pour} \quad 1 \leqslant i < 7 \ , \ i \neq j \ .$$

De tout ce qui précède, il résulte que l'on a la décomposition en somme directe :

(13) $\underline{f}_{4(-20)} = \underline{g}_o = \underline{m} + \underline{a} + \underline{g}_o^{\alpha} + \underline{g}_o^{2\alpha} + \underline{g}_o^{-\alpha} + \underline{g}_o^{-2\alpha}$, avec $\underline{m} = \underline{b}_3$,

la somme $\underline{m} + \underline{a}$ étant le sous-espace propre à valeur propre 0 pour H .

Par conséquent, on a

(14) $[Y(y) , Z(z)] = 0$, $[Y(y) , Y(y')] = 0$ et $[Z(z) , Z(z')] = Y(y_{z,z'})$

où $y_{z,z'}$ est un élément de Φ tel que $Re(y_{z,z'}) = 0$. Il en résulte que

(15) $u(y,z) = \exp Y(y) \exp Z(z) = \exp Z(z) \exp Y(y) = \exp(Y(y)+Z(z))$,

et l'ensemble des $u(y,z)$, $y,z \in \Phi$ et $\bar{y} = -y$, forme un sous-gourpe nilpote dont le centre est $\{u(y,0) \mid y \in \Phi , \bar{y} = -y\}$.

§.4. <u>Les espaces homogènes compacts</u> K/L , L/M , $M/G_{2(-14)}$ <u>et</u> K/M .

Soit

(1) $$u_\theta = \exp \theta \tilde{A}_1^{1} \qquad \text{pour} \qquad \theta \in \mathbb{R} \quad .$$

A l'aide des formules (3.6) , on trouve que

(2) $$u_\theta X(\xi_1, \xi_2, \xi_3 ; u_1, u_2, u_3) = X(\eta_1, \eta_2, \eta_3 ; v_1, v_2, v_3) \quad ,$$

où

$$\eta_1 = \xi_1 \quad ,$$

$$\eta_2 = \frac{\xi_2+\xi_3}{2} + \cos 2\theta \frac{\xi_2-\xi_3}{2} + \sin 2\theta \frac{u_1+\bar{u}_1}{2} \quad ,$$

$$\eta_3 = \frac{\xi_2+\xi_3}{2} - \cos 2\theta \frac{\xi_2-\xi_3}{2} - \sin 2\theta \frac{u_1+\bar{u}_1}{2} \quad ,$$

$$v_1 = u_1 - \sin 2\theta \frac{\xi_2-\xi_3}{2} + \cos 2\theta \frac{u_1+\bar{u}_1}{2} \quad ,$$

$$v_2 = \cos\theta\, u_2 - \sin\theta\, \bar{u}_3 \quad ,$$

$$v_3 = \sin\theta\, \bar{u}_2 + \cos\theta\, u_3 \quad ,$$

que l'on peut écrire encore sous la forme suivante :

$$\eta_1 = \xi_1 \quad , \quad \frac{\eta_2+\eta_3}{2} = \frac{\xi_2+\xi_3}{2} \quad , \quad \frac{v_1-\bar{v}_1}{2} = \frac{u_1-\bar{u}_1}{2}$$

$$\frac{\eta_2-\eta_3}{2} = \cos 2\theta \frac{\xi_2-\xi_3}{2} + \sin 2\theta \frac{u_1+\bar{u}_1}{2} \quad ,$$

$$\frac{v_1+\bar{v}_1}{2} = -\sin 2\theta \frac{\xi_2-\xi_3}{2} + \cos 2\theta \frac{u_1+\bar{u}_1}{2} \quad .$$

Nous allons maintenant étudier les espaces homogènes K/L , L/M , $M/G_{2(-14)}$ et K/M (on rappelle que M est identifié à B_3' qui contient $G_{2(-14)}$).

i) $K/L \approx S^8$. Considérons

$$S = \{X \in \underline{J} \mid E_1 o X = 0 \quad , \ \mathrm{tr}X = 0 \quad \text{et} \quad (X|X) = 2 \} \ .$$

D'après (4), on a

$$E_1 o(\xi_1 E_1+\xi_2 E_2+\xi_3 E_3+F_1^{\ u}+F_2^{\ v}+F_3^{\ w}) = \xi_1 E_1 + \tfrac{1}{2}F_2^{\ v} + \tfrac{1}{2}F_3^{\ w} \quad ;$$

$$\mathrm{tr}X = \xi_1 + \xi_2 + \xi_3 \quad ,$$

$$(X|X) = \xi_1^2 + \xi_2^2 + \xi_3^2 + 2(|u|^2 + |v|^2 + |w|^2) \quad ;$$

par suite, on voit que

$$S = \{ \xi(E_2 - E_3) + F_1^u \mid \xi^2 + |u|^2 = A, \ \xi \in \mathbb{R}, \ u \in \mathbb{O} \},$$

ce qui montre que $S \approx S^8$. Si $k \in K$, $X \in S$, il est évident que $X' = kX \in S$, car $E_1 okX = k(E_1 oX) = k0 = 0$, $tr(kX) = trX = 0$, $(kX|kX) = (X|X) = 2$.

Montrons que K opère transitivement sur S. On va montrer pour cela que, pour tout $X \in S$, il existe un $\ell \in L$ et un θ, $0 \leqslant \theta \leqslant \frac{\pi}{2}$, tels que

$$(\ell u_\theta)(E_2 - E_3) = X .$$

En effet, il existe $\xi \in \mathbb{R}$ et $u \in \mathbb{O}$ tels que

$$X = \xi(E_2 - E_3) + F_1^u \quad \text{et} \quad \xi^2 + |u|^2 = 1 \quad ;$$

soit θ tel que $\xi = \cos 2\theta$; alors $|u| = \sin 2\theta$; la formule (2) ci-dessus montre que

$$u_\theta(E_2 - E_3) = \xi(E_2 - E_3) - |u| F_2^I .$$

Si $u = 0$, on peut prendre $\ell = 1$. Supposons donc que $u \neq 0$; on choisit $\ell \in L$ tel que $\ell = (\alpha_1, \alpha_2, \alpha_3)$ et $\alpha_1(1) = -u/|u|$ ($SO(8)$ est transitif sur $S^7 = \{u \in \mathbb{O} \mid |u| = 1\}$, et pour tout $\alpha_1 \in SO(8)$, il existe un $\ell \in L = D_4$ tel que $\ell = (\alpha_1, \alpha_2, \alpha_3)$). On vérifie alors que $(\ell u_\theta)(E_2 - E_3) =$ X.

Il en résulte premièrement que K est transitif sur $S \approx S^8$; deuxièmement, en considérant $X = k(E_2 - E_3)$, $k \in K$, on trouve $\ell \in L$ et θ tels que $k(E_2 - E_3) = (\ell u_\theta)(E_2 - E_3)$, d'où résulte qu'il existe un $\ell' \in L$ tel que $k = \ell u_\theta \ell'$, puisque le sous-groupe d'isotropie de $E_2 - E_3$ n'est autre que L. Ceci démontre que $K/L \approx S^8$ et K est en particulier connexe.

Si on désigne par $p(k)$ l'action de k sur S identifié à S^8, il est évident que $p(k) \in O(9)$. Comme K est connexe, $p(k) \in SO(9)$. Le noyau de p est égal $\{(1,1,1), (1,-1,-1)\}$ et on voit que $K \approx Spin(9)$. On a ainsi démontré la proposition suivante :

PROPOSITION 1.

Le groupe K est isomorphe à $Spin(9)$. Il opère transitivement sur la sphère $S^8 = \{ \xi(E_2 - E_3) + F_1^u \mid \xi \in \mathbb{R}, \ u \in \mathbb{O}, \ \xi^2 + |u|^2 = 1\}$ et le sous-groupe d'isotropie de $E_2 - E_3$ est égal à L, donc $K/L \approx S^8$.
Tout élément k de K se met sous la forme $k = \ell u_\theta \ell'$ avec $\ell, \ell' \in L$ et $0 \leqslant \theta \leqslant \frac{\pi}{2}$; θ est uniquement déterminé par $(k(E_2 - E_3)|E_2) = \cos 2\theta$. On a enfin la formule d'intégration suivante :

$$(3)\qquad \int_K f(k)\,dk = \frac{35}{16}\int_L \int_0^{\frac{\pi}{2}} \int_L f(\ell u_\theta \ell')\sin^7 2\theta\, d\ell\, d\theta\, d\ell' \quad ,$$

ù dk , $d\ell$ désignent respectivement les mesures de Haar normalisées de K,L .

Remarquons que la formule (3) résulte de la formule correspondante pour pin(9) ou SO(9) qui est bien connue.

i) $L/M \approx S^7$. On fait opérer L sur la sphère S^7 identifiée à la sphère nité de $\mathbb{O}$, ou encore à l'ensemble $\{F_2^{\,u} \mid u \in \mathbb{O} \ , |u| = 1\}$:

$$\ell F_2^{\,u} = F_2^{\,\alpha_2(u)} \qquad \text{si} \qquad \ell = (\alpha_1,\alpha_2,\alpha_3) \quad .$$

e principe de trialité dans SO(8) et le lemme 2.8 montrent que L opère insi transitivement sur S^7 ; le sous-groupe d'isotropie est le sous-groupe M éfini ci-dessus. On obtient ainsi l'isomorphisme d'espace homogène : $L/M \approx S^7$. ontrons que tout $\ell \in L$ se met sous la forme

$$\ell = m\ell_\lambda m' \qquad \text{avec} \qquad m, m' \in M \quad ,$$

ù ℓ_λ est l'élément de L tel que $\ell_\lambda = (\alpha_1^\lambda, \alpha_2^\lambda, \alpha_3^\lambda)$ et

$$(4)\qquad \alpha_2^\lambda = \begin{pmatrix} \cos\lambda & -\sin\lambda & & \\ \sin\lambda & \cos\lambda & & \\ & & 1 & \\ & & & \ddots & \\ & & & & 1 \end{pmatrix} \quad , \quad 0 \leqslant \lambda \leqslant \pi$$

Remarquons d'abord que M opère transitivement par $mF_2^{\,u} = F_2^{\,u'}$ sur la phère S^6 identifiée à l'ensemble des $F_2^{\,u}$ avec $|u| = 1$ et $\mathrm{Re}(u) = 0$ car l'homomorphisme $(\alpha_1,\alpha_2,\alpha_3) \mapsto \alpha_2$ de M dans $SO(7)$ est surjectif).

Etant donné $\ell = (\alpha_1,\alpha_2,\alpha_3)$ dans L , soit $u = \alpha_2(1)$ et soit λ tel ue $\cos\lambda = \mathrm{Re}(u)$, $0 \leqslant \lambda \leqslant \pi$; alors $\ell F_2^{\,1} = F_2^{\,u}$ et $\ell_\lambda F_2^{\,1} = F_2^{\,\cos\lambda + \sin\lambda . e_1}$; l existe donc un $m \in M$ tel que $\ell F_2^{\,1} = m\ell_\lambda F_2^{\,1}$, ce qui entraîne qu'il exis- e un $m' \in M$ tel que $\ell = m\ell_\lambda m'$. On a ainsi la proposition suivante.

ROPOSITION 2.

Le groupe L opère transitivement sur la sphère S^7 identifiée à la sphè- e unité de $\mathbb{O}$ par $\ell . u = \alpha_2(u)$ si $\ell = (\alpha_1, \alpha_2, \alpha_3)$. Le sous-groupe d'isotro- ie de 1 est le sous-groupe M et l'on a $L/M \approx S^7$. Tout élément ℓ de L se et sous la forme $\ell = m\ell_\lambda m'$, avec $m,m' \in M$ et ℓ_λ défini par (4) , $\leqslant \lambda \leqslant \pi$; on a enfin la formule d'intégration :

(5) $$\int_L f(\ell)d\ell = \frac{16}{5\pi} \int_M \int_0^{\pi} \int_M f(m\ell_\lambda m') \sin^6\lambda \, dm \, d\lambda \, dm' ,$$

où dm, dm' désignent la mesure invariante normalisée de M.

iii) $M/G_{2(-14)} \approx S^7$. On fait opérer maintenant M sur S^7 identifiée à la sphère unité de $\mathbb{O}$ ou à l'ensemble $\{F_1{}^u \mid u \in \mathbb{O}, |u| = 1\}$ par

$$m F_1{}^u = F_1{}^{\alpha_1(u)} \quad \text{si} \quad m = (\alpha_1, \alpha_2, \alpha_3) .$$

LEMME 1.

M opère transitivement sur S^7 et le sous-groupe d'isotropie de 1 est le groupe $G_{2(-14)}$.

Démonstration.

Etant donné un $u \in \mathbb{O}$, $|u| = 1$, on va construire un $m \in M$, $m = (\tilde{\alpha}, \alpha, \kappa\tilde{\alpha})$ tel que $\tilde{\alpha}(1) = u$. Soient a_1, a_2 deux octonions de norme 1 tels que $(1|a_1) = (1|a_2) = 0$ (autrement quelconques) et soit

$$a_3 = \bar{u}((ua_1)a_2) ;$$

d'après (1.11), on a alors $ua_3 = (ua_1)a_2$. De plus, $(a_3|a_j) = 0$ pour $j = 0,1,2$, en convenant que $a_0 = 1$. En effet, $(a_3|1) = (ua_3|u) = ((ua_1)a_2|u) = -(ua_1|ua_2) = -(a_1|a_2) = 0$; de même pour $j = 1,2$.

Soit a_4 un octonion de norme 1 tel que $(a_4|a_j) = 0$ pour $0 \leqslant j \leqslant 3$, et posons

$$a_5 = \bar{u}((ua_1)a_4) , \quad a_6 = \bar{u}((ua_3)a_4) , \quad a_7 = \bar{u}((ua_2)a_4) ;$$

on a alors

$$ua_5 = (ua_1)a_4 , \quad ua_6 = (ua_3)a_4 \quad \text{et} \quad ua_7 = (ua_2)a_4 .$$

On démontre alors que $(1, a_1, \ldots, a_7)$ est une base orthonormée de $\mathbb{O}$. Pour montrer par exemple que $(a_1|a_6) = 0$, remarquons d'abord que

(6) si $Re(a) = Re(b) = 0$ et $(a|b) = 0$, alors $(ua)b = -(ub)a$ pour tout $u \in \mathbb{O}$, comme cela résulte de (1.13) ;

On a alors $(a_1|a_6) = (ua_1|ua_6) = (ua_1|(ua_3)a_4) = (ua_1|((ua_1)a_2)a_4) = (ua_1|((ua_2)a_4)a_1) = (u|(ua_2)a_4) = -(ua_4|ua_2) = -(a_4|a_2) = 0$.

Par conséquent on a un élément $\alpha \in O(7)$ en définissant

$$\alpha(e_j) = a_j \quad \text{pour} \quad 0 \leq j \leq 7 \quad .$$

Montrons que l'on a

(7) $(u\ \alpha(v))\ \alpha(w) = u\ \alpha(vw)$ quels que soient $v,w \in \mathbb{O}$.

Il suffit pour cela de considérer les cas où $v = e_i$, $w = e_j$, $0 \leq i , j \leq 7$
Par exemple, montrons pour $i = 2$, $j = 5$: on a

$$\begin{aligned}(u\ \alpha(e_2))\ \alpha(e_5) = (ua_2)a_5 &= -(ua_5)a_2 \quad (\text{grâce à } (6)) \\ &= -((ua_1)a_4)a_2 = ((ua_1)a_2)a_4 = (ua_3)a_4 = ua_6 \\ &= u\ \alpha(e_6) \quad .\end{aligned}$$

Si on pose maintenant $b_j = ua_j$ pour $0 \leq j \leq 7$, $(b_0, b_1, \ldots, b_7)$ est encore une base orthonormée de $\mathbb{O}$, d'où un élément $\tilde{\alpha}$ de $O(8)$ tel que

$$\tilde{\alpha}(e_j) = b_j = ua_j \quad \text{pour} \quad 0 \leq j \leq 7 \quad .$$

La relation (31) s'écrit alors sous la forme

$$\tilde{\alpha}(v)\alpha(w) = \tilde{\alpha}(vw) \quad \text{quels que soient} \quad v,w \in \mathbb{O} \quad ,$$

et cela signifie que $m = (\tilde{\alpha}\ , \alpha, \kappa\tilde{\alpha})$ est un élément de M ; on a de plus

$$\tilde{\alpha}(1) = b_0 = u \quad .$$

Le sous-groupe d'isotropie est formé par les $(\tilde{\alpha}\ , \alpha, \kappa\tilde{\alpha})$ tel que $\tilde{\alpha}(1) = 1$, i.e. $\tilde{\alpha} \in SO(7)$; alors $\kappa\tilde{\alpha} = \tilde{\alpha}$ et la relation $\tilde{\alpha}(v)\alpha(w) = \tilde{\alpha}(vw)$ pour $v,w \in \mathbb{O}$ montre que $\tilde{\alpha} = \alpha$ et que c'est un automorphisme de $\mathbb{O}$, donc $(\tilde{\alpha}\ , \alpha, \kappa\tilde{\alpha})$ est un élément de $G_{2(-14)}$.

(v) $K/M \approx S^{15}$. Posons

(8) $$Y(u,v) = F_2^{\,u} + F_3^{\,v} = \begin{pmatrix} 0 & v & \bar{u} \\ \bar{v} & 0 & 0 \\ u & 0 & 0 \end{pmatrix} \quad \text{pour} \quad u, v \in \mathbb{O} \quad .$$

LEMME 2.

<u>Pour qu'un élément</u> $X \in J$ <u>soit de la forme</u> $Y(u,v)$, $u, v \in \mathbb{O}$, <u>il faut et il suffit que l'on ait</u>

$$2E_1 o X = X \quad .$$

Cela résulte immédiatement de (3.4).

Si $k \in K$, on a $kY(u,v) = k(2E_1 oY(u,v)) = 2kE_1 o(kY(u,v)) = 2E_1 okY(u,v)$ ce qui signifie donc que $kY(u,v) = Y(u',v')$. Comme on a $(Y(u,v)|Y(u,v)) =$

$= 2(|u|^2 + |v|^2)$, on a de plus $|u'|^2 + |v'|^2 = |u|^2 + |v|^2$.

On identifie maintenant l'ensemble $\{Y(u,v) \mid u,v \in \mathbb{O},\ |u|^2 + |v|^2 = 1\}$ à la sphère unité S^{15} de $\mathbb{O}^2$; de ce qui précède, on voit donc que K opère sur S^{15} par $kY(u,v) = Y(u',v')$. On va montrer que cette action est transitive. Pour cela, on va d'abord montrer que, pour tout (u,v) , il existe un $\ell \in L$ un $\theta \in [0,\frac{1}{2}\pi]$ et un $m \in M$ tels que l'on ait

$$Y(u,v) = (mu_\theta \ell)Y(1,0) \quad .$$

Si $u = 0$, soit $m = (\tilde{\alpha}, \alpha, \kappa\tilde{\alpha}) \in M$ tel que $\tilde{\alpha}(\bar{v}) = 1$ (il en existe puisque $|v| = 1$ et M opère transitivement sur S^7 comme on l'a vu ci-dessus) On a alors $Y(0,v) = (m^{-1}u_{\pi/2})Y(1,0)$;

supposons donc que $u \neq 0$; soit $m = (\tilde{\alpha}, \alpha, \kappa\tilde{\alpha}) \in M$ tel que

$$\tilde{\alpha}(\bar{v}\,\bar{u}) = |v|\,|u| \quad ;$$

comme on a $\tilde{\alpha}(\bar{v})\,\alpha(\bar{u}) = \tilde{\alpha}(\bar{v}\,\bar{u})$ et $\alpha(\bar{u}) = \overline{\alpha(u)}$, il vient

$$\tilde{\alpha}(\bar{v}) = \frac{|v|}{|u|}\,\alpha(u) \quad ;$$

par suite ,

$$mY(u,v) = Y(\alpha(u)\ ,\ (\kappa\tilde{\alpha})(v)) = Y(\alpha(u), \overline{\tilde{\alpha}(\bar{v})}) = Y(w\cos\theta, \bar{w}\sin\theta) \quad ,$$

en posant $|u| = \cos\theta$ (donc $|v| = \sin\theta$) et $\alpha(u) = w\,|u|$, $|w| = 1$.

Si $\ell \in L$ est tel que $\alpha_2(w) = 1$ (L opérant transitivement sur S^7) , on voit que $(\ell u_{-\theta} m)Y(u,v) = \ell Y(w,0) = Y(1,0)$, d'où notre assertion.

Il en résulte que (i) K est transitif sur S^{15} et (ii) tout $k \in K$ se met sous la forme : $k = mu_\theta\ell$, $m \in M$, $0 \leqslant \theta \leqslant \frac{\pi}{2}$, $\ell \in L$. Il suffit pour cela de considérer $kY(1,0) = Y(u,v)$ et de remarquer que le sous-groupe d'isotropie de $Y(1,0) = F_2^1$ est le sous-groupe $M \subset L$. Finalement (iii) $K/M \approx S^{15}$, l'identification étant donnée par $kM \mapsto kF_2^1 = F_2^u + F_3^v$.

LEMME 3.

Pour que $MkM = Mk'M$ pour $k,k' \in K$, il faut et il suffit que $|u| = |u'|$ et $\mathrm{Re}(u) = \mathrm{Re}(u')$ si $kF_2^1 = F_2^u + F_3^v$, $k'F_2^1 = F_2^{u'} + F_3^{v'}$

Démonstration.

Comme on a vu au cours de la démonstration ci-dessus, il existe un $m \in M$ (resp. $m' \in M$) , un θ (resp. θ') dans $[0, \frac{\pi}{2}]$ tels que

$mY(u,v) = Y(w\cos\theta, \bar{w}\sin\theta)$ (resp. $m'Y(u',v') = Y(w'\cos\theta', \bar{w}'\sin\theta')$), où

$\cos\theta = |u|$, $\cos\theta' = |u'|$, $w = \alpha(u)/|u|$, $w' = \alpha'(u')/|u'|$ si
$= (\tilde{\alpha}, \alpha, \kappa\tilde{\alpha})$, $m' = (\tilde{\alpha}', \alpha', \kappa\tilde{\alpha}')$. Les hypothèses entraînent que $\theta = \theta'$
$Re(w) = Re(w')$, car $Re(\alpha(u)) = Re(u) = Re(u') = Re(\alpha'(u'))$ (puisque
$\alpha' \in SO(7)$) . Il existe donc un $\gamma = (\gamma, \gamma, \gamma)$ dans $G_{2(-14)}$ tel que

$$\gamma(w) = w' \quad \text{et alors} \quad (\gamma m)Y(u,v) = m'Y(u',v') \quad \text{ou}$$
$$(\gamma mk)Y(1,0) = (m'k')Y(1,0) \quad ,$$

qui entraîne que $m'k' = \gamma mkm''$ avec un $m'' \in M$, d'où $MkM = Mk'M$; la
ndition est donc suffisante. La nécessité de la condition est triviale.

ROLLAIRE.

Pour tout $k \in K$, on a : $MkM = Mk^{-1}M$.

OPOSITION 3.

(K,M) est un couple de Gelfand, i.e. l'algèbre de convolution $\mathcal{K}(M\backslash K/M)$ t commutative. De plus, si f est M-biinvariante , on a

) $f(\ell u_\theta \ell') = f(\ell \ell' u_\theta) = f(u_\theta \ell \ell')$ quels que soient $\ell, \ell' \in L$, et on a la rmule d'intégration suivante :

$$\text{0)} \quad \int_K f(k)dk = \frac{7}{\pi} \int_0^{\frac{1}{2}\pi} \int_0^{\pi} f(u_\theta \ell_\lambda) \sin^7 2\theta \sin^6 \lambda \, d\theta \, d\lambda \quad .$$

En effet, si $\ell = (\alpha_1, \alpha_2, \alpha_3)$, $\ell' = (\alpha_1', \alpha_2', \alpha_3')$, on a

$u_\theta \ell')Y(1,0) = Y(\cos\theta\ (\alpha_2\ \alpha_2')(1),*)$, $(\ell\ell' u_\theta)Y(1,0) = Y(\cos\theta\ (\alpha_2\ \alpha_2')(1),*)$ et

$_\theta \ell\ell')Y(1,0) = Y(\cos\theta\ (\alpha_2\ \alpha_2')(1),*)$ d'où (9) en vertu du lemme 3.

formule d'intégration résulte alors de (3) et (5) en remarquant que
$$f(u_\theta m\ell_\lambda m') = f(u_\theta m\ell_\lambda) = f(mu_\theta \ell_\lambda) = f(u_\theta \ell_\lambda) \quad .$$

ROLLAIRE.

La représentation de K dans $L^2(K/M)$ définie par la translation à gauche décompose en somme directe des sous-espaces irréductibles deux à deux inéquilents (Kostant [6]).

C'est là une des propriétés d'un couple de Gelfand (voir par exemple Dieudonné [1] , (22.5.6.), p. 42).

§.5. L'espace homogène G_o/K et la décomposition d'Iwasawa de G_o.

Soit B la boule unité de $\mathbb{O}^2$, i.e. l'ensemble des (x,y) tels que $|x|^2+|y|^2 < 1$. A un point (x,y) de B, associons un élément $X = X(x,y)$ de $\underline{J}_{1,2}$ par

$$(1)\quad X(x,y) = \begin{pmatrix} \frac{1}{R} & \frac{\bar{y}\otimes(-1)^{1/2}}{R} & \frac{\bar{x}\otimes(-1)^{1/2}}{R} \\ \frac{y\otimes(-1)^{1/2}}{R} & \frac{-|y|^2}{R} & \frac{-y\bar{x}}{R} \\ \frac{x\otimes(-1)^{1/2}}{R} & \frac{-x\bar{y}}{R} & \frac{-|x|^2}{R} \end{pmatrix} \quad \text{où } R = 1-|x|^2-|y|^2.$$

On vérifie aisément que $X\circ X = X$, $\operatorname{tr} X = 1$ et $(X|E_1) \geqslant 1$; mais, on a inversement le lemme suivant.

LEMME 1.

Tout $X \in \underline{J}_{1,2}$ *tels que*

$$X\circ X = X,\ \operatorname{tr} X = 1 \ \text{ et } \ (X|E_1) \geqslant 1,$$

est de la forme $X = X(x,y)$ *pour un* $(x,y) \in B$ *uniquement déterminé*.

Démonstration : L'hypothèse $X\circ X = X$ signifie, en comparant les coefficients, q

$$(2)\qquad \xi_1 = \xi_1^2 - |u_2|^2 - |u_3|^2,$$

$$(3)\qquad \xi_2 = \xi_2^2 + |u_1|^2 - |u_3|^2,$$

$$(4)\qquad \xi_3 = \xi_3^2 + |u_1|^2 - |u_2|^2,$$

$$(5)\qquad u_1 = -\bar{u}_3\bar{u}_2 + \xi_2 u_1 + \xi_3 u_1 \ ;$$

la condition $\operatorname{tr} X = 1$ signifie que $\xi_1+\xi_2+\xi_3 = 1$; donc (5) donne

$$(6)\qquad \xi_1 u_1 = -\bar{u}_3\bar{u}_2 \ ;$$

posons

$$(7)\qquad x = u_2/\xi_1 \quad \text{et} \quad y = \bar{u}_3/\xi_1 \ ;$$

La relation (2) s'écrit alors sous la forme suivante :

(8) $\xi_1 = 1/(1 - |x|^2 - |y|^2)$,

qui montre que $(x,y) \in B$, puisque $\xi_1 \geq 1$ par hypothèse.

De (3) et (4), on obtient

$$\xi_2-\xi_3 = (\xi_2-\xi_3)(\xi_2+\xi_3)+|u_2|^2-|u_3|^2,$$

où résulte que

$$\xi_2-\xi_3 = \xi_1(|x|^2-|y|^2) = (|x|^2-|y|^2)/(1-|x|^2-|y|^2) ;$$

mme $\xi_2+\xi_3 = 1-\xi_1 = -(|x|^2+|y|^2)/(1-|x|^2-|y|^2)$, on obtient les expressions indi-ées pour ξ_2, ξ_3. Finalement on trouve u_1 à partir de (6), CQFD.

Montrons que, si $g \in G_o$, l'élément $gX(x,y)$, pour $(x,y) \in B$, est de la rme $X(x',y')$, $(x',y') \in B$. Il suffit pour cela de vérifier que la matrice $= gX$, $X = X(x,y)$, vérifie la condition du lemme 1. Or on a :

$X'\circ X' = (gX)\circ(gX) = g(X\circ X) = gX = X'$, tr $X' = (X'|E) = (gX|gE) = (X|E) =$ $=$ tr $X = 1$. Enfin, si $X' = X(\xi_1,\xi_2,\xi_3 ; u_1, u_2, u_3)$, la condition $\circ X' = X'$ montre, en comparant les coefficients de E_1, que

$$\xi_1^2 - |u_2|^2 - |u_3|^2 = \xi_1,$$

où

$$\xi_1 \leq 0 \quad \text{ou} \quad \xi_1 \geq 1.$$

Or $\xi_1 = (gX|E_1)$ est une fonction continue de $g \in G_o$ et G_o est connexe. mme $(eX|E_1) = (X|E_1) \geq 1$ par hypothèse, on voit que $(gX|E_1) \geq 1$ quel que it $g \in G_o$. Notre assertion résulte maintenant du lemme 1. Ainsi le <u>groupe</u> G_o <u>ère sur la boule unité</u> B <u>par la formule</u> : $gX(x,y) = X(x',y')$. <u>Nous allons ntrer que cette action est transitive</u>. Il suffira pour cela de faire voir que, $(x,y) \in B$, alors il existe un $g \in G_o$ tel que $gE_1 = X(x,y)$.

Pour cela, remarquons d'abord que, si $k \in K$, on a

(9) $kX(x,y) = X(x',y')$,

le point (x',y') de B est déterminé par la formule

(10) $kY(x,\bar{y}) = Y(x',\bar{y}')$.

En effet, on remarque que

$$X(x,y) = \frac{1+|x|^2+|y|^2}{1-|x|^2-|y|^2} E_1 - Y(x,\bar{y})\circ Y(x,\bar{y}) + Y(x,\bar{y}) \otimes (-1)^{1/2},$$

puisque $$Y(u,v)\circ Y(u,v) = (|u|^2+|v|^2)E_1 + |v|^2E_2 + |u|^2E_3 + F_1^{\overline{uv}}.$$

Définissons un sous-groupe à un paramètre $(a_t)_{t\in\mathbb{R}}$ de G_o par

(11) $$a_t = \exp t(A_2^{1\otimes(-1)^{1/2}})^{\sim}, \text{ pour } t \in \mathbb{R}.$$

En utilisant la formule (3.6), on montre que

(12) $$a_tX(\xi_1,\xi_2,\xi_3 \; ; \; u_1,u_2,u_3) = X(\eta_1,\eta_2,\eta_3 \; ; \; v_1,v_2,v_3),$$

où

$$\begin{cases} \eta_1 = \mathrm{ch}2t \dfrac{\xi_1-\xi_3}{2} + \mathrm{sh}2t \dfrac{u_2+\bar{u}_2}{2} + \dfrac{\xi_1+\xi_3}{2}, \\ \eta_2 = \xi_2, \\ \eta_3 = -\mathrm{ch}2t \dfrac{\xi_1-\xi_3}{2} - \mathrm{sh}2t \dfrac{u_2+\bar{u}_2}{2} + \dfrac{\xi_1+\xi_3}{2}, \\ v_1 = \mathrm{ch}t\; u_1 - \mathrm{sh}t\; \bar{u}_3, \\ v_2 = \mathrm{sh}2t \dfrac{\xi_1-\xi_3}{2} + (\mathrm{ch}2t - 1) \dfrac{u_2+\bar{u}_2}{2} + u_2, \\ v_3 = -\mathrm{sh}t\; \bar{u}_1 + \mathrm{ch}t\; u_3 \; ; \end{cases}$$

On peut écrire ces formules encore sous la forme suivante :

$$\frac{\eta_1+\eta_3}{2} = \frac{\xi_1+\xi_3}{2}, \quad \frac{\eta_1-\eta_3}{2} = \mathrm{ch}2t \frac{\xi_1-\xi_3}{2} + \mathrm{sh}2t \frac{u_2+\bar{u}_2}{2},$$

$$\frac{v_2+\bar{v}_2}{2} = \mathrm{sh}2t \frac{\xi_1-\xi_3}{2} + \mathrm{ch}2t \frac{u_2+\bar{u}_2}{2}, \quad \frac{v_2-\bar{v}_2}{2} = \frac{u_2-\bar{u}_2}{2}.$$

Revenant à la démonstration de la transitivité, soit $(x,y) \in B$ et prenons un $k \in K$ tel que $k^{-1}(x,\bar{y}) = Y((|x|^2+|y|^2)^{1/2},0)$, en utilisant la transitivité de K sur S^{15}. En vertu de (9) et (10) ci-dessus, on a alors

$$kX(x,y) = X(\mathrm{th}\; t,\; 0),$$

n posant $\quad \operatorname{th} t = (|x|^2+|y|^2)^{1/2}$.

D'autre part, les formules (1) et (12) montrent que

$$a_t X(0,0) = a_t E_1 = (\operatorname{ch}^2 t)E_1 - (\operatorname{sh}^2 t)E_3 + (\operatorname{sht}\operatorname{cht})F_2^{1\otimes(-1)^{1/2}}$$

$$= X(\operatorname{tht},0) \;;$$

n a donc $X(x,y) = (ka_t)X(0,0) = (ka_t)E_1$, ce qui démontre notre assertion avec $= ka_t$.

En appliquant ceci à la matrice $X(x,y) = gE_1$ pour un $g \in G_o$, on voit u'il existe un $k \in K$ et un $t \geqslant 0$ tels que $gE_1 = (ka_t)E_1$, donc

(13) $\qquad g = ka_t k'$ avec $k,k' \in K$ et $t \geqslant 0$,

uisque K est le sous-groupe d'isotropie en E_1 par définition même.

On peut expliciter l'action de a_t sur la boule unité B comme suit :

$$a_t.(x,y) = (x',y') \text{ i.e. } a_t X(x,y) = X(x',y'), \text{ où}$$

(14) $$\begin{cases} x' = (\operatorname{sht} + \operatorname{cht} x)(\operatorname{cht} + \operatorname{sht} x)^{-1}, \\ y' = y(\operatorname{cht} + \operatorname{sht} x)^{-1}. \end{cases}$$

En effet, on connaît l'action de a_t sur $X(\xi_1,\xi_2,\xi_3 \;;\; u_1,u_2,u_3)$ (la formu- e (12)) ; comme

$$X(x,y) = X\left(\frac{1}{R}, -\frac{|y|^2}{R}, -\frac{|x|^2}{R} \;;\; -\frac{y\bar{x}}{R}, \frac{x}{R}, \frac{\bar{y}}{R}\right),$$

n trouve le résultat sans peine. Remarquons qu'on a

(15) $$1 - |x'|^2 - |y'|^2 = \frac{1-|x|^2-|y|^2}{|\operatorname{cht}+\operatorname{sht} x|^2} .$$

emarque : On notera que

$$a_{t+t'}.(x,y) = a_t.(a_{t'}.(x,y)) \quad \text{pour } t,t' \in \mathbb{R},$$

algrè l'absence de l'associativité dans $\mathbb{O}$; ceci est dû aux relations (1.11) et .12).

Pour démontrer la décomposition d'Iwasawa $G_o = KAN$, où A est le sous- oupe à un paramètre $(a_t)_{t \in \mathbb{R}}$ et N est le sous-groupe nilpotent des $u(y,z)$, $z \in \mathbb{O}$, $\bar{y} = -y$, il faut connaître $u(y,z)E_1$ explicitement.

On démontre à l'aide de (3.6) les formules suivantes :

$$(16)\qquad (\exp Z(z))E_1 = E_1+F_3^{\bar z\otimes(-1)^{1/2}} + |z|^2[(E_1-E_2)+\frac{1}{2}F_2^{1\otimes(-1)^{1/2}}]$$
$$+\frac{|z|^2}{2}(-F_1^{z}+F_3^{\bar z\otimes(-1)^{1/2}}+\frac{|z|^4}{4}[E_1-E_3+F_2^{1\otimes(-1)^{1/2}}],$$

$$(17)\qquad (\exp Y(y)\exp Z(z))E_1 = (\exp Z(z))E_1+Y(y)E_1+Y(y)F_3^{\bar z\otimes(-1)^{1/2}}+\frac{1}{2}Y(y)^2E$$
$$= [(1+\frac{|z|^2}{2})^2+|y|^2]E_1 - |z|^2E_2-(\frac{|z|^4}{4}+|y|^2)E_3$$
$$+F_1^{z(y-\frac{1}{2}|z|^2)}+F_2^{(\frac{1}{2}|z|^2(1+\frac{1}{2}|z|^2)+|y|^2+y)\otimes(-1)^{1/2}}$$
$$+F_3^{(1+\frac{1}{2}|z|^2+y)\bar z\otimes(-1)^{1/2}}.$$

Remarquons qu'on établit au cours de ce calcul les résultats suivants :

$$(18)\qquad Z(z)(E_1-E_3+F_2^{1\otimes(-1)^{1/2}}) = Y(y)(E_1-E_3+F_2^{1\otimes(-1)^{1/2}}) = 0,$$

qui seront utiles plus loin.

Compte tenu de (7), on a

$$(19)\qquad u(y,z)E_1 = X(x_1,x_2) \quad \text{où} \quad x_1 = (\frac{|z|^2}{2}+y)(1+\frac{|z|^2}{2}+y)^{-1},$$
$$x_2 = z(1+\frac{|z|^2}{2}+y)^{-1},$$

par suite, en vertu de (14), on a plus généralement

$$(a_t u(y,z))E_1 = X(x_1,x_2), \text{ où}$$
$$(20)\qquad x_1 = (\mathrm{sh}t+e^t(\frac{1}{2}|z|^2+y))(\mathrm{ch}t+e^t(\frac{1}{2}|z|^2+y))^{-1},$$
$$x_2 = z(\mathrm{ch}t+e^t(\frac{1}{2}|z|^2+y))^{-1}.$$

<u>LEMME 2.</u>

<u>Etant donné un point</u> (x_1,x_2) <u>de la boule unité</u> B <u>de</u> $\mathbb{C}^2$, <u>il existe</u> $t \in \mathbb{R}$, y, $z \in \mathbb{C}$, $\bar y = -y$ <u>uniquement déterminés tels que l'on ait</u>

$$X(x_1,x_2) = (a_t u(y,z))E_1.$$

Pour démontrer ceci, il suffit de faire voir que le système d'équations

20) possède une solution unique (t,y,z), étant donné (x_1,x_2) ; mais c'est bien e cas, car il est facile de voir que

$$
\begin{aligned}
e^{-2t} &= |1-x_1|^2/(1-|x_1|^2-|x_2|^2), \\
y &= \tfrac{1}{2}(x_1-\bar{x}_1)/(1-|x_1|^2-|x_2|^2), \qquad (21)\\
z &= x_2(1-\bar{x}_1)/|1-x_1|(1-|x_1|^2-|x_2|^2)^{1/2}.
\end{aligned}
$$

HEOREME 1.

Tout élément g de G_o se met d'une façon unique sous la forme

$$g = ka_t u(y,z) \quad \text{avec} \quad k \in K,\ t \in \mathbb{R},\ y,z \in \mathbb{O} \quad \text{et} \quad \bar{y} = -y.$$

En effet, soit $X(x_1,x_2) = g^{-1}E_1$; il existe $t \in \mathbb{R}$, $y,z \in \mathbb{O}$ tels que $= -y$ et $X(x_1,x_2) = (a_t u(y,z))E_1$; on a donc $g^{-1}k = a_t u(y,z)$. Comme

$$a_t u(y,z)a_{-t} = u(e^{2t}y,e^t z), \tag{22}$$

cause de (3.11), et

$$u(y,z)^{-1} = u(-y,-z), \tag{23}$$

n voit que

$$g = ka_{-t}u(-e^{2t}y,-e^t z).$$

L'unicité de la décomposition est évidente, parce que t, y, z sont uniques en vertu du lemme 2.

En utilisant cette décomposition d'Iwasawa, on définit comme d'habitude 'action de G sur K (ou sur K/M) et la fonction $t(g,k)$ sur $G \times K$:

$$\tau_g(k) = k' \quad \text{et} \quad t(g,k) = t' \quad \text{si} \quad gk = k'a_{t'}u', \quad k' \in K,\ t' \in \mathbb{R},\ u' \in N. \tag{24}$$

On a alors

$$\tau_{gg'} = \tau_g\tau_{g'} \quad \text{et} \quad t(gg',k) = t(g,\tau_{g'}(k)) + t(g',k), \tag{25}$$

our $g,g' \in G_o$ et $k \in K$. De plus, on a

$$\tau_g(km) = \tau_g(k) \quad \text{et} \quad t(g,km) = t(g,k) \quad \text{pour} \quad g \in G_o, k \in K \text{ et } m \in M, \tag{26}$$

puisque M est le centralisateur de A dans K et normalise N. En effet, soit $ka_t = a_t k$ pour tout $t \in \mathbb{R}$; on a alors $ka_t E_1 = a_t kE_1 = a_t E_1$ pour tout $t \in \mathbb{R}$; on a donc

$$k(ch^2 tE_1 - sh^2 tE_3 + shtcht\, F_2^{1\otimes(-1)^{1/2}}) = chtE_1 - sh^2 t\, E_3 + \\ + shtcht\, F_2^{1\otimes(-1)^{1/2}}$$

quel que soit t. Comme $kE_1 = E_1$, il vient en divisant par sht,

$$-sht(kE_3) + cht(kF_2^{1\otimes(-1)^{1/2}}) = -sht\, E_3 + cht\, F_2^{1\otimes(-1)^{1/2}},$$

pour tout t, d'où résulte que $kF_2^{\,1} = F_2^{\,1}$, i.e. $k \in M$. D'autre part, la décomposition (3.13) montre que M normalise N ; on peut d'ailleurs montrer la formule suivante :

$$(27)\qquad m\, u(y,z)m^{-1} = u(\alpha(y),\tilde{\alpha}(z)) \quad \text{pour} \quad m = (\tilde{\alpha},\alpha,k\tilde{\alpha}).$$

En effet, on a, en utilisant les notations de (19) et les formules (9), (10),

$$mu(y,z)m^{-1}E_1 = mu(y,z)E_1 = mX(x_1,x_2) = X(\alpha(x_1),\tilde{\alpha}(x_2)) \;;$$

Or la relation $\tilde{\alpha}(uv) = \tilde{\alpha}(u)\alpha(v)$ pour $u,v \in \mathbb{O}$, permet de montrer que

$$\alpha(x_1) = \left(\frac{|\tilde{\alpha}(z)|^2}{2} + \alpha(y)\right)\left(1 + \frac{|\tilde{\alpha}(z)|^2}{2} + \alpha(y)\right)^{-1},$$

$$\tilde{\alpha}(x_2) = \tilde{\alpha}(z)\left(1 + \frac{|\tilde{\alpha}(z)|^2}{2} + \alpha(y)\right)^{-1},$$

et $\overline{\alpha(y)} = -\alpha(y)$, puisque $\alpha \in SO(7)$; on a donc

$$mu(y,z)m^{-1}E_1 = u(\alpha(y),\tilde{\alpha}(z))E_1,$$

d'où notre assertion, grâce au lemme 2, puisqu'on sait que $mu(y,z)m^{-1} \in N$.

Pour calculer explicitement $t(g,k)$, introduisons l'élément

$$(28)\qquad X = E_1 - E_3 + F_2^{1\otimes(-1)^{1/2}}.$$

On vérifie facilement que

$$(29)\qquad \operatorname{tr} X = 0,\ E_2\circ X = 0,\ X\circ X = 0 \quad \text{et} \quad (X|X) = 0.$$

De plus, on a vu que $Y(y)X = Z(z)X = 0$, donc

$$u(y,z)X = X \quad \text{pour} \quad y,z \in \mathbb{O},\ \bar{y} = -y.$$

D'autre part la formule (12) montre que

$$a_t X = e^{2t} X \quad \text{pour} \quad t \in \mathbb{R},$$

où (30) $$(a_t u(y,z))X = e^{2t} X \quad \text{pour} \quad t \in \mathbb{R},\ y,z \in \mathbb{O},\ \bar{y} = -y.$$

Calculons kX pour $k \in K$. Comme on peut écrire

$$X = 2E_1 - F_2{}^1 \circ F_2{}^1 + F_2{}^{1\otimes(-1)^{1/2}},$$

a, si $$kF_2{}^1 = kY(1,0) = Y(u,v) = F_2{}^u + F_3{}^v \quad \text{avec} \quad u,v \in \mathbb{O},\ |u|^2+|v|^2 = 1,$$

$$kX = 2E_1 - Y(u,v)\circ Y(u,v) + Y(u,v) \otimes (-1)^{1/2}$$

$$= 2E_1 - (E_1+E_3)|u|^2 - (E_1+E_3)|v|^2 - F_1{}^{\overline{uv}} + F_2{}^{u\otimes(-1)^{1/2}} + F_3{}^{v\otimes(-1)^{1/2}},$$

où (31) $$kX = E_1 - |v|^2 E_2 - |u|^2 E_3 - F_1{}^{\overline{uv}} + F_2{}^{u\otimes(-1)^{1/2}} + F_3{}^{v\otimes(-1)^{1/2}}.$$

Cette formule nous permet d'expliciter l'action de G sur K/M et la nction $t(g,k)$. Soit, en effet,

$$gk = k'a_{t'}n' \quad \text{avec} \quad k' \in K,\ t' \in \mathbb{R} \quad \text{et} \quad n' \in N,$$

sorte que $k' = \tau_g(k)$ et $t' = t(g,k)$. On a d'une part, d'après (31),

$$(gk)X = g(kX) = gX(1,-|v|^2,-|u|^2\ ;\ -\overline{uv},\ u,\ v)\ ;$$

is $$(gk)X = (k'a_{t'}n')X = e^{2t'}k'X = e^{2t'}X(1,-|v'|^2,-|u'|^2;\overline{-u'v'},u',v'),$$

$$k'F_2{}^1 = F_2{}^{u'} + F_3{}^{v'}\ ;$$

comparant, il vient

(32) $$e^{2t(g,k)} = \xi_1' \quad \text{et} \quad u' = u_2'/\xi_1',\ v' = u_3'/\xi_1',$$

$$gX(1,-|v|^2,-|u|^2;-\overline{uv},u,v) = X(\xi_1',\xi_2',\xi_3'\ ;\ u_1',u_2',u_3').$$

En particulier, pour $g = a_t$, on a, à l'aide de (12),

$$\xi_1' = |cht + sht\ u|^2,\ \xi_2' = -|v|^2,\ \xi_3' = -|sht + cht\ u|^2,$$

$$u_1' = -\bar{v}(sht + cht\ \bar{u}),\ u_2' = (sht + cht\ u)(cht + sht\ \bar{u}),$$

$$u_3' = (cht + sht\ u)v,$$

d'où résulte que

$$(33) \qquad e^{t(a_t,k)} = |cht + sht\ u|,$$

$$(34) \qquad u' = (sht + cht\ u)(cht + sht\ u)^{-1},\ \bar{v}' = \bar{v}(cht + sht\ u)^{-1},$$

si $kF_2^{\ 1} = F_2^{\ u} + F_3^{\ v}$.

<u>Remarque</u> : Il résulte de ce qui précède que l'on a l'expression suivante pour une mesure de Haar sur G_o.

$$(35) \qquad \int_{G_o} f(g)dg = \int_K\int_{\mathbb{R}}\int_N f(ka_t u(y,z))e^{22t}dk\ dt\ d\mu(y,z),$$

où $d\mu(y,z) = dy_1 \ldots dy_7 dz_0 \ldots dz_7$ est la mesure euclidienne dans $\mathbb{R}^7 \times \mathbb{R}^8 \approx N$. Par conséquent, on a aussi la formule suivante pour la mesure de Haar normée de K.

$$(36) \qquad d(\tau_g(k)) = e^{-t(g,k)}dk.$$

.6. Analyse harmonique dans K/M.

Rappelons d'abord les points essentiels de la théorie des fonctions sphériques (zonales) d'un couple de Gelfand (K,M), où K est compact. L'algèbre de convolution $\mathcal{K}(M\backslash K/M)$ des fonctions continues M-biinvariantes sur K est donc commutative. On dit qu'une représentation unitaire (π,H) de K est sphérique (ou de classe 1) par rapport à M (ou, pour abréger, M-sphérique) s'il existe dans H un vecteur normé ξ tel que $\pi(m)\xi = \xi$ pour tout $m \in M$. Notons H^M le sous-espace de H formé des vecteurs M-invariants. Alors une telle représentation est irréductible si et seulement si $\dim H^M = 1$. Posons

$$(1) \qquad \varphi(k) = (\xi|\pi(k)\xi) \quad \text{pour} \quad k \in K \ ;$$

c'est alors une fonction M-biinvariante, de type positif et satisfait à l'équation fonctionnelle :

$$(\mathrm{FS}) \qquad \int_M \varphi(kmk')dm = \varphi(k)\varphi(k') \quad \text{quels que soient} \quad k,k' \in K.$$

Cette équation signifie d'ailleurs que l'application $f \mapsto \varphi(f)$ où

$$(2) \qquad \varphi(f) = \int_K f(k)\overline{\varphi(k)}dk \quad \text{pour} \quad f \in \mathcal{K}(M\ K/M),$$

est un caractère de l'algèbre commutative $\mathcal{K}(M\backslash K/M)$.

On appelle φ la fonction sphérique associée à la représentation M-sphérique (π,H). On remarquera qu'elle ne dépend pas du choix de ξ, vu que $\dim H^M=1$.

Réciproquement, si φ est une fonction continue sur K, non identiquement nulle et si elle vérifie (FS), alors on montre que (i) φ est M-biinvariante, (ii) φ est de type positif (car on a $\varphi = \|\varphi\|^{-2}\tilde{\varphi}*\varphi)$, et (iii) il existe une représentation unitaire irréductible M-sphérique, soit (π,H,ξ), unique à une équivalence unitaire près, telle que φ soit la fonction sphérique associée.

D'autre part, une représentation unitaire irréductible est M-sphérique si et seulement si elle est (équivalente à une représentation) contenue dans la représentation régulière π de K dans $L^2(K/M)$, deux représentations irréductibles contenues dans $L^2(K/M)$ étant inéquivalentes. Il en résulte que, si on désigne par $\hat{K}^M$ l'ensemble des classes de représentations unitaires irréductibles M-sphériques de K, on a une décomposition en somme directe hilbertienne :

$$L^2(K/M) = \bigoplus_{\gamma \in \hat{K}^M} H_\gamma,$$

où chaque H_γ est stable et irréductible pour π et il existe un $\xi_\gamma \in H_\gamma^M$ tel que, si

$$\varphi_\gamma(k) = (\xi_\gamma|\pi(k)\xi_\gamma), \quad \text{pour} \quad k \in K,$$

les φ_γ, $\gamma \in \hat{K}^M$, forment l'ensemble des fonctions M-sphériques sur K. Soit $(\xi_i^\gamma)_{1\leq i\leq d(\gamma)}$ une base orthonormale de H_γ telle que $\xi_1^\gamma = \xi_\gamma$ et soit

$$\pi(k)\xi_i^\gamma = \sum_{j=1}^{d(\gamma)} c_{ji}^\gamma(k)\xi_j^\gamma \quad \text{pour} \quad k \in K,$$

de sorte que

$$c_{ij}^\gamma(k) = (\pi(k)\xi_j^\gamma|\xi_i^\gamma) \quad \text{et} \quad \overline{c_{11}^\gamma(k)} = \varphi_\gamma(k).$$

Si on pose de plus

$$\varphi_{ij}^\gamma(k) = d(\gamma)^{1/2}\overline{c_{ij}^\gamma(k)} \quad \text{pour} \quad k \in K,$$

on voit, d'après la relation d'orthogonalité, que les fonctions $\varphi_{i1}^\gamma, i=1,\ldots,d(\gamma)$, forment une base orthogonale de H_γ et qu'en particulier la fonction sphérique φ_γ elle-même est dans H_γ. Par conséquent, les fonctions

$$\{\varphi_{i1}^\gamma|\gamma \in \hat{K}^M, 1 \leq i \leq d(\gamma)\}$$

forment une base orthonormale de $L^2(K/M)$ et que les fonctions

$$\varphi_{11}^\gamma = d(\gamma)^{1/2}\varphi_\gamma \quad \text{pour} \quad \gamma \in \hat{K}^M$$

forment celle de $L^2(M\backslash K/M)$. On a donc, par exemple pour une fonction f dans $C^\infty(M\backslash K/M)$, le développement

$$(3) \qquad f(k) = \sum_{\gamma\in\hat{K}^M} d(\gamma)(f|\varphi_\gamma)\varphi_\gamma(k),$$

qui converge uniformément et absolument dans K.

Après ces rappels, revenons au cas du groupe $F_{4(-20)}$ et de ses sous-groupes K, L, M. On a vu au § 4 que $K/L \approx S^8$, K opérant en tant que SO(9), $L/M \approx S^7$, L opérant en tant que SO(8), et $K/M \approx S^{15}$, où toutefois l'action de K n'est pas celle de SO(16) tout entier. Les deux isomorphismes $L/M \approx S^7$ et $K/M \approx S^{15}$ sont compatibles en ce sens que, par l'application $kM \to (u,v)$ définie par $kF_2^1 = F_2^u + F_3^v$ ℓM s'envoie en $(u,0)$ appartenant à l'ensemble $\{(u,0)||u|^2 = 1\}$ identifié à $S^7 = \{u|u \in 0, |u| = 1\}$.

D'après la théorie classique des harmoniques sphériques, on a

$$L^2(K/M) = L^2(S^{15}) = \bigoplus_{m\geqslant 0} H_m,\ L^2(L/M) = L^2(S^7) = \bigoplus_{p\geqslant 0} K_p,$$

ù H_m (resp. K_p) désigne le sous-espace des harmoniques sphériques de degré m ur S^{15} (resp. de degré p sur S^7). Pour la fonction sphérique zonale ψ_p ssociée à K_p, on a donc

$$(4) \qquad \psi_p(m\ell_\lambda m') = \psi_p(\ell_\lambda) = C_p^3(\cos\lambda)/C_p^3(1),\ C_p^3(1) = 6_p/p!\ ,$$

vec les polynômes de Gegenbauer $C_p^3(\cdot)$ d'indice 3.

Soit maintenant φ_γ une fonction M-sphérique sur K ; comme la décomposi-ion $L^2(K/M) = \bigoplus_{\gamma\in\hat{K}^M} H_\gamma$ s'obtient en décomposant les sous-espaces H_m suivant 'action de K (plus "petit" que SO(16)), il existe un entier $m \geqslant 0$ tel que φ_γ soit contenue dans H_m. D'autre part, la restriction $\psi = \varphi_\gamma|_L$ de φ_γ à L st bien entendu une fonction M-sphérique sur L, donc elle est égale à une ψ_p, vec un entier $p \geqslant 0$. On a ainsi une application $\gamma \mapsto (m(\gamma),p(\gamma))$ de $\hat{K}^M$ dans $\times \mathbb{N}$, définie par

$$m(\gamma) = m, p(\gamma) = p \quad \text{si} \quad \varphi_\gamma \in H_m \quad \text{et} \quad \varphi_\gamma|_L \in H_p \ (\text{i.e.}\ \varphi_\gamma|_L = \psi_p).$$

EMME 1.

Pour une fonction M-sphérique φ sur K, les deux conditions suivantes ont équivalentes :

(i) $\varphi|_L = \psi_p$;

(ii) $(d_p\psi_p)*\varphi*(d_p\psi_p) = \varphi$,

ù d_p désigne la dimension de la représentation associée à ψ_p, i.e.

$$(5) \qquad d_p = \dim K_p = \|\psi_p\|^{-2} = \frac{(p+5)!}{6!p!}\ (2p+6) = \frac{6_p}{p!}\ \frac{p+3}{3}\ .$$

émonstration.

Supposons (i). On a alors

$$(d_p\psi_p)*\varphi(k) = d_p\int_L \psi_p(\ell)\varphi(\ell^{-1}k)d\ell \qquad (\ell \mapsto m^{-1}\ell)$$

$$= d_p\int_L \psi_p(\ell)\varphi(\ell^{-1}mk)d\ell \quad (\text{quel que soit } m \in M)$$

$$= d_p\int_L \psi_p(\ell)\int_M \varphi(\ell^{-1}mk)dm\ d\ell$$

$$= d_p \int_L \psi_p(\ell)\varphi(\ell^{-1})\varphi(k)d\ell = \varphi(k),$$

compte tenu de (5), puisque $\varphi(\ell^{-1}) = \psi_p(\ell^{-1}) = \overline{\psi_p(\ell)}$. Même démonstration pour la convolution à droite.

Inversement, supposons (ii). Alors

$$\varphi(\ell) = d_p \int_L \varphi(\ell')\psi_p(\ell'^{-1}\ell)d\ell' = d_p(\varphi|\psi_p)\psi_p(\ell),$$

par un procédé analogue, ce qui montre que $\varphi|_L = c\psi_p$ et la constante c est nécessairement égale à 1, car $\varphi(e) = \psi_p(e) = 1$.

Pour $p,q \in \mathbb{N}$, on a $(d_p\psi_p)*(d_p\psi_q) = \delta_{pq}d_p\psi_p$, d'où résulte que les projections orthogonales $f \mapsto f*(d_p\psi_p)$ forment une famille complète. Il en résulte que pour tout $p \in \mathbb{N}$, il existe au moins une fonction sphérique φ sur K telle que $\varphi|_L = \psi_p$.

LEMME 2.

Soit f une fonction continue sur K telle que

$$(d_p\psi_p)*f*(d_p\psi_p) = f.$$

Alors

(i) f est M-biinvariante, i.e. $f(mkm') = f(k)$ quels que soient $m,m' \in M$;

(ii) on a

$$f(\ell u_\theta \ell') = \psi_p(\ell\ell')f(u_\theta) \quad \text{pour} \quad \ell,\ell' \in L,\ 0 \leqslant \theta \leqslant \frac{1}{2}\pi.$$

Démonstration.

L'assertion (i) résulte immédiatement de l'invariance de ψ_p. En vertu de la proposition 4.3, on a

$$f(\ell u_\theta \ell') = f(\ell\ell' u_\theta) = d_p \int_L \psi_p(\ell_1)f(\ell_1^{-1}\ell\ell' u_\theta)d\ell_1$$

$$(\ell_1 \mapsto \ell\ell' m\ell_1, m \in M)$$

$$= d_p \int_L \psi_p(\ell\ell' m\ell_1)f(\ell_1^{-1}m^{-1}u_\theta)d\ell_1 \ ;$$

Or, $\quad f(\ell_1^{-1}m^{-1}u_\theta) = f(\ell_1^{-1}u_\theta m^{-1}) = f(\ell_1^{-1}u_\theta)$;

par suite,

$$f(\ell u_\theta \ell') = d_p \int_L \psi_p(\ell\ell' m_1) f(\ell_1^{-1} u_\theta) d\ell_1 \quad \text{pour tout} \quad m \in M \; ;$$

en intégrant sur M et en utilisant l'équation fonctionnelle de ψ_p, on voit donc que

$$f(\ell u_\theta \ell') = d_p \psi_p(\ell\ell') \int_L \psi_p(\ell_1) f(\ell_1^{-1} u_\theta) \, d\ell_1 = \psi_p(\ell\ell') f(u_\theta).$$

PROPOSITION 1.

Soit $\gamma \in \hat{K}^M$ et $p = p(\gamma)$. Alors

(6) $$\varphi_\gamma(\ell u_\theta \ell') = \psi_p(\ell\ell')\varphi_\gamma(u_\theta) \quad \text{pour} \quad \ell,\ell' \in L \quad \text{et} \quad 0 \leqslant \theta \leqslant \frac{1}{2}\pi,$$

et, pour une fonction intégrable M-biinvariante f sur K, on a

(7) $$\int_K f(k)\varphi_\gamma(k)dk = \frac{7}{\pi} \int_0^{\frac{1}{2}\pi} \int_0^{\pi} f(u_\theta \ell_\lambda)\varphi_\gamma(u_\theta)\psi_p(\ell_\lambda) \sin^7 2\theta \sin^6\lambda \, d\theta d\lambda.$$

Cela résulte des lemmes 1,2 ci-dessus et de la proposition 4.3.

Pour déterminer les fonctions φ_γ complètement, introduisons dans $\mathbb{O}^2 \approx R^{16}$ les coordonnées "bisphériques" :

$$u = u_0 + u_1 e_1 + \ldots + u_7 e_7, \quad v = v_0 + v_1 e_1 + \ldots + v_7 e_7,$$

avec

$$\begin{cases} u_0 = r \cos\theta \cos \lambda_1, \\ u_1 = r \cos\theta \sin \lambda_1 \cos \lambda_2, \\ \ldots \\ u_6 = r \cos\theta \sin \lambda_1 \sin \lambda_2 \ldots \sin \lambda_6 \cos \sigma, \\ u_7 = r \cos\theta \sin \lambda_1 \sin \lambda_2 \ldots \sin \lambda_6 \sin \sigma; \end{cases}$$

$$\begin{cases} v_0 = r \sin \theta \cos \mu_1, \\ v_1 = r \sin\theta \sin \mu_1 \cos \mu_2, \\ \ldots \\ v_6 = r \sin\theta \sin \mu_1 \sin \mu_2 \ldots \sin \mu_6 \cos \tau, \\ v_7 = r \sin\theta \sin \mu_1 \sin \mu_2 \ldots \sin \mu_6 \sin \tau \; ; \end{cases}$$

$$0 \leqslant r < +\infty,\ 0 \leqslant \theta \leqslant \frac{1}{2}\pi,\ 0 \leqslant \lambda_1,\dots,\lambda_6,\ \mu_1,\dots,\mu_6 \leqslant \pi,$$

$$0 \leqslant \sigma,\ \tau < 2\pi.$$

Le Laplacien Δ prend alors la forme suivante :

$$\Delta = \frac{\partial^2}{\partial r^2} + \frac{15}{r}\frac{\partial}{\partial r} + \frac{1}{r^2}\ \Omega,$$

avec (8) $$\Omega = \frac{\partial^2}{\partial\theta^2} + 14\ \mathrm{cotg}\theta\ \frac{\partial}{\partial\theta} + \frac{1}{\cos^2\theta}\ \Omega_1 + \frac{1}{\sin^2\theta}\ \Omega_2,$$

avec Ω_1 (resp. Ω_2) le laplacien sur S^7 par rapport aux coordonnées $(\lambda_1,\dots,\lambda_6,\sigma)$ (resp. $(\mu_1,\dots,\mu_6,\tau)$). Remarquons que d'après notre identification Ω_1 correspond au laplacien sur L/M.

On sait que

(9) $$(\Omega + m(m+14))\varphi = 0 \quad \text{pour} \quad \varphi \in H_m,$$

(10) $$(\Omega_1 + p(p+6))\psi = 0 \quad \text{pour} \quad \psi \in K_p.$$

Si on a $k = \ell u_\theta \ell'$, $\ell,\ell' \in L$, $0 \leqslant \theta \leqslant \frac{1}{2}\pi$, on a

$$kF_2^1 = F_2^{\ u} + F_3^{\ v} \quad \text{avec} \quad u = \cos\theta.\alpha_2\ (\alpha_2'(1)),$$

$$v = \sin\theta.\alpha_3(\overline{\alpha_2'(1)}),$$

où $\ell = (\alpha_1,\alpha_2,\alpha_3)$, $\ell' = (\alpha_1',\alpha_2',\alpha_3')$. On voit que les coordonnées bisphériques du point (u,v) de S^{15} correspond à kM sont données par θ et les coordonnées sphériques des points $\alpha_2(\alpha_2'(1))$, $\alpha_3(\overline{\alpha_2'(1)})$; par conséquent, on a, lorsque $m(\gamma) = m$ et $p(\gamma) = p$,

$$\varphi_\gamma(k) = \varphi_\gamma(\ell u_\theta \ell') = \psi_p(\ell\ell')\varphi_\gamma(u_\theta) = C_p^3(\cos\lambda_1)\varphi_\gamma(u_\theta)/C_p^3(1)\ ;$$

compte tenu des formules (8), (10), on voit donc que la fonction $\theta \mapsto \varphi_\gamma(u_\theta)$ satisfait à l'équation différentielle suivante :

$$\left(\frac{d^2}{d\theta^2} + 14\ \mathrm{cotg}\theta\ \frac{d}{d\theta} + m(m+14) - \frac{p(p+6)}{\cos^2\theta}\right)\varphi_\gamma = 0.$$

Pour $x = \cos 2\theta$, $f_\gamma(x) = f_\gamma(\cos 2\theta) = \varphi_\gamma(u_\theta)$,

on obtient l'équation suivante :

$$[4(1-x^2)\frac{d^2}{dx^2} - 32x\frac{d}{dx} + m(m+14) - \frac{2p(p+6)}{1+x}]f_\gamma = 0,$$

Si on pose

$$f_\gamma(x) = (1+x)^{p/2} F(x),$$

on a alors l'équation différentielle (des fonctions de Jacobi) :

$$(11) \qquad (1-x^2)F'' + (p-(p+8)x)F' + \frac{1}{4}(m-p)(m+p+14)F = 0.$$

Par conséquent, on a

$$\varphi_\gamma(u_\theta) = C(1+x)^{p/2} P^{(3,p+3)}_{(m-p)/2}(x), \quad x = \cos 2\theta,$$

avec une constante C.

Pour la variable $t = \frac{1}{2}(1+x)$ et pour $G(t) = F(2t-1)$, l'équation (11) prend la forme suivante :

$$t(1-t)G'' + (p+4-(p+8)t)G' - \frac{p-m}{2}\,\frac{m+p+14}{2}\,G = 0,$$

c'est-à-dire une équation hypergéométrique, d'où

$$G(t) = C'.{}_2F_1(\frac{p-m}{2}, \frac{m+p+14}{2}; p+4; t),$$

qui n'est bornée pour $|t| \leqslant 1$, que si $\frac{1}{2}(p-m) = -q$, $q \in \mathbb{N}$. Par suite, on a la condition nécessaire :

si $m=m(\gamma)$, $p=p(\gamma)$ pour un $\gamma \in \hat{K}^M$, alors $0 \leqslant p \leqslant m$, $m=p+2q$, $q \in \mathbb{N}$.

Comme on sait que $P_q^{(3,p+3)}(1) = (4)_q/q!$, on trouve la constante C, en écrivant que $\varphi_\gamma(e) = 1$ et on trouve finalement la formule :

$$(12) \qquad \varphi_\gamma(u_\theta) = \frac{q!}{4_q}\cos^p\theta . P_q^{(3,p+3)}(\cos 2\theta)$$

$$= (-1)^q \frac{(p+4)_q}{(4)_q}\cos^p\theta\ {}_2F_1(-q, q+p+7; p+4; \cos^2\theta).$$

Soit réciproquement

$$(13) \qquad \varphi_{p,q}(k) = \varphi_{p,q}(\ell u_\theta \ell') = \psi_p(\ell\ell')\varphi_{p,q}(u_\theta) = \frac{C_p^3(\cos\lambda_1)}{C_p^3(1)}\varphi_{p,q}(u_\theta)$$

avec (13') $\quad \varphi_{p,q}(u_\theta) = \frac{q!}{(4)_q}\cos^p\theta . P_q^{(3,p+3)}(\cos 2\theta) \quad$ pour $\quad 0 \leqslant \theta \leqslant \frac{1}{2}\pi$;

c'est alors une fonction continue M-biinvariante sur K (parce qu'elle n'est autre qu'une harmonique sphérique par la construction même, et ne dépend que de $|u| = \cos\theta$ et $\mathrm{Re}(u) = \cos\theta.\cos\lambda_1$) ; elle est donc contenue dans un H_γ, pour un $\gamma \in \hat{K}^M$ uniquement déterminé. On a ainsi démontré le résultat suivant.

THEOREME 1.

Les représentations unitaires irréductibles M-sphériques de K sont paramétrées par un couple (p,q) d'entiers ≥ 0. Si $\varphi_{p,q}$ est définie par (13), (13'), alors c'est l'unique fonction M-sphérique zonale de la composante $H_{p,q}$ et l'on a

$$L^2(M\backslash K/M) = \bigoplus_{p,q\geq 0} \mathbb{C}\varphi_{p,q} \quad \text{et} \quad L^2(K/M) = \bigoplus_{p,q\geq 0} H_{p,q}.$$

la composante $H_{p,q}$ pouvant être caractérisée par les conditions :

$$(\Omega+(p+2q)(p+2q+14))\varphi = 0 \quad \text{et} \quad \varphi*(d_p\psi_p) = \varphi.$$

Pour démontrer la dernière assertion, il suffit de remarquer que les fonctions φ vérifiant ces conditions forment un sous-espace stable de $L^2(K/M)$ et que la seule fonction M-biinvariante qui est contenu dans ce sous-espace est $\varphi_{p,q}$ à un facteur constant près.

Remarquons que, si $d_{p,q} = \dim H_{p,q}$, alors

$$\varphi \mapsto \varphi*(d_{p,q}\varphi_{p,q})$$

est l'opérateur de projection de $L^2(K/M)$ sur le sous-espace $H_{p,q}$.

.7. Application à l'intégrale de Poisson

Soit $\xi \in \mathbb{R}$ tel que $|\xi| < 1$, et considérons la fonction continue sur K éfinie par

$$(1) \qquad W_{s,\xi}(k) = |1-\xi u|^{s-1} \quad \text{pour} \quad k \in K,\ kM = (u,v).$$

C'est une fonction M-biinvariante et elle va jouer un rôle important dans es applications à l'intégrale de Poisson d'une part et à la construction de la érie complémentaire de l'autre.

EMME 1.

Soient ν, α réels, $0 < \nu < \alpha$, p entier $\geqslant 0$ et $|\xi| < 1$.

On a alors

$$(2) \qquad \frac{1}{C_p^{\nu}(1)} \frac{\Gamma(\nu+1)}{\Gamma(\frac{1}{2})\Gamma(\nu+\frac{1}{2})} \int_0^{\pi} \frac{C_p^{\nu}(\cos\lambda)\sin^{2\nu}\lambda\, d\lambda}{(1-2\xi\cos\lambda+\xi^2)^{\alpha}}$$

$$= \frac{(\alpha)_p}{(\nu+1)_p} \xi^p F(p+\alpha, \alpha-\nu\ ;\ p+\nu+1\ ;\ \xi^2).$$

émonstration : En posant $\cos\lambda = t$ et en utilisant la formule classique (voir agnus-Oberhettinger [7], p.100) :

$$(3) \qquad \int_{-1}^{+1} F(t) C_p^{\nu}(t)(1-t^2)^{\nu-\frac{1}{2}} dt = \frac{(2\nu)_p}{(\nu+\frac{1}{2})_p 2^p p!} \int_{-1}^{+1} F^{(p)}(t)(1-t\ )^{p+\nu-\frac{1}{2}} d$$

n trouve que l'intégrale est égale (en revenant à la variable λ) à

$$\frac{\Gamma(\nu+1)}{\Gamma(\frac{1}{2})\Gamma(\nu+\frac{1}{2}+p)} (\alpha)_p \xi^p \int_0^{\pi} \frac{\sin^{2p+2\nu}\lambda\, d\lambda}{(1-2\xi\cos\lambda+\xi^2)^{\alpha+p}} \ ;$$

ette dernière intégrale est égale (Erdélyi [2], p. 81, (9)) au second membre e (2).

EMME 2.

Posons

$$(4) \qquad \hat{W}_{s,\xi}(p,q) = \int_K W_{s,\xi}(k)\varphi_{p,q}(k)\,dk \quad \text{pour} \quad p,q \geqslant 0.$$

On a, pour $s \in \mathbb{C}$, $\xi \in \mathbb{R}$ et $|\xi| < 1$,

(4') $$\hat{W}_{s,\xi}(p,q) = \frac{\left(\frac{11-s}{2}\right)_{p+q}\left(\frac{5-s}{2}\right)_q}{(8)_{p+2q}}\ \xi^{p+2q}\ {}_2F_1\left(p+\frac{11-s}{2}+q,\ \frac{5-s}{2}+q\ ;\ p+2q+8\ ;\ \xi^2\right),$$

où, pour $a \in \mathbb{C}$, on pose : $(a)_p = a(a+1)\ldots(a+p-1)\ldots(a+p-1)$, pour $p \geq 0$, en convenant que $(a)_0 = 1$.

Démonstration :

La fonction $W_{s,\xi}$ étant M-biinvariante, on a, en vertu de la proposition 6.1.,

$$\hat{W}_{s,\xi}(p,q) = \frac{7}{\pi}\int_0^{1/2\pi}\int_0^{\pi} \frac{\varphi_{pq}(u_\theta)\psi_p(\ell_\lambda)\sin^7 2\theta\ \sin^6\lambda\, d\theta\, d\lambda}{(1-2\xi\cos\theta\cos\lambda+\xi^2\cos^2\theta)^{\frac{1}{2}(11-s)}},$$

puisque

$$|1-\xi u|^2 = 1-2\xi\mathrm{Re}(u)+\xi^2|u|^2,$$

et $$(u_\theta \ell_\lambda)M = (u,v) \quad \text{avec} \quad u = \cos\theta.(\cos\lambda-\sin\lambda e_1),$$

$$v = \sin\theta.(\cos\lambda+\sin\lambda e_1),$$

donc $$|u| = \cos\theta \quad \text{et} \quad \mathrm{Re}(u) = \cos\theta\ \cos\lambda.$$

D'après le lemme 1, on a

$$\hat{W}_{s,\xi}(p,q) = \frac{35}{16}\frac{\left(\frac{11-s}{2}\right)_p}{(4)_p}\xi^p\int_0^{1/2}\varphi_{pq}(u_\theta)\cos^p\theta F\left(p+\frac{11-s}{2},\frac{5-s}{2}\ ;p+4;\xi^2\cos^2\theta\right)\sin^7 2\theta\, d\theta;$$

comme

$$\varphi_{pq}(u_\theta) = \frac{q!}{(4)_p}P_q^{(3,p+3)}(\cos 2\theta)\cos^p\theta,$$

on obtient, par le changement de variable $x = \cos 2\theta$,

$$\hat{W}_{s,\xi}(p,q) = \frac{35}{16}\frac{\left(\frac{11-s}{2}\right)_p}{(4)_p(4)_q}\, q!\,\xi^p\int_{-1}^{+1}P_p^{(3,p+3)}(x)F\left(p+\frac{11-s}{2},\frac{5-s}{2},p+4;\frac{\xi^2(1+x)}{2}\right)(1-x)^3(1+x)^{p+3}dx$$

formule de Rodrigues

$$(1-x)^3(1+x)^{p+3}P_q^{(3,3+p)}(x) = \frac{(-1)^q}{q!2^q}\frac{d^q}{dx^q}((1-x)^{q+3}(1+x)^{q+p+3})$$

nne donc, en intégrant par partie (q fois) :

$$\hat{W}_{s,\xi}(p,q) =$$

$$\frac{35(\frac{11-s}{2})_p\xi^{p+2q}}{2^{p+2q+5}(4)_p(4)_q}\int_{-1}^{1} F^{(q)}(p+\frac{11-s}{2}, \frac{5-s}{2} ;p+4;\frac{\xi^2(1+x)}{2})(1-x)^{q+3}(1+x)^{q+p+3}dx ;$$

mme $F^{(q)}(a,b;c;x) = \frac{(a)_q(b)_q}{(c)_q} F(a+q,b+q;c+q;x)$, il vient

$$\hat{W}_{s,\xi}(p,q) =$$

$$\frac{35(\frac{11-s}{2})_{p+q}(\frac{5-s}{2})_q}{2^{p+2q+5}(4)_p(4)_q(p+4)_q}\xi^{p+2q}\int_{-1}^{1} F(p+q+\frac{11-s}{2},\frac{5-s}{2}+q;p+q+4;\frac{\xi^2(1+x)}{2})(1-x)^{q+3}(1+x)^{q+p+3}dx ;$$

mme $|\xi| < 1$, on peut intégrer le développement en série de la fonction hyper-ométrique et on trouve le résultat cherché.

En particulier, pour $p = q = 0$, on a

$$\hat{W}_{s,\xi}(0,0) = \frac{7}{\pi}\int_0^{\frac{\pi}{2}}\int_0^{\pi} \frac{\sin^7 2\theta \sin^6\lambda \, d\theta \, d\lambda}{(1-2\xi\cos\theta\cos\lambda+\xi^2\cos^2\theta)^{(1/2)(11-s)}}$$

$$= F(\frac{11-s}{2}, \frac{5-s}{2} ; 8 ; \xi^2) \quad \text{pour} \quad -1 < \xi < 1$$

$$= \sum_{r\geq 0} \frac{(\frac{11-s}{2})_r(\frac{5-s}{2})_r}{(8)_r \, r!} \xi^{2r} ;$$

rsque $s > 0$, on a

$$\frac{11-s}{2} + \frac{5-s}{2} = 8 - s < 8,$$

nc la série ci-dessus converge absolument même pour $\xi = \pm 1$; il en résulte (le mme de Fatou) que <u>la fonction</u> $W_s(k) = W_{s,1}(k) = |1-u|^{s-11}$ <u>est intégrable sur</u> et que

$$(5)\qquad \hat{W}_s(p,q) = \int_K W_s(k)\varphi_{p,q}(k)dk$$

$$= \frac{(\frac{11-s}{2})_{p+q}(\frac{5-s}{2})_q}{(8)_{p+2q}} F(p+q+\frac{11-s}{2}, \frac{5-s}{2}+q; p+8+2q; 1)$$

$$= \frac{\Gamma(s)\Gamma(8)}{\Gamma(\frac{11+s}{2})\Gamma(\frac{5+s}{2})} \cdot \frac{(\frac{11-s}{2})_{p+q}(\frac{5-s}{2})_q}{(\frac{11+s}{2})_{p+q}(\frac{5+s}{2})_q} .$$

Calculons maintenant le coefficient $(\pi_s(g)1|\varphi)$ de la série principale sphérique π_s définie dans $L^2(K/M)$ par la formule

$$(6)\qquad (\pi_s(g)\varphi)(k) = e^{-(s+11)t(g^{-1},k)}\varphi(\tau_{g^{-1}}(k)),$$

où $t(g,k)$ et τ_g pour $g \in G_o$ et $k \in K$ sont définis au §.5, (24).

D'après le théorème (6.1), on a, pour $\varphi \in L^2(K/M)$,

$$\varphi = \sum_{p,q\geqslant 0} d_{p,q}\varphi*\varphi_{p,q}$$

au sens de L^2, puisque $\varphi \to \varphi*(d_{p,q}\varphi_{p,q})$ est la projection de $L^2(K/M)$ sur le sous-espace $H_{p,q}$, en désignant par $d_{p,q}$ la dimension de $H_{p,q}$. On a donc

$$(\pi_s(g)1|\varphi) = \sum_{p,q} d_{pq}(\pi_s(g)1|\varphi*\varphi_{p,q}),$$

et le problème est ramené au cas d'une fonction appartenant à $H_{p,q}$.

<u>LEMME 3.</u>

<u>Pour</u> $\varphi \in H_{p,q}$, <u>on a l'équation fonctionnelle</u> :

$$\int_K \varphi(kmk')dm = \varphi(k)\varphi_{p,q}(k') \quad \underline{\text{pour}} \quad k,k' \in K.$$

<u>Démonstration</u> :

Comme on a $\varphi = \varphi*(d_{p,q}\varphi_{p,q})$,

$$\int_M \varphi(kmk')dm = \int_M [\int_K \varphi(\ell)d_{p,q}\varphi_{p,q}(\ell^{-1}kmk')d\ell]dm$$

$$= \int_K \varphi(\ell)[d_{p,q}\int_M \varphi_{p,q}(\ell^{-1}kmk')dm]d\ell$$

$$= \int_K \varphi(\ell) d_{p,q} \varphi_{p,q}(\ell^{-1}k) d\ell . \varphi_{p,q}(k') = \varphi(k)\varphi_{p,q}(k').$$

Soit maintenant $g = k_1 a_t k_2$, $k_1, k_2 \in K$ et $t \geqslant 0$; pour $\varphi \in H_{p,q}$, on a alors

$$(\pi_s(g)1|\varphi) = (\pi_s(a_t)1|\pi(k_1^{-1})\varphi)$$

$$= \int_K e^{-(s+11)t(a_{-t},k)} \overline{\varphi(k_1 k)} dk$$

$$(k \to mk,\ m \in M)$$

$$= \int_K e^{-(s+11)t(a_{-t},k)} \overline{\varphi(k_1 mk)} dk \quad (\text{car } t(a_t, mkm') = t(a_t,k) \text{ pour } m,m' \in M)$$

$$= \int_K e^{-(s+11)t(a_{-t},k)} \int_M \overline{\varphi(k_1 mk)} dm\, dk$$

$$= \varphi(k_1).(\pi_s(a_t)1|\varphi_{p,q}),$$

c'est-à-dire

(7) $$(\pi_s(k_1 a_t k_2)1|\varphi) = \overline{\varphi(k_1)}.(\pi_s(a_t)1|\varphi_{p,q}) \quad \text{pour } \varphi \in H_{p,q}.$$

Il suffit donc de déterminer $(\pi_s(a_t)1|\varphi_{p,q})$. Or, d'après (5.33),

$$e^{-(s+11)t(a_{-t},k)} = |\mathrm{ch}t - \mathrm{sh}t.u|^{-s-11} \quad \text{si } kM = (u,v)$$

$$= (1-\xi^2)^{(1/2)(s+11)} W_{-s,\xi}(k),$$

en posant

(8) $$\xi = \mathrm{th}\ t.$$

Par conséquent, le coefficient $(\pi_s(a_t)1|\varphi_{p,q})$ est égal à $(1-\xi^2)^{(1/2)(s+11)}\hat{W}_{-s,\xi}(p,q)$, en tenant compte du fait que les fonctions sphériques $\varphi_{p,q}$ sont réelles. On a donc le résultat suivant.

THEOREME 1.

Pour $\varphi \in H_{p,q}$, $p,q \geqslant 0$, on a

(7) $$(\pi_s(k_1 a_t k_2)1|\varphi) =$$

$$\overline{\varphi(k_1)}\ \frac{(\frac{11+s}{2})_{p+q}(\frac{5+s}{2})_q}{(8)_{p+2q}}\ \frac{th^{p+2q}t}{ch^{s+11}t}\ F(p+q+\frac{11+s}{2}\ ,\ \frac{5+s}{2}+q;p+2q+8;th^2t).$$

L'intégrale de Poisson $P_s\varphi$ d'une fonction $\varphi \in L^2(K/M)$ étant définie par

$$(8) \qquad (P_s\varphi)(gK) = \int_K P_s(gK,kM)\varphi(k)dk,$$

où

$$(8') \qquad P_s(gK,kM) = e^{-(s+11)t(g^{-1},k)} \quad \text{pour} \quad g \in G, \quad k \in K,$$

est le noyau de Poisson d'indice s, on a $(P_s\varphi)(gK) = (\pi_s(g)1|\bar{\varphi})$.

Le théorème 1 donne donc une détermination explicite de cette intégrale et on a le corollaire suivant :

COROLLAIRE 1. (Helgason)

L'application $\varphi \to P_s\varphi$ de $L^2(K/M)$ dans l'espace des fonctions propres du laplacien de G/K est injective, si (et seulement si) $s \neq -5-2m$, $m \in \mathbb{N}$.

COROLLAIRE 2.

La représentation π_s de la série principale sphérique est cyclique si $s \neq -5-2m$, $m \in \mathbb{N}$.

En effet, supposons que $(\pi_s(g)1|\varphi) = 0$ quel que soit $g \in G$, pour une fonction φ dans $L^2(K/M)$. On a alors

$$(\pi_s(a_t)1|\pi(k)\varphi) = 0 \quad \text{quels que soient} \quad t \in \mathbb{R},\ k \in K, \text{ donc}$$

$$(\pi_s(a_t)1|\psi*\varphi) = 0 \quad \text{quels que soient} \quad t \in \mathbb{R}, \quad \psi \in \mathcal{K}(K) \ ;$$

par suite, on a

$$(\pi_s(a_t)1|\varphi_{p,q}*\tilde{\varphi}*\varphi) = (\varphi_{p,q}*\tilde{\varphi}*\varphi)(e)(\pi_s(a_t)1|\varphi_{p,q}) = 0,$$

quels que soient $t \in \mathbb{R}$, $p,q \in \mathbb{N}$, ce qui entraîne, d'après le théorème, pour $s+5 \neq -2m$, $m \in \mathbb{N}$, que $\varphi_{p,q}*\tilde{\varphi}*\varphi(e) = (\tilde{\varphi}*\varphi|\varphi_{p,q}) = 0$ quels que soient $p,q \in \mathbb{N}$, donc $\varphi \equiv 0$.

.8. Construction de la série complémentaire de Kostant

La représentation π_s de la série principale sphérique définie par (7.6) st unitaire si $\mathrm{Re}(s) = 0$, en vertu de la formule (5.36). D'après Kostant [6], n peut définir un produit scalaire nouveau de manière que la représentation π_s evienne unitaire pour s réel et $0 < s < 5 = 11-(8-2)$. On se propose de consruire explicitement un tel produit scalaire.

Considérons la fonction

$$(1) \qquad W_s(k) = (kX|X)^{(1/2)(s-11)} \quad \text{pour } k \in K, \text{ et } s > 0,$$

ù $X = E_1 - E_3 + F_2^{1 \otimes (-1)^{1/2}}$ est l'élément introduit au §.5, (28).

On a alors

$$(2) \qquad W_s(mkm') = W_s(k) \quad \text{quels que soient } m,m' \in M,$$

t, si $kM = (u,v)$,

$$(3) \qquad W_s(k) = (1-2\mathrm{Re}(u)+|u|^2)^{(1/2)(s-11)} = |1-u|^{s-11} = W_{s,1}(k),$$

ette dernière étant la fonction définie au §.7. On sait donc que c'est une fonction intégrable et, d'après (7.5) pour $p = q = 0$, on a

$$\int_K W_s(k)dk = \Gamma(s)\Gamma(8)/\Gamma(\tfrac{5+s}{2})\Gamma(\tfrac{11+s}{2}) \quad \text{pour } s > 0.$$

Pour $\varphi, \psi \in C^\infty(K/M)$, posons

$$(4) \qquad (\varphi|\psi)_s = C_s \int_K \int_K \varphi(k)\overline{\psi(\ell)} W_s(\ell^{-1}k)dkd\ell = C_s \int_K (\tilde{\overline{\psi}} * \varphi)(k) W_s(k)dk$$

ù $C_s = \Gamma(\frac{11+s}{2})\Gamma(\frac{5+s}{2})/\Gamma(s)\Gamma(8) = (\int_K W_s(k)dk)^{-1}$.

Il est évident que c'est une forme sesquilinéaire hermitienne sur $C^\infty(K/M)$ ou même sur $\mathcal{K}(K/M))$ telle que $(1|1)_s = 1$.

ROPOSITION 1.

La forme hermitienne définie par (4) est invariante par les opérateurs $_s(g)$, $g \in G_o$.

émonstration : On a d'après la définition,

$(\pi_s(g)\varphi|\pi_s(g)\psi)_s$

$$= C_s\int_K\int_K e^{-(s+11)(t(g^{-1},k)+t(g^{-1},\ell)}\varphi(\tau_{g^{-1}}(k))\overline{\psi(\tau_{g^{-1}}(\ell))}W_s(\ell^{-1}k)dk\,d\ell$$

$$= C_s\int_K\int_K e^{(s-11)(t(g,k)+t(g,\ell))}\varphi(k)\overline{\psi(\ell)}W_s(\tau_g(\ell)^{-1}\tau_g(k))dk\,d\ell,$$

en faisant le changement de variables $k\mapsto\tau_g(k)$, $\ell\mapsto\tau_g(\ell)$, et en tenant compte de (5.36) et de la formule $t(g^{-1},\tau_g(k)) = -t(g,k)$ pour $g\in G_o$ et $k\in K$. Il suffit donc de montrer que l'on a

$$e^{(s-11)(t(g,k)+t(g,\ell))}W_s(\tau_g(\ell)^{-1}\tau_g(k)) = W_s(\ell^{-1}k),$$

quels que soient $k,\ell\in K$, $g\in G_o$, ou encore que

$$e^{2(t(g,k)+t(g,\ell))}(\tau_g(k)X|\tau_g(\ell)X) = (kX|\ell X).$$

Or, si $gk = k'a_{t'}u'$ et $g\ell = \ell'a_{t''}u''$ avec $k',\ell'\in K$, $t',t''\in\mathbb{R}$ et $u',u''\in N$, on a

$$k' = \tau_g(k),\ \ell' = \tau_g(\ell)\quad\text{et}\quad t' = t(g,k),\ t'' = t(g,\ell)$$

et $$(kX|\ell X) = (gkX|g\ell X) = (k'a_{t'}u'X|\ell'a_{t''}u''X) = e^{2(t'+t'')}(k'X|\ell'X),$$

ce qui n'est autre que la relation à démontrer (on a utilisé la formule (5.30))

PROPOSITION 2.

La forme hermitienne (4) est positive et non dégénérée, i.e.

(5) $$(\varphi|\varphi)_s > 0 \quad \underline{\text{pour}} \quad \varphi\in C^\infty(K/M),\ \varphi\neq 0,$$

pour $0 < s < 5$.

Démonstration :

Soit $\varphi,\psi\in C^\infty(K/M)$; comme $\tilde\psi*\varphi\in C^\infty(M\,K/M)$, on a un développement uniformément convergent sur K :

$$(\tilde\psi*\varphi)(k) = \sum_{p,q\geq 0} d_{p,q}(\tilde\psi*\varphi|\varphi_{pq})\varphi_{pq}(k) ;$$

par suite, on a

$$(\varphi|\psi)_s = \sum_{p,q\geqslant 0} d_{p,q} (\widetilde{\psi}*\varphi|\varphi_{pq}) C_s \int_K \varphi_{pq}(k) W_s(k) dk,$$

d'où, grâce à (6.5), résulte que

$$(6) \qquad (\varphi|\psi)_s = \sum_{p,q\geqslant 0} d_{p,q} \frac{(\frac{11-s}{2})_{p+q} (\frac{5-s}{2})_q}{(\frac{11+s}{2})_{p+q} (\frac{5+s}{2})_q} (\widetilde{\psi}*\varphi|\varphi_{p,q}),$$

qui montre que

$$(7) \qquad 0 < (\varphi|\varphi)_s \leqslant \|\varphi\|^2 \quad \text{pour} \quad \varphi \in C^\infty(K/M),\ \varphi \not\equiv 0,\ 0 < s < 5.$$

Remarque 1 :

Pour $s = 5$, on a

$$(8) \qquad (\varphi|\psi)_5 = \sum_{p\geqslant 0} d_{p,0} \frac{(\frac{11-s}{2})_p}{(\frac{11+s}{2})_p} (\widetilde{\psi}*\varphi|\varphi_{p,0}),$$

d'où résulte que

$$(9) \qquad 0 < (\varphi|\varphi)_5 \leqslant \|\varphi\|^2 \quad \text{pour} \quad 0 \not\equiv \varphi \in C^\infty(K/M) \cap \bigoplus_{p\geqslant 0} H_{p,0}.$$

Remarque 2 :

Pour $5 < s < 11$, il existe des fonctions $\varphi \not\equiv 0$ pour lesquelles on a

$$(\varphi|\varphi)_s < 0.$$

Par exemple, on a

$$(\varphi_{p,1}|\varphi_{p,1})_s = \frac{1}{d_{p,1}} \cdot \frac{(\frac{11-s}{2})_{p+1}}{(\frac{11+s}{2})_{p+1}} \cdot \frac{5-s}{5+s} < 0 \quad (\text{pour} \quad p \geqslant 0).$$

COROLLAIRE.

Les fonctions sphériques $\zeta_s(g) = \int_K e^{-(s+11)t(g^{-1},k)} dk = (\pi_s(g)1|1)$ ne sont pas de type positif pour $5 < s < 11$.

Démonstration :

Cela résulte de la remarque 2 et du corollaire 2 du théorème 7.1.

Soit $0 < s < 5$ et soit H_s l'espace vectoriel sur $\mathbb{C}$ des (classes de) fonctions mesurables φ sur K/M telles que

$$\int_K\int_K \varphi(k)\overline{\varphi(\ell)}W_s(\ell^{-1}k)dk\, d\ell < +\infty ;$$

muni du produit scalaire $(\varphi|\psi)_s = C_s\int_K\int_K \varphi(k)\overline{\psi(\ell)}W_s(\ell^{-1}k)dk\, d\ell$, c'est un espace de Hilbert qui contient $C^\infty(K/M)$ comme un sous-espace dense ; on obtient donc une représentation unitaire qui prolonge la représentation π_s de G_o dans $C^\infty(K/M)$ que l'on notera encore π_s. Montrons que cette représentation est irréductible.

Soit H' le sous-espace vectoriel de H_s engendré par les fonctions $\pi_s(g)1$, où $g \in G_o$; on a

$$H' \subset C^\infty(K/M) \subset H_s ;$$

on sait que H' est dense dans $L^2(K/M)$ (corollaire 2 du théorème 7.1) il est donc dense dans $C^\infty(K/M)$ pour la norme L^2, a fortiori pour la norme $(\cdot|\cdot)_s$ à cause de (7) ; il en résulte que H' est dense dans H_s, c'est-à-dire que la représentation π_s de G_o dans H_s est cyclique.

Soit A un opérateur borné dans H_s qui commute à $\pi_s(g)$, pour tout $g \in G_o$; on a alors $\pi(k)A1 = A\pi(k)1 = A1$ quel que soit $k \in K$, ce qui signifie que la fonction $A1$ est constante, soit a, i.e. $A1 = a$; comme on a $A(\pi_s(g)1) = \pi_s(g)(A1) = a\pi_s(g)1$, pour tout $g \in G_o$, on voit que $A = a$ sur H', d'où sur H_s, CQFD.

Pour $s = 5$, soit N l'ensemble des $\varphi \in C^\infty(K/M)$ pour lesquelles on a $(\varphi|\varphi)_5 = 0$; c'est un sous-espace vectoriel contenant la somme algébrique $\sum_{p\geq 0,q\geq 1} H_{p,q}$ et il est stable pour π_5 ; on obtient donc une représentation unitaire irréductible dans l'espace de Hilbert H_5 complété de l'espace quotient $C^\infty(K/M)/N$ par rapport à la norme déduite de $(|)_5$, dont la fonction sphérique associée est $\zeta_5(g) = (\pi_5(g)1|1)$.

Pour $s = 11$, la formule (6) se réduit à

$$(\varphi|\psi)_{11} = d_{0,0}(\check{\psi}*\varphi|\varphi_{0,0}) = \int_K \varphi(k)dk.\int_K \overline{\psi(\ell)d\ell},$$

et on obtient la représentation triviale de dimension 1, correspondant à la fonction sphérique $\zeta_{11}(g) = (\pi_{11}(g)1|1) = 1$ pour tout $g \in G_o$.

HEOREME 1.

Pour que la fonction sphérique ζ_s soit de type positif, il faut et il suf-
it que s vérifie l'une des conditions suivantes :

(i) $Re(s) = 0$;

(ii) $Im(s) = 0$ et $0 < |s| < 5$;

(iii) $s = \pm 5$;

(iv) $s = \pm 11$.

émonstration :

On vient de montrer que la fonction ζ_s est de type positif si s vérifie 'une de ces conditions ; il suffit donc de voir qu'il n'y en a pas d'autre. 'après (7.7), on a

$$\zeta_s(a_t) = (1-X)^{(1/2)(11+s)} F(\frac{11+s}{2}, \frac{5+s}{2} ; 8 ; X), \quad X = th^2 t.$$

Si ζ_s est de type positif, on a

$$|\zeta_s(a_t)| \leqslant \zeta_s(e) = 1 \quad et \quad \zeta_s(a_t) = \overline{\zeta_s(a_{-t})} ;$$

e comportement asymptotique de la fonction hypergéométrique entraîne donc qu'il aut que $|Re(s)| \leqslant 11$ (c'est là un cas particulier du théorème de Helgason-ohnson) ; la condition de symétrie donne par ailleurs

$$(1-X)^{(1/2)(11+s)} F(\frac{11+s}{2}, \frac{5+s}{2} ;8;X) = (1-X)^{(1/2)(11+\bar{s})} F(\frac{11+\bar{s}}{2}, \frac{5+\bar{s}}{2};8;X)$$

our $0 \leqslant X < 1$; en comparant les coefficients de X dans le développement en érie des deux membres, il vient

$$s^2 = \bar{s}^2, \text{ i.e. } s = \bar{s} \quad ou \quad s = -\bar{s}.$$

Si s est réel, on sait que ζ_s est de type positif si et seulement si $< |s| \leqslant 5$ ou $|s| = 11$, en tenant compte de l'équation fonctionnelle $_s = \zeta_{-s}$. Si s est imaginaire pure, ζ_s est de type positif car elle corres-ond à une représentation de la série principale sphérique unitaire, CQFD.

En vue de la correspondance entre les fonctions sphériques de type positif t les représentations unitaires irréductibles sphériques, on obtient le corol-aire suivant :

COROLLAIRE.

Toute représentation unitaire irréductible sphérique de G_o est unitairement équivalente à l'une des représentations suivantes :

(i) π_s dans $L^2(K/M)$ pour $Re(s) = 0$ (la série principale sphérique) ;

(ii) π_s dans H_s pour $0 < s < 5$ (la série complémentaire) ;

(iii) π_5 dans H_5 ;

(iv) la représentation triviale de dimension 1 (qui correspond à $s = 11$).

- BIBLIOGRAPHIE -

[1] J. DIEUDONNÉ - Éléments d'analyse, t.6, chap. XXII, Gauthier-Villars, Paris, 1975.

[2] A. ERDÉLYI et al. - Higher Transcendental Functions, vol. I, McGraw-Hill Book Co., New York, 1953.

[3] H. FREUDENTHAL - Oktaven, Ausnahmegruppen und Oktavengeometrie, Utrecht, 1951/1960.

[4] S. HELGASON - Eigenfunctions of the Laplacian ; integral representations and irreducibility, J. Functional Analysis, 17 (1974), 328-353.

[5] K. D. JOHNSON - Composition series and intertwining operators for the spherical principal series. II (à paraître).

[6] B. KOSTANT - On the existence and irreducibility of certain series of représentations, Bull. Amer. Math. Soc., 75 (1969), 627-642 ; voir aussi : Lie groups and their representations, Proceedings of the Summer School on Group Representations, Budapest 1971, Adam Hilger, London, 1975, pp. 231-329.

[7] W. MAGNUS & F. OBERHETTINGER - Formeln und Sätze für die speziellen Funktionen der mathematischen Physik, Springer-Verlag, Berlin, 1948.

[8] R. TAKAHASHI - Analyse harmonique dans les espaces hyperboliques classiques, Séminaire Nancy-Strasbourg, 1975/1976.

[9] J. TITS - Le plan projectif des octaves et les groupes de Lie exceptionnels, Bull. Acad. Roy. Belg. Sci., 39, (1953), 309-329.

[10] I. YOKOTA - On a non compact simple Lie group $F_{4,1}$ of type F_4 , (à paraître.).

ESPACES HOMOGENES MOYENNABLES ET REPRESENTATIONS DES PRODUITS SEMI-DIRECTS

par Saliou TOURE

INTRODUCTION

Depuis la publication de l'article de von Neumann [39] , plusieurs auteurs ont étudié les moyennes invariantes sur un groupe localement compact. On peut citer, par exemple, F.P. GREENLEAF [21] et [22] , A. HULANICKI [25] et [26] , H. LEPTIN [27] et [28] et H. REITER [32] . Il est apparu qu'il y avait un rapport étroit entre certaines propriétés remarquables des groupes localement compacts et l'existence des moyennes invariantes sur certains espaces fonctionnels appropriés. Les groupes topologiques qui possèdent une moyenne invariante sur l'espace de Banach des fonctions uniformément continues bornées sont dits moyennables. L'étude de ces groupes est désormais classique ; qu'on se reporte, par exemple, aux livres de F.P. GREENLEAF [21] et H. REITER [32] .

L'objet de ce travail est d'apporter une certaine contribution à l'étude des espaces homogènes moyennables. On pourrait se demander si cette étude était nécessaire après les travaux de P. EYMARD [15] et de F.P. GREENLEAF [22] . Ces deux auteurs ont, en effet, établi plusieurs conditions nécessaires et suffisantes de moyennabilité et donné des propriétés fort intéressantes des espaces homogènes moyennables. En réalité, une théorie mathématique n'est jamais achevée et le présent travail se propose d'exposer quelques résultats non envisagés par les deux auteurs précédents.

Le travail est divisé en deux chapitres eux-mêmes divisés en paragraphes.

Dans le chapitre I, après avoir précisé les notations, nous reprenons un certain nombre de résultats déjà annoncés par nous (cf. S. TOURE [38]). Nous y avons ajouté quelques compléments et améliorations.

Le paragraphe I.3 est consacré à l'étude des suites fortes et des suites faibles. Nous démontrons, dans le contexte des espaces homogènes, certains résultats obtenus par M. DAY [5] dans le cas des semi-groupes.

Dans le paragraphe I.4, nous généralisons aux espaces homogènes moyennables, quelques théorèmes démontrés par H. REITER [32] et [33] , dans le cas des groupes. Nous définissons la notion d'unités approchées modulo une partie d'une algèbre de Banach et nous donnons un critère, en termes d'unités approchées, pour qu'un espace homogène G/H soit G- moyennable (cf. Théorème I.4.8).

Le chapitre II est esssentiellement réservé à la moyennabilité des produits semi-directs.

Au paragraphe II.3, nous étudions la norme et le spectre de l'opérateur de convolution $\pi_p(\mu)$ et nous prouvons qu'une espace homogène G/H est G-moyennable si et seulement si le nombre 1 appartient au spectre de $\pi_p(\mu)$ pour toute mesure de probabilité μ sur G (cf. Théorème II.3.1). Nous étudions également la norme et le spectre des opérateurs $\pi_{\sigma,p}$, puis nous démontrons au § II.4, que (RG^{σ}) implique (F_o^{σ}) ce sui résout un problème posé par P. EYMARD [15] , p. 77.

Le présent travail est une partie de ma Thèse de Doctorat, préparée sous la direction du Professeur P. EYMARD. Au cours de son élaboration, les nombreuses discussions que nous avons eues ensemble, m'ont conduit à la plupart de mes résultats. Je tiens à lui exprimer ma très profonde reconnaissance.

Je suis très reconnaissant à Monsieur Ch. PISOT qui a bien voulu me proposer un second sujet de thèse et présider le Jury.

Je remercie Monsieur G. SCHIFFMANN de s'être intéressé à ce travail et d'avoir accepté de faire partie du Jury, ainsi que Messieurs BAKTAVATSALOU et J.J. ADOU qui ont accepté de se joindre au Jury.

Madame M. HAMADI a bien voulu assurer la frappe du manuscrit ; je lui en exprime ici ma gratitude.

CHAPITRE I

QUELQUES PROPRIETES DES ESPACES HOMOGENES MOYENNABLES

§ I.1.- Notations. Rappels.

Soit G un groupe topologique localement compact et soit e son second élément neutre. On désignera par $\mathbb{M}^1(G)$ l'algèbre de Banach des mesures de Radon bornées sur G, pour le produit de convolution. La norme d'un élément $\mu \in \mathbb{M}^1(G)$ est notée $\|\mu\|_1$. Nous noterons $\mathbb{M}^1_+(G)$ l'ensemble des mesures positives bornées sur G.

On appelle mesure de probabilité, toute mesure positive bornée de norme 1. L'ensemble des mesures de probabilité sur G est noté $\mathcal{P}(G)$.

Si μ est une mesure sur G et si $1 \leqslant p \leqslant +\infty$, les espaces de Banach $L^p(G, \mu) = L^p(G)$ ont la signification habituelle.

Pour toute fonction complexe f définie sur G, on pose

$$\check{f}(x) = f(x^{-1}) \quad ; \quad \tilde{f}(x) = \overline{f(x^{-1})}$$
$$_s f(x) = f(s^{-1}x) \quad ; \quad f_s(x) = f(xs)$$

quels que soient $s, x \in G$.

Soit μ une mesure de Haar à gauche sur G. Le module de G, noté Δ_G (ou simplement Δ s'il n'y a pas de confusion à craindre) est défini par la formule

$$(1) \qquad \int_G f(xs^{-1})d\mu(x) = \Delta_G(s) \int_G f(x)d\mu(x)$$

où $s \in G$, $x \in G$ et $f \in \mathcal{K}(G)$, ensemble des fonctions complexes continues sur G à support compact.

Mesures quasi-invariantes.-

Nous décrivons sommairement dans ce paragraphe, les mesures quasi-invariantes sur un espace homogène. Une étude approfondie est accessible dans [3] , Chapitre VII ou dans [32] .

Soit G un groupe topologique localement compact, H un sous-groupe fermé de G et G/H l'ensemble des classes à gauche $\dot{x} = xH$.

Muni de la topologie quotient, G/H est un espace topologique localement compact et G opère continuement à gauche dans G/H par l'application

$$(s, \dot{x}) \mapsto s\dot{x} = (sx)H$$

où $s \in G$, $\dot{x} \in G/H$.

G/H , muni de cette opérations, est appelée <u>espace homogène des classes à gauche modulo</u> H .

Soient μ (resp. β) une mesure de Haar à gauche sur G (resp. H) , Δ_G et Δ_H les modules de G et H respectivement.

Il existe des fonctions ρ continues, strictement positives sur G telles que

$$\rho(x\xi) = \frac{\Delta_H(\xi)}{\Delta_G(\xi)} \rho(x) \tag{2}$$

quels que soient $x \in G$, $\xi \in H$.

En posant $\lambda = \rho\mu/\beta$, on obtient une mesure positive non nulle sur G/H telle que

$$\int_G f(x)\ \rho(x)\ d\mu(x) = \int_{G/H} d\lambda(\dot{x}) \int_H f(x\xi)\ d\beta(\xi) \tag{3}$$

pour toute $f \in L^1(G, \rho\mu)$.

De plus, la fonction continue positive χ , définie sur $G \times (G/H)$ par

$$\chi(s, \dot{x}) = \frac{\rho(sx)}{\rho(x)} \tag{4}$$

où $s \in G$, $x \in G$, est telle que, pour $f \in L^1(G/H, \lambda)$, on ait :

$$\int_{G/H} f(s\dot{x})\ d\lambda(\dot{x}) = \int_{G/H} f(\dot{x})\ \chi(s^{-1}, \dot{x})\ d\lambda(\dot{x}) . \tag{5}$$

On exprime cette dernière propriété en disant que λ est une mesure <u>quasi-invariante</u> sur G/H (cf. N. BOURBAKI [3] , Chapitre VII, Théorème 2).

Soit p un nombre réel tel que $1 \leqslant p < +\infty$ et soit $f \in L^p(G/H, \lambda)$. Pour tout $s \in G$ et pour tout $\dot{x} \in G/H$, posons

$$(6) \qquad (\pi_p(s)f)(\dot{x}) = \sqrt[p]{\chi(s^{-1}, \dot{x})}\; f(s^{-1}\dot{x}) .$$

Si $p = 1$, on écrira simplement $\pi(s)f$ au lieu de $\pi_1(s)f$.

L'application $s \mapsto \pi_p(s)$ est un homomorphisme de G dans le groupe des opérateurs isométriques sur $L^p(G/H, \lambda)$.

Si $\nu \in \mathbb{M}^1(G)$ et $f \in L^1(G/H, \lambda)$, l'opérateur $\pi_p(\nu) : L^p(G/H, \lambda) \to L^p(G/H, \lambda)$, défini par

$$(7) \qquad (\pi_p(\nu)f)(\dot{x}) = \nu \underset{p}{*} f(\dot{x}) = \int_G (\pi_p(s)f)(\dot{x})\, d\nu(s)$$

est borné et on a

$$(8) \qquad \|\pi_p(\nu)f\|_p \leqslant \|\nu\|_1 \cdot \|f\|_p .$$

Nous dirons que $\pi_p(\nu)$ est <u>l'opérateur de convolution par</u> ν <u>dans</u> $L^p(G/H, \lambda)$.

§ I.2.- <u>Généralités sur les moyennes.</u>

Soient G un groupe topologique séparé, H un sous-groupe fermé de G et G/H l'espace homogène des classes à gauche $\dot{x} = xH$.

Si f est une fonction définie sur G/H, et si $s \in G$, $\dot{x} \in G/H$, posons

$$_s f(\dot{x}) = f(s^{-1}\dot{x}) .$$

On note $\mathfrak{C}\mathfrak{B}(G/H)$ l'espace de Banach, pour la norme de la convergence uniforme, des fonctions à valeurs complexes continues bornées sur G/H.

On dit qu'une fonction f définie sur G/H est <u>uniformément continue bornée</u>, si $f \in \mathfrak{C}\mathfrak{B}(G/H)$ et si l'application $s \mapsto {}_s f$ de G dans $\mathfrak{C}\mathfrak{B}(G/H)$ est continue.

L'ensemble des fonctions uniformément continues bornées sur G/H sera noté $\mathfrak{U}\mathfrak{C}\mathfrak{B}(G/H)$.

I.2.1.- Définitions.- On appelle moyenne sur $\mathcal{CB}(G/H)$ (resp. $\mathcal{UCB}(G/H)$), toute forme linéaire positive m sur $\mathcal{CB}(G/H)$ (resp. $\mathcal{UCB}(G/H)$) vérifiant les conditions suivantes :

(i) $m(1) = 1$;

(ii) $m(\bar{f}) = \overline{m(f)}$

pour toute $f \in \mathcal{CB}(G/H)$ (resp. $f \in \mathcal{UCB}(G/H)$).

Une telle forme linéaire est nécessairement continue, et $\|m\| = 1$.

On dit qu'une moyenne m est G-invariante si pour toute $f \in \mathcal{CB}(G/H)$ (resp. $f \in \mathcal{UCB}(G/H)$) et pour tout $s \in G$, on a $m({}_sf) = m(f)$.

L'espace homogène G/H est dit G-moyennable, s'il existe une moyenne G-invariante sur $\mathcal{UCB}(G/H)$.

Si $H = \{e\}$, on dira simplement que le groupe G est moyennable. Nous renvoyons à F.P. GREENLEAF [21] et à H. REITER [32] , Chapitre VIII, pour l'étude des groupes moyennables. Quant à l'étude générale des espaces homogènes moyennables, on se reportera à F.P. GREENLEAF [22] et à P. EYMARD [15].

I.2.2.- Définition.- Soient G un groupe topologique séparé et H un sous-groupe fermé de G .

Soient E et F deux espaces de Banach et soit τ un morphisme de E dans F , i.e. une application linéaire continue telle que pour tout $f \in E$, on ait $\|\tau(f)\|_F \leq \|f\|_E$.

Supposons que pour tout $x \in G$, il existe une application fortement continue $x \mapsto A_x$ de G dans l'espace $\mathcal{L}(E)$ des opérateurs bornés sur E , telle que, pour $x \in G$, $y \in G$, $h \in H$ et $f \in E$, on ait

$$A_{xy} = A_y A_x \ ; \ \|A_x f\| \leq \|f\| \ ; \ \tau \circ A_h = \tau \ ; \ A_e = id_E \ .$$

Notons J_G le sous-espace vectoriel fermé de E engendré par les $A_x g - g$, où $g \in E$ et $x \in G$. Pour $f \in E$, soit C_f l'ensemble des combinaisons linéaires finies convexes des $\tau(A_x f)$ où $x \in G$:

$$C_f = \left\{ \sum_{i=1}^{n} c_i \ \tau(A_{x_i} f) \ : \ x_i \in G \ , \ c_i \geq 0 \ , \ \sum_{i=1}^{n} c_i = 1 \right\} \ .$$

On dit que le couple (G,H) *possède la propriété* (RG) *de Reiter-Glicksberg si, chaque fois que les hypothèses précédentes sont vérifiées, on a pour tout* $f \in E$, *l'inégalité*

$$d_F(0, C_f) \leq d_E(f, J_G)$$

où $d(\cdot,\cdot)$ *est la fonction distance.*

On montre (cf. P. EYMARD [15] , p. 28, Théorème), que lorsque G est un groupe localement compact, l'espace homogène G/H est G-moyennable si et seulement si le couple (G,H) possède la propriété (RG) .

Avec les notations du paragraphe I.1, on a

I.2.3.- *Définition.- Soient* G *un groupe localement compact et* H *un sous-groupe fermé de* G . *Soit* p *un nombre réel tel que* $1 \leq p < +\infty$.

On dit que l'espace homogène G/H *possède la propriété* (P_p) *(resp.* (P_p^*)*) si, pour toute partie compacte (resp. finie)* K *de* G , *et pour tout* $\varepsilon > 0$, *il existe une fonction positive* $f \in L^p(G/H, \lambda)$ *telle que* $\|f\|_p = 1$, *et telle que pour tout* $s \in K$, *on ait*

$$\|\pi_p(s)f - f\|_p \leq \varepsilon \quad .$$

Cette propriété équivaut à la G-moyennabilité de G/H (cf. P. EYMARD, [15], p. 28, Théorème).

§ I.3.- Moyennabilité ; suites fortes ; suites faibles.

Dans [5] , M. DAY a défini les notions "d'invariance forte" et "d'invariance faible" dans les semi-groupes. La méthode de DAY a été adaptée au cas des groupes localement compacts par A. HULANICKI dans [26] . Nous étendons ci-dessous, au ca[s] des espaces homogènes, les résultats de Day. Nous reprendrons les notations du § I.1.

Soit G un groupe localement compact et soit H un sous-groupe fermé de G

Si $\nu \in \mathbb{M}^1(G)$ et $f \in L^\infty(G/H, \lambda)$, posons

$$(\nu \,\square\, f)(\dot{x}) = \int_G f(y\dot{x})\, d\nu(y) \quad . \tag{1}$$

Alors, $\nu \,\square\, f \in L^\infty(G/H, \lambda)$ et on a

$$\|\nu \,\square\, f\|_\infty \leqslant \|\nu\|_1 \,.\, \|f\|_\infty$$

De plus, on vérifie facilement que, pour toute $\varphi \in L^1(G/H, \lambda)$, on a

$$(\nu * \varphi \mid f) = (\nu \,\square\, f \mid \varphi) \quad . \tag{2}$$

Si en particulier, la fonction k est dans $L^1(G, \mu)$, la relation (2) s'écrit

$$(k * \varphi \mid f) = (k \,\square\, f \mid \varphi) \ . \tag{3}$$

I.3.1.- Définition.- On dit qu'une moyenne m sur $L^\infty(G/H, \lambda)$ est topologiquement invariante à gauche -en abrégé t. i. g.- si pour toute $\varphi \in \Phi(G)$, et toute $f \in L^\infty(G/H, \lambda)$, on a

$$m(\varphi \,\square\, f) = m(f)$$

où l'ensemble $\Phi(G)$ est l'ensemble des fonctions positives $f \in L^1(G,\mu)$ telle[s] que $\|f\|_1 = 1$.

I.3.2.- Définition.- On dit qu'une suite (φ_n) d'éléments de $\Phi(G/H)$ est une suite faible (resp. forte) si pour tout $s \in G$, $\pi(s)\,\varphi_n - \varphi_n$ converge vers 0 faiblement dans le dual $(L^\infty(G/H, \lambda))'$ de $L^\infty(G/H, \lambda)$ (resp. dans $L^1(G/H, \lambda)$) l'ensemble $\Phi(G/H)$ étant défini comme en I.3.1.

De même, on appelle suite topologique faible (resp. forte), toute suite (φ_n) d'éléments de $\Phi(G/H)$ telle que, quelle que soit $\varphi \in \Phi(G)$, on ait

$$\lim_{n \to \infty} (\varphi * \varphi_n - \varphi_n) = 0$$

ns $(L^\infty(G/H))'$ (resp. dans $L^1(G/H)$).

3.3.- Théorème.- Soient G un groupe localement compact et H un sous-groupe rmé de G. Les assertions suivantes sont équivalentes :

(i) Il existe sur $L^\infty(G/H, \lambda)$, une moyenne G-invariante

(ii) Il existe dans $\Phi(G/H)$, une suite faible.

nonstration.- Démontrons que (i) $\Rightarrow$ (ii).

Soit m une moyenne G-invariante sur $L^\infty(G/H, \lambda)$.

Pour la topologie faible de dualité $\sigma((L^\infty)', L^\infty)$, l'ensemble $\mathcal{M}$ des yennes sur $L^\infty(G/H, \lambda)$ est compact et $\Phi(G/H)$ est faiblement dense dans $\mathcal{M}$. existe donc une suite (φ_j) dans $\Phi(G/H)$ qui converge faiblement vers m.

Pour toute $f \in L^\infty(G/H, \lambda)$, et pour tout $s \in G$, on a par hypothèse, $_{s^{-1}}f) = m(f)$; d'où

$$(\pi(s)\, \varphi_j - \varphi_j \mid f) = (\pi(s)\, \varphi_j \mid f) - (\varphi_j \mid f)$$

$$(\varphi_j \mid {}_{s^{-1}}f) - (\varphi_j \mid f) = (\varphi_j \mid {}_{s^{-1}}f) - (m \mid {}_{s^{-1}}f) + (m \mid f) - (\varphi_j \mid f) .$$

Il en résulte que $\lim_{j \to \infty} (\pi(s)\, \varphi_j - \varphi_j \mid f) = 0$ puisque (φ_j) converge iblement vers m. Donc (φ_j) est une suite faible.

Réciproquement, soit (φ_j) une suite faible dans $\Phi(G/H)$.

Pour toute $f \in L^\infty(G/H, \lambda)$, définissons une suite de moyennes sur $L^\infty(G/H, \lambda)$ posant

$$m_j(f) = \int_{G/H} f(\dot{x})\, \varphi_j(\dot{x})\, d\lambda(\dot{x}) .$$

Comme $\mathcal{M}$ est faiblement compact, il existe une sous-suite encore notée $_j)$, qui converge vers un élément $m \in \mathcal{M}$.

Pour tout $s \in G$, on a

$$\lim_{j \to \infty} (m_j({}_{s^{-1}}f) - m_j(f)) = m({}_{s^{-1}}f) - m(f) .$$

Or

$$m_j({}_{s^{-1}}f) - m_j(f) = \int_{G/H} f(s\dot{x})\, \varphi_j(\dot{x})\, d\lambda(\dot{x}) - \int_{G/H} f(\dot{x})\, \varphi_j(\dot{x})\, d\lambda(\dot{x})$$

$$= \int_{G/H} f(\dot{x})\, \varphi_j(s^{-1}\dot{x})\chi(s^{-1},\dot{x})\, d\lambda(\dot{x}) - \int_{G/H} f(\dot{x})\varphi_j(\dot{x})\, d\lambda(\dot{x})$$

$$= \int_{G/H} f(\dot{x})\, [(\pi(s)\,\varphi_j - \varphi_j)(\dot{x})]\, d\lambda(\dot{x}) \quad ;$$

cette dernière quantité tend vers 0 lorsque $j \to +\infty$ puisque (φ_j) est une suite faible.

Il en résulte que $m({}_{s^{-1}}f) = m(f)$ et (ii) $\Rightarrow$ (i) .

I.3.4.- Corollaire.- *Si (φ_n) est une suite faible d'éléments de $\Phi(G/H)$, tout limite de (φ_n) dans $\mathcal{M}$, est une moyenne G-invariante sur $L^\infty(G/H, \lambda)$.*

I.3.5.- Théorème.- *Les notations étant toujours les mêmes, les conditions suivantes sont équivalentes :*

(i) *Il existe dans $\Phi(G/H)$, une suite topologique faible.*

(ii) *Il existe sur $L^\infty(G/H, \lambda)$ une moyenne t. i. g.*

Démonstration.- Démontrons que (i) $\Rightarrow$ (ii) .

Soit (φ_n) une suite topologique faible d'éléments de $\Phi(G/H)$. On définit, comme dans le théorème I.3.3, démonstration de (ii) $\Rightarrow$ (i) , une suite de moyennes (m_n) en posant pour toute $f \in L^\infty(G/H, \lambda)$,

$$m_n(f) = \int_{G/H} f(\dot{x})\, \varphi_n(\dot{x})\, d\lambda(\dot{x}) \quad .$$

On en déduit comme précédemment, l'existence d'une sous-suite encore notée (m_n) convergeant faiblement vers une moyenne $m \in \mathcal{M}$.

Alors, pour toute $\varphi \in \Phi(G)$, on a

$$m(\varphi \,\square\, f) - m(f) = \lim_{n \to \infty} [(\varphi_n \mid \varphi \,\square\, f) - (\varphi_n \mid f)] \quad .$$

Comme en vertu de (3) ,

$$(\varphi_n \mid \varphi \,\square\, f) = (\varphi * \varphi_n \mid f) \quad ,$$

vient

$$(\varphi_n \mid \varphi \,\square\, f) - (\varphi_n \mid f) = (\varphi * \varphi_n \mid f) - (\varphi_n \mid f) = (\varphi * \varphi_n - \varphi_n \mid f)$$

cette dernière quantité tend vers 0 quand n tend vers l'infini puisque (φ_n) st une suite topologique faible. Donc $m(\varphi \,\square\, f) = m(f)$ et (i) implique (ii).

Prouvons que (ii) implique (i).

Soit m une moyenne t. i. g. sur $L^\infty(G/H)$. $\Phi(G/H)$ étant faiblement dense ns $\mathcal{M}$, il existe une suite (φ_n) d'éléments de $\Phi(G/H)$ qui converge faiement vers m.

Pour toute $f \in L^\infty(G/H, \lambda)$ et toute $\varphi \in \Phi(G)$, on a par hypothèse $\varphi \,\square\, f) = m(f)$; d'où

$$(\varphi * \varphi_n - \varphi_n \mid f) = (\varphi * \varphi_n \mid f) - (\varphi_n \mid f) = (\varphi \,\square\, f \mid \varphi_n) - (\varphi_n \mid f)$$

$$= (\varphi \,\square\, f \mid \varphi_n) - (\varphi \,\square\, f \mid m) + (m \mid f) - (\varphi_n \mid f) \to 0$$

isque la suite (φ_n) converge faiblement vers m.

Donc (φ_n) est une suite topologique faible et (ii) implique (i).

3.6.- Corollaire.- Si (φ_n) est une suite topologique faible d'éléments de G/H), toute limite de (φ_n) dans $\mathcal{M}$ est une moyenne t. i. g. sur $L^\infty(G/H, \lambda)$.

Ce qui précède montre qu'il existe un lien étroit entre l'existence d'une ite faible (resp. topologique faible) et l'existence sur $L^\infty(G/H, \lambda)$, d'une yenne G-invariante (resp. topologiquement invariante à gauche).

Nous allons voir que l'existence d'une suite faible (resp. topologique ible) dans $\Phi(G/H)$, suffit à affirmer l'existence d'une suite forte (resp. pologique forte).

3.7.- Théorème.- Pour qu'il existe dans $\Phi(G/H)$ une suite faible (resp. topogique faible), il faut et il suffit qu'il existe une suite forte (resp. topogique forte).

nonstration.- Nous ferons la démonstration dans le cas des suites topologiques.

Il est clair que s'il existe une suite topologique forte (φ_n) dans $\Phi(G/H)$, ors, en vertu de l'inégalité de Schwarz, il existe une suite topologique faible $_n)$ dans $\Phi(G/H)$ (il suffit de prendre $\psi_n = \varphi_n$).

Réciproquement, supposons qu'il existe une suite topologique faible (ψ_n) dans $\Phi(G/H)$.

Considérons l'espace produit $E = \Pi\, L^1(G/H)$ muni de la topologie produit. E est un espace vectoriel topologique localement convexe.

Définissons une application linéaire $T : L^1(G/H, \lambda) \to E$, en posant, pour toute $f \in \Phi(G/H)$ et toute φ fixée dans $\Phi(G)$,

$$T(f) = \varphi * f - f \ .$$

D'après N. Bourbaki [2] , p. 75-76, Proposition 10, la topologie faible sur E est le produit des topologies faibles. Alors, 0 appartient à l'adhérence faible de $T(\Phi(G/H))$ puisque, pour toute $\varphi \in \Phi(G)$, $\varphi * \psi_n - \psi_n$ tend faiblemen vers 0 . Comme $T(\Phi(G/H))$ est une partie convexe de E , l'adhérence de $T(\Phi(G/H))$ est la même pour la topologie affaiblie $\sigma(E, E')$ et pour la topologi produit de E (cf. N. Bourbaki, [2] , p. 67, Corollaire 2). Il en résulte que 0 est fortement adhérent à $T(\Phi(G/H))$; il existe donc une suite (φ_n) dans $\Phi(G/H$ telle que, pour toute φ fixée dans $\Phi(G)$, on ait

$$\lim_{n \to \infty} \|\varphi * \varphi_n - \varphi_n\|_{L^1(G/H, \lambda)} = 0 \ ,$$

ce qui prouve que (φ_n) est une suite topologique forte et le théorème est démon tré.

I.4.- Moyennabilité, sous-espaces fermés dans un espace de Banach, unités approchées modulo une partie d'une algèbre de Banach.

Nous allons établir maintenant quelques propriétés des espaces homogènes moyennables en utilisant abondamment la propriété de Reiter-Glicksberg.

I.4.1.- Théorème.- Soient G un groupe topologique séparé et H un sous-groupe fermé de G tel que l'espace homogène G/H soit G-moyennable.

Soient E un espace de Banach et $x \mapsto A_x$ une application fortement continu de G dans l'espace $\mathcal{L}(E)$ des opérateurs bornés sur E , telle que pour $x \in F$ $y \in G$ et $f \in E$, on ait

$$A_{xy} = A_y\, A_x \quad ; \quad \|A_x f\| \leq \|f\| \quad ; \quad A_e = id_E \ .$$

Soient J_G (resp. J_H) le sous-espace vectoriel fermé de E engendré par les $A_x g - g$, où $g \in E$ et $x \in G$ (resp. $x \in H$) . Soit N un sous-espace vectoriel de E tel que, pour tout $f \in I$ et tout $x \in G$, on ait $A_x f \in I + N$

Alors, si $I + N$ est fermé dans E, il en est de même de $I + J_G$.

Démonstration.- Soit $f \in \overline{I + J_G}$ (adhérence de $I + J_G$), avec $f \neq 0$. Il existe une suite $f_n \in I + J_G$ telle que $f_n \neq 0$, $\sum_{n \geq 1} \|f_n\| < \infty$ et $= \sum_{n \geq 1} f_n$.

On peut écrire $f_n = f'_n + j_n$, avec $f'_n \in I$ et $j_n \in J_G$.

L'espace homogène G/H étant G-moyennable, le couple (G, H) possède la propriété de Reiter-Glicksberg. Appliquons cette propriété au cas particulier des espaces de Banach E et $F = E/N$, en prenant pour τ le morphisme canonique de E sur E/N. Alors pour chaque n, on a l'inégalité

$$d_F(0, C_{f'_n}) \leqslant d_E(f'_n, J_G) < 2 \|f_n\| .$$

Autrement dit, il existe des combinaisons linéaires finies

$$g_n = \sum_j C_{j,n} A_{x_{j,n}} f'_n , \quad x_{j,n} \in G , \quad C_{j,n} \geqslant 0 , \quad \sum_j C_{j,n} = 1 ,$$

il existe des $u_n \in N$ tels que l'on ait

$$\|g_n + u_n\| < 2 \|f_n\| ,$$

qui montre que la série de terme général $g_n + u_n$ est absolument convergente. Soit g sa somme ; $g \in I + N$, puisque $g_n + u_n \in I + N$ qui est fermé par hypothèse.

On a d'autre part

$$g_n - f'_n = \sum_j C_{j,n} (A_{x_{j,n}} f'_n - f'_n) \in J_G .$$

Posons $g_n - f'_n = v_n$. Alors

$$g_n + u_n = f'_n + v_n + u_n \in f'_n + J_G$$

puisque $v_n + u_n \in J_G + N \subset J_G + J_G = J_G$.

On peut écrire

$$g_n + u_n = f'_n + h_n = f_n - j_n + h_n$$

avec $h_n \in J_G$.

En posant $j'_n = j_n - h_n$, on a

$$f = \sum_{n \geqslant 1} f_n = \sum_{n \geqslant 1} (g_n + u_n) + \sum_{n \geqslant 1} j'_n .$$

La somme de la série $\sum_{n \geqslant 1} (g_n + u_n)$ appartient à $I + N$ et celle de la série $\sum_{n \geqslant 1} j'_n$ appartient à J_G . Donc $f \in I + N + J_G = I + J_G$, et $I + J_G$ est bien fermé.

I.4.2.- Remarques.-

1) Il résulte des travaux de M. Riemersma [35] , que si le groupe G est localement compact, on peut supposer que l'application $x \mapsto A_x$ est seulement faiblement continue, i.e. pour tout $f \in E$ et pour tout $\varphi \in E'$ (dual topologique de E) , la fonction $x \mapsto \langle A_x f, \varphi \rangle$ est continue.

Cette remarque est valable pour les théorèmes I.4.4, I.4.7 et le lemme I.4.6

2) Le théorème I.4.1 permet de retrouver l'énoncé donné par H. Reiter dans son livre [32] , p. 177, § 4.6 (i) . De façon précise, on a

I.4.3.- Corollaire.- *Soit S un groupe localement compact et soit G un sous-groupe fermé moyennable de S .*

Soit ds (resp. $d\xi$) une mesure de Haar à gauche sur S (resp. G) et soit Δ_S le module de S .

Pour tout $x \in G$, et toute $f \in L^1(S, ds)$, posons

$$A_x f(y) = (fyx^{-1}) \Delta_S(x^{-1}) \qquad (y \in S) .$$

Soit $\tau : L^1(S) \to L^1(S/G)$, le morphisme défini par

$$\tau(f)(\dot{x}) = \int_G \frac{f(x\xi)d\xi}{\rho(x\xi)}$$

où $f \in L^1(S)$, et $\dot{x} \in S/G$.

Soit I un sous-espace vectoriel fermé de $L^1(S)$ tel que, pour toute $f \in$ pour tout $x \in G$, on ait $A_x f \in I$. Alors l'image $I' = \tau(I)$ est un sous-espace vectoriel fermé de $L^1(S/G)$.

Démonstration.- Appliquons le théorème I.4.1 en prenant $E = L^1(S)$, $H = \{e\}$ et $N = J_H = \{0\}$.

Le noyau de l'application τ est le sous-espace vectoriel fermé J_G de (S) engendré par les $A_x g - g$, où $g \in L^1(S)$ et $x \in G$.

D'après N. Bourbaki, [4], Chapitre I, p. 41, $I' = \tau(I)$ est fermé dans (S/G) si et seulement si $\tau^{-1}(\tau(I))$ est fermé dans $L^1(S)$. Comme d'après le héorème I.4.1, $I + J_G$ est fermé (car I est fermé), il suffit de remarquer ue $\tau^{-1}(\tau(I)) = I + J_G$ pour voir que I' est fermé dans $L^1(S/G)$.

.4.4.- Théorème.- Soit S un groupe topologique séparé et soient G_1, G_2 et K rois sous-groupes fermés de S tels que :

1) a) K est contenu dans G_2 et dans le normalisateur de G_1 ;

b) quels que soient $x \in G_1$ et $y \in G_2$, on a $yxy^{-1} \in \overline{G_1 K}$.

2) a) L'espace homogène G_2/K est G_2-moyennable ;

b) le groupe $K/K \cap G_1$ est moyennable.

Soit E un espace de Banach et soit $x \mapsto A_x$ une application fortement ntinue de S dans $\mathcal{L}(E)$ telle que, pour $x \in S$, $y \in S$ et $f \in E$, on ait

$$A_{xy} = A_y A_x \; ; \; \|A_x f\| \leqslant \|f\| \; ; \; A_e = id_E \; .$$

Pour tout sous-groupe K de S, notons J_K le sous-groupe vectoriel fermé E engendré par les $A_x g - g$, où $g \in E$ et $x \in K$. Alors

$$J_{G_1} + J_{G_2} = J_{\overline{G_1 G_2}}$$

- $\overline{G_1 G_2}$ désigne le sous-groupe fermé de S engendré par $G_1 \cup G_2$.

En particulier, $J_{G_1} + J_{G_2}$ est fermé dans E.

monstration.- La démonstration se fait en plusieurs étapes.

a) $J_{G_1} + J_K$ est fermé dans E.

Appliquons le théorème I.4.1 avec $G = K$ et $H = K \cap G_1$. Alors $= J_K$ et $J_H = J_{K \cap G_1}$.

En prenant $N = J_H = J_{K \cap G_1}$ et $I = J_{G_1}$, on a

$$I + N = J_{G_1} + J_{K \cap G_1} = J_{G_1}$$

isque $J_{K \cap G_1} \subset J_{G_1}$.

$I + N$ est donc fermé dans E .

De plus, si $f \in I$ et $x \in K$, on a $A_x f \in I + N$.

En effet, il suffit de démontrer cette assertion lorsque f est de la forme $f = A_y h - h$, avec $y \in G_1$ et $h \in E$.

Pour une telle f , on a

$$A_x f = A_x A_y h - A_x h = A_x A_y A_{x^{-1}} (A_x h) - A_x h = A_{x^{-1} yx} (A_x h) - A_x h \quad .$$

Comme $x^{-1} yx \in G_1$, d'après 1), a) et $A_x h \in E$, on voit que $A_x f \in I + N = J_{G_1}$.

Les hypothèses du théorème I.4.1 sont vérifiées et $I + J_G = J_{G_1} + J_K$ est fermé dans E .

b) $J_{G_1} + J_{G_2}$ <u>est fermé dans</u> E .

Appliquons de nouveau le théorème I.4.1 avec $G = G_2$ et K ; alors $J_G = J_{G_2}$.

En prenant $N = J_K$ et $I = J_{G_1}$, on a

$$I + N = J_{G_1} + J_K$$

qui est fermé d'après a).

Soit f un élément de I de la forme $f = A_y h - h$, avec $y \in G_1$ et $h \in E$. Pour tout $x \in G_2$, on a comme précédemment

$$A_x f = A_{x^{-1} yx} (A_x h) - A_x h \quad .$$

Comme $x^{-1} yx \in \overline{G_1 K}$ d'après 1), b), on a $A_x f \in J_{\overline{G_1 K}}$.

Il est évident que $J_{G_1} + J_K \subset J_{\overline{G_1 K}}$, puisque $J_{G_1} \subset J_{\overline{G_1 K}}$ et $J_K \subset J_{\overline{G_1 K}}$

Montrons l'inclusion au sens inverse.

Si $x \in G_1$, $y \in K$ et $f \in E$, on a

$$A_{xy} f - f = A_y A_x f - f = (A_y A_x f - A_x f) + (A_x f - f) \in J_K + J_{G_1} \quad .$$

Donc $A_z f - f \in J_K + J_{G_1}$ quel que soit $z \in G_1 K$, puisque l'application $z \mapsto A_z f$ est continue et $J_K + J_{G_1}$ est fermé.

Par suite, on a $J_{\overline{G_1 K}} = J_{G_1} + J_K$.

Les hypothèses du théorème I.4.1 sont vérifiées et $I + J_G = J_{G_1} + J_{G_2}$ est
ermé dans E .

c) $J_{G_1} + J_{G_2} = J_{\overline{G_1 G_2}}$.

Il est évident que $J_{G_1} + J_{G_2} \subset J_{\overline{G_1 G_2}}$. Pour démontrer l'inclusion
verse, $J_{G_1} + J_{G_2}$ étant fermé d'après b), il suffit de voir que si
, $b_1, \ldots, \ell_1$ sont dans G_1 et $a_2, b_2, \ldots, \ell_2$ dans G_2 et si
$= a_1 a_2 \ldots \ell_1 \ell_2$, alors $A_x f - f \in J_{G_1} + J_{G_2}$ quel que soit $f \in E$.

Or on a

$$A_x f - f = A_{a_1} A_{a_2} f_{b_1 \ldots \ell_1 \ell_2} - A_{a_2 b_1 \ldots \ell_2} f +$$

$$A_{a_2} A_{b_1 \ldots \ell_2} f - A_{b_1 \ldots \ell_2} f + \ldots + A_{\ell_2} f - f$$

$$\in J_{G_1} + J_{G_2} + \ldots + J_{G_2} = J_{G_1} + J_{G_2} .$$

Le théorème est donc démontré.

Indiquons maintenant comment on peut généraliser au cas des espaces homogènes
yennables, les résultats démontrés par H. Reiter dans [33];

Posons d'abord quelques définitions.

4.5.- Définitions.- Soient B une algèbre de Banach et J une partie de B .
dit que B possède, modulo J , des unités approchées (resp. des unités
prochées multiples) à droite, si quel que soit $f \in B$ (resp. quels que soient
s éléments $f_1, \ldots, f_p$ de B en nombre fini) et quel que soit $\varepsilon > 0$, il
iste $v \in B$ et $n \in J$ (resp. $n_1, n_2, \ldots, n_p$ dans J) tels que

$$\|fv - f + n\| \leqslant \varepsilon$$

esp. $\|f_i v - f_i + n_i\| \leqslant \varepsilon$; $i = 1,2,\ldots,p$) .

Si de plus, dans cette définition, on peut choisir $\|v\| \leqslant C$, où C est
e constante > 0 indépendante de f (resp. des f_i) et de ε , on parlera
unités approchées bornées.

Si, en particulier, on prend $J = \{0\}$, on retrouve la notion habituelle
unités approchées (resp. d'unités approchées multiples) à droite.

I.4.6.- Lemme.- Soient G un groupe topologique séparé et H un sous-groupe fermé de G.

Soit E un espace de Banach, et soit $x \mapsto A_x$ une application fortement continue de G dans $\mathcal{L}(E)$ telle que, pour $x \in G$, $y \in G$ et $f \in E$, on ait

$$A_{xy} = A_y A_x \quad ; \quad \|A_x f\| \leqslant \|f\| .$$

Soit J_G (resp. J_H), le sous-espace vectoriel fermé de E engendré par les $A_x f - f$, où $f \in E$ et $x \in G$ (resp. $x \in H$).

Fixons un entier $p \geqslant 1$ et considérons l'espace de Banach $E^p = E \times E \times \ldots \times$ p fois.

Si $f = (f_1, \ldots, f_p) \in E^p$ et si $x \in G$, posons

$$A_x f = (A_x f_1 , \ldots, A_x f_p) .$$

Notons J le sous-espace vectoriel fermé de E^p engendré par les $A_x f - f$ où $f \in E^p$ et $x \in G$.

Alors, on a $J = J_G \times \ldots \times J_G$, p fois.

Démonstration.- Montrons que $J \subset J_G \times \ldots \times J_G$.

Par linéarité, il suffit de montrer que si $u = A_x g - g \in J$, où $g = (g_1, \ldots, g_p) \in E^p$ et $x \in G$, alors $u \in J_G \times \ldots \times J_G$. On a

$$u = (A_x g_1 , \ldots, A_x g_p) - (g_1 , \ldots, g_p)$$

$$= (A_x g_1 - g_1 , \ldots, A_x g_p - g_p) = (u_1 , \ldots, u_p)$$

et chaque élément u_j est dans J_G. Donc

$$J \subset J_G \times \ldots \times J_G .$$

Pour démontrer l'inclusion inverse, il suffit de même de voir que si

$$u_j = A_{x_j} g_j - g_j \in J_G \quad , \quad g_j \in E \quad , \quad x_j \in G \quad ,$$

alors $$u = (u_1 , \ldots, u_p) \in J .$$

On peut écrire

$$u = (A_{x_1} g_1 - g_1 , \ldots , A_{x_p} g_p - g_p)$$

$$= (A_{x_1} g_1 - g_1 , 0 , \ldots , 0) + \ldots + (0 , \ldots , 0 , A_{x_p} g_p - g_p)$$

qui montre que u est une somme finie de $A_x g - g$, où $g \in E^p$ et $x \in G$, par suite $u \in J$.

On a ainsi établi l'inclusion $J_G \times \ldots \times J_G \subset J$, d'où le lemme.

4.7.- Théorème.- Soient G un groupe topologique séparé et H un sous-groupe
rmé de G .

Soit E une algèbre de Banach possédant des unités approchées à droite bor-
es et soit $x \mapsto A_x$ une application fortement continue de G dans $\mathcal{L}(E)$
lle que, pour $x \in G$, $y \in G$ et $f \in E$, $g \in E$, on ait

$$A_{xy} = A_y A_x \quad ; \quad \|A_x f\| \leqslant \|f\| \quad ; \quad A_x(fg) = f(A_x g) \quad .$$

Soit J_G (resp. J_H) le sous-espace vectoriel fermé (qui est en fait un
éal à gauche) de E engendré par les $A_x f - f$, où $f \in E$, et $x \in G$ (resp.
$\in H$).

Supposons que l'espace homogène G/H soit G-moyennable. Alors :

(i) L'algèbre de Banach J_G possède, modulo J_H , des unités approchées multiples à droite ; et, si E possède des unités approchées multiples à droite bornées, J_G en possède aussi modulo J_H .

(ii) L'algèbre de Banach J_G possède, modulo J_H , des unités approchées à droite bornées.

monstration.- Fixons un entier $p \geqslant 1$. L'espace homogène G/H étant moyennable,
peut appliquer la propriété (RG) aux espaces de Banach $E^p = E \times \ldots \times E$,
fois et $F = E/J_H \times \ldots \times E/J_H$, p fois, la norme dans ces espaces produits
ant le maximum des normes des composantes.

Notons τ l'homomorphisme canonique de E sur E/J_H et étendons cette
cation, ainsi que celle des A_x , en posant, si $f = (f_1 , \ldots , f_p) \in E^p$ et si
$\in G$,

$$A_x f = (A_x f_1 , \ldots , A_x f_p)$$

$$\tau(f) = (\tau(f_1) , \ldots , \tau(f_p)) \quad .$$

L'axiome $\tau \circ A_h = \tau$ est vérifié car, quel que soit $f \in E$ et quel que soit $h \in H$, on a

$$\tau \circ A_h(f) = \tau(A_h f - f) + \tau(f) = \tau(f) \quad .$$

On vérifie alors facilement que τ est un morphisme du Banach E^p dans le Banach F et que, pour $x \in G$, $y \in G$, et $f \in E^p$, on a

$$A_{xy} = A_y A_x \quad ; \quad \|A_x f\|_{E^p} \leqslant \|f\|_{E^p} \quad .$$

Les conditions d'application de la propriété (RG) sont donc satisfaites.

Notons J le sous-espace vectoriel fermé de E^p, engendré par les $A_x g - g$ où $g = (g_1, \dots, g_p) \in E^p$ et $x \in G$.

Soient $f_1, \dots, f_p$ des éléments de J_G. D'après le lemme I.4.6, le vecteur $f = (f_1, \dots, f_p)$ est dans J ; donc $d_{E^p}(f, J) = 0$. D'après l'inégalité de Reiter-Glicksberg I.2.2, on a donc $d_F(0, C_f) = 0$.

Comme C_f est l'ensemble des $(Tf_1, \dots, T_{f_p})$ où T est de la forme

$$\Sigma c_n \tau \circ A_{x_n} \quad , \quad x_n \in G , \; c_n \geqslant 0 \quad , \quad \Sigma c_n = 1 \quad ,$$

on voit que, quel que soit $\varepsilon > 0$, il existe $n_i \in J_H$ tel que

$$(1) \qquad \| \Sigma c_n A_{x_n} f_i - n_i \| \leqslant \frac{\varepsilon}{3} \quad .$$

L'algèbre de Banach E possède des unités approchées multiples à droite puisqu'elle possède des unités approchées à droite bornées (cf. H. Reiter, [33], p. 30, Lemme).

Soit donc $u \in E$, tel que

$$(2) \qquad \|f_i u - f_i\|_E \leqslant \frac{\varepsilon}{3}$$

pour $i = 1, 2, \dots, p$.

On a alors pour tout i,

$$\| \sum_n c_n A_{x_n}(f_i u) - n_i \|_E = \| \sum_n c_n A_{x_n}(f_i u - f_i) +$$

$$\sum_n c_n A_{x_n} f_i - n_i \|_E \leqslant \| \sum_n c_n A_{x_n}(f_i u - f_i)\|_E + \| \sum_n c_n A_{x_n} f_i - n_i$$

D'après les hypothèses sur l'application A_x , on a

$$\| A_{x_n}(f_i u - f_i) \|_E \leqslant \| f_i u - f_i \|_E \quad .$$

Les inégalités (1) et (2) montrent alors que

$$\| \sum_n c_n A_{x_n}(f_i u - n_i) \|_E \leqslant \frac{2\varepsilon}{3} \quad .$$

En posant $v = u - \sum_n c_n A_{x_n} u$, on a $v \in J_G$, car $v = \sum_n c_n (u - A_{x_n} u)$.

Comme on peut écrire

$$f_i(u - \sum_n c_n A_{x_n} u) - f_i + n_i = f_i u - f_i - (\sum c_n A_{x_n}(f_i u) - n_i) \quad ,$$

n voit que, pour tout $i = 1, 2, \ldots, p$, on a

$$\| f_i v - f_i + n_i \|_E \leqslant \| f_i u - f_i \|_E + \| \sum_n c_n A_{x_n}(f_i u) - n_i \|_E \leqslant \frac{\varepsilon}{3} + \frac{2\varepsilon}{3} = \varepsilon \quad .$$

De plus, si $\|u\| < C$, alors $\|v\| < 2C$ et la partie (i) du théorème est émontrée.

Pour démontrer la deuxième partie, nous allons appliquer la propriété (RG) ux espaces de Banach E et $F = E/J_H$, τ étant l'homomorphisme canonique de ur F .

Soit $f \in J_G$ et soit $\varepsilon > 0$. D'après la propriété (RG) , il existe des ombinaisons linéaires finies

$$\sum_n c_n A_{\xi_n} f \quad , \quad \xi_n \in G \quad , \quad c_n \geqslant 0 \quad , \quad \sum_n c_n = 1 \quad ,$$

t il existe $n \in J_H$, tels que

$$\| \sum_n c_n A_{\xi_n} f - n \|_E \leqslant \frac{\varepsilon}{3} \quad .$$

Comme l'algèbre E possède des unités approchées à droites bornées, il xiste $u \in E$ et une constante positive C tels que

$$\| u \|_E < C \quad \text{et} \quad \| fu - f \|_E \leqslant \frac{\varepsilon}{3} \quad .$$

On a, comme précédemmment

$$\| \sum_n c_n A_{\xi_n}(fu) - n \|_E \leqslant \frac{2\varepsilon}{3} \quad .$$

Posons $w = u - \sum_n c_n A_{\xi_n} u$.

On a $w \in J_G$ et $\|w\|_E \leqslant 2C$, puisque $\|u\|_E \leqslant C$.

En écrivant

$$f(u - \sum_n c_n A_{\xi_n} u) - f + n = fu - f - (\Sigma\, c_n A_{\xi_n}(fu) - n) \quad ,$$

on voit que

$$\|fw - f + w\|_E \leqslant \|fu - f\|_E + \|\Sigma\, c_n A_{\xi_n}(fu) - n\|_E \leqslant \frac{\varepsilon}{3} + \frac{2\varepsilon}{3} = \varepsilon \quad ,$$

ce qui achève la démonstration du théorème.

Si G est localement compact, en généralisant une idée de H. Reiter [33] , on obtient un critère, en termes d'unités approchées, pour qu'un espace homogène G/H soit G-moyennable.

Introduisons d'abord quelques notations.

Soient G un groupe localement compact et H un sous-groupe fermé de G . Notons dx (resp. $d\xi$) une mesure de Haar à gauche sur G (resp. H) et soit λ une mesure quasi-invariante sur G/H .

Pour toute $f \in L^1(G, dx)$ et tout $x \in G$, posons

$$A_x f(y) = f(yx^{-1})\, \Delta_G(x^{-1}) \qquad (y \in G) \quad .$$

Soit J^1 la sous-algèbre de Banach de $L^1(G)$, formée des $f \in L^1(G)$ telle que

$$\int_G f(x)\, dx = 0 \quad .$$

Soit J_H le sous-espace vectoriel fermé de $L^1(G)$ engendré par les $A_x g - g$ où $g \in L^1(G)$ et $x \in H$.

I.4.8.- Théorème.- Soient G un groupe localement compact et H un sous-groupe fermé de G .

Les assertions suivantes sont équivalentes :

(i) L'espace homogène G/H est G-moyennable.

(ii) L'algèbre de Banach J^1 possède, modulo J_H , des unités approchées multiples à droite bornées.

(iii) <u>L'algèbre de Banach</u> J^1 <u>possède, modulo</u> J_H , <u>des unités approchées multiples à droite.</u>

<u>Démonstration</u>.- Supposons que G/H soit G-moyennable et montrons que (i) implique (ii). Pour cela, il suffit d'appliquer le théorème I.4.7, en prenant $E = L^1(G)$ et $A_x f(y) = f(yx^{-1})\,\Delta_G(x^{-1})$. Alors, il est facile de voir, par orthogonalité, que $J_G = J^1$. De plus, on sait que l'algèbre de Banach $L^1(G)$ possède des unités approchées multiples à droite bornées par 1 (cf. H. Reiter [34], p. 28) ; donc, d'après le théorème I.4.7 (i), on a la propriété (ii).

Il est clair que (ii) implique (iii). Prouvons que (iii) implique (i).

Supposons que J^1 possède, modulo J_H , des unités approchées multiples à droite et montrons que pour toute partie finie K de G et pour tout $\varepsilon > 0$, il existe une fonction positive $\varphi \in L^1(G/H, \lambda)$ telle que

$$\int_{G/H} \varphi(\dot{x})\, d\lambda(\dot{x}) = 1$$

et

$$\|\pi(s)\,\varphi - \varphi\|_{L^1(G/H)} \leqslant \varepsilon$$

quel que soit $s \in K$. On sait que cette propriété équivaut à la G-moyennabilité de G/H (cf. P. Eymard, [15], p. 28, théorème).

Soient $s_1, \ldots, s_p$ des points de G en nombre fini et soit $\varepsilon > 0$. Partons d'une fonction $f \in L^1(G)$ telle que $\int_G f(x)\, dx = 1$.

Posons

$$f_j = {}_{s_j}f - f \quad , \quad 1 \leqslant j \leqslant p \quad .$$

Comme $\int_G f_j(x)\, dx = 0$, la fonction f_j $(1 \leqslant j \leqslant p)$ appartient à J^1 .

Par hypothèse, il existe un $v \in J^1$ et $n_1, \ldots, n_p$ dans J_H tels que

$$\|f_j * v - f_j + n_j\|_1 \leqslant \varepsilon \quad , \quad 1 \leqslant j \leqslant p \quad .$$

Posons

$$g = \overset{\circ}{f} - f * \overset{\circ}{v}$$

où, on désigne par $f \mapsto \overset{\circ}{f}$ l'application de Reiter, i.e.

$$\overset{\circ}{f}(\dot{x}) = \int_H \frac{f(x\xi)d\xi}{\rho(x\xi)} \qquad (\dot{x} \in G/H) \quad .$$

Alors, on a

$$\int_{G/H} g(\dot{x})\, d\lambda(\dot{x}) = 1 \quad .$$

En effet

$$\int_{G/H} \overset{\circ}{f}(\dot{x})\, d\lambda(\dot{x}) = \int_{G/H} d\lambda(\dot{x}) \int_H \frac{f(x\xi)d\xi}{\rho(x\xi)} = \int_G f(x)\, dx = 1$$

et

$$\int_{G/H} f * \overset{\circ}{v}(\dot{x})\, d\lambda(\dot{x}) = \int_{G/H} \int_G f(y)\, \overset{\circ}{v}(y^{-1}\dot{x})\, \chi(y^{-1}, \dot{x})\, d\lambda(\dot{x})\, dy$$

$$= \int_G f(y)\, dy \int_{G/H} \overset{\circ}{v}(y^{-1}\dot{x})\, \chi(y^{-1}, \dot{x})\, d\lambda(\dot{x}) = \int_{G/H} \overset{\circ}{v}(\dot{x})\, d\lambda(\dot{x})$$

$$= \int_{G/H} d\lambda(\dot{x}) \int_H \frac{v(x\xi)d\xi}{\rho(x\xi)} = \int_G v(x)\, dx = 0 \quad .$$

On peut écrire successivement

$$\pi(s_j)g - g = \pi(s_j)\overset{\circ}{f} - \overset{\circ}{f} - (\pi(s_j)(f * \overset{\circ}{v}) - f * \overset{\circ}{v})$$

$$= ({}_{s_j}f)^\circ - \overset{\circ}{f} - ({}_{s_j}f - f) * \overset{\circ}{v} = \overset{\circ}{f}_j - f_j * \overset{\circ}{v}$$

$$= \overset{\circ}{f}_j - (f_j * v)^\circ = (f_j - f_j * v)^\circ \quad .$$

On a utilisé les résultats suivants :

$$({}_s f)^\circ = \pi(s)\overset{\circ}{f} \quad ; \quad {}_s u * f = \pi(s)(u * f) \quad ; \quad (f * g)^\circ = f * \overset{\circ}{g}$$

que l'on démontre facilement.

En observant que $\overset{\circ}{n}_j = 0$, puisque $n_j \in J_H$, on aura

$$\|\pi(s_j)g - g\|_{L^1(G/H)} = \|(f_j - f_j * v)^\circ + \overset{\circ}{n}_j\|_{L^1(G/H)}$$

$$\leq \|f_j - f_j * v + n_j\|_{L^1(G)} \leq \varepsilon$$

car $\qquad \|\overset{\circ}{f}\|_{L^1(G/H)} \leq \|f\|_{L^1(G)} \qquad$ pour toute $f \in L^1(G)$.

Si on pose

$$\varphi(\dot{x}) = \frac{|g(\dot{x})|}{\|g\|_{L^1(G/H)}} ,$$

alors

$$\varphi \geqslant 0 , \quad \int_{G/H} \varphi(\dot{x})\, d\lambda(\dot{x}) = 1$$

et

$$\|\pi(s_j)\,\varphi - \varphi\|_{L^1(G/H)} = \frac{\|\pi(s_j)|g|-|g|\,\|_{L^1(G/H)}}{\|g\|_{L^1(G/H)}}$$

$$\leqslant \frac{\|\pi(s_j)g - g\|_{L^1(G/H)}}{\|g\|_{L^1(G/H)}} \leqslant \frac{\varepsilon}{\|g\|_{L^1(G/H)}} \leqslant \varepsilon$$

car

$$\|g\|_{L^1(G/H)} \geqslant \int_{G/H} g(\dot{x})\, d\lambda(\dot{x}) = 1 .$$

C. Q. F. D.

C H A P I T R E II

MOYENNABILITE ET REPRESENTATIONS DES PRODUITS SEMI-DIRECTS

Dans ce chapitre, on étudie la moyennabilité d'un espace homogène G/H en liaison avec les représentations unitaires continues du groupe G. Le résultat essentiel de cette théorie, établi par P. Eymard, s'énonce comme suit :

Pour qu'un espace homogène G/H soit G-moyennable, il faut et il suffit que la représentation identité i_G de G soit faiblement continue dans la représentation quasi-régulière π_2 de G dans $L^2(G/H,\lambda)$.

Nous utiliserons les résultats d'Eymard [15], Exposé n° 4, pour améliorer un certain nombre de résultats du Chapitre I. Nous étudierons ensuite la norme et le spectre de certains opérateurs de convolution, puis nous démontrons une conjecture de P. Eymard.

II.1. - Quelques rappels.

a) Représentations unitaires.

Nous renvoyons à J. DIXMIER [10] pour une étude détaillée des représentations des groupes.

Soit G un groupe localement compact. On note Σ (resp. $\hat{G}$) l'ensemble des (classes de) représentations unitaires continues (resp. irréductibles) de G.

Soit $\mu \in \mathbf{M}^1(G)$. Si $\mu \in \Sigma$ et si $\mathfrak{H}_\pi$ est l'espace de π l'application $\mu \longmapsto \pi(\mu)$ définie par

$$(\pi(\mu)\xi \mid \eta) = \int_G (\pi(x)\xi \mid \eta) \, d\mu(x) \quad , (\xi,\eta \in \mathfrak{H}_\pi)$$

est une représentation de l'algèbre involutive $\mathbf{M}^1(G)$ dans $\mathfrak{H}_\pi$.

Soit G un groupe localement compact et H un sous-groupe fermé de G. On appelle représentation quasi-régulière de G, l'opérateur π_2 dans $L^2(G/H,\lambda)$, défini par

$$(\pi_2(s)f)(\dot{x}) = f(s^{-1}\dot{x})\sqrt{\chi(s^{-1},\dot{x})}$$

où $f \in L^2(G/H,\lambda)$, $s \in G$ et $\dot{x} \in G/H$.

On notera i_G la représentation unitaire triviale de dimension un de G .

Soit π une représentation unitaire continue de G dans l'espace hilbertien $\mathcal{H}$ et soit $\xi \in \mathcal{H}$. La fonction $x \longmapsto (\pi(x)\xi \mid \xi)$ est une fonction de type positif dite associée à π .

Soient $\omega \in \Sigma$ et $\mathcal{S} \subset \Sigma$. On dit que ω est faiblement contenue dans $\mathcal{S}$, si toute fonction de type positif associée à ω est limite uniforme sur tout compact de G , de sommes de fonctions de type positif associées à des éléments de $\mathcal{S}$.

Si $\omega \in \hat{G}$ et $\mathcal{S} \subset \hat{G}$, on peut, dans la définition précédente, supprimer les mots "sommes de" (cf. J. DIXMIER, [10] , § 18) .

I.1.1. Lemme. - Soit G un groupe localement compact et soit $\pi \in \Sigma$. Supposons que i_G soit faiblement contenue dans π . Alors, pour toute mesure de probabilité μ sur G , le nombre 1 appartient au spectre de l'opérateur $\pi(\mu)$ dans l'algèbre de Banach $\mathcal{L}(\mathcal{H}_\pi)$ des opérateurs bornés sur $\mathcal{H}_\pi$.

Démonstration.- Supposons d'abord que μ soit à support compact Q .

D'après les hypothèses, soit $\xi \in \mathcal{H}_\pi$, tel que $\|\xi\| = 1$ et tel que, pour tout $x \in Q$, on ait

$$|1 - (\pi(x)\xi|\xi)| \leq \frac{\varepsilon^2}{2} .$$

Pour montrer que 1 appartient au spectre de $\pi(\mu)$, nous allons montrer que $\pi(\mu) - I$, où I est l'opérateur identité de $\mathcal{H}_\pi$, n'est pas inversible dans $\mathcal{L}(\mathcal{H}_\pi)$.

On a

$$\pi(\mu)\xi - \xi = \int_G (\pi(x)\xi - \xi)\, d\mu(x)$$

(intégrale à valeurs vectorielles).

d'où

$$\|\pi(\mu)\xi - \xi\| \leq \int_G \|\pi(x)\xi - \xi\| \, d\mu(x) .$$

Mais, pour tout $x \in Q$, on a

$$\begin{aligned}\|\pi(x)\xi - \xi\|^2 &= (\pi(x)\xi - \xi|\pi(x)\xi - \xi) \\ &= \|\pi(x)\xi\|^2 + \|\xi\|^2 - 2\,\mathcal{R}e\,(\pi(x)\xi \mid \xi) \\ &= 2\,[1 - \mathcal{R}e\,(\pi(x)\xi \mid \xi)] \leq 2\,|1 - (\pi(x)\xi \mid \xi)| \leq \varepsilon^2 .\end{aligned}$$

Il en résulte que, pour tout $\varepsilon > 0$, il existe $\xi \in \mathcal{H}_\pi$ tel que

$$\|\pi(\mu)\xi - \xi\| < \int_Q \varepsilon \, d\mu(x) = \varepsilon ,$$

alors que $\|\xi\| = 1$, ce qui prouve que l'opérateur $\pi(\mu) - I$ n'est pas inversible dans $\mathcal{L}(\mathcal{H}_\pi)$.

Supposons maintenant que le support de μ soit quelconque.

Si Q est un compact de G , notons μ_Q la restriction de μ à Q . Pour tout entier $n > 0$, il existe un compact Q tel que

$$\|\mu - \mu_Q\|_1 < \frac{1}{n} .$$

Posons $\mu_n = \frac{\mu_Q}{\|\mu_Q\|_1}$. Alors (μ_n) est une suite de mesures de probabilité à supports compacts qui tend vers μ en norme. A fortiori on a dans l'espace de Banach $\mathcal{L}(\mathcal{H}_\pi)$

$$\pi(\mu) - I = \lim_{n \to \infty} (\pi(\mu_n) - I) .$$

D'après ce qui précède, $\pi(\mu_n) - I$ n'est pas inversible ; donc $\pi(\mu) - I$ n'est pas inversible car l'ensemble des éléments non inversibles de $\mathcal{L}(\mathcal{H}_\pi)$ est fermé.

b) <u>Les propriétés</u> (P_p^σ) .

Soit G un groupe localement compact séparable tel que G soit le produit semi-direct de deux sous-groupes fermés K et H , où H est distingué.

Soit σ une représentation unitaire continue de dimension un de H et soit π_σ la représentation unitaire continue de G , induite par σ , définie dans l'espace hilbertien $L^2(K) = L^2(K,dk)$ par la formule

$$(\pi_\sigma(x)f)(t) = \sigma(t^{-1}nt) \, f(k^{-1}t)$$

où $f \in L^2(K)$ et où $x = nk \in G$, avec $n \in H$, $k \in K$.

II.1.2. Définition - <u>Soit</u> p <u>un nombre réel</u> $\geqslant 1$. <u>On dit que le groupe</u> G <u>possède la propriété</u> (P_p^σ) , <u>si pour tout compact</u> Q_1 <u>de</u> H , <u>tout compact</u> Q_2 <u>de</u> K <u>et pour tout</u> $\varepsilon > 0$, <u>il existe une fonction positive</u> $f \in L^p(K,dk)$ <u>telle que</u> $\|f\|_p = 1$, <u>et telle que</u> :

(1) <u>pour toute mesure de probabilité</u> ν <u>sur</u> H , <u>à support dans</u> Q_1 , <u>on a</u>

$$\left|\int_K [\hat{\nu}(\sigma_t) - 1] \, f^p(t) \, dt\right| < \varepsilon$$

i l'on pose

$$\hat{\nu}(\sigma_t) = \int_H \sigma(t^{-1}nt)\, d\nu(n) \quad ;$$

2) pour tout $k \in Q_2$, on a

$$\int_K |f(k^{-1}t) - f(t)|^p\, dt \leqslant \varepsilon \quad .$$

Pour $p = 1$, on retrouve la propriété (P_1^σ) définie par P. EYMARD dans [15] , 63 .

En utilisant la méthode de [15] , P. 35, on démontre aisément que les propriétés (P_p^σ) , $1 \leqslant p < \infty$, sont équivalentes.

c) La propriété (RG^σ) .

Soit G un groupe localement compact séparable tel que G soit le produit semi-direct de deux sous-groupes fermés K et H , où H est distingué.

Soit σ une représentation unitaire continue de dimension un de H . est clair que pour tout $k \in K$,

$$n \longmapsto \sigma_k(n) = \sigma(k^{-1}nk)$$

st encore une représentation unitaire continue de dimension un de H .

On appelle orbite de σ par K , et on note $O_K(\sigma)$, l'ensemble des , quand k parcourt K .

.1.3. Définition - On dit que le groupe G possède la propriété (F_o^σ) , si groupe K est moyennable et si i_H est faiblement contenue dans $O_K(\sigma)$.

Soit $\check{K}$ le compactifié de Čech de K , c'est-à-dire le spectre de Gelfand la C*-algèbre commutative $\mathcal{CB}(K)$. On peut identifier $\check{K}$ à un sous-espace pologique de l'ensemble $\mathcal{M}$ des moyennes sur $\mathcal{CB}(K)$, muni de la topologie ible de dualité. Ainsi K est un sous-espace topologique dense de $\check{K}$.

Notons $\chi \longmapsto \sigma_\chi(n)$ la transformée de Čech de la fonction (continue bornée r K) $k \longmapsto \sigma_k(n) = \sigma(k^{-1}nk)$ et soit Ω l'ensemble (fermé) des $\chi \in \check{K}$ ls que , pout tout $n \in H$, on ait $\sigma_\chi(n) = 1$.

On appelle partie σ-essentielles, toute partie S de K dont la fermeture ns $\check{K}$ contient Ω .

II.1.4. Définition.- Soient E et F deux espaces de Banach et soit τ un morphisme de E dans F. Supposons que, pour tout $x \in K$, il existe une application fortement continue $x \longmapsto A_x$ de K dans l'espace $\mathcal{L}(E)$ des opérateurs bornés sur E, telle que, pour $x \in K$, $y \in K$ et $f \in E$, on ait

$$A_{xy} = A_y A_x \quad ; \quad \|A_x f\| \leqslant \|f\| \quad ; \quad A_e = id_E \quad .$$

Soit J le sous-espace vectoriel fermé de E engendré par les $A_x g - g$, où $g \in E$ et $x \in K$. Pour tout $f \in E$ et pour toute partie σ-essentielle S de K, notons C_f^S l'enveloppe convexe fermée dans F des $\tau(A_x f)$, où $x \in S$.

On dit que le groupe G possède la propriété (RG^σ), si chaque fois que les hypothèses précédentes sont vérifiées, on a l'inégalité

$$d_F(0, C_f^S) \leqslant d_E(f, J) \quad .$$

Nous démontrerons plus tard que la propriété (RG^σ) entraîne la propriété (F_o^σ).

§ II.2.- Applications de la propriété (RG^σ) aux produits semi-directs.

Dans ce paragraphe, nous supposerons que le groupe G est le produit semi-direct de deux sous-groupes fermés K et H, où H est distingué et nous précisons dans ce cas, les théorèmes I.4.1. et I.4.7.

II.2.1. Théorème.- Soit G un groupe localement compact séparable tel que G soit le produit semi-direct de deux sous-groupes fermés K et H, où H est distingué.

Soit σ une représentation unitaire continue de dimension un de H et supposons que

a) H est un groupe moyennable ;

b) i_H est faiblement contenue dans l'orbite $O_K(\sigma)$ de σ par K dans $\hat{H}$.

Soit E un espace de Banach et soit $x \longmapsto A_x$ une application faiblement continue de K dans $\mathcal{L}(E)$, telle que, pour $x \in K$, $y \in K$ et $f \in E$, on ait

$$A_{xy} = A_y A_x \quad ; \quad \|A_x f\| \leqslant \|f\| \quad ; \quad A_e = id_E \quad .$$

Soit J_K le sous-espace vectoriel fermé de E engendré par les $A_x g - g$, où $g \in E$ et $x \in K$. Désignons par N un sous-espace vectoriel fermé de J_K. Soient S une partie σ-essentielle de K et I un sous-espa ctoriel de E tel que, pour tout $f \in I$ et tout $s \in S$, on ait $A_s f \in I + N$.

Alors, si $I + N$ est fermé dans E , $I + J_K$ est aussi fermé ns E .

monstration.- La démonstration est la même que celle du théorème I.4.1. .

.2.2.- Corollaire.- Soit $G = KH$ un groupe localement compact séparable, produit semi-direct de deux sous-groupe fermés K et H , où H est distingué. it σ une représentation unitaire continue de dimension un de H . Supposons 'on ait les hypothèses a) et b) du théorème II.2.1. et soit S une partie essentielle de K .

Pour toute $f \in L^1(G)$ et tout $x \in K$, posons

$$A_x f(y) = f(yx^{-1}) \Delta_G(x^{-1}) \qquad (y \in G) .$$

Soit I un sous-espace vectoriel fermé de $L^1(G)$ tel que, pour toute $\in I$ et tout $s \in S$, on ait $A_s f \in I$.

Notons $\tau : L^1(G,dx) \longrightarrow L^1(G/K, d\lambda)$, l'application de Reiter relative sous-groupe K .

Alors l'image $I' = \tau(I)$ est un sous-espace vectoriel fermé de $L^1(G/K)$.

nonstration.- Appliquons le théorème II.2.1. en prenant $E = L^1(G)$ et $N = \{0\}$.

Comme τ est l'application canonique de $L^1(G)$ sur $L^1(G/K) \simeq L^1(G)/J_K$, $= \tau(I)$ est fermé dans $L^1(G/K)$ si et seulement si $\tau^{-1}(\tau(I))$ est fermé ns $L^1(G)$. Puisque d'après le théorème II.2.1. , $I + J_K$ est fermé (car I t fermé) , il suffit de remarquer que $\tau^{-1}(\tau(I)) = I + J_K$ pour conclure que est fermé dans $L^1(G/K)$.

.2.3. Remarque .- Le Corollaire II.2.2. montre que le Corollaire I.4.3. est encore vrai si on considère les sous-espaces vectoriels fermés I stables par les , où s parcourt seulement une partie σ-essentielle de K , et non plus tout entier, ce qui améliore le résultat de H. Reiter (voir [32] , P.177, .6. (i)) .

Soit G un groupe localement compact séparable, produit semi-direct de x sous-groupes fermés K et H , où H est distingué. Soit σ une représenion unitaire continue de dimension un de H et supposons qu'on ait les hypothè a) et b) du théorème II.2.1.

Soit E une algèbre de Banach possédant des unités approchées à droite nées et soit $x \longmapsto A_x$ une application faiblement continue de K dans $\mathcal{L}(E)$. le que, pour $x \in K$, $y \in K$ et $f \in E$, $g \in E$, on ait

$$A_{xy} = A_y A_x \quad ; \quad \|A_x f\| \leq \|f\| \quad ; \quad A_x(fg) = f(A_x g) \ ; \ A_e = id_E \quad .$$

Soit J_K le sous-espace vectoriel fermé (qui est en fait un idéal à gauche) de E , engendré par les $A_x g - g$, où $g \in E$ et $x \in K$.

Comme cas particulier du théorème I.4.7., on sait, puisque K est moyennable, que J_K possède des unités approchées à droite bornées.

Ce résultat peut être amélioré de la façon suivante :

II.2.4. Théorème.- Conservons les hypothèses qui viennent d'être faites. Alors

1) L'algèbre de Banach J_K possède des unités approchées à droite bornées que l'on peut choisir dans l'espace vectoriel J_S engendré par les $A_s g - g$, où $g \in E$ et s est pris dans une partie σ-essentielle de K choisie à l'avance.

2) L'algèbre de Banach J_K possède des unités approchées multiples à droite ; et si E possède des unités approchées à droite bornées, il en est de même de J_K , ces unités approchées de J_K pouvant être choisies dans J_S (ce qui précise dans ce cas, le théorème I.4.7.).

Démonstration.- Elle est inspirée de celle du théorème I.4.7..

II.3.- Moyennabilité, norme et spectre d'opérateurs de convolution par des mesures bornées.

Soit G un groupe localement compact. A toute mesure bornée μ sur G , [o]n associe l'opérateur de convolution $\pi_p(\mu) : L^p(G) \longrightarrow L^p(G)$ défini par

$$(\pi_p(\mu)f)(x) = \int_G f(s^{-1}x)\, d\mu(s) \quad . \tag{1}$$

La norme de l'opérateur $\pi_p(\mu)$, notée $|||\pi_p(\mu)|||$, est toujours $\leq |||\mu|||_1$.

Il est bien connu que, pour un p fixé, $1 < p < \infty$, le groupe G est [m]oyennable si et seulement si $|||\pi_p(\mu)||| = |||\mu|||_1$ pour toute $\mu \in \mathbb{M}^1_+(G)$ [(]cf. F.P. GREENLEAF, [21] , p. 48) . Cette propriété est liée au spectre de l'opé[r]ateur $\pi_p(\mu)$. (cf. M. DAY, [6] , dans le cas des groupes discrets).

Dans ce qui suit, nous étendons ces différents résultats aux espaces homo[g]ènes. Pour cela, nous considérons l'opérateur de convolution $\pi_p(\mu)$ défini [a]u § I.1 , par

$$(\pi_p(\mu)f)(\dot{x}) = \int_G f(s^{-1}x)\ \sqrt[p]{\chi(s^{-1},\dot{x})}\ d\mu(s) \tag{2}$$

[o]ù $\mu \in \mathbb{M}^1(G)$ et $f \in L^p(G/H,\lambda)$.

Les notations non précisées ici seront celles du § I.1.

[I]I.3.1. Théorème.- Soient G un groupe localement compact et H un sous-groupe fermé de G . Soit p un nombre réel tel que $1 < p < \infty$.
Les conditions suivantes sont équivalentes :

(i) L'espace homogène G/H est G-moyennable.

(ii) Pour toute mesure de probabilité μ sur G , le nombre 1 appartient au spectre de $\pi_p(\mu)$ dans l'algèbre de Banach $\mathcal{A}_p$ des opérateurs bornés sur $L^p(G/H,\lambda)$.

(iii) Pour toute mesure de probabilité μ sur G , le rayon spectral de $\pi_p(\mu)$ dans cette algèbre, est égal à 1 .

(iv) Pour toute mesure de probabilité μ sur G , on a $|||\pi_p(\mu)||| = 1$.

[Dé]monstration.- L'équivalence (i) $\Longleftrightarrow$ (iv) est démontrée par P. EYMARD [15] , p. 44.

Démontrons que (i) $\Longrightarrow$ (ii) $\Longrightarrow$ (iii) $\Longrightarrow$ (iv) .

[(i]) $\Longrightarrow$ (ii). Supposons que G/H soit G-moyennable et soit μ une mesure de [pr]obabilité sur G . On va montrer que $\pi_p(\mu) - I$, où I est l'opérateur identité, n'est pas inversible dans $\mathcal{A}_p$. On peut supposer pour cela, que μ est à support compact K car l'ensemble des éléments non inversibles de $\mathcal{A}_p$ est fermé.

Etant moyennable, G/H possède la propriété (P_p) . Donc, quel que soit $\varepsilon > 0$, il existe une fonction positive $f \in L^p(G/H,\lambda)$, de norme un, telle que, pout tout $s \in K$, on ait

$$|||\pi_p(s)f - f||_p \leqslant \varepsilon \quad .$$

Soit q l'exposant conjugué de p et soit $g \in L^q(G/H,\lambda)$. On a, en utilisant le théorème de Fubini,

$$|(\pi_p(\mu)f - f|g)| = \left|\int_{G/H} \left(\int_G (\pi_p(s)f)(\dot{x})d\mu(s)\right) g(\dot{x})\, d\lambda(\dot{x}) - \int_{G/H}\int_G f(\dot{x})\, g(\dot{x})\, d\mu(s)\, d\lambda(\dot{x})\right|$$

$$= \left|\int_G \left(\int_{G/H} [(\pi_p(s)f - f)(\dot{x})]\, g(\dot{x})\, d\lambda(\dot{x})\right) d\mu(s)\right|$$

$$\leqslant \int_G \left(\int_{G/H} |(\pi_p(s)f - f)(\dot{x})| . |g(\dot{x})| d\lambda(\dot{x})\right) d\mu(s) \quad .$$

En appliquant l'inégalité de Hölder, cette dernière expression est majorée par

$$\int_K ||\pi_p(s)f - f||_p \; . \; ||g||_q \quad d\mu(s) \quad .$$

D'où

$$|(\pi_p(\mu)f - f|g)| \leqslant \varepsilon \; ||g||_q \quad ,$$

et par suite

$$||\pi_p(\mu)f - f||_p \leqslant \varepsilon \quad ,$$

ce qui implique que l'opérateur $\pi_p(\mu) - I$ n'a pas d'inverse borné. Donc, le nombre 1 appartient au spectre de $\pi_p(\mu)$ et (i) entraîne (ii) .

(ii) $\Longrightarrow$ (iii). Supposons que 1 appartient au spectre de $\pi_p(\mu)$. Le rayon spectral r étant le maximum des $|\lambda|$ où λ parcourt le spectre de $\pi_p(\mu)$, on a $r \geqslant 1$. Comme on a toujours

$$r \leqslant |||\pi_p(\mu)||| \leqslant ||\mu||_1 = 1 \quad ,$$

il vient $r = 1$; donc (ii) $\Longrightarrow$ (iii) .

Prouvons enfin que (iii) $\Longrightarrow$ (iv) .

Supposons que $r = 1$. Comme on a toujours $r \leq |||\pi_p(\mu)|||$, on a

$$1 \leq |||\pi_p(\mu)||| \leq ||\mu||_1 = 1 ,$$

est-à-dire $|||\pi_p(\mu)||| = 1$ et (iii) $\Longrightarrow$ (iv) .

.3.2. Remarque.- Récemment, C. Berg et J.P.R. Christensen [1] , Théorème 2, t démontré un résultat voisin du théorème II.3.1.

Soit G un groupe localement compact séparable tel que G soit le pro-it semi-direct de deux sous-groupes fermés K et H , où H est distingué.

Soit σ une représentation unitaire continue de dimension un de H et it π_σ la représentation unitaire continue de G , induite par σ , définie ns l'espace hilbertien $L^2(K) = L^2(K,dk)$, par la formule

$$(\pi_\sigma(x)f)(t) = \sigma(t^{-1}nt)f(k^{-1}t) ,$$

$f \in L^2(K)$ et où $x = nk \in G$, avec $n \in H$, $k \in K$.

Soit p un nombre réel tel que $1 \leq p \leq \infty$. Si μ est une mesure rnée sur G , considérons l'opérateur $\pi_{\sigma,p}(\mu)$ défini dans $L^p(K)$, par

$$(\pi_{\sigma,p}(\mu)f)(t) = \int_G (\pi_\sigma(x)f)(t)d\mu(x) = \int_K \int_H \sigma(t^{-1}nt)f(k^{-1}t)d\mu(n,k)$$

ur toute $f \in L^p(K)$.

On notera $|||\pi_{\sigma,p}(\mu)|||$ la norme de cet opérateur et, si $p = 2$, nous rirons simplement $\pi_\sigma(\mu)$ et $|||\pi_\sigma(\mu)|||$.

Il est immédiat que

$$||\pi_{\sigma,p}(\mu)f||_p \leq ||\mu||_1 \, . \, ||f||_p .$$

D'où, pour tout $p \geq 1$, l'inégalité

$$|||\pi_{\sigma,p}(\mu)||| \leq ||\mu||_1 .$$

.3.3. Lemme.- Si μ est une mesure bornée sur G , soit μ^* la mesure bornée r G , définie par

$$\int_G \overline{f(n,k)d\mu^*(n,k)} = \int_G \overline{f(k^{-1}n^{-1}k,k^{-1})} \, d\mu(n,k)$$

ur toute $f \in \mathcal{K}(G)$.

Alors, le transposé de l'opérateur $\pi_{\sigma,p}(\mu)$, pour la dualité entre

$L^p(K)$ et $L^q(K)$ définie par

$$< f,g > = \int_K f(t)\,\overline{g(t)}\,dt \quad ,$$

est donné par

$$^t(\pi_{\sigma,p}(\mu)) = \pi_{\sigma,q}(\mu^*) \quad ,$$

où p et q sont des exposants conjugués.

Démonstration.- Soient $f \in L^p(K)$ et $g \in L^q(K)$. On a

$$\pi_{\sigma,p}(\mu)f,g > = \int_K \int_K \int_H \sigma(t^{-1}nt)f(k^{-1}t)\,\overline{g(t)}\,d\mu(n,k)\,dt$$

Posons $k^{-1}t = u$; il vient

$$< \pi_{\sigma,p}(\mu)f,g > = \int_K \int_K \int_H \sigma(u^{-1}k^{-1}nku)f(u)\,\overline{g(ku)}\,d\mu(n,k)\,du$$

$$= \int_K \int_K \int_H \sigma(u^{-1}(k^{-1}n^{-1}k)^{-1}u)\,f(u)\,\overline{g(ku)}\,d\mu(n,k)\,du$$

$$= \int_K f(u)\left(\int_G \overline{\sigma(u^{-1}k^{-1}n^{-1}ku)\,g(ku)\,d\mu(n,k)}\right)du$$

$$= \int_K f(u)\left(\int_G \overline{\sigma(u^{-1}nu)\,g(k^{-1}u)\,d\mu^*(n,k)}\right)du = < f,\pi_{\sigma,q}(\mu^*)$$

II.3.4. Définition.- Nous dirons qu'une mesure μ sur G est symétrique, si $\mu = \mu^*$.

II.3.5. Théorème.- Concervons les notations précédentes. Soit $p > 1$. Alors, les conditons suivantes sont équivalentes :

(i) i_G est faiblement contenue dans π_σ .

$(ii)_p$ Pour toute mesure $\mu \in M_+^1(G)$, on a $|||\pi_{\sigma,p}(\mu)||| = \|\mu\|_1$.

$(iii)_p$ Pour toute fonction $f \in \mathcal{K}^+(G)$, on a $|||\pi_{\sigma,p}(f)||| = \int_G f(x)\,dx$.

$(iv)_p$ Pour toute mesure symétrique $\mu \in \mathcal{P}(G)$, le nombre 1 appartient au spectre de $\pi_{\sigma,p}(\mu)$ dans l'algèbre de Banach $\mathcal{L}(L^p(K))$ des opérateurs bornés sur $L^p(K)$.

$(v)_p$ Pour toute mesure symétrique $\mu \in \mathcal{P}(G)$, le rayon spectral de $\pi_{\sigma,p}(\mu)$ dans cette algèbre, est égal à 1.

monstration.- Nous remarquons que $(ii)_p \Longrightarrow (iii)_p$ est évident, et nous dé-ntrons successivement que $(i) \Longleftrightarrow (iii)_2$; $(i) \Longrightarrow (iv)_2$, $(ii)_2 \Longleftrightarrow (ii)_p$; $(iii)_2 \Longleftrightarrow (iii)_p$; $(iv)_2 \Longrightarrow (iv)_p$; $(iv)_p \Longrightarrow (v)_p$; $(v)_p \Longrightarrow (ii)_p^s$;; $(ii)_p^s \Longleftrightarrow (ii)_2^s$ et enfin $(ii)_2^s \Longrightarrow (ii)_2$, où on note $(ii)_p^s$ (resp. $(ii)_2^s$) , relation $(ii)_p$ (resp. $(ii)_2$) , avec l'hypothèse supplémentaire que μ est une mesure positive bornée symétrique.

On a $(i) \Longleftrightarrow (iii)_2$ d'après A. Derighetti, [7] , Proposition 1 : $(i) \Longrightarrow (iv)_2$ d'après le Lemme II.1.1.

Montrons que $(ii)_2 \Longleftrightarrow (ii)_p$ (resp. $(iii)_2 \Longleftrightarrow (iii)_p$) .

Si μ est une mesure positive bornée sur G , il résulte immédiatement du théorème d'interpolation de Riesz-Thorin, que la fonction

$\longrightarrow \log|||\pi_{\sigma,\frac{1}{t}}(\mu)|||$ est convexe sur le segment $0 \leqslant t \leqslant 1$. Or cette fonction a une valeur $\leqslant \log\|\mu\|_1$ aux extrémités de cet intervalle, car pour $\varphi \in L^1(K)$, on a

$$\|\pi_{\sigma,1}(\mu)\varphi\|_{L^1(K)} \leqslant \|\mu\|_1 \cdot \|\varphi\|_{L^1(K)} ,$$

de même si $\varphi \in L^\infty(K)$

$$\|\pi_\sigma(\mu)\varphi\|_\infty \leqslant \|\mu\|_1 \cdot \|\varphi\|_\infty .$$

Donc , si cette fonction convexe vaut $\log\|\mu\|_1$ en un point intérieur à l'intervalle $[0,1]$, elle vaut $\log\|\mu\|_1$ en tout autre point.

C.Q.F.D.

Montrons que $(iv)_2 \Longrightarrow (iv)_p$. Pour cela, nous allons montrer que si $(iv)_p$ est fausse, alors $(iv)_2$ est aussi fausse.

Soit μ une mesure de probabilité symétrique et supposons que la condition $(iv)_p$ ne soit pas vérifiée. Alors l'opérateur

$= [\pi_{\sigma,p}(\mu) - I]^{-1}$, où I est l'opérateur identitié de $L^p(K)$, existe est continu dans $L^p(K)$.

La mesure μ étant symétrique, on a, en appliquant le Lemme II.3.3.,

$\pi_{\sigma,p}(\mu)) = \pi_{\sigma,q}(\mu^*) = \pi_{\sigma,q}(\mu)$ et par transposition de T ,

$= [\pi_{\sigma,q}(\mu) - I]^{-1}$ existe et est continu dans $L^q(K)$.

D'après le théorème d'interpolation de Riesz-Thorin, $(\pi_\sigma(\mu) - I)^{-1}$ existe et est continu dans $L^2(K)$, ce qui est la négation de $(iv)_2$; donc $(iv)_2$ entraîne $(iv)_p$.

Démontrons que $(iv)_p$ entraîne $(v)_p$.

Soit μ une mesure de probabilité symétrique et supposons que le nombre 1 appartient au spectre de $\pi_{\sigma,p}(\mu)$. Le rayon spectral r_p étant égal au maximum des $|\lambda|$, où λ parcourt le spectre de $\pi_{\sigma,p}(\mu)$, on a $r_p \geq 1$.

Comme on a toujours

$$r_p \leq |||\pi_{\sigma,p}(\mu)||| \quad ,$$

il vient

$$r_p \leq |||\pi_{\sigma,p}(\mu)||| \leq ||\mu||_1 = 1 \quad ,$$

d'où $r_p = 1$ et $(iv)_p \Longrightarrow (v)_p$.

$(v)_p$ <u>entraîne</u> $(ii)_p^s$.

Soit μ une mesure de probabilité symétrique et supposons que le rayon spectral de $\pi_{\sigma,p}(\mu)$ soit égal à 1 . On a toujours

$$r_p \leq |||\pi_{\sigma,p}(\mu)||| \quad \text{et} \quad |||\pi_{\sigma,p}(\mu)||| \leq ||\mu||_1 = 1 \quad ;$$

donc $|||\pi_{\sigma,p}(\mu)||| = ||\mu||_1 = 1$, ce qui prouve $(ii)_p^s$.

La démonstration précédente de $(ii)_2 \Longleftrightarrow (ii)_p$ prouve en même temps que $(ii)_2^s \Longleftrightarrow (ii)_p^s$.

Montrons enfin que $(ii)_2^s$ entraîne $(ii)_2$.

Démontrons d'abord cette assertion lorsque μ est une mesure de probabilité. Supposons que, pour toute mesure de probabilité symétrique ν sur G , on ait

$$|||\pi_\sigma(\nu)||| = ||\mu||_1 = 1 \quad .$$

Soit μ une mesure de probabilité ; alors $\nu = \frac{\mu + \mu^*}{2}$ est une mesure de probabilité symétrique et on a par hypothèse , $|||\pi_\sigma(\nu)||| = ||\nu||_1 = 1$

Comme la représentation π_σ est unitaire, on a

$$|||\pi_\sigma(\mu^*)||| = |||\pi_\sigma(\mu)^*||| = |||\pi_\sigma(\mu)||| \quad ;$$

donc

$$1 \leq |||\pi_\sigma(\nu)||| \leq \frac{1}{2}\,[\,|||\pi_\sigma(\mu)||| + |||\pi_\sigma(\mu^*)|||\,] = |||\pi_\sigma\ \mu\ ||| \quad .$$

D'où, puisqu'on a toujours $|||\pi_\sigma(\mu)||| \leqslant \|\mu\|_1 = 1$, l'égalité

$$|||\pi_\sigma(\mu)||| = \|\mu\|_1 = 1$$

t ceci prouve $(ii)_2$ lorsque μ est une mesure de probabilité.

Si maintenant μ est une mesure positive bornée quelconque, la mesure $= \mu/\|\mu\|_1$ est une mesure de probabilité et la relation $|||\pi_\sigma(\omega)||| = \|\omega\|_1 = 1$ ntraîne immédiatement $|||\pi_\sigma(\mu)||| = \|\mu\|_1$, ce qui prouve $(ii)_2$.

Compte-tenu des démonstrations précédentes, nous avons accompli le circuit ogique suivant :

$$\begin{array}{ccccccc} (ii)^s_p & \Longleftrightarrow & (ii)^s_2 & \Longrightarrow & (ii)_2 & \Longleftrightarrow & (ii)_p \\ \Uparrow &&&&&& \Downarrow \\ (v)_p &&&&&& (iii)_p \\ \Uparrow &&&&&& \Updownarrow \\ (iv)_p & \Longleftarrow & (iv)_2 & \Longleftarrow & (i) & \Longleftrightarrow & (iii)_2 \end{array}$$

t donc démontré le théorème.

Dans le théorème suivant, nous renforçons notablement l'implication $v)_2 \Longrightarrow (i)$ du théorème précédent.

I.3.6. Théorème.- Soit G un groupe localement compact séparable, produit semi-irect de deux sous-groupes fermés K et H , où H est distingué.

Soit σ une représentation unitaire continue de dimension un de H et oit π_σ la représentation unitaire continue de G , induite par σ , définie omme précédemment.

Supposons qu'il existe une mesure $\mu \in \mathcal{P}(K)$ telle que :

) Si S est un sous-groupe de K tel que $\mu(S) = 1$, alors $S = K$.

) $\mu(\{e\}) > 0$.

) Pour toute mesure $\nu \in \mathcal{P}(H)$, le rayon spectral de l'opérateur $\pi_\sigma(\mu \otimes \nu)$ dans l'algèbre de Banach $\mathcal{L}(L^2(K))$, est égal à 1 .

Alors, la représentation triviale de G est faiblement contenue dans σ .

Démonstration.- Nous allons prouver la propriété (F_0^σ) de P. Eymard , [15] , p. 63, où il démontre qu'elle équivaut à la conclusion du théorème.

a) Puisque le rayon spectral de l'opérateur $\pi_\sigma(\mu \otimes \nu)$ est égal à 1, il existe, d'après Y. Derriennic et Y. Guivar'h, [8] , Démonstration du Théorème un point λ de module un dans le spectre de $\pi_\sigma(\mu \otimes \nu)$, et il existe une suite (f_p) de fonctions de $L^2(K)$ telles que

$$\|f_p\|_2 = 1 \quad \text{et} \quad \lim_{p\to\infty} \|\pi_\sigma(\mu \otimes \nu)f_p - \lambda f_p\|_2 = 0 \quad .$$

Alors, d'après l'inégalité de Schwarz, on a

$$|(\pi_\sigma(\mu \otimes \nu)f_p,f_p) - \lambda| = |(\pi_\sigma(\mu \otimes \nu)f_p - \lambda f_p,f_p)| \leqslant \|\pi_\sigma(\mu \otimes \nu)f_p - \lambda f_p\|_2 \quad ;$$

d'où il résulte que

$$\lim_{p\to\infty} (\pi_\sigma(\mu \otimes \nu)f_p,f_p) = \lambda \quad ,$$

que l'on peut écrire

$$(1) \qquad \lim_{p\to\infty} \int_K \int_K \int_H \sigma(t^{-1}nt)f_p(k^{-1}t)\overline{f_p(t)}\, dtd\mu(k)\, d\nu(n) = \lambda \quad .$$

Les inégalités

$$\left|\int_K \int_K \int_H \sigma(t^{-1}nt)f_p(k^{-1}t)\overline{f_p(t)}\, dtd\mu(k)\, d\nu(n)\right| \leqslant$$

$$\int_K \int_K \int_H |f_p(k^{-1}t)||f_p(t)|dtd\mu(k)\, d\nu(n) = \int_G ({}_k|f_p|,|f_p|)\, d\mu(k)\, d\nu(n) \leqslant 1$$

entraînent grâce à (1) ,

$$(2) \qquad \lim_{p\to\infty} \int_K ({}_k|f_p|,|f_p|)\, d\mu(k) = \lim_{p\to\infty} \int_G ({}_k|f_p|,|f_p|)\, d\mu(k)\, d\nu(n) = 1$$

Comme

$$\|{}_k|f_p| - |f_p|\|^2_{L^2(K)} = 2[1 - ({}_k|f_p|,|f_p|)] \quad ,$$

on a d'après (2)

$$\lim_{p\to\infty} \int_K \|{}_k|f_p| - |f_p|\|^2_{L^2(K)}\, d\mu(k) = 0 \quad ,$$

Des inégalités

$$\| {}_k|f_p|^2 - |f_p|^2 \|_{L^1(K)} \leqslant \| {}_k|f_p| + |f_p| \|_{L^2(K)} \cdot \| {}_k|f_p| - |f_p| \|_{L^2(K)}$$

$$\leqslant \quad 2 \| {}_k|f_p| - |f_p| \|_{L^2(K)}$$

il résulte que

$$\lim_{p \to \infty} \int_K \| {}_k h_p - h_p \|^2_{L^1(K)} \, d\mu(k) = 0$$

où on a posé

$$hp = |f_p|^2 \quad .$$

On peut donc extraire de la suite de fonctions positives (h_p) , une sous-suite que nous noterons encore (h_p) , telle que

(3) $$\|h_p\|_1 = 1 \quad \text{et} \quad \lim_{p \to \infty} \| {}_k h_p - h_p \|_{L^1(K)} = 0 \quad \mu\text{-p.p.}$$

Posons, pour toute $f \in \mathcal{C}(K)$,

$$m_p(f) = \int_K f(k)\, h_p(k)\, dk \quad .$$

La forme linéaire m_p est une moyenne sur $\mathcal{CB}(K)$ car on a $m_p(1) = 1$ et $m_p(f) \geqslant 0$ si $f \geqslant 0$. Comme l'ensemble $\mathcal{M}$ des moyennes est faiblement compact dans $[\mathcal{CB}(K)]'$, la suite (m_p) possède une valeur d'adhérence faible m qui est encore une moyenne.

D'après (3) , il existe un ensemble borélien B tel que

$$\mu(B) = 1 \quad \text{et pour tout } k \in B \; , \quad \lim_{p \to \infty} \| {}_k h_p - h_p \|_{L^1(K)} = 0 \quad .$$

On a, pour toute $f \in \mathcal{CB}(K)$,

$$|m_p({}_{k^{-1}}f) - m_p(f)| = \left| \int_K f(k') \, [h_p(k^{-1}k') - h_p(k')] \, dk' \right|$$

$$\leqslant \|f\|_\infty \; \| {}_k h_p - h_p \|_{L^1(K)} \quad ;$$

d'où en passant à la limite, pour tout $k \in B$,

$$m({}_{k^{-1}}f) = m(f) \quad .$$

L'ensemble des $k \in K$ tels que , pour toute $f \in \mathcal{CB}(K)$, on ait $m({}_{k^{-1}}f) = m(f)$, est un sous-groupe de K contenant B . D'après l'hypothèse 1), cet ensemble est égal à K , et m est invariante à gauche sur K .

b) Posons

$$\varphi_p(k) = \int_K \int_H \sigma(t^{-1}nt)\, f_p(k^{-1}t)\, \overline{f_p(t)}\, dt d\nu(n) \quad .$$

Alors, en utilisant l'inégalité de Schwarz, on a

$$|\varphi_p(k)| = \left| \int_K \int_H \sigma(t^{-1}nt)\, f_p(k^{-1}t)\, \overline{f_p(t)}\, dt d\nu(n) \right|$$

$$\leqslant \int_K \int_H |f_p(k^{-1}t)| . |f(t)| dt d\nu(n) = \int_K |f_p(k^{-1}t)| |f_p(t)| dt$$

$$\leqslant \|{}_k f_p\|_2 . \|f\|_2 = 1 \quad .$$

On a d'autre part

$$\left| \int_K \varphi_p(k)\, d\mu(k) \right| \leqslant \int_K |\varphi_p(k)| d\mu(k) \leqslant 1 \quad .$$

Comme nous avons, en vertu de (1)

$$\lim_{p \to \infty} \left| \int_K \varphi_p(k)\, d\mu(k) \right| = 1 \quad ,$$

nous obtenons

$$\lim_{p \to \infty} \left| \int_K \varphi_p(k)\, d\mu(k) \right| = 1 \quad ,$$

d'où

$$\lim_{p \to \infty} \int_K [1 - |\varphi_p(k)|]\, d\mu(k) = 0 \quad .$$

Ainsi, la suite de fonctions positives $1 - |\varphi_p(k)|$ converge vers zéro en moyenne par rapport à μ ; on peut donc extraire de la suite $(\varphi_p(k))$, une sous-suite encore notée $\varphi_p(k)$, telle que

$$\lim_{p \to \infty} |\varphi_p(k)| = 1 \qquad \mu\text{-p.p.}$$

Puisque $\mu(\{e\}) > 0$, il en résulte que

$$= \lim_{p\to\infty} |\varphi_p(e)| = \lim_{p\to\infty} \left|\int_K \int_H \sigma(t^{-1}nt)\, f_p(t)\, \overline{f_p(t)}\, dt d\nu(n)\right|$$

u, en posant

$$\hat{\nu}(\sigma_t) = \int_H \sigma(t^{-1}nt)\, d\nu(n) \quad ,$$

$$|m(\hat{\nu}(\sigma_t))| = 1 \quad .$$

Pour tout $t \in K$, soit $\sigma_t \in \hat{H}$ définie par $\sigma_t(n) = \sigma(t^{-1}nt)$.

oit ϖ la somme directe hilbertienne des représentations σ_t . D'après (F_o^σ) , l reste à prouver que la représentation triviale i_H de H est faiblement ontenue dans ϖ . Or, pour toute $f \in \mathcal{K}^+(H)$, telle que $\int_H f(n)\, dn = 1$, n a

$$= |m(\hat{f}(\sigma_t))| \leqslant \sup_{t\in K} |\hat{f}(\sigma_t)| = \sup_{t\in K} |||\sigma_t(f)||| \leqslant |||\varpi(f)||| \leqslant \|f\|_1 = 1 \quad ;$$

onc $|||\varpi(f)||| = 1$ et ϖ contient faiblement i_H d'après A. Dériguetti [7] roposition 1 .

II.4.- Sur une conjecture d'Eymard.

Dans [15] , Exposé n° 4, P. Eymard a défini les propriétés (F^σ) , (F_o^σ) , (P_1^σ) , (M^σ) , (M_o^σ) , (PF_f^σ) , (PF^σ) , (RG_f^σ) , (RG^σ) et a démontré les nplications suivantes :

$$(F^\sigma) \Longleftrightarrow (F_o^\sigma) \Longleftrightarrow (P_1^\sigma) \Longleftrightarrow (M^\sigma) \Longrightarrow (M_o^\sigma) \Longrightarrow (PF_f^\sigma)$$

$$(PF_f^\sigma) \Longrightarrow (PF^\sigma) \Longrightarrow (RG^\sigma)$$

$$(PF_f^\sigma) \Longrightarrow (RG_f^\sigma) \Longrightarrow (RG^\sigma)$$

A la page 77 de son livre [15] , P. Eymard signale qu'il n'a pas réussi prouver l'implication $(RG^\sigma) \Longrightarrow (P_1^\sigma)$. En faisant l'hypothèse que K est groupe séparable, c'est-à-dire qu'il existe dans K une partie dénombrable nse, nous allons démontrer que $(RG^\sigma) \Longrightarrow (F_o^\sigma)$, ce qui prouve que toutes s propriétés précédentes sont équivalentes.

Dans tout ce qui suit, nous adoptons les notations et la terminologie de .1, c).

Démontrons d'abord un lemme.

II.4.1. Lemme.- Soit $G = KH$ un groupe localement compact séparable, produit semi-direct de deux sous-groupes fermés K et H, où H est distingué.

Soit σ une représentation unitaire continue de dimension un de H. Notons $\mathbb{M}_o(K)$ l'ensemble des combinaisons linéaires finies convexes de mesures de Dirac sur K :

$$\mathbb{M}_o(K) = \{\sum_n c_n \delta_{k_n} \ : \ c_n \geqslant 0 \ , \ \sum_n c_n = 1 \ , \ k_n \in K\} \quad .$$

Alors, si le groupe G possède la propriété (RG^σ), on a pour toute $f \in L^1(K)$, et pour toute partie σ-essentielle S de K,

$$\inf_{\substack{\nu \in \mathbb{M}_o(K) \\ \mathrm{Supp}(\nu) \subset S}} \|f * \nu\|_{L^1(K)} = \left|\int_K f(k)\, dk\right| \quad .$$

Démonstration.- Appliquons la propriété (RG^σ) au cas particulier des espaces de Banach $E = F = L^1(K)$, en prenant pour τ l'application identique de E et en posant pour tout $x \in K$, et pour toute $g \in E$, $A_x g = g * \delta_x$.

Alors J est l'ensemble des fonctions $f \in L^1(K)$ telles que $\int_K f(k)\, dk = 0$ et $d_E(f,J)$ n'est autre que la norme quotient de l'image de f par l'application canonique $p : E \longrightarrow E/J$. Comme cette norme vaut $\left|\int_K f(k)\, dk\right|$, on a d'après l'inégalité (RG^σ),

$$d_E(0,C_f^S) = \inf_{\substack{\nu \in \mathbb{M}_o(K) \\ \mathrm{Supp}(\nu) \subset S}} \|f * \nu\|_{L^1(K)} \leqslant \left|\int_K f(k)\, dk\right| \quad .$$

Mais on a toujours, quelle que soit $\nu = \sum c_n \delta_{x_n} \in \mathbb{M}_o(K)$,

$$\|f * \nu\|_{L^1(K)} = \int_K |f * \nu(k)|dk \geqslant \left|\int_K \sum c_n f * \delta_{x_n}(k)\, dk\right| =$$

$$\left|\sum c_n \int_K f * \delta_{x_n}(k)\, dk\right| = \left|\sum c_n \int_K f(k)\, dk\right| = \left|\int_K f(k) dk\right| \quad ,$$

d'où l'inégalité en sens inverse et le lemme est démontré.

I.4.2. Théorème.- Conservons les notations du lemme II.4.1. et supposons que e groupe K soit séparable. Alors, si le groupe G possède la propriété (RG^{σ}), l possède la propriété (F_o^{σ}).

émonstration.- Remarquons d'abord que la propriété (RG^{σ}) étant plus forte que a propriété (RG) du groupe K, le groupe K est moyennable. Pour montrer 'on a (F_o^{σ}), il reste donc à prouver que la représentation triviale i_H st faiblement contenue dans $0_K(\sigma)$.

Nous remarquons ensuite que si la propriété (RG^{σ}) est vérifiée, l'ensemble n'est pas vide. Si en effet Ω était vide, d'après P. Eymard, [15], p. 74, oposition 1, i), toute partie S de K serait σ-essentielle, ce qui est ntradictoire avec la formule du lemme. En effet, en particulier pour $S = \{e\}$, aurait pour toute $f \in L^1(K)$,

$$\|f\|_1 = \left|\int_K f(k)\,dk\right| ,$$

qui est visiblement faux pour une $f \neq 0$ telle que $\int_K f(k)\,dk = 0$.

Soit $\omega \in \Omega$. Puisque K est dense dans $\check{K}$, et que la topologie de K t plus fine que celle qui est induite par celle de $\check{K}$, la séparabilité de K plique qu'il existe une suite $(t_j) \in K$ telle que $\lim_{j\to\infty} t_j = \omega$ dans $\check{K}$.

Quand $j \longrightarrow +\infty$, on a pour tout n fixé dans H, $\lim_{\to\infty} \sigma_{t_j}(n) = \sigma_{\omega}(n) = 1$. Ainsi la fonction 1 est limite simple sur H, la suite de fonctions (σ_{t_j}).

Soit $f \in L^1(H)$; la suite $f_j = \sigma_{t_j} f$ est dans $L^1(H)$ et $_j| \leqslant |f|$; de plus f_j converge simplement vers f presque partout dans H. nc, d'après le théorème de convergence dominée de Lebesgue, on a

$$\lim_{j\to\infty} \int_H (\sigma_{t_j}(n) - 1)\, f(n)\,dn = 0 .$$

Autrement dit, 1 est limite des σ_{t_j} pour la topologie faible de dualité $^{\infty}, L^1 >$. Puisque 1 et les fonctions σ_{t_j} sont des fonctions continues de type positif normalisées sur H , il résulte de J. Dixmier, [10] , § 13.5.2., que 1 est limite uniforme sur tout compact de H de la suite (σ_{t_j}) ce qui prouve que i_H est faiblement contenue dans $O_K(\sigma)$.

C.Q.F.D.

BIBLIOGRAPHIE

[1] C. BERG and J.P.R. CHRISTENSEN : On the relation between amenability of locally compact groups and the norms of convolution operators, à paraître.

[2] N. BOURBAKI : Espaces vectoriels topologiques, Chap. III, IV, V, Hermann, Paris, 1964.

[3] N. BOURBAKI : Intégration, Chap. 7 et 8, Hermann, Paris, 1963.

[4] N. BOURBAKI : Topologie générale, Chap. 1 et 2, Hermann, Paris, 1965.

[5] M. DAY : Amenable semi-groups, Illinois J. of Math., 1, 1957, pp. 509-544.

[6] M. DAY : Convolutions, means and spectra, Illinois J. of Math., 8, 1974, pp. 100-111.

[7] A. DERIGHETTI : Sur certaines propriétés des représentations unitaires des groupes localement compacts, Commentarii Mathematici Helvetici, 48, 1973, pp. 328-339.

[8] Y. DERRIENNIC et Y. GUIVAR'H : Théorème de renouvellement pour les groupes non moyennables, C. R. Acad. Sc. Paris, t. 277, série A, 1973, pp. 613-615.

[9] J. DIEUDONNE : Sur le produit de composition, II, J. Math. Pures et Appl., 39, 1960, pp. 275-292.

[10] J. DIXMIER : Les C*-algèbres et leurs représentations, Gauthier-Villars, Paris, 1964.

[11] W.R. EMERSON : Sequences of sets with ratio properties in locally compact groups and asymptotic properties of a class of associated integral operators, Berkeley, PH. D. Dissertation, 1967.

[12] W.R. EMERSON and F.P. GREENLEAF : Covering properties and Følner conditions for locally compact groups, Math. Zeitschr, 102, 1967, pp. 370-384.

[13] P. EYMARD : L'algèbre de Fourier d'un groupe localement compact, Bull. Soc. Math. France, 92, 1964, pp. 181-236.

[14] P. EYMARD : Sur les moyennes invariantes et les représentations unitaires, C. R. Acad. Sc. Paris, t. 272, série A, 1971, pp. 1649-1652.

[15] P. EYMARD : Moyennes invariantes et représentations unitaires, Lecture Notes in Mathematics, n° 300, Springer-Verlag, Berlin, Heidelberg, 1972.

[16] J.M.G. FELL : The dual spaces of C^*-algebras, Trans. Amer. Math. Soc., 94, 1960, pp. 365-403.

[17] J.M.G. FELL : Weak containment and induced representations of groups, Canadian Math. J., 14, 1962, pp. 237-268.

[18] H. FURSTENBERG : A Poisson formula for semi-simple Lie groups, Annals of Math., 77, 1963, pp. 335-386.

[19] J. GLICKSBERG : On convex hulls of translates, Pacif J. of Math., 13, 1963, pp. 97-113.

[20] R. GODEMENT : Les fonctions de type positif et la théorie des groupes, Trans. Amer. Math. Soc., 63, 1948, pp. 1-84.

[21] F.P. GREENLEAF : Invariant means on topological groups, Van Nostrand, New-York, 1969.

[22] F.P. GREENLEAF : Amenable actions of locally compact groups, Journal of Functionnal Analysis, 4, 1969, pp. 295-315.

[23] S.L. GULICK, T.S. LIU and A.C.M. VAN ROOIJ : Group algebra modules II, Canad. J. Math., 19, 1967, pp. 151-173.

[24] E. HEWITT and K. ROSS : Abstract harmonic analysis, vol. I, Springer-Verlag, Berlin, Heidelberg, 1963.

[25] A. HULANICKI : Groups whose regular representation weakly contains all unitary representations, Studia Math., 24, 1964, pp. 37.

[26] A. HULANICKI : Means and Følner conditions on locally compact groups, Studia Math., 27, 1966, pp. 87-104.

[27] H. LEPTIN : Faltungen von Borelschen Maßen mit L^p-Funktionen auf lokal kompakten Gruppen, Math. Ann., 103, 1966, p. 111-117.

[28] H. LEPTIN : On locally compact groups with invariant means, Proc. Amer. Math. Soc., 19, 1968, pp. 489-494.

[29] I. NAMIOKA : Følner condition for amenable semi-groups, Math. Scand., 15, 1964, pp. 18-28.

[30] H. REITER : The convex hull of translates of a function in L^1 , J. London Math. Soc., 35, 1960, pp. 5-16.

[31] H. REITER : Sur la propriété (P_1) et les fonctions de type positif, C. R. Acad. Sc. Paris, t. 258, 1964, pp. 5134-5135.

[32] H. REITER : Classical harmonic analysis and locally compact groups, Oxford mathematical monographs, 1968.

[33] H. REITER : Sur certains idéaux dans $L^1(G)$, C. R. Acad. Sc. Paris, t. 267, série A, 1968, pp. 882-885.

[34] H. REITER : L^1-Algebras and Segal Algebras, Lecture Notes in Math., n° 231, Springer-Verlag, Berlin, Heidelberg, 1971.

[35] M. RIEMERSMA : π-morphisms and invariant means on semi-topological semi-groups, Thèse, Université d'Utrecht, 1973.

[36] J.D. STEGEMAN : On a property concerning locally compact groups, Nederl. Akad. Wetensch. Indag. Math., 27, 1965, pp. 702-703.

[37] S. SWIERCZKOWSKI : Integrals on quotient spaces, Colloq. Math., 8, 1961, pp. 107-114.

[38] S. TOURE : Sur quelques propriétés des espaces homogènes moyennables, C. R. Acad. Sc. Paris, t. 273, série A, 1971, pp. 717-719.

[39] J. von NEUMANN : Zur allegemeinen theorie des masses, Fund. Math., 13, 1929, pp. 73-116.

L'INEGALITE DE HARDY POUR L'ESPACE $H^1(SU(2))$

par Mademoiselle Atika YACOUBI

Dans le cas classique de la dimension 1, l'inégalité de Hardy s'exprime ainsi : si F est une fonction holomorphe dans le disque-unité, de série de Taylor $F(z) = \sum_{n \geqslant 0} a_n z^n$, alors $\sum_{n=1}^{\infty} \frac{|a_n|}{n} \leqslant C \, . \sup_{r<1} \int_0^{2\pi} |F(re^{i\theta})| \, d\theta$.

On se propose ici de démontrer un résultat analogue pour la boule-unité de $\mathbb{C}^2$.

1.- Notations et définition de l'espace $H^1(SU(2))$

Soit $B = \{(z_1,z_2) \in \mathbb{C} \ , \ |z_1|^2 + |z_2|^2 < 1\}$. Le bord de B n'est autre que la sphère de $\mathbb{R}^4$ (de dimension 3). Notons $SU(2)$ le groupe des matrices unitaires 2×2 , de déterminant un, soit $SU(2) = \left\{\begin{pmatrix} \alpha & -\overline{\beta} \\ \beta & \overline{\alpha} \end{pmatrix}, \ |\alpha|^2 + |\beta|^2 = 1\right\}$.

$SU(2)$ opère dans $\mathbb{C}^2$, et préserve B , et sa frontière ; il est facile de voir que cette action est simplement transitive sur le bord de B , qu'on identifie dès lors avec $SU(2)$, via

$$u = \begin{pmatrix} \alpha & \overline{\beta} \\ \beta & \overline{\alpha} \end{pmatrix} \longmapsto u\begin{pmatrix} 1 \\ 0 \end{pmatrix} = \begin{pmatrix} \alpha \\ \beta \end{pmatrix} .$$

$SU(2)$ est muni d'une mesure de Haar, de masse 1, invariante à droite et à gauche par l'action de $SU(2)$, que nous noterons $d\sigma$. On pose alors

$$H^1(SU(2)) = \{F : B \to \mathbb{C} \ , \ F \text{ holomorphe, et } \sup_{r<1} \int_{SU(2)} |F(ru)| \, d\sigma(u) < +\infty\}.$$

On montre, comme dans le cas de $\mathbb{T}$ ou de $\mathbb{T}^n$ (voir [3]) que les fonctions de $H^1(SU(2))$ ont des valeurs au bord, qui sont des fonctions intégrables sur $SU(2)$. On obtient ainsi un sous-espace, fermé, de $L^1(SU(2))$, que nous noterons encore $H^1(SU(2))$.

2.- Caractérisation de transformées de Fourier des fonctions de $H^1(SU(2))$.

Les classes de représentations unitaires irréductibles de $SU(2)$ sont traditionnellement (cf. [1]) indexées par un indice ℓ , demi-entier positif ($\ell = 0, 1/2, 1, 3/2, \ldots$).

Soit $\mathcal{H}_\ell$ l'espace vectoriel des polynômes en (z_1,z_2) holomorphes, et homogènes de degré 2ℓ . On le munit du produit scalaire donné par

$$(P,Q) \longrightarrow \frac{1}{\pi^2} \int_{\mathbb{C}^2} P(z_1,z_2)\, Q(z_1,z_2)\, e^{-(|z_1|^2+|z_2|^2)}\, dz_1\, d\bar{z}_1\, dz_2\, d\bar{z}_2 .$$

Un base orthonormée de $\mathcal{H}_\ell$ est fournie par les polynômes

$$e_j(z_1,z_2) = \frac{1}{\sqrt{(\ell-j)!\,(\ell+j)!}}\, z_1^{\ell-j}\, z_2^{\ell+j} ,$$

où $-\ell \leqslant j \leqslant \ell$, et $j-\ell$ entier ; en particulier la dimension de $\mathcal{H}_\ell$ est $2\ell+1$.

On définit alors une représentation unitaire irréductible de $SU(2)$ en posant $R_u(P)(z) = P(u^{-1} z)$, $\forall\, z = (z_1,z_2) \in \mathbb{C}^2$. Introduisons les coefficients de la matrice de la représentation $c^\ell_{kj}(u) = \langle R_u e_j, e_k \rangle$. .

Un calcul élémentaire (cf. [1] p. 33) même à la formule de représentation suivante :

$$c^\ell_{kj}(u) = \frac{1}{2\pi}\sqrt{\frac{(\ell-j)!(\ell+j)!}{(\ell-k)!(\ell+k)!}} \int_0^{2\pi} (\bar{\alpha}\, e^{i\theta} + \bar{\beta}\, e^{-i\theta})^{\ell-j} (-\beta\, e^{i\theta} + \alpha e^{-i\theta})^{\ell+j}\, e^{2ik\theta}\, d\theta$$

Notons de plus que les relations d'orthogonalité entre coefficients montrent en particulier que $\int \left|c^\ell_{kj}(u)\right|^2 du = \frac{1}{2\ell+1}$.

La représentation R_u , de même que les coefficients c^ℓ_{kj} s'étendent en les fonctions sur $\mathbb{C}^2$; en particulier les coefficients c^ℓ_{kj} s'étendent en des fonctions vérifiant $c^\ell_{kj}(\xi\alpha,\xi\beta) = \bar{\xi}^{\ell-j}\, \xi^{\ell+j}$.

Soit f une fonction régulière sur $SU(2)$; on définit sa transformée de Fourier en posant pour ℓ demi-entier

$$\hat{f}(\ell) = \int_{SU(2)} f(u)\, R^\ell_{u^{-1}}\, du \quad ;$$

on identifie $\hat{f}(\ell)$ à sa matrice dans la base $(e_j)_{-\ell \leqslant j \leqslant \ell}$.

La formule d'inversion de la transformée de Fourier s'écrit alors $f(u) \sim \sum_\ell (2\ell+1)\, \mathrm{tr}\, \hat{f}(\ell)\, R^\ell_u$, et la formule de Plancherel s'écrit $\|f\|_2^2 = \sum_\ell (2\ell+1)\, |||\hat{f}(\ell)|||^2$, où $|||A|||$ désigne la norme de Hilbert-Schmidt de la matrice A . On notera $f_\ell = (2\ell+1)\, \mathrm{tr}\, \hat{f}(\ell)\, R^\ell_u = (2\ell+1)\, f * \chi_\ell$, où χ_ℓ désigne le caractère de la représentation R_ℓ . En particulier $\|f_\ell\|_2^2 = (2\ell+1)\, |||\hat{f}(\ell)|||^2$.

Proposition 1.- Soit $f \in L^1(SU(2))$; pour que f soit entier au bord d'une fonction holomorphe $F \in H^1(SU(2))$, il faut et il suffit que pour chaque ℓ, f_ℓ soit combinaison linéaire des coefficients $c^\ell_{k\ell}$ (dernière colonne de la matrice de la représentation). Cette proposition se démontre aisément à partir des remarques faites précédemment (voir [1] p. 107).

3.- L'inégalité de Hardy.

Soit $F \in H^1(SU(2))$; pour tout $u \in SU(2)$, on désigne par F^u la fonction définie dans $|z| < 1$ par $F^u(z) = F(zu)$.

Proposition 2.- Pour presque tout u de $SU(2)$, F^u appartient à $H^1(\mathbb{T})$, et de plus $\|F\|_{H^1(SU(2))} = \int_{SU(2)} \|F^u\|_{H^1(\mathbb{T})} du$.

En effet, soit $F \in H^1(SU(2))$; si $u = \begin{pmatrix} \alpha & -\bar{\beta} \\ \beta & \bar{\alpha} \end{pmatrix}$ est un élément de $SU(2)$, on a par définition $F^u(z) = F(z\alpha, z\beta)$; donc F^u est bien holomorphe à l'intérieur du disque-unité.

Dire que $F \in H^1(SU(2))$ implique que $\int_{SU(2)} |F(ru)|\, du \leqslant A < +\infty$, indépendamment de r ; on a aussi $\int_{SU(2)} |F(re^{i\theta}u)|\, du \leqslant A$, pour tout $\theta \in [0\ 2\pi]$, et donc aussi $\frac{1}{2\pi}\int_0^{2\pi}\int_{SU(2)} |F(re^{i\theta}u)|\, du\, d\theta \leqslant A$. Mais d'après le théorème de Fubini, cela implique que

$$\int_{SU(2)} \left(\frac{1}{2\pi}\int_0^{2\pi} |F(re^{i\theta}u)|\, d\theta\right) du = \int_{SU(2)} \left(\frac{1}{2\pi}\int_0^{2\pi} |F^u(re^{i\theta})|\, d\theta\right) du \leqslant A .$$

Mais $r \longrightarrow \frac{1}{2\pi}\int_0^{2\pi} |F^u(re^{i\theta})|\, d\theta$ est une fonction croissante, et par suit il vient

$$\int_{SU(2)} \left(\sup_{r>0} \frac{1}{2\pi}\int_0^{2\pi} |F^u(re^{i\theta})|\, d\theta\right) du \leqslant A .$$

Cela entraîne en particulier que $\sup_{r>0} \frac{1}{2\pi}\int_0^{2\pi} |F^u(re^{i\theta})|\, d\theta$ est fini pou presque tout u, autrement dit que $F^u \in H^1(\mathbb{T})$; le résultat sur la norme découle alors de la démonstration précédente.

Soit maintenant f la valeur au bord de F et $f \sim \sum_\ell f_\ell$ son développement de Fourier ; d'après les remarques du paragraphe 2, on a $F(zu) = \sum_\ell z^{2\ell} f_\ell(u)$, pour $|z| < 1$, la convergence étant uniforme sur tout compact. Le coefficient de Taylor d'indice 2ℓ de F^u n'est donc autre que $f_\ell(u)$. On peut donc appliquer l'inégalité de Hardy pour le tore, ce qui donne

$$\sum_\ell \frac{1}{2\ell+1} |f_\ell(u)| \leqslant C \cdot \|F^u\|_{H^1(\mathbb{T})} .$$

'où par intégration $\sum_{\ell} \frac{1}{2\ell+1} \int_{SU(2)} |f_\ell(u)|\, du \leqslant C \|F\|_{H^1(SU(2))}$.

aintenant, par définition, $f_\ell = (2\ell+1)\,\chi_\ell * f_\ell$; mais tenant compte de ce que f_ℓ est combinaison linéaire des coefficients de la dernière colonne, il vient $f_\ell = (2\ell+1)\, c_{\ell\ell} * f_\ell$.

On en déduit que $\|f_\ell\|_2 \leqslant (2\ell+1)\|f_\ell\|_1 \|c_{\ell\ell}\|_2 = \sqrt{2\ell+1}\,\|f_\ell\|_1$.

'inégalité précédente entraîne donc $\sum_{\ell} \frac{1}{(2\ell+1)^{3/2}} \|f_\ell\|_2 \leqslant C \|F\|_{H^1(SU(2))}$, 'où le théorème suivant.

héorème 3.- $\sum_{\ell} \frac{1}{2\ell+1} |||\hat{f}(\ell)||| \leqslant C \|F\|_{H^1(SU(2))}$.

.- Application à l'espace B^1 du disque.

Soit $B^1(D)$ l'espaces des fonctions ϕ , holomorphes dans le disque-unité $|z| < 1$, et telles que $\int_{|z|<1} |\phi(z)|\, dz\, d\bar{z} = \|\phi\|_{B^1} < +\infty$. Cet espace est aturellement relié à $H^1(B)$ grâce à la proposition suivante.

roposition 4.- Soit $\phi \in B^1(D)$; la fonction $F(z_1,z_2) = \phi(z_1)$ appartient à $H^1(SU(2))$, et $\|f\|_{H^1(SU(2))} = C \cdot \|\phi\|_{B^1(D)}$.

effet F est clairement holomorphe à l'intérieur de D . Il reste à évaluer s intégrales $\int_{SU(2)} |F(ru)|\, du$. Paramétrons $SU(2)$ de la manière suivante :

$u = \begin{pmatrix} \alpha & -\bar{\beta} \\ \beta & \bar{\alpha} \end{pmatrix}$, posons $\xi_1 = \mathrm{Re}(\alpha)$, $\eta_1 = \mathrm{Im}(\alpha)$, $\xi_2 = \mathrm{Re}(\beta)$.

a alors $\mathrm{Im}\,\beta = \sqrt{1-(\xi_1^2+\eta_1^2+\xi_2^2)}$.

ns ces coordonnées, la mesure de Haar s'écrit $\frac{d\xi_1\, d\eta_1\, d\xi_2}{\sqrt{1-(\xi_1^2+\eta_1^2+\xi_2^2)}}$, à une nstante près. Par suite :

$$\int_{SU(2)} |F(ru)|\, du = C \cdot \iint_{\xi_1^2+\eta_1^2<1} |\phi(r\xi_1, r\eta_1)| \int_{|\xi_2| \leqslant \sqrt{1-(\xi_1^2+\eta_1^2)}} \frac{d\xi_2}{\sqrt{1-(\xi_1^2+\eta_1^2+\xi_2^2)}}\, d\xi_1\, d\eta_1 .$$

où le résultat, en passant à la limite $r \to 1$.

maintenant on considère le développement de Taylor de ϕ , soit $\phi(z) = \sum_{n \geqslant 0} a_n z^n$, voit que l'on a le développement $F(z_1,z_2) = \sum_{2\ell \in \mathbb{Z}^+} a_{2\ell} z_1^{2\ell}$;

r suite, avec les notations précédentes $f_\ell(\alpha,\beta) = a_{2\ell}\, \alpha^{2\ell}$, et donc

$$\|f_\ell\|_2 = |a_{2\ell}|\left(\int_{|z|<1} |z|^{2\ell}\, dz\, d\bar{z}\right)^{1/2} = C \cdot |a_{2\ell}| \cdot \frac{1}{(2\ell+1)^{1/2}} .$$

Théorème 4.- $\sum_{n \geqslant 1} \frac{|a_n|}{n^2} \leqslant \|\phi\|_{B^1(D)}$.

On applique en effet à la fonction F le théorème obtenu précédemment. Il est facile de montrer que la puissance 2 ne peut pas être améliorée par un autr exposant ; il suffit pour cela de considérer les fonctions $\phi(z) = \Sigma\, n^\alpha z^n$, pour α proche de 1 .

Le même problème peut être abordé pour la dimension n quelconque (cf. [2])

Bibliographie

[1] COIFMAN et WEISS, Analyse harmonique non commutative sur certains espaces homogènes, Lecture notes, 242, Springer Verlag.

[2] COIFMAN, ROCHBERG, WEISS, Factorization theorems for Hardy spaces in several variables, Annals of Maths, (103), 1976, p. 611-635.

[3] RUDIN, Function theory in polydiscs, Benjamin, 1969.

'ANALYSE HARMONIQUE SUR LES ESPACES SYMETRIQUES DE RANG 1

NE REDUCTION AUX ESPACES HYPERBOLIQUES REELS DE DIMENSION IMPAIRE.

par Jacques LOEB

NTRODUCTION.

A l'aide d'espaces homogènes convenablement choisis, on peut développer ur les espaces symétriques non compacts de rang 1 , une théorie entièrement nalogue à celle qui a été faite par Flensted-Jensen dans le cas des groupes de hevalley [7]. En particulier, on obtient des démonstrations simples du théorème e Paley-Wiener et de la formule de Plancherel sphérique, ainsi que de formes ffaiblies de la théorie de Trombi-Varadarajan. Rappelons que la réduction au roupe complexe faite par Flensted-Jensen permet de démontrer Paley-Wiener(1) our le rang 1 mais $SL(2,\mathbb{R})/SO(2)$ est le seul espace symétrique de rang 1 dont n puisse démontrer la formule de Plancherel, par cette réduction. L'essentiel e notre méthode consiste à ramener l'analyse harmonique sur les espaces ymétriques de rang 1 à celle des espaces hyperboliques réels de dimension npaire. Or, sur ces derniers l'analyse harmonique est comparable au cas complexe, 'est-à-dire se réduit finalement au cas Euclidien. On obtient également des ormules intégrales analogues à celle de [7] pour $|c(\lambda)|^{-2}$ où $c(\lambda)$ est la onction de Harish-Chandra. Ces intégrales généralisent une intégrale de odement [1] qui donne la mesure de Plancherel pour $SL(2,\mathbb{R})/SO(2)$.

) De façon plus indirecte que pour les groupes de Chevalley.

1. Notations et position du problème.

1.1. Notations

Soit $\mathcal{M}$ une variété infiniment différentiable. On note $C^{\infty}(\mathcal{M})$ [resp. $C_c^{\infty}(\mathcal{M})$] l'espace des fonctions infiniment différentiables sur $\mathcal{M}$ à valeurs complexes. [resp. infiniment différentiables à support compact]. Si $\mathcal{M}$ est muni d'une mesure particulière, soit $L^1(\mathcal{M})$ l'espace des fonctions intégrables. Soit L un groupe de Lie dont l'opération est notée multiplicativement. Si P et Q sont deux sous groupes fermés de L, on note $C^{\infty}(P\backslash^L/Q)$ le sous espace de $C^{\infty}(L)$ formé des fonctions invariantes à gauche par P et à droite par Q. En considérant la variété $P\backslash^L$, on a une injection naturelle de $C^{\infty}(P\backslash^L/Q)$ dans $C^{\infty}(P\backslash^L)$. Si Q est compact, soit $C_c^{\infty}(P\backslash^L/Q)$ le sous espace de $C^{\infty}(P\backslash^L/Q)$, image réciproque de $C_c^{\infty}(P\backslash^L)$. On note 1 l'élément neutre de L.

Dans la suite G désigne un groupe de Lie semi-simple, connexe, non compact, à centre fini, dont l'espace symétrique associé est de rang un. Soit $G = KAK$ une décomposition de Cartan, où K est la partie compacte et A la partie Abélienne. On note $\mathfrak{a}$ l'algèbre de Lie de A et $\mathfrak{a}^*$ [resp. $\mathfrak{a}_c^*$] le dual réel [resp. complexe de $\mathfrak{a}$]. L'exponentielle notée exp. est un isomorphisme de $\mathfrak{a}$ dans A.

On fixe une racine α indivisible de (G,A) qu'on décrète positive. Soit H l'élément de $\mathfrak{a}$ tel que $\alpha(H)=1$. Dans la suite on pose $a_t = \exp tH$ pour $t \in \mathbb{R}$. Si dg désigne une mesure de Haar de G, et dk la mesure de Haar normalisée de K, on a :

$$\int_G f(g)dg = C.\int_{K\times[0,\infty[\times K} f(k\, a_t\, k)\, \delta(t)\, dk\, dt\, dk$$

avec $\delta(t)=(\text{sh } t)^r (\text{sh } 2t)^q$, C constante positive

et $q, r \in \mathbb{N}$

L'opérateur de Laplace-Beltrami sur $G/_K$ est noté ω.

1.2. Position du problème.

Définition 1 : On appelle fonction sphérique un élément φ de $C^{\infty}(K\backslash^{G}/K)$ qui vérifie $\varphi(1) = 1$ et fonction propre de ω. Les quatre problèmes suivants ont été résolus par Harish-Chandra dans le cadre des espaces symétriques généraux [4].

(P_o) (Il sert à introduire les trois autres problèmes).

Paramétrisation des fonctions sphériques : Les fonctions sphériques φ sont paramétrées par les éléments de $a_{\mathbb{C}}^{*}$. On note alors φ_{λ} la fonction sphérique associée à λ.

De plus en désignant par ρ la demi somme des racines positives, on a :

$$\omega\varphi_{\lambda} = -((\lambda,\lambda) + (\rho,\rho))\,\varphi_{\lambda}$$

Comme on est dans le cas de rang un, λ est déterminé par φ_{λ} au signe près. Pour $\lambda \in \mathbb{C}$, on pose :

$$\varphi_{\lambda} = \varphi_{\lambda.\alpha}$$

Pour les problèmes suivants, on introduit les espaces fonctionnels :

- $\mathcal{H}(a^{*})$ = fonctions holomorphes paires sur $a_{\mathbb{C}}^{*}$, à décroissance rapide sur a^{*}, de type exponentiel.
- $\mathcal{H}_{R}(a^{*})$ sous espace de $\mathcal{H}(a^{*})$ des fonctions vérifiant

$$|f(\lambda)| \leq C\, e^{R\sqrt{(\operatorname{Im}\lambda,\operatorname{Im}\lambda)}} \text{ pour } \lambda \in a_{\mathbb{C}}^{*}$$

où C est une constante positive et "Im" désigne la partie imaginaire.

On écrira parfois $f(\lambda)$ pour $f(\lambda.\alpha)$ où $\lambda \in \mathbb{C}$.

- $S(a^{*})$: espace des fonctions paires à décroissance rapide sur a^{*}.
- $S(K\backslash^{G}/K) = \{f \in C^{\infty}(K\backslash^{G}/K) \mid \forall\, M,N \in \mathbb{N} -$

$$\sup_{z\in a} [1 + \sqrt{(z,z)}]^{N} |\omega^{M} f(\exp z.)|\, \varphi_{o}(\exp z) < +\infty\}$$

<u>Définition 2</u> : Pour $f \in C_c^\infty(K\backslash^G/K)$ et $\lambda \in \mathfrak{a}_\mathbb{C}^*$, on pose :

$$\tilde{f}(\lambda) = \int_G f(g)\, \varphi_\lambda(g)\, dg$$

on a alors :

(P1) L'application $f \to \tilde{f}$ est une bijection de $C_c^\infty(K\backslash^G/K)$ sur $\mathcal{H}(a^*)$.
De plus si $\tilde{f} \in \mathcal{H}_R(\mathfrak{a}^*)$, alors f a son support dans la boule de rayon R.

(P2) Si $f \in S(K\backslash^G/K)$ et $\lambda \in a^*$, l'application $f \to \tilde{f}$ a un sens et est une bijection de $S(K\backslash^G/K)$ sur $S(a^*)$.

(P3) Pour $f \in C_c^\infty(K\backslash^G/K)$, on a :

$f(1) = \int_{a^*} \tilde{f}(\lambda)\, d\mu(\lambda)$ où $d\mu(\lambda)$ est une mesure sur a^* qu'on peut calculer explicitement [4].

(Pour des démonstrations simplifiées de (P1) et (P3) se reporter à [5]).

Les problèmes (P1) - (P3) ont été entièrement résolus par Flensted-Jensen pour les groupes de Chevalley en utilisant les groupes complexes pour lesquels (P1) - (P3) sont faciles. En fait ceci est vrai dès que toutes les sous-algèbres de Cartan de G sont conjuguées. Nous allons donc commencer par traiter ce cas particulier pour G de rang un.

<u>Remarque importante</u> : A chaque groupe G de rang un va être associé un groupe G de rang un vérifiant la propriété indiquée ci-dessus. On note G' ce dernier et tous les éléments relatifs à ce groupe comportent un accent " ' " sauf si la situation est parfaitement claire. (i.e. K' au lieu de K pour le sous groupe compact maximal choisi, $(\quad)'$ au lieu de $(\quad)$, dg', α', H', $\mathfrak{a}'$, A', δ' ..). Toutefois pour ne pas alourdir l'écriture, on note $\wedge$ au lieu de $\sim$ et ϕ_λ au lieu de φ_λ.

2. <u>Le cas des espaces hyperboliques de dimension impaire.</u>

2.1. <u>Définitions et notations.</u>

Soit $\mathbb{R}^{n+1}$ (où $n \in \mathbb{N}$ et $n \geq 2$) muni de sa base canonique

$v_o = (1,0 \ldots 0) \ldots v_{n+1} = (0,\ldots 0,1)$.

On pose $Q(\sum_{i=0}^{n} z_i v_i) = z_o^2 - \sum_{i=1}^{n} z_i^2$ avec $z_o , z_i \in \mathbb{R}$

et on note $<,>$ la forme bilinéaire associée à Q $(<,> = \frac{1}{2}[\ldots])$.

Soient $O(1,n)$ le sous-groupe du groupe linéaire qui laisse Q invariant (ce groupe s'identifie à un sous-groupe de matrices) et G'_n la composante connexe de 1 . Pour K' on choisit le stabilisateur de v_o par l'action de G'_n sur $\mathbb{R}^{n+1}$ et on pose $A' = \{a'_t = \begin{pmatrix} \text{ch } t & o & o & \text{sh } t \\ o & 1 & 0 & o \\ \vdots & & \ddots & \vdots \\ o & 0 & 1 & o \\ \text{sh } t & o & o & \text{ch } t \end{pmatrix}$

On note $\mathcal{H}'_n$ aussi bien l'orbite de v_o que G'_n/K' . Cet orbite est aussi l'ensemble des éléments $Z = z_o v_o + \sum_{i=1}^{n} z_i v_i$ avec $z_o > 0$ et $Q(Z) = 1$.

On a $\delta'(t) = (\text{sh } t)^{n-1}$ (on remplace exceptionnellement la notation δ' par δ'') .

Si n est impair , on pose : $\frac{n-1}{2} = s$.

2.2. Analyse harmonique sur $C^\infty(K'\backslash^{G'_n}/K')$ avec n impair

On mettra parfois des indices s pour les éléments relatifs à G'_n .

Pour $t \in \mathbb{R}$ et $\lambda \in \mathbb{C}$, on a [8] :

$$\phi_\lambda^s(a_t) = c_s \left(-\frac{1}{\text{sht}} \frac{d}{dt}\right)^s [\cos \lambda t] \frac{1}{\lambda^2(\lambda^2+1^2)\ldots(\lambda^2+(s-1)^2}$$

où $C_s = 1.3 \ldots (2s-1)$

On va démontrer la partie existence pour (P1) et (P2) , l'unicité découlant de la formule de Plancherel. Dans les deux cas on fait un raisonnement par récurrence qui ramène le problème au cas $s = 1$, et dans ce dernier cas , (P1) et (P2) se réduisent directement au cas Euclidien [7] .

(P1) On a l'égalité $(\alpha',\alpha').(H',H') = 1$. Car $\alpha'(H') = 1$.

De ceci, il découle qu'il faut montrer que pour une fonction ψ qui est à décroissance rapide et paire sur $\mathbb{R}$, et qui se prolonge en une fonction holomorphe sur $\mathbb{C}$ et vérifiant pour $\nu \in \mathbb{C} |\psi(\nu)| \leq Ce^{R|\mathrm{Im}\nu|}$ (où C et R constantes positives), il existe $f \in C_c^\infty(\mathbb{R})$, paire et à support dans $[-R,R]$ vérifiant :

$$(1)\quad \psi(\nu) = \int_0^\infty f(t)\Phi_\nu^s(a_t)(\mathrm{sh}t)^{2s}dt$$

On rappelle que $dg' = (\mathrm{sh}t)^{2s}dk'\,dt\,dk'$.

On suppose cette propriété vraie pour $s-1$. Pour $F \in C_c^\infty(\mathbb{R})$ et paire, on a d'après (1)

$$(2)\quad \int_0^\infty F(t)\,\phi_\lambda^s(a_t)\,(\mathrm{sh}t)^{2s}dt = \frac{1}{\lambda^2+(s-1)^2}\int_0^\infty \frac{d}{dt}[F(t)(\mathrm{sh}t)^{2s-1}]\phi_\lambda^{s-1}(a_t)d\,dt$$

(à une constante multiplicative non nulle près)

et par l'hypothèse de récurrence :

$$(3)\qquad \psi(\lambda) = \int_0^\infty h(t)(\mathrm{sh}t)^{2s-2}\,\phi_\lambda^{s-1}(a_t)\,dt$$

pour $h \in C_c^\infty(\mathbb{R})$, paire et à support dans $[-R,+R]$. La relation (3) implique grâce aux propriétés des ϕ_λ .

$$[\lambda^2+(s-1)^2]\psi(\lambda) = \int_0^\infty \omega' h_1(a_t)(\mathrm{sh}t)^{2s-2}\,\phi_\lambda^{s-1}(a_t)\,dt$$

où ω' est le Laplacien hyperbolique sur $G'/_{K'}$ et h_1 la fonction de C_c^∞ $(K'\backslash^{G'}/K')$ telle que :

$$h_1(a_t) = h(t) \text{ pour } t \in \mathbb{R}\,.$$

Or on sait [8] que la partie radiale $\Delta(\omega')$ de ω' par rapport à la décomposition de Cartan est donnée par

$$\Delta(\omega') = d_{s-1}\cdot\frac{1}{(\mathrm{sh}t)^{2s-2}}\frac{d}{dt}(\mathrm{sh}t)^{2s-2}\frac{d}{dt}$$

où d_{s-1} est une constante non nulle liée à s .

Par conséquent :

$$[\lambda^2+(s-1)^2]\psi(\lambda)=d_{s-1}\cdot\int_0^\infty \frac{d}{dt}\,(h'(t)(\mathrm{sh}t)^{2s-2}\,\phi_\lambda^{s-1}\,(a_t)\,dt$$

$$= d_{s-1}\,[\lambda^2+(s-1)^2]\int_0^\infty \frac{h'(t)}{\mathrm{sh}t}\,(\mathrm{sh}t)^{2s}\,\phi_\lambda^s\,(a_t)\,dt$$

(d'après (2) et à une constante non nulle près).

Or $\frac{h'(t)}{\mathrm{sh}t}$ est C^∞ et paire, s'annulant pour $|t| \geq R$, d'où le résultat.

(P2) On peut écrire :

$$S(K'\backslash G'_n/K') = \{f \in C^\infty(K'\backslash G'_n/K') \mid \forall M,N \in \mathbb{N}$$

$$\sup e^{-st}(1+t^2)^N \left|\frac{d^M}{dt^M} f(a_t)\right| < +\infty\}$$

indiquons simplement les étapes (faciles à vérifier) de la démonstration.

1) la fonction $\phi_o^s(a_t)$ est équivalente quand $t \to +\infty$ à $P(t)e^{-st}$ où P est un polynome du premier degré. Pour ceci on montre par récurrence sur s que :

$$\phi_o^s(a_t) = \frac{\Sigma(a_\mu t + b_\mu)\,e^{\mu t}}{(\mathrm{sh}t)^{2s-1}}$$

où μ dépend de s et varie sur un ensemble d'indices fini , et tel que : $|\mu| \leq s-1$. De plus il existe $\mu = s-1$ avec $a_\mu \neq 0$.

2) Pour remplacer $(\omega')^M$ par $\frac{d^M}{dt^M}$ on utilise :

$$(4) \qquad \Delta(\omega') = \frac{d^2}{dt^2} + 2\,s\,\coth t.\,\frac{d}{dt}$$

(à une constante multiplicative près).

On utilise alors le fait que coth t et ses dérivés sont bornées pour $t \geq 1$, ainsi que :

$$f \in S(K'\backslash G'_n/K') \Rightarrow |\Delta(\omega')f(a_t)| \leq \frac{C_N}{(1+t^2)^N}\,e^{-st}$$

pour $N \in \mathbb{N}$. (C_N ne dépend que de N et f)

Donc on a aussi : $\left|\frac{1}{(\mathrm{sh}t)^{2s}} \frac{d}{dt} (\mathrm{sh}t)^{2s} \frac{d}{dt} f(a_t)\right| \leq \frac{C_N}{(1+t^2)^N} e^{-st}$

Par une majoration d'intégrale, il vient :

$(\forall N)$ $\sup e^{-st} (1+t^2)^N \left| \frac{d}{dt} f(a_t)\right| < +\infty$

Par (4) on peut remplacer $\frac{d}{dt}$ par $\frac{d^2}{dt^2}$ et par récurrence on déduit 2).

<u>Remarque</u> : Du fait que $|\phi_\lambda^s(a_t)| \leq \phi_o^s(a_t)$ pour $s \in \mathbb{C}$ (Conséquence directe de la formule de Harish-Chandra), on déduit que $(f\ \phi_\lambda)\ (a_t)\ (\mathrm{sh}t)^{2s}$ est une fonction à décroissance rapide de t pour $f \in S\ (K'\backslash G'_n/K')$ donc intégrable.

A partir du calcul fait pour (P1) , on montre alors facilement par récurrence (P2).

<u>Formule de Planchard.</u>

On démontre aisément que pour $f \in C_c^\infty\ (K'\backslash G'_n/K')$ on a : [8]

$$\forall g \in G'_n \quad f(g) = \int_o^\infty \hat{f}(\lambda)\omega_s(\lambda)\Phi_\lambda(g)d\lambda$$

$$\text{avec : } \hat{f}(\lambda) = \int_{G'_n} f(g)\Phi_\lambda(g)\ dg' .$$

$$\text{et} \quad \omega_s(\lambda) = \frac{\lambda^2(\lambda^2+1^2)\ldots(\lambda^2+(s-1)^2).s!}{(2s)!\pi^{s+1}}$$

La mesure dg' est choisie comme en [8]. Nous allons démontrer par la suite (P1) et la formule de Planchard pour G/K en adaptant la méthode de [7] . Pour la démonstration de (P2) ainsi que pour d'autres questions concernant la théorie de Trombi-Varadarajan, on renvoie à [7].

3. <u>Réduction</u>

3.1. <u>Les sous groupes</u> Γ_p $(1 \leq p \leq n$ et $p \in \mathbb{N})$

Pour $i,j \in \mathbb{N}$ (avec $0 \leq i \leq n$ et $0 \leq j \leq n$) soit a_{ij} le terme de la $(i+1)^{\underline{e}}$ ligne et de la $(j+1)^{\underline{e}}$ colonne d'une matrice de G'_n . Soit Γ_p le sous groupe de G_n formé des matrices telles que la sous-matrice constituée par les a_{ij} avec $0 \leq i \leq n-p$ et $0 \leq j \leq n-p$ soit un élément de G'_{n-p} et la sous matrice constituée par les éléments a_{ij} avec $n-p+1 \leq i \leq n$ et $n-p+1 \leq j \leq n$ soit un élément de $SO(p)$. Ce groupe est donc le produit direct d'un groupe D_p naturellement isomorphe à G'_{n-p} et M_p naturellement isomorphe à $SO(p)$. Soient $F_p = \{\sum_{i=0}^{n-p} z_i v_i , z_i \in \mathbb{R}\}$ et $E_p = \{\sum_{i=n-p+1}^{n} z_i v_i$ avec $z_i \in \mathbb{R}\}$. Le groupe D_p opère sur F_p et stabilise les éléments de E_p et M_p opère sur E_p et stabilise les éléments de F_p .

Matriciellement, pour G'_n on a : $\left(\begin{array}{c|c} G'_{n-p} & \\ \hline & SO(p) \end{array}\right)$

3.2. <u>Paires admissibles</u>

Pour éviter toute confusion, on note ici L au lieu de G et $d\ell$ au lieu de dg . On note $C_o^\infty(\mathbb{R})$ l'espace des fonctions paires de $C^\infty(\mathbb{R})$ et $\overline{A}^+ = \{a_t \in A \mid t \geqq 0\}$ ainsi que $A^+ = \{a_t \in A \mid t > 0\}$.

(D1) Soit P un sous-groupe fermé de L . Une paire admissible (L,P) est une paire qui vérifie

i) $L = P\overline{A}^+K$

ii) L'application qui à $f \in C^\infty(P\backslash{}^L/K)$ associe $f(a_t) = \varphi(t)$ est une bijection de $C^\infty(P\backslash{}^L/K)$ sur $C_o^\infty(\mathbb{R})$

iii) Soit $\delta_1 \in C^\infty(]0,\infty[)$ telle que :

$\int_L f(\ell)d\ell = \int_0^\infty f(a_t)\delta_1(t)dt$ pour $f \in C^\infty(P\backslash{}^L/K)$. On a la relation pour $f \in C^\infty(P\backslash{}^L/K)$ et $t > 0$

$$\omega f(a_t) = C\left[\frac{1}{\sqrt{\delta_1(t)}} \frac{d^2}{dt^2}\left(\sqrt{\delta_1(t)}.f(a_t)\right) - \frac{1}{\sqrt{\delta_1(t)}} \frac{d^2}{dt^2}\left(\sqrt{\delta_1(t)}\right).f(a_t)\right]$$

(C est une constante positive). <u>On appelle</u> δ_1 <u>le module relatif à</u> (G,P).

<u>Exemple</u> : La paire (G,K) est admissible et on a $\delta_1 = \delta$.

<u>Théorème 1</u> : la paire (G'_n , Γ_p) est admissible.

<u>Preuve de i) et ii)</u>

On identifie $C^\infty(\Gamma_p \backslash G'_n/K')$ et l'espace des fonctions sur $\mathcal{H}'_n$ invariants par Γ_p .

<u>Preuve</u> : i) Si on pose : (pour $x \in \mathcal{H}'_n$)

$$x = x_1 + x_2 \quad (x_1 \in E_p \ ; \ x_2 \in F_p) .$$

Il vient :

$$1 = Q(x) = Q(x_1) + Q(x_2)$$

$$\text{où} \quad Q(x_1) \leq 0 \quad \text{et} \quad Q(x_2) \geq 1 .$$

On définit alors $t \geq 0$ de façon unique par :

$$Q(x_2) = ch^2 t \quad Q(x_1) = -sh^2 t . \tag{5}$$

On déduit en utilisant 3.1.

$$x_1 = (sht)m.v_n \qquad x_2 = (cht)d.v_o$$

$$\text{où} \quad d \in D_p \quad \text{et} \quad m \in M_p .$$

Par conséquent :

$$x = dm(cht.v_o + sht.v_1) = dm.a_t\, v_o .$$

On déduit l'existence de la décomposition du lemme. D'autre part t est nécessairement déterminé par (1) d'où son unicité.

ii) par (5), il est clair que φ est pair, car on peut démontrer i) avec $-t$. Soit alors ψ une fonction C^∞ et paire, et $x \in \mathcal{H}'_n$. On pose :

$$\tilde{\psi}(x) = \psi(\mathrm{Arg\ th} \sqrt{\frac{-Q(x_1)}{Q(x_2)}})$$

avec x_1 et x_2 définis comme en (1). Il est clair que $\tilde{\psi}(a_t.v_o) = \psi(t)$ et que $\tilde{\psi}$ est une fonction sur $\mathcal{H}$ invariante par Γ_p . D'autre part $\tilde{\psi}$ est C^∞

car $\psi(\text{Arg th}\sqrt{u})$ est C^∞ pour $u \in [0,\infty[$.

En effet ψ est pair, donc $\psi(t) = \psi_1(t^2)$ où $\psi_1 \in C^\infty([0,\infty])$ et donc $\psi(\text{Arg th}\sqrt{u}) = \psi_1((\text{Arg th}\sqrt{u})^2)$. Or $(\text{Arg th}\sqrt{u})^2$ est analytique au voisinage de 0 . On en déduit ii).

Preuve de iii)

Pour iii) on utilise le théorème suivant dû à Helgoson :

Théorème : Soit V une variété Riemannienne et H un sous-groupe fermé et unimodulaire des isométries. Soit W une sous-variété vérifiant :

$$\forall w \in W \quad (a)\ (H.w) \cap W = \{w\} \quad (b)\ V_w = (H.w)_w \oplus W_w$$

(où la somme est orthogonale et où l'indice w signifie qu'on prend l'espace tangent en w à la variété.)

Soient $\Delta[\text{resp.}L]$ le Laplacien sur $V[\text{resp.}W]$ et $dv[\text{resp.}dw]$ la mesure sur $V[\text{resp.}W]$ induite par la métrique Riemannienne. Si dh est une mesure de Haar sur H et $\delta(w)$ une fonction sur W telle que :

$$\int_{H.W} f(v)dv = \int_W \delta(w)dw \int_H f(hw)\ dh$$

alors on a :

$$(\Delta f)_{|W} = \delta^{-\frac{1}{2}} L(\delta^{\frac{1}{2}} f) - \delta^{-\frac{1}{2}} L(\delta^{\frac{1}{2}})\ f_{|W}$$

pour $f \in C^\infty(V)$ et H-invariant. (le signe $|$ indique la restriction).

Montrons que les conditions du théorème sont remplis pour :

$$H = \Gamma_p \quad W = A_+.v_o \quad V = \mathcal{H}'_n \quad (w = av_o \text{ où } a \in A^+)$$

(a) est évident par le lemme 1 .

(b) Il faut montrer que : $(\mathcal{H}'_n)_{a.v_o} = (\Gamma_p.a.v_o)_{a.v_o} \oplus (A\ v_o)_{a.v_o}$

(on peut remplacer clairement A_+ par A) . Par translation (b) devient :

$$(\mathcal{H}'_n)_{v_o} = (\text{Ad}(a^{-1}).\Gamma_p.v_o)_{v_o} \oplus (A_+\ v_o)_{v_o}$$

Or : $(\mathcal{H}'_n)_{v_o} = \{\sum_{i=1}^{n} z_i\ v_i \in \mathbb{R}^{n+1}\}$ et $(A_+\ v_o)_{v_o} = \{\lambda\ v_n | \lambda \in \mathbb{R}\}$

D'autre part : $(Ad(a^{-1}).\Gamma_p.v_o)_{v_o} = (Ad(a^{-1})D_p.v_o)_{v_o} + (Ad(a^{-1})M_p.v_o)_{v_o}$

On a :

$$[(Ada^{-1})M_p\ v_o]_{v_o} = \{\sum_{i=n-p+1}^{n-1} z_i\ v_i \in \mathbb{R}^{n+1}\} = E'_p$$

et $[Ad(a^{-1})D_p.v_o]_{v_o} = (F_p) \cap (\mathcal{H}'_n)_{v_o}$

Pour ceci, on utilise $a_t \neq 1$ (ce qui implique $\operatorname{sh}t \neq 0$) ainsi que la trivialité de l'action de A sur E'_p et $(F_p) \cap (\mathcal{H}'_n)_{v_o}$. La condition (b) est donc remplie.

Notons que les conditions (a) et(b) sont aussi remplies pour $V = G/K$ et $H = K$ ainsi que $W = A_+.e$ (où $e = K$) . Pour ces deux cas, calculons la constante C qui apparaît dans iii). On pose $\delta' = \delta_1$ avec δ_1 relatif à (G'_n, Γ_p) . L'élément L relatif à G'_n est noté L' .

$$\text{On a :}\quad L = \frac{1}{(H,H)}\ \frac{d^2}{dt^2} \quad \text{et} \quad L_1 = \frac{1}{(H',H')'}\ \frac{d^2}{dt^2} \qquad (6)$$

Remarque 1 : $(H,H).(\alpha,\alpha)=1$ et $(H',H')'.(\alpha',\alpha')' = 1$.

Remarque 2 : Dans notre cas, on peut calculer explicitement la partie radiale de l'opérateur de Laplace Beltrami sur G'_n/K'_2 par rapport à Γ_p . Il suffit d'utiliser le D'Alembertien $\square = \frac{\partial^2}{\partial z_o^2} - \sum_{i=1}^{n} \frac{\partial^2}{\partial z_i^2}$

3.3. Equivalence de paires admissibles.

Soit δ' le module relatif à (G'_n, Γ_p) . On rappelle que δ s'exprime en fonctio de r et q . Si G est tel que $q = 0$ (cas des groupes de Lorentz) on pose $\epsilon = 2$. Sinon on pose $\epsilon = 1$. On a le théorème suivant :

Théorème 2 : A tout groupe G semi-simple connexe non compact de centre fini et tel que G/K soit de rang un , on peut associer deux nombres entiers positif et p (avec $n \geq 3$ et $p \geq 1$) tels que n soit <u>impair</u> et tels qu'on ait relation suivante entre les modules δ de (G,K) et δ' de (G'_n,Γ_p)

$$\delta'(t) = C.\delta(\epsilon.t) \quad \text{(où } C \text{ est une constante multiplicative).}$$

us précisément, on a :

our $\epsilon = 1$	$n = 2r + 1$	$p = r + 1$
our $\epsilon = 2$	$n = 2q + r + 1$	$p = q + r + 1$.

euve :

– L'imparité de n découle de la classification d'Araki [9] . (Si $q \neq 0$, a r pair). Le reste de la démonstration découle du lemme 1 .

cations du lemme : Soit dh une mesure G'_{n-} invariante sur $\mathcal{H}'_n$ et $L^1(\mathcal{H}'_n)$ espace des fonctions intégrables sur $\mathcal{H}'_n$ par rapport à cette mesure. D'autre t dj désigne une mesure de Haar sur Γ .

me 1 : Pour $f \in L^1(\mathcal{H}_n)$, on a :

$$\int_{\mathcal{H}_n} f(h)dh = C.\int_{R^+\times\Gamma_p} f(j.a_t.v_o)(\text{sh}t)^{p-1}(\text{ch}t)^{n-p}\, dt\, dj$$

C est une constante multiplicative).

uve : On sait qu'il existe une mesure G-invariante dh sur $\mathcal{H}_n$ donnée par

$$dh = \frac{dz_1 \ldots dz_n}{z_o} \quad (z_o\ z_1 \ldots z_n \text{ coordonnées d'un point de } \mathcal{H}'_n)$$

Pour $t \geqq 0$, $m \in M_p$ et $d \in D_p$, on pose :

$$x = (\text{ch}t)\, d\, v_o + (\text{sh}t)\, m\, v_n$$

a :

$$dz_1 \ldots dz_p = (\text{sh}t)^{p-1}\, \text{ch}t\, dt\, d\tilde{m}$$

où $d\tilde{m}$ est la mesure induite sur la sphère unité de E_p par la norme Euclidienne. (Ceci se démontre immédiatement en utilisant les coordonnées sphériques de $z_1 \dots z_p$) .

D'autre part : $\dfrac{dz_{p+1} \dots dz_n}{z_o} = dt\ (\dots) + (\text{ch}t)^{n-p-1}\ d\tilde{D}$

où $d\tilde{D}$ est une mesure G-invariante sur la D_p orbite de v_o dans F_p . (on introduit les coordonnées hyperboliques). On en déduit

$$(F) \qquad \frac{dz_1 \dots dz_n}{z_o} = (\text{sh}t)^{p-1}\ (\text{ch}t)^{n-p}\ dt\ d\tilde{m}\ d\tilde{D}$$

d'où le lemme. (le fait qu'on puisse substituer dj à $d\tilde{m}\ d\tilde{D}$ provient de $\Gamma_p = M_p.D_p$ et de la remarque suivante.)

<u>Remarque</u> : Soient S un groupe localement compact et $\mathcal{L}$ un sous groupe fermé, tous deux unimodulaires. On a pour $f \in L^1(S)$

$$\int_S f(s)ds = \int_{S/L} ds^{\bullet} \int_L f(s\ell)d\ell$$

où $d\ell$ et ds sont des mesures de Haar sur S et L respectivement, et convenablement normalisées. De plus une des trois mesures est déterminée par les deux autres. La formule indique aussi que $\int_L f(s\ell)d\ell$ s'identifie à un élément de $L^1(S/L)$. On a une formule analogue pour les espaces homogènes à droite.

La remarque précédente s'applique au lemme précédent, ce qui va nous permettre de démontrer le théorème 2 . On remarque que $\Gamma_p = M_p.D_p$ est unimodulaire. On a pour $f \in L^1(G'_n)$:

$$\int_{\Gamma_p \backslash G'_n} dg' \int_{\Gamma_p} f(jg')dj' = \int f(g')dg' =$$

$$\int_{G'_n/K'} dg' \int_{K'} f(g'k')dk' = C.\int_{\Gamma_p \times [0,\infty[\times K} f(j\ a_t k)\delta'(t)dt\ dj$$

La dernière égalité est une conséquence du lemme. On en déduit :

$$\int_{\Gamma_p\backslash G'_n} f(\dot{g})\, d\dot{g}' = \int_0^\infty f(\Gamma_p\, a_t)(\mathrm{sh}t)^{p-1}(\mathrm{ch}t)^{n-p}\, dt$$

(Dans la suite, on note $d\dot{g}$ au lieu de $d\dot{g}'$)

La démonstration du théorème 2 utilise alors simplement l'égalité 2sht cht = sh2t

3.4. La dualité

-fois on supprime les indices n et p A $f \in C^\infty(K\backslash^G/K)$, on associe $f^\eta \in C^\infty\,(\Gamma\backslash^{G'}/K')$ défini par :

$$f^\eta\,(a_t) = f(a_{\epsilon t})$$

On déduit alors le corollaire suivant du théorème 2 .

Corollaire : Pour des mesures dg et dg$'$ convenablement normalisées, on a pour $f \in C^\infty(K\backslash^G/K)$

$$\text{(E)} \quad \int_G f(g)dg = \int_{\Gamma_p\backslash G'} f^\eta(g')d\dot{g}'$$

Remarque sur la normalisation des mesures :

On choisit sur G et $_{\Gamma_p}\backslash G'$ des mesures invariantes telles que l'égalité (E) soit vérifiée. La mesure dg$'$ choisie sur G$'$ est celle définie à partir du lemme. (en fait on choisit la mesure dh du lemme sur $\mathcal{H}'$ et on a : $dg'=dh.dk'$).

3.5. Calcul des constantes.

pour $q = 0$ $\rho = \frac{r}{2}\alpha$ et $\rho' = r\alpha'$

pour $q \neq 0$ $\rho = \frac{2q+r}{2}\alpha$ et $\rho' = \frac{2q+r}{2}\alpha'$

En utilisant les formules (6) , on déduit la proposition suivante

Proposition 1 : On a pour $g \in G$ et $\mu \in \mathbb{C}$

$$\Phi_{\epsilon\mu}(g) = \int_{K'} \varphi_\mu^\eta (k'g)\, dk'$$

Preuve :

On a $\Phi_{\epsilon\mu}(1) = 1$ car $\varphi_\mu^\eta(1) = 1$. Il suffit alors de montrer que :

$$\omega'[\int \varphi_\mu^\eta (k'g)dk'] = -\, ((\epsilon\mu)^2(\alpha',\alpha') + (\rho',\rho')) \int \varphi_\mu^\eta (k'g)dk'$$

Mais ceci découle de (6) et des propriétés d'invariance par K' de ω' .

4. Analyse harmonique sur les espaces symétriques de rang un.

Proposition 2 : Pour $F \in C_c^\infty (K'\backslash G'/K')$ on a la relation :

$$\widetilde{(MF)^{\eta-1}}(\mu) = \hat{F}(\epsilon\, \mu) \quad \text{pour } \mu \in \mathbb{C} .$$

Preuve : On a :

$$\int_{G'} F(g)\, \Phi_{\epsilon\mu} (g)\, dg' = \int_{G'} F(g)\, dg' \int_{K'} \varphi_\mu^\eta (k'g)\, dk'$$

$$= \int_{G'} F(g)\, \varphi_\mu^\eta(g)\, dg' = \int_{\Gamma\backslash G'} MF(\dot{g})\, \varphi_\mu^\eta (\dot{g})\, d\dot{g}$$

On a appliqué le théorème de Fubini et la proposition 1 . Or d'après le corollaire du théorème 2 , on déduit

$$\int_{\Gamma\backslash G'} MF(\dot{g})\, \varphi_\mu^\eta (g)\, d\dot{g} = \int_G (MF)^{\eta-1} (g)\, \varphi_\mu (g)\, dg$$

d'où la proposition.

Pour démontrer (P1) , on a encore besoin du lemme technique suivant :

Notation : Soit $h \in \mathcal{H}'$, on pose $\|h\| = t$ pour $h = k'a_t . v_o$ avec $k' \in K'$ et $t \geq 0$.

Lemme 2 : Soit $h = a_t . v_o$ avec $t \geq 0$ et $j \in \Gamma$, on a l'inégalité :

$$\|a_t . v_o\| \leq \|j\ a_t\ v_o\|$$

Preuve : On a $\Gamma \neq G$.

On peut d'abord supposer que $j \in D$. (partie non compacte de Γ) car $\|\ \|$ est invariant par K' .

D'autre part, on voit très facilement que :

$ch\|h\| = \langle h, v_o \rangle$ pour $h \in \mathcal{H}'$.

Par conséquent il suffit de montrer que :

$cht = \langle a_t\ v_o\ ,\ v_o \rangle \leq \langle j\ a_t\ v_o, v_o \rangle = \langle a_t\ v_o, j^{-1}\ v_o \rangle$ pour $j \in D$ et $t \geq 0$.

Or d'après la définition de D on a :

$j^{-1}\ v_o = z_o\ v_o + \sum_{i=1}^{n-1} z_i\ v_i$ avec $z_o \geq 1$

et donc : $\langle a_t\ v_o, j^{-1}\ v_o \rangle = z_o\ cht \geq cht$, d'où le lemme .

Corollaire du lemme : Soit $F \in C_c^\infty\ (K' \backslash G'/K')$, alors $F \in C_c^\infty(\Gamma \backslash G'/K')$. Si de plus $F(a_t) = 0$ pour $|t| \geq R$ alors $F(\Gamma . a_t) = 0$ pour $t \geq R$.

Preuve : Conséquence directe du lemme.

Théorème 3 :

i) Le théorème de Paley-Wiener (P1) est vrai pour tout espace symétrique de rang un .

ii) L'application M est une bijection de $C_c^\infty\ (K' \backslash G'/K')$ sur $C_c^\infty(\Gamma \backslash G'/K')$.

Preuve : On considère le "diagramme de Flensted-Jensen" suivant :

$$\begin{array}{ccc} C_c^{\infty}(K'\backslash G'/K') & \xrightarrow{\wedge} & \mathcal{H}'(a_-^*) \\ \eta^{-1} \circ M \downarrow & & \downarrow i \\ C_c^{\infty}(K\backslash G/K) & \xrightarrow{\sim} & \mathcal{H}(a_-^*) \end{array}$$

L'application i associe $f(\frac{\mu}{\epsilon})$ à $f(\mu)$ pour $\mu \in \mathbb{C}$ lorsque $f \in \mathcal{H}'(a_-^*)$.
Ce diagramme existe et est commutatif car :

a) Les applications $\sim$ et $\wedge$ vont bien dans $\mathcal{H}(a_-^*)$ et $\mathcal{H}'(a_-^*)$. Ceci est lié à des propriétés de la transformation d'Abel eux-mêmes conséquences de propriétés géométriques des espaces symétriques.[2]

b) la commutativité découle de la proposition 2) . La surjectivité de $\sim$ se déduit de celle de $\wedge$.
L'injectivité de $\sim$ découle par exemple du théorème abstrait de Plancherel Godement.

On déduit alors que ii) est vrai . La question des supports se précise comme suit : On a : $\sim^{-1} = (\eta^{-1} \circ M) \circ \wedge^{-1} \circ i^{-1}$. Or i^{-1} transforme les fonctions à croissance exponentielle de type R en des fonctions à croissance exponentielle de type $\epsilon R \sqrt{\frac{(\alpha',\alpha')}{(a,a)}}$. L'image par $\wedge$ d'une telle application est à support dans la boule centrée en 0 de rayon $R\sqrt{\frac{(\alpha',\alpha')}{(\alpha,\alpha)}}$ tandis que l'image par $\eta^{-1} \circ M$ est une fonction à support dans la boule centrée en 0 et de rayon

$$\epsilon \cdot \frac{1}{\epsilon}\sqrt{\frac{(\alpha',\alpha')}{(\alpha,\alpha)}} \cdot \sqrt{\frac{(H,H)}{(H',H')}} = R .$$

Lemme 3 : Pour tout $\lambda \in \mathbb{R}$ et $N \in \mathbb{N}$, la fonction $(1+\|g\, v_o\|)^N \phi_\lambda^s(g\, v_o)$ est intégrale sur Γ .

Preuve : On précise ici $G' = G'_{2s+1}$ et $\Gamma = \Gamma_p$.

D'après les remarques 2.2 à propos de $S(K'\backslash G'/K')$, on a :

$$\forall t \in \mathbb{R} \quad |\Phi_\lambda(a_t)| \leq (Q_1|t| + Q_2)\, e^{-s|t|}$$

où Q_1 et Q_2 sont des constantes indépendantes de t .

On a aussi : $\int_{\Gamma_p} |\Phi_\lambda(j)|\, dj = C \int_o^\infty |\Phi_\lambda^s(a_t)|\,(\mathrm{sh}t)^{2s-p}\, dt$

(où C est une constante positive).

Justifions cette dernière égalité. On peut d'abord remplacer Γ_p par D_p car Φ_λ^s est K'-invariant. L'identification naturelle de D_p avec G'_{n-p} parmet pour la même raison d'intégrer Φ_λ^s sur A . D'où la formule. Par l'inégalité du début, il est alors clair que $(1+\|g\, v_o\|)^N\, \Phi_\lambda^s\,(g\, v_o)$ est intégrable pour tout N sur Γ_p dès que $s < p$. Or on constate d'après la définition de n et p en fonction de r et q que ceci est toujours le cas.

<u>Normalisation de dj</u> : Fixons la mesure dh sur $\mathbb{H}'_n$ tel qu'elle a été définie à partir du lemme 1 $\left(\frac{dz_1\ldots dz_n}{z_o}\right)$. La mesure sur G' associée est $dk'dh$. Fixons une autre masure dg sur G . Alors la mesure sur $_\Gamma\backslash G'$ (invariante par G') est fixée. (voir remarque après le corollaire du théorème 2). Il s'en suit que la mesure dj est fixée. (voir ci-dessous pour plus de précision).

Pour $\lambda \in \mathbb{C}$, on pose :

$$b(\lambda) = \int_\Gamma \Phi_\lambda\,(j)\, dj$$

<u>Théorème 4</u> : Soit $f \in C_c^\infty(K\backslash G/K)$, on a en posant :

$$b^o(\lambda) = \omega_s(\lambda)\, b(\lambda) \quad \lambda \in \mathbb{R}$$

(voir 2.2)

la formule : $f(1) = \epsilon.\int \widetilde{f}(\lambda)\, b_o(\epsilon\lambda)\, d\lambda$

<u>Preuve</u> : d'après le théorème 3 , il existe $F \in C_c^\infty(K'\backslash G'/K')$ tel que :

${}^{t}MF = f^{\eta}$.

On a :

$$f(1) = f^{\eta}(\Gamma) = \int_{\Gamma} F(j)\, dj = \int_{\Gamma} dj \int_{0}^{\infty} \hat{F}(\lambda)\ \Phi_{\lambda}(j)\omega_{s}(\lambda)\ ds$$

Cette dernière égalité est une conséquence de la formule de Plancherel sur $G'/_{K'}$ (voir 2.2).

De l'inégalité $|\Phi_{\lambda}(a_t)| \leq (Q_1|t| + Q_2)\ e^{-s|t|}$ (voir lemme précédent) on déduit en appliquant le théorème de Fubini.

$$\int_{\Gamma} dj \int \hat{F}(\lambda)\ \Phi_{\lambda}(j)\ \omega_s(\lambda) d\mu = \int \hat{F}(\lambda)\omega_s(\lambda) d\lambda$$

$= \int \tilde{f}\ (\frac{\lambda}{\epsilon})\ \omega_s(\lambda)\ b(\lambda)\ d\lambda$ (voir proposition 2) d'où le théorème.

Donnons avec précision la mesure de Plancherel pour G/K . Pour $w \in N - \{0\}$. Soit $\sigma_w = \frac{2\pi^{w/2}}{\Gamma(w/2)}$ la surface de la sphère unité de $\mathbb{R}^w$. On remarque que la mesure sur $\mathcal{H}'_n$ du lemme 1 (i.e. $\frac{dz_1 \ldots dz_n}{z_o}$) est égale à dh . Pour ceci on fait $p = n$ dans (F) et on compare avec la formule (35) de [8] . Lorsqu'on identifie D_p et G'_{n-p} , on met un astérisque "*" à tous les éléments relatifs à G'_{n-p} ($A*$ au lieu de A , $(K')*$ au lieu de K' , a_t^* au lieu de a_t ...) On remarque que $(K')* \subset K'$. Pour $h \in \mathcal{H}'_n$ on a :

$h = m(\text{sh}t)v_1 + (\text{ch}t)k^*a_{\theta}^*v_o$ où $m \in M_p$, $k^* \in K'^*$, $a_{\theta}^* \in A^*$ et $\theta > 0$, $t > 0$.

Cette formule est obtenue à partir du théorème 1 i) et de la décomposition de Cartan : $G'_{n-p} = K'^*\ A^*\ K'^*$.

On a aussi pour $f \in C_c^{\infty}(G'/_{K'})$

$$(7)\quad \int_{\mathcal{H}'_n} f(h)\ dh = C.\int_{M \times K'^* \times [0,\infty[\times [0,\infty[} f(m\ \text{sh}t\ v_1 + \text{ch}t.k^*.a_{\theta}^*v_o)(\text{sh}t)^{p-1}(\text{ch}t)^{n-p}$$

$$(\text{sh}\theta)^{n-p-1}\ dm\ dk^*.d\theta.dt$$

(où dk^* est la mesure de Haar normalisée sur K^*).

On a : $C = \sigma_p \cdot \sigma_{n-p}$. Il suffit pour cela de se reporter au calcul de dh en remarquant que :

$$d\widetilde{D} = \frac{dz_{p+1} \dots dz_n}{z_o}$$

Fixons dg tel que pour $f \in C_c^\infty (K\backslash^G/K)$, on ait : [5]

$$(8) \quad \int_G f(g)dg = \int_o^\infty f(a_t)(2\ \mathrm{sh}t)^r(2\ \mathrm{sh}\ 2t)^q\ dt$$

De (7) et (8) ainsi que de la définition de η , on remarque que dj est telle que : (voir aussi lemme 3).

<u>1er cas</u> : (q=0) $\int_\Gamma f(j)dj = 2^{-2r-1} \cdot \sigma_r \cdot \sigma_{r+1} \int_o^\infty f(a_t)(\mathrm{sh}t)^{r-1}\ dt$

<u>2e cas</u> : (q≠0) $\int_\Gamma f(j)dj = 2^{-2q-r}\ \sigma_{q+r+1} \cdot \sigma_q \int_o^\infty f(a_t)(\mathrm{sh}t)^{q-1}\ dt$

(où $f \in L^1(\Gamma)_{\Gamma \cap K'}$)

Plus explicitement, on a donc pour $f \in C_c^\infty (K\backslash^G/K)$

1er cas : (q=0) $f(1)=2\int_o^\infty \widetilde{f}(\lambda)b(2\lambda)\omega_r(2\lambda)d\lambda$
2e cas : (q≠0) $f(1)=\int_o^\infty \widetilde{f}(\lambda)b(\lambda)\omega_{q+\frac{r}{2}}(\lambda)d\lambda$

En utilisant 2.2, on obtient les formules suivantes pour la mesure de Plancherel $a_\nu\ d_\lambda$ [voir 2.2. pour la définition de C_r] .

<u>1er cas</u> : (q = 0)

$$a_{\nu/2} = A_r \int_o^{+\infty} [-\frac{1}{\mathrm{sh}t}\frac{d}{dt}]^r(\cos\nu t).(\mathrm{sh}t)^{r-1}\ dt$$

avec :

$$A_r = 2^{-2r-1} \cdot \sigma_r \cdot \sigma_{r+1} \cdot \frac{r!}{(2r)!\pi^{r+1}} \cdot c_r \ .$$

2e cas : $(q \neq 0)$

$$a_\nu = A_{r,q} \int_0^{+\infty} \left[- \frac{1}{sht} \frac{d}{dt}\right]^{\frac{r}{2}+q} (\cos\nu t)(sht)^{q-1}\, dt$$

$$A_{r,q} = 2^{-2q-r}\, \sigma_{q+r+1} \cdot \sigma_q \cdot \frac{(\frac{r}{2}+q)!}{(r+2q)!\,\pi^{\frac{r}{2}+q+1}} \cdot C_{\frac{r}{e}+q}$$

Remarque : Ces intégrales généralisent une intégrale de Godement obtenue pour $r = 1$ et $q = 0$ [1] .

On a le corollaire suivant du théorème 4 [7] .

Corollaire : On a la formule :

$(\forall g \in G' \;,\; \forall \lambda \in \mathbb{R})$

$$\varphi_\lambda^{\eta}(g) = b(\lambda) \int_\Gamma \Phi_{\epsilon\lambda}(jg)\,dj$$

2.3. Un exemple : le cas de SU(1,2).

On a : $q=1$ et $r=2$. Par conséquent : $A_{rq} = \frac{1}{16\pi}$

et

$$d_\nu = - \nu \int_0^{+\infty} \left(\frac{1}{sht}\frac{d}{dt}\right)\left[\frac{\mathrm{Sin}\nu t}{sht}\right] dt \quad (\text{où } \nu \in \mathbb{R})$$

(où on a posé : $d_\nu = \frac{a_\nu}{A_{r,q}}$

On a encore :

$$d_\nu = \lim_{\substack{\epsilon > 0 \\ \epsilon \to 0}} \frac{\nu}{2} \int_{-\infty}^{+\infty} \frac{1}{sh(t-i\epsilon)} \frac{d}{dt} \left[\frac{\mathrm{Sin}\nu t}{sh(t-i\epsilon)}\right] dt$$

et en intégrant par parties :

$$d_\nu = \lim_{\epsilon \to 0} \frac{\nu}{2} \int_{-\infty}^{+\infty} \mathrm{Sin}\nu t \cdot \frac{ch(t-i\epsilon)}{(sh(t-i\epsilon))^3}\, dt \;.$$

On pose : $J(\epsilon,\nu) = \int_{\mathbf{R}} e^{i\nu t} . \frac{ch(t-i\epsilon)}{sh(t-i\epsilon)^3} \, dt$ et on intègre la fonction méromorphe

$$e^{i\nu z} . \frac{ch(z-i\epsilon)}{sh(z-i\epsilon)^3}$$

sur le rectangle indiqué par le dessin.

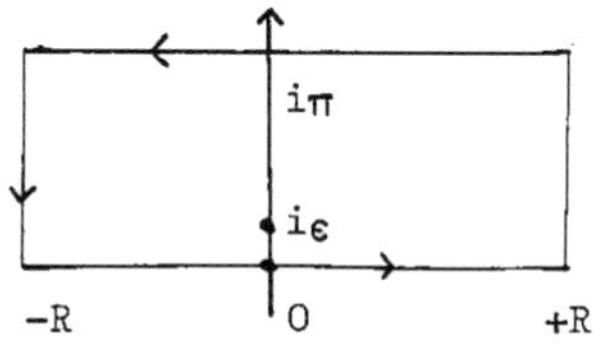

Il y a un pôle en $i\epsilon$, et à l'aide de la formule des résidus, on a en faisant tendre R vers $+\infty$.

$$J(\epsilon,\nu) = \frac{e^{i\epsilon\nu}}{1-e^{-\pi\nu}} (-i\,\pi\nu^2) \quad \text{et donc} \quad \lim_{\epsilon\to 0} J(\epsilon,\nu) = \frac{-i\pi\nu^2}{1-e^{-\pi\nu}} .$$

On en déduit :

$$d_\nu = \pi \frac{\nu^3}{2} \coth \frac{\pi\nu}{2} \text{ et } \quad a_\nu = \frac{1}{32} \nu^3 \coth \frac{\pi\nu}{2} .$$

- BIBLIOGRAPHIE -

[1] GODEMENT : Introduction aux travaux de A. SELBERG Sém. Bourbaki 1957.

[2] HELGASON S.: An analogue of the PALEY-WIENER theorem for the FOURIER transform on certain symetric spaces. Math Ann. 165 (1966) 297-308.

[3] HARISH-CHANDRA : Spherical functions on a semi-simple LIE group I. Amer J-Math 80 (1958) 241-310.

[4] HARISH-CHANDRA : Spherical functions on a semi-simple LIE group II. Amer J- Math 80(1958) 553-613.

[5] ROSENBERG F. : A quick proof of Harish-Chandra's Plancherel theorem for spherical functions on a Lie group (Preprint).

[6] FLENSTED-JENSEN M.: Spherical functions on rank one symetric spaces and generalizations PROC. SYMPH. Pure Math. Vol.26, 339-342 Amer Math Soc 1973.

[7] FLENSTED-JENSEN M.: Spherical functions on a real semi-simple Lie group A method of reduction to the complex case (PREPRINT).

[8] TAKAHASHI R.: Sur les représentations unitaires des groupes de LORENTZ généralisés. Bull.Soc.Math.France 91 (1963) 289-433.

[9] WARNER G.: Harmonic analysis on Lie groups.

80: C. Castaing and M. Valadier, Convex Analysis and Meas- e Multifunctions. VIII, 278 pages. 1977.

81: Séminaire de Probabilités XI, Université de Strasbourg. edings 1975/1976. Edité par C. Dellacherie, P. A. Meyer et eil. VI, 574 pages. 1977.

582: J. M. G. Fell, Induced Representations and Banach ebraic Bundles. IV, 349 pages. 1977.

83: W. Hirsch, C. C. Pugh and M. Shub, Invariant Manifolds. 9 pages. 1977.

84: C. Brezinski, Accélération de la Convergence en Analyse rique. IV, 313 pages. 1977.

585: T. A. Springer, Invariant Theory. VI, 112 pages. 1977.

586: Séminaire d'Algèbre Paul Dubreil, Paris 1975–1976 ne Année). Edited by M. P. Malliavin. VI, 188 pages. 1977.

87: Non-Commutative Harmonic Analysis. Proceedings 1976. d by J. Carmona and M. Vergne. IV, 240 pages. 1977.

88: P. Molino, Théorie des G-Structures: Le Problème d'Equi- ce. VI, 163 pages. 1977.

589: Cohomologie l-adique et Fonctions L. Séminaire de nétrie Algébrique du Bois-Marie 1965–66, SGA 5. Edité par sie. XII, 484 pages. 1977.

90: H. Matsumoto, Analyse Harmonique dans les Systèmes de ornologiques de Type Affine. IV, 219 pages. 1977.

91: G. A. Anderson, Surgery with Coefficients. VIII, 157 pages.

592: D. Voigt, Induzierte Darstellungen in der Theorie der end- n, algebraischen Gruppen. V, 413 Seiten. 1977.

93: K. Barbey and H. König, Abstract Analytic Function Theory lardy Algebras. VIII, 260 pages. 1977.

594: Singular Perturbations and Boundary Layer Theory, Lyon . Edited by C. M. Brauner, B. Gay, and J. Mathieu. VIII, 539 s. 1977.

95: W. Hazod, Stetige Faltungshalbgruppen von Wahrschein- eitsmaßen und erzeugende Distributionen. XIII, 157 Seiten. 1977.

596: K. Deimling, Ordinary Differential Equations in Banach es. VI, 137 pages. 1977.

597: Geometry and Topology, Rio de Janeiro, July 1976. Pro- ings. Edited by J. Palis and M. do Carmo. VI, 866 pages. 1977.

598: J. Hoffmann-Jørgensen, T. M. Liggett et J. Neveu, Ecole de Probabilités de Saint-Flour VI – 1976. Edité par P.-L. Henne- XII, 447 pages. 1977.

599: Complex Analysis, Kentucky 1976. Proceedings. Edited D. Buckholtz and T. J. Suffridge. X, 159 pages. 1977.

600: W. Stoll, Value Distribution on Parabolic Spaces. VIII, pages. 1977.

601: Modular Functions of one Variable V, Bonn 1976. Proceedings. ed by J.-P. Serre and D. B. Zagier. VI, 294 pages. 1977.

602: J. P. Brezin, Harmonic Analysis on Compact Solvmanifolds. 79 pages. 1977.

603: B. Moishezon, Complex Surfaces and Connected Sums of plex Projective Planes. IV, 234 pages. 1977.

604: Banach Spaces of Analytic Functions, Kent, Ohio 1976. eedings. Edited by J. Baker, C. Cleaver and Joseph Diestel. VI, ages. 1977.

605: Sario et al., Classification Theory of Riemannian Manifolds. 498 pages. 1977.

606: Mathematical Aspects of Finite Element Methods. Pro- ings 1975. Edited by I. Galligani and E. Magenes. VI, 362 pages.

607: M. Métivier, Reelle und Vektorwertige Quasimartingale die Theorie der Stochastischen Integration. X, 310 Seiten. 1977.

608: Bigard et al., Groupes et Anneaux Réticulés. XIV, 334 es. 1977.

Vol. 609: General Topology and Its Relations to Modern Analysis and Algebra IV. Proceedings 1976. Edited by J. Novák. XVIII, 225 pages. 1977.

Vol. 610: G. Jensen, Higher Order Contact of Submanifolds of Homogeneous Spaces. XII, 154 pages. 1977.

Vol. 611: M. Makkai and G. E. Reyes, First Order Categorical Logic. VIII, 301 pages. 1977.

Vol. 612: E. M. Kleinberg, Infinitary Combinatorics and the Axiom of Determinateness. VIII, 150 pages. 1977.

Vol. 613: E. Behrends et al., L^p-Structure in Real Banach Spaces. X, 108 pages. 1977.

Vol. 614: H. Yanagihara, Theory of Hopf Algebras Attached to Group Schemes. VIII, 308 pages. 1977.

Vol. 615: Turbulence Seminar, Proceedings 1976/77. Edited by P. Bernard and T. Ratiu. VI, 155 pages. 1977.

Vol. 616: Abelian Group Theory, 2nd New Mexico State University Conference, 1976. Proceedings. Edited by D. Arnold, R. Hunter and E. Walker. X, 423 pages. 1977.

Vol. 617: K. J. Devlin, The Axiom of Constructibility: A Guide for the Mathematician. VIII, 96 pages. 1977.

Vol. 618: I. I. Hirschman, Jr. and D. E. Hughes, Extreme Eigen Values of Toeplitz Operators. VI, 145 pages. 1977.

Vol. 619: Set Theory and Hierarchy Theory V, Bierutowice 1976. Edited by A. Lachlan, M. Srebrny, and A. Zarach. VIII, 358 pages. 1977.

Vol. 620: H. Popp, Moduli Theory and Classification Theory of Algebraic Varieties. VIII, 189 pages. 1977.

Vol. 621: Kauffman et al., The Deficiency Index Problem. VI, 112 pages. 1977.

Vol. 622: Combinatorial Mathematics V, Melbourne 1976. Proceed- ings. Edited by C. Little. VIII, 213 pages. 1977.

Vol. 623: I. Erdelyi and R. Lange, Spectral Decompositions on Banach Spaces. VIII, 122 pages. 1977.

Vol. 624: Y. Guivarc'h et al., Marches Aléatoires sur les Groupes de Lie. VIII, 292 pages. 1977.

Vol. 625: J. P. Alexander et al., Odd Order Group Actions and Witt Classification of Innerproducts. IV, 202 pages. 1977.

Vol. 626: Number Theory Day, New York 1976. Proceedings. Edited by M. B. Nathanson. VI, 241 pages. 1977.

Vol. 627: Modular Functions of One Variable VI, Bonn 1976. Pro- ceedings. Edited by J.-P. Serre and D. B. Zagier. VI, 339 pages. 1977.

Vol. 628: H. J. Baues, Obstruction Theory on the Homotopy Classi- fication of Maps. XII, 387 pages. 1977.

Vol. 629: W. A. Coppel, Dichotomies in Stability Theory. VI, 98 pages. 1978.

Vol. 630: Numerical Analysis, Proceedings, Biennial Conference, Dundee 1977. Edited by G. A. Watson. XII, 199 pages. 1978.

Vol. 631: Numerical Treatment of Differential Equations. Proceedings 1976. Edited by R. Bulirsch, R. D. Grigorieff, and J. Schröder. X, 219 pages. 1978.

Vol. 632: J.-F. Boutot, Schéma de Picard Local. X, 165 pages. 1978.

Vol. 633: N. R. Coleff and M. E. Herrera, Les Courants Résiduels Associés à une Forme Méromorphe. X, 211 pages. 1978.

Vol. 634: H. Kurke et al., Die Approximationseigenschaft lokaler Ringe. IV, 204 Seiten. 1978.

Vol. 635: T. Y. Lam, Serre's Conjecture. XVI, 227 pages. 1978.

Vol. 636: Journées de Statistique des Processus Stochastiques, Gre- noble 1977, Proceedings. Edité par Didier Dacunha-Castelle et Ber- nard Van Cutsem. VII, 202 pages. 1978.

Vol. 637: W. B. Jurkat, Meromorphe Differentialgleichungen. VII, 194 Seiten. 1978.

Vol. 638: P. Shanahan, The Atiyah-Singer Index Theorem, An Intro- duction. V, 224 pages. 1978.

Vol. 639: N. Adasch et al., Topological Vector Spaces. V, 125 pages. 1978.

Vol. 640: J. L. Dupont, Curvature and Characteristic Classes. X, 175 pages. 1978.

Vol. 641: Séminaire d'Algèbre Paul Dubreil, Proceedings Paris 1976–1977. Edité par M. P. Malliavin. IV, 367 pages. 1978.

Vol. 642: Theory and Applications of Graphs, Proceedings, Michigan 1976. Edited by Y. Alavi and D. R. Lick. XIV, 635 pages. 1978.

Vol. 643: M. Davis, Multiaxial Actions on Manifolds. VI, 141 pages. 1978.

Vol. 644: Vector Space Measures and Applications I, Proceedings 1977. Edited by R. M. Aron and S. Dineen. VIII, 451 pages. 1978.

Vol. 645: Vector Space Measures and Applications II, Proceedings 1977. Edited by R. M. Aron and S. Dineen. VIII, 218 pages. 1978.

Vol. 646: O. Tammi, Extremum Problems for Bounded Univalent Functions. VIII, 313 pages. 1978.

Vol. 647: L. J. Ratliff, Jr., Chain Conjectures in Ring Theory. VIII, 133 pages. 1978.

Vol. 648: Nonlinear Partial Differential Equations and Applications, Proceedings, Indiana 1976–1977. Edited by J. M. Chadam. VI, 206 pages. 1978.

Vol. 649: Séminaire de Probabilités XII, Proceedings, Strasbourg, 1976–1977. Edité par C. Dellacherie, P. A. Meyer et M. Weil. VIII, 805 pages. 1978.

Vol. 650: C*-Algebras and Applications to Physics. Proceedings 1977. Edited by H. Araki and R. V. Kadison. V, 192 pages. 1978.

Vol. 651: P. W. Michor, Functors and Categories of Banach Spaces. VI, 99 pages. 1978.

Vol. 652: Differential Topology, Foliations and Gelfand-Fuks-Cohomology, Proceedings 1976. Edited by P. A. Schweitzer. XIV, 252 pages. 1978.

Vol. 653: Locally Interacting Systems and Their Application in Biology. Proceedings, 1976. Edited by R. L. Dobrushin, V. I. Kryukov and A. L. Toom. XI, 202 pages. 1978.

Vol. 654: J. P. Buhler, Icosahedral Golois Representations. III, 143 pages. 1978.

Vol. 655: R. Baeza, Quadratic Forms Over Semilocal Rings. VI, 199 pages. 1978.

Vol. 656: Probability Theory on Vector Spaces. Proceedings, 1977. Edited by A. Weron. VIII, 274 pages. 1978.

Vol. 657: Geometric Applications of Homotopy Theory I, Proceedings 1977. Edited by M. G. Barratt and M. E. Mahowald. VIII, 459 pages. 1978.

Vol. 658: Geometric Applications of Homotopy Theory II, Proceedings 1977. Edited by M. G. Barratt and M. E. Mahowald. VIII, 487 pages. 1978.

Vol. 659: Bruckner, Differentiation of Real Functions. X, 247 pages. 1978.

Vol. 660: Equations aux Dérivée Partielles. Proceedings, 1977. Edité par Pham The Lai. VI, 216 pages. 1978.

Vol. 661: P. T. Johnstone, R. Paré, R. D. Rosebrugh, D. Schumacher, R. J. Wood, and G. C. Wraith, Indexed Categories and Their Applications. VII, 260 pages. 1978.

Vol. 662: Akin, The Metric Theory of Banach Manifolds. XIX, 306 pages. 1978.

Vol. 663: J. F. Berglund, H. D. Junghenn, P. Milnes, Compact Right Topological Semigroups and Generalizations of Almost Periodicity. X, 243 pages. 1978.

Vol. 664: Algebraic and Geometric Topology, Proceedings, 1977. Edited by K. C. Millett. XI, 240 pages. 1978.

Vol. 665: Journées d'Analyse Non Linéaire. Proceedings, 1977. Edité par P. Bénilan et J. Robert. VIII, 256 pages. 1978.

Vol. 666: B. Beauzamy, Espaces d'Interpolation Réels: Topologie et Géometrie. X, 104 pages. 1978.

Vol. 667: J. Gilewicz, Approximants de Padé. XIV, 511 pages. 1978.

Vol. 668: The Structure of Attractors in Dynamical Systems. Proceedings, 1977. Edited by J. C. Martin, N. G. Markley and W. Perrizo. VI, 264 pages. 1978.

Vol. 669: Higher Set Theory. Proceedings, 1977. Edited by G. H. Müller and D. S. Scott. XII, 476 pages. 1978.

Vol. 670: Fonctions de Plusieurs Variables Complexes III, ceedings, 1977. Edité par F. Norguet. XII, 394 pages. 1978.

Vol. 671: R. T. Smythe and J. C. Wierman, First-Passage Percul on the Square Lattice. VIII, 196 pages. 1978.

Vol. 672: R. L. Taylor, Stochastic Convergence of Weighted S of Random Elements in Linear Spaces. VII, 216 pages. 1978.

Vol. 673: Algebraic Topology, Proceedings 1977. Edited by P. man, R. Piccinini and D. Sjerve. VI, 278 pages. 1978.

Vol. 674: Z. Fiedorowicz and S. Priddy, Homology of Cla Groups Over Finite Fields and Their Associated Infinite Loop Sp VI, 434 pages. 1978.

Vol. 675: J. Galambos and S. Kotz, Characterizations of Proba Distributions. VIII, 169 pages. 1978.

Vol. 676: Differential Geometrical Methods in Mathematical Phys Proceedings, 1977. Edited by K. Bleuler, H. R. Petry and A. R VI, 626 pages. 1978.

Vol. 677: Séminaire Bourbaki, vol. 1976/77, Exposés 489–50 264 pages. 1978.

Vol. 678: D. Dacunha-Castelle, H. Heyer et B. Roynette. Ecole de Probabilités de Saint-Flour. VII-1977. Edité par P. L. Henne IX, 379 pages. 1978.

Vol. 679: Numerical Treatment of Differential Equations in Ap tions, Proceedings, 1977. Edited by R. Ansorge and W. Törni 163 pages. 1978.

Vol. 680: Mathematical Control Theory, Proceedings, 1977. E by W. A. Coppel. IX, 257 pages. 1978.

Vol. 681: Séminaire de Théorie du Potentiel Paris, No. 3, Direc M. Brelot, G. Choquet et J. Deny. Rédacteurs: F. Hirsch et G. M bodzki. VII, 294 pages. 1978.

Vol. 682: G. D. James, The Representation Theory of the Sym Groups. V, 156 pages. 1978.

Vol. 683: Variétés Analytiques Compactes, Proceedings, Edité par Y. Hervier et A. Hirschowitz. V, 248 pages. 1978.

Vol. 684: E. E. Rosinger, Distributions and Nonlinear Parti ferential Equations. XI, 146 pages. 1978.

Vol. 685: Knot Theory, Proceedings, 1977. Edited by J. C. Haus VII, 311 pages. 1978.

Vol. 686: Combinatorial Mathematics, Proceedings, 1977. E by D. A. Holton and J. Seberry. IX, 353 pages. 1978.

Vol. 687: Algebraic Geometry, Proceedings, 1977. Edited by Olson. V, 244 pages. 1978.

Vol. 688: J. Dydak and J. Segal, Shape Theory. VI, 150 pages.

Vol. 689: Cabal Seminar 76–77, Proceedings, 1976–77. Edi A.S. Kechris and Y. N. Moschovakis. V, 282 pages. 1978.

Vol. 690: W. J. J. Rey, Robust Statistical Methods. VI, 128 pages.

Vol. 691: G. Viennot, Algèbres de Lie Libres et Monoïdes L III, 124 pages. 1978.

Vol. 692: T. Husain and S. M. Khaleelulla, Barrelledness in logical and Ordered Vector Spaces. IX, 258 pages. 1978.

Vol. 693: Hilbert Space Operators, Proceedings, 1977. Edi J. M. Bachar Jr. and D. W. Hadwin. VIII, 184 pages. 1978.

Vol. 694: Séminaire Pierre Lelong – Henri Skoda (Analyse) 1976/77. VII, 334 pages. 1978.

Vol. 695: Measure Theory Applications to Stochastic An Proceedings, 1977. Edited by G. Kallianpur and D. Kölzo 261 pages. 1978.

Vol. 696: P. J. Feinsilver, Special Functions, Probability Semig and Hamiltonian Flows. VI, 112 pages. 1978.

Vol. 697: Topics in Algebra, Proceedings, 1978. Edited by M. F man. XI, 229 pages. 1978.

Vol. 698: E. Grosswald, Bessel Polynomials. XIV, 182 pages.

Vol. 699: R. E. Greene and H.-H. Wu, Function Theory on Mar Which Possess a Pole. III, 215 pages. 1979.